W0292821

Stefan Heinle

Heimautomation mit KNX, DALI, 1-Wire und Co.

Das umfassende Handbuch

Rheinwerk
Computing

Liebe Leserin, lieber Leser,

die Fernsehwerbung ist voll davon und vom Discounter bis zum Premium-Anbieter sind alle dabei. Sie ahnen es: Die Rede ist von den vielen Produkten, die auf den stark wachsenden Heimautomationsmarkt drängen. Dabei versuchen manche, den Kunden das Anknipsen von Lampen oder der Heizung per App als Highlight zu verkaufen – und damit die eigenen, mal mehr, mal weniger preiswerten Produkte. Aber erschöpfen sich in diesen (Insel-)Lösungen tatsächlich die Möglichkeiten eines smarten Eigenheims?

Nein, glücklicherweise nicht. Und sicher haben Sie sich bereits mit einem Blick auf das Inhaltsverzeichnis davon überzeugt, was technisch und unter weitgehendem Verzicht auf proprietäre Lösungen alles automatisierbar ist: von Energiemanagement und Sicherheitssystemen über autonom gesteuerte Beschattung bis hin zu Multimedia-Installationen oder der (nach Belieben auch aktienkursgesteuerten) Beleuchtung ...

Wenn Sie also einige oder gar alle der genannten Szenarien planen und so preiswert wie möglich, zukunftssicher umsetzen möchten, dann ist dieses Buch für Sie gemacht! Autor Stefan Heinle, Ingenieur der Elektrotechnik und begeisterter Heimautomatisierer, führt Sie Schritt für Schritt an einem modularen, durchgängigen Praxisszenario von den technischen Grundlagen und der Planung bis zur Realisierung. Jeden einzelnen Schritt hat er beim Ausbau seines eigenen Hauses entwickelt und geprüft. Kurz: Dieses Buch ist ein Praxisbuch durch und durch, das Ihnen selbst komplexe Inhalte leicht nachvollziehbar vermittelt und Ihnen darüber hinaus zahlreiche wertvolle Tipps z. B. zur Arbeit mit Gewerken und zum Geldsparen gibt. Und all das hat er dazu noch sehr unterhaltsam verpackt – überzeugen Sie sich selbst!

Abschließend ein Hinweis in eigener Sache: Dieses Buch wurde mit großer Sorgfalt lektoriert und produziert. Wenn Sie Lob oder Kritik äußern wollen, Verbesserungsvorschläge oder Fragen haben, wenden Sie sich jederzeit gerne an mich. Ich freue mich über Ihre Rückmeldung.

So: Und jetzt Türen schließen, Vorhang auf, Spot an, (Fanfare?!)... viel Freude und Erfolg beim Ausbau Ihres persönlichen Smart Homes.

Ihr Sebastian Kestel
Lektorat Rheinwerk Computing

sebastian.kestel@rheinwerk-verlag.de
www.rheinwerk-verlag.de
Rheinwerk Verlag · Rheinwerkallee 4 · 53227 Bonn

Auf einen Blick

Wir hoffen, dass Sie Freude an diesem Buch haben und sich Ihre Erwartungen erfüllen. Bitte teilen Sie uns doch Ihre Meinung mit. Eine E-Mail mit Ihrem Lob oder Tadel senden Sie direkt an den Lektor des Buches: *sebastian.kestel@rheinwerk-verlag.de*. Im Falle einer Reklamation steht Ihnen gerne unser Leserservice zur Verfügung: *service@rheinwerk-verlag.de*. Informationen über Rezensions- und Schulungsexemplare erhalten Sie von: *britta.behrens@rheinwerk-verlag.de*.

Informationen zum Verlag und weitere Kontaktmöglichkeiten finden Sie auf unserer Verlags-website *www.rheinwerk-verlag.de*. Dort können Sie sich auch umfassend und aus erster Hand über unser aktuelles Verlagsprogramm informieren und alle unsere Bücher versandkostenfrei bestellen.

An diesem Buch haben viele mitgewirkt, insbesondere:

Lektorat Sebastian Kestel, Erik Lipperts
Korrektorat Sibylle Feldmann, Düsseldorf
Herstellung Martin Pätzold
Typografie und Layout Vera Brauner
Einbandgestaltung Mai Loan Nguyen Duy
Satz SatzPro, Krefeld
Druck und Bindung C.H. Beck, Nördlingen

Dieses Buch wurde gesetzt aus der TheAntiquaB (9,15/13,5 pt) in FrameMaker.
Gedruckt wurde es auf chlorfrei gebleichtem Offsetpapier (80 g/m²).

Bibliografische Information der Deutschen Nationalbibliothek
Die Deutsche Nationalbibliothek verzeichnet diese Publikation in der Deutschen Nationalbibliografie; detaillierte bibliografische Daten sind im Internet über *http://dnb.d-nb.de* abrufbar.

ISBN 978-3-8362-3461-0
© Rheinwerk Verlag GmbH, Bonn 2016
1. Auflage 2016, 1., korrigierter Nachdruck 2016

Das vorliegende Werk ist in all seinen Teilen urheberrechtlich geschützt. Alle Rechte vorbehalten, insbesondere das Recht der Übersetzung, des Vortrags, der Reproduktion, der Vervielfältigung auf fotomechanischem oder anderen Wegen und der Speicherung in elektronischen Medien.

Ungeachtet der Sorgfalt, die auf die Erstellung von Text, Abbildungen und Programmen verwendet wurde, können weder Verlag noch Autor, Herausgeber oder Übersetzer für mögliche Fehler und deren Folgen eine juristische Verantwortung oder irgendeine Haftung übernehmen.

Die in diesem Werk wiedergegebenen Gebrauchsnamen, Handelsnamen, Warenbezeichnungen usw. können auch ohne besondere Kennzeichnung Marken sein und als solche den gesetzlichen Bestimmungen unterliegen.

Inhalt

23 Bares Geld sparen 447

24 Planen der Infrastruktur 461

42 Netzwerkkomponenten einsetzen 759

43 Das Arbeitstier: Server 773

44 Speicher: Wohin mit den Daten? 795

Geleitwort

Ein Buch kann jeder schreiben – aber dieses Buch ist ein Meisterwerk geworden.

Unsere Gesellschaft ist in einem umfassenden Wandel begriffen, und dieser Wandel wurde und wird hauptsächlich durch die Informationstechnologie bestimmt. Die IT ist nicht nur der Garant für den Fortbestand der Menschheit und das Werkzeug zum Überleben auf unserem übervölkerten Planeten, nein, sie ist auch der einzige Weg, wie diese Welt gemeinsam die Herausforderungen der Zukunft bestehen kann. Jedoch ist es wichtig, dass jeder Einzelne von uns dieses Werkzeug »IT« beherrscht. Immer vielfältiger werden die Technologien, die wir nutzen und bedienen können müssen. So auch in unserem direkten Umfeld: dem eigenen Haus. Mit diesem Buch haben Sie, liebe Leserin, lieber Leser, ein umfassendes Werk in den Händen, mit dem Sie den Spezialbereich »Heimautomation« verstehen, lernen und anwenden können. Der Spagat von den Grundlagen über aktuelle Hard- und Softwareprodukte bis hin zur virtuosen Implementation des realen Hauses in die abstrakte Abbildung eines Computermodells ist hier auf grandiose Art und Weise gelungen. Der Autor schafft es quasi spielerisch, den Leser in seinen Bann zu ziehen und in die Welt der Heimautomation einzuführen. Für den technisch Interessierten wird die Lektüre zum spannenden Erlebnis, zu einem Blick in eine zukünftige Welt, die aber bereits heute realisierbar ist.

Dieses Buch ist ein Grundlagenwerk für alle, die ihr Haus von Anfang an oder auch nach dem Bau mit moderner Technologie automatisieren wollen. Sicherheitstechnik, Entertainment, Heizungs- und Lüftungssteuerung – alles, was sich überhaupt automatisieren lässt, wird behandelt und in praktikablen Lösungsbeispielen beschrieben. Aber auch für Technikinteressierte, die ihr Haus oder ihre Wohnung nicht umrüsten wollen, ist dieses Buch ein Weg in das Verstehen des neuen und schnell wachsenden Markts der Heimautomation. Und keiner braucht Angst zu haben, nicht mitzukommen, der Autor nimmt den Leser an die Hand und erklärt selbst die Installation von Programmen und Betriebssystemen sowie deren Bedienung, soweit es für das Thema Heimautomation notwendig ist.

Dieses Standardwerk der Heimautomation ist ein Muss für Techniker und Häuslebauer.

Wolfgang Rudolph
Wissenschaftsjournalist
Computer:Club²

Vorwort

Sehr geehrte Leserin, sehr geehrter Leser, in Ihren Händen halten Sie das umfassende Handbuch zur *Heimautomation*. Es freut mich sehr, dass Sie zu diesem 1.200 Seiten starken Werk greifen, es beweist Ihren Entschluss, sich ernsthaft mit der faszinierenden Welt des *Smart Homes* zu beschäftigen.

Eine *intelligente Gebäudesteuerung* eröffnet Ihnen ungeahnte Möglichkeiten und ist heute bereits fester Bestandteil einer modernen und zukunftsorientierten Elektroinstallation mit der Zielsetzung, uns im Alltag zu unterstützen und von Routineaufgaben zu befreien. Im eigenen Zuhause sorgt sie für einen deutlichen Gewinn an Komfort und Flexibilität bei gleichzeitiger Erhöhung der Sicherheit und Optimierung der Energieeffizienz.

Ein Smart Home, egal ob als Nachrüstlösung oder von Grund auf geplant, bekommen Sie nicht von der Stange, sie stellt immer eine individuelle Lösung dar, angepasst an Ihre persönlichen Bedürfnisse und Wünsche. Betrachten Sie es als Baukasten, dessen Bausteine aus den unterschiedlichen Gewerken (Heizung, Beleuchtung, Belüftung, Beschattung, Multimedia usw.) stammen und in deren richtiger Kombination das Geheimnis des intelligenten Zuhauses liegt. Dieses Buch macht Sie mit allen Bauteilen dieses Baukastens vertraut und zeigt Ihnen, wie Sie durch geschickte gewerkeübergreifende Vernetzung Ihr persönliches Smart Home erschaffen. Dabei habe ich besonderen Wert darauf gelegt, Ihnen nicht nur das technische Hintergrundwissen darzustellen, sondern Sie auch bei der Beschaffung, Planung und Umsetzung zu unterstützen. Zahlreiche eingestreute Praxisbeispiele sowie ein umfangreicher Realisierungsteil helfen Ihnen, sich sicher durch die herausfordernde Materie zu bewegen.

Die Mission hinter diesem Handbuch ist so einfach wie anspruchsvoll: Ich möchte Ihnen genau das Buch bieten, dass ich mir damals, als ich von dem Thema infiziert wurde (und für mich selbst die fantastischen Möglichkeiten eines intelligenten Zuhauses entdeckte), gewünscht hätte. Denn eines ist trotz aller Komplexität sicher: Smart Home macht unglaublich Spaß.

Vielen Dank

Tausend Dank an Sebastian Kestel, Lektor und Produktmanager beim Rheinwerk Verlag, der mich von der ersten Stunde an gleichzeitig professionell und freundschaftlich unterstützt hat, immer ein offenes Ohr für meine Anliegen hatte und dafür gesorgt hat, dass ich mich stets optimal aufgehoben gefühlt habe. Ebenfalls an dieser Stelle danken möchte ich Erik Lipperts (Rheinwerk Verlag) für seinen Einsatz während der heißen Endphase sowie Wolfgang Rudolph in der Rolle des fachlichen Gutachters.

Mein ganz besonderer Dank gilt Sepp Lausch, Testleser der ersten Stunde, stolzer Smart-Home-Besitzer und unerschrocken bei der Umsetzung von Ideen, auch solcher der unkonventionellen Art. Sepp, ich danke dir für die tolle Zusammenarbeit und deine wirklich wertvollen Kommentare, Beiträge und Vorschläge. Es hat mir sehr viel Spaß gemacht, deine Familie hättest Du aber nicht gleich in den Urlaub schicken müssen ...

Vielen Dank auch an Stefan Werner, Geschäftsführer von ElabNet und der Fachmann in Sachen 1-Wire, für seine technischen Anregungen.

Zu guter Letzt: Unendlich dankbar bin ich meiner Partnerin Andrea. Ohne deine beispiellose Unterstützung hätte ich ein solches Mammutprojekt niemals abschließen können.

Etwas Organisatorisches

Sie werden beim Lesen feststellen, dass ich recht viele Querverweise auf weitere Kapitel innerhalb des Buchs eingefügt habe. Sie dienen als Hinweis, dass zusätzliche Informationen an anderer Stelle auf Sie warten und Sie nicht bereits an dieser Stelle alles schon verstehen müssen. Das Buch ist so aufgebaut, dass Sie es von vorne bis hinten durchlesen können, ohne den Querverweisen zu folgen. Falls Sie, z. B. beim zweiten Durcharbeiten, ein spezielles Thema gesondert aus dem Buch herauspicken, helfen Ihnen die Querverweise dabei, auch die damit verbundenen weiteren Kapitel zu finden.

Bevor es wirklich losgeht, würde ich Ihnen gerne noch etwas anbieten. Sie dürfen mich herzlich gern zu allen Themen zu diesem Buch kontaktieren. Meine Mailadresse lautet: *info@heimautomation-buch.de*. Ich freue mich jederzeit über Anregungen, Kritik, Vorschläge, Fragen und natürlich auch über Ihr Feedback, sei es positiv oder negativ. Zusätzlich finden Sie in Kürze auf der Webseite *www.heimautomation-buch.de* nützliche Zusatzinformationen rund um das Thema Smart Home im Allgemeinen und zu diesem Buch im Speziellen.

Stefan Heinle

TEIL I

Einführung

Kapitel 1
Motivation »Intelligentes Wohnen«

Im intelligenten Heim arbeiten stille Helfer für Sie im Hintergrund, befreien Sie von Routineaufgaben, sorgen für echten Wohnkomfort und helfen ganz nebenbei auch noch beim Energiesparen.

1.1 Ein virtueller Rundgang

Stellen Sie sich vor ...

Es ist 19:30, Sie haben (hoffentlich) Feierabend und fahren mit dem Auto gerade eben in den Carport ein. Da es im Oktober um diese Zeit bereits dunkel ist, schaltet sich die Leuchtstofflampe an der Carport-Decke an, und während Sie zur Haustür gehen, flammt auch der LED-Spot über der Tür auf. Einen Schritt von der Eingangstür entfernt, vernehmen Sie einen Piepton gefolgt von einem leisen Motorengeräusch. Die Tür entriegelt sich und springt einen Zentimeter nach innen auf. Dankbar, denn Sie haben beide Hände voll, betreten Sie den Windfang und sind froh, dass Sie Ihren Schlüssel aus den Tiefen der Jackentasche nicht hervorzaubern müssen.

Die fünf Meter lange LED-Zeile, die dezent im Deckenwinkel des Windfangs angebracht ist, dimmt in einem warmweißen Ton auf und leuchtet den Eingangsbereich homogen aus. Aus dem Augenwinkel entnehmen Sie der kleinen LED-Statusanzeige an der Wand, dass sich noch niemand im Haus befindet, dafür aber während Ihrer Abwesenheit jemand geklingelt hat und mindestens ein Telefonanruf eingegangen ist. Zusätzlich zeigen Ihnen die mehrfarbigen LEDs, dass keine Fenster geöffnet sind und auch keine sonstigen Hinweise wissenswert wären. Eine Störung, das wissen Sie, würde durch eine blinkende LED dargestellt werden. Jedoch arbeiten Heizung, Entkalker, Wetterstation und andere Systeme seit Langem fehlerfrei, sodass Sie die Störungs-LED insgesamt nur bei der ersten Inbetriebnahme zu sehen bekommen haben.

Mit dem selbstverständlichen Wissen im Unterbewusstsein, dass sich alle eben eingeschalteten Leuchten von selbst wieder abschalten, gehen Sie die Treppe in den Wohnraum hoch und legen Jacke und Schuhe ab. Wie an jedem dunklen Abend haben Sie sich beim Treppenaufstieg über die farbige Treppenstufenbeleuchtung (Abbildung 1.1) gefreut, für die Sie, wie auch für die gesamte Beleuchtung bis hierher, keinerlei Schalter betätigen mussten. Das wäre übrigens auch schwierig geworden, denn es gibt in Ihrem Haus dafür bewusst keine Schalter.

Abbildung 1.1 Vollautomatische Treppenstufenbeleuchtung

Im Wohngeschoss angekommen, spüren Sie die unaufdringliche Wärme der Fußbodenheizung, die das Haus auf einer angenehmen und für jeden Raum einzeln geregelten Temperatur hält. Ein Blick auf das Display des Raumtemperaturreglers im Wohnzimmer verrät Ihnen eine Raumtemperatur von 22 Grad bei einer Außentemperatur von 10 Grad. Perfekt.

Die Außenjalousien sind bereits heruntergefahren, was bei ausreichender Dunkelheit automatisch vor Ihrer Ankunft erledigt wurde. Wären Sie tagsüber daheim gewesen, hätten Sie sicherlich mitbekommen, dass über die Mittagszeit die Lamellenstellung der Jalousien dafür gesorgt hatte, möglichst viel kostenlose Sonnenwärme in das Haus zu holen. Der Beweis sind die beiden noch ganz leicht warmen Sichtbetonwände hinter den großen Fensterflächen. Über diesen raumhohen Fensterflächen sind unsichtbar vier lange Leuchtstofflampen verbaut, die sich eben beim Betreten des Wohnzimmers sanft auf 25 % gedimmt haben und den Raum indirekt beleuchten.

Neben diesen sichtbaren Vorgängen ist parallel eine ganze Menge an unsichtbaren Abläufen abgearbeitet worden. Ein stiller Beobachter im Hauptverteiler hätte mehrere Relais schalten gehört sowie einige flackernde LEDs bemerkt. Aber was ist da genau abgelaufen? Zunächst haben sich die beiden WLAN-Access-Points im Erd- und Obergeschoss aktiviert, und der 24-Port-Ethernet-Switch wurde angeschaltet. Da sich tagsüber niemand im Haus aufgehalten hat, wurde automatisch eine Vielzahl an Verbrauchern stromlos geschaltet. Diese Verbraucher, zu denen auch der SAT-Multiswitch und mehrere selbst im Stand-by-Betrieb hungrige Geräte zählen, werden jetzt wieder bestromt, schließlich sind Sie bereits seit mehr als drei Minuten zu Hause.

Sie entscheiden sich, einen Abstecher in die Küche zu machen. Natürlich wiederholt sich auch hier das Spiel mit der automatischen Beleuchtung. In der Küche trinken Sie ein Glas Leitungswasser, das direkt aus dem zentralen Wasserenthärter im Technikraum stammt, mit genau 3°dH. Sie trinken noch ein zweites und drittes großes Glas. Warum ist das hier relevant? Ist es eigentlich gar nicht, aber ich möchte Sie in diesem virtuellen Rundgang nachts zum Aufstehen bewegen, daher die viele Flüssigkeit. Außerdem ist Wasser gesund.

Auf dem Weg zurück ins Wohnzimmer gehen Sie an dem Raumtrenner vorbei, der gleichzeitig als Schrankwand dient und in seiner Rückwand flächenbündig einen 23-Zoll-Touchscreen eingebaut hat. Dieser aktiviert sich automatisch, sobald er Ihre Bewegung registriert hat, und präsentiert Ihnen die Bedienoberfläche (Abbildung 1.2) Ihres Smart Homes, sozusagen das Interface zum Gehirn des Hauses. Hier haben Sie die uneingeschränkte Macht, können alles im gesamten Haus schalten, bewegen und steuern. Beleuchtung, Jalousien, Heizung, Musikanlage – das sind nur einige Beispiele. Sie sehen aktuell keine Notwendigkeit, von der Macht Gebrauch zu machen, schließlich passiert das meiste automatisch, und manuelle Eingriffe sind sowieso eher unsmart.

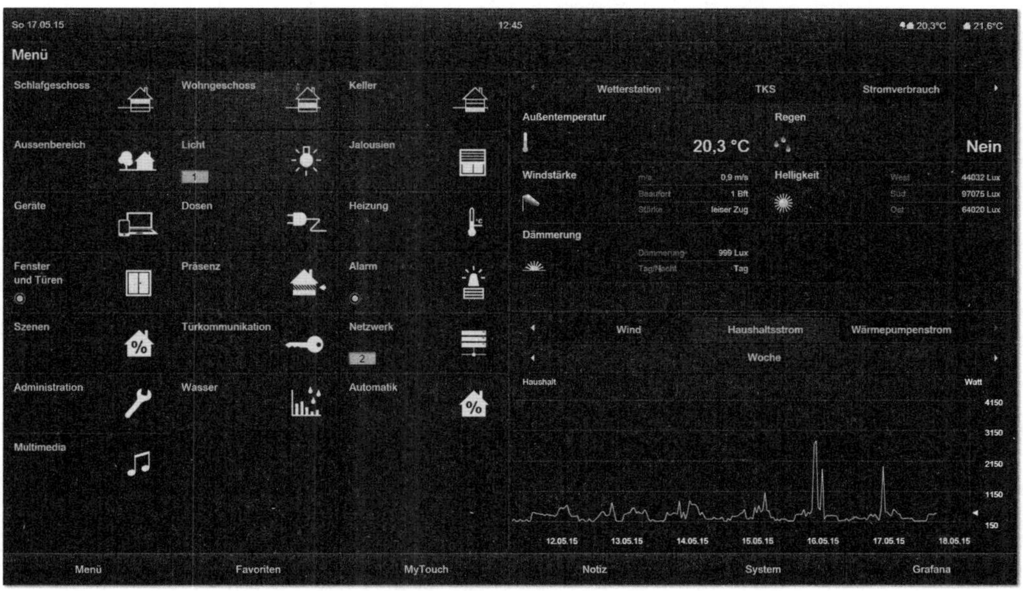

Abbildung 1.2 Visualisierung über einen Touchscreen

Stattdessen verschaffen Sie sich lieber einen Überblick und browsen per Fingertipp durch mehrere Menüseiten. Die Liste der Telefonanrufe, die Kamerabilder der Personen, die geklingelt haben, Meldungsarchiv und ein paar RSS-Feeds sind schnell geprüft. Die grafische Ausgabe des Stromverbrauchs von Haushaltsstrom und Wärmepumpe über die Zeit ist ebenfalls immer wieder hübsch anzusehen. Besonders in der Wochendarstellung ist deutlich zu erkennen, dass sich der Grundstromverbrauch bei Abwesenheit reduziert hat dank der kürzlich durchgeführten Programmierung der Stand-by-

Abschaltung. Ein Blick auf die symbolische Energieampel bestätigt die Erkenntnis: Bei der nächsten Stromrechnung wird es wohl eine Rückzahlung geben. Der abschließende Blick auf die Feuchtigkeitswerte im Keller und auf die Einschaltintervalle der neu angeschafften Kühltruhe gibt Ihnen auch diesbezüglich ein gutes Gefühl: alles im grünen Bereich.

Sie hätten übrigens das gleiche Interface in etwas anderer Darstellung auch von unterwegs über Ihr Smartphone bedienen können, aber wenn Sie schon gerade vor dem Touchscreen stehen, benutzen Sie diesen natürlich auch.

Während Sie wieder in die Küche zurückgehen, erinnert Sie ein akustisches Signal daran, dass noch irgendwer die Waschmaschine ausräumen sollte, die vor 30 Minuten ihren Waschvorgang beendet hatte. Natürlich könnten Sie die Erinnerung einfach »überhören«, aber im Sinne des Hausfriedens entscheiden Sie sich, das kurz zu erledigen, bevor Ihre Frau nach Hause kommt.

Sie sind der Meinung, dass nach dieser Arbeit eine kurze TV-Berieselung angebracht wäre, und schalten mittels der Fernbedienung die Szene *Fernsehen*. Ein Knopfdruck genügt, und Fernseher sowie SAT-Receiver schalten sich ein. Der für SAT-Empfang richtige Eingang am TV-Gerät wird ausgewählt. Die indirekte Beleuchtung wird für das entspannte Fernsehen entsprechend gedimmt, eine kleine Stehlampe eingeschaltet und die sich auf der Mattscheibe spiegelnde Beleuchtung im Hintergrund ausgeschaltet. Die Wohnzimmerjalousien sind bereits geschlossen, ansonsten wäre das jetzt gleich automatisch miterledigt worden.

In das laufende Fernsehbild wird plötzlich eine Meldung eingeblendet, die besagt, dass das Telefon gleich klingen wird, was es zwei Sekunden später auch wirklich macht. Der Meldung können Sie gleich entnehmen, wer der Anrufer ist. Bei einer unbekannten Nummer wäre per Reverse-Suche der Name des Anrufers direkt ermittelt worden. Der Fernseher schaltet auf stumm, während Sie den Anruf am DECT-Telefon entgegennehmen.

Währenddessen ist auch Ihre Frau nach Hause gekommen und wurde, wie Sie selbst auch, vom Smart Home mit allerlei Komfortfunktionen empfangen. Natürlich »weiß« das Haus, wer zur Eingangstür hereinkommt, und könnte für jeden Bewohner anders reagieren. In diesem Fall war das aber nicht vorgesehen – noch nicht.

Die Begrüßungsszene und die umfangreiche Zu-Bett-gehen-Szene überspringe ich an dieser Stelle, sie bleibt, entsprechende Verkaufszahlen vorausgesetzt, einem zweiten Teil dieses Buchs vorbehalten.

Inzwischen ist es 22:30, und Sie werfen vom Bett aus einen Blick auf die kleine Anzeige an der Wand des Kopfendes. Sie würden per LED darauf hingewiesen werden, dass es noch offene Fenster gibt, was aber nicht der Fall ist. Ebenso gibt es aktuell keine Störungen, und es werden auch keine Bewegungen in den anderen Räumen außerhalb des Schlafzimmers angezeigt. Gut, Zeit für die »Gute-Nacht-Taste«, die Sie prompt betätigen.

Ihr Haus schaltet sich daraufhin in den Schlafmodus, der eine ganze Menge an Aktionen auslöst. So werden sämtliche Jalousien geschlossen, die Innenrollladen im Schlafzimmer heruntergefahren, eventuell noch eingeschaltete Lampen ausgeschaltet, Stromverbraucher, soweit sinnvoll, vom Netz getrennt, und sogar die Statusanzeige der LEDs wird für den ruhigen Schlaf abgedunkelt. Zusätzlich ist die Alarmanlage jetzt scharf geschaltet.

Ein paar Stunden später machen sich die etlichen Gläser Wasser bemerkbar, die Sie am Abend getrunken haben, und Sie ringen sich durch, das Badezimmer aufzusuchen. Es reicht bereits, dass Sie einen Fuß aus dem Bett auf den Boden stellen, woraufhin ein paar wohlplatzierte LEDs den Weg zum Bad halbschlafsicher ausleuchten. Im Badezimmer werden Sie nicht etwa von der hellen Standardbeleuchtung begrüßt, sondern von dem stark heruntergedimmten Nachtmodus. Zurück im Bett angekommen, wird die Beleuchtung ebenso diskret wieder abgeschaltet.

Am nächsten Morgen werden Sie pünktlich und so schonend wie möglich durch leicht geöffnete Lamellen und langsam lauter werdende Musik aus den Einbaulautsprechern geweckt. Die zentral gesteuerte Multiroom-Soundanlage sorgt dafür, dass Sie die Musik auf dem Weg vom Schlafzimmer ins Badezimmer sozusagen »mitnehmen«. Wiederum ohne einen einzigen Tastendruck auslösen zu müssen, zeigt sich das Badezimmer in einem komplett anderen Szenario als noch in der vergangenen Nacht. Die Beleuchtung ist hell, und zusätzlich werden auch der Spiegel und die Duschnische angestrahlt. Die Musik, die Sie vorher noch im Schlafzimmer gehört hatten, ertönt jetzt stattdessen im Badezimmer aus unauffälligen Wandlautsprechern.

Während Sie sich bereit machen, gehen wie von Geisterhand die beiden PCs in den Arbeitszimmern des Hauses an, ebenso startet der NAS-Server im Keller. Es ist an der Zeit für das zyklische Backup. Die beiden PCs sichern Ihre Daten auf dem NAS, und nach Beendigung des Backups fahren alle drei Rechner ordnungsgemäß und ohne Ihre Mithilfe wieder herunter.

Würde es nicht so stark regnen, könnten Sie vom Badezimmer aus den kleinen Mähroboter beobachten, wie er eine der letzten Runden für dieses Jahr dreht. Dass er heute Morgen jedoch frei hat, verdankt er dem Smart Home, das ihn, basierend auf den Daten der Wetterstation, besser nicht zum Dienst sendet.

Sie machen sich bereit, das Haus zu verlassen, im Windfang spendet Ihnen die LED-Zeile im Deckenwinkel wieder warmweißes Licht. In dem Moment, in dem Sie die Haustür öffnen, dimmt die LED-Zeile jedoch von Weiß auf Blau. Richtig, fast vergessen, es ist Donnerstag, und Sie sollten die Mülltonne an den Straßenrand stellen.

Nachdem Sie das erledigt haben und sich ins Auto setzen, endet der kleine virtuelle Rundgang auch schon, und die Haustür verschließt sich selbst über das eingebaute Motorschloss.

1.2 Smart Home, Heimautomation – was ist das?

Als *Smart Home* (übersetzt: intelligentes Zuhause) bezeichnet man ein Wohnhaus (bzw. eine Wohnung), das ganz bewusst mit *intelligenter Gebäudetechnik* ausgestattet ist. Intelligent wird die Gebäudetechnik dadurch, dass sie in der Lage ist, ohne Zutun oder mit nur minimalen Eingriffen der Bewohner die alltäglichen Funktionen eines Zuhauses selbstständig zu steuern. Dazu zählen Beleuchtung, Jalousien, Temperaturregelung und Überwachung, Alarmierung, multimediale Unterhaltung und vieles weitere.

1.2.1 Das Smart Home setzt auf intelligente Gebäudetechnik

Intelligente Gebäudetechnik basiert auf einer gewerkeübergreifenden Vernetzung. Je mehr Einzelgewerke (wie Beleuchtung, Heizung, Sicherheit, Beschattung usw.) Teil dieses Netzwerks sind, desto erstaunlichere Funktionen lassen sich umsetzen. Die Vernetzung beginnt bei einfachen Tastern, Schaltern und Leuchten, weitet sich auf unterschiedlichste Sensoren (Temperatur, Helligkeit, Bewegung, Fensterkontakt usw.) aus und beinhaltet ebenso Haushaltgeräte, Kommunikationstechnik und Unterhaltungselektronik. Das Netzwerk, über das die Aktoren und Sensoren miteinander kommunizieren, wird *Bussystem* (auch Automatisierungsbus, Installationsbus oder Hausbus) genannt.

Ein solches System ist grundsätzlich automatisierbar, kann auf alle im Netzwerk vorhandenen Informationen (Messwerte, Schalterpositionen, manuelle Eingaben, Onlinedaten) zurückgreifen und diese in Logikfunktionen mit einbeziehen. Eine Logikfunktion wird, entsprechende intelligente Gebäudetechnik vorausgesetzt, rein in Software umgesetzt und bedarf keiner Änderung der physikalischen Installation. Im Gegensatz zur konventionellen Elektrik, bei der die Funktion bereits größtenteils durch die Verkabelung selbst vorgegeben ist und sich nachträglich gar nicht oder nur sehr schwer ändern lässt, bietet ein Smart Home den Bewohnern größtmögliche Flexibilität.

Die intelligente Gebäudetechnik entwickelt sich rasant, sie ist heute bereits fester Bestandteil einer modernen und zukunftsorientierten Elektroinstallation mit der Zielsetzung, uns im Alltag zu unterstützen und von Routineaufgaben zu befreien. Im eigenen Zuhause sorgt sie für deutlichen Komfortgewinn bei gleichzeitiger Erhöhung der Sicherheit und Optimierung der Energieeffizienz.

1.2.2 Smart-Home-Schlüsseleigenschaften

Unter Smart Home versteht nicht jeder das Gleiche, der Bereich des Möglichen und Machbaren ist sehr breit gefächert. Es lassen sich jedoch bestimmte Schlüsselmerkmale finden, die bei einem echten Smart Home stets vorhanden sind:

- Die Funktionen der Elektroinstallation sind flexibel änderbar, das programmierte System lässt sich jederzeit an die Bedürfnisse der Bewohner bzw. an veränderte Lebensumstände anpassen.

- Die Smart-Home-Komponenten sind gewerkeübergreifend untereinander vernetzt, können Informationen austauschen und sind innerhalb ihrer Funktionalität parametrierbar.
- Abläufe sind automatisierbar und folgen einem vom Benutzer/Installateur anpassbaren Regelwerk.
- Die Gesamtfunktionalität des Smart Homes wird durch die Kombination vieler Einzelkomponenten mit Eigenintelligenz erreicht. Ergänzt werden kann dieses dezentrale System durch eine optionale zentrale Logik.
- Im System ist ein komplettes Abbild aller Informationen und Gerätezustände vorhanden, wodurch es sich anbietet, diese über ein zentrales Bedienpanel zu visualisieren, und zwar sowohl lokal (im Gebäude) als auch ferngesteuert (mobil).

Auch wenn es sehr gern in aktuellen Fernsehwerbesendungen so gezeigt wird – das Ein- und Ausschalten der Gebäudebeleuchtung über ein Smartphone oder das Öffnen eines Heizkörperthermostats vom Auto aus ist noch längst kein Smart Home. Zudem lässt sich über die Sinnhaftigkeit sogar streiten. Ein Smart Home sollte bitte selbstständig in der Lage sein, die Beleuchtung auszuschalten, wenn kein Bewohner zu Hause ist, und eine vernünftige Raumtemperaturregelung benötigt eigentlich überhaupt keinen Eingriff.

1.2.3 Alternative Begriffsdefinitionen für das Smart Home

Neben dem Begriff *Smart Home* lassen sich mehrere ähnliche Bezeichnungen wie z. B. *Smart Living*, *intelligentes Wohnen* oder *E-Home* finden. Ihre jeweilige Bedeutung ist nicht scharf definiert, im Wesentlichen bedeuten sie allesamt das Gleiche. Hersteller von Smart-Home-Komponenten fügen der Liste zudem weitere marketingtechnisch geprägte Begriffe für ihre teils in sich geschlossenen spezifischen Systeme hinzu. Wenn wir im Rahmen dieses Buchs von Smart Home sprechen, beziehen wir uns immer auf ein herstellerunabhängiges System aus intelligenter Gebäudetechnik, bestehend aus den in diesem Kapitel aufgeführten Schlüsseleigenschaften.

Im Umfeld der Gebäudeautomation oft verwendet wird der Begriff *Smart Metering*. Darunter versteht man das Messen und die intelligente Regulierung des Energieverbrauchs. Eine typische Anwendung wäre beispielsweise das permanente automatische Ablesen der Stromzählerstände und Momentanverbrauchsdaten mit Bereitstellung dieser Messwerte über ein Bussystem. Von dort werden sie von anderen Busteilnehmern abgeholt und weiterverarbeitet (grafische Auswertung des Verbrauchs, Überwachungsfunktionen).

1.2.4 Das Thema Heimautomation

Mit diesem Buch halten Sie ein Werk in den Händen, das sich dem großen (und spannenden) Thema *Heimautomation* widmet. Unter Heimautomation oder, breiter gefasst, Gebäudeautomation versteht man die Gesamtmenge von Steuer- und Regelaufgaben sowie Überwachungsfunktionen in einem Gebäude mit der Zielsetzung:

- gewerkeübergreifende Funktionsabläufe selbstständig (also automatisch) nach vorgegebenen Parametern ablaufen zu lassen und
- die verbleibende manuelle (nicht automatische) Bedienung und Überwachung zu vereinfachen.

Die Heimautomation basiert vollständig auf einer intelligenten Gebäudetechnik, bei der alle Sensoren, Aktoren, Bedienelemente und weitere Systemgeräte miteinander vernetzt sind. Man könnte sagen, die Heimautomation haucht der Gebäudetechnik Leben ein, sie sorgt dafür, dass ein Gebäude das tut, was die Bewohner von ihm erwarten, sie macht aus dem Home ein Smart Home.

1.3 Die Wahl des Bussystems

Intelligente Gebäudetechnik setzt immer voraus, dass die ins System eingebundenen und in der Regel dezentralen Geräte untereinander kommunizieren können. Dazu verwenden sie entweder ein kabelgebundenes oder ein funkbasiertes *Übertragungsmedium* zusammen mit einem dazu passenden *Protokoll*. Es entsteht ein Kommunikationsnetzwerk oder eben, im Fall einer verkabelten Topologie, ein Installationsbussystem, kurz *Bussystem*. Die Wahl des richtigen Bussystems bzw. Funksystems ist einer der wichtigsten Schritte auf dem Weg zum Smart Home und eine weitreichende Entscheidung, denn sie diktiert, welche Steuergeräte Sie später einsetzen können, welche Sensoren und welche Aktoren. Der Markt bietet mehrere Dutzend Automatisierungssysteme, allerdings sind nur wenige davon so standardisiert, dass Sie sich nicht an einen einzigen Hersteller binden müssten, und noch weniger davon eignen sich für eine so langfristige Investition wie die in die Gebäudetechnik.

Im Rahmen dieses Buchs kann ich natürlich nicht auf alle unterschiedlichen Systeme eingehen, sondern konzentriere den Inhalt auf die Crème de la Crème der Automatisierungskonzepte für den Heimbereich. Sie werden im weiteren Verlauf dieses umfassenden Handbuchs lernen, wie Sie den weltweit größten Gebäudeautomatisierungsstandard **KNX** optimal für Ihr eigenes Smart Home einsetzen und sinnvoll mit weiteren Technologien wie z. B. DALI oder 1-Wire kombinieren. Die Begründung möchte ich Ihnen nicht vorenthalten: KNX ist das Mittel der Wahl, weil KNX

- ein wirklich professionelles System ist, das auch in Firmengebäuden und öffentlichen Gebäuden breite Anwendung findet,
- als weltweit größter Gebäudeautomatisierungsstandard eine seit mehr als 20 Jahren bewährte und ausgereifte Technologie bietet,
- sehr robust ausgelegt ist,

- keine proprietäre Einzellösung (Insellösung) ist, sondern ein weltweiter Standard mit großer Herstellervielfalt (über 400 Hersteller) und mehr als 7.000 KNX-zertifizierten Produkten,
- durch alle starken Marken der Elektroinstallationsbranche vorangetrieben wird,
- durch die Herstellerunabhängigkeit Ihre Investition auch in der Zukunft schützt,
- Sie nicht durch irgendeine Form von Cloud-Zwang oder Onlineaccount verunsichert und Ihre Privatsphäre unangetastet lässt,
- gewerkeübergreifend arbeitet (Heizung, Beleuchtung, Jalousien, Belüftung, Multimedia-Anlagen, Sicherheitstechnik, Smart Metering und weitere),
- auf verschiedenen Medien einsetzbar ist – Twisted Pair, Funk, IP und Powerline (das 230-V-Stromnetz) –,
- durch weltweit mehrere Zehntausend gelistete KNX-Partner qualifiziert unterstützt wird und weil es
- sich gut und sinnvoll mit anderen Technologien (DALI, DMX, 1-Wire, EnOcean, SMI usw.) kombinieren lässt.

Insbesondere den letzten Punkt werde ich mehrfach wieder aufgreifen. KNX deckt zwar viele Anwendungsfälle ab, ist aber nicht in allen Bereichen optimal. Diese Lücke schließen wir durch eine Reihe von Spezialtechnologien, die Sie allesamt genau kennenlernen werden. Stellen Sie sich das Ganze wie einen sehr guten Allrounder vor, der für ausgewählte Einzeldisziplinen mit echten Spezialisten kombiniert (vernetzt) wird. Durch diese Kombination sind Sie bestens für alle aktuellen und künftigen Anforderungen an ein Smart Home gerüstet.

Kapitel 2
Entscheidung Smart Home: ja oder ja

Wer heute ein Haus ohne intelligente Gebäudetechnik baut, errichtet einen Altbau.

Wer ein Haus bzw. eine Wohnung neu baut, umbaut oder saniert, steht an einem gewissen Punkt vor der Entscheidung, wie die künftige Elektroinstallation aussehen soll: *konventionell* oder *intelligent*? Den meisten Bauherren ist nicht bewusst, welches Potenzial eine gute Elektroinstallation und die damit verbundene Möglichkeit einer intelligenten Gebäudeautomation mit sich bringt. Die Folge ist: Es wird, im Vergleich zu anderen Gewerken, recht wenig Wert auf eine zukunftssichere Installation gelegt, geschweige denn an ein Bussystem oder Automatisierungskonzept gedacht.

2.1 Rechnet sich eine Businstallation für mich?

Sind wir ganz ehrlich: Es macht im ersten Moment viel mehr Spaß, für den Neubau eine tolle und beeindruckende Küche auszuwählen, als sich um eher langweilige Kupferleitungen zu kümmern. Das ist nur verständlich, denn eine schöne Küche ist etwas direkt Nutzbares, etwas Wertiges, wohingegen eine im Verborgenen arbeitende Gebäudesteuerung erst einmal nicht greifbar ist. Vergleicht man hingegen die *Nutzungsdauer* der beiden, wird klar, dass die Prioritäten oft falsch gesetzt sind. Eine Küche ist 10 oder 15 Jahre im Einsatz, vielleicht auch sogar 20 Jahre. Spätestens dann aber haben Sie sich an ihr sattgesehen, oder sie fällt von sich aus auseinander. Für eine Elektroinstallation sind 20 Jahre hingegen überhaupt keine Zeit. Kaum jemand kommt auf die Idee, eine komplette Elektroinstallation auszutauschen, es sei denn, man möchte gleich das ganze Gebäude sanieren. In der Regel bleibt die Installation so lange erhalten, wie das Gebäude genutzt wird. Unschöne Kompromisse schleppen Sie daher die nächsten 30 bis 40 Jahre mit sich herum.

Unter diesem Aspekt betrachtet, kann man der Gebäudeinstallation gar nicht genug Aufmerksamkeit schenken. Sie sollte für eine sehr lange Zeit Ihre Erfordernisse abdecken und flexibel für künftige Änderungen Ihrer Lebensumstände sein. Genau an dieser Stelle betritt die intelligente Gebäudesteuerung mit einer in der Elektroplanung vorgesehenen Businstallation die Bühne.

Die Frage, ob sich eine Businstallation überhaupt rechnet, ist eine der ersten, die sich jeder Bauherr und jeder Interessierte stellen wird. Eine pauschale Antwort gibt es leider nicht. Unter Berücksichtigung der angesprochenen Nutzungsdauer und der Flexibilität relativiert sich der Aufpreis jedoch größtenteils. Weitere Argumente sprechen ebenfalls für eine moderne Gebäudesteuerung:

- großer Komfortgewinn durch Automatisierung
- zukunftssichere Investition
- Erleichterungen im Alter, auch *AAL* genannt (Ambient Assisted Living = altersgerechte Assistenzsysteme für ein selbstbestimmtes Leben)
- Energieeinsparungen
- Erhöhung der Sicherheit durch vernetzte Melder, Kameras, automatische Alarmierung, Anwesenheitssimulation, Zutrittssysteme usw.

Bei einem modernen Gebäudesystem wie KNX bekommen Sie, im Vergleich zu einer herkömmlichen Installation, natürlich nicht mehr für weniger Geld, sondern Sie bekommen mehr für mehr Geld. Je mehr Gewerke Sie mit KNX realisieren, desto kleiner wird der Aufpreis. Falls Sie nur ein paar Leuchten über einen Bus steuern möchten, ist der mit KNX verbundene Initialaufwand selten gerechtfertigt. Im Gegensatz dazu ist KNX aber ab einem bestimmten Volumen eventuell sogar preisgünstiger als eine konventionelle Installation.

2.2 Das Smart Home und der Energieverbrauch

Einer der großen Vorteile des intelligenten Zuhauses sind Ersparnisse bei Strom und Heizungsenergie. Eine gute Dämmung ist effektiv, aber reicht irgendwann nicht mehr, schließlich kann man ein Haus nicht noch dicker einpacken. Der nächste logische Schritt führt zum Nutzungsverhalten der Bewohner, und genau an diesem Punkt entwickelt ein Smart Home erstaunliche Fähigkeiten.

2.2.1 Wo wird am meisten Energie verbraucht?

Im Schnitt etwas weniger als 90 % des Energieverbrauchs eines privaten Haushalts in Deutschland werden für Heizung und Warmwasser verwendet. Den deutlich überwiegenden Anteil (77 %) macht dabei die Raumwärme aus, von der leider oft ein Großteil durch Wände, Fenster, Dach usw. entweicht. Die restlichen 12 % werden für Warmwasserbereitung eingesetzt.

Anhand dieser Verteilung wird schnell klar, wo der Hebel für die Energieeinsparung zuallererst angesetzt werden muss: bei der Gebäudedämmung.

Bei Neubauten ist eine effektive Dämmung sowieso obligatorisch, aber auch bei strukturell schwachen Gebäuden lassen sich meistens erhebliche Energieeinsparungen durch bauliche Maßnahmen erzielen. Recht anschaulich wird eine erfolgreiche Dämmmaßnahme zum Beispiel anhand des Winterfotos in Abbildung 2.1. Raten Sie, welche identisch genutzte Hälfte des Doppelhauses gedämmt wurde und welche nicht.

Abbildung 2.1 Doppelhaushälften mit weniger Dämmung (rechts) und mit mehr Dämmung (links)

2.2.2 Wie hilft eine intelligente Gebäudesteuerung beim Energiesparen?

Ab einer gewissen Gebäudebeschaffenheit (Dämmung, Heizsystem, Belüftungssystem usw.) lässt sich der Energieverbrauch nur noch mit einer intelligenten Steuerung (wie z. B. KNX) spürbar vermindern.

Da der Mensch in seiner Handlungsweise recht schwer kalkulierbar ist, haben auch die besten Maßnahmen zum energieeffizienten Bauen allzu oft nicht den erwarteten Einspareffekt. Ein Heizkörper, der bei geöffnetem Fenster stundenlang die umliegende Nachbarschaft beheizt, eine Beleuchtung in einem unbenutzten Raum, die den Stromzähler auf Trab hält, Verbraucher mit hohem Stand-by-Verlust, die das Gleiche tun, heruntergefahrene Jalousien, die kostenlose Wärmeenergie im Winter nicht in das Haus lassen – man findet unzählige weitere Beispiele, die zwar den Energieversorger freuen dürften, nicht aber den Hausbewohner.

An dieser Stelle greift die Gebäudeautomation. Sie unterstützt das Nutzungsverhalten der Bewohner, indem sie einen großen Teil der Funktionen automatisiert ablaufen lässt oder zumindest auf bestimmte Verhaltensweisen aufmerksam machen kann. Somit kann der Bewohner selbstständig entscheiden, ob und in welcher Form er energieeffizient handeln möchte.

Wie teilt sich der Stromverbrauch auf?

Der durchschnittliche Haushaltsstromverbrauch liegt in Deutschland bei 3.162 kWh pro Jahr (2011), das entspricht 1.565 kWh pro Person (Quelle: BDEW Sept. 2011, Statistisches Bundesamt).

Die Aufschlüsselung für das Jahr 2011 und im Vergleich dazu 1996 liefert die folgende Abbildung 2.2.

Interessant ist die starke Zunahme im Bereich TV/Audio/Büro, die sich durch den wachsenden Einsatz von IT-Systemen und Multimedia-Ausstattung im Privathaushalt erklärt. Im Gegensatz dazu greifen offensichtlich Energieeinsparanstrengungen für Kühlen, Klima und Wellness deutlich.

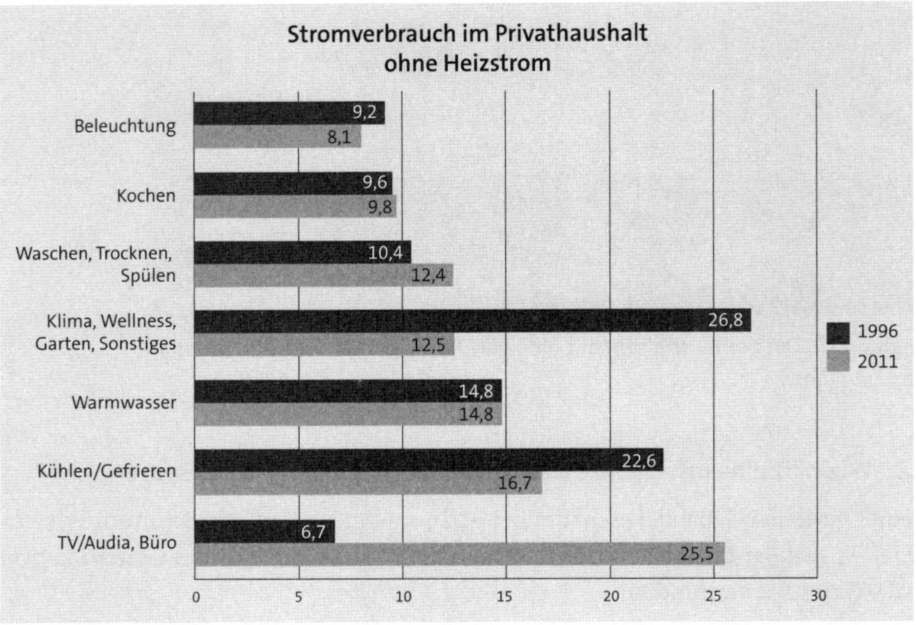

Abbildung 2.2 Stromverbrauch 2011 im Privathaushalt (Quellen: EEFA 2013, VDEW 1996)

Wo kann gespart werden?

Die verwertbaren Literaturquellen zeigen deutliche Optimierungspotenziale auf. In Tabelle 2.1 finden Sie die Bandbreite der Einsparmöglichkeiten bezüglich der Reduzierung des Energieverbrauchs durch den Einsatz moderner Elektroinstallationssysteme. Die dafür einzusetzenden Schlüsselkomponenten sind jeweils exemplarisch mit aufgeführt:

Maßnahme	Mögliche Ersparnis	Zentrale Komponenten
Automation des Sonnenschutzes	9–32 %	► Wetterstation ► Jalousieaktoren
Einzelraumtemperaturregelung	14–25 %	► Raumtemperaturregler ► Stellantriebe
Automation der Heizung	7–14 %	► Heizungsgateway
Automation der Beleuchtung	25–58 %	► Bewegungsmelder ► Präsenzmelder mit Helligkeitssensor ► Zeitlogiken ► Wetterstation ► Schalt- und Dimmaktoren

Tabelle 2.1 Mögliche Einsparpotenziale durch intelligente Gebäudeautomation

Maßnahme	Mögliche Ersparnis	Zentrale Komponenten
Belüftungsautomation	20–45 %	▶ Feuchtigkeitssensoren ▶ Luftqualitätssensoren (CO_2, VOC) ▶ Fan-Coil-Aktoren

Tabelle 2.1 Mögliche Einsparpotenziale durch intelligente Gebäudeautomation (Forts.)

Der Mittelwert aller verwendeten Quellen ergibt eine mittlere Energieeinsparung durch intelligente Gebäudeautomation und Optimierung in Bezug auf die Regelungstechnik in Höhe von ca. 11 bis 31 %. Es darf also durchaus behauptet werden, dass eine (KNX-)Gebäudesteuerung nicht nur zur Erhöhung des Wohnkomforts dient, sondern zudem auch ihren Beitrag zur Einsparung von Energiekosten leisten kann.

Wie sparen Sie ganz einfach Energie?

Eine intelligente Gebäudesteuerung ermöglicht Ihnen bereits mit einfach umzusetzenden Maßnahmen eine deutlich spürbare Energieersparnis, ohne dabei den Wohnkomfort zu senken. Beispiele sind:

- Die Beleuchtung ist nur dann angeschaltet, wenn sich jemand im Raum befindet.
- In Verbindung mit der Beschattungssteuerung wird die Beleuchtung auf die optimale Intensität heruntergedimmt.
- Sie werden automatisch auf offen gelassene Fenster hingewiesen und vermeiden, dass die teuer erkaufte Wärmeenergie aus dem Gebäude entweicht.
- Die Außenjalousien lassen vollautomatisch im Winter die Wärme in die Wohnräume, wohingegen sie im Sommer das Gebäude kühl halten.
- Die kontrollierte Wohnraumbelüftung arbeitet bedarfsgerecht mit reduzierter Leistung, abhängig von den aktuellen Luftqualitätswerten.
- Während der Nacht (bzw. in Abwesenheit) nicht benötigte Verbraucher werden automatisch abgeschaltet.
- Durch Smart Metering finden Sie nachvollziehbar heraus, wo und wann Energie verbraucht oder verschwendet wird.

Sie lernen in den folgenden Kapiteln dieses Buchs jede einzelne der erwähnten Automatisierungsmaßnahmen noch genauer kennen.

2.3 Wie bringe ich es meiner Frau bei?

Kommen wir zu einem weiteren ernsten Thema – wie bringe ich das Smart-Home-Vorhaben meiner Frau bei? Das Thema ist sogar so ernst, dass dafür eine eigene Bewertungsmessgröße eingeführt wurde – der *WAF* (Women Acceptance Factor). Sie müssen bei dieser Thematik tatsächlich mit chirurgischem Feingefühl vorgehen, und zwar sowohl vor der Planungsphase und während der Realisierung als auch natürlich danach.

2.3.1 Vorbereitung für den Ernstfall

Mit diesem Buch möchte ich Sie nicht nur mit den technischen Aspekten eines Smart Homes vertraut machen, sondern Sie auch auf die sehr wahrscheinlich stattfindenden Diskussionen vorbereiten. In der folgenden Abbildung 2.3 finden Sie daher eine Art Überlebenskit zum Auswendiglernen.

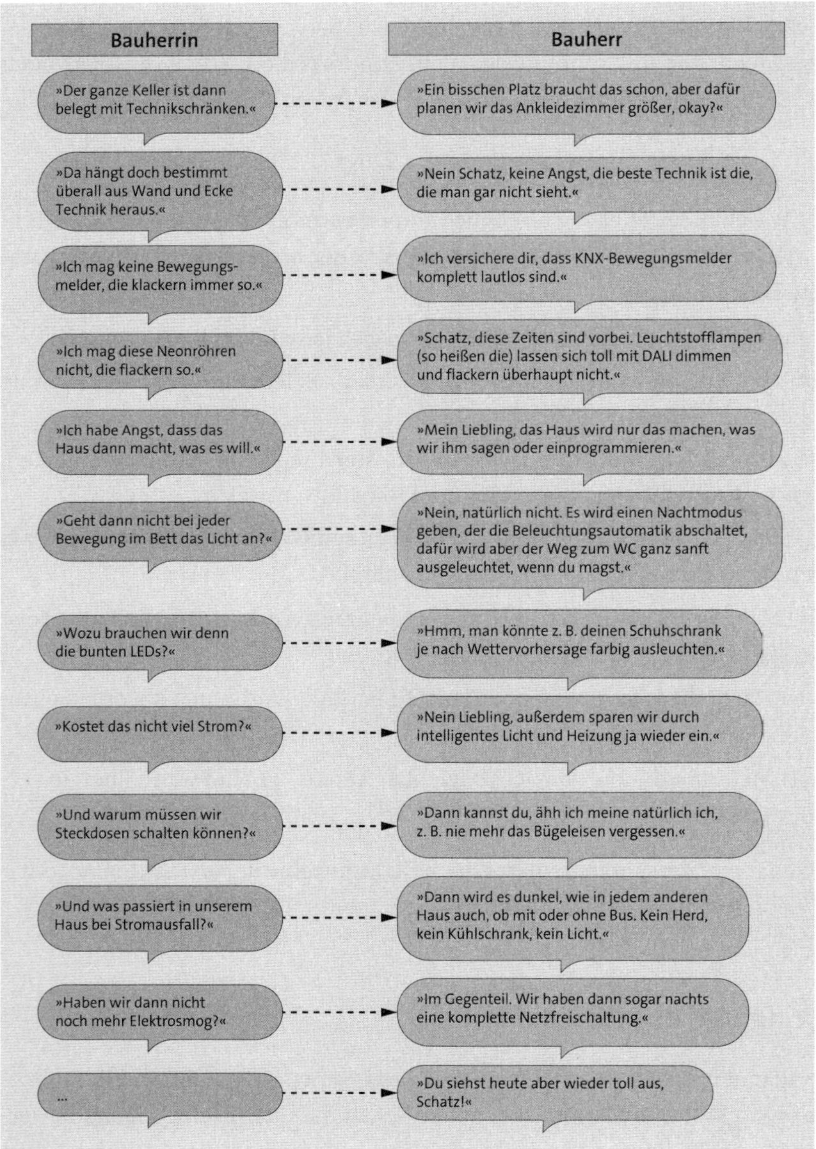

Abbildung 2.3 Diskussionsvorbereitung – dann klappt's auch mit dem WAF.

Dabei habe ich Sie selbst für die Rolle des Bauherren vorgesehen und Ihre Partnerin als Bauherrin. Falls Sie, was mich sehr freuen würde, als weiblicher Leser dieses Buch durcharbeiten, vertauschen Sie die Rollen einfach gedanklich.

Die Antworten des Bauherren sind übrigens nicht erfunden, sondern entsprechen voll und ganz der Wahrheit.

2.3.2 Wo können Sie punkten und wo verlieren?

Der WAF ist eine sich schnell ändernde Messgröße. Tabelle 2.2 soll Ihnen beispielhaft zeigen, wie Sie ihn schnell erhöhen, aber auch genauso schnell wieder verspielen können.

Dos and Dont's	Auswirkung auf den WAF
Die Frau auf der Terrasse bekommt die Nachricht per Smartphone, dass die Waschmaschine im Keller fertig ist.	positiv
Die Beleuchtung funktioniert bei Einzug noch nicht.	negativ
Sie verbringen die Abende und Wochenenden sehr häufig im Technikraum.	negativ
Die Jalousien fahren aus einem unerklärlichen Grund hoch.	negativ
Die Jalousien fahren aus einem unerklärlichen Grund hoch, während die Frau im Bad ist.	stark negativ
Sie realisieren mit schaltbaren Steckdosen in Fensternähe eine Deko- oder Weihnachtsbeleuchtung.	positiv
Die Weihnachtsbeleuchtung schaltet automatisch, zeit- oder helligkeitsabhängig.	stark positiv
Die Frau hat kalte Füße.	unvermeidbar
Sie implementieren eine »Mutter ruft zum Essen«-Taste, die in den Kinderzimmern im OG die Musikbeschallung stumm schaltet.	stark positiv
Die Treppen- und Kellerbeleuchtung schaltet automatisch ein ...	positiv
... schaltet aber zu früh wieder aus.	negativ
Die Haustür öffnet sich für autorisierte Personen automatisch, ohne dass man mit vollen Händen nach dem Schlüssel suchen muss.	positiv

Tabelle 2.2 WAF: Wo können Sie punkten und wo verlieren?

Die gute Nachricht ist: Alle Pluspunkte lassen sich mit überschaubarem Aufwand realisieren, und die Probleme können ebenfalls (mit Ausnahme der kalten Füße) vermieden werden.

2.4 Das Smart-Home-Gruselkabinett

Einer der Vorzüge einer clever geplanten intelligenten Gebäudesteuerung besteht darin, dass sie mit einer geringen Anzahl an Schaltern bzw. Tastern auskommt. Schalterbatterien von sechs oder noch mehr Unterputzdosen, nebeneinander oder übereinander, sehen nicht nur gruselig aus, sondern sind auch kaum sinnvoll zu bedienen, ganz abgesehen von den nicht gerade unerheblichen Kosten.

Im Smart Home gilt, was die Anzahl der Bedienelemente betrifft, der Grundsatz: »Weniger ist mehr.« Dort wo Beleuchtung geschaltet oder gedimmt werden soll, übernehmen Präsenzmelder einen Großteil der Arbeit, Jalousien bewegen sich abhängig von Helligkeit und Temperatur, und eine Raumtemperaturregelung benötigt eigentlich gar keine sichtbaren Einstellungsmöglichkeiten. Das Schöne daran ist, dass der Wohnkomfort dadurch deutlich steigt bei gleichzeitigem Gewinn an Flexibilität. Außerdem trägt die konsequente Reduktion von Schalterbatterien zu einer ansprechenderen Optik bei. Besonders der letzte Punkt lässt sich einfach auf gedrucktem Papier untermauern – ich präsentiere Ihnen das Gruselkabinett in Abbildung 2.4.

Abbildung 2.4 Bedienung der Beleuchtung: nicht schön und auch nicht zweckmäßig

Es geht aber noch besser, wie folgende Abbildung 2.5 zeigt. Für die Betätigung der obersten Taster bedarf es schon einer überdurchschnittlichen Körpergröße ...

Abbildung 2.5 Nicht weniger als 13 Taster für Licht ein/Licht aus

Im intelligenten Zuhause benötigen Sie diese Armee an Schaltern nicht mehr. Ein formschöner KNX-Tastsensor, wie ihn Abbildung 2.6 zeigt, im Zusammenspiel mit ein paar geschickt platzierten Präsenzmeldern, bietet Ihnen nicht nur die gleiche Funktionalität, sondern leistet darüber hinaus einiges, was mit der konventionellen Elektroinstallation gar nicht möglich wäre.

Gern möchte ich Sie im weiteren Verlauf dieses Buchs von diesen und vielen weiteren Vorzügen eines Smart Homes überzeugen. Bereits im folgenden Kapitel lernen Sie die verschiedenen Ausbaustufen kennen und erfahren, welche Erwartungen Sie an Ihr künftiges intelligentes Zuhause stellen dürfen.

Abbildung 2.6 Alles in einem: Beleuchtung, Jalousien, Raumtemperaturregelung und Szenensteuerung

Vorher habe ich aber noch ein kleines Foto (Abbildung 2.7) zum Thema Wetterstationen und warum sie Bestandteil einer intelligenten Gebäudesteuerung sein sollte.

Im Planungsteil dieses Buchs erfahren Sie noch detailliert, warum.

Abbildung 2.7 Wetterstation? Windalarm? ... brauch ich nicht!

Kapitel 3
Die Smart-Home-Ausbaustufen

Genau wie eine Pyramide entsteht ein Smart Home immer von unten nach oben. Ein wackeliges Fundament ist eine schlechte Voraussetzung für einen robusten Ausbau.

In welcher Reihenfolge gehen Sie den Ausbau Ihres Smart Homes an, welche Funktionen sind essenziell, und welche heben Sie sich für später auf? Ist eine Nachrüstung sinnvoll? Die folgenden beiden Abschnitte geben Ihnen die Antwort.

3.1 Die Smart-Home-Pyramide

Vielleicht erinnert Sie die Abbildung 3.1 ein bisschen an die oft publizierte Ernährungspyramide, die Art und Menge der für eine gesunde Ernährung empfohlenen Lebensmittelgruppen darstellt. Die Basis, also die mengenmäßig größte Gruppe, sind Flüssigkeiten wie Wasser, darüber folgen Obst und Gemüse, die Spitze bilden Süßigkeiten.

3.1.1 Entscheidend ist das Fundament

Auf eine »gesunde« Smart-Home-Struktur umgelegt, hätte die Pyramide einen Aufbau wie in Abbildung 3.1 gezeigt:

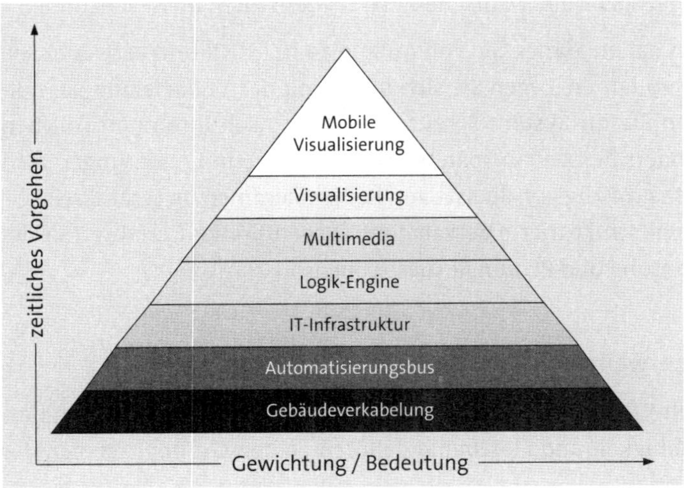

Abbildung 3.1 Die Smart-Home-Pyramide

Eine strukturierte Gebäudeverkabelung ist das Fundament und die Grundlage des intelligenten Heims. Je besser Sie hier ausgestattet sind, desto einfacher lässt sich darauf ein leistungsfähiger Automatisierungsbus aufsetzen. Mit den beiden unteren Schichten besitzen Sie bereits eine voll funktionsfähige Gebäudeautomatisierung, bestehend aus dezentralen intelligenten Geräten. Erweitert werden kann die Basis mit der Anbindung an eine IT-Infrastruktur (LAN), die den Einsatz von zentralen Logikmaschinen erlaubt. Eine dieser Zentralfunktionen ist die Visualisierungsoberfläche bzw. das über einfache Schalter und Taster hinausgehende (grafische) Bedien-Interface. Ist diese Schnittstelle eingerichtet, werden zusätzliche Anforderungen wie Multiroom-Audio oder andere Multimedia-Funktionen umgesetzt. Die Spitze der Pyramide bilden dann nur noch die einzelnen »Süßigkeiten«, etwa der mobile Smart-Home-Zugriff. Stimmt die Basis, also der Unterbau, ist die Smartphone-App kein Hexenwerk mehr, Sie bekommen sie fast schon automatisch dazu.

Die Pyramide soll Ihnen ebenfalls verdeutlichen, bei welchen Schritten Sie die meiste Anstrengung investieren sollten und in welcher Reihenfolge Sie dabei vorgehen. Es ergibt wenig Sinn, sich mit den Details einer Smartphone-basierten Steuerung zu beschäftigen, wenn der dazu notwendige Automatisierungsbus nicht vorhanden ist.

Ganz wie beim echten Pyramidenbau gilt auch hier: Die Spitze ist schnell mal gewechselt, aber um eine Basis auszutauschen oder gar ein Fundament einzufügen, muss ein Vielfaches an Aufwand betrieben werden.

3.1.2 Smart Home vorbereiten?

Ein KNX-System wird, im Vergleich zu einer herkömmlichen Installation, nach einer grundsätzlich anderen Philosophie umgesetzt. Eine Planung, bei der Sie zuerst konventionell verkabeln und später dann auf KNX umrüsten, wird aus zwei Gründen scheitern: Erstens ist dieses Vorgehen die teuerste Variante, und zweitens wird die Umrüstung, wenn Sie erst einmal eingezogen sind, wahrscheinlich sowieso nicht mehr stattfinden.

Meine Empfehlung lautet daher: Planen Sie von Anfang an mit KNX und verwerfen Sie den Versuch, zweigleisig zu fahren. Legen Sie sich direkt mit der Verkabelung die notwendige Basis und bauen Sie Ihr System Schritt für Schritt nach Ihren persönlichen Möglichkeiten aus. Besonders flexibel für spätere Erweiterungen und Änderungen wird Ihre Installation durch den großzügigen Einsatz von Reihenklemmen im Stromkreisverteiler. Wie genau eine solche strukturierte Verkabelung ausgeführt wird, erfahren Sie detailliert in Teil 3, »Vorbereitung und Planung«, dieses Buchs.

3.1.3 Schritt für Schritt erweitern

Nur in den allerwenigsten Fällen wird Ihr smartes Eigenheim von Anfang an komplett sein. Gute Erweiterungsfähigkeit und Flexibilität gehören zu den Grundprinzipien der intelligenten Gebäudeinstallation, daher müssen Sie sich an dieser Stelle wenig sorgen. In welchen Stufen der Ausbau sinnvoll vorangetrieben werden kann, zeigt Ihnen die Smart-Home-Pyramide in Abbildung 3.1. Dazu passende Erweiterungsschritte, die sich in der Praxis einfach umsetzen lassen, finden Sie in der nachfolgenden Auflistung. Generell gilt: Sparen Sie nicht an der Verkabelung, sondern führen Sie diese von Beginn an komplett aus. Ausgebaut wird Ihre Installation durch den Zukauf weiterer Geräte bzw. Busteilnehmer.

- Installieren Sie Reed-Kontakte an den Fenstern bzw. Eingangstüren direkt mit und führen Sie die Verkabelung bis in den Schaltschrank oder alternativ in Unterputzdosen. Die Abfrage der Eingänge kann zu einem späteren Zeitpunkt erfolgen, wenn Sie die benötigten Binäreingänge angeschafft haben.
- Schaltbare Steckdosen rüsten Sie bei Bedarf nach, anfangs genügt auch Dauerstrom (flexibel über Reihenklemmen auflegen).
- Die relativ teuren Dimmer können anfangs auch durch Schaltaktorkanäle realisiert werden, oder Sie weichen ganz auf DALI- bzw. DMX-Geräte aus (dazu Verkabelung gleich vorsehen).
- Bewegungsmelder und Präsenzmelder sind sehr nützlich, sie lassen sich jedoch Stück für Stück an vorbereiteten Positionen nachrüsten.
- Sie kommen am Anfang ohne Heizungsaktoren aus, wenn Sie den Durchfluss der einzelnen Heizkreise am Heizkreisverteiler manuell einstellen.
- Mit Logikmaschinen können Sie die tollsten Wünsche umsetzen, aber Sie sollten sich damit erst auseinandersetzen, wenn die Basisinstallation funktioniert.
- Einen Automatisierungsrechner mit optionaler Visualisierung kann jederzeit später ergänzt werden, Gleiches gilt für Multimedia-Einbindung und mobile Fernsteuerung.

Was die Ausstattung Ihres Heims mit Schaltern und Tastern betrifft, denken Sie an den Grundsatz: Weniger ist mehr. Überlassen Sie das Schalten lieber einer Kombination aus Präsenzmeldern, Bewegungsmeldern, Szenen und zusätzlichen Logikfunktionen. Die Stellen, an denen Sie trotzdem Schalter benötigen, lassen sich ebenfalls Schritt für Schritt ausrüsten. Über eine zentrale Visualisierung können Sie alle nicht vorhandenen Schalter dennoch bedienen und kommen mit wenigen Einschränkungen sehr lange ohne die endgültigen Bedienelemente aus. Entgegen der obigen Auflistung benötigen Sie dafür aber bereits frühzeitig einen Automatisierungsrechner (eibPC, HomeServer, Lösung mit Linux-Server usw.).

3.1.4 Smart Home nachrüsten?

Intelligente Gebäudeautomatisierung lässt sich selbstverständlich auch nachrüsten. Die zwar mit viel Schmutz und Schweiß verbundene Variante, nachträglich Datenleitungen (wie z. B. die grüne KNX-Twisted-Pair-Leitung) zu verlegen, ist dabei die robusteste, und Sie sollten sie bevorzugen, wo immer möglich.

Wesentlich staubfreier funktioniert es mit Funknetzwerken oder einem Powerline-System. Bei einer Nachrüstlösung, die rein auf Funk basieren soll, spricht vieles für EnOcean. Alternativ bieten sich ZigBee, Z-Wave oder das funkbasierte KNX RF an. Die KNX-Lösung über die Stromleitung (KNX PL) hat aktuell den Nachteil, dass eine durchgängige Produktpalette nur von den allerwenigsten Herstellern angeboten wird.

3.2 Was können Sie von Ihrem Smart Home erwarten?

Ein sinnvoller Ausbau beginnt immer mit den Grundfunktionen eines Smart Homes und wird erweitert durch intelligente Logikfunktionen, Visualisierung und Fernsteuerung. Die folgenden Ausbaustufen sollen Ihnen zum einen ein Gefühl dafür geben, was Sie von Ihrem künftigen Smart Home erwarten dürfen bzw. sollten, und zum anderen, in welcher Reihenfolge Sie dabei vorgehen. Beides ist natürlich nicht in Stein gemeißelt, sondern als eine an Ihre eigenen Prioritäten anpassbare Hilfestellung gedacht.

3.2.1 Die Grundfunktionen

Lassen Sie mich mit den *Basisfunktionen* beginnen. Die folgenden Beispiele haben gemeinsam, dass sie in der Regel einfach zu realisieren sind bzw. mit einfachen Komponenten wie Schaltaktoren oder Jalousieaktoren auskommen:

- Steckdosen einzeln oder in Gruppen ein- und ausschalten
- Beleuchtung schalten und dimmen, sowohl konventionelle Glühbirnen, Leuchtstofflampen und Halogenlampen wie auch Energiesparlampen und LEDs (auch mehrfarbig)
- Ventilsteuerung für Fußbodenheizung und Radiatorheizung, Ansteuerung von elektrischen Heizkörpern, Nachtabsenkung
- Steuerung einer Belüftungsanlage bzw. einer zentralen Wohnraumbelüftung
- Auf- und Zufahren von (Dach-)Fenstern und Oberlichtern, Öffnen der Haustür, Steuerung des Garagentors
- zeitabhängiges Schalten beliebiger Verbraucher (Treppenhauslicht, WC-Lüftung, Netzfreischaltung während der Nacht, Zirkulationspumpe, Gartenbewässerung, Dekobeleuchtung)
- Beschattungssteuerung jeglicher Art, z. B. Außenjalousien (Abbildung 3.2), Innenrollladen, Sonnensegel

Abbildung 3.2 Außenjalousien, in die Gebäudesteuerung integriert

3.2.2 Automatisierung durch erweiterte Sensorik

Erweitert man die Basisinstallation durch *zusätzliche Sensorik* (wie z. B. Temperatursensoren, Präsenzmelder, siehe Abbildung 3.3, Wetterstation), entstehen fast unbegrenzt viele weitere Anwendungsfälle. Hier eine Auswahl oft realisierter Funktionen:

- Beleuchtung abhängig von Außen- oder Innenhelligkeit schalten sowie abhängig davon, ob sich Personen im Haus/Raum aufhalten
- Konstantlichtregelung
- Beschattungssteuerung nach Außen- oder Innenhelligkeit, Temperatur, Wind, Regen und die zugehörigen Sicherheitsfunktionen (Windalarm, Regenalarm), Sonnenschutzfunktion
- Einzelraumtemperaturregelung, Schalten der Umwälzpumpe
- Überwachung von Fenstern und Türen, Abfrage, welche Fenster geöffnet oder gekippt sind
- Realisierung einer einfachen Alarmanlage, basierend auf Bewegungserkennung und Außenhautüberwachung (Fensterkontakte, Glasbruchsensoren usw.)
- luftqualitätsgeführte Steuerung einer Belüftungsanlage bzw. von elektrisch bewegbaren Fenstern

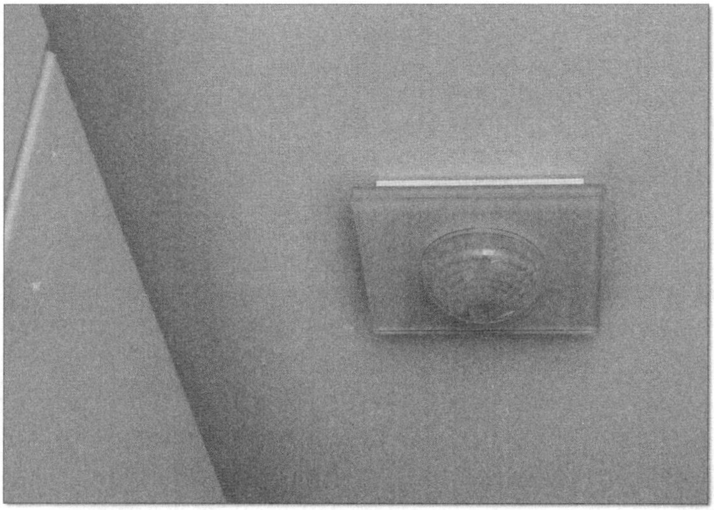

Abbildung 3.3 Deckenpräsenzmelder im Glasdesign

3.2.3 Bedienen, Visualisieren und Benachrichtigen

Ein weiterer Baustein des Smart Homes ist eine leistungsfähige, funktionale und zudem noch ansprechende *Bedienung*, eine *Visualisierung* und ein *Benachrichtigungssystem*. Die Möglichkeiten sind vielfältig und können zudem kombiniert werden:

- Statusanzeige von Zuständen auf einfachen Anzeigeelementen (Status-LEDs) von z. B. Meldungen und Störungen (Abbildung 3.4)
- komplette Bedienoberfläche für das Automatisierungssystem über Rechner, Touchpanel und Smartphone sowie über dedizierte LC-Displays
- visuelles Feedback von Zuständen, z. B. farbige Beleuchtung (LEDs), falls vergessen wurde, Fenster beim Verlassen des Hauses zu schließen
- akustische Meldungen oder Sprachnachrichten über Multiroom-Audiosystem
- Einblenden von Informationen in das TV-Bild (z. B. Türkommunikation, Telefonanrufe, Infomeldungen) oder auf einen PC-Bildschirm

Abbildung 3.4 Statusanzeige über LEDs: Störungen, Meldungen, Alarm

3.2.4 Fernsteuern

Der nächste logische Schritt nach der Bedienung des Smart Homes vor Ort ist die Möglichkeit, auch im nahen Umkreis (Terrasse) oder von unterwegs Aktionen des Automatisierungssystems auslösen und Zustände abfragen zu können. Eine *Fernsteuerung* ist, die richtige Infrastruktur vorausgesetzt, kein Problem:

- Bedienung über Infrarotfernbedienungen (raumbezogene Funktionen) oder Funkfernbedienungen (raumübergreifende Befehle)
- Steuerung der Hausautomatisierung über einen Internetfernzugang (Smartphone, siehe Abbildung 3.5, Webbrowser)
- Status- oder Warnmeldungen bei Abwesenheit auf mobiles Gerät (E-Mail, SMS, Push-Nachricht, Sprachnachricht)

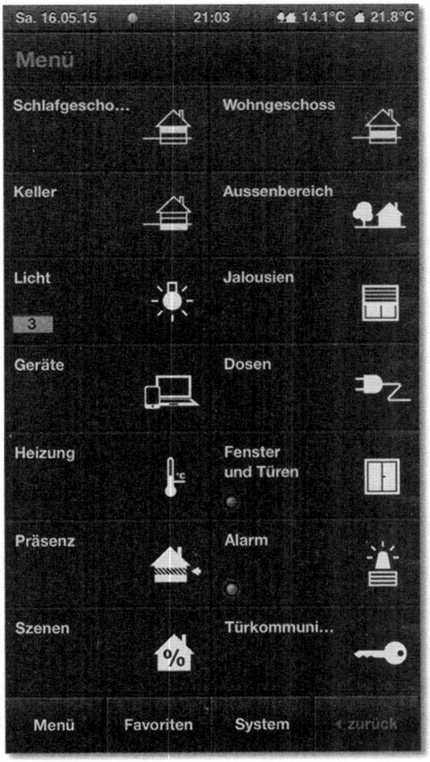

Abbildung 3.5 Smartphone-Zugriff auf Ihr Haus

3.2.5 Szenen und Zentralfunktionen

Beinhaltet das Automatisierungssystem die notwendige Hardware (Aktoren, Sensoren, Logikbausteine) und eine entsprechend geplante Elektroverkabelung, lassen sich durch reine Softwarefunktionen bzw. Parametrierung beinahe unzählig viele Komfortfunktionen einbetten. Über sogenannte *Szenen*, die Sie automatisch oder manuell auslösen, fassen Sie zusammengehörende Aktionen zusammen, z. B.:

- Fernsehen-Szene (Beleuchtung im Wohnzimmer gedimmt, siehe Abbildung 3.6, Leselichter aus, Jalousien schließen, Telefon leise schalten)
- Szene für Duschen (z. B. Radio im Bad anschalten, Schminkspiegelbeleuchtung aus, elektrischer Heizkörper an, Effektbeleuchtung in Duschkabine an)
- Szene für nächtliches Austreten (z. B. in Schlafzimmersteckdosen eingebaute LED-Beleuchtung anschalten, Flurbeleuchtung in Marschrichtung WC auf 10 % dimmen, WC-Beleuchtung auf 50 % dimmen)
- beliebige individuelle Szenen wie z. B. die »Mama ruft zum Essen«-Taste (Musik in allen Kinderzimmern ferngesteuert auf stumm schalten, sodass Mutters Ruf auch gehört wird)

Abbildung 3.6 Gedimmtes Licht als Teil einer Beleuchtungsszene

Auf die gleiche Art und Weise werden auch *Zentralfunktionen* durch Umprogrammierung ermöglicht, ohne dass an der bestehenden Verkabelung irgendetwas verändert werden müsste. Um Ihnen ein Gefühl dafür zu geben, was mit nur geringem Aufwand möglich wird:

- Haus-aus-Taste: Abschalten kritischer Verbraucher, Sperren von Bedienelementen, Absenken der Raumtemperaturen oder Start der Anwesenheitssimulation (zeit- oder helligkeitsabhängig Beleuchtung schalten und Jalousien öffnen/schließen)
- Lüften-Taste: die Lamellen sämtlicher Jalousien öffnen, um effektive Querdurchlüftung zu ermöglichen
- Paniktaste: Einschalten von vordefinierten Leuchten zur Abschreckung des Eindringlings, Öffnen der Jalousien, Absetzen eines Anrufs, Böser-Wachhund-Lärm über Soundanlage

3.2.6 Vernetzung verwandelt unsmarte Geräte in smarte Geräte

Ein Smart Home ist ein *hybrides System*, es besteht in der Regel nicht nur aus einem einzigen Bus, sondern gewinnt seinen Charme durch das clevere Zusammenschalten und Kombinieren mehrerer spezialisierter Systeme, was vielfältige Möglichkeiten eröffnet. Eine Kopplung wird oft über sogenannte Gateways erreicht, in einigen Fällen aber auch über simple Digital- oder Analogeingänge. Aus einem *unsmarten* Gerät wird durch die richtige Vernetzung vielfach ein *smartes* Gerät. Beispiele für die Einbindung weiterer Systeme sind folgende:

- Über das Türkommunikationssystem können Sie das Kamerabild der Türstation in Ihrer Visualisierung anzeigen, eine Zutrittskontrolle realisieren, das Klingeln an der Haustür im Fernsehbild einblenden oder die Haustür mit Ihrem Smartphone von unterwegs öffnen.
- Ein (Multiroom-)Audiosystem spielt nicht nur Musik von einem zentralen Server, sondern kann akustische Einblendungen (Warnhinweise) ausgeben, Einbrecher durch eine Sirene abschrecken oder am Morgen die Familie sanft wecken.
- Das Videosystem streamt nicht nur Filme auf verschiedene Endgeräte, sondern kann ebenso Informationen, die von einem Automatisierungssystem generiert wurden, anzeigen (z. B. Warnung bei offenen Fenstern und eintretendem Regen).
- Eine Telefonanlage kann gewinnbringend an das Automatisierungssystem angebunden werden und übernimmt zusätzliche Aufgaben wie die Funktion einer Türglocke oder eines Türöffners.
- (Vernetzte) Rauchwarnmelder oder Wassermelder lösen nicht nur Alarm aus, sondern informieren den Smart-Home-Besitzer auch per SMS, Telefonanruf oder Ähnliches.
- Und nicht zu vergessen: Intelligente Haushaltsgeräte (Kühlschrank, Herd, Waschmaschine) und Helfer wie Saugroboter oder Mähroboter bieten oftmals einen Mehrwert, wenn sie in ein hybrides vernetztes Konzept aufgenommen werden.
- Smart-Metering-Daten (Haushaltsstrom, Fotovoltaikanlage usw.) lassen sich auswerten, aufbereiten und in einer Visualisierung präsentieren (Abbildung 3.7).

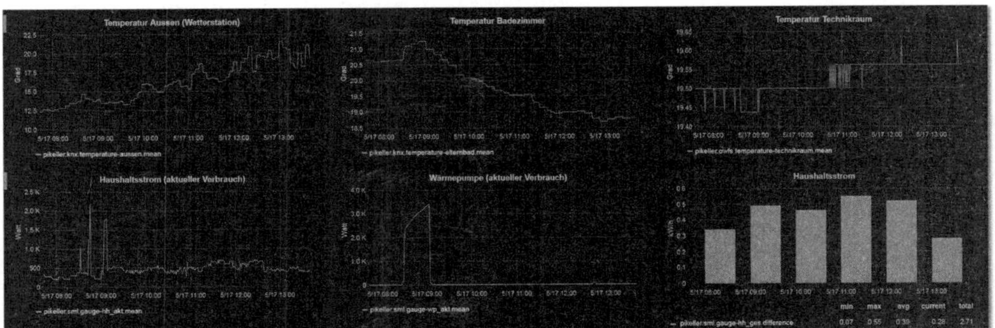

Abbildung 3.7 Smart Metering von Temperatur und Stromverbrauch

- Eine unsmarte KWL (kontrollierte Wohnraumlüftung) wird durch einen VOC-Sensor, ein paar 1-Wire-Temperatursensoren und die Nutzung des eingebauten 0–10-V-Regeleingangs so in die Gebäudeautomation integriert, dass sogar der Hersteller der KWL staunt.

3.2.7 Gerüstet sein für die Zukunft

Selbstverständlich lässt sich eine Unmenge mehr an weiteren Anwendungsmöglichkeiten finden. Welche davon für Sie als künftigen Smart-Home-Besitzer wichtig sind, ist immer personenabhängig. Mit der oben stehenden Aufstellung sollten Sie jedoch die meisten Wünsche abdecken können.

Grenzen nach oben existieren theoretisch fast nicht. Was heute vielleicht noch ziemlich abgefahren erscheinen mag, kann morgen schon Ihre neue Lieblingsfunktionalität werden. Belegungsmatten unter den Matratzen zur Anwesenheitserkennung, Temperatursensoren unter der Badewanne zum Starten der Baden-Szene, eine Lichtschranke am Briefkasten zur Posteinwurferkennung – alles umsetzbar.

Im Laufe der Zeit, in der Sie Ihr Smart Home bewohnen, werden immer wieder weitere Wünsche dazukommen oder Bedürfnisse sich ändern. Das ist so gewollt, genau deswegen existieren flexible Automatisierungssysteme und genau deswegen soll Ihnen dieses Buch die notwendigen Kenntnisse vermitteln, um auch in Zukunft bestens für neue Ideen gerüstet zu sein.

Kapitel 4
Abstecher in die Praxis

Sie haben sich nach den theoretischen Einführungskapiteln eine Abwechslung redlich verdient. Lust auf ein erstes Praxisprojekt?

In diesem ersten Hands-on-Praxisausflug realisieren Sie eine sehr genaue digitale Mehrkanaltemperaturerfassung auf Basis eines kleinen Headless-Servers. Zum Einsatz kommt ein Raspberry Pi (RasPi), der ideal für Aufgaben dieser Art geeignet ist. Der Pi ist günstig, besitzt bereits von Haus aus wichtige Interfaces, ist sparsam im Energieverbrauch und so klein, dass er wunderbar am Ort des Geschehens Platz findet. Darüber hinaus bekommen Sie für dieses sympathische Gerät so gut wie jedes wichtige Softwareprojekt kostenlos. Linux und die Open-Source-Szene machen es möglich.

Nebenbei kommen Sie bei diesem Einführungsbeispiel direkt mit einem ersten Automatisierungsbus, dem 1-Wire-Bus, in Kontakt. Er ist ideal geeignet für kostengünstige Messwerterfassung und wird Ihnen im weiteren Verlauf dieses Buchs noch öfter begegnen.

4.1 Wegweiser

Vor dem eigentlichen ersten Praxisaufbau möchte ich Ihnen noch einen kleinen Wegweiser vorstellen. Sie finden in der folgenden Tabelle 4.1 insgesamt sechs unterschiedliche Rechnersysteme. Jeder dieser Rechner fühlt sich in einem typischen Smart Home zu Hause und übernimmt eine oder mehrere Aufgaben für Sie. Welche das im Rahmen dieses Buchs sein werden, entnehmen Sie, zusammen mit einem Verweis auf das entsprechende Kapitel, ebenfalls dieser Übersicht. Bitte lassen Sie sich von den Begriffen nicht abschrecken, Sie lernen die Grundlagen Schritt für Schritt kennen.

Rechner	Anwendung	Buchkapitel/-abschnitte
Raspberry Pi (Model B) mit Raspbian	▸ Einführungsbeispiel: 1-Wire-Busmaster mit Temperatursensor und OWFS ▸ Ausbau zum Smart-Metering-Client mit eibd, linknx, libSML, collectd, knockd ▸ Wärmepumpensteuerung mit vcontrold	▸ Abschnitt 4.2 ▸ Kapitel 63 ▸ Abschnitt 50.14

Tabelle 4.1 Wegweiser: Automatisierungsrechner

Rechner	Anwendung	Buchkapitel/-abschnitte
Raspberry Pi 2 mit OpenELEC	Multimedia-Client für SAT-Empfang, Video- und Audio-Frontend in Verbindung mit NUC-Videoserver	Kapitel 59
Intel NUC D34010WYK mit Lubuntu	▸ Aufbau eines leistungsstarken Multiroom-Soundsystems auf Basis von MPD und MPC (inklusive lighttpd und knockd) ▸ zusätzlicher Einsatz als Videoserver auf Basis von Tvheadend	▸ Kapitel 58 ▸ Abschnitt 49.2
Intel NUC NUC5i3RYK mit Windows 7	Aufbau eines Einbau-Touchscreen-PCs als luxuriöse Visualisierungsoberfläche	Abschnitt 37.6.2
Cubietruck mit Debian 7	▸ Einsatz als Smart-Metering-Server mit lighttpd, collectd, InfluxDB, Grafana ▸ openHAB-Server mit Java 8	▸ Kapitel 61 ▸ Abschnitt 50.6
Virtuelle Maschine mit Ubuntu	▸ Einrichtung von VirtualBox unter Windows 7 ▸ FHEM-Server ▸ openHAB-Server mit Anbindung an KNX ▸ SmartHome.py in Verbindung mit smartVISU	▸ Abschnitt 19.2 ▸ Abschnitt 50.5 ▸ Abschnitt 50.6 ▸ Abschnitt 50.7, 50.8

Tabelle 4.1 Wegweiser: Automatisierungsrechner (Forts.)

Die Verteilung der Aufgaben auf diese sechs Erfüllungsgehilfen ist nicht zwingend, sondern als Vorschlag gedacht. Genauso gut könnte beispielsweise der Lubuntu-NUC zusätzlich die Aufgaben des Cubietruck übernehmen oder der Windows-NUC komplett wegfallen, wenn Sie einen anderen Weg für Ihre Visualisierung einschlagen möchten.

Die Wahl der unterschiedlichen Rechner soll Ihnen eine möglichst breite in der Praxis bewährte Auswahl bieten, aus der Sie später das für Sie passende System zusammenstellen. Die Grundfunktionen eines Smart Homes sind zum größten Teil auch komplett ohne einen dieser Automatisierungsrechner umsetzbar, Sie müssen also nicht befürchten, dass demnächst ein ganzer Serverpark in Ihrem Keller einzieht. Dennoch möchte ich Ihnen eines nicht verschweigen: Der Hunger kommt beim Essen.

4.2 Ein erstes Praxisbeispiel: Temperatur messen mit dem Raspberry Pi

Die einführenden Abschnitte haben Sie jetzt wirklich überstanden, im Rest dieses Kapitels erwarten Sie die Konfiguration eines Miniservers und der Aufbau eines 1-Wire-Bus. Der Sinn des Ganzen ist es, Ihnen direkt ein Gefühl für die Smart-Home-Materie zu geben, ohne zuvor die Grundlagen erarbeiten zu müssen. Das kleine System, das Sie aufbauen, dient außerdem als Grundlage für weitere Ausbaustufen (siehe Tabelle 4.1).

4.2.1 Bauen Sie sich Ihren 1-Wire-Bus

Zwar ist es möglich, einen digitalen Temperatursensor direkt über die GPIO-Pins des RasPi zu betreiben, was in vielen Bastelanleitungen auch erfolgreich gezeigt wird, wir gehen aber in diesem Beispiel den Weg über die deutlich robustere Anbindung mittels eines echten 1-Wire-Busmasters.

Benötigte Hardware

Für den Aufbau des 1-Wire-Bus benötigen Sie wie in Abbildung 4.1 gezeigt:

- einen 1-Wire-Busmaster/USB-Hostadapter DS9490R inklusive Anschlusssatz RJ-12-RJ-12 (Empfehlung: *www.wiregate.de*, Preis: ca. 28 €)
- einen (oder gleich mehrere) 1-Wire-Temperatursensoren DS18B20 (z. B. bei *www.amazon.de*, Preis: ca. 1 € pro Stück; achten Sie darauf, dass Sie die Gehäuseversion TO-92 – das ist die mit »den Beinen« – bekommen)

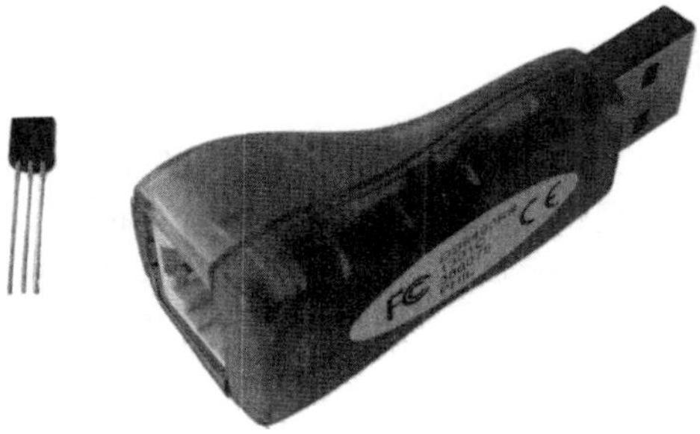

Abbildung 4.1 1-Wire-Temperatursensor DS18B20 (links) und USB-Hostadapter DS9490R (rechts)

- Optional: Falls Sie später vorhaben, an den USB-Ports des RasPi noch mehr Geräte zu betreiben, lege ich Ihnen ans Herz, sich einen aktiven USB-Hub für Ihren Minirechner zu besorgen. Viele Fehler während des Betriebs entstehen durch die schwache Stromversorgung der USB-Ports, was Sie mit einem aktiven Hub wirkungsvoll verhindern. Ein Beispiel für einen zuverlässigen USB-2.0-7-Port-Hub ist der EX-1177HMV-S (*www.wiregate.de*, Preis: ca. 60 €).

Der Aufbau

Der erste Schritt ist einfach: Verbinden Sie den DS9490R-Hostadapter über ein USB-Anschlusskabel direkt mit dem RasPi oder über einen USB-Hub. Welchen USB-Port Sie wählen, ist dabei egal.

Schritt zwei erfordert etwas Handarbeit: Das Flachkabel mit den beiden RJ-12-Steckern, das in oben genanntem Anschlusssatz enthalten ist, schneiden Sie am besten in der Mitte durch, es dient uns zu einem schnellen Anschluss des Temperatursensors. Für einen ersten Testaufbau ist diese Vorgehensweise ausreichend und pragmatisch. Später, widmen wir uns in Abschnitt 10.7 der professionelleren Verkabelung des 1-Wire-Bus.

Sie müssen jetzt die drei Anschlusspins des DS18B20 mit den richtigen Adern des durchgetrennten Endes des Flachkabels verbinden. Sehen Sie sich hierzu Abbildung 4.2 an. Am besten ist eine Lötverbindung mit Schrumpfschläuchen, ein Steckbrett mit Steckkabel erfüllt aber auch ihren Zweck.

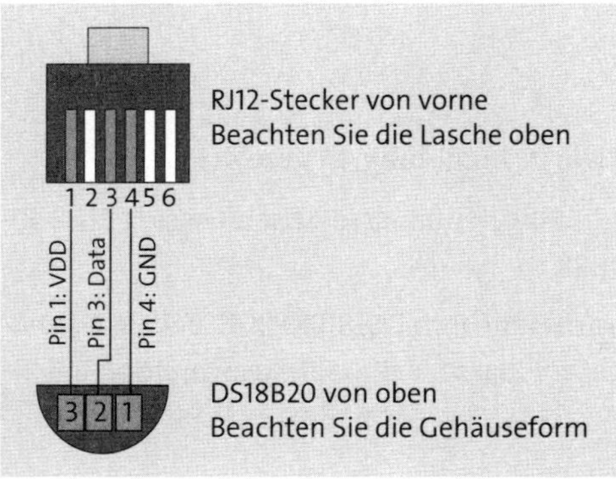

Abbildung 4.2 Anfertigen der Verbindung DS18B20 mit DS9490R

Sie dürfen in derselben Art und Weise auch mehrere DS18S20 parallel mit dem DS9490R verbinden, für unseren Versuchsaufbau reicht jedoch ein einzelner Temperatursensor. Alle Grundlagen zum Thema 1-Wire-Bus und dessen Topologie erwartet Sie in Kapitel 10, »1-Wire: nicht nur ›eine‹ Ader«.

Haben Sie das Anschlusskabel RJ-12 auf DS18B20 gefertigt, stecken Sie es noch in den Busmaster und dürfen sich jetzt dem Softwareteil widmen.

4.2.2 Geben Sie Ihrem RasPi ein Betriebssystem

Das Linux-Betriebssystem ist wunderbar geeignet für alle Anwendungen, die im Smart-Home-Umfeld zum Einsatz kommen. Der RasPi fühlt sich am wohlsten mit der auf Debian basierenden Raspbian-Distribution.

Das Betriebssystem herunterladen

Besorgen Sie sich unter (*www.raspberrypi.org/downloads*) das aktuelle Image von Raspbian. Zum Zeitpunkt der Entstehung dieses Buchs war die Version Debian Wheezy vom 20.06.2014 mit dem Linux-Kernel 3.12 aktuell. Entpacken Sie das heruntergeladene Zip-Archiv in ein beliebiges Verzeichnis, erhalten Sie die benötigte Imagedatei (*.img*).

Benötigte Hardware

Neben Ihrem Raspberry Pi selbst benötigen Sie für das Einführungsbeispiel folgende Hardware:

- eine qualitativ möglichst hochwertige SDHC-Speicherkarte
- eine USB-Tastatur
- einen Bildschirm mit HDMI-Anschluss sowie ein HDMI-Kabel
- ein SD-Kartenlesegerät
- Ethernet-Patch-Kabel
- eine 5-V-Stromversorgung

Das Lesegerät, die Tastatur und auch den Bildschirm benötigen Sie nur vorübergehend während der ersten Installationsschritte, die Speicherkarte hingegen wird im RasPi installiert bleiben und entscheidend für den langfristig fehlerfreien Betrieb des Minicomputers sein. Wählen Sie daher eine qualitativ hochwertige Karte. 8 bis 16 GByte an Kapazität sind bei Weitem ausreichend. Selbst empfehlen kann ich die flotte Karte Class 10 SDHC von Transcend mit 16 GByte.

Das Image auf die SD-Karte flashen

Installieren Sie unter Windows das Programm Win32DiskImager, das Sie unter *www.sourceforge.net/projects/win32diskimager/files/latest/download* kostenlos herunterladen können.

Vor dem Programmstart legen Sie gleich die SD-Karte in das Kartenlesegerät. Achten Sie darauf, den Win32DiskImager über den Windows-Kontextmenübefehl ALS ADMINISTRATOR AUSFÜHREN zu starten. In der sehr minimalistischen, aber ausreichenden Benutzeroberfläche stellen Sie als DEVICE den Laufwerkbuchstaben Ihres Lesegeräts ein und wählen über die Dateiauswahlbox das im ersten Schritt heruntergeladene Raspbian-Image-File.

Ein zum Programmieren der SD-Karte bereiter Win32DiskImager würde wie in Abbildung 4.3 aussehen:

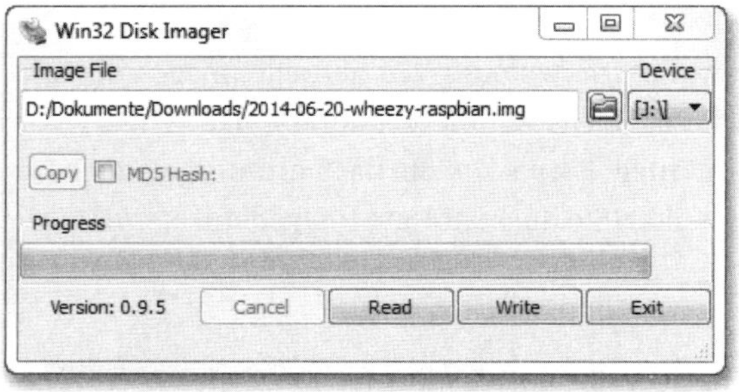

Abbildung 4.3 Mit Win32DiskImager das Raspbian-Image schreiben

Wenn Sie sich vergewissert haben, dass der richtige Laufwerkbuchstabe ausgewählt ist, starten Sie beherzt den Schreibvorgang mit Write.

Der erste Start mit Raspbian

Nachdem die SD-Karte komplett beschrieben wurde, ist es an der Zeit, den RasPi startklar zu machen:

- Stellen Sie über das HDMI-Kabel die Verbindung zum Bildschirm her.
- Setzen Sie die SD-Karte in den SD-Slot des RasPi ein.
- Verbinden Sie den RasPi über das Patch-Kabel mit Ihrem Ethernet-Switch und die USB-Tastatur mit einem freien USB-Port.
- Schalten Sie zuerst den Bildschirm an und dann den RasPi, indem Sie ihn über das Steckernetzteil bestromen.

Nach einer kurzen Bootzeit, in der Sie einige Kernel-Meldungen beobachten können, öffnet sich das Hauptfenster des Tools raspi-config.

Die ersten Basiseinstellungen

Über die Tastatur nehmen Sie in raspi-config diese grundlegenden Einstellungen vor:

- Über den Menüpunkt Internationalisation Options selektieren Sie im erscheinenden Untermenü folgende Einstellungen:
  - über Change Locale: das Tastaturlayout auf de_DE.UTF-8, gegebenenfalls müssen Sie de_DE.UTF-8 in der folgenden Dialogbox ein zweites Mal selektieren
  - über Change Timezone: die Zeitzone auf Europe und anschließend Berlin
  - mit Change Keyboard Layout: die Tastaturbelegung Generic 105-Key (Intl) PC
  - anschließend Other und German und im nächsten Schritt ebenfalls German
  - die nächsten drei Einstellungen quittieren Sie bitte einfach mit ↵
- Mit Change User Password können Sie für den Standard-User pi das voreingestellte Passwort `raspberry` durch ein eigenes ersetzen (empfohlen).

- Unter dem Punkt ADVANCED OPTIONS geben Sie
  - mit HOSTNAME Ihrem RasPi einen neuen Hostnamen (ohne Sonderzeichen), Beispiel: `datensammler`
  - der Größe des zu reservierenden Grafikspeichers mit MEMORY SPLIT den Wert `16` (wir benötigen für unsere Anwendungsfälle keine grafische Oberfläche)
  - über das Menü-Item SSH dem RasPi vor, seinen SSH Server stets zu aktivieren
- Erweitern Sie abschließend das Root-Filesystem auf die gesamte SD-Kartengröße, indem Sie den Menüpunkt EXPAND FILESYSTEM ausführen.
- Verlassen Sie jetzt raspi-config über FINISH, den vorgeschlagenen Reboot können Sie getrost ausführen. Sie sind erst einmal mit der Konfiguration des RasPi fertig.

Sie können übrigens jederzeit später das Konfigurationsprogramm nochmals starten, indem Sie in einer Shell das Kommando `sudo raspi-config` geben.

Nach dem Reboot erwartet Sie der erste Konsolenprompt, loggen Sie sich bitte mit dem Usernamen `pi` und dem (veränderten) Passwort ein.

Bleibt nur noch eine abschließende Aktion übrig. Ermitteln Sie mittels des Shell-Kommandos `ifconfig` die aktuelle IP-Adresse des RasPi. Die Adresse finden Sie im Bereich der internen Ethernet-Schnittstelle eth0 unter dem Eintrag INET ADRESSE. Notieren Sie sich bitte die IP-Adresse, Sie benötigen sie gleich in den nächsten Schritten. Später im Grundlagenteil (Abschnitt 15.5.4, »Dem Server eine feste IP-Adresse zuordnen«) erfahren Sie, wie Sie Ihrem RasPi eine fixe IP-Adresse geben.

4.2.3 Betreiben Sie Ihren RasPi »headless«

Der Grund dafür, dass Sie im vorherigen Schritt den SSH-Server aktiviert haben, ist der, dass Sie ab jetzt headless auf Ihren Rechner zugreifen können, also ohne Tastatur und Monitor, dafür ferngesteuert (remote) über einen SSH-Zugang.

Schalten Sie jetzt Ihren RasPi ordnungsgemäß über das Kommando `sudo shutdown -h now` aus und entfernen Sie mutig die Tastatur und den Bildschirm. Ab jetzt arbeiten Sie nur noch über eine SSH-Konsole, Sie werden sehen, für einen Smart-Home-Rechner ist das ideal.

Statt PuTTY benutzen wir KiTTY

Lange Zeit war (unter Windows) PuTTY das Programm der Wahl, um über Windows eine gesicherte SSH-Verbindung zu einem entfernten Rechner aufzubauen. PuTTY ist immer noch eine der besten Lösungen, wir gehen hier aber einen anderen Weg und setzen auf das verbesserte, aber sehr ähnliche KiTTY.

Holen Sie sich den aktuellsten Client per DOWNLOADS von der Homepage *globnet.free.fr/kitty*. Sie können die EXE-Datei *kitty.exe* ohne Installation starten. Legen Sie gleich eine neue Session im KiTTY-Hauptfenster an und füllen Sie dazu folgende Eingabefelder aus:

- in das Textfeld HOST NAME die vorher notierte IP-Adresse Ihres RasPi
- in das Feld PORT den Wert 22 (SSH-Standardport)
- als CONNECTION TYPE selektieren Sie SSH
- im Textfeld SAVED SESSION geben Sie Ihrer Verbindung einen beliebigen Namen

Speichern Sie die konfigurierte Session mit dem Button SAVE ab, Ihr KiTTY-Fenster sollte sich wie das in Abbildung 4.4 zeigen.

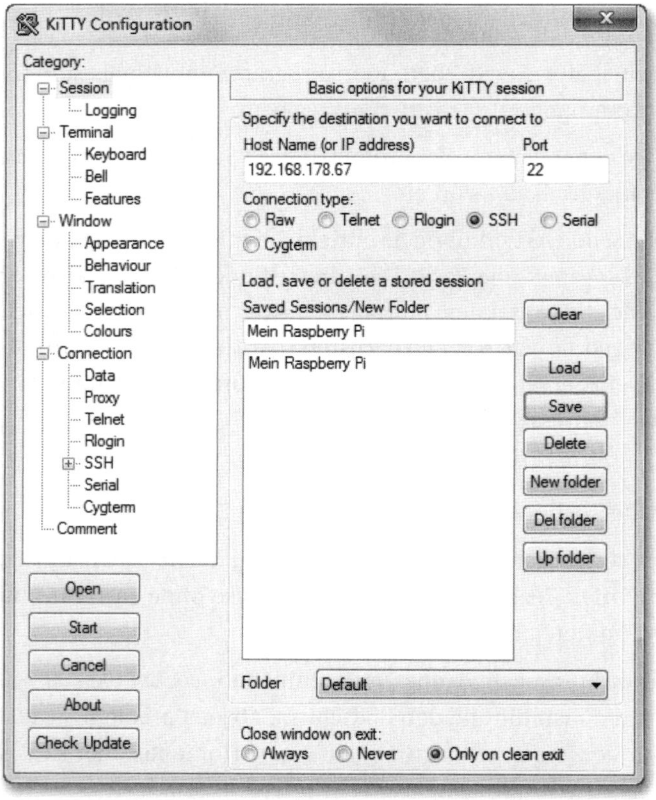

Abbildung 4.4 Eine mit KiTTY konfigurierte SSH-Session

Klicken Sie anschließend noch auf den Button CLEAR, womit die neue Session, zusammen mit eventuell bereits vorhandenen, in der Session-Liste erscheint. In Zukunft reicht ein Doppelklick auf den eben erstellten Eintrag, und schon wird eine SSH-Verbindung zu dem Zielrechner aufgebaut. Probieren Sie es gleich aus. Einen möglichen Warnhinweis können Sie ruhigen Gewissens erst einmal quittieren.

Wenige Augenblicke später öffnet sich eine Konsole und erlaubt Ihnen den Log-in via SSH. Geben Sie auch hier wieder Username und Passwort an (Default sind `pi` und `raspberry`) und prüfen Sie mittels des Kommandos `df` die neue Größe Ihrer SD-Karte. Während der Raspbian-Installation sollte diese ja durch den Menüpunkt EXPAND FILESYSTEM im raspi-config-Tool auf die maximale Größe erweitert worden sein.

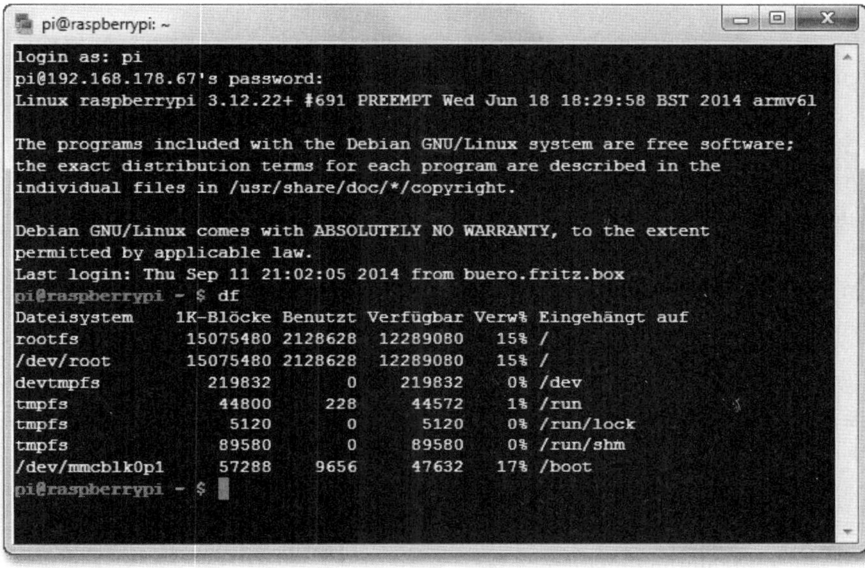

Abbildung 4.5 Der erste Log-in über die SSH-Konsole

Im obigen Beispiel (Abbildung 4.5) sehen Sie den für eine 16-GByte-Karte korrekten Nettowert für das Root-Filesystem von ca. 15.075.480 Blöcken zu jeweils 1 K.

4.2.4 Installieren Sie den 1-Wire-Server OWFS

Ich komme in Abschnitt 50.4, »OWFS – ein Filesystem für 1-Wire«, noch genauer auf das One-Wire-Filesystem (OWFS) zu sprechen. OWFS wird uns helfen, den Temperatursensor (oder auch mehrere), den wir über den 1-Wire-Busmaster angeschlossen haben, komfortabel abzufragen.

Besorgen Sie sich die notwendigen Pakete

Führen Sie zuerst das obligatorische Update durch und holen Sie sich mit dem Paketmanager apt die essenziellen Entwicklungstools:

```
sudo apt-get update
sudo apt-get install automake autoconf autotools-dev
sudo apt-get install gcc-4.7
sudo apt-get install libtool libusb-dev libfuse-dev swig
sudo apt-get install python2.7-dev tcl8.5-dev php5-dev i2c-tools
```

Während die benötigten Pakete heruntergeladen werden, haben Sie etwas Zeit für einen kleinen Tipp:

Shell-Fenster: Paste-Funktion mit der rechten Maustaste

Sie müssen die im Buch abgedruckten Shell-Kommandos nicht unbedingt abtippen. Besitzen Sie auch die E-Book-Version, können Sie im PDF-Reader eine Textzeile markieren, sie mit [Strg]+[C] ins Windows-Clipboard kopieren und von dort aus mit Druck auf die rechte Maustaste im Shell-Fenster von KiTTY einfügen. Genauso funktioniert das auch innerhalb der Shell selbst. Markieren Sie eine Passage mit der linken Maustaste und fügen Sie eine Kopie mit der rechten Maustaste wieder ein.

Wechseln Sie nach der Paketinstallation in das Verzeichnis, in dem Sie kompilieren werden, laden Sie sich die aktuellsten Sourcecodes von OWFS und entpacken Sie sie:

```
cd /usr/src
```

```
sudo wget -O owfs-latest.tgz / http://sourceforge.net/projects/owfs/files/latest/
download
sudo tar xzvf owfs-latest.tgz
```

Konfigurieren, kompilieren und installieren

Wechseln Sie anschließend in das erzeugte Verzeichnis mit dem entpackten Sourcecode. In meinem Fall war es *owfs-2.9p5*, bei Ihnen kann die Versionsnummer abweichen.

```
cd owfs-2.9p5
```

Jetzt beginnt die für eine Linux-Installation typische Sequenz aus `configure`, `make` und `install`.

```
sudo ./configure
```

Das Ergebnis sieht wie in Abbildung 4.6 gezeigt aus, wobei für uns der USB-Support (USB is enabled) besonders wichtig ist. Für das eigentliche Kompilieren sollten Sie ein bisschen Zeit (ca. eine Stunde) einplanen, der RasPI ist nicht der schnellste:

```
sudo make
```

Ist auch das geschafft, fehlt noch der `install`-Schritt:

```
sudo make install
```

Auch das Installieren dauert seine Zeit, aber nach Abschluss finden Sie endlich die Executables in */opt/owfs/bin*. Sie können das Ergebnis direkt prüfen, indem Sie sich die owfs-Versionsnummer ausgeben lassen (siehe Abbildung 4.7).

Sollten Sie bei Ihrem eigenen Setup Probleme beim Konfigurieren, Kompilieren oder Installieren von OWFS haben, so hilft Ihnen eventuell folgende alternative Installationsanleitung weiter: *http://permalink.gmane.org/gmane.comp.file-systems.owfs.devel/12208*.

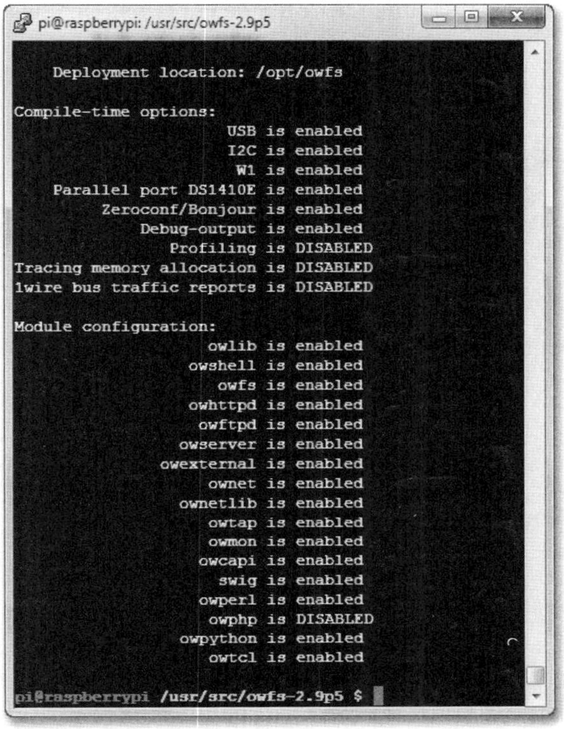

Abbildung 4.6 Ergebnis des configure-Skripts von OWFS

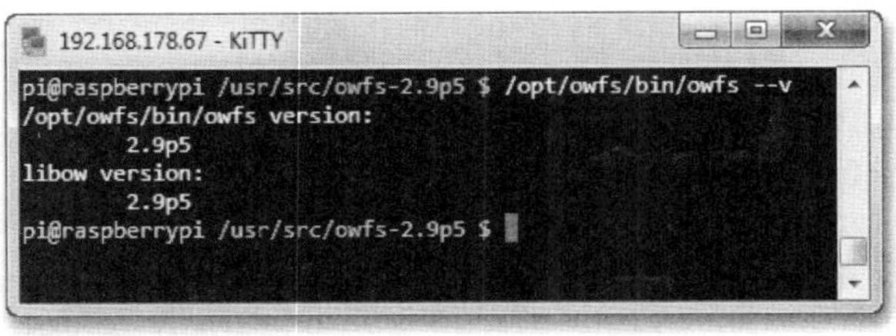

Abbildung 4.7 Die owfs-Version 2.9p5 ist installiert.

Erstellen Sie eine »schwarze Liste«

Um zu verhindern, dass andere Linux-Module unseren liebevoll installierten 1-Wire-Busmaster stören, setzen wir diese auf unsere persönliche schwarze Liste bzw. teilen dem Linux-Betriebssystem mit, dass wir sie nicht beim Systemstart laden möchten (Abbildung 4.8). Linux hat für genau diesen Anwendungsfall den sogenannten Blacklist-Mechanismus implementiert.

Wechseln Sie ins Verzeichnis */etc/modprobe.d* und legen Sie mit dem Editor eine Datei namens *ds2490* an:

```
cd /etc/modprobe.d
sudo nano ds2490
```

Die Datei befüllen Sie mit drei Zeilen, die die Namen der Module enthalten, die nicht mehr geladen werden sollen:

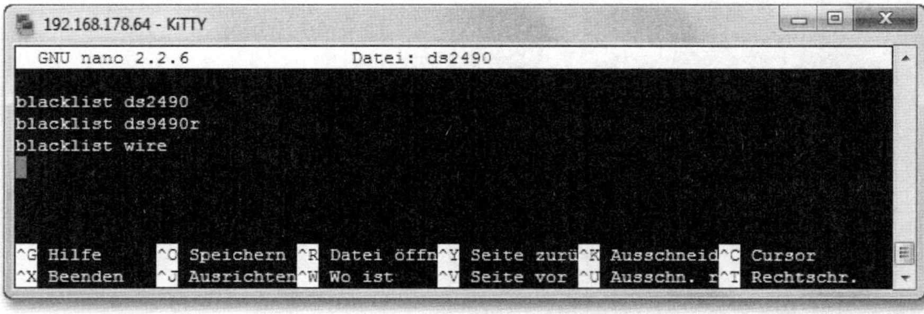

Abbildung 4.8 Eine Blacklist erstellen

Speichern Sie das File *ds2490* mit Strg+O und ↵, verlassen Sie den Editor mit Strg+X und führen Sie anschließend einen Reboot Ihres RasPi durch:

```
sudo reboot
```

Sie müssen sich nach dem Hochfahren des RasPi wieder neu mit KiTTY über SSH einloggen.

Das erste Mal die Temperatur auslesen

Die Vorbereitungen sind fast geschafft, es fehlen noch das Anlegen eines Mountpoints für das 1-Wire-Filesystem:

```
sudo mkdir /mnt/1wire
```

und das Editieren der FUSE-Settings, um später auf 1-Wire-Geräte ohne Root-Privilegien zugreifen zu dürfen. Dazu rufen Sie wieder den Editor mit

```
sudo nano /etc/fuse.conf
```

auf und ändern die Zeile `#user_allow_other` in `user_allow_other`, entfernen also das Zeichen #. Speichern Sie und beenden Sie den Editor.

Es folgt der erste Start von owfs:

```
sudo /opt/owfs/bin/owfs -u --allow_other /mnt/1wire/
```

Alle von owfs erkannten Sensoren finden Sie jetzt als Verzeichnisse in */mnt/1wire* und die Attribute der Sensoren in Dateien. So enthält beispielsweise die Datei *temperature* des Sensors mit der ID 28.973B45050000 stets den aktuell gemessenen Wert (hier im Beispiel in Abbildung 4.9 sind es 20.125°). Probieren Sie es aus. Erwärmen Sie den Sensor und rufen Sie den `cat`-Befehl mehrmals hintereinander auf, es sollten sich veränderte Temperaturen ergeben.

Der Dateiname des Sensors wird bei Ihnen mit Sicherheit anders lauten, ändern Sie das Shell-Kommando bitte entsprechend ab.

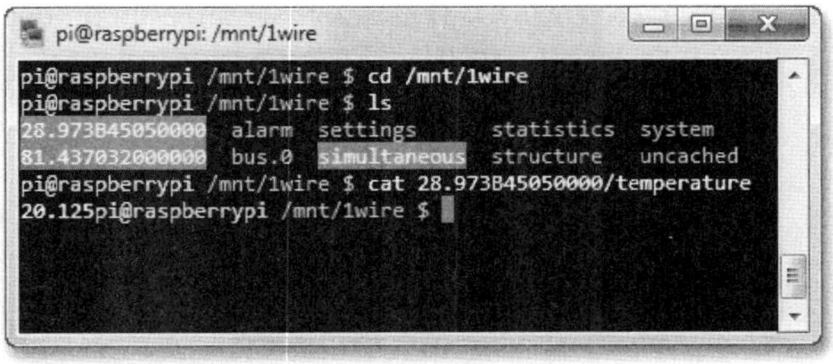

Abbildung 4.9 Die erste gemessene Temperatur

OWFS beim Systemstart automatisch starten

Es fehlt noch eine abschließende Verbesserung: Damit jedes Mal, wenn Ihr RasPi neu hochfährt, OWFS automatisch startet, erzeugen Sie mit

```
cd /etc/init.d
```

```
sudo nano start1wire.sh
```

die Datei *start1wire.sh* und füllen sie mit diesem kurzen Skript:

```
#!/bin/bash
### BEGIN INIT INFO
# Provides:          start1wire
# Required-Start:    $local_fs $syslog
# Required-Stop:     $local_fs $syslog
# Default-Start:     2 3 4 5
# Default-Stop:      0 1 6
# Short-Description: OWFS während boot starten
# Description:       OWFS während boot starten
### END INIT INFO
# Starts OWFS
/opt/owfs/bin/owhttpd -c /etc/owfs.conf --pid-file /var/run/owfs/owhttpd.pid
-uall
/opt/owfs/bin/owserver -c /etc/owfs.conf --pid-file /var/run/owfs/owserver.pid
-uall
#/opt/owfs/bin/owfs -c /etc/owfs.conf --pid-file /var/run/owfs/owfs.pid -uall
--allow_other /mnt/1wire
```

Das Skript muss noch als ausführbar gekennzeichnet werden und dem Default-Runlevel hinzugefügt werden:

```
sudo chmod +x start1wire.sh
```

```
sudo update-rc.d start1wire.sh defaults
```

Im Skript starten wir statt owfs (auskommentiert) den owserver und owhttpd. Das hat den Vorteil, dass Sie mit den owshell-Kommandos `owdir` und `owread` arbeiten können und außerdem die Webseite des OWFS-HTTP-Servers über den Port 3001 erreichen.

Das im Startskript referenzierte Config-File */etc/owfs.conf* erzeugen Sie bitte auch noch (`sudo nano /etc/owfs.conf`), und zwar mit folgendem Inhalt:

```
# jeder Client benutzt owserver auf der lokalen Maschine
! server: server = localhost:4304
# owserver hört am Port 4304
server: port = localhost:4304
# owhttpd hört am Port 2121
http: port = 2121
```

Damit die owshell-Kommandos auch ohne Angabe des Installationspfads gefunden und ausgeführt werden, ergänzen Sie noch die versteckte Datei *.bashrc* mit:

```
cd ~
cp .bashrc .bashrc.bak
echo ' ' >> ~/.bashrc
echo 'PATH=$PATH:/opt/owfs/bin/' >> ~/.bashrc
echo 'export PATH' >> ~/.bashrc
```

Booten Sie Ihren RasPi jetzt neu, und probieren Sie es gleich aus: Nach dem Einloggen (SSH) können Sie direkt mit `owdir` alle Busteilnehmer auflisten und mit

```
owread /28.973B45050000/temperature
```

den Temperaturmesswert des Sensors auslesen, wobei Sie anstelle der Beispiel-ID Ihre eigene ermittelte Sensor-ID einsetzen.

Gut gemacht!

Herzlichen Glückwunsch, Sie haben erfolgreich einen 1-Wire-Bus mit USB-Busmaster und einem Temperatursensor in Betrieb genommen. Sie werden in späteren Kapiteln sehen, dass dieses erste Setup noch wesentlich erweiterbar ist. OWFS wird Ihnen in Abschnitt 50.4 wiederbegegnen, und im Realisierungsteil dieses Buchs finden Sie ein komplexes Smart-Metering-Projekt (siehe Kapitel 61, »Die Möglichkeiten von Smart Metering«), basierend auf Ihren ersten Vorarbeiten.

Außerdem lernen Sie eine Reihe von professionellen 1-Wire-Temperatursensoren (Edelstahlfühlern) kennen, die ebenso funktionieren wie diese Eigenbaulösung, aber natürlich wesentlich robuster ausgelegt sind.

TEIL II

Grundlagen

Kapitel 5
Die Elektrik im Wohnhaus

Eine gut durchdachte Smart-Home-Umsetzung beginnt bereits im Stromkreisverteiler und beinhaltet sowohl die vorschriftsmäßige Leitungsverlegung als auch die Wahl der passenden Installationsleitungen.

Sie lernen in diesem Kapitel ein paar sehr wichtige Grundlagen der Elektroinstallation kennen, angefangen von den Einrichtungen im Stromkreisverteiler (LS, SLS, RCD) über die Grundsätze der Leitungsverlegung bis hin zu einer Übersicht der wichtigsten Leitungstypen. Außerdem dabei: die IP-Schutzarten.

Das erlangte Grundwissen wird Ihnen für Ihre eigenen Umsetzungen hilfreich sein, aber es macht Sie natürlich nicht zu einer Elektrofachkraft. Arbeiten am elektrischen Hausnetz gehören generell nicht in unqualifizierte Hände, jedoch können Sie einen Großteil der anfallenden Tätigkeiten unter der Aufsicht einer qualifizierten Elektrofachkraft in Form von Eigenleistungen durchführen.

5.1 Überstromschutzeinrichtungen und Fehlerstromschutzeinrichtungen

In einem Stromkreisverteiler tummelt sich, auch bei einer konventionellen Elektroinstallation, eine ganze Reihe unterschiedlicher Einrichtungen. Welche das sind und wie sie funktionieren, erfahren Sie in den nächsten Abschnitten.

5.1.1 Was ist Selektivität?

Selektivität in einem Stromkreis liegt dann vor, wenn im Fehlerfall nur die Überstromschutzeinrichtung abschaltet, die unmittelbar vor der Fehlerstelle liegt. Als wichtige Funktion des Netzschutzes sorgt sie in einem Stromnetz, das von einem zentralen Punkt aus gespeist wird (wie beim Hausanschluss von Wohngebäuden), dafür, dass trotz des Fehlers möglichst große Teile der elektrischen Anlage in Betrieb bleiben können und nur das Sicherungselement vor der Fehlerstelle auslöst. Selektivität kann bei in Reihe geschalteten Überstromschutzeinrichtungen bzw. Fehlerstromschutzschaltern entweder durch unterschiedlich hohe Auslöseströme der Schutzeinrichtung erreicht werden (Stromselektivität) oder durch eine unterschiedliche zeitliche Verzögerung (Zeitselektivität). In einer modernen Elektroinstallation wird auf eine Reihenschaltung von SLS und

LS gesetzt. Der normale Leitungsschutzschalter (LS) löst unabhängig von seinem Nennstrom bei einem vollständigen Kurzschluss sofort aus. Ein selektiver Leitungsschutzschalter (SLS) wird vor den LS geschaltet (also zwischen Hausanschlusskasten und RCD), seine elektromagnetische Auslösung ist auf verzögertes Ansprechen ausgelegt.

5.1.2 Der Leitungsschutzschalter (LS-Schalter)

Ein *Leitungsschutzschalter* (LS-Schalter) ist ein strombegrenzender Selbstschalter, der nach dem Auslösen – anders als eine Schmelzsicherung – wieder eingeschaltet werden kann. Als Überstromschutzeinrichtung wird er in Niederspannungsnetzen (wie Ihrem 230-V-Netz zu Hause) eingesetzt. Seine Aufgabe ist nicht, ein angeschlossenes Gerät vor einem Defekt zu bewahren, sondern der Schutz der Leitungen vor Beschädigung durch Erwärmung infolge eines zu hohen Stroms.

Die Funktionsweise des Abschaltmechanismus

Beim Einschalten des LS-Schalters wird eine Speicherfeder gespannt, die bei einer Auslösung ein schnelles Öffnen der Kontakte bewirkt. Der Abschaltmechanismus eines LS löst auf vier verschiedene Arten aus:

1. **Überlast (thermische Auslösung)**: Übersteigt der Strom, der durch den LS fließt, den vorgegebenen Nennwert eine längere Zeit, trennt ein Bimetallstreifen, der sich durch Erwärmung des durchfließenden Stroms verbiegt, die Verbindung am Kontakt der Zuleitung auf.
2. **Kurzschluss (elektromagnetische Auslösung)**: Im Kurzschlussfall erfolgt die Auslösung durch einen vom Strom durchflossenen Elektromagneten innerhalb weniger Millisekunden. Eine sogenannte Freiauslösung stellt sicher, dass die Auslösung auch dann sofort erfolgt, wenn im Kurzschlussfall der Schalthebel gerade betätigt oder in der Ein-Stellung festgehalten wird.
3. **Manuell**: Über einen an der Vorderseite angebrachten Kippschalter kann ein Stromkreis am LS von Hand abgeschaltet werden.
4. **Zusatzmodule**: Viele LS erlauben das seitliche Anstecken von Hilfsschaltern, die beim Auslösen gleichzeitig den Kippschalter des LS mechanisch umlegen.

Bauform, Nennstrom und Auslösecharakteristik

LS werden in ein- oder mehrpoliger Ausführung mit *Netzströmen* bis 125 A und auch mit Neutralleiterschalter angeboten. Ein dreipoliger LS kommt im Privatbau z. B. für die Absicherung der Herdanschlussleitung zum Einsatz und sorgt für die allpolige Abschaltung, wenn in einem der drei Außenleiter eine Auslösung erfolgt. LS werden auf Hutschienen montiert und benötigen in einpoliger Ausführung eine Teilungseinheit (TE), zwei- und dreipolige LS brauchen entsprechend zwei oder drei TE.

LS sind für unterschiedliche Nennströme erhältlich: 6 A, 10 A, 13 A, 16 A, 20 A, 25 A, 32 A bis hin zu 125 A (Ampere). Am häufigsten findet man im Privatbau die 16-A-Typen, für Beleuchtung oft auch nur 10 A.

Neben Bauform und Nennstrom unterscheidet man LS nach der *Auslösecharakteristik*. Diese klassifiziert über eine Zeit-Strom-Kennlinie die Abschaltzeit eines LS bei verschiedenen Stromstärken. In Deutschland werden in Wohn- und Büroräumen in der Regel LS der Charakteristik B eingesetzt. Der Auslösestrom eines LS der Charakteristik B beträgt das 1,13- bis 1,45-Fache seines Nennstroms (bei 30 °C, 1 Stunde) für die thermische Auslösung und das 3- bis 5-Fache im Kurzschlussfall (magnetisch) bei Wechselstrom mit 50 Hz. Ein LS der Charakteristik C ist für größere Einschaltströme ausgelegt (wie z. B. Maschinen oder größere Lampengruppen) und löst im Kurzschlussfall erst beim 5- bis 10-Fachen des Nennstroms aus. Trägt ein LS in seiner Typenbezeichnung beispielsweise das Kürzel B16, handelt es sich um ein Gerät der Charakteristik B mit einem Nennstrom von 16 A.

Die richtige Auslegung der zu installierenden LS (Abbildung 5.1) und Überstromschutzeinrichtung insgesamt ist Aufgabe des Elektrikers und hängt unter anderem von der Art der verwendeten Leitung, der Umgebungstemperatur, der Verlegeart, der Häufung von Leitungen, der Selektivität und der Art des angeschlossenen Geräts ab.

Abbildung 5.1 Leitungsschutzschalter (LS-Schalter), Typ B16

5.1.3 Der Fehlerstromschutzschalter

FI-Schutzschalter, auch RCD (Residual Current Protective Device, englisch für *Fehlerstromschutzeinrichtung*), haben die Aufgabe, gefährlich hohe Fehlerströme gegen Erde zu verhindern und dadurch die Gefahr lebensgefährlicher Stromunfälle zu reduzieren. RCDs werden im Stromkreisverteiler den üblichen Überstromschutzeinrichtungen (z. B. LS) vorgeschaltet. Ein LS schützt eine Leitung, ein RCD schützt den Menschen. Der RCD kann zwar nicht verhindern, dass ein Fehlerstrom durch den Körper einer Person fließt, wohl aber die zeitliche Dauer auf ein Maß reduzieren, die ein Mensch verkraften kann. Zusätzlich reduziert er die Möglichkeit der Brandauslösung infolge eines Fehlerstroms, der ohne installierten RCD und über längere Zeit hinweg als Brandursache infrage kommen könnte.

Die Funktionsweise eines RCD

Ein RCD trennt bei Überschreiten eines bestimmten Differenzstroms – im Privatbau sind das in der Regel 30 mA – den überwachten Stromkreis allpolig vom restlichen Netz. Er vergleicht dazu (über einen Summenstromwandler) die Höhe des hinfließenden mit der des zurückfließenden Stroms. Die vorzeichenrichtige Summe aller durch den RCD fließenden Ströme ist bei einer intakten Anlage gleich null. Alles was in den Verbraucher fließt, muss auch wieder zurückfließen. Falls nicht, ist folglich ein Differenzstrom aufgetreten, beispielsweise über eine beschädigte Isolierung oder durch einen menschlichen Körper.

So wertvoll ein RCD auch für den Schutz des eigenen Lebens ist, er deckt nicht alle Fehlerfälle ab. Leider funktioniert das Summenstromprinzip nämlich nur, wenn ein Strom tatsächlich aus der Anlage »entweicht«, also über Erde abfließt. Berührt eine gegen Erde isolierte Person sowohl den L-Leiter als auch N, fließt kein Fehlerstrom. Genauso wenig greift die Schutzeinrichtung bei gleichzeitigem Berühren der Außenleiter L1, L2 oder L3, ohne dass ein Teil des Fehlerstroms gegen Erde fließen kann.

RCD-Typen

RCDs werden, je nach Art des Fehlerstroms, den sie erfassen können, in unterschiedliche Typen eingeteilt:

- **Typ AC** erkennt nur rein sinusförmige Fehlerströme und ist in Deutschland nicht zugelassen.
- **Typ A** ist der in der Regel im Privatbau eingesetzte RCD, der zusätzlich zu den sinusförmigen Wechselströmen auch pulsierende Gleichfehlerströme detektiert.
- **Typ B**, der allstromsensitive Fehlerstromschutzschalter, deckt alle Fehlerfälle von Typ A ab und dazu glatte Gleichfehlströme. Hierfür ist jedoch eine zusätzliche Stromversorgung notwendig.

Gängige *Bemessungsdifferenzströme* sind 10 mA, 30 mA, 100 mA, 300 mA, 500 mA und 1 A, wobei für den Personenschutz ein maximaler Ansprechstrom von 10 mA oder 30 mA und für den Brandschutz einer von 300 mA vorgeschrieben ist. Die maximale Auslösezeit ist laut VDE-Norm DIN VDE 0100-410:2007 auf 400 ms bei einfachem Nennfehlerstrom und weniger als 40 ms bei 5-fachem Nennfehlerstrom festgelegt.

Ein RCD (Abbildung 5.2) begrenzt die Höhe eines Fehlerstroms übrigens nicht, er sorgt lediglich dafür, dass bei Erreichen der maximalen Differenzstromhöhe der Fehlerstrom abgeschaltet wird. Bis zu diesem Moment fließt jedoch der maximale Strom, der durch die installierte Überstromschutzeinrichtung zugelassen wird.

RCDs werden üblicherweise auf Hutschienen montiert und benötigen dort 4 TE an Platz.

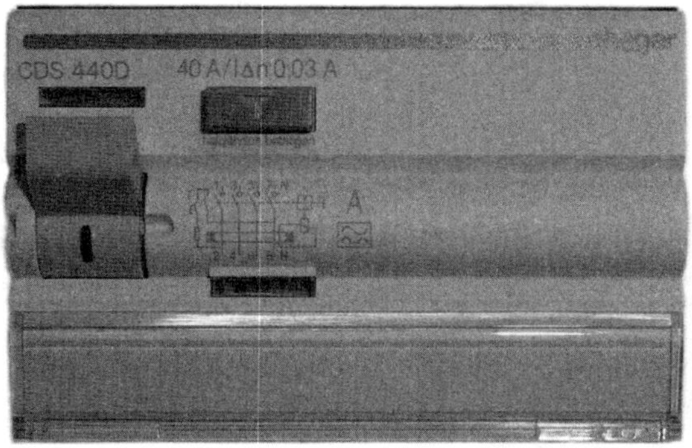

Abbildung 5.2 Eingebauter Fehlerstromschutzschalter (RCD)

Ein Fehlerstromschutzschalter muss nicht zwangsläufig immer im Stromkreisverteiler installiert sein. Spezielle RCD-Schukosteckdosen erfüllen zumindest abgangsseitig die gleiche Aufgabe. Eine solche Steckdose mit einem Bemessungsfehlerstrom von 30 mA bekommen Sie z. B. von der Firma Jung (im Internet unter *http://www.jung.de/de/online-katalog/62508946*).

Prüfung mit der Testtaste

RCDs besitzen eine Testtaste, mit der sich die Funktion des Geräts überprüfen lässt. Bei Betätigung der Testtaste erzeugt der RCD intern einen gewollten Fehlerstrom, der die Auslösestromstärke übersteigt und dadurch den Stromkreis allpolig vom Netz trennt. Alle sechs Monate sollte der Nutzer die korrekte Funktion seiner RCDs mittels der Testtaste überprüfen und nach Auslösen den Stromkreis über den RCD-Schalthebel wieder in Betrieb setzen. Allerdings stellt die korrekt funktionierende Auslösung nur sicher, dass der RCD selbst funktioniert, nicht aber, dass die Stromkreise zu den Verbrauchern richtig verdrahtet sind. Dazu bedarf es einer geeigneten Prüfung durch eine Elektrofachkraft.

5.1.4 Der selektive Leitungsschutzschalter (SLS-Schalter)

Ein *selektiver Leitungsschutzschalter* (SLS-Schalter; siehe Abbildung 5.3), auch selektiver Hauptleitungsschutzschalter (SH-Schalter) genannt, ist ein strombegrenzendes und rein mechanisch funktionierendes Schaltgerät, das anstelle der früher üblichen Sicherungen vor den Stromzählern der Energieversorgungsunternehmen zum Einsatz kommt. Der SLS genügt den Selektivitätsanforderungen für Überstromschutzeinrichtungen (siehe Abschnitt 5.1.1, »Was ist Selektivität?«) und darf daher vor nachgeschalteten LS-Schaltern installiert werden. Im Gegensatz zu diesen schaltet der SLS den Strom im Kurzschlussfall nicht sofort ab, sondern verzögert.

Wie die LS-Schalter sind auch die SLS mit einem Kippschalter ausgestattet, durch den die Anlage geschaltet werden kann, was auch dem Laien erlaubt ist. Ein selektiver Leitungsschutzschalter ist 2 TE breit und wird normalerweise zur Absicherung im Vorzählerbereich auf einer Sammelschiene (statt Hutschiene) montiert.

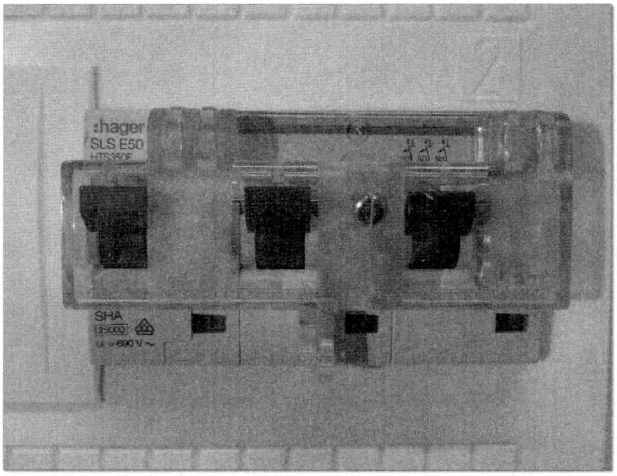

Abbildung 5.3 Drei SLS-Schalter

5.1.5 Die Kombination aus Fehlerstromschutzschalter und Leitungsschutzschalter

Als Kombination aus RCD und LS stellt der RCBO (Residual Current Operated Circuit-Breaker with Overcurrent Protection), auch FI/LS-Schalter genannt, eine interessante Mischung dar (siehe Abbildung 5.4). Er vereint in kompakter Bauform (2 TE) Fehlerstromschutzschalter und Leitungsschutzschalter in nur einem Gerät und sorgt dadurch dafür, dass jeder Stromkreis seinen eigenen Fehlerstromschutzschalter erhält. Für Verbraucher im Außenbereich oder z. B. für Stromkreise, die lediglich Kühl- und Gefriergeräte versorgen und aus Gründen der Unabhängigkeit von anderen Stromkreisen einen eigenen RCD aufweisen sollten, bietet sich der RCBO geradezu an. Als Nachteil gegenüber der herkömmlichen RCD-LS-Lösung ist jedoch der höhere Preis zu nennen.

Abbildung 5.4 Zwei RCBOs (links) neben einem LS (rechts)

5.2 Leitungsverlegung und Installationszonen

Im Wohnbereich erfolgt die Leitungsverlegung in den allermeisten Fällen unter Putz oder innerhalb von Betonwänden und Trockenbauwänden. Einer fertigen Wand bzw. Decke sehen Sie am Ende nicht mehr an, wo genau während der Elektroinstallation die Leitungen verlegt wurden. Die unsichtbare Verlegeart ist optisch und ästhetisch gesehen natürlich konkurrenzlos, hat aber den großen Nachteil, dass Sie stets Gefahr laufen, eine unsichtbare Leitung anzubohren, durchzuschrauben oder sonst wie zu beschädigen. Im besten Fall löst eine Überstrom- oder Fehlerstromschutzeinrichtung (LS, RCD) aus, und Sie werden direkt auf die Beschädigung aufmerksam. Im schlimmsten Fall erleiden Sie einen elektrischen Schlag, oder Sie rufen durch eine unglückliche Verletzung der Adern einen schleichenden Fehler hervor, der irgendwann einmal zu einem Kabelbrand führen kann.

In der Norm DIN 18015 (»Elektrische Anlagen in Wohngebäuden Teil 1 bis 3«) sind daher normierte Zonen definiert, innerhalb deren die Leitungsführung zu erfolgen hat. Man nennt sie Installationszonen.

5.2.1 Grundsätze der Leitungsverlegung

Leitungen müssen so geführt werden, dass sie vor mechanischer Beschädigung (die weitere Schäden wie Personenschäden bzw. Sachschäden nach sich ziehen könnten) geschützt sind. Erreicht werden kann das entweder durch einen mechanischen Schutz (Verkleidung) oder durch die Lage der Leitungsführung. Generell gilt:

- Leitungen dürfen in Wänden nur senkrecht oder waagerecht verlegt werden.
- In Decken und Böden ist der exakte Leitungsweg nicht vorgeschrieben, der kürzeste Weg ist erlaubt.
- Eine feste Verkabelung ist gegenüber der beweglichen Verkabelung zu bevorzugen.
- Leitungen müssen außerhalb des Handbereichs von Personen verlegt werden.
- In Lüftungskanälen, Schornsteinzügen und Schornsteinwangen ist die Verlegung nicht erlaubt.
- Mindestabstände zu Blitzschutzanlagen und warmen Rohrleitungen sind einzuhalten.
- Im Erdreich müssen Mantelleitungen (z. B. NYM) durch Schutzrohre oder geschlossene Installationskanäle geschützt werden.
- Nur Kabel (Erdkabel: NYY-J) dürfen direkt in die Erde gelegt werden.

5.2.2 Die Installationszonen

Durch genormte Installationszonen für verdeckte Leitungen sowie für Schalter und Steckdosen und durch der Regelung, dass Leitungen nur senkrecht oder waagerecht verlegt werden dürfen, soll der ungefähre Verlauf der (nicht sichtbaren) Leitungen nachvollziehbar werden.

Die Vorzugsmaße sind bei horizontaler Verlegung:

- 30 cm unter der fertigen Deckenfläche
- 30 cm über der fertigen Fußbodenfläche (der spätere Bodenaufbau ist zu berücksichtigen)

Bei vertikaler Verlegung liegen die Vorzugsmaße bei:

- 15 cm neben Rohbaukanten oder -ecken sowie neben Türen und Fenstern

Schalter besitzen folgende Vorzugsmaße:

- Wohnräume: 105 cm über der fertigen Fußbodenfläche, Küchen: 115 cm

Für Schalter, Steckdosen und Abzweigdosen, die außerhalb dieser Bereiche liegen, gilt:

- mit senkrechter Stichleitung aus der am nächsten gelegenen waagerechten Installationszone versorgen

Installationszonen in Wohnräumen

In Wohnräumen sind um das Vorzugsmaß herum eine 30 cm breite waagerechte Verlegezone sowie eine 20 cm breite senkrechte Verlegezone definiert. Türen mit einem Flügel besitzen eine senkrechte Verlegezone in einem Abstand von 10 cm auf der Griffseite. Bei Türen mit zwei Flügeln befindet sich diese Zone auf beiden Seiten. Eine Installationszone entfällt an der Stelle, an der sie durch eine Wandöffnung, ein Fenster oder eine Tür unterbrochen wird (vergleiche Abbildung 5.5).

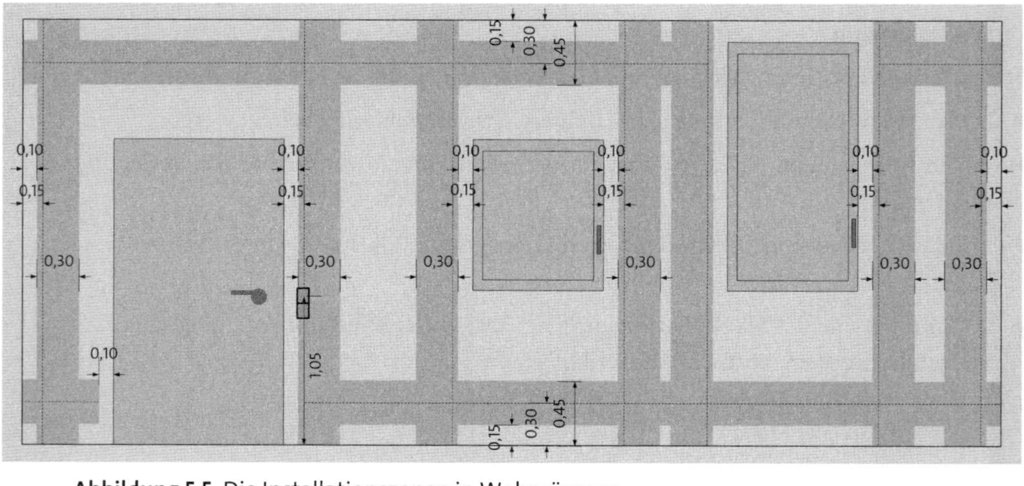

Abbildung 5.5 Die Installationszonen in Wohnräumen

Installationszonen in Küchen und Arbeitsräumen

Eine zusätzliche mittlere Installationszone ist für Arbeitsräume und Küchen, in denen eine Arbeitsfläche vor der Wand verbaut ist, vorgegeben. Sie ist 30 cm breit und reicht von 100 cm bis 130 cm, gerechnet von der Oberkante des Fertigfußbodens (abgekürzt OKFF). Schalter und Steckdosen werden mittig in diese Zone gesetzt, was einer Vorzugshöhe von 115 cm entspricht (vergleiche Abbildung 5.6).

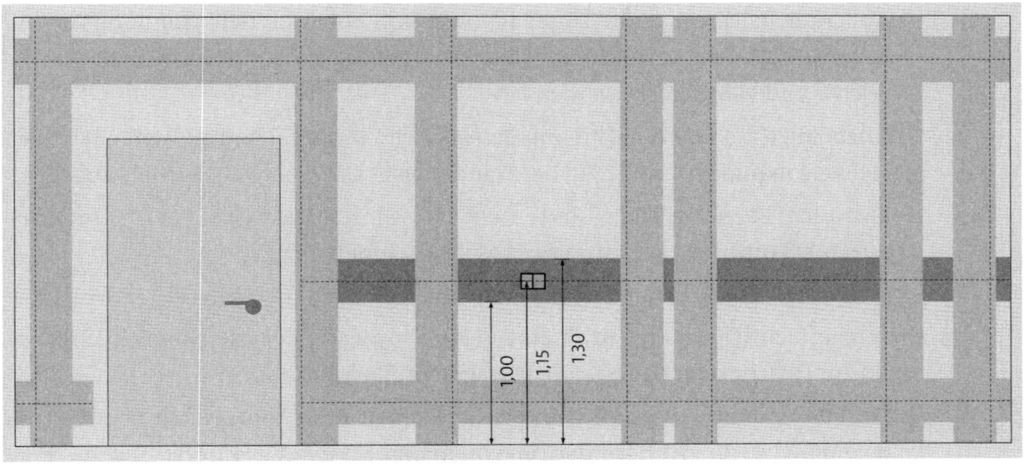

Abbildung 5.6 Zusätzliche Installationszonen in Arbeitsräumen

5.2.3 Schutzbereiche für Räume mit Badewanne oder Dusche

Für Räume mit einer Badewanne oder einer Dusche gelten besondere Anforderungen, die der zusätzlichen Gefährdung durch erhöhte Feuchtigkeit geschuldet sind. Feuchtigkeit verringert den menschlichen Körperwiderstand deutlich und lässt in Verbindung mit dem Erdpotenzial gefährlich höhere Ströme durch den menschlichen Körper fließen. Ein Bad wird in vier verschiedene Schutzzonen bzw. Schutzbereiche unterteilt:

1. **Schutzbereich 0**: Innenbereich einer Badewanne oder Dusche mit Wanne. Ebenerdige Duschen besitzen keinen Schutzbereich 0.
   - Nur Betriebsmittel mit einem Schutzgrad von mindestens IPX7 sind erlaubt (siehe Abschnitt 5.4, »Die IP-Schutzarten«).
   - Steckdosen, Abzweigdosen und Schalter sind verboten.
   - Elektrische Verbraucher dürfen nur dann betrieben werden, wenn ihre Betriebsspannung maximal 12 V AC oder 30 V DC beträgt und der Trafo außerhalb des Schutzbereichs 1 liegt. Außerdem muss das Gerät fest angeschlossen und vom Hersteller dafür zugelassen sein (Beispiel: Badewannenheizung).
2. **Schutzbereich 1**: Erweiterung des Bereichs 0 bis auf mindestens 2,25 m Höhe über dem Fußboden. Liegt der Wasseranschluss (z. B. Dusche) höher, erweitert sich der

Bereich 1 entsprechend. Der Schutzbereich 1 bei ebenerdige Duschen gilt innerhalb eines Radius von 120 cm um den Duschkopf.

- Nur Betriebsmittel mit einem Schutzgrad von mindestens IPX4 sind erlaubt.
- Steckdosen, Abzweigdosen und Schalter sind verboten.
- Fest montierte elektrische Durchlauferhitzer oder Warmwasserspeicher sind zulässig, wenn sie spritzwassergeschützt sind.
- Andere Installationsgeräte sind zulässig, wenn deren Betriebsspannung 25 V AC oder 60 V DC nicht überschreitet. Ein versorgender Trafo muss außerhalb von Bereich 0 und 1 angebracht werden.

3. **Schutzbereich 2**: Verläuft 60 cm um den Bereich 1 und an den Wandseiten bis zu einer Höhe von mindestens 2,25 m der Wände ab der Oberkante des Fertigfußbodens.
   - Entspricht Bereich 1, jedoch sind zusätzlich die Installation von Leuchten (mindestens IPX4) und der Anschluss von Waschmaschinen möglich.
   - Steckdosen und Schalter sind nicht erlaubt.
4. **Schutzbereich 3**: Reicht bis zu einem Abstand von 2,40 m um den Bereich 2. Der Abstand zur Dusche oder Badewanne beträgt demnach 3 m.
   - Steckdosen sind zulässig, wenn sie über einen Fehlerstromschutzschalter mit einem Bemessungsdifferenzstrom von maximal 30 mA geschützt sind.

Leitungen, Schalter und Steckdosen sind in den Bereichen 0, 1 und 2 nicht erlaubt, es sei denn, sie dienen der Versorgung der Verbrauchsmittel, die in den Bereichen 1 und 2 fest angebracht sind. Dort sind auch Zuleitungen erlaubt, wenn sie senkrecht und mindestens 6 cm tief in der Wand verlegt und von hinten in die Geräte geführt sind.

Trotz genormter Zonen: zwei unterstützende Maßnahmen

Trotz dieser genormten Installationszonen und Schutzbereiche sollten Sie sich, insbesondere bei Altbauwohnungen, nicht blind auf die Einhaltung der Normen verlassen, sondern besser mit einem *Leitungssuchgerät* oder Multidetektor ermitteln, wo die Stromleitungen tatsächlich verlaufen. Ein erschwingliches Gerät ist z. B. das Ortungsgerät Bosch GMS 120 Professional (siehe auch den Abschnitt 18.1.7).

Obwohl es Zusatzaufwand bedeutet: Fotografieren Sie grundsätzlich jede Wand und jede Decke, bevor sie verputzt oder verkleidet wird. Platzieren Sie einen oder zwei Meterstäbe zur Bemaßung von Referenzpunkten mit auf das Foto (Abbildung 5.7) und legen Sie alle Bilder mit eindeutiger Bezeichnung der Wand (am besten mit Referenz auf einen Grundrissplan) elektronisch ab. Diese Fotosammlung wird Ihnen in Zukunft immer wieder als wertvolle Quelle dienen, ziehen Sie sie stets für alle anstehenden Arbeiten an Decken und Wänden heran, auch wenn es sich nur um das Aufhängen eines Bilds handelt.

Abbildung 5.7 UP-Dose und Leerrohrführung mit Referenz auf den Leitungsplan

5.3 Die wichtigsten Installationsleitungen

Im Kapitel zu den verschiedenen Installationsmaterialien (vergleiche Abschnitt 20.1, »Leitungen«) erfahren Sie die notwendigen Details zu den unterschiedlichen Leitungstypen, die häufig im privaten Wohnungsbau eingesetzt werden. Tabelle 5.1 soll Ihnen an dieser Stelle bereits einen ersten Überblick darüber bieten, mit welchen Bezeichnungen Sie konfrontiert werden.

Leitung	Beschreibung	Einsatz	Preis pro m (ca.)
NYM-J 5x1,5	fünfadrige Kunststoffmantelleitung für die feste Verlegung, 1,5 mm² Nennquerschnitt	Standardinstallationsleitung für Steckdosen, Beleuchtung, DALI	0,85 €
NYM-J 5x2,5	fünfadrige Kunststoffmantelleitung für die feste Verlegung, 2,5 mm² Nennquerschnitt	Standardinstallationsleitung für Steckdosen, Beleuchtung, DALI, größere Verbraucher (z. B. Herd)	0,93 €
NYM-J 5x4,0	Kunststoffmantelleitung, 4 mm² Nennquerschnitt	Kraftsteckdose (CEE-Wandsteckdose)	2,48 €

Tabelle 5.1 Häufig verwendete Installationsleitungstypen

Leitung	Beschreibung	Einsatz	Preis pro m (ca.)
H07V-U 1,5	PVC-Adernleitung (starr)	Einzeladern zum Einziehen in Elektroinstallationsrohre	0,15 €
J-Y(St)Y 2x2x0,8 mit KNX-Logo	EIB/KNX-Busleitung, von der KNX Association zertifiziert	▸ KNX (vorzugsweise in Grün) ▸ 1-Wire (nicht in Grün, z. B. in Lila)	0,39 €
J-Y(St)Y 2x2x0,8	Installationskunststoffkabel (vier Adern) für Signalanlagen und Fernsprecheinrichtungen	▸ Brandmeldekabel (vorzugsweise in Rot) ▸ Türkommunikation ▸ Fensterkontakte ▸ andere Sensoren ▸ 1-Wire	0,38 €
Koaxialkabel	zweipolige Kabel mit konzentrischem Aufbau	Verbindung von Satellitenantenne oder Kabelanschluss und Receiver	0,65 €
Cat-Kabel	Twisted-Pair-Kabel mit verdrillten Adernpaaren und elektrisch leitendem Schirm in verschiedenen Ausführungen, z. B. STP oder S/FTP (siehe dazu Abschnitt 20.1.5)	▸ Ethernet-Verkabelung (Cat.7) ▸ DMX 512 (Cat.5, Cat.6, Cat.7)	0,76 €
A05RN-F 4G0,75	flexible Leitung (vieradrig) für geringe mechanische Beanspruchungen in trockenen, feuchten und nassen Räumen sowie im Freien, UV- und ozonbeständig	Außenrollladen, Außenjalousien, passt gut auf Standard-Hirschmann-Stecker	0,90 €
Ölflex 4x1	flexible Anschlussleitung (vieradrig) für mittlere mechanische Beanspruchungen in trockenen, feuchten und nassen Räumen	Außenrollladen, Außenjalousien, passt gut auf Standard-Hirschmann-Stecker	0,62 €

Tabelle 5.1 Häufig verwendete Installationsleitungstypen (Forts.)

Leitung	Beschreibung	Einsatz	Preis pro m (ca.)
Flachleitung LIYZ 2x1,5mm² oder 2x2,5mm²	flexible Lautsprecherleitung (zweiadrig)	Verbindung von Verstärker mit Lautsprecher	0,74 € (2x2,5mm²)
NYY-J 5x1,5 oder NYY-J 5x2,5	fünfadriges Niederspannungskabel für die Verlegung im Erdreich (Mindestverlegetiefe: 0,6 m), im Freien, in Beton und bis zu zwei Wochen in Wasser	Gartenbeleuchtung, Gartensteckdosen, Verbindung zu Geräteschuppen	0,97 € (5x2,5)

Tabelle 5.1 Häufig verwendete Installationsleitungstypen (Forts.)

Einige typische Installationsleitungen finden Sie entmantelt in Abbildung 5.8. Von links nach rechts sind das NYM-J 5x1,5, Koax, Cat, J-Y(St)Y 2x2x0,8 (KNX), J-Y(St)Y 2x2x0,6, YSLY-JZ.

Abbildung 5.8 Wichtige Installationsleitungen

Sehr oft wird Ihnen im Umfeld der Gebäudesteuerung die grüne EIB/KNX-Leitung begegnen. Die von der KNX Association zertifizierte Busleitung weist gegenüber dem herkömmlichen J-Y(St)Y-Typ eine Reihe von Vorteilen auf:

Warum ist es wichtig, die zertifizierte KNX-Busleitung zu verwenden?

Nur das grüne, standardisierte KNX-TP1-Kabel garantiert

- die maximale Anzahl von Busteilnehmern,
- die maximale Leitungslänge einer Linie,
- den maximalen Abstand von zwei Busteilnehmern einer Linie sowie
- die maximale Anzahl von Busteilnehmern pro Linie.

5.4 Die IP-Schutzarten

Bei der Auswahl von elektrischen und elektronischen Geräten werden Sie häufig mit den *IP-Schutzarten* (englisch IP = International Protection) konfrontiert werden. Die IP-Klassifizierung nach DIN EN 60529 hilft Ihnen, zu entscheiden, ob eine Komponente für einen bestimmten Verwendungszweck geeignet ist. Dazu zwei Beispiele:

1. Für ein LED-Stripe, das Sie in der Nähe der offenen Duschnische installieren möchten, benötigen Sie ein Modell mit Schutzklasse IP65 (staubdicht und strahlwassergeschützt) oder besser sogar IP68 (staubdicht und wasserdicht). Für den LED-Stripe bedeutet das, er muss rundum vergossen sein.
2. Eine Steckdose im Außenbereich benötigt mindestens IP44 (Schutz gegen Eindringen, Durchmesser >= 1 mm, Schutz gegen allseitiges Spritzwasser). Eine IP44-Steckdose besitzt zwei Dichtungen und einen Klappdeckel (Abbildung 5.9).

IP-Ziffer 1	Schutz gegen Eindringen von Fremdkörpern	IP-Ziffer 2	Schutz gegen Wasser
0	nicht geschützt	0	nicht geschützt
1	Schutz gegen Eindringen von festen Fremdkörpern mit Durchmesser >= 50 mm	1	Schutz gegen senkrecht tropfendes Wasser
2	Schutz gegen Eindringen von festen Fremdkörpern mit Durchmesser >= 12,5 mm (Größe eines Fingers)	2	Schutz gegen tropfendes Wasser bis 15°-Neigung
3	Schutz gegen Eindringen von festen Fremdkörpern mit Durchmesser >= 2,5 mm (Größe einer Werkzeugspitze)	3	Schutz gegen Sprühwasser bis 60°-Neigung
4	Schutz gegen Eindringen von festen Fremdkörpern mit Durchmesser >= 1 mm (Größe einer Drahtspitze)	4	Schutz gegen allseitiges Spritzwasser
5	staubgeschützt	5	Schutz gegen Strahlwasser aus beliebigem Winkel

Tabelle 5.2 Schutzartenübersicht

IP-Ziffer 1	Schutz gegen Eindringen von Fremdkörpern	IP-Ziffer 2	Schutz gegen Wasser
6	staubdicht	6	Schutz gegen starkes Strahlwasser
		7	Schutz gegen zeitweiliges Untertauchen
		8	Schutz gegen andauerndes Untertauchen

Tabelle 5.2 Schutzartenübersicht (Forts.)

Abbildung 5.9 IP20-Schalterprogramm für Innenräume (links) und IP44 (rechts) für den Außenbereich

Kapitel 6
Grundwissen Elektronik und Digitaltechnik

Ein kleines allgemeines Grundlagenkapitel fehlt noch, bevor ich Sie auf die spezifischen Themen der Heimautomation loslasse.

Sie lernen in den nächsten Abschnitten die wichtigsten Basiselemente der Digitaltechnik kennen, finden eine Gegenüberstellung von öffnenden und schließenden Schaltern und unternehmen einen kleinen Ausflug in die Regelungstechnik, an den Sie sich erinnern werden, wenn Sie das Thema Temperaturregelung im Praxisteil dieses Buchs in Angriff nehmen.

6.1 Einfache Logikfunktionen

Im weiteren Verlauf dieses Buchs werden Sie immer wieder auf unterschiedliche Logikfunktionen stoßen, die in Software umgesetzt werden. Beispielsweise arbeitet der Logikeditor des HomeServer-Experten (siehe Abschnitt 48.3) unter anderem mit genau diesen Logikgattern, ebenso wie jede seriöse Programmiersprache auch. Es bleibt Ihnen viel Ärger erspart, wenn Sie mit den kleinen Grundelementen der Digitaltechnik nicht auf Kriegsfuß stehen.

Die folgende Übersicht aus Abbildung 6.1 zeigt Ihnen die wichtigsten *logischen Verknüpfungen*, und zwar als Schaltzeichen, *Wahrheitstabelle* sowie mit einer textuellen Beschreibung. Aus der Wahrheitstabelle können Sie entnehmen, wie sich der Ausgang (a) in Bezug auf alle möglichen Kombinationen der beiden Eingänge (e1, e2) verhält. Die Anzahl der Eingänge ist dabei nicht auf zwei begrenzt, die logischen Verknüpfungen funktionieren ebenso mit beliebig vielen Eingangssignalen. Die Funktionsgleichung e1 AND e2 AND e3 AND e4 (wird in der Digitaltechnik als $e1 \wedge e2 \wedge e3 \wedge e4$ notiert) liefert als Ergebnis z. B. nur dann wahr (1), wenn alle vier Eingänge (e1 bis e4) ebenfalls wahr (1) sind.

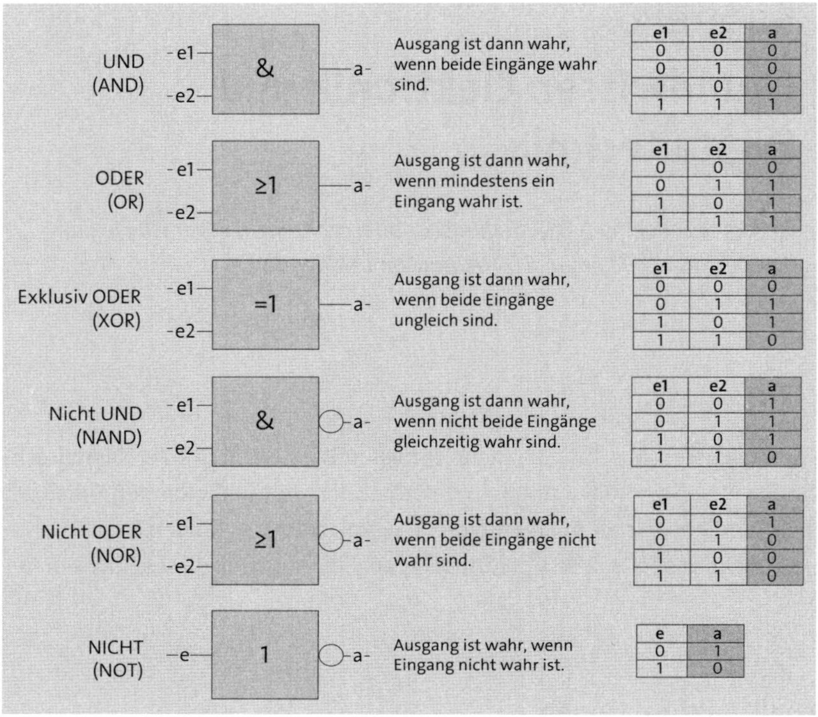

Abbildung 6.1 Übersicht: Standard-Logikfunktionen

6.2 Flipflops

Ein *Flipflop* ist eine elektrische Schaltung, die zwei stabile Zustände einnehmen kann, und wird daher oft auch als bistabile Kippstufe bezeichnet. Vorausgesetzt, die Spannungsversorgung steht permanent an, lässt sich ein Flipflop also als Datenspeicher für genau 1 Bit verwenden.

In der Digitaltechnik existieren unterschiedliche Flipflop-Typen, z. B. RS-Flipflop (Reset-Set-Flipflop), D-Flipflop (Data- oder Delay-Flipflop), JK-Flipflop, T-Flipflops (Toggle-Flipflops) und weitere. In diesem Kapitel wird Ihnen stellvertretend das RS-Flipflop beschrieben. Warum es gerade dieser Typ ist, hat zwei Gründe. Erstens zeigt es recht anschaulich die Funktionsweise eines Flipflops, und zweitens setzen wir diesen Typ in einer eigenen Logikfunktion im Abschnitt zur Alarmierung (Abschnitt 53.2) ein.

Das RS-Flipflop besitzt zwei Eingänge, bezeichnet als Set (S) und Reset (R). Ein High-Pegel (1) am Set-Eingang versetzt den Ausgang (Q) des Flipflops in den Zustand »gesetzt« (1). Diese 1 am Ausgang bleibt auch erhalten, wenn der S-Eingang wieder den Wert 0 annimmt, und zwar so lange, bis am Reset-Eingang des Flipflops ein High-Pegel anliegt, worauf Q in den Zustand »zurückgesetzt« (0) fällt. In Abbildung 6.2 finden Sie das Schaltzeichen und die Wahrheitstabelle des RS-Flipflops sowie dessen internen Aufbau, bestehend aus zwei NOR-Gattern.

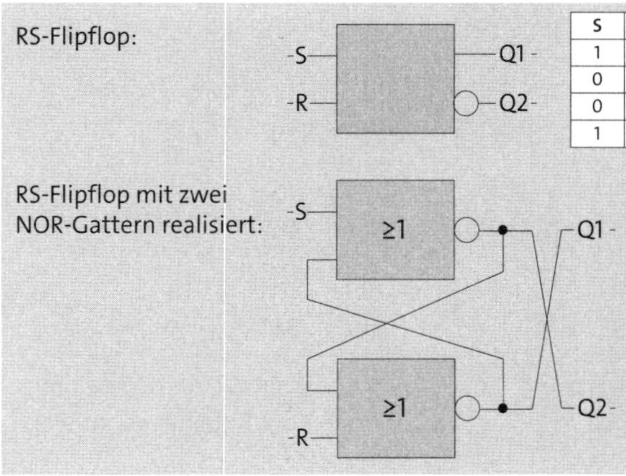

S	R	Q1	Q2	Zustand
1	0	1	0	setzen
0	0	x	x	speichern
0	1	0	1	rücksetzen
1	1	0	0	nicht speicherbar

Abbildung 6.2 RS-Flipflop: Schaltzeichen und Wahrheitstabelle

In eigenen Logikfunktionen ist ein RS-Flipflop ideal geeignet, um den Zustand eines Signals so lange zu speichern, bis es durch ein Rücksetzsignal (Reset) gelöscht wird. Beispiel: Eine Warnmeldung (LED, Anzeige in der Visualisierung usw.) bleibt so lange sichtbar, bis ein Quittierungsschalter betätigt wird.

6.3 Schließer und Öffner

Normally Open, Normally Closed, Schließer, Öffner, NO, NC ... diese Begriffe für den Typ eines Schalters oder Stellantriebs sorgen immer wieder für Verwirrung. Dabei ist die Kenntnis der richtigen Bezeichnung für Kontaktarten nicht nur bei der Beschaffung und Installation von Relais, Schützen und Schaltern wichtig, sondern insbesondere bei Fensterkontakten und Stellantrieben. Mit Letzteren beiden kommen Sie im Hardwareteil dieses Buchs noch ausführlich in Kontakt, die notwendige Grundlage zu den Begriffsbezeichnungen finden Sie in Tabelle 6.1.

	NO	NC
Schaltsymbol	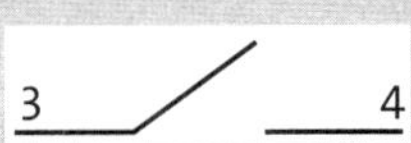	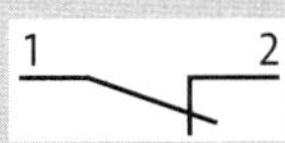
Bedeutung	Normally Open	Normally Closed
	stromlos geöffnet	stromlos geschlossen
	Arbeitskontakt (kontaktiert, wenn er arbeitet)	Ruhekontakt (kontaktiert, wenn er ruht)
	Schließer	Öffner

Tabelle 6.1 Schließer und Öffner: Wann ist welcher richtig?

	NO	NC
Funktion	der Schließer schließt den Kontakt, wenn er betätigt wird	der Öffner unterbricht den Stromkreis, wenn er betätigt wird
Spannung	benötigt zum Schließen Spannung	benötigt zum Öffnen Spannung
Klemmenbezeichnung	3, 4, NO oder A	1, 2, NC oder R
Beispielanwendung	Fensterkontakt	Fensterkontakt, Alarmsensoren (wenn Kabelbruch erkannt werden soll)
	Stellantrieb für Fußbodenheizung (Ventile öfter geöffnet als geschlossen)	Stellantrieb für Heizkörper (Ventile öfter geschlossen als geöffnet)

Tabelle 6.1 Schließer und Öffner: Wann ist welcher richtig? (Forts.)

6.4 Wie funktioniert ein Regelkreis?

Ein Regelkreis dient dazu, eine vorgegebene physikalische Größe (*Regelgröße*) auf einen gewünschten Wert (*Führungsgröße*) zu bringen und auch dort zu halten, unabhängig von auftretenden *Störgrößen*.

6.4.1 Der Standardregelkreis

Um diese Aufgabe zu erfüllen, muss der aktuelle Wert der Regelgröße (also der Istwert) gemessen, mit der Führungsgröße (Sollwert) verglichen und bei auftretenden Abweichungen in geeigneter Art und Weise nachgestellt werden. Ein wesentlicher Anteil hierbei ist die *Rückführung* des aktuellen Werts an den Regler, wodurch einer Abweichung vom Sollwert kontinuierlich entgegengewirkt wird (vergleiche Abbildung 6.3).

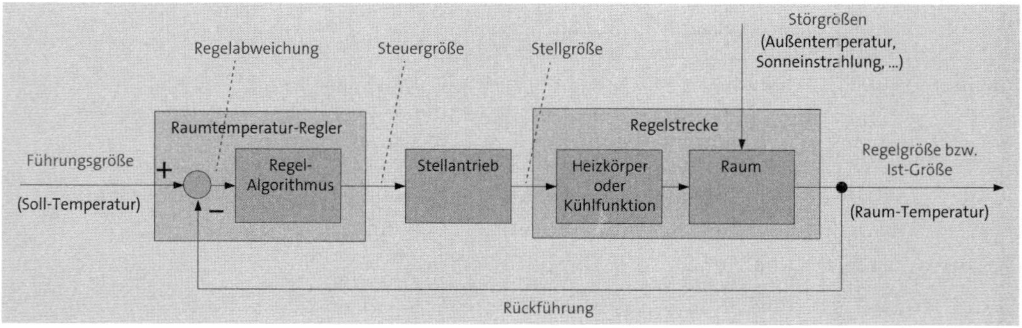

Abbildung 6.3 Standardregelkreis am Beispiel der Temperaturregelung

Diese negative Rückkopplung (Minuszeichen an der Summenstelle im Regler) ist auch der entscheidende Unterschied zwischen

- einer *Steuerung* (ohne Rückführung)
- und einer *Regelung* (mit Rückführung).

Die Differenz zwischen Istwert und Sollwert wird als *Regelabweichung* bezeichnet und bildet die eigentliche Eingangsgröße des Reglers. Dieser berechnet auf Grundlage seiner Übertragungsfunktion eine *Steuergröße*, die das eigentliche Stellglied antreibt. Das Schöne an einem Regelkreis ist, dass sich die geregelte Ausgangsgröße robust gegenüber angreifenden Störgrößen an der Regelstrecke verhält.

Diese Grundfunktionalität lässt sich beliebig komplex erweitern (durch z. B. kaskadierte Regler, mehrere Rückführungen usw.), reicht aber in Abbildung 6.3 für eine beispielhafte Temperaturregelung aus.

6.4.2 Temperaturregelung im KNX-Umfeld

Für die im Praxisteil dieses Buchs benötigte Temperaturregelung (siehe Kapitel 55, »Heizung und Raumtemperatur regeln«) lässt sich das Wissen über den Standardregelkreis folgendermaßen anwenden:

Der Raumtemperaturregler erhält die gewünschte Solltemperatur (z. B. über ein KNX-Telegramm) als Führungsgröße und die aktuelle Isttemperatur als Rückführung. Die Isttemperatur gewinnt er entweder durch einen eingebauten Sensor selbst oder erhält sie ebenfalls über den KNX-Bus. Aus der Differenz von Ist- und Solltemperatur wird mithilfe des eingestellten Regelalgorithmus die Steuergröße berechnet und an einen Heizungsaktor übermittelt. Dieser sorgt entweder für eine stärkere oder für eine schwächere Versorgung der Heizkörper bzw. Fußbodenheizung, indem er z. B. einen thermoelektrischen Stellantrieb auf oder zu fährt. Äußere Einflüsse wie eine Veränderung der Außentemperatur oder die Einwirkung von Sonnenstrahlung werden, wie es sich für einen Regelkreis gehört, kompensiert.

6.4.3 Regelalgorithmen verstehen

Lassen Sie mich, für die Vorstellung der drei wichtigsten Regelalgorithmen, beim Beispiel der Temperaturregelung bleiben. Der Regelalgorithmus berechnet die Stellgröße, die auf den Stellantrieb geschaltet wird. Im Fall einer KNX-Raumtemperaturregelung würde der RTR (Raumtemperaturregler) diese Stellgröße berechnen und per Kommunikationsobjekt an den Heizungsaktor senden, der wiederum den angeschlossenen Stellantrieb bewegt. Die dadurch veränderte Ventilstellung bewirkt eine Erhöhung oder Verringerung des durch den Heizkreis fließenden warmen Wassers und somit, nach einer gewissen Zeit, eine Änderung der Raumtemperatur. Der RTR misst die resultierende Raumtemperatur und durchläuft wieder seinen Regelalgorithmus, das Spiel beginnt von vorn. Wie die Stellgröße berechnet wird, hängt vom eingestellten Algorithmus ab:

- schaltende 2-Punkt-Regelung
- stetige PI-Regelung
- schaltende PI-Regelung

Die schaltende 2-Punkt-Regelung lernen Sie im nächsten Abschnitt (6.5, »Hysterese«) im Zusammenhang mit der Hysterese kennen. Die 2-Punkt-Regelung stellt eine sehr einfache Art einer Temperaturregelung dar. Die Stellgröße ist bei ihr für einen kompletten Auswertungszyklus entweder ein oder aus, eine stetige Stellgröße wird also nicht berechnet. Anders hingegen arbeiten die beiden erwähnten PI-Regelungen:

Stetige PI-Regelung

Ein PI-Regelungsalgorithmus verwendet einen Proportionalanteil (P) sowie einen Integralteil (I) und erreicht dadurch eine schnelle und genaue Regelung. Der I-Anteil sorgt dafür, dass eine Regelabweichung, nach dem Einschwingen der Regelgröße, zu null wird (siehe Abbildung 6.4).

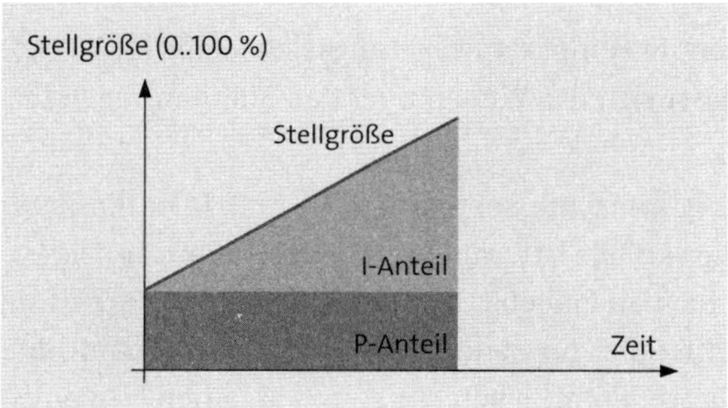

Abbildung 6.4 Stellgröße des PI-Reglers, bestehend aus P- und I-Anteil

Da ein in der Raumtemperaturregelung eingesetzter Stellantrieb (Ventilantrieb) keiner stetigen Stellgröße folgen kann, sondern nur entweder geöffnet oder geschlossen wird, funktioniert die stetige PI-Regelung in diesem Anwendungsfall leider nicht wie erhofft. Man bedient sich deshalb eines kleinen Tricks.

Schaltende PI-Regelung

Der Trick nennt sich *Pulsweitenmodulation* (PWM) und wird bei der schaltenden PI-Regelung angewandt. Der Regler berechnet auch bei diesem Algorithmus eine stetige Stellgröße, diese wird aber im Unterschied zur stetigen PI-Regelung als pulsweitenmoduliertes Stellgrößensignal ausgegeben. Die eigentlich erwünschte stetige Ventilstellung (in Prozent) wird dabei umgewandelt in eine Zeit, in der das Ventil komplett offen ist, und eine, in der es geschlossen ist.

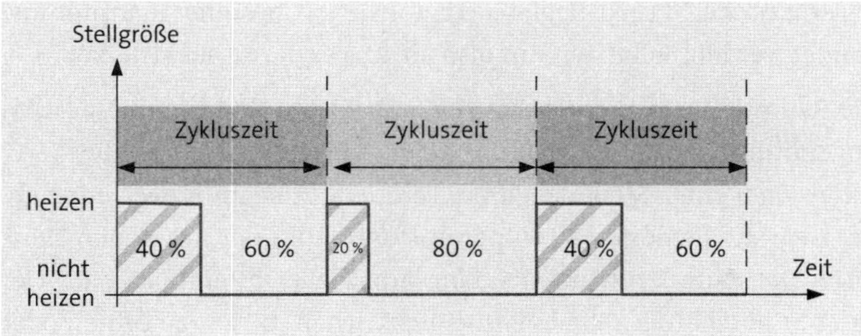

Abbildung 6.5 PWM-Stellgröße bei der schaltenden PI-Regelung

Der Mittelwert des Stellgrößensignals, der aus der Modulation resultiert, ist unter Berücksichtigung der Zykluszeit ein Maß für die gemittelte Ventilstellung des Stellantriebs. Die Ausgabe der Stellgröße erfolgt dabei immer nach Ablauf der Zykluszeit. In Abbildung 6.5 würde der Regler für den ersten Zyklus eine Ventilöffnung von 40 % errechnen. Bei einer Zykluszeit von 20 Min. ergibt das eine Zeit von 8 Min. (20 ÷ 100 × 40), in der das Ventil geöffnet wird (Stellgröße: 1 = heizen), und 12 Min. mit geschlossenem Ventil (Stellgröße: 0 = nicht heizen).

Die Wahl der Zykluszeit

Eine Regelung wird an den verwendeten Stellantrieb größtenteils über die Einstellung der Zykluszeit für das PWM-Signal angepasst. Dabei ist die Fahrzeit des Stellantriebs selbst in Relation zu setzen. Für gängige Stellantriebe zur Heizkreisregelung beträgt dieser, je nach Modell, ca. 2 bis 3 Minuten (Verstellzykluszeit). Zwei mögliche Ansätze zur Auslegung der PWM-Zykluszeit sind daher:

1. Zykluszeit > doppelte Verstellzykluszeit des Antriebs: geeignet für ein träges System wie z. B. eine Fußbodenheizung, Beispielwert: 20 min
2. Zykluszeit < einfache Verstellzykluszeit des Antriebs: geeignet für ein schnelleres System wie z. B. ein Heizkörper mit höheren Vorlauftemperaturen, Beispielwert: 2 Min.

Das PWM-Prinzip wird beispielsweise auch für das Dimmen von LEDs eingesetzt. Sind Ein- und Ausschaltdauer ausreichend kurz, nimmt das menschliche Auge nur die durchschnittliche Leuchtstärke pro Zyklus war. Bei einer Taktfrequenz von z. B. 10 kHz entstehen für den Betrachter kein Flimmern und keine Schwankungen in der Helligkeit.

6.5 Hysterese

Eine *Hysterese* ist eine verzögerte Wirkungsänderung nach Änderung der Ursache. Anders ausgedrückt, lässt sie sich als Differenz zwischen dem Ein- und Ausschalten (bzw. umgekehrt) beschreiben. Mit Hysteresen kommen Sie in der Heimautomation immer dann in Berührung, wenn es um 2-Punkt-Regler geht, wie sie z. B. bei einer Raumtemperaturregelung verwendet werden. Sehen wir uns also an, was es damit auf sich hat.

Dazu ein Beispiel: Ein Raumtemperaturregler hat zur Aufgabe, die Raumtemperatur im Wohnzimmer auf angenommenen 21 °C zu halten. Steigt die Temperatur auf über 21 °C, schließt er den Heizkreis über einen Stellantrieb, die Temperatur beginnt nach einer gewissen Zeit zu fallen. Liegt die gemessene Temperatur unter 21 °C, öffnet er den Heizkreis wieder. Die Folge: Der Raum erwärmt sich langsam. Vielleicht ahnen Sie es: Der Regler wird ständig damit beschäftigt sein, ein- und auszuschalten bzw. zu öffnen oder zu schließen. Für alle mechanischen Komponenten im System bedeutet das eine unnötige Beanspruchung und höherer Verschleiß. Das Beispiel könnten Sie ebenfalls auf eine helligkeitsgesteuerte Beleuchtung umlegen. Eine ständig ein- und ausschaltende Leuchte bei einer Helligkeit knapp um die eingestellte Schaltschwelle herum würde Sie nach kürzester Zeit gewaltig nerven.

Die Lösung für beide Beispielprobleme heißt Hysterese. Dabei wird sinnbildlich ein Band um die Schaltschwelle herumgelegt, das erst verlassen werden muss, bevor der Regler seinen Schaltausgang ändert. Für den Raumtemperaturregler bedeutet das: Der Stellantrieb wird geschlossen, wenn die gemessene Temperatur den oberen Hysteresegrenzwert übersteigt, und erst dann wieder geöffnet, wenn die Temperatur unter den unteren Hysteresegrenzwert fällt. Klarer wird es mit der Grafik aus Abbildung 6.6.

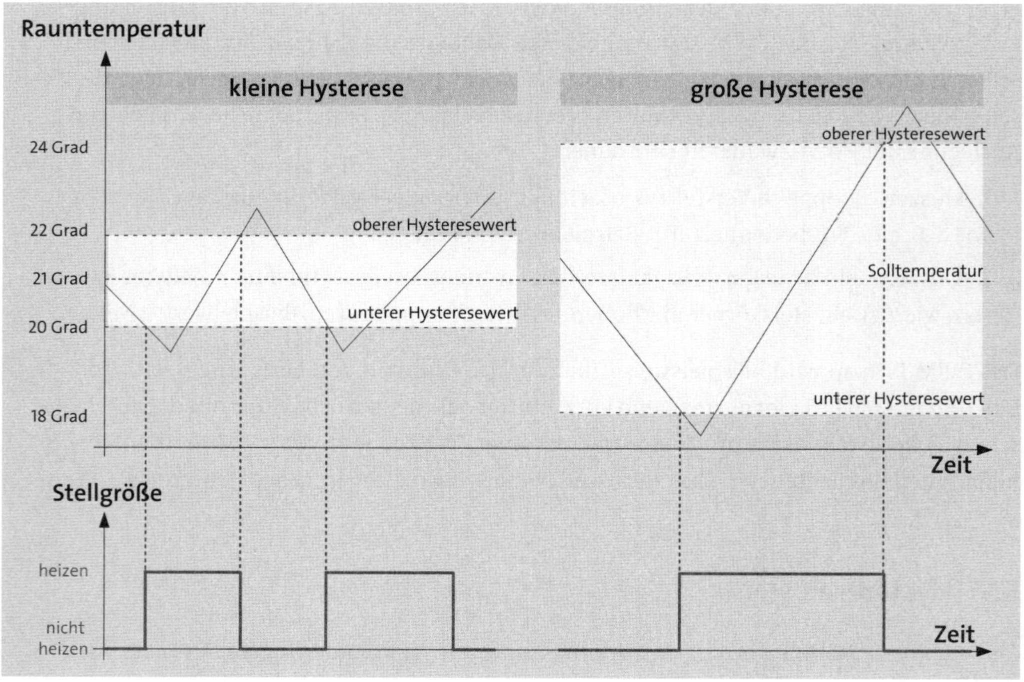

Abbildung 6.6 Auswirkungen einer Hysterese auf die Stellgröße

Gut zu sehen ist, dass der Regler erst schaltet, wenn das Hystereseband nach unten oder nach oben verlassen wird. Die beiden Hysteresewerte lassen sich bei jedem Temperaturregler einstellen – neben der eigentlichen Solltemperatur. Ein Beispiel für eine Raumtemperaturregelung mit einem KNX-RTR finden Sie in Abschnitt 55.2, »Wohlfühlraumtemperatur mit Einzelraumregelung«.

Bei der Dimensionierung von Hysteresewerten sollten Sie berücksichtigen:

- Eine kleine Hysterese führt zu geringeren Temperaturschwankungen, aber häufigeren Schalthandlungen.
- Eine große Hysterese führt zu unkomfortableren Temperaturschwankungen, aber weniger Schalthandlungen.

6.6 Die Einheit Lux

Eine Einheit, mit der Sie es wahrscheinlich nicht jeden Tag zu tun haben, ist *Lux*, die Einheit der Beleuchtungsstärke. Sie gibt an, welcher Lichtstrom (in Lumen, abgekürzt lm) auf eine Flächeneinheit (in m^2) fällt. Ein Lux (abgekürzt lx) ist demnach ein Lumen geteilt durch einen Quadratmeter (lm/m^2). Wenn Sie später, wie ich hoffe, in Ihrem Smart Home auf Präsenzmelder setzen, werden Sie bei deren Parametrierung mit der etwas unhandlichen Einheit arbeiten. Tabelle 6.2 soll Ihnen etwas Gefühl für die Helligkeit in Lux gängiger Situationen vermitteln:

Beleuchtungssituation	Helligkeit in Lux
Sternklarer Nachthimmel bei Neumond	0,001
Vollmondnacht	0,25
Kerze aus 1 m Entfernung	1
Straßenbeleuchtung	15
Wohnzimmer	50
Flurbeleuchtung	100
Zimmerbeleuchtung	400
Bürobeleuchtung	500
Beleuchtung TV-Studio	1.000
Bedeckter Wintertag	3.500
Operationssaal	10.000

Tabelle 6.2 Lux-Werte gängiger Beleuchtungssituationen

Beleuchtungssituation	Helligkeit in Lux
Schattenbereich im Sommer	10.000
Bedeckter Sommertag	20.000
Heller Sonnentag	100.000
Moderner Operationssaal	160.000
Laserpointer (5 mW, grün)	427.000

Tabelle 6.2 Lux-Werte gängiger Beleuchtungssituationen (Forts.)

Nicht zu verwechseln mit Lux, der Beleuchtungsstärke, ist *Lumen* (lm), die Einheit des Lichtstroms. Der große Unterschied ist:

- **Lux**: Wie hell wird ein Raum ausgeleuchtet?
- **Lumen**: Wie viel Helligkeit sendet eine Lichtquelle aus?

Der Lichtstrom in Lumen einer Glühlampe mit 100 W beträgt 1.400 lm, der einer Leuchtstofflampe (30 W) sogar 1.600 lm. Videoprojektoren bringen es auf 800 bis 2.000 lm, eine Haushaltskerze hingegen nur auf 10 lm.

Kapitel 7
Gebäudeautomation verstehen

Gebäudeautomation funktioniert dann am besten, wenn es gelingt, möglichst viele Gewerke einzubeziehen. Dadurch vermeiden Sie Insellösungen und lassen Ihr Heim als Ganzes intelligent agieren.

Grundsätzlich sind alle Gewerke irgendwie automatisierbar, manche recht einfach (Beleuchtung), manche aufwendiger (Multimedia). Es existiert heute jedoch keine Technik, die es erlauben würde, mit ein und demselben System alle Anforderungen abzudecken. Das Bestreben muss daher sein, mit einem robusten und standardisierten Basisautomatisierungskonzept möglichst breit gefächerte Bereiche zu erfassen und nur die verbleibenden Gewerke mit Speziallösungen einzubinden. Tasten wir uns also vor und schauen wir uns an, welche Systeme es gibt und welche Gewerke auf die Vernetzung warten.

7.1 Das Smart Home umfasst alle Gewerke

Unter einem *Gewerk* versteht man eine handwerkliche Arbeit im Bauwesen, wie z. B. Baumeister- und Elektroarbeiten oder auch Arbeiten im Bereich Heizung/Sanitär. Wenn man von Heimautomation spricht, gliedert man den Begriff Gewerk gern noch viel feiner auf und erhält dadurch einen Katalog an Themengebieten, die bei einer umfassenden Smart-Home-Planung adressiert werden sollten.

7.1.1 Welche Gewerke werden automatisiert?

Wie Sie der Tabelle 7.1 entnehmen können, gibt es fast nichts, was sich nicht in ein intelligentes und vernetztes Zuhause einbinden lässt. Natürlich ist die Einbindung nicht für alle Gewerke gleich schwierig umzusetzen. Eine smarte Beleuchtungssteuerung ist beispielsweise relativ einfach, ein Multiroom-Audiosystem hingegen durchaus komplex in der Umsetzung.

Gewerk	Beschreibung	Komplexität
Beleuchtung	gedimmtes und ungedimmtes Licht	einfach
	LEDs, Effektbeleuchtung	einfach bis mittel

Tabelle 7.1 Die Smart-Home-Gewerke im Überblick

Gewerk	Beschreibung	Komplexität
Beschattung	Jalousien, Rollladen, Sonnensegel usw.	einfach
Belüftung	kontrollierte Wohnraumbelüftung, Ventilatoren	einfach bis mittel
schaltbare Steckdosen	alle Arten von Verbrauchern, mit und ohne Stromüberwachung	einfach
Sensorik	Fenster- und Türkontakte	einfach
	Wassermelder, Füllstandssensoren	einfach
	Feuchtigkeitssensoren	einfach
	Außensensoren, Wetterstation	einfach bis mittel
Anwesenheitserfassung	Bewegungsmelder, Präsenzmelder	einfach bis mittel
Sicherheit	Einbruchmeldeanlage (EMA)	mittel bis komplex
	Rauchwarnmelder	einfach
	Zutrittskontrolle	mittel bis komplex
Heizung	Einzelraumregelung	mittel
	Heizungssteuerung	komplex
Energie	Fotovoltaik	mittel
	Smart Metering	mittel
Haushaltsgeräte	intelligente Waschmaschinen, Trockner, Herd, Dunstabzug usw.	mittel
Türkommunikation	Wohnungsstation, Türstation,	mittel bis komplex
Telefon	VoIP-Geräte, Anrufbeantworter	mittel
Multimedia	Multiroom-Audio	komplex
	Video	komplex
Visualisierung	Touchpanel, Weboberfläche, mobile Steuerung	mittel bis komplex
IT-Infrastruktur	Rechner, Drucker, Server, Switches usw.	mittel

Tabelle 7.1 Die Smart-Home-Gewerke im Überblick (Forts.)

Das Geheimnis eines intelligenten Zuhauses ist nun, dass diese Gewerke nicht voneinander isoliert arbeiten, sondern untereinander Informationen und Kommandos austauschen können. Nur dadurch erschließen sich alle Vorteile des Smart Homes.

7.1.2 Um smart zu werden, müssen die Gewerke vernetzt sein

Eine motorisierte Jalousie, die Sie per Tasten hoch- und runterfahren können, darf sich noch lange nicht *smart* nennen, auch wenn vielleicht sogar eine Zentraltaste für »alle nach oben« und »alle nach unten« existiert. Ist die Jalousiesteuerung aber gewerkeübergreifend ausgeführt – kann sie also im Sommer bei zu hohen Temperaturen automatisch beschatten, fährt bei Dunkelheit und Anwesenheit von Bewohnern herunter, öffnet die Lamellen bei Fensterbelüftung, schützt vor Regen bei offen stehenden Fenstern und sorgt durch sonnenstandsgeführte Lamellenverstellung für konstante Helligkeit im Raum –, spricht man durchaus von smart.

Besonders interessant an der Sache ist, dass sich eine unsmarte Jalousie kaum von einer smarten unterscheidet. Beide werden durch einen elektrischen Rohrmotor bewegt, beide können mithilfe von Relais hoch- oder runterbewegt werden, beide benötigen eine irgendwie geartete Steuerung. Der einzige Unterschied liegt in der Art, wie diese Steuerung ausgeführt ist:

- Die *unsmarte* Steuerung ist eine eigenständige und isolierte Ansammlung von Schaltern, fix mit den Jalousiemotoren verbunden, wenig flexibel und nicht in der Lage, auf komplexere Logiken zu reagieren.
- Sie *smarte* Steuerung besteht aus einem Jalousieaktor, der über ein Bussystem mit allen anderen Smart-Home-Komponenten (Wetterstation, Präsenzmelder usw.) verbunden ist. Die möglichen Bedienelemente (echte Schalter, Tasten auf einer Visualisierung, Automatikfunktionen) haben keine direkte Verbindung zur Steuerung bzw. zum Motor selbst.

Dieser feine, aber essenzielle Unterschied entscheidet darüber, ob ein Gewerk dumm und isoliert vor sich hin werkelt oder Teil eines intelligenten Automatisierungskonzepts wird.

Einen ersten schematischen Überblick darüber, welche Gewerke sich vernetzen lassen, finden Sie in Abbildung 7.1. Dabei wird zwischen einem Automatisierungs-Backbone (grün, unterer Teil der Abbildung) und einem LAN (orange, oberer Teil der Abbildung) unterschieden. Das LAN als Breitbandnetzwerk verbindet alle datenintensiven Endgeräte miteinander, der Automatisierungsbus hingegen ist das Kommunikationsmedium der einzelnen Gewerke. Unser Jalousieaktor (Gewerk Beschattung) aus oben stehendem Beispiel wäre z. B. solch ein Teilnehmer an diesem Bus.

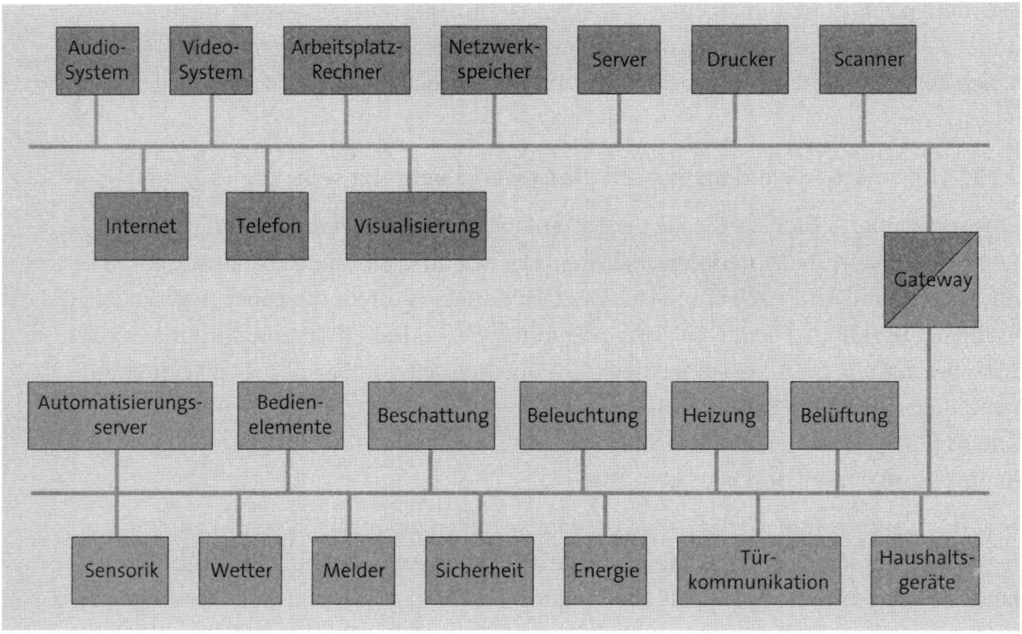

Abbildung 7.1 Die Smart-Home-Gewerke

In einer vernetzten Smart-Home-Umgebung hat ein teilnehmendes Gerät, z. B. ein Sensor, charakteristischerweise nicht nur eine Aufgabe, sondern wird in eine ganze Reihe von Funktionen einbezogen. Nehmen wir als Beispiel einen Fensterkontakt. Er soll in erster Linie anzeigen, ob ein Fenster geöffnet ist oder nicht. Soweit klar, aber wozu dient dieser Sensor zusätzlich? Ein paar Beispiele:

- Offen gelassene Fenster, durch die während Ihrer Abwesenheit die teuer erkaufte Wärmeenergie entweicht, gehören der Vergangenheit an (Stellantriebe werden automatisch geschlossen).
- Genauso ermöglicht er, dass Sie von Ihrem Smart Home gewarnt werden, wenn Regen durch ein offenes Fenster eindringen kann.
- Er liefert einer selbst realisierten Alarmanlage die Information, ob eine Tür oder ein Fenster geöffnet wurde.
- Er schaltet die Raumbeleuchtung aus, wenn das Fenster bei Nacht geöffnet wurde, um nicht lästige Stechmücken einzuladen.
- Er sorgt dafür, dass beim Öffnen des Fensters die Jalousie direkt auf Lüftungsstellung bewegt wird.

7.2 Vergleich mit der herkömmlichen Elektroinstallation

Den Unterschied zwischen einer herkömmlichen Elektroinstallation und einer Smart-Home-Installation möchte ich Ihnen anhand eines Praxisszenarios darstellen. Ihre Anforderung: Sie wünschen sich eine Jalousiensteuerung.

7.2.1 Jalousiensteuerung konventionell

Bei einer herkömmlichen Jalousiensteuerung wird Ihnen der Installateur vermutlich einen Windmesser oder vielleicht sogar eine Wetterstation außerhalb des Gebäudes anbringen. Dieses nicht gerade günstige Gerät wird die Aufgabe haben, einen Windalarm auszulösen, worauf die Jalousien eingezogen werden, oder bei Unterschreiten einer gewissen Außenhelligkeit die Jalousien herunterzufahren. Sämtliche Messwerte, die der Außensensor liefert, sind aber nur innerhalb der Jalousiensteuerung bekannt, sie ist ein geschlossenes System, eine Insel. Möchten Sie beispielsweise die gemessene Helligkeit zusätzlich für das automatische Anschalten der Fassadenbeleuchtung verwenden, haben Sie schlechte Karten. In der konventionellen Elektroinstallation würde Ihnen der Installateur für die Außenbeleuchtung einfach einen zweiten Helligkeitsmesser montieren – unter Umständen direkt neben dem bereits vorhandenen. Raten Sie, was passiert, wenn Sie eine später angeschaffte Markise so automatisieren möchten, dass sie ab einer bestimmten Helligkeit (oder Temperatur) Ihre Terrasse beschattet? Richtig: Entweder ist das gar nicht möglich, oder der zuständige Monteur wird Ihnen neben den beiden anderen einen dritten Sensor an der Außenwand anbringen.

Einmal abgesehen davon, dass Sie für ein und denselben Sensorwert dreimal bezahlen, sind solche Konstruktionen weder optisch ansprechend noch wartungsfreundlich und schon gar nicht flexibel.

7.2.2 Jalousiensteuerung in smart

Wie würde dieses Szenario nun bei der intelligenten Gebäudesteuerung umgesetzt werden? Es wird nur ein einziges Gerät, eine KNX-Wetterstation, an das Gebäude montiert. Die Wetterstation liefert Messwerte (Helligkeit, Temperatur, Wind, Regen usw.) in Form von Telegrammen über ein Bussystem. Jeder Teilnehmer, der an diesem Bus angeschlossen ist, kann sämtliche Messwerte empfangen und beliebig verwenden. In diesem Fall wären es ein Jalousieaktor für die Jalousiensteuerung, ein Schaltaktor für die Außenbeleuchtung und ein Rollladenaktor für die Markise. Und falls Sie mithilfe des Regensensorwerts noch Ihre Gartenbewässerung steuern möchten, ist das ebenso schnell erledigt. Das zusätzliche Modul wird einfach als weiterer Teilnehmer über zwei Adern an den Bus angekoppelt. Schon steht der Bewässerungssteuerung die Gesamtheit aller Informationen und Kommandos zur Verfügung, die alle anderen Teilnehmer zusammen produzieren.

7.2.3 Auch Bedienelemente können smart oder unsmart sein

Dieses kleine Praxisszenario lässt sich beliebig erweitern. Betrachten wir einen einfachen Taster an der Wand. Herkömmlich installiert, fährt er z. B. eine Jalousie nach oben oder herunter. Nicht mehr und nicht weniger. Ein KNX-Taster hingegen schaltet irgendetwas – das kann heute eine Jalousie sein, morgen eine Leuchte oder eine ganze Leuchtengruppe, übermorgen der elektrische Türöffner oder, nachdem der Nachwuchs älter geworden ist, alle Stereoanlagen in allen Kinderzimmern. Auch hier sind Sie maximal flexibel: Die Änderung der Funktion passiert rein in Software, Sie müssen dazu keinen Schraubenzieher in die Hand nehmen und streng genommen nicht einmal wissen, wo sich Ihr Technikraum befindet. Versuchen Sie das mal mit einer herkömmlichen Elektroinstallation.

Zur Verdeutlichung finden Sie in dem folgenden Schaltbild aus Abbildung 7.2 einen herkömmlich installierten Doppeltaster, der genau eine Aufgabe hat, nämlich die beiden fix verdrahteten Leuchten zu schalten.

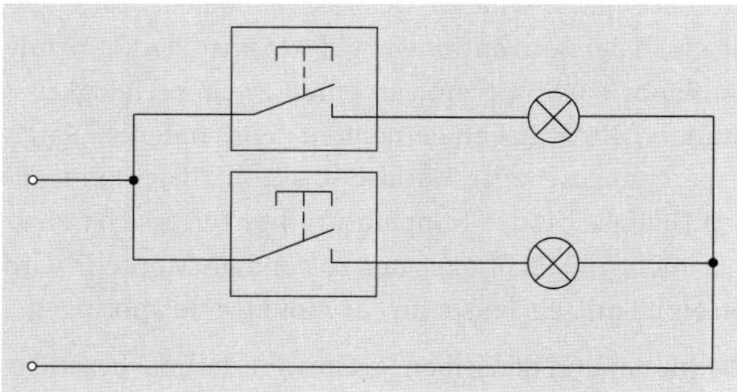

Abbildung 7.2 Taster in konventioneller Installation

Eine Eins-zu-eins-Umsetzung dieser Schaltung würde in einer KNX-Installation wie in Abbildung 7.3 aussehen:

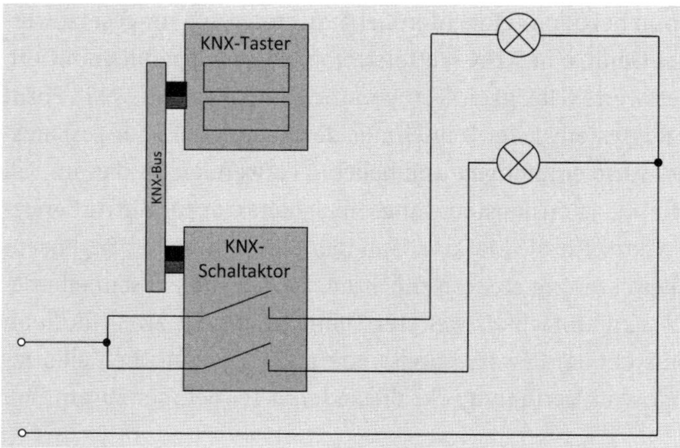

Abbildung 7.3 Taster in smarter KNX-Installation

Beachten Sie, dass es zwischen den Tastern und den Leuchten keine direkte Verbindung mehr gibt. Genau daher kommt die große Flexibilität, denn was diese Schaltung genau machen soll, entscheiden Sie erst später bei der Parametrierung, die Sie wiederum beliebig oft ändern können. Der Taster würde wahrscheinlich dem Schaltaktor per Telegramm mitteilen, welche Leuchten er anschalten soll, muss es aber nicht. Genauso gut könnte der Taster jede andere Funktion im Gebäude auslösen und der Schaltaktor von beliebigen anderen Busteilnehmern (z. B. einem Bewegungsmelder) aufgefordert werden, eine oder beide Leuchten zu schalten. Darüber hinaus ist die Information, welche Leuchten an und welche aus sind, für alle Busteilnehmer verfügbar. Eine Visualisierung würde diese Schaltzustände beispielsweise jederzeit anzeigen können.

Sie müssen an dieser Stelle noch nicht verstehen, wie genau die beiden KNX-Geräte funktionieren, das erwartet Sie Schritt für Schritt in den weiteren Kapiteln. Wichtig für den Moment ist, dass Sie den wesentlichen Unterschied in der Installation verinnerlichen.

7.3 Basistechnologien für die Gebäudeautomation

Eine Übersicht der wichtigsten Technologien in der Gebäudeautomation soll Ihnen helfen, sich im schwierig zu durchdringenden Dschungel der Systeme und der Technik dahinter zurechtzufinden. Grundsätzlich benutzt jedes System eines der drei Übertragungsmedien (Funk, Powerline = Stromnetz oder eigene Datenleitungen). Funkbasierte Systeme arbeiten zudem in einem von aktuell drei Frequenzbereichen (siehe Abbildung 7.4).

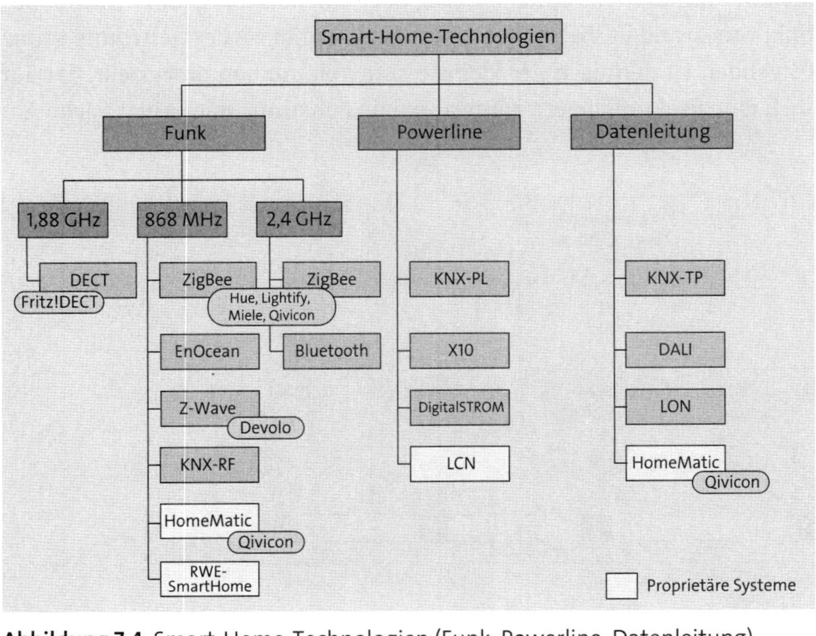

Abbildung 7.4 Smart-Home-Technologien (Funk, Powerline, Datenleitung)

Der Einsatz von proprietären Systemen (in der Darstellung aus Abbildung 7.4 markiert) muss wohlüberlegt sein. Sie binden sich dadurch an einen einzigen Hersteller, was im Fall einer so langfristigen Investition wie der Gebäudetechnik zu Problemen führen kann. Mit der Systemauswahl legen Sie immer auch die Palette der nutzbaren Smart-Home-Geräte fest.

Spezialisierte Bussysteme wie z. B. 1-Wire, SMI und DMX sind in Abbildung 7.4 nicht enthalten, sie spielen jedoch eine wichtige Rolle in der gewerkeübergreifenden Automatisierung und haben in diesem Buch jeweils ein eigenes Kapitel bekommen (siehe Kapitel 10, »1-Wire: nicht nur ›eine‹ Ader« und Kapitel 12, »Weitere Technologien und Standards«).

7.4 Die KNX-Infrastruktur

Da wir uns im Rahmen dieses Buchs für den KNX-Standard als Basis für die intelligente Gebäudeinstallation entschieden haben, steigen wir direkt mit den ersten Grundlagen ein.

7.4.1 Ein KNX-Minimalaufbau

Ein funktionierender KNX-Grundaufbau benötigt immer mindestens zwei essenzielle Geräte, ohne die der KNX-Bus entweder nicht funktionieren würde (Spannungsversorgung) oder sich nicht parametrieren ließe (KNX-Schnittstelle). Sind beide Geräte vorhanden, könnte zwar der Bus arbeiten und der Benutzer ihn parametrieren, aber ohne einen weiteren Teilnehmer (mindestens einen Eingang oder einen Aktor) gäbe es nichts, was irgendeine Funktion beisteuert. Der KNX-Bus wäre also nur ein Stück bestromte grüne Leitung. Im Folgenden ist demnach der kleinste sinnvolle Aufbau dargestellt, der auf eine Aktion auch eine Reaktion liefern kann, also eine Funktionalität besitzt (siehe Abbildung 7.5).

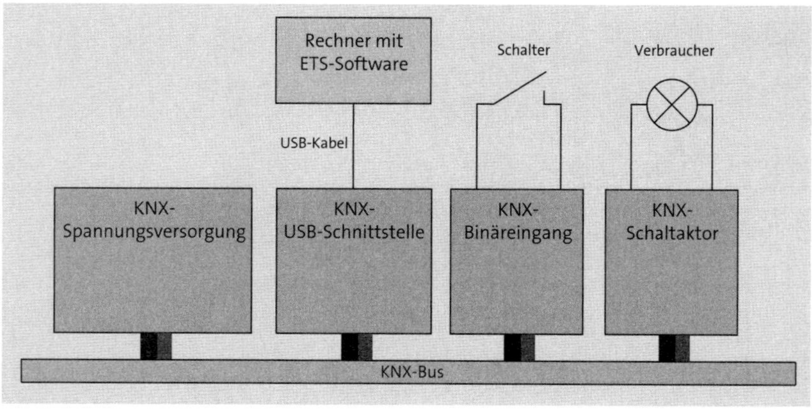

Abbildung 7.5 KNX-Minimalaufbau

Falls Sie sich jetzt die Frage stellen: »Was macht dieser Aufbau?«, haben Sie vollkommen richtig reagiert. Die korrekte Antwort lautet: »Ich habe keine Ahnung!« Noch besser wäre sogar noch: »Das kommt darauf an.«

Naheliegend ist natürlich, dass bei Schließen des Schalters der Verbraucher (die Leuchte) an- und bei Öffnen wieder ausgeschaltet wird. Darüber hinaus existieren aber zahlreiche weitere Möglichkeiten, die mit dem unveränderten Aufbau realisierbar sind. Entscheidend ist einzig und allein, das zu realisieren, was Sie von der Schaltung erwarten. Genau das teilen Sie den beteiligten KNX-Geräten mit, indem Sie sie über die ETS parametrieren. Die ETS (Engineering Tool Software), als wichtiges Werkzeug zur Konfiguration eines KNX-Systems, lernen Sie noch genau in Kapitel 47, »KNX parametrieren mit der ETS-Software«, kennen.

In diesem Minimalaufbau können Sie nur den Binäreingang und den Schaltaktor parametrieren, jedoch erreichen Sie bereits durch deren Einstellungen eine Vielzahl an unterschiedlichsten Funktionalitäten, z. B.:

- Die Leuchte schaltet nicht beim Schließen des Schalters an, sondern beim Öffnen.
- Der Schalter hat überhaupt keine Auswirkung auf die Leuchte.
- Nachdem der Schalter wieder geöffnet wird, bleibt die Leuchte noch fünf Minuten brennen, beginnt dann zu blinken und erlischt, wenn nicht wieder der Schalter geschlossen wird.
- Nur wenn der Schalter länger als zehn Sekunden gedrückt wird, reagiert die Leuchte.
- Und es gibt viele weitere mehr oder weniger sinnvolle Anwendungen.

Wichtig an dieser Stelle ist eines: Alle beschriebenen Änderungen an der Funktion erreichen Sie ohne jegliche Änderung an der Verdrahtung!

7.4.2 Vorstellung der KNX-Komponenten

Der im vorherigen Abschnitt einführende Minimalaufbau lässt sich fast beliebig erweitern. Abbildung 7.6 zeigt die verschiedenen KNX-Gerätetypen, aufgeteilt in REG-Module und Unterputzgeräte, jeweils an einer exemplarischen Einbauposition. Dabei habe ich auf Mehrfachabbildung verzichtet, selbstverständlich sind aber in einer typischen Installation mehrere Geräte eines Typs verbaut. Das gilt insbesondere für Schaltaktoren, aber auch für die Bedienelemente und Melder in den einzelnen Räumen.

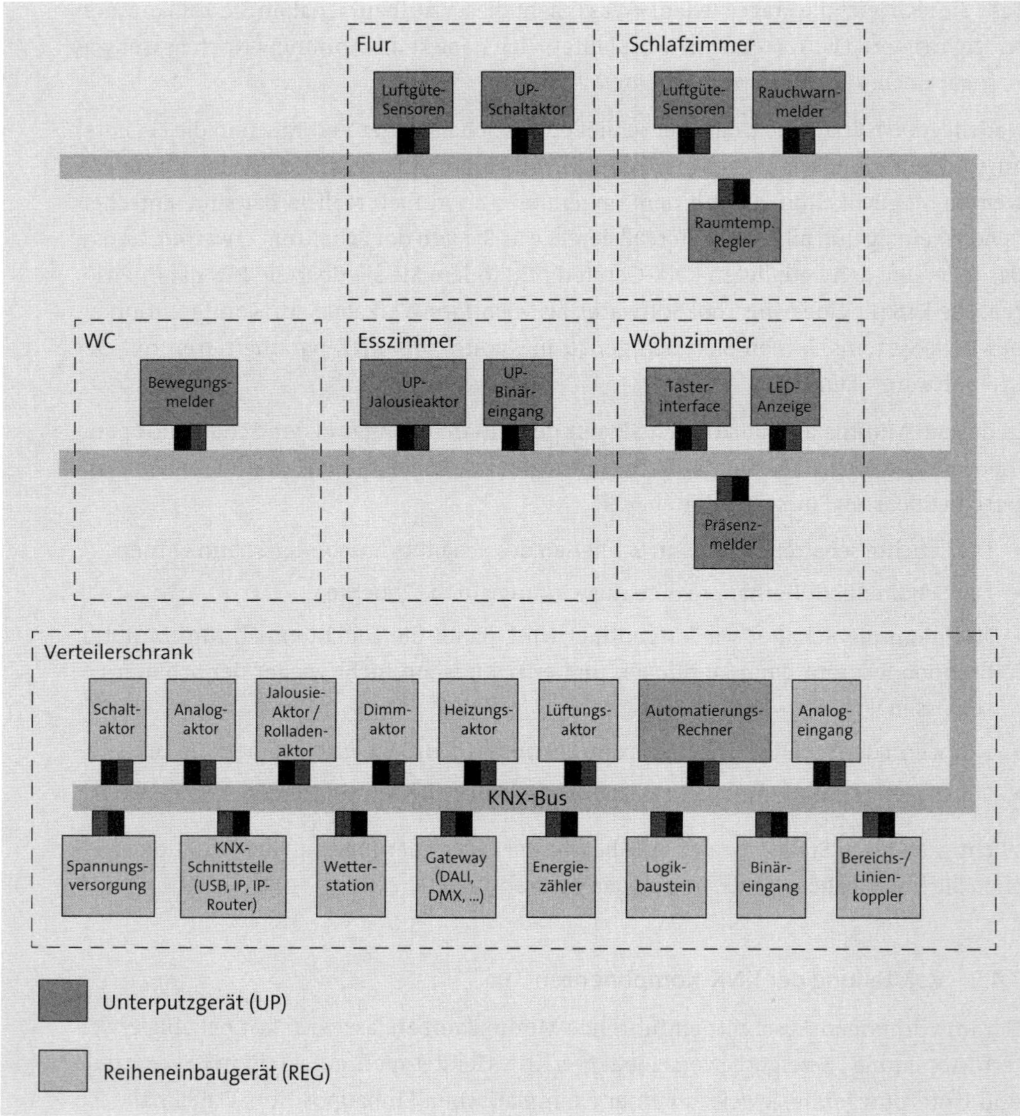

Abbildung 7.6 Die KNX-Infrastruktur

Erschrecken Sie nicht vor der Anzahl der unterschiedlichen Geräte, in den folgenden Kapiteln lernen Sie jedes einzelne genauer kennen. Außerdem gilt, dass Sie natürlich nicht jeden einzelnen KNX-Gerätetyp in Ihrer Installation benötigen, viele davon sind erst für spezielle Anforderungen oder Erweiterungen notwendig. Die folgende Aufstellung gibt Ihnen einen ersten Überblick:

KNX-Gerätetyp	Art	Aufgabe
Spannungs-versorgung	Systemgerät	Stellt die für den KNX-Bus benötigte Spannung zur Verfügung.
KNX-Schnittstelle	Interface	Stellt die Verbindung zwischen KNX-Bus und Inbetriebnahme-PC bzw. HomeServer bereit oder verbindet den KNX-Bus mit dem IP-Netzwerk.
Wetterstation	Sensorik	Erfasst unterschiedliche Wetterdaten (Wind, Helligkeit, Regen usw.) und stellt diese allen Busteilnehmern zur Verfügung.
Gateway	Interface	Gateways stellen die Verbindung zu anderen Bussystemen her (Beispiel: DALI, DMX, EnOcean, 1-Wire).
Energiezähler	Sensorik	Erfassung von Verbrauchsdaten (Strom, Wasser, Gas) oder erzeugter Energie (Fotovoltaik).
Logikbaustein	Logik	Ermöglicht (als Alternative zu einem Automatisierungsserver) die logischen Verknüpfungen von Eingangs- und Ausgangssignalen.
Binäreingang	Sensorik	Abfrage und Auswertung von Sensoren mit zwei Zuständen (Schalter, Taster, Meldekontakte, Impulszähler usw.) und einfache Ansteuerung von LEDs.
Bereichskoppler, Linienkoppler und Linienverstärker	Systemgerät	Erweitert die Ausdehnung (räumlich und Anzahl der Busteilnehmer) des KNX-Bus.
Schaltaktor	Aktorik	Schalten von Lasten aller Art (Beleuchtung, Steckdosen, Küchengeräte, Kleinverbraucher usw.).
Analogaktor	Aktorik	Dient der Ausgabe von analogen Spannungen unterschiedlichster Art.
Jalousieaktor und Rollladenaktor	Aktorik	Wird eingesetzt zur Ansteuerung von Jalousien, Rollladen und anderen Beschattungslösungen (wie z. B. Sonnensegeln).
Dimmaktor	Aktorik	Ermöglicht das Dimmen von Lampen (i. d. R. 230 V).

Tabelle 7.2 Die KNX-Gerätetypen

KNX-Gerätetyp	Art	Aufgabe
Heizungsaktor	Aktorik	Ansteuerung von thermoelektrischen Stellantrieben in Heiz-/Kühlsystemen.
Lüftungsaktor	Aktorik	Ansteuerung von Lüftern oder Ventilatoren.
Automatisierungsserver	Logik, Visualisierung	Komplexer, eigenständiger (embedded) Rechner für Logik- und Visualisierungsaufgaben.
Analogeingang	Sensorik	Abfrage und Auswertung von unterschiedlichsten Sensoren (Temperatur, Durchfluss, Meldekontakte, Wettersensoren usw.).
Präsenzmelder	Sensorik	In der Regel an der Decke angebrachte Melder zur Erfassung der Anwesenheit von Personen.
UP-Jalousieaktor	Aktorik	Unterputzversion zur Ansteuerung von Jalousien und Rollladen.
UP-Binäreingang	Sensorik, Visualisierung	Unterputzversion, siehe Binäreingang.
Tastsensor	Sensorik, Visualisierung	Multifunktionsbedienelement mit direktem KNX-Zugang und teilweise komfortablen Zusatzfunktionen (Raumtemperaturregler, IR-Interface, LED-Anzeige, grafische Anzeige usw.).
LED-Anzeige	Visualisierung	Mehrfach-LED-Anzeige mit KNX-Anbindung für konfigurierbare Zustandsanzeigen.
Raumtemperaturregler	Sensorik, Aktorik	Dient zur Erfassung der Soll- und Isttemperatur im Raum und zu der daraus resultierenden Ansteuerung von Heizungsaktoren.
Luftgütesensor	Sensorik	Erfasst unterschiedliche Luftgütemessdaten (z. B. CO_2-Gehalt) und legt sie auf den KNX-Bus.
UP-Schaltaktor	Aktorik	Unterputzversion des Schaltaktors (in REG-Bauweise), siehe oben.
Rauchwarnmelder	Sensorik, Aktorik	Spezielle Version des Rauchwarnmelders mit KNX-Anschluss zur Erkennung von möglichen Bränden und sowohl akustischer als auch busgestützter Alarmierung.

Tabelle 7.2 Die KNX-Gerätetypen (Forts.)

7.5 Meistern Sie den Einstieg!

Rufen Sie sich kurz bitte den KNX-Minimalaufbau aus Abbildung 7.5 ins Gedächtnis. Wie würde dieser in der Praxis aussehen? Im Prinzip ganz genauso, eben nur etwas greifbarer (vergleiche Abbildung 7.7). Selbst einen solchen Prototyp aufzubauen, ist in jedem Fall eine gute Idee. Sie können damit bereits lange vor dem Ernstfall, also vor der eigentlichen Installation, beginnen und wertvolle erste Erfahrungen sammeln. Außerdem benötigen Sie die im Prototyp eingesetzten Geräte ebenso für den späteren echten Aufbau.

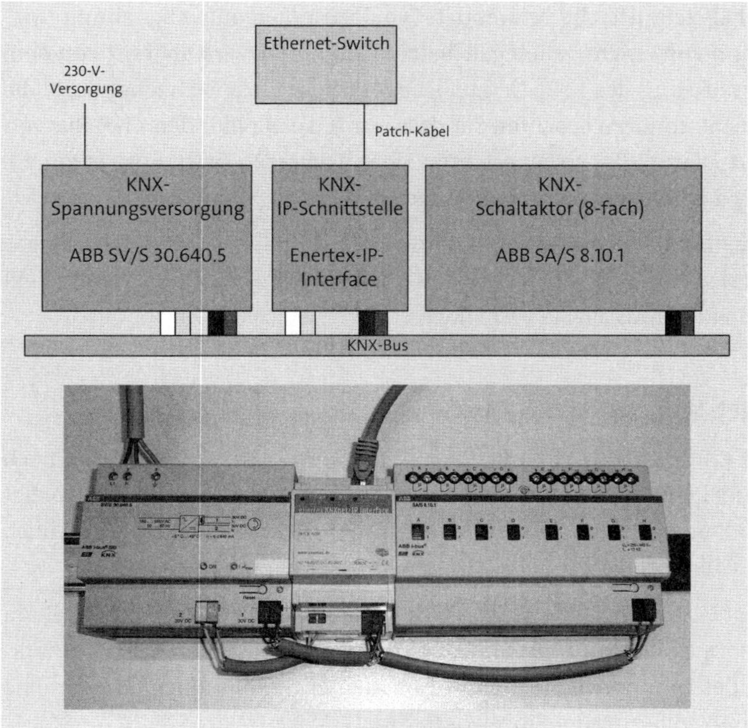

Abbildung 7.7 Schema und Realität: ein erster KNX-Aufbau

Ich greife an dieser Stelle bereits auf jede Menge Grundlagen vor, die alle noch Thema der weiteren Kapitel sein werden. Erschrecken Sie also nicht, jedes der drei Geräte wird noch ausführlich besprochen.

7.5.1 Bauen Sie den ersten Prototyp

Der Prototyp ist auf einer Standard-35-mm-Hutschiene aufgebaut, wie sie auch im Stromkreisverteiler verwendet wird, und stellt bereits ein funktionierendes KNX-System dar. Die Spannungsversorgung (links) versorgt den gesamten Bus über das schwarz-rote Adernpärchen der (vieradrigen) KNX-Leitung. Die Buskommunikation aller Teilnehmer untereinander verläuft ebenso über diese beiden Adern. Bei der KNX-

Busspannung handelt es sich um 30 V DC mit SELV-Eigenschaften (Safety Extra Low Voltage), sie ist also ungefährlich. Anders hingegen sieht es mit der 230-V-Zuleitung für das KNX-Netzteil aus, hier achten Sie bitte ganz besonders auf die Sicherheit.

Vom Netzteil werden zwei weitere Geräte versorgt, ein KNX-IP-Interface, über das zum einen der Bus parametriert wird und zum anderen die Anbindung an die Ethernet-Netzwerkwelt erfolgt, sowie ein Schaltaktor, der für die Ansteuerung von elektrischen Verbrauchern (Beleuchtung, Steckdosen usw.) eingesetzt wird. Das ansonsten im KNX-System unbelegte weiß-gelbe Adernpaar wird in diesem Fall ausnahmsweise für die Zusatzversorgung der IP-Schnittstelle verwendet. Die dazu notwendige Spannung (wiederum 30 V DC) kann von einem beliebigen Netzteil stammen, wird aber oft von dem zweiten Spannungsausgang des KNX-Netzteils abgegriffen. Bitte verwechseln Sie die beiden Ausgänge nicht, sondern beachten Sie, dass nur Ausgang 1 für den KNX-Bus verwendet werden darf. Warum das so ist, erfahren Sie in Kapitel 26, »Den Bus versorgen: Spannungsquellen«, über Spannungsversorgungen.

Wie die drei Geräte über das schwarz-rote Adernpaar verbunden werden, ist fast egal. Weder die Reihenfolge noch die Abzweigungen spielen eine Rolle. Einzig und allein einen geschlossenen Ring müssen Sie vermeiden.

7.5.2 Vom richtigen Umgang mit KNX-Leitungen

Dass es genau diese grüne Leitung sein muss, hat seinen Grund, dazu kommen wir noch in Abschnitt 20.1 über Leitungsmaterial. Als Besitzer der gedruckten Buchausgabe bleibt Ihnen zudem nichts anderes übrig, als mir zu vertrauen, dass die Leitung tatsächlich grün ist. Besitzen Sie hingegen die E-Book-Ausgabe, ist die Sache sowieso klar.

Wie gehen Sie nun bei der Verkabelung der KNX-Geräte über das grüne Buskabel am besten vor? Sie benötigen dazu nur minimalen Werkzeugeinsatz: einen Kabelentmantler zur Entfernung des Leitungsmantels und einen kleinen Seitenschneider (oder eine Abisolierzange) zur Abisolierung der Einzeladern.

Entfernen Sie – wie in Abbildung 7.8 gezeigt – zuerst den Mantel der KNX-Leitung mit dem Kabelentmantler und schneiden Sie die Metallfolie sowie den Beilaufdraht ab. Ein KNX-Busteilnehmer benötigt nur die rote und die schwarze Ader, also schneiden Sie die gelbe und die weiße Reserveader ebenfalls mit dem Seitenschneider ab. Rot und Schwarz isolieren Sie ab und stecken die Enden in die KNX-Busklemme (Typ: Wago Serie 243, siehe Abschnitt 20.4.3, »MICRO-Verbindungsdosenklemmen«).

Durch Aufstecken der Mikroklemme auf das KNX-Gerät stellen Sie nicht nur dessen Busverbindung her. Die Klemme dient auch dazu, bis zu drei weitere KNX-Leitungen anzuschließen, und ist das Mittel der Wahl für alle Arten von KNX-Durchkontaktierung. In Abbildung 7.9 erkennen Sie, dass am mittleren Gerät (IP-Interface) die Verbindung sowohl zum Netzteil (links) als auch zum Schaltaktor (rechts) geklemmt ist.

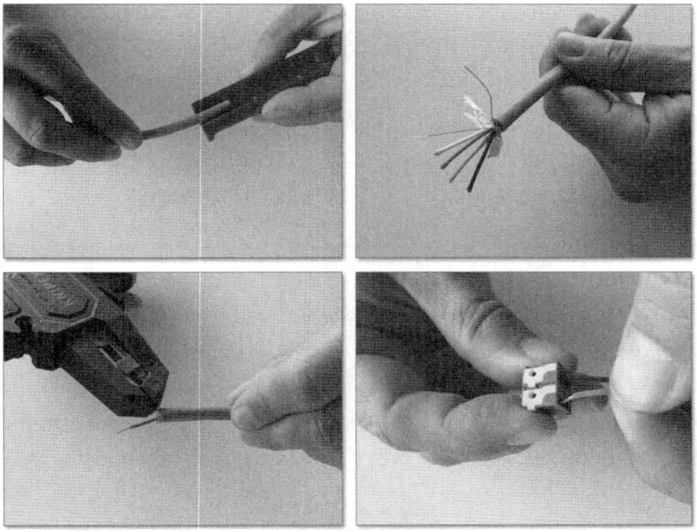

Abbildung 7.8 Eine KNX-Busverbindung herstellen

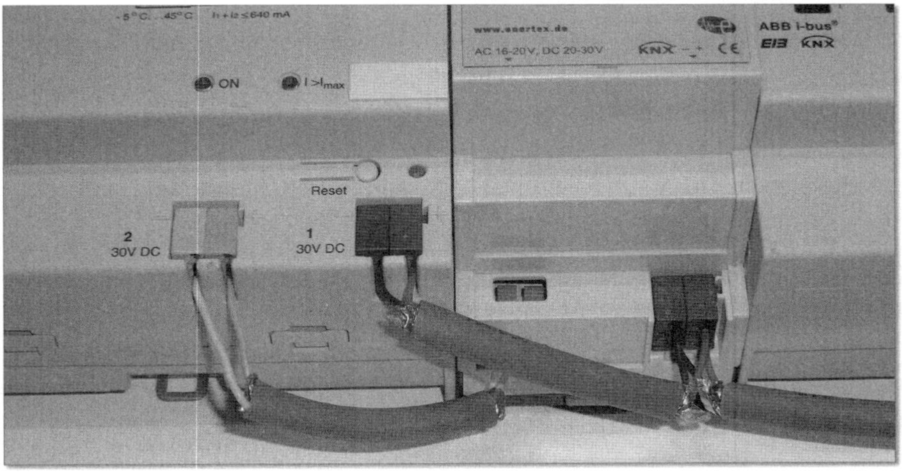

Abbildung 7.9 Aufstecken der Busklemmen auf die KNX-Geräte

Im Verteilerschrank ergibt es wenig Sinn, auch das gelb-weiße Adernpärchen durchzuverbinden, daher schneiden Sie es direkt ab. Eine Ausnahme ist, wie im Beispiel gezeigt, die Hilfsspannung des KNX-Netzteils.

Vielleicht fragen Sie sich, welchen Sinn das weiß-gelbe Adernpaar überhaupt hat. In erster Linie sind es zwei Reserveadern, die Sie benutzen können, um beispielsweise eine zweite KNX-Linie aufzubauen, eine Hilfsspannung zu führen oder sogar einen ganzen 1-Wire-Bus damit zu realisieren.

Die Wago-Klemmen-Serie 243 enthält dafür, farblich passend, auch weiße und gelbe Mikroklemmen. Es empfiehlt sich, an Klemmenstellen in Unterputzdosen, z. B. hinter

KNX-Tastern oder Präsenzmeldern, alle vier Adern immer mit den passenden Klemmen durchzukontaktieren. Somit vermeiden Sie bei einer späteren Erweiterung das nochmalige Öffnen der Installationsdose.

Achten Sie bei Ihren Arbeiten mit KNX-Leitungen unbedingt darauf, dass Sie den grünen Mantel nicht zu weit entfernen. Die rot-schwarzen Adern ohne Mantel dürfen nicht näher als 4 mm an 230-V-Leitungen heranreichen.

Lösen der Mikroklemmen

Eine KNX-Ader lässt sich nicht so ohne Weiteres wieder aus der Wago-Mikroklemme herausziehen, was ja auch der Sinn dahinter ist. Mit ein bisschen Übung bekommen Sie aber auch das hin. Halten Sie die Klemme mit einer Hand fest und nehmen Sie eine Einzelader zwischen Daumen und Zeigefinger der anderen Hand. Drehen Sie die Ader hin und her und ziehen gleichzeitig dabei. Nach vier oder fünf Drehbewegungen löst sich die Ader.

7.5.3 Datenschienen sind nicht mehr aktuell

Heute nicht mehr aktuell sind die sogenannten *Datenschienen* als Alternative zur KNX-Busleitung im Verteilerschrank. Die Datenschiene wird in die Hutschiene eingeklebt und stellt über Druckkontakte die Verbindung aller in diese Hutschiene eingeklickten KNX-REG-Geräte (Reiheneinbaugeräte) her. Die vier Leiterbahnen der Datenschiene ersetzen sozusagen die vier Adern der grünen KNX-Leitung. Den Übergang auf eine Verkabelung realisiert man durch Verbinder mit aufgesteckten Busklemmen, die am Ende der Datenschienen angebracht sind.

Auch wenn es sich erst einmal interessant anhört – verzichten Sie zugunsten der echten KNX-Busleitung auf den Einsatz von Datenschienen. Sie sind zum einen nicht mehr aktuell, und zum anderen sind KNX-Geräte für die Datenschienenmontage kaum mehr zu bekommen.

Kapitel 8

Intelligent vernetzen mit EIB/KNX

Wir kommen jetzt zu einem zentralen Thema. Erfahren Sie im folgenden Kapitel, wie genau ein KNX-Bussystem aufgebaut ist, wie die Übertragung funktioniert und welche Varianten es gibt.

Steckbrief: KNX

Merkmal	**KNX TP**	**KNX PL**	**KNX RF**
Busspannung	30 V DC (21–29 V), KNX ist SELV (Safety Extra Low Voltage)	230-V-Netz/50 Hz	–
Übertragung	seriell, asynchron	Frequenzband 95 (bis 125 kHz)	Funk, 868,3 MHz, max. Sendeleistung 12 mW
Geschwindigkeit	9.600 Bit/s (max. 50 Telegramme/s)	1.200 Bit/s (max. 6 Telegramme/s)	16.384 Bit/s
Zugriffsverfahren	CSMA/CA	TDMA	CSMA
Signaleinkopplung	symmetrisch	Spread Frequency Shift Keying (SFSK)	Frequency Shift Keying (FSK) Modulation
Telegrammgröße	9–23 Byte (Nutzinhalt 2–16 Byte)	13–27 Bytes (Nutzinhalt 2–16 Bytes)	mind. 26 Bytes (Nutzinhalt 8 Bytes)
Teilnehmer (max.)	▸ 256 Geräte pro Linie ▸ 16 Linien pro Bereich ▸ 16 Bereiche	▸ 256 Geräte pro Linie ▸ 15 Linien pro Bereich ▸ 8 Bereiche	–

Tabelle 8.1 Steckbrief: KNX

Steckbrief: KNX			
Übertragungsreichweite (Linie)	max. 700 m	beschränkt durch Signalqualität	–
Leitungslänge (Linie)	max. 1.000 m	beschränkt durch Signalqualität	–
Abstand der Spannungsversorgung zu Teilnehmern	max. 350 m	–	–
Mindestabstand von zwei Spannungsversorgungen auf einer Linie	mind. 200 m	–	–

Tabelle 8.1 Steckbrief: KNX

KNX, als technischer Nachfolger zum *EIB* (Europäischer Installationsbus) und zu diesem kompatibel, ist ein Feldbus, spezialisiert auf Anwendungen in der Gebäudeautomation. Bereits 1999 wurde die KNX Association gegründet mit dem Ziel, den KNX-Bus als weltweit einzigen offenen Standard für Haus- und Gebäudesystemtechnik zu fördern und weiterzuentwickeln. Die Mitglieder der KNX Association, die sich übergangsweise zunächst als Konnex Association bezeichnete, setzen sich aus insgesamt 376 Produktherstellern aus 37 Ländern zusammen (Stand Juni 2015). Zu der weltweiten Gemeinschaft zählen außerdem mehr als 44.000 Partner aus 125 Ländern, die ca. 7.000 KNX-zertifizierte Produktgruppen anbieten.

KNX ist als internationaler Standard (ISO/IEC 14543-3) sowie als europäischer (CENELEC EN 50090 und CEN EN 13321-1) und sogar als chinesischer Standard anerkannt. Produkte, die das KNX-Logo tragen, sind damit untereinander kombinierbar, unabhängig davon, von welchem Hersteller sie stammen. Die Zukunftssicherheit ist wie bei keinem zweiten System aus der Gebäudeautomation gegeben. Mehrere Millionen erfolgreiche KNX-Installationen weltweit unterstreichen die Attraktivität.

Ein KNX-System kann alle denkbaren Anwendungsszenarien in einem intelligenten Wohn- oder Zweckgebäude umsetzen. Für sämtliche Aufgabenbereiche hält der Markt passende Geräte bereit, angefangen bei der Licht-, Heizungs- und Jalousiensteuerung bis zu Lüftung, Klimatisierung, Energiemanagement, Smart Metering und Sicherheit bzw. Überwachung. Sogar die Bereiche Multimedia und Hausgeräte sind integrierbar.

Dabei kommt ein KNX-System ohne eine zentrale Steuerung aus. Jeder Busteilnehmer (Aktor, Sensor oder Systemgerät) besitzt eine eigene Intelligenz und kann auf direktem Weg mit allen anderen KNX-Geräten kommunizieren. Ein Applikationsprogramm, das jedes KNX-Gerät besitzt, trägt seinen Teil zu der verteilten Intelligenz bei. Der Anwender kann diese Applikationsprogramme zwar nicht ändern, sie aber in einem vorgegebenen Rahmen an seine Vorstellungen anpassen. Man nennt diesen Vorgang parametrieren. Durchgeführt wird er mit einer speziellen PC-Software, der ETS (Engineering Tool Software). Die ETS ist eine herstellerunabhängige Planungs-, Projektierungs- und Inbetriebnahmesoftware für alle KNX-zertifizierten Produkte und sozusagen Bestandteil des KNX-Standards. An ihr führt kein Weg vorbei, es existieren keine Alternativen, was aber den Vorteil hat, dass jeder KNX-kundige Anwender, Elektriker oder Systemintegrator sie bedienen kann. Der Inbetriebnahmerechner und damit die ETS werden nur für Änderungen an einem KNX-System benötigt. Im normalen Tagesgeschäft läuft eine KNX-Automation für sich autark.

8.1 KNX beherrscht verschiedene Übertragungsmedien

Um möglichst universell einsetzbar zu sein, kennt der KNX-Standard mehrere unterschiedliche Übertragungsmedien und unterstützt damit auch mehrere Übertragungsverfahren (siehe Abbildung 8.1).

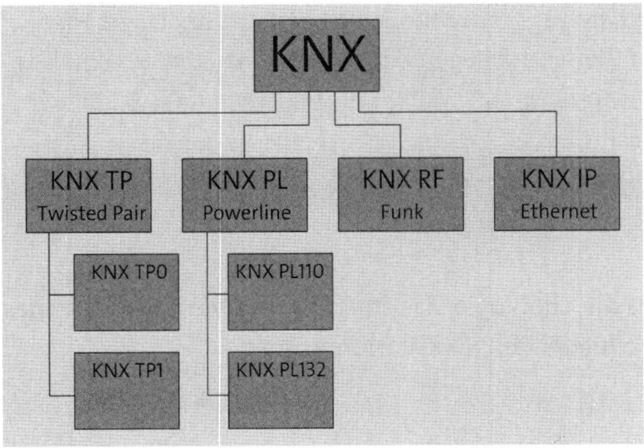

Abbildung 8.1 Die KNX-Übertragungsverfahren

Im Detail sind das:

1. **KNX TP**: Das bekannteste und am meisten verbreitete Übertragungsverfahren benutzt als Medium eine verdrillte Zweidrahtdatenleitung (Twisted Pair). Immer wenn Sie die berühmte grüne KNX-Leitung sehen, handelt es sich um KNX TP.
   - **KNX TP0**: Übertragung mit 2.400 Bit/s
   - **KNX TP1**: die aktuelle Version mit 9.600 Bit/s
2. **KNX PL**: Die Übertragung erfolgt in der Variante Powerline über ein (bestehendes) 230-V-Netz, wird auch KNX Power Net genannt.
   - **KNX PL110**: Übertragung mit 1.200 Baud auf 110 kHz
   - **KNX PL132**: Übertragung mit 2.400 Baud auf 132 kHz

3. **KNX RF**: Funkübertragung bei 868,3 MHz
4. **KNX IP**: Übertragung über Ethernet

Weiterhin existieren die Varianten KNX IR (über Infrarot) und KNXnet (Verschmelzung von KNX und LAN über Ethernet).

Wenn man allgemein von KNX spricht, meint man fast immer die Variante KNX TP1. So werde ich es auch in diesem Buch handhaben. Wenn Sie also KNX ohne Zusatz lesen, beziehe ich mich immer auf das Twisted-Pair-Übertragungsverfahren über die grüne Leitung.

Sind 9.600 Bit/s nicht viel zu langsam?

Wir leben im Zeitalter von Gigabit-Ethernet im Heimnetzwerk, das sind 1.000.000.000 Bit/s. Im Vergleich dazu scheinen die 9.600 Bit/s des KNX TP1 unglaublich wenig zu sein. So gesehen stimmt das auch, aber wenn man bedenkt, dass ein halbwegs gut parametrierter KNX-Bus eine Auslastung von ca. 1 bis 3 % nicht übersteigt, ist die Geschwindigkeit mehr als ausreichend.

Dafür haben Sie den Vorteil, dass KNX sehr flexibel verdrahtet werden kann, dass beinahe jede Topologie möglich ist und dass es sich im Betrieb sehr robust zeigt. Eine Highspeed-Verbindung wie (switched) Ethernet hingegen erlaubt nur eine Punkt-zu-Punkt-Verbindung und stellt sehr hohe Ansprüche an Leitung und Teilnehmer. Als Installationsbus ist Ethernet nicht geeignet.

Sie brauchen bei KNX keine Bedenken zu haben: Wenn Sie eine Lampe einschalten, leuchtet sie auch sofort und ohne spürbare Verzögerung.

Sehen wir uns im Folgenden jeweils die Topologie, das Übertragungsverfahren und das verwendete Protokoll für die unterschiedlichen KNX-Varianten an.

8.2 Die Topologie von KNX TP

Als Topologie (in der Informatik) bezeichnet man die Art und Weise, wie mehrere Geräte in einem Computernetz zueinander angeordnet und miteinander verbunden sind.

Wenn Sie Ihren ersten KNX-Aufbau planen und umsetzen möchten, ist es wichtig, über die Topologie des KNX-Bus Bescheid zu wissen. Sie erfahren daher auf den nächsten Seiten, was es mit Teilnehmern, Linien und Bereichen auf sich hat, welche Regeln Sie befolgen müssen und wie eine für den Privatbau passende Struktur aussehen wird.

8.2.1 Welche KNX-TP-Topologien sind möglich?

Spricht man von Topologie, meint man, je nach Kontext, entweder die physikalische oder die logische Topologie:

1. **physikalische Topologie**: der Aufbau der Netzwerkverkabelung
2. **logische Topologie**: der Datenfluss zwischen den Netzwerkteilnehmern

Sehen wir uns zuerst die möglichen physikalischen Topologien an.

Die physikalische Topologie von KNX TP

In einem KNX-TP-System sind Gerätesteuerung und Stromversorgung auf zwei Netze verteilt: das herkömmliche 230-V-Netz zur Stromversorgung mit Wechselspannung und das Steuerungsnetz (= KNX-Bus) mit 29 V Gleichspannung.

KNX TP ist bezüglich der Topologie sehr genügsam, die Busleitung lässt sich beinahe beliebig verlegen und an jeder Stelle verzweigen. Als physikalische Topologie ergibt sich damit die sogenannte offene Baumstruktur, die einen sehr flexiblen Aufbau erlaubt. In Abbildung 8.2 werden erlaubte und verbotene Strukturen gegenübergestellt:

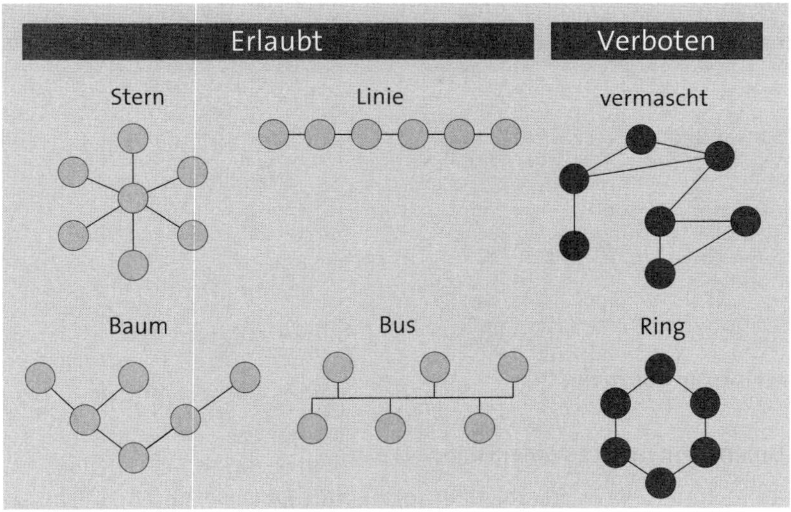

Abbildung 8.2 Erlaubte und verbotene KNX-TP-Topologien

Vereinfacht gesagt, haben Sie bezüglich der Verkabelung fast freie Hand, Sie müssen sich nur immer die wichtigste Regel vor Augen halten: *keinen Ring!* Beachten Sie bitte, dass bereits eine (teilweise) Vermaschung wie in Abbildung 8.2 rechts oben als Ring gilt und somit nicht erlaubt ist.

Ein Abschlusswiderstand am Ende der Busleitung ist bei KNX TP generell nicht erforderlich.

Die logische Topologie von KNX

Bei vernetzten Strukturen kann die logische Topologie von der physikalischen abweichen. Wie auch immer Sie Ihre KNX-Komponenten physikalisch verdrahten, logisch gesehen ist KNX eine Bustopologie. Jeder Teilnehmer kann auf direktem Weg (über ein gemeinsames Medium) mit jedem anderen Teilnehmer kommunizieren.

8.2.2 Liniensegmente und Linien

Die kleinste Installationseinheit bildet das sogenannte *Liniensegment*. Ein Liniensegment umfasst maximal 64 Teilnehmer und wird von einer Spannungsquelle versorgt.

Ein einzelnes Liniensegment

Die Liniensegmentteilnehmer (die eigentlichen KNX-Geräte) sind über eine gemeinsame Busleitung galvanisch miteinander verbunden. Unter Berücksichtigung der Regeln aus Abschnitt 8.2.1, »Welche KNX-TP-Topologien sind möglich?«, ist es egal, wie die physikalische Topologie der Linie aussieht, logisch gesehen ist die Topologie immer ein Bus.

Beachten Sie bitte in Abbildung 8.3 das obligatorische KNX-Netzteil (SV + DR = Spannungsversorgung mit Drossel) zur Versorgung der maximal 64 Busteilnehmer (TN1 bis TN64).

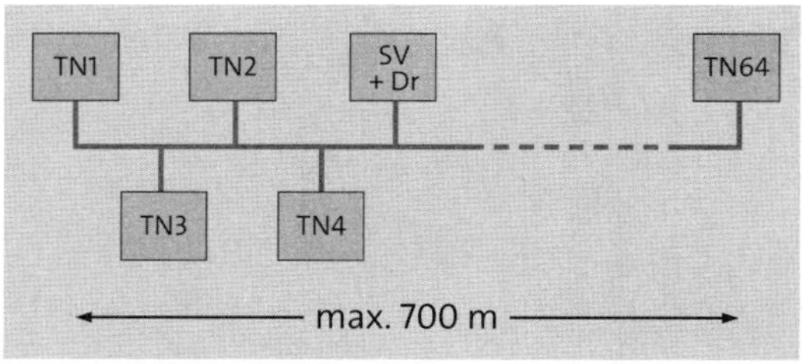

Abbildung 8.3 Ein KNX-Liniensegment

Verbinden von Liniensegmenten zu einer Linie

Bei mehr als 64 Teilnehmern ist es erlaubt, über sogenannte *Linienverstärker* (LV) bis zu vier einzelne Liniensegmente zu einer *Linie*, mit dann maximal 256 Teilnehmern, zu verbinden (vergleiche Abbildung 8.4). Ein Linienverstärker zählt dabei bereits als ein Teilnehmer.

In der Praxis wird der maximale Linienausbau von 256 Teilnehmern selten ausgenutzt, man geht eher dazu über, direkt eine neue Linie anzulegen, wenn sich abzeichnet, dass die 64 erlaubten Teilnehmer eines Segments nicht ausreichen.

Die Vorteile einer extra Linie gegenüber einer Erweiterung sind offensichtlich:

- Die Busarchitektur wird strukturierter und übersichtlicher.
- Die Menge der Telegramme lässt sich durch die Filterfunktionen der eingesetzten Linienkoppler reduzieren.

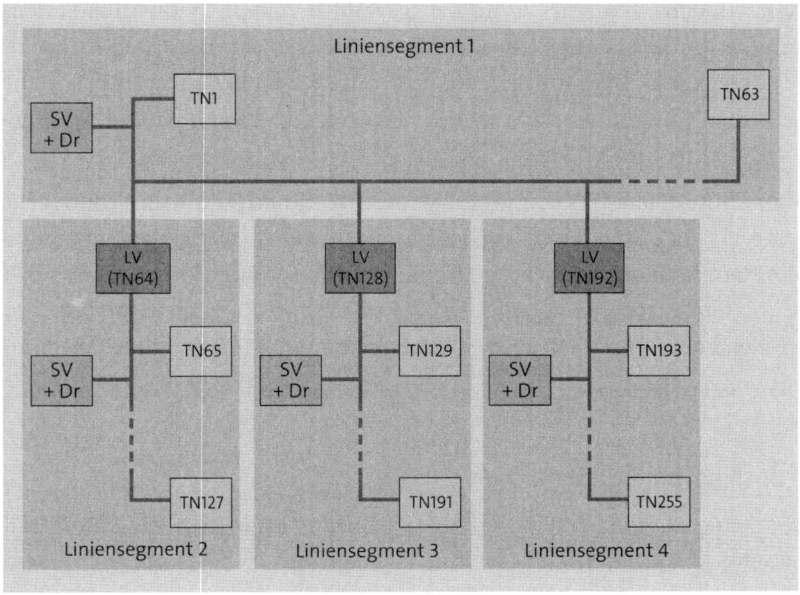

Abbildung 8.4 Eine komplette KNX-Linie aus vier Segmenten

Das zur Verbindung von Linien benötigte Modul nennt sich *Linienkoppler* (LK) und ist übrigens ein und dasselbe Gerät wie der Linienverstärker, jedoch mit anderer Parametrierung bzw. anderem Applikationsprogramm (siehe Abbildung 8.5). Das Schöne daran ist, dass Sie jederzeit über die ETS aus einem Linienkoppler einen Linienverstärker machen können und umgekehrt.

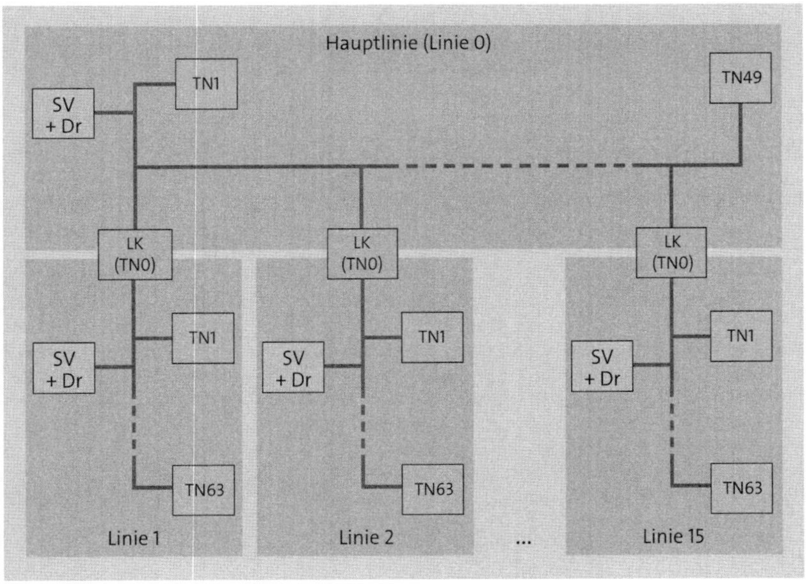

Abbildung 8.5 Verbinden von Linien über Linienkoppler

An der ersten Linie 0 (der *Hauptlinie*) können insgesamt 15 weitere Linien über Linienkoppler angebunden werden. Da die Hauptlinie als vollwertige Linie zu sehen ist, benötigt sie natürlich eine eigene Spannungsversorgung mit Drossel (SV + Dr) und kann für sich selbst maximal 64 Teilnehmer unterbringen. Die eingesetzten Linienkoppler müssen wiederum von der maximalen Teilnehmeranzahl subtrahiert werden.

Zählen Sie in Abbildung 8.5 alle Teilnehmer zusammen, kommen Sie auf die schon recht stattliche Zahl von 15 × 64 + 49 = 1.009 KNX-Teilnehmern, mehr als ausreichend für alle im Ein- oder Mehrfamilienhaus denkbaren Einsatzszenarien. Wenn Sie zusätzlich noch den möglichen Maximalausbau einer Linie auf 256 Teilnehmer über Linienverstärker in Betracht ziehen (siehe Abbildung 8.4), dürften Sie die maximale Teilnehmeranzahl demzufolge noch vervierfachen.

8.2.3 Es wird noch größer: mit Bereichen

Damit aber nicht genug. Es geht noch voluminöser, wobei wir jetzt jedoch eindeutig den Privatbau verlassen und uns ansehen, wie ein wirklich großes KNX-System (z. B. im Industriebereich) aussehen würde. Sehen Sie sich dazu Abbildung 8.6 an.

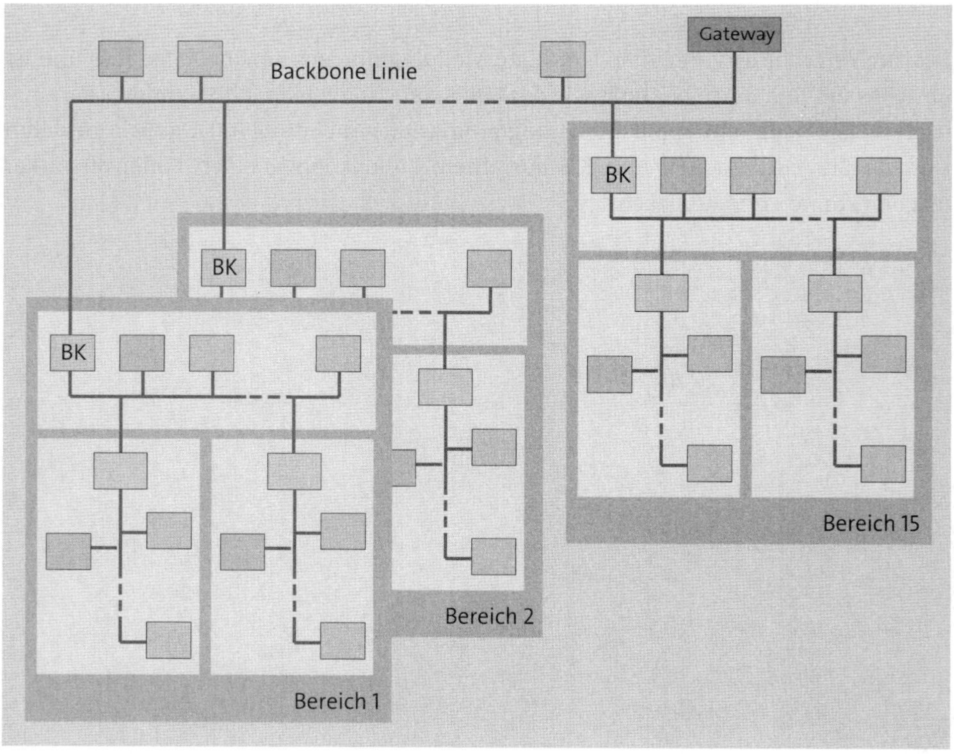

Abbildung 8.6 Verbinden von Bereichen über Bereichskoppler

Abbildung 8.6 zeigt den Maximalausbau. Dabei werden jeweils 15 Linien plus eine Hauptlinie zu einem Bereich zusammengeschaltet (siehe Abbildung 8.5) und 15 dieser Bereiche über Bereichskoppler (BK) zu einem Gesamtsystem mit theoretisch 58.384 Teilnehmern verbunden. Wiederum ist der Bereichskoppler ein und dasselbe Gerät wie schon Linienkoppler und Linienverstärker, er bekommt seine Aufgabe nur durch eine andere Parametrierung mittels der ETS zugeteilt.

Das *Backbone* (Rückgrat), das die Bereiche verbindet, ist selbst übrigens eine vollwertige Linie mit eigener verdrosselter Spannungsversorgung, an der sich 64 Teilnehmer (inklusive der verbauten Bereichskoppler) anschließen lassen. Über *Gateways* kann zudem die Anbindung an z. B. eine Gebäudeleittechnik erreicht werden.

8.3 Die physikalischen Adressen

Jeder KNX-Teilnehmer, der in einem KNX-System kommunizieren soll, erhält eine eindeutige Nummer, die sogenannte *physikalische Adresse* (PA). Im Gegensatz zu z. B. MAC-Adressen bei Ethernet, die weltweit einmalig sind, ist die KNX-PA nur innerhalb genau eines KNX-Systems eindeutig.

8.3.1 Die Notation der physikalischen Adresse

Aufgebaut sind die physikalischen Adressen nach folgendem Schema aus Abbildung 8.7:

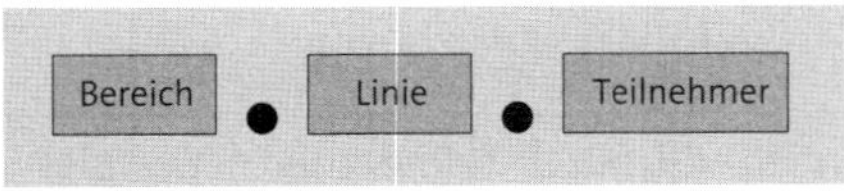

Abbildung 8.7 Aufbau von physikalischen Adressen

Dabei gilt:

- Die erste Zahl beinhaltet die Nummer des Bereichs, in dem der Teilnehmer installiert ist,
- die zweite Zahl enthält die Liniennummer und
- die dritte Zahl die fortlaufende Teilnehmernummer innerhalb seiner Linie.

Ein Gerät mit der physikalischen Adresse 3.2.5 ist beispielsweise der 5. Teilnehmer in der 2. Linie des 3. Bereichs.

Die folgende Abbildung 8.8 kennen Sie bereits aus Abschnitt 8.2.2, »Liniensegmente und Linien«. Nehmen Sie an, der dargestellte Bereich wäre über einen Bereichskoppler als dritter Bereich eingehängt, dann würden Sie den Teilnehmer 3.2.5 an der rot markierten Position ❶ finden (siehe Abbildung 8.8):

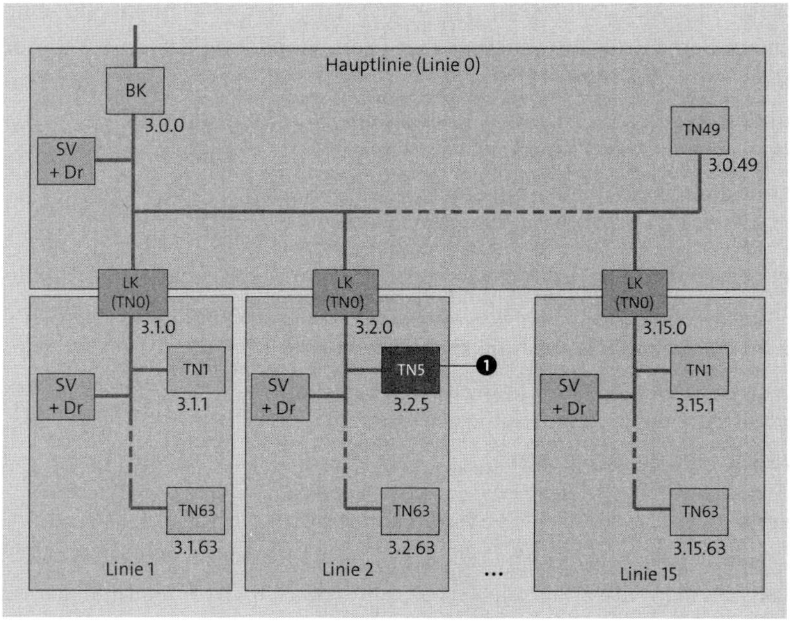

Abbildung 8.8 Physikalische Adressen im Bereich

8.3.2 Spezielle physikalische Adressen für KNX-Koppler

Für KNX-Koppler (Linienkoppler, Bereichskoppler) existieren spezielle physikalische Adressen, die beachtet werden müssen. Tabelle 8.2 zeigt dies.

Koppler	Bereich	Linie	Teilnehmer	Beispiel
Bereichskoppler (in Bereichslinie, Hauptlinie)	> 0	= 0	= 0	3.0.0
Linienkoppler (in Hauptlinie, Sekundärlinie)	> 0	> 0	= 0	3.1.0
Linienverstärker (als Verlängerung einer Linie)	> 0	> 0	> 0	3.1.25

Tabelle 8.2 Spezielle physikalische Adressen für Koppler

8.4 Die Gruppenadressen

Neben der für jeden Teilnehmer eindeutigen physikalischen Adresse existieren für den KNX-Telegrammverkehr die logischen Adressen oder sogenannte *Gruppenadressen* (GA). Sie orientieren sich nicht an der Bustopologie, sondern an den betriebstechnischen Funktionen (Anwendungen) des KNX-Systems.

8.4.1 Gruppenadressen sind die virtuellen Verdrahtungen

Gruppenadressen stellen die Verbindung der KNX-Geräte untereinander dar, Sie können sie sich wie eine virtuelle Drahtverbindung vorstellen. Jedes Gerät, das eine bestimmte Gruppenadresse enthält, ist mit diesem »Draht« verbunden. Am schnellsten wird der Sinn der KNX-Gruppenadressen klar, wenn man deren Äquivalent in der konventionellen Elektroinstallation sucht: In einer herkömmlichen Gebäudeverkabelung müssten Sie, wenn Sie eine Leuchte über einen Schalter bedienen möchten, eine *echte* Leitung zwischen den beiden vorsehen. Bei einer KNX-Installation existiert eine solche direkte Verbindung nicht, Sie benötigen lediglich eine *virtuelle* Verbindung zwischen Schalter und Leuchte. Eine virtuelle Verbindung erstellen Sie ganz einfach mit der ETS, indem Sie sowohl dem Schalter als auch der Leuchte eine für diese Funktion (Schalten der Leuchte) erstellte Gruppenadresse zuweisen.

Sie müssen für diese »Verdrahtung« keinen Schraubenzieher in die Hand nehmen und nicht einmal die Tür Ihres Verteilerschranks öffnen. Ein paar Mausklicks reichen, und schon kommunizieren beide Geräte miteinander. Wünschen Sie irgendwann, dass der Schalter aus dem Beispiel noch eine zweite, zusätzliche Leuchte anschalten kann oder ein zweiter Schalter ebenfalls die Leuchten bedienen können soll, weisen Sie ein und dieselbe Gruppenadresse allen weiteren Geräte zu, und im Handumdrehen haben Sie eine Schaltung erzeugt, die genau die gewünschte Funktion abbildet.

8.4.2 Die Notation von Gruppenadressen

Im Gegensatz zu physikalischen Adressen notiert man die Gruppenadressen mit einem Schrägstrich (/) statt mit einem Punkt (.), wodurch sich die beiden Adressarten jederzeit gut unterscheiden lassen.

Eine KNX-Gruppenadresse kann entweder zweistufig (ohne Mittelgruppe) oder dreistufig (mit Mittelgruppe) codiert werden, wobei die in Abbildung 8.9 aufgeführte Schreibweise gilt.

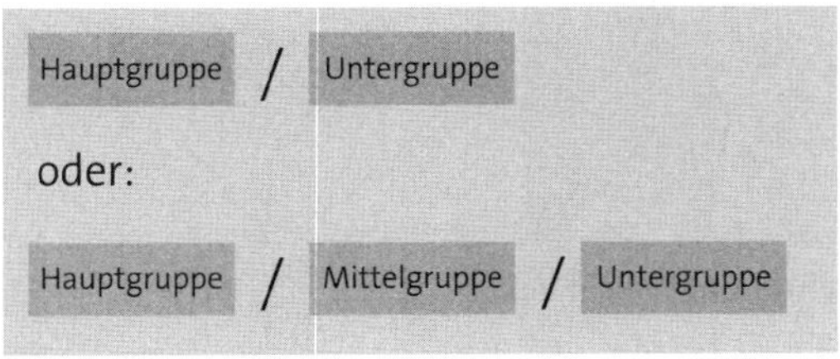

Abbildung 8.9 Schreibweisen für Gruppenadressen

Zwischen beiden Notationsarten kann beliebig gewechselt werden, eine Umrechnung ist über eine einfache Formel möglich. Die zweistufige Darstellung ergibt sich aus der dreistufigen Variante wie folgt:

<Hauptgruppe>/<Untergruppe> = <Hauptgruppe>/<Mittelgruppe × 256 + Untergruppe>

Der Schrägstrich (/) repräsentiert das Trennzeichen der Gruppenadressen und hat in oben stehender Umrechnung keine mathematische Bedeutung.

Unabhängig davon, für welche Notationsart Sie sich entscheiden – die Information, die auf den Bus gesendet wird, ist immer die gleiche. Auch alte Geräte, die nur zweistufige Gruppenadressen unterstützen, können in ein dreistufiges Gruppenadresssystem integriert werden. Dazu müssen die Gruppenadressen einfach umgerechnet werden und können per ETS im Gerät eingetragen werden.

Besondere Gruppenadressen

Die Untergruppe 0 kann übrigens nicht belegt werden, sie ist eine systeminterne Adresse. So ist die Gruppenadresse 0/0/0 z. B. für sogenannte Broadcast-Meldungen (Telegramme an alle vorhandenen Teilnehmer) reserviert.

Beispiel zur Zuordnung von Gruppenadressen

Die folgende Darstellung aus Abbildung 8.10 verbildlicht die Zuordnung der Gruppenadressen zu den an einer Funktion beteiligten KNX-Geräten für das gerade skizzierte Beispiel mit zwei Schaltern und zwei Leuchten, erweitert um eine dritte Leuchte und einen Präsenzmelder. Der Präsenzmelder (PM 1) soll Leuchte 3 schalten und außerdem die Leuchten 1 und 2 (GA: 5/2/2), wohingegen die beiden Taster nur die Leuchten 1 und 2 bedienen sollen (GA: 5/2/1).

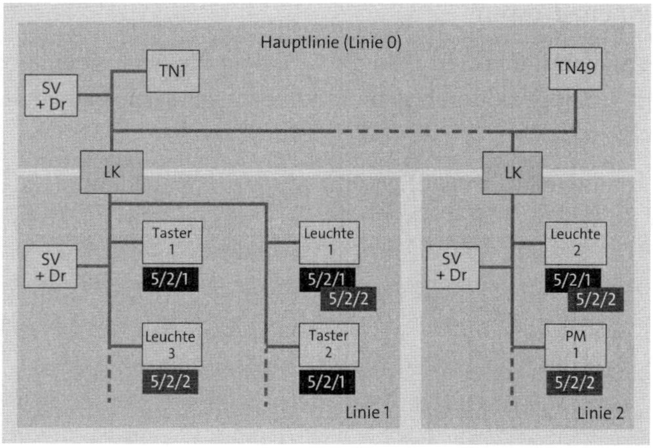

Abbildung 8.10 Schreibweisen für Gruppenadressen im Beispiel

Beachten Sie bitte, dass die Leuchten 1 und 2 jeweils zwei Gruppenadressen besitzen. Die erste repräsentiert dabei die virtuelle Drahtverbindung mit den beiden Schaltern, die zweite GA stammt von der Verbindung zum Präsenzmelder.

In Abbildung 8.10 habe ich an dieser Stelle noch ein Detail ausgelassen. Auf die Notwendigkeit von Statuswerten bzw. Rückmeldeobjekten gehe ich in Abschnitt 52.1.5, »Was hat es mit den Statusobjekten auf sich?«, separat ein.

Die physikalischen Adressen spielen übrigens bei der Darstellung der Kommunikationsbeziehungen keine Rolle mehr.

8.5 Die Topologie von KNX PL

Bei der Powerline-Variante von KNX dient das vorhandene 230-V-Netz als Busleitung, womit die Topologie bereits vorgegeben ist. Wie auch bei KNX TP sieht das System eine hierarchische Gliederung in Linien und Bereiche vor. Als kleinste Installationseinheit kann eine Linie aus maximal 255 Teilnehmern bestehen (siehe Abbildung 8.11).

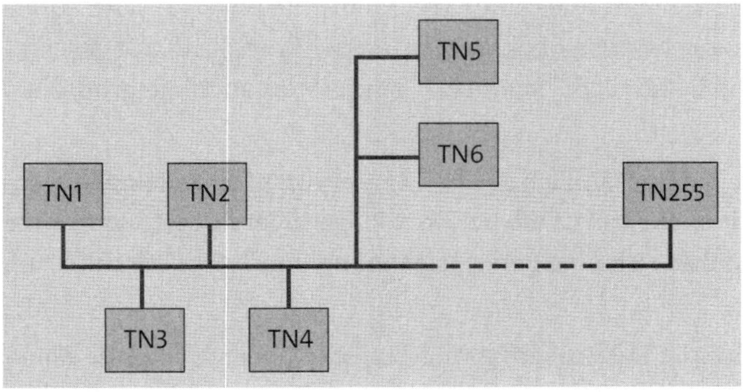

Abbildung 8.11 Topologie einer KNX-PL-Linie

Die Linie benötigt kein Netzteil, alle Teilnehmer beziehen ihre Spannungsversorgung direkt aus dem 230-V-Installationsnetz.

Spezielle Komponenten wie z. B. Bandsperren, Repeater und Phasenkoppler sorgen sowohl für die Eingrenzung der Signale als auch für deren Verteilung. Im Einzelnen sind das:

- **Phasenkoppler**: Bei einem in der Regel dreiphasigen Netz sorgt das Gerät dafür, dass die KNX-Telegramme auf allen Netzleitungen erscheinen. Oft ist es so, dass bei einer langen Leitungsführung der drei Phasen die Einkopplung automatisch passiert. Um jedoch unabhängig von der Leitungsführung zu sein, leistet ein Phasenkoppler mit seiner kapazitiven Kopplung zwischen den drei Phasen des 230-V-Netzes gute Dienste.
- **Bandsperre**: Diese einphasigen Geräte, die pro benutzte Phase einmal vorgesehen werden sollten, verhindern, dass die gesendeten Telegramme einen bestimmten Netzbereich verlassen. Beachtet werden muss beim Einsatz die maximale Belastung von 63 A pro Gerät. Die Bandsperren werden heute nicht mehr von allen Netzversorgern einheitlich gefordert. Daher sollten Sie sich im Zweifel nach den örtlichen technischen Anschlussbedingungen (TAB) erkundigen.
- **Repeater**: Ein an zentraler Stelle im System (Verteiler) installierter Repeater erhöht die Übertragungssicherheit auf dem KNX-PL-Medium, er wiederholt nicht ordnungsgemäß quittierte Telegramme.

Was die maximale Netzausdehnung von KNX PL betrifft, bestehen keine definierten Beschränkungen, jedoch sorgt eine bei größeren Ausdehnungen merklich sinkende Signalqualität für ein natürliches Ende. Hinzu kommen elektromagnetische Störungen von Haushaltsgeräten, Fernsehern, Monitoren usw., die sich ebenfalls nachteilig auf die Netzgröße auswirken.

8.5.1 Die Bereichskopplung bei KNX PL

Eine Beschränkung auf maximal 64 Teilnehmern pro galvanisch getrenntem Segment findet man bei KNX PL nicht, alle Teilnehmer befinden sich elektrisch an einer Linie (vergleiche Abbildung 8.12). Dass alle Geräte trotzdem eine physikalische Adresse mit Bereichs- und Linienzugehörigkeit bekommen, ist der Kompatibilität geschuldet. Die Anzahl der Bereiche ist auf acht begrenzt – damit ist es auch die größte Bereichsnummer.

Die acht möglichen Bereiche können, ähnlich der TP-Version von KNX, voneinander datentechnisch getrennt werden. Zieht man die bei KNX PL geringere Übertragungsrate von 1.200 Bit/s in Betracht, lohnt sich eine Bereichstrennung und Telegrammfilterung recht schnell.

Technisch werden die getrennten Datenübertragungsbereiche über sogenannte *Bandsperren* (BS) realisiert, die untereinander über *Medienkoppler* bzw. *Systemkoppler* (SK) mit dazwischenliegender Twisted-Pair-Leitung verbunden sind. Medienkoppler besitzen eine Filterfunktion (vergleiche Bereichskoppler bei KNX TP), die wirksam einer eventuellen Überlastung des Bussystems entgegenwirken können.

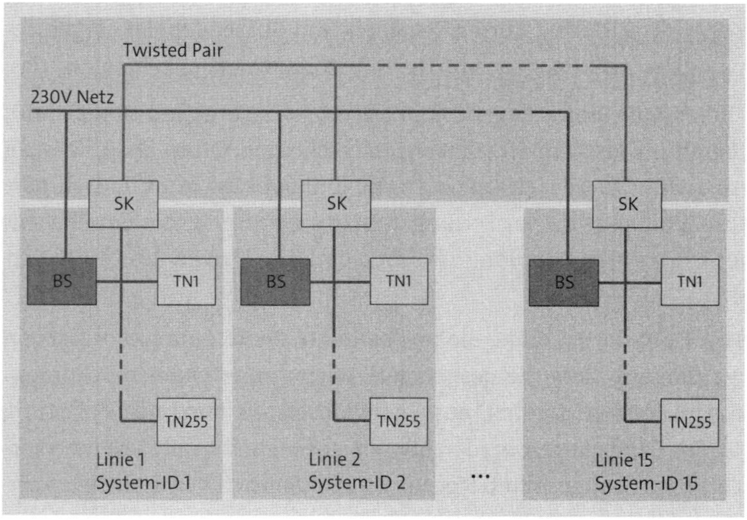

Abbildung 8.12 Ein KNX-Powerline-Bereich aus mehreren Linien

Im KNX-PL-Maximalausbau verbinden die bereits bekannten Bereichskoppler insgesamt sieben Bereiche plus einen Backbone miteinander. Dies zeigt Abbildung 8.13.

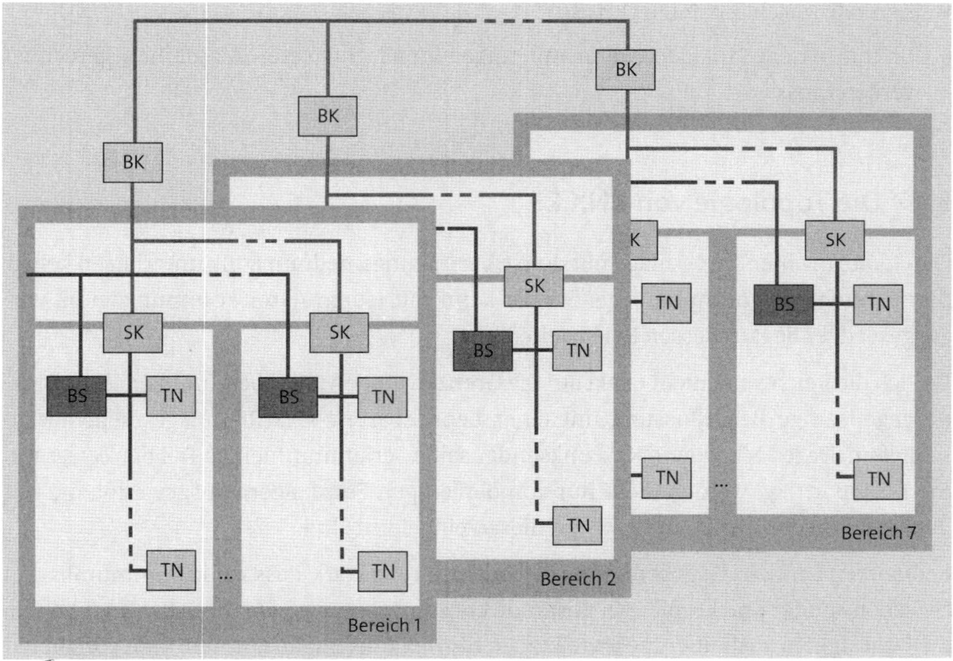

Abbildung 8.13 Mehrere KNX-PL-Linien in mehreren Bereichen

8.5.2 Zusammenschalten von KNX TP und KNX PL

Die Übertragungsmedien von KNX TP und KNX PL unterscheiden sich grundlegend, trotzdem benutzen beide Systeme die gleichen Datenformate und adressieren gleichermaßen über Gruppenadressen und physikalische Adressen. Das Zusammenschalten gelingt mittels eines KNX-Medienkopplers. Ähnlich dem Linienkoppler für KNX TP ist auch der Medienkoppler ein wahres Chamäleon unter den KNX-Geräten und erfüllt je nach Verwendung unterschiedliche Aufgaben (Repeater, TP/PL-Medienkoppler, Powerline-Bereichskoppler). Details zu dieser Systemkomponente finden Sie im Hardwareteil dieses Buchs (Abschnitt 28.2.4, »KNX Powerline einbinden mit Medienkopplern«).

Das Erfreuliche bei einer TP/PL-Kopplung ist: Phasenkoppler und Repeater sind in den Medienkopplern bereits enthalten, müssen also nicht zusätzlich eingebaut werden, wenn ein Medienkoppler im System installiert ist.

8.5.3 Wann ist KNX PL nicht möglich?

Ein Powerline-KNX-Netzwerk kann bei folgenden Gegebenheiten nicht eingesetzt werden:

- für eine Signalübertragung zwischen zwei Häusern
- in Stromnetzen, die nicht mit 230 V und 50 Hz arbeiten
- falls über einen Transformator hinaus übertragen werden soll

- im medizinisch sensiblen Umfeld
- für industrielle Anlagen, wenn mit ungenügend entstörten Maschinen gerechnet werden muss

8.6 Die Topologie von KNX RF

Die Geräte in einer KNX-Anlage mit dem Übertragungsmedium Funk unterliegen keiner hierarchischen Anordnung, jeder Sensor kann mit jedem Aktor kommunizieren, vorausgesetzt, er liegt in dessen Reichweite.

Da sich die Reichweite nicht exakt auf die Grenzen einer Anlage beschränken lässt, ist eine gegenseitige Beeinflussung mit einer benachbarten KNX-RF-Anlage nicht auszuschließen. Da jedoch jeder KNX-Funksender seine Seriennummer als Teil der Telegramme mit überträgt, werden diese nur von denjenigen Empfängern ausgewertet, die mit dem Sender verbunden sind bzw. auf diesen eingelernt sind.

Reduzieren bauliche Gegebenheiten die Reichweite so stark, dass keine Kommunikation zwischen Sender und Empfänger zustande kommt, können sogenannte *Repeater* helfen, die Funksignale auch über mehrere Etagen hinweg übertragen können. Man spricht dabei von *Telegrammwiederholung*.

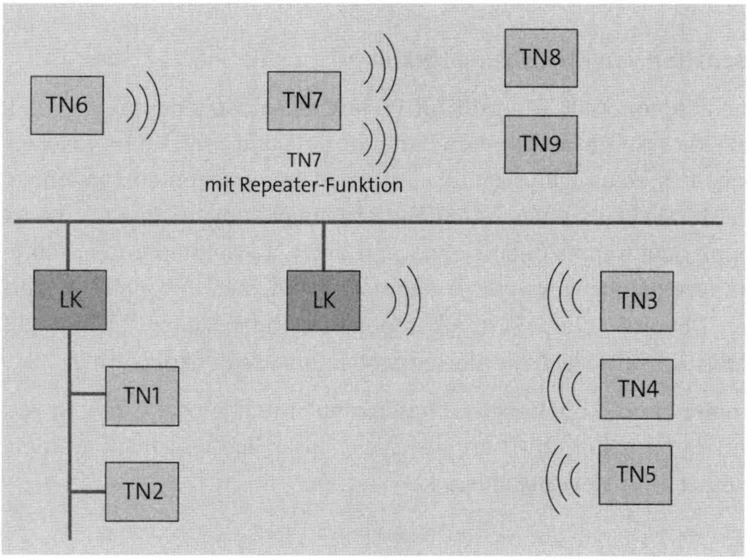

Abbildung 8.14 KNX RF gemischt mit KNX TP

Wie Abbildung 8.14 zeigt, kann eine KNX-Anlage sowohl als reines Funk-Netz ausgelegt als auch mit einer KNX-TP- oder KNX-PL-Installation verbunden werden. Dafür stehen sogenannte *Medienkoppler* zur Verfügung, deren Aufgabe es ist, Telegramme in dem einen Medium auf Geräte in einem anderen Übertragungsmedium zu transportieren.

8.7 IP als Medium: KNXnet/IP

Als viertes Medium (neben Twisted Pair, Funk und Powerline) sieht die KNX-Spezifikation die Übertragung über Ethernet bzw. IP (Internet Protocol) vor. Das sogenannte *KNXnet/IP* (früher EIBnet/IP) ist als OSI Application Layer Protocol eingeordnet und basiert auf UDP. KNXnet/IP unterstützt zwei Kommunikationsarten, die Sie in Abbildung 8.15 sehen.

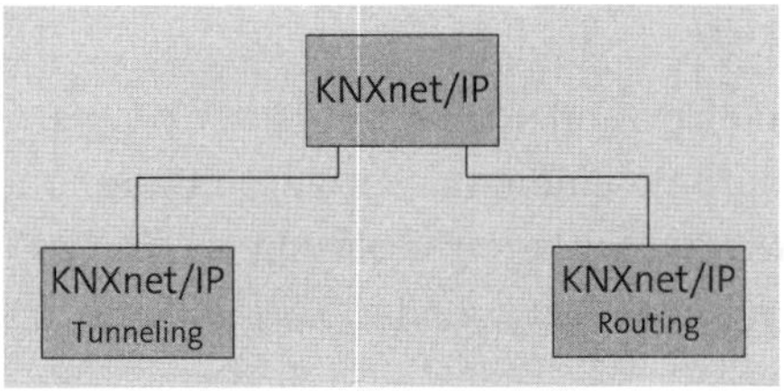

Abbildung 8.15 Die beiden KNXnet/IP-Protokolle

Die Unterschiede und Gemeinsamkeiten von KNXnet/IP-Tunneling und KNXnet/IP-Routing sind im Wesentlichen:

KNXnet/IP-Tunneling	**KNXnet/IP-Routing**
1:1-Beziehung (Unicast)	1:n-Beziehung (Multicast)
▸ Verwendung als Schnittstelle (IP zu KNX) ▸ typisches Gerät: KNX-IP-Schnittstelle	▸ Verwendung als Schnittstelle (IP zu KNX) ▸ Verwendung als schneller Backbone (Linienkoppler, Bereichskoppler) ▸ typisches Gerät: KNX-IP-Router
▸ Zugriff über das Internet ▸ Zugriff von jedem Punkt im Netz möglich	

Tabelle 8.3 KNXnet/IP: Tunneling und Routing

Das Protokoll KNXnet/IP-Routing beinhaltet beide Kommunikationsarten und wird daher standardmäßig in der ETS (Projektierungs- und Inbetriebnahmesoftware für KNX-Systeme) unterstützt.

8.7.1 KNXnet/IP-Geräte

Das KNXnet/IP-Protokoll wird bereits von einigen KNX-Geräten gesprochen, in den meisten Installationen sind sie als *KNX-IP-Schnittstelle* oder *KNX-IP-Router* (auch IP-Koppler genannt) zu finden. Auf die beiden KNXnet/IP-Gerätetypen komme ich noch ausführlich in den Abschnitten 27.3, »Komfortabel: IP-Schnittstelle« und 27.4, »Flexibel: IP-Router, zu sprechen. Beiden ist gemein, dass sie das Ethernet-Medium (in der Regel

100 MBit/s) als weitere Übertragungsvariante dem KNX-System hinzufügen und somit die Bustopologie noch flexibler gestalten.

Wo eine KNX-IP-Schnittstelle mit ihrem Tunneling-Modus in erster Linie zum Anschluss eines PCs an das KNX-System verwendet wird (z. B. für ETS-Betrieb oder als Visualisierung), bietet ein KNX-IP-Router zusätzlich über seine Kommunikationsart Routing die Möglichkeit, mehrere KNX-Linien oder KNX-Bereiche über eine schnelle Ethernet-Verbindung zusammenzuführen. Auch zwei entfernte Gebäude lassen sich über KNXnet/IP-Routing zu einem KNX-Gesamtsystem verbinden.

IP-Router (in Abbildung 8.16 als IPK gezeigt) sind also vergleichbar mit Linienkopplern oder Bereichskopplern, nutzen aber für die Hauptlinie eine Ethernet-Verbindung. Darüber hinaus ist IP als eigenständiges Medium in KNX integriert und erlaubt somit, KNX-Leistungsmerkmale wie Konfigurationsmodi, Gruppenadressen oder das Interworking auf eine moderne IP-Kommunikation zu übertragen.

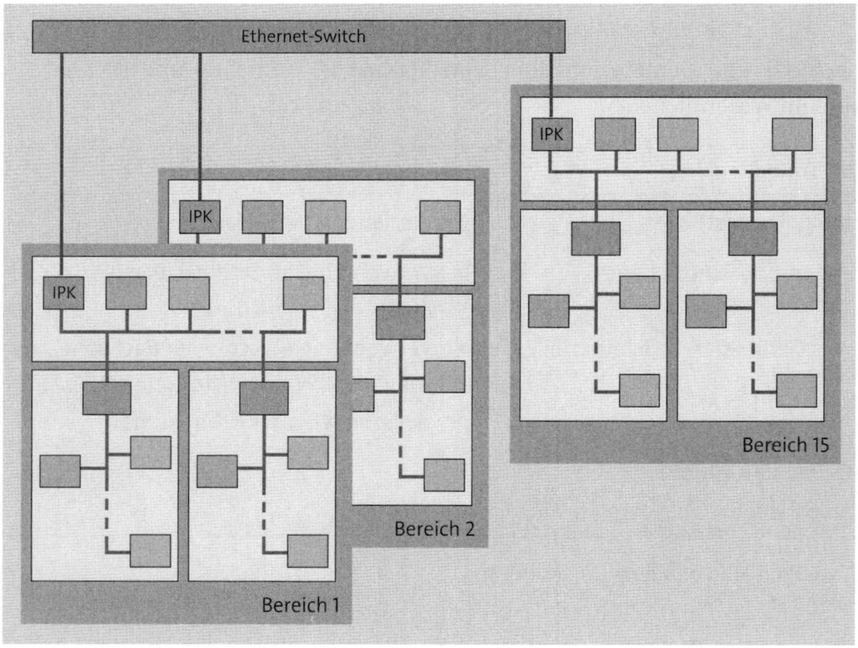

Abbildung 8.16 Ein Ethernet-Backbone über KNX-IP-Router

8.7.2 Anforderungen an das IP-Netzwerk

Um KNXnet/IP in einem bestehenden Netzwerk betreiben zu können, sind ein paar (sehr rudimentäre) Voraussetzungen notwendig:

- Mindestverkabelung: Twisted Pair (mindestens Cat.3) mit RJ-45-Stecker
- freie Bandbreite: ist generell unkritisch (im Vergleich: Ethernet hat heute mindestens 100 MBit/s, KNX TP benötigt lediglich 9,6 kBit/s)

- Weiterleitung von Multicast-Telegrammen erlaubt (Multicast-IP-Adresse ist: 224.0.23.12)
- Portfreigabe des reservierten Well-Known-Ports für KNXnet/IP-Gebäudeautomation: 3671

Wird KNXnet/IP den bewährten KNX TP1 ablösen?

Die Frage muss mit einem klaren Nein beantwortet werden. Beide Topologien haben ihre unschlagbaren Vorteile, und ihre Nachteile werden wunderbar durch den parallelen Einsatz beider Varianten kompensiert.

So ist die Twisted-Pair-Technologie KNX TP1 zwar langsam in der Datenübertragung (jedoch trotzdem ausreichend schnell), dafür aber sehr günstig in der Gebäudeverkabelung und unschlagbar flexibel.

KNXnet/IP hingegen bietet um Faktoren höhere Übertragungsraten und ist damit ideal für Visualisierungen oder schnelle Linien-/Bereichskopplungen, benötigt aber eine aufwendige sternförmige Verkabelung mit Netzwerk-Switches und ist im Vergleich zu KNX TP1 sehr energiehungrig.

Ein für die Zukunft gut gerüsteter Busaufbau wird immer einer hierarchischen Topologie folgen: KNX-Twisted-Pair (bzw. Powerline oder Funk) für die Busverkabelung von verteilten Sensoren und Aktoren sowie Ethernet als etablierter Standard für Datennetze (wie auch Multimedia) und als leistungsfähiger KNX-Backbone sowie für den Betrieb von wenigen komplexeren KNX-IP-Geräten.

Kein anderes Bussystem bietet eine derartig große Flexibilität und die Möglichkeit, die unterschiedlichsten Medien und Konfigurationsarten zu kombinieren.

8.8 Wie funktioniert die Übertragung?

Nachdem Sie jetzt wissen, wie die unterschiedlichen KNX-Topologien aufgebaut sind, sehen wir uns an, nach welchen Verfahren die Datenübertragung für KNX TP1, KNX PL und KNX RF funktioniert.

8.8.1 Übertragung über Twisted Pair: KNX TP1

KNX TP1 begnügt sich mit einer verdrillten 2-Draht-Leitung, über die alle angeschlossenen Busteilnehmer mit der nötigen Betriebsspannung versorgt werden.

Die Betriebsspannung

Die KNX-Nennspannung beträgt 24 V, die KNX-Spannungsversorgungen speisen aber 29 V in das System. Da die Mindestspannung für KNX-Busteilnehmer bei 21 V liegt, steht insgesamt ein Puffer von 8 V zur Verfügung.

Übertragungsform und Geschwindigkeit

Über dasselbe Adernpaar, das die Busteilnehmer mit Spannung versorgt, wird auch die Datenübertragung selbst abgehandelt. KNX TP1 übermittelt die Informationen byteweise und asynchron bei einer Geschwindigkeit von 9.600 Bit/s.

Eine zu übertragende logische »0« wird über einen zur Versorgungsspannung überlagerten Wechselstrom erreicht. Soll dagegen eine logische »1« übertragen werden, erfolgt keine Überlagerung, die anliegende Spannung entspricht dem Ruhezustand des Bus.

Die Einkopplung der Signale geschieht bei KNX TP1 symmetrisch, was bedeutet, es gibt keinen festen Bezugspunkt der Datenleitung gegen Erde, und statt eines einzigen Signalleiters kommen zwei zum Einsatz. Der Empfänger wertet demzufolge auch nicht die Spannung einer Datenleitung gegen Masse aus (siehe dazu die Funktionsweise der RS-232-Schnittstelle in Abschnitt 12.1.1, »Die serielle RS-232-Schnittstelle«), sondern die Änderung der Spannungsdifferenz zwischen den beiden Signalleitern. Bei der symmetrischen Signalübertragung wirkt eine eingekoppelte Störung auf dem Übertragungsweg auf beide Leiter nahezu gleichartig, sodass sich durch die Differenzbildung der beiden Leiterpotenziale die Störung beinahe vollständig aufhebt. Die symmetrische Übertragungsvariante wird Ihnen in Abschnitt 12.1.2, »Differenzielle Übertragung mit RS-485«, bei der Vorstellung der RS-485-Schnittstelle nochmals begegnen.

Die Sache mit den Kollisionen

Immer dann, wenn mehrere Teilnehmer ein gemeinsames Medium (Busleitung) zur Datenübertragung benutzen und nicht klar geregelt ist, wer wann wie lange senden darf, kommt es unweigerlich zu Datenkollisionen. Bei KNX ist das nicht anders, denn der Automatisierungsbus gehört zu den Systemen mit zufälligem ereignisgesteuertem Zugriff. Jeder Busteilnehmer, der sich zu Wort melden möchte, wird das auch sofort versuchen. Damit daraus kein heilloses Durcheinander auf der Datenleitung entsteht, gilt es, bestimmte Spielregeln einzuhalten. Sehen wir uns dazu zwei mögliche Verfahren an:

CSMA/CD – Carrier Sense Multiple Access with Collision Detection

CSMA/CD ist das Zugriffsverfahren bei Ethernet. Zerlegt man die verwendete Abkürzung, zeigt sich bereits recht gut, worum es sich bei CSMA/CD handelt:

- **CS** (Carrier Sense = Zustandserkennung des Trägers): Jeder Busteilnehmer überprüft, ob das Übertragungsmedium frei ist.
- **MA** (Multiple Access = Mehrfachzugriff): Mehrere Stationen teilen sich das Übertragungsmedium.
- **CD** (Collision Detection = Kollisionserkennung): Sollten zwei Teilnehmer gleichzeitig senden, werden entstehende Kollisionen erkannt.

Im Detail sieht das so aus: Ein Teilnehmer, der senden möchte, prüft, ob das Übertragungsmedium frei ist. Wenn ja, beginnt er, sein Datensignal auf den Bus zu legen. Während der ganzen Übertragung prüft er, ob das Signal auf dem Bus mit dem Signal, das er übertragen möchte, identisch ist. Ist es das nicht, hat ein anderer Teilnehmer gleichzeitig gesendet, und die Signale haben sich überlappt – es kommt zur Kollision. Eine Kollision führt zum Abbruch der aktuellen Übertragung, und der Sender, der diese zuerst entdeckt hat, sendet ein spezielles Signal (Jam-Signalfolge), das alle anderen Teilnehmer darüber informiert, dass das Netzwerk für den Moment blockiert ist. Nach einer zufälligen Wartezeit wird erneut geprüft und, falls das Netzwerk dann frei ist, erneut gesendet. Dieser Vorgang wiederholt sich so lange, bis das Datenpaket ohne Kollision übertragen werden konnte.

Kollisionen sind übrigens keine Störung, sie gehören zum ganz normalen »Daily Business«. Problematisch werden sie erst dann, wenn, bedingt durch eine hohe Anzahl an Teilnehmern und lange Leitungen, ihr prozentualer Anteil an der Bandbreite immer weiter steigt. Man kann als Faustregel festhalten, dass bereits ein mehr als 30 % ausgelastetes Ethernet recht stark von Kollisionen beeinträchtigt wird.

Sie können sich die Übertragungsfehler ein bisschen wie eine Kettenreaktion vorstellen, denn ein gestörtes und erneut zu sendendes Datenpaket verzögert nicht nur die wartenden Pakete, sondern kann seinerseits selbst wieder zur nächsten Kollision beitragen.

CSMA/CA – Carrier Sense Multiple Access with Collision Avoidance

Der kleine, aber signifikante Unterschied von CSMA/CD zu *CSMA/CA* ist lediglich der letzte Buchstabe. CA (Collision Avoidance) deutet darauf hin, dass nicht nur versucht wird, Kollisionen zu erkennen, sondern diese gleich in ihrer Gänze zu vermeiden.

Bevor es bei CSMA/CA zum Beginn der eigentlichen Phase des Sendens kommt, findet die Arbitrierungsphase statt, die für eine möglichst gerechte Aufteilung der beschränkten Ressource Busleitung auf die angeschlossenen Teilnehmer sorgen soll. Konkurrieren mehrere Sender gleichzeitig um den Zugriff auf einen Bus, gewinnt derjenige mit der höheren Priorität. Sein Telegramm wird verzögerungsfrei durchgeleitet, während sich andere Sender wieder zurückziehen, um es zu einem späteren Zeitpunkt noch einmal zu versuchen. Eine wiederholte Nachricht hat dabei die höchste Priorität. Besitzen beide Teilnehmer die gleiche Priorität, gilt als Entscheidungskriterium die Quelladresse. Wichtig zu wissen ist, dass ein 0-Bit dominant ist (setzt sich durch), ein 1-Bit hingegen rezessiv (zurücktretend). Der Pegel auf dem Bus wird letztendlich durch das dominante Bit bestimmt.

CSMA/CA ist bei vielen altbekannten Bussystemen das spezifizierte Übertragungsverfahren. Prominente Vertreter sind z. B. der CAN-Bus (Controller Area Network) und eben auch unser KNX-Bus in der Variante Twisted Pair.

Als Planer einer KNX-Anlage bestimmen Sie übrigens selbst über die gerade angesprochene Priorität von Nachrichten. Das KNX-Protokoll besitzt dafür mit dem Kontrollfeld (siehe Abschnitt 8.9.1, »Das KNX-TP1-Protokoll«) den passenden Mechanismus. Definieren können Sie die Prioritäten über die ETS.

8.8.2 Übertragung über das Stromnetz: KNX PL

KNX PL (PL steht für Power Line) benötigt keine separate Busleitung, sondern benutzt ein vorhandenes 230-V-Stromnetz als Übertragungsmedium, über das die angeschlossenen KNX-Teilnehmer gleichzeitig auch ihre Spannungsversorgung beziehen. Alle Powerline-Geräte benötigen lediglich den Anschluss des Außen- und Neutralleiters.

Übertragungsform und Geschwindigkeit

Als Übertragungsverfahren wurde bei KNX PL das *SFSK* (Spread Frequency Shift Keying) gewählt, eine Frequenzumtastung im Bandspreizverfahren. Die zu übertragenden Daten werden dabei auf die Netzspannung aufmoduliert, verwendet werden zwei Frequenzen:

- für eine 0: 105,6 kHz
- für eine 1: 115,2 kHz

Die Mitte dieser beiden Frequenzen liegt bei 110 kHz, deswegen findet man für KNX Powerline auch häufiger den Namen PL110.

Aufgrund der Tatsache, dass ein 230-V-Stromnetz ein schwieriges Umfeld (Netzrauschen) für digitale Signalübertragung ist, lassen sich bei KNX PL keine hohen Übertragungsgeschwindigkeiten erreichen. Mit 1.200 Bit/s liegt sie um den Faktor 8 geringer als bei der Twisted-Pair-Verkabelung. Die Dauer für die Übertragung eines Telegramms beträgt ca. 130 ms.

Durch eine Mustervergleichstechnik beim Empfänger und ein intelligentes Korrekturverfahren kann ein gestörtes Signal häufig wieder »repariert« werden. Ein erfolgreich übertragenes Telegramm wird vom Empfänger an den Sender quittiert. Bleibt diese Quittierung aus, wird der Sendevorgang wiederholt.

TDMA – Time Division Multiple Access

Das CSMA/CA-Verfahren des KNX TP1 ist für die Powerline-Variante leider aus technischen Gründen nicht möglich, daher stützt man sich bei KNX PL auf das zeitschlitzbasierte Buszugriffsverfahren *TDMA* (Time Division Multiple Access).

Ein Zeitschlitz ist der Abstand zwischen dem möglichen Beginn eines Telegramms und dem Abschluss des vorangegangenen Telegramms. Über ein Zufallsprinzip ermittelt jeder Teilnehmer für sich eine von sieben möglichen Zeiten, wodurch die Wahrscheinlichkeit einer Kollision auf der Leitung merklich sinkt. Datenverluste durch auftretende Kollisionen werden, wie bei Netzwerkübertragungen üblich, von einer höheren Protokollschicht behandelt.

8.8.3 Die drahtlose Alternative: KNX RF

Als Alternative zu den Medien Twisted Pair und Powerline gibt es im KNX-System auch eine drahtlose Variante: KNX RF (Radio Frequency).

KNX RF ist gut geeignet für Installationsorte, an denen eine kabelgebundene KNX-Anbindung nicht möglich ist, und wird im privaten Wohnungsbau beispielsweise bei nachträglich zu realisierenden Steuerungskonzepten für Beleuchtung, Jalousien oder auch Heizung/Kühlung eingesetzt.

KNX RF funkt auf 868 MHz. Diese Frequenz ist im Vergleich zu beispielsweise dem 433-MHz-Band (Jedermann-Funk, Funkmelder, Funkschalter, Babyfone usw.) weniger gestört und erlaubt eine Datenrate von 16.384 kBit/s.

Die Reichweite von KNX RF ist in der Regel für Einfamilienhäuser und Wohnungen ausreichend und kann zusätzlich durch sogenannte Retransmitter erhöht werden.

8.9 Die KNX-Protokolle

Als Kommunikationsprotokoll bezeichnet man einen speziellen Satz von Regeln, nach denen eine Datenübertragung zwischen zwei oder mehreren Teilnehmern abzulaufen hat. Es spezifiziert die Interaktionen zwischen den kommunizierenden Geräten.

Bitte lassen Sie sich von den teils sehr technischen Details nicht abschrecken. Sie benötigen für eine erfolgreiche KNX-Installation keine Kenntnisse über die Protokollinterna. Als Anwender der ETS (siehe Kapitel 47, »KNX parametrieren mit der ETS Software«) kommen Sie größtenteils nur mit der Anwenderschicht des KNX-Standards in Berührung. Trotzdem möchte ich Ihnen als Käufer eines umfassenden Handbuchs die Technik dahinter nicht vorenthalten, hilft sie doch, das ganze Thema noch besser zu durchdringen.

8.9.1 Das KNX-TP1-Protokoll

Bei KNX (und bei fast allen anderen Kommunikationsstandards) erfolgt der Informationsaustausch zwischen den Busteilnehmern über *Telegramme*. Ein Telegramm besteht aus einer Folge von *Zeichen*, wobei ein Zeichen einem Byte (also 8 Bit) entspricht. Den Aufbau eines KNX-TP1-Telegramms finden Sie in Abbildung 8.17.

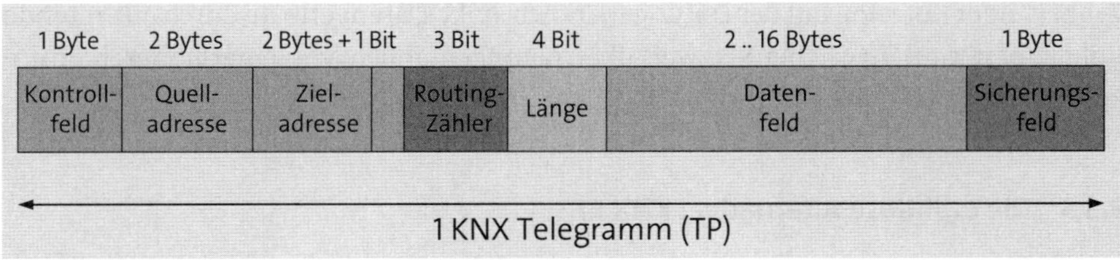

Abbildung 8.17 Aufbau eines KNX-Telegramms (TP1)

Die einzelnen Bestandteile des Telegramms haben folgende Bedeutung:

Feld	Bedeutung
Kontrollfeld	Regelt die Priorität des Buszugriffs und die Telegrammwiederholung.
Quelladresse	Enthält Adressdaten vom Absender.
Zieladresse	Enthält Adressdaten vom Empfänger.
Routing-Zähler	Sicherstellung der Datensicherheit.
Länge	Anzahl der Bytes an Nutzdaten, die in diesem Telegramm übertragen werden.
Datenfeld	Die eigentlichen Nutzdaten: maximal können 16 Bytes übertragen werden.
Sicherungsfeld	Prüfinformation als Kombination aus Querparität und Längsparität zur Sicherstellung der fehlerfreien Telegrammübertragung.

Tabelle 8.4 Bestandteile eines KNX-Telegramms (KNX TP1)

Das Kontrollfeld

Sehen wir uns den Aufbau des 8 Bit breiten (D0–D7) Kontrollfelds im Detail in Abbildung 8.18 an.

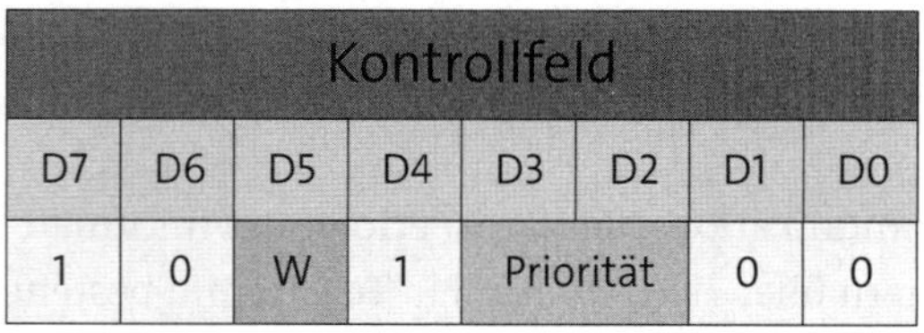

Abbildung 8.18 Das KNX-TP1-Kontrollfeld

Bis auf zwei Bestandteile sind die Daten im Kontrollfeld immer konstant. Zu beachten ist, dass Bit 0 das LSB (Least Significant Bit) ist und zuerst gesendet wird. Bit 7 ist das MSB (Most Significant Bit) und liegt zuletzt auf der Leitung.

Bit	Funktion	Beschreibung
D0–D1	Präambel	Die sogenannte Präambel besteht immer aus zweimal 0 und verhindert, dass Störimpulse als Startbit interpretiert werden.
D2–D3	Priorität	Priorität des Telegramms: ▸ 00: Systemfunktion (höchste Priorität) ▸ 01: Alarmfunktion ▸ 10: hohe Priorität ▸ 11: normale Priorität (niedrigste)
D4	–	Konstant 1.
D5	Wiederholung	Das Wiederholungsbit (Repeat-Flag) wird bei Telegrammwiederholung auf 0 gesetzt, wodurch erreicht wird, dass Teilnehmer, die das Paket bereits korrekt empfangen haben, die Wiederholung ignorieren; das Wiederholungsbit ist beim erstmaligen Senden des Pakets 1.
D6	–	Konstant 0.
D7	–	Konstant 1.

Tabelle 8.5 Bestandteile des TP1-Kontrollfelds

Die Quelladresse

Das Quelladressfeld enthält immer die physikalische Adresse des Telegrammsenders (Quelle), sodass jede Nachricht auf dem Bus eindeutig zugeordnet werden kann (siehe Abbildung 8.19).

Quelladresse															
D7	D6	D5	D4	D3	D2	D1	D0	D7	D6	D5	D4	D3	D2	D1	D0
Bereich				Linie				Teilnehmer							

Abbildung 8.19 Das KNX-TP1-Quelladressfeld

Für die Quelladresse gilt typischerweise die Notation *Bereich.Linie.Teilnehmer*. Gesendet wird zuerst das MSB. Die komplette Adresse wird bei der Programmierung vergeben und identifiziert jeden Teilnehmer eindeutig. Senden zwei Teilnehmer mit der gleichen Priorität gleichzeitig, so gilt, dass der Teilnehmer mit der niedrigeren physikalischen Adresse die höhere Priorität besitzt.

Feld	Beschreibung
Bereich	Bereichsadresse (4 Bit): 0: Hauptlinie 1–15: Bereich 1–15
Linie	Linienadresse (4 Bit): 0: Teilnehmer an der Bereichslinie 1–15: Teilnehmer an Linie 1–15
Teilnehmer	Teilnehmeradresse (8 Bit): 0–64: Teilnehmer 0–64 65–255: reserviert

Tabelle 8.6 Bestandteile des TP1-Quelladressfelds

Die Zieladresse (Unicast und Multicast)

Anders als die Quelladresse (immer eine physikalische Adresse) kann die Zieladresse sowohl eine physikalische als auch eine logische Adresse beinhalten. Zur Unterscheidung wird ein zusätzliches Bit namens *DAF* (Destination Address Flag) genutzt, das bereits zum nachfolgenden Zeichen gehört. Ist DAF gleich 0, handelt es sich um eine physikalische Adresse (Unicast), anderenfalls ist die Zieladresse eine Gruppenadresse (Multicast, d. h., mehrere Teilnehmer mit dieser Adresse sind die Empfänger). Abbildung 8.20 zeigt beide Varianten.

<table>
<tr><td colspan="16">Zieladresse</td><td>DAF</td></tr>
<tr><td>D7</td><td>D6</td><td>D5</td><td>D4</td><td>D3</td><td>D2</td><td>D1</td><td>D0</td><td>D7</td><td>D6</td><td>D5</td><td>D4</td><td>D3</td><td>D2</td><td>D1</td><td>D0</td><td>D7</td></tr>
<tr><td colspan="4">Bereich</td><td colspan="4">Linie</td><td colspan="8">Teilnehmer</td><td>0</td></tr>
<tr><td>0</td><td colspan="4">Hauptgruppe</td><td colspan="11">Untergruppe</td><td>1</td></tr>
<tr><td>0</td><td colspan="4">Hauptgruppe</td><td colspan="3">Mittelgruppe</td><td colspan="8">Untergruppe</td><td>1</td></tr>
</table>

Abbildung 8.20 Das KNX-TP1-Zieladressfeld

Bei einer physikalischen Adresse (DAF ist 0) entspricht die Codierung der Quelladresse, andernfalls gilt die folgende Codierung (siehe Tabelle 8.7).

Die Gruppenadresse (DAF ist 1) kann auf zwei verschiedene Arten codiert sein, entweder mit einer Mittelgruppe (Schreibweise: *Hauptgruppe/Mittelgruppe/Untergruppe*) oder ohne Mittelgruppe (Schreibweise: *Hauptgruppe/Untergruppe*).

Feld	Bedeutung ohne Mittelgruppe	Bedeutung mit Mittelgruppe
Hauptgruppe	Hauptgruppe (4 Bit): 0: Reserve 1–14: Hauptgruppe 1–14 15: Reserve	
Mittelgruppe	–	Mittelgruppe (3 Bit): 0–7: Mittelgruppe 0–7
Untergruppe	Untergruppe (11 Bit): 0–2047: Untergruppe 0–2047	Untergruppe (8 Bit): 0–255: Untergruppe 0–255

Tabelle 8.7 Bestandteile des TP1-Zieladressfelds (Multicast)

Eine Gruppenadresse (logische Adresse) wird unabhängig von Bereichen und Linien vergeben. Somit können innerhalb einer Gruppe die Teilnehmer beliebiger Linien und Bereiche zusammengefasst werden. Die Unterscheidung von Hauptgruppen und Untergruppen trägt dazu bei, eine klare Struktur des Gesamtsystems beizubehalten. Dazu werden Gewerke (wie z. B. Heizung, Beschattung, Beleuchtung) in der Regel in unterschiedliche Hauptgruppen eingeteilt und die feiner unterteilten Teilbereiche der Gewerke in Untergruppen.

Der Routing-Zähler

Der Routing-Zähler ist ein unterstützender Mechanismus zur Weiterleitung von Telegrammen auf dem KNX-Bus. Der 3 Bit breite Zähler wird beim Senden mit dem Wert »6« initialisiert und von jedem Linien- und Bereichskoppler um 1 dekrementiert. Ein Telegramm, das den Zählerwert null beinhaltet, wird verworfen, was eine unnötige Weiterleitung über Linien- und Bereichskoppler verhindert. Der Zählerwert »7« bedeutet, dass das Telegramm beliebig oft weitergeleitet wird, er wird nie dekrementiert.

Time To Live (TTL)

Wer sich schon mal mit Netzwerken und insbesondere mit dem IP-Protokoll beschäftigt hat, kennt vielleicht den TTL-Wert (Time To Live) im IP-Paket. Dieser wird von jedem Router, der das Paket weiterleitet, um den Wert eins dekrementiert (= 1 Hop). Fällt der Wert auf null, verwirft der Router ein solches Irrläuferpaket und verständigt den Quellhost mit einer ICMP-Nachricht. Sie sehen: fast genau der gleiche Mechanismus wie der KNX-Routing-Zähler.

Die Länge

Das Längenfeld als 4-Bits-Wert beinhaltet die Anzahl der Bytes (verschoben um eins), die als Nutzdaten in diesem Telegramm übertragen werden. Dabei gilt, dass ein Wert von null einen Nutzinhalt von einem Byte bedeutet, der Wert 15 steht für 16 Bytes an Nutzinformation.

Das Datenfeld

Bisher bestand das KNX-Protokoll nur aus Header-Informationen, die richtigen Nutzdaten (Payload) sind ausschließlich im Datenfeld enthalten. Die ersten beiden Bytes des maximal 16 Byte großen Nutzdatenfelds enthalten den auszuführenden Befehl. In den meisten Fällen findet auch die eigentlich zu übertragende Information darin Platz. Die Struktur dieser ersten beiden Bytes wird in Abbildung 8.21 verdeutlicht.

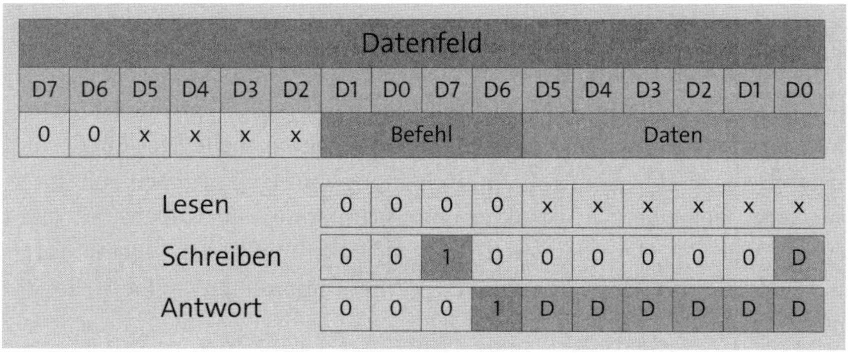

Abbildung 8.21 Codierung von Befehlen im Datenfeld

Die ersten beiden Bits sind immer null, es folgen vier Bits, die nicht ausgewertet werden, und weitere vier Bits mit dem codierten Befehl. Die gängigsten Befehle sind:

- **Lesen/Value Read (0000)**: Der adressierte Teilnehmer wird aufgefordert, seinen internen Status zurückzumelden.
- **Schreiben/Value Write (0010)**: Einen Wert schreiben (soll als Wert z. B. nur ein einziges Bit übertragen werden, wird beim Schreibbefehl dieses Bit im letzten Datenbit D0 übertragen). Soll eine Information von einem Byte oder mehr übertragen werden, beginnt diese Information im dritten Nutzdatenbyte.
- **Antwort/Value Response (0001)**: Besteht die Antwort eines Teilnehmers aus maximal sechs Bits, können diese in die ersten zwei Bytes eingefügt werden. Ist die Information länger, wird sie ab dem folgenden dritten Nutzdatenbyte eingefügt.
- **Speicher Schreiben/Memory Write (1010)**: Schreibt einen kontinuierlichen Datenblock in den Speicher des adressierten Geräts, beginnend mit der übergebenen Adresse

Alle weiteren Bytes des Nutzdatenfelds beinhalten nur noch reine Daten. Wie viele der maximal 16 Bytes in einem Telegramm belegt sind, ist dem Längenfeld zu entnehmen.

Die standardisierten Datenpunkttypen

Um die Kompatibilität gleichartiger KNX-Geräte von verschiedenen Herstellern zu gewährleisten (z. B. Dimmer, Jalousieaktoren), wurden die sogenannten *Datenpunkttypen* (DPT) standardisiert und eingeführt. Die Datencodierung der Datenbits im KNX-Nutzdatenfeld wird anhand des in einem Telegramm verwendeten DPT durchgeführt.

Ein Datenpunkttyp wird immer definiert durch Haupttyp und Untertyp, getrennt durch einen Punkt, wobei gilt:

- Der **Haupttyp** legt Länge, Format und Codierung fest.
- Der (optionale) **Untertyp** beinhaltet zusätzliche Informationen (z. B. die verwendete Einheit und den Wertebereich).

Entnehmen Sie der Tabelle 8.8 eine Auswahl der wichtigsten DPT:

DPT	Name	Codierung
1.001	DPT_Switch	1 Bit (D0), 0 = aus, 1 = an
1.008	DPT_UpDown	1 Bit (D0), 0 = hoch, 1 = runter
1.009	DPT_OpenClose	1 Bit (D0), 0 = auf, 1 = zu
3.007	DPT_Control_Dimming	4 Bit (D3–D0) D3 = 0: dunkler dimmen D3 = 1: heller dimmen D2–D0 = 000: Dimmen Stopp D2–D0 = 001: eine Dimmstufe D2–D0 = 010: zwei Dimmstufen D2–D0 = 011: vier Dimmstufen ... D2–D0 = 111: 64 Dimmstufen
5.004	DPT_Percent_U8	8 Bit (D7–D0) von Datenbyte 2 1 = absolute Helligkeit 1 (Minimum) 255 = absolute Helligkeit 255 (Maximum)
9.001	DPT_Value_Temp	16 Bit Gleitkomma von Datenbyte 2 und 3, codiert als: SEEEEMMMMMMMMMMM S: Vorzeichenbit (1 = negativ) E: Exponent zur Basis 2 (0–15) M: Mantisse in Auflösung 0,01, negative Zahlen als Zweierkomplement

Tabelle 8.8 Beispiele für Datenpunkttypen (DPT)

Die vollständige, 187 Seiten starke Spezifikation aller Datenpunkttypen finden Sie unter folgender URL auf der KNX-Homepage: *www.knx.org/media/docs/downloads/KNX-Standard/Datapoint-Types.pdf*

DPT-Codierungsbeispiele

Ein Beispiel für den DPT 1.001 finden Sie in Abbildung 8.21, wo genau 1 Bit über den Befehl *Schreiben* als Datum aufgenommen ist. Der DPT 5.004 verwendet bereits mehr als die sechs Bits, die im ersten Datenbyte dargestellt werden könnten, daher werden die kompletten acht Bits im darauffolgenden Byte codiert. Abbildung 8.22 zeigt einen Schreibbefehl mit dem Wert 255 % (maximale Helligkeit).

Datenfeld																							
D7	D6	D5	D4	D3	D2	D1	D0	D7	D6	D5	D4	D3	D2	D1	D0	D7	D6	D5	D4	D3	D2	D1	D0
0	0	x	x	x	x	Befehl				Daten (Byte 1)						Daten (Byte 2)							
Schreiben						0	0	1	0	x	x	x	x	x	x	1	1	1	1	1	1	1	1

Abbildung 8.22 Codierung eines DPT 5.004-Inhalts

Das Sicherungsfeld

Bei der KNX-Datenübertragung kommen zwei einfache Sicherungsverfahren kombiniert zur Anwendung:

1. **Längsparität** (gerade): Ein Paritätsbit für jedes Zeichen (8 Bit) des Telegramms.
2. **Querparität** (ungerade): Das 1 Byte breite Blockprüfzeichen wird gebildet, indem jedes Bit dieses Zeichens für sich genommen ein weiteres Paritätsbit darstellt, das aus sämtlichen Bits des Telegramms an gleichwertiger Stelle gewonnen wird

Die Quittierung: ACK, NAK, BUSY

Jede KNX-Nachricht wird vom Empfänger quittiert, wobei vier verschiedene Reaktionen möglich sind:

1. *ACK*: Eine Nachricht wurde fehlerfrei empfangen, der Empfänger sendet die positive Quittierung ACK (Acknowledge = Bestätigung). Beim Sender entstehen dadurch keine weiteren Aktionen, die Telegrammübertragung wurde erfolgreich durchgeführt.
2. *NAK*: Im Fehlerfall hat der Empfänger zwar die Nachricht erhalten, diese ist jedoch nicht fehlerfrei (siehe dazu den Abschnitt »Das Sicherungsfeld«). Er sendet die negative Quittierung NAK (No Acknowledge = keine Bestätigung) und fordert den Sender damit auf, die Übertragung zu wiederholen. Damit die anderen hörenden Teilnehmer (mit der gleichen Gruppenadresse) wissen, dass es sich lediglich um eine Wiederholung handelt, setzt der Sender das Wiederholungsbit im Kontrollfeld auf null. Nach

dreimaliger Wiederholung wird der Datenverkehr abgebrochen und der Fehler im Speicher vermerkt.

3. *BUSY*: Empfängt ein Teilnehmer zwar ein Telegramm, kann dieses aber gerade nicht verarbeiten, signalisiert er das mit einer BUSY-Quittierung (ich bin beschäftigt) und veranlasst den Sender, nach einer bestimmten Wartezeit das Telegramm nochmals zu senden.
4. Reagiert kein Busteilnehmer auf das gesendete Telegramm (es wird keine Quittierung erzeugt), hat der Sender den Datenverkehr abzubrechen.

Den Aufbau des Quittierungstelegramms finden Sie in Abbildung 8.23.

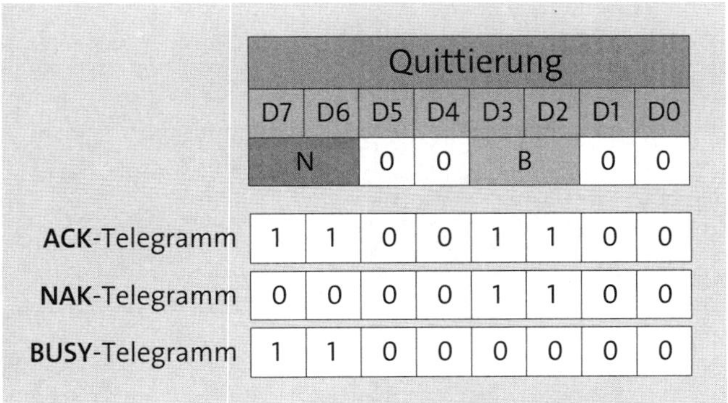

Abbildung 8.23 Das KNX-Quittierungstelegramm

Reagiert kein Teilnehmer auf eine Nachricht (niemand sendet eine Quittierung), wird die Quittierungsnachricht automatisch zu 11111111, was dem Zustand der offenen Leitung entspricht. Antworten mehrere angesprochene Empfänger mit einer Quittierung, würden sich die 0-Bits der gestörten Teilnehmer gegenüber den 1-Bits durchsetzen, was korrekterweise zu einer Wiederholung der gesendeten Nachricht führt.

8.9.2 Erweiterter Telegrammaufbau bei KNX PL

Für die KNX-Variante über Powerline, KNX PL, wird der vorgestellte Telegrammaufbau (KNX TP1) um drei weitere Felder erweitert, wie in Abbildung 8.24 zu sehen ist:

Die zusätzlichen Felder haben folgende Funktion:

Feld	Bedeutung
Trainingssequenz	Die vorangestellte Trainingssequenz dient der Pegeleinstellung von Sender und Empfänger.
Präambel	Zweimal 8 Bit zur Kollisionsvermeidung.

Tabelle 8.9 Zusätzliche Bestandteile eines KNX-PL-Telegramms

Feld	Bedeutung
System-ID	Angehängte Systemadresse zur Vermeidung gegenseitiger Beeinflussung von benachbarten KNX-PL-Systemen (KNX PL besitzt keine separaten Netze, wie es z. B. bei KNX TP der Fall ist). Es können nur Geräte miteinander kommunizieren, die die gleiche System-ID besitzen. Wird mehr als ein Systemkoppler eingesetzt und existieren damit mehrere KNX-PL-Signalbereiche, bekommt jeder Bereich seine eigene System-ID.

Tabelle 8.9 Zusätzliche Bestandteile eines KNX-PL-Telegramms (Forts.)

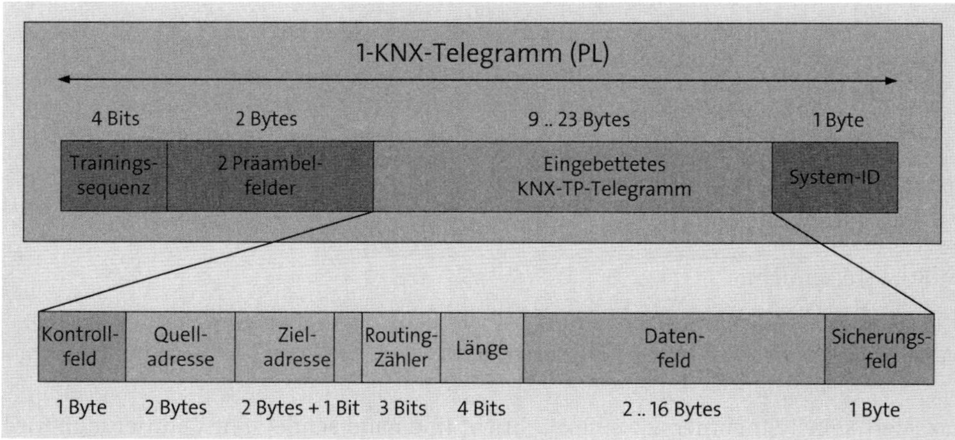

Abbildung 8.24 Aufbau eines KNX-PL-Telegramms

8.9.3 Der Telegrammaufbau bei KNX RF

Ein KNX-RF-Telegramm besteht aus mehreren Datenblöcken, die untereinander durch sogenannte Sicherungsbytes voneinander getrennt sind. Die Datenblöcke enthalten sowohl die Nutzinformation selbst (also z. B. ein Schaltbefehl an einen Aktor) als auch protokollspezifische Informationen (z. B. die Adressierung). Jeweils am Anfang und am Ende eines Funktelegramms dient ein Protokollblock der Synchronisation der Teilnehmer (vergleiche Abbildung 8.25).

Der erste Datenblock (Datenblock 1) besteht aus

- einem 4 Bytes langen Kontrollfeld (mit Informationen über Telegrammlänge, Batteriestatus, falls vorhanden, und der Übertragungsgüte),
- der KNX-Seriennummer des Senders (6 Bytes), einer eindeutigen Gerätekennung, die der Hersteller der Komponente nicht veränderbar einprogrammiert hat,
- und einer 2 Bytes langen Datensicherungsinformation zur Erkennung von Übertragungsfehlern.

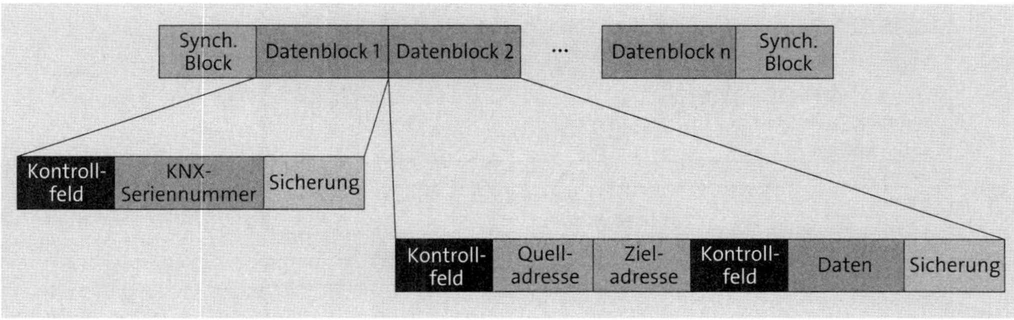

Abbildung 8.25 Aufbau eines KNX-RF-Telegramms

Die KNX-Seriennummer in Datenblock 1 dient nicht nur der Adressierung der Teilnehmer, sondern auch der Abgrenzung zwischen benachbarten KNX-Funknetzen.

Der zweite Datenblock schlüsselt sich wiederum in Kontrollfeld und Sicherungsfeld auf sowie in:

- Quelladresse (2 Bytes): physikalische Adresse des Geräts (wird in der Regel nur bei der Programmierung des Geräts benötigt)
- Zieladresse (2 Bytes): beinhaltet entweder die individuelle Adresse des Geräts (bei physikalischem Zugriff) oder die Nummer eines angesprochenen Kommunikationsobjekts (bei Normalbetriebzugriff)
- Daten: die eigentlichen Nutzdaten – endlich

8.9.4 Ein KNX-TP1-Telegramm im Busmonitor

Nachdem Sie sich jetzt durch einen wirklich umfangreichen Theorieteil gearbeitet haben, ist es an der Zeit, dieses Kapitel mit einem kleinen Praxisausflug abzuschließen. Dazu möchte ich einen Vorgriff auf die später noch ausführlich behandelte ETS-Software wagen und Ihnen ein mitgeschnittenes KNX-TP1-Telegramm aufzeigen. In Abbildung 8.26 sehen Sie den ETS-Busmonitor in Aktion, der 16 Telegramme aufgezeichnet hat. Drei davon sind tabellarisch dargestellt.

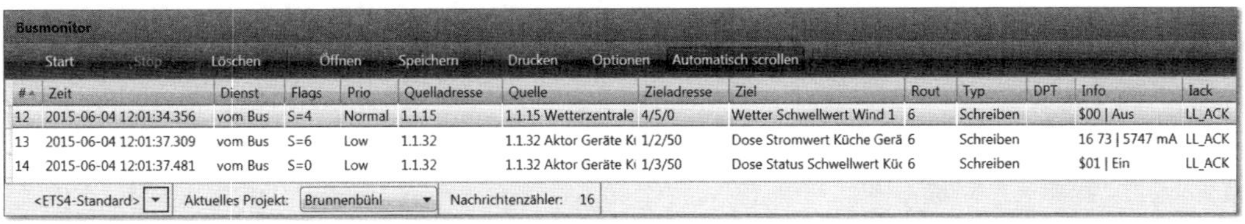

#	Zeit	Dienst	Flags	Prio	Quelladresse	Quelle	Zieladresse	Ziel	Rout	Typ	DPT	Info	Iack
12	2015-06-04 12:01:34.356	vom Bus	S=4	Normal	1.1.15	1.1.15 Wetterzentrale	4/5/0	Wetter Schwellwert Wind 1	6	Schreiben		$00 | Aus	LL_ACK
13	2015-06-04 12:01:37.309	vom Bus	S=6	Low	1.1.32	1.1.32 Aktor Geräte Kı	1/2/50	Dose Stromwert Küche Gerä	6	Schreiben		16 73 | 5747 mA	LL_ACK
14	2015-06-04 12:01:37.481	vom Bus	S=0	Low	1.1.32	1.1.32 Aktor Geräte Kı	1/3/50	Dose Status Schwellwert Küc	6	Schreiben		$01 | Ein	LL_ACK

Abbildung 8.26 Der ETS-Busmonitor in Aktion

Zur besseren Lesbarkeit finden Sie das erste Telegramm in Abbildung 8.27 nochmals vergrößert:

Eigenschaften

Einstellungen | Kommentar | Information

Eigenschaft	Wert
Busmonitor Status	S=4
Relativer Zeitstempel	65476
Rohdaten	2B 07 03 01 04 04 02 FF C4 B4 11 0F 25 00 E1 00 80 11
Nachrichtendienst	L_Busmon.ind
Quelladresse	1.1.15
Quellname	1.1.15 Wetterzentrale WZ/S1.1 Wetterzentrale,REG
Zieladresse	4/5/0
Zielname	Wetter Schwellwert Wind 1
Wiederholt	Nein
Systemrundruf	Nein
Bestätigung	Bestätigt
Routingzähler	6
Priorität	Normal
Frameformat	Standard
Dienst	vom Bus
Typ	Schreiben
Dienst auf Transportschicht	T_Data
Dienst auf Anwendungsschicht	Value Write
Datenpunkttyp	1.001 Schalten
Datenpunktwert	Aus
Rohwert	$00

Abbildung 8.27 Ein Telegramm der Wetterstation mit allen Eigenschaften

Sehr schön erkennen Sie die in diesem Abschnitt vorgestellten Protokollbestandteile, wie z. B. Quell- und Zieladresse, den Routing-Zähler (*6*), die Priorität (*Normal*), das Wiederholungsbit (*Nein*), den Befehl (*Value Write*), den Datenpunkttyp (*1.001*) und natürlich die Nutzdaten selbst (bezeichnet als Datenpunktwert). Somit meldet die Wetterstation: Aktuell liegt kein Windalarm vor.

Kapitel 9
Atmosphärisches Licht mit DALI

Mit DALI, einem auf Beleuchtungstechnik spezialisierten Bus, realisieren Sie eindrucksvolle Lichtsteuerungen bei kostengünstiger Installation. Eine Anbindung an den KNX-Bus bringt zusätzliche Vorteile.

Steckbrief: DALI	
Merkmal	**DALI**
Busspannung	nominal 16 V, kein SELV
Übertragung	zweipolig, galvanisch getrennt und polaritätsfrei (verpolungssicher)
Geschwindigkeit	1.200 Bit/s, asynchron und bidirektional
Zugriffsverfahren	Master/Slave-Prinzip
Teilnehmer (max.)	▸ 64 Teilnehmer ▸ 16 Gruppen
Szenenspeicher	16 Szenenspeicher
Leitungslänge	max. 300 m

Tabelle 9.1 Steckbrief: DALI

9.1 Was ist DALI?

Das *Digital Addressable Lighting Interface* (*DALI*) ist ein weltweit standardisiertes Protokoll zur Ansteuerung von Betriebsgeräten der Beleuchtungstechnik und wurde von der *International Electrotechnical* Commission (IEC) spezifiziert. Das DALI-Protokoll ist in der dreiteiligen Normreihe IEC 62386-1xx, 62386-2xx und 62386-1xx festgeschrieben.

Die Zahl der DALI-Mitgliedsfirmen liegt bei etwas über 100 weltweit und besteht aus bekannten Name wie ABB, Busch-Jaeger, DIAL, Eldoled, GE, Insta, IPAS, Meanwell, Merten, Osram, Panasonic, Philips, Samsung, Toshiba, Tridonic, Wage, Warema und Zumtobel.

Das DALI-Logo (siehe Steckbrief) darf nur von Geräten getragen werden, die DALI-Standard-konform (IEC 62386) arbeiten, was auch mit Bestehen der relevanten Tests auf dem

DALI-Testsystem belegt nachgewiesen wurde. Für uns als Technologieanwender macht sich diese Tatsache darin bemerkbar, dass grundsätzlich DALI-Geräte mit allen DALI-Steuerungen kompatibel sind. Der volle Funktionsumfang hingegen (z. B. die automatische Geräteerkennung) ist möglicherweise nur dann uneingeschränkt gegeben, wenn die Geräte des Systems vom selben Hersteller stammen.

DALI ist eine Weiterentwicklung des *1–10-V-Standards* und von *Digital Serial Interface* (DSI), das selbst wiederum eine digitale Variante des 1–10-V-Standards ist. Das ebenfalls digitale DALI-Protokoll arbeitet in beide Richtungen (bidirektional), kann also Leuchtmittel nicht nur ansteuern, sondern auch Statusmeldungen von z. B. EVGs oder Dimmern an eine Steuerung zurückgegeben.

9.2 Warum gibt es DALI?

An die moderne Beleuchtungstechnik wird heutzutage nicht mehr nur die einfache Anforderung gestellt, Licht ein- und auszuschalten. Mittlerweile spielen die einst als nebensächlich bewerteten Funktionen eine immer wichtigere Rolle:

- Rückmeldung von Fehlerzuständen des Beleuchtungssystems (Lampenfehler)
- Anbindung an einen (übergeordneten) Gebäudeautomationsbus
- präsenz- und umgebungslichtabhängige Lichtregelung sowie Konstantlichtregelung
- geringer Installationsaufwand, dafür aber Flexibilität und Robustheit im Betrieb
- geringe Kosten für notwendige Komponenten

9.2.1 Der Vergleich zur 1–10-V-Technik

Die analoge Vorgängertechnologie, die heute immer noch stark verbreitete 1–10-V-Technik, hatte keine Lösung für die gestiegenen Anforderungen parat. DALI als Kommunikationsstandard für Lichtsysteme besitzt im Vergleich zur 1–10-V-Technik eine Reihe von Vorteilen, die Sie Tabelle 9.2 entnehmen können:

Anforderung	DALI	1–10-V-Technik
Einfachheit der Ansteuerung/Verdrahtung	▸ integrierter Netzspannungsschalter (kein externes Relais erforderlich) ▸ polaritätsfreie 2-Draht-Steuerleitung ▸ keine Beachtung der Netzspannungsphase	▸ Kein Netzspannungsschalter ▸ 2-Draht-Steuerleitung mit Polarität

Tabelle 9.2 Gegenüberstellung von DALI und der 1–10-V-Technik

Anforderung	DALI	1–10-V-Technik
Dimmkurve	▸ logarithmische Dimmkurve (angepasst an Augenempfindlichkeit) ▸ individuelle Dimmoptionen	▸ lichtstromlineare Dimmkurve ▸ keine individuellen Dimmoptionen
Ansteuerung von einzelnen Teilnehmern	adressierbar sind: ▸ max. 64 Teilnehmer einzeln ▸ Gruppen (max. 16), aber ohne Relevanz auf die Verdrahtung ▸ alle zusammen (Broadcast)	nicht unterstützt
Speicherung von Szenen	max. 16 Szenenspeicher mit synchronen Szenenübergängen	nicht unterstützt
Rückmeldungen	teilnehmerindividuelle Rückmeldungen (z. B. bei Lampenfehler)	nicht unterstützt

Tabelle 9.2 Gegenüberstellung von DALI und der 1–10-V-Technik (Forts.)

9.2.2 Ist ein weiterer Bus sinnvoll?

Was könnte die Motivation sein, neben dem auf Gebäudeautomatisierung spezialisierten KNX-Bus einen weiteren Bus einzusetzen? Die Frage ist schnell zu beantworten:

- Für Niedervolt-Dimmaktoren ist DALI kompromisslos günstig.
- Bis auf ganz wenige Ausnahmen suchen Sie Vorschaltgeräte für RGB(W)-LEDs als KNX-Version vergeblich. Für DALI (und auch DMX) gibt es hingegen reichlich Alternativen.

DALI ist spezialisiert auf Lichtmanagement und keinesfalls als Konkurrenzprodukt zu KNX zu sehen. Vielmehr ist DALI eine sinnvolle Ergänzung, sobald Sie in Ihrem Smart Home nicht nur Hochvoltleuchtmittel ein- und ausschalten wollen, sondern gern mit dimmbaren Niedervoltprodukten arbeiten oder zusätzlich auf LED-Beleuchtung setzen möchten. Für das Schalten und Dimmen von 230-V-Leuchtmitteln bleibt KNX jedoch derzeit das Mittel der Wahl. DALI bietet eine vollständige Systemlösung, die die gesamte Strecke umfasst – vom Lichtmanagementsystem über die Ansteuerung bis hin zu Leuchte, EVG und letztendlich der Lampe selbst.

9.3 Die DALI-Technik

Wie Sie aus Abbildung 9.1 erkennen können, besteht ein DALI-System aus *Steuergeräten*, *Betriebsgeräten*, einer Busverdrahtung (das physikalische Medium) und aus einer oder mehreren Spannungsversorgungen (nominal 16 V, maximal 250 mA). Abschlusswiderstände werden nicht benötigt.

Spannungsversorgungen können sein:

- eine separate, zentrale Schnittstellenversorgung
- ein Steuergerät mit eingebauter Schnittstellenversorgung
- Betriebsgeräte, die zusätzlich eine interne Schnittstellenversorgung besitzen

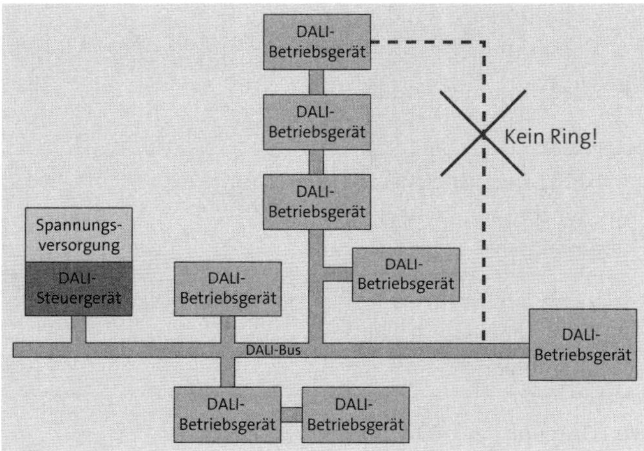

Abbildung 9.1 Die DALI-Topologie

Das Steuergerät steuert den Zugriff auf das physikalische Medium (den DALI-Bus), kommuniziert mit den Betriebsgeräten (den Teilnehmern), fragt deren Status ab und wird zur Inbetriebnahme und Parametrierung der Teilnehmer benötigt. Manche Steuergeräte bieten außerdem Anschlussmöglichkeiten für zusätzliche externe Sensorik. Im späteren Verlauf des Buchs werden Sie die sogenannten KNX-DALI-Gateways noch genauer kennenlernen, die ein sehr gutes Beispiel für ein DALI-Steuergerät sind.

Die Busarchitektur zeichnet sich durch folgende Merkmale aus:

- DALI ist grundsätzlich Multi-Master-fähig (d. h., es können auch mehrere Steuergeräte verwendet werden).
- Als Zugriffsverfahren wird bei DALI ein Master/Slave-Prinzip eingesetzt.
- Die Übertragungsgeschwindigkeit beträgt 1.200 Bit/s, asynchron und bi-direktional.
- Es können pro DALI-Bus maximal 64 Teilnehmer angesprochen werden.
- Abbildung 9.1 ist aus gutem Grund etwas »chaotisch« gezeichnet, sie soll verdeutlichen: Die Topologie ist beliebig, möglich sind z. B. Sternverkabelung sowie Linien- oder Baumstruktur, eine Ringverkabelung ist jedoch ausgeschlossen!

- DALI ist intern galvanisch getrennt und arbeitet mit potenzialfreien Steuereingängen.
- Die maximale Leitungslänge ist 300 m bei 1,5-mm^2-Adern.

DALI ist als System mit verteilter Intelligenz konzipiert, für jeden einzelnen Teilnehmer (Betriebsgerät) gilt dabei:

- Seine gespeicherte Teilnehmeradresse ist eine Kurzadresse mit 6 Bit (woraus die Beschränkung auf 64 Teilnehmer resultiert: $2^6 = 64$).
- Er kann einzeln adressiert werden oder über Gruppen, wobei maximal 16 Gruppen unterstützt werden.
- Es können bis zu 16 Lichtszenen (vordefinierte Einstellwerte) pro Betriebsgerät (Teilnehmer) gespeichert und wieder abgerufen werden.
- Die Speicherung von Dimmparametern (z. B. Kennlinie) und Notstromlichtwert sowie einem Einschaltlichtwert bei Spannungsrückkehr ist möglich.
- Die typische Stromaufnahme ist 2 mA (nicht sendend).
- Jeder Teilnehmer kann durch DALI-Befehle ein- und ausgeschaltet werden.
- Alle Teilnehmer reagieren auf Broadcast-Kommandos und erzeugen Statusmitteilungen.

9.4 Die DALI-Installation

Die DALI-Installation ist denkbar einfach und erfolgt mit handelsüblichem Installationsmaterial für 230-V-Netzspannung.

9.4.1 Eine separate Busleitung ist nicht erforderlich

Idealerweise verwenden Sie fünfadrige Leitungen (z. B. NYM 5 × 1,5 mm^2) und realisieren den DALI-Bus mit den beiden nicht benötigten Adern, erfreulicherweise ohne die Polarität beachten zu müssen. Die Verwendung von abgeschirmten Steuerleitungen ist nicht erforderlich. Es gilt generell, dass DALI und 230 V nebeneinander verlegt werden dürfen, wenn zweimal die Basisisolierung vorhanden ist. Ein weiterer Vorteil ist: EVG und Steuergerät können an unterschiedlichen Netzspannungsphasen betrieben werden.

Beachten Sie bitte bei der Auslegung die Mindestquerschnitte der eingesetzten Leitungen:

Leitungslänge	Minimaler Leitungsquerschnitt
bis 100 m	0,5 mm^2
100–150 m	0,75 mm^2
über 150 m	1,5 mm^2

Tabelle 9.3 DALI-Leitungslänge und Mindestquerschnitt

9.4.2 Das DALI-Anschlussschema

Das folgende beispielhafte Anschlussschema (siehe Abbildung 9.2) verdeutlicht die flexible Art und Weise der DALI-Verdrahtung. Das Steuergerät wird mit einer beliebigen Phase (in unserem Fall L1) versorgt und stellt die beiden DALI-Steuerleitungen (DA) zur Verfügung, die in beliebiger Polarität an alle Betriebsgeräte geführt werden (EVGs). Jedes EVG wird wiederum mit einer beliebigen Phase, die nicht diejenige des Steuergeräts sein muss, verbunden.

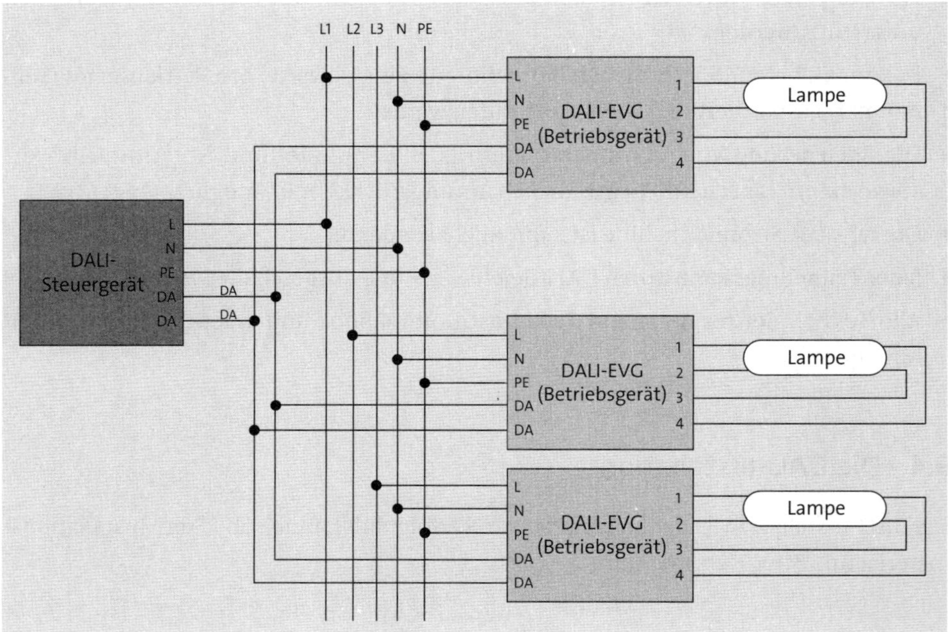

Abbildung 9.2 DALI-Anschlussschema

In der Praxis würde dieses Schema z. B. so umgesetzt werden, dass das Steuergerät zentral im Verteiler eingebaut ist und alle EVGs bzw. jeweils das erste EVG einer Kette mittels NYM 5 × 1,5 mm² ebenfalls bis in den Verteiler geführt werden. Alle fünf Adern werden auf Reihenklemmen verteilt, und jeder EVG-Strang wird mit N, PE und entweder L1, L2 oder L3 angefahren. Die beiden DA-Steuerleitungen werden bereits an den Reihenklemmen gebrückt.

Wichtig: DALI ist kein SELV

Bewusst wurde bei DALI auf die Verwendung von *Schutzkleinspannung* (SELV, englisch: Safety Extra Low Voltage) verzichtet, es sind keine speziellen Leitungen oder Kabeldurchführungen notwendig. Die Installation bleibt dadurch sehr kostengünstig. Ein einzelnes NYM 5 × 1,5 mm² beispielsweise reicht für die Kombination von stromführender 230-V-Leitung und den beiden DALI-Steuerleitungen in einem gemeinsamen Schutzmantel aus.

DALI ist kein SELV, muss demnach wie 230 V/400 V behandelt werden und unterliegt den gleichen Verlegebedingungen.

Besondere Relevanz hat diese Klassifizierung, wenn Sie z. B. ein DALI-Gateway einsetzen, das über die beiden DA-Adern mit allen EVGs verbunden ist, die wiederum, wie Abbildung 9.2 zeigt, unterschiedlichen Laststromkreisen zugeordnet sind (und sein dürfen). Wird nun ein Laststromkreis über einen LS stromlos geschaltet, liegt über die DALI-Steuerleitungen unter Umständen trotzdem noch Spannung an (vom Gateway erzeugt). Zwar ist die Spannung auf den DA-Adern ungefährlich, wenn nicht gerade ein Defekt am Gateway vorliegt, aber die VDE-Vorschriften verlangen, dass die Leitung komplett stromlos geschaltet werden kann. Gelöst werden kann die Problematik dennoch, wenn Sie z. B. die LS mit sogenannten Hilfsschaltern kombinieren.

9

9.4.3 Ansteuerung von RGB-LEDs

Abbildung 9.2 zeigte das Anschlussprinzip für einen klassischen Einsatzzweck von DALI: das Dimmen von Niedervoltleuchten. Auf die gleiche Art und Weise würden Sie beispielsweise auch Leuchtstofflampen mittels EVG an einem DALI-Bus betreiben.

Etwas anders sieht es aus, wenn RGB-LEDs angesteuert werden sollen oder sogar RGBW-LEDS, also z. B. Stripes, die neben den drei Grundfarben Rot, Grün und Blau noch eine weitere LED mit (warm-)weißem Leuchtton besitzen (siehe Abbildung 9.3). Ein sogenannter Konverter (oder DALI Dimming Controller) leistet hierfür sehr gute Dienste.

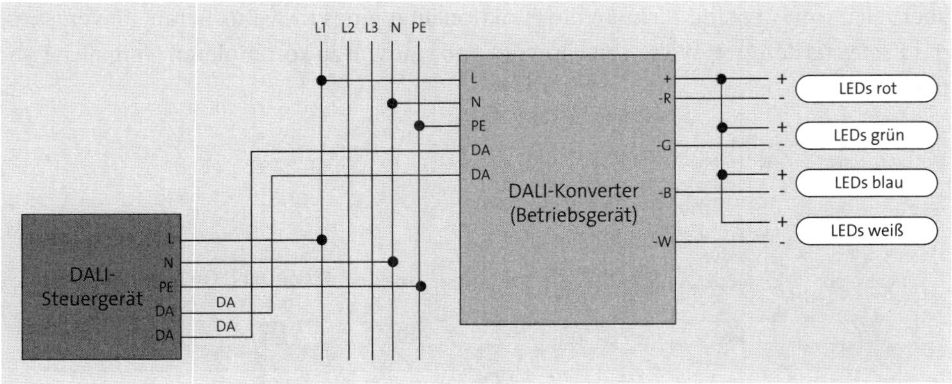

Abbildung 9.3 DALI-Anschlussschema für LEDs

In diesem Beispiel für 24-V-LEDs benötigen Sie lediglich einen 4-Kanal-Dimmer, mit dem Sie entweder vier einzelne LED-Stripes mit jeweils einer Farbe ansteuern können, oder ein RGBW-Stripe. Zu beachten ist lediglich, dass die LED-Zeilen einen gemeinsamen Plusanschluss (Anode) aufweisen.

Auf dem DALI-Bus erscheint der gezeigte Konverter übrigens als vier einzelne Betriebsgeräte bzw. vier Teilnehmer mit eigenen Adressen.

9.4.4 Der Baustellenbetrieb

Die *Activity Group DALI* (AG DALI), in der alle führenden EVG- und Steuergerätehersteller vertreten sind, hat bei ihren Überlegungen zum DALI-Standard vorbildlich an die Bauherren und Handwerker gedacht und eine spezielle DALI-Grundfunktion implementiert. Der sogenannte *Baustellenbetrieb* ermöglicht das Ein- und Ausschalten der EVGs auch ohne installiertes und programmiertes Steuergerät und ist jederzeit über die Sicherung (LS) möglich. Die Beleuchtung schaltet bei fabrikneuen EVGs immer auf 100 % Licht bei angelegter Spannung.

9.5 DALI im Smart Home

Sie haben in den vergangenen Kapiteln gelernt, dass DALI ein spezielles Protokoll für Betriebsgeräte der Beleuchtungstechnik ist, und als solches kann und soll es einen echten Automatisierungsbus nicht ersetzen, sondern diesen sinnvoll ergänzen. Genau in dieser Rolle wird DALI im Rahmen dieses Buchs positioniert sein.

Zwar bietet DALI per definitionem eine ganze Menge an Geräteklassen, wie z. B.

- Sensoren (Bewegungssensoren, Funk- und IR-Empfänger),
- Bedienelemente (Schalter, Taster, Fernbedienungen, Programmiergeräte),
- Betriebsgeräte (Vorschaltgeräte)
- und Schnittstellenmodule (Umsetzer auf 1–10-V-Technik, Gateways, Jalousiemodule),

aber reicht mit Abstand nicht an die Funktionalität eines KNX-Bus heran. Clever ist es, das Beste aus den zwei Welten zu vereinen und sinnvoll zu kombinieren (vergleiche Abbildung 9.4).

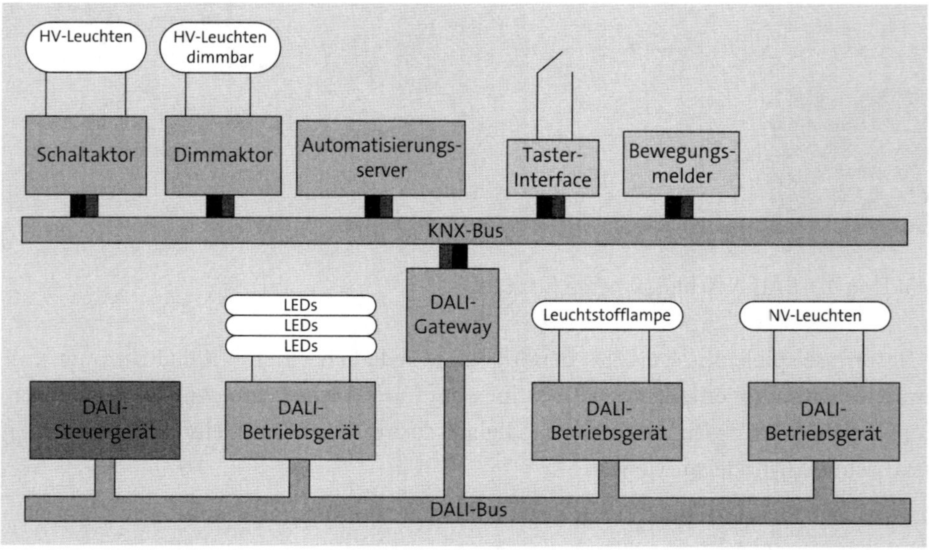

Abbildung 9.4 Kombinieren Sie DALI und KNX.

Setzen Sie DALI also dort ein, wo Sie beim Preis-Leistungs-Verhältnis den größten Vorteil haben, nämlich bei der Ansteuerung von

- LEDs, einfarbig oder mehrfarbig,
- Niedervoltleuchten sowie
- Leuchtstofflampen.

Auf ein separates DALI-Steuergerät können Sie verzichten, wenn Sie über ein KNX-DALI-Gateway den Übergang zum KNX-Bus realisieren. Das Gateway übernimmt dabei die Aufgabe des Steuergeräts.

KNX-seitig betreiben Sie neben einem optionalen Automatisierungsserver alle anderen Geräte, für die Lichtsteuerung sind das beispielsweise:

- Schaltaktoren für alle Arten von Hochvoltleuchten
- Dimmaktoren, wenn diese Leuchten dimmbar sein sollen
- die komplette Sensorik, wie Bewegungsmelder oder Taster

Vielleicht fragen Sie sich, warum es nicht klüger wäre, bei beispielsweise Bewegungs- oder Präsenzmeldern die DALI-Version zu bevorzugen. Prinzipiell steht diese Möglichkeit immer offen, preislich sind ähnliche Modelle in beiden Buswelten auf dem gleichen Niveau, jedoch bringt Ihnen ein Präsenzmelder am KNX-Bus deutlich mehr Funktionalität und Flexibilität als ein DALI-Gerät.

Zu erwähnen bleibt noch, dass sich ab einer gewissen Anzahl an LEDs oder NV-Leuchten der Mehrpreis eines DALI-Gateways sehr schnell rechnet.

Kapitel 10
1-Wire: nicht nur »eine« Ader

Das genügsame 1-Wire-Bussystem ist hervorragend dazu geeignet, eine große Menge an Sensoren kostengünstig in eine intelligente Gebäudesteuerung einzubinden.

Steckbrief: 1-Wire	
Merkmal	**1-Wire**
Busspannung	▶ geräteabhängig zwischen 2,8 und 5,5 V ▶ Hilfsspannung von 12 V möglich ▶ 1-Wire ist SELV (Safety Extra Low Voltage)
Stromaufnahme	je nach Slave: von 2 µA bis einigen mA
Übertragung	seriell, asynchron, bidirektional, Halbduplex
Geschwindigkeit	▶ Datenraten mit bis zu 16,3 kBit/s ▶ im Overdrive-Modus bis zu 142 kBit/s
Zugriffsverfahren	One-Master/Multi-Slave
Signaleinkopplung	asymmetrisch (single-ended bzw. unbalanced)
Telegrammgröße	Blöcke zu 64 Bit
Teilnehmer (max.)	keine Beschränkung
Leitungslänge	abhängig von der Leitung, der Topologie, der Anzahl Slaves und vor allem vom Busmaster: ▶ theoretisch: 500–750 m (Radius) ▶ in der Praxis: Busmaster DS9490R: 100 m (bei 20 Slaves) Professional Busmaster: bis 400 m (bis zu 80 Slaves)

Tabelle 10.1 Steckbrief: 1-Wire

1-Wire ist ein einfaches digitales Bussystem, das ideal für die Vernetzung vieler Sensoren über eine simple 2-Draht-Leitung geeignet ist. Ursprünglich wurde der 1-Wire-Bus von der Firma Dallas Semiconductors (heute Maxim) für die Kommunikation zwischen den

Komponenten innerhalb eines Geräts bzw. zum Datenaustausch von Sensorelementen innerhalb einer Schaltschrankinstallation entworfen. Nach und nach hat er sich aber zu einem einfach anzuwendenden Bussystem entwickelt, das durch immer weiter verbesserte Busmaster auch in der Lage ist, über mehrere Hundert Meter zu kommunizieren.

10.1 1-Wire-Grundlagen

Der Name 1-Wire ist physikalisch natürlich nicht ganz korrekt, zur Signalübertragung werden mindestens zwei Leitungen benötigt. Der 1-Wire-Bus kommt aber tatsächlich in seiner schlanksten Verwendungsform mit einer einzigen Datenleitung (DATA) aus, die zweite Ader fungiert lediglich als Masseleitung (GND).

Ein 1-Wire-Netzwerk besteht aus einem *Busmaster*, der mit einem oder mehreren Slave-Geräten verbunden ist. Der 1-Wire-Busmaster (eigentlich ein *Hostadapter*) übernimmt die elektrische Ankopplung und Signalformung am 1-Wire-Bus. Üblicherweise verfügen Busmaster über eine serielle oder USB-Schnittstelle für den Anschluss an einen Rechner oder einen Mikrocontroller. Für die Ansteuerung des Busmasters und der 1-Wire-Slaves gemäß dem von Dallas Semiconductor entwickelten 1-Wire-Protokoll wird eine Software benötigt, die auf dem Host läuft. Diese Software besteht zumeist aus einem Treiber (z. B. OWFS) für die systemnahen Funktionen und aus einer Applikation, die die Steuerbefehle erteilt und die gewonnenen Werte analysiert, berechnet, logische Verknüpfungen ausführt und an andere Systeme weiterleitet. Wie ein typischer Netzwerkaufbau aussieht, finden Sie am Ende dieses Kapitels in Abschnitt 10.7, »1-Wire: So wird es professionell«.

In weit über 100 Millionen Anwendungen weltweit hat sich der 1-Wire-Bus in den letzten 20 Jahren zu einer echten Hausnummer im Bereich Temperaturmessung, Spannungsmessung, Identitätserkennung und vieles weitere entwickelt. Warum er so beliebt ist, lesen Sie im folgenden Abschnitt.

10.1.1 Was ist so toll an 1-Wire?

Die Vorteile der 1-Wire-Technologie sind hauptsächlich die sehr niedrige Einstiegshürde bezüglich Preis und Komplexität sowie die ausgezeichnete Skalierbarkeit. Weiterhin sprechen folgende Punkte dafür, dass es sich lohnt, sich mit dem Konzept näher zu beschäftigen:

- Die Technologie basiert auf einer sehr einfachen Architektur.
- Schon eine simple 2-Draht-Busleitung genügt.
- 1-Wire ist sehr energieeffizient, siehe dazu Abschnitt 10.2.3, »Stromverbrauch der 1-Wire-Geräte«.

- 1-Wire-Komponenten (insbesondere Sensoren) sind sehr preiswert: Ein Temperatursensor ohne spezielle Mechanisierung kostet weniger als 2 €, ein Universal-I/O-Kanal nur 5 €.
- Eine Programmierung der Komponenten ist nicht notwendig.
- Ein Busmaster erkennt seine angeschlossenen Slaves automatisch.
- Hohe Genauigkeit der Temperatursensoren, wegen der Digitalisierung im Sensorelement entfällt außerdem jegliches Kalibrieren der Sensor- und Auswerteelektronik.
- 1-Wire ist ein digitaler Bus, es gibt keine Messwertverfälschungen aufgrund von Leitungslängen oder Störeinflüssen.
- Jeder Sensor besitzt eine weltweit eindeutige Signatur.

Natürlich existieren, wie immer, auch ein paar »Unschönheiten«, die in der Praxis jedoch wenig problematisch sein sollten:

- 1-Wire-Slaves stellen ihre Messwerte erst nach einem entsprechenden Befehl zur Verfügung, d. h., sie führen die Messungen auf Kommando aus. Daher kann eine Wartezeit auf das Ergebnis entstehen. Bei den meisten Slaves ist das unkritisch, denn der Vorgang benötigt nur wenige Mikrosekunden. Beim Präzisionsthermometer DS18B20 kann die Wartezeit je nach Auflösung (zwischen 9 und 12 Bit) jedoch zwischen 94 und 750 ms dauern. Dies liegt an der hohen Genauigkeit von einem halben Kelvin (½ K). In der Regel genügt eine Auflösung von 10 Bit (¼ K), was pro Messung knapp 190 ms beansprucht. Weil sich Temperaturen eher langsam ändern, sind Abfragen alle paar Minuten völlig ausreichend, sodass diese Konvertierungszeit am Ende nicht wirklich störend ist.
- Bei einfachen Busmastern sind für eine stabile Buskommunikation bei Längenausdehnungen ab 80 m gewisse Regeln einzuhalten. Bei hoch entwickelten Busmastern gilt dies erst ab 300 bis 500 m (siehe dazu Abschnitt 10.3, »Die Architektur: Topologie von 1-Wire«).

10.1.2 Master und Slaves

1-Wire-Slaves kommunizieren nicht selbstständig. Es bleibt dem 1-Wire-Busmaster und der ihn steuernden Software überlassen, einen Slave zu adressieren und Kommandos zu senden. Damit kann auch kein Slave einem anderen Slave etwas senden. Die Software, die den 1-Wire-Busmaster steuert, muss daher alle Slaves der Reihe nach abfragen und steuern. Es kommt hinsichtlich der Funktionalität im Detail am Ende auf die Qualitäten dieser steuernden Software an – hier existieren beträchtliche Unterschiede im Markt.

1-Wire-Slaves

1-Wire-Komponenten gibt es für viele Anwendungen, angefangen von der Temperaturmessung bis zu nicht flüchtigen Speicherbausteinen. Die wichtigsten Slave-Typen sind:

- Temperatursensoren
- Digitalpotentiometer
- AD-Wandler
- Zeiterfassungsbausteine und Echtzeituhren
- Batterieschutzbausteine
- Speicherbausteine (EPROM, EEPROM, SRAM, ROM, NV SRAM)

Die Komponenten sind oft in unterschiedlichen Ausführungen, z. B. als reiner IC (so kennen Sie ihn aus dem Einführungsbeispiel in Kapitel 4), als professioneller Edelstahlfühler oder als iButton erhältlich.

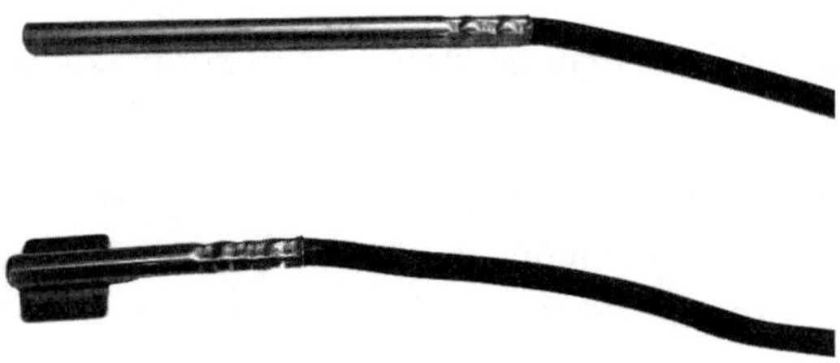

Abbildung 10.1 1-Wire-Hülsenfühler (oben) und Rohranlegefühler (unten), beide von www.wiregate.de

In der Industrie werden 1-Wire-Slaves gern zur Identifikation von medizinischen Produkten, von Verbrauchsmaterial wie z. B. Drucker-Cartridges, zur Zugangskontrolle und zur Überwachung von Temperatur und Feuchtigkeit eingesetzt. Sogar der Schutz von IP (Intellectual Property) inklusive der Verhinderung von Produkt-Cloning ist ein typischer Anwendungsfall.

1-Wire-Master

1-Wire-Busmaster (oder auch Host-Interface oder Adapter genannt) stellen die Schnittstelle zwischen einem Computer und dem 1-Wire-Bus dar. Angeboten werden sie in unterschiedlichen Ausführungen, die sich hauptsächlich durch die verwendete Schnittstelle unterscheiden. Populär sind:

- USB (zumindest im privaten Umfeld die am häufigsten eingesetzte Schnittstelle)
- serielle und parallele Schnittstelle sowie I^2C
- Ethernet

Man unterscheidet hinsichtlich der Busversorgung zwei Arten von Busmastern, die aktiven und die passiven:

- *passiv*: Der Busmaster liefert keine Spannungsversorgung für den Bus, eine zusätzliche externe Spannungsquelle wird für das 1-Wire-Netzwerk benötigt.
- *aktiv*: Der Busmaster beinhaltet bereits eine Spannungsquelle, es ist keine externe Versorgungsspannung notwendig.

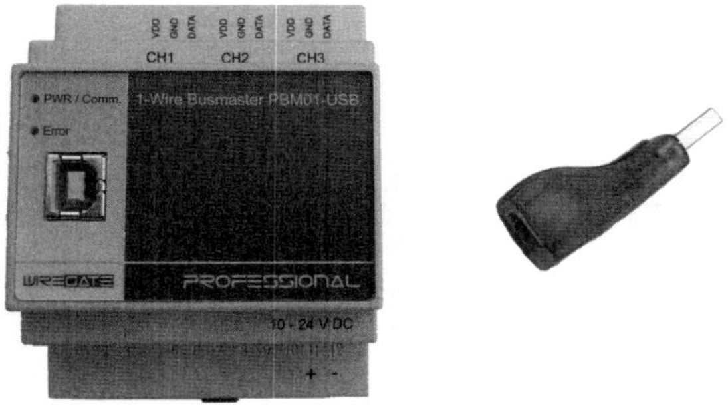

Abbildung 10.2 Der Professional Busmaster (links) und der DS9490R (rechts)

Was sind denn iButtons?

Eine Spezialität im 1-Wire-Umfeld sind die sogenannten *iButtons* (siehe Abbildung 10.3), eine spezielle, sehr robust verpackte Gerätebauform (ähnlich einer Knopfzelle), die wie auch die anderen Slaves eine eindeutige digitale Adresse besitzen und das 1-Wire-Kommunikationsprotokoll unterstützen.

Auch iButtons lassen sich in zwei Lager teilen:

- die *passiven*, die nur etwas tun, wenn sie angeschlossen sind,
- und die *aktiven* mit eingebauter Knopfzelle.

Letztere sind als autarke Daten-Logger konzipiert und verfügen deshalb zusätzlich über eine nicht wechselbare Lithium-Knopfzelle. Diese Logger-iButtons zeichnen selbstständig Temperaturen, Luftfeuchte usw. über einen längeren Zeitraum in einstellbaren Intervallen auf. Nach Kontaktierung mit einem Busmaster und entsprechender Software können die gespeicherten Werte ausgelesen werden. Dies ist z. B. für die Offlinemessung des Mikroklimas in der Landwirtschaft nutzbar oder für die Aufzeichnung der Umweltbedingungen während langer Transporte von empfindlicher Ware.

Es gibt verschiedene Typen von iButtons, die unterschiedliche Funktionen (z. B. Temperaturprotokollierung, diverse nicht flüchtige Speicher, Echtzeituhr, nur ID) beinhalten und sich in verschiedene Halterungen (wie z. B. Schlüsselanhänger, Armbänder, magnetische Kontaktiereinrichtungen) einbauen lassen.

Einen iButton erkennen Sie an dessen Bezeichnung. Alle Typnummern haben gemeinsam, dass sie mit »DS19« beginnen. Beispiele sind: DS1920 (Temperatursensor), DS1972 (1-kBit-EEPROM) oder – etwas ganz Spezielles – der DS1954 (ein Java™-powered kryptografischer iButton).

Das Auslesen von iButtons erfolgt über die Kontaktflächen der beiden Gehäusehälften. Ein Busmaster ermittelt über das serielle 1-Wire-Protokoll die iButton-ROM-ID (weltweit einmalige 64-Bit-Kennung) und gegebenenfalls weiteren Inhalt. Trotz der geringen Übertragungsrate von 16,3 kBit/s benötigt dieser Vorgang nur wenige Millisekunden. In dieser Zeit erhält der iButton die notwendige Spannung parasitär über den Busmaster.

Abbildung 10.3 iButtons (unten) mit passender magnetisierbarer Halterung (oben)

10.1.3 Der 1-Wire-Bus im Smart Home

Dass wir uns zusammen den 1-Wire-Bus in diesem Buch genauer ansehen, hat einen guten Grund. Er ist nämlich ideal dazu geeignet, bestimmte Teilbereiche einer Hausautomatisierung einfach und günstig umzusetzen. Zwar kann und will der 1-Wire-Bus einen Automatisierungs-Backbone wie den KNX oder Spezialanwendungen wie DALI niemals ersetzen, aber ganz sicher wertvoll erweitern. Prädestiniert ist der 1-Wire-Bus besonders für folgende Anwendungen:

- die preisgünstige und recht genaue Messung von vielen einzelnen Temperaturen, z. B.:
  - an Heizung und Heizkreisverteiler sowie an Wasserleitungen
  - im Estrich eingebettete Temperatursensoren
  - Raumtemperaturfühler
- Messung von Feuchtigkeit, Umgebungslicht, Luftqualität
- Spannungsmessungen
- als S0-Zählermodul, um alle Arten von Stromzählern sowie Gas- und Wasserzähler zu erfassen
- Schalten von Kleinverbrauchern wie z. B. Magnetventilen
- mit iButtons lassen sich wunderbar sogenannte digitale Schlüsselbretter realisieren (Anwesenheitserkennung, Zugangskontrolle)

Seinen ersten Auftritt in diesem Buch hatte der 1-Wire-Bus bereits im Einführungsbeispiel (siehe Kapitel 4), und er wird Ihnen im weiteren Verlauf noch an einigen anderen Stellen begegnen. Von besonderer Bedeutung ist das Softwareprojekt OWFS (One Wire File System), mit dem wir uns hinsichtlich der Einsatzmöglichkeiten als Bindeglied zwischen dem 1-Wire-Bus und dem KNX in Abschnitt 50.4 detaillierter beschäftigen werden.

10.2 Die Spannungsversorgung des 1-Wire-Bus

Ein aktiver Busmaster stellt die für den 1-Wire-Betrieb notwendige 5-V-Spannungsversorgung bereit. In einer Installation, die z. B. nur aus Temperatursensoren besteht und außer diesen 5 V keine weiteren Spannungen benötigt, reicht ein einziger Busmaster für 20 Sensoren aus.

10.2.1 Wann ist ein externes Netzteil erforderlich?

Werden hingegen Slaves betrieben, die zusätzlich noch eine 12-V-Spannung benötigen, ist ein zentrales Netzteil oder ein Hub für den Bus erforderlich. Es empfiehlt sich, zur Reduzierung eventueller Störungen statt eines Schaltnetzteils besser ein gutes linear geregeltes Netzteil einzusetzen. Sie sollten darauf achten, dass bei der Abschaltung einer externen 1-Wire-Spannungsversorgung beide Spannungen möglichst gleichzeitig vom Bus getrennt werden, andernfalls könnten im Moment der Abschaltung Störungen auf dem Bus entstehen.

Des Weiteren ist die richtige Positionierung einer externen Spannungsversorgung wichtig für den reibungslosen Betrieb des 1-Wire-Netzwerks. Das Netzteil sollte, um Potenzialunterschiede über die Masseleitung zu vermeiden, möglichst nahe am Busmaster installiert werden.

10.2.2 Parasitär oder nicht?

Je nachdem, ob am Sensor zwei Adern oder drei Adern vom Busmaster angeschlossen sind, ergeben sich zwei prinzipielle Betriebsarten des 1-Wire-Bus: der parasitäre Betrieb (Parasitic Power) oder die Variante mit Stromversorgung durch den Busmaster.

Der parasitäre Betrieb

Dieser Modus klingt schlimmer, als er tatsächlich ist. Beim *parasitären* Betrieb wird die Spannungsversorgung der Slaves über die 1-Wire-Datenleitung hergestellt (siehe Abbildung 10.4). Es sind also insgesamt nur zwei Adern für einen funktionierenden Bus notwendig, DATA (auch genannt DQ oder 1W) und GND. Die 5-V-Spannungsversorgung entfällt, da der Slave, analog zum Parasiten, die benötigte Spannung direkt aus der Datenleitung (DQ) saugt. Technisch realisiert wird das durch einen integrierten Kondensator.

Nicht jeder Sensor ist für den parasitären Betrieb geeignet. Sie sollten in jedem Fall das Datenblatt zum Sensor genau studieren. Bei einfachen Temperatur- und Feuchtigkeitssensoren können Sie oftmals davon ausgehen, dass der parasitäre Modus unterstützt wird, bei Multisensoren (insbesondere mit VOC-Messung) bzw. stromhungrigeren Slaves jedoch recht selten.

In der für kleinere Netzwerke durchaus geeigneten parasitären Betriebsart ist die Übertragungsgeschwindigkeit, die maximale Buslänge (auf 100 m) und die maximale Anzahl an möglichen Sensoren (auf 20) spürbar herabgesetzt.

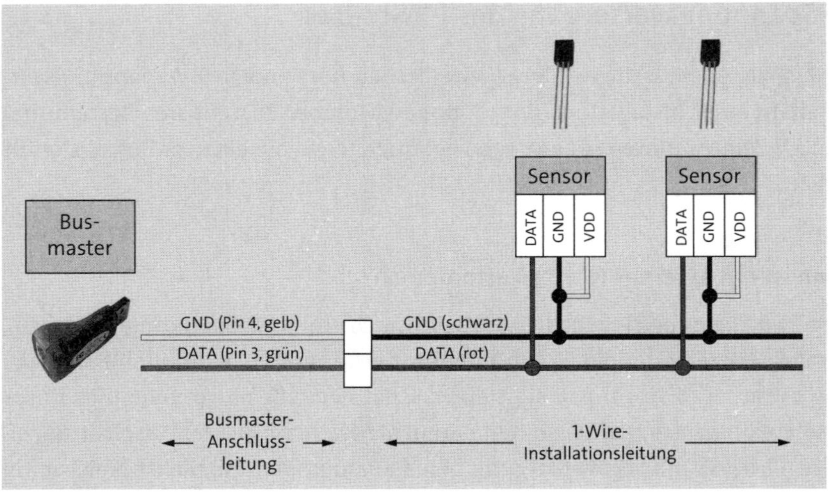

Abbildung 10.4 Parasitärer 1-Wire-Betrieb

Für die meisten Einsatzzwecke im Privathaushalt zwar weniger schlimm, aber dennoch wichtig zu wissen ist die Tatsache, dass bei Nutzung der parasitären Anschlussart die maximale messbare Temperatur statt ca. 125 °C nur noch etwa 85 °C beträgt. In der Regel sollte ein Betrieb mit getrennter Daten- und Versorgungsspannung, wie im nächsten Abschnitt beschrieben, bevorzugt werden.

Betrieb mit Stromversorgung über Busmaster

Fast alle 1-Wire-Slaves dürfen neben der parasitären Versorgung auch mit 5 V aus dem Busmaster betrieben werden. Ein Busmaster wie z. B. der DS9490R kann insgesamt einen Strom bis zu 25 mA liefern.

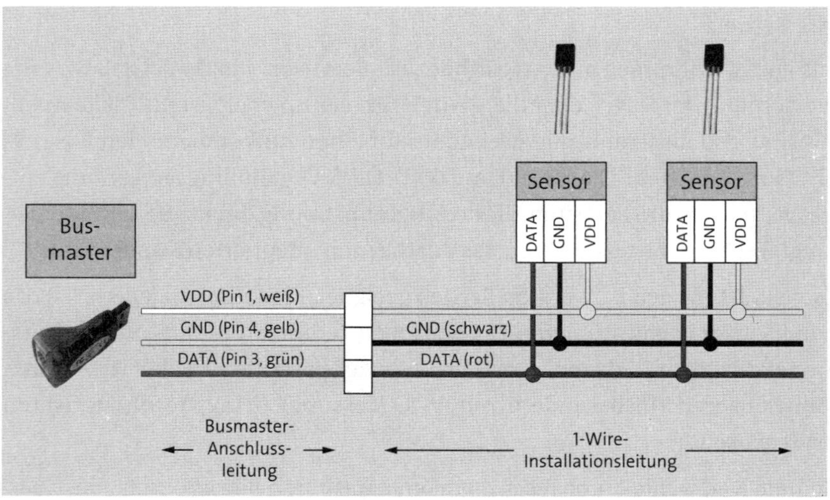

Abbildung 10.5 1-Wire-Betrieb mit Stromversorgung über Busmaster

Bitte beachten Sie bei den abgebildeten Slave-Beschaltungen (Abbildung 10.6), dass die Reihenfolge der Anschlusspins nicht unbedingt an den von Ihnen eingesetzten Sensortyp angepasst ist. Ein Blick in das Sensordatenblatt ist unbedingt notwendig.

Installationsvariante mit externer Stromversorgung

Kommen wir zur letzten Art und Weise, wie ein 1-Wire-Sensornetzwerk mit der notwendigen Spannung versorgt werden kann. Sensoren mit höherer Stromaufnahme (z. B. viele Luftgütesensoren oder Sensoren mit angeschlossenem Relais und LEDs) benötigen ein separates Netzteil mit einer stabilisierten 5-V- und/oder 12-V-Ausgangsspannung. Ein paar weitere Details zum Betrieb eines zusätzlichen Netzteils finden Sie in Abschnitt 10.2.1, »Wann ist ein externes Netzteil erforderlich?«.

Bei Einsatz einer externen Spannungsversorgung werden am Busmaster, wie im parasitären Betrieb auch, nur DATA und GND angeschlossen. Die Spannungsversorgungen für 5 V und/oder 12 V schließen Sie direkt an das Netzteil an, dessen GND-Leitung mit der GND-Leitung des Busmasters verbunden sein muss (siehe Abbildung 10.6).

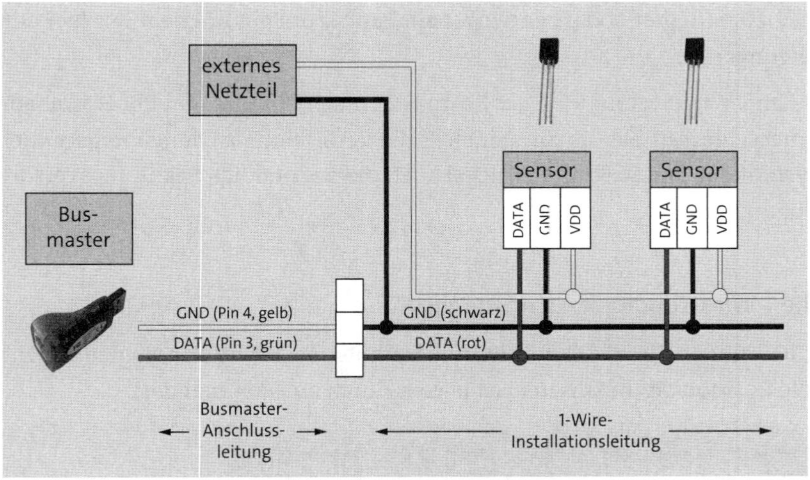

Abbildung 10.6 1-Wire-Betrieb mit externem Netzteil

Sie dürfen übrigens die drei vorgestellten Installationsvarianten auf ein und demselben Bus auch gemischt betreiben. Sind parasitär angeschlossene Sensoren beteiligt, verbinden Sie bitte, wie in Abbildung 10.4 gezeigt und per Datenblatt erlaubt, VDD und GND sensorseitig miteinander.

10.2.3 Stromverbrauch der 1-Wire-Geräte

1-Wire-Buskomponenten sind äußerst energieeffizient. Diese Tatsache und der sehr günstige Preis der Sensoren haben maßgeblich zum großen Erfolg des 1-Wire-Systems beigetragen. In nachstehender Übersicht finden Sie die charakteristischen Verbrauchsdaten einiger Beispiele:

1-Wire-Komponente	Typischer Verbrauch
Temperatursensoren	15 µW
Multisensoren (Feuchtigkeit, Helligkeit)	2,5–5 mW
Standard-Busmaster	7,5 mW
Universal I/O	0,5 mW
iButton	10 µW

Tabelle 10.2 Typischer Stromverbrauch von 1-Wire-Geräten

10.3 Die Architektur: Topologie von 1-Wire

Grundsätzlich sind drei verschiedene Topologien für ein 1-Wire-Netzwerk möglich: Stern-, Linie- und Abzweig-Topologie. Letztere unterscheidet sich nochmals hinsichtlich der Länge der Abzweigungen, sodass entweder ein Baum entsteht oder ein Bus (bei nur kurzen Abzweigungen).

An einer Stelle im 1-Wire-System wird der Busmaster (auch Busadapter oder Hostadapter genannt) angeschlossen. Der Busmaster stellt die Verbindung zu dem übergeordneten Rechnersystem dar und stellt in der Regel auch die notwendige Spannungsversorgung zur Verfügung.

10.3.1 Welche 1-Wire-Topologien sind möglich?

In Abbildung 10.7 finden Sie die erlaubten und verbotenen 1-Wire-Topologien gegenübergestellt, die Position des Busmasters ist jeweils durch ein »M« markiert.

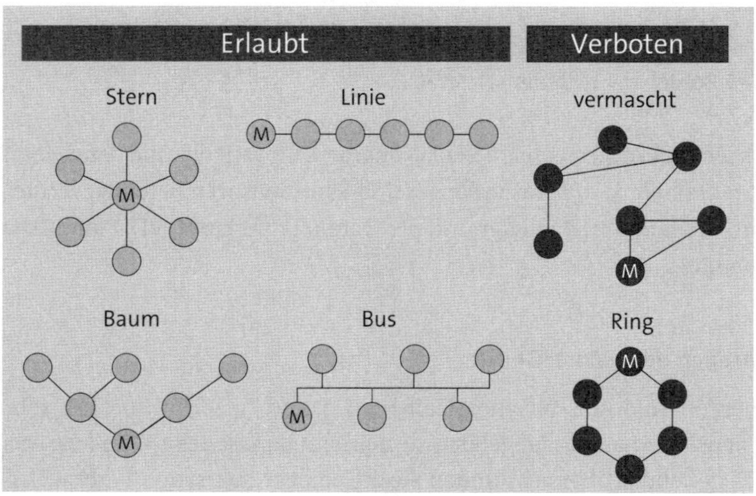

Abbildung 10.7 Erlaubte und verbotene 1-Wire-Topologien

Diskussion der Topologievarianten

Vergleicht man die unterschiedlichen Möglichkeiten, ein 1-Wire-Netzwerk aufzubauen, ergeben sich diese Empfehlungen:

Topologie	Beschreibung	Bewertung
Stern	Das Netzwerk teilt sich direkt am Master (oder in dessen Nähe) in mehrere Stränge auf. Die Slaves sind am Ende oder entlang der jeweiligen Stränge angeschlossen.	Die ungünstigste Topologie (störende Signalreflexionen), auf kleinere Installationen beschränkt: maximale Reichweite von ca. 100 m bei 10–20 Slaves.
Line	Die Hauptleitung erstreckt sich vom Master bis zum am weitesten entfernten Slave. Die dazwischen befindlichen Slaves sind entweder direkt am Strang oder über sehr kurze Abzweigungen angeschlossen.	Empfohlene Installationsart für maximale Reichweite (ca. 150–350 m mit bis zu 32 Slaves) und höchste Zuverlässigkeit, leider jedoch in der Praxis am schwierigsten umzusetzen.
Bus	Entspricht der Linie, jedoch mit dem Unterschied, dass größere Abzweigungen erlaubt sind (bis zu 3 m sind unproblematisch).	Fast optimale Ausdehnung, Reichweite ca. 100–300 m bei 32 Slaves.
Baum	Werden die Abzweigungen länger als 3 m, wird aus dem Bus ein Baum.	Auf kleinere Installationen eingeschränkt, Reichweite: ca. 50–100 m bei 10–20 Slaves.

Tabelle 10.3 Empfehlungen für 1-Wire-Topologien

In kleineren Netzen mit einer Ausdehnung von unter 100 m ist die Wahl der richtigen Topologie eher zweitrangig. Es gibt genügend Beispiele dafür, dass in dieser Größenordnung auch eine wilde »Kraut und Rüben«-Verdrahtung noch funktioniert. Berücksichtigen Sie bitte bei der Planung eines 1-Wire-Netzwerks trotzdem den grundsätzlichen Tipp, lieber mehrere kleine Netze mit jeweils eigenen Busmastern einem einzigen großen Netz vorzuziehen.

10.3.2 Wie »schwer« ist Ihr 1-Wire-Bus?

Tatsächlich spielt bei der Auslegung einer 1-Wire-Netzwerkstruktur deren Gewicht (Weight) eine Rolle, jedoch nicht in Kilogramm, sondern in Metern. Neben dem Gewicht ist eine zweite Kennzahl, der Radius, eine wichtige Kenngröße. Die beiden Begriffe sind folgendermaßen definiert:

- **Gewicht**: Die Länge (in Metern) aller verbundenen Leitungen im Netzwerk. Je höher das Gewicht ist, desto schlechter ist die Spannungsübertragung, da der Leitungswiderstand und die Leitungskapazität steigen und somit die maximale Ausdehnung limitieren.
- **Radius**: Die Entfernung in Metern vom Busmaster bis zum am weitesten entfernten Slave. Der Radius kann ebenfalls nicht beliebig wachsen, da ab einer bestimmten Grenze (theoretisches Maximum ist 750 m) die auftretenden Reflexionen eine Übertragung unbeherrschbar machen.

Das Beispiel aus Abbildung 10.8 soll die beiden Kennzahlen veranschaulichen.

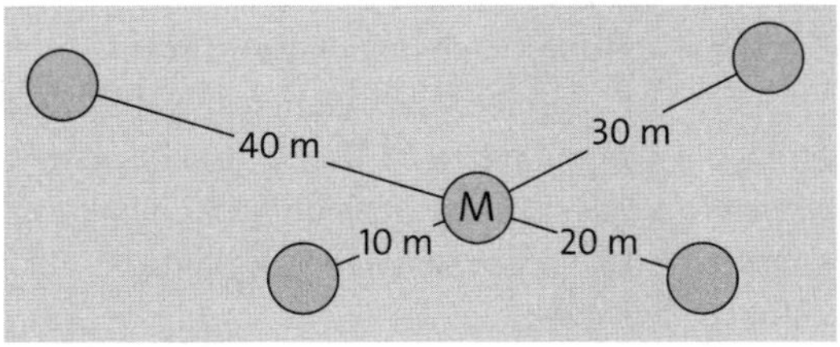

Abbildung 10.8 Beispiel für das 1-Wire-Gewicht

In oben stehendem Beispiel hätten wir demnach einen Radius von 40 m und ein Gewicht von 100 m (10 + 20 + 30 + 40 m).

Jeder Slave erhöht das Gewicht

Das Gewicht des 1-Wire-Netzwerks wird durch jeden angeschlossenen Slave weiter erhöht, und zwar, um einen groben Richtwert zu nennen:

- um 1 m pro angeschlossenen iButton
- um 0,5 m pro fest verlöteten IC (z. B. Temperatursensor DS18B20)

Ein kurzer Bus mit sehr vielen angeschlossenen Slaves kann also durchaus ein höheres Gewicht als ein langer Bus mit nur wenigen Slaves besitzen. Würden in unserem Beispiel aus Abbildung 10.8 insgesamt 50 iButtons angeschlossen werden, ergäbe sich ein Gewicht von 150 m (100 m Leitung plus 50 m für die 50 iButtons).

Die tatsächliche Berechnung von Radius und Gewicht Ihrer 1-Wire-Installation soll Sie bei der Bewertung der möglichen erreichbaren Werte für Längenausdehnung und Slave-Anzahl, für die Sie die Richtwerte Tabelle 10.3 entnehmen können, unterstützen. Das maximal erreichbare Gewicht hängt stark von Ihrem verwendeten Busmaster ab. Ein einfaches Gerät mit einem passiven Pull-up ermöglicht selten ein höheres Gewicht als 200 m, wohingegen ein ausgeklügelter Busmaster mit aktivem Pull-up (z. B. Baustein DS2480 mit dynamischer Veränderung des Pull-up-Widerstands) diese Grenze auf 500 m oder sogar mehr hinausschieben kann.

10.4 Die 1-Wire-Identifikationsnummer

Jedes produzierte 1-Wire-Gerät besitzt eine weltweit eindeutige Identifikationsnummer, die sogenannte ROM-ID. Diese 64-Bit-Kennung setzt sich, wie Abbildung 10.9 zeigt, aus einer Gruppennummer, einer Seriennummer und einem Prüfcode zusammen:

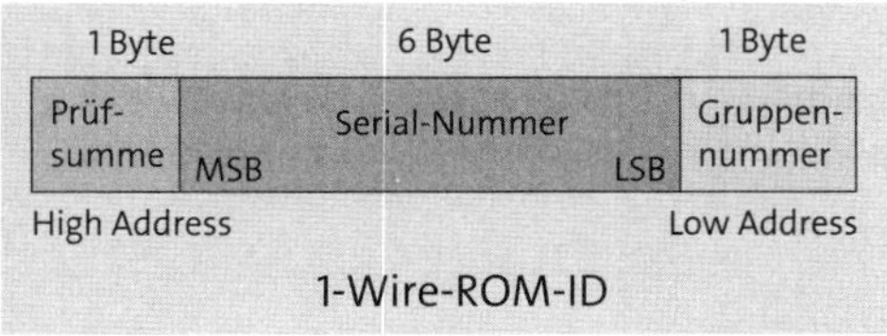

Abbildung 10.9 Aufbau der 1-Wire-Netzadresse

Die 6 Byte lange Serial-Nummer dient der Identifikation des Geräts, sie ist weltweit eindeutig. Der komplette 7-Byte-Nutzinhalt der ID wird durch ein achtes Byte, eine CRC8-Prüfsumme, ergänzt. Mit dieser überprüft der Busmaster, ob die ersten 7 Byte und somit die ID fehlerfrei gelesen wurden. Die Gruppennummer, auch Family Code genannt, gibt die Art der Komponente an. Beispiele hierfür sind:

Family Code	Familie	Gerätebeispiele
0B	16-KByte-EPROM-Speicher	DS2505
0F	64-KByte-EPROM-Speicher	DS2506
10	Digitaltemperatursensor	DS18S20
1D	4 KByte RAM mit Zähler	DS2423
20	Quad-A/D-Wandler	DS2450
24	Time-Chip	DS2415
2C	Digitalpotentiometer	DS2890
33	1 KByte geschütztes EEPROM mit SHA-1	DS2432

Tabelle 10.4 Family Codes gängiger 1-Wire-Komponenten

Die ROM-ID ist in einem ROM-Baustein, den jeder Slave besitzt, unveränderbar gespeichert.

10.5 Die richtige Verkabelung

1-Wire ist wenig anspruchsvoll, was den geeigneten Leitungstyp zur Verdrahtung betrifft, aber ein paar Grundanforderungen sollten trotzdem beachtet werden. Eine

Twisted-Pair-Verbindung darf es aus Gründen der Störfestigkeit schon sein, wobei Sie darauf achten müssen, dass die Adern für DATA und GND ein verdrilltes Adernpaar bilden. Empfohlen, speziell für Sensoren mit höherer Stromaufnahme (VOC-Messung, LEDs usw.), wird ein Aderndurchmesser von 0,8 mm.

Leitungstyp	Eignung und Kommentar
KNX-Installationsleitung	Perfekte Eignung, aber aus Gründen der Verwechslungsgefahr keine grüne Mantelfarbe wählen (gern verwendet: Lila).
Fernmeldeinstallationsleitung J-Y(ST)Y 2x2x0,8	Sehr gut geeignet.
Fernmeldeinstallationsleitung J-Y(ST)Y 2x2x0,6	Gut geeignet, aber für Sensoren mit höherer Stromaufnahme sollte ein Durchmesser von 0,8 mm bevorzugt werden.
Cat.5-Datenleitung	Gute Eignung hinsichtlich Störfestigkeit und Übertragungsqualität, aber für Netzradien größer als 100 m und Sensoren mit hoher Stromaufnahme nicht empfohlen (geringer Querschnitt).
Cat.6- und Cat.7-Datenleitung	Siehe Cat.5-Datenleitung, ein Vorteil von Cat.6 und Cat.7 gegenüber Cat.5 ist nicht vorhanden, ebenso wenig ein Nachteil.
Fernmeldeinstallationsleitung J-Y(ST)Y 1x2x0,6 oder 1x2x0,8	Bedingt geeignet, aber für die Neuplanung nicht empfehlenswert, da nur geeignet für parasitären Anschluss, externe Spannungsversorgung ist nicht möglich.

Tabelle 10.5 Leitungstypen für 1-Wire

Perfekt geeignet für eine 1-Wire-Installation ist die KNX-Installationsleitung, die zwei verdrillte Adernpaare (rot-schwarz und gelb-weiß) mit einem Aderndurchmesser von 0,8 mm besitzt und deren Adernfarbgebung wunderbar zu den Anschlussbeispielen aus Abschnitt 10.2.2, »Parasitär oder nicht?«, passt (siehe Abbildung 10.10).

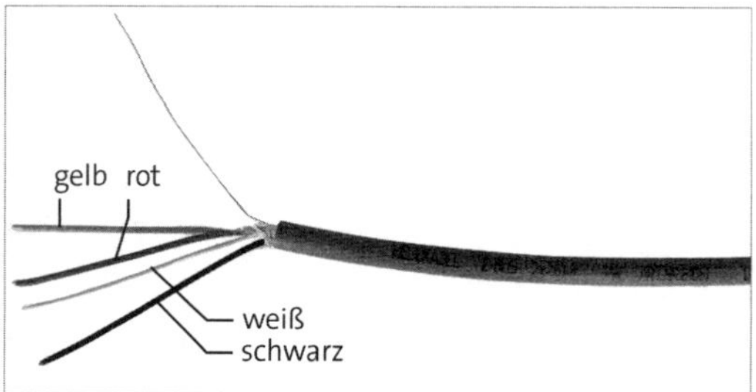

Abbildung 10.10 Für 1-Wire geeignet: die KNX-Installationsleitung in Lila

Aus Gründen der Verwechslungsgefahr mit einer KNX-Leitung sollten Sie keinen grünen Mantel wählen. Andersfarbige KNX-Leitungen sind leider nicht ganz leicht zu bekommen, eine gute Adresse für eine lilafarbene Busleitung J-Y(St)Y 2x2x0,8 ist jedoch der Wiregate-Shop (*www.wiregate.de*). Der Preis pro Meter ab einer Mindestbestellmenge von 10 m beträgt ca. 0,60 €.

Wichtig bei der Verdrahtung

Bitte beachten Sie bei der Verdrahtung von 1-Wire-Netzwerken (und ebenso auch KNX), dass weder die Schirme noch die Beilaufdrähte an Reihenklemmen, Netzwerkdosen oder anderen Klemmstellen angeschlossen werden.

Da 1-Wire SELV (Safety Extra Low Voltage) ist, darf es mit anderen SELV-Anwendungen (wie z. B. KNX) zusammen im selben Leerrohr und sogar in derselben Leitung (natürlich auf unterschiedlichen Adern) geführt werden. Das können Sie prima nutzen:

An einer Stelle in Ihrer Wohnung bzw. Ihrem Haus, an der Sie zwar eine KNX-Leitung zur Verfügung haben, jedoch außerdem einen 1-Wire-Anschluss benötigen würden (z. B. für einen Temperatursensor), dürfen Sie das gelb-weiße Adernpaar der KNX-Leitung für einen parasitären 1-Wire-Sensor verwenden. Eine sehr genaue Dokumentation und die Sicherstellung, dass die gelb-weißen KNX-Adern nicht doch schon belegt sind oder in Zukunft noch belegt werden, sind bei dieser Doppelnutzung aber besonders wichtig.

Falls Sie das gelb-weiße Adernpaar für 1-Wire verwenden möchten, reduzieren Sie diesen Strang aber auf nur genau die benötigten Teilnehmer. In anderen Worten, kontaktieren Sie Gelb-Weiß nur in den Installationsdosen durch, die Sie auf dem Weg zum gewünschten 1-Wire-Gerät benötigen. Noch besser ist es natürlich, wenn Sie die Möglichkeit haben, eine 1-Wire-Verkabelung von Anfang an mit einzuplanen.

10.6 Die Überprüfung Ihres 1-Wire-Netzwerks

Gerade für ein Netzwerk, das im Laufe der Zeit stetig gewachsen ist, ist eine Aussage darüber, wie robust es ist und wie viel Luft Sie zur Stabilitätsgrenze haben, relativ schwierig.

Das meiste an Kommunikationsaufkommen entsteht dann, wenn der Busmaster die Suche nach angeschlossenen Slaves durchführt. Der gesamte Bus ist während dieser Zeit betroffen, sie eignet sich demnach gut für eine Zuverlässigkeitsaussage. Wird die Suche nach Slaves jedes Mal und reproduzierbar erfolgreich durchgeführt (alle Slaves werden gefunden), ist davon auszugehen, dass alle anderen 1-Wire-Funktionen ebenfalls korrekt ablaufen werden, Ihr Bus also in einem stabilen Rahmen arbeitet.

Damit das auch so bleibt, empfiehlt es sich, den Bus von Zeit zu Zeit dahin gehend zu untersuchen. Eine praktikable, wenn auch zeitaufwendige Arbeitsweise ist die, nach jeder Erweiterung des Gewichts (siehe Abschnitt 10.3.2, »Wie ›schwer‹ ist Ihr 1-Wire-Bus?«) die Funktion ablaufen zu lassen.

Ich würde Ihnen außerdem gern ans Herz legen, den Schaltplan Ihres 1-Wire-Netzwerks stets auf dem aktuellsten Stand zu halten, insbesondere die elektrische und räumliche Position der Slaves zusammen mit ihrer Serial-Nummer (bzw. Netzadresse) ist im Fehlerfall Gold wert. Einen verbauten Temperatursensor kann man übrigens mithilfe von etwas Kältespray recht gut identifizieren, oder Sie pressen ihn einfach für ein paar Sekunden zwischen zwei Finger.

10.7 1-Wire: So wird es professionell

Die Steuerung von Sensor- und Aktornetzwerken auf Basis des 1-Wire-Protokolls setzt einen Busmaster voraus. Als professionelle Alternative zum USB-Hostadapter DS9490R (siehe Abschnitt 10.2, »Die Spannungsversorgung des 1-Wire-Bus«) bietet der seit 2015 verfügbare *Professional Busmaster* (PBM) genügend Kraft, bis zu 240 1-Wire-Slaves zu kontrollieren. Je nach Produktschlüsselaktivierung stehen bis zu drei vollwertige 1-Wire-Kanäle, jeweils kurzschlussfest und mit eigenem Busmaster, sowie 40 oder 80 Slaves pro Kanal zur Verfügung. Versorgt wird der PBM über ein zusätzlich zu installierendes Netzteil mit 10 bis 24 V und verbraucht damit nur ca. 180 mW (entspricht ca. 0,5 € pro Jahr). Wie eine typische 1-Wire-Installation mit dem PBM aussehen kann, zeigt Abbildung 10.11.

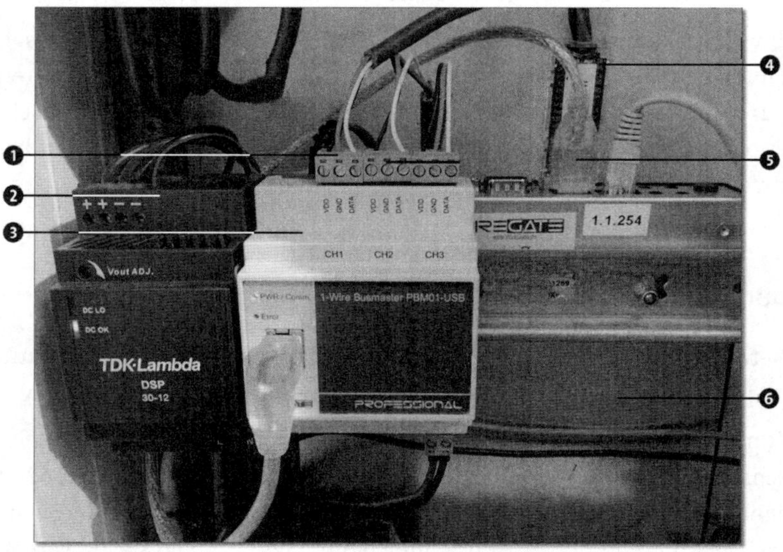

Abbildung 10.11 Der 1-Wire-PBM im Zusammenspiel mit dem Wiregate

Der PBM, prominent in der Mitte ❸, wird vom Hutschienennetzteil ❷ versorgt und dient dem *Wiregate*-Multifunktionsgateway ❻ als physikalischer 1-Wire-Buszugang. Im Bild befindet sich das Wiregate rechts, senkrecht montiert hinter der Hutschiene. Es greift über USB ❺ auf den PBM zu und per USB-TP-UART ❹ auf den KNX-Bus. Am PBM erkennen Sie die drei über Schraubklemmen angeschlossenen 1-Wire-Kanäle ❶.

Als Blockdiagramm dargestellt, entspricht die gezeigte Abbildung 10.11 dem folgenden schematischen Aufbau aus Abbildung 10.12:

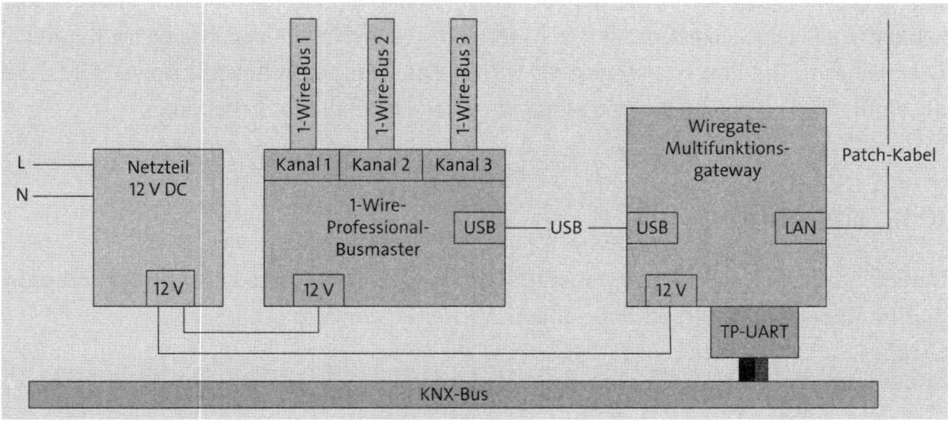

Abbildung 10.12 1-Wire-PBM und Wiregate als Blockdiagramm

Der deutsche 1-Wire-Spezialist Elaborated Networks GmbH (*www.wiregate.de*) produziert und vertreibt den PBM als Hutschienengerät mit 4 TE Breite und insgesamt zehn verschiedenen Produktaktivierungsmöglichkeiten. Die unbeschränkte Garantie (drei Jahre) beinhaltet neben dem telefonischen Installationssupport zusätzlich einen kostenfreien Vorabaustausch. Der PBM kostet zwischen 148 und 398 € (Vollausstattung).

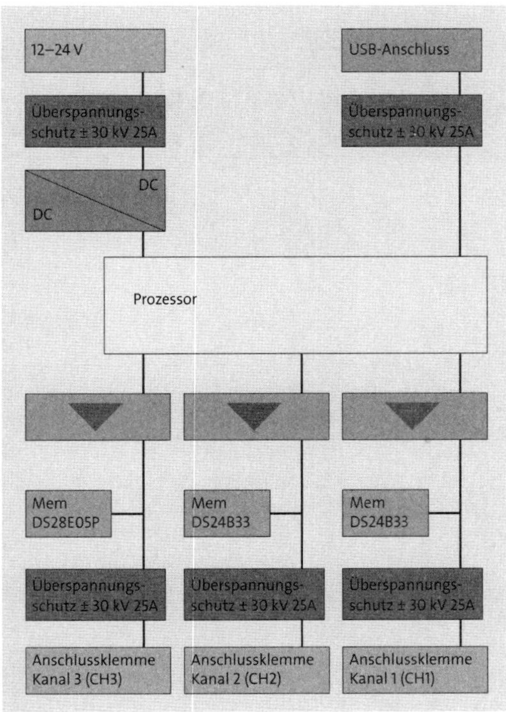

Abbildung 10.13 Blockschaltbild des PBM (Quelle: ElabNET)

Wie für einen Busmaster üblich, benötigt auch der PBM einen 1-Wire-Server mit entsprechender Unterstützung. Sicherlich am reibungslosesten funktioniert das mit dem Wiregate (Abschnitt 34.2.5), mit dem der PBM intensiv getestet wurde. Eine andere Möglichkeit stellt ein Selbstbauserver mit dem Filesystem OWFS dar, wie er im Kapitel 4, »Abstecher in die Praxis«, vorgestellt wurde. Die Kompatibilität mit openHAB (siehe Abschnitt 50.6, »openHAB – eine Metaplattform«) ist ebenfalls gegeben.

10.8 Literatur

Datenblätter über 1-Wire-Komponenten und Application Notes als Hintergrundinformation finden Sie hauptsächlich auf den Webseiten von Maxim:

Dokumentation	Link
Datenblatt DS18S20 Temperatursensor	*http://datasheets.maximintegrated.com/en/ds/DS18S20.pdf*
Datenblatt DS9490R/DS9490B USB auf 1-Wire/iButton Adapter	*https://datasheets.maximintegrated.com/en/ds/DS9490-DS9490R.pdf*
Tutorial: Guidelines for Reliable Long Line 1-Wire Networks	*http://pdfserv.maximintegrated.com/en/an/AN148.pdf*
Application Note: How to Power the Extended Features of 1-Wire® Devices	*http://pdfserv.maximintegrated.com/en/an/AN4255.pdf*
Application Note: What Is an iButton Device?	*www.maximintegrated.com/en/app-notes/index.mvp/id/3808*

Tabelle 10.6 Hilfreiche 1-Wire-Dokumentation

Kapitel 11
Energy Harvesting mit EnOcean

EnOcean bietet durch batterielose Funktechnologie und minimalen Energieverbrauch einen echten Mehrwert, insbesondere für Nachrüstinstallationen.

Steckbrief: EnOcean

Merkmal	**EnOcean**
Topologie	Stern oder Mesh
Busspannung	–
Stromaufnahme	Senden von einem Funktelegramm nur 50 µWs
Übertragung	Sendefrequenz: 868,3 MHz (Europa), keine Interferenzen mit DECT, WLAN
Geschwindigkeit	▸ Datenrate: 125 kBit/s ▸ uni- und bidirektionale Übertragung möglich
Zugriffsverfahren	kein Mechanismus zur Kollisionsvermeidung, zufällige Wartezeit bei drei Wiederholungen
Signaleinkopplung	Amplitudenumtastung (ASK, Amplitude-Shift Keying)
Telegrammgröße	Telegrammlänge ca. 1 ms, 8–16 Bytes, eindeutige Sender-ID (32 Bit), bei Herstellung vergeben
Teilnehmer (max.)	theoretisch 2^{32}
Reichweite	▸ in Gebäuden ca. 25 m ▸ auf Freiflächen ca. 300 m ▸ Repeater können eingesetzt werden

Tabelle 11.1 Steckbrief: EnOcean

EnOcean ist nicht nur eine beliebige weitere Funktechnologie, die sich zu all den anderen im Smart Home relevanten Standards dazugesellt, sondern bietet mit dem sogenannten *Energy Harvesting* ein innovatives Alleinstellungsmerkmal. Die EnOcean-

Funktechnologie unterstützt batterielose und wartungsfreie Funksensoren, die unabhängig vom Vorhandensein einer Spannungsquelle platziert werden können. Damit eröffnet sie ungeahnte Möglichkeiten sowohl für Nachrüstprojekte als auch bei Neubauvorhaben.

11.1 Der EnOcean-Standard

Die IEC (International Electrotechnical Commission) hat 2012 den EnOcean-Funk als internationalen Standard ratifiziert und mit ISO/IEC 14543-3-10 verabschiedet. Die Standardisierung war ein wichtiger Schritt für die Etablierung der noch jungen Technologie und stellt sicher, dass Sensoren und Empfänger unterschiedlicher Hersteller miteinander kommunizieren können. Für Sie als Endkunden ist dies ein wichtiger Faktor, sichert er doch die Unabhängigkeit von nur einem oder wenigen Anbietern.

Der ISO/IEC 14543-3-10 ist derzeit der einzige Standard, der auch für die Energy-Harvesting-Lösungen von EnOcean optimiert ist und damit die batterielose Funktechnologie unterstützt.

Erfinder und Hersteller der patentierten Technologie ist die in der Nähe von München ansässige Firma EnOcean GmbH (*www.enocean.de*). Die EnOcean GmbH und mehr als 300 weitere führende Unternehmen aus der Gebäudebranche haben sich 2008 zur EnOcean Alliance (*www.enocean-alliance.org*) zusammengeschlossen mit dem Ziel, die batterielose Funktechnologie weiter voranzutreiben und Kommunikationsprofile sowie Schnittstellen zu etablierten Automatisierungslösungen (z. B. KNX, BACnet) zu definieren.

Mittlerweile sind Funknetze auf EnOcean-Basis in mehr als 250.000 Gebäuden in Betrieb, was EnOcean zur meistgenutzten Funktechnologie für Gebäudeautomatisierung nominiert. Eine stattliche Zahl von mehr als 1.200 Produkten der EnOcean Alliance entspricht bereits dem neuen Standard.

11.1.1 Was zeichnet EnOcean aus?

EnOcean setzt auf ein System verteilter Intelligenz, was bedeutet, dass das System auch dann weiterläuft, wenn eine Komponente ausfällt. Jeder Funkknoten besitzt einen Mikroprozessor, der z. B. seine Messdaten autonom erfassen kann, seine eigene Energieverwaltung und Funkübertragung steuert und eigene Entscheidungen treffen kann. Für einen Einsatz von EnOcean sprechen unter anderem:

- sehr gute Erweiterbarkeit und Skalierbarkeit
- batterielose und wartungsfreie Lösungen, basierend auf standardisierter Funktechnologie
- große Flexibilität bei der Installation, sehr gute Nachrüstbarkeit
- kostengünstige Installation und Energieeinsparungen möglich

- breite zueinander kompatible Produktpalette
- Reduktion von Brandlast und Induktionsfeldern
- Schnittstellen zu etablierten Gebäudeautomatisierungssystemen vorhanden
- Kommunikation auch unter gestörten Bedingungen
- sehr geringe Emissionsenergie (laut einer Studio von ECOLOG etwa um den Faktor eine Million kleiner als ein Mobiltelefon und um den Faktor 100 kleiner als bei einem konventionellen verdrahteten Schalter)

11.1.2 Von der Natur gelernt: Energy Harvesting

Nur die EnOcean Alliance unterstützt die batterielose und wartungsfreie Funksensortechnologie, für deren Energieversorgung ein geniales Prinzip zur Anwendung kommt, das sich *Energy Harvesting* (englisch für Energie ernten) nennt (vergleiche Abbildung 11.1).

11

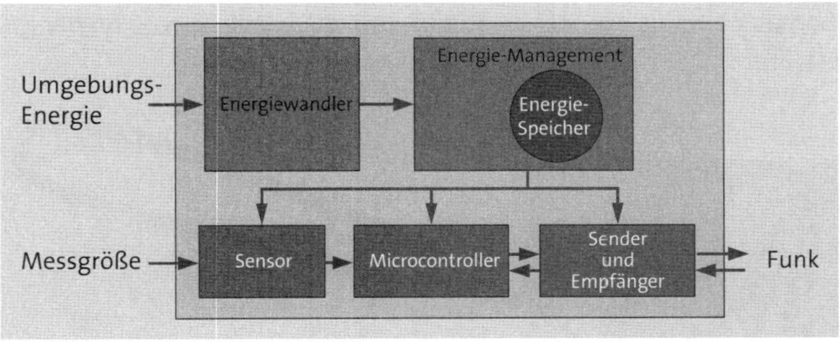

Abbildung 11.1 Sensorfunkmodul mit Energy Harvesting

EnOcean-Sensoren beziehen ihre elektrische Energie aus der Umwelt, und zwar aus winzigen Änderungen von z. B. Druck, Temperatur, Vibration oder Bewegung. Die Idee wurde aus einer einfachen Tatsache abgeleitet: An der Stelle, an der ein Sensor einen Messwert aufnimmt, ändert sich auch immer der Energiezustand. Die Änderung kann das mechanische Betätigen eines Tasters sein, das An- oder Absteigen der Temperatur oder des Drucks, Rotationsbewegungen oder auch die Variation der Lichtstärke. In all diesen Vorgängen steckt Energie, die ein EnOcean-Micro-Energiewandler »ernten« kann.

Abbildung 11.2 EnOcean-Energiewandler für lineare Bewegungen (ECO 200)

Die eingesetzten miniaturisierten Energiewandler (siehe beispielsweise Abbildung 11.2) zusammen mit einer äußerst stromsparenden Elektronik ermöglichen in vielen Fällen einen batterielosen Betrieb. Die elektrische Energie, die ein EnOcean-Modul für das Absetzen eines Funktelegramms benötigt, ist nur ca. 50 µWs. Etwas bildlicher gesprochen, entspricht der Wert ungefähr der Energie, die benötigt wird, um einen Gegenstand mit der Masse von einem Gramm 5 mm anzuheben oder eine Mini-LED für 1/20 Sekunde leuchten zu lassen.

In einem typischen Anwendungsszenario würde ein Sensor z. B. alle zehn Sekunden von einem integrierten Ultra-Low-Power-Timer geweckt werden, seinen Messwert innerhalb von fünf Millisekunden absenden und sich wieder schlafen legen. Insgesamt verbringt der Sensor so ca. 99,95 % seines Lebens im Schlafzustand, in dem er nur einen extrem kleinen Strom im Bereich 100 nA (das sind 0,0001 mA) benötigt. Das Energiekonzept funktioniert so effizient, dass beispielsweise ein Sensor mit einer Miniatursolarzelle (siehe beispielsweise Abbildung 11.3) seinen Energiespeicher (ein Goldcap-Kondensator mit 0,1 F) tagsüber bei bereits mehr als nur 50 Lux auflädt und die ganze Nacht von der gespeicherten Energie lebt.

Abbildung 11.3 Solarbetriebener Temperatursensor (STM 330)

In Anwendungsfällen, in denen weder gute Lichtverhältnisse noch mechanische Betätigungen zu erwarten sind, können auch Batterien als Energiequelle eingesetzt werden.

11.1.3 Das EnOcean-Protokoll

Um den Energieaufwand beim Senden eines EnOcean Telegramms klein zu halten, muss die Sendezeit möglichst kurz ausfallen. Ein Sensor informiert den Empfänger nur während der einmaligen Teach-in-Phase über seine Eigenschaften und seine Datencodierung. In diesem Zusammenhang spielt das EnOcean Equipment Profile (EEP), dem der nächste Abschnitt gewidmet ist, eine große Rolle.

Die EnOcean Equipment Profiles

Im EnOcean-Kontext ist immer wieder von *EEP* (EnOcean Equipment Profile) die Rede. Dabei handelt es sich um die anwendungsspezifischen Profile von EnOcean, die die Interoperabilität der Produkte unterschiedlicher Hersteller regeln. Die EnOcean Equipment Profiles bestehen aus einem Satz Tabellen, die jedes offiziell unterstützte Gerät und dessen zu sendenden Daten definieren. Die spezifische Definition eines Geräts wird über die EEP-Nummer, bestehend aus RORG, FUNC und TYPE, referenziert:

- *RORG*: der EnOcean Radio Protocol-(ERP-)Funktelegrammtyp (8 Bit)
- FUNC: die Basisfunktionalität des Dateninhalts (6 Bit)
- TYPE: der Gerätetyp und damit die individuelle Charakteristik (7 Bit)

Aus diesen drei Komponenten entsteht eine komplette EEP-Nummer, die im Fall eines Schalters z. B. EEP D5-02-0A lauten könnte. Decodiert, bedeutet das:

- RORG (D5): 4 Bytes Kommunikation
- FUNC (02): Temperatursensor
- TYPE (0A): Temperatursensorbereich von +50 °C bis +90 °C

Es existieren weit über 100 EEP-Profile, die in über 20 Anwendungsklassen eingeteilt sind.

Telegrammaufbau

Abbildung 11.4 zeigt den Aufbau eines EnOcean-Funktelegramms:

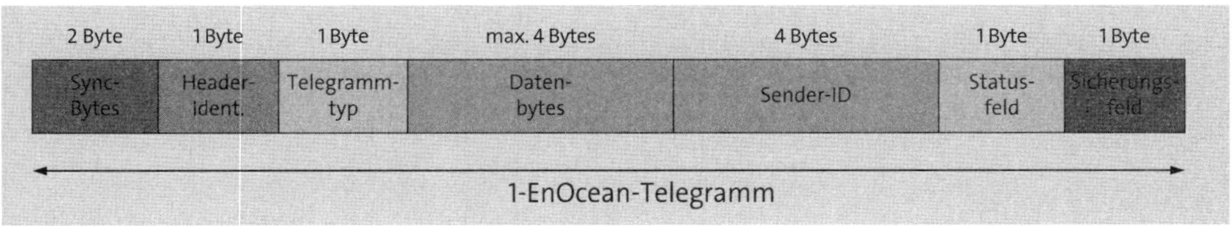

Abbildung 11.4 Das EnOcean-Telegrammformat

Die einzelnen Bestandteile des Telegramms haben folgende Bedeutung:

Feld	Bedeutung
Sync-Bytes	Präambel zur Synchronisation des Empfangsmoduls, besteht aus Sync_Byte1 (0xA5) und Sync_Byte0 (0x5A)
Header-Identifikation	▸ H_Seq (3 Bit) – 0: unbekannte Sender-ID empfangen – 1: bekannte Sender-ID empfangen – 2: neuer Sender angelernt ▸ Length (5 Bit): Anzahl der nach dem Header folgenden Bytes
Telegrammtyp	Art des Telegramms (ORG)
Datenbytes	die eigentlichen Nutzdaten (Data Byte 3 bis Data Byte 0)
Sender-ID	32-Bit-Sender-ID (ID Byte 3 bis ID Byte 0)

Tabelle 11.2 Bestandteile eines EnOcean-Telegramms

Feld	Bedeutung
Statusfeld	Status: unterschiedliche Nutzung, u. a. zur Inhaltsübertragung (bei Schaltern) oder Repeater-Level
Sicherungsfeld	Prüfinformation zur Sicherstellung der fehlerfreien Telegrammübertragung

Tabelle 11.2 Bestandteile eines EnOcean-Telegramms (Forts.)

11.1.4 Weitere hilfreiche Dokumentationen

Über den Webauftritt der EnOcean GmbH (*www.enocean.de*) finden Sie jede Menge weiterführende Dokumentation:

Dokumentation	Link
Verzeichnis der Application Notes	*www.enocean.com/de/application-notes/*
Verzeichnis der White Papers	*www.enocean.com/de/white-papers/*
das sehr gute Magazin »Perpetuum«	*www.enocean.com/de/perpetuum/*

Tabelle 11.3 Hilfreiche EnOcean-Dokumentation

11.2 EnOcean im Einsatz

Mit dem Starterkit ESK 300 bietet die EnOcean GmbH eine spannende Einstiegsmöglichkeit in die Welt des Energy Harvesting, von der Sie nicht nur als Entwickler profitieren.

11.2.1 EnOcean für den Entwickler

EnOcean-Komponenten der neuesten Generation basieren auf der *Dolphin-Plattform*, einem von EnOcean entwickelten Chip, in dem ein Ultra-Low-Power-Funkmodul mit einer Energiewandler-Schnittstelle und einem Mikrocontroller integriert sind. Der Dolphin-Chip stellt dem Anwendungsentwickler eine Reihe digitaler und analoger I/Os, einen HF-Transceiver, einen 8051-Mikrocontroller (mit 32 kByte Flash und 2 kByte RAM), mehrere Timer und die Ultra-Low-Power-Management-Funktionen zur Verfügung, die allesamt über eine API für die Hochsprache C angesprochen werden können.

Natürlich müssen Sie sich als Anwender nicht auf diesen Low-Level-Ebenen bewegen, dürfen es aber natürlich. Dazu hält die EnOcean GmbH verschiedene Evaluierungskits bereit, die Sie bei Interesse an eigenen Entwicklungen unterstützen.

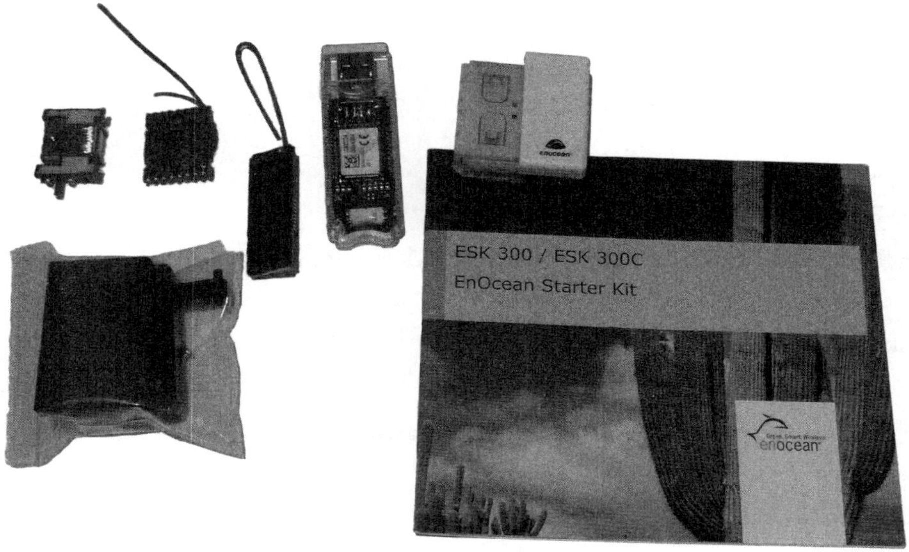

Abbildung 11.5 Das EnOcean Starter Kit ESK 300

Basierend auf der Dolphin-Plattform, sind eine Reihe verschiedener Funkmodule entwickelt worden, die den Aufbau netzgebundener oder autarker EnOcean-Komponenten ermöglichen:

- *TCM 300*: für netzgebundene Aktoren, Repeater und Gateways, unterstützt bidirektionale Kommunikation und besitzt Vorkehrungen für das Schalten und Dimmen von Ausgangslasten
- *TCM 320*: ähnlich wie TCM 300, aber andere Bauform und keine Gateway-Funktionalität
- *STM 300*: für energieautarke Sensoren und Aktoren, unterstützt das zyklische Auslesen externer Sensoren und die Übertragung der Messwerte

11.2.2 EnOcean für den Anwender

So faszinierend die EnOcean-Technologie für interessierte Entwickler auch ist, als Anwender wünschen Sie sich in erster Linie fertige Produkte für Ihr Smart Home mit möglichst hohem Plug-and-play-Faktor.

Die EnOcean Alliance pflegt deshalb eine gut gemachte Produktdatenbank, die eine sehr nützliche Basis für die Auswahl der benötigten Komponenten liefert. Zum Stand November 2014 lieferte die Produktsuche auf *www.enocean-alliance.org/de/produkte/* insgesamt 1.135 Treffer für die in Europa benutzte Frequenz 868 MHz:

- eine Vielzahl an unterschiedlichen Einfach- und Doppelwippen als Schalter oder Taster, in der Regel in die Standardschalterprogramme (55 × 55 mm) der meisten Hersteller integrierbar

- passive Funksensoren
  - Funkfensterkontakte und Türkontakte
  - Funkkartenschalter
- aktive Funksensoren
  - Multisensoren (Wetterstation)
  - Funkrauchwarnmelder
  - Bewegungssensoren, Helligkeitssensoren, Dämmerungssensoren
  - Feuchte- und Temperatursensoren
- Aktoren
  - Stellantrieb für Heizkörper
  - Schalt-Relais sowie Aktoren für Beschattungselemente
  - Dimmer
- Temperaturregler
- Stromzähler
- Infrarothandsender und -empfänger
- Gateways (z. B. KNX, GSM, USB, LAN)
- EnOcean-Repeater

Sowohl für den Außen- als auch für den Innenbereich finden Sie für die meisten Anwendungsbereiche ein passendes Gerät. Oft haben Sie die Wahl zwischen Aufputz- und Unterputzgeräten sowie einer REG-Montage (Reiheneinbaugerät für Schaltschrank). Besonders energiesparende Sensoren kommen dank der EnOcean-Technologie ohne eigene Stromversorgung aus, etwas hungrigere Geräte benötigen hingegen eine zusätzliche Spannungsquelle.

11.3 EnOcean im Smart Home

Der EnOcean-Funkbus ist ideal für den Smart-Home-Einsatz geeignet. Die hohe Skalierbarkeit sorgt dafür, dass aus einer kleinen Einstiegsinstallation problemlos eine komplette Gebäudeinstallation mit mehreren Dutzend Sensoren, Aktoren und einer zentralen Steuerung mit Visualisierung werden kann. Folgende Ausbaustufen sind z. B. denkbar:

1. autonomes System mit ein oder mehreren Funksensoren (z. B. Tastern) und Funkaktoren in dezentraler Installation
2. autonomes System (wie Ausbaustufe 1), aber mit zusätzlicher Visualisierung und zentraler Überwachung
3. EnOcean-Netzwerk, angebunden an den vorhandenen Gebäudeautomatisierungsbus (wie z. B. KNX)

11.3.1 Autonomes Funksystem

Im einfachsten Fall koppeln Sie beliebig viele Taster an einen oder mehrere Aktoren und realisieren damit z. B. eine funkbasierte Jalousiesteuerung oder das Dimmen einer Leuchte, ohne dazu zwischen Bedienteil und Aktor eine Leitung zu benötigen (siehe Abbildung 11.6).

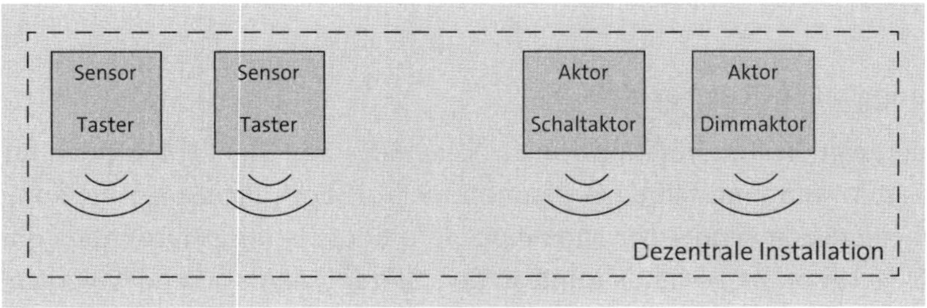

Abbildung 11.6 Einfache EnOcean-Ausbaustufe

11.3.2 Mischform auf Basis von herstellerspezifischen Lösungen

EnOcean-Hersteller mit großer Produktpalette bieten teilweise auch Mischsysteme aus einer kabellosen dezentralen Installation und einer zusätzlichen zentralen Installation auf REG-Basis. Zwischen beiden Welten sitzt ein Funkantennenmodul (siehe Abbildung 11.7).

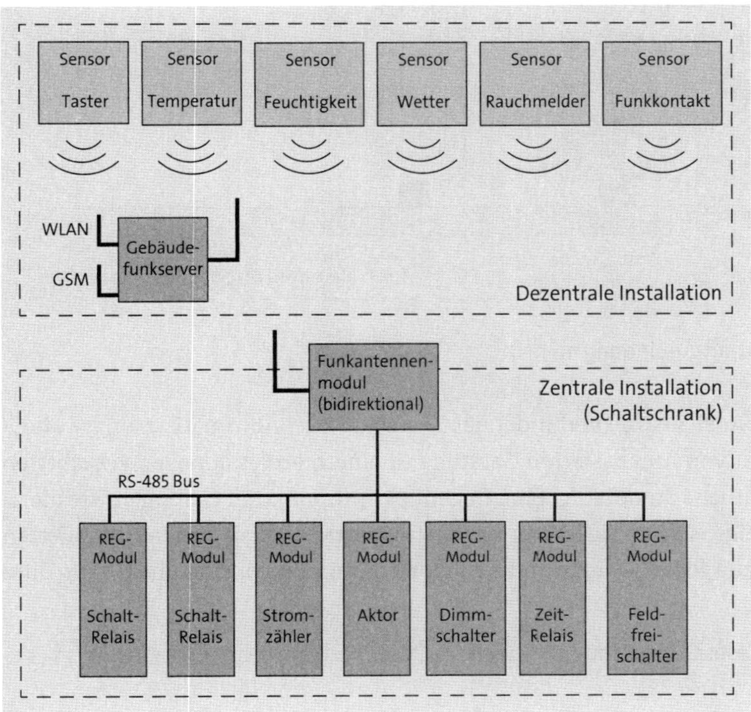

Abbildung 11.7 Mischform mit zentraler Installation

Ein Beispiel für die genannte Mischform kommt z. B. von Eltako (*www.eltako.de*). Das Eltako-Gebäudefunksystem setzt auf EnOcean-Funkmodule in Verbindung mit REG-Geräten, die innerhalb des Schaltschranks über eine verdrahtete RS-485-Busleitung (siehe Abschnitt 12.1.2, »Differenzielle Übertragung mit RS-485«) verbunden sind. Für Visualisierung und zentrale Steueraufgaben können verschiedene Gebäudefunkserver ergänzt werden, wie z. B. der Eltako GFVS-Safe II (ab ca. 700 €).

11.3.3 Anbindung von EnOcean an KNX

Das letzte Beispiel zeigt die Kombination von EnOcean-Sensoren und KNX-Geräten für den beispielhaften Anwendungsfall einer Raumtemperaturregelung (siehe Abbildung 11.8). Das Raumbediengerät sendet per Funk die Soll- und die Isttemperatur, die vom Gateway in KNX-Telegramme gewandelt und an den Heizungsaktor gesendet werden. Dieser wiederum steuert den Ventilstellantrieb für den entsprechenden Raum an. Eine zusätzliche Eingangsgröße wie z. B. der Fensterstatus, der im zu steuernden Raum ein geöffnetes Fenster anzeigen soll, kann einfach über einen zusätzlichen EnOcean-Sensor integriert werden.

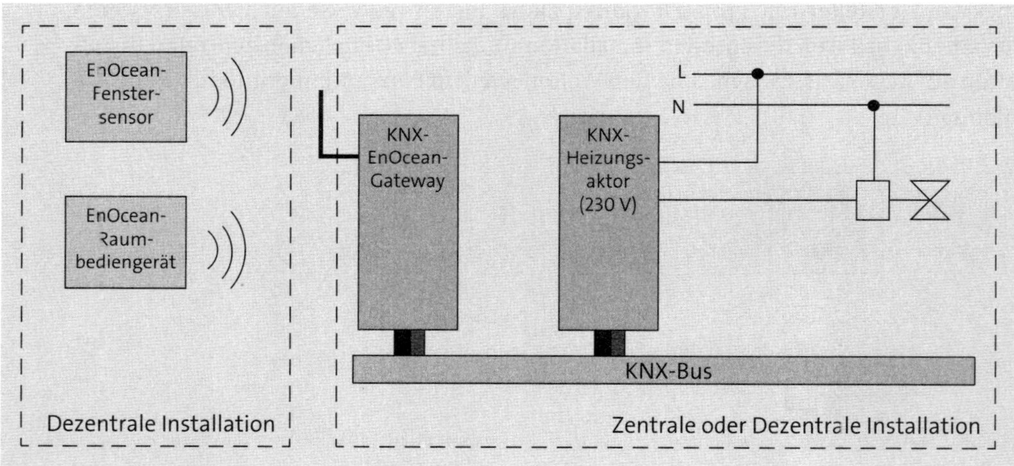

Abbildung 11.8 EnOcean-Anbindung an KNX

Die letzte gezeigte Ausbaustufe verbindet das Beste aus zwei Automatisierungswelten: die hohe Flexibilität von funkbasierten Geräten mit einem professionellen verkabelten Bussystem für sämtliche Steueraufgaben. Gegenüber proprietären Lösungen wie die in Abbildung 11.7 gezeigte sollten Sie immer international standardisierten und etablierten Systemen den Vorzug geben. Oder in anderen Worten: wenn schon verkabelt, dann bitte mit KNX.

Im Hardwareteil dieses Buchs finden Sie weitere Details zu EnOcean-KNX-Gateways (siehe Abschnitt 33.3).

11.3.4 Erhöhen Sie die Reichweite mit Repeatern

EnOcean-Standardmodule, wie z. B. das TCM 300/310-Funk-Transceiver-Modul für Gateways (siehe Abschnitt 11.2.1, »EnOcean für den Entwickler«), haben bereits eine eingebaute Repeater-Funktionalität, die ohne einen Einlernvorgang direkt verfügbar ist. Repeater-Ketten dürfen aus maximal zwei hintereinandergeschalteten Repeatern bestehen:

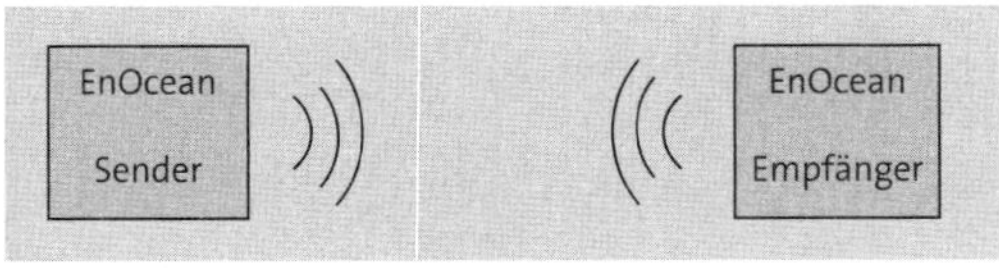

Abbildung 11.9 Funkstrecke ohne Repeater

Während eine typische Funkstrecke ohne Repeater innerhalb eines Gebäudes bis zu ca. 30 m betragen kann, lassen sich mit 2 Repeatern maximal 90 m überbrücken.

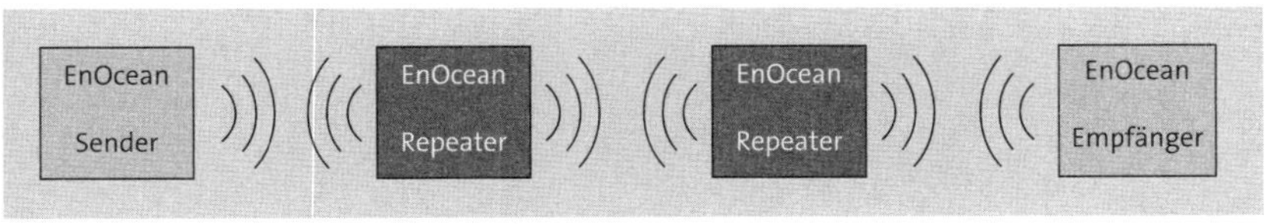

Abbildung 11.10 Funkstrecke mit zwei Repeatern

Kapitel 12
Weitere Technologien und Standards

Sie kennen jetzt die vier in der Gebäudeautomation großen Technologien KNX, DALI, 1-Wire und EnOcean. Damit sind Sie bereits gut ausgerüstet, im Smart Home werden Ihnen jedoch weitere Standards begegnen.

Sehen wir uns im Überblick an, welche Technologien für die umfassende Gebäudeautomation ebenfalls eine wichtige Rolle spielen:

Technologie	Bedeutung und Einsatz im SmartHome (Beispiele)
RS-232	Ansteuerung von Multimedia-Geräten (AV-Receiver, Beamer), Smart-Metering-Abfrage
RS-485	Basistechnologie für z. B. DMX
DMX	professionelle Lichtsteuerung
ZigBee Z-Wave	funkbasierte Erweiterungen für Ihr Smart-Home-System, insbesondere Sensorik
Ethernet	schneller Backbone für alle Arten von IT-Anwendungen
WLAN	▸ allgemein: mobile Endgeräte an Heimnetzwerk anbinden ▸ speziell: Visualisierung der Gebäudeautomation über Smartphone oder Tablet
SMI	professionelle Ansteuerung von Jalousien

Tabelle 12.1 Bedeutung weiterer Technologien für das Smart Home

12.1 Einfache serielle Verbindungen mit RS-232 und RS-485

Unterschätzen Sie nicht die sehr antiquiert erscheinende RS-232-Schnittstelle, sie spielt trotz oder sogar gerade wegen ihrer Einfachheit auch heutzutage eine große Rolle im Automatisierungsbereich. Gründe dafür sind unter anderem die sehr günstige Realisierung in Hardware und kaum Ansprüche an die verwendeten Verbindungskabel. Schon mit einer einfachen 3-Draht-Leitung lässt sich eine bidirektionale Kommunikation zwischen zwei Geräten aufbauen.

12.1.1 Die serielle RS-232-Schnittstelle

Eine *RS-232*-Verbindung arbeitet *bit-seriell* und *asynchron* mit je einer Datenleitung für beide Übertragungsrichtungen. Obwohl neben der RS-232 zahlreiche andere serielle Schnittstellenarten existieren, wird sie als die serielle Schnittstelle bezeichnet. Der Grund ist der, dass sie lange Zeit bei PCs der einzige und standardmäßig verbaute Typ an seriellen Schnittstellen war. Die für den PC-Betrieb notwendige Seriell-Parallel-Wandlung wird in der Regel durch *UARTs* (Universal Asynchronous Receiver Transmitter) erreicht, die sehr oft bereits in Mikrocontrollern enthalten sind.

Selbst die günstigsten Mikrocontroller für den Embedded-Bereich beinhalten in der Regel mindestens eine serielle Schnittstelle, die dafür erforderlichen Softwaretreiber sind im Vergleich zu beispielsweise einer USB- oder Ethernet-Schnittstelle geradezu lächerlich simpel.

Das serielle Datenformat

Die einzelnen zu einem Zeichen gehörenden Bits werden der Reihe nach (also seriell) gesendet. Dabei wird jedem zu sendenden Zeichen ein Startbit (logische 0) vorangestellt. Es folgen die Bits des Zeichens selbst (z. B. sieben Bits bei ASCII-Codes) und als Abschluss das Paritätsbit sowie ein bis zwei Stoppbits (logische 1). Die Leitung ist nach dieser Sequenz wieder im Ruhezustand.

Start- und Stoppbits werden vom Empfänger benutzt, um sich zu Beginn jedes Zeichens neu zu synchronisieren. Die bei einer asynchronen Übertragung unvermeidbaren Abweichungen der Zeitbasen von Sender und Empfänger werden durch diesen Mechanismus kompensiert.

Die Baudrate

Jean Maurice Emile Baudot, ein Pionier der Fernschreibertechnik, war Namenspate der sogenannten *Baudrate*, der Anzahl von Symbolen, die pro Sekunde übertragen werden. Besteht ein Symbol aus genau einem Bit, entspricht die Baudrate zugleich der *Bitrate* (bei Modems wurden auch mehr als zwei Bits pro Symbol übertragen).

Ein Bit liegt immer für die gleiche feste Zeitspanne auf der Leitung. Die maximale Datenrate ergibt sich immer dann, wenn die einzelnen Zeichen so dicht wie möglich aufeinanderfolgen. Dazu muss das Startbit eines Zeichens unmittelbar an das letzte Stoppbit des vorangehenden Zeichens angrenzen.

Beispiel: Werden als Nutzdaten 7-Bit-ASCII-Zeichen mit je einem Startbit, Paritätsbit (Parity) und Stoppbit mit 300 Baud übertragen, resultiert daraus eine maximale Datenrate von 30 Zeichen pro Sekunde (300 Baud ÷ (7 + 1 + 1 + 1)). Übliche Baudraten sind:

Baudrate	Bitlänge	Maximale Leitungslänge
300	3,3 ms	–
2.400	417 µs	900 m
4.800	208 µs	300 m
9.600	104 µs	150 m
19.200	52 µs	15 m
38.400	26 µs	–
57.600	17 µs	5 m
115.200	7 µs	< 2 m

Tabelle 12.2 Übliche Baudraten mit Bit-Timings

Beachten Sie, dass bei 2.400 Baud fast 1 km Leitungslänge erlaubt ist, und vergleichen Sie das mit den Spezifikationen für USB 2.0, wo in der Regel bei 5 m Leitungslänge bereits Schluss ist. Natürlich hinkt der Vergleich etwas, immerhin hat USB 2.0 eine ca. 200.000-fach höhere Datenrate, aber interessant sind die unterschiedlichen Größenordnungen trotzdem.

RS-232-Spannungspegel

RS-232-Leitungen arbeiten mit 12-V-Spannungspegeln (mit Ausnahme der Masseleitung), wobei gilt:

- logische 0: +12 V, erkannt wird die logische 0 bereits über +3 V
- logische 1: –12 V, erkannt wird die logische 1 bereits unter –3 V

Diese Spannungspegel vertragen sich nicht besonders gut mit den meistens verwendeten TTL-Pegeln, daher werden spezielle Treiber-ICs wie z. B. der berühmte MAX232 eingesetzt. Die auf TTL-Pegel angepassten Signale sind:

- logische 0: 0 V (= ON)
- logische 1: 5 V (= OFF)

Drei Adern reichen aus

Daten können bereits minimalistisch von einer Datenquelle zu einem Datenempfänger mit nur zwei Adern übertragen werden (Masseleitung und Datenleitung). Für eine bidirektionale Verbindung reichen bereits drei Adern. Weitere zwei bis vier Handshake-Leitungen kommen hinzu, um eine einfache Flusssteuerung zu implementieren. Der Empfänger kann dadurch den Sender bremsen, wenn er nicht in der Lage ist, die Daten schnell genug zu verarbeiten. Die beiden verwendeten Leitungen heißen RTS (Request

To Send) und CTS (Clear To Send), außerdem existieren DTR (Data Terminal Ready) und DSR (Data Set Ready).

RS-232 im Smart Home

So altmodisch RS-232 auch erscheinen mag, es spielt trotzdem eine nicht zu unterschätzende Rolle in der Heimautomation. In diesem Buch wird sie Ihnen noch einige Male begegnen:

- bei der Abfrage von Energiezähler und Smart Metering (siehe Kapitel 61, »Die Möglichkeiten von Smart Metering«)
- als Möglichkeit zur Ansteuerung von Multimedia-Komponenten wie z. B. Multiroom-Verstärkern (siehe Abschnitt 40.3, »Verstärker für Multiroom-Audio«, Kapitel 58, »Machen Sie Ihr Heim sicher« sowie Kapitel 41, »Video im Smart Home«)
- als Ansteuervariante für IRTrans-Module (siehe Abschnitt 37.4, »Intelligente IR-Steuerung«)

12.1.2 Differenzielle Übertragung mit RS-485

RS-485 (bzw. EIA-485) ist ebenso wie RS-232 ein serieller Schnittstellenstandard, allerdings mit einigen wichtigen Unterschieden:

- Die Signalübertragung ist symmetrisch und dadurch robuster gegenüber elektromagnetischen Einflüssen.
- Mehrere Sender auf einer gemeinsamen Leitung sind möglich, ebenso mehrere Empfänger (bei RS-232 haben mehrere Empfänger keine Handshake-Möglichkeit).
- Bidirektionaler Bus mit 32 Teilnehmern (durch spezielle Transceiver auch bis zu 256 Teilnehmer).
- Bei Einsatz von hochwertigen Twisted-Pair-Kabeln werden Leitungslängen von 500 bis 1.200 m erreicht und maximale Übertragungsraten von 12 MBit/s unterstützt (bei Leitungslängen kleiner als 12 m).
- RS-485 definiert nur die elektrischen Eigenschaften der Schnittstelle, ein darauf basierendes anwendungsspezifisches Protokoll ist in der Regel notwendig.
- Passiver Abschlusswiderstand durch Verbinden der Signalleitungen an beiden Busenden über jeweils einen 120-Ω-Widerstand ist notwendig.

Prinzip der symmetrischen Übertragung

Bei der symmetrischen RS-485-Übertragung wird über ein Leitungspaar sowohl der invertierte als auch der nicht invertierte Pegel einer Bitinformation übertragen. Der Empfänger wertet lediglich die Differenz zwischen beiden Leitungen aus. Gleichtaktstörungen auf der Übertragungsleitung führen auf diese Weise nicht zu einer Verfälschung des Nutzsignals. Größere Leitungslängen und höhere Taktraten werden ermöglicht.

Welche Bedeutung hat RS-485 im Smart Home?

Warum habe ich Ihnen RS-485 in diesem Kapitel vorgestellt? Wichtige Bussysteme basieren auf RS-485, wie z. B. Profibus, Modbus und die DMX-Schnittstelle, die Sie, als Lösung für Lichtsteuerungsaufgaben, im nächsten Abschnitt kennenlernen werden.

12.2 DMX – professionelles Licht aus der Bühnentechnik

DMX, genauer gesagt *DMX512*, ist ein von der USITT (United States Institute for Theatre Technology) genormtes digitales Datenübertragungsprotokoll für die Beleuchtungstechnik und Veranstaltungstechnik auf Bühnen und in Theatern und mittlerweile aus diesen nicht mehr wegzudenken. Die Abkürzung DMX512 steht für Digital MultipleX und deutet auf das Verfahren hin, 512 Kanäle in eine Nachricht zu packen. Elektrisch gesehen, basiert DMX512 auf der seriellen RS-485-Schnittstelle, die Sie im vorherigen Kapitel kennengelernt haben. Es verwendet demnach ein symmetrisches Übertragungsverfahren und besitzt dadurch eine hohe Störsicherheit.

Seit November 2004 ist auch die neueste Version DMX512-A, die einige Neuerungen gegenüber DMX512/1990 enthält, standardisiert (ANSI E1.11).

12.2.1 DMX-Busaufbau

Der DMX ist in Bustopologie aufgebaut, und zwar nach dem sogenannten *Daisy-Chain*-Verfahren, einer Reihenschaltung, bei der jede Komponente mit ihren Vorgängern verbunden ist (Abbildung 12.1). Als Kind haben Sie vielleicht auch die beliebten Gänseblümchenketten geknüpft und hatten somit bereits unbewusst Ihren ersten Daisy-Chain-Bus konstruiert.

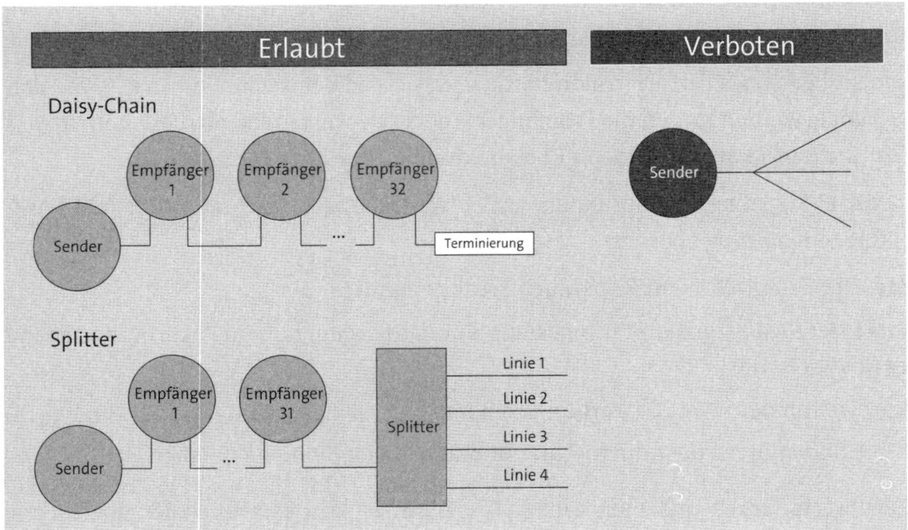

Abbildung 12.1 Die DMX-Bustopologie

An einen Sender, in der Regel Lichtmischpult/Controller, PC oder DMX-Gateway, können maximal 32 Empfänger angeschlossen werden. Weitere Empfänger ermöglicht ein sogenannter *Repeater*. Soll der Bus Verzweigungen besitzen, muss ein *Splitter* eingesetzt werden. Der Splitter eröffnet weitere Segmente mit jeweils wieder 32 Geräten. Ein derartiges Segment nennt sich DMX-Linie oder auch *Universum*.

Um Signalreflexionen zu verhindern, ist jeweils am Ende einer Kette ein Abschlusswiderstand (120 Ω) vorzusehen.

DMX ist für große Entfernungen bis zu 600 m Gesamtleitungslänge geeignet, einfach und kostengünstig zu installieren und mit genormten Komponenten zu realisieren.

Zur Verbindung der Komponenten werden fünfpolige *XLR-Stecker* (auch als Cannon-Stecker bezeichnet) vorgeschrieben. XLR-Stecker sind als Industriestandard für elektrische Verbindungen in der professionellen Tonstudiotechnik weit verbreitet und bieten, gegenüber beispielsweise Klinkensteckern, mehrere Vorteile hinsichtlich Robustheit, Kurzschlussvermeidung und Abschirmung. Pin 1 des XLR-Steckers fungiert als Masse, Pin 2 trägt das invertierte DMX-Signal (DMX–) und Pin 3 das nicht invertierte Signal (DMX+). Das freie Kontaktpaar (Pin 4: Data– und Pin 5: Data+) ist für künftige Aufgaben (DMX512-A) reserviert.

Die Busadresse wird an jedem Gerät eingestellt. Oft empfangen jedoch einzelne Geräte mehr als nur einen Kanal. Für einen 12-Kanal-Dimmer würde beispielsweise nur die Startadresse (erster Kanal) eingestellt werden, er empfängt automatisch alle elf weiteren Kanäle.

12.2.2 Die DMX-Übertragung

DMX-Daten werden asynchron seriell übertragen. Zwar kann man mit DMX512 512 verschiedene Informationen bzw. Kanäle in einem Frame transportieren, jedoch dürfen real (ohne Splitter und Repeater) nicht mehr als 32 echte Geräte angeschlossen werden.

Die Datenübertragung erfolgt unidirektional, was einen der Nachteile von DMX512 darstellt. Signale werden nur an die Empfänger (Leuchten) versendet, ob diese korrekt verarbeitet wurden, lässt sich mangels Rückmeldung nicht einfach ermitteln.

Das DMX512-Signal besteht aus einem sich wiederholenden Bitstrom, wobei ein DMX-Paket folgenden Aufbau besitzt:

- *Reset*-Pegel (logisch 0) für 88 µs, auch Break genannt
- *Mark after Break*-Signal mit mindestens 8 µs dauerndem hohem Pegel (Ruhezustand des Bus, logisch 1)
- *Startbyte* mit dem Wert 0 (Wert ungleich null bei DMX512-A und DMX RDM möglich)
- 1 bis 512 *Kanalbytes*, die Adressierung ist durch die Reihenfolge gegeben

Die Pegelwerte für die einzelnen Kanalbytes (Dimmer) werden sequenziell übertragen, beginnend bei Dimmer 1 aufsteigend bis maximal Dimmer 512. Ein Dimmerpegel liegt im Wertebereich 0 bis 255, wobei 255 dem Wert 100 % entspricht. Das Verhältnis dieser Werte zum tatsächlichen Dimmer-Ausgangssignal wird nicht definiert und ist Sache des Dimmers selbst (Dimmer-Kennlinie einstellbar).

DMX-Daten werden mit 250.000 Bit/s übertragen, was einer Bitzeit von 4 µs (bzw. 44 µs pro Datenwort) entspricht. Die resultierende Gesamtübertragungsdauer bei 512 Kanälen inklusive Reset und Startbyte beträgt somit 22.668 µs (88 + 8 + 44 + 512 × 44), wodurch sich die maximale Refresh-Rate von 44,1 Hz ergibt. Die Schnittstellenparameter sind mit acht Datenbits, keinem Paritätsbit und zwei Stoppbits (8N2) fest vorgegeben.

12.2.3 DMX im Smart Home

Mit DMX lassen sich, ähnlich wie mit DALI, individuelle Lichtszenen mit Farblicht, Farbüberläufen, Dimmung und vielem mehr realisieren. Dazu sind lediglich Leuchten oder LED-Stripes mit DMX-Schnittstelle nötig. Welcher der beiden Standards im Vergleich nun besser für Ihr Eigenheim geeignet ist, hängt vom primären Anwendungsfall ab. Prinzipiell hat jedes System seine Vorzüge:

- DALI ist gut für Beleuchtung und kann über bestehende fünfadrige NYM-Installationsleitungen realisiert werden.
- DMX ist gut für Beleuchtungseffekte und benötigt eine eigene Verkabelung.

Mit beiden Standards können Sie natürlich zusätzlich zur konventionellen Beleuchtung RGB(W)-LEDs ansteuern und dimmen in allen Varianten. Sobald es aber um zeitkritische Dimmeffekte geht (Bühnenbeleuchtung, Fassadenbeleuchtung, synchrone Farbwechsel mehrerer LED-Kanäle), hat DMX, bedingt durch seine deutlich schnellere Datenübertragung, klare Vorteile.

DMX lässt sich über mehrere Wege in eine Gebäudesteuerung einbinden:

- mittels eines KNX-DMX-Gateways (siehe Abschnitt 33.1.4)
- über einen DALI-zu-DMX-Konverter, wie z. B. den 7064A-H-16-Kanal-DALI-zu-DMX512-Konverter (*http://www.soundlight.de/shop/dali-interfaces/7064a-h-dali-to-dmx-converter-16-kanal.htm*)
- über eine LAN-zu-DMX-Kopplung, wie z. B. Art-Net-Node (*http://www.dmxcontrol.de/wiki/Art-Net-Node_für_25_Euro*)
- durch einen PC mit USB-DMX-Schnittstelle
- mittels W-DMX-(Wireless-DMX-)Sende- und Empfangsstationen

12.2.4 Remote Device Management (RDM)

RDM als Erweiterung zum DMX-Protokoll steht für »Remote Device Management« und wird von der ESTA unter ANSI E1.20 geführt. Es erlaubt durch seinen Halbduplexbetrieb Rückmeldungen von DMX-Empfängern an den Sender und unterstützt einen Mischbetrieb mit älteren DMX512-Geräten.

Unterschieden werden DMX und RDM über den Inhalt des Startbytes. Ist das Startbyte 0, werden herkömmliche DMX-Werte übertragen. RDM nutzt die beiden Pins 2 und 3 für die Datenübertragung, ist aber im Normalbetrieb meist abgeschaltet, um die ansonsten fließenden Beleuchtungsübergänge nicht zu verzögern. Im Setup-Betrieb hingegen ist es möglich, dass sich die Geräte am Steuerpult anmelden und Statusinformationen senden. Die ansonsten notwendige Adressierung der Geräte vor dem Setup darf bei RDM ebenfalls entfallen.

12.3 ZigBee und Z-Wave

Einer der Key-Features von ZigBee und Z-Wave ist, dass beide eine Netzwerktechnik mit dem Namen Mesh-Network verwenden. Ein Gerät in einem Mesh-Verbund reicht dabei seine Signale über andere Geräte weiter, bis sie letztendlich das gewünschte Zielgerät erreichen. Dieses System erweitert die Reichweite einzelner Geräte enorm und verringert deren Stromaufnahme deutlich – ideal also für batteriebetriebene Sensoren.

12.3.1 ZigBee – Tanz der Honigbienen

ZigBee (*http://www.zigbee.org*) als eine auf IEEE 802.15.4 aufsetzende Funknetztechnik wurde speziell für Industrie, Smart-Home-Anwendungen und die Gebäudesteuerung konzipiert. Grund genug, sich den von der ZigBee Alliance im Juni 2005 öffentlich verfügbar gestellten Standard kurz anzusehen. Ziel der ZigBee-Entwicklung war es, energiesparende und kabellos kommunizierende Endgeräte mit geringen Datenraten zu vernetzen. Somit eignet sich ZigBee vorzüglich für den Einsatz batterieloser, wartungsfreier Funkschalter und Funksensoren an schwer zugänglichen Stellen, an denen ein Batterieaustausch nur mit großem Aufwand möglich wäre. Der Energieverbrauch laut Spezifikation beträgt ca. 18 mA im aktiven Zustand. Im passiven Zustand sind es 0,5 mA (Idle) bzw. 5 µA (Power-down).

Der ZigBee-Protokollstack setzt nach dem OSI-Modell (Open Systems Interconnection Reference Model, siehe Abschnitt 9.1, »Was ist DALI?«) auf den IEEE-802.15.4-spezifizierten OSI-Schichten PHY und MAC auf und erweitert dessen Funktionalität, unter anderem durch Routing und sicheren Schlüsselaustausch. Das Protokoll unterscheidet drei verschiedene Geräteklassen:

1. *End Device*: auch genannt RFD (Reduced Function Devices) oder ZED (ZigBee End Device), einfache Geräte wie z. B. Schalter, die nur eine Teilmenge der ZigBee-Protokolle implementiert haben. ZEDs melden sich an einem Router ihrer Wahl an und können auch nur mit diesem kommunizieren. ZEDs können zudem in einen Schlafmodus sinken; während dieses Modus werden die an das Gerät gesendeten Pakete vom Router gepuffert.

2. *Router*: auch als FFD (Full Function Devices) oder ZR (ZigBee Router) bezeichnet. Sie agieren als Router und benötigen im Gegensatz zum ZED mehr Hardwareressourcen. Sie treten dem Netzwerk bei, indem sie sich an einem anderen Router anmelden.
3. *Coordinator*: genannt ZC (ZigBee Coordinator). Genau ein Router innerhalb des Netzwerks übernimmt die Rolle des Coordinators, er verwaltet ein Netzwerk und bestimmt dessen Parameter. Nach dem Start übernimmt er die gleichen Aufgaben wie ein ZR.

ZigBee benutzt zwei verschiedene Zugriffsverfahren auf das Medium Funk: eines mit *Beacons* und eines ohne. In einem Netzwerk ohne Beacons wird der CSMA/CA-Mechanismus angewendet (siehe dazu den Abschnitt 8.8.1, »Übertragung über Twisted Pair: KNX TP1«). Handelt es sich hingegen um ein Beacon-Netzwerk, senden die ZR in periodischen Abständen Beacons (wörtlich »Leuchtfeuer«, gemeint sind Trägersignale mit geringer Sendeleistung). Durch diese Beacons entstehen eine Art Zeitschlitze, über die geregelt wird, welches Gerät wann senden darf.

Als Netzwerktopologie unterstützt ZigBee sowohl ein *Mesh* (vermaschtes Netz) als auch einen Stern sowie Kombinationen daraus (siehe Abbildung 12.2).

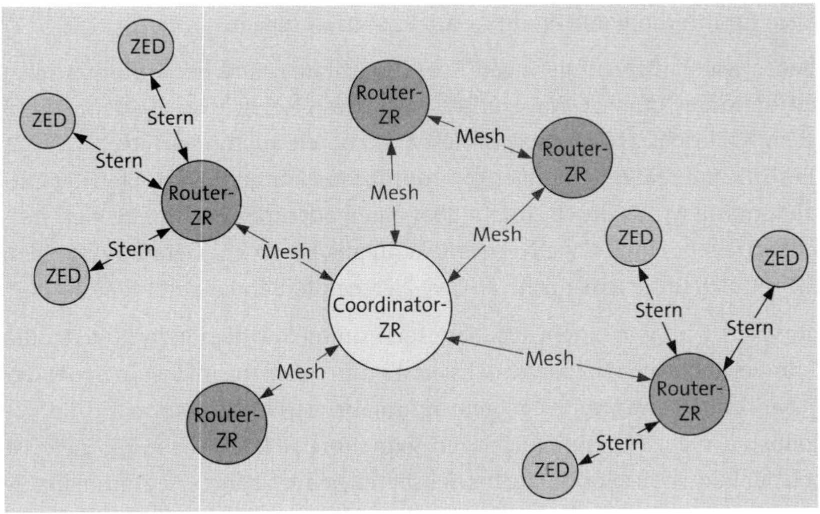

Abbildung 12.2 ZigBee-Netzwerktopologie

Eine sehr schöne praktische Anwendung von ZigBee ermöglicht zum Beispiel das Beleuchtungssystem Hue von Philips. Es erlaubt, LED-Lampen im Heim zu stimmungsgerechten Szenarien zu komponieren und diese mit dem Smartphone zu steuern. Osram und GE, als weitere namhafte Hersteller, unterstützen ZigBee ebenfalls mit Leuchtmitteln.

Einstieg in die ZigBee-Entwicklung

Zum Einstieg in die drahtlose Kommunikation auf Basis des IEEE-802.15.4-Standards bietet die Firma Microchip mit PICDEM Z ein umfangreiches Entwicklungskit für ZigBee. Das Kit beinhaltet nicht nur eine komplette Hardwareausstattung, sondern auch einen Softwarestack als Quellcode und das ZENA-Netzwerkanalysetool. Bezug: *http://www.digikey.com/product-detail/en/DM163027-5/DM163027-5-ND/1975856*

12.3.2 Z-Wave

Im Bereich Heimautomation und steht *Z-Wave* (*http://www.z-wave.com*) in direkter Konkurrenz zu ZigBee. Für beide Protokolle gibt es eine Reihe OSGi-basierter Framework-Lösungen, und beide gehen mit Heimautomatisierungsfunktionen (z. B. Geräteabstraktionslayern), die über das reine Protokoll hinausgehen, ins Rennen.

Die ersten Z-Wave-Produkte kamen 2004 auf den Markt, ein Jahr später wurde die Z-Wave-Allianz gegründet. Sie besitzt heute ca. 300 Mitgliedsunternehmen. Seitdem sind mehr als 1.000 zertifizierte Produkte erschienen, was Z-Wave zur weltweit größten Systemplattform für interoperable Produkte auf Funkbasis macht.

Z-Wave ist ebenso wie ZigBee auf geringen Energieverbrauch und hohe Kommunikationssicherheit optimiert. Auch Z-Wave unterstützt Mesh-Netzwerke, die den Vorteil bieten, dass eine Nachricht zwischen zwei Netzwerkknoten auch übermittelt werden kann, wenn diese nicht direkt miteinander kommunizieren können (z. B. wegen der Entfernung). In diesem Fall würde die Nachricht über einen oder mehrere (bis zu vier) Zwischenknoten übertragen. Ein Z-Wave-Netzwerk kann aus bis zu 232 Geräten bestehen, über Bridges lassen sich unterschiedliche Z-Wave-Netze miteinander verbinden

Ein vermaschtes Netz wird von einem sogenannten Primärcontroller verwaltet, der die Routen bei Veränderungen des Netzes aktualisiert. Er führt auch die Inklusion neuer Geräte in das Netzwerk durch, was weitestgehend automatisch passiert, ebenso wie die störungsfreie Exklusion nicht funktionstüchtiger Teilnehmer. Ein Z-Wave-Heimnetz ist prinzipiell nach der Inklusion aller Geräte betriebsbereit, jedoch sorgt erst eine anschließende Konfiguration dafür, dass das gewünschte Verhalten an die eigenen Bedürfnisse anpasst wird.

Der batterielose Betrieb, wie z. B. bei EnOcean, ist für Z-Wave-Geräte nicht möglich. Batteriebetriebene Geräte werden aus Gründen der Energieeinsparung jedoch nur bei Bedarf aufgeweckt, um zu prüfen, ob Signale von der Steuerungseinheit empfangen wurden. Netzgebundene Geräte hingegen sind durchgehend aktiv und können daher bei Störungen Funksignale weiterleiten. Zur Erhöhung der Sicherheit wird bidirektional kommuniziert. Angesprochene Geräte senden eine Bestätigung, wenn Befehle erfolgreich übermittelt wurden. Bei Kommunikationsfehlern wird der Sendevorgang bis zu dreimal wiederholt.

12.3.3 ZigBee, Z-Wave und Bluetooth im Vergleich

Tabelle 12.3 stellt die beiden Top-Player Z-Wave und ZigBee gegenüber. Ich habe Bluetooth außer Konkurrenz mit aufgenommen. Der Vergleich soll den unterschiedlichen Fokus der Anwendungen zeigen.

	Z-Wave	ZigBee IEEE 802.15.4		Bluetooth
Frequenzband	868 MHz	868 MHz	2,4 GHz	2,4 GHz
Modulation	GFSK	BPSK	O-QPSK	GFSK, QPSK, 8DPSK
Zugriffsverfahren	CSMA	Beacon, CSMA/CA	Beacon, CSMA/CA	TDMA
Datenrate	9,6/40 kBit/s	20 kBit/s	250 kBit/s	2.100 kBit/s
Topologie	Stern, Mesh	Stern, Mesh	Stern, Mesh	Stern
Sicherheit	geplant	AES	AES	AES
Anzahl Teilnehmer	232	65.535	65.535	7
Energieverbrauch	gering	gering	gering	hoch
Kollisionswahrscheinlichkeit	normal	normal	gering	gering
Reichweite	20–200 m	10–100 m	10–75 m	1–10 m
Störanfälligkeit	gering	gering	hoch	hoch

Tabelle 12.3 Übersicht: Z-Wave, ZigBee, Bluetooth

Während Bluetooth mit einer wesentlich höheren Bandbreite prädestiniert für Headsets, kabellose Tastaturen oder Drucker und zur Synchronisation von Rechner und PDA ist, zielt ZigBee auf minimale Hardwarekosten und größtmögliche Energieersparnis im Batteriebetrieb. Haupteinsatzgebiet von Z-Wave ist die Heimautomation von Privatbauten, insbesondere Heizung, Belüftung und Klima. Durch die sichere Übertragung der Daten ist auch ein Einsatz in Zutrittssystemen möglich. Die drahtlose Steuerung von Audio- und Videogeräten ist vorgesehen, nicht aber die Übertragung der Audio- und Videodaten selbst. Dazu ist die Bandbreite deutlich zu niedrig.

Die meisten Anbieter von Funksystemen für Smart-Home-Anwendungen nutzen die Frequenzen im Bereich 434 MHz oder 868 MHz, da deren Nutzung lizenzkostenfrei ist. Diese Frequenzbereiche sind Teil der ISM-Bänder (Industrial, Scientific, Medical). Die meisten Funksysteme nutzen die ISM-Bereiche: Neben ZigBee, Z-Wave, HomeMatic, EnOcean, KNX RF und RWE sind das viele Baumarktprodukte und die meisten herkömmlichen Garagentorsteuerungen.

Im Gegensatz zum ebenfalls freien 2,400-GHz-Bereich durchdringen 868-MHz-Signale die Gebäudewände besser und tragen Informationen weiter. Die Frequenz 2,400 GHz wird beispielsweise für Bluetooth, WLAN sowie einige Audio- und Videoübertragungssysteme verwendet.

Das Frequenzproblem

Wer sich einen Z-Wave-Schalter aus den USA mitbringt, sollte diesen in Deutschland auf keinen Fall verwenden – er funkt in einem Bereich, der nur mit Erlaubnis der Bundesnetzagentur benutzt werden darf. Hierzulande arbeitet Z-Wave mit 868 MHz.

Die Z-Wave-Macher sind sich sicher, dass ihnen der Smart-Home-Markt gehört. Die ZigBee-Macher auch. Als Endnutzer gehen wir der Diskussion am einfachsten aus dem Weg, indem wir auf eine verkabelte Smart-Home-Lösung wie KNX setzen.

12.4 Ethernet – der Standard in der vernetzten Welt

Unter dem Begriff *Ethernet* ist eine Familie von Netzwerktechniken zusammengefasst, die vorwiegend in lokalen Netzwerken (*LAN* = Local Area Network) zum Einsatz kommt, aber auch bei der Verbindung großer Netzwerke Verwendung findet. Die Standardisierung der Ethernet-Protokollfamilie umfasst sowohl die Festlegungen für Kabeltypen und Stecker als auch Übertragungsform, Rahmenformat und die Zugriffskontrolle auf das Übertragungsmedium.

Ethernet wurde bereits in den 70er-Jahren in einem Forschungslabor der Firma Xerox entwickelt und mündete später in Zusammenarbeit mit den Firmen DEC und Intel in einen offenen Standard, der wiederum die Grundlage für den heute offiziellen IEEE-802.3-Standard bildet. IEEE (gesprochen: »Eye-triple-E«) steht für »Institute of Electrical and Electronics Engineers« (*www.ieee.org*), eine Organisation, die neben vielen anderen Aktivitäten Standards entwickelt.

Die Übersicht über die wichtigsten Ethernet-Standards finden Sie in Tabelle 12.4:

Standard	Jahr	Ethernet-Typ	Übertragungsrate	Kabeltyp, Reichweite
802.3	1983	10Base5	10 MBit/s	Koaxialkabel, 500 m
802.3i	1990	10Base-T	10 MBit/s	Twisted-Pair-Kabel (RJ-45), 100 m
802.3u	1995	100Base-TX	100 MBit/s	Twisted-Pair-Kabel (RJ-45), 100 m

Tabelle 12.4 Die wichtigsten Ethernet-Standards

Standard	Jahr	Ethernet-Typ	Übertragungsrate	Kabeltyp, Reichweite
802.3ab	1999	1000Base-T	1 GBit/s	Twisted-Pair-Kabel (RJ-45), 100 m
802.3an	2006	10GBase-T	10 GBit/s	Twisted-Pair-Kabel (RJ-45), 100 m

Tabelle 12.4 Die wichtigsten Ethernet-Standards (Forts.)

Ethernet ist unbestritten der zurzeit am weitesten verbreitete Standard für lokale Netze. Der Name (Ether = Äther) weist noch auf die ersten Funknetze (ALOHA) hin. Wenn Sie schon mal einen Rechner vernetzt, einen Router oder Switch angeschlossen oder einfach nur ein Patch-Kabel in die LAN-Buchse Ihres Internetradios gesteckt haben, sind Sie mit größter Sicherheit mit Ethernet in Kontakt gekommen.

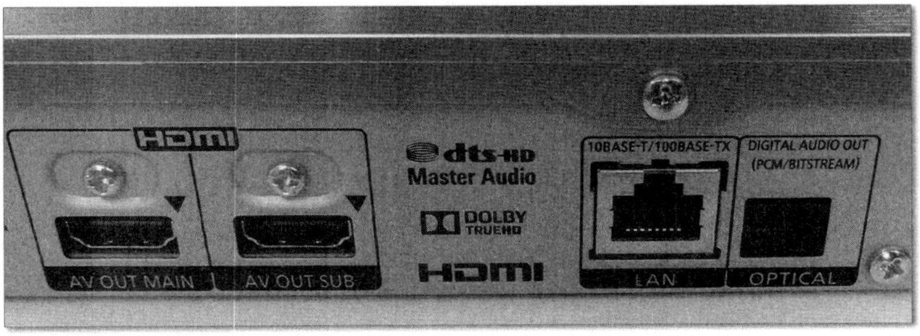

Abbildung 12.3 RJ-45-Buchse (LAN, zweite von rechts)

Im OSI-Modell ist Ethernet sowohl in der physischen Schicht (OSI Layer 1) als auch in der Data-Link-Schicht (OSI Layer 2) zu Hause und dient dort als Basis für höher angesiedelte Netzwerkprotokolle wie TCP/IP, IPX/SPX oder auch AppleTalk. Ethernet wurde ab den Neunzigern zur meistverwendeten LAN-Technik und hat andere Standards wie Token-Ring oder Token-Bus vollständig verdrängt.

12.4.1 Die Ethernet-Datenübertragung

Die Datenübertragung erfolgt mit dem CSMA/CD-Verfahren (Carrier Sense Multiple Access/Collision Detection), einem asynchronen Zugriffsverfahren mit der Möglichkeit zur Kollisionserkennung, das in Abschnitt 8.8.1, »Übertragung über Twisted Pair: KNX TP1«, näher besprochen wird.

Switched Ethernet

Auch wenn die IEEE 802.3-Norm als Zugriffsverfahren »CSMA/CD« im Titel hat, spielt die Kollisionsauflösung heute nur mehr eine untergeordnete Rolle. Der Grund ist, dass die meisten Netzwerke mittlerweile im Vollduplexmodus (FDX) betrieben werden, bei dem

Switches eine Punkt-zu-Punkt-Verbindung herstellen, keine Kollisionen mehr entstehen und Daten gleichzeitig gesendet und empfangen werden können. Man spricht vom *Switched Ethernet*. In Kapitel 42 über Hubs und Switches erfahren Sie, was es damit auf sich hat.

Ethernet-Übertragungsraten

Das heutige Ethernet besteht in der Regel aus paarweise verdrillten Leitungen (Twisted Pair) oder Glasfasern, die aktuell erreichbare Datenrate beträgt typischerweise 100 MBit/s im Fast-Ethernet und 1.000 MBit/s im Gigabit-Ethernet. Höhere Übertragungsraten (10, 40 und 100 GBit/s) sind spezifiziert, aber im Privathaushalt kaum anzutreffen. Ein LAN in seiner ursprünglichen Form erstreckt sich dabei nur innerhalb eines Gebäudes, mit Glasfaser als Übertragungsmedium lassen sich jedoch auch Reichweiten von 10 km und mehr erzielen und damit Gebäudegrenzen überbrücken.

12.4.2 Das Ethernet-Rahmenformat

Die MAC-Adresse

In einem Ethernet-Netzwerk benötigt jede Station (jeder Rechner) eine eigene und eindeutige Identifizierung. Diese Identifizierung trägt, je nach Kontext, unterschiedliche Namen, wie *MAC-Adresse*, Hardwareadresse, Ethernet-Adresse oder physikalische Adresse. Im Prinzip bedeuten alle Bezeichnungen das Gleiche, und zwar eine vom Hersteller einer Netzwerkkarte vergebene individuelle Adresse, die weltweit (theoretisch) eindeutig ist und sich im Regelfall nicht verändern lässt.

Die MAC-Adresse wird im OSI-Modell der Schicht 2 (Sicherungsschicht) zugeordnet. Um die Sicherungsschicht mit der darüberliegenden Schicht 3 (Vermittlungsschicht) zu verbinden, wird bei Ethernet das ARP (Address Resolution Protocol) für IPv4-Netze verwendet. Handelt es sich um ein IPv6-Netzwerk, kommt das NDP (Neighbor Discovery Protocol) zum Einsatz.

Netzwerkgeräte benötigen nur dann eine MAC-Adresse, wenn sie explizit auf Schicht 2 angesprochen werden sollen. Beim *Unmanaged Switch* (siehe Abschnitt 42.2) ist das z. B. nicht der Fall, wohingegen ein Managed Switch, der höhere Dienste wie z. B. Telnet und SNMP anbietet und selbst aktiv an einer Kommunikation teilnimmt, eine eigene MAC-Adresse besitzt.

Jedes Ethernet-Datenpaket beinhaltet die MAC-Adressen von Sender (Source) und Empfänger (Destination). Der Empfänger prüft beim Empfang eines Pakets, ob die darin enthaltene Destination-Adresse der eigenen MAC-Adresse entspricht. Stimmen diese überein, wird der Paketinhalt des Frames an die höher liegende Schicht weitergegeben, wenn nicht, wird es verworfen.

In einem Ethernet-Netzwerk besteht die MAC-Adresse aus sechs Bytes, die aus Gründen der Lesbarkeit nicht als einfache Bitfolge, sondern in der sogenannten kanonischen Form dargestellt werden. Die einzelnen Bytes sind dabei durch einen Doppelpunkt oder Bindestrich getrennt (z. B. 12:34:56:78:9A:BC oder 12-34-56-78-9A-BC).

Die 48 Bit der MAC-Adresse teilen sich wie folgt auf:

Bit 1	Bit 2	Bit 3–24	Bit 25–48
I/G	U/L	OUI	OUA

Abbildung 12.4 Aufbau der MAC-Adresse

Die Bedeutung der vier Bestandteile finden Sie in Tabelle 12.5:

Feld	Bedeutung
I/G	Unterscheidung, ob individuelle oder Gruppenadresse: ▸ 0: Unicast-Adresse (individuelle Adresse für einen Netzwerkadapter) ▸ 1: Multicast-Adresse (Zieladresse für eine Gruppe von Stationen)
U/L	▸ 0: universelle, weltweit eindeutige und unveränderbare Adresse ▸ 1: lokal veränderbare Adresse
OUI	Organizationally Unique Identifier (OUI): Code für Hersteller der Netzwerkkarte
OUA	Organizationally Unique Address (OUA): wird vom Netzwerkkartenhersteller selbst (eindeutig) vergeben

Tabelle 12.5 Bestandteile der MAC-Adresse

Sollen Ethernet-Pakete an mehrere Empfänger versendet werden, werden *Multicast*-Adressen (I/G = 1) eingesetzt. Sie existieren nur als Destination-Adressen. Für spezielle Anwendungen gibt es jeweils standardisierte Multicast-Adressen. Der *Broadcast* (Ethernet-Frame an alle Stationen) ist ein Sonderfall, für den eine einzige Adresse, die aus 48 1-Bits besteht, reserviert wurde. Die kanonische Form einer Broadcast-Adresse lautet demnach: FF-FF-FF-FF-FF-FF.

Der Ethernet-Datenframe

Aus einer Vielzahl leicht unterschiedlicher Rahmenformate (Ethernet-II, Ethernet 802.3 raw, Ethernet 802.3, Ethernet 802.3 SNAP usw.) wird heutzutage fast ausschließlich der Ethernet-II nach IEEE 802.3 Tagged MAC Frame verwendet mit einem IEEE 802.1Q VLAN-Tag (das wir später noch genauer ansehen).

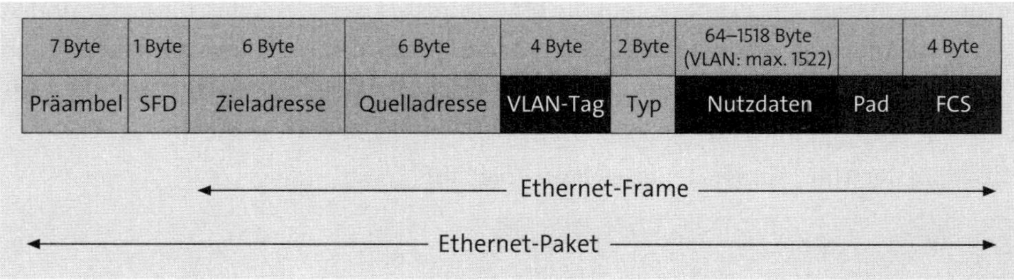

Abbildung 12.5 Frameaufbau (Ethernet-II nach IEEE 802.3)

Im Detail bedeuten die einzelnen Bestandteile:

Feld	Bedeutung
Präambel	7 Byte lange, alternierenden Bitfolge aus 10101010..., dient der Bitsynchronisation der Netzwerkgeräte.
SFD	Der Start Frame Delimiter (SFD) mit der Bitfolge 10101011 dient ebenfalls der Synchronisation.
Zieladresse	Die MAC-Adresse des Geräts, das das Datenpaket empfangen soll; kann auch eine Multicast-Adresse sein, siehe Tabelle 12.5.
Quelladresse	Die MAC-Adresse des Absenders dieses Pakets.
VLAN-Tag	Das VLAN-Tag enthält: ▶ Byte 0–1: konstant 0x8100, Tag-Typ nach IEEE 802.1Q ▶ Byte 2–3: der Tag Control Identifier (TDI): – 3 Bit VLAN-Priorität (0 = niedrigste) – 1 Bit Canonical Format Indicator (CFI) – 12 Bit für die VLAN-ID
Typ	Gibt Auskunft über das verwendete Protokoll der nächsthöheren Schicht innerhalb der Nutzdaten, eine Auswahl an Typen ist: ▶ 0x0800: IPv4 ▶ 0x0806: ARP ▶ 0x0842: Wake-On-LAN ▶ 0x8100: VLAN-Tag ▶ 0x86DD: IPv6 ▶ 0x8870: Jumbo-Frames
Nutzdaten	die eigentlichen Nutzdaten

Tabelle 12.6 Bestandteile eines Frames (Ethernet-II nach IEEE 802.3)

Feld	Bedeutung
Pad	Pad-Bytes werden angehängt, um die erforderliche Minimalgröße von 64 Byte pro Paket zu erreichen.
FCS	Die Frame Check Sequence (FCS) als Prüfinformation auf korrekten Empfang, implementiert als 32-Bit-CRC; fehlerhafte Pakete werden beim Empfänger verworfen.

Tabelle 12.6 Bestandteile eines Frames (Ethernet-II nach IEEE 802.3) (Forts.)

12.4.3 Die Ethernet-Topologie

Das ursprüngliche Ethernet nutzte ein Koaxialkabel als Übertragungsmedium. Das Netzwerk hatte eine Busstruktur, bei der jede Station mit mehreren anderen Stationen verbunden war. An den beiden Kabelenden war jeweils ein Busabschlusswiderstand notwendig.

Heute ist die Leitungsführung als Sterntopologie aufgebaut, an deren zentralem Punkt ein Switch (oder Hub) als Verteilstation arbeitet. Man spricht daher auch vom *Switched Ethernet*.

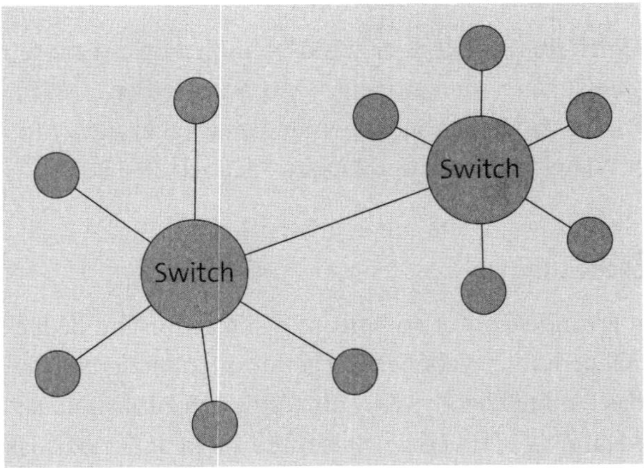

Abbildung 12.6 Sterntopologie beim Switched Ethernet

Der Switch ist mit den einzelnen Stationen jeweils durch eine maximal 100 m lange Twisted-Pair-Leitung verbunden. Switches lassen sich zudem kaskadieren.

Die physikalische Sterntopologie von Ethernet ist, auch in der logischen Topologie, ein Stern, sofern Sie Switches einsetzen. Wird hingegen ein Hub verwendet, liegt eine logische Bustopologie vor, der Datenfluss von einem Knoten fließt gleichzeitig zu allen anderen Knoten. Mehr zum Thema logische und physikalische Topologie finden Sie in Abschnitt 8.2.1, »Welche KNX-TP-Topologien sind möglich?«.

Was ist ein VLAN?

Sie haben in Abschnitt 12.4.2, »Das Ethernet-Rahmenformat«, bereits die VLAN-Tags kennengelernt, aber was genau ist eigentlich ein VLAN? Die Abkürzung *VLAN* steht für »virtuelles LAN«, gemeint ist eine Netzstruktur mit allen Eigenschaften eines gewöhnlichen LAN, jedoch ohne die räumliche Bindung. VLANs sind geswitchte Netze, die logisch segmentiert werden können und es erlauben, Server und Rechner nach ihrer Funktion zu (dynamischen) Arbeitsgruppen zusammenzufassen. Eine physikalische Veränderung des Netzes ist dabei nicht notwendig, auch ein Umpatchen ist nicht nötig. VLANs können direkt per Software eingerichtet werden (z. B. über Managed Switches).

Ein VLAN bedeutet eine zusätzliche Broadcast- und Kollisionsdomäne, die sich auch über mehrere Switches erstrecken kann. Ein Broadcast-Verkehr ist nur innerhalb eines VLAN sichtbar. Telegramme, die über VLAN-Grenzen hinaus übertragen werden sollen, müssen geroutet werden. Dazu können Sie entweder einen Router über mehrere physische Ports als Teil mehrerer VLANs einrichten, oder Sie setzen VLAN-Trunking ein. In diesem Fall wird der Router VLAN-Tags erkennen und verändern können.

12.5 Funknetzwerke mit WLAN

WLAN (Wireless LAN) ist als Oberbegriff für alle auf dem Markt befindlichen drahtlosen lokalen Datennetze kurzer Reichweite zu verstehen, worunter z. B. auch ZigBee, KNX RF, Bluetooth und viele weitere Standards fallen. Im allgemeinen Sprachgebrauch (und ebenso in diesem Buch) bezeichnet WLAN jedoch ein Funknetzwerk nach IEEE 802.11.

12.5.1 WLAN ist eine Art drahtloses Ethernet

Wi-Fi als ein für Marketingzwecke erfundenes Kunstwort ohne akronymische Bedeutung wird oft als Synonym für WLAN benutzt, ist aber genau genommen nicht das Gleiche wie WLAN. WLAN bezeichnet das Funknetzwerk, Wi-Fi hingegen den Funkstandard. Da in der Regel aber beide Begriffe Hand in Hand gehen, bedeuten sie in der Praxis das Gleiche. Lassen Sie sich also bitte nicht verwirren, wenn in Ihrem Hotel zwar ein Gast-WLAN zur Verfügung steht, aber Ihr Laptop »leider nur Wi-Fi« unterstützt.

Der WLAN-Standard IEEE 802.11 baut auf den anderen Standards von IEEE 802 auf und ist vereinfacht gesagt eine Art kabelloses Ethernet. Er legt die Bitübertragungsschicht des OSI-Referenzmodells für ein Wireless LAN fest, das, wie jedes andere IEEE-802-Netzwerk auch, vollkommen protokolltransparent arbeitet. Somit lassen sich drahtlose Netzwerkkarten problemlos in jedes vorhandene Ethernet einbinden, eine verdrahtete Ethernet-Verbindung (nach IEEE 802.3) also jederzeit durch eine Wireless-LAN-Verbindung (nach IEEE 802.11) ersetzen.

12.5.2 Die wichtigsten WLAN-Techniken

IEEE 802.11 ist der ursprüngliche Standard mit noch sehr kleinen Übertragungsraten von 1 bis 2 MBit/s, wurde und wird bis heute aber laufend erweitert, hauptsächlich mit dem Ziel, die Sicherheit, Kompatibilität und die Geschwindigkeit zu erhöhen.

Standard	Frequenz	Übertragungsrate	Kommentar
802.11	2,4 GHz	▸ brutto: 2 MBit/s ▸ netto: 0,5–1 MBit/s	
802.11b	2,4 GHz	▸ brutto: 11 MBit/s ▸ netto: 1–5 MBit/s	drei nicht überlappende Kanäle
802.11a/h/j	5 GHz	▸ brutto: 54 MBit/s ▸ netto: bis 32 MBit/s	zwölf nicht überlappende Kanäle
802.11g	2,4 GHz	▸ brutto: 54 MBit/s ▸ netto: 2–16 MBit/s	
802.11n	2,4 GHz, 5 GHz	▸ brutto: 150–600 MBit/s ▸ netto: bis 200 MBit/s	
802.11ac	5 GHz	▸ brutto: 1.300 MBit/s ▸ netto: bis 400 MBit/s	Gigabit-WLAN, Beschleunigung durch Optimierung des Übertragungsprotokolls
802.11ad	60 GHz	einige GBit pro Sekunde	Gigabit-WLAN für schnelle Punkt-zu-Punkt-Verbindungen
802.11i	Verschlüsselung mit AES, aufbauend auf WEP, WPA		
802.11e	erweitert um QoS (Quality of Service), Priorisierung von Paketen (z. B. für Multimedia-Anwendungen, Streaming)		

Tabelle 12.7 Die wichtigsten 802.11-Standards

12.5.3 Das WLAN-Protokoll

Da IEEE 802.11 Ethernet als Basistechnik hat, verfügt es auch über dessen Frametypen und Zugriffsmethoden. Somit wird ein Ethernet-Frame in einem WLAN-Frame eingebettet übertragen und darf sogar deutlich länger sein (2.304 Bytes) als bei Fast-Ethernet (1.518 Bytes).

20 µs	24..32 Byte	4–8 Byte	8 Byte	max. 2304 Byte	4 Byte
Präambel	802.11 Header	IV	SNAP	Ethernet-Frame	FCS

Abbildung 12.7 WLAN-Frame nach IEEE 802.11

Eine vorangestellte Präambel von 20 µs dient der Synchronisierung des Empfängers. Es folgt der 802.11-Header mit bis zu 32 Byte. Der Sequenzzähler (IV) wird bei verschlüsselten Paketen benötigt und beträgt 4 oder 8 Byte. Der 8 Byte große LLC-SNAP-Header erlaubt es, Ethernet-Pakete über Nicht-Ethernet-Medien zu transportieren. Es folgt der eingebettete Ethernet-Frame, der auch die eigentlichen Nutzdaten beinhaltet. Abgeschlossen wird das ganze Paket mit einer 32-Bit-Prüfinformation.

12.5.4 Ein Wort zur Übertragungsgeschwindigkeit

Sämtliche IEEE-WLAN-Standards werden mit einer theoretisch maximalen Übertragungsgeschwindigkeit spezifiziert. Bei einer WLAN-Verbindung nach IEEE 802.11g mit 54 MBit/s bleiben in der Praxis selten mehr als 20 MBit/s übrig. Ein WLAN nach IEEE 802.11b mit 11 MBit/s erreicht selten mehr als 5 MBit/s. Auch beim schnelleren IEEE 802.11n ist das nicht anders. Bei Bruttoraten von 150, 300, 450 oder sogar 600 MBit/s sind trotz guter Funkverbindungen kaum mehr als 50 % davon netto erreichbar. Je nach Umgebungsbedingungen, Anzahl der teilnehmenden Stationen und deren Entfernung sinkt die Geschwindigkeit gern auf nur einen Bruchteil der theoretischen Datenrate.

Schuld daran ist die Tatsache, dass es sich bei Funk nur um einen geteilten Übertragungskanal handelt, der von mehreren Teilnehmern gleichzeitig genutzt werden möchte. Das CSMA/CA-Zugriffsverfahren (siehe Abschnitt 8.8.1, »Übertragung über Twisted Pair: KNX TP1«) regelt, wann eine Station senden darf, während alle anderen Teilnehmer warten. Rechnet man noch die nach Sendevorgängen anfallenden Pausen hinzu, ist die Belegung der Funkschnittstelle immer deutlich unter 100 %.

12.5.5 5 GHz oder 2,4 GHz?

Wenn Sie planen, WLAN-Hardware neu anzuschaffen, setzen Sie am besten auf einen Dualband-Router, der sowohl das 2,4-GHz- als auch das 5-GHz-Band beherrscht. Der Vorteil: Sie können mit zwei konkurrierenden WLAN-Netzen innerhalb Ihres Hauses oder Ihrer Wohnung die Vor- und Nachteile beider Bänder zu Ihren Gunsten nutzen. Gehen Sie im 2,4-GHz-Band mit Laptops oder Smartphones ins Internet, während Sie größere Datenmengen (z. B. Streams) über das 5-GHz-Band übertragen. Arbeiten beide Netze parallel, stören einzelne Teilnehmer die Geräte im jeweils anderen Band nicht mehr.

Was genau sind nun die Unterschiede zwischen den beiden Frequenzbereichen?

Eigenschaft	2,4 GHz	5 GHz
Maximale Sendeleistung	100 mW	200 mW oder mehr
Maximale Reichweite	besser als bei 5-GHz-Bereich	schlechter als bei 2,4-GHz-Bereich
Unterstützte Hardware	praktisch alle WLAN-Clients und WLAN-Router	nur neuere Geräte
Anzahl der 20-MHz-Kanäle ohne Überlappung	3 Kanäle	19 Kanäle
Anzahl der 40-MHz-Kanäle ohne Überlappung	1 Kanal	9 Kanäle
Störungsfreiheit	schlechter als bei 5-GHz-Bereich	besser als bei 2,4-GHz-Bereich

Tabelle 12.8 Unterschiede zwischen 2,4- und 5-GHz-WLAN

Sie sehen, WLAN hat zwar bei 5 GHz prinzipiell eine geringere Reichweite, punktet aber mit deutlich mehr nutzbaren Kanälen als bei 2,4 GHz. Oft ist das 2,4-GHz-Band (besonders in Städten) schlichtweg überlaufen, Sie müssen sich also die Bandbreiten mit anderen Geräten, die in Funkreichweite sind und auf demselben Kanal arbeiten, teilen. Im 5-GHz-Band können sich die einzelnen Teilnehmer, bedingt durch die höhere Anzahl verfügbarer Kanäle, besser ausweichen.

12.5.6 Das Thema Sicherheit im WLAN

Da sich Funksignale naturgemäß im freien Raum bewegen, können Sie mit einfachen Mitteln abgehört (oder auch gestört) werden. Das Abhören lässt sich wirksam mit ausreichend starker Verschlüsselung verhindern. Ein unverschlüsseltes WLAN sollten Sie niemals betreiben, nicht nur um Ihre Privatsphäre nicht zu gefährden, sondern auch weil Sie rechtlich in Verantwortung genommen werden könnten, wenn Ihr ungesichertes WLAN durch fremde Personen für Rechtsverletzungen missbraucht wird.

Der Stand der Technik bei Verschlüsselungsverfahren ist heute *WPA2*. Geräte, die nur veraltete Techniken wie WPA oder WEP unterstützen, sollten Sie dringend ersetzen. In Abschnitt 24.7 finden Sie ergänzende Informationen zum Thema Verschlüsselung im Netzwerk.

12.5.7 WLAN-Hardware

Wurden PCs und Laptops anfangs noch mit WLAN-Erweiterungskarten ausgestattet, besitzen neuere Geräte nur noch eine Single-Chip-Lösung, um einem WLAN-Netzwerk beitreten zu können. Vieles, was früher als WLAN-Zusatzhardware erhältlich war, gibt es heute schon gar nicht mehr. Aktuell eingesetzte Geräte sind:

- *WLAN-PCI-Netzwerkadapter*: Steckkarten für Desktop oder Tower-Gehäuse mit meistens nach außen geführter Antenne.
- *WLAN-USB-Stick*: Entspricht dem PCI-Netzwerkadapter, wird aber über einen USB-Port betrieben, hat einen sehr kleinen Formfaktor und besitzt in der Regel eine eingebaute Antenne.
- *WLAN-Access-Point*: Als eigenständige Geräte, oft mit mehr als einer Antenne, werden Access Points (AP) eingesetzt, um eine WLAN-Infrastruktur aufzubauen. APs kennen unterschiedliche Betriebsarten:
  - als *Access Point*: Zugangspunkt für alle mobilen Geräte
  - als *Client*: Anschluss eines PCs
  - als *Repeater*: zur Erhöhung der Reichweite eines Access Points oder um zwei drahtgebundene Netzwerke über eine WLAN-Verbindung zu koppeln
- *WLAN-Router*: Kombination aus Router und WLAN-Access-Point, stellt in der Regel auch durch sein eingebautes Modem die WAN-Schnittstelle (z. B. über DSL) zum Internet für alle Netzwerkteilnehmer zur Verfügung.

Bessere WLAN-Verbindungsqualität

Um zu Hause eine möglichst störungsfreie, weitreichende und schnelle WLAN-Infrastruktur aufzubauen, beachten Sie bitte folgende Ratschläge:

- Installieren Sie mehrere Access Points (APs) mit ausreichendem Abstand, aber möglichst in Sichtverbindung zueinander.
- Bringen Sie APs tendenziell erhöht an, entweder an der Wand oder an der Decke.
- Spielen Sie mit der Ausrichtung des Geräts, eine Drehung um 90° oder 180° kann Ihre Verbindungsstärke wesentlich verbessern oder verschlechtern.
- Wände und Decken aus Beton oder Stahl dämpfen das WLAN-Signal sehr. Besser durchdrungen werden Leichtbauwände, wobei Rigipsplatten wegen ihrer hygroskopischen Eigenschaften (Wasser anziehend) die Signalqualität leider deutlich verringern. Ebenso negativ bei der Durchdringung wirken sich Fenster mit Wärmeschutzverglasung aus.
- Meiden Sie beim Aufstellen von Access Point oder WLAN-Teilnehmern Ecken und Nischen.
- Soll Ihr WLAN über mehrere Etagen hinweg betrieben werden, ist es von Vorteil, die Antennen schräg zu stellen.
- Für den Außenbereich bieten sich Outdoor-Antennen zur Reichweitenerhöhung an, wobei darauf zu achten ist, dass der Antennengewinn nicht die Kabeldämpfung zur Antenne übersteigen darf, da sonst die abgestrahlte Sendeleistung über die gesetzlich erlaubte effektive Strahlungsleistung steigen würde.

- Bei Einsatz mehrerer WLAN-APs entsteht ein gemeinsames WLAN-Netzwerk, in dem Sie allen APs die gleiche SSID und den gleichen Netzwerkschlüssel, aber unterschiedliche Funkkanäle vergeben. Die WLAN-Teilnehmer suchen sich automatisch denjenigen AP mit dem stärksten Signal.
- Eine Vermessung Ihrer WLANs mit anschließender Optimierung der Geräte- und Antennenpositionen führen Sie komfortabel mit Analyzer-Tools durch, z. B. dem kostenlose Wi-Fi Analyzer (Android) oder FRITZ!App WLAN (Android).

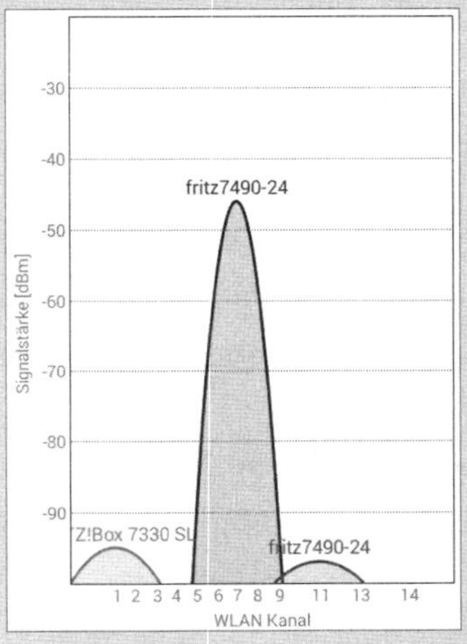

Abbildung 12.8 Mobiler Wi-Fi Analyzer

12.6 Antriebe steuern mit SMI

Das *Standard Motor Interface* (*SMI*) wird in der Gebäudeautomation als einheitliche Schnittstelle für elektrische Antriebe eingesetzt. Besondere Bedeutung kommt SMI im Anwendungsbereich Beschattung (Jalousien, Rollladen) zu, wo es als spezialisierter Sub-Bus die Ansteuerung der Antriebe übernimmt und sich an einen übergeordneten Automatisierungsbus (wie z. B. KNX) anbinden lässt.

SMI wurde entwickelt, um die Kompatibilität zwischen unterschiedlichen Steuerungen und Antrieben verschiedener Hersteller zu gewährleisten. Als digitaler Schnittstellenstandard für die Antriebssteuerung ergänzt er bestehende Gebäudebussysteme, ersetzt diese aber keinesfalls.

Ein Bussystem, wie z. B. KNX/EIB, übermittelt Befehle bereits als digital codierte Bustelegramme. Herkömmliche Jalousieaktoren wandeln diese Telegramme wieder in zeitgesteuerte Schaltsignale für konventionelle Antriebe um. Der Einsatz von SMI erweitert die digitale Steuerung hingegen bis zum Sonnenschutzsystem selbst und verhindert den Verlust von Informationen und Genauigkeiten auf dem Weg zwischen Kommandogeber und Antrieb.

12.6.1 Technische Daten des Standard Motor Interface

Das SMI wurde im Hinblick auf möglichst einfache Gebäudeverkabelung optimiert, es zeichnet sich durch folgende Rahmendaten aus:

- Die maximale Distanz zwischen Steuerung und Antrieb beträgt 350 m.
- Die Verkabelung erfolgt über fünfpolige Anschlussleitungen mit PE, L, N und den beiden verpolungssicheren SMI-Adern I+ und I– (schwarz und grau).
- Bis zu 16 Antriebe lassen sich an einer gemeinsamen Verkabelung individuell adressieren.
- Die bidirektionale Datenübertragung erfolgt mit 2.400 Bit/s.
- SMI kann auch für Kleinspannungsantriebe (24 V) eingesetzt werden (SMI LoVo).

Dem Mehrpreis von ca. 100 € eines SMI-Antriebs gegenüber einem herkömmlichen Modell steht eine Reihe an Vorteilen gegenüber:

- wesentlich präziseres Anfahren von Zwischenpositionen, insbesondere für Lamellenwinkel
- eingebaute Diagnosefunktionen (z. B. Motor dreht, Drehrichtung, Motorfehler)
- Reduzierung des Verkabelungsaufwands durch Parallelschaltung von bis zu 16 Antrieben
- spezieller Inbetriebnahmemodus (Ansteuerung mit einfachen Tastschaltern)
- Abfrage der echten aktuellen Position
- Antriebskonfiguration mittels Testadapter und einheitlicher Software (SMI-easyMonitor, Download: *http://www.smi-group.com*)

Eine Positionsabfrage von Behanghöhe und Lamellenwinkel ist, wenn auch bedingt, natürlich mit herkömmlichen Jalousiemotoren und entsprechendem KNX-Aktor möglich, jedoch resultiert der Wert nur auf einer »Schätzung« des Jalousieaktors, die er aus der Dauer von Fahrkommandos gewinnt.

12.6.2 Schematischer Anschluss von SMI-Antrieben

Einen KNX-Jalousieaktor mit SMI finden Sie z. B. beim Hersteller ABB. Der JA/S4.SMI.1M mit manueller Bedienung ermöglicht die Steuerung von vier unabhängigen Gruppen zu je vier SMI-Jalousie- oder Rollladenantrieben über den KNX-Bus. Den JA/S4.SMI.1M können Sie entweder im Einzelbetrieb (ein SMI-Antrieb pro Gruppe/Ausgang) oder im Parallelbetrieb mit Mehrfachadressierung (bis zu vier SMI-Antriebe als Gruppe pro Ausgang) betreiben. Bei der Inbetriebnahme ist dadurch keine SMI-Adressierung notwendig. Der Aktor prüft zyklisch den SMI-Bus auf (neue) Antriebe und kann Adresskonflikte erkennen und auflösen.

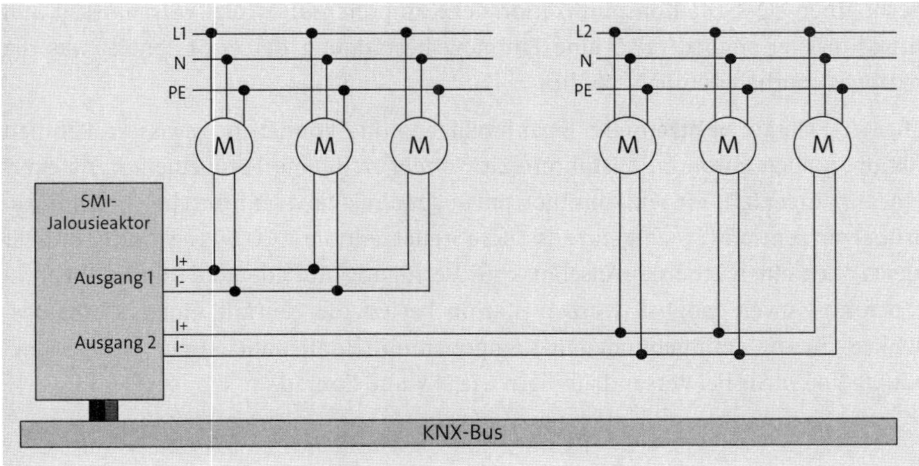

Abbildung 12.9 Schematische Darstellung des Anschlusses eines KNX-Jalousieaktors mit SMI

Die SMI-Adern I+ und I– dürfen Sie in der Motoranschlussleitung des SMI-Antriebs oder auch in einer eigenen führen, wobei das Zusammenlegen der SMI-Adern mit Adern fremder Signale in einer Leitung nicht zulässig ist. Sollen parallel geschaltete SMI-Antriebe aus verschiedenen Phasen mit Strom versorgt werden, müssen Sie die beiden Adern I+ und I– in einer separaten Leitung verlegen.

Die ersten Antriebe mit SMI-Schnittstelle wurden Anfang 2004 zertifiziert. Inzwischen ist ein breites Sortiment an Antrieben von verschiedenen Herstellern entstanden. Eine Datenbank fasst die geprüften Produkte, die das SMI-Zeichen tragen dürfen, zusammen. Die Datenblätter der registrierten Produkte finden Sie unter *http://standard-motor-interface.com/?page_id=286*.

12.7 Und es gibt noch mehr: HomeMatic, RWE SmartHome usw.

Natürlich gibt es noch jede Menge weitere Technologien mit Smart-Home-Relevanz. Jede einzelne umfassend zu behandeln, würde jeden Rahmen sprengen. Mit den bisher kennengelernten sind Sie in der Lage, nahezu jede Automatisierungsfunktion umzusetzen. Trotzdem möchte ich Ihnen in Kurzform noch ein paar weitere durchaus bekannte Systeme vorstellen.

12.7.1 HomeMatic

Speziell ausgelegt für Anwendungen in der Gebäudeautomation, bietet die funkbasierte HomeMatic-Lösung (*http://www.homematic.com*) eine breite Palette an Smart-Home-Komponenten, angefangen bei Schaltern und Dimmern über Wettersensoren, Zutrittskontrolle und Warnmeldern bis hin zu Steuerungen von Heiz-, Kühl- und Lüftungssystemen. Entwickelt wurde das HomeMatic-Protokoll (BidCoS) vom deutschen

Unternehmen eQ-3. Die Kommunikation der Komponenten erfolgt verschlüsselt und bidirektional, ermöglicht also eine Empfangsbestätigung der Funksignale, was die Funktionssicherheit deutlich erhöht.

HomeMatic-Geräte besitzen eine Eigenintelligenz und können in gewissem Rahmen Funktionen auch autonom ausführen. Ein Sender (z. B. eine Fernbedienung) steuert einen Empfänger (z. B. ein Funkdimmer) entweder direkt an oder führt die Kommunikation über ein zentrales Steuergerät aus. Diese Steuerzentrale (CCU 2, Preis: ca. 110 €) stellt zugleich auch einen Ethernet-Anschluss zur Verfügung, über den die Kommunikation mit der Außenwelt möglich wird. Weiterhin besitzt die Zentrale einen RS-485-Busanschluss für die drahtgebundenen Komponenten (HomeMatic wired). HomeMatic-Produkte finden Sie bei Versandhändlern wie ELV und Conrad.

12.7.2 RWE SmartHome

In Grundzügen vergleichbar mit HomeMatic ist das RWE SmartHome-Produktsortiment. Die Ähnlichkeit ist nicht verwunderlich, zeichnet sich doch dieselbe Firma (eQ-3) für die Entwicklung verantwortlich. Das RWE-System (*www.rwe-smarthome.de*) setzt bereits auf das erweiterte Internetprotokoll IPv6 und verschlüsselt die Datenübertragung mit AES-128. Die Steuerzentrale (RWE SmartHome Zentrale SHC, Preis: ca. 150 €) fungiert als Herzstück des Systems und ist für dessen Betrieb immer notwendig. Auch wenn mit dem Produktnamen in erster Linie der Energieanbieter RWE verknüpft wird, müssen Sie natürlich kein RWE-Kunde sein, um das Automatisierungssystem zu verwenden.

12.7.3 DECT

Das insbesondere von den schnurlosen Telefonen bekannte DECT (Digital Enhanced Cordless Telecommunications) ist zwar kein proprietäres System, die Anzahl der Anbieter von Automatisierungskomponenten auf DECT-Basis ist jedoch sehr übersichtlich. Populärster Anbieter ist die in Deutschland sehr bekannte Firma AVM aus Berlin (*www.avm.de*), die durch die enorme Verbreitung ihrer FRITZ!Box-Produktfamilie eine gewisse Marktdominanz genießt. Eine schöne Erweiterung für Besitzer einer FRITZ!Box ist ein relativ neues Produkt namens FRITZ!DECT 200 (siehe Abbildung 12.10). Es handelt sich um eine intelligente Steckdose in Form eines Zwischensteckers, die sich nahtlos in neuere Firmwareversionen der FRITZ!Box integriert und per verschlüsseltes DECT angesteuert wird. Neben dem ferngesteuerten Schalten der angeschlossenen Verbraucher misst das Gerät auch deren Energieverbrauch und stellt eine Verbrauchsübersicht zusammen, die Ihnen die FRITZ!Box auf Wunsch per E-Mail zusendet. Zudem ermittelt FRITZ!DECT die Temperatur am Zwischenstecker.

Ist eine Fritz!DECT-Steckdose erst einmal an einer Fritz!Box angemeldet, was problemlos funktioniert, können Sie über die Fritz!Box-Weboberfläche die Steckdose fernsteuern und Informationen zu Temperatur und Energieverbrauch abrufen (vergleiche Abbildung 12.11).

Abbildung 12.10 Fritz!DECT 200: intelligente Steckdose mit Extra-Funktionen

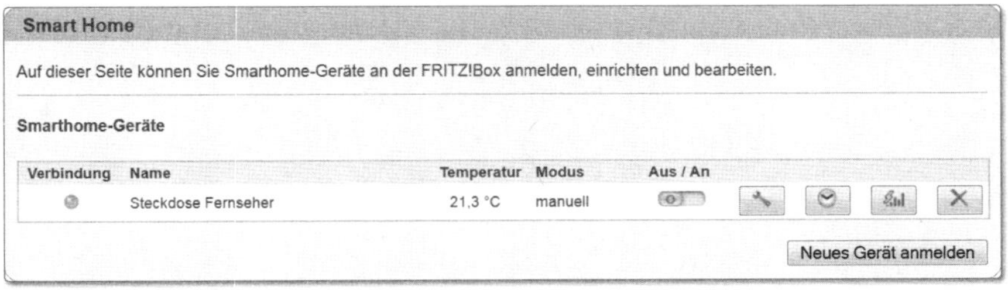

Abbildung 12.11 Eine DECT-Steckdose als Smart Home Gerät

Abbildung 12.12 zeigt Ihnen eine weitere praktische Anwendung der DECT-Steckdose. Das Fritz!DECT 200 protokolliert vollautomatisch den Energieverbrauch der angeschlossenen Geräte, der sich über die Fritz!Box-Weboberfläche jederzeit abfragen lässt.

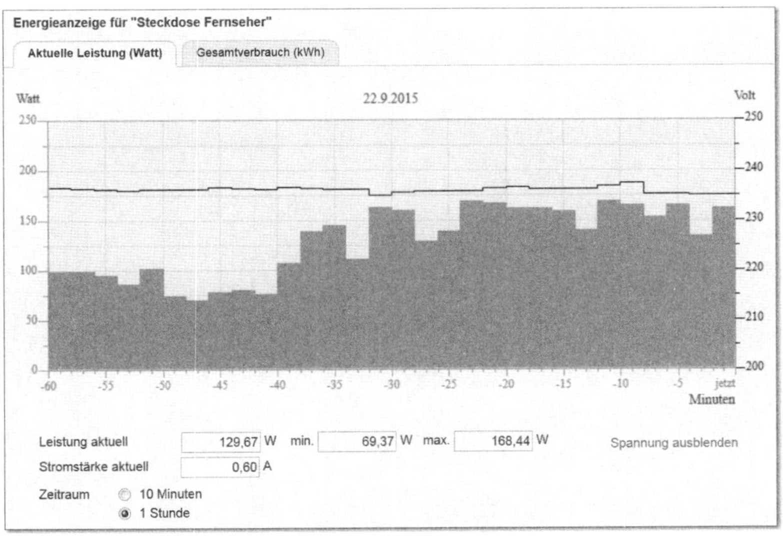

Abbildung 12.12 Ein Energiegraph mit der Fritz!Box Smart Home-Funktion

Genauso einfach funktioniert das Schalten und die Temperatur-Abfrage übrigens auch über ein Fritz!Fon-Telefon.

Kapitel 13
Ausgewählte Netzwerkprotokolle

Erfahren Sie, was genau es mit dem OSI-Referenzmodell auf sich hat und warum Sie im Übrigen keine Salamipizza wegwerfen sollten.

In Datennetzen und dabei besonders auch im Internet sind viele verschiedene Netzwerktypen mit noch mehr unterschiedlichen Geräten und Betriebssystemen einer Vielzahl von Herstellern miteinander verbunden. In einem solchen offenen System kann eine gemeinsame und geregelte Datenkommunikation nur stattfinden, wenn feste Vereinbarungen getroffen werden, an die sich alle Netzteilnehmer binden. Man nennt diese Vereinbarungen *Protokolle*. Zwei davon lernen Sie in diesem Kapitel genauer kennen: *SNMP*, das Simple Network Management Protocol, und mit *UPnP* (Universal Plug and Play), eine ganze Protokollfamilie.

13.1 Das OSI-Referenzmodell

Um die unterschiedlichen Netzwerkprotokolle systematisch einordnen zu können, hat die Standardisierungsorganisation ISO (International Organization for Standardization) Anfang der 80er-Jahre das *OSI-Schichtenmodell* entworfen. Das OSI-Modell (Open System Interconnect Reference Model) setzt sich aus insgesamt sieben Schichten, den sogenannten *Layern*, zusammen, die jeweils einen Teilaspekt der Netzwerkkommunikation beschreiben. Ein Protokoll wird immer einer bestimmten Schicht (manchmal auch mehreren) zugeordnet und erfüllt die Aufgaben, die in dieser Schicht angesiedelt sind. Jede Schicht tritt dabei als Dienstleister für die darüberliegende Schicht auf und benutzt wiederum selbst Funktionalitäten der darunterliegenden Schicht (siehe Abbildung 13.1).

Ein kleines Beispiel: Wenn Sie eine Webseite über Ihren Browser abrufen, kommuniziert Ihr Rechner (Client) mit einem entfernten Server über das HTTP-Protokoll, das den OSI-Schichten 5 bis 7 zugeordnet ist. Die eingegebene URL wird dabei zuerst über das DNS-Protokoll in eine IP-Adresse aufgelöst. Zur Übertragung greift HTTP auf das TCP-Protokoll der Transportschicht zurück, die wiederum die Dienste des Schicht-3-Protokolls IP in Anspruch nimmt. Da Ihr Rechner vermutlich über eine Ethernet-Verbindung kommuniziert, gibt das IP-Protokoll die zu sendenden Daten an den MAC-Layer (Schicht 2) weiter, der für den Transfer das physikalische Medium Ethernet benutzt. Beim Empfänger (dem Webserver) durchlaufen die eingehenden Daten die gleichen Schichten, nur diesmal in umgekehrter Reihenfolge. Die Netzwerkkarte gibt alle für sie bestimmten

Datenpakete an die darüberliegende Schicht weiter, diese verfährt genauso mit der nächsthöheren Schicht. Das passiert so lange, bis die Datenpakete in der Schicht angekommen sind, für die sie bestimmt sind. In unserem Beispiel kann das die Anwendungsschicht sein, auf der der Webserver per HTTP die Daten entgegennimmt. Ist ein empfangenes Paket nicht für HTTP bestimmt, sondern besteht lediglich aus Synchronisierungsdaten für die TCP-Schicht, wird es von dieser selbstständig ausgewertet, und eine dem Protokoll entsprechende Reaktion wird ausgelöst. Ein darüberlegendes Protokoll würde von diesen Interna sozusagen verschont werden. Diese Abstraktion ist einer der Grundgedanken des OSI-Modells.

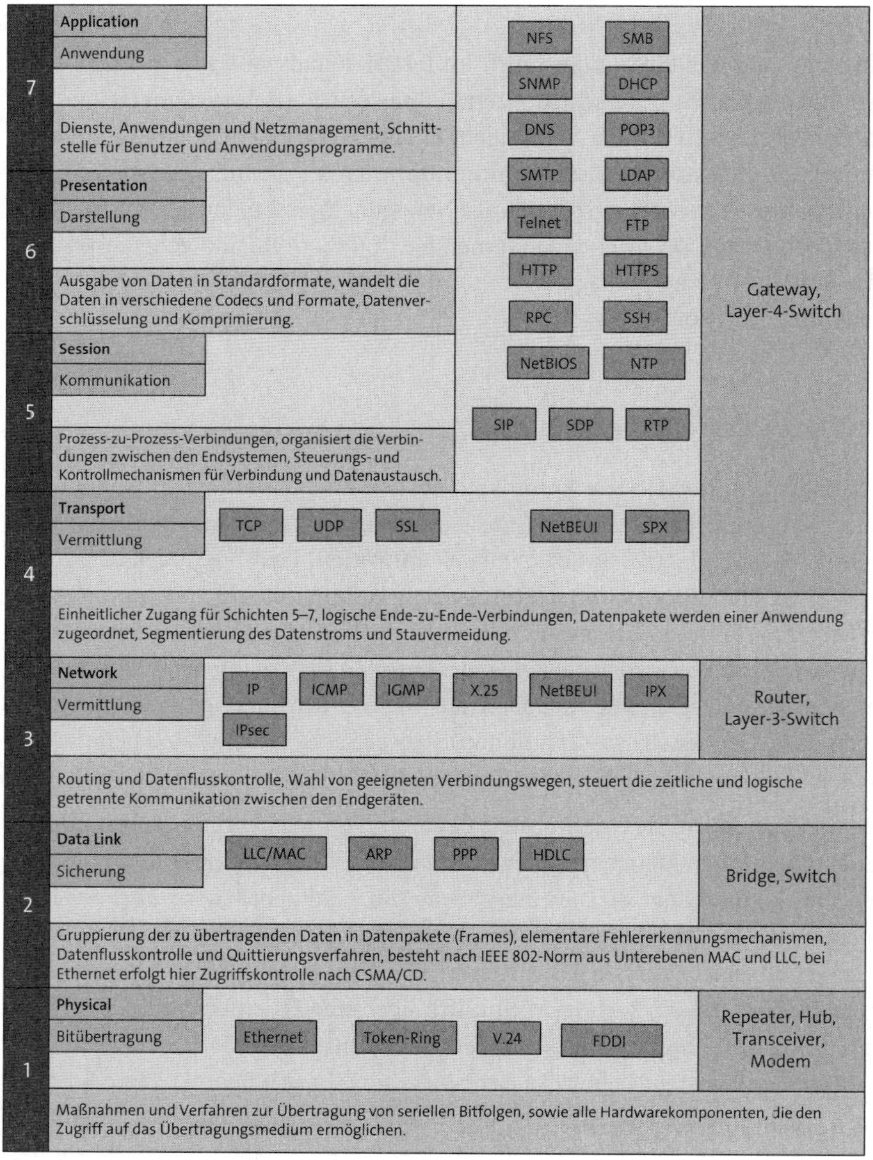

Abbildung 13.1 Das OSI-Referenzmodell

Abbildung 13.1 zeigt alle sieben OSI-Schichten zusammen mit ihren deutschen und englischen Namen, einer kurzen Beschreibung der Schichten sowie die darin einkategorisierten wichtigen Protokolle und zugeordneten Netzwerkkomponenten. Auf Letztere gehe ich im Hardwarekapitel über Router, Switches und Hubs (Kapitel 42, »Netzwerkkomponenten einsetzen«) nochmals gesondert ein.

Die Übergänge zwischen den einzelnen Schichten sind Schnittstellen, die von den implementierten Protokollen verstanden werden müssen. Wie Sie in Abbildung 13.1 erkennen, erstrecken sich manche Protokolle, die für ganz bestimmte Anwendungen entwickelt wurden, auch über mehrere Schichten, insbesondere über die Schichten 5 bis 7.

Die englischen Namen der sieben Schichten können Sie sich übrigens mit einer kleinen Eselsbrücke ganz leicht merken. Von unten nach oben gesehen, lauten die Anfangsbuchstaben »**P**lease **D**o **N**ot **T**hrow **S**alami **P**izza **A**way«, analog zu den Bezeichnungen **P**hysical, **D**ata **L**ink, **N**etwork, **T**ransport, **S**ession, **P**resentation, **A**pplication.

13.2 Netzwerke mit SNMP managen

SNMP (Simple Network Management Protocol) ist ein einfacher und dennoch leistungsfähiger Mechanismus für die Überwachung und Steuerung von Netzwerkgeräten (wie beispielsweise Routern, Switches, Rechnern oder Druckern) sowie zur vorbeugenden Diagnose und Problemanalyse.

13.2.1 Was ist SNMP?

SNMP als Protokoll regelt die Kommunikation zwischen den überwachten Geräten und der Überwachungsstation und beschreibt den Kommunikationsaufbau sowie die Datenpakete, die gesendet werden können.

Im OSI-Referenzmodell ist das Protokoll SNMP in die Anwendungsschicht (Schicht 4) eingeordnet, basiert auf dem UDP-Layer und hat sich durch seine modulare Struktur und Vielseitigkeit als Standard in der Industrie bewährt. Es wird von beinahe allen Managementprogrammen und Endgeräten unterstützt. SNMP ist über mehrere RFCs (u. a. RFC 1157 und RFC 3410) standardisiert und aktuell in drei Versionen eingesetzt:

- *Version 1*: Die älteste (frühe 80er-Jahre) und einfachste Version, die lediglich die Basisfunktionen von SNMP zur Verfügung stellt, aber heute noch verwendet wird. SNMP v1 unterstützt nur 32-Bit-Zähler und überträgt Daten in unverschlüsseltem Textformat.
- *Version 2c*: Unterstützt 64-Bit-Zähler (es existieren zusätzlich die Versionen v2 für Party-based Security und v2u für User-based Security).
- *Version 3*: Bietet gegenüber v1 und v2c zusätzlich Benutzerkonten und Authentifizierung für mehrere Benutzer sowie eine optionale Verschlüsselung der Datenpakete.

Die SNMP-Versionen 1 und 2c bieten so gut wie keine Sicherheitsfunktionen, woher auch die zwar scherzhafte, aber dennoch zutreffende Deutung der Abkürzung SNMP als »Security is Not My Problem« (Sicherheit ist nicht mein Problem) stammt.

Version 3 behebt die Sicherheitsprobleme von Version 1 und Version 2c und sollte daher nach Möglichkeit auch genutzt werden, insbesondere wenn die Daten über eine unsichere Leitung (z. B. Internet ohne VPN) fließen. Der Sicherheitsgewinn wird allerdings mit einer deutlich komplexeren Konfiguration bezahlt.

13.2.2 Von Agenten und Männern in Schwarz

SNMP benötigt für seine Funktion lediglich drei Komponenten:

- eine *Network Management Station* (NMS, sozusagen der SNMP-Server), die Informationen bezieht oder empfängt, in der Regel eine Workstation mit installierter Netzwerkmanagementsoftware,
- mindestens ein überwachtes Gerät (*Managed Node*), das z. B. ein Router oder ein Switch sein kann, und
- auf der Managed Node mindestens einen *Agenten*, der die Informationen zur Verfügung stellt. Häufig ist der Agent bereits in die Netzwerkhardware integriert und muss nur noch aktiviert bzw. konfiguriert werden. Agenten sind genau genommen Softwarebestandteile, die für die Erfassung und Speicherung der Informationen eines Managed Nodes zuständig sind.

Die Kommunikation zwischen NMS und Managed Node wird über das verbindungslose UDP durchgeführt, wobei der Agent seine Anfragen auf Port 161 empfängt und für den Manager Port 162 für den Empfang der Trap-Nachrichten vorgesehen ist.

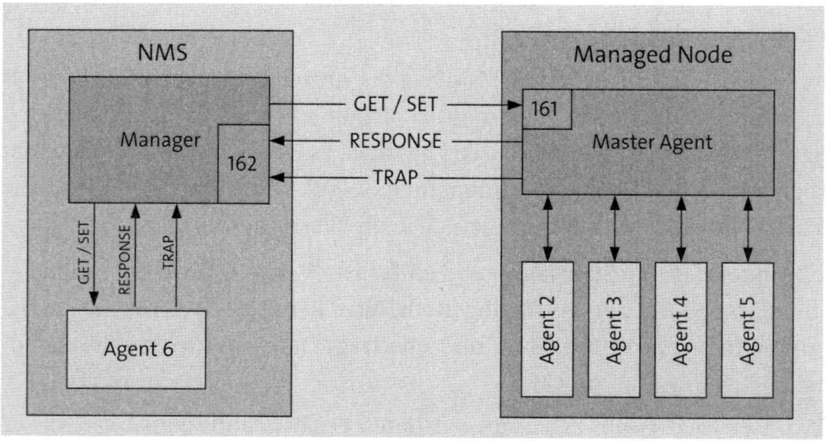

Abbildung 13.2 SNMP-Kommunikation zwischen NMS und Agenten

Da zudem die NMS selbst überwacht werden sollte, kann auch hier durchaus ein lokaler SNMP-Agent in Betrieb sein (in Abbildung 13.2 ist es Agent 6).

Die MIBs

Ein wichtiger Begriff im Zusammenhang mit der Netzwerkverwaltung über SNMP sind die sogenannten *MIBs*. Mit den bekannten Männern in Schwarz (den Men In Black) haben sie jedoch wenig gemeinsam, sondern bezeichnen eine weit weniger spannende Art und Weise einer Datenbeschreibung. Um den Zweck der MIBs besser zu verstehen, muss ein wenig ausgeholt werden:

SNMP selbst definiert nämlich nicht, welche Werte eine Managed Node liefern muss, sondern geht einen anderen Weg. Agenten legen ihre Werte in Objekten ab. Diese Objekte besitzen eine eindeutige *OID* (Object Identifier) und sind hierarchisch angeordnet, vergleichbar mit der Ordnerstruktur auf einem PC. Beschrieben werden die OIDs über eine Beschreibungsdatei, der *Management Information Base* (oder kurz MIB).

Eine MIB ist spezifisch für eine bestimmte Komponente oder auch für eine Klasse von Komponenten (z. B. Switches). Komponentenhersteller liefern zu ihren SNMP-fähigen Produkten eine MIB. Darüber hinaus lässt sich theoretisch für jede beliebige Komponente eine MIB erstellen (so z. B. auch für Softwareanwendungen wie Datenbanken).

13

Die MIB ist in Form einer Baumstruktur organisiert, die mit dem root-Knoten beginnt und sich in drei Zweige teilt: ISO, Consultative Committee for International Telegraph and Telephone (CCITT) und Joint-ISO-CCITT. Die einzelnen Zweige können sowohl durch alphanumerische Bezeichnungen dargestellt werden als auch durch zugeordnete Nummern (in den Klammern; siehe Abbildung 13.3).

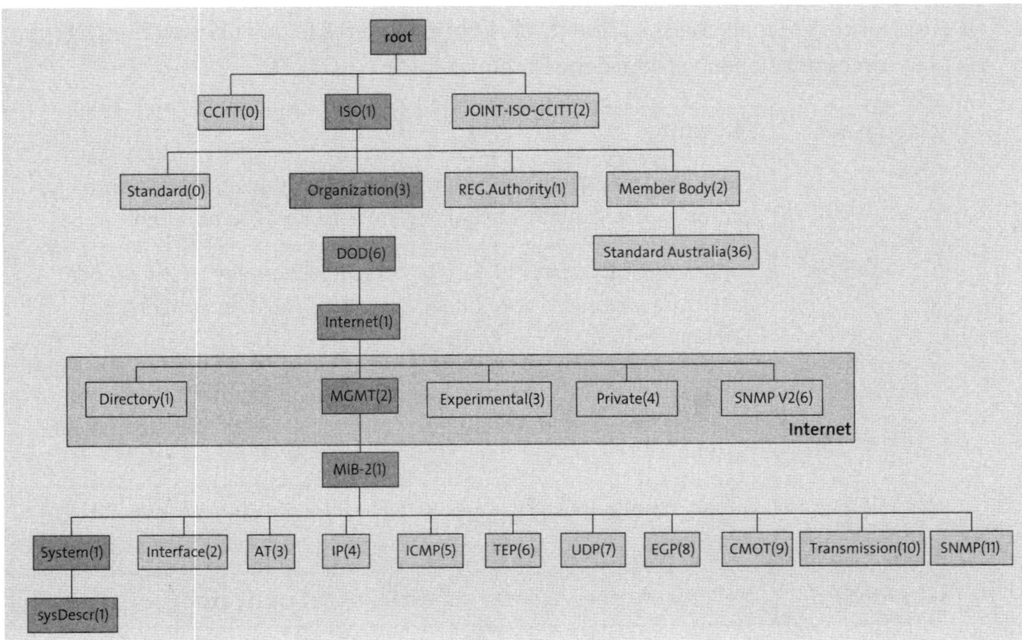

Abbildung 13.3 Die MIB-Baumstruktur

So ist z. B. die oft benötigte MIB-2 (*www.ietf.org/rfc/rfc1213.txt*) entweder durch die textuelle Bezeichnung *iso.org.dod.internet.mgmt.MIB-2* repräsentiert oder alternativ durch die Zahlenreihe *1.3.6.1.2.1*. Der entsprechende Pfad durch den Baum ist in Abbildung 13.3 in Grün hervorgehoben.

Die OID beschreibt als Zeichenkette den Weg durch die hierarchisch aufgebaute MIB zum *Managed Object*. Ein Managed Object stellt einen auslesbaren oder eventuell änderbaren Wert in einer MIB-Struktur dar. Das Beispiel in Abbildung 13.3 enthält das Managed Object sysDescr als OID 1.3.6.1.2.1.1.1.

Unterschiedliche RFCs definieren die MIB-Module. So beinhaltet RFC 1213 z. B. die MIB-II für TCP/IP, die in fast allen Netzwerkkomponenten verfügbar ist. Unter dem Zweig *iso.org.dod.internet.private.enterprises* können Firmen auch eigene (private) MIB-Module mit speziellen Produkteigenschaften anlegen, benötigen dazu aber eine Enterprise-ID, die bei der IANA (Internet Assigned Numbers Authority) beantragt wird. MIB-Files werden vom Benutzer auf die NMS geladen und vermitteln der Software, welche SNMP-Objekte abgefragt werden können und wie das Ergebnis angezeigt werden muss.

Am interessantesten für den SNMP-Einsatz ist der Unterbaum *iso.org.dod.internet* (*1.3.6.1*), der auch direkt mit *internet* abgekürzt werden darf und in Abbildung 13.3 farblich hervorgehoben ist.

13.2.3 SNMP-Operationen

Eine Network Management Station (NMS) kommuniziert mit den überwachten Agenten über insgesamt sieben verschiedene Datenpakete:

Datenpaket	Bedeutung
GET	Wird von der NMS an den Agenten gesendet, um eine bestimmte Information (z. B. die durchschnittliche Prozessorlast) zu erhalten.
GETNEXT	Ähnlich wie GET, aber mit dem Unterschied, dass der nachfolgende Datensatz abgerufen wird (ideal, um ganze Tabellen an Werten zu durchlaufen).
GETBULK	Ähnlich wie GETNEXT, wird aber verwendet, um ganze Bereiche an Datensätzen in einem Schritt abzufragen (z. B. mehrere Reihen einer Tabelle).
SET	Einen (oder mehrere) Datensätze/Einstellungen einer Managed Node verändern.
RESPONSE	Die Antwort eines Agenten auf ein SET- oder GET-Paket.

Tabelle 13.1 Die SNMP-Operationen

Datenpaket	Bedeutung
TRAP	Die unaufgeforderte Nachricht eines Agenten an das NMS, signalisiert das Eintreten eines Ereignisses (z. B. Fehlfunktion oder nicht durchgeführte Abarbeitung eines SET-Befehls).
INFORM	Wie TRAP, jedoch beinhaltet INFORM eine Bestätigung des NMS bei Empfang des Datenpakets.

Tabelle 13.1 Die SNMP-Operationen (Forts.)

13.2.4 Community-Strings

Community-Strings sind gleichzusetzen mit Passwörtern, sie werden verwendet, um bestimmten Nutzern bestimmte Rechte auf den SNMP-Datenpool zu erteilen. Häufig sind standardmäßig die Community-Strings *Public* (für Lesezugriff) und *Private* (für Lese-/Schreibzugriff) definiert. Diese Standardwerte sollten Sie für eigene Setups unbedingt ändern. Ältere SNMP-Versionen (vor v3) übertragen diese Strings zudem noch in Klartext, was die Sicherheit nicht gerade fördert.

Eine SNMP-Community ist bildlich gesehen eine Beziehung zwischen einem SNMP-Agenten und einer Menge von SNMP-Managern, wobei verschiedene Agenten durchaus denselben Community-Namen benutzen können. Eine NMS versendet den Community-String zusammen mit allen SNMP-Anfragen. Ist der String korrekt, antwortet das Gerät über den Agenten mit der angeforderten Information. Ist der String falsch, verwirft das Gerät die Anfrage und antwortet nicht.

13.2.5 Das SNMP-Protokoll

Ein SNMP-Paket ist nach einem einfachen Schema aufgebaut. Es besteht aus einem Paket-Header, einem PDU-Header (Protocol Data Unit) und einem PDU-Body. Abbildung 13.4 zeigt den Telegrammaufbau für Nicht-Trap-Telegramme (z. B. GET und SET) sowie für Trap-Telegramme.

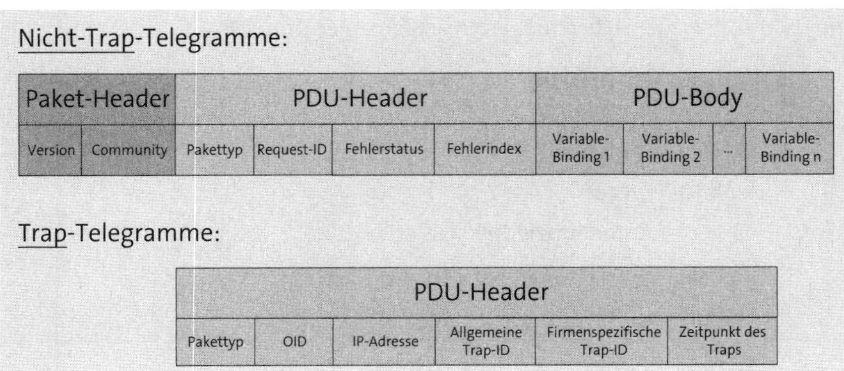

Abbildung 13.4 Die SNMP-Telegramme

Die Bedeutung der einzelnen Telegrammfelder finden Sie in folgender Übersicht:

Feld	Bedeutung
Version	Die SNMP-Versionsnummer für dieses Paket (SNMPv1, SNMPv2 oder SNMPv3).
Community	Der Community-String (z. B. private oder public).
Pakettyp	Art des SNMP-Pakets: ▶ 0 = getRequest ▶ 1 = getNextRequest ▶ 2 = getResponse ▶ 3 = setRequest ▶ 4 = trap
Request-ID	Dient der Zuordnung von Antworten zu Anfragen. Die Antwort zu einer Anfrage besitzt dieselbe Request-ID.
Fehlerstatus	Informiert über den Erfolg oder den Misserfolg der SNMP-Operation. Werte ungleich null weisen auf einen Fehler hin: ▶ 0 = kein Fehler ▶ 1 = Paket ist zu groß zum Versenden ▶ 2 = die OID wird nicht unterstützt ▶ 3 = falscher Datentyp bzw. Wert ▶ 4 = nur Lesezugriff ▶ 5 = unbekannter Fehler
Fehlerindex	Der Wert gibt die Nummer der Variablen an, in der der Fehler aufgetreten ist.
OID	Die OID des Geräts, das den Trap generiert hat.
IP-Adresse	Die IP-Adresse des Geräts, das den Trap generiert hat.
Allgemeine Trap-ID	Eine der sieben möglichen allgemeinen Trap-IDs: ▶ 0 = Kaltstart ▶ 1 = Warmstart ▶ 2 = Link down ▶ 3 = Link up ▶ 4 = Authentifizierungsfehler ▶ 5 = EGP-Nachbar verloren ▶ 6 = firmenspezifisch

Tabelle 13.2 Die SNMP-Protokollfelder

Feld	Bedeutung
Firmenspezifische Trap-ID	Hat die allgemeine Trap-ID den Wert 6, enthält dieses Feld eine firmenspezifische Trap-ID.
Zeitpunkt des Traps	Zeitangabe (Genauigkeit Hundertstelsekunden), die angibt, wie lang der SNMP-Agent gelaufen ist, bis das Trap-Ereignis auftrat.
Variable-Binding (1-n)	In einer Variable-Binding werden die eigentlichen Werte übertragen. Jeder Eintrag besteht aus einer OID und dem Wert selbst

Tabelle 13.2 Die SNMP-Protokollfelder (Forts.)

Um SNMP-Pakete übertragen zu können, wird zusätzlich zu der Struktur der MIB und den generellen Regeln von SNMP eine genaue Anleitung, wie diese Nachrichten zu codieren sind, benötigt. Dazu wurde bei der Definition von SNMP nichts Neues geschaffen, sondern ein Teil von ASN.1 verwendet. Bei *ASN.1* (Abstract Syntax Notation One) handelt es sich um eine Beschreibungssprache zur Definition von Datenstrukturen, die, grob gesagt, codierte Ausdrücke in drei Felder aufteilt (Type-Length-Value-Format). Das erste Feld definiert, um welche Art von Daten es sich handelt, das mittlere Feld gibt die Länge an und das letzte den Wert selbst.

13.2.6 SNMP in der Praxis

Nach der, wie bei Protokollen üblich, etwas staubigen Theorie sehen wir uns an, wie Sie mit SNMP in der Praxis arbeiten können. Über GET-Operationen lassen sich umfangreiche Informationen aller im Netzwerk vorhandenen Agenten gewinnen, mittels SET dürfen Sie Aktionen auslösen, und TRAP benutzen Sie, um über Statusänderungen informiert zu werden. Beispiele sind:

- Anfrage an einen Managed Switch, welche Endgeräte gerade aktiv sind, also welche Netzwerkteilnehmer an- und ausgeschaltet sind (GET)
- Abfrage von Druckerstatusinformationen (GET)
- Rufumleitungen über Router ein- und ausschalten (SET)
- sich informieren lassen, wenn ein Netzwerkport aktiv wird, das Gerät daran also angeschaltet wird (TRAP)
- Netzwerkgeräte (z. B. IP-Kameras) über PoE ein- und ausschalten (SET) bzw. deren Power-Status abfragen (GET), PoE-fähiger Switch notwendig

Als Network Management Station können Sie in der Heimautomation eine Logik-Engine wie etwa OpenHAB einsetzen. Auch der HomeServer kann eingeschränkt mit SNMP umgehen.

Für eigene Versuche mit SNMP benötigen Sie unbedingt kompetente Hilfe in Form eines Tools wie z. B. des MIB Browsers.

MIB Browser

Den MIB Browser bekommen Sie unter *http://www.ireasoning.com/mibbrowser.shtml* kostenlos in der Personal Edition. Das Tool ist wunderbar dazu geeignet, SNMP-Abfragen zu starten und Änderungen an einem Agenten durchzuführen, und besitzt sogar einen eingebauten Trap-Empfänger.

Ich stelle Ihnen im Schnelldurchgang vor, wie Sie damit arbeiten. Der erste Schritt ist, eine Community auf dem Agenten anzulegen, mit dem Sie arbeiten möchten (siehe Abbildung 13.5).

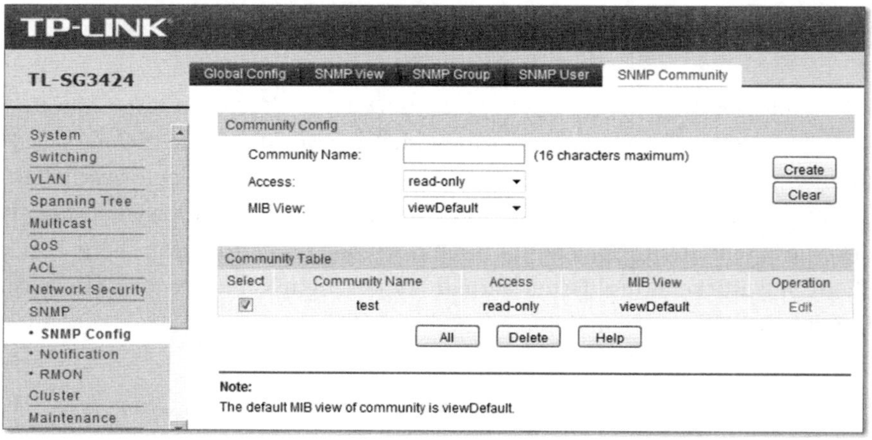

Abbildung 13.5 Anlegen einer Community auf einem Switch

Nachdem eine Community angelegt wurde (in diesem Fall eine Read-only-Community namens `test` für einen Managed Ethernet-Switch), können Sie den MIB Browser aufrufen, die IP-Adresse des Ethernet-Switchs (unser Agent) in das ADDRESS-Feld eintragen, den gewählten Community-Namen über den Button ADVANCED vorgeben und im SNMP MIB Baum den folgenden Eintrag suchen:

```
iso.org.dod.internet.mgmt.mib-2.interfaces.ifTable.ifEntry.ifOperStatus
```

Ein Doppelklick auf den Eintrag fördert wie in Abbildung 13.6 die Liste aller Switch-Ports zusammen mit deren Verbindungsstatus hervor (Spalte: VALUE).

Browsen Sie selbst etwas durch die MIB-Bäume Ihrer Geräte, Sie werden viele nützliche Informationen finden, die Sie ferngesteuert abfragen können. Der MIB Browser erlaubt sogar, gerätespezifische MIBs zu laden, und erweitert damit die Anwendungsfälle.

SNMP-Traps, die von Netzteilnehmern erzeugt werden können, lassen sich mit dem Trap-Receiver des MIB Browsers aufzeichnen und z. B. vom HomeServer mit der Funktion IP-EIB-TELEGRAMME EMPFANGEN auswerten. Abbildung 13.7 und Abbildung 13.8 zeigen die von einem Ethernet-Switch generierten Traps bei Ein- und Ausschalten eines Rechners am Netzwerkport sowie eine dazu passende Abfrage für den HomeServer-Experten. Die Zeichenkette im SNMP-Trap-Telegramm, auf die es ankommt, lautet `Port18 linkUp` bzw. `Port18 linkDown`.

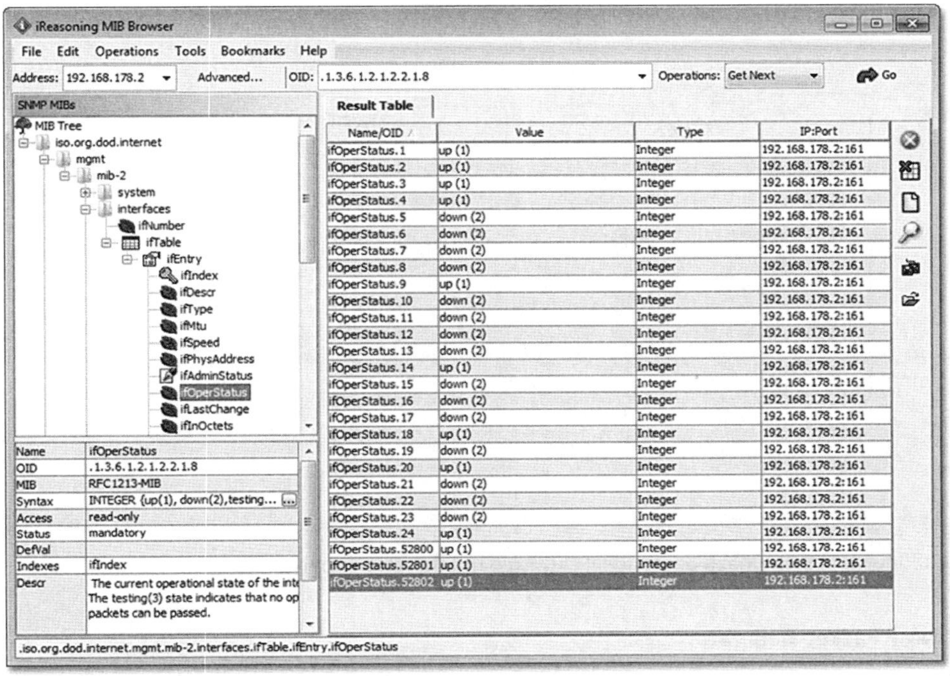

Abbildung 13.6 Abfrage einer OID mit dem MIB Browser

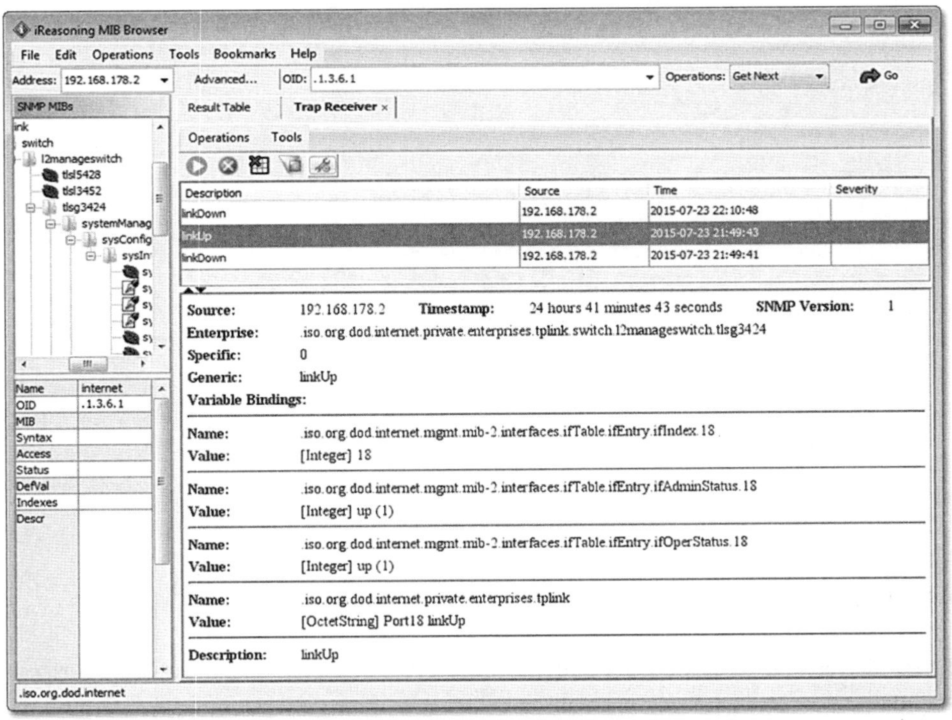

Abbildung 13.7 Empfang von Trap-Nachrichten im MIB Browser

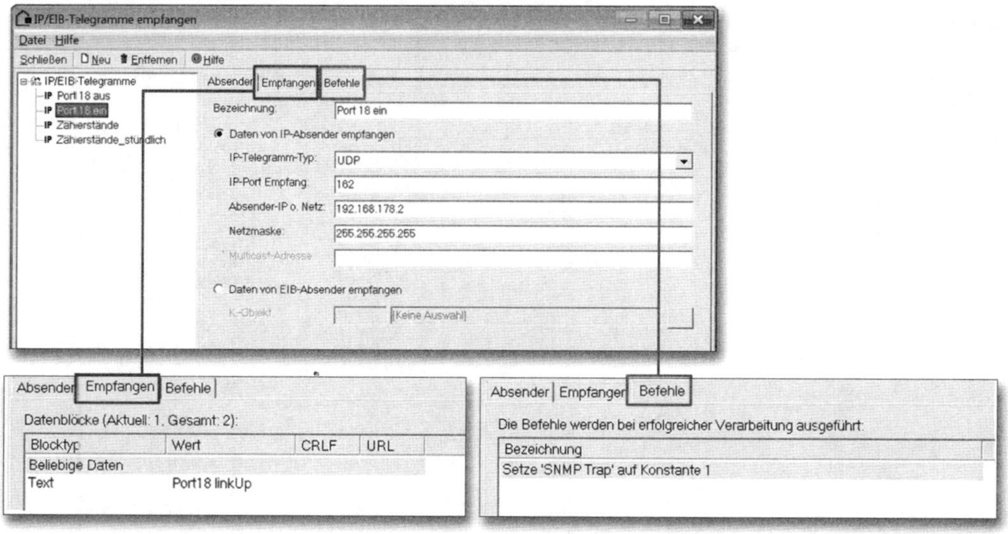

Abbildung 13.8 Die dazu passende IP-Abfrage mit dem HS-Experten

SNMP Packet-Generator

Sehr hilfreich für das Erzeugen von BER-codierten SNMP-Paketen, um diese z. B. mittels des HomeServers an Netzwerkteilnehmer senden zu können, ist das kleine Tool SNMP Packet-Generator (*http://service.knx-user-forum.de/?comm=download*) von Terry Klasema, das Sie in Abbildung 13.9 sehen.

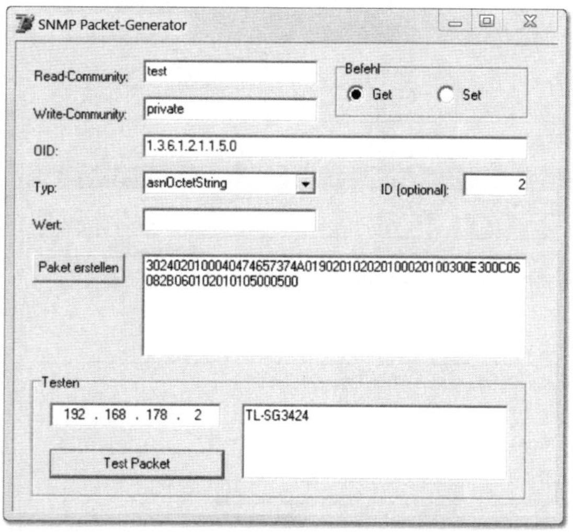

Abbildung 13.9 Paket erstellen und testen mit dem SNMP Packet-Generator

Die codierten Pakete lassen sich mit dem HomeServer-Experten über KOMMUNIKATION • IP/EIB-TELEGRAMME (SENDEN) an einen beliebigen Agenten senden.

SNMP für einen Windows 7-Rechner aktivieren

Sie dürfen mit SNMP auch Ihren PC verwalten. Unter Windows 7 sind dafür zwei Schritte notwendig:

1. Aktivieren Sie unter START • SYSTEMSTEUERUNG • PROGRAMME UND FUNKTIONEN • WINDOWS-FUNKTIONEN AKTIVIEREN ODER DEAKTIVIEREN den Eintrag SIMPLE NETWORK MANAGEMENT-PROTOKOLL (SNMP).
2. Öffnen Sie START • SYSTEMSTEUERUNG • VERWALTUNG • DIENSTE, rufen Sie mit der rechten Maustaste über dem SNMP-Dienst das EIGENSCHAFTEN-Fenster auf, wählen Sie das Register SICHERHEIT und legen Sie dort eine COMMUNITY an. Sie können optional noch bestimmen, dass der Rechner SNMP-PAKETE VON JEDEM HOST ANNEHMEN soll.

Fertig, ab jetzt können Sie z. B. mit dem MIB Browser auch Ihren PC mit SNMP erforschen.

Weitere nützliche SNMP-Tools

Sehen Sie sich, wenn Sie sich tiefer mit SNMP befassen möchten, auch noch die folgenden beiden Tools an:

- openNMS (*http://www.opennms.org*)
- Net-SNMP (*http://net-snmp.sourceforge.net*)

13.3 Plug-and-play durch UPnP und DLNA

Im Multimedia-Zeitalter haben Sie als Anwender sicherlich die Anforderung, Ihre digitalen Medien in mehreren Räumen zu nutzen, ohne auf die Hard- und Softwarekomponenten eines einzelnen Herstellers angewiesen zu sein. Dieser Grundgedanke entspricht voll und ganz dem Smart-Home-Prinzip.

Damit auch dem IT-Laien die Vernetzung von Audio-/Videogeräten, Routern, Druckern und diversen Haussteuerungen gelingt, wurde von der Industrie der Standard *UPnP* (Universal Plug and Play) geschaffen. UPnP basiert auf einer Reihe von standardisierten Datenformaten und Netzwerkprotokollen, wurde ursprünglich von der Firma Microsoft eingeführt und heute durch das UPnP-Forum spezifiziert, das sich auch um die Zertifizierung von Geräten nach dem UPnP-Standard kümmert.

UPnP arbeitet flexibel über unterschiedlichste Kommunikationsmedien wie z. B. Ethernet, WLAN, Bluetooth und FireWire und benutzt standardisierte Protokolle (TCP, UDP, IP, HTTP, SOAP usw.).

Man könnte Universal Plug and Play als eine Art Middleware betrachten, die über Kabel oder Funk miteinander vernetzten Geräten erlaubt, eine automatische Erkennung durchzuführen, untereinander zu kommunizieren und auf Ereignisse zu reagieren.

Außerdem ist vorgesehen, dass alle (fern-)steuerbaren Geräte in einem vereinheitlichten Bedienmenü erfasst werden. Besondere Bedeutung fällt dabei den Geräten aus der Unterhaltungselektronik zu.

13.3.1 Ablauf der UPnP-Prozedur

Ein UPnP-Gerät durchläuft nach dem Einschalten eine bestimmte Prozedur. Es versorgt sich selbst zuerst mit einer gültigen IP-Adresse und benutzt dazu DHCP, Zeroconf oder auch eine manuelle Konfiguration. Dieser erste Schritt wird als *Addressing* bezeichnet. Anschließend gibt das Gerät dem restlichen Netz (genauer gesagt den Kontrollpunkten) bekannt, dass es aktiv ist und welche Dienste andere benutzen können. Technisch gesehen, wird dieses sogenannte *Discovery* via UDP abgewickelt, und zwar über die Multicast-Adresse 239.255.255.250 mit dem Port 1900. Das passiert auf Basis des Simple Service Discovery Protocol (SSDP).

Die erwähnten Kontrollpunkte (Control Points) übernehmen bei UPnP sozusagen die Kundenrolle. Kontrollpunkte können beispielsweise Windows-Rechner, UPnP-Fernbedienungen, Medienplayer, Handhelds oder Ähnliches sein, sie bieten jedoch selbst keine Daten an, sondern fragen sie nur ab.

Nachdem ein Kontrollpunkt ein UPnP-Gerät gefunden hat, besorgt er sich dessen Beschreibung (Hersteller/Typ, URL-Adressen zur Steuerung, Dienste, eingebettete Geräte, Präsentations-URL). Diesen Vorgang nennt man *Description*. Die Beschreibung des Geräts wird von der während der Discovery-Phase bekannt gemachten URL in Form eines XML-Dokuments zur Verfügung gestellt.

Besitzt der Kontrollpunkt erst die beschreibenden Informationen eines Geräts, kann er es über das SOAP-Protokoll (Simple Object Access Protocol) steuern (*Control*). Dazu benutzt er die Steuerungs-URLs aus der Gerätebeschreibung. Kontrollpunkte können sich über die Statusänderungen eines Geräts informieren lassen (*Event Notification*), indem sie über die XML-basierte GENA (General Event Notification Architecture) gewisse Statusvariablen abonnieren.

Außer über Control und Event Notification gibt es eine weitere Steuerungsmöglichkeit über einen Webbrowser und eine vom Hersteller alternativ bereitgestellte Webbenutzeroberfläche des Geräts (*Presentation*).

13.3.2 Welche Möglichkeiten ergeben sich durch UPnP?

UPnP-fähige Lösungen stellen eine interessante Alternative dar, digitale Medien standortunabhängig von einer zentralen Medienverwaltung zu genießen. Ein UPnP-fähiges Gerät (z. B. eine Set-Top-Box) im Wohnzimmer ruft Musikstücke, Fotos und Filme von einem zentralen Server (Rechner, NAS) im Keller ab und gibt sie über das TV bzw. die Stereoanlage wieder.

UPnP lässt sich trefflich einsetzen, um

- Audio- und Videodaten über die eigene UPnP-Spezifikation *UPnP AV* (Audio/Video) zu streamen. Dabei werden auf einem PC oder NAS Dateien mittels eines *UPnP-Medienservers* bereitgestellt, und die Inhalte werden von entsprechenden Endgeräten (*UPnP-Medienrenderer*) wiedergegeben, durchsucht, sortiert und gefiltert.
- auf eine einfache Art und Weise Routerports zu öffnen, wofür UPnP mit IGD (Internet Gateway Device) das passende Protokoll bietet.

13.3.3 Digital Living Network Alliance (DLNA)

Im Zusammenhang mit UPnP taucht oftmals auch die Abkürzung DLNA auf. Die *DLNA* (Digital Living Network Alliance) entwickelt und testet Geräte, die Videos und Musik ausgeben oder speichern. Durch eine strenge Zertifizierung will das Firmenkonsortium, bestehend aus mehr als 250 Unternehmen, dafür sorgen, dass Medienserver und Medienrenderer problemlos zusammenarbeiten. Anfang 2011 waren bereits über 9.000 Produkte DLNA-zertifiziert. DLNA nutzt UPnP als Unterbau für die Lokalisierung und Steuerung von Geräten.

Ein typisches DLNA-Setup für Audio- und Video-Streaming setzt sich aus bestimmten Geräteklassen zusammen, die Sie bereits vom UPnP-Standard kennen:

Geräteklasse	Beschreibung
Digital Media Server (DMS)	Stellt als Master bzw. Server die zu streamenden Daten bereit (Musik- oder Filmarchiv). Oft ist der DMS ein PC mit entsprechender Software (z. B. Twonky Media Server, Plex u. a.) oder ein NAS-Gerät mit DLNA/UPnP-DMS-Funktion.
Digital Media Player (DMP)	Gerät, das für die Wiedergabe zuständig ist (z. B. TV). Es arbeitet als Slave, findet dabei die DMS automatisch, zeigt freigegebene Inhalte an und erlaubt die Steuerung (Lautstärke, Track, spulen usw.).
Digital Media Renderer (DMR)	Spielt Medien ab, die über einen DMC empfangen werden und von einem DMS stammen (z. B. Fernsehgerät, Audioempfänger, Hi-Fi-Anlage mit DLNA/UPnP-Funktionalität).
Digital Media Controller (DMC) entspricht Kontrollpunkt	Arbeitet als Fernbedienung, findet automatisch im Netz verfügbare DMS und DMR und spielt Inhalte auf einem DMR ab (Beispiel: Digitalkamera, PDA).
Digital Media Printer (DMPr)	Stellt im DLNA-Netzwerk Druckdienste zur Verfügung.

Tabelle 13.3 Einige DLNA-Geräteklassen

Einzelne Geräte können durchaus mehreren Geräteklassen gleichzeitig angehören. Ein PC ist beispielsweise oft DMS, DMP, DMR und DMC zur selben Zeit.

DLNA zertifiziert weitere Geräteklassen, die an dieser Stelle nur kurz erwähnt sein sollen. So wurden speziell für tragbare Geräte zusätzliche Klassen wie z. B. Mobile Digital Media Server (M-DMS), Mobile Digital Media Player (M-DMP), Mobile Digital Media Uploader (M-DMU) und Mobile Digital Media Downloader (M-DMD) definiert. Zum Bereich Infrastrukturgeräte zählen weitere Geräteklassen wie z. B. Mobile Network Connectivity Function (M-NCF) und Media Interoperability Unit (MIU).

Das einfachste DLNA- bzw. UPnP-AV-Setup besteht aus den Grundeinheiten DMS als Quelle der Inhalte, DMR als Verbraucher und DMC (Kontrollpunkt) als Koordinator. DMS und DRM sind dabei Geräte (Devices), die nicht über UPnP miteinander kommunizieren. Vielmehr initialisiert und konfiguriert der DMC beide Geräte über UPnP so, dass der gewünschte Inhalt von einem Gerät auf das andere übertragen wird, wobei der DMS selbst nicht an der Übertragung beteiligt ist.

Auch wenn das DLNA-Label einen gewissen Mindeststandard an Funktionalität garantiert und durchaus in die Kaufentscheidung eines Multimedia-Geräts einbezogen werden sollte, ist es nicht das einzige Kaufkriterium. Vielmehr müssen Sie sich vor dem Kauf eines DLNA-zertifizierten Produkts trotzdem die Arbeit machen, zu prüfen, ob es das unterstützt, was Sie von ihm erwarten, angefangen bei den gewünschten Funktionen (Lautstärkeregelung, Vor- und Zurückspulen, Anzeige der Coverbilder usw.) bis hin zu den unterstützten Medienformaten.

13.3.4 Empfehlenswerte UPnP/DLNA-Software

Ein tolles Linux-Desktop-Tool ist das in Abbildung 13.10 gezeigte GUPnP (Debian-Paket, installieren mit `sudo apt-get install gupnp-tools`, Start mit `gupnp-universal-cp`).

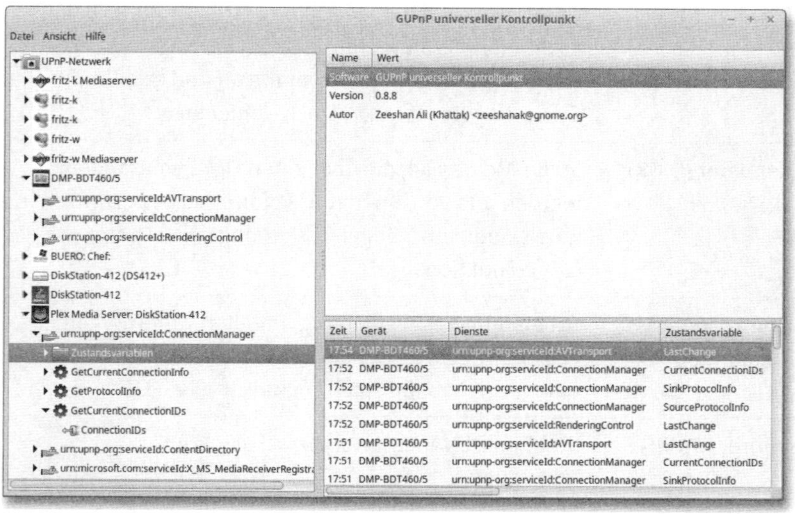

Abbildung 13.10 GUPnP zeigt einen Plex Media Server im Netzwerk.

Basierend auf der der C-Bibliothek gUPnP, enthält es einen universellen Control Point für X11, der UPnP-Geräte im Netz anzeigt und steuert (siehe *http://wiki.ubuntuusers.de/GUPnP_Tools*).

Als UPnP-Server-Software eignen sich Universal Media Server, Plex, Serviio, Twonky, Plug-ins für NAS-Geräte (z. B. Synology Medienserver), GeeXboX uShare und Mediatomb. Gute Clientsoftware bekommen Sie mit Totem, VLC Media Player, Kodi und Plex.

13.3.5 Eine Medienlandschaft mit DLNA

Wie könnte eine miteinander vernetzte (DLNA-)Multimedia-Landschaft aussehen? Sie finden in Abbildung 13.11 einen Aufbau mit zwei Fernsehern, einem SAT-Receiver, zwei Frontends mit Kodi, einem Blu-Ray-Player und einem zentralen NAS mit Medienarchiv.

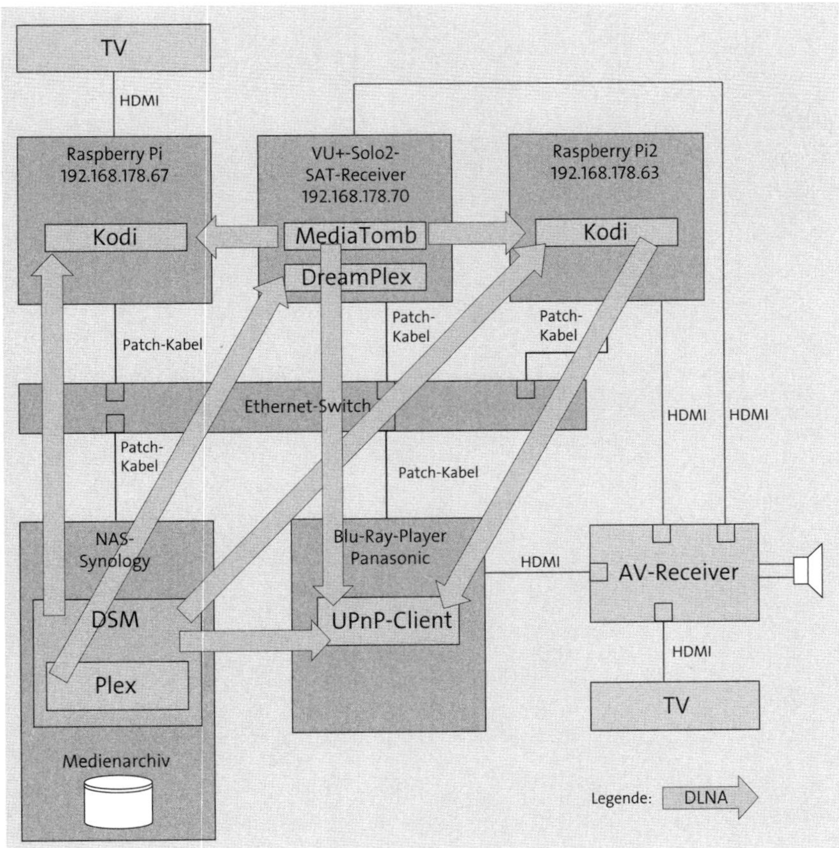

Abbildung 13.11 Multimedia-Landschaft mit DLNA

Sie erkennen, dass die beteiligten Geräte in fast jeder Kombination, eventuell durch die Mithilfe eines Plug-Ins, Mediendaten per DLNA austauschen können. Eine Alternative, die in manchen Szenarien besser funktioniert, bleibt das gegenseitige Einbinden von Netzwerklaufwerken (siehe Abschnitt 14.4, »Linux-Grundlagen«) mittels NFS oder SMB.

Kapitel 14
Linux kennenlernen

Dass ausgerechnet Linux als Betriebssystem in der Heimautomation so prädestiniert ist, hat einen guten Grund: Es ist ideal für kleine, stromsparende Embedded-Systeme.

Linux ist gar nicht mal so schwer zu beherrschen. Falls Sie eingefleischter Windows-Nutzer sind, sind die ersten Schritte im Terminalfenster vielleicht noch etwas holprig und ungewohnt, aber Sie werden sehen: Nach und nach geht jeder Handgriff in Fleisch und Blut über, und schon bald lösen Sie die alltäglichen Anwendungsfälle mit Bravour.

Dieses Buch kann Ihnen natürlich keinen umfassenden Linux-Einstieg bieten, dafür gibt es tonnenweise Spezialliteratur. Dennoch habe ich Ihnen in den nächsten Kapiteln die in meinen Augen wichtigsten Grundlagen zusammengestellt, die Sie beim Einsatz von Linux in der Heimautomation unterstützen sollen. Linux-Softwareprojekte ziehen sich durch das gesamte Buch, ein Durcharbeiten der Grundlagen lohnt sich also. Haben Sie sich mit Linux erst einmal angefreundet, belohnt Sie das offene Betriebssystem mit der Möglichkeit, eine intelligente Gebäudesteuerung mit kostenlosen und leistungsstarken Hard- und Softwarelösungen noch intelligenter zu gestalten.

Beginnen wir den Schnellkurs an der Stelle, an der Sie als Anwender mit Ihrem Linux-System in Kontakt treten: in einem Terminalfenster mit SSH-Verbindung.

14.1 Sichere Verbindungen mit SSH

Unter *SSH* (Secure Shell) versteht man sowohl das gleichnamige Netzwerkprotokoll selbst als auch entsprechende Programme, um eine verschlüsselte Netzwerkverbindung mit einem entfernten Rechner aufzubauen. SSH wird einer Ihrer wichtigsten Verbündeten werden, wenn es um die Administration von Automatisierungsrechnern geht, die Sie headless, also ohne Monitor und Tastatur, betreiben. Falls Sie dem Einführungsbeispiel aus Kapitel 4 gefolgt sind, sind Sie bereits mit SSH in Form von KiTTY in Kontakt gekommen. Sehen wir ein wenig hinter die Kulissen:

14.1.1 SSH in der Anwendung

SSH wird im OSI-Referenzmodell (siehe Abschnitt 13.1, »Das OSI-Referenzmodell«) den Schichten 5 bis 7 zugeordnet, basiert auf TCP und bekam den standardisierten Port 22 zugeordnet. Eingesetzt wird es immer dann, wenn zwischen zwei Rechnern eine sichere Verbindung (authentifiziert und verschlüsselt) über ein unsicheres Netzwerk aufgebaut werden soll. Unter den Begriff »unsicher« fällt leider auch das private Heimnetzwerk. SSH ermöglicht Ihnen z. B.

- die Anmeldung an einem entfernten Rechner über eine Remote-Shell (statt des unsicheren telnet oder rlogin),
- SFTP als sicheres File-Transfer-Protokoll (statt des unverschlüsselten FTP) sowie
- SCP, das sichere Kopieren von Files (als Ersatz zum unsicheren rcp).

SSH-Implementierungen sind hauptsächlich unter Unix/Linux verfügbar, aber auch für Windows existieren gute Clientprogramme (und vereinzelt auch SSH-Server). Die bekanntesten sind PuTTY und der Bitvise SSH Client (*www.putty.org*), WinSCP (*winscp.net*) sowie natürlich das in diesem Buch verwendete KiTTY (*http://www.9bis.net/kitty*).

Fast jede Linux-Distribution richtet während der Installation automatisch einen SSH-Server ein, sodass Sie sich unmittelbar mit einem Client auf dem Server einloggen können. Manuell installieren Sie SSH mit `sudo apt-get install ssh`, der Daemon lässt sich über `sudo /etc/init.d/ssh start` starten.

Auf einen Rechner mit gestartetem SSH-Server können Sie natürlich nicht nur mit einer Windows-Anwendung wie z. B. KiTTY zugreifen. Viel puristischer und ohne Zusatztools geht das mit Linux-Bordmitteln. Von einem Linux-Rechner aus loggen Sie sich ganz einfach auf einem weiteren mit `ssh smarthome@192.168.178.64` ein, wobei `smarthome` der Benutzername ist und die IP-Adresse dem gewünschten Zielrechner gehört.

SSH kann noch wesentlich mehr. Ein schöner Anwendungsfall ist das Ausführen eines Skripts, ferngesteuert auf dem Zielrechner. Testen können Sie diese Funktion sehr leicht mit beispielsweise `ssh smarthome@192.168.178.64 'nohup ls -l >testausgabe.txt &'`. Nach dem Aufruf finden Sie im Home-Verzeichnis des Benutzers `smarthome` eine Textdatei *testausgabe.txt* mit dem Inhalt des Verzeichnisses auf dem Zielrechner (`ls -l`).

14.1.2 Einen SSH-Key unter Linux erzeugen

Es existiert eine sichere Methode, sich auch ohne Passwort via SSH auf einen Linux-Rechner einzuloggen. Der Weg führt über eine Public-Key-Verschlüsselung und ist nicht nur komfortabler, sondern auch sicherer. Sie generieren dafür für Benutzerkonten auf verschiedenen Maschinen unterschiedliche Schlüsselpaare. Gehen Sie wie folgt vor, ausgehend von einer Shell auf dem Rechner, mit dem Sie sich einloggen:

1. Erzeugen Sie ein neues Schlüsselpaar mit `ssh-keygen`, wobei Sie das vorgeschlagene Verzeichnis bestätigen können und eine leere Passphrase eingeben.
2. Kopieren Sie den Schlüssel auf den Zielrechner mit `ssh-copy-id smarthome@192.168.178.64` und bestätigen Sie mit Ihrem alten Benutzerpasswort.

3. Verbinden Sie sich mit dem Zielrechner (`ssh` smarthome@192.168.178.64). Ein Passwort für dieses Verbindungspaar ist jetzt nicht mehr notwendig. Ziel erreicht.
4. Die SSH-Verbindung können Sie jederzeit mit dem `exit`-Befehl beenden.

14.2 Das Terminal

Die *Shell* ist der eigentliche Kommandozeileninterpreter, der die von Ihnen eingegebenen Befehle ausführt. Die *Konsole* oder das Terminal ist lediglich die Schnittstelle zwischen der Shell und dem Benutzer. Über eine Konsole geben Sie die Befehle an die Shell weiter, die wiederum die Konsole für die Ausgabe von Informationen, Programmausgaben und Fehlermeldungen nutzt. Linux bietet verschiedene Shells an: Bourne Shell (*/bin/sh*), C Shell (*/bin/csh*) und Z Shell (*/bin/zsh*) sind nur einige davon. Vermutlich werden Sie jedoch am meisten mit der Bourne Again Shell (*/bin/bash*) arbeiten, der Standard-Shell bei Ubuntu-Distributionen. Welche Ihre gerade aktuelle Shell ist, erfahren Sie übrigens mit dem Kommando `echo $0`.

14.2.1 Kleine Dinge, die die Arbeit im Terminal erleichtern

Als künftiger Vieltipper, der sich in der Shell zuhause fühlt, sollten Sie unbedingt ein paar unerlässliche Arbeitserleichterungen kennenlernen.

Ihr bester Freund im Terminal, die Tabulatortaste

Die Taste [⭾] wird zu Ihrem besten Freund werden, sie vervollständigt Kommandonamen, Verzeichnisnamen und Dateinamen und erspart Ihnen eine Menge Tipparbeit. Probieren Sie es direkt aus: Beginnen Sie ein Kommando mit `cat /etc/ho` und drücken Sie einmal [⭾]. Das Terminal ergänzt zwei weitere Buchstaben (`st`), ab dann ist der Dateiname nicht mehr eindeutig. Drücken Sie jetzt zweimal direkt hintereinander [⭾], werden Ihnen alle passenden Vervollständigungen aufgelistet. Geben Sie an dieser Stelle ein `n` vor und betätigen ein weiteres Mal die [⭾]-Taste, kann das Terminal eindeutig vervollständigen und macht aus Ihrem Kommando `cat /etc/hostname`.

Die Kommando-History

Das Kommando `history` listet alle vorherigen Kommandos auf, die Sie im Shell-Fenster eingegeben haben. Vergangene Kommandos können Sie jederzeit mit [↑] oder [Strg] + [P] (P für Previous) zurückholen. Liegt das gewünschte Kommando weiter in der Vergangenheit, ist eine interaktive Suche schneller.

Mit [Strg] + [R] (R für Reverse) starten Sie die interaktive Rückwärtssuche. Geben Sie eine beliebige Zeichenkette ein, und das Terminal findet für Sie das letzte eingegebene Kommando, das das Suchmuster enthält. Ein weiteres [Strg] + [R] sucht rückwärts weiter nach einem passenden Kommando. Möchten Sie ein gefundenes Kommando ausführen, reicht ein [↵], mit [↹] können Sie es vorher noch editieren. [Strg] + [C] bricht die Suche wie gewohnt ab.

Weitere Tastenkürzel im Terminal

Um jederzeit souverän im Terminal zu navigieren, sollten Sie auch die folgenden Tastenkürzel verinnerlichen:

Tasten-Kombination	Kommando
[Strg] + [A]	Cursor an den Beginn der Zeile setzen (A für Anfang)
[Strg] + [E]	Cursor an das Ende der Zeile setzen (E für Ende)
[Strg] + [K]	Löschen bis zum Zeilenende
[Esc] + [.]	fügt für das aktuelle Kommando die Parameter des vorher ausgeführten Kommandos ein
[Strg] + [C]	Aktion abbrechen

Tabelle 14.1 Weitere nützliche Tastenkürzel im Terminal

14.3 Der Editor nano

Der Editor *nano*, den Sie in Abbildung 14.1 sehen, ist ein kleiner, schneller und dennoch leistungsstarker Editor, der wunderbar im Remote-Betrieb Ihres Linux-Rechners (z. B. über ssh) funktioniert. Er benötigt keine grafische Oberfläche und lässt sich direkt aus einem Terminalfenster starten. Das Kommando lautet ganz einfach: `nano <Filename>`.

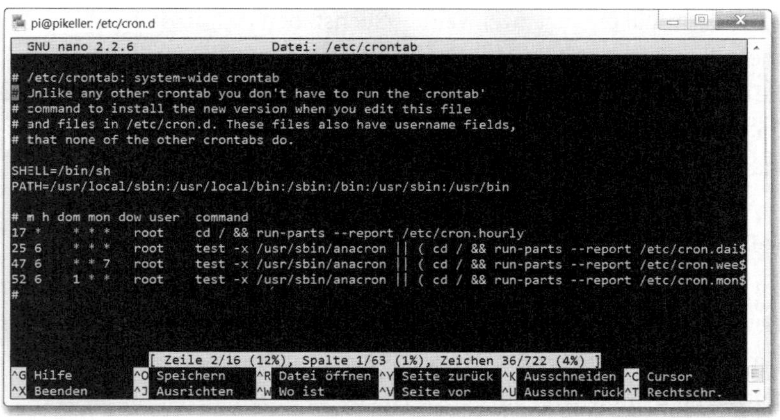

Abbildung 14.1 Der Editor nano mit aktivierter Zeilennummernausgabe

Damit der Editor direkt nach dem Aufruf in eine bestimmte Zeile der Datei springt, rufen Sie ihn mit der Option + auf. So setzt `nano +5 /etc/crontab` den Cursor nach Öffnen der

Datei in Zeile 5. Praktisch ist diese Funktion, wenn Sie einen Fehler, der in einer bestimmten Zeile erkannt wurde, direkt beheben möchten.

Sie werden im Laufe dieses Buchs den Editor nano einige Male zur Anpassung von Konfigurationsdateien benutzen, daher möchte ich Ihnen in Tabelle 14.2 die wichtigsten Tastenkommandos zusammenfassen. Viele weitere erhalten Sie über die Hilfefunktion ([Strg] + [G]):

Tasten-Kombination	Kommando
[Strg] + [G]	Aufruf der Hilfe
[Strg] + [X]	Editor beenden mit der Abfrage, ob gespeichert werden soll
[Strg] + [O]	speichern
[Strg] + [-]	Sprung zu Zeilennummer, Spaltennummer
[Strg] + [6]	Textmarkierungsmodus einschalten, danach Cursortasten
[Strg] + [K]	markierten Text ausschneiden (Cut) oder aktuelle Zeile löschen
[Strg] + [G]	zuvor ausgeschnittenen Text einfügen (Paste)
[Strg] + [R]	ein File an der aktuellen Position einfügen
[Strg] + [W]	nach Zeichenkette suchen
[Strg] + [C]	Aktion abbrechen
[Alt] + [C]	Spalten- und Zeilennummern anzeigen

Tabelle 14.2 Übersicht: wichtige nano-Tastenkombinationen

14.4 Linux-Grundlagen

14.4.1 Arbeiten mit Zugriffsrechten

Linux, als Multiuser-Betriebssystem, macht regen Gebrauch von Zugriffsrechten. Für jede Datei und jedes Verzeichnis wird automatisch gespeichert, wer der Besitzer ist und welcher primären Gruppe er angehört. Darüber hinaus ist exakt eingestellt, wer welche Datei lesen, ändern und ausführen darf.

Ansehen der Zugriffsrechte

Sehen wir uns zusammen an, wie die Zugriffssteuerung funktioniert. Dazu lassen Sie sich ein Verzeichnis mit allen zusätzlichen Details über das Kommando `ls -ail` ausgeben (siehe Abbildung 14.2).

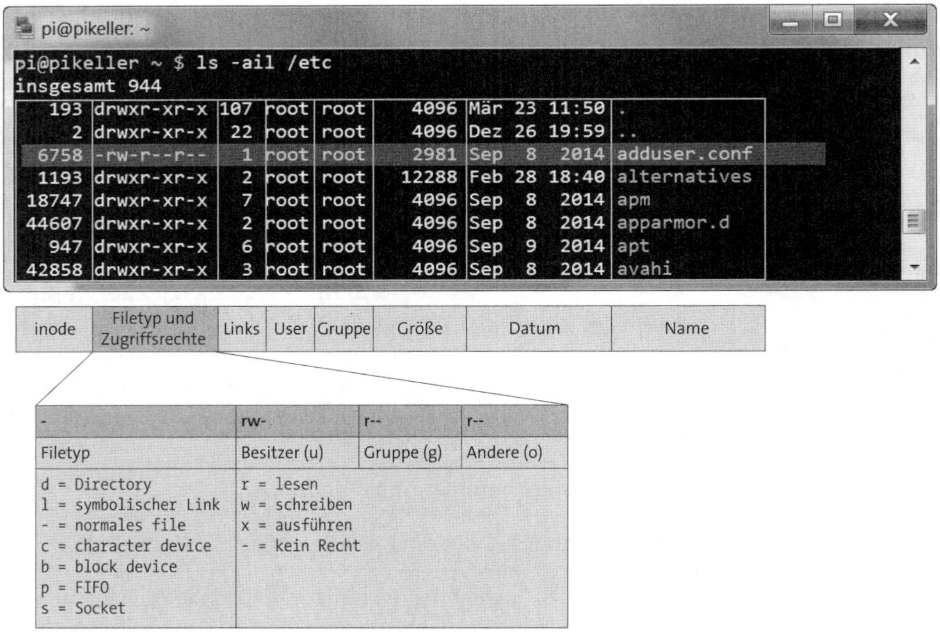

Abbildung 14.2 Zugriffsrecht von Dateien und Verzeichnissen

Der für uns an dieser Stelle interessanteste Teil der Verzeichnisausgabe ist der Block mit den Zugriffsbits. Sie sind in drei Spalten (für Besitzer, Gruppe und alle anderen) mit jeweils drei Zugriffsbits organisiert. Für das File *adduser.conf* aus obigem Beispiel finden Sie folgende Kombination: `rw-r-r--`. Von links nach rechts bedeuten sie, dass der Besitzer (*root*) die Datei lesen und schreiben/ändern (`rw`), aber nicht ausführen (`-`) darf. Alle sonstigen Mitglieder der Gruppe *root* dürfen die Datei nur lesen (`r`), aber nicht beschreiben oder ausführen (`--`). Da Gleiche gilt für den Rest der Welt: `r--`.

Ändern der Zugriffsrechte

Zugriffsrechte an Dateien und Verzeichnissen ändern Sie unter Linux mit den Kommandos `chown` (change owner), `chgrp` (change group) und `chmod` (change mode bits).

Während die Kommandooptionen von `chown` und `chgrp` noch relativ einfach zu durchschauen sind, muss bei `chmod` ein bisschen weiter ausgeholt werden. Es existieren mehrere Varianten für die Änderung der Zugriffsbits mit `chmod`. Eine davon ist die Angabe der Bits in Oktalzahlen. Bestimmt haben Sie schon mal eine Anweisung wie `chmod 666 test.txt` gesehen. Sie setzt die Bits `r` und `w` für Besitzer, Gruppe und andere und ist gleichbedeutend mit der Notation `chmod a=rw test.txt`. Das `a` steht hierbei für »alle«. Außer für `a` können Sie die Bits auch granularer für `u` (Besitzer), `g` (Gruppe) und `o` (andere) setzen. Über das `=` erreichen Sie eine direkte bzw. absolute Zuordnung. Ein `=rw` setzt demnach genau diese beiden Bits und löscht das `x`-Bit. Ein relatives Setzen ist ebenso möglich: `+x` beispielsweise setzt zusätzlich zu den bestehenden das `x`-Bit (für ausführen). Ein `-w` entzieht das Schreibrecht, die anderen Bits bleiben unangetastet.

Etwas anschaulicher wird die Theorie anhand konkreter Beispiele. Für die folgenden Kommandos nehmen wir an, es existiert auf Ihrem System ein Benutzer mit dem Namen *knx*, der auch gleichzeitig der gleichnamigen Gruppe *knx* und der Gruppe *users* zugeordnet ist. Die Datei, für die die Zugriffsrechte geändert werden sollen, heißt *test.txt* und liegt im Verzeichnis */tmp/test*.

Aufgabe	Kommando, Beispiel
Besitzer einer Datei ändern.	`sudo chown knx test.txt`
Besitzer und Gruppe einer Datei ändern.	`sudo chown knx:users test.txt`
Rekursives Ändern des Besitzers aller Dateien im Verzeichnis */tmp/test*.	`sudo chown -Rh knx /tmp/test`
Gruppe einer Datei ändern.	`sudo chgrp users test.txt`
Rekursives Ändern der Gruppe aller Dateien im Verzeichnis */tmp/test*.	`sudo chgrp -Rh users /tmp/test`
Für Gruppe `rwx`-Rechte hinzufügen.	`sudo chmod g+rwx test.txt`
Für Besitzer, Gruppe und andere `rw`-Rechte hinzufügen.	`sudo chmod ugo+rw test.txt`
Für Besitzer und Gruppe `rwx`-Rechte setzen, für alle anderen keine.	`sudo chmod ug=rwx,o=- test.txt`
Schreibrechte für alle (Benutzer, Gruppe, andere) entziehen.	`sudo chmod a-w test.txt`

Tabelle 14.3 Shell-Kommandos zur Anpassung von Zugriffsrechten

Hilfreich zur Anzeige detaillierter Informationen zu einem File ist das Kommando `stat`. Probieren Sie es wie in Abbildung 14.3 einfach einmal aus.

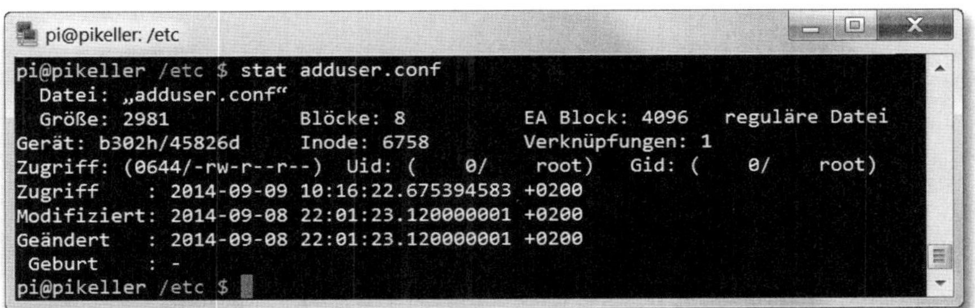

Abbildung 14.3 Ausgabe detaillierter Informationen mit stat

Wenn Sie gern wissen möchten, wie die Zugriffsbits für neu erstellte Dateien und Verzeichnisse vergeben werden, liefert das Kommando `umask -S` die Grundeinstellung.

14.4.2 Arbeiten mit Netzwerkverzeichnissen

Linux als ein von Grund auf für den Netzwerkbetrieb ausgelegtes Betriebssystem gibt sich selbstverständlich sehr offen, was die Einbindung von Netzwerkverzeichnissen betrifft. Wir sehen uns im Folgenden an, wie die Einbindung über die beiden am häufigsten eingesetzten Protokolle abläuft. Dies sind:

- **SMB** (Server Message Block): wird standardmäßig von Windows-Rechnern zur Freigabe eingesetzt bzw. das auf SMB aufbauende *CIFS* (Common Internet File System)
- **NFS** (Network File System): in der Unix/Linux-Welt verbreitetes Netzwerk-Filesystem

Das Einbinden von Netzwerkverzeichnissen in das Linux-Dateisystem wird über das Kommando `mount` abgehandelt, man nennt den Vorgang passend dazu auch »mounten«.

Ein SMB-Netzwerkverzeichnis einbinden

Ausgehend davon, dass in Ihrem Netzwerk ein NAS-Gerät arbeitet, das über CIFS Netzwerkverzeichnisse anbietet (Samba-Server), besteht der erste Schritt darin, ein Verzeichnis im lokalen Filesystem einzurichten, in dem das Netzwerkverzeichnis eingebunden wird. Normalerweise ist dieses sogenannte Mount-Verzeichnis ein Unterverzeichnis von */mnt* oder */media*:

```
sudo mkdir /mnt/nas
```

Anschließend erfolgt das Einbinden über `mount`:

```
sudo mount -t cifs -o username=<ihr name>,uid=1000,gid=1000,dir_mode=0700,file_mode=
0600,nounix //<nas name>/home /mnt/nas
```

Nach der Abfrage des Passworts ist das Verzeichnis mit dem Freigabenamen *home* auf Ihrem NAS-Gerät *<nas name>* im Mount-Verzeichnis */mnt/nas* sichtbar. Statt *<ihr name>* geben Sie den Log-in-Namen auf dem NAS-Gerät an.

Die Vielzahl an angegebenen Optionen sorgt dafür, dass die Zugriffsrechte auf das eingebundene Verzeichnis so sind wie erwartet. Überzeugen Sie sich mit `ls -l /mnt/nas` und `df -h` (Abbildung 14.4).

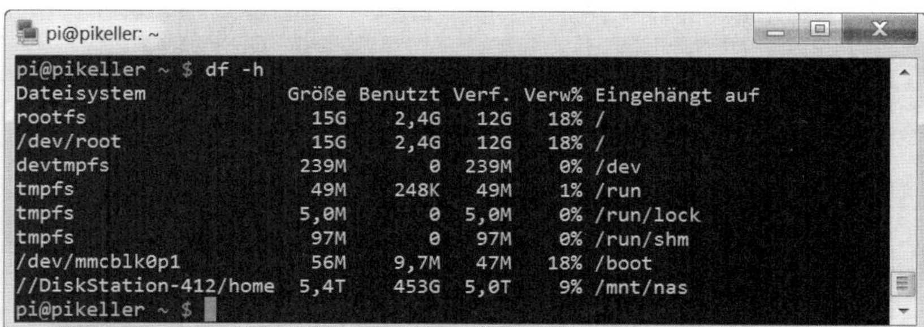

Abbildung 14.4 Ein gemountetes NAS auf dem RasPi

Ein bereits gemountetes Verzeichnis lösen Sie mit einem einfachen `umount`-Befehl. Dabei werden keinerlei Daten gelöscht, lediglich das Einbinden wird wieder aufgehoben:

```
sudo umount /mnt/nas
```

Ein NFS-Netzwerkverzeichnis einbinden

Ein Netzwerkverzeichnis über NFS einzubinden, ist sogar noch einfacher. Sorgen Sie zuerst dafür, dass die notwendigen Pakete installiert sind:

```
sudo apt-get install nfs-common portmap
```

Für einen erfolgreichen `mount`-Befehl müssen Sie im Vorfeld *rpcbind* gestartet haben:

```
sudo service rpcbind start
```

Falls Sie rcpbind permanent starten möchten, lässt sich das über den Aufruf von `sudo update-rc.d rpcbind enable` regeln. Sind die Vorarbeiten erst einmal gemacht, ist das `mount`-Kommando selbst erfreulich kurz:

```
sudo mount -t nfs 192.168.178.12:/ /mnt/nas
```

Die IP-Adresse gehört dem Server, der NFS-Shares anbietet, das lokale Mount-Verzeichnis ist, wie im vorherigen Beispiel für Samba, */mnt/nas*. Natürlich können Sie auch NFS-Laufwerke automatisch mounten lassen. Wie das mithilfe der Datei *fstab* geht, erfahren Sie im nächsten Abschnitt. An dieser Stelle nur so viel: Der für unser Beispiel passende Eintrag in die *fstab* lautet:

```
192.168.178.12:/ /mnt/nas nfs defaults 0 0
```

Wenn Sie sich IP-Adressen generell schlecht merken können, lassen Sie die Adresse einfach von Ihrem DNS-Server auflösen oder ergänzen die Datei */etc/hosts* um eine neue Zeile (z. B. `192.168.178.12 diskstation-412`).

14.4.3 Einbinden von lokal angeschlossenen Datenträgern

Was für das Mounten von Netzwerkverzeichnissen gilt, ist ebenso für lokal angeschlossene Datenträger anwendbar. Die notwendigen Kommandos für das Einbinden eines Laufwerks (hier: Intel NUC mit Ubuntu-Linux und USB-Festplatte, Filesystem: ext4) lauten:

```
sudo mkdir /media/sdb1
sudo mount /dev/sdb1 /media/sdb1
```

Die Festplatte ist anschließend unter */media/sdb1* sichtbar. Genauso einfach lösen Sie den `mount`-Befehl auch wieder auf:

```
sudo umount /media/sdb1
```

Automount über fstab einrichten

Da es sehr frustrierend wäre, bei jedem Neustart Ihres Rechners den Mount-Befehl wieder von Hand einzugeben, sollten Sie immer benötigte Laufwerke automatisch einbinden lassen. Linux stellt Ihnen hierfür die Datei */etc/fstab* zur Verfügung, die zeilenweise alle Dateisysteme enthält, die beim Hochfahren des Rechners automatisch in dessen Dateisystem eingebunden werden sollen.

Der passende Eintrag für das automatische Einbinden der USB-Festplatte ist:

```
#File-System  Mount-Point  Typ   Optionen  Dump  Pass
/dev/sdb1     /media/sdb1  ext4  rw        0     0
```

Editieren Sie also die *fstab* mit `sudo nano /etc/fstab` und fügen Sie die Zeile am Ende der Datei ein. Die Kommentarzeile benötigen Sie nicht, sie dient hier nur dem Verständnis.

Was bedeutet nun die hinzugefügte Zeile?

Die *fstab* ist pro Zeile in sechs Spalten organisiert, die mit Leerzeichen getrennt sind. Die ersten beiden Spalten kennen Sie bereits von dem manuellen Mount-Kommando, Spalte drei (`ext4`) definiert, mit welchem Filesystemtyp der Datenträger gemountet wird. Es folgen die Optionen in Spalte 4 (hier: `rw` für lesbar und beschreibbar). Ein Wert von `0` in Spalte 5 (`Dump`) bedeutet, dass bei Einsatz des Backup-Programms Dump diese Partition nicht gesichert werden muss. Mit Spalte 6 (`Pass`) bestimmen Sie, ob beim Systemstart diese Partition einem Filesystemcheck unterzogen werden soll (`0`: nein).

Wenn Sie die zu mountenden Verzeichnisse einmal in Ihre *fstab* eingefügt haben, werden Sie nicht nur beim Systemstart automatisch verbunden, sondern Sie haben in Zukunft auch leichteres Spiel mit einem manuellen Aufruf von `mount`. In Zukunft reicht ein `sudo mount /dev/sdb1` bereits aus, um die USB-Festplatte einzubinden. Die notwendigen Zusatzinformationen werden automatisch aus der *fstab* gelesen. Noch bequemer geht es mit `sudo mount -a`, das alle in *fstab* aufgeführten Laufwerke für Sie einbindet.

14.4.4 Automatisieren mit cron

Ein Linux-Rechner lässt sich bereits mit Bordmitteln hervorragend automatisieren. Verantwortlich für die zeitlich gesteuerte Abarbeitung von Programmen oder Skripten ist der Hintergrunddienst *cron*.

Aufbau der crontab

cron ist bei fast allen Linux-Distributionen out of the box aktiv und kann einfach über die systemweite Konfigurationsdatei */etc/crontab* mit regelmäßigen Aufgaben ausgestattet werden. Die Datei enthält pro auszuführende Aktion eine Zeile, die wiederum aus sieben Spalten besteht:

Spalte	Beschreibung
`min`	Minute (0–59)
`hour`	Stunde (0–23)
`dom (day of month)`	Tag im Monat (1–31)
`month`	Monat (1–12)
`dow (day of week)`	Wochentag (0–7), 0 und 7 stehen für Sonntag
`user`	Benutzer, für den cron die Aktion ausführt
`command`	die auszuführende Aktion

Tabelle 14.4 Aufbau der crontab

Die ersten fünf Spalten definieren, wann ein Kommando ausgeführt werden soll, Spalte sechs gibt an, mit welchem User-Account das passieren soll, und die letzte Spalte enthält den eigentlichen Aufruf des Kommandos mit komplettem Pfad. Ein Beispiel: Die folgende Anweisung würde dafür sorgen, dass alle zehn Minuten das Skript */home/pi/testscript* als Benutzer pi von cron gestartet wird:


```
10   * * * * pi /home/pi/testscript
```

Damit das Skript ausgeführt werden kann, muss es vorher mit `chmod a+x /home/pi/testscript` als ausführbar markiert werden (Execute-Bit gesetzt). Der Skriptname darf außerdem generell keinen Punkt und keine Tilde (~) enthalten.

Beispiele für wiederkehrende Zeitpunkte

Die Codierung über die Spalten eins bis fünf erlaubt vielfältigste Zeitangaben, ein paar Beispiele finden Sie in Tabelle 14.5:

min	hour	dom	month	dow	Bedeutung
10	*	*	*	*	10 Minuten nach jeder vollen Stunde
30	12	*	*	1	jeden Montag um 12:30
0	15	*	*	*	jeden Tag um 15:00
5	1	*	*	1-5	jeden Arbeitstag (Mo–Fr) um 1:05
*/10	*	*	*	*	alle 10 Minuten
52	6	1	*	*	jeden Monatsersten um 6:52

Tabelle 14.5 Angabe von Zeitpunkten in der crontab

Zeilenumbruch nicht vergessen

Wenn Sie die Datei *crontab* editieren, achten Sie bitte darauf, dass die letzte Zeile mit einem Zeilenumbruch endet. Das erfordert die Syntax von cron, andernfalls würde diese Zeile ignoriert werden.

Sie haben bereits gelernt, wie Sie die systemweite *crontab* editieren, sie gilt für alle User des Systems.

Weitere cron-Dateien

Der cron-Dienst wertet jedoch zusätzlich weitere Dateien bzw. Verzeichnisse aus. Zunächst sind das die Verzeichnisse */etc/cron.hourly*, */etc/cron.daily*, */etc/cron.weekly* und */etc/cron.monthly*. Alle ausführbaren Skripte oder Programme, die in diesen Verzeichnissen liegen, werden automatisch jede Stunde, jeden Tag, jede Woche und jeden Monat ausgeführt. Sie dürfen in den vier Verzeichnissen eigene Skripte ablegen und erhalten damit eine schnelle Methode zur Automatisierung, ohne die Datei */etc/crontab* zu ändern. Wenn Sie sich */etc/crontab* nochmals genau ansehen, finden Sie übrigens auch die Aktionen, die für die Ausführung der Skripte in den vier genannten Unterverzeichnissen verantwortlich sind.

Linux wäre nicht Linux, wenn es nicht noch weitere Möglichkeiten bereithielte. Statt in der zentralen *crontab* zu editieren, dürfen Sie auch eine eigene Datei im Verzeichnis */etc/cron.d* anlegen, für die die gleichen Spielregeln gelten wie für die zentrale *crontab*.

Selbst damit nicht genug. Jeder Benutzer darf zusätzlich eigene benutzerspezifische *crontab*-Dateien anlegen. Am sichersten geschieht das über das Kommando `crontab -e`, das den Default-Editor aufruft und nach dem Speichern gleich einen Syntaxcheck der erzeugten Datei durchführt. Die Datei wird übrigens unter */var/spool/cron/crontabs/* angelegt und unterliegt ebenfalls der zentralen *crontab*-Syntax – mit einer Ausnahme: Eine userspezifische *crontab* besitzt nur sechs Spalten, die Spalte `user` entfällt, was auch logisch ist, denn diese Information ist ja bereits dadurch gegeben, dass die Datei userspezifisch ist.

14.5 Die APT-Paketverwaltung

Unter Linux haben Sie (und das ist ein großer Unterschied zu Windows) einen mächtigen Gehilfen an der Hand, wenn es um die Installation und Aktualisierung von Software geht. Alle großen Linux-Distributionen bieten dem Benutzer sowohl unzählige frei verfügbare Pakete als auch das dazu passende *Paketmanagementsystem* an.

Ein *Paket* enthält nicht nur die eigentlich zu installierende Software in gepackter Form, sondern jede Menge Metadaten (Version, Informationen über Zielort, Abhängigkeiten von weiteren Paketen, Anweisungen, welche Konfigurationen am Zielrechner vorgenommen werden müssen, Installationsskripte usw.).

APT (Advanced Packaging Tool) ist das Standard-Paketmanagementsystem der Debian- bzw. Ubuntu-Distributionen. Es ermöglicht die komfortable Installation von Software und Treibern aus sicheren Paketquellen, ohne dass vorher mühsam Setup-Dateien auf Herstellerwebseiten gefunden und heruntergeladen werden müssten. Auch das Betriebssystem selbst wird über APT auf dem aktuellen Stand gehalten.

Sie kommen als Nutzer und Administrator mit APT direkt kaum in Berührung, sondern arbeiten stattdessen mit einer Oberfläche, die auf APT aufsetzt. Der Begriff Oberfläche ist an dieser Stelle sehr breit gefächert, denn auch die kommandozeilenbasierte Konsolenanwendung apt-get ist solch eine Oberfläche. Wie die unterschiedlichen Bestandteile der Paketverwaltung zusammenhängen, zeigt die Grafik aus Abbildung 14.5.

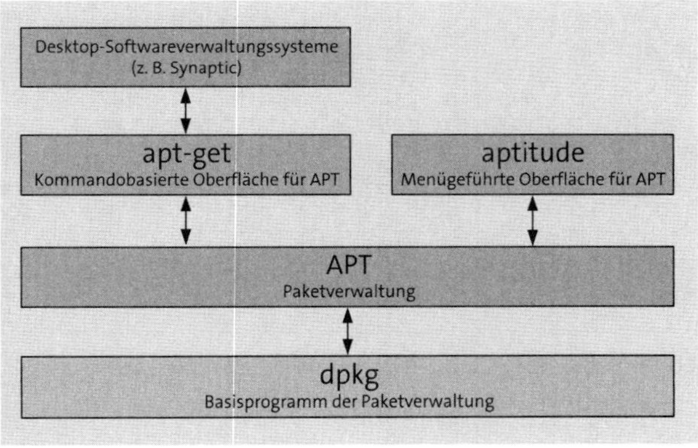

Abbildung 14.5 Bestandteile der APT-Paketverwaltung

Eine der häufigsten Aufgaben, wenn Sie den Praxisbeispielen in diesem Buch folgen, ist die Installation von Programmen auf einem Linux-Server. Die folgende Zusammenstellung soll Ihnen als kompaktes Nachschlagewerk für die wichtigsten Kommandos der APT-Paketverwaltung dienen.

Aufgabe	Kommando
Aktualisieren der Metadaten der online verfügbaren Paketquellen, eine Aktualisierung der installieren Pakete selbst erfolgt dabei nicht.	`sudo apt-get update`
Aktualisieren der kompletten installierten Distribution, allerdings nur im Hinblick auf Fehlerkorrekturen oder Sicherheits-Updates, keine grundlegend neuen Softwareversionen und kein neuer Kernel.	`sudo apt-get dist-upgrade`

Tabelle 14.6 Installationsaufgaben lösen mit apt-get und dpkg

<table>
<tr><th>Aufgabe</th><th>Kommando</th></tr>
<tr><td>Installieren des Pakets <Paket>.</td><td>sudo apt-get install <Paket></td></tr>
<tr><td>Entfernen des Pakets <Paket>.</td><td>sudo apt-get remove <Paket></td></tr>
<tr><td>Durchsucht die Metadateien aller online verfügbaren Pakete nach dem Auftreten von <Stichwort>. Ideal, um einen nicht bekannten Paketnamen herauszufinden.</td><td>apt-cache search <Stichwort>
Beispiel:
apt-cache search owfs</td></tr>
<tr><td>Detailinformationen zu einem Paket ausgeben (z. B. Version, Abhängigkeiten, Größe, Homepage, Kurzbeschreibung).</td><td>apt-cache show <Paket></td></tr>
<tr><td>Anzeigen einer Statistik zum Paket-Cache.</td><td>apt-cache stats</td></tr>
<tr><td>Anzeigen, aus welcher Paketquelle ein Paket stammt.</td><td>apt-cache policy owfs</td></tr>
<tr><td>Anzeigen aller installierten Pakete.</td><td>dpkg -l
dpkg -l | grep -i owfs</td></tr>
<tr><td>Detailinformation über ein bereits installiertes Paket.</td><td>dpkg -s <Paket></td></tr>
<tr><td>Herausfinden, welche Paketnamen benutzt werden müssen, um eine Software <Paket> zu entfernen.</td><td>dpkg -S $(which <Paket>)
Beispiel:
dpkg -S $(which owfs)</td></tr>
<tr><td>Anzeigen aller Dateien, aus denen ein Paket besteht.</td><td>dpkg -listfiles <Paket></td></tr>
</table>

Tabelle 14.6 Installationsaufgaben lösen mit apt-get und dpkg (Forts.)

Mehr Komfort mit aptitude

Falls Sie sich mit der rein textkonsolenbasierten Bedienung von apt-get nicht anfreunden möchten, finden Sie mit aptitude eine etwas ansprechendere TUI-Version (Textual User Interface) mit erweiterten Fähigkeiten. Probieren Sie aptitude einmal aus (Kommando: aptitude), Sie erhalten eine scrollbare Paketliste aller installierten und nicht installierten Pakete, in der Sie z. B. durch das Kommando / einfach nach Ausdrücken suchen können. Eine kleine Hilfefunktion (Kommando: ?) fasst die Möglichkeiten zusammen.

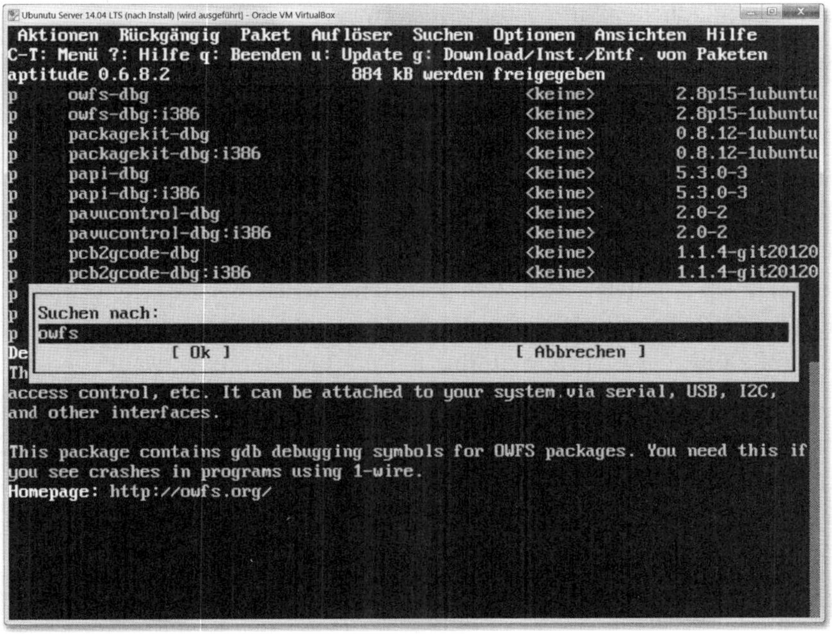

Abbildung 14.6 Aptitude, der TUI-Aufsatz für apt-get

14.6 Der Linux-Startvorgang

Wenn Sie einen Linux-Rechner hochfahren (booten) und runterfahren, laufen eine ganze Reihe Systemfunktionen im Hintergrund ab. In der Regel bekommt der Anwender davon nicht viel zu sehen, insbesondere wenn es sich bei dem Rechner um einen Headless-Server handelt. Da Sie im Automatisierungsumfeld sehr häufig mit unsichtbaren Hintergrunddiensten in Kontakt kommen, ist ein gewisses Verständnis dieser sogenannten Daemons wichtig. Ihr Start- und Stoppverhalten, insbesondere im Zusammenhang mit dem Linux-Startvorgang, ist Thema der nächsten Abschnitte.

14.6.1 Geister und Dämonen

Ein *Dienst* ist nichts anderes als ein Programm, das in der Regel beim Rechnerstart automatisch ausgeführt wird und im Hintergrund seine Arbeit verrichtet. Oft besitzt ein Dienst keine grafische Oberfläche und benötigt auch keine Interaktion mit dem Benutzer, ganz so wie ein guter Geist im Verborgenen. Vermutlich stammt daher auch der Ausdruck *Daemon* (englisch für »guter« Geist) als Bezeichnung für Dienste. Prominente Dienste sind z. B. cron, syslogd und httpd, aber auch aus der Automatisierungsszene bekannte Projekte wie eibd oder collectd. Das »d« am Namensende deutet in der Regel übrigens schon an, dass es sich um einen Dienst bzw. Daemon handelt.

14.6.2 Die unterschiedlichen Init-Systeme

Unter Linux kümmert sich ein sogenanntes *Init*-System um das geordnete Starten und Beenden von Diensten. Traditionell übernimmt das aus der Unix-Welt stammende *SysV-Init* (System V Init) diese Aufgabe, indem es alle gewünschten Dienste in einer vorher festgelegten Reihenfolge startet.

Alternativ zum ehrwürdigen SysV-Init-System hat sich (z. B. seit Ubuntu 6.10) das *Upstart*-Init-System etabliert, das zum einen abwärtskompatibel zu SysV-Init ist, aber andererseits durch das parallele Starten von Diensten den Rechnerstart entscheidend beschleunigen kann. Bisher sind längst nicht alle Dienste auf Upstart umgestellt, sodass Upstart große Teile der Dienste weiterhin in SysV-Init-Manier verwaltet.

Um Linux-Administratoren nicht zu langweilen, existiert noch ein weiteres Init-System in Konkurrenz, nämlich *systemd*. Die Debian-Distribution ist beispielsweise bereits auf systemd umgestiegen, Ubuntu wird sich ebenfalls anschließen. Ab der Ubuntu-Version 14.10 kann systemd bereits als alternatives Init-System installiert werden.

14.6.3 Arbeiten mit SysV-Init

Jeder Dienst, der vom SysV-Init-System verwaltet wird, muss ein sogenanntes Start-/Stoppskript besitzen. Das Skript ist nach einem ganz bestimmten Schema aufgebaut und wird im Verzeichnis */etc/init.d/* abgelegt, wo es auch von Hand aufgerufen werden könnte:

```
sudo /etc/init.d/<Dienstname> [start | stop | restart ...]
```

Das Kommando `sudo /etc/init.d/collectd stop` würde z. B. den Dienst collectd (siehe Abschnitt 61.4) beenden. Starten können Sie ihn jederzeit wieder mit `sudo /etc/init.d/collectd start`.

In der Regel passiert der Aufruf aber beim Starten oder Beenden des Systems. Ein Start-/Stoppskript wird dann automatisch ausgeführt, wenn es in den entsprechenden Runlevel-Verzeichnissen verlinkt ist. Welche Verzeichnisse den einzelnen Runlevels zugeordnet sind, entnehmen Sie Tabelle 14.7.

Ein Start-/Stoppskript besitzt zwei Arten von Links, einer beginnt mit dem Buchstaben »S« (für Start), der andere mit »K« (für Kill, also beenden). Wird ein Runlevel betreten, sorgt das Init-System dafür, dass zuerst alle K-Links und danach alle S-Links aufgerufen werden. Um zu entscheiden, welche Skripte innerhalb der K-Links bzw. S-Links für einen Runlevel zuerst ausgeführt werden, wertet das Init-System die beiden Ziffern aus, die dem »K« oder »S« folgen. Kleinere Werte werden vor größeren abgearbeitet.

Sehen Sie sich das einmal in der Praxis an (hier in Abbildung 14.7). Geben Sie in der Shell den Inhalt eines Run-Level-Verzeichnisses aus:

```
ls -la /etc/rc2.d
```

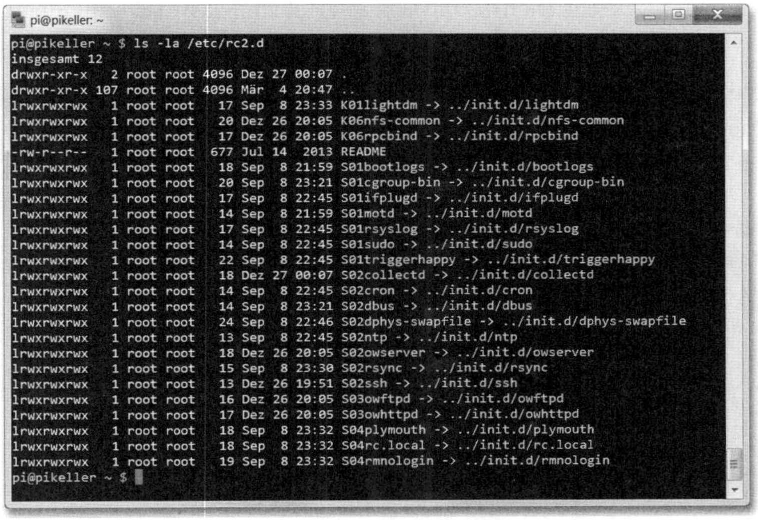

Abbildung 14.7 Verlinkte Start-/Stoppskripte für Runlevel 2

Anhand der Linknamen erkennen Sie, dass bei Betreten von Runlevel 2 die hinterlegten Skripte in folgender Reigenfolge gestartet werden:

1. *K01lightdm*
2. *K06nfs-common*
3. *K06rpcbind*
4. *S01bootlogs*
5. *S01cgroup-bin*

... und zu guter Letzt: S04rmnologin

Den Befehl `sudo /etc/init.d/<Dienstname> [start | stop | restart ...]` zum Starten und Stoppen von Diensten kennen Sie bereits. In einem Hybridsystem aus SysV-Init und Upstart verwenden Sie besser das sehr ähnliche Kommando `service`, das beide Init-Systeme nach dem gewünschten Dienst durchsucht und den Befehl automatisch an das richtige System weiterleitet. Das Kommando `service` sorgt außerdem dafür, dass der richtige Satz an Umgebungsvariablen gesetzt und das Arbeitsverzeichnis auf / gelegt wird. Die Syntax lautet:

```
sudo service <Dienstname> [start | stop | restart | status | ...]
```

Beispielsweise finden Sie wie in Abbildung 14.8 mit `sudo service cron status` heraus, ob der cron-Prozess arbeitet.

Abbildung 14.8 Das service-Kommando

Eine komplette Aufstellung, welche Dienste aktuell gestartet sind, lässt sich mit einem Aufruf von `service -status-all` herausfinden.

Eine ähnliche, allerdings mit einer kleinen GUI ausgestattete Anzeige der Dienste-Runlevel-Zuordnung bietet Ihnen das in Abbildung 14.9 gezeigte Paket *sysv-rc-conf*, das Sie mit `sudo apt-get install sysv-rc-conf` installieren und mit `sudo sysv-rc-conf` starten.

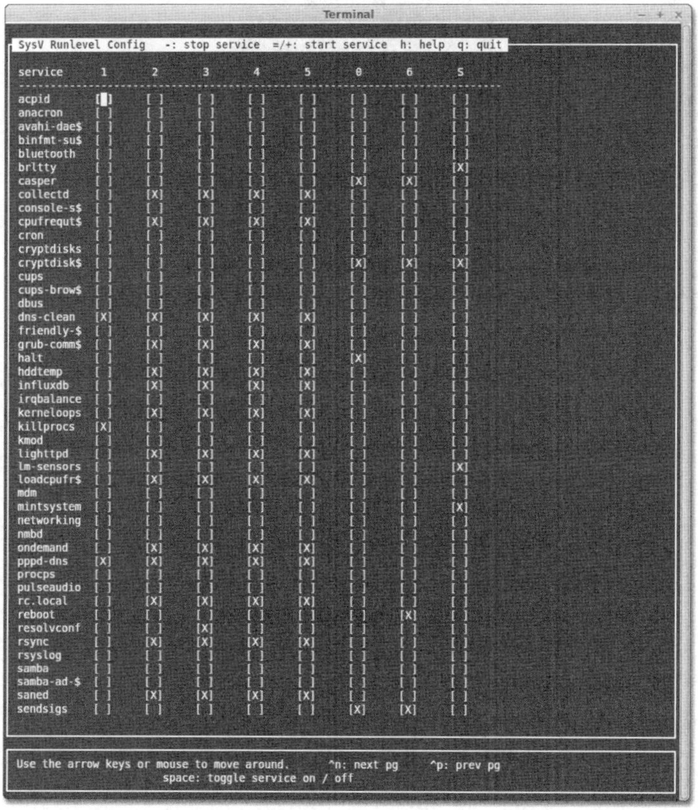

Abbildung 14.9 Anzeige der Dienste-Runlevel-Zuordnung mit sysv-rc-conf

14.6.4 Runlevels

Linux kontrolliert mithilfe der *Runlevels* (Betriebszustände), welche Prozesse bzw. Dienste automatisch gestartet werden sollen. Runlevels sorgen dafür, dass Prozesse beim Booten in wohldefinierter Reihenfolge gestartet werden und dass auch nur diejenigen Dienste aktiv sind, die in einem bestimmten Betriebszustand gebraucht werden. Die Idee dahinter ist, verschiedene Sicherheitsstufen bereitzustellen. In Runlevel 1 können Sie Ihren Server zwar warten, müssen aber keine Angst vor Gefahren aus dem Netzwerk haben, dies ist in Runlevel 1 deaktiviert.

Beim *Shutdown* Ihres Rechners werden die Runlevels in umgekehrter Reihenfolge durchlaufen, die laufenden Prozesse also stufenweise beendet, bis der Computer ausgeschaltet werden kann.

Im Linux-Umfeld sind mehrere unterschiedliche Runlevels definiert, deren Bedeutung Sie in Tabelle 14.7 finden:

Runlevel	Beschreibung	Runlevel-Verzeichnis
0	Halt: Das System wird angehalten, ohne neu zu starten, Verbindungen werden geschlossen, Puffer geschrieben, Mounts entfernt.	*/etc/rc0.d*
S und s	Bringen das System in den Single-User-Modus, niedrigster Systemzustand für Wartungsarbeiten.	*/etc/rcS.d*
1	Single-User-Modus: nur minimale Dienste gestartet, Netzwerkschnittstellen nicht aktiv, in vielen Implementierungen identisch zu Runlevel S	*/etc/rc1.d*
2	Multiuser-Modus ohne Netzwerk: Bei Debian wird allerdings das Netzwerk bereits in Runlevel 2 konfiguriert.	*/etc/rc2.d*
3	Multiuser-Modus mit Netzwerk	*/etc/rc3.d*
4	Multiuser-Modus	*/etc/rc4.d*
5	Multiuser-Modus mit Netzwerk und grafischer Oberfläche	*/etc/rc5.d*
6	Neustart, Reboot des Systems	*/etc/rc6.d*

Tabelle 14.7 Die Linux-Runlevels

Der Befehl `init [runlevel]` erzwingt einen Wechsel des Runlevels während des Betriebs und startet bzw. beendet zugeordnete Dienste entsprechend. Die dafür notwendigen Skripte befinden sich im Verzeichnis */etc/init.d*. Der Aufruf von `init 6` würde den aktuellen Runlevel nach 6 wechseln, was einem Reboot gleichkommt, es ist also etwas Feingefühl erforderlich.

Zur Ermittlung des aktuellen Runlevels steht bei den meisten Distributionen der Befehl `/sbin/runlevel` oder auch `who -r` zur Verfügung, wobei sich aber das Format der Antwort unterscheidet.

14.6.5 Der init-Prozess und die inittab

Nach dem Einschalten eines Linux-Rechners lädt der Bootloader (meist ist das GRUB oder LILO) den ausgewählten Linux-Kernel in den Speicher. Dort wird dieser gestartet und bindet das Wurzeldateisystem (root) ein. Das erste Programm, das aufgerufen wird, ist */sbin/init*. Der Init-Prozess erhält die Prozessnummer 1. Er ruft alle weiteren Prozesse auf, entweder direkt oder indirekt – deshalb nennt man ihn auch den Vater aller Prozesse. Der Init-Prozess verwendet die wichtige Konfigurationsdatei */etc/inittab* (siehe Abbildung 14.10), in der unter anderem festgelegt ist, welches Runlevel gestartet wird und dass das Skript */etc/init.d/rcS* aufgerufen werden soll. Dieses Skript führt nach einem bestimmten Muster (siehe Abschnitt 14.6.3, »Arbeiten mit SysV-Init«) alle Skripte im Verzeichnis */etc/rcS.d* aus.

Wenn Sie sich die *inittab* weiter ansehen, finden Sie ebenfalls die Aufrufe der Start-/Stoppskripts, die für alle anderen Runlevel-Wechsel hinterlegt sind. Außerdem definiert die *inittab*, was passieren soll, wenn z. B. die Tastenkombination `Strg` + `Alt` + `Entf` gedrückt wird und wenn die Rechnerspannungsversorgung ausfällt oder wiederkehrt. Zu guter Letzt werden noch einige virtuelle Konsolen, abhängig vom Runlevel, aktiviert.

```
# /etc/inittab: init(8) configuration.
# $Id: inittab,v 1.91 2002/01/25 13:35:21 miquels Exp $

# The default runlevel.
id:2:initdefault:

# Boot-time system configuration/initialization script.
# This is run first except when booting in emergency (-b) mode.
si::sysinit:/etc/init.d/rcS

# What to do in single-user mode.
~~:S:wait:/sbin/sulogin

# /etc/init.d executes the S and K scripts upon change
# of runlevel.
#
# Runlevel 0 is halt.
# Runlevel 1 is single-user.
# Runlevels 2-5 are multi-user.
# Runlevel 6 is reboot.

l0:0:wait:/etc/init.d/rc 0
l1:1:wait:/etc/init.d/rc 1
l2:2:wait:/etc/init.d/rc 2
l3:3:wait:/etc/init.d/rc 3
l4:4:wait:/etc/init.d/rc 4
l5:5:wait:/etc/init.d/rc 5
l6:6:wait:/etc/init.d/rc 6
# Normally not reached, but fallthrough in case of emergency.
z6:6:respawn:/sbin/sulogin

# What to do when CTRL-ALT-DEL is pressed.
ca:12345:ctrlaltdel:/sbin/shutdown -t1 -a -r now

# Action on special keypress (ALT-UpArrow).
#kb::kbrequest:/bin/echo "Keyboard Request--edit /etc/inittab to let this work."

# What to do when the power fails/returns.
pf::powerwait:/etc/init.d/powerfail start
pn::powerfailnow:/etc/init.d/powerfail now
po::powerokwait:/etc/init.d/powerfail stop

# /sbin/getty invocations for the runlevels.
#
# The "id" field MUST be the same as the last
# characters of the device (after "tty").
#
# Format:
#  <id>:<runlevels>:<action>:<process>
#
# Note that on most Debian systems tty7 is used by the X Window System,
# so if you want to add more getty's go ahead but skip tty7 if you run X.
#
1:2345:respawn:/sbin/getty --noclear 38400 tty1
2:23:respawn:/sbin/getty 38400 tty2
3:23:respawn:/sbin/getty 38400 tty3
4:23:respawn:/sbin/getty 38400 tty4
5:23:respawn:/sbin/getty 38400 tty5
6:23:respawn:/sbin/getty 38400 tty6

^G Hilfe       ^O Speichern   ^R Datei öffnen ^Y Seite zurück ^K Ausschneiden  ^C Cursor
^X Beenden     ^J Ausrichten  ^W Wo ist       ^V Seite vor    ^U Ausschn. rück ^T Rechtschr.
```

Abbildung 14.10 Die Debian-inittab

14.6.6 Ein eigenes Init-Skript schreiben

Am schnellsten kommen Sie zu einem funktionierenden Skript, wenn Sie als Vorlage eines der Files in */etc/init.d* heranziehen. Die offizielle Vorlage finden Sie ebenfalls dort, und zwar unter */etc/init.s/skeleton*.

Auf das Wesentliche reduziert, besitzt ein ordnungsgemäßes Init-Skript folgenden Inhalt:

```
#! /bin/sh
### BEGIN INIT INFO
# Provides:           <Skriptname>
# Required-Start:     <Liste der Dienste, die VOR dem erstellten Dienst gestartet
                                                                  werden müssen>
# Required-Stop:
# Default-Start:      2 3 4 5
# Default-Stop:       0 1 6
# Short-Description: <Kurze Beschreibung des Skripts>
# Description:        <eine ausführlichere Beschreibung>
### END INIT INFO
# Author: Name <Ihre E-Mail-Adresse>

# Aktionen
case "$1" in
    start)
        /opt/<IhrProgramm> start
        ;;
    stop)
        /opt/<IhrProgramm> stop
        ;;
    restart)
        /opt/<IhrProgramm> restart
        ;;
esac
exit 0
```

Besonders wichtig ist der Kommentarblock am Anfang des Skripts. Dieser muss dem vorgegebenen Aufbau entsprechen, da er vom Befehl `update.rc` ausgewertet wird.

Ein fertiges Init-Skript für den eibd-Dienst (siehe Abschnitt 50.2) finden Sie beispielsweise unter:

https://github.com/mknx/smarthome/wiki/Komplettanleitung-Installation-sh.py-,-smartVISU,-eibd-und-1-Wire

Am besten ist es, Sie nehmen diese Vorlage, speichern sie unter */etc/init.d/eibd* und ändern sie dahin gehend ab, dass Sie die IP-Adresse Ihrer eigenen KNX-IP-Schnittstelle einfügen und, falls notwendig, den Pfad zu Ihrem eibd-Daemon abändern (Zeile: `DAEMON=/usr/bin/$NAME`).

Haben Sie das eibd-Skript erstellt, verfahren Sie, wie mit jedem anderen Init-Skript auch, nach folgendem Rezept. Sorgen Sie dafür, dass das Skript ausführbar wird, mit:

```
sudo chmod 755 /etc/init.d/eibd
```

Damit der eibd in die entsprechenden Runlevels eingefügt wird (siehe `Default-Start` und `Default-Stop` aus dem Skript-Header), erzeugen Sie in den Runlevel-Verzeichnissen die notwendigen Verlinkungen mit:

```
sudo update-rc.d eibd defaults
```

Aus dem Autostart entfernen können Sie das Skript natürlich auch wieder mit

```
sudo update-rc.d -f eibd remove
```

worauf sämtliche Verknüpfungen auf */etc/init.d/eibd* aus den Runlevel-Verzeichnissen gelöscht werden. Die `remove`-Option entfernt übrigens nicht wirklich permanent, bei einer Aktualisierung des entsprechenden Pakets legt die Paketverwaltung die Links wieder an.

Eine dauerhafte Deaktivierung hingegen erreichen Sie mit

```
sudo update-rc.d eibd disable
```

Der Dienst bleibt so lange, auch nach Neustart und Update, von der Ausführung verschont, bis Sie ihn mit

```
sudo update-rc.d eibd enable
```

wieder aktivieren.

Die unkomplizierte Variante mit /etc/rc.local

Möchten Sie ein Programm oder Dienst lediglich beim Hochfahren des Rechners ausführen und benötigen keine spezielle Behandlung beim Herunterfahren, ist ein Eintrag in */etc/rc.local* oft die unkompliziertere Variante. Dazu fügen Sie einfach in die Datei */etc/rc.local* einen Aufruf des Diensts mit vollem Pfad ein, und zwar vor der beendenden Anweisung `exit 0`.

Die Kommandoausführung in *rc.local* endet sofort, wenn ein Befehl einen Fehler auslöst. Der Grund dafür ist, dass in der ersten Zeile (`#!/bin/sh -e`) die Option `-e` angegeben ist.

Kapitel 15
Ihren Server administrieren

Auch wenn ein Embedded-Linux-Server über Jahre hinweg robust läuft und zuverlässig 24 Stunden × 365 Tage seinen Dienst in einem dunklen Verteilerschrank verrichtet, benötigt er doch hin und wieder eine kleine Aufmunterung und vor allem jemanden, der ihm bei Problemen zuhört. Sie als Administrator sind gefragt.

Nachdem Sie im vorherigen Kapitel wichtige Linux-Grundlagen im Hinblick auf die Arbeit mit Automatisierungsrechnern kennengelernt haben, erfahren Sie im Folgenden, wie Sie einen solchen administrieren. Die einzelnen Abschnitte sind dabei so aufgebaut, dass sie Sie in Form einer Schnellreferenz für die häufigsten Aufgaben unterstützen sollen. Im Hardwareteil dieses Buchs, also Teil 4, stelle ich Ihnen später einige für den Einsatz als Automatisierungsrechner hervorragend geeignete Modelle vor. Alle lassen sich einfach mit Linux als Betriebssystem betreiben.

15.1 Gewinnen Sie Informationen aus Logdateien

Unter Linux ist es üblich, dass Systemdienste, Daemons und andere Programme ein Fehlverhalten in Logdateien protokollieren. Im Fall eines Problems gehören diese Logfiles zu den ersten Anlaufstellen für jeden Admin. Die meisten Logfiles liegen im Verzeichnis */var/log/* – entweder direkt oder in eigenen dienstspezifischen Unterverzeichnissen.

15.1.1 Wichtige Logdateien in einem Linux-System

Eine zentrale Logdatei für Systemmeldungen ist die */var/log/messages*. Weitere wichtige Pfade finden Sie in Tabelle 15.1 aufgelistet:

Logdatei	Bedeutung
/opt/influxdb/shared/log.txt	Log-Ausgabe des InfluxDB-collectd-Proxys, siehe Kapitel 61.
/usr/local/smarthome/var/log/	SmartHome.py-Logfile, siehe Abschnitt 50.7

Tabelle 15.1 Übersicht: wichtige Logfiles

Logdatei	Bedeutung
/var/log/auth.log	Enthält die Protokolle aller Versuche, sich am System anzumelden.
/var/log/boot.log	Informationen, die geloggt werden, wenn das System bootet.
/var/log/collectd.log	Logfiles des collectd-Daemons, siehe Kapitel 60.
/var/log/dmesg	Als Ringpuffer organisiertes File mit den letzten Meldungen des Kernels (ältere Meldungen finden Sie in *kern.log*), insbesondere erkannte Hardware.
/var/log/eidb.log	eidb-Logfile, siehe auch Abschnitt 50.2.
/var/log/kern.log	Enthält auch ältere Meldungen des Kernels (siehe dmesg).
/var/log/lighttpd/error.log	Fehlermeldungen des Webservers lighttpd, siehe Abschnitt 50.11.
/var/log/linknx.log	Logfile des linknx-Daemons, siehe Abschnitt 50.3.
/var/log/messages	Globale Systemmeldungen einschließlich Meldungen während des Systemstarts, ebenso die Ausgaben von cron, kern, auth usw.
/opt/openhab/logs/openhab.log	openHAB-Service-Logfile, siehe Abschnitt 50.6.
/var/log/ramlog	Logdatei des ramlog-Daemons (Abschnitt 15.5.3).
/var/log/rsyncd.log	rsyncd-Daemon-Logfile, siehe Abschnitt 24.6.3.
/var/log/samba	Die Logs des Samba-Servers, falls installiert.
/var/log/syslog	Ausgabe des syslogd-Daemons.

Tabelle 15.1 Übersicht: wichtige Logfiles (Forts.)

Im Fall eines Problems gehen Sie auf jeden Fall die Logfiles */var/log/syslog* und */var/log/messages* durch sowie */var/log/dmesg* bei neu installierter Hardware. Um mit der Vielzahl an Informationen in */var/log/* etwas virtuoser umzugehen, ist bereits mit einfachen Shell-Kommandos einiges an Hilfe in ein Standard-Linux-System eingebaut.

15.1.2 Der richtige Umgang mit Logdateien

Um schnell herauszufinden, in welcher Logdatei eine mögliche Problemursache protokolliert ist, können Sie mithilfe von

```
ls -lt /var/log/ | less
```

eine nach Änderungszeitpunkt sortierte Ausgabe des *log*-Verzeichnisses veranlassen. Hilfreich ist auch ein

```
find /var/log/ -mmin -10
```

das alle Dateien (auch solche in Unterverzeichnissen) ausgibt, die nicht älter als zehn Minuten sind. Haben Sie die gesuchte Logdatei bereits identifiziert, können Sie sich mit z. B.

```
sudo tail -f /var/log/messages
```

alle neu eintreffenden Einträge ausgeben lassen.

15.2 Übersicht der wichtigsten Konfigurationsdateien

Ein Großteil der unter Linux arbeitenden Dienste wird über Konfigurationsdateien gesteuert. Wenn Sie die Art und Weise, wie ein Dienst ausgeführt wird, beeinflussen möchten, sind die unterschiedlichen Konfigurationsdateien die erste Anlaufstelle. Sie werden in den weiteren Abschnitten in diesem Buch immer wieder mal die eine oder andere Config-Datei genauer kennenlernen und bearbeiten. Tabelle 15.2 soll Ihnen bereits als Vorgriff bzw. kleine Zusammenfassung zum Nachschlagen dienen:

Konfigurationsdatei	Bedeutung
/etc/network/interfaces	Konfiguration der Netzwerkschnittstellen, siehe Abschnitt 15.5.4.
/etc/apt/sources.list	Unter Debian-ähnlichen Systemen werden hier die Paketquellen für das apt-Paketverwaltungssystem eingestellt.
/etc/hdparm.conf	Konfiguration der Laufwerkparameter für angeschlossene Festplatten (z. B. Energieverwaltung), siehe Abschnitt 15.5.5.
/etc/default/cron	Verhalten des cron-Daemons anpassen (z. B. Logging), siehe Abschnitt 15.5.3.
/etc/crontab	Dient der Aufnahme von zeitgesteuerten Befehlen oder Skripten, siehe Abschnitt 14.4.4.

Tabelle 15.2 Übersicht: wichtige Konfigurationsdateien

Konfigurationsdatei	Bedeutung
/etc/exports	Beinhaltet die Verzeichnisse, die per NFS exportiert werden.
/etc/init/fhem.cfg	FHEM-Config-File, siehe Abschnitt 50.5.
/etc/fstab	Optionen zu den verschiedenen. Dateisystemen und Mountpoints, siehe Abschnitt 14.4.3.
/etc/group	Gruppen und zugehörige Benutzer.
/etc/hosts	Einträge zur DNS-Auflösung von Namen (Beispiel siehe Abschnitt 14.4.2).
/etc/inittab	Bestimmt das Systemverhalten beim Hochfahren und in den einzelnen Runlevels, siehe Abschnitt 14.6.5.
/etc/issue	Keine Config-Datei im engen Sinne, aber mit `cat /etc/issue` finden Sie heraus, welche Linux-Distribution Sie einsetzen.
/etc/modules	Enthält die Namen der Module, die bei jedem Systemstart geladen werden sollen.
/etc/owfs.conf	Konfigurationsdatei für OWFS, siehe Abschnitt 50.4.
/var/spool/cron/crontabs/	User-crontab, siehe Abschnitt 14.4.4.
/home/user/.bashrc	Optionen zur Profildatei eines Benutzers (von der Log-in- und der Sub-Shell gelesen).
/home/user/.profile	Optionen zur Profildatei eines Benutzers (nur von der Log-in-Shell gelesen).
/home/hts/.hts/tvheadend	Verzeichnis für die benutzerabhängigen Config-Files von Tvheadend, siehe Abschnitt 49.2.1.
/etc/rsyncd.conf	Konfiguration des rsyncd-Daemons, siehe Abschnitt 24.6.2.

Tabelle 15.2 Übersicht: wichtige Konfigurationsdateien (Forts.)

Wenn Sie den Inhalt einer Konfigurationsdatei ändern, ist es in der Regel erforderlich, den darüber gesteuerten Dienst neu zu starten bzw. ihn aufzufordern, die Konfiguration neu zu lesen. Dazu bedienen Sie sich des `service`-Kommandos: `sudo service <Dienstname> reload`.

15.3 Verbindungsaufbau über Ports

Wollen zwei Prozesse sowohl über ein Netzwerk als auch rechnerintern miteinander kommunizieren, werden sogenannte *Ports*, auch Netzwerkports genannt, benutzt. Ein Prozess identifiziert sich gegenüber der TCP/IP-Schnittstelle mit einer Portnummer, einer 16-Bit-Zahl (maximal 65.535), die aussagt, an welchen Prozess ein Paket weitergereicht werden möchte. Portnummern zwischen 0 und 1.023 werden als *Well-Known-Ports* bezeichnet und sind fest vorgegeben. Der Bereich von 1.024 bis 49.151 ist zur Registrierung (*http://www.iana.org*) freigegeben, Ports zwischen 49.152 und 65.535 werden vom Betriebssystem dynamisch an Clientprogramme vergeben.

Ein startender Dienst (z. B. httpd) fordert beim Betriebssystem bestimmte Ports an, um Verbindungen annehmen zu können. In der Regel sind das Well-Known-Ports, da hier die Portnummer nicht veröffentlicht werden bzw. bekannt sein muss. Ein Client benötigt auf der Gegenseite ebenso einen Port zur Kommunikation, er fordert beim Betriebssystem normalerweise einen zufälligen Port an. Während des Verbindungsaufbaus erfährt der Server den Port des Clients, über den er diesem dann antworten kann. Fand der Aufbau über einen *Well-Known-Port* statt, ändert der Server die Portnummer für die eingerichtete Verbindung, sodass seine standardisierte Portnummer wieder für neue Verbindungsanfragen bereitsteht.

Die folgende Tabelle zeigt Ihnen wichtige Well-Known-Ports sowie eine Zusammenstellung relevanter Ports von Diensten, die eine Rolle in der Heimautomation spielen. Auf einige dieser Spezialports kommen wir im Laufe dieses Buchs noch genau zu sprechen, einen entsprechenden Verweis finden Sie bereits an dieser Stelle:

Port	Bedeutung	Anwendung in Abschnitt
20	FTP-Service (Daten)	–
21	FTP-Service (Control)	–
22	SSH-Kommunikation (Secure Shell)	14.1
23	Telnet-Kommunikation (unverschlüsselt)	49.1
25	SMTP (Simple Mail Transfer Protocol) für die E-Mail-Übermittlung zwischen E-Mail-Servern	–
80	HTTP-Webserver	50.11
110	POP3-Zugriff auf E-Mail-Server	–
123	NTP (Network Time Protocol)	–
161	SNMP (Simple Network Management Protocol)	13.2

Tabelle 15.3 Übersicht: wichtige Ports

Port	Bedeutung	Anwendung in Abschnitt
443	HTTPS/SSL	–
873	rsync-Datei-Synchronisationsprotokoll	24.6
1028	linknx	50.3
1900	Simple Service Discovery Protocol (SSDP), Suche nach UPnP-Geräten im Netzwerk	13.3.1
2121	OWHTTPD	50.4.3
2049	NFS (Network File System)	14.4.2
2424	SmartHome.py	50.7
3306	MySQL-Serverport	57.1.1
3389	VirtualBox Remote Desktop	19.2.6
3671	KNXnet/IP-Gebäudeautomation	47.6.2
4304	owserver	50.4.3
4806	Empfangsport des EibPCs (nicht änderbar)	34.2.3
4809	TCP/IP-Server des EibPCs	34.2.3
5060 5061	SIP (Session Initiation Protocol) (verschlüsselt)	45.1
6270	eibd	50.2
8080	openHAB-Webvisualisierung (Standard)	50.6
8083	InfluxDB-Webinterface (Admin-Interface)	61.3
8086	InfluxDB-Interface	61.3
9981	Tvheadend-Administrationswebseite	49.2

Tabelle 15.3 Übersicht: wichtige Ports (Forts.)

Mit dem Kommando `sudo netstat -tulpen` können Sie sich alle gerade aktiven Ports ausgeben lassen, was z. B. auf einem RasPi unter Debian wie in Abbildung 15.1 aussieht:

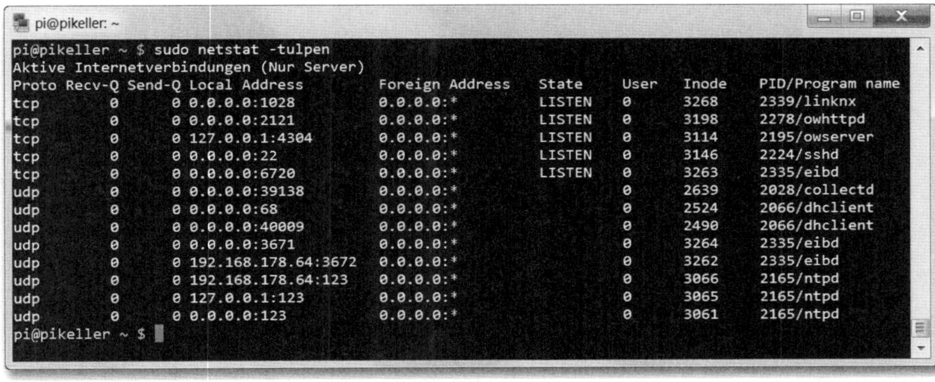

Abbildung 15.1 Beispielausgabe des netstat-Kommandos

15.4 Einfache Serverüberwachung per Webbrowser

Eine einfache Serverüberwachung per Browser muss nicht kompliziert sein und ist schnell eingerichtet. Ausgewachsene Monitoring-Software wie z. B. Nagios ist für ein ganzes Netzwerk an Servern geschaffen, stellt auch hohe Ansprüche zufrieden, ist aber in der Einrichtung durchaus aufwendig.

15

15.4.1 Linux Dash für kleine Systeme

Kleine Linux-Systeme wie ein Raspberry Pi lassen sich prima und mit geringem Aufwand durch *Linux Dash* überwachen. Die freie Software unter der MIT-Lizenz benötigt nur einen HTML5-fähigen Browser und stellt wichtige Leistungsdaten wie die RAM-Auslastung, Uptime, freien Festplattenplatz, Netzwerkverbindungen und vieles mehr übersichtlich aufbereitet dar. Dank des responsiven Designs sieht Linux Dash auch auf Smartphones und Tablets gut aus, eine spezielle App ist nicht erforderlich.

15.4.2 Linux Dash ist schnell installiert

Natürlich läuft Linux Dash in Verbindung mit dem Apache-Webserver, aber um die Serveranforderungen möglichst klein zu halten, bietet sich auch ein leichtgewichtiger Webserver wie z. B. lighttpd an. In Abschnitt 50.11 finden Sie alles Wissenswerte zur Installation von lighttpd. Führen Sie die dort beschriebenen Schritte inklusive PHP-Unterstützung durch und wechseln Sie in das Verzeichnis */var/www*, wo Sie mit

```
git clone https://github.com/afaqurk/linux-dash.git
```

eine Kopie des Projekts aus seinem Git-Repository im Unterverzeichnis *linux-dash* ablegen.

Aufgerufen wird Linux Dash ganz einfach über Ihren Webbrowser, was dann in etwa wie in Abbildung 15.2 aussieht.

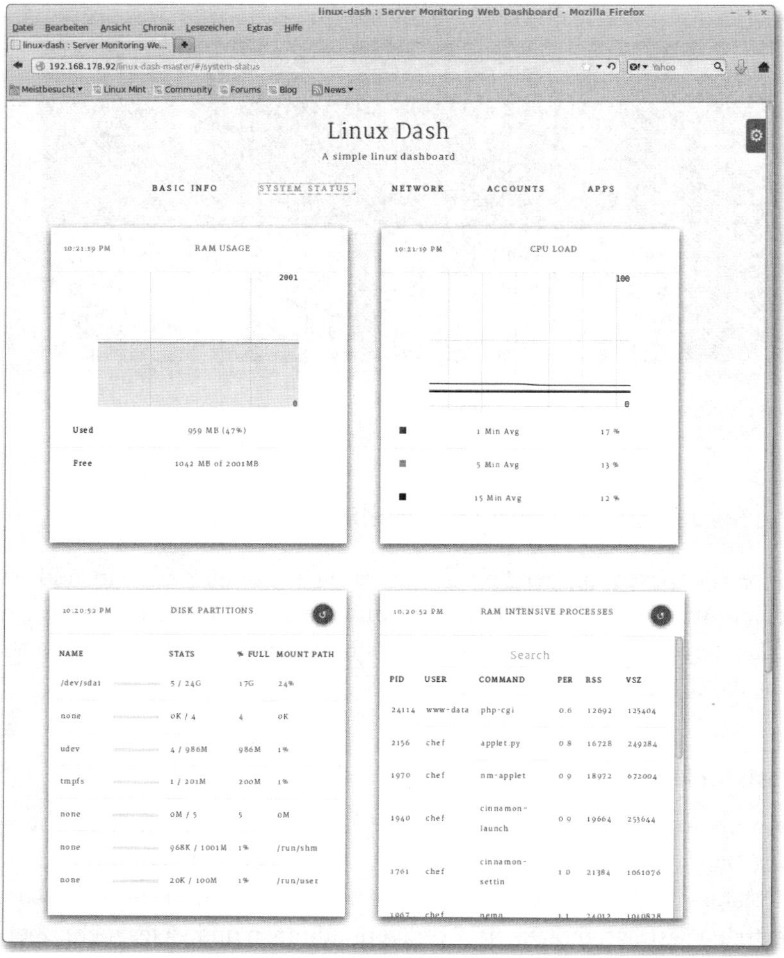

Abbildung 15.2 Einfaches System-Monitoring mit Linux Dash

Das Schöne an Linux Dash ist, dass es nur dann eine Systemlast verursacht, wenn es im Browser gerade aufgerufen ist. Dieser Vorteil prädestiniert es geradezu für leistungsschwache Systeme, wie sie aus Stromspargründen oft eingesetzt werden.

15.5 Optimieren Sie Ihren Server

In der Heimautomation werden gern leistungsschwache, dafür aber sehr platz- und energiesparende Embedded-Rechner eingesetzt. Mit den richtigen Handgriffen holen Sie mehr aus den knappen Ressourcen heraus. Dieser Abschnitt verrät Ihnen, wo es sich zu optimieren lohnt. Die Maßnahmen sind auf den beliebten Raspberry Pi mit Raspbian zugeschnitten, können aber, bis auf die Einstellungen mit dem Tool `raspi-config`, auch auf andere Systeme übertragen werden.

15.5.1 Optimieren Sie die Speicheraufteilung

Als Standardeinstellung reserviert der RasPi 64 MByte für die Grafikkarte, was reichlich großzügig ist, wenn Sie den Minirechner ohne Monitor und nur mit SSH-Zugang betreiben. Genau dieser Anwendungsfall trifft sehr häufig beim Einsatz als Automatisierungsrechner oder als kleiner Server für z. B. eibd und owfs zu. Reduzieren Sie in diesem Fall den Grafikspeicher zugunsten des für die CPU benutzbaren Speichers und freuen Sie sich über eine spürbare Performanceverbesserung. Die Vorgehensweise ist denkbar einfach: Rufen Sie dazu nur `sudo raspi-config` auf und wählen Sie das Menü Advanced Options und dort die Zeile Memory Split. Als neuen Wert geben Sie `16` vor. Speichern und beenden Sie das Config-Tool anschließend und starten Sie den RasPi neu.

Gespeichert werden sämtliche dieser Settings von `raspi-config` übrigens in der Datei */boot/config.txt*, die Sie auch von Hand editieren dürfen.

15.5.2 Moderates Overclocking erhöht zusätzlich die Leistung

Der Raspberry Pi Model B taktet seine CPU von Haus aus mit 700 MHz. Den CPU-Takt können Sie bei vernachlässigbarem Risiko problemlos einen Schritt erhöhen. Wiederum führt der Weg über das Config-Tool (`sudo raspi-config`) und dort über den Menüpunkt Overclock. Wählen Sie den zweiten Modus (Modest), der den CPU-Takt von 700 MHz auf 800 MHz anhebt (siehe Abbildung 15.3). 15

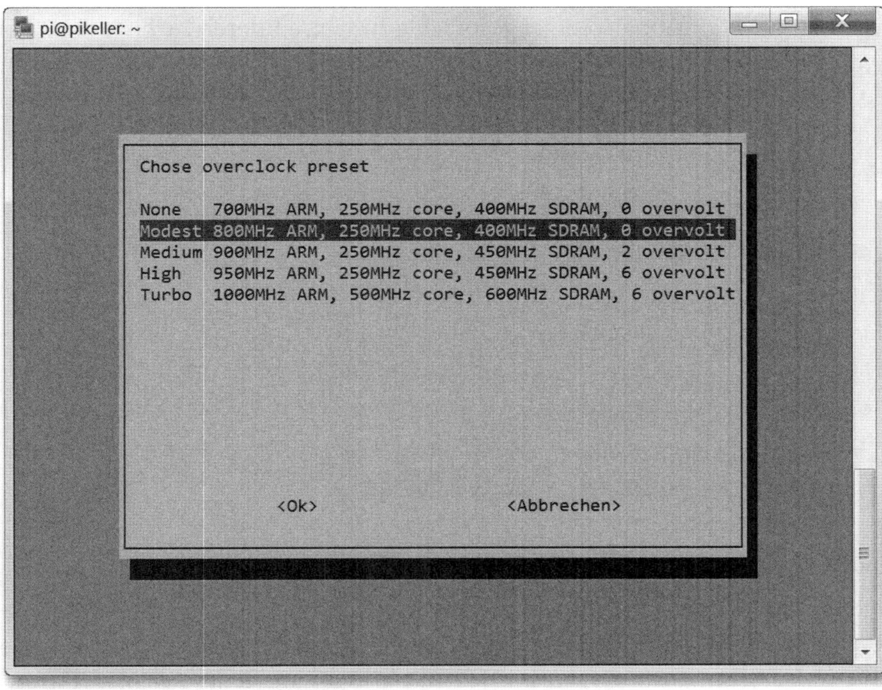

Abbildung 15.3 Erhöhen Sie den CPU-Takt auf 800 MHz.

Eine Überhitzung müssen Sie übrigens nicht befürchten, neuere Versionen des Raspbian-Systems (seit Ende 2012) fahren das System im Notfall, bei einer Temperatur von mehr als 85 °C, herunter, um Schäden zu vermeiden. In meinen Setups ist dieser Fall bisher noch nie eingetreten.

15.5.3 Schreibzugriffe auf die SD-Karte reduzieren

Vermutlich der größte Schwachpunkt an einer Automatisierungslösung mit dem RasPi ist die begrenzte Lebensdauer der eingesetzten SD-Karten. Sehr häufige Schreibzugriffe sind oft der Grund, warum nach einigen Monaten ein an sich stabiles System plötzlich ausfällt. Eine Optimierung setzt genau an dieser Stelle an: Reduktion der Schreibzugriffe auf die SD-Karte.

Unterbinden Sie die Ausgabe des cron-Daemons in syslog

Der Daemon cron hat die Eigenschaft, seine Aktivitäten in der Logdatei */var/log/syslog* zu protokollieren. Zu Troubleshooting-Zwecken sind diese Ausgaben zwar willkommen, sie können aber auch unerwünscht sein, wenn z. B.

- cron jede Minute ein Skript zum Auslesen von 1-Wire-Daten oder KNX-Telegrammen (über owfs oder eibd) startet oder
- das syslog-File auf einem »fragilen« Medium wie z. B. einer SD-Karte liegt.

Um cron dazu zu veranlassen, weniger gesprächig zu sein, editieren Sie bitte die Datei */etc/default/cron* und fügen am Ende die Zeile `EXTRA_OPTS="-L 0"` ein. Änderungen an den syslog- und/oder cron-Config-Files sollten Sie durch einen beherzten Aufruf von `/etc/init.d/syslogd force-reload` gefolgt von `/etc/init.d/cron force-reload` übernehmen lassen.

Zeitstempel für den letzten Lesezugriff unterbinden

Eine weitere einfache Methode, die Schreibzugriffe auf Ihre SD-Karte zu verringern, besteht darin, die von Linux automatisch geschriebenen Zeitstempel für den letzten Lesezugriff abzustellen. Dazu editieren Sie die Datei */etc/fstab* und ergänzen dort die Attribute `nodiratime` und `noatime`, sodass die komplette Zeile für die Root-Partition Ihrer SD-Karte lautet:

```
/dev/mmcblk0p2 / ext4 defaults,nodiratime,noatime 0 1
```

Verwenden Sie eine RAM-Disk

Die folgende Optimierung ist etwas aufwendiger, reduziert dafür aber die SD-Karten-Schreibzugriffe auf die Logfiles (*/var/log*). Erreichen lässt sich das, indem */var/log* in eine *RAM-Disk* verlagert wird, worauf nur noch beim Herunterfahren des Rechners die SD-Karte aktualisiert wird. Den Nachteil, den dieses Vorgehen mit sich bringt, möchte ich auch erwähnen. Bei einem ungeordneten Herunterfahren (Absturz des RasPi oder

Steckerziehen) stehen keine Log-Informationen zur Verfügung, um beispielsweise den Absturzgrund zu analysieren.

Das kleine Tool ramlog installieren Sie wie folgt:

```
sudo apt-get install rsync lsof
wget http://www.tremende.com/ramlog/download/ramlog_2.0.0_all.deb
sudo dpkg -i ramlog_2.0.0_all.deb
```

Editieren Sie anschließend die Config-Datei */etc/default/ramlog* und definieren Sie dort, wie viel Speicher für die Logfiles verwendet werden soll. Für eine Größe von z. B. 20 MByte lautet die entsprechende Zeile: `TMPFS_RAMFS_SIZE=20m`.

Den Startzeitpunkt des syslog-Daemons müssen Sie ebenfalls anpassen. Er soll in Zukunft erst nach ramlog starten, was über die Abhängigkeiten im Init-Skript gelöst werden kann. Editieren Sie also die Datei */etc/init.d/rsyslog* und fügen Sie in den beiden folgenden Zeilen die Abhängigkeiten von ramlog ein:

```
# Required-Start: $remote_fs $time ramlog
# Required-Stop: umountnfs $time ramlog
```

Damit diese Änderungen wirksam werden, führen Sie einmal `sudo dpkg-reconfigure insserv` aus und aktivieren den Daemon: `sudo /etc/init.d/ramlog enable`. Starten Sie Ihren RasPi jetzt zweimal neu mit `sudo reboot`.

Prüfen Sie nach dem Reboot die Logdatei des Daemons mit `cat /var/log/ramlog` und das neue Filesystem ramlog-tmpfs für den Mountpoint */var/log* mit dem Kommando `df`.

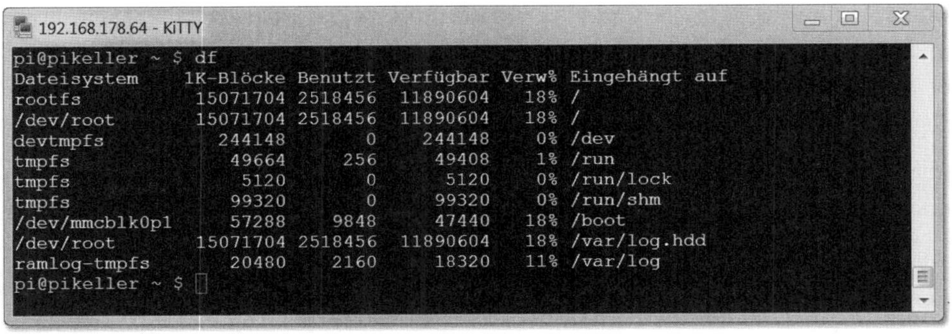

Abbildung 15.4 Das Verzeichnis /var/log befindet sich jetzt in der RAM-Disk.

15.5.4 Dem Server eine feste IP-Adresse zuordnen

Für Server, Router, (Managed) Switches, Drucker und andere Geräte im Netzwerk, die möglichst immer unter derselben IP-Adresse erreichbar sein sollen, lohnt sich die Vergabe einer festen (statischen) IP-Adresse.

Unter Linux, hier im Beispiel Raspbian Pi mit Debian, ist die Zuordnung einer statischen Adresse mit nur wenigen Handgriffen in der Shell schnell durchgeführt. Beginnen Sie im ersten Schritt, die IP-Adresse Ihres Gateways (Ihres Routers) zu ermitteln, falls Sie sie nicht auswendig kennen:

Die Ausgabe von `netstat -r -n` aus Abbildung 15.5 liefert die Gateway-Adresse (Spalte ROUTER), wobei die 0.0.0.0 nicht die gesuchte ist. Im Beispiel beträgt sie 192.168.178.1.

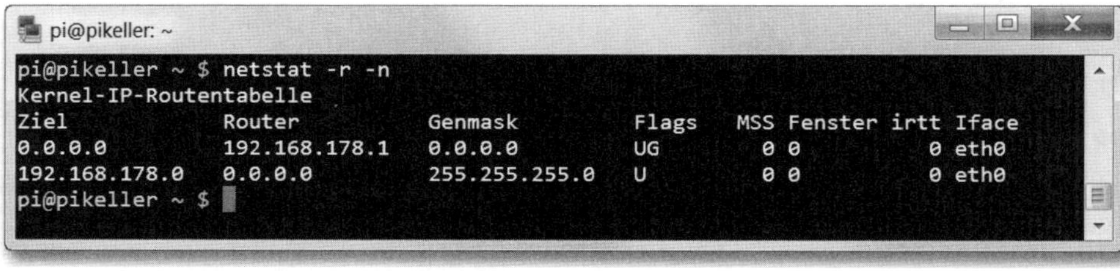

Abbildung 15.5 netstat liefert Ihre Routeradresse.

Öffnen Sie im zweiten Schritt die Datei */etc/network/interfaces* (`sudo nano /etc/network/interfaces`) und ersetzen Sie die Zeile

```
iface eth0 inet dhcp
```

durch

```
iface eth0 inet static
address 192.168.178.64
netmask 255.255.255.0
gateway 192.168.178.1
dns-nameservers 192.168.178.1
```

wobei Sie für `gateway` und `dns-nameservers` die mit `netstat` ermittelte Adresse einsetzen und als `address` die IP-Adresse, die Ihr Server in Zukunft haben soll. Bei der gewählten `netmask 255.255.255.0` darf und muss sich ausschließlich die vierte Stelle der IP-Adresse gegenüber dem Gateway ändern (Beispiel: 192.168.178.64).

Abgeschlossen wird die Prozedur, indem Sie die Netzwerkschnittstelle herunterfahren und mit demselben Kommando wieder hochfahren:

```
sudo ifdown eth0 && sudo ifup eth0
```

Der Server erhält danach bereits die neue Wunsch-IP und wird in Zukunft keine Adresse mehr per DHCP anfragen.

15.5.5 Sparen Sie Strom mit hdparm

Stecken in Ihrem Linux-Server eine oder sogar mehrere Festplatten (HDDs), lohnt es sich durchaus, über einen automatischen Spin-down nachzudenken.

Ein Spin-down schaltet Festplatten, die im Moment nicht benötigt werden, kontrolliert ab (Stand-by) und sorgt für eine merkliche Energieeinsparung und Reduzierung der durch die Festplatten generierten Geräuschkulisse. Ein Zugriff auf eine Festplatte im Stand-by-Zustand sorgt automatisch wieder für das Hochlaufen des Motors.

Unter Linux steht Ihnen das Shell-Kommando `hdparm` als wahrer Alleskönner für Festplattenadministrationsaufgaben zur Seite. Im folgenden Abschnitt erfahren Sie, wie Sie mithilfe von `hdparm` Ihre Festplatten sowohl manuell als auch automatisch ganz einfach in den Stand-by-Zustand versetzen.

Verschaffen Sie sich dazu zuerst mit einem Aufruf von `sudo fdisk -l` einen Überblick über die angeschlossenen Massenspeicher. Das Kommando listet Ihnen die Device-Namen Ihrer Festplatten auf, für dieses Beispiel verwende ich */dev/sdb* (die zweite angeschlossene SATA-Festplatte).

Der manuelle Einsatz von hdparm

Bevor Sie ans Automatisieren gehen, sollten Sie die prinzipielle Funktion des Spindowns in der Shell verifizieren. Rufen Sie dazu `hdparm` mit der Option `-C` zur Ermittlung des aktuellen Zustands Ihrer Festplatte auf:

```
sudo hdparm -C /dev/sdb
```

Vermutlich werden Sie als Antwort den Zustand `drive state is: active/idle` erhalten, was schon mal bedeutet, dass `hdparm` in der Lage ist, für diese Festplatte die Statuswerte abzufragen. Schalten Sie daraufhin auf Stand-by mit:

```
sudo hdparm -y /dev/sdb
```

Der Erfolg der Aktion sollte nicht nur hörbar, sondern auch überprüfbar sein. Ein zweiter Aufruf von `sudo hdparm -C /dev/sdb` liefert Ihnen daraufhin das erwartete Ergebnis: `drive state is: standby`.

Automatisieren Sie den Spin-down

Natürlich ist es recht umständlich, die Platte immer von Hand abzuschalten. Viel besser wäre es, diese Arbeit dem Betriebssystem anzuhängen. Ein Aufruf von

```
sudo hdparm -S 60 /dev/sdb
```

würde Ihr System anweisen, jeweils nach 300 Sekunden die Festplatte in den Stand-by-Zustand zu versetzen. Dem Parameter `-S` geben Sie die Zeitspanne als Vielfaches von 5 Sekunden an (60 × 5 Sekunden = 300 Sekunden). Ein Übergabewert für `-S` größer als 240 bedeutet jedoch größere Multiplikatoren (z. B. 30 Minuten statt 5 Sekunden).

Verankern Sie den Spin-down in hdparm.conf

Damit Sie diese Einstellung bei jedem Systemneustart setzen, verankern Sie die automatische Abschaltung in der Konfigurationsdatei */etc/hdparm.conf*. Es ist sinnvoll, in der Config-Datei den Bezug zur abzuschaltenden Festplatte über ihre eindeutige UUID (Universally Unique Identifier) herzustellen, was gegenüber dem Device-Namen den Vorteil hat, dass es egal ist, an welchem SATA oder USB-Port die Festplatte betrieben wird.

Die UUID Ihrer Festplatte finden Sie am leichtesten mit `blkid` heraus:

```
sudo blkid | grep sdb
```

Editieren Sie die Datei */etc/hdparm.conf* und fügen Sie folgende Zeile am Ende hinzu (dabei setzen Sie Ihre selbst ermittelte UUID ein):

```
/dev/disk/by-uuid/4c9dca33-e3e1-4a6a-a7d4-110cdbb4cfbe {
  spindown_time = 60
}
```

Ab dem nächsten Reboot wird die Festplatte wie gewünscht nach 300 Sekunden ohne Zugriff in den Stand-by-Zustand versetzt.

Vermeiden Sie bitte zu kleine Werte als Spin-down-Time. Ein ständiges Hochdrehen der Festplatte ist nicht förderlich für deren Lebensdauer.

Falls Sie sich fragen, wie viel Energie Sie z. B. durch abgeschaltete Festplatten sparen können, finden Sie in Abschnitt 24.8.1 eine Reihe von real ermittelten Messwerten.

Was hdparm sonst noch kann

`hdparm` ist ein echter Tausendsassa im Umgang mit Festplatten. Probieren Sie folgendes Kommando einmal für eine Ihrer Festplatten aus und lassen Sie sich überraschen, was `hdparm` alles zu sagen hat: `sudo hdparm -I /dev/sdb`

Selbst Datendurchsatztests beherrscht das Tool: `sudo hdparm -t --direct /dev/sdb`

15.6 Wichtige Kommandos für den Administrator

Wie hieß noch mal das Kommando, um alle erkannten USB-Geräte aufzeigen zu lassen? Wie können Sie herausfinden, welche Ports durch Services oder Daemons geöffnet wurden? Eine Zusammenstellung von wichtigen und insbesondere hilfreichen Linux-Kommandos und deren beispielhafte Anwendung finden Sie in Tabelle 15.4:

Befehl	Beschreibung	Beispiele
`cat`	Ausgabe einer Textdatei	`cat -n <Datei>` Ausgabe der <Datei> mit Zeilennummer

`dd`	`dd` dient zum bitgenauen Kopieren von Festplatten, Partitionen oder Dateien. Achtung: keine Rückfrage!	Imagefile auf Datenträger schreiben:
		`dd if=test.img of=/dev/mmcblk0`
		Imagefile von Datenträger erzeugen:
		`dd if=/dev/mmcblk0 of=test.img`

Tabelle 15.4 Übersicht: wichtige Linux-Admin-Kommandos

<table>
<tr><th>Befehl</th><th>Beschreibung</th><th>Beispiele</th></tr>
<tr><td>df</td><td>df (disk free) zeigt an, wie viel Platz auf einer Festplatte noch frei oder schon belegt ist.</td><td>Ausgabe in besser lesbarer Form:
df -h
Zeigt an, wo eine Datei tatsächlich liegt:
df /etc/crontab
mit Filesystemtyp: df -T</td></tr>
<tr><td>du</td><td>Mit dem Befehl du (disk usage) werden Dateien auf ihre Größe untersucht.</td><td>in besser lesbarer Form anzeigen:
du -sh /home/test
Ausgabe aller Verzeichnisse und Dateien nach Größe sortiert:
du / -a | sort -nr | less</td></tr>
<tr><td>diff</td><td>Vergleichen von Dateien</td><td>diff <Datei1> <Datei2></td></tr>
<tr><td>ethtool</td><td>Konfigurations- und Diagnosewerkzeug für Netzwerkkarten</td><td>Anzeige der Netzwerkkartenkonfiguration: ethtool eth0
Troubleshooting auf Netzwerkebene:
ifconfig | egrep "(errors|collisions|Kollisionen)"</td></tr>
<tr><td>fdisk</td><td>Kommandozeilenprogramm zur Partitionierung von Datenträgern</td><td>Anzeige, welche Laufwerke vorhanden sind:
sudo fdisk -l
(oft wichtig für mount-Befehle)</td></tr>
<tr><td>find</td><td>mächtiges Werkzeug für die Dateisuche (Alternative zu locate)</td><td>Datei test.txt ausgehend von / finden:
find / -name test.txt
ohne Beachtung von Groß-/Kleinschreibung:
find / -iname test.txt
alle *.txt-Dateien, die in den letzten 24 Stunden geändert wurden:
find / -iname *.txt -mtime 0</td></tr>
<tr><td>fortune</td><td>... falls Sie gern über Ihr Schicksal Bescheid wissen möchten.</td><td>Einfach nur: fortune
(vorher die Kekse mit sudo apt-get install fortunes-de installieren)</td></tr>
</table>

Tabelle 15.4 Übersicht: wichtige Linux-Admin-Kommandos (Forts.)

Befehl	Beschreibung	Beispiele
free	Zeigt die Speicherauslastung, zur Erkennung von Engpässen ist vmstat aber geeigneter.	in besser lesbarer Form: free -h -t
groups	Zeigt alle dem Benutzer zugeordneten Gruppen an.	groups groups <Username>
htop	Erweiterte Version von top, hilft zu ermitteln, welche Prozesse aktuell laufen und ob ein Prozess das System stark bremst. Im Gegensatz zu ps wird die Ausgabe stetig aktualisiert.	htop
ip	Anzeige bzw. Veränderung von Routing, Geräten, Tunnels usw.	Anzeige der Netzwerkschnittstellen und IP-Adressen: ip addr das Gleiche für andere Rechner im Netz: ip neigh
ifconfig	Anzeige der eigenen IP-Adresse und Einstellen von Schnittstellenparametern	Anzeigen der Konfiguration für die Netzwerkschnittstelle eth0: ifconfig eth0
iptraf	konsolenbasiertes Netzwerkstatistikprogramm	sudo iptraf (sudo apt-get install iptraf)
kill	einen laufenden Prozess anhand seiner PID abbrechen (die PID finden Sie über das ps-Kommando heraus)	kill <PID> verschärfte Variante: sudo kill -9 <PID>
ldd	Anzeige, welche Libraries von einem Programm benötigt werden	Ausgabe der benutzten Libraries: ldd /bin/cat Anzeigen der Aufrufe: ltrace cat /etc/host
less	mächtiges Anzeigetool mit Navigationsmöglichkeiten und Suchfunktion	less /var/log/messages
lsblk	baumförmiger Überblick über Block-IDs der Massenspeicher	lsblk

Tabelle 15.4 Übersicht: wichtige Linux-Admin-Kommandos (Forts.)

Befehl	Beschreibung	Beispiele
lscpu	Ausgabe der Prozessorarchitektur	lscpu
lsof	lsof (**l**ist **o**pen **f**iles) zeigt an, welche Dateien aktuell offen sind.	Welche Dateien von Prozess <pid> geöffnet sind: lsof -p <pid> Welche Dateien <user> geöffnet hat: lsof -u <user> Welche Prozesse /home/user geöffnet haben: lsof /home/user Mit fuser -u kann geklärt werden, welcher User zugreift. Wer TCP-Port 22 (SSH) geöffnet hat: lsof -i TCP:22
lsusb	Zeigt alle am Rechner per USB angeschlossenen Geräte an.	mit Zusatzausgaben: lsusb -v
lshw	Liefert Informationen zu HW-Komponenten wie CPU, RAM, PCI-Geräte, Laufwerke usw.	in Kurzform: sudo lshw -short
mkfs	ein Linux-Filesystem auf einer Partition erzeugen	zum Beispiel für EXT4-Dateisystem: sudo mkfs.ext4 /dev/sda2
mount	Einhängen eines Dateisystems in das System (Grundlagen siehe Abschnitt 14.4.2)	detaillierte Informationen über eingebundene Filesysteme: mount -l
netstat	Ausgabe von Netzwerkstatistiken	nur TCP-Sockets anzeigen: sudo netstat -tcp detaillierte Ausgabe: netstat -s offene Ports durch Services/Daemons: sudo netstat -tulpen
nmap	leistungsfähiger Portscanner (Grundlagen siehe Abschnitt 19.6.4)	sudo nmap localhost -A
passwd	Ändern des aktuellen Passworts	für den eigenen Account: passwd für einen anderen: sudo passwd <Username>

Tabelle 15.4 Übersicht: wichtige Linux-Admin-Kommandos (Forts.)

Befehl	Beschreibung	Beispiele
ps	Liste aller laufenden Prozesse.	ps aux
pstree	Ausgabe einer baumförmigen Prozesshierarchie.	pstree -h
stat	Gibt nützliche Filesystem-Statusinformationen zu einer Datei oder einem Verzeichnis aus.	stat /etc/group
strace	mächtiges Tool zur Analyse von System-Calls (Grundlagen siehe Abschnitt 63.2)	strace cat /etc/crortab
sudo	ein Kommando mit Root-Privilegien ausführen	Rechner herunterfahren: sudo shutdown -h now
su	Neue Shell mit Root-Privilegien öffnen. Vorsicht: *With great power comes great responsibility*	su - Vorher muss root-Log-in mit sudo passwd root aktiviert werden. Deaktivieren mit: sudo passwd -l root
tar	mehrere Files in eine einzelne Archivdatei archivieren (und gegebenenfalls packen) sowie auspacken	Inhaltsverzeichnis ausgeben: tar tzf archiv.tar.gz Archiv auspacken: tar xzf archiv.tar.gz Archiv erstellen aus allen Dateien im aktuellen Verzeichnis: tar czf /home/pi/archiv.tar.gz .
tail	Ausgabe der letzten Zeilen einer Datei	tail -20 /var/log/dmesg
tcpdump	Mitschreiben von Netzwerkverkehr (Grundlagen siehe Abschnitt 19.6.2)	sudo tcpdump -e -vv
time	Ermittlung, wie lange ein Programm zur Ausführung benötigt	time ps
top	Ausgabe einer sich automatisch aktualisierenden Liste aller Prozesse, geordnet nach CPU-Auslastung	top

Tabelle 15.4 Übersicht: wichtige Linux-Admin-Kommandos (Forts.)

Befehl	Beschreibung	Beispiele
`tree`	Directory-Ausgabe in Baumform (installieren: `sudo apt-get install tree`)	Ausgeben bis zur Ebene 2, ausgehend vom aktuellen Verzeichnis: `tree -L 2`
`umount`	einen eingehängten Datenträger wieder aushängen	`sudo umount /dev/sda1`
`uname`	Information zum Linux-Kernel und der Prozessorarchitektur	`uname -a`

`vcgencmd`	Raspberry Pi-Kommando, um diverse Systeminformationen auszulesen	mögliche Kommandos anzeigen:
		`vcgencmd commands`
		RasPi-Temperatur anzeigen:
		`vcgencmd measure_temp`
		CPU-Takt anzeigen:
		`vcgencmd measure_clock arm`

`vmstat`	Analysetool, sammelt Informationen über Prozesse, RAM, Swap, I/O, Auslastung in Tabellenform. Um Auslastungsgrenzen zu erkennen, sind besonders folgende Spalten interessant: ▶ `r`: liegt Anzahl der wartenden Prozesse sehr häufig über Wert 2, ist eventuell die CPU zu langsam ▶ `id`: ungenutzte Prozessorzeit, sollte nicht lange auf 0 stehen ▶ `si`, `so`: liegt Swap-Transfer pro Sekunde häufig über 0, wird mehr RAM empfohlen ▶ `wa`: Wartezeit auf I/O (Netz, HD), sollte nahe 0 liegen, sonst schnellere HD empfohlen	Aktualisierung der Tabelle alle 3 Sekunden: `vmstat 3`
`watch`	ein Programm periodisch ausführen und die Ausgabe fullscreen präsentieren	alle 10 Sekunden die Ausgabe von dmesg anzeigen `watch -n 10 dmesg`

Tabelle 15.4 Übersicht: wichtige Linux-Admin-Kommandos (Forts.)

Kapitel 16
Methodisch vorgehen: die UML

Wieso sollten Sie sich in einem Buch über Heimautomation mit einer Modellierungssprache beschäftigen? Ganz einfach, weil die UML ausgezeichnet dazu geeignet ist, auch komplexere Anforderungen an Ihr Smart Home zu definieren und zu dokumentieren.

Die *UML* (Unified Modeling Language = vereinheitlichte Modellierungssprache) ist eine grafische Modellierungssprache, also eine Sprache zur Spezifikation, Visualisierung, Konstruktion und auch Dokumentation von Modellen für Softwaresysteme, Geschäftsmodelle und auch andere Nicht-Software-Systeme. UML bietet eine einheitliche Notation, die sie für viele Anwendungsgebiete nutzbar macht. Sowohl statische als auch dynamische Implementierungsaspekte von Softwaresystemen können beschrieben werden.

16

16.1 Motivation: Warum modellieren, warum UML?

UML ist bereits Mitte der 90er entstanden, wurde 2005 durch die grundlegend überarbeitete Version UML2 abgelöst und ist heute die dominierende Sprache für die Softwaresystemmodellierung. Grund genug, dass wir uns den Einsatz von UML in der Gebäudeautomatisierung genauer ansehen.

Was ist ein Modell?

Unter einem *Modell* versteht man die Abstraktion eines Systems oder eines Prozesses. Ein Modell zeigt eine bestimmte Ansicht bzw. unterschiedliche Aspekte eines Systems, wobei verschiedene Details entweder hervorgehoben oder weggelassen werden können. Es ist durchaus gängige Praxis, unterschiedliche Modelle bzw. Ansichten auf verschiedenen Detailebenen zu ein und demselben System zu erstellen. Das Systemverständnis wird dadurch wesentlich verbessert.

Diagramme bieten verschiedene Sichten auf die Modelle. Ein Diagramm entspricht sozusagen einem Sichtfenster auf ein Modell. Durch die Gesamtheit aller Diagramme wird ein Modell erst komplett beschrieben.

Das klingt zunächst recht abstrakt, richtig eingesetzt, ist die Modellierung aber ein wertvolles Hilfsmittel:

- um die Struktur und das Verhalten eines Systems zu verstehen, zu beschreiben und zu diskutieren,
- frühzeitig die Probleme eines Systems zu verstehen,
- eine Vorlage aufzubauen, aus der ein System konstruiert werden kann, und
- eine Systemdokumentation zu erstellen.

Zur Realisierung dieser Aspekte stellt die UML eine einheitliche und umfassende Notation zur Verfügung, die von den wichtigsten Modellierungstools unterstützt und von System- und Softwareentwicklern verstanden wird.

Für Sie in der Rolle als Heimautomatisierer kommt die UML immer dann ins Spiel, wenn die Beschreibung einer gewünschten Anforderung oder die Dokumentation eines Verhaltens mit verbalen Mitteln nicht mehr zielführend ist. Besonders wenn eine textuelle Formulierung zu umständlich, nicht mehr eindeutig und nicht trivial genug ist, bietet sich die Modellierung eines Systems an. Das System, um das es sich dabei dreht, ist Ihr Smart Home bzw. ein Teilsystem davon, wie z. B. eine Außenjalousiesteuerung oder die Anwesenheitserkennung.

Zwei Beispiele, ein triviales und ein nicht triviales, sollen der Verdeutlichung dienen:

16.1.1 Beispiel 1: Einfacher Lichtschalter

Die formulierte Anforderung lautet:

Bei Betätigen des Tasters »Licht Küche« soll die Küchenbeleuchtung abwechselnd ein- und ausgeschaltet werden.

Die Anforderung ist trivial genug, das Systemverhalten kann eindeutig beschrieben werden. Ein Modell wäre also nicht notwendig, trotzdem möchte ich es Ihnen in Abbildung 16.1 gern abbilden.

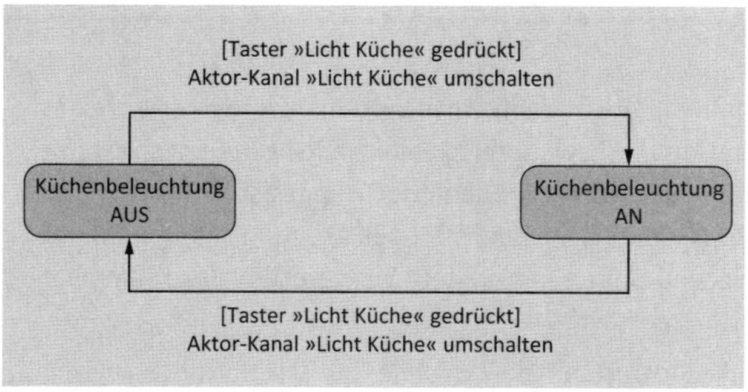

Abbildung 16.1 Einfacher Lichtschalter als Zustandsdiagramm

Wie Sie dieses Diagramm lesen (es handelt es sich hierbei um ein UML-*Zustandsdiagramm*), erfahren Sie in Abschnitt 16.2, »UML-Diagrammtypen«. Als kleiner Vorgriff: Im Diagramm erkennen Sie zwei mögliche *Zustände* für die Küchenbeleuchtung, nämlich

AUS und AN. Der Weg von einem Zustand zum anderen führt über *Zustandsübergänge* (*Transitionen*), die in eckigen Klammern ([und]) notiert werden. Im Beispiel sind beide Übergänge gleich (Taster »Licht Küche« gedrückt), da es sich um einen Taster und nicht um einen Schalter handelt. An die Übergangsbedingung anknüpfend, also außerhalb der eckigen Klammern, finden Sie die Aktion »Aktor-Kanal »Licht Küche« umschalten«, die ausgeführt werden soll, wenn die Übergangsbedingung eintritt.

16.1.2 Beispiel 2: Anwesenheitslogik

Bereits etwas komplexer ist der folgende Zustandsautomat, der eine kleine Anwesenheitslogik beschreibt. Es wird zwischen vier verschiedenen Zuständen unterschieden, zwischen denen über Taster und Präsenzmeldererfassung gewechselt wird (siehe Abbildung 16.2).

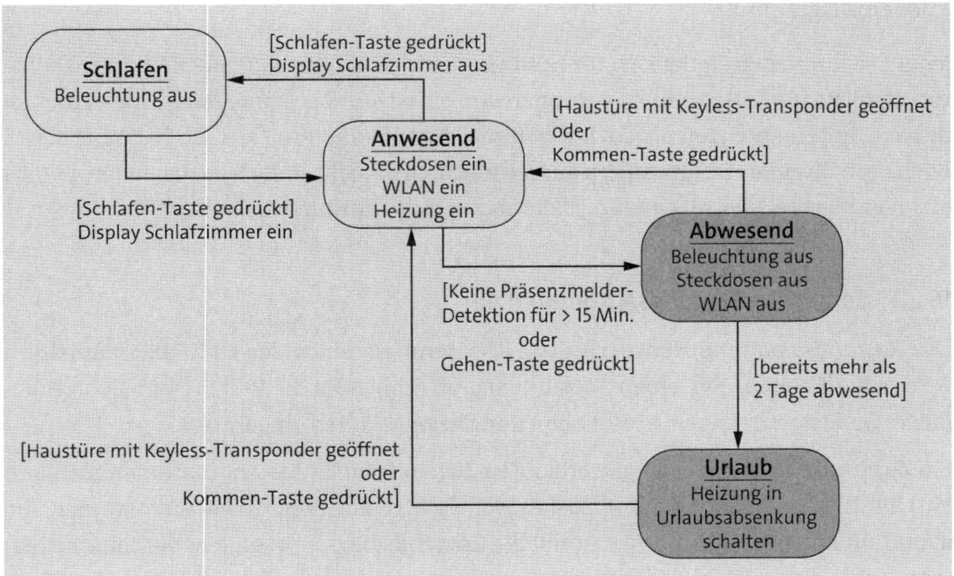

Abbildung 16.2 Eine kleine Anwesenheitslogik als Zustandsdiagramm

In den einzelnen Zuständen sind jeweils die Aktionen notiert (z. B. Beleuchtung aus). Alternativ erlaubt die Notation auch die Aufnahme von Aktionen während einer Transition (Übergang). So wird z. B. bei jedem Betätigen der Schlafen-Taste das Schlafzimmer-Display abwechselnd ein- und ausgeschaltet.

Natürlich könnten Sie die gesamte Zustandsmaschine auch rein textuell beschreiben, aber Sie würden erkennen, dass es mit eigenen Worten sehr viel schwieriger ist als mit einer formalen Sprache in Form eines Diagramms. Zudem ermöglicht ein Diagramm eine eindeutige Beschreibung der Anforderung, wohingegen eine verbale Beschreibung einer nicht mehr trivialen Anforderung jede Menge Platz für (falsche) Interpretationen lässt.

Versuchen Sie sich selbst mal an der Modellierung Ihrer gewünschten Funktionalitäten (über Zustandsautomaten) – Sie werden nach einer gewissen Eingewöhnungszeit erkennen, dass die Arbeit mit Diagrammen wesentliche Vorteile bereithält.

16.2 UML-Diagrammtypen

Die *Unified Modeling Language* (*www.uml.org*) definiert eine stattliche Anzahl an unterschiedlichen Diagrammtypen, die sich in zwei Kategorien einordnen lassen:

1. **Strukturdiagramme**, geeignet für die Darstellung der statischen Systemstruktur (Beispiele: Klassendiagramm, Komponentendiagramm, Verteilungsdiagramm)
2. **Verhaltensdiagramme**, geeignet für die Darstellung des dynamischen Laufzeitverhaltens (Beispiele: Use-Case-Diagramm, Aktivitätsdiagramm, Zustandsautomat, Sequenzdiagramm)

Jeder Diagrammtyp eignet sich für bestimmte Modellierungsaufgaben. Sie müssen natürlich nicht alle Diagrammarten kennen und einsetzen, das würde sowohl den Rahmen dieses Kapitels sprengen als auch den Ihrer Smart-Home-Projekte. Ich habe für dieses Buch deshalb einen Diagrammtyp ausgewählt, der, obwohl einfach anzuwenden, bereits einen großen Teil der Anwendungsfälle abdeckt: das Zustandsdiagramm.

16.2.1 Setzen Sie Zustandsautomaten ein

Das *Zustandsdiagramm* (englisch State Diagram) als eines der UML-Diagrammarten wird in der SW- bzw. Systementwicklung hauptsächlich für die Beschreibung von Nutzfällen, Gerätesteuerungen, Protokollen und Dialogabläufen eingesetzt.

Ein Zustandsdiagramm zeigt alle erlaubten Zustände eines Zustandsautomaten an und enthält die Ereignisse, die seine Zustandsübergänge auslösen, sowie die Aktionen, die daraufhin entstehen. Somit beschreibt ein Zustandsdiagramm eine hypothetische Maschine, die man auch als *endlichen Automaten* bezeichnet und die sich zu jedem Zeitpunkt in einer Menge endlicher Zustände befindet.

Die UML-Notation für die wichtigsten Elemente der Zustandsdiagramme finden Sie Abbildung 16.3.

Im Wesentlichen besteht ein Zustandsdiagramm aus Zuständen, gekennzeichnet durch Rechtecke mit abgerundeten Ecken und Transitionen (Übergängen), dargestellt durch Pfeile. Hinzu kommen sogenannte Pseudozustände wie z. B. der Startzustand, der Endzustand oder Kreuzungen.

Ein *Zustand* enthält im oberen Abschnitt des Symbols immer seinen Namen und im unteren Abschnitt bis zu drei Verhaltensspezifikationen. Diese können sein:

- **entry**: die Aktionen, die ausgeführt werden, wenn der Zustandsautomat in den Zustand *eintritt*

- **do**: die Aktionen, die ausgeführt werden, während sich der Automat in diesem Zustand *befindet*
- **exit**: die Aktionen, die ausgeführt werden, wenn der Zustandsautomat den Zustand *verlässt*

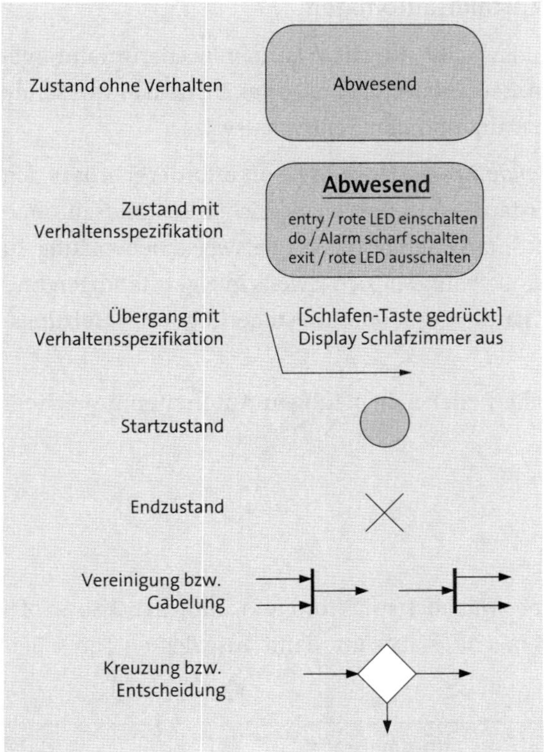

Abbildung 16.3 Elemente des Zustandsdiagramms

Ein *Übergang* (bzw. eine Transition) wird als Pfeil vom Ausgangszustand zum Zielzustand notiert. Der Übergang wird immer dann eingegangen, wenn die in eckigen Klammern angegebene Bedingung (= Wächterausdruck) wahr ist (z. B. [Schlafen-Taste gedrückt]). Eine der Bedingung optional folgende *Aktion* (= Effekt) wird während des Übergangs ausgeführt (z. B. Display Schlafzimmer aus).

Ein Zustandsdiagramm enthält in der Regel auch einen *Startzustand*, der nur genau eine ausgehende Transition und keine eingehende Transition besitzt, und zeigt, in welchem Zustand das System startet. Der *Endzustand* besitzt im Gegensatz dazu keine ausgehenden Übergänge und wird aufgenommen, um das Existenzende des Objekts, dessen Verhalten modelliert wird, darzustellen.

Die *Vereinigung* benutzen Sie, um die Kontrollflüsse von mehreren parallelen Zuständen zusammenzuführen, die *Gabelung*, um die Aufspaltung des Kontrollflusses in mehrere parallele Zustände zu modellieren.

Alternative ausgehende Bedingungen können Sie am einfachsten durch *Kreuzungen* darstellen, die einen Eingang und mehrere Ausgänge, jeweils mit eigenen Bedingungen, besitzen.

16.2.2 Weitere Eigenschaften von Zustandsautomaten

Zustandsautomaten sind *hierarchisch*, das heißt, Zustände können wiederum untergeordnete Zustandsautomaten enthalten. Beispielsweise könnte der Zustand »Anwesend« auch mehrere Unterzustände besitzen (Aufgestanden, Schlafen usw.).

Auch dürfen Zustandsautomaten *nebenläufig* existieren. Es ist oft erforderlich, dass sich ein System gleichzeitig in mehreren Zuständen aus unterschiedlichen Zustandsautomaten befindet. Ein Zustand »Jalousieautomatik aktiv« ist beispielsweise nebenläufig zu »Heizungsmodus kühlen«. Beide Zustände befinden sich jeweils in eigenständigen und voneinander unabhängigen Zustandsautomaten (Jalousiesteuerung und Heizungssteuerung).

Den Gesamtzustand eines hierarchischen oder nebenläufigen Automaten bezeichnet man als *Zustandskonfiguration*.

16.3 UML-Tools

Sie können einfachere UML-Diagramme zwar auch mit Word und ähnlicher Office-Software zeichnen, wesentlich mehr Spaß macht es aber mit dafür ausgelegten Tools. Beispiele sind:

Tool	Lizenz	Kommentar
Eclipse (mit Uml2Tools) *www.eclipse.org*	kostenlos	Mächtige integrierte Entwicklungsumgebung mit zahllosen Erweiterungsmöglichkeiten.
Netbeans *http://netbeans.org/features/uml*	kostenlos	Komplette Entwicklungsumgebung, spezialisiert für Java, unterstützt aber auch C, C++ sowie HTML, JavaScript, CSS und PHP.
Dia *wiki.gnome.org/Apps/Dia*	kostenlos	Als Gnome-Projekt realisiertes Zeichen- und Illustrationsprogramm sowie ausgewachsenes UML-Werkzeug.
Microsoft Visio *www.microsoft.de*	Lizenz benötigt	Mächtiges kommerzielles Universaltool für alle Arten von Diagrammen und Visualisierungen.

Tabelle 16.1 UML-Tools: Produktbeispiele

Als Diagrammtool bietet Ihnen beispielsweise MS-Visio eine Vielzahl an Werkzeugen und Shapes für die schnelle Erstellung aussagekräftiger Zustandsautomaten:

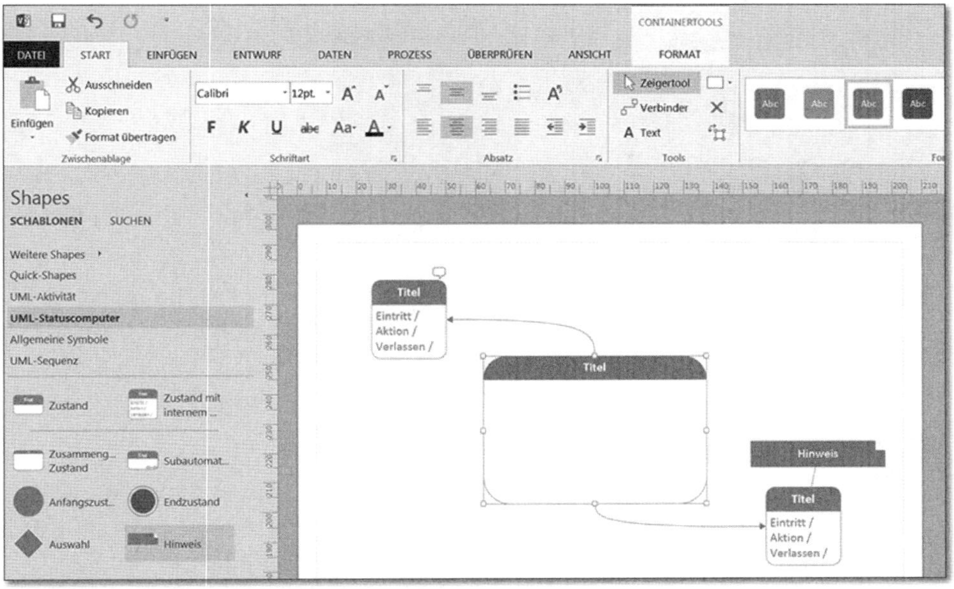

Abbildung 16.4 MS-Visio-Werkzeuge für UML-Diagramme

TEIL III

Vorbereitung und Planung

Kapitel 17
Starten Sie die Planung

Die richtige Planung ist der Erfolgsfaktor schlechthin für die Mission Smart Home – sowohl bei einem Neubau als auch bei Umbau und Ausbau. Starten Sie mit der Planungsphase so früh wie möglich.

Sie besitzen, nachdem Sie tapfer den Grundlagenteil durchgearbeitet haben, einen soliden Überblick über die verschiedenen Smart-Home-Technologien und Standards, kennen wichtige Linux-Handgriffe für die Wartung eines Automatisierungsrechners und haben sich mit Teilgebieten der Elektrik, Digitaltechnik und Regelungstechnik vertraut gemacht. Bisher war alles noch Theorie, jetzt ist es an der Zeit, das Gelernte in einem eigenen Projekt umzusetzen. Willkommen im Planungsteil Ihres Buchs.

17.1 Der Masterplan

Der in diesem Abschnitt vorgestellte 16-Punkte-Plan (Tabelle 17.1) zeigt Ihnen die wichtigen Arbeitsschritte auf dem Weg zum Smart Home. Je nach Bauphase, in der Sie sich gerade befinden (Neubau, Umbau, Erweiterung, oder nur ein erstes Experiment mit KNX), können Sie auf den einen oder anderen Schritt auch verzichten. Abhängig davon, wie viel Sie sich selbst zutrauen, lohnt es sich, einen erfahrenen Elektromeister oder Systemintegrator, insbesondere für die Schritte 4 bis 7, mit ins Boot zu holen. Dazu finden Sie im nächsten Abschnitt nützliche Hinweise.

Nach Schritt 10 ist Ihr Smart Home bereits vollständig bewohnbar. Ab Schritt 11 warten die Aufgaben auf Sie, die besonders viel Spaß machen, und Sie bekommen von Ihrem System das zurück, was Sie in Planung und intelligente Gebäudeverkabelung investiert haben: Flexibilität, Komfort, Erleichterungen, Energieeinsparung, Sicherheit und selbstverständlich auch ein beachtliches Maß an NBF (Nachbarschafts-Beeindruck-Faktor).

Schritt	Tätigkeit
1	Nehmen Sie sich vor, aus Ihrem Heim ein Smart Home zu machen. Das haben Sie bereits mit dem Kauf dieses Buchs erledigt. Sehr gut!
2	Machen Sie sich mit den Möglichkeiten eines Smart Homes und den technischen Grundlagen vertraut. Idealerweise arbeiten Sie alle Grundlagenkapitel durch sowie den Hardwareteil des Buchs.

Tabelle 17.1 Der 16-Punkte-Masterplan

Schritt	Tätigkeit
3	Bauen Sie einen kleinen KNX-Prototyp, um das Gelernte in der Praxis zu »fühlen«. Es ist hilfreich, bereits in dieser Projektphase erste Erfahrungen zu sammeln (siehe Abschnitt 7.5).
4	Bestimmen Sie Ihre Raumausstattung (Abschnitt 17.3) und erstellen Sie darauf aufbauend das Raumbuch (Abschnitt 22.1).
5	Definieren Sie ein passendes Schalterbedienkonzept (Abschnitt 22.5).
6	Erstellen Sie einen Leitungsplan, eine Verteilerplanung und einen Stromlaufplan (Kapitel 22).
7	Beteiligen Sie sich so gut es geht an der praktischen Umsetzung der Elektroinstallation. Setzen Sie Ihren Plan so weit wie möglich bzw. sinnvoll mit einem kabelbasierten System um (KNX TP). Für spätere Erweiterungen sind Funklösungen eine gute Alternative (KNX RF, EnOcean usw.).
8	Erstellen Sie den Logikkatalog (Abschnitt 22.6).
9	Schaffen Sie ein zuverlässiges IT-Netzwerk, vorzugsweise ein verkabeltes Ethernet, ergänzt durch WLAN (Abschnitte 12.4, 12.5).
10	Die KNX-Basisprogrammierung: Setzen Sie die Grundfunktionalität um: Beleuchtung, Steckdosen, Jalousien, Heizung (Teil VI, »Realisierungen«).
11	Reizen Sie Ihre KNX-Komponenten aus und lernen Sie, die Features der Applikationen zu nutzen. Erstellen Sie Szenen (Abschnitt 21.5).
12	Ergänzen Sie Ihr System durch eine optionale Logik-Engine und eine Visualisierungsoberfläche (Kapitel 34).
13	Integrieren Sie weitere Teilsysteme: Multimedia, Telefon, Haushaltsgeräte, Sicherheit, Smart Metering usw. (Teil 6, »Realisierungen«).
14	Falls gewünscht, machen Sie Ihr Eigenheim fernbedienbar (Abschnitt 24.4).
15	Ihr Smart Home ist flexibel – nutzen Sie das. Passen Sie Ihre Automatisierung an veränderte Lebensumstände an (Haustier, Kinder, Lebensalter, liebe Nachbarn, böse Nachbarn usw.).
16	Und nicht zu vergessen: Seien Sie kreativ, nutzen Sie Ihre Automatisierungsplattform, es gibt so gut wie nichts, was nicht möglich wäre.

Tabelle 17.1 Der 16-Punkte-Masterplan (Forts.)

Begleitend zu allen Arbeitsschritten, aber insbesondere ab Schritt 10 der KNX-Umsetzung, möchte ich Ihnen gern ans Herz legen, eine zentrale Liste mit allen noch offenen Problemen bzw. gewünschten Verbesserungen zu führen. Notieren Sie sich darin stets alle Beobachtungen sowie weitere Einfälle, aus denen sich noch Überarbeitungen ergeben. Beispiele:

- Licht im Flur geht zu früh an (Helligkeitsschwelle heruntersetzen).
- Falls jemand auf der Terrasse sitzt, soll die Jalousie der Terrassentür nicht automatisch heruntergefahren werden.

Immer wenn Sie etwas Zeit haben, setzen Sie sich an die ETS (Engineering Tool Software), arbeiten die Verbesserungen päckchenweise ein, überprüfen das Resultat und markieren sie als gelöst. Oft ist es auch hilfreich, den anderen Familienmitgliedern diese Liste ebenfalls zu öffnen. Im Alltag kristallisieren sich immer wieder neue Wünsche an das intelligente Zuhause heraus, die Sie mit einem gemeinsamen Katalog gut in den Griff bekommen. Vielleicht erinnern Sie sich in Abschnitt 2.3, »Wie bringe ich es meiner Frau bei?«, an den Woman Acceptance Factor, dem dieses Vorgehen ebenfalls zuträglich ist.

17.2 Die wichtigsten Stakeholder

Sehen wir uns im Folgenden einen weiteren wichtigen Planungsaspekt an. Für Ihr Vorhaben werden Sie, je nach Art und Umfang, weitere Personen (die Stakeholder) einbeziehen. Als *Stakeholder* werden alle Personen oder Gruppen von Personen bezeichnet, die ein berechtigtes Interesse an einem Projekt und dessen Verlauf haben. Das Projekt ist in diesem Fall Ihr Neubau bzw. Umbau oder die Aufrüstung Ihres Eigenheims zu einem Smart Home. Die Stakeholder bei diesem Projekt sind der Architekt oder Bauträger, der Statiker, die Handwerker und natürlich Sie selbst.

Sind Sie in der erfreulichen Lage, ein Smart Home von Anfang an für eine Wohnung oder ein Einfamilienhaus zu planen, informieren Sie bereits zu einem möglichst frühen Zeitpunkt alle beteiligten Planer und Handwerker über Ihr Vorhaben. Die wichtigste Rolle spielt natürlich der Elektriker, aber auch Architekt (und Statiker), Heizungsbauer, Jalousiebauer, Fensterbauer und gegebenenfalls Lichtplaner oder Innenausstatter sollten Ihre Anforderungen kennen. Bei einem Neubauprojekt sind sämtliche Abschnitte, die in diesem Kapitel folgen, relevant. Handelt es sich bei Ihrem Vorhaben um einen Ausbau oder Umbau, sind je nach Umfang auch weniger Gewerke beteiligt.

Bauträger oder Architekt?

Die Entscheidung, ob Sie lieber mit einem Bauträger oder einem Architekten bauen, sollten Sie sorgfältig abwägen. Es liegt außerhalb meiner Kompetenz, den für Sie persönlich besten Weg vorzuschlagen, aber ich würde Ihnen gern zwei Entscheidungshilfen mitgeben:

- In einer Studie des Berliner Instituts Spreefeld (*www.stadt-haus.de/fileadmin/Dokumente/Sonstiges/iww.pdf*) sind zehn Argumente, die für den Bau mit Architekten sprechen, prägnant zusammengefasst.

- Ich möchte ein elftes Argument hinzufügen: Die für ein Smart Home wichtigen Planungsdetails sind mit einem Architekten reibungsloser zu realisieren als mit einem Bauträger.

17.2.1 Beziehen Sie den Architekten von Anfang an mit ein

Auch wenn der Architekt die Details einer Heimautomatisierung nicht kennen muss, hat die Tatsache, dass Sie sich eine solche wünschen, Auswirkungen auf seine Planung. Gegenüber einer konventionellen und nicht smarten Installation benötigen Sie deutlich mehr Installationsleitungen (wenn Sie nicht größtenteils auf funkbasierte Lösungen setzen) und ausreichend Raum für einen großzügig dimensionierten Verteilerschrank. Schenken Sie mindestens den folgenden Planungsdetails Ihre Aufmerksamkeit:

- Wo kann die Unmenge an Leerrohren geführt werden? 150 Leerrohre sind eher der Regelfall als die Ausnahme. Wie und wo überwinden Sie Stockwerkgrenzen? Können ein oder mehrere Kabelschächte eingeplant werden?
- Der Statiker sollte über Leerrohrhäufungen informiert sein. Zusätzlicher Armierungsstahl könnte erforderlich sein (Abbildung 17.1).
- Gleiches gilt für die Verrohrung einer KWL (einer kontrollierten Wohnraumlüftung).
- Ein eigener Technikraum ist von großem Vorteil (großer Verteilerschrank, 19-Zoll-Rack für Netzwerk und Multimedia).
- Speziell bei Holzständerbauweise erweist sich eine Installationsebene in Wänden und Decken als vorteilhaft. Eine Dampfbremse oder Dampfsperre bleibt dabei unangetastet.
- Eine abgehängte Decke erleichtert die Planung und Installation von Leuchtmitteln, Präsenzmeldern, Deckenlautsprechern, Rauchwarnmeldern und Ähnlichem.
- Sie benötigen eine Möglichkeit, Installationsleitungen nach draußen zu führen (Gartenbeleuchtung, Fassadenbeleuchtung, Melder, Kamera, Geräteschuppen, Terrasse, Garage, Wetterstation, SAT).
- Bei Ausschreibungen an z. B. Jalousiebauer und Heizungsbauer muss berücksichtigt werden, dass Sie ein Bussystem wünschen und keine für jedes Gewerk individuelle Steuerung. Statt Raumthermostaten verwenden Sie z. B. KNX-Tastsensoren, Gleiches gilt für die Bedienelemente der Jalousien oder Rollladen. Mit einem KNX-Tastsensor können Sie mehrere Gewerke durch ein einziges Gerät bedienen (Beleuchtung, Jalousien, Heizung, Belüftung usw.).
- Übernimmt Ihr Architekt auch die Beleuchtungsplanung, sprechen Sie die zahlreichen Möglichkeiten, die sich durch den Einsatz von DALI oder DMX ergeben, mit ihm durch.

Abbildung 17.1 Leerrohre vor dem Gießen der Betondecke

17.2.2 Wählen Sie einen kompetenten Elektriker

Mindestens für die Anmeldung, Auslegung, Installation und Abnahme Ihrer elektrotechnischen Anlage benötigen Sie einen Elektromeister. Mit ihm zusammen sprechen Sie ab, welche Teilarbeiten Sie (unter seiner Regie) selbst durchführen können und dürfen. Je nach Ihren persönlichen Fähigkeiten und Ihrer Bereitschaft dazu können Sie durch Eigenleistung eine Menge bares Geld sparen (das Sie gut für Ihre Smart-Home-Komponenten gebrauchen können). Tätigkeiten, die sich auch für den Nichtfachmann eignen, finden Sie zusammengefasst in Abschnitt 23.1, »Welche Arbeiten können Sie selbst durchführen?«.

Um sich auf dem Weg zu Ihrem Smart Home bei der Planung und Installation keine Möglichkeiten zu verbauen, sollten Sie sich einen verlässlichen und kompetenten Elektromeister ins Boot holen, der idealweise bereits Erfahrungen mit KNX oder dem Bussystem Ihrer Wahl hat. Weitere Unterstützung erhalten Sie optional von einem sogenannten KNX-Systemintegrator. Lesen Sie im Folgenden, auf welche fünf Elektriker-Archetypen Sie sich einstellen müssen und wie die mögliche Zusammenarbeit aussehen würde:

- **Typ 1, der KNX-Begeisterte**: Sie erkennen diese Art Elektriker sehr schnell, denn Sie müssen sie nicht von Ihrem Vorhaben einer Smart-Home-Installation überzeugen. Im Gegenteil, er wird Ihnen die Vorteile eines Bussystems aufzeigen. Ihr eigener Planungsaufwand richtet sich jetzt nach dem Kenntnisstand, der Eigeninitiative und auch nach der Zusatzqualifikation des Elektrikers. Daher können Sie drei Untertypen unterscheiden:

- **Typ 1a**: Elektriker, der die Rolle des Systemintegrators übernimmt: Er wird Sie von sich aus mit Planungshilfsmitteln wie Raumbuch, Fragenkatalogen und Lasten-/Pflichtenheften konfrontieren und technologieübergreifend denken, also Systeme wie KNX, EnOcean, DALI usw. zum Vorteil des Kunden kombinieren. Er wählt die Produkte außerdem herstellerunabhängig.
- **Typ 1b**: Ist gut mit KNX vertraut, nicht auf einen Hersteller fixiert, aber arbeitet nur nach Ihren Anforderungsvorgaben. Sind die Anforderungen geklärt, kann er selbstständig die benötigten Komponenten bestimmen, installieren und später parametrieren. Hier übernehmen Sie selbst die Rolle des Planers/Systemintegrators und stimmen sich mit dem Elektriker ab. Bei Bedarf ziehen Sie einen fachkundigen externen Planer hinzu.
- **Typ 1c**: Entspricht dem Typ 1b, jedoch mit dem Unterschied, dass er, wo immer möglich, zu einem bestimmten Hersteller seines Vertrauens tendiert. An dieser Stelle liegt es an Ihnen, die Vor- und Nachteile der Produkte der einzelnen KNX-Hersteller zu vergleichen und den Preis-Leistungs-Faktor für Ihren Anwendungsfall zu optimieren. Tun Sie das nicht, bekommen Sie zwar ein funktionierendes System mit allen Komponenten von einem Hersteller, nutzen aber nicht die Möglichkeit, die durch die Standardisierung von KNX gegeben ist, jeweils das beste Gerät für jedes Gewerk herstellerunabhängig einzusetzen. Oft bezahlen Sie für weniger Funktion trotzdem mehr.

- **Typ 2, der KNX-Aufgeschlossene**, kennt sich mehr oder weniger gut mit Automatisierungslösungen wie KNX, DALI, EnOcean usw. aus, ist aber aufgeschlossen, nimmt Ihre Ideen ernst und unterstützt sie. In diesem Szenario wird Ihre eigene KNX-Planung eine sehr wichtige Grundlage für die gesamte Elektroinstallation bilden. Je nach Kenntnisstand des Elektrikers werden Sie mehr oder weniger Details zur Planung beisteuern müssen/dürfen. Die benötigten Automatisierungskomponenten wählen Sie größtenteils selbst aus, stimmen sich aber eng mit dem Elektriker ab. Die abschließende Parametrierung der Komponenten übernehmen entweder Sie selbst oder überlassen sie dem Elektriker, oder Sie einigen sich auf eine Mischform.
- **Typ 3, der konventionelle Elektriker**, hat so gut wie keine Erfahrung mit Automatisierungssystemen wie KNX und wird von sich aus auch immer stark in Richtung konventionelle Gebäudeinstallation tendieren. Ihr maximaler Einsatz ist gefragt. Sie müssen dem Handwerker klarmachen, was Sie überhaupt möchten. Eine KNX-Installation unterscheidet sich wesentlich von einer Standardverkabelung, und wenn Sie nicht oft genug Planung und laufende Installationsarbeiten prüfen, werden manche Ihrer gewünschten Funktionen am Ende gar nicht oder nur über Umwege realisierbar sein.

Die Wahl des geeigneten Elektrikers ist ein wichtiger Erfolgsfaktor für Ihr Smart-Home-Vorhaben. Ein guter (KNX-)Planer/Systemintegrator wird Ihnen in der Regel den größten Teil der Arbeit abnehmen und den Erfolg sicherstellen. Gehen Sie die Partnerschaft mit einem KNX-unkundigen Elektriker ein, fällt Ihrer eigenen Rolle als Planer eine sehr große Bedeutung zu. Im optimalen Fall kämen Sie in Zusammenarbeit mit einem Elektriker/Integrator des Typs 1a mit recht wenig Wissen über die Automatisierungstechniken aus. Typ 2 und Typ 3 setzen aber einen guten bis sehr soliden Kenntnisstand und ein gehobenes Maß an Eigeninitiative voraus. Sorgen brauchen Sie sich aber keine zu machen, immerhin haben Sie sich dieses Buch gekauft, und nach dessen Lektüre werden Sie bestens gerüstet für die Herausforderung Smart Home sein.

Auch wenn Sie vorhaben, sämtliche Aufgaben an einen externen Planer zu vergeben, hilft Ihnen dieses Buch weiter. Es zeigt Ihnen, was heute Stand der Technik ist, welche Anforderungen sich überhaupt umsetzen lassen, und es soll Ihnen außerdem viele Ideen für eigene Wünsche geben. Sie sind anschließend in der Lage, dem Planer zu formulieren, was Sie von ihm und Ihrem künftigen Smart Home erwarten. Oft genug kommt der Appetit erst beim Lesen, und Sie fühlen sich auch als Nichttechniker gestärkt, das eine oder andere Teilprojekt selbst umzusetzen.

Strom macht klein, schwarz und hässlich

Bitte unterschätzen Sie bei aller Begeisterung für das Thema Heimautomation niemals die Gefährlichkeit von Strom. Es gibt 1.000 gute Gründe dafür, dass bestimmte Arbeiten nur von einem qualifizierten Elektriker durchgeführt werden sollten. Die Gefahr eines tödlichen Stromschlags ist nur eine der Risiken. Der Gesamtverband der Deutschen Versicherungswirtschaft e. V. (GDV) geht davon aus, dass in Deutschland ungefähr jeder zehnte Brand durch die Elektrik verursacht wird. Die Sach- und Personenschäden bei solchen Bränden sind oft erheblich. Giftige Gase, die bei der Erhitzung von PVC-Kabelummantelungen entstehen, sind dabei nur die Spitze des Eisbergs.

17.2.3 Die weiteren wichtigen Gewerke

Außer zum Architekten und zum Elektriker werden Sie direkten oder indirekten Kontakten zu weiteren Stakeholdern haben. Für ein umfassendes Automatisierungskonzept sprechen Sie frühzeitig die relevanten Details ab:

- Raumtemperaturregelung: Für die Einzelraumregelung bieten sich einfache 230-V-Stellantriebe an allen Heizkreisen an, als Bedienelemente eignen sich z. B. KNX-Tastsensoren.
- Heizungssteuerung: Überlassen Sie (vorerst) die Steuerung des Wärmeerzeugers der eingebauten Regelung, aber schaffen Sie eine Möglichkeit, die Heizung über mehrere Steuerleitungen mit dem Hauptverteiler zu verbinden (z. B. für Störmeldekontakte).

- Fensterkontakte: Lassen Sie bereits vom Fensterbauer Reed-Kontakte in alle Fenstern und Außentüren anbringen (Rahmen/Flügel oder Griff).
- Planen Sie bei der Eingangstür (und eventuell bei der Tür zwischen Garage und Haus) ein Motorschloss ein.
- Sehen Sie für motorbetriebene Jalousien, Rollladen, Sonnensegel und Ähnliches einen 230-V-Anschluss (oder SMI) vor. Auf Bedienelemente verzichten Sie und integrieren diese stattdessen in Ihre KNX-Tastsensoren.
- Analog dazu verfahren Sie beim Gewerk »kontrollierte Wohnraumbelüftung« und sonstigen Belüftungsgeräten.
- Für Ihre Außenjalousien gewinnen Sie den notwendigen Windalarm durch eine KNX-Wetterstation, einen systemspezifischen Melder von Ihrem Jalousiebauer sollten Sie nicht benötigen.

In den folgenden Kapiteln erfahren Sie die zu diesen groben Planungspunkten wichtigen Detailinformationen.

17.3 Bestimmen Sie Ihre Raumausstattung

In Abschnitt 22.1 erfahren Sie, wie Sie Ihr persönliches Raumbuch erstellen, das die Grundlage für die weitere Realisierung Ihres Smart Homes darstellt. Um Sie bei diesem wichtigen Planungsschritt zu unterstützen, finden Sie in den nächsten Abschnitten eine konkrete Ausstattungsempfehlung und optionale Erweiterungsmöglichkeiten.

17.3.1 Annahmen und generelle Informationen zur Ausstattungsempfehlung

Bei der Erstellung von Tabelle 17.2 bin ich von folgenden Annahmen und Grundprinzipien ausgegangen:

- Die Tabelle basiert auf einer sternförmigen Verkabelung zwischen Hauptverteiler und den Einzelräumen (bzw. von einer eventuellen Unterverteilung zu den Räumen). Für Busleitungen (KNX, 1-Wire, DALI) gilt: Ausgehend vom Verteiler führen Sie z. B. in jede Etage einen offenen Ring.
- Falls Sie Unterverteilungen einsetzen, müssen Sie zusätzlich die benötigten Verbindungen zur Hauptverteilung einplanen (mehrere großzügige Leerrohre für Strom, KNX, 1-Wire, DALI usw.).
- Bei allen Multimedia-Leitungen (Ethernet, Lautsprecher, SAT usw.) gehe ich von einer sternförmigen Verteilung zu einem zentralen Multimedia-Rack aus (z. B. 19-Zoll-Rack, siehe Abschnitt 25.4, »Ein 19-Zoll-Rack für Netzwerk und Multimedia«).

- Die rauminterne Verkabelungshilfestellung (z. B. Verbindung vom Blu-Ray-Player zum Decken-Beamer) finden Sie im separaten Abschnitt 17.3.3, »Rauminterne Verkabelung«.
- Der zu verwendende Querschnitt bei den Installationsleitungen muss von Ihrem Elektriker bestimmt werden. Für die Beleuchtung reichen in der Regel 1,5 mm^2, für Steckdosen sind es 1,5 mm^2 oder 2,5 mm^2. Bei der Bestimmung spielen die Leitungslänge und die Verlegeart eine Rolle. Der nicht zu überschreitende Spannungsabfall beträgt 3 %. Spezielle Verbraucher wie Wärmepumpen, Herd, Kraftsteckdosen usw. müssen zusätzlich betrachtet werden.
- Was die Beleuchtung betrifft, setzen Sie am besten immer auf eine fünfadrige NYM-Leitung. Der Mehraufwand gegenüber einer dreiadrigen NYM-Leitung ist zu vernachlässigen, dafür haben Sie später einschließlich DALI-Betrieb alle Optionen. Ausnahmen, wie z. B. eine dreiadrige Leitung zu einer Art Notlicht (KNX- und DALI-unabhängig), bestätigen die Regel.
- Fahren Sie für die Versorgung der Steckdosen jeden Raum mit mindestens einer fünfadrigen NYM-Leitung an (im Wohnzimmer besser siebenadrig). Sie erhalten durch die drei schaltbaren Phasen große Flexibilität bei wenig Mehraufwand.
- Für konventionelle Jalousiemotoren werden vier Adern benötigt. Bei Verwendung der komfortableren SMI-Motoren müssen Sie fünf Adern einkalkulieren.
- Als Schalter wird in der Tabelle pro Raum ein KNX-Tastsensor eingeplant, mit dem Sie sowohl die Temperaturmessung als auch, falls gewünscht, eine Einzelraumtemperaturregelung (RTR-Funktion) und eine bis zehn Tasten in einem einzigen Gerät vereinen. Zusätzliche Taster (falls wirklich notwendig) planen Sie bitte auch als KNX-Taster bzw. als konventionelle Taster, über Binäreingang angebunden.
- In der Empfehlung gehe ich von einer DECT-Telefonanlage (z. B. FRITZ!Box) aus, wofür Sie eine Cat.7-Leitung vorsehen sollten. Falls Sie eine verkabelte Telefoninstallation bevorzugen, muss diese in die gewünschten Räume noch aufgenommen werden.
- Rauchwarnmelder mindestens sind notwendig in allen Schlafräumen und auf Fluchtwegen (Details finden Sie in Abschnitt 29.5, »Rauchwarnmelder«).

17

17.3.2 Eine konkrete Ausstattungsempfehlung

Die folgende Tabelle zeigt Ihnen eine Ausstattungsempfehlung für die verschiedenen Räume. Dabei gehe ich absichtlich von einem sehr gehobenen Standard aus. Kürzungen sind in der Regel schneller vorgenommen als Erweiterungen. Tabelle 17.2 verfolgt außerdem noch einen zusätzlichen Zweck. Sie enthält das einzuplanende Leitungsmaterial, das Sie für den Leitungsplan in Abschnitt 22.2, »Der Leitungsplan«, als Vorinformation benötigen.

Raum	Ausstattung	Leitung
Esszimmer	► Steckdosen ► Beleuchtung ► LAN ► Jalousien ► Präsenzmelder ► Tastsensor ► CO_2-/VOC-Sensor ► Deckenlautsprecher ► Fensterkontakt	[illegible]
Wohnzimmer	► Steckdosen ► Beleuchtung ► SAT ► LAN ► Jalousien ► Präsenzmelder ► Tastsensor ► CO_2-/VOC-Sensor ► Feuchtigkeitssensor ► Beamer ► Leinwand ► Deckenlautsprecher ► Status-Display ► Fensterkontakt, Türkontakt	► NYM (5-adrig) ► NYM (5-adrig) ► SAT: 3 × COAX, Kabel: mind. 1 × COAX ► 5 × Cat.7 ► Ölflex ► KNX ► KNX ► KNX oder 1-Wire ► KNX oder 1-Wire ► NYM, RS-232 ► NYM ► 2 LS-Leitungen ► KNX ► 2 × J-Y(St)Y 2x2x0,8
Küche	► Steckdosen ► Beleuchtung ► SAT ► LAN ► Jalousien ► Präsenzmelder ► Tastsensor ► CO_2-/VOC-Sensor ► Feuchtigkeitssensor ► Herd	► NYM (5-adrig) ► NYM (5-adrig) ► COAX ► 2 × Cat.7 ► Ölflex (4-adrig) ► KNX ► KNX ► KNX oder 1-Wire ► KNX oder 1-Wire ► NYM-J 5x2,5

Tabelle 17.2 Smart-Home-Ausstattungsempfehlung

Raum	Ausstattung	Leitung
Küche (Forts.)	▶ Herd	▶ NYM-J 5x1,5 oder 5x2,5, ggf. pro Gerät
	▶ Einbaugeräte (Dampfgarer, Mikrowelle, Allesschneider, Backofen, Geschirrspüler)	▶ NYM (3-adrig)
	▶ Kühlschrank	▶ 2 LS-Leitungen
	▶ Deckenlautsprecher	▶ J-Y(St)Y 2x2x0,8
	▶ Fensterkontakt	▶ je nach Typ
	▶ Wärmewarnmelder	
Arbeitszimmer	▶ Steckdosen	▶ NYM (5-adrig), 2. Stromkreis mit USV
	▶ Beleuchtung	▶ NYM (5-adrig)
	▶ SAT	▶ COAX
	▶ LAN	▶ 2 × Cat.7
	▶ Jalousien	▶ Ölflex (4-adrig)
	▶ Präsenzmelder	▶ KNX
	▶ Tastsensor	▶ KNX
	▶ CO_2-/VOC-Sensor	▶ KNX oder 1-Wire
	▶ Deckenlautsprecher	▶ 2 LS-Leitungen
	▶ Fensterkontakt	▶ J-Y(St)Y 2x2x0,8
Schlafzimmer	▶ Steckdosen	▶ NYM (5-adrig)
	▶ Beleuchtung	▶ NYM (5-adrig)
	▶ SAT	▶ COAX
	▶ LAN	▶ 2 × Cat.7
	▶ Jalousien	▶ Ölflex (4-adrig)
	▶ Innenrollladen	▶ Ölflex (4-adrig)
	▶ Präsenzmelder	▶ KNX
	▶ Bewegungsmelder	▶ KNX
	▶ Tastsensor	▶ KNX
	▶ Rauchwarnmelder	▶ J-Y(St)Y 2x2x0,8 (rot)
	▶ VOC-Sensor	▶ KNX oder 1-Wire
	▶ Feuchtigkeitssensor	▶ KNX oder 1-Wire
	▶ Deckenlautsprecher	▶ 2 LS-Leitungen
	▶ Status-Display	▶ KNX
	▶ Fensterkontakt	▶ J-Y(St)Y 2x2x0,8

Tabelle 17.2 Smart-Home-Ausstattungsempfehlung (Forts.)

Raum	Ausstattung	Leitung
Bad	▶ Steckdosen ▶ Beleuchtung ▶ SAT ▶ LAN ▶ Jalousien ▶ Präsenzmelder ▶ Tastsensor ▶ Feuchtigkeitssensor ▶ Deckenlautsprecher ▶ Elektrische Zusatzheizung ▶ Fensterkontakt ▶ Wassermelder	▶ NYM (5-adrig) ▶ NYM (5-adrig) ▶ COAX ▶ Cat.7 ▶ Ölflex (4-adrig) ▶ KNX ▶ KNX ▶ KNX oder 1-Wire ▶ 2 LS-Leitungen ▶ NYM ▶ J-Y(St)Y 2x2x0,8 ▶ je nach Typ
WC	▶ Steckdosen ▶ Beleuchtung ▶ Jalousien ▶ Bewegungsmelder ▶ VOC-Sensor ▶ Deckenlautsprecher ▶ Fensterkontakt	▶ NYM (5-adrig) ▶ NYM (5-adrig) ▶ Ölflex (4-adrig) ▶ KNX ▶ KNX ▶ 2 LS-Leitungen ▶ J-Y(St)Y 2x2x0,8
Speisekammer	▶ Steckdosen ▶ Beleuchtung ▶ Jalousien ▶ Bewegungsmelder ▶ Gefriertruhe ▶ Fensterkontakt	▶ NYM (5-adrig) ▶ NYM (5-adrig) ▶ Ölflex (4-adrig) ▶ KNX ▶ NYM (3-adrig) ▶ J-Y(St)Y 2x2x0,8
Eingangsbereich, Windfang	▶ Steckdosen ▶ Beleuchtung ▶ Bewegungsmelder ▶ Tastsensor ▶ Rauchwarnmelder ▶ Haustür (Motorschloss) ▶ Status-Display ▶ Türkontakt	▶ NYM (5-adrig) ▶ NYM (5-adrig) ▶ KNX ▶ KNX ▶ J-Y(St)Y 2x2x0,8 (rot) ▶ je nach Typ, z. B. NYM (5-adrig) oder J-Y(St)Y 6x2x0,8 ▶ KNX ▶ J-Y(St)Y 2x2x0,8

Tabelle 17.2 Smart-Home-Ausstattungsempfehlung (Forts.)

Raum	Ausstattung	Leitung
Flure, Treppen	▶ Steckdosen ▶ Beleuchtung ▶ Treppenbeleuchtung ▶ Jalousien ▶ Bewegungsmelder ▶ Rauchwarnmelder ▶ Fensterkontakt ▶ Türsprechanlage	▶ NYM (5-adrig) ▶ NYM (5-adrig) ▶ NYM (5-adrig) ▶ Ölflex (4-adrig) ▶ KNX ▶ J-Y(St)Y 2x2x0,8 (rot) ▶ J-Y(St)Y 2x2x0,8 ▶ Cat.7, J-Y(St)Y 2x2x0,8
Technikraum	▶ Steckdosen ▶ Beleuchtung ▶ LAN ▶ Bewegungsmelder ▶ Rauchwarnmelder ▶ Waschmaschine ▶ Trockner ▶ Heizung ▶ Wasserenthärter ▶ Notbeleuchtung	▶ NYM (5-adrig) ▶ NYM (5-adrig) ▶ 3 × Cat.7 ▶ KNX ▶ J-Y(St)Y 2x2x0,8 (rot) ▶ NYM-J 3x2,5 ▶ NYM-J 3x2,5 ▶ NYM (je nach Leistung) ▶ NYM-J 3x1,5 ▶ NYM-J 3x1,5
Kellerraum	▶ Steckdosen ▶ Beleuchtung ▶ Bewegungsmelder ▶ Fensterkontakt	▶ NYM-J 5x2,5 ▶ NYM (5-adrig) ▶ KNX ▶ J-Y(St)Y 2x2x0,8
Heizkreisverteiler	▶ Steckdose ▶ Ventilantriebe ▶ Temperatursensoren ▶ KNX-Erweiterungen	▶ NYM (3-fach) ▶ NYM ▶ 1-Wire ▶ KNX
Multimedia-Rack	▶ Steckdosen ▶ KNX-Erweiterungen ▶ Temperatursensor ▶ DSL	▶ NYM (7-adrig) ▶ KNX ▶ 1-Wire ▶ DSL-Leitung oder Cat.7

Tabelle 17.2 Smart-Home-Ausstattungsempfehlung (Forts.)

17

Raum	Ausstattung	Leitung
Schrank als Raumteiler	▸ Steckdosen ▸ Beleuchtung ▸ LAN ▸ KNX-Erweiterungen ▸ Sensorik ▸ Türsprechanlage	▸ NYM (5-adrig) ▸ NYM (5-adrig) ▸ 2 × Cat.7 ▸ KNX ▸ 1-Wire ▸ Cat.7, J-Y(St)Y 2x2x0,8
Fassade, Dach	▸ Fassadenbeleuchtung ▸ SAT, UKW ▸ Wetterstation ▸ Fotovoltaik ▸ Dachrinnenheizung ▸ Außenfühler (Heizung) ▸ Kameras	▸ NYM (5-adrig) ▸ 5 × COAX, PE-Leiter 4 mm^2, H07V-U 1x16 mm^2 ▸ KNX oder J-Y(St)Y 2x2x0,8 oder NYM ▸ NYM (je nach Leistung) ▸ NYM ▸ J-Y(St)Y 2x2x0,8 direkt von Heizung zu Sensor ▸ Cat.7 (und evtl. NYM)
Carport, Garage	▸ Steckdosen ▸ Beleuchtung ▸ Bewegungsmelder ▸ Kameras ▸ Taster ▸ Temperatur-/Feuchtigkeitssensor	▸ NYM-J 5x2,5 ▸ NYM (5-adrig) ▸ KNX oder NYM ▸ Cat.7 (und evtl. NYM) ▸ KNX oder NYM ▸ KNX oder 1-Wire
Terrasse	▸ Steckdosen ▸ Beleuchtung ▸ LAN (WLAN-AP) ▸ Bewegungsmelder ▸ Sonnensegel ▸ Lautsprecher ▸ Taster ▸ Kameras	▸ NYM (5-adrig) ▸ NYM (5-adrig) ▸ Cat.7 ▸ KNX oder NYM ▸ NYM (5-adrig) ▸ 2 LS-Leitungen ▸ KNX oder NYM ▸ Cat.7 (und evtl. NYM)

Tabelle 17.2 Smart-Home-Ausstattungsempfehlung (Forts.)

Raum	Ausstattung	Leitung
Garten	▶ Steckdosen ▶ Gartenbeleuchtung ▶ Bewegungsmelder ▶ Füllstandsanzeigen ▶ Pumpen, Bewässerung, Mähroboter ▶ Pool	▶ NYY-J (5-adrig) ▶ NYY-J (5-adrig) ▶ KNX oder NYY-J ▶ Cat.7 ▶ NYY-J ▶ NYY-J, KNX oder 1-Wire
Eingang	▶ Beleuchtung ▶ Türsprechanlage, Klingel ▶ Bewegungsmelder ▶ Briefkasten ▶ Kameras	▶ NYM (5-adrig) ▶ Cat.7, J-Y(St)Y 4x2x0,8 ▶ KNX oder NYM ▶ J-Y(St)Y 2x2x0,8 ▶ Cat.7 (und evtl. NYM)

Tabelle 17.2 Smart-Home-Ausstattungsempfehlung (Forts.)

17.3.3 Rauminterne Verkabelung

Zusätzlich zur zentralen sternförmigen Gebäudeverkabelung ergeben sich weitere Anforderungen für eine rauminterne Leitungsführung, die keine direkte Verbindung zur Hauptverteilung/Unterverteilung bzw. einem Multimedia-/Netzwerk-Rack besitzt. Nichtsdestotrotz sollten Sie bei der Planung bereits vorsehen:

- HDMI-Leitung von Blu-Ray-Player bzw. AV-Receiver zu Beamer (oder Fernseher)
- rauminterne Verkabelung eines 5.1-, 7.1- oder gar 12.1-Surround-Systems (Wohnzimmer, Kinozimmer, Arbeitszimmer-PC)

17.3.4 Erweiterungsmöglichkeiten

Trotz der schon durchaus anspruchsvollen Ausstattungsempfehlung verbleibt natürlich immer noch Luft nach oben. Fassen Sie die folgende Auflistung bitte als mögliche Erweiterung bzw. Anregung auf:

- Planen Sie, sofern möglich, je Gebäudeseite ein fünfadriges Erdkabel für die Außenbereiche ein (bodennahe Beleuchtung, Ladestation für Mähroboter usw.).
- Im Technikraum (mit Hauptverteiler) können Sie problemlos weitere Leitungen in Aufputzinstallation (z. B. Kabelkanäle) nachrüsten.
- LAN-Ports können Sie fast nicht zu viel vorsehen. Falls es doch mal einer zu wenig sein sollte, hilft ein kleiner stromsparender lokaler Ethernet-Switch weiter.
- Es empfiehlt sich, pro Raum auch eine 1-Wire-Leitung einzuplanen. 1-Wire erlaubt die einfache und günstige Messung von z. B. Temperatur und Feuchtigkeit.

- Rauchwarnmelder sehen Sie bitte mindestens in allen Schlafräumen und Fluchtwegen vor (siehe Abschnitt 29.5, »Rauchwarnmelder«).
- Statt Deckenlautsprechern sind natürlich auch Wandlautsprecher möglich.
- Neben den Präsenzmeldern in den Schlafräumen kann auch ein zusätzlicher Bewegungsmelder unter dem Bett sinnvoll sein (siehe Abschnitt 29.2 »Bewegungsmelder«).
- Planen Sie bitte pro Etage einen optionalen WLAN-Access-Point (und damit eine Cat.7-Leitung und eine Steckdose) mit ein.
- Wassermelder (z. B. auf KNX-Basis) bzw. Feuchtigkeitssensoren an strategischen Stellen (Waschmaschine, Spülmaschine, unter der Badewanne, unter der Duschwanne usw.) sind eine sinnvolle Erweiterung.
- Ein Satz 1-Wire-Temperatursensoren am Wärmeerzeuger (Vorlauf, Rücklauf usw.) und an den einzelnen Heizkreisen kann ebenfalls dabei sein.
- Temperatursensoren an Wasserleitungen (z. B. Dusche) ermöglichen die Durchflusserkennung und das Auslösen damit verbundener Szenen.

17.4 Wichtige Hersteller

Zu bestimmen, welche Arten an Automatisierungskomponenten benötigt werden, ist bereits schwierig genug. Kommt noch die Auswahl der passenden Hersteller hinzu, sieht man oft den Wald vor lauter Bäumen nicht mehr. Eine konkrete Herstellerempfehlung soll Ihnen helfen, die für Sie optimalen Geräte zu finden.

17.4.1 KNX-Hersteller

KNX-Hersteller gibt es zum Glück viele. Die offizielle Übersicht (*http://www.knx.org/knx-de/hersteller/liste/index.php*) zeigt aktuell mehr als 350 Unternehmen weltweit. Ergänzend zu den Produktvorstellungen in diesem Buch finden Sie in folgender Tabelle 17.3 die meiner persönlichen Meinung nach interessantesten Hersteller. Alle zeichnen sich entweder durch ein sehr großes Gerätesortiment aus oder bieten wenige Produkte an, dafür aber mit Alleinstellungsmerkmalen.

KNX-Hersteller, Auswahl (alphabetisch)	Profil
ABB Stotz-Kontakt (*www.abb.de*)	Enormes Angebot an KNX-Komponenten jeglicher Art, robuste Geräte mit sehr guter Dokumentation und Applikationssoftware.

Tabelle 17.3 Auswahl der interessantesten KNX-Hersteller

KNX-Hersteller, Auswahl (alphabetisch)	Profil
Arcus-EDS (*www.arcus-eds.de*)	Tolle Komponenten, insbesondere im Bereich KNX-Sensorik und Smart Metering, sehr schneller Produktsupport.
Elsner Elektronik (*www.elsner-elektronik.de*)	Breite Auswahl an hochwertigen (KNX-)Sensoren sowie das Luxus-Touchdisplay Elsner Corlo Touch.
Enertex Bayern GmbH (*www.enertex.de*	Innovatives Unternehmen, wenige, aber sehr hochwertige KNX-Produkte mit Alleinstellungsmerkmalen (z. B. SynOhr, PowerSupply 960).
Gira (*www.gira.de*)	Ebenfalls einer der ganz Großen, sehr breites Produktportfolio an KNX-Geräten und anderer Gebäudetechnik, Türkommunikationssystemen sowie an klassischer Elektroinstallation. Berühmtes Produkt: der Gira HomeServer.
MDT Technologies (*www.mdt.de*)	Umfangreiche Auswahl an KNX-Geräten (REG, UP) mit Top-Preis-Leistungs-Verhältnis (darunter Besonderheiten wie Glas-PM, Glastaster, Schaltaktoren mit Wirkleistungszähler), sehr gut strukturierte Webseite.
Merten (by Schneider-Electric) (*www.merten.de*)	Komplettes Angebot vom klassischen Schalterprogramm über Sicherheitselektronik bis zur Vollausstattung an KNX-Geräten. Viele Designpreise, u. a. auch für den hervorragenden Argus-Außenbewegungsmelder.
Weinzierl Engineering GmbH (*www.weinzierl.de*)	Spezialist für systemübergreifende Lösungen, bietet tolle Produkte im Bereich KNX/EnOcean, KNX RF, KNX IP.

Tabelle 17.3 Auswahl der interessantesten KNX-Hersteller (Forts.)

Weitere große und kleine Produktpaletten finden Sie auch beispielsweise bei: Hager (*www.hager.de*), Berker (*www.berker.de*), Steinel (*www.steinel.de*), Lingg-Janke (*www.Lingg-Janke.de*), Jung (*www.jung.de*), Siemens (*www.siemens.de*) und Theben (*www.theben.de*).

Das Schöne an KNX ist – und daran sollten Sie bei der Geräteauswahl immer denken –, alles passt zusammen! Sie müssen sich nicht auf einen speziellen Hersteller beschränken. Standard ist Standard.

17.5 Das KNX-User-Forum

Bevor Sie in den nächsten Kapiteln die Planungsaspekte im Hinblick auf Ihr intelligentes Zuhause kennenlernen werden, möchte ich Sie gern noch auf eine wahre Institution in

Sachen Gebäudetechnik hinweisen. Nicht, dass dieser Hinweis besonders geheim wäre, schließlich stoßen Sie bei fast jeder Recherche über Internetsuchmaschinen sowieso auf die Seite des *KNX-User-Forums* (Abbildung 17.2). Aus gutem Grund, denn in diesem Forum tummelt sich das gesamte Who's who der KNX-Szene. Ich möchte sogar so weit gehen, zu behaupten, dass jeder, der sich ernsthaft mit der intelligenten Gebäudesteuerung beschäftigt, früher oder später auf das Forum aufmerksam wird.

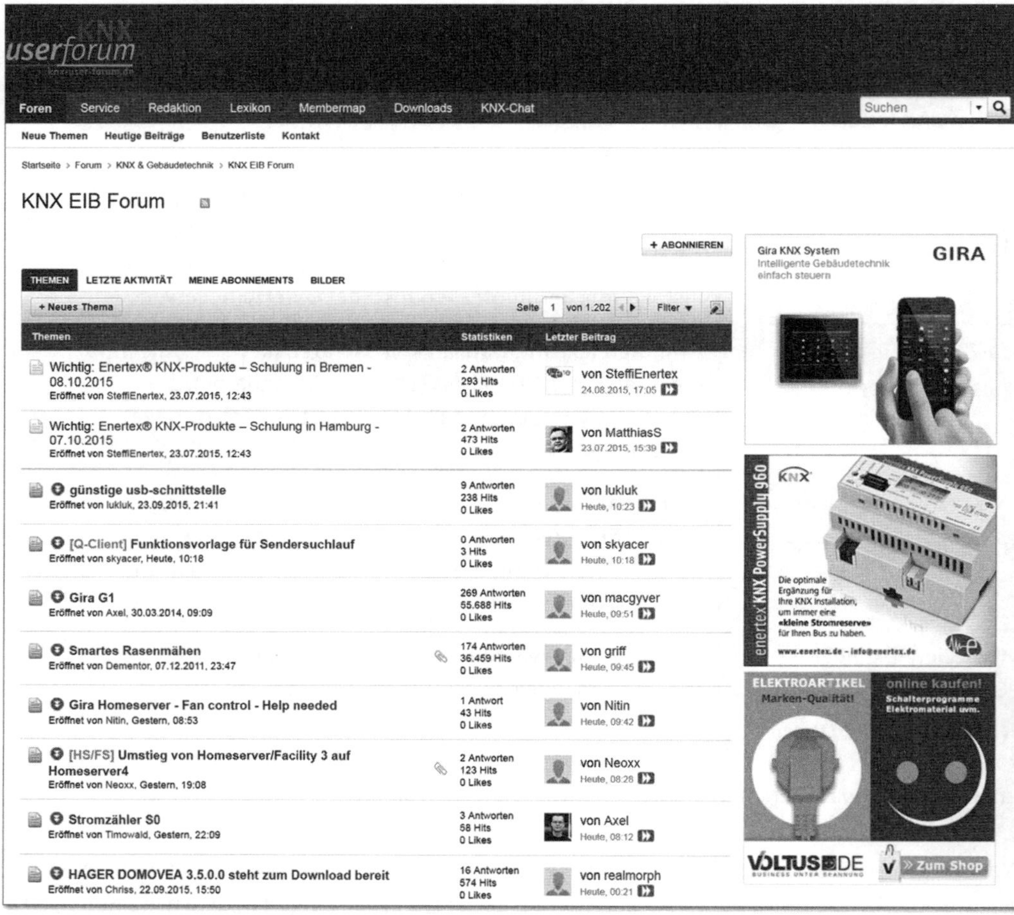

Abbildung 17.2 Eine Institution in Sachen KNX: das KNX-User-Forum

Das knx-user-forum.de (kurz KNX-UF) beschreibt sich selbst als enthusiastisch und idealistisch, und genau das ist es auch: ein Treffpunkt für all jene, die sich für die KNX-Technologie interessieren und die KNX-Technologie fördern und weiterentwickeln wollen. Dabei sind die Foreninhalte keineswegs nur auf KNX selbst beschränkt, sondern behandeln das Thema Gebäudetechnik als Ganzes. Ergänzend dazu sind besonders beliebte Themen wie Wiregate, eibPC, openHAB, SmartHome.py und smartVISU in eigenen Unterforen organisiert. Einsteigern wird bevorzugt im speziell für sie eingerichteten Forenbereich geholfen.

Das KNX-UF wurde im Juni 2007 gegründet und ist heute (Mai 2015) mit knapp 35.000 eingetragenen Benutzern und 446.000 Beiträgen die größte deutschsprachige Informationsplattform zum Thema KNX und Gebäudeautomation.

Das Team um Matthias Schmidt, Markus Schwarz, Michael Grosalski, Christian Berg, Alfred Scherff und Günther Sumser, denen wir alle diese wertvolle Plattform verdanken, hat dieses Jahr die Forensoftware komplett erneuert, sie umfasst jetzt zusätzlich eine zentralisierte Download-Datenbank, ein überarbeitetes Lexikon sowie einen redaktionellen Bereich mit Produktvorstellungen, Know-how-Beiträgen und Veranstaltungshinweisen. Speziell, aber nicht nur, für Anwender des Gira HomeServers bietet die Download-Datenbank jede Menge tolle Erweiterungen in Form von Logikbausteinen und Funktions-Templates, die die Forenmitglieder mit großem Engagement erstellt und größtenteils zur kostenlosen Benutzung freigegeben haben. In Abschnitt 48.3.8, »Noch mehr Möglichkeiten: Externe Logikbausteine und Funktionsvorlagen«, finden Sie einige nützliche Beispiele für Logikbausteine.

Wenn Sie Gleichgesinnte in Ihrer Umgebung suchen, erweist sich die geografische Member-Map als praktisches Hilfsmittel. Überhaupt zeigt sich die KNX-UF-Community sehr kommunikativ. So werden regelmäßig Stammtische in unterschiedlichen Bundesgebieten organisiert – eine wertvolle Informationsquelle aus erster Hand.

Im Forum ist jeder Interessierte willkommen, über selbst verfasste Beiträge freuen sich die Mitglieder immer, und eigene Probleme werden erstaunlich schnell beantwortet. Irgendeiner weiß immer etwas, egal wie außergewöhnlich eine Fragestellung auch erscheinen mag. Selbstverständlich gilt, wie in jedem Forum: Je besser die Frage formuliert und mit Hintergrundinformation versehen ist, desto bessere Antworten dürfen Sie erwarten.

Ich habe diesen Abschnitt über das KNX-UF nicht nur aufgenommen, weil es für Ihre eigenen Planungen wertvoll ist, sondern auch aus einem zweiten Grund: Wann hat man schon mal eine so schöne Gelegenheit, sich zu bedanken? Da ich in diesem Buch (fast) alles schreiben darf, was ich will, möchte ich auch genau das tun. Das hier geht an alle Administratoren, Moderatoren und fleißigen Mitglieder des KNX-UF, die nicht müde werden, mit ihren Beiträgen und kompetenten Ratschlägen zu unterstützen:

Jungs ... tausend Dank!

Kapitel 18
Fürs Grobe: Werkzeuge

Je mehr Sie bei Ihrem Vorhaben, selbst Hand anlegen, bleiben, desto mehr werden Sie das richtige Werkzeug zu schätzen wissen. Allzu oft gilt leider: Billig gekauft ist doppelt gekauft.

Das Sprichwort »Billig gekauft ist doppelt gekauft« gilt insbesondere bei Werkzeug. Kaum etwas ist ärgerlicher, als sich voller Elan an die Umsetzung eines Smart Homes zu wagen und sich dabei mit dem falschen Werkzeug herumschlagen zu müssen oder von diesem im unpassendsten Augenblick im Stich gelassen zu werden. Dieser kleine Ratgeber soll Ihnen deshalb helfen, das passende Werkzeug mit gutem Preis-Leistungs-Verhältnis zu finden.

18.1 Handwerkzeug

Werkzeug	Einsatzgebiet
Jokari-Entmanteler	Entmanteln von (Installations-)Leitungen
F-Stecker-Aufdrehset	▸ Montage von F-Steckern an Koaxialleitungen ▸ Entmanteln von diversen Datenleitungstypen
Abisolierzange	Abisolieren von ein-, mehr- und feindrähtigen Leitern
Kabeleinziehsystem	Einziehen von Leitungen in Leerrohre
VDE-Schraubendreher	große Bandbreite an Elektroinstallationsarbeiten (UP-Dosen und UP-Geräte, Arbeiten am Verteiler, Montieren von Leuchten usw.)
Seitenschneider	Durchtrennen von Drähten, Kabeln und Ähnlichem, Entfernen von Isolierungen
Wasserwaage	Ausrichten von UP-Dosen, Steckdosen, Schalter usw.
Spannungsprüfer	schnelles (berührungsloses) Überprüfen von vorhandener Spannung

Tabelle 18.1 Unentbehrliches Werkzeug für die Elektroinstallation

Werkzeug	Einsatzgebiet
Multimeter	Messung von Spannung, Strom, Widerstand usw.
Auflegewerkzeug	Standardwerkzeug für viele Daten-, Informations- und Fernmeldeverkabelungen
Aderendhülsenzange	Herstellen von Anpressverbindungen zum Schutz der abisolierten Enden von Litzenleitungen

Tabelle 18.1 Unentbehrliches Werkzeug für die Elektroinstallation (Forts.)

18.1.1 Abmanteln, Abisolieren, Crimpen, Auflegen

Bevor ein Kabel angeschlossen werden kann, muss zuerst der Mantel entfernt werden. Diesen Vorgang nennt man *Abmanteln*. Die anschließend frei liegenden einzelnen Leiter müssen für den Anschluss ebenfalls ein Stück weit von der Isolation befreit werden – das sogenannte *Abisolieren*. Für beide Arbeitsschritte gibt es unterschiedlichste Werkzeuge, manche bedürfen etwas Übung, andere sind einfach zu bedienen. Auf jeden Fall sollten sie aber in keinem privaten Werkzeugsortiment fehlen.

Abmanteln

Ein sehr flexibel einsetzbares und auch für schwer zugängliche Stellen geeignetes Abmantelungswerkzeug ist der Jokari-Entmanteler (*www.jokari.de*). Der für NYM-Leitungen passende Typ nennt sich Secura Super Entmanteler No. 15 (Abbildung 18.1). Neben den Abisolierklingen selbst besitzt er eine zurückziehbare Trimmmesserklinge.

Abbildung 18.1 Secura Super Entmanteler No. 15 (Jokari)

Selbst in engen UP-Dosen gelingt das Abmanteln problemlos. Die Leitung wird einfach in das aufgeklappte Werkzeug gelegt, nach dem Schließen schneiden sich zwei Rundklingen von beiden Seiten in den Mantel. Durch eine kleine Drehung (wichtig!) ist der Rundschnitt perfekt, und das Werkzeug lässt sich mitsamt Mantel mühelos abziehen.

Bei Jokari finden Sie zudem auch jede Menge praktische Entmanteler für andere Leitungstypen wie Cat-Datenleitung oder Koaxialleitungen. Zum Jokari-Entmanteler für NYM-Leitungen gibt es kaum eine bessere Alternative, die Anschaffung (Preis: ca. 22 €) lohnt sich in jedem Fall.

Etwas anders ist die Situation bei Entmantelungswerkzeugen für Datenkabel. Sowohl Koaxialleitungen, KNX-Busleitungen, Y(St)Y 2x2x0,8-Leitungen und Ähnliche als auch

Cat-Datenleitungen lassen sich mit einem günstigen F-Stecker-Aufdrehset (Abbildung 18.2), das ein Abisolierwerkzeug für Koaxialleitungen enthält, einfach entmanteln.

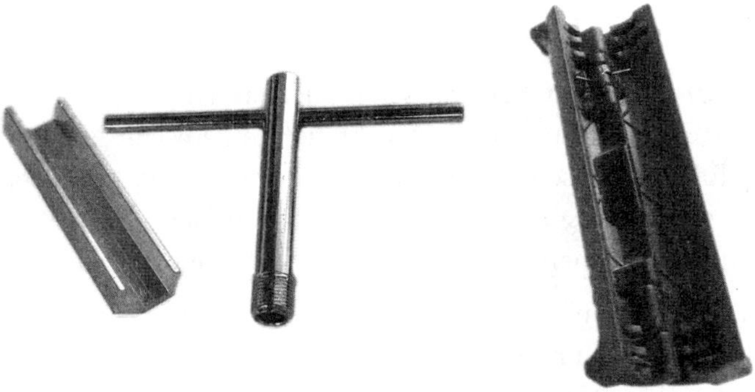

Abbildung 18.2 F-Stecker-Aufdrehset mit Koaxial-Entmanteler

Das Abisolierwerkzeug besitzt zwei Messerpärchen, wobei das mit dem größeren Durchmesser bei entsprechend gezügelter Kraftanwendung gut für den Mantel der genannten Kabeltypen anwendbar ist. Das kleinere Messerpärchen ist für den Isolator (Dielektrikum) der Koaxialleitung gedacht.

Abisolieren

Als kompaktes Standardwerkzeug für alle gängigen Kabelquerschnitte und Isoliermaterialien bietet sich eine sogenannte Abisolierzange an. Ein gutes Werkzeug wird z. B. von der deutschen Firma Knipex (*www.knipex.de*, Abbildung 18.3), dem weltweit führenden Hersteller von hochwertigen Zangen, unter der Modellbezeichnung 12 62 180 angeboten (Preis: ca. 28 €).

Abbildung 18.3 Selbsteinstellende Abisolierzange (Knipex)

Diese selbsteinstellende Abisolierzange ist für ein-, mehr- und feindrähtige Leiter von 0,2 bis 6,0 mm^2 mit Standardisolation ausgelegt und passt sich selbsttätig den verschiedenen Leiterquerschnitten an, sodass das Risiko einer Beschädigung der Leiter minimiert wird. Der Längenanschlag ist von 6,0 bis 18,0 mm einstellbar. Ersatzklingen und den Längenanschlag als Ersatzteil können Sie separat bei Bedarf erwerben.

Crimpen

Flexible Leitungen, die aus Einzellitzen bestehen, müssen immer dann mit Aderendhülsen versehen werden, wenn die Anschlussklemme nicht für den Anschluss dieser unkonfektionierten Litzenleitung zugelassen ist. Zwei Ausnahmen bilden z. B. die modernen Käfigfederzugklemmen sowie die sogenannten Fahrstuhlklemmen, deren Konstruktion das Herausrutschen und Abscheren einzelner Drähte wirksam verhindert.

Zum Pressen von Aderendhülsen auf den abisolierten Teil einer Litzenleitung benötigen Sie eine Aderendhülsenzange, die durch unterschiedlich große Einsätze das Pressen von Aderendhülsen erlauben und exakt passend zum Leiterquerschnitt ausgewählt werden müssen.

Professionelle Produkte bekommen Sie, wie so oft, bei Knipex (*www.knipex.de*). An dieser Stelle seien zwei Beispielmodelle genannt:

- für den Gelegenheits-Crimper: die Knipex 97 72 180 (Preis: ca. 27 €)
- ein Luxusmodell für Vielquetscher mit automatischer Einstellung: Knipex 97 53 04 (Preis: ca. 100 €)

Auflegen

Wenn Sie die Netzwerkverkabelung selbst durchführen (mit etwas Geschick ist das auch für den Ungeübten machbar), werden Sie ein LSA+-Auflegewerkzeug benötigen. Von den Herstellern Knipex (*www.knipex.de*) und Krone (*www.te.com/chooser/enterprise*, Abbildung 18.4) bekommen Sie gute Modelle für ca. 30 bis 35 €.

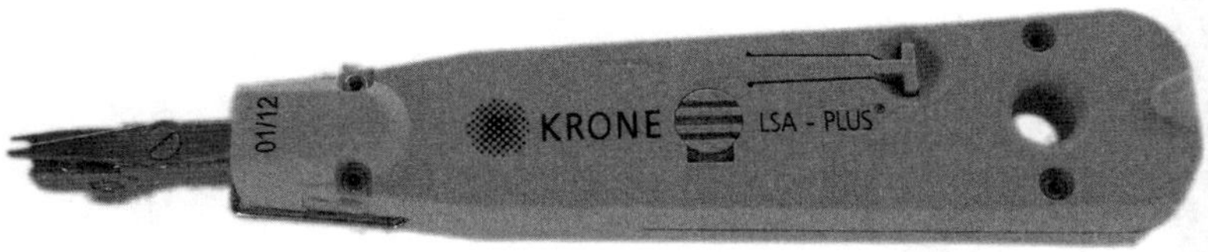

Abbildung 18.4 LSA+-Auflegewerkzeug (Krone)

Für das korrekte Auflegen der Cat-Datenleitungen in den meisten Datendosen oder Patch-Panels sind Sie auf ein solches Werkzeug angewiesen. Andere Werkzeuge wie z. B. kleine Schraubenzieher oder noch Schlimmeres werden Sie nicht zum Erfolg führen.

Hat man den Dreh erst einmal heraus, geht das Auflegen recht schnell von der Hand: Mit dem Auflegewerkzeug wird der Einzelleiter in den Schneidklemmkontakt an die gewünschte Position gedrückt und im gleichen Arbeitsgang automatisch auf die richtige Länge abgeschnitten.

18.1.2 Leitungen einziehen

Für die nicht zu unterschätzend schweißtreibende und mitunter frustrierende Arbeit des Einziehens von Leitungen in bestehende Leerrohre benötigen Sie ein sehr zuverlässiges Werkzeug. Als Problemlöser, auch für schwierige Bedingungen, hat sich der Kati®-Blitz bewährt, ein Profi-Einziehsystem der Firma Katimex (*www.katimex.de*, Abbildung 18.5).

Die Produktempfehlung für alle Arbeiten im Eigenheim ist das Kati® Blitz Compact Set mit einer Bandlänge von 20 m, 30 m oder 50 m.

Abbildung 18.5 Kati® Blitz Compact Set (Katimex)

18

Je nach gewünschter Bandlänge sind die 110 € (für 20 m) bzw. 145 € (für 50 m) gut investiertes Geld. Es gibt bei der Elektroinstallation nur wenige Situationen, die bösartiger sind als der erfolglose Versuch, eine sperrige Leitung durch ein noch sperrigeres Leerrohr zu führen.

Der Kati®-Blitz in der Compact-Set-Version unterstützt Sie mit zwei verschiedenen Federführungsköpfen (7 und 10 mm Durchmesser), die helfen, das Einzugsbad durch das Rohr zu navigieren. Für den Rückweg (mit eingehängter Leitung) enthält das Set fünf Ösenzugköpfe aus Messing sowie den Kabelziehstrumpf mit Drallausgleich für Leitungen mit 6 bis 9 mm Durchmesser.

Im Fall eines Bruchs des Glasfiberbands rettet Sie das beiliegende Reparaturset aus Verbindungshülsen und einem kleinen Fläschchen Spezialkleber für Polykat®.

18.1.3 Schraubendreher

Ein guter Satz Schraubendreher ist eine lohnenswerte Anschaffung. Für jegliche Arbeiten an der Elektroinstallation sollten Sie nicht mit zweifelhaftem Werkzeug hantieren, sondern auf hochwertige VDE-Schraubendreher setzen. Ein empfehlenswertes Set vom deutschen Hersteller Wera (*www.wera.de*, Abbildung 18.6) bekommen Sie beispielsweise mit dem Kraftform Plus Serie 100 für ca. 27 €.

Abbildung 18.6 VDE-Schraubendreherset (Wera)

Das Set besteht aus den sieben am häufigsten gebrauchten Schlitz- und Kreuzschlitzschraubendrehern für Arbeiten bis 1.000 V. Die Isolationsqualität wird durch die Stückprüfung jedes einzelnen Werkzeugs auf Durchschlagsfestigkeit bei 10.000 V gewährleistet. Der Sechskantabrollschutz, die perfekte Passform des Griffs und die lange, isolierte Klinge bieten ein großes Maß an Sicherheit und Arbeitskomfort. Praktisch ist zudem der sehr robust ausgefallene Spannungsprüfer.

18.1.4 Seitenschneider

Ebenfalls zur Standardausstattung gehören ein oder mehrere gute Seitenschneider. Zu empfehlen ist mindestens ein Modell für

- feine Schneidarbeiten (z. B. in der Elektronik) mit einem Schneidwert für weiche Drähte bis 1,6 mm Durchmesser bzw. für harte Drähte bis 0,6 mm Durchmesser (Abbildung 18.7) sowie
- gröbere Schneidarbeiten mit einem Schneidwert für weiche Drähte bis 4,0 mm Durchmesser bzw. für harte Drähte bis 2,0 mm Durchmesser oder noch größer.

Auch hier sind die Produkte von Knipex (*www.knipex.de*) uneingeschränkt zu empfehlen. Achten Sie auf spezielle VDE-Modelle, die über isolierende Griffhüllen verfügen.

Abbildung 18.7 Seitenschneider für feine Schneidarbeiten (Knipex)

18.1.5 Ausrichten mit der Wasserwaage

Eine Wasserwaage ist als Werkzeug für eine Vielzahl an Ausrichtarbeiten oftmals im Haushalt bereits vorhanden. An dieser Stelle möchte ich Ihnen deswegen gern ein besonders cleveres Modell für das schnelle und sichere horizontale Ausrichten von UP-Schaltern und -Steckdosen vorstellen. Werfen Sie einen Blick auf Abbildung 18.8:

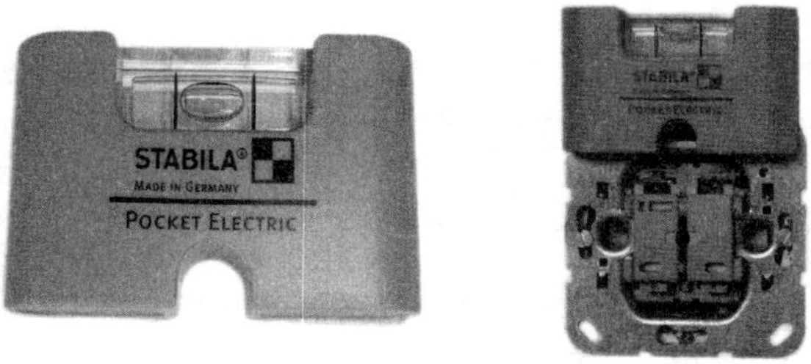

Abbildung 18.8 Die Wasserwaage Pocket Electric 17775 von Stabila

Die Kunststoff-Miniformat-Wasserwaage Stabila (*www.stabila.de*) Pocket Electric 17775 (bzw. 18115), sozusagen mit Elektriker-Spezialausstattung, lässt sich durch ihren starken Magnet direkt an einem Unterputzeinsatz festklippen und richtet sich an diesem beinahe wie von selbst aus. Durch eine Aussparung für die Schraubendreherführung gelingt die bequeme Justierung des Einbauteils bei aufgesetzter Wasserwaage, die zweite Hand bleibt frei. Der kleine Helfer macht so viel Spaß, dass er beinahe dazu verleitet, sämtliche Steckdosen und Schalter im Eigenheim neu auszurichten.

18.1.6 Spannung und Strom messen

Einer der wertvollsten Helfer in der Elektroinstallation ist ein Spannungsprüfer zum schnellen Feststellen, ob ein Stromkreis Spannung führt. Im Vergleich zu Multimetern sind sie leichter und schneller zu bedienen, bieten aber nicht deren Möglichkeiten bzw. deren Genauigkeit.

Spannungsprüfer

Eine besondere Rolle spielen berührungslose Spannungsprüfer, wie z. B. das Fluke 1AC-II VoltAlert (*www.fluke.de*, siehe Abbildung 18.9) zum Preis von ca. 22 €.

Abbildung 18.9 Berührungsloser Spannungsprüfer (Fluke)

Mit dem handlichen Gerät berühren Sie einfach mit der Messspitze eine Klemmleiste, eine Steckdose oder eine Stromleitung. Leuchtet die Messspitze rot und das Gerät gibt dazu unterstützend einen Piepton von sich, liegt Spannung an. Fluke hat das Gerät mit der VoltBeat™-Technologie ausgestattet, einem fortwährenden Selbsttest, der Sie darüber informiert, dass der Spannungsprüfer korrekt arbeitet und die eingesetzten Batterien ausreichend Strom liefern. Eine wichtige Einschränkung gibt es: Die berührungslose Erkennung funktioniert physikalisch bedingt nur mit Wechselstrom.

Durch das berührungslose Messprinzip ergeben sich hübsche zusätzliche Anwendungsfälle: So ist es mit dem Fluke-Gerät z. B. ein Leichtes, die beliebten Lichterketten an Weihnachten zu prüfen. Ein einfaches Abfahren mit der Messspitze reicht aus. Sobald die Spitze nicht mehr leuchtet, ist das defekte Leuchtmittel auch schon identifiziert.

Multimeter

Ein Multimeter (wie in Abbildung 18.10 gezeigt) ist, wie der Name bereits andeutet, ein Vielfachmessgerät, das bei keinem Hobbyautomatisierer fehlen sollte. Digitale Multimeter haben die analogen Geräte fast vollständig verdrängt und messen außer Gleichspannung und Wechselspannung auch Gleich- und Wechselstrom, den Widerstand und oft auch Kapazitäten und Induktivitäten. Ein praktischer akustischer Durchgangsprüfer ist ebenso bei fast allen Multimetern eingebaut. Manche Modelle bieten zudem Messmöglichkeiten für Frequenzen, Transistor- und Diodeneigenschaften und nicht selten auch Luftfeuchtigkeit, Temperatur und sogar Schall. Neben dem Oszilloskop, das leider in der Anschaffung wesentlich teurer ist, ist das Multimeter eines der wichtigsten Mess- und Diagnosewerkzeuge in der Elektronik und der Elektrotechnik.

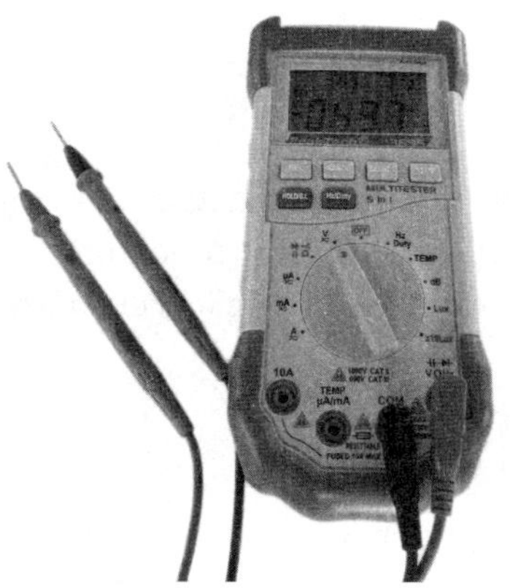

Abbildung 18.10 Digitales Multimeter mit Messspitzen

Brauchbare Geräte bekommen Sie bereits ab ca. 70 €. Sind Sie bereit, ca. 140 € oder mehr zu investieren, dürfen Sie sich auch unter den Profigeräten von z. B. Fluke (*www.fluke.de*), Benning (*http://de.benning.de*) oder GMC umsehen.

18.1.7 Vervollständigen Sie Ihre Werkzeugausstattung

Die für die Arbeiten an einem Hausautomatisierungssystem wichtigsten Werkzeuge habe ich Ihnen in den vorherigen Abschnitten vorgestellt. Wie fast immer lassen sich zusätzlich weitere nützliche Helfer finden. Ein praktisches Gerät möchte ich noch erwähnt haben: das Leitungssuchgerät GMS 120 von Bosch (siehe Abbildung 18.11):

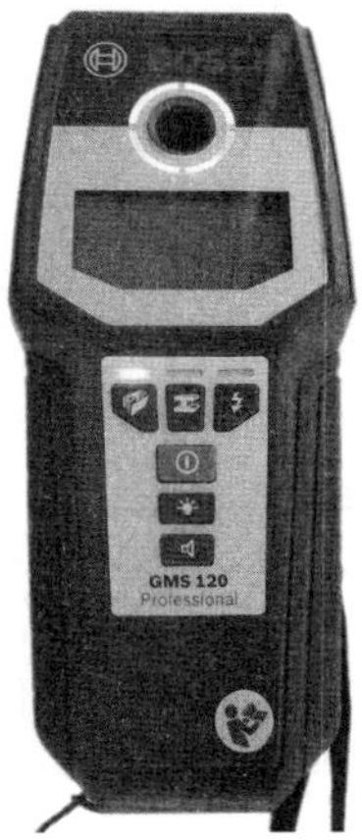

Abbildung 18.11 Leitungssucher Bosch GMS 120 Professional

18.2 Elektrowerkzeug

Wenn es Ihnen ebenso geht wie mir und Sie im Werkzeughandel oder Baumarkt am liebsten an den Elektrowerkzeugregalen herumschlendern, haben Sie vermutlich bereits die meisten der in der folgenden Tabelle 18.2 aufgeführten Werkzeuge in Ihrem Besitz.

Werkzeug	Einsatzgebiet
Akkuschrauber	alle erdenklichen Schraubarbeiten, außerdem Bohrarbeiten in leichtem Material wie Holz, verputzter Ziegelwand, Aluminium
Bohrmaschine	schwerere Bohrarbeiten wie z. B. in Beton, Einsatz von Dosenfräser (für UP-Dosen) und Lochsägen
Stichsäge	Sägearbeiten wie z. B. Aussparungen für Wand- und Deckenlautsprecher
Lötstation	Anfertigen jeglicher Art von Lötverbindungen
Heißluftföhn	Aufschrumpfen von Schrumpfschläuchen

Tabelle 18.2 Wichtige Elektrowerkzeuge

Wenn Sie mit dem Gedanken spielen, ein neues Gerät zu erwerben, sollten Sie bitte nicht den Fehler machen und sich für Low-Cost-Produkte entscheiden. Gerade bei Werkzeug zahlt sich Qualität besonders aus.

Was die Lötstation betrifft, können Sie beispielsweise bedenkenlos zu Weller-Produkten greifen (*www.weller.de*) oder, etwas günstiger, zu Ersa (*www.ersa.de*).

Bei Elektrowerkzeugen wie Bohrmaschinen, Schraubern und Sägen setzen Sie am besten auf die gute und erschwingliche Qualität von Makita (*www.makita.de*) und Metabo (*www.metabo.de*). Für den gehobenen Anspruch empfiehlt sich ebenfalls die Produktpalette der Professional-Serie von Bosch (die *blauen* Boschs). Mit den *grünen* Bosch-Geräten hatte ich persönlich nie sehr lang Freude, besonders bei Bohrmaschinen war der Unterschied deutlich zu spüren. Die grüne Serie hatte bei Betonarbeiten schon mal ihr letztes Lebenszeichen ausgehaucht, wohingegen die Professional-Serie (*www.bosch-professional.de*) erwartungsgemäß keine Schwächen zeigte. Sehen Sie beispielhaft Abbildung 18.12:

Abbildung 18.12 Heißluftgebläse (Bosch Professional)

Noch professioneller, insbesondere bei Bohrmaschinen, wird es mit Geräten des liechtensteinischen Werkzeugherstellers Hilti (*www.hilti.de*). Hier jedoch verlassen wir, auch preislich, eindeutig den Heimbereich.

Kapitel 19
Fürs Feine: Softwaretools

Die Planung und Realisierung eines Smart Homes erfordert einiges an Werkzeug. Lernen Sie in diesem Kapitel, wie Sie durch ausgewählte digitale Helferlein unterstützt werden.

Sie werden in Teil 5 dieses Buches, dem Software-Teil, noch eine Menge weiterer Programme kennenlernen, in diesem Kapitel finden Sie jedoch als Vorgriff bereits ein paar ausgewählte Anwendungen, die auf den ersten Blick wenig Bezug zum Thema Smart Home haben. Doch der Schein trügt, die folgende Software soll Sie tatkräftig in der wichtigen Vorbereitungs- und Planungsphase unterstützen.

19.1 Schaltpläne zeichnen mit sPlan

Ein sehr wichtiger Arbeitsschritt in der Projektplanung und Projektdokumentation ist die Anfertigung eines aussagekräftigen *Schaltplans* für Ihre Elektroinstallation. Wenn Sie einen Elektriker mit dem Aufbau des Stromkreisverteilers beauftragen, sollten Sie in jedem Fall auf eine vollständige Dokumentation bestehen. Am besten fixieren Sie bereits bei der Auftragsvergabe diesen Lieferbestandteil.

Selbiges gilt natürlich auch für Ihre eigenen Umsetzungen und Erweiterungen: Dokumentieren Sie Ihre Elektroinstallation auf Teufel komm raus. Seien Sie penibel, dokumentieren Sie alles, angefangen vom Stromkreisverteiler bis hin zum eigentlichen Verbraucher. Besonders in einem Smart Home nimmt die Elektroinstallation recht schnell Formen an, die nicht mehr auf den ersten Blick durchschaubar sind, weder von Ihnen selbst noch von einem eventuell später beauftragten Elektriker/Installateur. Ein vollständiger Schaltplan ist ein sehr gutes Mittel, auch noch nach der Umsetzungsphase den notwendigen Durchblick zu behalten.

19.1.1 Papier und Bleistift oder CAD-Programm?

Natürlich können Sie einen brauchbaren Schaltplan auch mit Papier und Bleistift oder mit einem Malprogramm wie MS-Paint entwerfen, wirklich Spaß macht das aber den wenigsten. Am anderen Ende der Fahnenstange befinden sich professionelle Lösungen wie CAD-Anwendungen. Ausgewachsene CAD-Programme bieten zwar eine große elektronische Unterstützung, stellen aber für den Einmalplaner eine deutlich fühlbare Einstiegshürde (Einarbeitung, Preis) dar.

Als Vorschlag für dieses Buch habe ich daher einen Mittelweg gesucht (und gefunden). Der Schaltplaneditor *sPlan* in der Version 7.0 (Bezugsquelle: *http://www.abacom-online.de/html/produkte.html*, Abbildung 19.1) kostet ca. 50 € und unterstützt Sie mit vorgefertigten Bauteilbibliotheken, durchdachten Zeichenwerkzeugen, Stücklistengenerierung und Autonummerierung.

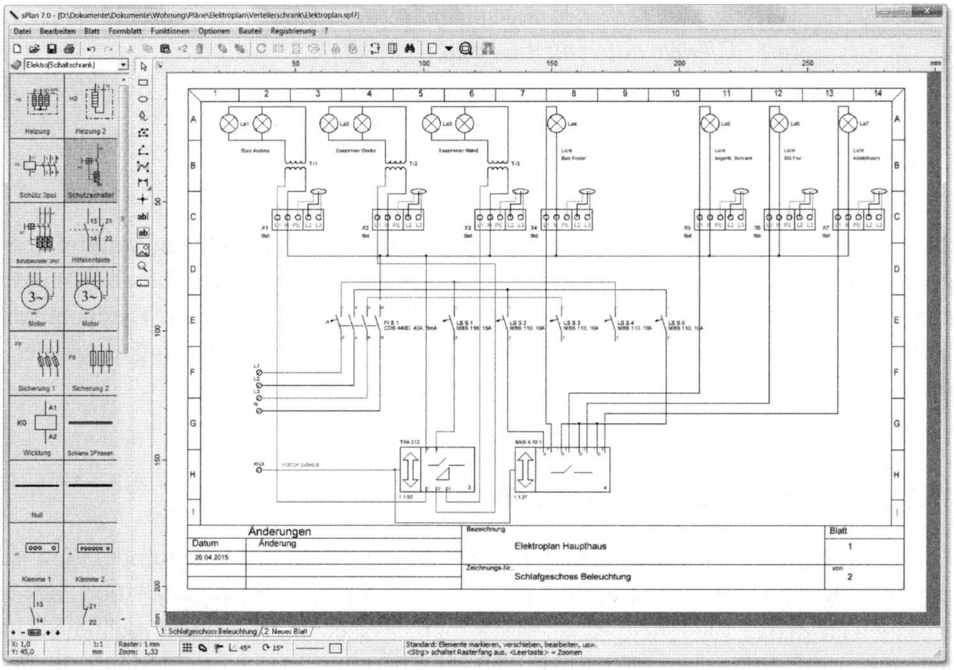

Abbildung 19.1 Schaltplan für die Elektroverteilung (sPlan 7.0)

Für Projekte im Heimbereich bietet die Software eine praxistaugliche Ausstattung und ist einfach zu erlernen. Lediglich eine vordefinierte KNX-Bauteilbibliothek fehlt, lässt sich aber mittels des eingebauten Editors selbst zusammenstellen. Um herauszufinden, ob sPlan für Sie die richtige Software ist, können Sie auf der Herstellerseite eine kostenlose Demoversion herunterladen.

19.1.2 Wie kann Sie sPlan unterstützen?

Ein Schaltplaneditor wie sPlan hilft Ihnen nicht nur beim Zeichnen selbst, sondern auch durch praktische Zusatzfunktionen wie diese:

- umfangreiche Bauteilbibliothek, selbst erweiterbar
- mehrere Blätter pro Projekt
- Formblätter können vorgegeben werden
- automatische Stücklisten, nachbearbeitbar
- automatische Bauteilnummerierung (auch abhängig von der Bauteilposition)

- Bemaßungsfunktion
- interne und externe Links (Verknüpfungen)
- Parent/Child-Beziehungen (z. B. für Schütze und Kontakte oder ICs mit mehreren Gattern)
- frei skalierbare Druckfunktion (Bannerfunktion: eine Schaltungsseite auf mehrere Papierseiten drucken)
- kostenloser Viewer (sPlan 7.0 Viewer), den Sie auch weitergeben dürfen
- Bauteilsuchfunktion

19.1.3 Alternative Schaltplansoftware

sPlan ist natürlich kein Monopolist in Sachen Schaltplanentwurf. Im professionellen Segment finden sich einige große Lösungen wie z. B.:

- AutoSketch: *www.autodesk.de/adsk/servlet/pc/index?siteID=403786&id=15445111*
- EPlan: *www.eplan.de/de/loesungen/elektrotechnik/eplan-electric-p8/*
- SEE Electrical Building: *www.ige-xao.com/de/produkte/see-electrical-building-1*

Als Universaltalent für Zeichnungen aller Art bietet sich immer auch das Microsoft-Tool MS-Visio an. Falls Sie Visio bereits besitzen oder noch beschaffen möchten, ist sein Einsatz für die Schaltplanerstellung zudem naheliegend, zumal Sie sich nicht in eine weitere Software einarbeiten müssten. Profi-Features wie aus reinrassigen Elektroplanungsprogrammen dürfen Sie natürlich nicht erwarten, aber das Ziel, eine vollständige Installationsdokumentation zu erstellen, erreichen Sie mit Visio auch.

Zudem lassen sich vordefinierte Symbole mit etwas Durchhaltevermögen im Internet finden. Sie können beispielsweise auf der Seite von MEPcontent (*https://www.mepcontent.eu/Product/Search?Keyword=knx&page=1*) eine Reihe von EIB/KNX-Symbolen im DWG-Format herunterladen, in Visio importieren und daraus eine eigene Symbolbibliothek erstellen.

19.2 Ideal für Tests: VirtualBox

Ursprünglich von der deutschen Firma Innotek entwickelt, die von Sun Microsystems übernommen wurde, wird *VirtualBox* heute von Oracle, nach deren Aufkauf von Sun, vertrieben und steht unter GPL, Version 2.

Bei VirtualBox handelt es sich um eine sogenannte Virtualisierungssoftware, die auf einem Rechner (*Hostsystem*) beliebig viele komplette virtuelle PCs (*Virtual Machines* oder VMs) als *Gastsysteme* zur Verfügung stellt, auf denen Sie beliebige Betriebssysteme und Anwendungsprogramme installieren können. Dadurch ist es z. B. sehr einfach möglich, auf einem Windows-PC eine Linux-Distribution als Gast einzurichten, ohne dass Sie Ihren Windows-Host in irgendeiner Form beeinflussen.

Warum erzähle ich Ihnen das an dieser Stelle? Zwei Gründe: Ein Windows-Gastsystem ist beispielsweise sehr gut geeignet, um die ETS und den Gira HomeServer-Experten aufzunehmen. Eine weitere Linux-VM ist eine dankbare Versuchsplattform für Automatisierungssysteme wie z. B. openHAB.

Um eine virtuelle Maschine einzurichten, sind folgende Schritte notwendig, die ich Ihnen in den nächsten Abschnitten im Einzelnen vorstelle:

1. Herunterladen und Installieren von VirtualBox und Extension Pack
2. das Gastsystem als ISO-File herunterladen
3. die virtuelle Maschine anlegen und sie über ein emuliertes DVD-Laufwerk mit dem ISO-File als virtuelle DVD booten
4. das Betriebssystem in der VM von dieser DVD installieren
5. die Gasterweiterungen für das Gastsystem installieren

VirtualBox steht in direkter Konkurrenz zu VMware Workstation und Microsoft Virtual PC und darf in der Grundversion ohne Einschränkungen kostenlos eingesetzt werden. Für das separat zu installierende Extension Pack gilt, dass es für den privaten Haushalt kostenlos eingesetzt werden darf, für den Unternehmenseinsatz jedoch nur zeitlich begrenzt.

19.2.1 Download von VirtualBox

Für die Plattformen Windows, OS X, Linux und Solaris erhalten Sie die Installationsdateien und das Manual von VirtualBox (zum Zeitpunkt, an dem ich dieses Kapitel geschrieben habe, war Version 4.3.12 aktuell) auf *www.virtualbox.org/wiki/Downloads* zum kostenlosen Download.

Starten Sie das Installationsprogramm und bestätigen Sie die Setup-Einstellungen mit den Standardwerten. Anschließend empfiehlt es sich, zusätzlich das VirtualBox Extension Pack zu installieren, das Sie ebenso unter dem genannten Download-Link finden.

Das Extension Pack erweitert den Funktionsumfang von VirtualBox um (derzeit) folgende Zusatz-Features:

- Unterstützung für USB 2.0
- Unterstützung von RDP (Remote Desktop Protocol)
- Booten über Netzwerk

19.2.2 Das Ubuntu-Image besorgen

Für das Linux-Testsystem, das wir unter VirtualBox aufsetzen wollen, habe ich exemplarisch Ubuntu 14.04 LTS gewählt. Selbstverständlich dürfen Sie auch jede andere Distribution bevorzugen. Unter *www.ubuntu.com/download/desktop* haben Sie die Wahl zwischen dem 32-Bit- und dem 64-Bit-ISO. 981 MByte später sollte sich das Image auf Ihrer Festplatte befinden.

19.2.3 Die virtuelle Maschine vorbereiten

Wählen Sie im Menü MACHINE die Funktion NEU, geben Sie, wie in Abbildung 19.2 gezeigt, Ihrer virtuellen Maschine einen Namen, wählen Sie als TYP LINUX und als VERSION UBUNTU. Teilen Sie VirtualBox mit, wie viel RAM-Speicher für den Betrieb der Maschine reserviert werden soll.

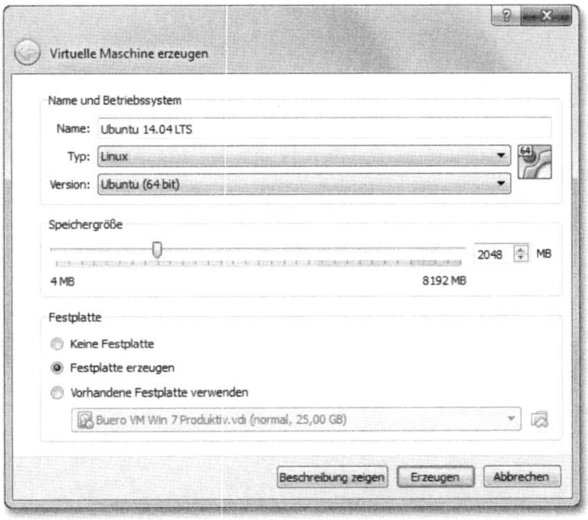

Abbildung 19.2 Eine virtuelle Maschine erzeugen (Linux)

In unserem Beispiel habe ich 2 GByte (2.048 MByte) als SPEICHERGRÖSSE gewählt. Für einen Arbeitsplatzrechner, der mit insgesamt 8 GByte ausgerüstet ist, stellt das einen guten Mittelweg dar. Selbstverständlich wird der Speicher erst dann tatsächlich benötigt, wenn Sie die virtuelle Maschine starten.

Da Linux zum Betrieb einen Datenträger voraussetzt, weisen Sie VirtualBox an, eine neue Festplatte zu erzeugen.

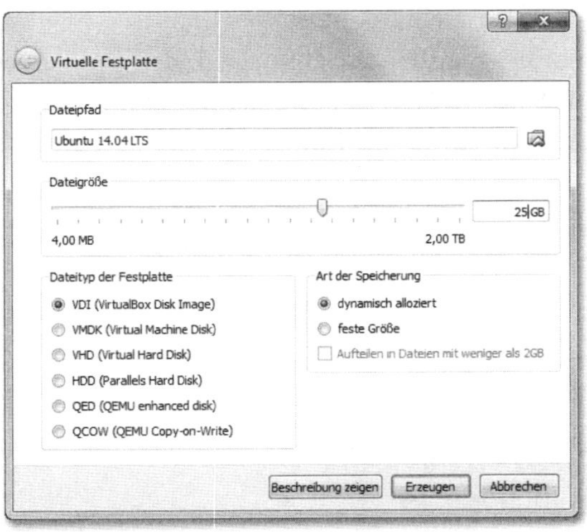

Abbildung 19.3 Die Festplatte für die VM erzeugen

Mit 25 GByte, wie in Abbildung 19.3, sind Sie bei Weitem im komfortablen Bereich, als DATEITYP DER FESTPLATTE empfiehlt sich VDI (VIRTUALBOX DISK IMAGE) und als ART DER SPEICHERUNG die Option DYNAMISCH ALLOZIERT. Bestätigen Sie den Dialog mit ERZEUGEN und wählen Sie anschließend im Menü MACHINE den Punkt ÄNDERN, worauf Sie einige Parameter in den Registern der Auswahl auf der linken Seite des Dialogs feintunen sollten. Folgende Änderungen sind von Vorteil:

- ALLGEMEIN • ERWEITERT:
  - GEMEINSAME ZWISCHENABLAGE: BIDIREKTIONAL
  - DRAG'N'DROP: BIDIREKTIONAL

Abbildung 19.4 Aktivieren Sie Drag'n‹Drop und die Zwischenablage.

- SYSTEM • PROZESSOR:
  - PROZESSOREN: je nach Ausstattung Ihres Hosts können Sie zwei oder mehr Prozessoren für die virtuelle Maschine reservieren
- ANZEIGE • ANZEIGE:
  - GRAFIKSPEICHER: auf 128 MByte erhöhen
  - ERWEITERT: 3D-BESCHLEUNIGUNG aktivieren

Damit die neue virtuelle Maschine Ihr heruntergeladenes ISO-Image findet, emulieren Sie ein IDE-Laufwerk mit eingelegter DVD, indem Sie wie in Abbildung 19.5. MASSENSPEICHER • CONTROLLER: IDE • LEER selektieren, auf das CD-Icon oben rechts klicken und den Pfad zu Ihrem ISO-File vorgeben:

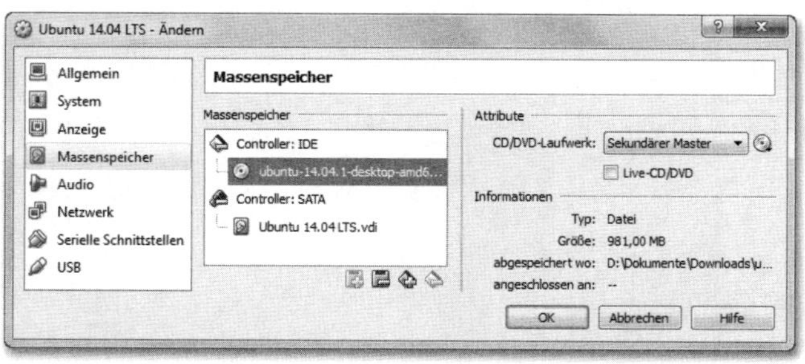

Abbildung 19.5 Binden Sie die erzeugte Festplatte ein.

Die virtuelle Maschine ist nun für Ubuntu vorbereitet, im VirtualBox-Hauptfenster sehen Sie alles noch einmal zusammengefasst (Abbildung 19.6). Änderungen können Sie aber jederzeit vornehmen.

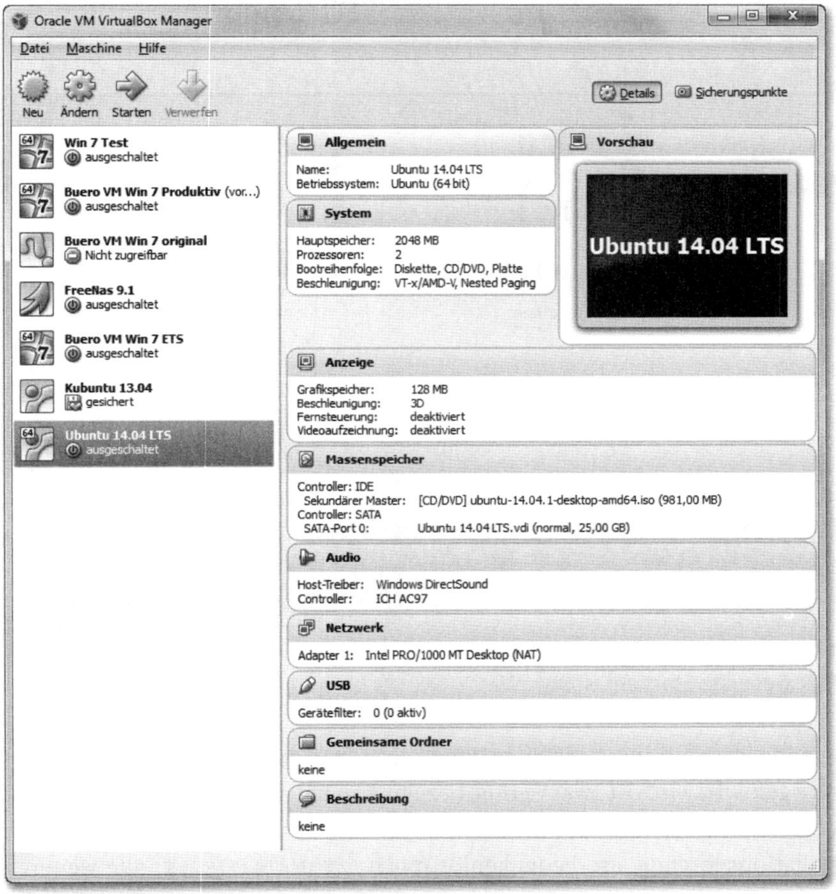

Abbildung 19.6 Zusammenfassung: Ihre neue virtuelle Maschine

19.2.4 Der erste Start

Mit dem Menüpunkt MASCHINE • START fahren Sie Ihr virtuelles System hoch. Wenn Sie alles richtig gemacht haben, bootet die Maschine von dem emulierten DVD-Laufwerk mit dem verknüpften ISO-Image, und Sie werden, wie Abbildung 19.7 zeigt, vom Ubuntu-Installationsbildschirm begrüßt:

Starten Sie die Installation, indem Sie als Sprache DEUTSCH wählen und auf UBUNTU INSTALLIEREN klicken. In der darauffolgenden Auswahlbox können Sie sich dafür entscheiden, bereits während des Setups Aktualisierungen herunterzuladen und zusätzlich Software von Drittanbietern zu installieren. Aktivieren Sie beide Optionen und bestätigen Sie mit WEITER.

Abbildung 19.7 Der erste Start der Ubuntu-VM

Der jetzt folgende Installationsschritt sieht gefährlicher aus, als er ist. Die Warnung, dass Ihre Festplatte gelöscht wird, ist zwar richtig, bezieht sich aber auf die im vorherigen Kapitel erzeugte »leere Festplatte«, die seitens Ihres Hostrechners ja nur ein File ist. Starten Sie den Installationsvorgang also bedenkenlos mit JETZT INSTALLIEREN. Alle weiteren Optionen, die Sie in dieser Dialogbox vornehmen könnten, empfehlen sich eher weniger für den Einsatz als VM.

Die drei letzten Installationsschritte fordern Sie auf, Ihre Zeitzone zu wählen (für Deutschland ist das Berlin), die gewünschte Tastaturbelegung (Deutsch/Deutsch) anzugeben sowie Benutzername/Passwort und den Rechnernamen zu bestimmen. Ubuntu prüft bereits direkt bei der Eingabe auf Korrektheit. Wenn Sie sich nicht mit jedem Start der VM durch Name und Passwort authentifizieren möchten, selektieren Sie AUTOMATISCHE ANMELDUNG und wählen PASSWORD ZUM ANMELDEN ABFRAGEN ab. Sie sollten sich aber der Sicherheitsrisiken bewusst sein.

Starten Sie durch Bestätigen der Dialogbox den Installationsprozess und gedulden Sie sich ein paar Minuten, bevor Sie nach Beendigung des Setups aufgefordert werden, den Rechner (also Ihre Ubuntu-VM) neu zu starten. Gegebenenfalls müssen Sie während des Neustarts mit [↵] den Hinweis auf das eingelegte Installationsmedium (das Ubuntu-ISO-File) quittieren.

Nach erfolgtem Reboot erkennen Sie sofort: Sie haben es geschafft, der Ubuntu-Schreibtisch (Abbildung 19.8) öffnet sich, und Sie haben eine vollständige virtuelle Linux-Umgebung auf Ihrem Rechner zur Verfügung.

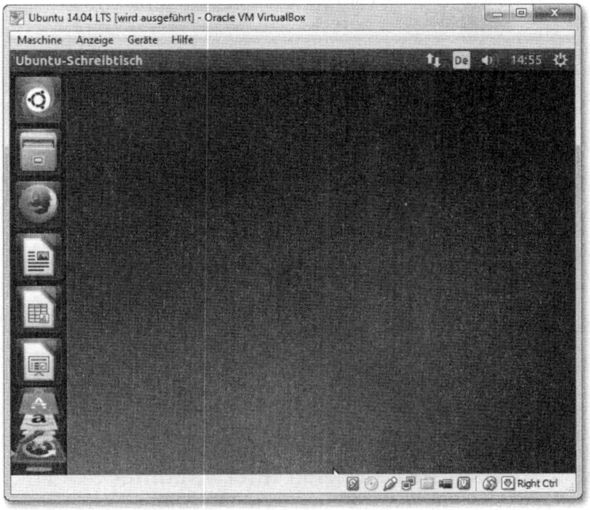

Abbildung 19.8 Ihr neuer Ubuntu-Schreibtisch

Um von der Fensteransicht zur Vollbildansicht bzw. zurück auf den skalierten Modus zu wechseln, stehen Ihnen ein paar Tastenkombinationen zur Verfügung, die Sie sich gut merken sollten:

- Host + F: Vollbildmodus
- Host + C: skalierter Modus
- Host + L: nahtloser Modus
- Host + A: Fenstergröße anpassen

In der VirtualBox-Standardkonfiguration entspricht die Host-Taste dabei der rechten Strg-Taste.

19.2.5 Die Gasterweiterungen installieren

Bestimmt haben Sie bemerkt, dass die Ubuntu-VM in der doch sehr unbefriedigenden Auflösung von 640 × 480 Bildpunkten arbeitet. Um das zu ändern und noch ein paar weitere Features nachzurüsten, sollten Sie jetzt direkt als erste Aktion auf der neuen virtuellen Umgebung die *Gasterweiterungen* installieren.

Unter dem Menüpunkt Geräte • Medium mit Gasterweiterung finden Sie (im Fenster der VM) die entsprechende Funktion. Bestätigen Sie den erscheinenden Hinweis mit Ausführen und legitimieren Sie sich als Systemverwalter mit Ihrem Passwort. Nach erfolgreicher Installation (siehe Abbildung 19.9) starten Sie die VM neu. Die Aktion Neustarten finden Sie im Zahnradmenü rechts oben.

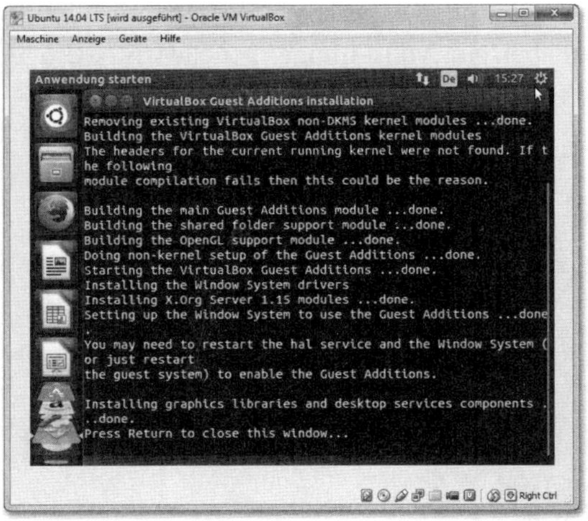

Abbildung 19.9 Erfolgreiche Installation der Gasterweiterung

Falls Sie Ihre VM nicht gern wieder von der Installations-DVD booten möchten, können Sie das für die Zukunft Abhilfe ändern, indem Sie im Fenster Ihrer VM unter GERÄTE • CD/DVD-LAUFWERKE • MEDIUM ENTFERNEN das emulierte DVD-Laufwerk aushängen und gegebenenfalls noch AUSWURF ERZWINGEN bestätigen.

Nach der Installation der Gasterweiterungen wählen Sie im Ubuntu-Zahnradmenü den Punkt SYSTEMEINSTELLUNGEN • ANZEIGEGERÄTE und setzen die Bildschirmauflösung auf den von Ihnen gewünschten Wert (Abbildung 19.10).

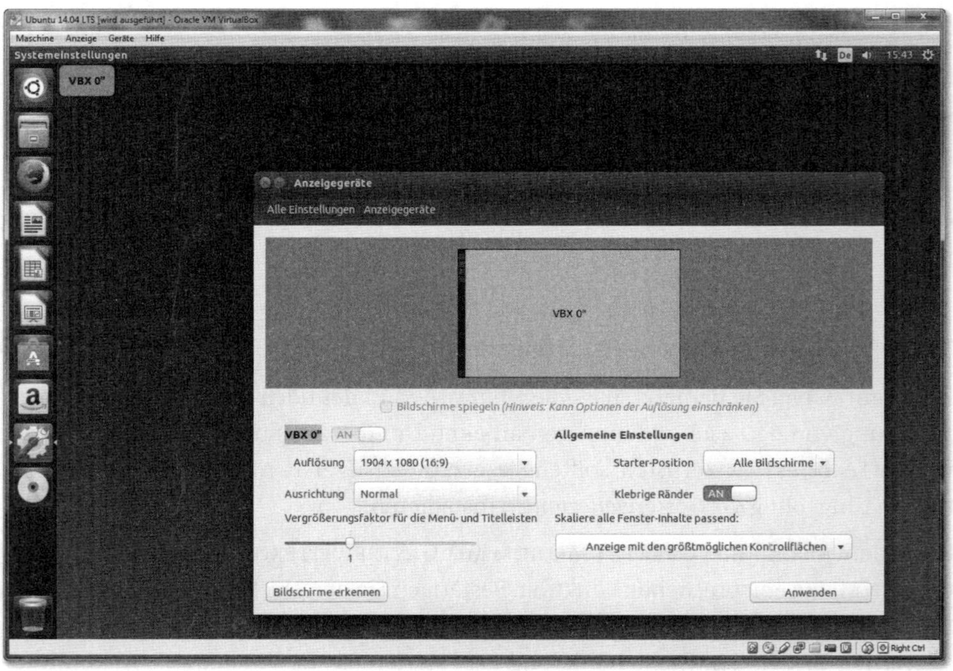

Abbildung 19.10 Jetzt passt auch die Auflösung in der VM.

19.2.6 VirtualBox-Kommandozeilentools

Auch ohne die grafische Oberfläche von VirtualBox können Sie Ihre virtuellen Maschinen administrieren, und zwar mit der Hilfe von Kommandozeilentools, die Sie (unter Windows) über die Eingabeaufforderung starten. Falls Sie den Standardpfad der Installation nicht geändert haben, finden Sie das wichtigste Tool, *vboxmanage*, unter:

C:\Program Files\Oracle\VirtualBox\vboxmanage

Es lohnt sich, den Pfad von VirtualBox in Ihre PATH-Umgebungsvariable aufzunehmen. Die wichtigsten Befehle für vboxmanage möchte ich Ihnen in einer Kurzübersicht (Tabelle 19.1) aufführen:

Befehl	Funktion
`vboxmanage list vms`	Erzeugt im Shell-Fenster eine Liste aller in VirtualBox angelegten virtuellen Maschinen.
`vboxmanage list hdds`	Ausgabe aller verwalteten Festplatten-Images zusammen mit deren UUID (Universally Unique Identifier)
`vboxmanage startvm <VM-Name>`	Startet die virtuelle Maschine mit dem Namen <VM-Name>.
`vboxmanage controlvm <VM-Name> savestate`	Speichert den Zustand der laufenden virtuellen Maschine mit dem Namen <VM-Name> und beendet diese.
`vboxmanage modifyhd <HD-Name> --resize <neue Größe>`	Vergrößert das Festplatten-Image <HD-Name> auf eine <neue Größe> in MByte. Beispiel: `Vboxmanage modifyhd Ubunutu.vdi --resize 35000` Wichtig: Damit die Größenänderung auf dem Gastsystem sichtbar wird, müssen Sie die Partitionsgröße der Festplatte im Gastsystem ebenfalls erhöhen (z. B. mit GParted oder Windows 7: Aufruf von `diskmgmt.msc` in der Kommandozeile).
`vboxmanage clonehd <Quelle> <Ziel>`	das Festplatten-Image <Quelle> klonen und unter <Ziel> mit einer neu vergebenen UUID abspeichern

Tabelle 19.1 Die wichtigsten vboxmanage-Befehle

Eine andere Art, eine VM zu starten, ist der sogenannte Headless-Betrieb (Tabelle 19.2). Im Gegensatz zum Start über VirtualBox öffnet sich im Headless-Modus kein Fenster, die VM läuft im Hintergrund als Child-Prozess der Eingabeaufforderung. Über einen RDP-Client wie z. B. die Remotedesktopverbindung von Windows 7 können Sie auf die gestartete VM zugreifen. Der Port, der standardmäßig verwendet wird, ist 3389.

Befehl	Funktion
`vboxheadless -startvm <VM-Name>`	Startet die virtuelle Maschine mit dem Namen <VM-Name> im Headless-Betrieb.

Tabelle 19.2 Eine virtuelle Maschine headless starten

19.2.7 Snapshots erstellen

Ein wirklich sehr nützliches Leistungsmerkmal von VirtualBox ist die Möglichkeit, *Sicherungspunkte* (englisch: Snapshots) zu erzeugen. Ein Snapshot hält den aktuellen Stand einer virtuellen Maschine fest und bezieht sich sowohl auf Änderungen im Gastsystem als auch in den VirtualBox-Einstellungen der VM. Nach dem Erstellen eines Snapshots wird das Festplatten-Image der VM verriegelt (es werden keine Änderungen mehr vorgenommen), und ein neues Image (standardmäßig im Verzeichnis *Snapshots* des VM-Ordners) wird erstellt. Alle folgenden Änderungen beziehen sich auf das neue Image. Nach der Erstellung eines Snapshots haben Sie prinzipiell vier Möglichkeiten, Sie können:

- mit diesem Sicherungspunkt arbeiten,
- weitere Snapshots basierend auf dem gerade erzeugten anlegen,
- den Sicherungspunkt löschen (alle Änderungen, die nach dem Snapshot, aber vor dem nächsten gemacht wurden, werden übernommen), sowie
- den Sicherungspunkt wiederherstellen (den aktuellen Zustand verwerfen und den vorherigen Zustand wiederherstellen).

Die folgende Abbildung 19.11 zeigt einen erzeugten Snapshot mit einer anschließenden Änderung des neuen Images.

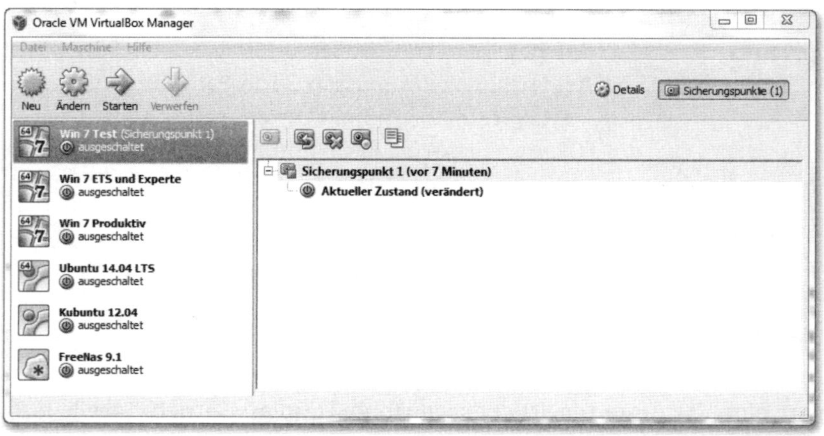

Abbildung 19.11 Ein erzeugter Snapshot mit VirtualBox

Probieren Sie es ruhig einmal aus: Erstellen Sie einen Snapshot, starten Sie die VM im aktuellen Zustand und nehmen Sie eine Änderung vor (indem Sie z. B. eine Textdatei auf dem Desktop erzeugen). Fahren Sie die VM herunter, kehren Sie über den Reiter SICHERUNGSPUNKTE (siehe Abbildung 19.11) und den Aufruf von SICHERUNGSPUNKT WIEDERHERSTELLEN (über das Kontextmenü) zum Ausgangszustand zurück, booten Sie die VM erneut und stellen Sie fest: Die Textdatei ist verschwunden.

19.3 Kreatives Planen mit Visio

Als elektronisches Hilfsmittel für die Anfertigung der Planungsunterlagen bietet sich jede Art von CAD-Programm an. Oft sind diese für die private Planung jedoch überdimensioniert, sodass der einfachere Weg über ein Universalzeichenprogramm wie *Microsoft Visio* eventuell schneller zum Ziel führt. In diesem Abschnitt finden Sie ausgewählte Arbeitserleichterungen für die Erstellung von Plänen mit MS-Visio, insbesondere die Verwendung von Darstellungsebenen. Konkret anwenden werden Sie das Gelernte in Abschnitt 22.2, »Der Leitungsplan«, wenn es um die Erstellung eines Leitungsplans geht.

19.3.1 Importieren Sie DWG-Dateien in MS-Visio

Ein möglicher Weg, wie Sie Pläne Ihres Architekten als Grundlage für den Leitungsplan heranziehen können, führt über das DWG-Format, das von allen professionellen CAD-Programmen unterstützt wird. In Visio importieren Sie eine DWG-Datei über die Menüfunktion ANSICHT • ADD-ONS • VISIO-EXTRAS • CAD ZEICHNUNG KONVERTIEREN. Je nach Leistungsfähigkeit Ihres Rechners und Umfang der Datei dauert so ein Import oft 15 bis 30 Minuten und mehr. Diese Investition lohnt sich jedoch auf alle Fälle, das Ergebnis ist ein maßstabsgetreuer Grundrissplan, auf dessen Basis Sie weiterarbeiten können.

19.3.2 Nützliche Shapes für Ihre Planung

Visio (Version 2013) bietet bereits jede Menge nützlicher Shapes (Schablonen) an, die Sie bei Ihren Planungsvorhaben unterstützen. Besonders nützlich sind:

- BEMASSUNG – TECHNIK (in: WEITERE SHAPES • VISIO EXTRAS): sich automatisch aktualisierende Maßangaben, die an den zu messenden Objekten haften
- ELEKTRIK UND TELEKOMMUNIKATION (in: WEITERE SHAPES • PLÄNE UND GRUNDRISSE • BAUPLAN): Standardsymbole der Elektroinstallation wie z. B. Schalter, Steckdose, Leuchte, Melder
- VERBINDER (in: WEITERE SHAPES • VISIO EXTRAS): Verbindungen in unterschiedlichen Formen, die automatisch an den zu verbindenden Objekten haften

Beispiele für Shapes aus diesen Kategorien finden Sie in folgender Abbildung 19.12:

Einige der Shapes bieten auch spezielle Zusatz-Features, die Sie über das Kontextmenü (rechte Maustaste über dem Shape) abrufen. So lässt sich z. B. beim Steckdosen-Shape eine alternative Darstellung wählen, bei den Bemaßungs-Shapes können Einheit und Genauigkeit definiert werden.

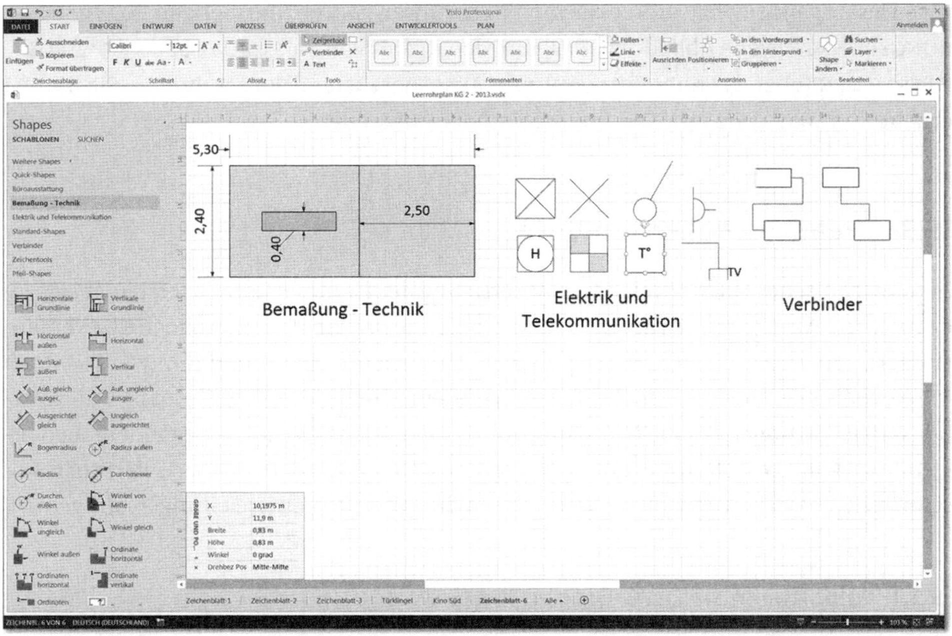

Abbildung 19.12 Visio-Shapes für Bemaßung, Elektrik und Verbindungen

19.3.3 Praktische Hilfsmittel beim Zeichnen

Zwei besonders hilfreiche Zeichenfunktionen möchte ich gern noch herausstellen: das dynamische Gitter und die sogenannten Layer.

Besser platzieren mit dem dynamischen Gitter

Eine bei der Positionierung von Objekten in einer Visio-Zeichnung sehr nützliche Funktion ist das *dynamische Gitter*. Es sorgt dafür, dass Sie beim Verschieben oder Duplizieren von Objekten grüne Hilfslinien angezeigt bekommen, die Sie bei der Ausrichtung relativ zu den umliegenden Objekten unterstützen. Die Einhaltung von gleichen Abständen und gleichen Anschlägen wird damit bereits während des Zeichnens zum Kinderspiel. Sie aktivieren die Funktion über das Menü ANSICHT • DYNAMISCHES GITTER.

Arbeiten mit Layern

Ein Verkabelungsplan wird mit steigender Anzahl der eingezeichneten Verbindungen immer unübersichtlicher. Visio bietet für solche Fälle die Möglichkeit, mit unterschiedlichen Layern zu arbeiten. *Layer* stellen Sie sich am besten wie durchsichtige Papierblätter vor, auf denen Sie Teile Ihrer Zeichnung erzeugen. Legen Sie alle Blätter übereinander, erhalten Sie die Gesamtzeichnung mit allen Details. Wenn Sie hingegen an bestimmten Details nicht interessiert sind, ziehen Sie das entsprechende Blatt einfach aus dem Stapel heraus. Layer lassen sich z. B. wunderbar zur Unterscheidung, ob Leerrohre in Boden, Decke oder Wand verlegt werden sollen, einsetzen.

Die Funktion, um Layer für Ihre Zeichnung einzurichten, finden Sie im Menü START • LAYER • LAYEREIGENSCHAFTEN. In der Dialogbox legen Sie über den Button NEU beliebig viele Layer an, denen Sie bei der Erstellung einen Namen geben. Abbildung 19.13 zeigt die LAYEREIGENSCHAFTEN-Dialogbox mit drei angelegten Layern. Die Spalte # gibt Auskunft über die Anzahl der in einem Layer vorhandenen Objekte. Über Aktivierung oder Deaktivierung in der Spalte SICHTBAR entscheiden Sie, welche Layer angezeigt werden sollen. Die Spalte AKTIV ist interessant für Objekte, die Sie neu Ihrer Zeichnung hinzufügen. Ein neues Objekt wird immer allen Layern zugeordnet, die gerade aktiv sind. In der letzten Spalte (FARBE) dürfen Sie die Farbe bestimmen, die ein Objekt erhalten soll, wenn es einem Layer zugeordnet wird.

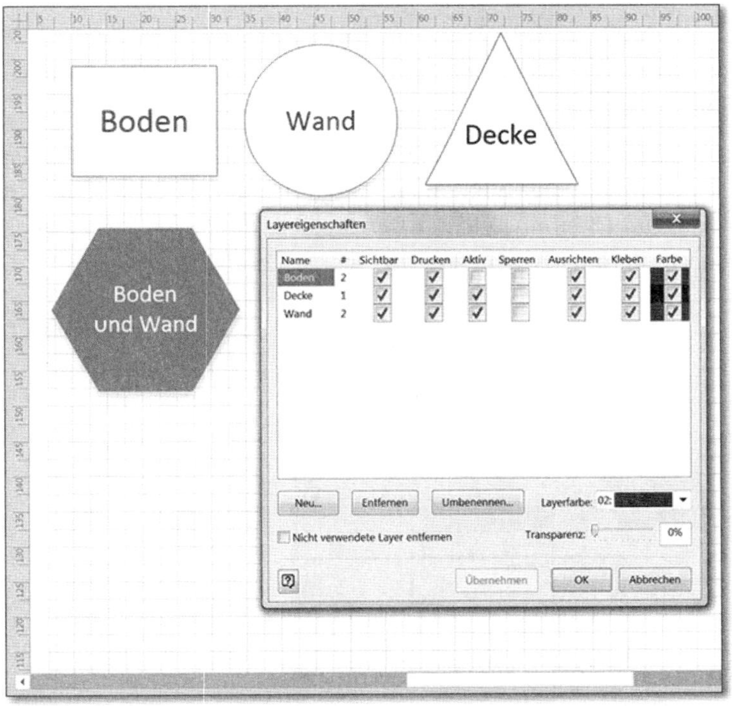

Abbildung 19.13 Vier Visio-Objekte auf drei unterschiedlichen Layern

In Abbildung 19.13 erkennen Sie, dass das sechseckige Objekt zwei Layern gleichzeitig zugeordnet ist. Auch das ist möglich und ziemlich praktisch. Haben Sie beispielsweise zwei unterschiedliche Arten von Layern erzeugt, nach Position (Boden, Wand, Decke) und nach Art (NYM-Leitung, KNX, Cat.7 usw.), können Sie eine Leerrohrstrecke genauer gruppieren. Weisen Sie ihr sowohl den Layer Decke als auch den Layer KNX zu, können Sie Ihre Zeichnung später nach allen KNX-Leitungen, die in der Decke untergebracht sind, filtern.

Die Layer-Zugehörigkeit von Objekten oder ganzen Objektgruppen können Sie übrigens jederzeit problemlos ändern. Dazu finden Sie im Menü START • LAYER die Funktion LAYER ZUWEISEN.

19.4 Planen mit Excel

Das Tabellenkalkulationsprogramm *Excel* eignet sich wunderbar für Listen und Tabellen jeglicher Art. Ein gutes Beispiel für den sinnvollen Einsatz finden Sie im Kapitel über den Logikkatalog (siehe Abschnitt 22.6, »Logikanforderungen«). Statt Microsoft Excel können Sie natürlich auch den CALC-Baustein aus *LibreOffice* bzw. *OpenOffice* einsetzen.

Ich gehe an dieser Stelle davon aus, dass Sie bereits einige Grundkenntnisse in der Anwendung von Tabellenkalkulationsprogrammen besitzen, und konzentriere die folgenden Abschnitte auf nützliche Spezialfunktionen.

19.4.1 Der AutoFilter

Der *AutoFilter* in Excel ist sehr schnell eingerichtet und äußerst praktisch zur kombinatorischen Filterung längerer Tabellen.

Setzen Sie zum Einrichten den Cursor auf eine Zelle der Überschriftenzeile Ihrer Tabelle und wählen Sie im Register DATEN die Funktion FILTERN (Trichtersymbol). Schon wird für jede Ihrer Spalten ein AutoFilter eingerichtet, den Sie über das kleine Pfeilsymbol, das jeder Überschriftenzelle automatisch hinzugefügt wurde, konfigurieren:

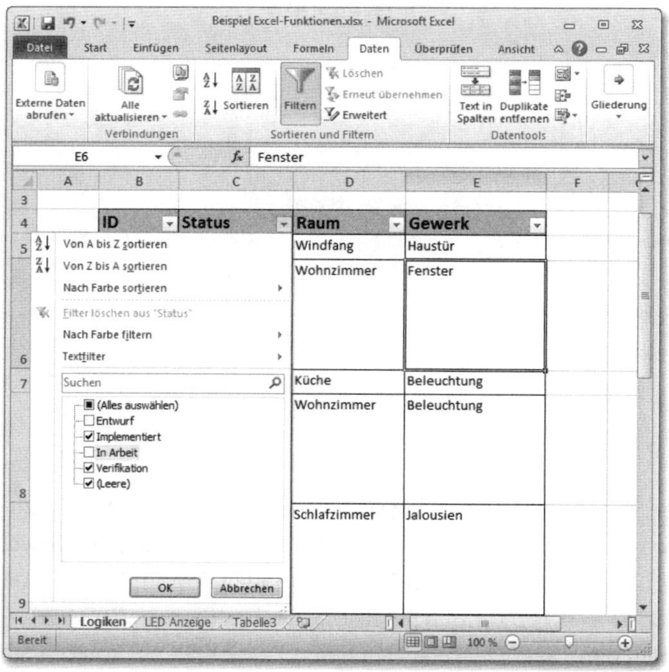

Abbildung 19.14 Anwendung des Excel-AutoFilters

In oben stehendem Beispiel (Abbildung 19.14) wird Excel angewiesen, nur noch die Zeilen auszugeben, deren STATUS entweder IMPLEMENTIERT oder VERIFIKATION ist, oder Zeilen, die gar keinen Status (LEERE) besitzen. Besonders gut funktioniert diese Art Filterung für Spalten, die wenig verschiedene mögliche Werte besitzen. Eine Kombination von Filtern über mehrere Spalten ist mit der gleichen Vorgehensweise ebenso möglich (z. B. alle Zeilen mit STATUS IMPLEMENTIERT und mit RAUM WOHNZIMMER). Komplett entfernt wird der erstellte AutoFilter ebenfalls über die Funktion FILTERN (Trichtersymbol).

19.4.2 Praktische Zählfunktionen

Nehmen wir das oben stehende Beispiel nochmals für eine häufige Aufgabenstellung her: Es soll gezählt werden, wie viele Logikanforderungen (Zeilen) bereits den Status ABGESCHLOSSEN besitzen. Dazu geben Sie bitte einfach in eine neue Zelle die folgende Anweisung ein:

```
=ZÄHLENWENN(C5:C10;"Abgeschlossen")
```

Mit C5:C10 definieren Sie den Bereich, in dem Excel für Sie zählen soll. Im Beispiel ist das der Spaltenbereich von Zelle C5 bis Zelle C10.

19.4.3 Inhalte aus einer vorgefertigten Liste einfügen

Wenn Sie innerhalb Ihres Excel-Sheets in einer Zelle nur bestimmte Werte zulassen und diese am besten noch per Mausklick auswählen möchten, erstellen Sie eine Drop-down-Liste. Besonders praktisch ist das für Zellen, in denen nur wenige unterschiedliche Werte eingetragen werden sollen (für die Spalte RAUM z. B. nur WOHNZIMMER, KÜCHE usw. und für STATUS lediglich IN ARBEIT, ENTWURF, ABGESCHLOSSEN usw.). Beim Anlegen einer Drop-down-Liste gehen Sie folgendermaßen vor:

1. Wählen Sie ein leeres Arbeitsblatt und erstellen Sie eine Liste der möglichen Werte für eine Zelle.
2. Markieren Sie die komplette Liste und geben Sie Ihr einen Namen (Abbildung 19.15, Beispiel: STATUS) im Namensfeld links oben. Bestätigen Sie mit [↵].

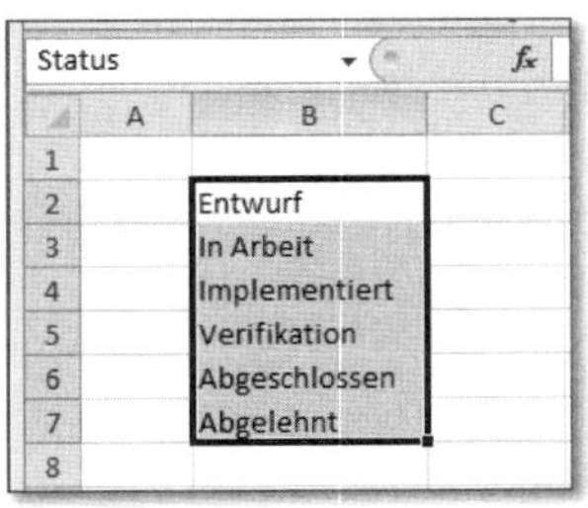

Abbildung 19.15 Definition der möglichen Werte

3. Wählen Sie die Zelle aus, für die eine Drop-down-Liste hinterlegt werden soll, klicken Sie in der Registerkarte DATEN auf die Funktion DATENPRÜFUNG, wechseln Sie in der erscheinenden Dialogbox auf die Registerkarte EINSTELLUNGEN und selektieren Sie dort die Option ZULASSEN: LISTE.

4. Geben Sie im Eingabefeld QUELLE den Namen der Liste an (STATUS) und stellen Sie sicher, dass die Option ZELLENDROPDOWN aktiviert ist. Das Zeichen = ist dabei wichtig.
5. In den Registern EINGABEMELDUNG und FEHLERMELDUNG können Sie optional noch Texte definieren, die Sie im Fall einer Selektion der Zelle bzw. eines falsch eingegebenen Werts erhalten wollen.
6. Beenden Sie die Dialogbox und probieren Sie die Drop-down-Liste, wie sie Abbildung 19.16 zeigt, gleich aus.

Abbildung 19.16 Die Drop-down-Liste in Aktion

19.4.4 Farblich hervorheben mit bedingter Formatierung

Zusätzlich zur Drop-down-Liste wäre es jetzt noch schön, den Zellenhintergrund abhängig vom eingetragenen Wert einzufärben, also z. B. in Rot für den Status ENTWURF und in Grün für den Status ABGESCHLOSSEN. Mit bedingter Formatierung lässt sich das ganz einfach umsetzen:

1. Selektieren Sie alle Zellen, auf die Sie die bedingte Formatierung anwenden wollen. In unserem Beispiel sind das alle Felder mit einem STATUS-Wert.
2. Im Register START wählen Sie die Funktion BEDINGTE FORMATIERUNG und dort den Unterpunkt REGELN ZUM HERVORHEBEN VON ZELLEN • GLEICH.
3. In die Dialogbox geben Sie im Textfeld vor, für welchen möglichen Wert Sie eine Farbe setzen möchten (z. B. ENTWURF) sowie die entsprechende Farbe (z. B. HELLROTE FÜLLUNG 2). Abbildung 19.17 zeigt dies beispielhaft. Wiederholen Sie die Schritte 2 und 3, bis alle gewünschten Inhalte mit einer Farbe belegt sind.

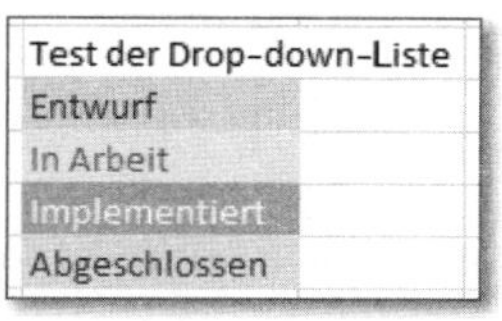

Abbildung 19.17 Einfärben mit bedingter Formatierung

4. Wünschen Sie später eine Änderung am Regelwerk, leistet die Dialogbox START • BEDINGTE FORMATIERUNG • REGELN VERWALTEN gute Dienste. Sie finden dort alle Regeln für einen vorher markieren Bereich vor und können diese jederzeit modifizieren oder löschen sowie weitere hinzufügen.

19.5 Wireshark – der Protokoll-Analyzer

Wireshark, das früher (bis 2006) Ethereal hieß, dürfte der bekannteste Vertreter der Sniffer-Programme (Netzwerkschnüffler) sein. Die Software ist für Windows, Linux, Solaris, Mac sowie Unix und diverse BDS-Versionen erhältlich und fällt als freie Software unter die GPL-v2-Lizenz.

Als Network Packet Analyzer hat Wireshark eine grundlegende Aufgabe: das Aufzeichnen und die möglichst detaillierte Anzeige von Netzwerkpaketen. Falls Sie sich fragen, welchen Nutzen das für Sie hat – es gibt für den Heimautomatisierer eine Menge Anwendungsfälle, z. B. diese:

- In der Rolle als Administrator Ihres Heimnetzwerks möchten Sie Fehlern auf die Spur kommen.
- Sie möchten herausfinden, welche Informationen von einem zum anderen Gerät übertragen werden, das Protokoll dahinter verstehen und diese Informationen auch für eigene Projekte benutzen.
- Oder Sie würden ganz einfach gern Ihr Wissen über Netzwerke vertiefen, sehen, was an wen über welche Schichten übertragen wird.

Wireshark unterstützt Sie dabei mit einer Reihe an nützlichen Funktionen, so können Sie z. B.:

- eine Live-Aufzeichnung von Paketen, die über ein Netzwerk-Interface übertragen werden, starten,
- eine gespeicherte Aufzeichnung laden, sehr detailliert und mit allen möglichen Zusatzinformationen ansehen, filtern, nach Inhalt einfärben, nach zahlreichen Kriterien suchen und auch wieder exportieren sowie
- zahlreiche Statistiken erzeugen.

Alle Möglichkeiten nutzen Sie dabei komfortabel über eine GUI.

19.5.1 So installieren Sie Wireshark

Unter Linux ist die Installation denkbar einfach, ein simples

```
sudo apt-get install wireshark
```

reicht z. B. unter Debian aus, um sich den Paket-Analyzer auf den Rechner zu holen.

Sowohl Windows- als auch OS X-Benutzer finden unter *www.wireshark.org/download.html* stets den aktuellen Installer. Sie können die Default-Einstellungen des Installationsprogramms bestätigen, besonderes Augenmerk verdient die *WinPcap*-Library im letzten Setup-Schritt. WinPcap benötigen Sie für das Aufzeichnen von Netzwerkpaketen (Capturing). Ohne diese Library können Sie Wireshark zwar verwenden, aber nur für die bloße Anzeige von bereits mitgeschnittenen Daten. Die WinPcap-Webpräsenz finden Sie bei Interesse unter *www.winpcap.org*.

Sie müssen sich bei WinPcap nicht unbedingt für einen automatischen Start mit Windows entscheiden. Wenn Sie Wireshark mit Admin-Rechten starten, wird die WinPcap-Library automatisch mitgeladen.

19.5.2 Die Wireshark-Protokolldecoder

Eine der großen Stärken von Wireshark ist, dass Sie mit dem Tool fast jeden nur erdenklichen Netzwerkverkehr auf Protokollebene decodieren können. Sie müssen sich nicht (dürfen jedoch) mit Hex-Daten auf unterster MAC-Schicht auseinandersetzen, sondern bekommen Nutzinhalte höherer Protokolle automatisch von Wireshark aufbereitet. Dazu bedient es sich sogenannter *Dissectors*, also Display-Filtern, mit deren Hilfe Sie sich genau auf die Daten konzentrieren können, die für Ihren Anwendungsfall interessant sind. Die Dissectors sind die Basis für viele Wireshark-Features, unter anderem auch für die Farbgebungsregeln.

Aktuell werden für Wireshark sage und schreibe über 1.000 Protokolle mit insgesamt 174.000 Protokollfeldern über passende Display-Filter unterstützt. Sehen Sie sich die gesammelte Aufstellung unter *www.wireshark.org/docs/dfref/#section_k* einmal an.

Auch für KNX-Decodierung ist gesorgt

Für KNX-Anwender gibt es erfreulicherweise ebenfalls einen Dissector namens *KNXnet/IP Wireshark Dissector*, den Sie unter *www.knxnetipdissect.sourceforge.net* finden.

19.5.3 Capture-Modus und Filter

Wireshark kann das Netzwerkgerät, über das mitgeschnitten wird, in zwei verschiedenen Modi betreiben, die Sie im Wireshark-Konfigurationsdialog auswählen:

1. *Non-Promiscuous Mode* (»nicht freizügiger Modus«): Nur diejenigen Pakete, die vom eigenen Host (dem Rechner, auf dem Wireshark betrieben wird) gesendet werden oder die an diesen gerichtet sind, können empfangen werden, alle anderen Datenpakete werden verworfen.
2. *Promiscuous Mode* (»freizügiger Modus«): Es werden auch Pakete mit fremden Empfängeradressen mitgeschnitten, d. h., Wireshark kann darüber sämtliche Datenpakete von allen im Netz existierenden Rechnern analysieren. Bei geswitchten Netzen müssen Sie gegebenenfalls das Port-Mirroring auf Ihrem Switch aktivieren, um auch Pakete, die nicht an den eigenen Host gerichtet sind, zu empfangen. In Abschnitt 42.3, »Flexibel: Der Managed Switch«, finden Sie weitergehende Informationen zum Port-Mirroring.

Wichtig für den Umgang mit Wireshark ist zudem das Verständnis der zwei verschiedenen Filterarten, dem Capture-Filter (Welche Pakete sollen überhaupt mitgeschnitten werden?) und dem Display-Filter (Welche Inhalte werden bei der Ausgabe dargestellt?). Leider besitzen beide eine unterschiedliche Syntax.

Beispiele für einen *Capture-Filter* sind (angewendet wird die Syntax von Libpcap):

- nur bestimmte MAC-Adressen mitschneiden: `ether host 00:13:ab:db:54:72`
- nur Pakete, die von oder zum Host mit der angegebenen IP-Adresse übertragen werden: `host IP-Adresse`
- auf Host und bestimmte Protokolle begrenzen (alle außer ARP und IGMP): `host IP-Adresse and not arp and not igmp`

Die nochmals flexibleren *Display-Filter* werden in einer abweichenden Notation angegeben, z. B.:

- Anzeige auf eine bestimmte MAC-Adresse beschränken: `eth.addr==00:13:ab:db:54:72`
- Anzeige auf MAC-Adresse und Protokoll beschränken: `ip.addr == 192.168.1.2 && icmp`

Das relativ umfangreiche Thema der Definition von Filtern wird im Wireshark-Wiki mit zahlreichen Beispielen erläutert (*http://wiki.wireshark.org/FrontPage*). Darüber hinaus unterstützt Sie Wireshark selbst mit einer Filter-Toolbox im Menü ANALYZE • DISPLAY FILTERS.

Die folgende Abbildung 19.18 zeigt die auswahlbasierte Definition eines Filterausdrucks für ICMP-Pakete (bedeutet: das IP-Protokollfeld ist 1):

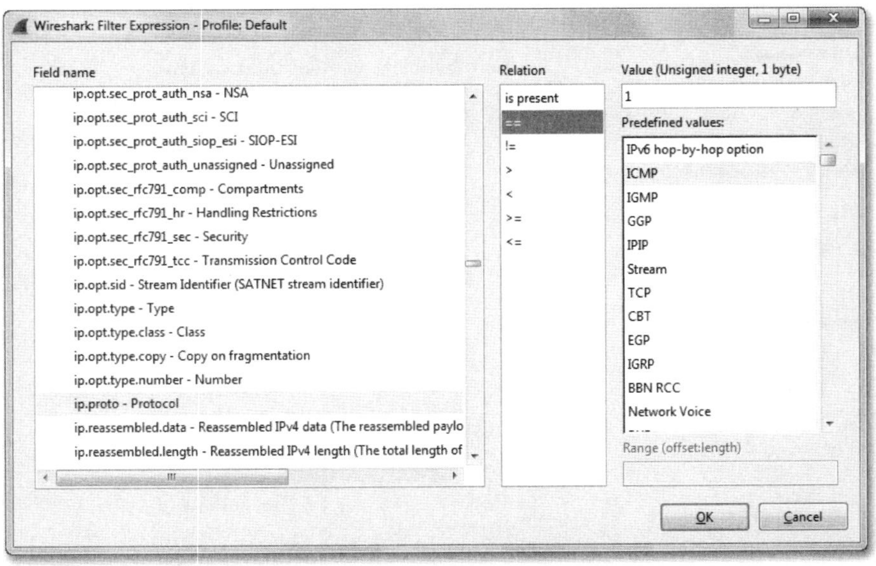

Abbildung 19.18 Auswahlbasierte Definition von Filterausdrücken

19.5.4 »Sniffen« einer ICMP-Kommunikation

Lassen Sie mich für einen ersten Praxiseinsatz von Wireshark ein einfaches Beispiel (Abbildung 19.19) konstruieren, das Sie daheim (bis auf die IP-Adressen, die Sie bitte anpassen) problemlos nachbilden können sollten.

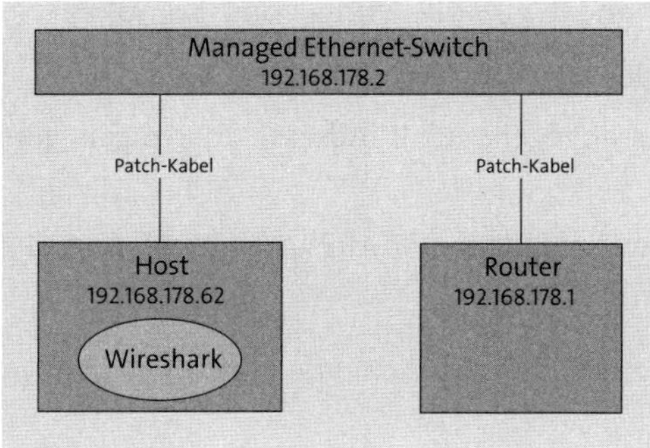

Abbildung 19.19 Erstes Praxisbeispiel mit Wireshark

Im Menü CAPTURE • OPTIONS legen Sie zuerst fest, über welche Netzwerkschnittstelle Wireshark den Datenverkehr mitschneiden soll, und definieren den anzuwendenden Capture-Filter. Sehen Sie hierzu auch Abbildung 19.20. Gewünscht ist eine Reduzierung des Mitschnitts auf alle Pakete mit Beteiligung des Hosts 192.168.178.62 und mit dem verwendeten IP-Protokoll ICMP (das Protokoll, das vom `ping`-Befehl benutzt wird), sodass der korrekte Filter `host 192.168.178.62 and icmp` lautet.

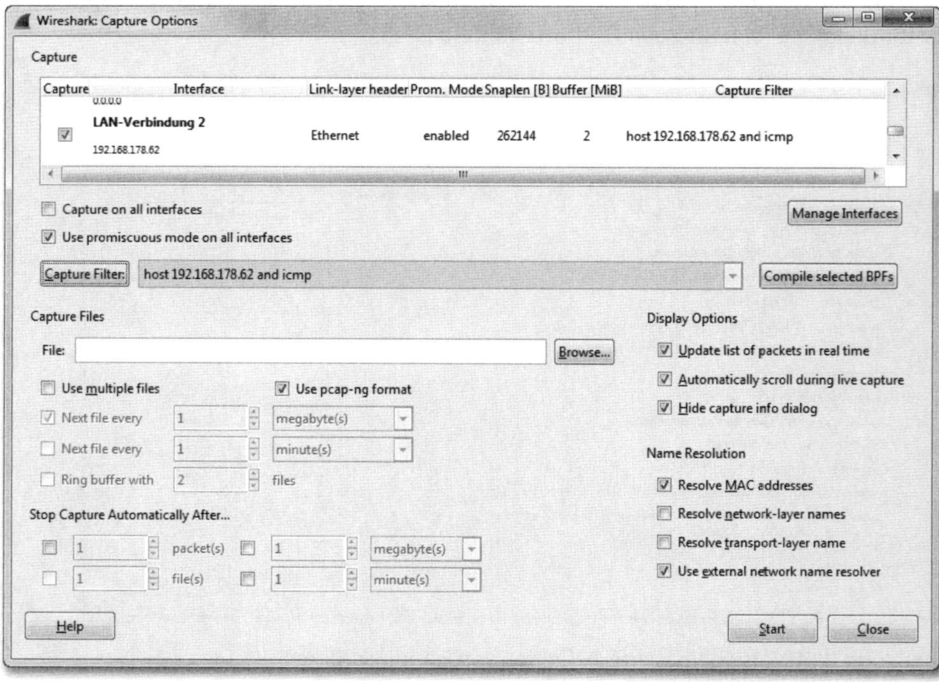

Abbildung 19.20 Die Capture Options-Dialogbox

Beenden Sie die Dialogbox mit START, wird Wireshark aktiv und legt sich auf die Lauer. Starten Sie jetzt von einem Konsolenfenster aus eine ICMP-Kommunikation vom Host zu Ihrem Router, indem Sie ein `ping`-Kommando absetzen: `ping 192.168.178.1`

Nach insgesamt vier Ping-Anfragen und deren Antwort, die Wireshark ordnungsgemäß mitprotokollieren sollte, finden Sie den Mitschnitt direkt im Hauptfenster. Der Hauptbereich der Wireshark-GUI teilt sich dabei in drei Bereiche auf:

- in die Paketliste,
- die Paketdetails
- und die hexadezimale Paketanzeige.

Die in der Paketliste angezeigten Spalten können Sie jederzeit über den Menüpunkt EDIT • PREFERENCES an Ihre Bedürfnisse anpassen. Die Paketliste enthält die Framenummer NO. (ist nicht zwingend fortlaufend bei aktiver Filterung), den Absender (SOURCE), den Empfänger des Pakets (DESTINATION), das verwendete PROTOCOL sowie einen Zeitstempel (TIME) und die Paketgröße in Bytes (LENGTH). Die eigentlich spannende Information befindet sich im Paketdetailbereich (mittlerer Bereich), der immer die Zusatzinformationen zum gerade ausgewählten Paket aus der Paketliste enthält.

Selektieren Sie für unser Anwendungsbeispiel ein ICMP-Echo-Request in der Paketliste, der Detailbereich zeigt daraufhin alle Layer (Schichten) des Datenframes an. Mit dem Plussymbol kann der gewählte Layer erweitert werden.

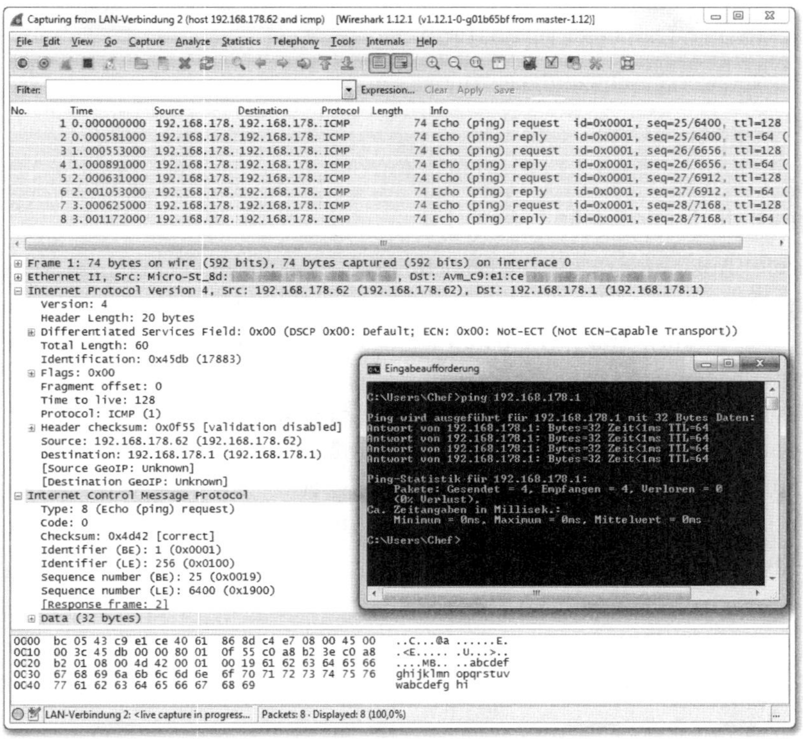

Abbildung 19.21 Eine ICMP-Aufzeichnung mit Wireshark

Sie erkennen in Abbildung 19.21 sehr gut die OSI-Modell-Schichtenarchitektur. Ein Datenpaket eines höheren Protokolls ist wie bei einer russischen Matroschka-Puppe in einen Datenframe der darunterliegenden Schicht eingepackt. Für unser ICMP-Paket gilt, dass es innerhalb eines IP-Pakets (Schicht 3) übertragen wird, das wiederum in einem Ethernet-Paket der Schicht 2 (MAC) liegt. Zusammen mit der von Wireshark generierten ersten Zeile wird genau diese Information von unten nach oben dargestellt.

Im untersten Bereich (Hexdump des Frames) ist gut zu erkennen, dass Windows beim Ping das kleine Alphabet als Nutzlast (Payload) verwendet.

19.6 Kleine Helferlein für die Netzwerkdiagnose

Funktioniert ein Netzwerk gut, äußert sich das im alltäglichen Betrieb nur dahin gehend, dass es nicht negativ auffällt. Macht es hingegen Ärger, wird dieser schnell so groß, dass umgehend Handlungsbedarf entstehen kann. Oft genug sind die Schwierigkeiten nicht auf defekte Hardware zurückzuführen, sondern auf mehr oder weniger vielschichtige Software- oder Einstellungsprobleme. Um Letzteren schnell auf den Grund zu gehen, möchte ich Ihnen einen kleinen, frei benutzbaren Werkzeugkasten vorstellen, bestehend aus:

- `ping` für einfache Erreichbarkeitstests und Anzeige der Antwortzeit
- `tcpdump` zum Mitschneiden von UDP- und TCP-Datenverkehr
- `iperf`, um die Netzwerkgeschwindigkeit zu messen
- `nmap` als Portscanner

19.6.1 Ping prüft die Erreichbarkeit

Ping ist der ideale »Anklopftest«, um die Erreichbarkeit eines Rechners in einem Netzwerk zu prüfen. Der »angepingte« Rechner beantwortet die Anfrage mit einer kurzen Gegenantwort. Das wirklich Praktische daran ist, dass die Gegenstelle keine spezielle Software gestartet haben muss (wie es z. B. bei Iperf der Fall wäre), eine korrekte Implementierung des ICMP-Protokolls (Internet Control Message Protocol) reicht aus für den Verständigungstest über Ping. Somit reagieren nicht nur Rechner mit beliebigem Betriebssystem auf eine Ping-Anfrage, sondern beispielsweise auch Drucker, Switches, Router usw. Unten stehende Abbildung 19.22 zeigt ein simples Netzwerk mit zwei Rechnern, verbunden über einen Switch:

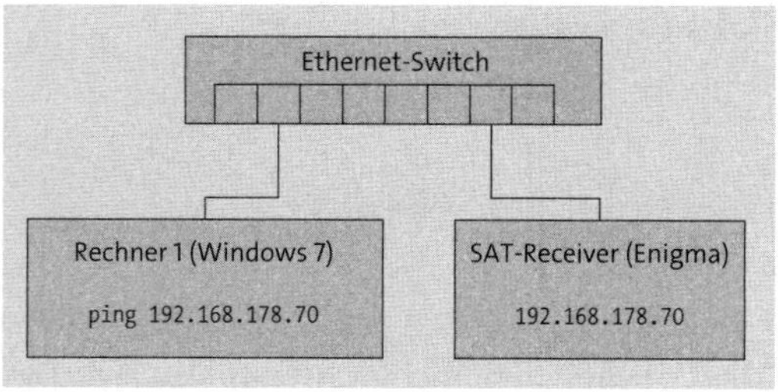

Abbildung 19.22 Beispiel für Ping

Auf Rechner 1 wird über die Konsole das ping-Kommando gegeben, die Gegenstelle, die auf die angegebene IP-Adresse hört, ist in diesem Beispiel ein SAT-Receiver.

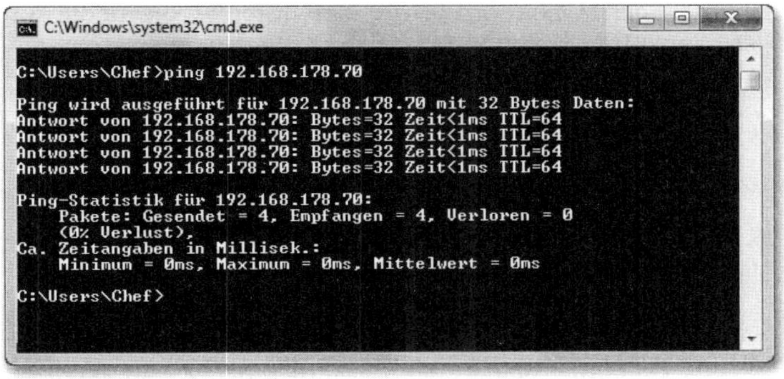

Abbildung 19.23 Ein ping-Kommando und die Antwort der Gegenstelle

Wie Sie aus dem abgebildeten Screenshot (Abbildung 19.23) erkennen, werden insgesamt vier Ping-Anfragen erzeugt und jede für sich von dem Gerät mit der IP Adresse 192.168.178.70 innerhalb einer Millisekunde beantwortet. Ein Paketverlust ist (glücklicherweise) nicht aufgetreten.

Die genaue Syntax des ping-Kommandos ist je nach Betriebssystem unterschiedlich, aber es gilt allgemein das folgende Schema:

`ping <optionen> Zieladresse`

Die Optionen sind, wie der Name schon vermuten lässt, optional. Die wichtigsten Optionen für die Windows 7-Version von ping sehen Sie in Tabelle 19.3:

Option	Bedeutung
-t	Sendet fortlaufend Ping-Anfragen, Ende mit [Strg] + [C].
-n <Anzahl>	die Anzahl der zu sendenden Ping-Anfragen
-6	Erzwingt die Verwendung von IPV6.

Tabelle 19.3 Ausgewählte ping-Optionen

Ändern Sie folglich das Eingangsbeispiel ab in ping -n 10 192.168.178.70, werden statt vier Anfragen jetzt zehn Anfragen erzeugt.

19.6.2 Tcpdump schneidet mit

Tcpdump ist ein kommandozeilenbasierter Netzwerk-Sniffer aus der Unix/Linux-Welt und kann hervorragend eingesetzt werden, um Netzwerkpakete mitzuschneiden, sowohl auf TCP- also auch auf UDP- und ICMP-Ebene.

Falls auf Ihrem Linux noch kein Tcpdump installiert ist, holen Sie das einfach und schnell mit `sudo apt-get install tcpdump` nach.

Aufgerufen wird das Tool in der Shell mit `sudo tcpdump` (beachten Sie, dass Sie für die Ausführung Root-Rechte benötigen). Bereits ohne weitere Kommandoparameter liefert Tcpdump jede Menge an Mitschnitt, den Sie durch Angabe von Flags kompakter oder noch wesentlich detaillierter darstellen können.

Probieren Sie es ruhig aus, z. B. mit `sudo tcpdump -e -vv`, Sie werden überrascht sein, was alles im heimischen Netzwerk vor sich geht.

Die Syntax von `tcpdump` lautet allgemein:

```
tcpdump <flags> <filter-optionen>
```

Eine Auswahl nützlicher Flags (Tcpdump bietet noch wesentlich mehr) und deren Bedeutung möchte ich Ihnen an dieser Stelle (Tabelle 19.4) gern aufführen:

Flag	Bedeutung
`-c <Anzahl>`	Es werden nur <Anzahl> Pakete mitgeschnitten.
`-e`	Auch den Ethernet-Header mitschreiben.
`-q`	Eine kompaktere und übersichtlichere Darstellung.
`-v, -vv, -vvv`	Die Verbose-(Wortreich-)Ausgabe in drei Stufen zur schrittweisen Erhöhung der Detailinformationen.
`-A`	Der Paketinhalt wird als ASCII-Text mit ausgegeben.
`-w <Filename>`	Der Mitschnitt wird in ein File mit dem Namen <Filename> geschrieben.
`-r <Filename>`	Gibt den Inhalt eines Mittschnitts (über `-w`-Option) wieder auf dem Bildschirm aus.
`-i <Interface>`	Name der Netzwerkschnittstelle, von der mitgelesen werden soll. Ist keine angegeben, sucht sich Tcpdump die erste LAN-Karte aus, die es findet.
`-s <Bytes>`	Gibt an, wie viele Bytes pro Paket mitgeschnitten werden (ohne dieses Flag sind es 68 Bytes). Die Angabe von 0 weist Tcpdump an, die Pakete komplett mitzuschreiben, und ist z. B. für die Offlineanalyse in Wireshark erforderlich, siehe Kasten unten.

Tabelle 19.4 Ausgewählte tcpdump-Flags

Mit den Filteroptionen können Sie den Mitschnitt noch weiter auf die von Ihnen gewünschten Inhalte konfigurieren. Eine Auswahl der wichtigsten Filter finden Sie in Tabelle 19.5:

Filteroption	Bedeutung
host <Adresse oder Hostname>	Nur Pakete, die an die angegebene IP-Adresse gesendet werden oder von dort stammen, werden mitgeschnitten. Alternativ kann statt der IP-Adresse auch der Hostname verwendet werden.
port <0..65535>	Es werden nur Pakete mitgeschrieben, die als Quell- oder Zielport den angegeben besitzen.
portrange <0-65535>	Wie port-Option, aber für einen ganzen Bereich an Ports.
net <Netzwerkbereich>	Reduziert den Mitschnitt auf Pakete, die als Quelle oder Ziel eine IP-Adresse aus dem angegebenen Netzwerkbereich (in CIDR-Schreibweise) besitzen.
src <host, port, portrange oder net>	Schreibt nur Pakete, die als Quelle den angegebenen Wert besitzen.
dest <host, port, portrange oder net>	Schreibt nur Pakete, die als Ziel den angegebenen Wert besitzen.
proto <ether, wlan, ip, ip6, arp, tcp und udp>	Reduziert die Ausgabe auf Pakete mit dem angegebenen Netzwerkprotokoll (Auswahl).

Tabelle 19.5 Ausgewählte tcpdump-Filteroptionen

Filterangabe dürfen Sie zusätzliche mit and, or und not kombinieren. Ein paar Beispiele verdeutlichen das:

- Mitschneiden aller IP-Pakete zwischen rechner1 und allen anderen außer rechner2:

```
sudo tcpdump ip host rechner1 and not rechner2
```

- Mitschneiden aller HTTP- und HTTPS-WLAN-Pakete:

```
sudo tcpdump -i wlan0 -q '(tcp port 80) or (tcp port 443)'
```

Tipp: Tcpdump-Mitschnitte in Wireshark öffnen

Eine sehr nette Möglichkeit, eine Ausgabe von Tcpdump etwas benutzerfreundlicher und ansprechender zu präsentieren, ist die Darstellung des Mitschnitts in dem Programm Wireshark (siehe Abschnitt 19.5, »Wireshark – der Protokoll-Analyzer«).

Dazu starten Sie tcpdump mit folgenden Parametern (um beispielsweise alle HTTP-Pakete mitzuschreiben):

```
sudo tcpdump -s 0 -w ausgabe.dump tcp port 80
```

Das erzeugte File *ausgabe.dump* lässt sich anschließend in Wireshark über File • Open öffnen und offline analysieren.

19.6.3 Iperf und Jperf messen die Geschwindigkeit

Iperf ist sozusagen der Benchmark schlechthin, wenn es sich um die Performancemessung der Netzwerkhardware handelt. Mit Iperf können Sie die maximale TCP- und UDP-Bandbreite ermitteln und somit Engpässe im eigenen Netzwerk entdecken. Für die Überprüfung einer neu installierten Netzwerkdose, die Bandbreitenmessung eines Switches oder um Probleme mit Patch-Kabeln zu entlarven, ist Iperf das Mittel der Wahl.

Iperf installieren

Die freie Software gibt es für die Plattformen Windows, Linux, Solaris, Mac OS X und FreeBSD. Unter Linux (Ubuntu) installieren Sie Iperf ganz bequem mittels:

```
sudo apt-get install iperf
```

Möchten Sie Iperf hingegen unter Windows verwenden, greifen Sie am besten auf *Jperf* zurück, eine grafische Oberfläche, die Iperf bereits beinhaltet. Laden Sie das Zip-File von *https://code.google.com/p/xjperf/* herunter und entpacken Sie das Archiv.

Iperf starten

Iperf ist als Client/Server-Anwendung konzipiert und benötigt deshalb mindestens zwei Rechner, von denen einer als Server auf eingehende Geschwindigkeitsmessungen wartet und der zweite als Client diese Messungen initiiert.

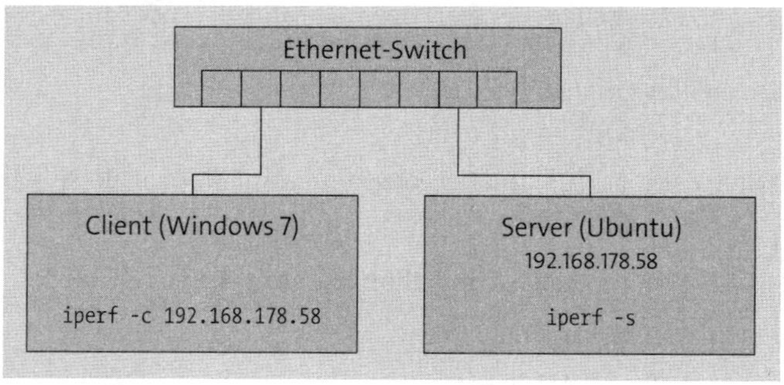

Abbildung 19.24 Iperf als Client und Server

Für mein Beispiel (Abbildung 19.24) habe ich einen Ubuntu-Rechner mit der IP-Adresse 192.167.178.58 gewählt und diesem mit `iperf -s` die Rolle als Server gegeben. Der Client (in diesem Fall ein Windows 7-Rechner) startet die Performancemessung mit `iperf -c 192.168.178.58`.

Das Programm *iperf.exe* finden Sie im *bin*-Verzeichnis des Jperf-Archivs.

Nach dem Durchlauf der Performancemessung, die per Default zwölf Sekunden benötigt, erhalten Sie, wie Abbildung 19.25 und Abbildung 19.26 zeigen, sowohl im Shell-Fenster des Servers als auch in der Eingabeaufforderung des Clients die Messergebnisse.

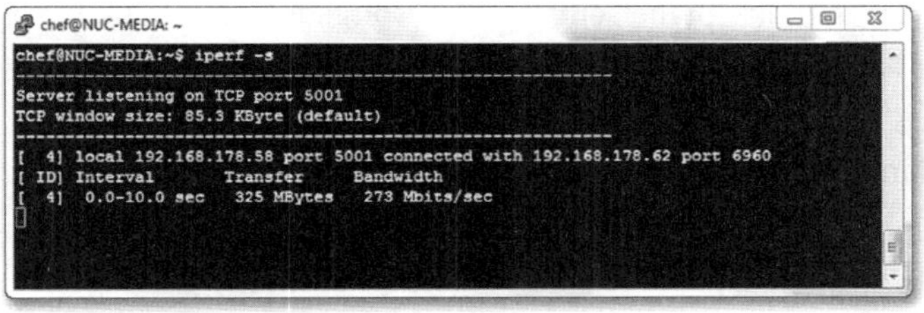

Abbildung 19.25 Iperf-Messergebnisse auf dem Server

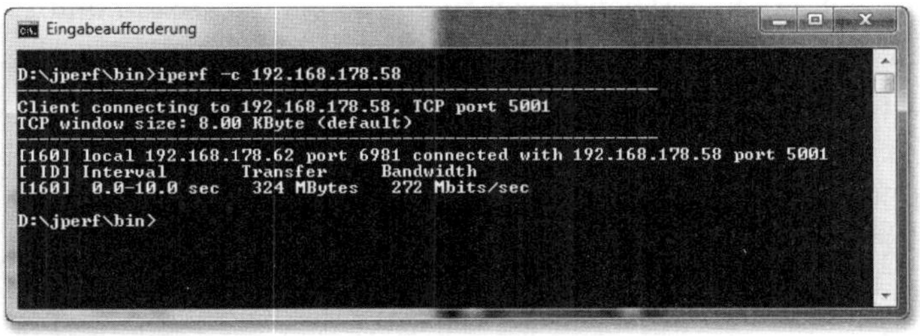

Abbildung 19.26 Iperf-Messergebnisse auf dem Client

Wie Sie sehen, wird für die Übertragung der Port 5001 verwendet. Dieser darf demnach von Ihrer Firewall nicht blockiert werden. Betrachten Sie das Messergebnis der Bandbreite (`Bandwidth`), fällt Ihnen bestimmt noch etwas auf: Der Wert von 272 MBits/s ist für eine Gigabit-Verbindung mit dem theoretischen Maximum von 1.000 MBits/s unterirdisch schlecht.

Der Grund für das zunächst frustrierende Ergebnis ist die in der Default-Einstellung von Iperf recht kleine TCP Window Size. Erhöhen Sie diese sowie die TCP-Puffergröße auf jeweils 512 kByte (wie in Abbildung 19.27), erhalten Sie für die Bandbreitenmessung unmittelbar wesentlich befriedigendere Ergebnisse. Starten Sie also auf dem Client Iperf diesmal mit:

```
iperf -c 192.168.178.58 -w 512k -l 512k
```

und stellen Sie auf der Shell-Ausgabe des Servers fest, dass die Messergebnisse um Welten freundlicher sind:

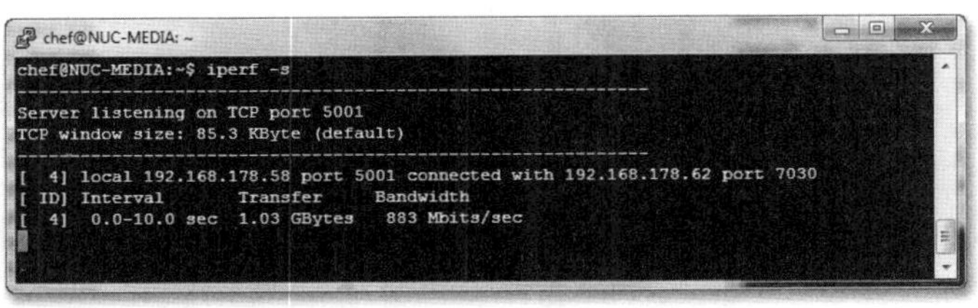

Abbildung 19.27 Iperf-Messergebnisse mit 512 kByte Puffer

Der Wert von 883 MBits/s ist jetzt akzeptabel, ein sehr gutes Ergebnis wäre eine Bandbreite von ungefähr 950 MBits/s.

JPerf ist die grafische Variante von Iperf

Da Sie vielleicht bereits für den Windows 7-Rechner das JPerf-Paket heruntergeladen haben, liegt es nahe, es auch zu nutzen. JPerf ist eine grafische Oberfläche für IPerf und wurde in Java entwickelt, eine JRE (Java Runtime Environment) ist zum Start also notwendig.

Starten Sie JPerf mit der Batch-Datei *jperf.bat*, tragen Sie die Serveradresse ein und als TCP-Puffergröße und TCP Window Size jeweils wieder 512 kByte. In unten stehendem Beispiel habe ich noch das OUTPUT FORMAT auf MBITS und die TRANSMIT-Zeit auf 60 s gestellt. In der obersten Fensterzeile finden Sie das von JPerf generierte Kommando, das an Iperf übergeben wird. Starten Sie die Messung mit Klick auf RUN IPERF!, und 60 s später zeigt Ihnen ein grafischer Plot schön die gemessene Bandbreite, wie in Abbildung 19.28 gezeigt, über die eingestellte Messdauer.

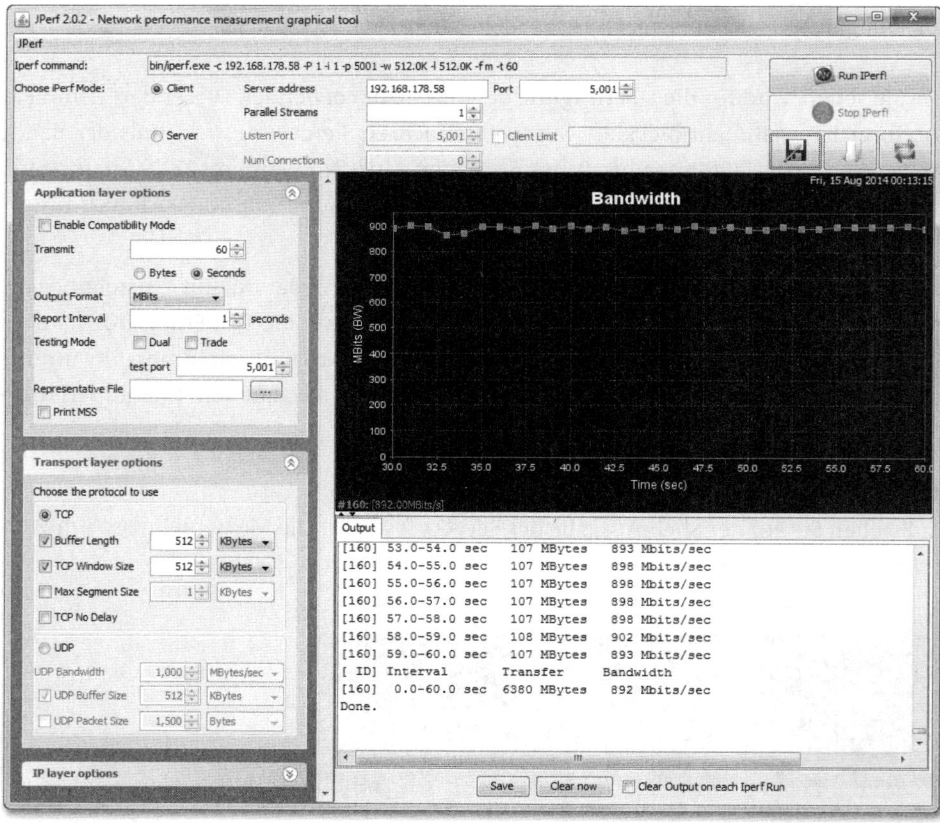

Abbildung 19.28 JPerf auf dem Client

19.6.4 Nmap scannt Netzwerkports

Bei *Nmap* (Network Mapper) handelt es sich um einen kommandozeilenbasierten, leistungsfähigen Portscanner, also ein Programm, das herauszufinden versucht, welche Netzwerkdienste auf dem angegebenen Rechner aktiv bzw. welche Ports erreichbar sind.

Installieren können Sie `nmap` z. B. unter Linux ganz einfach mit:

```
sudo apt-get install nmap
```

Nmap in der Shell

Aufgerufen wird Nmap über die Shell mit der Syntax:

```
sudo nmap [Scan-Art] <Optionen> Ziel
```

Sie können Nmap auch ohne Root-Rechte ausführen, allerdings sind dann die möglichen Scanarten nur sehr eingeschränkt erlaubt.

Dass Nmap sehr mächtig ist, erkennen Sie bereits an den unzähligen Parametern, die beim Aufruf mit angegeben werden können. Die nützlichsten Scanarten finden Sie in folgender Tabelle 19.6:

Scanart	Bedeutung
`-sU`	Es werden UDP-Ports anstatt TCP-Ports gescannt.
`-sP`	Durchgeführt wird Ping-Scan, es wird also nur die prinzipielle Erreichbarkeit geprüft – ideal, um in größeren Netzwerkbereichen aktive Hosts zu finden.
`-sA`	Prüft, ob Port geschlossen oder offen ist – gut für die Erkennung von Firewalls.

Tabelle 19.6 Einige nmap-Scanarten

Kombiniert werden die Scanarten mit Optionen – auch hier wieder eine Auswahl besonders nützlicher in Tabelle 19.7:

Optionen	Bedeutung
`-p X` oder `-p X-Y` oder `-p X,Y,Z` oder `-p-`	Drei mögliche Arten, die zu scannenden Ports einzugrenzen, entweder als Einzelport (`X`), als Bereich (`X-Y`) oder als Aufzählung (`X, Y, Z`). Die Option `-p-` scannt alle Ports.

Tabelle 19.7 Einige nmap-Optionen

Optionen	Bedeutung
-A	Versucht durch zusätzliche Tests, den Dienst, der hinter einem Port steckt, zu identifizieren, und beinhaltet eine Erkennung des Zielbetriebssystems.
-F	Ein schneller Portscan, der nur die bekannten Ports scannt, die in der Datei *nmap-services* aufgelistet sind.

Tabelle 19.7 Einige nmap-Optionen (Forts.)

Versuchen Sie ruhig in Ihrem Heimnetzwerk einen eigenen Portscan, er ist gefahrlos, liefert aber eine Reihe an nützlichen Informationen. Ein Beispiel, das Sie, bis auf die IP-Adresse, so übernehmen können, zeigt die folgende Abbildung 19.29, das Kommando lautet: `sudo nmap <IP-Adresse> -A`.

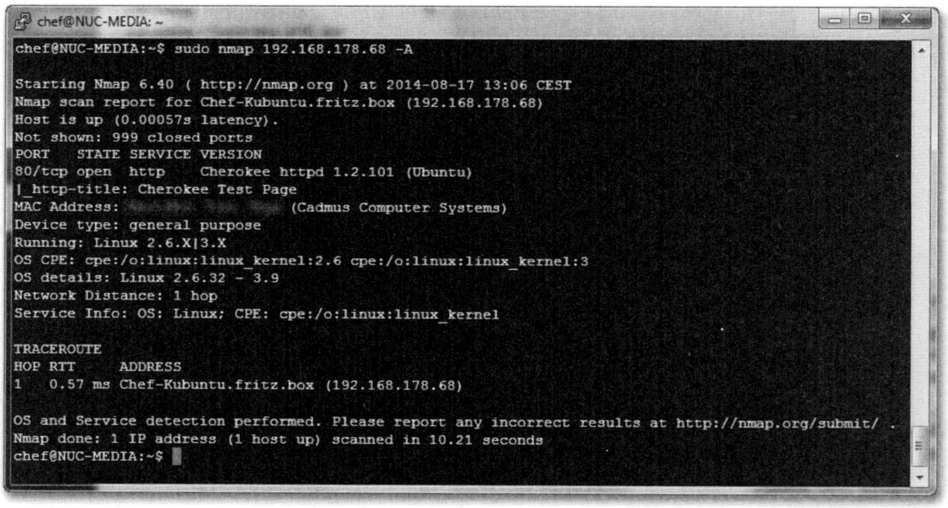

Abbildung 19.29 Eine nmap-Beispielausgabe

Schon mit diesem einfachen Scan erkennen Sie jede Menge an Detailinformationen, unter anderem sind das:

- Auf dem Zielrechner läuft der Cherokee-Webserver mit dem offenen HTTP-Port 80, die Default-Webseite ist die Cherokee-Testseite.
- Der Rechner besitzt einen Linux-Kernel mit der Version 3.x, als Distribution wird Ubuntu verwendet.
- Der Rechner ist direkt erreichbar, also ohne über einen Router angebunden zu sein (HOP-Count = 1). Versuchen Sie den gleichen Aufruf neugierigerweise mit einem bekannten Server im Internet, werden Sie einen deutlich höheren HOP-Count feststellen. Die einzelnen Zwischenstationen werden von Nmap gleich mit angezeigt.

Zenmap – ein grafischer Aufsatz für Nmap

Bei *Zenmap* handelt es sich um die offizielle GUI für das Kommandozeilentool Nmap. Zenmap bekommen Sie unter *http://nmap.org/download.html* für diverse Plattformen, unter anderem auch als Windows-Binaries.

Gerade für Einsteiger in den Portscanner ist der GUI-Aufsatz ideal. Sie dürfen sich über diverse Dialogboxen die umfangreichen Scanoptionen sozusagen zusammenklicken. Zenmap erzeugt daraufhin eine Befehlszeile für Nmap, führt diese aus und präsentiert das Ergebnis übersichtlich. Außerdem bietet es weitere Komfortfunktionen wie z. B.:

- Abspeichern von Scaneinstellungen in Profiles
- Scanergebnisse können gespeichert und später wieder geöffnet werden.
- Scanergebnisse lassen sich bequem vergleichen.
- grafische Ausgabe der Netzstruktur

Einen Screenshot der Windows-Version von Zenmap mit geöffnetem Profileditor finden Sie in unten stehender Abbildung 19.30:

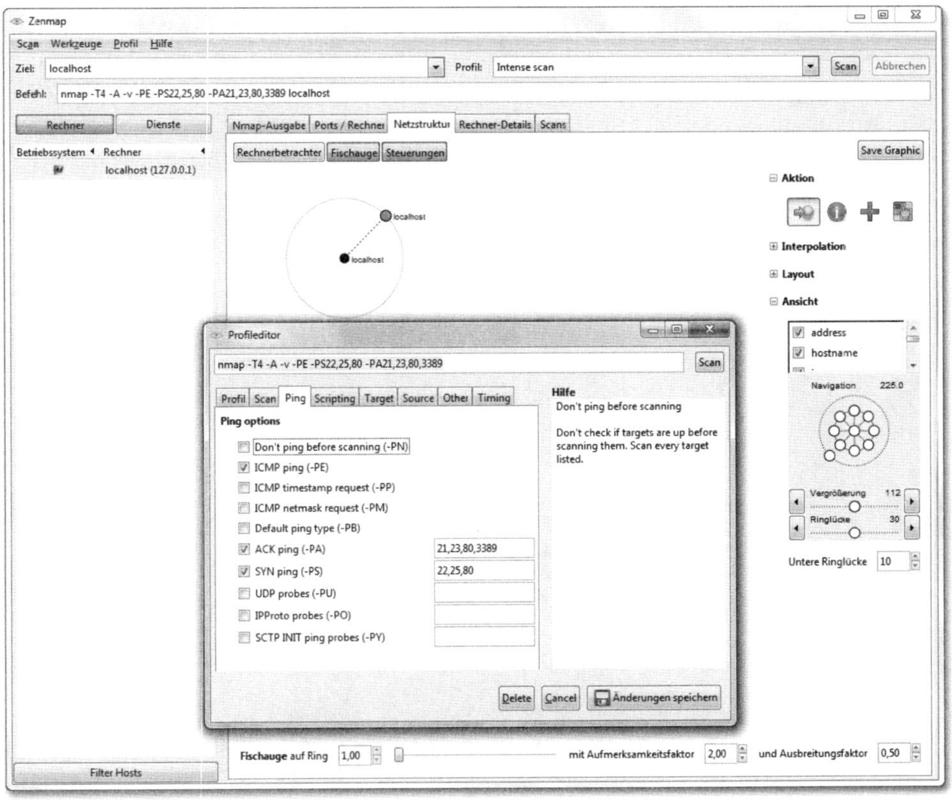

Abbildung 19.30 Zenmap in der Windows-Version

19.6.5 NetHogs ermittelt die genutzte Bandbreite

Die Linux-Welt hält unzählige weitere Tools bereit, die Sie natürlich nicht alle beherrschen müssen. Die wichtigsten Netzwerkhelferlein haben Sie bereits kennengelernt. Ich möchte Ihnen jedoch noch ein weiteres nützliches Tool nennen, das das Administratorleben ein wenig erleichtert.

Es nennt sich *NetHogs* und ist ein kleines Monitortool, das alle Programme und Dienste des Systems anzeigt, die gerade über TCP kommunizieren. Das Schöne an dieser Darstellung ist, dass Sie ihr recht genau entnehmen können, welche Programme wie viel Bandbreite benötigen.

Installieren können Sie NetHogs über `sudo apt-get install nethogs`, aufgerufen wird es mit `sudo nethogs` (für die Default-Schnittstelle in der Regel eth0).

Kapitel 20
Das richtige Installationsmaterial

Welche Leitungstypen gibt es, welche Leerrohre setzen Sie ein, und warum werden Reihenklemmen, einmal verstanden, zu Ihren Lieblingen werden? Hier erfahren Sie es.

In Abschnitt 3.1, »Die Smart-Home-Pyramide«, haben Sie gelernt, dass Sie für Ihr Smart-Home-Vorhaben ein gutes Fundament benötigen. Dieses setzt sich zum einen aus der richtigen Topologie und dem dazugehörigen Verkabelungskonzept zusammen und zum anderen aus dem passenden Installationsmaterial. Welches das ist, erfahren Sie in den folgenden Abschnitten.

20.1 Leitungen

Einen ersten Überblick über die wichtigsten Installationsleitungen haben Sie bereits im Grundlagenteil (siehe Abschnitt 5.3, »Die wichtigsten Installationsleitungen«) erhalten. In den folgenden Abschnitten sehen wir uns die Details zu den einzelnen Typen genauer an.

Begriffe: Leitungen und Kabel

Was genau ist eigentlich der Unterschied zwischen Kabel, Leitungen, Adern und Leiter?

- **Leiter**: Material zur Fortleitung von elektrischer Energie
- **Ader**: ein Leiter mit Isolierung (meist aus Kunststoff), eindrähtig
- **Leitung**: mehrere Adern in einer gemeinsamen Umhüllung
- **Kabel**: eine Leitung mit zusätzlichem festem (Schutz-)Mantel

Ein Leiter kann entweder sein:

- ein **massiver** Leiter für feste Verlegung, z. B. in Gebäuden,
- oder ein **flexibler** (feindrähtiger) Leiter für den beweglichen Anschluss von elektrischen Geräten.

Der Begriff »Kabel« wird fast immer falsch verwendet. Kabel sind Leitungen, die im Boden oder auf hoher See (Meeresboden) verlegt werden. So befindet sich auf der Kabeltrommel kein Kabel, sondern eine Leitung, und dennoch würde trotzdem fast niemand »Leitungstrommel« sagen. Ebenso ist ein Netzwerkkabel eigentlich eine Netzwerkleitung.

20.1.1 Bezeichnungen von Starkstromleitungen

Starkstromleitungen (und dazu zählen die in der Gebäudeinstallation eingesetzten *Installationsleitungen*) werden durch Kurzzeichen gekennzeichnet. Neben den harmonisierten internationalen Kurzzeichen sind speziell im Bauwesen noch die alten Bezeichnungen gebräuchlich.

Alte Bezeichnung nach DIN VDE 0250

Der erste Buchstabe der Bezeichnung, das »N«, bedeutet, dass es sich um eine Normenleitung (Leitung nach deutscher Norm) handelt:

Kurzzeichen	Bedeutung	Beispiele
N	Normleitung	NYM, NYA
A	Aderleitung	NYA, NYAF
F	flach bzw. feindrähtig	NYIF
I	Imputzleitung	NYIF
M	Mantelleitung	NYM
Y	Kunststoffmantel	NYM, NYA
G	Gummiisolierung	NSGAFöu
H	Handgeräteleitung	NMH
U	umhüllt	N2GAFU
L	leicht	NLH
Zusatz-J	Leitung mit grün-gelb gekennzeichneter Ader	NYM-J
Zusatz-O	Leitung ohne grün-gelb gekennzeichnete Ader	NYM-O

Tabelle 20.1 Bezeichnung nach DIN VDE 0250

Durch Anfügen von weiteren Buchstaben (siehe Tabelle 20.1) ergibt sich das Bauartkurzzeichen, wobei die Reihenfolge der Kurzzeichen den Aufbau des Kabels von innen (Leiter) nach außen angibt.

Ein Beispiel: Die Standardinstallationsleitung trägt die Bezeichnung »NYM-J 5x1,5«.

Nach nationalem Schema würde es sich hierbei um eine Mantelleitung – PVC-isolierte Adern mit $5 \times 1{,}5\ mm^2$ Nennquerschnitt – handeln, bei der eine Ader grün-gelb gekennzeichnet ist.

Eine NYM-J-3x2,5-Leitung ist folglich wiederum eine Mantelleitung mit PVC-isolierten Adern, diesmal sind es jedoch drei Adern mit jeweils $2{,}5\ mm^2$ Nennquerschnitt.

Neue harmonisierte Bezeichnung nach DIN VDE 0281

Das innerhalb von Europa harmonisiertes Kurzzeichensystem ist sehr umfangreich, die wichtigsten Kennzeichen stelle ich Ihnen in Form eines Beispiels vor:

H07V-U1x1,5

»H« als erster Buchstabe der Bezeichnung signalisiert, dass es sich um eine in *allen CENELEC-Ländern harmonisierte Form* handelt (im Gegensatz zu »N« für eine Leitung nach deutscher Norm).

Die folgenden zwei Ziffern (»07«) geben Auskunft über die *Nennspannung* (Wechselstrom/Drehstrom). Mögliche Werte sind:

- 01: (100/100 V)
- 03: (300/300 V)
- 05: (300/500 V)
- 07: (450/750 V)

Es folgt die Kennzeichnung des *Isolierwerkstoffs*: »V« für PVC, weich.

Ist ein Mantel vorhanden, wird statt des folgenden »-« der *Mantelwerkstoff* codiert, Beispiele wären:

- V: PVC, weich
- R: Naturkautschuk oder synthetischer Kautschuk

Die nächste Stelle in der Bezeichnung klärt über *Besonderheiten im Aufbau* auf, in unserem Beispiel entfällt sie. Mögliche Codierungen wären aber:

- H: flache, aufteilbare Leitung
- H2: flache, nicht aufteilbare Leitung

Es folgt die *Leiterform* (»U«), Beispiele für verschiedene Formen sind:

- F: feindrähtig bei flexiblen Leitungen
- K: feindrähtig bei Leitungen für feste Verlegung
- R: mehrdrähtiger Rundleiter
- U: eindrähtiger Rundleiter

Als letzte drei Bestandteile enthält die Bezeichnung die *Aderzahl* (»3«), den *Schutzleiter* (»x« ohne grün-gelbe Ader, »G« mit grün-gelber Ader) und den *Leiterquerschnitt* in mm^2 (»1,5«).

Nach nationalem Kurzzeichen würde es sich hierbei übrigens um ein NYA $3 \times 1{,}5\ mm^2$ handeln.

20.1.2 Farbliche Kennzeichnung von Adern

Zur Unterscheidung der einzelnen Adern einer Leitung werden Farbkennzeichnungen (siehe Tabelle 20.2) verwendet:

Kurzzeichen	Bezeichnung	Farbkennzeichnung
L1	Außenleiter	Braun
L2	Außenleiter	Schwarz
L3	Außenleiter	Grau
N	Neutralleiter	Blau
PE	Schutzleiter	immer Grün-Gelb

Tabelle 20.2 Farbliche Kennzeichnung von Adern (DIN 40 705)

Bei einer Leitung mit drei Adern sind diese mit Braun, Blau und Grün-Gelb gekennzeichnet, eine fünfadrige Leitung trägt die Farben Braun, Schwarz, Grau, Blau und Grün-Gelb.

20.1.3 Bezeichnungen von Schwachstromleitungen

Für *Schwachstromleitungen* (z. B. Signal- und Fernmeldeleitungen oder Klingelleitungen, Tabelle 20.3) gelten nach DIN VDE 0812, 0815 und 0816 andere Kurzzeichen als für Starkstromleitungen (siehe Abschnitt 20.1.1, »Bezeichnungen von Starkstromleitungen«):

Kurzzeichen	Bedeutung
A-	Außenkabel
J-	Installationsleitung
L-	Leitung
F	Folienisolierung
Y	PVC-Umhüllung
2Y	PE-Umhüllung
V	verzinnter Kupferleiter
R	Runddraht
(L)	Schirm aus Aluband mit Kunststoffbeschichtung
(St)	statischer Schirm aus Metallband mit Kunststoffbeschichtung

Tabelle 20.3 Bezeichnung für Schwachstromleitung

Häufig anzutreffende Beispiele aus der Gebäudeinstallation sind:

- *J-Y(St)Y 2x2x0,8*: Installationskunststoffkabel (vier Adern) für Signalanlagen und Fernsprecheinrichtungen, geeignet für Unterputz, Aufputz und Inputz
- *YCYM*: geschirmte Busleitung für die Gebäudesystemtechnik

Busleitung für die KNX-Installation: »Das Grüne«

Der für die KNX-Installation wichtigste Leitungstyp, das »Grüne«, ist übrigens vom Typ EIB-Busleitung Y(St)Y 2x2x0,8 oder auch YCYM 2x2x0.8 und mit KNX-Logo von der KNX Association zertifiziert. Das Kabel ist für die Verlegung auf und unter Putz, in Rohren, in trockenen, feuchten und nassen Räumen sowie im Freien geeignet, wenn es vor direkter Sonneneinstrahlung geschützt ist. Die Nennspannung liegt bei 300 V und die Prüfspannung bei 4 kV.

20.1.4 Koaxialkabel

Koaxialkabel (oder kurz Koax-Kabel) sind zweipolige Kabel mit konzentrischem Aufbau für die Verbindung von Satellitenantenne oder Kabelanschluss und Receiver. Sie sind von innen nach außen gesehen folgendermaßen aufgebaut:

- **Innenleiter** (auch Seele genannt): In der Regel ein starrer Kupferleiter bei fester Verlegung oder ein flexibler Innenleiter bei Anschlusskabeln zwischen Dose und Endgerät.
- **Isolator** (Dielektrikum): Meist aus Kunststoff gefertigte Isolationsschicht zwischen Innenleiter und Schirm, sorgt für ein kapazitives Verhalten und ist maßgeblich für den Leitungswellenwiderstand und die Dämpfung verantwortlich.
- **Abschirmung** (Außenleiter): Schützt den Innenleiter vor elektromagnetischem Einfluss und ist aus einem leitenden Metallgeflecht oder einer Kombination aus Folienschirm plus Geflecht aufgebaut.
- **Schutzmantel**: Schützt das Kabelinnere vor mechanischer Beanspruchung und je nach Ausführung zusätzlich vor UV-Strahlung und Feuchtigkeit.

Für den Satellitenempfang sollten nur hochwertige Kabel mit geringer *Dämpfung* (< 30 dB/100 m bei 2.000 MHz) und möglichst hohem *Schirmmaß* (120 dB oder mehr) verwendet werden.

Außerdem ist es von entscheidender Bedeutung, wie das Kabel verlegt wird, denn nicht nur die Dämpfung des Kabels selbst entscheidet über die Signalqualität, sondern auch:

- der Abstand zu potenziellen Störquellen (wie z. B. DECT-Telefonen),
- die korrekte Beachtung der Mindestbiegeradien des Kabels sowie
- eine möglichst exakte Montage der (zum Kabeltyp passenden) F-Stecker bzw. Kupplungen.

An Stellen, an denen das Koaxialkabel der UV-Strahlung ausgesetzt ist, sollten Sie auf das Merkmal der UV-Beständigkeit achten. Passende hochwertige Koaxialkabel finden Sie beispielsweise bei Preisner/Televes (*www.preisner.de*).

Produktbeispiel: Das SK2000 Plus ist 3-fach geschirmt, besitzt ein mit 120 dB sehr gutes Schirmungsmaß, hat bei 2.150 MHz eine Dämpfung von 30 dB/100 m und erlaubt einen minimalen Biegeradius von 33,5 mm. Eine 100-m-Rolle kostet ca. 64 €.

20.1.5 Cat-Kabel

Für alle Arten von Netzwerkverkabelung setzen Sie heutzutage idealerweise auf Cat-Kabel oder besser gesagt *Twisted-Pair-Kabel* (englisch für »verdrillte Adernpaare«). Der große Vorteil von verdrillten Adernpaaren und einem elektrisch leitenden Schirm ist der, dass störende Einflüsse von äußeren magnetischen Wechselfeldern (hervorgerufen durch andere stromführende Leitungen) vermindert werden. Ebenso wird das Übersprechen zwischen benachbarten Adernpaaren innerhalb des Kabels effektiv reduziert.

Schirmungsarten von Twisted-Pair-Kabeln

Im Gegensatz zu den geschirmten Kabeln (STP und FTP) weisen die ungeschirmten Kabel (UTP) eine wesentlich schlechtere Übertragungsqualität auf, die sich bei hohen Übertragungsraten und langen Leitungen negativ bemerkbar macht. Obwohl UTP-Kabel mit ihrem geringen Außendurchmesser einfach zu verlegen und anzuschließen sind, sollten sie wegen des fehlenden Schirms heutzutage nicht mehr für ein leistungsfähiges Netzwerk eingesetzt werden. Die folgende Übersicht (Tabelle 20.4) zeigt Ihnen zusammengefasst die verschiedenen Schirmungsarten von Twisted-Pair-Kabeln:

Ausführung		Gesamtschirmung	Adernpaarschirmung	Bemerkung
ISO/IEC 11801	**alt**			
U/UTP	UTP	ungeschirmt	ungeschirmt	Unshielded Twisted Pair (bei Cat.5e Gigabit-LAN möglich, aber keine Schirmung vorhanden)
S/STP	STP	Geflecht	Geflecht	Screened Shielded Twisted Pair
F/STP	STP	Folie	Geflecht	Foiled Shielded Twisted Pair
U/FTP	FTP	ungeschirmt	Folie	Foiled Twisted Pair

Tabelle 20.4 Twisted-Pair-Kabel: Ausführungen

Ausführung		Gesamt-schirmung	Adernpaar-schirmung	Bemerkung
S/UTP	S/UTP	Geflecht	ungeschirmt	Screened Unshielded Twisted Pair
F/UTP	F/UTP	Folie	ungeschirmt	Foiled Unshielded Twisted Pair
SF/UTP	SF/UTP	Geflecht und Folie	ungeschirmt	Screened Foiled Unshielded Twisted Pair
S/FTP	S/FTP	Geflecht	Folie	Screened Foiled Twisted Pair
F/FTP	F/FTP	Folie	Folie	Foiled Foiled Twisted Pair
SF/FTP	SF/FTP	Geflecht und Folie	Folie	Screened Foiled Foiled Twisted Pair

Tabelle 20.4 Twisted-Pair-Kabel: Ausführungen (Forts.)

Kategorien von Twisted-Pair-Kabeln

Um ihre Leistungsfähigkeit zu beschreiben, sind Twisted-Pair-Kabel genormt und in unterschiedliche Kategorien (Cat.) eingeteilt (Tabelle 20.5). Je höher die Kategorie ist, desto leistungsfähiger ist das Kabel, wobei höhere Kategorien automatisch auch die darunterliegenden Kategorien mit abdecken:

Name nach ISO/IEC 11801	Ausführung	Bandbreite	Ethernet-Standard	Bemerkung
Cat.5	UTP	100 MHz	1000BASE-T	1 GBit/s
Cat.5e	UTP	100 MHz	1000BASE-T	1 GBit/s, gegenüber Cat.5 verbesserte Prüfnormen
Cat.6	UTP	250 MHz	10GBASE-T	10 GBit/s
Cat.6_A	STP	500 MHz	10GBASE-T	10 GBit/s
Cat.7	STP	600 MHz	10GBASE-T	10 GBit/s
	S/FTP	600 MHz	10GBASE-T	10 GBit/s
Cat.7_A	STP	1.000 MHz	10GBASE-T	10 GBit/s
	S/FTP	1.000 MHz	10GBASE-T	10 GBit/s
Cat.8	S/FTP	ca. 1.600–2.000 MHz	40GBASE-T, PoE	derzeit in Planung

Tabelle 20.5 Twisted-Pair-Kabel: Bandbreiten

Eine Besonderheit der S/FTP-Varianten von Cat.7 und Cat.7_A ist, dass 1000BASE-TX, Telefon und Videoüberwachungsanlagen (CCTV) über dasselbe Kabel übertragen werden können.

Aufbau eines typischen Netzwerklinks

Beachten Sie bitte, dass in einer Netzwerkstrecke (von Endgerät zu Endgerät) die Komponente mit dem geringsten Leistungsvermögen die Gesamtleistung des Systems bestimmt. Der Netzwerklink von einem Gerät zu einem zweiten beinhaltet typischerweise Patch-Kabel, Netzwerkdosen, Patch-Panel, einen Switch und Cat-Installationskabel (siehe Abbildung 20.1).

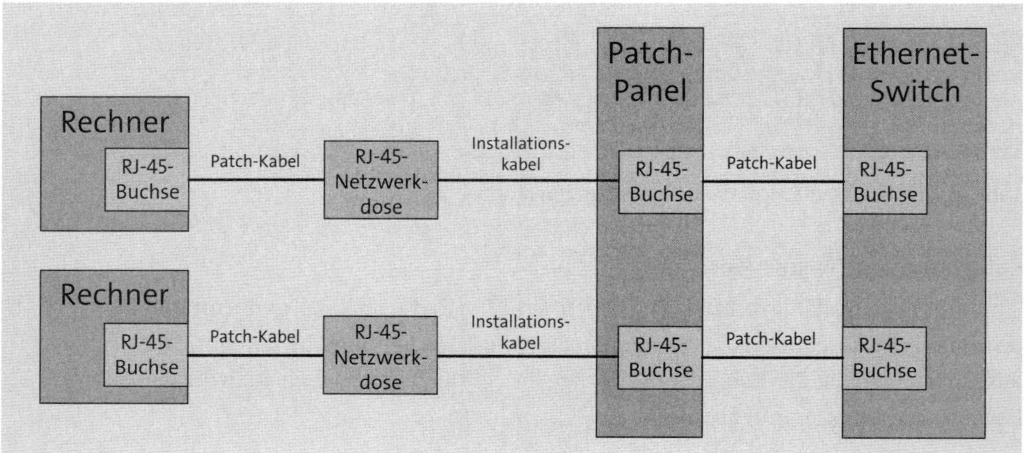

Abbildung 20.1 Ein typischer Netzwerklink

Patch-Kabel erwerben Sie normalerweise direkt vorkonfektioniert mit RJ-45-Steckern, sie dienen der Verbindung von Endgeräten (z. B. PC, Drucker) mit einer Netzanschlussdose bzw. zwischen einem Patch-Panel und einem Switch. Das Patch-Kabel kann nicht für die Verbindung zwischen Netzwerkdosen und Patch-Panel verwendet werden, dazu benötigen Sie ein *Installationskabel*. Dieses wiederum ist nicht geeignet, um an RJ-45-Stecker montiert zu werden, sondern wird an dafür ausgelegten Netzwerkdosen angebracht und in einem Patch-Panel mit speziellem Auflegewerkzeug aufgelegt.

Beispiel für Netzwerkinstallationskabel

Ein konkretes Beispiel für ein Cat.7-Installationskabel (Abbildung 20.2) möchte ich Ihnen mit dem Leoni-Kerpen-Datenkabel (*www.leoni.com*) F6-90 S/F 7KS70010 geben. Es kostet auf der 500-m-Rolle ca. 620 €, ist halogenfrei, mit einer Bandbreite von 900 MHz ausgezeichnet und durch die S/FTP sehr gut geschirmt.

Abbildung 20.2 Cat.7-Installationskabel (links) und Patch-Kabel (rechts)

20.2 Leerrohre

Leerrohre bzw. Elektroinstallationsrohre sind sozusagen die Infrastruktur der zukunftssicheren Elektroinstallation. Eine Elektroinstallation ist eines der Gewerke eines Hauses, das mit am längsten benutzt wird, sehr oft sogar über die gesamte Lebenszeit des Gebäudes. Daher sollte ihr eine besondere Bedeutung zukommen, und mit entsprechender Planung sowie Investition in hochwertige Produkte sollte dem Rechnung getragen werden.

20.2.1 Warum Leerrohre so wichtig sind

Ein Leerrohr dient dazu, nach dem Gießen einer Betonwand oder Decke bzw. nach dem Verputzen die benötigten Leitungen einziehen zu können. Sie sollten bei einem Neubau oder Umbau auf gar keinen Fall auf Leerrohre verzichten und eine Leitung ohne Schutz unter Putz im Mauerwerk verlegen. Im Betonbau stellt sich die Frage erst gar nicht, hier sind sorgfältig eingelegte Leerrohre Pflicht für sämtliche Leitungen.

Bei der Beschaffung der Installationsrohre achten Sie bitte unbedingt auf beste Qualität und verzichten auf Material mit zu geringer Festigkeit. Hochwertige Rohre kosten ihr Geld, aber ein nach der Verlegung beschädigtes Rohr verursacht einen Schaden, der weitaus höher oder sogar irreparabel ist.

Gerade während der Bauphase werden bereits verlegte Rohre durch schwere Gegenstände, unvorsichtiges Begehen, Abstellen von Maschinen usw. stark belastet. Während ein offensichtlich gequetschtes Rohr vor dem Vergießen mit Beton bzw. Verputzen eventuell noch ausgetauscht werden kann, ist es danach nur noch mit sehr hohem Aufwand und viel Schmutz möglich.

Außerdem gibt Ihnen eine gut geplante und umfassende Leerrohrinstallation bereits in der Neubauphase die Gewissheit, auch später zusätzliche Leitungen einziehen oder auf eine neue Leitungstechnologie umstellen zu können.

20.2.2 Die Druckfestigkeitsklassen

Leerrohre werden in fünf *Druckfestigkeitsklassen* (Tabelle 20.6) unterteilt, von Klasse 1 (sehr leicht) bis Klasse 5 (sehr schwer):

Klasse	Druckfestigkeit	Einsatzgebiet
1	sehr leicht (125 N)	(kaum relevant im Privatbau)
2	leicht (320 N)	auf Putz, Hohlwand, Estrich, abgehängte Decken, Außeneinsatz (aber auf UV-Stabilität achten)
3	mittel (750 N)	Betonbau, in Erde
4	schwer (1.250 N)	Betonbau
5	sehr schwer (4.000 N)	(kaum relevant im Privatbau)

Tabelle 20.6 Druckfestigkeitsklassen von Leerrohren

Abbildung 20.3 Mittleres Rohr (oben) und leichtes Rohr (unten), DN 25

Erfahren Sie in den nächsten Abschnitten, welche Leerrohr-Installationsformen es gibt, und vergessen Sie nie: *Man kann nie zu viele Leerrohre haben!*

20.2.3 Leerrohr für die Betoninstallation

Für die Verwendung im Betonbau sollten Sie unbedingt Klasse 3 wählen, also für den mittleren Druckbereich (750 N).

Sehr gute Erfahrungen habe ich mit dem Installationsmaterial von Fränkische (*www.fraenkische.com*) gemacht. Für den Betonbau eignet sich der Typ FFKuS-EM-F Highspeed, ein mittleres Kunststoffwellrohr aus PVC mit Kunststoffmantel und nicht flammenausbreitend (Tabelle 20.7). Der Zusatz »Highspeed« deutet auf eine hochgleitfähige Innenschicht, die das Einziehen der Leitungen merklich erleichtert. Besonders spürbar wird das, wenn Sie mehr als nur eine Leitung unterbringen möchten.

Das FFKuS-EM-F können Sie in den gängigen Durchmessern bekommen, bezeichnet werden die Typen nach ihrer Nennweite (DN):

Nennweite DN	Außendurchmesser (mm)	Innendurchmesser (mm)	Preis für 100 m
16	16,0	10,9	ca. 88 €
20	20,0	14,2	ca. 91 €
25	25,0	18,6	ca. 110 €
32	32,0	24,3	ca. 153 €
40	40,0	31,3	ca. 273 €

Tabelle 20.7 Nenndurchmesser (mittelfestes Rohr)

Für sehr kurze Strecken können Sie ein DN-20-Rohr vorsehen, ansonsten empfiehlt sich, generell auf DN 25 zu setzen, in das Sie auf mittlere Strecken auch mal zwei Leitungen einziehen können. Größere Durchmesser haben den Vorteil, dass sie auch für Erweiterungen gerüstet sind bzw. das Einziehen wesentlich leichter fällt. Ab DN 32, besser noch DN 40, gelingt es, auch fünf oder mehr Leitungen einzuziehen.

Im Betonbau werden sämtliche Leerrohre in kurzen Abständen an den Bewehrungseisen mit einem Kupferdraht (*Armierungsdraht*, Abbildung 20.4) befestigt. Diese wichtige Fixierung stellt sicher, dass auch nach dem Betonieren und Rütteln das Leerrohr noch dort liegt, wo es liegen soll, und nicht etwa aus Installationsdosen herausgerissen wurde. Die Fixierung der Leerrohre an den Bewehrungsmatten nennt man *Rödeln*. Sehr gut geeignet sind vorgekürzte Drahtschlaufen, die an ihrem Ende jeweils eine kleine Schlinge aufweisen. Die Verbindungsschlingen werden mit einem Drillapparat zusammengezogen.

20

Abbildung 20.4 Drilldraht bzw. Armierungsdraht

Achten Sie beim Verlegen der Leerrohre unbedingt auf ausreichende Biegeradien. Sie werden es sich selbst (nicht nur einmal) im späteren Arbeitsgang des Kabeleinziehens danken. Der Hersteller Fränkische empfiehlt für das mittelfeste Rohr DN 25 einen Biegeradius von mindestens 110 mm und für den Typ DN 32 mindestens 130 mm.

20.2.4 Leerrohr für Hohlwände, Aufputz, Estrich

Für die Unterputz-, Hohlwand- und Estrichinstallation können Sie statt des mittleren ein leichtes Rohr (320 N, Tabelle 20.8) verwenden:

Nennweite DN	Außendurchmesser (mm)	Innendurchmesser (mm)	Preis für 100 m
16	16,0	10,9	ca. 35 €
20	20,0	14,2	ca. 35 €
25	25,0	19,3	ca. 46 €
32	32,0	24,9	ca. 80 €
40	40,0	31,5	ca. 134 €

Tabelle 20.8 Nenndurchmesser (leichtes Rohr)

Am Beispiel des Typs FBY-EL-F Highspeed von Fränkische (*www.fraenkische.com*) finden Sie in oben stehender Tabelle wiederum die gängigen Größen für den Wohnungsbau. Der Preisunterschied zu Rohren mit mittlerer Druckfestigkeit ist durchaus markant. Das FBY-EL-F Highspeed ist ein Kunststoffwellrohr, es ist nicht flammenausbreitend und besitzt ebenfalls eine hochgleitfähige Innenschicht aus Polyolefin. Als Mindestbiegeradien gelten leicht andere Werte: 100 mm für den Typ DN 25 und 130 mm für den Typ DN 32. Wie auch beim mittleren Rohr gilt, dass für eine normale Verkabelung DN 25 ausreichen sollte.

Die Fixierung von Rohrmaterial lässt sich im Holzbau recht einfach mit *Nagelschellen* erledigen, für das Befestigen auf dem Rohfußboden kommen *Montagebänder* (Abbildung 20.5) in Verbindung mit Schlagdübeln zum Einsatz:

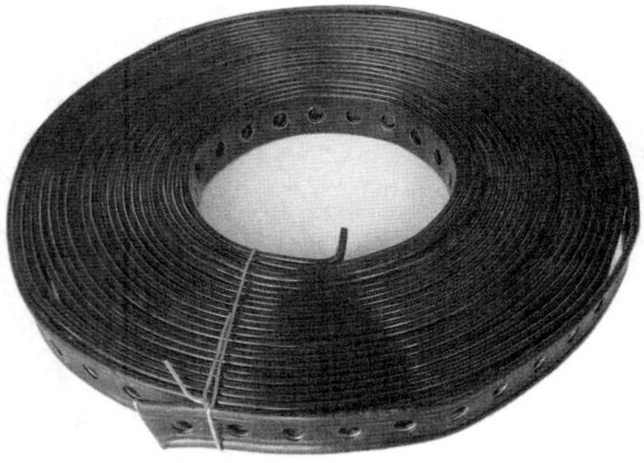

Abbildung 20.5 Montageband

Übrigens: Eine interessante Untersuchung des Fraunhofer Instituts für Bauphysik hat ergeben, dass Leerrohre, angebracht an der Außenfassade unter der Wärmedämmung, auch bei dünnen Dämmstärken die Dämmwirkung nicht beeinträchtigen. Wichtig ist lediglich, dass Sie bei dieser etwas neueren Installationsart die Elektroinstallationsrohre stets winddicht verschließen.

20.2.5 Verbinden von Leerrohren

Wenn möglich, sollten Sie Leerrohre immer an einem Stück verlegen, also ohne Unterbrechung von Installationsdose zu Installationsdose bzw. zum Verteiler. In einigen Situationen ist eine Unterbrechung jedoch zweckmäßig, z. B. beim Übergang von Leerrohren, die in Betonwänden eingelegt sind, zu der anschließend darüber aufgesetzten Decke, wie in Abbildung 20.6.

Abbildung 20.6 Rohrübergang zwischen Wand und Decke bzw. Boden

Für diese Fälle gibt es sogenannte *Steckmuffen* (Abbildung 20.7) in verschiedenen Durchmessern, mit der Installationsrohre verbunden werden können.

Abbildung 20.7 Mit Steckmuffen verbinden Sie Leerrohre.

Da unterbrochene Rohre immer eine Schwachstelle sind, sollten Sie beim Verbinden über Steckmuffen Folgendes ganz besonders beachten:

- Die beiden Rohrenden müssen sehr gerade abgeschnitten werden, sodass sich unter der Steckmuffe keine unerwünschten Kanten und Hindernisse für das spätere Einziehen der Leitungen ergeben
- Fixieren Sie ein gestecktes Rohr unmittelbar vor und nach der Steckmuffe mit Rödeldraht am Armierungseisen oder mit Schellen an den Holzständern.

20.3 Installationsdosen

Installationsdosen werden für die Unterbringung von Schaltermaterial und Steckdosen sowie für die fachgerechte Durchkontaktierung von Verdrahtungen benötigt und lassen sich nach ihrem Verwendungszweck folgendermaßen einteilen:

- **Gerätedosen** (oder Schalterdosen) werden für die Unterbringung von Schaltern, Steckdosen, Tastereinsätzen oder Unterputzaktoren in Wänden genutzt. Gerätedosen können ohne eingebaute Geräte auch als Verbindungsdosen verwendet werden.
- **Verbindungsdosen** (oder Abzweigdosen bzw. Verteilerdosen) dienen der Aufnahme von Verbindungsklemmen für Leiter.
- **Geräteverbindungsdosen** (oder Durchgangsdosen) sind eine Mischform für Installationsgeräte und zusätzliche Verbindungsklemmen bzw. Durchgangsverdrahtungen.
- **Zugkästen** bieten vielfältige Rohreinführungsmöglichkeiten und maximalen Raum zur einfacheren Einziehung von Leitungsmaterial, speziell geeignet zur Überbrückung längerer Distanzen oder für schwergängige Rohrführung mit mehreren Bogen.

In jedem Fall fündig, für Installationsdosen jeglicher Art, werden Sie bei dem Hersteller Kaiser (*www.kaiser-elektro.de*). Für unterschiedliche Installationsarten benötigen Sie auch unterschiedliche Dosentypen. Die folgende Abbildung 20.8 zeigt von links nach rechts Installationsdosen für den Betonbau (Kaiser: grau ❶, Spelsberg: blau ❷), für Unterputz (schwarz ❸) und für Hohlwände (orange ❹):

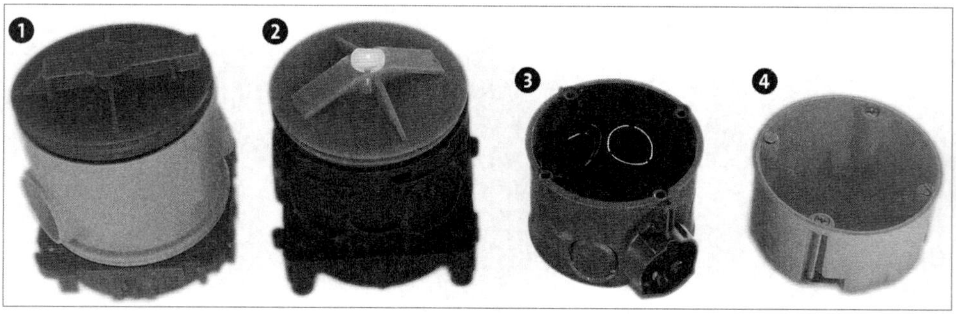

Abbildung 20.8 Installationsdosen: Beton (2x), Unterputz, Hohlwand

20.3.1 Hohlwandinstallation

Eine *Hohlwanddose* (Abbildung 20.9) ist, wie der Name schon vermuten lässt, für den Einsatz in Wänden mit Hohlräumen (z. B. Holzständer mit Gipskartonplatten) geeignet. Es gibt sie in normaler oder luftdichter Ausführung, wahlweise auch halogenfrei. Die nicht halogenfreie Variante, die am häufigsten eingesetzt wird, ist durch eine orangefarbene Farbgebung schnell zu erkennen.

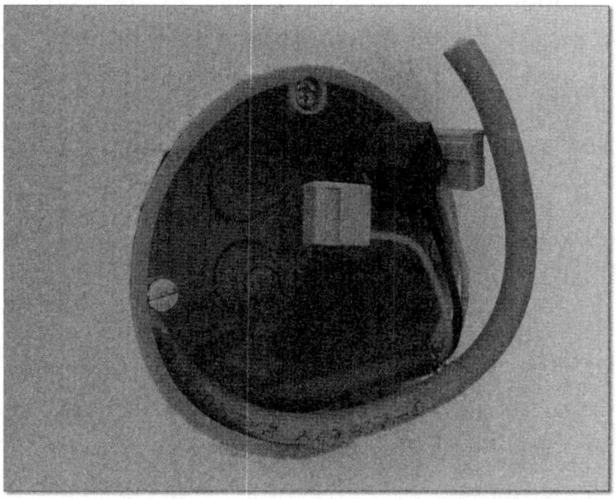

Abbildung 20.9 Eingebaute Hohlwanddose mit eingezogener KNX-Leitung und J-Y(St)Y 2x2x0,8 für den Fensterkontakt

Der Standarddurchmesser beträgt 68 mm, es sind aber kleinere (z. B. 35 mm) oder größere (z. B. 74 mm) erhältlich. Alle gängigen Standardschalterprogramme der großen Hersteller (Merten, Gira, Berker usw.) sind für eine 68-mm-Dose ausgelegt.

Die Löcher für die Hohlwanddosen müssen mit einem speziellen Hohlwanddosenbohrer (68 mm) gebohrt werden. An der Rückseite der Dose befinden sich verschieden große Ausbrechöffnungen für Leitungseinführen in verschiedenen Stärken. So besitzt das Standardmodell 9064-01 von Kaiser beispielsweise:

- 4 Ausbrechöffnungen für Leerrohre DN 20
- 4 Leitungseinführungen für 3 × 1,5 mm^2
- 2 Leitungseinführungen für 3 × 2,5 mm^2 bzw. 5 × 1,5 mm^2
- 2 Leitungseinführungen für Kleinspannungen

Befestigt wird die Hohlwanddose mit zwei an den Seiten vorhandenen Geräteschrauben. Was die Dosentiefe betrifft, haben Sie in der Regel die Wahl zwischen 35 mm, 47 mm und 61 mm und eventuell noch 50 mm (bei Modellen mit 74-mm-Fräslochdurchmesser).

Als Faustregel gilt: Entscheiden Sie sich für die größtmögliche Tiefe, also so tief es die Konstruktion der Hohlwand erlaubt. Sie bleiben dadurch flexibler in der Verdrahtung, und tiefe Dosen ermöglichen außerdem die Aufnahme von Unterputzaktoren (siehe Abschnitt 30.9, »Unterputzaktoren«).

20.3.2 Unterputzinstallation

Dosen für die Unterputzinstallation besitzen eine Einbauöffnung und sind in der Produktreihe von Kaiser entweder 46 mm oder 66 mm tief. Der Geräteeinsatz wird an zwei der vier Schraubdommen befestigt, außerdem ist Spreizkrallenbefestigung möglich. Rohreinführungsstutzen sind für Leerrohre DN 20 und DN 25 vorhanden. Über den sogenannten Kombistutzen lassen sich die Kaiser-Dosen so zusammenstecken, dass exakt der Normabstand von 71 mm bei Kombinationen eingehalten wird. Über einen zusätzlichen Abstandsstutzen ist auch der sichere Abstand von 91 mm möglich.

Bei mehr als zwei einzuführenden Leitungen und generell bei Antennensteckdosen, Netzwerkdosen und KNX-Unterputzaktoren sollten Sie immer die tiefste Variante der Installationsdose wählen.

Vielfältige Möglichkeiten: Electronic-Dose

Eine wirklich sehr praktische Möglichkeit mit zusätzlichen Platzreserven, um einerseits Zusatzfunktionen zu realisieren und andererseits mehr Spielraum für Leitungsreserven (Schleifen) zu bekommen, eröffnet sich mit der Electronic-Dose 1068-02 von Kaiser. Diese Zweikammerdose mit einer Länge von 149 mm und einer Tiefe von 67 mm bietet ausreichend Platz für elektronische Bauelemente, und dank der mitgelieferten Trennwand dürfen Sie auch unterschiedliche Spannungsarten in einer Dose unterbringen. Einsetzbar ist die Electronic-Dose wunderbar für z. B.:

- KNX-Unterputzeinsätze
- Unterbringung der Leitungsreserven von Netzwerk oder SAT-Leitung
- den unsichtbaren Einbau von Elektronikkomponenten wie z. B. Funkmodulen und Notbeleuchtung

Die Trennwand erlaubt, in einer Kammer die 230-V-Komponenten unterzubringen, während Sie getrennt davon in der zweiten Kammer die KNX-Leitung einführen und daran beispielsweise einen UP-Aktor betreiben.

Mittels der Snap-Rast-Kupplung können Sie auch hier wieder mehrere Electronic-Dosen untereinander oder mit Standardgerätedosen verbinden (Abbildung 20.10).

Abbildung 20.10 Electronic-Dose (links), Standarddose (rechts)

Eine Unterputzdose wird in der Regel vor dem Verputzen der Wände in das Mauerwerk gesetzt und mit den abgehenden Leerrohren verbunden. Das Loch für die Dose lässt sich am besten mit einem Mauerfräser ausstemmen und sollte 1 cm tiefer als die Dose plus die Stärke des späteren Putzes gewählt werden. Fixiert wird die Dose entweder mit Gips oder besser noch mit Schnellbaumörtel, der speziell bei Kalkputz weniger zu Rissen neigt und Sie zudem durch die verlängerte Abbindezeit des Mörtels viele Dosen auf einmal setzen können.

Vor dem Verputzen verschließen Sie die Dosen mit speziellen Signaldeckeln (Abbildung 20.11) (normalerweise rot), die das Doseninnere, die Schraubdome und Schraubenköpfe beim Verputzen schützen. Durch die roten Fahnen an den Deckeln finden Sie nach dem Aushärten die eingeputzte Dose schnell wieder und können diese mit einem Hammer freiklopfen.

Abbildung 20.11 Signaldeckel für Unterputzdosen

20.3.3 Betonbauinstallation

Betonbaudosen (Abbildung 20.12) bestehen aus drei (kleinere Dosen auch aus zwei) einzelnen Elementen. Das Frontteil wird an die gewünschte Position auf die Schalung genagelt. Aus dem Mittelteil werden mit einer Stanzzange die Rohreinführungen hergestellt und die Leerrohre eingeführt, anschließend werden das Frontteil und das Mittelteil zusammengesteckt und mit dem Rückteil verschlossen. Nach dem Betonieren lässt sich das von außen zugängliche Frontteil mit einem Hammer öffnen.

Bei der Firma Kaiser finden Sie Betonbaudosen mit Einbauöffnungen von 60 mm (Standard für gängige Schalterprogramme) und 70 mm bei unterschiedlichen Tiefen von 41 mm, 58 mm, 66 mm, 79 mm und 82 mm. Weitere Größen befinden sich in der Produktpalette der Deckenverbindungsdosen, teilweise sogar mit bereits integrierter Hutmutter für die sichere Aufnahme eines Leuchtenhakens. Außerdem ist auch die sehr praktische Electronic-Dose (siehe Abschnitt 20.3.2, »Unterputzinstallation«) als Betonbauvariante erhältlich.

Abbildung 20.12 Eingegossene Betonbaudose mit NYM-J 7x1,5

Eine in meinen Augen sehr hilfreiche Erfindung ist die Prefix-Betoneinbaudose 1211-60 von Kaiser (Abbildung 20.13). Diesen speziellen Dosentyp nageln Sie nicht auf die Schaltafeln, sondern fixieren ihn direkt an der Bewehrung, stanzen die Öffnungen aus, führen die Leerrohre ein, verschließen die Dose und befestigen alles mit Rödeldraht an der Bewehrung. Die kombinierbare Prefix ist beidseitig verwendbar für Betonüberdeckungen von 20 mm bis 60 mm.

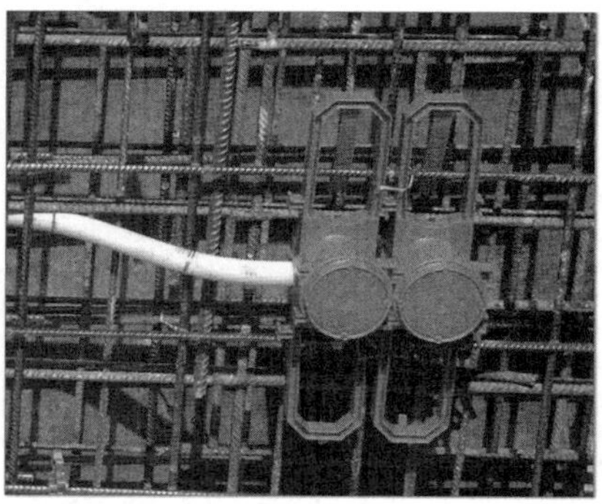

Abbildung 20.13 Prefix-Betonbaudosen (Kaiser)

20.4 Installationsklemmen

Für die Verbindung von Leitungen innerhalb von Installationsdosen kommen *Installationsverbindungsklemmen* (Abbildung 20.14) in einer Vielzahl an Variationen zum Einsatz. In älteren Installationen findet man häufig noch *Lüsterklemmen* (Schraubverbindungen), denen heutzutage jedoch der Rang von den sehr viel praktischeren *Federzugklemmen* abgelaufen wird.

Abbildung 20.14 Lüsterklemme (links) und moderne Federzugklemmen (rechts)

Sie brauchen übrigens keine Bedenken bezüglich einer dauerhaft sicheren Verbindung von Federzugklemmen zu haben, denn aufgrund der permanenten Federklemmung und der Selbsthemmung bei Zugbeanspruchung lockert sich die Verbindung auch nach Jahren nicht. Zudem sind Federzugklemmen wesentlich schneller und einfacher eingesetzt als Lüsterklemmen und bieten oft durch eine Art Sichtfenster eine hervorragende Kontrollmöglichkeit für das korrekte Einführen der Leitungsader.

Vom Erfinder der schraublosen Anschlusstechnik und heutigen Weltmarktführer der elektrischen Federklemmtechnik, dem deutschen Unternehmen Wago (*www.wago.de*), bekommen Sie Verbindungsklemmen in allen möglichen Varianten, von denen ich Ihnen die wichtigsten vorstellen möchte.

20.4.1 Compact-Verbindungsdosenklemmen

Ideal für platzsparende Leiterverbindungen in Installationsdosen ist die Wago-Serie 2273 (Compact-Verbindungsdosenklemme), wie in Abbildung 20.15 zu sehen. Sie erlauben Anschlussquerschnitte von 0,5 bis 2,5 mm^2 (auch mischbar) und einen Nennstrom von 24 A. Ein transparentes Gehäuse ermöglicht die Sichtkontrolle der korrekten Leiterposition und der richtigen Abisolierlänge (die 11 mm beträgt). Die Bemessungsspannung liegt bei 450 V.

Die Serie 2273 beinhaltet Verbindungsklemmen für 2-Leiter, 3-Leiter sowie 4-, 5- und 8-Leiter, die praktischerweise unterschiedliche Farbkennzeichnungen für den schnellen Zugriff besitzen.

Abbildung 20.15 Wago-Serie 2273 für 2-Leiter (weiß), 3-Leiter (orange) und 4-Leiter (rot)

20.4.2 Universalverbindungsklemme

Für einen besonders weiten Querschnittsbereich und sowohl für ein- und mehrdrähtige als auch für feindrähtige Leiter eignet sich die universelle Serie 222 von Wago (Abbildung 20.16). Erhältlich ist die Klemme, die die Leiter mit kleinen, praktischen Betätigungshebeln fixiert, sowohl mit zwei Klemmstellen als auch mit drei und fünf Klemmstellen. Der erlaube Leitungsquerschnitt liegt zwischen 0,08 und 2,5 mm^2 bei einem Nennstrom von 32 A und einer Bemessungsspannung von 400 V. Die Abisolierlänge sollte 10 bis 11 mm betragen.

Abbildung 20.16 Wago-Serie 222 für 3-Leiter

Seit 2014 hat die Verbindungsklemme Wago 222 mit der nochmals verbesserten Wago 221 einen würdigen Nachfolger bekommen. Die 221-Serie besitzt ein Sichtfenster und spart bis zu 40 % Platz im Vergleich zum Vorgängermodell. Außerdem sorgt jetzt ein Leitungstrichter für eine eindeutige Führung der Leiter zur Klemmstelle, und zwei gut zugängliche Prüföffnungen schaffen selbst im eingebauten Zustand komfortable Prüfbedingungen.

20.4.3 MICRO-Verbindungsdosenklemmen

Ideal geeignet für kleine Leiterdurchmesser und enge Installationsräume sind die Wago-MICRO-Verbindungsdosenklemmen der Serie 243. Sie können Leiterdurchmesser von 0,6 bis 0,8 mm aufnehmen und sind somit beispielsweise die Klemme der Wahl für die KNX-Verdrahtung. Die Bemessungsspannung beträgt 100 V, der Nennstrom 6 A.

Als Farben stehen Rot, Schwarz sowie Gelb und Lichtgrau jeweils mit vier oder acht Klemmstellen zur Verfügung.

Wenn Sie eine rote und eine schwarze MICRO-Klemme zusammenstecken, erhalten Sie genau die benötigte Verbindungsklemme für den KNX-Bus, sie ist direkt auf den Busankoppler aufsteckbar. Für die beiden unbelegten Adern in der grünen KNX-Leitung verwenden Sie idealerweise ein ebenso zusammengestecktes Pärchen aus einer gelben und lichtgrauen Wago 243 (Abbildung 20.17).

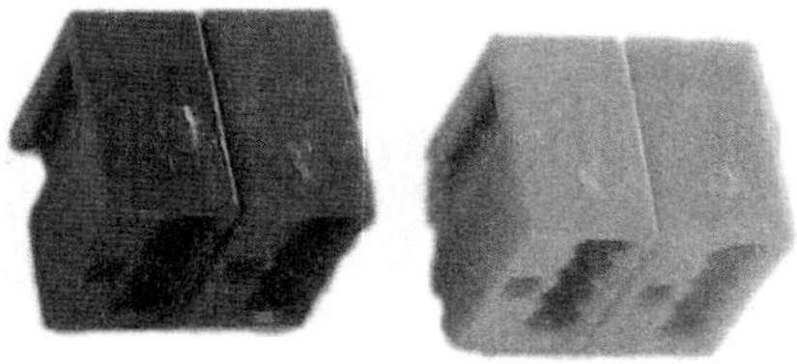

Abbildung 20.17 Wago-Serie 243 für KNX-Busanschluss

20.5 Reihenklemmen

Reihenklemmen sind das ideale Mittel, um eine umfangreiche Verkabelung (wie es für das Smart Home üblich ist) sauber, flexibel und ordentlich in einem Unterverteiler aufzulegen.

In kleineren Verteilungen (also ohne KNX) ist es durchaus üblich, die ankommenden Leitungen direkt auf die Sicherungen aufzulegen und N sowie PE auf entsprechende Schienen zu führen. Wird die Verteilung jedoch größer – und davon gehen wir aus –, wird ein direktes Auflegen sehr schnell unübersichtlich und unflexibel. Reihenklemmen bieten hier eine saubere Trennung zwischen eingehender Gebäudeverdrahtung und der Verdrahtung innerhalb der Unterverteilung. So haben Sie die Möglichkeit, die gesamte Verdrahtung schon im Schrank aufzulegen, obwohl noch kein einziger LS oder RCD und noch keine Busgeräte montiert sind.

Zwischen den Reihenklemmen und den KNX-Aktoren bzw. LS können Sie sehr flexibel mit kurzen austauschbaren Adern rangieren. Aus einer ungeschalteten Steckdose wird dadurch sehr schnell eine schaltbare und aus einem nur ein- und ausschaltbaren Licht bequem ein dimmbares. Ohne Reihenklemmen müsste man, um flexibel zu bleiben, jede eingehende Leitung so lang lassen, dass Sie sie an jeden Punkt im Schaltschrank führen könnten.

Reihenklemmen haben nur zwei Nachteile: Sie benötigen wertvollen Platz im Schaltschrank (von dem Sie nie genug haben können) und kosten extra. Die Vorteile überwiegen aber bei Weitem, planen Sie also in jedem Fall ausreichend Reihenklemmen ein. In den folgenden Abschnitten erfahren Sie die Grundlagen.

20.5.1 Die Reihenklemmenarten

Bei Reihenklemmen unterscheidet man zwischen diesen prinzipiellen Anschlussarten:

- **Schneidklemmen**: Die Adern werden nicht abisoliert, dafür schneidet ein Messer beim Verbinden die Isolierung ein und stellt den elektrischen Kontakt her (besonders bei sehr dünnen Adern nützlich).
- **Schraubklemmen**: Die Adern werden an der Klemme festgeschraubt.
- **Federzugklemmen** (mein persönlicher Favorit): Eine starre Ader kann einfach in die Klemme eingedrückt werden, eine mechanische Feder stellt die elektrische Verbindung her. Die Federzugklemme erlaubt den Anschluss von starren, flexiblen und hochflexiblen Leitern, wobei der Anschluss von flexiblen Leitern, auch Litzen genannt, mit oder ohne Aderendhülse ausgeführt werden darf.

Auch nach Aufbau der Klemme wird unterteilt:

- **Einstockklemmen**: Diese stellen eine Eins-zu-eins-Verbindung her, eine eingehende Ader mit einer ausgehenden Ader.
- **Mehrstockklemmen**: Über mehrere sogenannte Etagen können mehrere eingehende Adern mit mehreren ausgehenden Adern verbunden werden. Die Etagen sind elektrisch zueinander isoliert. So ergeben sich z. B. bei einer Dreistockklemme drei separate Eins-zu-eins-Verbindungen. Mehr als drei Etagen sind im Privathaushalt allerdings unüblich.

Wichtig zu wissen sind weiterhin folgende Funktionsweisen, mit denen die Klemmen kategorisiert werden:

- **Erdungsklemmen**: Einer der Ausgänge wird mit der (geerdeten) Hutschiene, auf der die Klemme montiert ist, verbunden.
- **N-Trennklemmen**: Trennklemmen haben allgemein den Vorteil, dass Sie die Verbindung von Ein- zu Ausgang trennen können, ohne die eingeführten Adern zu lösen. Die N-Trennklemme im Speziellen besitzt einen kleinen Schiebeschalter, mit dem Sie einfach die Verbindung zur N-Schiene auftrennen und wiederherstellen.

Was sich in den wenigen Zeilen so einfach anhört, ist, wenn Sie sich die Zeit nehmen und das Produktportfolio von Klemmenherstellern studieren, in der Praxis leider sehr verwirrend. Es gibt unzählige Reihenklemmentypen und noch mehr mögliche Anwendungsfälle. Ich werde Ihnen in diesem Kapitel daher nur eine mögliche Klemmenvariante zeigen, mit der Sie aber alle Smart-Home-Anforderungen mit Bravour lösen werden.

20.5.2 Produktbeispiele

Reihenklemmen und reichlich Zubehör finden Sie in den Produktkatalogen der drei wichtigsten Hersteller:

- Phoenix-Contact (*www.phoenixcontact.com*)
- Wago (*www.wago.de*)
- Weidmüller (*www.weidmueller.de*)

Ich möchte Ihnen anhand der Produkte von Phoenix-Contact die benötigten Klemmen vorstellen, das Beispiel lässt sich selbstverständlich aber auf die anderen Hersteller übertragen.

Auflegen der NYM-Installationsleitungen

Eine Dreistockklemme ist die ideale Variante für das Auflegen einer NYM-Installationsleitung mit drei Adern (L, N, PE). Sehen wir uns die PTI 2,5-PE/L/NT von Phoenix in Abbildung 20.18 genauer an:

Abbildung 20.18 Dreistockklemme PTI 2,5-PE/L/NT (Phoenix)

Sie besitzt drei Etagen, fünf Anschlüsse in Push-in-Technik (Federzugklemme), erlaubt Querschnitte von 0,14 mm^2 bis 4 mm^2 und ist 5,2 mm breit. Der Belastungsstrom liegt bei 24 A (bei 2,5 mm^2 Leiterquerschnitt).

Der Schutzleiter PE wird in den dafür gekennzeichneten Eingang geführt und dadurch automatisch leitend mit der Hutschiene verbunden, auf der die Klemme installiert ist.

Den Neutralleiter führen Sie in den gekennzeichneten blauen Eingang. Als Besonderheit lässt sich dieser Eingang mittels eines Schiebeschalters mit der sogenannten *N-Sammelschiene* verbinden. Diese Schiene (nicht zu verwechseln mit der Hutschiene für PE) wird durch die gesamte Reihe der Klemmen eingeklickt und verbindet alle Neutralleiter (mit geschlossenem Schiebeschalter) miteinander. Mit einer entsprechenden N-Klemme wird diese gemeinsame N-Sammelschiene mit mindestens 10 mm^2 an die Zuleitung angeschlossen.

Mit nur zwei eingeführten Adern haben Sie bereits N und PE der in den Verteiler von oben eingehenden NYM-Leitung effizient aufgelegt. Fehlt noch der L-Leiter. Diesen klemmen Sie in den vorgesehenen Push-in-Anschluss zwischen PE und N, können ihn ganz unten an der Klemme wieder abgreifen und dort z. B. auf Dauerstrom verbinden (direkt an LS) oder über einen KNX-Aktor führen.

Da sehr gern mit fünfadrigen NYM-Leitungen gearbeitet wird, benötigen Sie eine weitere Reihenklemme für die noch nicht aufgelegten Adern L2 und L3. Dazu bietet sich die PTI 2,5-L/L (Phoenix) an (Abbildung 20.19). Diese Zweistockklemme ist in ihren technischen Daten der eingesetzten Dreistockklemme sehr ähnlich, besitzt aber nur zwei Eingänge und zwei Ausgänge, keinen PE-Anschluss und keine Verbindung zu einer N-Sammelschiene, also geradezu ideal für das Auflegen von L2 und L3.

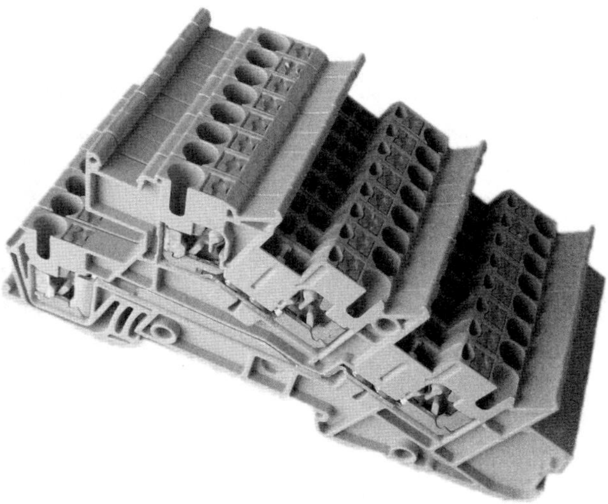

Abbildung 20.19 Zweistockklemme PTI 2,5-L/L (Phoenix)

Fassen wir also zusammen: Für das Auflegen einer in die Verteilung eingehenden Installationsleitung sind nötig:

- eine Dreistockklemme PTI 2,5-PE/L/NT
- zusätzlich eine Zweistockklemme PTI 2,5-L/L für eine fünfadrige Leitung, z. B. NYM-J 5x1,5
- eine weitere Zweistockklemme PTI 2,5-L/L für alle weiteren zwei Adern der eingehenden Leitung

Eine Installationsleitung NYM-J 7x1,5 benötigt demnach eine PE/L/NT-Klemme und zwei L/L-Klemmen.

Üblicherweise haben Sie auf einer Hutschiene auch genau einen gemeinsamen Neutralleiter, den Sie über N-Sammelschiene und N-Klemme an genau einen RCD führen. Sie dürfen für eine gemeinsame N-Schiene keinesfalls mehr als einen RCD verbinden.

Und für DALI?

Da DALI-Geräte in der Regel über NYM-J-5x1,5-Leitungen angefahren werden, können Sie für das Auflegen Ihrer DALI-Verteilung genau so verfahren wie oben beschrieben. Legen Sie am besten alle DALI-Leitungen auf Reihenklemmen direkt nebeneinander, also immer abwechselnd eine PE/L/NT-Klemme gefolgt von einer L/L-Klemme. Die beiden DALI-Steueradern (nehmen Sie Grau und Schwarz) führen Sie auf die L/L-Klemme. Sie haben somit alle DALI-Endgeräte bzw. Teilstränge einzeln in der Verteilung aufgelegt und Neutralleiter sowie Schutzleiter über Klemmen selbst verbunden. Es fehlen im zweiten Schritt die Verbindung der beiden DALI-Steuerleitungen (L2 und L3) zwischen allen L/L-Klemmen und das Durchreichen der stromführenden Ader (L1) zwischen allen PE/L/NT-Klemmen. Dafür sind die Phoenix-Klemmen mit den äußerst praktischen Steckbrücken erweiterbar (siehe den Stichpunkt »Nützliches Zubehör« weiter unten im Verlauf dieses Abschnitts). So lassen sich mit einer Steckbrücke mit zehn Polen, bei der Sie jeden zweiten Pol herausbrechen, fünf aufeinanderfolgende Kombinationen aus PE/L/NT und L/L durchverbinden. Setzen Sie demnach, wie in Abbildung 20.20, drei dieser präparierten Steckbrücken ein, sind für fünf DALI-Stränge sowohl L1 als auch L2 und L3 bereits clever und ohne zusätzliche Verdrahtung durchkontaktiert.

Abbildung 20.20 DALI auf Reihenklemmen PTI 2,5-PE/L/NT und L/L

Reihenklemmen für KNX-Busverdrahtung

Im Prinzip gehen Sie beim Auflegen Ihrer Busleitungen genauso vor. Sie legen alle einkommenden Adern auf Reihenklemmen auf und verbinden die Reihenklemmen untereinander mit Steckbrücken (siehe Abbildung 20.21). Da der KNX-Bus weder N-Leiter noch PE besitzt, benötigen Sie für jede KNX-Leitung genau zwei Stück der Zweistock-L/L-Klemme, eine für die rot-schwarzen Adern, eine für Gelb-Weiß. Legen Sie alle KNX-Leitungen direkt nebeneinander und ordnen Sie die Anschlüsse so, dass die ungeraden Klemmenpositionen (1, 3, 5 ...) die rot-schwarzen Adern aufnehmen und die geraden (2, 4, 6 ...) das gelb-weiße Paar. Wie im Abschnitt »Und für DALI?« beschrieben, verwandeln Sie die einzelnen Leitungen zu einem echten Bus, indem Sie mit insgesamt vier 10-fach-Steckbrücken, aus denen jeweils jeder zweite Kontakt herausgebrochen wird, alle roten, schwarzen, gelben und weißen Adern separat verbinden.

Abbildung 20.21 KNX-Bus auf L/L-Klemmen

Prinzipiell können Sie, wie für Ihre NYM-Leitungen auch, die PTI 2,5-L/L von Phoenix verwenden, es gibt jedoch mit der Doppelstockklemme PTTB 1,5/S eine bessere Alternative. Sie nimmt Querschnitte von 0,14 mm^2 bis 1,5 mm^2 auf, der Nennstrom liegt bei 16 A. Der große Vorteil ist die nur geringe Breite von 3,5 mm (statt 5,2 mm), was sich in deutlichem Platzgewinn im Verteilerschrank bemerkbar macht.

Reihenklemmen für 1-Wire

Bei der dreiadrigen Installationsvariante von 1-Wire-Komponenten (Stromversorgung durch den Busmaster) empfiehlt sich die ebenfalls 3,5 mm breite Mehrstockklemme PT 1,5/S-3L. Sie sehen diese in Abbildung 20.22. Mit ihren drei Etagen ist sie wunderbar dafür geeignet, alle drei 1-Wire-Adern (VDD, GND, DATA) aufzunehmen. Anders als bei KNX benötigen Sie dank der PT 1,5/S-3L nur eine einzige Reihenklemme pro Busstrang, der in die Verteilung gelegt wird.

Ist es erforderlich, für einen oder mehrere Busstränge eine Hilfsspannung mitzuführen, setzen Sie einfach noch eine zweite Klemme ein.

Abbildung 20.22 Dreistockklemme PT 1,5/S-3L vor 1-Wire-Installation

Nützliches Zubehör

Steckbrücken sind ideal geeignet, um L-Leiter von mehreren Reihenklemmen auf das gleiche Potenzial zu legen. Die Klemmen haben dazu eine oder mehrere Aussparungen, in die die Brücken waagerecht eingesteckt werden können und die Leiter dadurch elektrisch verbinden. Passende Einsatzfälle sind z. B. diese:

- für DALI-Steuerleitungen
- falls mehrere Lampen oder Steckdosen, die über einzelne Leitungen in den Verteiler geführt werden, gemeinsam mit nur einem Aktor geschaltet werden sollen
- um L1 und L2 einer eingehenden NYM-Leitung zu verbinden

Eine Sammlung von weiterem nützlichem Zubehör für die weiter oben vorgestellten Reihenklemmen finden Sie in Tabelle 20.9:

Zubehör	Produkt	Beschreibung
Steckbrücken für 5,2 mm breite Reihenklemmen	FBS 2-5 FBS 3-5 FBS 4-5 FBS 5-5 FBS 10-5 FBS 20-5 FBS 50-5	Steckbrücken mit 2, 3, 4, 5, 10, 20 oder 50 Pins, einzeln herausbrechbar, geeignet für z. B. PTI 2,5-PE/L/NT und PTI 2,5-L/L

Tabelle 20.9 Nützliches Zubehör für Reihenklemmen (Phoenix)

Zubehör	Produkt	Beschreibung
Steckbrücken für 3,5 mm breite Reihenklemmen	FBS 2-3,5 FBS 3-3,5 FBS 4-3,5 FBS 5-3,5 FBS 10-3,5 FBS 20-3,5	Steckbrücken mit 2, 3, 4, 5, 10 oder 20 Pins, einzeln herausbrechbar, geeignet für z. B. PT 1,5/S-3L und PTTB 1,5/S
Zackband für 5,2-mm-Reihenklemmen	ZB 5	Beschriftungsschildchen für Reihenklemmen in mehreren Varianten (unbedruckt, nummeriert, beschriftet nach Kundenvorgaben usw.)
Zackband für 3,5-mm-Reihenklemmen	ZBF 3,5	Wie ZB 5, aber für 3,5-mm-Reihenklemmen
N-Sammelschiene	NLS-CU 3/10 SN 1000MM	Neutralleitersammelschiene, 3 mm × 10 mm, Länge 1 m zum Selbstabsägen, passend für z. B. PTI 2,5-PE/L/NT
Auflagebock	AB-PTI/3	passende Halterung für die Sammelschienen, alle 20 cm zu setzen
Abschlussdeckel	D-PTI/3	Abschlussdeckel, an der letzten Reihenklemme am rechten Ende zwecks Griffschutz anzubringen, passend für z. B. PTI 2,5-PE/L/NT
Abteilungstrennplatte	ATP-PTI/3	Geeignet, um einzelne Sektoren innerhalb einer Kette von Reihenklemmen zu bilden

Tabelle 20.9 Nützliches Zubehör für Reihenklemmen (Phoenix) (Forts.)

Kapitel 21
Die Smart-Home-Prinzipien

Alles was Sie in Worten beschreiben können, lässt sich auch so automatisieren.

Sie haben den Begriff *Smart Home* in den vorherigen Kapiteln an zahlreichen Stellen auftauchen sehen und haben sich sicherlich bereits selbst ein Bild von dessen Bedeutung gemacht. Was ich Ihnen noch schuldig bin, ist eine genauere Abgrenzung des Begriffs. Wann nennt man denn ein Gebäude smart und wann nicht? Woran erkennen Sie, dass Sie für sich Ihr Smart Home erfolgreich umgesetzt haben?

21.1 Was macht ein Eigenheim eigentlich smart?

»Ich gehe jetzt schnell in den Baumarkt, hole mir ein paar Funksteckdosen, die ich über das Handy steuern kann, und habe dann ein Smart Home.«

So funktioniert Smart Home natürlich nicht. Genauer gesagt, enthält der Satz gleich vier elementare Verständnisprobleme:

Erstens geht man nicht »schnell« mal wohin, um ein Smart Home zu »holen«, sondern plant ein solches sorgfältig und ausgestattet mit dem notwendigen Grundlagenwissen. Zweitens findet man echte Smart-Home-Komponenten sicherlich nicht im »Baumarkt«, sondern allenfalls das eine oder andere Zubehör bzw. Material. Drittens sind »Funksteckdosen« zwar eine mögliche Detailausführung, aber repräsentieren nicht die Basis des intelligenten Gebäudes. Und zu guter Letzt ist die Steuerung des eigenen Zuhauses per »Handy« natürlich eine angenehme Zusatzfunktion, aber eben auch nicht mehr.

Der Smart-Home-Ansatz ist vielmehr als ein von Grund auf geplantes Schlüsselmerkmal eines Zuhauses zu verstehen. Ich würde nicht so weit gehen und sagen, dass ein Gebäude um einen Smart-Home-Kern herum gebaut werden muss. Das ist zwar sicherlich möglich, aber kaum der Regelfall. Dennoch spiegeln sich die Aspekte einer intelligenten Gebäudesteuerung in den meisten Bereichen der Eigenheimplanung wider. Je früher der Wunsch nach einem Smart Home formuliert wird, desto leichter lässt er sich in einem anstehenden Projekt verwirklichen.

Der einleitende Satz in diesem Kapitel sollte beschreiben, was Smart Home nicht ist. Konsequenterweise muss an dieser Stelle die Positiv-Sichtweise folgen, also die Definition, was denn das smarte Eigenheim nun ausmacht. Ich fasse die wichtigsten Eigenschaften in vier Punkten zusammen – das Smart Home

- besteht aus einem zuverlässigen und standardisierten Übertragungsmedium, über das alle integrierten Teilnehmer kommunizieren,
- bindet alle (bzw. möglichst viele) Gewerke in die Heimautomation mit ein, angefangen bei Beleuchtung und Beschattung über Heizung und Belüftung bis zu Sicherheit, Multimedia und Telekommunikation,
- bedarf möglichst weniger Benutzereingriffe und manueller Bedienung, sondern ist dadurch smart, dass es Abläufe aufgrund von Ereignissen automatisieren und gewerkeübergreifende Funktionen kombinieren kann,
- erhöht spürbar den Wohnkomfort sowie die Sicherheit und spart Energie, verhält sich dabei aber diskret, transparent und nicht bevormundend.

Es sind diese Kerneigenschaften, die am Ende zwischen smart und eben nicht smart unterscheiden. Stellenweise besteht seitens der Medien und der Herstellerwerbung diesbezüglich aber noch eine nicht unerhebliche Menge an Hervorhebungspotenzial. Bei vielen meist proprietären Systemen wird hervorgehoben, wie vorteilhaft es ist, das Licht und die Heizung von unterwegs schalten zu können, die Spülmaschine oder Waschmaschine per Smartphone starten zu können oder direkt nach dem Aufstehen frisch gebrühten Kaffee vorzufinden.

21.2 Und was macht es nicht unbedingt noch smarter?

Alles schön und gut und im durchdachten Smart Home auch problemlos möglich, aber eben nicht die Kernaufgabe, sondern eine nette Zusatzfunktion. Solange die Frage, wer denn die Spülmaschine zu Hause einräumt, bei dieser Gelegenheit die Starttaste am Gerät nicht drückt, sondern lieber zum Smartphone greift oder sogar wartet, bis er von unterwegs das Startkommando geben kann, noch nicht geklärt ist, werden sie auch immer nur Zusatzfunktionen bleiben.

Selbiges gilt für die fernsteuerbare Beleuchtung und die Heizung. Natürlich will man es schön warm haben, wenn man nach Hause kommt, aber das soll die intelligente Heizungssteuerung ohne eine Aufforderung von unterwegs aus bitte selbstständig erledigen.

Das intelligente Licht geht ebenso von allein aus, wenn sich niemand im Raum befindet. Ein-/Ausschalten von außerhalb? Technisch gesehen ist das kein Problem, aber ob sich ein sinnvoller Anwendungsfall findet?

Bleibt noch die Kaffeemaschine: Ich mag die Idee mit dem frisch gebrühten Kaffee am Morgen, aber wer befüllt am Abend zuvor die Maschine, stellt die Kanne oder die Tassen unter das Gerät, schäumt die Milch auf und sorgt dafür, dass der Kaffee nicht zu guter Letzt als Pfütze auf dem Boden landet? – Wobei es für diesen Fall ja die vernetzten Wassermelder gäbe ...

21.3 Goldene und silberne Regeln

Die nächsten drei Abschnitte sollen Sie mit sogenannten Best Practices versorgen, also bewährten Tipps, die Sie bei Ihrem Smart-Home-Vorhaben unterstützen sollen und helfen, Planungsfehler zu vermeiden. Es war mir wichtig, dass Sie zu allen Regeln auch weiterführende Informationen in diesem Buch finden, daher sind die folgenden Kapitel gespickt mit Querverweisen. Ein Tipp prägt sich ungleich besser ein, wenn der Sinn dahinter klar wird.

21.3.1 Die goldenen Regeln

Setzen Sie bei einer so langfristigen und immer präsenten Investition wie die einer Gebäudeautomation unbedingt auf bewährte Standards!

KNX ist mit seiner hohen Verfügbarkeit, Langlebigkeit und Herstellerbandbreite ein solcher internationaler Standard. KNX-Systeme, die seit 20 Jahren tapfer ihren Dienst verrichten, sind der Normalfall, nicht die Ausnahme. Zu dieser Art Standard zähle ich auch Ethernet als Basis für Ihr Heimnetzwerk. Fast niemand würde auf die Idee kommen, irgendetwas anderes als Ethernet (oder das kabellose WLAN) in seinem privaten Netzwerk einzusetzen. Für eine Gebäudeautomation, die die Nutzungsdauer eines LAN in der Regel übertrifft, sollte diese Regel selbstverständlich sein.

Ein weiterer Aspekt, nämlich der des Wiederverkaufswerts, kommt noch hinzu. Eine standardisierte Automationslösung wird immer einen höheren Preis erzielen als eine proprietäre Bastelinstallation.

Je mehr Sie mit KNX realisieren, desto günstiger wird das System im Vergleich zur konventionellen Installation.

Wenn Sie nur vorhaben, ein paar Steckdosen mit KNX ein- und auszuschalten, wird Sie der Einmalaufwand (also die Basiskosten für ein KNX-Netzteil, eine IP-Schnittstelle, die ETS usw.) vermutlich davon abhalten. Je mehr Gewerke wie z. B. Jalousien, Beleuchtung und Heizung Sie in Ihren Bus integrieren, desto schneller relativieren sich die Preise. Können Sie bereits auf ein KNX-Basissystem aufsetzen, kostet eine leistungsfähige KNX-Jalousiensteuerung nicht mehr als eine herstellerspezifische Wald-und-Wiesen-Steuerung.

Als Grundinstallation empfiehlt sich, auf jeden Fall die Gewerke Jalousien und Beleuchtung inklusive einer Wetterstation von Anfang an mit KNX zu planen, Heizung und Belüftung sind für ein gutes Gesamtkonzept ebenfalls fast schon essenziell.

Bestellen Sie für Ihre Fenster (und Außentüren) immer gleich Fensterkontakte mit – und zwar für alle!

Bevor Fenster eingebaut sind, lassen sie sich am günstigsten und optisch unauffälligsten mit Reed-Kontakten erweitern. Der Zustand von Fenstern (offen, geschlossen, gekippt) ist eine wichtige Information, die Sie in vielen KNX-Anwendungen zu schätzen lernen werden. Einen Grundlagenteil zu Reed-Kontakten finden Sie in Abschnitt 29.1, »Tür- und Fensterkontakte«.

Setzen Sie auf sternförmige Verkabelung!

Steckdosen, Beleuchtung, SAT, Ethernet, Lautsprecher – verkabeln Sie generell sternförmig – von den Einzelräumen zum zentralen Stromkreisverteiler bzw. Multimedia-Rack. Eine sternförmige Leitungsführung wie in Abbildung 21.1 ist die flexibelste Variante und erlaubt Ihnen heute und in Zukunft die meisten Optionen. Ausnahmen sind nur echte Busleitungen wie z. B. KNX und 1-Wire.

Abbildung 21.1 Sternförmige Verkabelung zu einem 19-Zoll-Rack

Legen Sie alle Zuleitungen im Verteilerschrank auf Reihenklemmen auf!

Reihenklemmen kosten zwar Geld und wertvollen Platz im Verteilerschrank, sorgen aber für eine saubere und einfach zu wartende Installation, helfen enorm bei der Fehlersuche und erhöhen die Flexibilität. Aus einer schaltbaren Beleuchtung lässt sich somit sehr schnell eine dimmbare machen, und wenn Sie morgen erkennen, dass Sie doch lieber alle Steckdosen in einem Raum gemeinsam schalten möchten, ist das durch das einfache Einstecken einer Kammbrücke direkt erledigt. Wissenswertes zum Thema Reihenklemmen finden Sie zusammengestellt in Abschnitt 20.5, »Reihenklemmen«.

Planen Sie ausreichend viele Leerrohre und setzen Sie dabei auf gute Qualität und großen Querschnitt!

Leerrohre (Abbildung 21.2) schützen Ihre Gebäudeverkabelung und sorgen dafür, dass Ihre Installation auch für die Zukunft gerüstet ist. Über Leerrohre erfahren Sie mehr in Abschnitt 20.2, »Leerrohre«.

Nutzen Sie die Möglichkeit, KNX-Produkte unterschiedlicher Hersteller einzusetzen!

Einer der Vorteile von KNX ist, dass Sie bedenkenlos die für jede Funktion jeweils besten Komponenten kombinieren können. Viele kleinere KNX-Hersteller bieten zwar nicht die Produktbandbreite der großen Hersteller, können aber mit pfiffigen und attraktiven

Speziallösungen aufwarten. Im Hardwareteil (Teil 4) dieses Buchs werden des Öfteren verschiedene Produkte gegenübergestellt, und das Preis-Leistungs-Verhältnis wird geprüft.

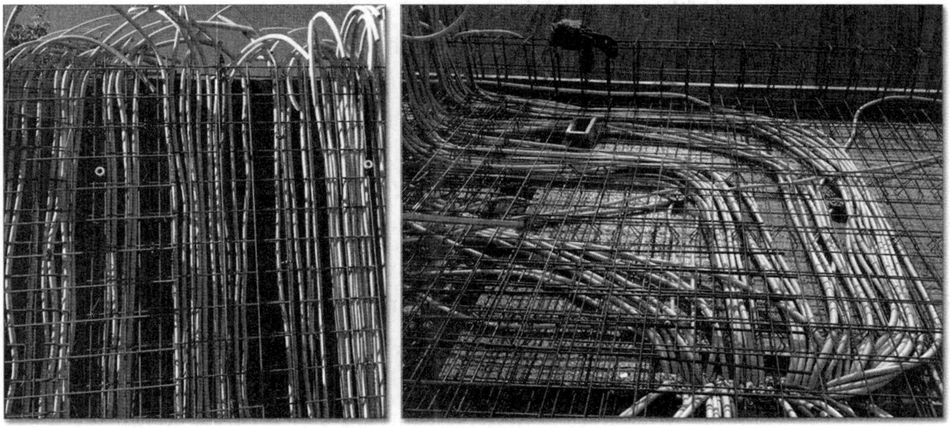

Abbildung 21.2 Leerrohre in Wand (links) und Betondecke (rechts)

Wählen Sie den größten Verteilerschrank, den Sie für Ihr Platzangebot bekommen können!

Eine KNX-Installation benötigt im Verteilerschrank (Abbildung 21.3) eine Menge Platz. Sie werden bei der Installation über jedes zusätzliche Feld dankbar sein. Eine Reserve von ca. 30 % sollte ebenfalls noch vorhanden sein.

Abbildung 21.3 Verteilerschrank mit fünf Feldern in neun Reihen (= 540 TE)

Setzen Sie bei der Planung konsequent auf Präsenzmelder bzw. Bewegungsmelder!

Präsenzmelder (PM) und Bewegungsmelder (BWM) sind zentrale Komponenten in der Heimautomation. Viele fortgeschrittene Logikfunktionen basieren auf deren Vorhandensein. Außerdem sind PM und BWM zwar auf den ersten Blick ein zusätzlicher Kostenfaktor, aber auf den zweiten schon nicht mehr. Stellen Sie sich einen längeren (dunklen) Flurbereich mit fünf angrenzenden Räumen vor. Für die Flurbeleuchtung müssten Sie an jeder der fünf Türen einen Lichtschalter anbringen. Das ist weder besonders schön noch besonders smart. Viel besser ist ein einziger gut platzierter Bewegungsmelder, der obendrein auch noch günstiger ist als fünf Taster. Zu Bewegungsmelder und Präsenzmelder finden Sie in Kapitel 29, »Messen mit Sensoren«, weitere Informationen.

Sehen Sie einen zentralen Technik-Steigschacht vor (lieber breit als tief)!

Wenn möglich, dient dieser Versorgungsschacht im Zentrum des Gebäudes der Aufnahme sämtlicher Rohrleitungen (Wasser, Belüftung) sowie der Elektroverkabelung und führt vom Technikraum im Keller bis in den Dachstuhl. Der zentrale Steigschacht hat den Vorteil, dass er Kosten spart (weniger Leitungsmaterial, weniger Leerrohr) und leicht zusätzliche Leitungen aufnehmen kann.

Reduzieren Sie (mutig) die pro Raum eingeplanten Schalter, es gilt das Motto: »Weniger ist mehr«

Für diese Regel gibt es mehrere Gründe. Erstens deckt ein Smart Home vieles automatisch ab, was Sie sonst manuell schalten müssten (präsenzgesteuerte Beleuchtung, Jalousien usw.). Zweitens kann ein durchdacht platzierter KNX-Taster viel mehr Funktionen abdecken als herkömmliche Schalter. Drittens sind einigermaßen hübsche Schalter ein echter Preistreiber, und zu guter Letzt sehen typische Schalterbatterien gelinde gesagt »bescheiden« aus, außerdem widersprechen sie dem Smart-Home-Gedanken.

Platzieren Sie Rauchwarnmelder mindestens in jedes Schlafzimmer und in alle Fluchtwege

Rauchwarnmelder (siehe Abschnitt 29.5, »Rauchwarnmelder«) sind effektive Lebensretter und dürfen in keinem Eigenheim fehlen. Eine Vernetzung ist zwar nicht essenziell, aber so günstig wie zur Planungsphase wird sie nie wieder.

Fahren Sie jeden Raum mit mindestens einer NYM-5x1,5-Installationsleitung (oder 5x2,5) für die Versorgung der Steckdosen und einer weiteren fünfadrigen Leitung für die Beleuchtung an!

Die zusätzlichen Adern gegenüber einer NYM-3x1,5-Leitung kosten (einmalig) nur einen vernachlässigbaren Aufpreis, erhöhen aber die Flexibilität Ihrer Installation beträchtlich und erlauben auch zukünftige Erweiterungen. Mit einer fünfadrigen Leitung können Sie z. B. drei Steckdosengruppen oder Leuchten unabhängig voneinander schalten. Außerdem ermöglichen die beiden zusätzlichen Adern den einfachen Einsatz von DALI.

Sparen Sie generell nicht an der Adernanzahl von Zuleitungen, es ist wichtig, genügend Reserven für spätere Erweiterungen zu haben. Nehmen Sie Tabelle 17.2 in Abschnitt 17.3.2, »Eine konkrete Ausstattungsempfehlung«, als Richtlinie.

KNX ist als dezentrales System konzipiert. Folgen Sie diesem Grundgedanken!

Das Thema erfordert ein bisschen Umdenken, ich habe ihm daher einen eigenen Abschnitt (21.4.1, »Zentral oder dezentral?«) gewidmet.

Wenn es die baulichen Voraussetzungen erlauben, setzen Sie auf verkabelte Verbindungen

Die Regel gilt sowohl für KNX als auch für andere Übertragungsmedien. Wo immer Sie die Chance haben (besonders im Neubau), setzen Sie konsequent auf KNX TP (die grüne KNX-Twisted-Pair-Verkabelung) bzw. Cat.7-Netzwerkleitungen und betrachten funkbasierte Systeme (WLAN, KNX RF) oder Powerline als Ergänzung. Argumente für eine verkabelte Verbindung finden Sie ein paar Seiten weiter in Abschnitt 21.4.2, »Kupfer oder Luft?«.

Denken Sie in Szenen. Szenen zählen mit zu den großen Stärken einer KNX-Automatisierung

Mit einer Szene fassen Sie mehrere unterschiedliche Schalthandlungen zusammen, die durch ein einziges Ereignis ausgelöst werden. Beispiel: Sie schalten den Fernseher an, worauf automatisch das Licht heruntergeregelt wird, die Jalousien herunterfahren, eine kleine Effektbeleuchtung eingeschaltet und das Radiogerät ausgeschaltet wird. Das ist die Szene »Fernsehen«, und dafür benötigen Sie nicht mal einen Schalter. Als wichtiges KNX-Feature wurde den Szenen ein eigener Abschnitt (21.5, »Denken Sie in Szenen«) gewidmet.

21.3.2 Die silbernen Regeln

Wenn es goldene Regel gibt, sollte es konsequenterweise auch silberne Regeln geben. Hier sind sie:

Wählen Sie für REG-Geräte bevorzugt Modelle mit vielen Kanälen!

REG-Geräte mit vielen Kanälen sind, pro Kanal gesehen, günstiger als Typen mit weniger Kanälen. Der Preis der Geräte steigt nicht linear mit der Anzahl der Kanäle. Außerdem zählt ein 12-fach-Schaltaktor genauso als *ein* Busteilnehmer wie ein Schaltaktor mit nur zwei Kanälen.

Planen Sie neben einer KNX-Leitung direkt auch eine eigene 1-Wire-Leitung mit ein!

1-Wire-Temperatursensoren, Feuchtigkeitssensoren und viele weitere sind sehr günstig und können an vielen Stellen im Smart Home wertvolle Dienste leisten. Idealerweise sollte in jedem Raum die Möglichkeit bestehen, Sensoren mit dem durchgeführten 1-Wire-Bus zu verbinden. Über ein Gateway bilden Sie die Sensorwerte später transparent auf den KNX ab. Details zum 1-Wire-Bus finden Sie in Kapitel 10, »1-Wire: nicht nur ›eine‹ Ader«.

Sehen Sie im Technikraum eine von jeglichem Bussystem unabhängige Beleuchtung vor!

Hier dürfen Sie ausnahmsweise so konventionell wie möglich sein. Die unabhängige Beleuchtung benötigen Sie im Ernstfall bei Arbeiten am Verteilerschrank.

Setzen Sie für strategisch wichtige Steckdosen bzw. Installationsdosen Schaltaktoren mit eingebauter Strommessung ein!

Die Strommessung (oder sogar Wirkleistungsmessung, Abbildung 21.4) erlaubt Ihnen zum einen die Messung des Stromverbrauchs der angeschlossenen Geräte, kann aber auch sehr gut für Logikfunktionen benutzt werden (Entscheidung, ob ein Gerät läuft oder nicht, Feststellen, ob die Waschmaschine fertig ist, einen Defekt an der Gefriertruhe erkennen usw.). Ein Anwendungsbeispiel finden Sie in Abschnitt 53.2, »Mehr Möglichkeiten durch Stromerkennung«.

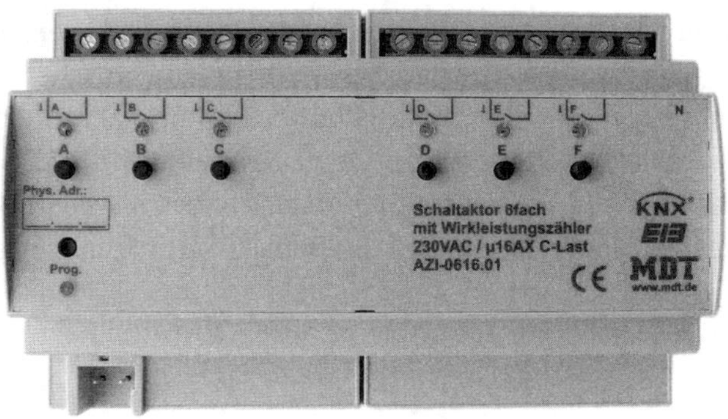

Abbildung 21.4 MDT-Schaltaktor mit Wirkleistungsmessung

Bestehen Sie auf mehr als nur die Mindestausstattung an RCDs (Fehlerstromschutzschalter, auch FI genannt)!

Mehrere RCD-Kreise machen Sie unabhängiger bei Ausfällen oder Fehlern. Gute Praxis ist z. B. je ein RCD für: Steckdosen EG, Beleuchtung EG, Steckdosen OG, Beleuchtung OG, Kühlschrank/Gefrierschrank, Außenbereich.

Denken Sie wohlwollend über ein Motorschloss mit z. B. Transponderöffnung an der Haustür nach!

Es ist zwar persönlicher Geschmack, aber eine sich selbst öffnende Tür (autorisierte Person vorausgesetzt), die zugleich auch immer fest verschlossen ist, wenn das Haus verlassen wird, möchten viele Smart-Home-Besitzer (ich selbst eingeschlossen) nicht mehr missen wollen. Details zum Motorschloss finden Sie in Abschnitt 39.2, »Sie werden es nicht mehr missen wollen: Motorschloss«.

Schaffen Sie sich eine Aufzeichnungsmöglichkeit für wichtige anfallende Daten!

In einem Bussystem fällt einiges an Daten an. Viele davon sind interessante Sensorwerte. Es lohnt sich sehr, diese mit einem geeigneten System aufzuzeichnen und grafisch auswerten zu können. Die Nutzungsmöglichkeiten sind vielfältig, sie reichen von der einfachen Verständnisverbesserung bis hin zu Heizungsoptimierung, Fehlerdiagnose und Energieeinsparung. Ein sehr leistungsfähiges System stelle ich Ihnen in Kapitel 61, »Die Möglichkeiten von Smart Metering«, zum Selbstbau vor.

Eine Investition in aufwendige RTR (Raumtemperaturregler mit Display) ist oft nicht notwendig.

Entsprechende Heizungsaktoren (siehe Abschnitt 30.7, »Heizungsaktor«) und einfache Temperatursensoren (z. B. 1-Wire) in den Einzelräumen sind ebenso zielführend und weitaus günstiger. Temperatursollwerte werden viel zu selten verändert, eine Veränderung über z. B. eine zentrale Visualisierungsoberfläche reicht in der Regel vollkommen aus. Theoretisch kommen Sie sogar ganz ohne Visualisierung aus, wenn Sie die Sollwerte rein über die ETS einstellen.

1-Wire-Temperatursensoren haben übrigens einen weiteren Vorteil gegenüber anderen Lösungen: Sie sind nicht nur günstig, sondern auch sehr genau.

Verschwenden Sie (besonders während der Bauphase/Planungsphase) keine Zeit mit der Auswahl der Visualisierung!

Zuallererst muss das KNX-Grundgerüst stehen und für sich funktionieren. Basisfunktionen realisiert man ohne einen zentralen Visualisierungsrechner. Nach Einzug bleibt genügend Zeit, sich mit allen möglichen Visualisierungen und Mobile-Anwendungen zu beschäftigen.

Bauen Sie einen Prototyp!

Eine gute Möglichkeit, um sich mit der Smart-Home-Technik anzufreunden, ist der Aufbau eines kleinen Minimalsystems (Abbildung 21.5), und zwar bevor es mit dem eigenen Bauprojekt ernst wird. Dazu benötigen Sie nur wenige Komponenten, die Sie zudem später in der echten KNX-Installation wiederverwenden können. Sehen Sie sich zu dem Thema auch Abschnitt 7.5, »Meistern Sie den Einstieg!«, an.

Setzen Sie (mindestens) bei SAT- und LAN-Anschlüssen auf extra große Unterputzinstallationsdosen!

Viel Platz für die frustfreie Installation finden Sie z. B. in den Kaiser-Elektronikdosen (siehe Abschnitt 20.3.2, »Unterputzinstallation«).

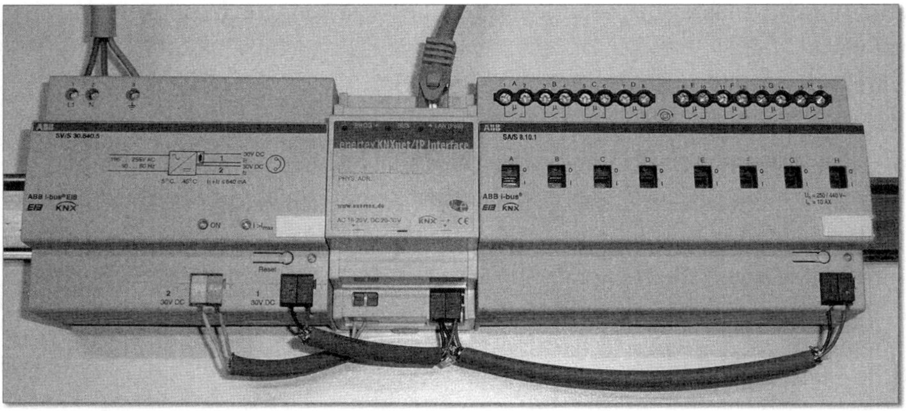

Abbildung 21.5 KNX-Prototyp (Netzteil, IP-Interface, Schaltaktor)

Planen Sie viele Beleuchtungsauslässe ein!

Eine gute Lichtplanung besteht aus Grundbeleuchtung, Effekt-/Stimmungsbeleuchtung und Arbeitsbeleuchtung, eventuell noch Nachtbeleuchtung. Sehen Sie eine großzügige Anzahl an verschiedenen Beleuchtungsmöglichkeiten (Spots, Wandlampen, Stehlampen, LED-Leisten usw.) vor. Eine angenehme Stimmung entsteht viel eher durch mehrere kleinere Beleuchtungen als wenige große.

Sehen Sie an geeigneten Positionen Luftgütesensoren vor!

Temperaturmessung und Feuchtigkeitssensoren zählen bereits zur erweiterten Basisausstattung, CO_2- bzw. VOC-Sensoren mit 1-Wire- oder KNX-Schnittstelle tragen ebenfalls zum Wohnklima bei. Beispiele finden Sie in Abschnitt 29.8, »Luftgütesensoren«.

21.3.3 Was gern vergessen oder falsch gemacht wird

Gibt es nach den goldenen und silbernen Regeln keine bronzenen? Nein, die gibt es nicht, aber dafür habe ich Ihnen ein paar häufige Pitfalls (englisch für Fallgruben) zusammengestellt, in die Sie nach der Lektüre dieses Kapitels nicht mehr fallen werden.

Vergessen Sie bitte nicht:

- Ein Leerrohr für den Außentemperaturfühler der Heizung (Nordseite) und die Wetterstation an der Fassade oder auf dem Dach.
- Auch Haustür und eventuell Terrassentür bekommen einen Türkontakt.
- Im Keller benötigen Sie ebenfalls Bewegungsmelder, Feuchtigkeitssensoren und sonstige Helferlein.
- Sehen Sie ausreichend Leerrohre für die Außenbereiche vor (Gartenbeleuchtung, Terrassenbeleuchtung und Strom, Fassadenbeleuchtung, Bewegungsmelder, Kameras usw.).

Überlegen Sie sorgsam:

- Benötigen Sie wirklich sogenannte intelligente Haushaltsgeräte? Einige der Leistungsversprechen lösen Sie oft günstiger mit KNX (z. B. Fertig-Meldung der Waschmaschine oder Spülmaschine über Schaltaktoren mit Strommessung oder Wirkleistungsmessung).
- Ist eine Unterverteilung neben Schlafräumen oder Arbeitszimmer vermeidbar? Die Relais von Schaltaktoren sind nicht geräuschlos (Ausnahmen: Aktoren für kleine Leistungen mit Halbleiterschaltelementen) und können neben einem Schlafzimmer schnell für Aufregung sorgen.
- Ist die Schaltleitung für den Haustüröffner von außen zugänglich? Durch Abmontieren der Türkommunikationsanlage und Kurzschließen der Steuerleitungen darf die Haustür nicht zu öffnen sein. Ein Türkommunikationssystem (Beispiel in Kapitel 45, »Telefon, Türkommunikation und Zutrittskontrolle«) vermeidet diesen Schwachpunkt.

21.4 Wichtige Grundsätze

Zwei besonders wichtige und im vorherigen Abschnitt bereits erwähnte Grundprinzipien möchte ich gern nochmals detailliert betrachten.

21.4.1 Zentral oder dezentral?

Eine richtig ausgelegte Gebäudeautomatisierung im Allgemeinen und eine KNX-Installation im Besonderen sind eine gut harmonisierte Mischung aus *dezentralem* und *zentralem* System.

Im Grundprinzip ist KNX aus guten Gründen dezentral ausgelegt. Jedes KNX-Gerät (z. B. Binäreingang, Aktor, Wetterstation, Tasterinterface) besitzt eine eigene Intelligenz und arbeitet unabhängig von irgendeinem zentralen Rechner. Als gemeinsame Ressource benötigen die KNX-Geräte lediglich den Bus als physikalische Leitung und eine KNX-Spannungsversorgung. Als Mindestaufbau ist bereits ein einziges Gerät plus Spannungsversorgung voll funktionsfähig.

Vorteile der dezentralen Architektur

Der Hauptvorteil dieser dezentralen Architektur ist, dass bei Ausfall eines Geräts alle anderen Geräte trotzdem weiterarbeiten. Es sind immer nur jene Funktionen gestört, die das ausgefallene Gerät betreffen. Die Ausnahme ist die KNX-Spannungsversorgung. Fällt dieses Gerät aus, ist der gesamte darüber versorgte Bus (bzw. die Buslinie) funktionsunfähig.

Dezentrale Systeme wie KNX sind außerdem nahezu beliebig erweiterbar und offen für individuelle Wünsche. Das von allen Geräten zu unterstützende Kommunikationsprotokoll ist standardisiert, die KNX-Geräte werden von verschiedenen Herstellerfirmen produziert. Dadurch sind sowohl viele Standardprodukte als auch wenige, dafür hoch spezialisierte Lösungen möglich. Eine Zusammenarbeit der Einzelprodukte ist immer gewährleistet, eine Erweiterung oder der Ersatz einer zentralen Komponente wie z. B. einem Server ist nicht erforderlich.

Mischen von zentralen und dezentralen Komponenten

Die folgende Abbildung 21.6 zeigt Ihnen eine typische KNX-Installation, bestehend aus dezentralen Komponenten, einer zentralen Logik-Engine (z. B. HomeServer) sowie den kritischen Ressourcen (die KNX-Spannungsversorgung).

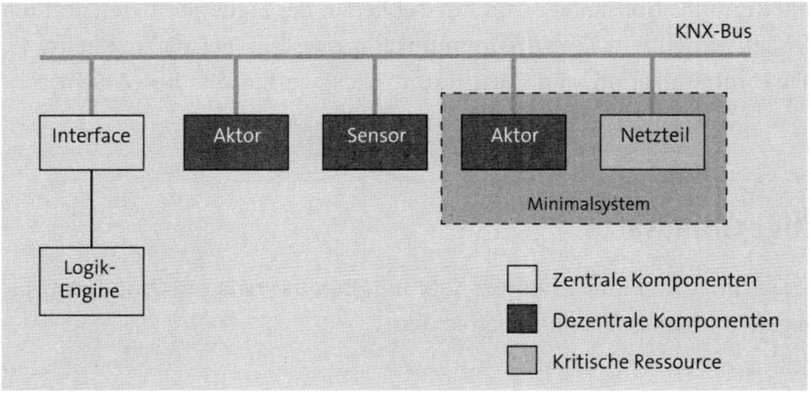

Abbildung 21.6 Zentrale und dezentrale Komponenten

Streng genommen ist natürlich auch der Bus selbst eine zwar passive, aber dennoch kritische Komponente. Bei Kurzschluss oder Unterbrechung der Busleitung findet entweder keine bzw. eine nur eingeschränkte Kommunikation statt, oder es fallen sogar sämtliche Teilnehmer wegen der fehlenden Spannungsversorgung aus.

Eine Logik-Engine auf einem zentralen Rechner bietet zwar in der Regel durch ihre freie Programmiermöglichkeit (z. B. openHAB, SmartHome.py) wesentlich mehr Möglichkeiten als die Applikationsprogramme der KNX-Geräte, verleitet dadurch aber auch zur Schaffung von Abhängigkeiten, die nicht zwingend notwendig sind.

Wie man es nicht macht

Was will ich damit sagen? Stellen Sie sich vor, Sie würden Ihre gesamte Beleuchtungssteuerung über eine Logik-Engine führen, und jeder Präsenzmelder würde der Logik ein Telegramm zum Einschalten der Beleuchtung senden. Der zentrale Rechner hätte zur Aufgabe, die Telegramme nur dann an den entsprechenden Dimmaktor oder Schaltaktor zu senden, wenn ein implementierter Gesamtbeleuchtungsschalter in der Position »Ein« steht. Dieser unglückliche Aufbau hätte zur Folge, dass bei Ausfall des Zentralrechners keine einzige Beleuchtung mehr funktionieren würde, die Vorteile eines dezentralen Systems wären erfolgreich zunichtegemacht worden.

Wie man es besser macht

Die skizzierte Beispielanwendung würde unter der Berücksichtigung, dass der KNX-Bus wo immer möglich dezentral genutzt werden sollte, so aussehen:

- Alle Präsenzmelder senden ihre Schaltkommandos direkt an die zugeordneten Schaltaktoren/Dimmaktoren.
- Die zentrale Logik kann über den Gesamtschalter die komplette Beleuchtung zusätzlich abschalten.

Ein Ausfall des Zentralrechners hätte in dem Fall nur den Verlust der Zentral-Aus-Funktion zur Folge, die normale Beleuchtungssteuerung funktionierte unabhängig weiter. Natürlich könnte die Zentral-Aus-Funktion auch nur über KNX-Geräte allein (z. B. Zwangsführung oder Szenen) sozusagen »nativ« gelöst werden, das Beispiel soll aber bewusst die Arbeitsteilung von zentralen und dezentralen Anteilen zeigen.

Was ist die Schlussfolgerung?

Achten Sie beim Entwurf Ihrer Automatisierungsfunktionalität stets darauf, dass Sie Grundfunktionen wo immer möglich nur nativ über (KNX-)Geräte selbst abdecken. Präsenzmelder, Taster und Aktoren haben mittlerweile sehr leistungsfähige Applikationsprogramme, die bei entsprechender Parametrierung weit mehr ermöglichen, als man zunächst vermuten könnte. Mit der ETS als Werkzeug kombinieren Sie auf clevere Art die einzelnen Fähigkeiten Ihres gesamten Gerätefuhrparks am KNX-Bus.

Eine zentrale Logik kommt erst dann ins Spiel, wenn es um die Realisierung von Komfortfunktionen geht, die Fähigkeiten der Einzelgeräte nicht mehr ausreichen oder Sie eine Visualisierung verwirklichen möchten.

21.4.2 Kupfer oder Luft?

Bevorzugen Sie, wo immer möglich, eine verkabelte Verbindung. Bei einem Neubau oder einer Sanierung haben Sie die (vielleicht einmalige) Chance, Busleitungen für alle Geräte sowie künftige Erweiterungen vorzusehen. Das KNX-System mit TP1 Medium (Twisted Pair) erlaubt Ihnen eine günstige und sehr flexible Verkabelung. Außer einem geschlossenen Ring sind alle Topologien erlaubt. Die »grüne« TP1-Verkabelung eröffnet Ihnen außerdem mit Abstand das breiteste Spektrum an Automatisierungskomponenten. Funkbasierte Systeme (z. B. EnOcean oder KNX RF) bieten sich im Gegensatz dazu immer dann an, wenn Sie

- keine Möglichkeit für eine Busverkabelung haben,
- eine reine Nachrüstlösung suchen (z. B. für Mietwohnungen),

- Funk als Ergänzung zu einem verkabelten System planen oder
- eine Notlösung benötigen, falls Sie in der Planung etwas vergessen haben.

Als weitere Alternative zu einer Twisted-Pair-Verkabelung darf das Medium Powerline (Stromleitung) nicht unerwähnt bleiben. So bietet z. B. KNX PL (Powerline) die Möglichkeit, einen KNX-Bus auf ein bestehendes Stromnetz abzubilden. Jedoch gilt auch hier, obwohl kabelgebunden, der Grundsatz, dass Sie so viel wie irgendwie möglich mit TP1-Verkabelung umsetzen sollten. Powerline spielt seine Stärken eher im Bestandsbau und bei späteren Erweiterungen aus. Dort muss es allerdings mit den funkbasierten Systemen konkurrieren, die zudem die größere Flexibilität und Produktvielfalt besitzen.

Beachten Sie bitte außerdem, dass Powerline-Systeme nicht uneingeschränkt einsetzbar sind. Hohe induktive Lasten auf dem Stromnetz können PL an bestimmten Punkten sogar unmöglich machen, daher sollte PL auch immer vor Ort »ausprobiert« werden.

Detaillierte Informationen zu den unterschiedlichen Übertragungsmedien finden Sie in den Abschnitten zu KNX (siehe Abschnitt 8.8, »Wie funktioniert die Übertragung?«) und EnOcean (siehe Kapitel 11, »Energy Harvesting mit EnOcean«).

21.5 Denken Sie in Szenen

Szenen zählen mit zu den coolsten KNX-Features, aber was muss man sich darunter vorstellen? Eine Szene dient dazu, mehrere und oft voneinander unabhängige Schaltzustände herzustellen, und zwar reproduzierbar. Um eine Szene auszulösen, bedarf es nur eines einzigen Tastendrucks oder dem Kommando einer Logikfunktion, um ein definiertes Set an Geräten zur gewünschten Aktion zu bewegen.

Eine gedachte Szene »Duschen« würde beispielsweise die Badezimmerjalousien schließen, das Hauptlicht auf 60 % dimmen, die farbige Duschbeleuchtung einschalten, die Musikausgabe starten und den elektrischen Zusatzheizkörper für 20 Minuten betreiben. Die gewerkeübergreifende Funktionalität ist dabei eine typische Charakteristik von KNX-Szenen. Je nach Parametrierung der KNX-Anlage können Szeneneinstellungen vom Benutzer selbst verändert werden. Im obigen Beispiel könnte der Dimmwert der Hauptbeleuchtung als anpassbare Größe definiert und ohne erneute ETS-Parametrierung als Einstellung für den nächsten Szenenabruf gespeichert werden.

21.5.1 Eine Szene als Schema dargestellt

Vergleichen Sie bitte Abbildung 21.7 und Abbildung 21.8 miteinander. Abbildung 21.7 zeigt eine gewöhnliche Ansteuerung eines Schaltaktors über ein KNX-Telegramm. In Abbildung 21.8 hingegen löst der Taster eine Szene (»Fernsehen«) aus, das Szenentelegramm wird von insgesamt drei unterschiedlichen Aktoren empfangen. Jeder Aktor für sich führt nahezu gleichzeitig die für ihn parametrierte Aktion für diese Szene aus.

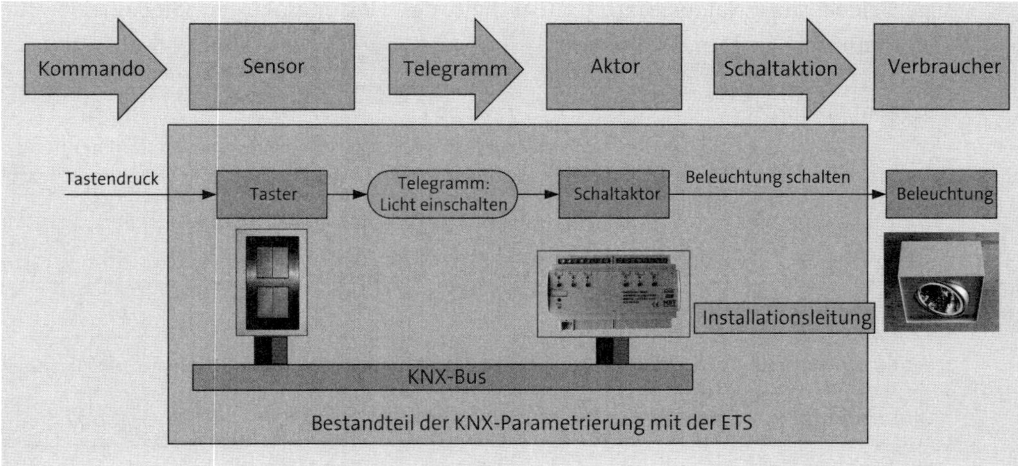

Abbildung 21.7 Schalthandlung ohne Szenenfunktion

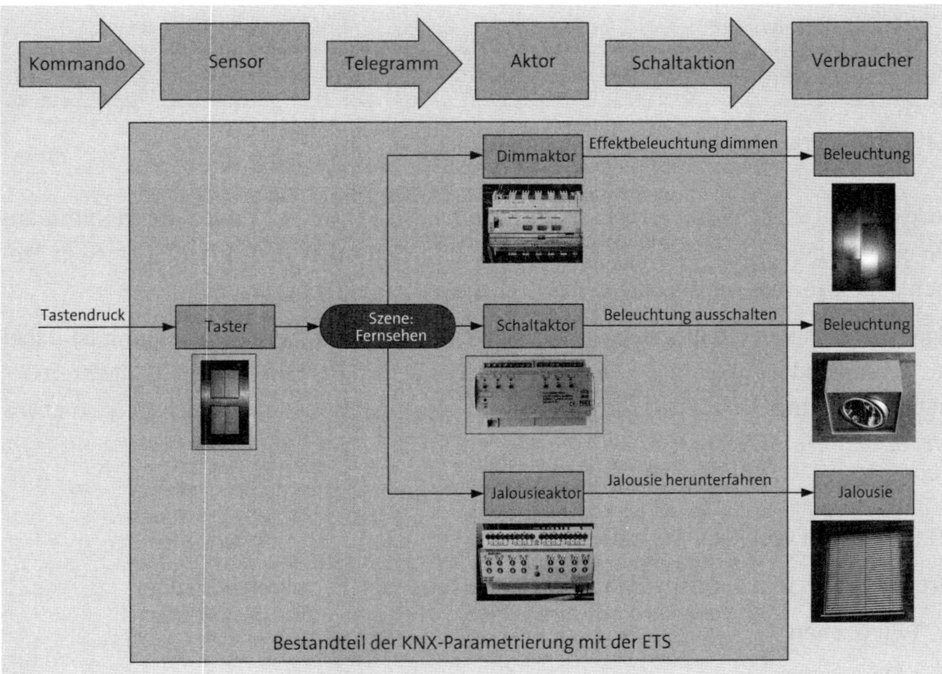

Abbildung 21.8 Aufruf einer KNX-Szene mit drei Szenenteilnehmern

21.5.2 Mögliche Szenenteilnehmer

Jedes KNX-Gerät, das Szenen (Beispiel in Tabelle 21.1) unterstützt, kann in eine Szenensteuerung eingebunden werden. Fast immer sind das z. B. Schaltaktoren (Steckdosen, Stehlampen), Dimmaktoren (gedimmtes Licht), DALI-Gateways (für gedimmte und farbige Beleuchtung), Jalousieaktoren (Beschattung), Heizungsaktoren (Stellantriebe für Einzelraumregelung) und weitere.

Szenenteilnehmer	Szene 1 »Essen«	Szene 2 »Fernsehen«	Szene 3 »Party«
Fernseher	aus	an	aus
Soundsystem	aus	an	an
Esszimmertischbeleuchtung	100 %	aus	60 %
Wohnzimmertischbeleuchtung	aus	aus	60 %
Wohnzimmer-Effektbeleuchtung	30 %	60 %	100 %
Esszimmer-Effektbeleuchtung	50 %	aus	100 %
Esszimmerjalousie	schließen	–	–
Wohnzimmerjalousie	–	schließen	–
Belüftungsstufe	–	–	100 %

Tabelle 21.1 Drei Beispiele für Szenen

Jede der drei Szenen können Sie mit einem einzigen Tastendruck oder einem Kommando einer Logik-Engine auslösen. Selbstverständlich können aber nur die Geräte in Szenen angesprochen werden, die in das KNX-System integriert wurden.

Egal wie komplex Sie Ihre Szenen auslegen, eine Änderung der Verkabelung ist dabei nicht notwendig. An dieser Stelle zeigt sich einer der Hauptvorteile der intelligenten Gebäudesteuerung. Versuchen Sie mal, mit einer konventionellen Hauselektrik so etwas wie Szenen zu realisieren.

21.5.3 Arten von KNX-Szenen

Szenen lassen sich auf dem KNX in zwei verschiedenen Formaten abbilden:

- 1-Bit-Szenen
- 1-Byte-Szenen

Der Vorteil der normalerweise bevorzugten 1-Byte-Szenen ist, dass Sie mit nur einer Gruppenadresse eine Fülle an Funktionen (nämlich 128) auslösen können, was mit den 1-Bit-Szenen so nicht möglich ist. Auch erweisen sich 1-Byte-Szenen bei der Parametrierung als wesentlich übersichtlicher.

Die 256 unterschiedlichen Werte, die sich mit einem Byte darstellen lassen, sind für die Szenencodierung in zwei Bereiche zu je 128 Szenen aufgeteilt. Der erste Bereich repräsentiert die Telegramminhalte zum Abrufen einer Szene, der zweite Block dient zum

Speichern der Szenen. Die folgende Tabelle 21.2 verdeutlicht diese Aufteilung. Bitte beachten Sie, dass die Szenennummer um den Wert 1 zum eigentlichen Nutzinhalt des Bytes verschoben ist:

Funktion	Wert des Bytes	Szenennummer
Abrufen von Szene 1	0	1
Abrufen von Szene 2	1	2
Abrufen von Szene 3–128	2–127	3–128
Speichern von Szene 1	128	1
Speichern von Szene 2	129	2
Speichern von Szene 3–128	130–255	3–128

Tabelle 21.2 Codierung der 1-Byte-KNX-Szene

21.5.4 Wo werden KNX-Szenen angelegt?

Szenen können in einem KNX-System prinzipiell an unterschiedlichen Stellen definiert werden:

- im Tastsensor
- oder im Aktor
- oder über eine Logik-Engine (z. B. Gira HomeServer).

Vorausgesetzt, Ihre KNX-Komponenten unterstützen Szenenfunktionen, ist im Hinblick auf eine möglichst dezentrale Struktur das Ablegen der Szenen in den KNX-Geräten selbst vorzuziehen.

Es empfiehlt sich, das Ablegen der Szenen im Aktor zu realisieren. Die Buslast bei Szenenabruf verringert sich damit auf ein Minimum. Eine Szene kann sich auch über mehrere Aktoren erstrecken, wenn sie im Aktor und nicht im Sensor gespeichert ist (gleiche Gruppenadresse, gleiche Szenennummer).

Die Ablage von Szenen in den Tastern funktioniert natürlich auch und ist dann sinnvoll, wenn der eingesetzte Aktor Szenen nicht unterstützt. Der Taster würde in dem Fall für die entsprechenden Aktoren die passenden Telegramme senden, um die gewünschte Aktion zu starten. Die Buslast würde in diesem Fall aber erhöht sein.

21.5.5 Verknüpfen Sie eine Szene mit der ETS

In Abbildung 21.9 löst ein KNX-Tastsensor über die Gruppenadresse 15/4/5 die Szene Nummer 5 aus. Die drei verknüpften Aktoren reagieren entsprechend ihrer Parametrierung auf diese Szene 5.

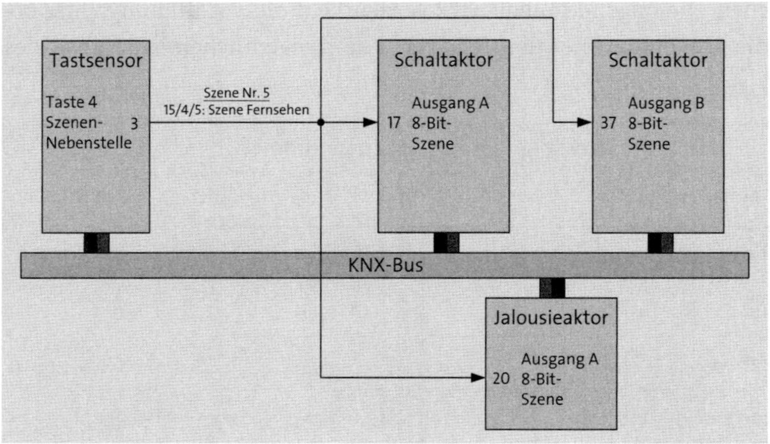

Abbildung 21.9 Eine KNX-Szene mit Tastsensor und drei Aktoren

Der Tastsensor wird in der Regel so parametriert, dass er bei einem kurzen Tastendruck die Szene abruft, bei einem langen Tastendruck hingegen speichert. Bei der Speicherung legen die drei beteiligten Aktoren den aktuellen Wert ihres Ausgangs in einem internen Speicher ab und stellen diesen beim nächsten Abruf wieder her. Der Jalousieaktor in unten stehender Abbildung 21.10 reagiert mit seinem Ausgangskanal A auf die Szene mit der Nummer 5 und fährt den Behang und den Lamellenwinkel in die zuletzt gespeicherte Position.

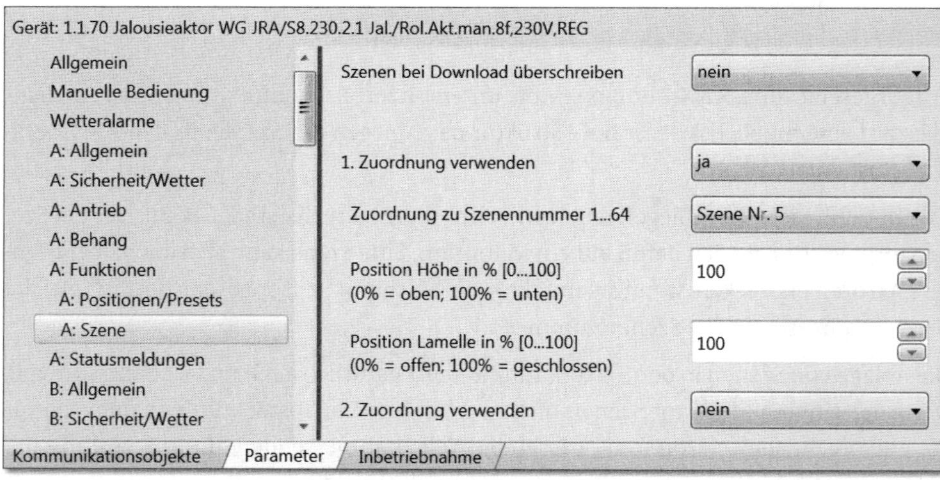

Abbildung 21.10 Der Jalousieaktor mit zugeordneter Szene

Sie haben vielleicht festgestellt, dass für die Speicherfunktion keine separate GA (Gruppenadresse) notwendig ist. In Abschnitt 21.5.3, »Arten von KNX-Szenen«, finden Sie die unterschiedlichen Werte für den Abruf und das Abspeichern einer Szene. Für die hier verwendete Szene Nr. 5 sieht der ETS-Gruppenmonitor-Mittschnitt demnach so wie in Abbildung 21.11 aus:

#	Zeit	D...	...	...	Qu...	Quelle	Zielad...	Ziel	Rout	Typ	DPT	Info
7	2015-07-21	vom E		Lov	1.1.120	1.1.120 RTR 3-fach	15/4/5	Szenen Fernsehen	5	Schreiben	17.001 Szenen Nummer	$84 | 5
9	2015-07-21	vom E		Lov	1.1.120	1.1.120 RTR 3-fach	15/4/5	Szenen Fernsehen	5	Schreiben	17.001 Szenen Nummer	$04 | 5

Abbildung 21.11 Szene speichern und Szene abrufen

Der kleine, aber feine Unterschied steckt im Wert des Telegramms (Spalte INFO). Beim ersten Telegramm handelt es sich um das Abspeichern der Szene Nummer 5 (Wert: $84 = 132 dezimal), beim zweiten um deren Abruf (Wert: $04 = 4 dezimal).

21.5.6 Können KNX-Szenen ausgeschaltet werden?

Eine Szene kann per definitionem nicht ausgeschaltet werden. Dazu müssten die Zustände aller Szenenteilnehmer vor dem Einstellen der Szene gespeichert und anschließend wieder rekonstruiert werden. Es ist sehr fraglich, ob die Zustände vor der Szenenaktivierung nach der Deaktivierung überhaupt noch die gewünschten wären. Das klassische Ein/Aus der konventionellen Elektrik gilt im Szenen-Denken nicht mehr. Eine Szene wird einmal aktiviert und bleibt es auch, bis eine neue Szene abgerufen wird oder die einzelnen Szenenteilnehmer durch andere Auslöser verändert werden (Schalter, Zentral-Aus-Funktion, Logikfunktion usw.).

So gesehen, lässt sich auch eine Zentral-Aus-Funktion als aktivierbare Szene definieren, was keinen Konflikt zu dem eben Gesagten darstellt.

21.5.7 Vorgehen beim Definieren von Szenen

Die Definition von Szenen für das eigene Zuhause gestaltet sich kurz nach Einzug relativ knifflig, die täglichen Abläufe sind oft noch zu unklar. Es empfiehlt sich daher, die eigenen Gewohnheiten und die der Familie für zwei oder drei Monate zu studieren, um mögliche automatisierbare Abläufe zu erkennen. Notieren Sie sich, welche Beleuchtung und Beschattung in welcher Zusammenstellung gern verwendet werden, ermitteln Sie die an möglichen Szenen beteiligten Geräte und versuchen Sie, die unterschiedlichen Kombinationen auf ein gesundes Maß zu reduzieren.

Führen Sie in jedem Fall eine Szenendokumentation durch und halten Sie diese bei sämtlichen Änderungen Ihrer KNX-Anlage auf aktuellem Stand. Eine Liste, in der Sie zu jeder definierten Szene die wichtigsten Informationen eintragen, erfüllt bereits ihren Zweck:

- Szenennummer
- Gruppenadresse
- textuelle Beschreibung der Szene

- welche Aktorkanäle beteiligt sind und welche gewünschten Zustände sie annehmen
- wie die Szene ausgelöst wird

21.5.8 Szenen vs. Zentralfunktionen

Nicht alles, was mehr als einen Aktor gleichzeitig schaltet, ist automatisch eine Szene. Je nach der Art und Weise, wie Sie bei der ETS-Projektierung vorgehen, unterscheidet man zwischen echten Szenen und Zentralfunktionen.

Szenen

Typische Beispiele für Szenen sind die in Abschnitt 21.5.2, »Mögliche Szenenteilnehmer«, aufgeführten Anwendungsfälle. In der ETS legen Sie eine Szenengruppenadresse an und verbinden diese mit dem Sensorszenenobjekt (8 Bit). Der gewünschten Szene vergeben Sie eine Szenennummer (siehe Tabelle 21.1). Für alle Aktorkanäle, die an der Szene beteiligt sind, verknüpfen Sie ebenfalls die angelegte Gruppenadresse und parametrieren für jede Szenennummer die gewünschte Reaktion der Aktoren. Mit dieser Vorgehensweise halten Sie den Busverkehr niedrig und benötigen nur eine einzige Gruppenadresse für mehrere Szenen. Genauso verfahren Sie übrigens, wenn Sie Szenen nicht nur abrufbar, sondern auch speicherbar vorsehen möchten.

Zentralfunktionen

Leicht unterschiedlich in der Projektierung gestalten sich die Zentralfunktionen. Dazu gehören typische Gruppenfunktionen wie das berühmte »Zentral-Aus« oder auch »Alle Jalousien schließen«. Sie definieren pro Zentralfunktion eine eigene Gruppenadresse (z. B. Zentralbeleuchtung aus) und verknüpfen diese sowohl mit einem Auslöser (Taster oder auch Logikfunktion) als auch mit den Schaltobjekten aller beteiligten Aktoren.

Über zusätzliche Logik (z. B. HomeServer, SmartHome.py oder KNX-Geräte wie den Siemens-Ereignisbaustein N341) können Sie beide Varianten natürlich auch kombinieren, wodurch selbst sehr umfangreiche Eintastenbedienungen möglich werden. Für Aktoren, die keine Szenenfunktionalitäten unterstützen, kann eine externe Logik ebenfalls die Lösung des Problems sein.

Kapitel 22
Lernen Sie die Planungsschritte kennen

Der Stellenwert der Planungsphase kann gar nicht hoch genug angesetzt werden. Sie trägt wesentlich zum Erfolg Ihres Smart-Home-Projekts bei. Es gilt: Am einfachsten sparen lässt sich auf dem Papier.

Mit der wichtigste Schritt auf dem Weg zum intelligenten Eigenheim ist eine gut durchdachte Planung. Solange sich Ihr Projekt erst in der Planungsphase befindet, kostet die Behebung eines Fehlers nur wenige Minuten. Ist der Plan aber erst einmal in die Realität umgesetzt, wirken sich Planungsfehler in der Regel in Form von deutlichen Mehrkosten aus – sowohl für Arbeit als auch beim Material. Jede Minute und jeden Euro, den Sie in Ihre Planung investieren, sparen Sie am Ende mehrfach wieder ein.

22.1 Wünschen Sie sich etwas: mit dem Raumbuch

Das Ziel dieses Kapitels soll es sein, Ihre Wünsche an Ihr künftiges Smart Home systematisch zusammenzustellen. Der Fokus liegt darauf, zu entscheiden, was Sie von der Ausstattung in jedem einzelnen Raum erwarten. Individuelle Wünsche spielen dabei eine ebenso große Rolle wie allgemein anerkannte Best Practices. Als Ergebnis dieser Bestandsaufnahme werden Sie eine recht umfangreiche Tabelle erhalten, die sich als sehr wertvoll für die gesamte Dauer Ihres Smart-Home-Projekts erweisen wird. Wir nennen diese Tabelle das *Raumbuch*.

22.1.1 Welchen Zweck hat das Raumbuch?

Das Raumbuch sollten Sie in jedem Fall ganz am Anfang einer Smart-Home-Projektplanung ausarbeiten. Es erfüllt mehrere Aufgaben:

- Das Raumbuch hilft Ihnen, bei der weiteren Planung und Ausführung keine Elektro- bzw. Smart-Home-Ausstattung zu vergessen.
- Es hilft Ihnen außerdem, Ihre Gedanken und Wünsche systematisch zu ordnen, und dient als Diskussionsgrundlage für Dritte (z. B. Elektromeister, KNX-Systemintegrator, Architekt).

- Aus dem Raumbuch werden in einem weiteren Arbeitsschritt die Materialliste, die Auslegung der elektrischen Verteilung und damit auch die Kosten für Ihr Projekt abgeleitet.

22.1.2 Wie gehen Sie bei der Erstellung vor?

Ein brauchbares Raumbuch zu erstellen, ist nicht ganz trivial. Sie müssen sich dazu Ihren künftigen Lebensraum vorstellen können, müssen überlegen, welche Räume wie (und von wem) genutzt werden, und außerdem entscheiden, was Ihnen an Komfort, Sicherheit und Flexibilität wichtig ist.

Um diese Fragen beantworten zu können, sollten Sie natürlich zuallererst wissen, was denn überhaupt möglich ist. Als Vorbereitung darauf lesen Sie bitte auf jeden Fall die Smart-Home-Grundlagenkapitel und hier insbesondere den Abschnitt 3.2, »Was können Sie von Ihrem Smart Home erwarten?«. Zusätzlich ist es wichtig, dass Sie sich über die gewünschte Raumausstattung Gedanken machen. Eine Hilfestellung finden Sie in Abschnitt 17.3, »Bestimmen Sie Ihre Raumausstattung«.

Für die Erstellung eines Raumbuchs gibt es nicht *die eine* optimale Variante. Viele Wege führen zum Ziel, und Sie werden schnell herausfinden, mit welcher Darstellung Sie selbst am besten klarkommen. Im Folgenden stelle ich Ihnen eine Methode vor, die auf einer einfach zu erstellenden Tabelle (in Excel) basiert. Wenn Sie wenig Erfahrung mit Excel haben, bietet es sich an, dem Abschnitt 19.4, »Planen mit Excel«, ein paar nützliche Grundlagen zu entnehmen.

Die Raumliste

Stellen Sie im ersten Raumbuch-Arbeitsschritt eine Liste Ihrer Geschosse und der darin enthaltenen Räume auf und ordnen Sie diese zeilenweise an. Vergessen Sie bitte nicht den Außenbereich (Garten, Scheune, Terrasse, Garage, Carport usw.), den Sie zweckmäßigerweise wie ein Innengeschoss kategorisieren. Wichtig sind auch Kellerräume, Flure, Treppen und sogar Abstellräume. Das Smart-Home-Konzept soll schließlich Ihr gesamtes Gebäude umfassen. Ein Beispiel zur Verdeutlichung finden Sie in Tabelle 22.1:

Geschoss	Raumnummer	Raum
Schlafgeschoss	S1	Elternschlafzimmer
	S2	begehbarer Schrank
	S3	Elternbad
	S4	Kinderbad
	S5	Kinderzimmer 1

Tabelle 22.1 Beispiel für eine Raumliste (Auszug)

Geschoss	Raumnummer	Raum
Wohngeschoss	W1	Wohnzimmer
	W2	Küche
	W3	WC
Keller	K1	Technikraum
	K2	Windfang
	K3	Kellertreppe
Außenbereich	A1	Carport
	A2	Terrasse
	A3	Schuppen
	A4	Fassade

Tabelle 22.1 Beispiel für eine Raumliste (Auszug) (Forts.)

Die Raumnummer werden wir später für Beschriftungszwecke verwenden. Es empfiehlt sich, bereits an dieser Stelle eindeutige Raumnamen zu vergeben, die konsequent in allen weiteren Arbeitsschritten gleichermaßen benutzt werden. Der etwas merkwürdige Raum A4, »Fassade«, soll dazu dienen, den Installationsplatz für z. B. Außenkameras, Fassadenbeleuchtung oder Ähnliches festzuhalten.

Die Ausstattung

In Schritt 2 fügen Sie die möglichen Ausstattungen als Spalten in die Tabelle ein. Mit Ausstattung sind sowohl Standard-Elektroinstallationselemente (wie Steckdosen, SAT-Anschluss, Lichtauslässe) als auch Automatisierungskomponenten (wie Präsenzmelder, Tasterinterfaces usw.) gemeint. Es ist sinnvoll, die Ausstattungen in den Spalten zu kategorisieren. Beispielsweise beinhaltet die Kategorie »Steckdosen« vier Typen: Steckdose mit Dauerstrom, geschaltet mit Schaltaktor, mit zusätzlicher Strommessung sowie die Kraftsteckdose.

Für die bessere Übersichtlichkeit sind die Ausstattungen in folgender Tabelle 22.2 als Zeilen angeordnet, für Ihr Raumbuch projizieren Sie diese aber bitte inklusive der Kategorie auf Spalten:

Kategorie	Ausstattung
Steckdosen	Dauerstrom
	mit Schaltaktor
	mit Strommessung
	Kraftsteckdose
Multimedia	Netzwerkdose
	SAT-Dose
	Antennendose
	Einbaulautsprecher
	Aufbaulautsprecher
	Telefon
	IR-Sender, IR-Empfänger
Beleuchtung	230 V ungedimmt
	230 V dimmbar
	(DALI)-EVG (für z. B. LED, Leuchtstofflampen)
	Notbeleuchtung
Beschattung	Jalousie
	Rollladen
	Markise, Sonnensegel
Melder	Präsenzmelder
	Bewegungsmelder
	Rauchwarnmelder
Kontakte	Fensterkontakt
	Türkontakt, Torkontakt

Tabelle 22.2 Ausstattungen für das Raumbuch

Kategorie	Ausstattung
Sensoren	Temperatursensor
	Feuchtigkeitssensor, Wassermelder
	Raumklimasensor
	Glasbruchsensor
	Wetterstation
Heizung	FBH-Kreislauf
	Heizkörperthermostat
Belüftung	Lüfter
Bedienelemente	KNX-Tastsensor
	KNX-Raumtemperaturregler
	konventioneller Schalter mit KNX-Busankoppler
Visualisierung	LED-Anzeige
	LC-Panel
	Touchpanel
	akustischer Melder
Überwachung	Kamera
Türkommunikation	Türstation
	Wohnungsstation
	Gong
Betätigung	Motorschloss
	Fenstermotor
	Garagentor
	Motorleinwand, Beamer-Motor

Tabelle 22.2 Ausstattungen für das Raumbuch (Forts.)

Je nach Geschmack können Sie Ausstattungen auch weiter unter-kategorisieren. Für den KNX-Tastsensor ließen sich beispielsweise verschiedene Typen als Spalten definieren (3-fach-Wippe, 4-fach-Wippe, 5-fach Wippe usw.).

Zu jeder Ausstattungsspalte fügen Sie am besten direkt eine zweite schmale Spalte ein, in der Sie im folgenden Arbeitsschritt die Anzahl (wie oft die Ausstattung im jeweiligen Raum vorhanden ist) als Zahl einfügen.

Die Zuordnung

Im dritten und letzten Schritt, nachdem Sie die Raumbuchspalten und -zeilen erstellt haben, füllen Sie die einzelnen Zellen. In den Zellen für die Ausstattung notieren Sie separat für jeden Raum, was genau Sie planen und wie viel davon. Ein Beispiel soll Abbildung 22.1 verdeutlichen.

	A	B	C	D	E	F	G	H	I
1									
2				**Steckdosen**				**Beschattung**	
3				**mit Schaltaktor**		**Schaltaktor mit Strommessung**		**Jalousie**	
4		**Wohngeschoss**	Küche	Dampfgarer	1	Spülmaschine	1	1 Motor	1
5					0	Kühlschrank	1		0
6					0	Gefrierschrank	1		0
7					0	Speisenwärmer	1		0
8			Esszimmer	Dekobeleuchtung	1		0	1 Motor	1
9				Stehlampe	1		0		
10			Wohnzimmer	Stehlampe	1	Fernseher	1	2 Motoren	2
11					0	SAT-Receiver	1		0
12			Büro	Drucker, Soundanlage	1	PC, Monitor	1	1 Motor	1
13									
14		**Summe**			5		7		5
15									

Abbildung 22.1 Raumbuch: ein Beispielausschnitt

Die Summenfelder helfen Ihnen später bei der Ermittlung der benötigten Kanalanzahl von KNX-Modulen. Mit der bedingten Formatierung in Excel (siehe Abschnitt 19.4.4, »Farblich hervorheben mit bedingter Formatierung«) erreichen Sie die farbliche Hervorhebung von Anzahlwerten größer als null.

Wichtig zu wissen ist, dass für Steckdosen (und z. B. auch Lampenauslässen) eine Anzahl von »1« nicht bedeutet, dass es für diese Ausstattung nur genau eine Steckdose gibt, sondern vielmehr eine separat schaltbare Reihe an Steckdosen. Im Beispielraumbuch wären demnach PC und Monitor nur zusammen schaltbar (1 Aktorkanal wird benötigt), aber jedes Gerät bekommt natürlich seine eigene Steckdose(n). Ebenso werden mehrere Lichtauslässe, die nur zusammen ein- und ausschaltbar sein müssen, auch nur als »1« gezählt.

22.1.3 Das Raumbuch als ständiger Begleiter

Wenn Sie sich bisher wenig mit dem Thema Smart Home beschäftigt haben, werden Sie kaum in der Lage sein, das Raumbuch an dieser Stelle bereits komplett zu füllen. Die Erkenntnisse und Ideen dazu, was im Smart Home möglich ist und was Sie gern realisieren möchten, werden Sie nach und nach beim Lesen dieses Buchs gewinnen. Sehen Sie das Raumbuch deshalb bitte als lebendige Tabelle, die Sie immer dann wieder öffnen und bearbeiten, wenn Sie in späteren Buchkapiteln neue Grundlagen kennengelernt haben.

22.2 Der Leitungsplan

Für eine zukunftssichere Gebäudeinstallation ist eine ausreichende Anzahl von Leerrohren von entscheidender Bedeutung. Neben den offensichtlichen Leerrohren für Strom, KNX-Bus, Netzwerk, SAT, Multimedia, Lautsprecher usw. sollten Sie bereits Vorkehrungen für eventuelle Erweiterungen wie z. B. eine Fotovoltaikanlage, Kameras, Außenanlagen usw. treffen. In Abschnitt 17.3, »Bestimmen Sie Ihre Raumausstattung«, haben Sie Ihren Bedarf ermittelt, jetzt geht es darum, zu planen, wie die Leerrohre in Decken, Wänden und Böden geführt werden. Für diesen Planungsschritt sollte ein Elektromeister zurate gezogen werden, ebenso ist es wichtig, die Pläne mit Architekt und Statiker durchzusprechen. In einem gut ausgestatteten Smart-Home-Einfamilienhaus kommen gut und gern 100 Leerrohre und mehr am Stromkreisverteiler an. Wo so viel Rohrmaterial gehäuft auftritt, müssen unter Umständen Vorkehrungen hinsichtlich der Statik getroffen werden (Armierungsstahl).

22.2.1 Die Schritte zur Erstellung des Leitungsplans

Um einen aussagekräftigen Leitungsplan bzw. Einlegeplan anzufertigen, importieren Sie am besten einen Grundriss Ihres Heims, den Sie entweder selbst anfertigen oder noch besser von Ihrem Architekten oder Bauträger bekommen. Die Abläufe in diesem Abschnitt sind für die Arbeit mit dem Microsoft-Tool Visio ausgelegt, sollten aber im Wesentlichen auch auf jedes andere Zeichenprogramm umgelegt werden können. Ziehen Sie für den Import eines DWG-Files (AutoCAD) und die Arbeit mit unterschiedlichen Darstellungsebenen (Layer) die Beschreibungen aus Abschnitt 19.3, »Kreatives Planen mit Visio«, heran.

Am sinnvollsten legen Sie für jede Etage ein eigenes (Visio-)File bestehend aus dem Grundriss an bzw. duplizieren ein einmal erzeugtes File inklusive der definierten Layer. Die weiteren Arbeitsschritte sehen, je Etage, folgendermaßen aus:

1. Prüfen Sie, ob der Maßstab des Grundrisses passt, indem Sie ein oder zwei Bemaßungs-Shapes einfügen.
2. Legen Sie mehrere Layer an und vergeben Sie unterschiedliche Farben:
   - zur Unterscheidung der Leitungsführung: Boden, Decke, Wand
   - zur Unterscheidung der Leitungstypen: NYM, KNX, SAT, Cat.7, Einzeladern usw.
   - einen Layer für ein- und ausblendbare Beschriftungen
   - einen Layer für Bemaßungen
   - einen Layer für Auslässe
   - einen Layer für den Grundriss selbst (dem Sie alle Grundrissobjekte zuordnen) und den Layer dann sperren
3. Zeichnen Sie für alle Räume die Auslässe (im vorgesehenen Layer) ein: Steckdosen, Beleuchtung, Melder, Taster, Lautsprecher, Reservedosen, Kabelzugdosen, Multimedia.

4. Benennen Sie die Auslässe (im Beschriftungslayer) nach einem eindeutigen Schema. Einen Vorschlag finden Sie im Anschluss.
5. Fügen Sie Bemaßungen zu den Auslässen hinzu (Layerbemaßung).
6. Geben Sie jedem Raum eine Nummer und einen Namen.
7. Zeichnen Sie die Leerrohrverbindungen zu allen Auslässen ein und ordnen Sie sie den entsprechenden Layern zu (Wand, Boden, Decke).
8. Beschriften Sie die Leerrohrverbindungen mit dem Rohrdurchmesser.

Einen Ausschnitt aus einem Leitungsplan sehen Sie in folgender Abbildung 22.2. Die unterschiedlichen Layer (Boden, Decke, Wand) sind im Original durch Farben unterschieden. Den Auslässen sind jeweils eindeutige Nummern zugeordnet (z. B. K1-L1), ebenso sind die Räume nummeriert. Die Leerrohrverbindungen wurden mit dem Rohrdurchmesser beschriftet (20, 25).

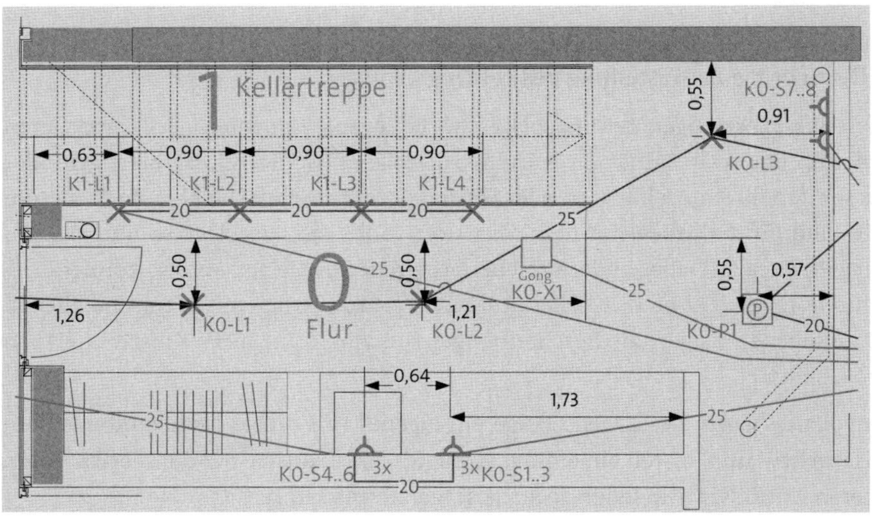

Abbildung 22.2 Leitungsplan mit mehreren Layern (Wand, Decke, Boden) – Ausschnitt

22.2.2 Geben Sie Ihren Auslässen eindeutige Bezeichnungen

In Abbildung 22.2 finden Sie unter anderem Bezeichnungen für alle Auslässe. Es ist wichtig, jedem Auslass eine eindeutige Nummer zu geben, die Sie während der gesamten Projektdauer beibehalten. Mithilfe dieser Nummer beschriften Sie beispielsweise später Ihre Reihenklemmen im Stromkreisverteiler oder die Felder in einem Ethernet-Patch-Panel. Was das Nummernschema betrifft, sind Sie vollkommen frei, ich stelle Ihnen jedoch an dieser Stelle das im Beispiel verwendete System kurz vor. Eine Bezeichnung (z. B. *K1-L1*) besteht hier aus vier Teilen:

- dem Geschoss (*K*): K = Keller, W = Wohngeschoss, S = Schlafgeschoss, A = Außenbereich
- der Raumnummer pro Geschoss (*1*): 0 = Flur, 1 = Treppe usw.

- dem Typ des Auslasses (*L*): L = Leuchte, S = Steckdose, P = Präsenzmelder, B = Bewegungsmelder, D = DALI, J = Jalousie, M = Magnetkontakt, R = Rauchwarnmelder, T = Taster, V = HVAC-Sensor (Heating, Ventilation and Air Conditioning), X = Sonstiges usw.
- einer pro Raum und Auslasstyp fortlaufenden Nummer (*1*)

Freunden Sie sich bereits am Projektbeginn mit Ihren eindeutigen Bezeichnungen an und setzen Sie sie auch bei der KNX-Parametrierung über die Kommentarfunktionen der ETS-Software ein.

22.3 Die Verteilerplanung

In einem Stromkreisverteiler finden Reiheneinbaugeräte (REG) unterschiedlicher Art Platz. In der klassischen Elektroinstallation sind das mindestens die in jedem Haushalt installierten Sicherungsautomaten (genauer gesagt, Leitungsschutzschalter bzw. LS) und mehrere FIs (Fehlerstromschutzschalter bzw. RCDs) sowie eine Reihe von Verbindungsklemmen und Klemmsteine. Im Smart Home wird der Großteil der Verteilerkapazität mit Geräten zur intelligenten Gebäudesteuerung belegt. Hinzu kommt noch der großzügige Einsatz von Reihenklemmen, um dem Wunsch nach einer flexiblen und geordneten Verkabelung Genüge zu tun.

22.3.1 Die Grobplanung nach Funktion

Abbildung 22.3 zeigt die exemplarische Belegung eines (sehr großen) Verteilers mit insgesamt neun Reihen zu je fünf Feldern, bestehend aus Schutzeinrichtungen (unten), KNX-Geräten (Mitte) und Reihenklemmen (oben):

Reihenklemmen	Reihenklemmen		Reihenklemmen	
Eingangsklemmstein	Reihenklemmen		Reihenklemmen	
LS und RCD	KNX	KNX	KNX	KNX
Steckdosen	KNX	KNX	Reserve	Reserve
KNX	KNX	KNX	KNX	KNX
Türkommunikation	Reserve	Reserve	Reserve	Reserve
Türkommunikation	KNX	KNX	KNX	KNX
	LS	LS	Reserve	LS
Eingangsklemmstein	LS und RCD	LS und RCD	LS und RCD	LS und RCD

Abbildung 22.3 Grobaufteilung des Stromkreisverteilers

Ein Feld bietet Platz für Reiheneinbaugeräte mit einer Breite von 12 TE. Die Bezeichnung TE steht für Teilungseinheit und repräsentiert eine standardisierte Breite von 17,5 mm.

Sie erfahren in Abschnitt 25.2 noch Genaueres zum Thema Stromkreisverteiler und dessen Innenleben.

Die typischen Breiten (in TE) der am häufigsten verbauten REG-Module sind:

- Fehlerstromschutzschalter (RCD): 4 TE
- Leitungsschutzschalter (LS): 1-polig: 1 TE, 3-polig: 3 TE
- KNX-Schaltaktor: 4 Kanäle: 4 TE, 8 Kanäle: 8 TE, 12 Kanäle: 12 TE
- KNX-Netzteil 640 mA: 6 TE
- KNX-IP-Schnittstelle: 2 TE
- KNX-Dimmaktor: 3 Kanäle: 6 TE

Natürlich gibt es unzählige Möglichkeiten zur Anordnung der Felder, und jeder Elektriker hat auch seine eigenen Präferenzen. Es empfiehlt sich aber, ein paar Grundüberlegungen in die Planung einzubeziehen:

- Reihenklemmen in den obersten Reihen bewirken einen sehr ordentlichen und flexiblen Aufbau (vorausgesetzt, die Leitungseinführung erfolgt ebenfalls von oben).
- RCD und LS sind im unteren Bereich gut aufgehoben. Zwar leidet die Lesbarkeit der Beschriftung ein wenig, aber dafür ist eine direkte Adernführung von LS zu Aktor und weiter zur Reihenklemme möglich.
- Eine eingeplante Reserve von ca. 20 bis 25 % sollte am Ende der Installation in Form von freien Feldern noch vorhanden sein.
- Versuchen Sie so konsequent wie möglich, den Kleinspannungsteil (KNX, Signalleitungen, Türkommunikation, Rauchwarnmelder usw.) vom 230-V-Teil räumlich zu trennen.

22.3.2 Die Grobplanung nach RCD-Kreis

Zusätzlich zur Anordnung der Verteilerfelder nach Funktion spielt ein zweites Kriterium eine wichtige Rolle: die Aufteilung nach unabhängigen RCD-Kreisen. Der Gedanke dahinter ist, dass das Auslösen einer einzelnen Fehlerstromschutzeinrichtung nicht Ihr komplettes Gebäude von der Stromzufuhr trennt, sondern jeweils immer nur einen (möglichst kleinen) Teil.

Dazu drei Beispiele:

1. Löst der RCD im Obergeschoss aus, sollten die Stromkreise im Erdgeschoss und insbesondere im Keller davon nicht beeinflusst werden.
2. Durch einen Fehlerstrom in einem Steckdosenstromkreis sollte nicht auch zusätzlich die Beleuchtung in derselben Etage abgeschaltet sein, eine Fehlerbehebung im Dunkeln ist nicht angenehm.

3. Ein auslösender RCD sollte keine Kühlgeräte (Kühlschrank, Gefrierschrank) vom Strom trennen, wenn der Fehler nicht in deren Stromkreis liegt. Der Außenbereich und die Kühlgeräte haben zweckmäßigerweise jeweils ihren eigenen RCD.

Aus diesen Überlegungen zur Vermeidung von unnötigen Abhängigkeiten ergibt sich eine mögliche Planung, wie sie in Abbildung 22.4 dargestellt ist. Sie erkennen die Zuordnung der insgesamt sechs RCD-Kreise zu den Reihenklemmenfeldern.

Abbildung 22.4 Verteilerplanung nach RCD-Kreisen

Die einzelnen RCD-Kreise sind so ausgelegt, dass sie möglichst wenig Abhängigkeit untereinander besitzen:

1. Technik (KNX, Türkommunikation, Multimedia, Server, Waschmaschine, Enthärter, Steckdosen und Beleuchtung im Kellergeschoss, DALI-Bus)
2. Beleuchtung für das gesamte Haus (ohne DALI)
3. Steckdosen im Obergeschoss
4. Steckdosen im Erdgeschoss
5. Steckdosen und Beleuchtung im Außenbereich, Notbeleuchtung im Keller
6. Kühlschrank, Gefrierschrank

Ein RCD für genau ein Reihenklemmenfeld

Wenn Sie einem Reihenklemmenfeld genau einen RCD zuordnen (wie in Abbildung 22.4 dargestellt), haben Sie den großen Vorteil, eine Nullleiter-Sammelschiene für dieses Reihenklemmenfeld einbauen zu können. Da Sie die N-Abgänge von verschiedenen RCDs nicht miteinander verbinden dürfen, ist diese strikte Aufteilung zudem eine gute Fehlervermeidungsmaßnahme.

22.3.3 Die Feinplanung

Abgeleitet aus den beiden Grobplanungen nach Funktion und RCD-Kreis, lässt sich eine detailliertere Belegung der verfügbaren Verteilerfelder erstellen:

Reihenklemmen Kühlschrank	Reihenklemmen Technik, Keller		Reihenklemmen Obergeschoss	
Eingangsklemmstein	Reihenklemmen Beleuchtung		Reihenklemmen Erdgeschoss	
FI/LS Kühl/Gefr. schrank FI/LS Außenbereich	Dimmaktoren	Dimmaktoren	Dimmaktoren	Dimmaktoren
Steckdosen	Jalousieaktoren	Jalousieaktoren		
KNX-Netzteil	Schaltaktoren Steckdosen (Messung)	Schaltaktoren Licht	Schaltaktoren Steckdosen	Schaltaktoren Steckdosen (Messung)
Türkommunikation (Video)				
Türkommunikation (Netzteil, Gateway)	Heizungsaktoren	Binäreingange	IP-GW,Wetterzentrale, DALI-Gateway	USB-Interface
	LS Technik, Keller	LS Beleuchtung Obergeschoss		LS Küche, Herd, GS, Dampfg.
Klemmsteine (N und Leiter)	FI/LS Technik	FI/LS Beleuchtung Erdgeschoss, Keller	FI/LS Obergeschoss	FI/LS Wohngeschoss

Abbildung 22.5 Feinplanung des Stromkreisverteilers

In Abbildung 22.5 erkennen Sie, dass die KNX-Geräte nach Typ geordnet sind. Das ergibt zwar Sinn, ist aber für die Funktion nicht wirklich relevant. Die KNX-Busleitung im Verteiler verbindet alle KNX-Geräte miteinander, unabhängig von deren Positionierung. Auf zwei wichtige Punkte sollten Sie dennoch achten:

1. Dimmaktoren entwickeln eine erhebliche Wärme, sie sollten daher nicht übereinander, sondern nebeneinander und, soweit es geht, im obersten Teil des Verteilers angeordnet werden.
2. Nutzen Sie die gesamte Feldbreite von 12 TE möglichst immer aus. Hinsichtlich dessen, und ebenso bezogen auf den Preis pro Kanal, sind z. B. 12-fach-Aktoren (oder gar 20-fach-Aktoren) ideal.

Wie viele Teilungseinheiten Sie benötigen oder, anders gesagt, wie viele Kanäle pro Aktortyp notwendig sind, ergibt sich aus dem Raumbuch, das Sie als wichtige Planungsgrundlage für alle anderen Schritte, beispielsweise die Stromkreisverteilerplanung, benötigen. Aus der ermittelten Anzahl der Kanäle und der Menge der dafür einzusetzenden Aktormodule bzw. Sensormodule ergibt sich der Gesamtbedarf in TE.

22.3.4 Das schematische Verkabelungsprinzip

Sehen wir uns das Verkabelungsprinzip eines Smart-Home-Stromkreisverteilers genauer an, und zwar von unten nach oben.

Die RCD-LS-Kombination

In einem Verteilerfeld finden ein RCD und acht nachgeschaltete LS Platz. Weitere LS können Sie, ebenfalls diesem RCD-Kreis zugeordnet, z. B. in dem Verteilerfeld darüber anbringen. Ein Verteilerfeld kann zwölf einpolige LS aufnehmen.

Die über den Stromzähler geführte Hauptzuleitung wird in der Regel auf einem Klemmblock aufgelegt und von dort mit allen RCDs im Verteilerschrank verbunden. Die in oben stehender Abbildung 22.6 gezeigte Verbindung der LS mit dem RCD geschieht entweder über flexible Kupferlitzen oder, noch besser und einfacher, über sogenannte *Kammschienen* (Abbildung 22.7). Eine Kammschiene enthält drei Kupferschienen in einem isolierten Kunststoffgehäuse, die direkt unter der RCD-LS-Reihe einrastet und die dargestellten Verbindungen sicher, zuverlässig und schnell umsetzt.

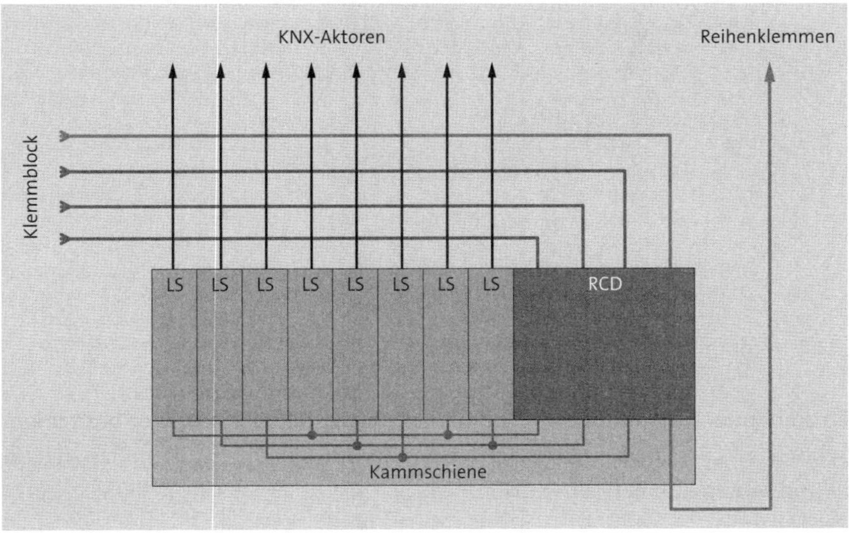

Abbildung 22.6 Verdrahtung von RCD und LS

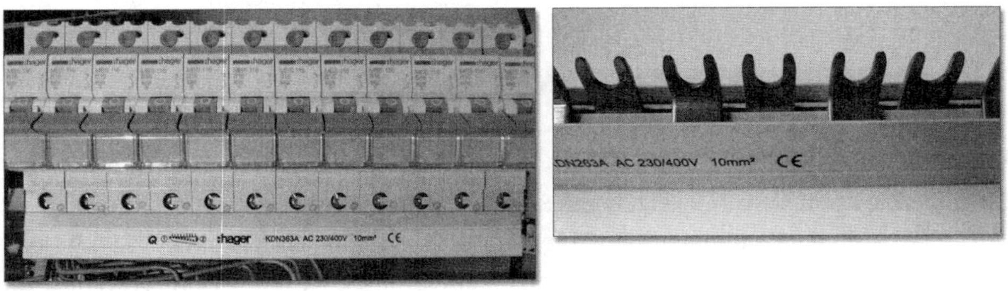

Abbildung 22.7 Eingesetzte Kammschiene (links) und Kammschiene im Detail mit zwei Kupferschienen (rechts)

Die acht LS sichern die einzelnen Stromkreise ab. Von jedem LS führen eine oder zwei Einzeladern zu den KNX-Aktoren oder auch direkt zu den zugeordneten Reihenklemmen, falls dieser Stromkreis nicht schaltbar sein soll/muss. Bereits an dieser Stelle zeigt sich die große Flexibilität einer zentralen Verteilung.

Vom LS zum Aktor

Die Abgänge der Leitungsschutzschalter führen Sie, entweder direkt oder über zwischengeschaltete Klemmen, auf die Aktormodule. Das können Schaltaktoren, Dimmaktoren, Ventilantriebsaktoren und weitere sein, die Vorgehensweise dabei ist die gleiche.

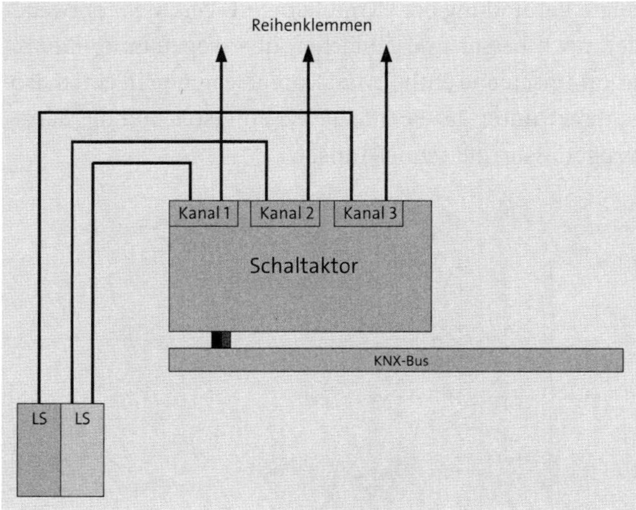

Abbildung 22.8 Verdrahtung von LS und Schaltaktor

Der in oben stehender Abbildung 22.8 schematisch dargestellte Schaltaktor besitzt keinen N-Anschluss, weswegen Sie sehr flexibel in der Zuordnung Ihrer RCD-Kreise zu dem Schaltaktor und seinen Kanälen sein dürfen.

Manche KNX-Aktormodelle (oft sind das z. B. Dimmer) benötigen jedoch explizit einen N-Anschluss. An dieser Stelle ist Vorsicht geboten, Sie müssen darauf achten, beim Anschluss der Kanäle des Aktors nicht mehrere RCD-Kreise zu mischen. Bei einem Aktor mit einem N-Anschluss und z. B. drei Dimmkanälen müssen alle drei Phasen vom selben RCD-Kreis stammen wie der Neutralleiter N.

Vom Aktor zu den Reihenklemmen

Die folgende Abbildung 22.9 zeigt einen Standardanwendungsfall. Eine fünfadrige NYM-Leitung ist auf zwei Reihenklemmen (hier: Phoenix PTI 2,5-PE/L/NT und PTI 2,5-L/L) aufgelegt. Nehmen wir an, die Leitung führt ins Wohnzimmer, wo jeweils eine Steckdose an L1 und an L2 einzeln schaltbar sein soll. Die dazu benötigten Ausgänge der Schaltaktoren können Sie direkt auf die beiden Reihenklemmen verdrahten. Der N-Anschluss dieser und aller anderen Reihenklemmen in diesem Verteilerfeld wird über eine gemeinsame N-Sammelschiene hergestellt, die über die N-Trennklemme mit dem N-Anschluss des RCD verbunden ist. Zusätzlich sind alle Reihenklemmen über die Hutschiene automatisch mit PE verbunden. Der Leiter L3 ist in dieser Abbildung nicht verbunden, könnte aber z. B. über einen weiteren Aktorkanal geschaltet werden, auf Dauerstrom liegen oder einfach als Reserve vorgesehen sein.

Was auf den ersten Blick womöglich etwas umständlich erscheint, führt in der Praxis jedoch zu einer sehr gut wartbaren, flexiblen und aufgeräumten Verdrahtung. Hat man das Prinzip erst mal durchdrungen, ist es ein Leichtes, einen Verbrauchern mit Dauerstrom in einen schaltbaren Verbraucher zu verwandeln. Umgekehrt funktioniert das natürlich auch. Durch den Einsatz von Steckbrücken, siehe Abschnitt 20.5.2, »Produktbeispiele«, gelingt die gemeinsame Ansteuerung mehrerer Einzeladern der NYM-Zuleitung über einen einzigen Aktorkanal ebenfalls schnell und übersichtlich.

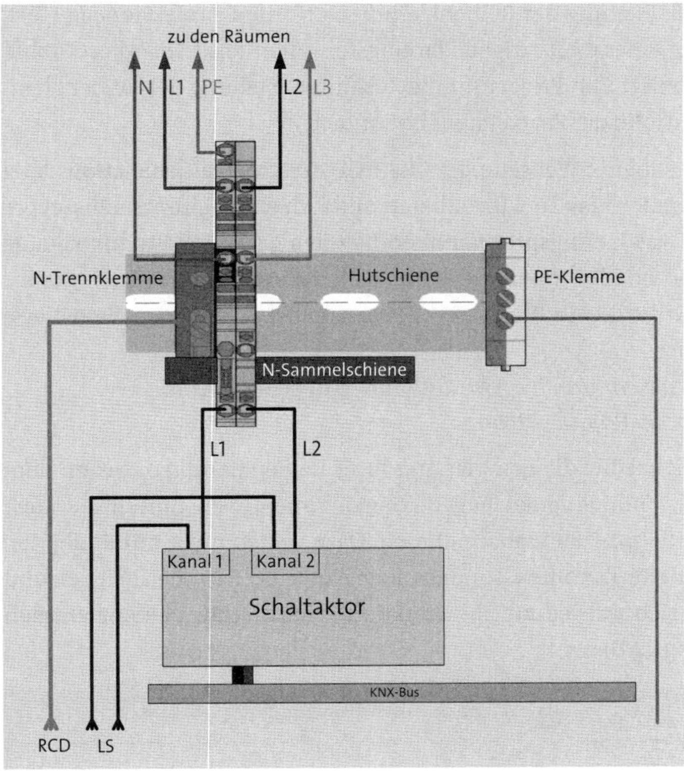

Abbildung 22.9 Verdrahtung von Aktor und Reihenklemmen

Von den Reihenklemmen zu den einzelnen Räumen

Ausgehend von den Reihenklemmen, geht es mit den richtig dimensionierten Leitungen, mit 1,5 mm^2 oder 2,5 mm^2 Querschnittsflächen, in die einzelnen Räume der jeweiligen Etagen. Im Endzustand erhalten Sie eine weitestgehend sternförmige Verkabelung, ausgehend vom Verteiler zu allen Verbrauchern wie Steckdosen, Beleuchtung, Jalousien, Ventilantrieben, Haushaltsgeräten usw. Jeder schaltbare Stromkreis wird mit einer eigenen Leitung versorgt. Gegenüber der konventionellen Elektroinstallation bedeutet dies zwar einen Mehraufwand an Leitungsmaterial, aber auch eine deutlich erhöhte Flexibilität und die Möglichkeit, Funktionen umzusetzen, die ansonsten nicht möglich wären.

Damit Sie jederzeit wissen, welche Reihenklemmen über Leitungen mit welchen Auslässen verbunden sind, beschriften Sie die Reihenklemmen mit den eindeutigen Bezeichnungen der Auslässe (siehe Abschnitt 22.2.2, »Geben Sie Ihren Auslässen eindeutige Bezeichnungen«). Gut geeignet dazu sind die je nach Hersteller angebotenen Beschriftungsträger (z. B. Zackband). In Abschnitt 20.5, »Reihenklemmen«, finden Sie weitere Details und konkrete Produktvorschläge.

22.3.5 Unterstützung bei der professionellen Planung der Reihenklemmen

In einer gut konstruierten Verteilung werden alle eingehenden und ausgehenden Leitungen (mit Ausnahme von z. B. Cat-Leitungen oder USB-Kabeln) auf Reihenklemmen gelegt. Eine professionelle Planung der Reihenklemmen erfordert professionelle Hilfe, diese finden Sie in Gestalt eines CAD-artigen Planungstools namens *Clip Project* (Abbildung 22.10). Ideal funktioniert Clip Project für die Zusammenstellung der Reihenklemmen aus dem Produktportfolio der Firma Phoenix-Contact.

Sie können sich auf der Phoenix-Webseite die fast 1 GByte schwere Installationsdatei von Clip Project herunterladen, das Tool installieren und sich einen Lizenzschlüssel per E-Mail zusenden lassen. Das Planungsprogramm enthält den gesamten Produktkatalog von Phoenix-Contact und erlaubt Ihnen die Ausgestaltung Ihrer Hutschienen bis ins kleinste Detail. Den Download-Link für das Programm selbst sowie Schnelleinstiegsanleitungen finden Sie hier:
https://www.phoenixcontact.com/online/portal/de?uri=pxc-oc-itemdetail:pid=5146040&library=dede&pcck=P-19-06-01&tab=5

Clip Project ist ideal geeignet für die Feinplanung Ihrer Reihenklemmen. Neben dem grafischen Platzieren aller nur erdenklichen Reihenklemmentypen dürfen Sie auch sämtliches Zubehör mit in Ihre Planung aufnehmen. Dazu zählen nicht nur Endhalter, Abdeckungen und Schutzleiterklemmen, sondern auch Nullleiter-Sammelschienen und sogar Steckbrücken, die sich virtuell auf die Funktionsschächte der Reihenklemmen drücken lassen (Abbildung 22.11).

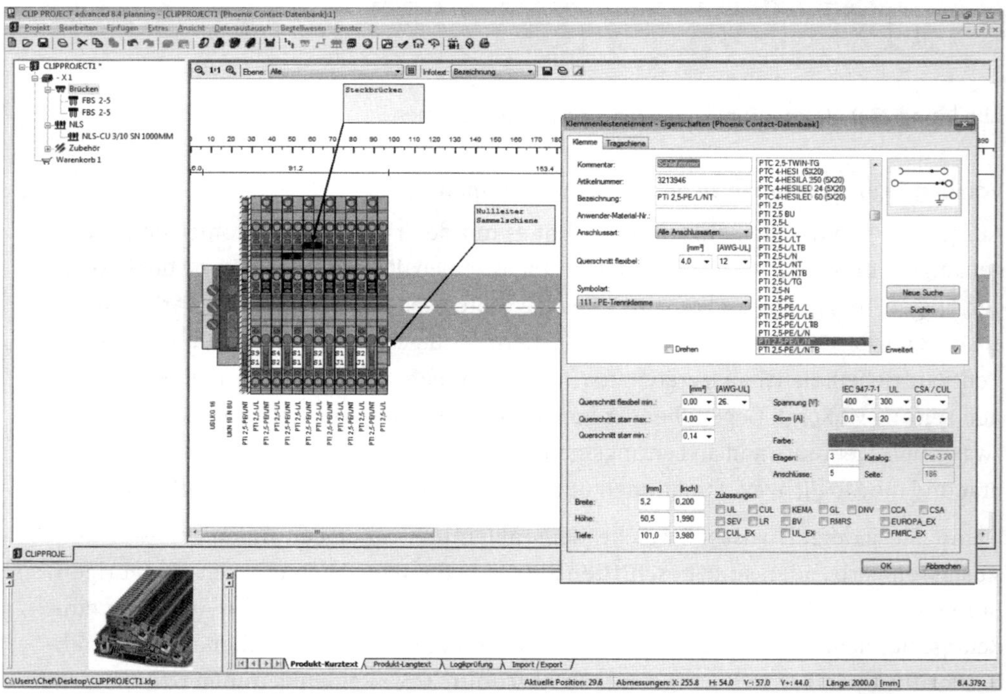

Abbildung 22.10 Clip Project für Reihenklemmenplanung

Der Lohn für die investierte Einarbeitungszeit ist eine blitzsaubere Dokumentation Ihrer Anlage und zahlreiche Exportmöglichkeiten an CAD-Programme, an EPLAN sowie an das Phoenix-Tool Clip Project Marking zur komfortablen Druckerzeugung von Klemmen-, Leiter- und Gerätemarkierungen.

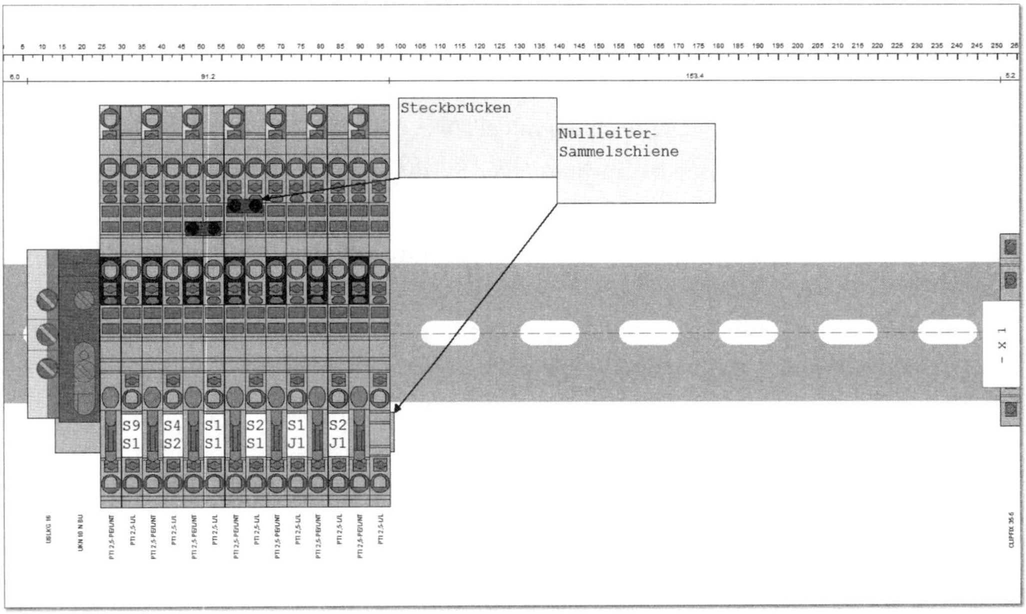

Abbildung 22.11 Reihenklemmen auf Hutschiene mit Sammelschiene und Steckbrücken

22.4 Der Stromlaufplan

Ein Stromlaufplan, auch Schaltplan genannt, ist eine grafische Darstellung einer elektrischen Schaltung. In Rahmen der Gebäudetechnik beinhaltet ein Stromlaufplan sämtliche Komponenten der Elektroinstallation, angefangen von allen Überstromschutzeinrichtungen (SLS-Schalter, LS-Schalter) über Fehlerstromschutzeinrichtungen (RCDs) bis hin zu den einzelnen Auslässen (Leuchten, Steckdosen, Schalter, Antriebe usw.). Große Teile der mit einem Stromlaufplan erfassten Bauteile befinden sich zentral im Stromkreisverteiler. Alle dezentralen in den einzelnen Räumen montierten Bauteile sind ebenfalls im Stromlaufplan erfasst.

In einem Smart Home kommt, zusätzlich zur Standardinstallation, jede Menge weiterer Komponenten wie Aktoren, Sensoren, Spannungsquellen usw. hinzu. Ein vollständiger Stromlaufplan bildet zudem nicht nur das 230-V-Netz ab, sondern auch Bereiche mit niederer Spannung, wie z. B. NV-Leuchten, KNX, DALI, das Türkommunikationssystem und 1-Wire.

Der Stromlaufplan wird nie nach der tatsächlichen Anordnung bzw. Position der Bauteile entworfen, sondern rein nach der Funktion bzw. der Stromverläufe. Die Korrelation zur echten Position einer Komponente erreichen Sie durch einheitliche Bezeichnungen zwischen Stromlaufplan und Leitungsplan.

Wie Sie am besten bei der Erstellung der Stromlaufpläne vorgehen, zeigt Ihnen die folgende Aufstellung der Arbeitsschritte:

- Machen Sie sich mit einem Zeichenprogramm/CAD-Programm vertraut (siehe Abschnitt 19.1, »Schaltpläne zeichnen mit sPlan«).
- Um die Pläne nicht zu überfrachten, legen Sie für unterschiedliche Teilbereiche (230 V, KNX, 1-Wire ...) separate Pläne an.
- Zeichnen Sie für jeden Plan die komplette Kette der Elektrokomponenten ein, von RCD bis zum Verbraucher.
- Beschriften Sie alle Komponenten im Stromlaufplan eindeutig, wobei die gewählten Bezeichnungen zu Ihren anderen Planungsdokumenten passen müssen:
  - Verteilerplanung (RCDs, Reihenklemmen, KNX-Geräte)
  - Leitungsplanung (Auslässe, Dosen, Verbindungskästen)
- Halten Sie Ihre Pläne immer auf Stand. Sie werden sich bei jeder Problemsuche und bei allen künftigen Änderungen selbst dankbar sein. Außerdem unterstützt Sie ein aktueller Stromlaufplan bei der Parametrierung von Aktoren und Sensoren mit der ETS ungemein.

Ein kleines Beispiel für einen Stromlaufplan finden Sie ebenfalls in Abschnitt 19.1, »Schaltpläne zeichnen mit sPlan«.

Übrigens: Eine recht umfangreiche Zusammenstellung der gebräuchlichsten Schaltzeichen bekommen Sie unter:
http://de.wikipedia.org/wiki/Liste_der_Schaltzeichen_(Elektrik/Elektronik)

22.5 Bedienkonzepte bei Schaltern

In einem bis zur Spitze des Machbaren ausgelegten Smart-Home-Konzept würden Sie gänzlich ohne Schalter auskommen. Die Automatik wäre so gut, dass Sie keinen manuellen Eingriff über Schalter benötigen würden. Das Haus würde stets wissen, was jeder Bewohner im Moment gerade wünscht oder benötigt, leitet alle Vorgänge selbstständig ein und ist nicht auf zusätzliche Eingaben angewiesen.

Praktisch gesehen ist das (zumindest derzeit) nicht realistisch und auch nicht unbedingt gewünscht. Ein gesundes Maß an Bedienelementen ergänzt ein intelligentes Heim sinnvoll. Sehen wir uns also an, wie Sie am besten vorgehen.

22.5.1 Wie viele Schalter benötige ich?

Die prinzipielle Antwort lautet: *so wenig wie irgendwie möglich*. Einer der häufigsten Fehler bei der Planung eines Smart Homes ist der Einsatz von zu vielen (teuren) Schaltern, die oft genug auch noch an der falschen Stelle in den Räumen angebracht sind. Ein automatisiertes Eigenheim ist naturgemäß teurer als eine Standardelektroinstallation, aber der Aufpreis reduziert sich, je mehr es gelingt, auf klassische Bedienelemente zu verzichten.

Eine gute Planung berücksichtigt folgende Grundprinzipien:

1. Verzichten Sie wo immer möglich auf Schalter. Hinterfragen Sie jeden Schalter in Ihrer anvisierten Installation und überlegen Sie stets, ob nicht eine automatische Steuerung seine Funktion übernehmen kann.
2. Setzen Sie konsequent auf Bewegungsmelder und Präsenzmelder (siehe die Abschnitte 29.2, »Bewegungsmelder«, und 29.3, »Präsenzmelder«). Diese beiden wichtigen Automatisierungskomponenten können Schalter in vielen Fällen elegant ersetzen und bieten darüber hinaus eine Menge an Mehrwert. Flure, WCs, Kellerräume und Treppen beispielsweise benötigen selten Lichtschalter. Ein geschickt platzierter Präsenzmelder erfüllt diese und weitere Aufgaben spielend.
3. Für die meisten Räume kommen Sie in der Regel mit einer einzigen Mehrfachwippe (3-fach, 4-fach) als Schaltelement aus. Diese Mehrfachwippe ist idealerweise ein KNX-Gerät und verfügt über Status-LEDs und/oder ein Display.
4. Sind trotz aller Reduktionsbemühungen weitere Schalter notwendig, setzen Sie direkt auf KNX-Taster oder mindestens über KNX-Tasterschnittstellen angebundene konventionelle Taster (siehe Abschnitt 31.3, »Unterputzbinäreingang«). Verwenden Sie wirklich nur in Ausnahmefällen konventionell verdrahtete Taster (Notabschaltung, schaltbare Notbeleuchtung u. a.).
5. Planen Sie keinen einzelnen Taster, sondern setzen Sie, wenn schon notwendig, auf eine Doppelwippe. Bei einer KNX-Bus-Installation bedeutet das keinerlei Mehraufwand für die Verdrahtung.
6. Ein Taster lässt sich in der Regel besser in eine Automatisierung einbinden als ein Schalter (dazu später mehr)

Ich möchte Ihnen nicht verschweigen, dass durchaus etwas Mut dazugehört, auf die über viele Jahre bekannten und bewährten Schalter zu verzichten, aber glauben Sie mir, Sie werden sie nicht vermissen.

Bei einer KNX-Installation kommt Ihnen entgegen, dass mit einem einzigen Tastendruck mehrere Aktionen gleichzeitig geschaltet werden können, wofür Sie bei einer konventionellen Installation durchaus mehrere Taster/Schalter oder sonstige Bedienelemente bräuchten. Darüber hinaus können Sie jederzeit die Funktion einer Taste ändern, ohne in die Verdrahtung eingreifen zu müssen. Was heute ein Lichtschalter ist, kann morgen schon zur Bewegung der Jalousien benutzt werden.

22.5.2 Schalter oder Taster?

Was unterscheidet einen Schalter von einem Taster? Der wesentliche Unterschied ist folgender:

- Ein *Schalter* schaltet beim ersten Drücken dauerhaft ein und beim zweiten Drücken wieder dauerhaft aus.
- Ein *Taster* schaltet nur so lange ein, wie der Knopf gedrückt wird.

Im Smart-Home-Einsatz finden beide Typen Verwendung, jedoch ist nicht jeder Typ für jeden Anwendungsfall geeignet. Benutzen Sie Taster mit direkter KNX-Schnittstelle bzw. Tastsensoren, müssen Sie sich keine Gedanken wegen des Unterschieds machen. Über die Applikationssoftware des Geräts stellen Sie das gewünschte Verhalten ein.

Problematisch hingegen könnte ein herkömmlicher über einen KNX-Binäreingang angebundener Schalter werden, der über zwei mechanische Stellungen verfügt. Soll dieser Schalter beispielsweise eine Leuchte ein- und ausschalten, ist das so lange keine große Sache, wie es keine anderen Bedienelemente gibt, die die gleiche Beleuchtung ebenfalls schalten können. Eine simple Zentral-Aus-Funktion würde in diesem Fall zwar die Beleuchtung ausschalten, hätte aber keine Möglichkeit, »mechanisch« den Schalter ebenfalls in die Aus-Stellung zu drücken. Bei der nächsten manuellen Bedienung der Leuchte würden Sie sich über die inkonsistente Schalterstellung wundern.

Mit einem an KNX angebundenen Taster haben Sie diese Schwierigkeit nicht, dem Binäreingang wird stets mitgeteilt, welchen tatsächlichen Schaltzustand beispielsweise eine Beleuchtung besitzt. Mehr zu dem Thema »Statusobjekte« finden Sie in den Abschnitten 47.5.2, »Verknüpfen der Gruppenadressen«, und 52.1.5, »Was hat es mit den Status-Objekten auf sich«.

22.5.3 Einzeltaster oder Wippen?

Taster mit direkter KNX-Anbindung bzw. herkömmliche Taster, die Sie über einen Binäreingang auf Ihren Bus legen, können Sie sehr vielfältig verwenden. Die meisten Geräte ermöglichen die flexible Zuordnung von Funktionen wie Schalten, Dimmen, Jalousien, Szenen usw. komfortabel über die ETS. Auch sieht deren Applikationssoftware das logische Zusammenfassen zweier Einzeltaster zu einer gemeinsamen Wippe vor. Mechanisch ändert sich natürlich nichts, wohl aber das resultierende Bedienkonzept. Sie sind prinzipiell bei der Ausgestaltung je nach Funktionsumfang der Applikation recht frei, es bietet sich aber nicht jede Kombination von Funktion und Realisierung an, wie folgende Übersicht in Tabelle 22.3 zeigt.

So lässt sich ein Beleuchtungsdimmer sowohl mit einer Wippe als auch mit einem Einzeltaster noch gut bedienen, für eine Jalousie ist ein Einzeltaster aber sehr gewöhnungsbedürftig und wenig intuitiv.

Funktion	Realisierung (Eignung)		
	Einzeltaster (ein/aus)	**Wippe**	**Einzeltaster (kurz/lang)**
An/Aus (Licht, Steckdosen, Geräte ...)	gut 1. Druck: an 2. Druck: aus	gut links: an rechts: aus	gut kurz: an/aus lang: alle aus
Jalousie, Rollladen	wenig geeignet 1. Druck: auf 2. Druck: ab	gut links: auf rechts: ab	wenig geeignet
Dimmen (Beleuchtung)	ungeeignet	gut links: heller rechts: dunkler	gut kurz: an/aus lang: heller/dunkler
Sollwert-Einstellung (Temperatur, Lüftung ...)	ungeeignet	gut links: mehr rechts: weniger	wenig geeignet kurz: weniger lang: mehr
Szenen aufrufen	gut 1. Druck: Szene aktivieren (2. Druck nicht sinnvoll bei Szenen)	gut links: Szene 1 aktivieren rechts: Szene 2 aktivieren	gut kurz: Szene 1 aktivieren lang: Szene 2 aktivieren

Tabelle 22.3 Eignung verschiedener Tasterbedienkonzepte

22.5.4 Kurz-Lang-Kurz oder Lang-Kurz?

Was sich auf den ersten Blick wie ein Morsekurs für Anfänger liest, beschreibt in Wirklichkeit zwei mögliche Bedienkonzepte für eine Wippe, die auf Jalousiesteuerung parametriert wurde. Die Applikationssoftware diverser Tastsensoren überlässt Ihnen die Entscheidung zwischen Kurz-Lang-Kurz (auch genannt Step-Move-Step) oder Lang-Kurz (Move-Step).

Kurz-Lang-Kurz

Das erste Drücken einer Taste sendet ein *Step*-Kommando (Kurzzeitbetrieb). Wird innerhalb einer gewissen Zeit (T1) wieder losgelassen, passiert nichts weiter. Das Step-Kommando verändert also nur den Lamellenwinkel oder bricht eine bereits laufende Dauerfahrt der Jalousie ab.

Wird die Taste länger als T1 gedrückt, wird nach Ablauf von T1 ein *Move* (Langzeitbetrieb) gesendet und die Lamellenverstellzeit (T2) gestartet. Wenn dann innerhalb von T2 wieder losgelassen wird, sendet der Tastsensor ein weiteres Step-Telegramm. Bei der Parametrierung des Tastsensors sollte T2 der Zeit einer 180°-Lamellendrehung entsprechen.

Lang-Kurz

Etwas simpler ist das zweite Konzept, Lang-Kurz. Der erste Tastendruck sendet bereits ein Move und startet die Lamellenverstellzeit (T1). Wird innerhalb von T1 wieder losgelassen, sendet der Tastsensor ein Step, der Motor stoppt. Es gilt, dass T1 der Zeit für eine 180°-Lamellendrehung entsprechen sollte.

Was sich in der Theorie recht kompliziert anhört, ist in Praxis und Bedienung ganz einfach. Probieren Sie beide Konzepte aus und entscheiden Sie sich einheitlich für das bevorzugte.

22.5.5 1-Punkt- oder 2-Punkt-Bedienung

Damit die Tasterauswahl nicht zu leicht fällt, können Sie bei konventionellen Tastern oft auch zwischen unterschiedlicher mechanischer Bedienung wählen. Bei *1-Punkt-Bedienung* besitzt der Taster eine Ruhestellung und eine Kontaktstellung, es existieren also zwei unterschiedliche Zustände.

Ein Taster mit *2-Punkt-Bedienung* besitzt zwei Kontaktstellungen, was bedeutet, dass Sie neben der Neutralstellung (gerade stehende Wippe) unterschiedliche Aktionen für Wippe oben und Wippe unten definieren können. Ein KNX-Modell wie z. B. der Gira 018400 erzeugt also zwei separate Schalttelegramme.

22.5.6 Bleiben Sie einheitlich

Sie haben bei der Gestaltung der Belegung Ihrer Taster prinzipiell die freie Wahl. Um ein einheitliches Bedienkonzept in Ihrem Smart Home zu verwirklichen, sollten Sie jedoch stets darauf achten, möglichst alle Bedienelemente nach einem einheitlichen Schema zu belegen.

Verwenden Sie Wippen, sollte beispielsweise links immer »an« bedeuten und rechts »aus«. Bedienen Sie mit der Wippe Behänge, könnte links immer für »auf« stehen und rechts für »ab«. Sehen Sie in Abbildung 22.12 ein Beispiel für eine Tastenbelegung.

Die Vereinheitlichung lässt sich auch auf Mehrfachwippen übertragen. Ein 3-fach-Tastsensor, der aus drei übereinanderliegenden Wippen besteht, könnte auf der obersten Wippe immer mit Beleuchtungssteuerung belegt sein, über die mittlere Wippe Szenen aufrufen und mittels der unteren Wippe die Beschattung bewegen.

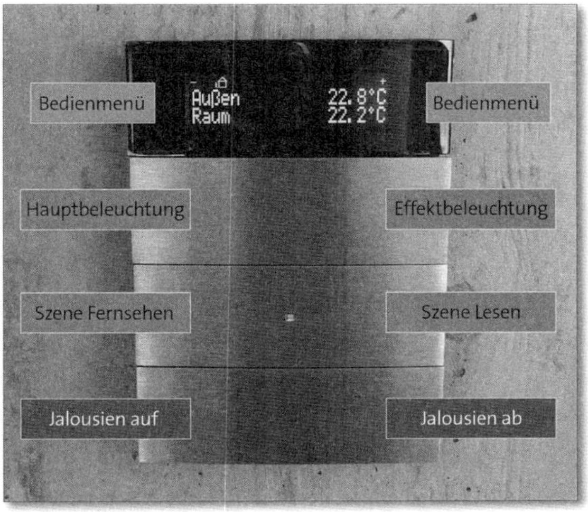

Abbildung 22.12 Beispiel für eine Tastenbelegung (KNX-Tastsensor)

22.5.7 Nützliches Feature: Tastenhilfefunktion

Eine sehr angenehme Erleichterung wird von manchen Tastsensoren mit Display angeboten: die sogenannte Tastenhilfefunktion. Dabei kann bei einem Tastendruck die Funktion einer Taste als Hinweistext im Display kurz angezeigt werden. Sie können sich zusätzlich noch entscheiden, ob Sie die hinterlegte Tastenfunktion sofort beim ersten Drücken ausführen möchten, erst nach Ablauf einer definierten Zeit oder gar erst nach einem erneuten Drücken derselben Taste.

Letztere Variante ist wunderbar geeignet, die Funktionen der einzelnen Tasten bei Einzug ins neue smarte Eigenheim oder nach einer größeren Änderung der Bedienung zu erlernen.

22.5.8 Die richtige Montagehöhe

Wie hoch sollten Schalterelemente und Steckdosen montiert werden, um optimal bedienbar zu sein? Die in Tabelle 22.4 vorgeschlagenen Montagehöhen sind natürlich nur eine persönliche Präferenz, haben sich aber als guter Kompromiss für zwei erwachsene Personen (1,85 m und 1,65 m) erwiesen. Besonders bei KNX-Tastsensoren mit Display erhöht sich die Lesbarkeit spürbar, wenn Sie noch ein paar cm höher als 1,50 m planen.

Installationsdose/Montagerahmen	Höhe über Fertigfußboden, bis Mitte Bedienelement
Steckdosen	30 cm
Standardschalter, Bewegungsmelder	110 cm

Tabelle 22.4 Vorgeschlagene Höhen für Bedienelemente

Installationsdose/Montagerahmen	Höhe über Fertigfußboden, bis Mitte Bedienelement
Schalter links/rechts vom Bett	60 cm
KNX-Tastsensoren	150 cm
Touchscreen für Visualisierung	155 cm

Tabelle 22.4 Vorgeschlagene Höhen für Bedienelemente (Forts.)

Der Unterschied: OKRF und OKFF

Beachten Sie bei der Planung und der Anbringung von Installationsdosen unbedingt den richtigen Bezug. Während der Rohbauphase dient in der Regel der Rohfußboden (OKRF = Oberkante Rohfußboden) als Referenz für die Höhe von Installationsdosen, wohingegen die vorgeschlagenen Montagehöhen von der OKFF (Oberkante Fertigfußboden) ausgeht. Zwischen OKRF und OKFF liegt der gesamte Fußbodenaufbau inklusive Bodenbelag.

22.6 Logikanforderungen

Im Gegensatz zur tatsächlichen physikalischen Smart-Home-Verkabelung, die nach einer gewissen Zeit sehr statisch sein wird, sind die virtuelle Verkabelung und insbesondere die Implementierung von Logikfunktionen einem andauernden Änderungsprozess unterworfen. Getreu dem Motto »Es gibt immer was zu automatisieren ...« werden die Logikanforderungen wachsen, und Sie werden sowohl im Alltag als auch in nicht alltäglichen Situationen Abläufe erkennen, die Sie gern in Logiken abbilden möchten.

Unter anderem haben Sie sich ja genau deswegen für ein Smart Home entschieden, Sie möchten, dass Ihr Haus automatisch das erledigt, was Sie sich für eine bestimmte Situation ausgedacht haben.

Diese »Intelligenz« des Hauses definieren Sie in einem *Logikkatalog*, der bereits während der Planungsphase entsteht und Sie während der gesamten Lebenszeit Ihrer Hausautomatisierung begleiten wird. Der Wichtigkeit dieses Hilfsmittels entsprechend sollten Sie es stets auf aktuellstem Stand halten und konsequent jegliche Anpassungen an Ihren Logikimplementierungen nur über eine vorherige Änderung des Logikkatalogs einbringen.

Nachdem ein Logikkatalog erstellt ist, kann er mithilfe einer Logik-Engine realisiert werden. Alles Wissenswerte zum Thema Logik-Engines wird Ihnen später in Kapitel 34, »Grenzenlose Möglichkeiten: Logik-Engines«, begegnen.

22.6.1 Ein kurzer Ausflug in die Softwareentwicklung

Logikentwicklung ist zum allergrößten Teil Softwareentwicklung. Um Ihnen das Konzept des Logikkatalogs und die Arbeitsweise damit näherzubringen, würde ich gern etwas ausholen und mit Ihnen einen kurzen Abstecher in die klassische Softwareentwicklung machen. In vielen Branchen hat sich dort die eine oder andere Abwandlung des sogenannten *V-Modells* seit Jahren bewährt. Eine (vereinfachte) Form ist in der folgenden Abbildung 22.13 dargestellt, der Name V-Modell stammt von der V-förmigen Anordnung des linken absteigenden Asts (Entwicklung) zum rechten aufsteigenden Ast (Verifikation).

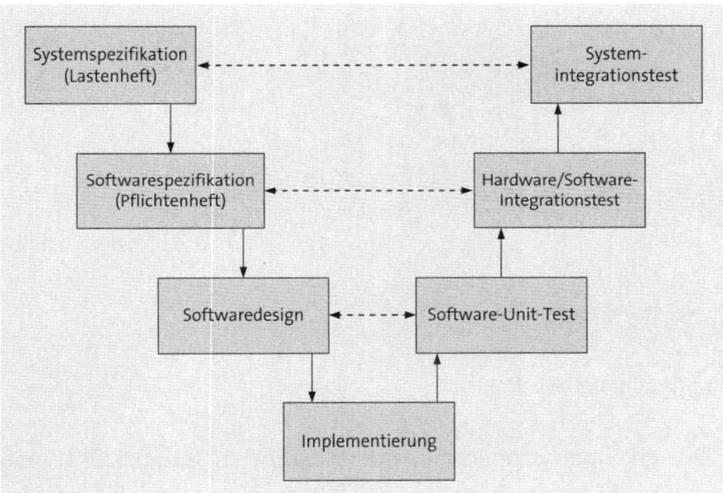

Abbildung 22.13 Das vereinfachte V-Modell

Der Entwicklungspfad

Der Entwicklungsprozess startet mit dem *Lastenheft*, in dem der Auftraggeber (Kunde) seine Anforderungen an ein System spezifiziert. Der Auftragnehmer erstellt daraus ein *Pflichtenheft* für die Softwareentwicklung, das aus einzelnen identifizierbaren Anforderungen für das zu entwerfende Softwaresystem besteht und die Kundenanforderungen dabei abdeckt und gegebenenfalls erweitert. Das Pflichtenheft wird im nächsten Arbeitsschritt in ein *Softwaredesign* umgesetzt, das letztendlich, je nach gewählter Designmethode, aus unterschiedlichen Diagrammen oder Modellen besteht (z. B. Zustandsmaschinen, Sequenzdiagramme, Klassendiagramme usw.). Aus dem Softwaredesign kann direkt eine tatsächliche *Implementierung* (Code) erfolgen.

Der Verifikationspfad

Im Verifikationszweig (rechter Ast) wird, auf verschiedenen Verifikationsebenen, die umgesetzte Software geprüft. So stellt z. B. der *Software-Unit-Test* sicher, dass die Implementierung auch dem entspricht, was im Softwaredesign modelliert wurde (gestrichelte Beziehung). Eine Ebene darüber verifiziert der *Hardware/Software-Integrationstest* das korrekte Verhalten der Software inklusive der Hardware, auf der die Software ausgeführt wird. Das Verhalten gilt als korrekt, wenn die Anforderungen aus dem Pflichtenheft durch Tests nachgewiesen wurden.

22.6.2 Die Abbildung auf eine eigene Methode

Warum haben wir diesen kurzen Ausflug gemacht? Wir wollen eine bewährte Softwareentwicklungsmethode, das V-Modell, so auf die Implementierung von Logikfunktionen abbilden, dass sie für den privaten Entwickler praktikabel und funktional bleibt, aber möglichst wenig von ihrem eigentlichen Nutzen einbüßt.

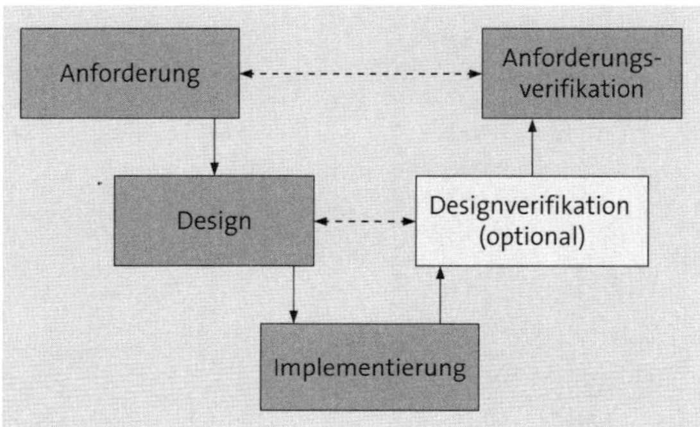

Abbildung 22.14 Das für uns adaptierte V-Modell

Wie Sie in Abbildung 22.14 erkennen können, gibt es jetzt nur noch eine Spezifikationsebene, die Kombination aus Pflichtenheft und Lastenheft, die wir schlicht *Anforderungen* nennen. Da Sie normalerweise Auftraggeber und Lieferant in einem sind, bietet sich diese Verkürzung an. Planen Sie für die Umsetzung eine Beauftragung an einen Elektriker oder Systemintegrator, können Sie ihm die Liste der Anforderungen trotzdem als Spezifikation vorgeben. Die Anforderungen sind zielsystemunabhängig, sie setzen also nicht zwangsläufig einen KNX-Bus oder bestimmte Komponenten voraus, sondern beschreiben ganz abstrakt, was gefordert ist.

In der *Designphase* wird die Umsetzung der Anforderung bzw. der gewünschten Logik erarbeitet. In der Regel wird das eine textuelle Beschreibung davon sein, wie Ausgänge abhängig von Eingängen reagieren. Das Design beinhaltet bereits die Abhängigkeiten an das konkrete Automatisierungssystem, das eingesetzt wird. Die tatsächliche *Implementierung* setzt das Design um, und zwar mit einer oder mehreren Möglichkeiten, die das Zielsystem bietet (Python-Code, Logikeditor, KNX-Parametrierung usw.).

Die *Verifikation* ist auf einen einzigen Testschritt reduziert, nämlich die Prüfung, ob alle formulierten Anforderungen umgesetzt wurden. Ist die Implementierung sehr aufwendig, bietet sich trotz aller Vereinfachung eine vorherige *Designverifikation* an. Sinnvoll wäre beispielsweise das ausführliche Testen von selbst entworfenen Logikbausteinen mittels eines Logiksimulators oder die Prüfung von selbst geschriebenem Code durch Zuhilfenahme eines Debuggers.

Die Anforderungsattribute

Aufgeteilt auf diese vier (bzw. fünf) Phasen der Entwicklung, ergibt sich eine Reihe an Informationen (*Attribute*), die für jede Anforderung festgehalten werden soll (Tabelle 22.5):

Phase	Attribut	Bedeutung
Anforderung	ID	Die eindeutige Nummer der Anforderung (z. B. fortlaufende Zahl oder sonstiger Schlüssel).
	Status	Enthält den aktuellen Bearbeitungsstatus der Anforderung (z. B. »in Arbeit«, »implementiert«), siehe Abbildung 22.15.
	Raum	Angabe, in welchem Raum die Logikfunktion einen Effekt erzielen soll (z. B. Wohnzimmer, Küche oder auch Gruppen wie z. B. Obergeschoss, zentral usw.).
	Gewerk	Gibt an, auf welches Gewerk oder Objekt im Raum die Logikfunktion wirkt (z. B. Jalousie, Beleuchtung, Audioausgabe usw.).
	Anforderung	Die eigentliche Anforderung selbst als formulierte textuelle Anforderung (Logikfunktion) an die Software, also das eigentliche: »Was soll gemacht werden?«
	Komplexität	Eine Einschätzung, wie aufwendig die Umsetzung ist (einfach, mittel, schwer usw.).
Design	Design	Die aus der Anforderung entwickelte Umsetzung, also das: »Wie wird/wurde es gemacht?«. Guter Stil ist es, hier eine Referenz auf ein UML-Diagramm aufzunehmen (Kapitel 16).
Implementierung	Implementierung	Auf welchem System bzw. durch welches Mittel wird die Anforderung umgesetzt (reine ETS-Parametrierung, KNX-Logikmodul, HomeServer, openHAB-Server, eibPC usw.)?
	Referenz	Der Verweis auf die tatsächliche Implementierung (Name des Logikmoduls, Name des Arbeitsblatts im Logikeditor, Filename eines selbst geschriebenen Codes usw.).

Tabelle 22.5 Attribute für den Logikkatalog

Phase	Attribut	Bedeutung
Implementierung (Forts.)	Visualisierung	Wie wird das Ergebnis bzw. der Effekt der Logik visualisiert? Beispiele sind: LED, Sprachausgabe, Touchpanel.
	Kommentar	Ein allgemeiner Kommentar zu der Anforderung (z. B. der Ablehnungsgrund oder eine URL mit der Beschreibung des möglichen Lösungsansatzes).

Tabelle 22.5 Attribute für den Logikkatalog (Forts.)

Der Status von Anforderungen

Das Attribut *Status* (aus Tabelle 22.5) folgt einer Art Workflow, der als Zustandsmaschine (siehe Abbildung 22.15) abgebildet werden kann. Der Status darf einen der folgenden Werte annehmen, eine Änderung sollte ebenfalls nur nach den definierten Zustandsübergängen erfolgen dürfen.

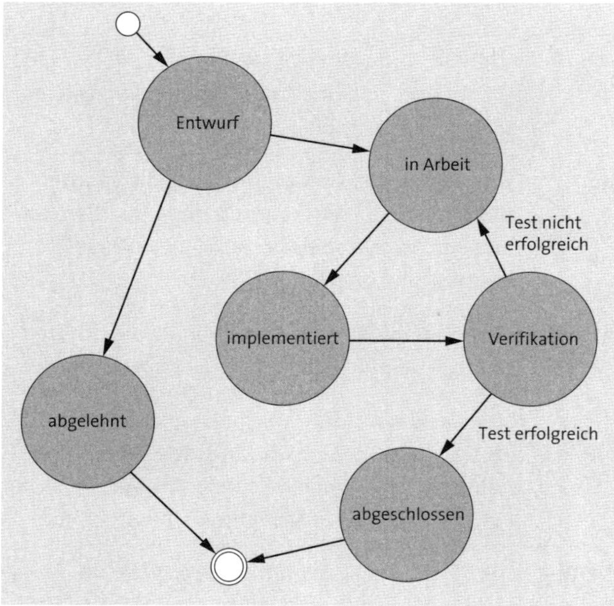

Abbildung 22.15 Die Zustandsmaschine für den Bearbeitungsstatus

Eine Anforderung bekommt immer zuerst automatisch den Status *Entwurf*. Die Bearbeitung, also die Umsetzung der Funktion, beginnt erst dann, wenn Sie mit der formulierten Anforderung einverstanden sind. Dazu setzen Sie den Zustand auf *in Arbeit*, womit des Design und die Implementierung beginnen. Nach Fertigstellung (*implementiert*) geht die Anforderung möglichst zeitnah in den Testbetrieb (*Verifikation*) und bekommt bei positivem Ergebnis den Zustand *abgeschlossen*. War die Prüfung nicht erfolgreich, ist eine Änderung bzw. Korrektur von Anforderung oder Design/Implementierung notwendig, der Status fällt wieder zurück auf *in Arbeit*.

Neben *abgeschlossen* gibt es den zweiten möglichen Endzustand *abgelehnt*, den Sie immer dann setzen können, wenn Sie sich entscheiden, den Anforderungsentwurf nicht umzusetzen. Gegenüber dem schlichten Löschen hat dieser Weg den Vorteil, dass der Vorgang nachvollziehbar und sogar umkehrbar bleibt.

Selbstverständlich können Sie für sich selbst eine passendere Zustandsmaschine für den Bearbeitungsstatus Ihrer Anforderungen überlegen, das vorgestellte Beispiel soll Ihnen dafür als Vorlage dienen.

22.6.3 Der Anforderungskatalog in der Praxis

Nach dieser etwas abstrakten Theorie möchte ich Ihnen gern zwei Praxisbeispiele zur Verdeutlichung von Anforderung und Design nachreichen.

Windalarm

Nehmen wir an, Sie möchten Ihre Außenjalousien vor zu starkem Wind schützen.

- Eine **Anforderung** für eine Sicherheitsfunktion würde beispielsweise so aussehen:

  Sämtliche Jalousien sollen ab einer Windstärke von 6 m/s automatisch eingefahren werden.

- Das dazu passende **Design** (für ein KNX-System) könnte lauten:

  Die Gruppenadresse »Windalarm« wird von der KNX-Wetterstation auf den Wert »wahr« gesetzt, wenn für mehr als 10 s eine Windstärke von > 6 m/s gemessen wird, und auf »falsch« gesetzt, wenn die Windstärke für > 30 Minuten unter 4 m/s liegt. Ein Windalarm löst bei allen Jalousieaktoren über die Windalarmfunktion der Applikation das Einfahren des Behangs aus (Position 0 %).

Die übrigen Attribute für diese Logikfunktion sind relativ klar:

- ID: eine laufende Nummer
- Status: in Arbeit
- Raum: Zentral
- Gewerk: Jalousien
- Komplexität: einfach
- Implementierung: Wetterstation, Jalousieaktoren
- Referenz: Gruppenadresse (GA) für Windalarm, z. B. 3/3/15
- Visualisierung: Deaktivierung der Buttons für manuelle Jalousiesteuerung
- Kommentar: war gar nicht so schwer ...

Verinnerlichen Sie sich bitte direkt noch einmal: Die Anforderung beschreibt das *Was*, das Design sagt, *wie* und *wo* es gemacht wird.

Hinweis auf geöffnete Fenster

Ein zweites Beispiel soll nochmals eine Vorstellung von Anforderung und Design geben:

- Die **Anforderung**:

  Beim Öffnen der Haustür soll ein rotes Lichtband im Windfang auf vergessene offene Fenster hinweisen. Das rote Lichtband erlischt, wenn alle Fenster und die Haustür geschlossen werden.

- Das **Design**:

  Der Zustand der Reed-Kontakte (Wert für Fenster offen: 1) sämtlicher Fenster wird im HomeServer aufaddiert (Logikbaustein: »Anzahl«). Wird die Haustür geöffnet (Wert Reed-Kontakt: 1) und die Summe der offenen Fenster ist > 0, wird an das DALI-Gateway der Wert 100 % für den roten Dimmkanal des Teilnehmers 12 gesendet. Trifft eine der beiden Bedingungen nicht mehr zu, wird 0 % gesendet.

22.6.4 Ein Logikkatalog in Excel

Ein Logikkatalog lässt sich, wie in Abbildung 22.16 zu sehen, wunderbar in Excel oder z. B. mit dem Tabellenkalkulationsprogramm von OpenOffice erstellen. Nehmen Sie dazu einfach die Attribute aus Tabelle 22.5 und ordnen Sie diese in Spalten an. Jede Zeile ergibt eine Logikanforderung mit einer eindeutigen Nummer (ID). Versehen Sie die Spalten noch mit einem AutoFilter, der es Ihnen erlaubt, nach den Attributen zu filtern (z. B. Anzeige aller Logikfunktionen im Wohnzimmer oder Esszimmer, die bereits implementiert sind).

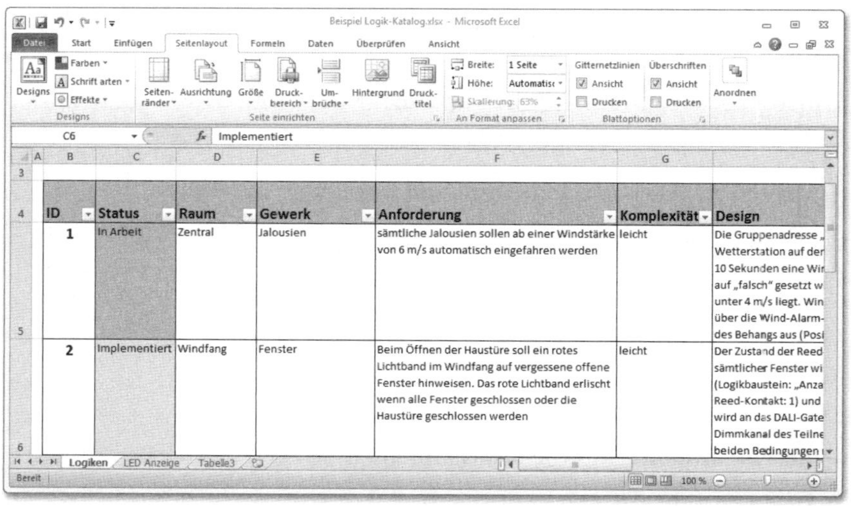

Abbildung 22.16 Der Logikkatalog in Excel

Eine kurze Beschreibung zu Filtern und Drop-down-Listen, mit deren Hilfe Sie Ihren Logikkatalog anwendungsfreundlicher gestalten können, finden Sie im Grundlagenkapitel zu Excel (siehe Abschnitt 19.4, »Planen mit Excel«).

Kapitel 23
Bares Geld sparen

Am einfachsten sparen Sie Geld mit einer guten Planung. Doch auch über geschickten Komponenteneinkauf und das Einbringen der eigenen Arbeitskraft wird Ihr Smart Home günstiger, ohne an Funktion einzubüßen.

Für die Zusammenstellung dieses Kapitels war mir besonders wichtig, dass Sie erfahren, wie Sie bei der Umsetzung Ihres Smart-Home-Projekts Geld einsparen, ohne dabei auf Funktion verzichten zu müssen. Am einfachsten geht das durch intensive Planung (Kapitel 22, »Lernen Sie die Planungsschritte kennen«), aber auch durch klugen Einkauf und Eigenleistungen bei der Durchführung lässt sich viel Geld sparen.

23.1 Welche Arbeiten können Sie selbst durchführen?

Mit dem Ziel, die Kosten für eine Smart-Home-Installation deutlich zu reduzieren, können Sie bereits während der Rohbauphase Ihre eigene Arbeitskraft einsetzen. Die folgende Aufzählung gibt Ihnen einen Überblick darüber, welche Arbeitspakete auch vom Laien gut durchführbar sind. Wichtig dabei ist, dass Sie die Tätigkeiten mit Ihrem Elektriker durchsprechen und unter seiner Aufsicht ausführen.

- Installationsdosen setzen nach Leitungsplan: auf Schaltafeln nageln, an Armierungsstahl befestigen, in Mauerwerk eingipsen oder mit Schnellbaumörtel einmörteln
- Leerrohre verlegen nach Leitungsplan: Anbringen auf Rohfußboden, in Ortbetondecken oder in Filigrandecken sowie in Hohlwänden
- Schlitze in das Mauerwerk fräsen (z. B. mit gemieteter Schlitzfräse), Leerrohre einlegen und eingipsen
- Leitungen in Hohlwände einlegen, fixieren und nach Beplankung die Löcher für die Hohlwanddosen mit einem Hohlwanddosenbohrer anfertigen
- Leitungen durch Leerrohre ziehen
- Hohlwanddosen einsetzen und Leerrohre bzw. Leitungen einführen
- Installation von Steckdoseneinsätzen, Schaltereinsätzen, Antennen- und Netzwerkdoseneinsätzen
- Auflegen der Cat-Installationsleitungen im Patch-Panel

- Beleuchtung anschließen
- Wand- und Deckenlautsprecher sowie Rauchwarnmelder anschließen und einbauen
- Durchkontaktierung der KNX- und 1-Wire-Busleitungen sowie Installation der KNX-Busankoppler
- KNX-Geräte im Stromkreisverteiler (REG) anschließen
- Installationsleitungen auf Reihenklemmen im Stromkreisverteiler auflegen
- Reihenklemmen mit KNX-Aktoren und Eingängen verbinden
- physikalische Adressen aller Busteilnehmer im Stromkreisverteiler (ETS-Software) programmieren
- physikalische Adressen aller KNX-Geräte programmieren, die dezentral in den Einzelräumen installiert werden (z. B. Präsenzmelder, Bewegungsmelder, Tastsensoren), über eine beliebige KNX-Busklemme (z. B. neben dem Inbetriebnahmerechner)
- KNX-Geräte (und 1-Wire-Geräte) in Unterputzdosen einbauen
- Abdeckungen und Rahmen für Steckdosen, Schalter, KNX-Geräte anbringen
- KNX-Geräte mit der ETS parametrieren
- zu allen Arbeitsschritten: die Dokumentation anfertigen bzw. aktualisieren

Sehen wir uns zu dieser Aufstellung ein Arbeitsschritt genauer an: das Einziehen von Leitungen.

23.2 Wie werden Leitungen eingezogen?

Das Einziehen von Leitungen in Leerrohre kann zu einer sehr schweißtreibenden Arbeit werden, die sich jedoch finanziell sehr lohnt, wenn Sie sie in Eigenregie durchführen können. Wie Sie am besten vorgehen, erfahren Sie hier:

1. Falls möglich, ziehen Sie die Leitungen bei warmen Temperaturen ein, je kälter es ist, desto sperriger wird das Material.
2. Schieben Sie die Katimex-Spirale (siehe Abschnitt 18.1.2, »Leitungen einziehen«) mit dem Federführungskopf durch das Leerrohr.
3. Tauschen Sie den Kopf in einen Ösenzugkopf (Abbildung 23.1, ❶) für NYM-Leitungen bzw. den Kabelziehstrumpf bei Datenleitungen.
4. Mit der wichtigste Punkt: Rollen Sie die Leitung vor dem Einziehen ab, indem Sie entweder eine Abrollhilfe verwenden oder das Ende der Leitung an einer Stelle mit einem schweren Gegenstand fixieren und sich möglichst weit mit dem Leitungsring bei gleichzeitigem Abrollen davon weg bewegen. Ziehen Sie die Leitung keinesfalls direkt von dem Ring in das Leerrohr, sie würde sich nach einigen Metern so verwinden, dass Sie nur noch mit viel höherem Krafteinsatz vorwärts kämen.

5. Bereiten Sie die NYM-Leitung vor: Entfernen Sie großzügig den Mantel, isolieren Sie alle Einzeladern ca. 5 cm ab ❷, führen Sie die Kupferadern durch die Öse und biegen Sie sie so eng wie möglich (notfalls mit Flachzange) um ❸. Wenn Sie es besonders gut machen möchten, stecken Sie eine oder zwei Adern von der anderen Seite durch die Öse. Anschließend umwickeln Sie das ganze Gebilde straff mit Isolierband ❹. Es dürfen keine spürbaren Kanten oder Hindernisse fühlbar sein.

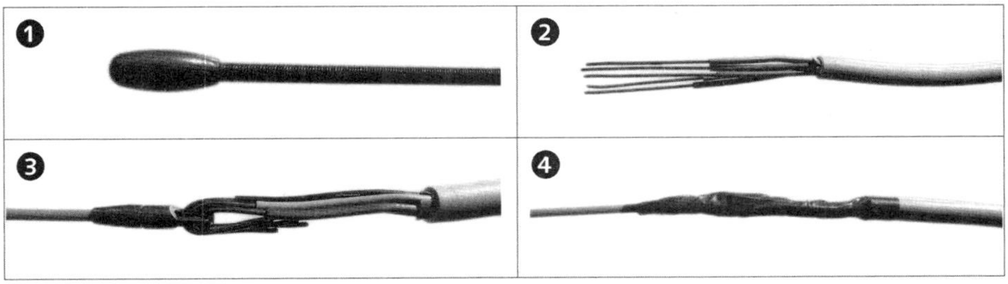

Abbildung 23.1 Vorbereiten der NYM-Leitung für den Kabeleinzug

6. Bei Verwendung des Kabelziehstrumpfs umwickeln Sie, wie in Abbildung 23.2, das Drahtgeflecht, nachdem Sie die Datenleitung eingeführt haben (ohne Abisolierung), bis über sein Ende hinaus ebenfalls mit Isolierband.

Abbildung 23.2 Verwendung des Kabelziehstrumpfs bei einer KNX-Leitung

7. Ab jetzt müssen Sie zu zweit sein. Der kräftigere Helfer schiebt (er hat den härteren Job und macht die eigentliche Arbeit), der andere zieht. Der ziehende Helfer zieht an der Einzugsspirale mit permanenter und gleichbleibender Kraft. Der Schieber umgreift mit einer Hand das Leerrohr, mit der anderen schiebt er Schritt für Schritt die Leitung ins Rohr, bis sie hoffentlich am anderen Ende wieder erscheint.
8. Lösen Sie jetzt die Einzugsöse wieder, schneiden Sie die Leitung auf die richtige Länge ab und beginnen Sie den Einziehvorgang bei dem nächsten Leerrohr von Neuem. Weitere 150 Leerrohre später haben Sie es auch schon geschafft ...

Wenn's klemmt: Staubsauger, Glit, Talkum

Was können Sie tun, wenn das Einziehen einer Leitung bereits daran scheitert, dass Sie die Einzugsspirale gar nicht durch das Leerrohr bekommen? In solch einem Fall hilft es, ein kleines Knäuel aus einem Papiertaschentuch zu formen, daran einen möglichst leichten und langen Bindfaden zu befestigen und dieses Gebilde mit einem kräftigen Staubsauger durch das Rohr zu saugen. In der Regel funktioniert das sehr gut, und Sie können im zweiten Schritt die Einzugsspirale über den Bindfaden (gleichzeitiges Ziehen und Schieben) durch das Leerrohr manövrieren.

Insbesondere bei längeren Leerrohrstrecken oder mehreren Biegungen erhöhen Sie die Erfolgschancen beim Leitungseinzug deutlich, wenn Sie mit Glit (*http://www.katimex.de/zs/glit.html*) arbeiten, einem speziellen Kabelgleitmittel, das die auftretenden Reibungskräfte wirksam reduziert. Eine Alternative dazu ist Talkum.

23.3 Die Komponenten einkaufen

Möglichkeit Nummer zwei, das Budget für die intelligente Gebäudesteuerung zu schonen, ist der smarte Einkauf der Komponenten.

23.3.1 Planen Sie Ihre Einkaufsliste

Dieser Schritt ist der aufwendigste, aber auch wichtigste bei der Beschaffung Ihrer Smart-Home-Komponenten. Er setzt voraus, dass Sie eine gute Vorstellung von dem haben, was Sie möchten und benötigen, sich also mit den einzelnen Produkten schon beschäftigt haben. In Abschnitt 22.1, »Wünschen Sie sich etwas: mit dem Raumbuch«, erfahren Sie, wie Sie zu einer Materialliste kommen. Der Hardwareteil dieses Buchs (Teil 4) stellt Ihnen detailliert die wichtigsten Produktkategorien und dazu passend empfehlenswerte Gerätemodelle vor.

Bevor Sie jedoch losziehen und all die spannenden Produkte erwerben, die Sie möchten, beachten Sie bitte folgende allgemeine Ratschläge:

- Beschaffen Sie sich vor dem Kauf unbedingt die Produktbeschreibung, das technische Handbuch und eventuell Datenblätter auf der Herstellerwebseite, prüfen Sie diese genau und machen Sie sich bei der Gelegenheit auch gleich ein Bild von der Qualität und dem Inhalt der Webseite. Besonderen Wert sollten Sie auf eine gute Produktsupportseite (gepflegte Updates und Handbücher) legen sowie idealerweise eine aktive Community.
- Lesen Sie Produktrezensionen (eine gute Plattform dazu, wenn es sich nicht gerade um KNX-Geräte handelt, ist *www.amazon.de*).
- Informieren Sie sich über Preise. Preissuchmaschinen wie *www.preisroboter.de* sind wertvolle Hilfen.
- Platzieren Sie Ihre Bestellungen bei spürbaren Preisdifferenzen durchaus bei verschiedenen Anbietern, beachten Sie aber, dass das Mehr an Versandkosten die Ersparnisse nicht auffrisst.

Diese allgemeinen Ratschläge können speziell für KNX-Geräte noch erweitert werden auf:

- Bevorzugen Sie als allgemeine Faustregel KNX-Module für REG-Einbau statt für UP-Montage und weiterhin Geräte mit vielen Kanälen vor Geräten mit wenigen Kanälen.

Beispiele für Kanalpreise finden Sie im Kapitel zu den Schaltaktoren (siehe Abschnitt 30.1.2, »Den richtigen Schaltaktor auswählen«).

- Vergleichen Sie die Fähigkeiten der unterschiedlichen Geräte genau. Insbesondere zusätzliche (Binär-)Eingänge bei Aktoren können ein zunächst teuer geglaubtes Gerät schnell preisgünstig werden lassen. Ein sehr gutes Beispiel: Der MCU-09 (Jalousieaktor für neun Motoren) der Firma BMS Solutions bietet zum Preis von ca. 560 € gleich noch Anschlüsse für 18 potenzialfreie Kontakte.
- Bei KNX-Schaltern und Tastsensoren sparen Sie am besten, indem Sie, wo immer möglich, auf diese verzichten. Im Kapitel zur Smart-Home-Philosophie (genauer gesagt, in Abschnitt 21.3.1, »Die goldenen Regeln«) erfahren Sie, wie Sie zugunsten von Präsenzmeldern auf den großflächigen Einsatz von Tastsensoren verzichten.

Die Phantom-Installation

Eine wirklich sehr aufschlussreiche Methode, herauszufinden, ob und wie weit sich ein KNX-Produkt für Ihre Bedürfnisse eignet (außer natürlich der Lektüre von Teil 4 dieses Buchs), stelle ich Ihnen vor – nennen wir sie die *Phantom-Installation*.

Um in der ETS ein KNX-Gerät zu parametrieren und damit dessen Anwendungssoftware kennenzulernen, müssen Sie das Gerät nicht etwa besitzen. Sie können problemlos die Produktdatenbank jedes gewünschten Geräts in die ETS importieren, beliebige Instanzen dieses Gerätetyps in Ihre Gebäudestruktur einsetzen und mit der Applikation arbeiten, als wäre das echte Gerät installiert. Dass es in Wirklichkeit nur ein »Phantom« ist, muss Sie an dieser Stelle nicht stören, allerdings dürfen Sie natürlich auch keine Funktion erwarten oder versuchen, das Phantom zu programmieren.

Neben dem Studium der technischen Beschreibung des Geräts ist der simulierte Einsatz in der ETS eine sehr wertvolle Hilfe, um zu beurteilen, ob die benötigten Funktionen wie erwartet vorhanden sind und, nicht zu vernachlässigen, ob man sich persönlich mit der Applikationssoftware anfreunden kann.

Bewaffnet mit Ihrer Komponentenplanung und der Einkaufsliste, lesen Sie jetzt den nächsten Abschnitt.

23.3.2 Wo kaufen Sie ein?

Haben Sie das Glück, einen Elektriker zu Ihren näheren Freunden zu zählen, wäre dieser die erste Anlaufstelle für günstige Preise über den Großhandel. Insbesondere für Installationsmaterial wie Kabel, Dosen, Leerrohre, Klemmen, Schaltschränke und deren Innenausbau sowie sämtliches Schaltermaterial sind Großhandelspreise (selbst mit einem fairen Preisaufschlag des Elektrikers) in der Regel sehr gut.

Bezüglich der Beschaffung Ihrer Smart-Home-Geräte und KNX-Komponenten lesen Sie direkt im Anschluss Abschnitt 23.3.3, »Zeit ist Geld«, und geben, falls möglich, der Onlineaktion eine Chance.

Die Alternative zu Aktionsplattformen sind die zahlreichen Onlineshops. Beim Erwerb Ihrer KNX-Geräte und 1-Wire-Komponenten setzen Sie am besten auf spezialisierte Shops mit langjähriger Erfahrung in diesem Bereich und einem Topservice. Keine Wünsche offen lassen insbesondere diese beiden Empfehlungen in Tabelle 23.1:

Shopempfehlung	Profil
Voltus GmbH *www.voltus.de*	Rundum-Wohlfühl-Shop für Schalterprogramme, Datentechnik, Elektromaterial, Sicherheitstechnik, Türkommunikation und ganz besonders: ▸ Gebäudeautomation/KNX ▸ Spezialist für 24-V-Beleuchtungssysteme/LEDs Voltus bietet seit einiger Zeit auch Dienstleistungen wie z. B. Verteilerplanung für Selbstbauer an.
Elaborated Networks GmbH *www.wiregate.de*	Spezialisierter Hersteller und Anbieter von hochwertigen 1-Wire-Komponenten in einem. Von ElabNet stammen unter anderem der Professional 1-Wire Busmaster, das berühmte Wiregate und eine Reihe von »Must-have-1-Wire-Sensoren«.

Tabelle 23.1 Empfehlung: Shops mit Produktschwerpunkt Gebäudeautomation

Shopalternativen in alphabetischer Reihenfolge sind weiterhin: Alles-mit-Stecker (*www.alles-mit-stecker.de*), EIBhandel (*www.eibhandel.de*), Elektro und So (*www.elektro-und-so.de*), EIBMarkt (*www.eibmarkt.com*), K.S.H. Technikhandel (*www.ksh-technik.de*) und RB-Elektroshop (*www.rb-elektroshop.de*).

Falls Ihnen ausgerechnet an einem Samstagnachmittag das Material ausgehen sollte oder Sie nur schnell mal eine Unterputzdose oder drei Meter NYM-Leitung benötigen, freut sich der örtliche Baumarkt selbstverständlich auch über Ihren Besuch, rein preislich gesehen aber nicht zu Ihrem Vorteil. Speziell für Standard-Installationsartikel kommt es nicht selten vor, dass Sie im Baumarkt um die Ecke ein Vielfaches ausgeben müssen.

23.3.3 Zeit ist Geld

Nicht unbedingt für den Einkauf von Smart-Home-Komponenten gedacht, aber trotzdem passend ist das Sprichwort »Zeit ist Geld«.

Es gilt der Grundsatz, dass Sie umso günstigere Preise erzielen werden, je mehr Zeit Sie für die Beschaffung der notwendigen Bestandteile Ihres intelligenten Hauses zur Verfügung haben.

Haben Sie den Druck, innerhalb der nächsten zwei Wochen eine funktionierende KNX-Installation in Ihrem Verteilerschrank zu verbauen und sämtliche Leuchtmittel, Jalousien, Heizungsstellantriebe und Stockdosen ansteuern zu können, wird Ihr Handlungsspielraum sehr dünn sein. Viel mehr, als den günstigsten Onlinehändlers Ihres Vertrauens zu suchen oder Ihren Elektriker zu beauftragen, werden Sie kaum erreichen können.

Nehmen Sie permanent an Auktionen teil

Ganz anders ist die Situation, wenn Sie mit ausreichend großem Vorlauf (sechs Monate, besser noch zwölf Monate) an die Sache herangehen können. Die Strategie ist folgende: Legen Sie sich bei einem Onlineauktionshaus Ihrer Wahl (z. B. eBay) permanent und hartnäckig auf die Lauer und bieten Sie bei allen Produkten, die auf Ihrer Einkaufsliste stehen, bis zu einem gewissen Prozentsatz des Neupreises mit. Suchen Sie nach dem Begriff »KNX«, filtern Sie nach »Auktion«, sortieren Sie nach »kürzlich eingestellt« und suchen Sie gezielt nach Neugeräten oder sehr guten gebrauchten.

Anfangs werden Sie von der Vielzahl an Angeboten etwas erschlagen sein, aber nach kurzer Zeit schon finden Sie geübt die Geräte, die Sie für Ihren Bus benötigen. Beachten Sie die folgenden Ratschläge, und Sie werden feststellen: Das lohnt sich:

- Setzen Sie sich generell eine Preisobergrenze bei der Auktion, die sich aus der Dringlichkeit der Verfügbarkeit und dem kleinsten Online-Neupreis ergibt. Ein Daumenwert wäre z. B. 70 % des Neupreises, den Sie bequem bei einer Preissuchmaschine wie *www.preisroboter.de* ermitteln. Rechnen Sie auf jeden Fall aber die Kosten für Verpackung und Versand in den Preis ein.
- Seien Sie geduldig: Auch wenn Sie den Zuschlag für das eine oder andere Produkt nicht bekommen – Sie haben Zeit. Ein ähnliches oder sogar besseres Gerät kommt sicher in absehbarer Zeit wieder unter den Hammer.
- Seien Sie nicht zu wählerisch: KNX hat den Vorteil, dass Sie die Produkte unterschiedlicher Hersteller problemlos kombinieren dürfen und sogar sollten. Finden Sie also vom Hersteller X den gewünschten Schaltaktor nicht, erweitern Sie Ihr Suchmuster um den Hersteller Y. Viele Gerätetypen sind sehr ähnlich (teilweise sogar identisch), und Unterschiede sind gegebenenfalls für Ihren persönlichen Anwendungsfall gar nicht relevant.
- Haben Sie sich bei einem ersteigerten Gerät mal vergriffen – keine Sorge. In der Regel werden Sie einen Fehlkauf genauso einfach auch wieder los, nicht selten sogar mit einem kleinen Gewinn.

Eine gründliche Planung der Einkaufsliste sowie Zeit und Ausdauer vorausgesetzt, können Sie mit dieser Methode bei einer größeren KNX-Installation durchaus die einen oder anderen 1.000 € einsparen (persönliche Erfahrung).

Sehen Sie sich auf Marktplätzen um

Nicht so ergiebig wie ein Auktionshaus, aber dennoch immer für ein Schnäppchen gut, sind sogenannte Marktplätze in Foren. Ich verweise hierbei gern wieder auf das sehr geschätzte KNX-User-Forum (*http://knx-user-forum.de/forum/öffentlicher-bereich/markt-platz*) – sowohl für den Ankauf als auch für den Verkauf. Nach umfangreichen Installationen übrig gebliebene Geräte oder Fehlkäufe sind nach persönlichem Kontakt zum Gegenüber oft günstig zu bekommen.

23.3.4 Daran führt kein Weg vorbei – die ETS beschaffen

Die Frage, ob Sie sich überhaupt die ETS-Software beschaffen wollen, stellt sich »erfreulicherweise« erst gar nicht, die ETS benötigen Sie zwingend für die Parametrierung Ihres KNX-Bus. Sehen Sie es positiv: eine Entscheidung weniger, die Sie als künftiger Smart-Home-Bewohner fällen müssen.

Zu klären ist nur die Frage, zu welchem Preis Sie die ETS bekommen können. Die bei der Erstellung dieses Buchs aktuelle Version (ETS5), die zu den älteren Versionen ETS4, ETS3 und ETS2 rückwärtskompatibel ist, erhalten Sie im Onlineshop von knx.org (*https://my.knx.org/de/shop*).

Die ETS-Preise

Angeboten werden drei unterschiedliche Lizenzmodelle (Tabelle 23.2) und ein Supplementary für zusätzliche Lizenzschlüssel:

Lizenz	Einsatz	Preis
ETS5 Demo	Demoversion für Projekte mit maximal fünf KNX-Geräten	kostenlos
ETS5 Lite	kleine Projekte mit maximal 20 KNX-Geräten	PC-unabhängig (Dongle): 200 €
ETS5 Professional	für alle Projektgrößen, ohne Einschränkung	PC-unabhängig (Dongle): 1.000 €
ETS5 Supplementary	nur gemeinsam mit ETS5 Professional, maximal zwei Lizenzen für Notebooks	PC-unabhängig (Dongle): 150 €
Upgrade: ETS4 Professional auf ETS5 Professional	nur Upgrade, keine neue Lizenz	350 €

Tabelle 23.2 Die ETS5-Lizenzmodelle

Die Maximalbegrenzung der KNX-Geräte bezieht sich immer auf physikalische Adressen. Ein Schaltaktor mit acht Kanälen zählt demnach als nur ein Gerät – ein weiterer Grund (zusätzlich zum niedrigeren Kanalpreis), auf möglichst »breite« KNX-Geräte zu setzen.

Drücken Sie die Schulbank und sparen Sie 200 €

Es existiert (aktuell) eine sehr elegante Möglichkeit, an eine kostenfreie ETS5 Lite zu kommen, indem Sie den kostenlosen ETS-eCampus-Kurs absolvieren (und natürlich bestehen). Wie das funktioniert, zeige ich Ihnen im Folgenden:

Beantragen Sie unter *https://onlineshop.knx.org/login* zuerst ein KNX-Konto, über das Sie auch Ihre Aktivitäten im Onlineshop abwickeln werden. In Schritt zwei ist eine neuerliche Registrierung im eCampus erforderlich (*http://wbt5.knx.org/?lang=de*). Haben Sie auch diesen Vorgang abgeschlossen, starten Sie den ETS-Kurs durch Auswahl des Menüpunkts LEKTIONEN.

In drei Kapiteln und unterstützt von Videomaterial, lernen Sie das grundlegende KNX-Konzept kennen und machen sich mit der ETS vertraut. Jedes Kapitel wird durch ein einfaches Quiz abgeschlossen, und nach ca. zwei Stunden haben Sie sicherlich den Kurs bestanden (ab 85 Punkten) und freuen sich auf das herunterladbare Teilnahmezertifikat.

Das Beste ist jedoch: Nach spätestens ein paar Tagen finden Sie in Ihrem KNX-Account einen Voucher für eine ETS5 Lite und einen weiteren, der für den Update-Preis von der ETS Lite zur ETS Professional gültig ist. So schnell sind 200 € gespart.

ETS Lite oder ETS Professional ?

Mit der ETS Lite können Sie schon eine ganze Menge realisieren, aber wenn Sie das KNX-Virus erst einmal richtig erwischt hat und Ihre Installation die 20-Geräte-Marke übersteigt, werden Sie mit dem Kauf der Professional-Version liebäugeln. Die Professional-Version ist ohne Frage ein Kostenfaktor, den man erst einmal verdauen muss, aber glücklicherweise gibt es auch für diesen Schmerz beim Öffnen des Portemonnaies eine Linderung:

Sie können noch mehr sparen: Sammelbestellung

Eine erstaunlich gut funktionierende Methode, den Anschaffungspreis der ETS Professional deutlich zu reduzieren, ist die Teilnahme an einer Sammelbestellung.

Mit ein bisschen Glück läuft in dem Moment, in dem Sie über den ETS-Kauf nachdenken, eine solche. Eine hervorragende Anlaufstelle finden Sie z. B. im KNX-User-Forum (*www.knx-user-forum.de*). In dem meiner Meinung nach mit Abstand besten Forum zum Thema Hausautomatisierung (nicht nur mit KNX) suchen Sie am besten nach den Begriffen »ETS Sammelbestellung« oder »ETS Sammelaktion«.

Einmal gefunden, läuft die Teilnahme normalerweise nach folgendem Schema ab (das Beispiel gilt für eine vergangene Aktion für die ETS4):

- Wieder benötigen Sie eine Kundennummer des KNX-Onlineshops (*https://onlineshop.knx.org/register*).
- Mit dieser Nummer registrieren Sie sich als angemeldeter Benutzer des KNX-User-Forums auf der in der Sammelaktion bekannt gegebenen Webseite.

- Nachdem die notwendige Mindestteilnehmeranzahl für die Aktion erreicht wurde, übermittelt das Forum die Daten an die KNX Association.
- Nach ca. zwei Wochen erhalten alle Teilnehmer in ihrem Onlineshop-Account bei der KNX Association einen Gutschein eingebucht in Höhe von 400 €!
- Mit diesem Gutschein (zeitlich limitiert) reduzieren Sie den Preis für die Professional-Version auf 600 € netto. Hinzu kommen allerdings noch die KNX Association-Bearbeitungsgebühr (Preis: 15 €) und die Mehrwertsteuer. Dennoch: Mit etwas Geduld und ein wenig zeitlichem Aufwand sparen Sie ordentlich.

Beachten Sie bitte: User-Foren sind fast immer Einrichtungen, die auf die aktive Mitarbeit von allen Benutzern angewiesen sind und durch den sehr oft bedingungslosen und unentgeltlichen Einsatz der Administratoren am Leben gehalten werden. Wenn sich, wie im obigen Fall, ein Organisator für eine Sammelaktion findet, danken Sie es ihm und dem ganzen Forum mit aktiver Mitarbeit und Beiträgen und weniger mit Nachfragen nach dem aktuellen Status der Aktion.

ETS Lite mit mehr als 20 Teilnehmern

Mit sehr viel Disziplin und doppelter Buchführung von physikalischen Adressen und der Topologie können Sie auch bei mehr als 20 KNX-Teilnehmern mit einer Lite-Version der ETS bedingt glücklich werden. Es hindert Sie keine Lizenzvereinbarung daran, mehrere ETS-Projekte mit jeweils maximal 20 Geräten anzulegen. Leider ist aber jedes Einzelprojekt von den anderen vollständig isoliert zu betrachten, Sie müssen demnach peinlich genau beachten, dass

- alle physikalischen Adressen eindeutig sind,
- Gruppenadressen in jedem Projekt identisch sind und nachgeführt werden,
- Sie nicht den Überblick bei der Verwendung der von den Geräten implementierten Logikfunktionen verlieren.

Ist der KNX-Bus aber erst einmal parametriert und hat seine Arbeit aufgenommen, spielt es keine Rolle mehr, wie Sie das erreicht haben. Egal ob ETS Lite oder Professional, der KNX arbeitet, fertig konfiguriert, in beiden Fällen exakt gleich. Allerdings ist zu beachten, dass bei Verwendung des Gruppenmonitors der ETS die physikalischen Geräte der jeweils inaktiven Projekte nicht in Klartext aufgeschlüsselt werden.

Fazit: ETS Lite mit mehr als 20 Busteilnehmern? Möglich: Ja. Komfortabel: Nein.

23.4 KNX-Komponenten im Rechenbeispiel

Sicherlich haben Sie sich bereits mehrfach gefragt, mit wie viel Kosten Sie bei einer KNX-Installation rechnen müssen. Eine Antwort darauf ist nur möglich, wenn, als Ergebnis einer konkreten Planung, bekannt ist, welche Komponenten benötigt werden. Sie finden daher in diesem Abschnitt eine Beispielrechnung für ein real existierendes Projekt. Alle Preise sind Tagespreise mit Stand Juni 2015.

Als Ausgangssituation für die Kostenabschätzung mit konkreten Produktbezeichnungen liegt ein Einfamilienhaus mit 220 m² Wohnfläche (zwei Etagen, Keller, Carport, Terrasse, keine Balkone, kein Dachstuhl) zugrunde, komplett ausgestattet mit Fußbodenheizung, aber ohne KWL (Tabelle 23.3).

Aufteilung	Anzahl
Zimmer	1 Wohnzimmer, 2 Arbeitszimmer, 2 Kinderzimmer, 1 Kinozimmer, 1 Esszimmer, 1 Schlafzimmer
Küche	1 Küche
Außenbereich	1 Terrasse, 1 Hauseingang, 1 Carport
Keller	1 Technikraum, 1 Lager, 1 Werkstatt
Flure	3 (Keller, EG, OG), 1 Windfang
Abstellräume	2 Abstellräume, 1 begehbarer Schrank
Bad + WC	2 Bäder, 1 WC
Treppen	2

Tabelle 23.3 Planungsbeispiel: typisches Einfamilienhaus

Legt man für jeden Raum eine typische (aber sehr gehobene) Ausstattung zugrunde, ergibt sich das Bild aus Tabelle 23.4.

Ausstattung	Anzahl
Geschaltete Steckdosengruppen	35
Nicht geschaltete Steckdosen (Aufputz)	3
Geschaltete Steckdosengruppen mit Strommessung (TV, Kühlschrank, Gefrierschrank usw.)	16
Beleuchtung: gruppierte Brennstellen geschaltet	31
Beleuchtung: Brennstellen gedimmt (Hochvolt)	8

Tabelle 23.4 Planungsbeispiel: Ausstattung

Ausstattung	Anzahl
Beleuchtung: Brennstellen DALI	24
Überwachte Fenster (Fensterkontakt)	14
Überwachte Türen (Haustür, Terrassentür)	2
Anzahl der Stellantriebe für Fußbodenheizung (Anzahl unterschiedlicher Heizkreise)	18 (16)
Anzahl Jalousien (Anzahl Motoren)	18 (14)
Rollläden	2

Tabelle 23.4 Planungsbeispiel: Ausstattung (Forts.)

Aus der Anzahl der Kanäle lässt sich direkt die benötigte Anzahl an KNX-Komponenten bestimmen. Wie eine daraus resultierende Einkaufsliste aussehen würde, finden Sie in folgender Tabelle 23.5. Beachten Sie, dass nur eine KNX-Linie geplant ist und die Heizungsregelung der 16 Heizkreise auf 10 Tastsensoren mit RTR-Funktionalität sowie einen 6-fach-Heizungsregler aufgeteilt sind. Weiterhin ist zwar ein DALI-Gateway in der Kalkulation enthalten, nicht aber die einzelnen Leuchten bzw. DALI-EVGs.

KNX-Komponente	Modell und Menge		E-Preis	G-Preis
KNX-Systemgeräte				
Spannungsversorgung	Enertex 1152 (960 mA)	1	248 €	248 €
IP-Router	Enertex 1147	1	307 €	307 €
DALI-Gateway	Gira 218000	1	341 €	341 €
KNX-Wetterstation				
Wetterzentrale	ABB WZ/S 1.3.1.2	1	464 €	464 €
Wettersensor	ABB WES/A 3.1	1	228 €	228 €
KNX-Aktoren				
Schaltaktor 10 A	MDT AKS-2016.02 (20-fach)	1	378 €	378 €
	MDT AKS-1216.02 (12-fach)	1	266 €	378 €
Schaltaktor 16 A	MDT AKS-2016.02 (20-fach)	1	378 €	378 €
	MDT AKS-0816.02 (8-fach)	2	222 €	444 €

Tabelle 23.5 Planungsbeispiel: benötigte Komponenten (KNX)

KNX-Komponente	Modell und Menge		E-Preis	G-Preis
Schaltaktor 16 A mit Wirkleistungsmessung	MDT AZI-0616.01	3	263 €	789 €
Dimmaktor	MDT AKD-0401.01 (4-fach)	2	264 €	528 €
Jalousieaktor	ABB JRA/S8.230.2.1	2	289 €	578 €
Heizungsaktor	VAA/S12.230.2.1 (12-fach)	1	267 €	267 €
	VAA/S6.230.2.1 (6-fach)	1	157 €	157 €
Temperaturregler	SCN-RT6REG.01 (6-fach)	1	164 €	164 €
KNX-Sensoren, Eingänge				
UP-Tasterinterface (für 2 Reed-Kontakte)	MDT BE-02001.01 (2-fach)	8	34 €	272 €
Bewegungsmelder	Gira PIR Komfort 1304 xx	7	102 €	714 €
Präsenzmelder	MDT SCN-G360D3.01	17	107 €	1.819 €
Feuchtigkeitssensor	Elsner KNX TH-UP basic	3	162 €	486 €
Multisensor (außen)	arcus-eds SK10L-THC-L-AFF	1	246 €	246 €
KNX-Bedienung und Anzeige				
Tastsensor mit RTR-Funktion und Display	Berker 75663593 + Busankoppler 75040003	10	212 € + 66 €	2.780 €
Taster, 4-fach, mit Temperatursensor	MDT BE-GTT4W.01	6	100 €	600 €
LED-Statusanzeige	MDT SCN-GLED1W.01	2	121 €	242 €
Software				
ETS	ETS5 Professional	1	1.000 €	1.000 €
Gesamt				**13.808 €**

Tabelle 23.5 Planungsbeispiel: benötigte Komponenten (KNX) (Forts.)

Der natürlich auf den ersten Blick durchaus bemerkenswerte Preis von knapp 14.000 € für die KNX-Ausstattung relativiert sich ein gutes Stück, wenn Sie bedenken, dass dafür die komplette herkömmliche Steuerung der Beschattungselemente, die Einzelraumtemperaturregelung und sämtliche herkömmlichen Schalter und Taster wegfallen. Außerdem habe ich in Tabelle 23.5 bewusst auf hochwertige Geräte gesetzt, an denen Sie viel Freude haben werden.

23.5 Ansetzen der Preisschraube

Natürlich besteht die Möglichkeit, das oben durchexerzierte Rechenbeispiel günstiger zu gestalten. Welche Ansatzpunkte Sie haben und welche generellen Einspartipps sich anbieten, erfahren Sie hier:

- Am leichtesten lässt sich sparen, indem Sie auf möglichst viele Tastsensoren verzichten oder preiswertere Geräte verwenden, besonders an Stellen, die Sie weniger nutzen.
- Einige wenige KNX-Komponenten bieten Zusatzfunktionen, mit deren Hilfe sich Zusatzgeräte möglicherweise einsparen lassen. So besitzt z. B. der BMS MCU-09-9-fach-Jalousieaktor zusätzlich 18 Binäreingange, die für die Abfrage von Reed-Kontakten verwendet werden können.
- Die Maker unter Ihnen finden in Abschnitt 27.5, »Extravagant: Der Raspberry Pi als KNX-Schnittstelle«, eine Möglichkeit, selbst eine KNX-IP-Schnittstelle zu bauen.
- Mit dem 1-Wire-Bus existiert eine preislich kaum zu unterbietende Technik für die Anbindung unterschiedlicher Sensoren (Temperatur, Feuchtigkeit, Luftgüte usw.). Teurere KNX-Sensoren können dabei entfallen.
- Die Reduktion der einzeln schaltbaren Steckdosen- und Leuchtengruppen spart Aktorkanäle und dadurch eventuell ganze KNX-Schaltaktoren.
- Gedimmte Lichtauslässe sind verhältnismäßig teuer. Günstiger wird es durch DALI.
- Nutzen Sie die LAN-Ports Ihres Routers oder WLAN-Access-Points, anstatt einen größeren Ethernet-Switch mit mehr Ports zu kaufen.

Einplanen und nachrüsten

Zu guter Letzt gilt: Auch wenn Sie, mit Blick auf die Preise, auf das eine oder andere Gerät verzichten möchten, planen Sie es bitte trotzdem von Anfang an mit ein. Während Sie für die nachträgliche Installation eines zusätzlichen Schaltaktors keine besonderen Vorkehrungen (außer Platz im Verteilerschrank) treffen müssen, sollten Sie bereits sämtliche Unterputzdosen für geplante KNX-Geräte installieren und verkabeln. So holen Sie sich z. B. Schritt für Schritt weitere Präsenz- und Bewegungsmelder hinzu, wenn es die Situation erlaubt.

Kapitel 24
Planen der Infrastruktur

Ein KNX-System funktioniert, in sich geschlossen, hervorragend. Spannende Erweiterungsmöglichkeiten, aber auch neue Herausforderungen ergeben sich, wenn Sie den KNX-Bus an Ihre restliche Infrastruktur anbinden.

Mit Infrastruktur bezeichnet man die Gesamtheit aller vernetzten Automatisierungskomponenten. Der KNX-Bus ist lediglich ein Teil dieses Gesamtsystems. Richtig spannend wird es, wenn Sie ihn mit anderen Subsystemen vernetzen.

24.1 Vernetzen der Subsysteme

Vielleicht haben Sie sich nach dem Studium der Grundlagenkapitel dieses Buchs bereits dazu entschlossen, Ihre gesamte Hausautomation mit KNX umzusetzen. Damit machen Sie schon einmal sehr viel richtig, Sie entscheiden sich für ein bewährtes und robustes System, mit dem die allermeisten Steuerungsaufgaben lösbar werden.

24.1.1 Das Smart-Home-Ökosystem

Dennoch gibt es Optimierungspotenzial. Es ist ein bisschen wie in der Natur – *Monokulturen* funktionieren zwar, aber eben nicht optimal, sie verschenken Potenzial gegenüber *Mischkulturen*. Das Geheimnis eines gut funktionierenden Smart-Home-Ökosystems ist die richtige Mischung aus unterschiedlichen Teilsystemen, jedes für sich spezialisiert auf seinen abgegrenzten Einsatzbereich.

An dieser Stelle soll der Begriff *System* als Bezeichnung für Ihre gesamte Smart-Home-Installation eingeführt werden. Wie in Abbildung 24.1 zu sehen, setzt sich dieses System aus unterschiedlichen *Subsystemen* zusammen, die über spezielle Schnittstellen, meist *Gateways* genannt, zusammengeführt werden.

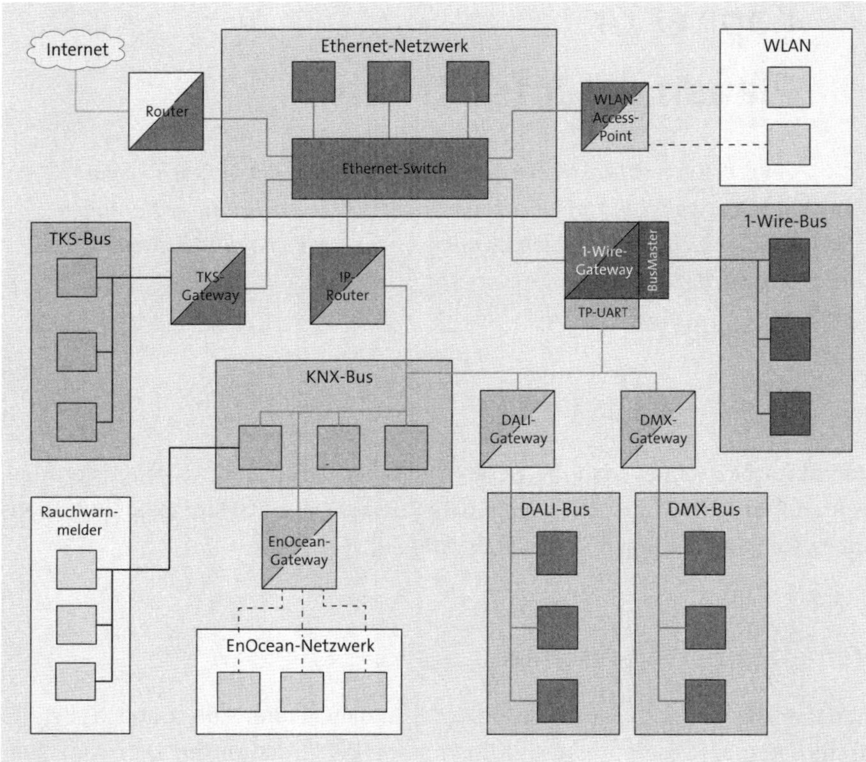

Abbildung 24.1 Das System Smart Home und seine Subsysteme

Natürlich benötigen Sie nicht jedes einzelne Subsystem in Ihrem Heim. Beispielsweise überschneiden sich die Einsatzbereiche von DALI und DMX teilweise (beide zuständig für die Beleuchtungssteuerung). Sie können in der Regel gut auf eines der beiden Systeme verzichten oder sogar ganz ohne diese Spezialbusse auskommen. Gleiches gilt für die Funksubsysteme wie z. B. EnOcean oder KNX RF. Wenn Sie präzise und vorausschauend genug Ihre Gebäudeverkabelung ausgeführt haben, ergibt sich vielleicht nie der Bedarf nach Funklösungen.

Auf der anderen Seite verzichten Sie aber dann auch auf die Vorteile spezieller Subsysteme. So ist DALI ab einer gewissen Anzahl an zu schaltenden Leuchten konkurrenzlos günstig, und EnOcean ist oft genug der letzte Retter bei einer vergessenen oder unbrauchbaren Kabelverbindung. Ein Smart Home mit 1-Wire leistet zwar nicht zwingend mehr als eines ohne 1-Wire, kann aber, je nach Anzahl der benötigten Sensoren, deutlich günstiger realisiert werden.

24.1.2 Die Anbindung der Subsysteme

Innerhalb eines Subsystems sprechen alle Teilnehmer dieselbe Sprache. Jeder KNX-Teilnehmer kann mit jedem anderen KNX-Gerät kommunizieren, jeder Ethernet-fähige

Rechner versteht sich problemlos mit allen anderen Rechnern im LAN. Verlässt man die Grenzen eines Subsystems, sieht die Welt ganz anders aus. Es passt weder das physikalische Übertragungsmedium, noch passen die Kommunikationsprotokolle der unterschiedlichen Subsysteme zusammen, geschweige denn Geschwindigkeit oder Signalstärken. Meist gleicht sich nicht mal die verwendete Topologie.

Genau an dieser Stelle kommen die Gateways ins Spiel. Sie übernehmen die anspruchsvolle Aufgabe, ein Subsystem mit einem anderen zu verbinden, und sorgen dafür, dass die Daten von einem Subsystem auf ein anderes übertragen werden, und zwar in beide Richtungen (bidirektional). Wahrscheinlich muss ich es gar nicht extra erwähnen, aber natürlich existiert, wie immer, kein Universal-Gateway, das jedes Subsystem mit jedem anderen verbinden kann. Stattdessen benötigt jede Umsetzung ein speziell dafür ausgelegtes Gerät. Einen DALI-Bus verbinden Sie deswegen nur über ein KNX-DALI-Gateway mit dem KNX-Bus. Sonst wäre es ja auch zu einfach.

24.1.3 Gateways lösen die Verständigungsprobleme

Sie lernen im weiteren Verlauf dieses Buchs jedes einzelne Gateway noch genau kennen. Mir ist an dieser Stelle wichtig, dass Sie den Gesamtzusammenhang der einzelnen Smart-Home-Subsysteme erkennen und aus Abbildung 24.1 herauslesen können, dass beispielsweise ein 1-Wire-Sensormesswert durchaus, auf welchen verworrenen Wegen auch immer, zu einer Schalthandlung auf dem DALI-Bus führen kann.

Die wichtigsten Subsystemschnittstellen, mit denen Sie typischerweise im Smart Home in Berührung kommen, sind:

Subsystem 1	Subsystem 2	Schnittstelle	Kapitel/Abschnitt
LAN	KNX	KNX-IP-Schnittstelle KNX-IP-Router	27
LAN	Internet	Router	42.5
LAN	Türkommunikation (TKS)	TKS-IP-Gateway	45.2
LAN	WLAN	WLAN-Access-Point	12.5.7
LAN	1-Wire	1-Wire-Busmaster	10.3
KNX	DALI	KNX-DALI-Gateway	33.1
KNX	DMX	KNX-DMX-Gateway	33.2
KNX	EnOcean	KNX-EnOcean-Gateway	33.3
KNX	Rauchwarnmelder	Relais-Modul	29.5

Tabelle 24.1 Die wichtigsten Smart-Home-Gateway-Typen

Anhand von Tabelle 24.1 erkennen Sie es bereits: Von besonderer Bedeutung, allein durch die Anzahl der Anknüpfungspunkte, sind ein leistungsstarkes LAN auf Basis von Ethernet und ein auf Smart-Home-Aufgaben spezialisiertes Bussystem (KNX). Mit diesen beiden Subsystemen setzen Sie bereits einen großen Teil der Anforderungen an intelligentes Wohnen um. Man könnte diese Grundausstattung auch *Pflicht* nennen, die darauf aufbauende *Kür* glänzt durch Erweiterungen wie z. B. DALI und 1-Wire.

Neben den oben aufgeführten Gateways existiert eine Vielzahl an weiteren Geräten und damit Zugängen zu anderen Subsystemen. Um die wichtigsten zu nennen, sind das: Hue-Bridge (für Philips-Hue-Lampen), das Miele-Gateway (Haushaltsgeräte), Viessmann Vitogate (Heizungssteuerung), IRTrans (Infrarotsteuerung) und natürlich diverse Umsetzer auf Funkstandards (wie ZigBee, Z-Wave oder DECT). Die meisten davon begegnen Ihnen natürlich auch in diesem Buch.

24.2 Der strukturierte Ethernet-Netzwerkaufbau

Solange sich die Technologie nicht spürbar ändert, z. B. mit dem Sprung von Fast-Ethernet (100 MBit) auf Gigabit-Ethernet (1.000 MBit/s), ist ein installiertes Netzwerk eigentlich eine recht statische Angelegenheit und sollte dementsprechend gut überlegt und geplant sein. Für das Smart Home ist eine flexible und leistungsfähige Netzwerkinfrastruktur essenziell, lassen Sie mich Ihnen daher ein gut funktionierendes Basiskonzept vorstellen, das Sie individuell erweitern oder reduzieren können.

In Abbildung 24.2 finden Sie, eingebaut in ein 19-Zoll-Rack, ein Patch-Panel, über das alle Wohnräume über Cat.7-Verlegekabel angefahren werden. In jedem Wohnraum enden die Verlegekabel in einer Netzwerkdose, an die entweder ein Endgerät direkt angeschlossen wird oder indirekt über einen kleinen Unmanaged Switch. Das Netzwerk wird zusammengeführt, indem vom Patch-Panel aus gesehen jede RJ-45-Buchse mit dem (Managed) Switch im Rack verbunden wird.

Die Besonderheit bei diesem Aufbau besteht darin, dass Sie sozusagen ein kleines Subnetz abgrenzen, dessen Netzwerkkomponenten permanent mit Strom versorgt werden. Es besteht aus einem Router/Modem (z. B. FRITZ!Box) mit eigenen LAN-Ports, über die ein Server sowie ein zweiter Router ebenfalls mit eigenen LAN-Ports verbunden sind.

Sie erreichen durch diese Unterteilung, dass die großen Switches, das NAS und weitere Geräte abgeschaltet werden können (natürlich per KNX-Schaltaktor), wenn sie nicht benötigt werden (bei Abwesenheit, nachts). Das Subnetz mit Server (z. B. ein Automatisierungsrechner) bleibt trotzdem in Betrieb.

Ein eventuell im Verteiler untergebrachter Rechner, z. B. ein Wiregate, bleibt ebenfalls permanent am Netzwerk. Dazu wird über ein Cat-Installationskabel ein Patch-Panel-Port mit einem Hutschienen-Patch-Modul (z. B. ABB PM/S 1.1) verbunden.

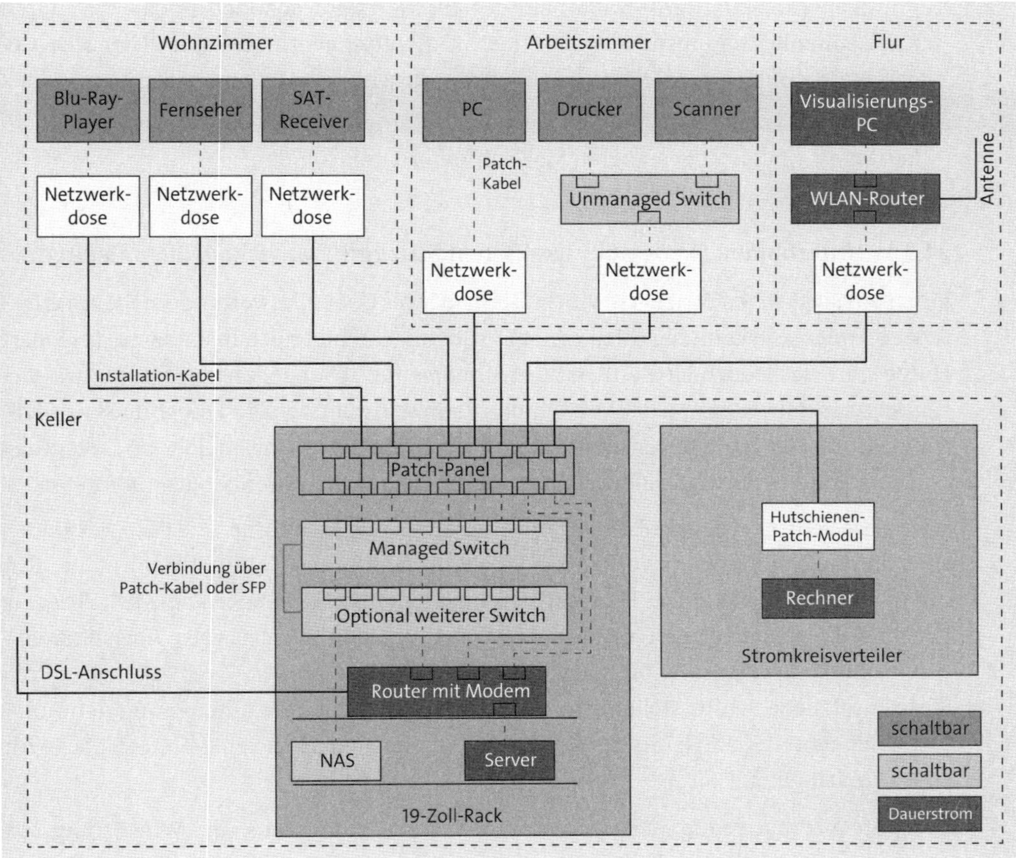

Abbildung 24.2 Beispiel Netzwerkinfrastruktur

24.3 Die Sicherheit von KNX

Das KNX-Protokoll über Twisted Pair sieht aktuell keinerlei Verschlüsselung oder Authentifizierung vor. Solange Ihr KNX-Bus für einen potenziellen Angreifer nicht zugänglich ist, spielt das Fehlen von Sicherheitsmechanismen auch keine Rolle. Im Privatbau sind folgende Einfallsmöglichkeiten denkbar, denen Sie mit den notwendigen Abwehrmaßnahmen begegnen sollten:

1. Physikalischer Buszugriff innerhalb des Gebäudes über Busankoppler oder KNX-Schnittstelle (IP, USB): Ist in der Regel im Einfamilienhaus kein echtes Risiko, da ein Angreifer zuerst einmal Zutritt haben müsste. Bei öffentlichen Gebäuden oder Hotels ist ein illegaler Zugriff aber schon eher denkbar.

2. Physikalischer Buszugriff außerhalb des geschützten Gebäudebereichs, z. B. durch KNX-Außenbewegungsmelder oder KNX-Außentemperatursensoren: Hier sind Gegenmaßnahmen erforderlich, die wir uns im Anschluss ansehen werden.
3. Indirekter Buszugriff über ein IP-Netzwerk (Internet, WLAN): Diese Zugangsmöglichkeit ist ebenfalls mit geeigneten Maßnahmen zu unterbinden.

24.3.1 Unterbinden Sie den physikalischen Buszugriff außerhalb Ihres Gebäudes

Einen physikalischen Buszugriff von außerhalb Ihres Gebäudes verhindern Sie am effektivsten, indem Sie keinerlei intelligente Geräte im Außenbereich installieren. Im Smart Home wäre das jedoch eine äußerst unbefriedigende Lösung, daher vergessen wir diesen Ansatz schon während der Entstehung, denn selbstverständlich möchten Sie nützliche Sensorik für Temperatur und Feuchtigkeit sowie Bewegungsmelder und eventuell den einen oder anderen Schalter/Taster durchaus auch im Außenbereich montieren.

Sind diese Sensoren direkt über den KNX-Bus angebunden, nehmen Sie das zwar kleine, aber theoretisch durchaus vorhandene Risiko in Kauf, dass Ihr Bussystem von außen manipuliert werden könnte. Dieses Risiko vermeiden Sie, indem Sie keine KNX-Leitung in den Außenbereich legen, sondern Bewegungsmelder beispielsweise über Binäreingänge und Temperatursensoren über Analogeingänge einbinden. Zwar haben Sie durch diese zusätzliche Schnittstelle nicht den kompletten Funktionsumfang und den Komfort eines echten KNX-Geräts zur Verfügung, bieten aber auch keine Angriffsfläche für einen Eindringling.

Eine gute Alternative für Sensoren im Außenbereich ist übrigens ein 1-Wire-Strang. Mir ist weder eine Möglichkeit bekannt, noch könnte ich mir eine vorstellen, mit der sich ein Angreifer über den 1-Wire-Bus Zugriff auf Ihr KNX-System verschaffen könnte.

Falls Sie dennoch eine im Außenbereich zugängliche KNX-Leitung installieren möchten, richten Sie diese bitte als separate, abgeschottete Außenlinie ein, was über einen KNX-Linienkoppler mit aktiver Filtertabelle möglich ist. Sie erschweren einem potenziellen Angreifer den Zugriff auf alle hinter dem Linienkoppler platzierten Module im Gebäudeinneren ganz erheblich. Auch aus Gründen der Robustheit ist eine eigene Außenlinie empfehlenswert, denn der Linienkoppler sorgt durch seine galvanische Trennung dafür, dass sich ein Fehler im Außenbereich (z. B. KNX-Kurzschluss) nicht auf die restliche Funktionalität auswirkt.

Die beiden folgenden Darstellungen verdeutlichen die unterschiedlichen Varianten nochmals.

Abbildung 24.3 zeigt die Anbindung einer separaten KNX-Außenlinie über einen Linienkoppler, wohingegen in Abbildung 24.4 gänzlich auf KNX im ungeschützten Bereich verzichtet wird. Hier erfolgt der Anschluss der Außensensorik manipulationssicher über nicht zugängliche KNX-Binäreingänge oder Analogeingänge.

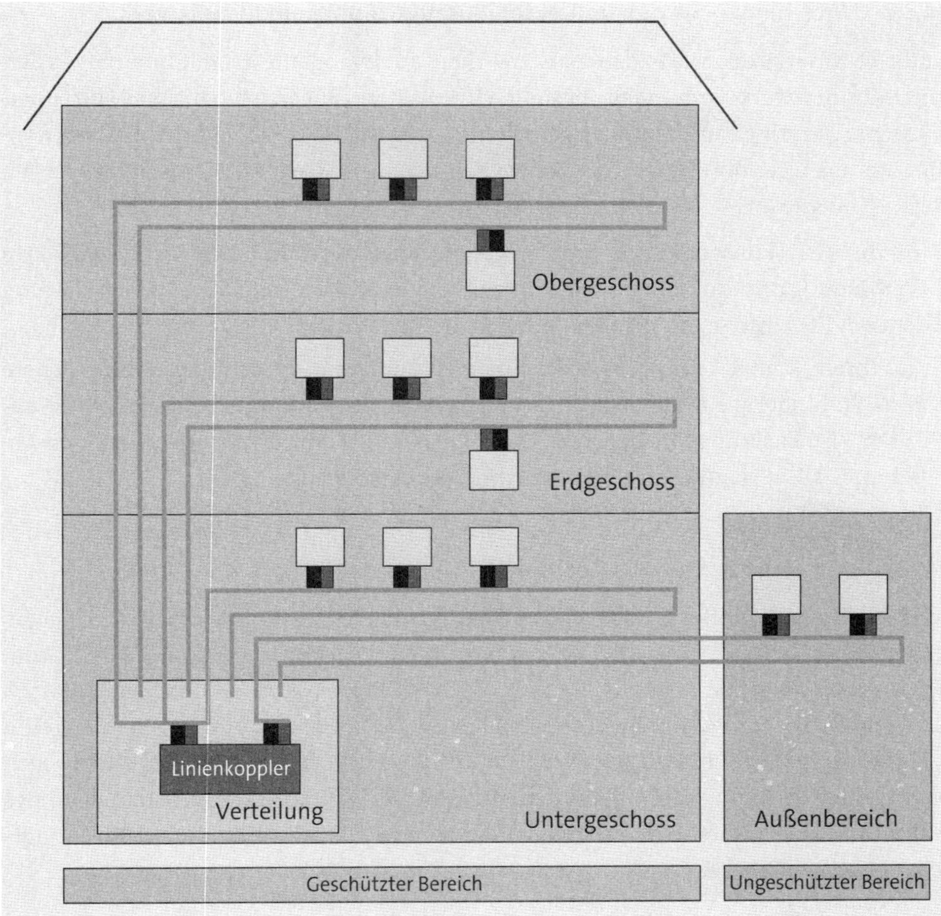

Abbildung 24.3 Außenlinie mit Linienkoppler absichern

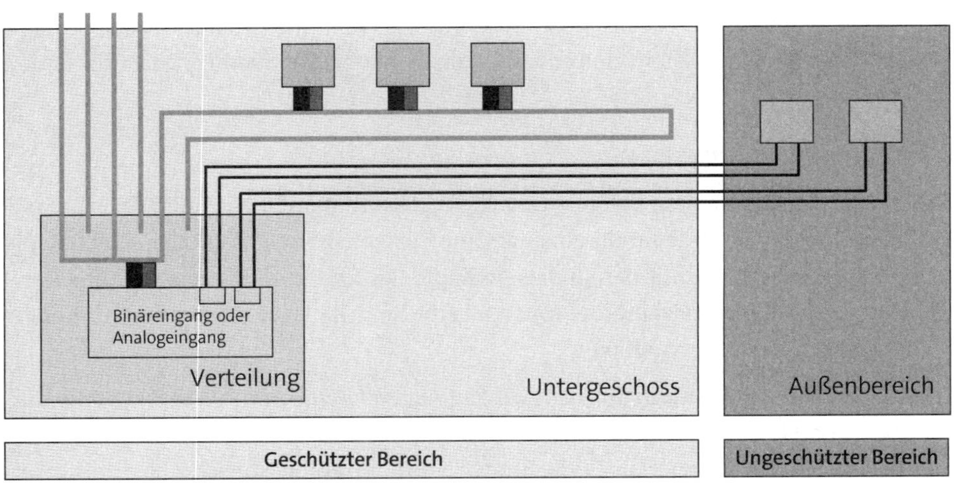

Abbildung 24.4 Außenlinie über Binäreingang anbinden

24.3.2 Unterbinden Sie den indirekten Buszugriff über ein IP-Netzwerk

Ist Ihr KNX-Netzwerk (wie in den meisten Fällen) auf irgendeine Art mit Ihrem IP-basierten Heimnetzwerk verbunden, besteht eine weitere Zugangsmöglichkeit für unerwünschte Eindringlinge. Ein physikalischer Buszugang ist dabei nicht einmal notwendig, was die Situation besonders bedenklich macht. Entgegnen Sie der potenziellen Gefahr, indem Sie

- für Ihr WLAN konsequent auf aktuelle Verschlüsselungstechnologie (derzeit WPA2) in Verbindung mit starken Passwörtern setzen. Eine zusätzliche MAC-Adressenfilterung ist zwar überlistbar, erhöht aber dennoch die Sicherheit.
- auf Ihrem Router kein Port-Forwarding erlauben, sondern stattdessen eine sichere VPN-Verbindung einrichten, falls Sie einen Zugriff von außerhalb beispielsweise auf Ihren Visualisierungs-PC benötigen. Wie Sie ein VPN einrichten, erfahren Sie in Abschnitt 24.4, »Schaffen Sie einen sicheren Netzwerkzugang«.

24.3.3 Und wenn es trotzdem passiert?

Sollte es einem Angreifer tatsächlich gelingen, auf Ihren KNX-Bus zuzugreifen, hat er zunächst keine Kenntnis über Ihren Busaufbau und das System, nach dem Sie Ihre Gruppenadressen vergeben haben. Mit einem Maß an Entschlossenheit und Geduld lassen sich jedoch den unbekannten Gruppenadressen Funktionen zuordnen. Der Angreifer wäre also prinzipiell in der Lage, Ihre Beleuchtung zu bedienen, Jalousien zu bewegen oder z. B. die Badezimmertemperatur auszulesen. Wirklich schlimm wird das allerdings erst, sobald auch sicherheitsrelevante Funktionen wie der Türöffner per KNX-Aktor geschaltet werden können.

Bei all den schwarzen Szenarien, die man sich ausdenken könnte, sollte eines aber immer beachtet werden: Der klassische Einbrecher rückt nicht mit dem Laptop und fortgeschrittener Elektronikausrüstung an und hat auch kein solides Verständnis in digitaler Bustechnik. Vielmehr ist er mit gröberem Gerät wie einer Brechstange unterwegs oder benutzt direkt den Ziegelstein, den er vor der im Dunkeln liegenden Terrassentür findet.

24.3.4 Ausblick Sicherheit

Aktuell wird an einer neuen Version des KNX-Protokolls namens KNXnet/IP Secure mit EIBsec gearbeitet, das unter anderem auch eine Verschlüsselung implementiert hat. Bis es so weit ist, haben Sie mit den in diesem Kapitel diskutierten Maßnahmen Ihr Netzwerk ausreichend gut gesichert und müssen keine Eindringlinge befürchten, zumindest nicht über den elektronischen Weg.

Denken Sie aber daran: *Mechanik geht bei Einbruchsicherung immer vor Elektronik*. Ungesicherte Fenster und Türen überwindet ein Einbrecher, nur mit einem Schraubenzieher ausgerüstet, in weniger als 30 Sekunden. Pilzkopfzapfen, Aufschraubsicherungen und abschließbare Fenstergriffe sind anerkannte Mittel, um den Eindringling so lange zu beschäftigen, dass er meist von dem Gebäude ablässt.

Professionelle Einbruchmeldeanlagen (EMA) oder ein Sensornetzwerk, basierend auf KNX-Technik, bieten ergänzenden Schutz. Wie so etwas im Eigenbau aussieht, finden Sie im Praxisteil dieses Buchs in Kapitel 58, »Machen Sie Ihr Heim sicher«.

Eine Zusatzlektüre der KNX Association in Form einer Checkliste für KNX-Sicherheit finden Sie als PDF unter:

http://www.knx.org/media/docs/Flyers/KNX-Security-Checklist/KNX-Security-Checklist_de.pdf

24.4 Schaffen Sie einen sicheren Netzwerkzugang

Das Mittel der Wahl, um von unterwegs auf Ihr Heimnetzwerk zugreifen zu können und damit Ihr Smart Home fernbedienbar zu machen, lautet *VPN* (Virtual Private Network). Über ein VPN gelingt es, einen Teilnehmer eines privaten Netzes an ein anderes privates Netz zu binden. Durch den Aufbau einer VPN-Verbindung wird sozusagen der Netzwerkstecker eines Teilnehmers von seinem ursprünglichen Netzwerk in ein anderes (das per VPN zugeordnete) Netzwerk gesteckt. Da dieses »Umstecken« selbstverständlich auch über WLAN funktioniert, ist VPN die ideale Methode, um auch von unterwegs aus wie gewohnt in seinem eigenen Netzwerk zu arbeiten. VPN überträgt zudem verschlüsselt, sodass Sie auch durch eine Verbindung über ein unsicheres Netz (Internet) kein erhöhtes Sicherheitsrisiko eingehen.

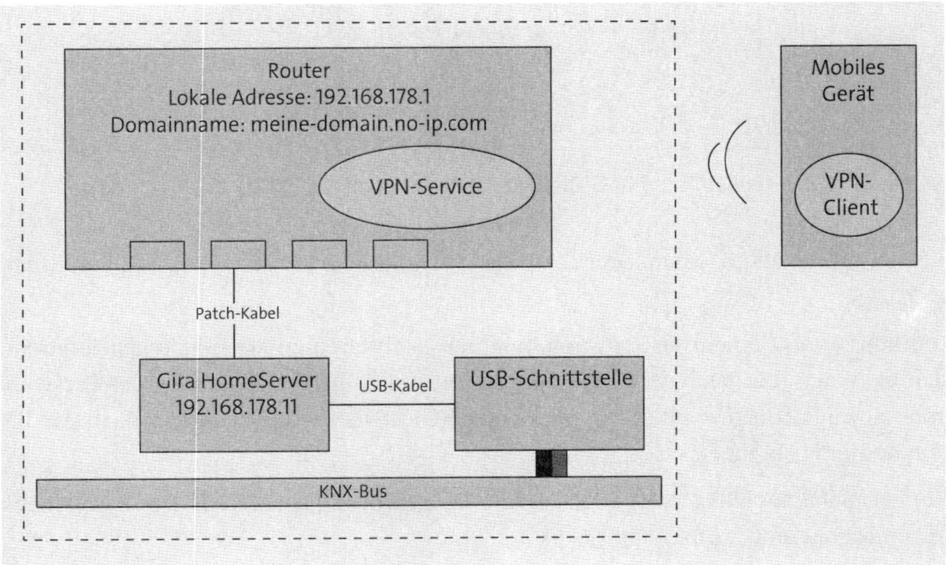

Abbildung 24.5 Mit VPN auf das Smart Home zugreifen

Das oben stehende Beispiel in Abbildung 24.5 soll das Ganze verdeutlichen. Das mobile Gerät (z. B. Smartphone) wird über den VPN-Service Teil des Heimnetzwerks und kann auf die Bedienoberfläche des Automatisierungsrechners (hier: der Gira HomeServer) zugreifen.

24.4.1 Machen Sie Ihren Router erreichbar

Um VPN sinnvoll nutzen zu können, sollten Sie im ersten Schritt dafür sorgen, dass Ihr Router anhand eines Domainnamens aus dem Internet erreichbar ist. Allein durch Ihre IP-Adresse ist das langfristig nicht möglich, denn diese ändert sich bei Anschlüssen mit dynamisch wechselnden IP-Adressen spätestens bei der nächsten Einwahl. Der Einwahlknoten Ihres Providers weist Ihrem PC bzw. Router bei jeder Verbindung eine andere IP-Adresse aus seinem Adresspool zu. Das passiert selbst dann, wenn Sie Ihre Verbindung permanent aufrechterhalten, denn der Provider trennt sie in der Regel alle 24 Stunden automatisch.

Aus dem Dilemma gibt es einen gut funktionierenden Ausweg: *dynamische DNS-Dienste*. Der bekannteste Vertreter, DynDNS.com, bietet leider keinen Gratistarif mehr an. Daher stelle ich Ihnen an dieser Stelle zwei kostenlose Alternativen vor: No-IP.com und MyFRITZ!:

<table>
<tr><th></th><th>No-IP.com</th><th>MyFRITZ!</th></tr>
<tr><td>Link</td><td>www.noip.com</td><td>https://www.myfritz.net</td></tr>
<tr><td>Anzahl Hostnamen</td><td>3 (bei Basic Level)</td><td rowspan="2">kostenlos für FRITZ!Box-Kunden:
zufälliger Domainname mit der Endung .myfritz.net</td></tr>
<tr><td>Hostnamen (Beispiele)</td><td>▸ <Ihre Domain>.no-ip.biz
▸ <Ihre Domain>.no-ip.org
▸ <Ihre Domain>.ddns.org</td></tr>
</table>

Tabelle 24.2 Zwei dynamische DNS-Dienste (No-IP.com und MyFRITZ!)

Einen weiteren guten dynamischen DNS-Service finden Sie bei Securepoint (unter *http://spdns.de*).

Um künftig von einem festen Domainnamen profitieren zu können, registrieren Sie sich bei einem der beiden Dienste und notieren sich Ihren Usernamen, das Passwort und natürlich den gewählten Domainnamen. Beide Dienste lassen sich einfach von Ihrem Router ansprechen.

Am Beispiel einer FRITZ!Box gehen Sie für die Einrichtung eines No-IP-Domainnamens folgendermaßen vor (Abbildung 24.6):

Öffnen Sie über das Menü INTERNET • FREIGABEN das Register DYNAMIC DNS, wählen Sie als DYNAMIC DNS-ANBIETER den Service NO-IP.COM aus und übertragen Sie in die nächsten drei Felder Ihre Accountdaten.

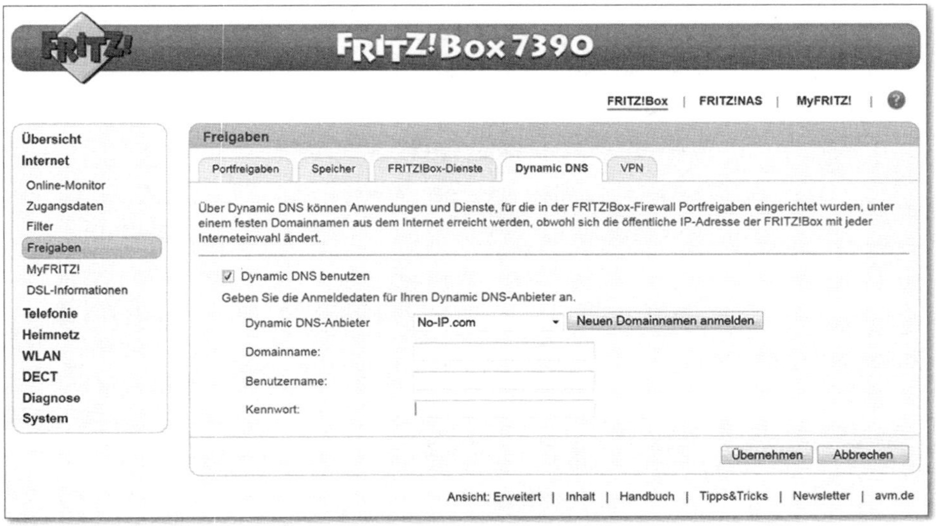

Abbildung 24.6 Einrichten eines Dynamic-DNS-Dienstes mit der FRITZ!Box

Nach erfolgter Anmeldung prüft ein kurzes `ping`-Kommando unter Windows oder Linux den Erfolg Ihrer Freigabe:

```
ping <Ihr neuer Hostname>
```

In Abschnitt 19.6.1, »Ping prüft die Erreichbarkeit«, finden Sie einen kleinen Ping-Schnellkurs.

24.4.2 VPN auf dem Router einrichten

Vorausgesetzt, Sie setzen eine halbwegs aktuelle Version von FRITZ!OS (der AVM-Firmware) ein, ist das Einrichten eines VPN-Zugangs fast schon ein Kinderspiel. Am Beispiel einer FRITZ!Box 7390 mit Firmware 6.2 möchte ich Ihnen kurz aufzeigen, wie Sie am besten vorgehen (Abbildung 24.7):

- Schalten Sie über das Menü INTERNET • FREIGABEN im Register VPN zuerst den VPN-Dienst ein (Button VPN-VERBINDUNG HINZUFÜGEN).
- In der erscheinenden Maske VPN-VERBINDUNG selektieren Sie die erste Checkbox: FERNZUGANG FÜR EINEN BENUTZER EINRICHTEN und klicken auf WEITER.
- Die Menüführung geleitet Sie automatisch zur Funktion FRITZ!BOX-BENUTZER anlegen, wo Sie über den Button BENUTZER HINZUFÜGEN einen neuen Benutzer anlegen (Abbildung 24.8). Geben Sie ihm einen BENUTZERNAMEN, eine E-MAIL-ADRESSE und ein KENNWORT. Entscheidend ist, dass Sie über die unterste Checkbox (VPN) diesem neuen Benutzer das Recht, VPN zu benutzen, einräumen.

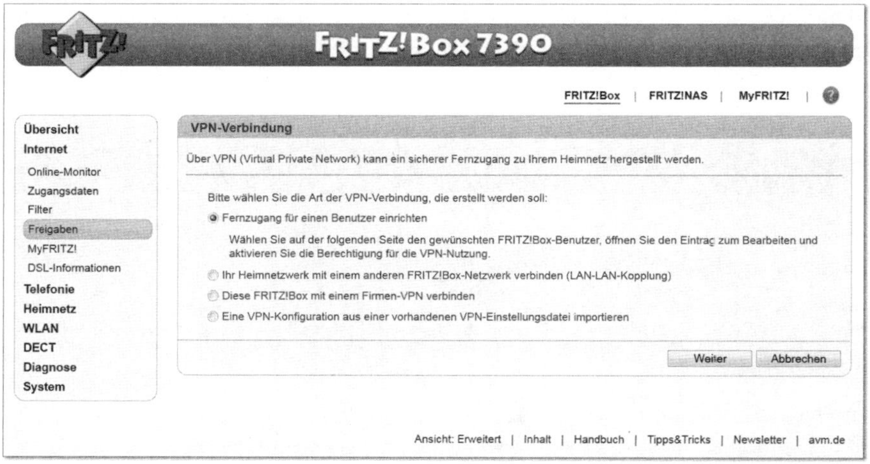

Abbildung 24.7 Einrichten einer neuen VPN-Verbindung mit der FRITZ!Box

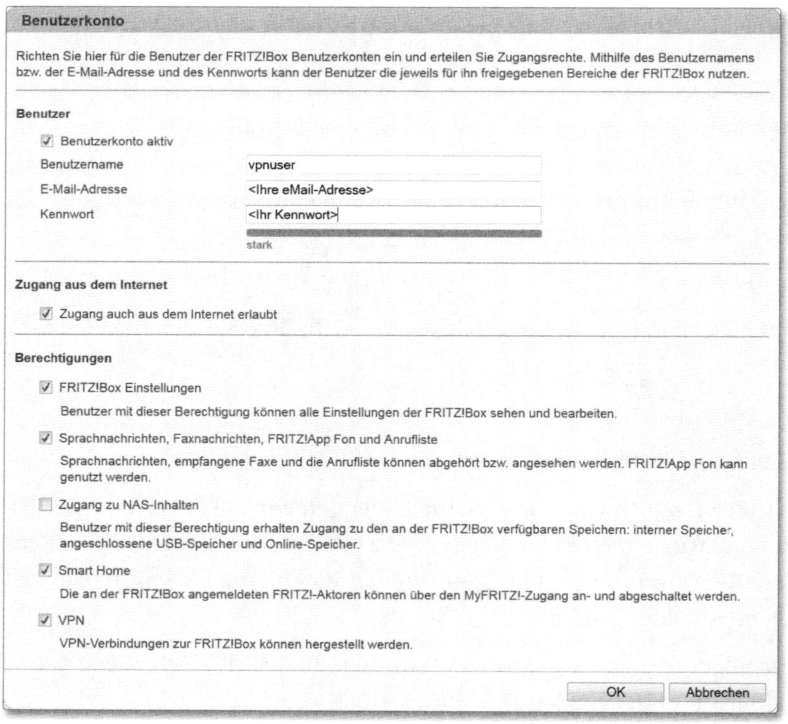

Abbildung 24.8 Einen VPN-User hinzufügen (FRITZ!Box)

- Bestätigen Sie bitte mit OK. Dem daraufhin geöffneten Browserfenster entnehmen Sie die Zugangsdaten für die Clientkonfiguration (siehe nächsten Abschnitt). Die Einstellungen können Sie später im Menü SYSTEM • FRITZ!BOX-BENUTZER jederzeit wieder abrufen. Als Administrator vergeben Sie das Benutzerpasswort, den Shared-Secret-Schlüssel hingegen gibt der Router für jedes Benutzerkonto selbst vor.

24.4.3 VPN auf den Clients einrichten

Ihr Router sollte, nachdem Sie den vorherigen Abschnitt durchgearbeitet haben, bereit sein, eingehende VPN-Verbindungen zu akzeptieren. Alle Clientgeräte, die Sie künftig mit Ihrem VPN-Netzwerk verbinden möchten, benötigen ebenso eine entsprechende Konfiguration. Je nach Endgerät sieht die Clientkonfiguration im Detail unterschiedlich aus, wird aber immer die Eingabe der Zugangsdaten (Servername, Benutzername, Passwort und Shared Secret-Schlüssel) beinhalten.

Exemplarisch für ein iOS-Gerät gehen Sie nach den folgenden Schritten vor:

- Öffnen Sie vom Homescreen Ihres iOS-Geräts das Symbol EINSTELLUNGEN und wählen Sie das Menü ALLGEMEIN • VPN • VPN HINZUFÜGEN.
- Den VPN-BETRIEBSMODUS stellen Sie auf IPSEC.
- Die Account-Informationen füllen Sie bitte wie folgt aus:
  - BESCHREIBUNG: ein Name für die VPN-Verbindung
  - SERVER: Ihr DNS-Domainname, z. B. <Ihre Domain>.no-ip.biz
  - ACCOUNT: Name des FRITZ!Box-Benutzers, z. B. vpnuser
  - KENNWORT: das Kennwort des Benutzers (bitte leer lassen, um es stattdessen beim Log-in anzugeben)
  - ZERTIFIKAT VERWENDEN: deaktiviert
  - GRUPPENNAME: vpnuser
  - SHARED SECRET: der von der FRITZ!Box erzeugte Key, siehe vorheriger Abschnitt
- Als PROXY selektieren Sie AUS.
- Beenden Sie die Konfiguration Ihres VPN-Zugangs mit dem SICHERN-Button.

24.4.4 Die Visualisierung von unterwegs aufrufen

Der letzte Schritt ist der einfachste. Um außer Haus Ihr Smart Home bzw. Ihre Visualisierung zu erreichen, öffnen Sie auf dem Mobile-Gerät (Beispiel iOS) die VPN-Verbindung unter EINSTELLUNGEN • ALLGEMEIN • VPN, warten kurz, bis sich das Gerät auf Ihrem Router eingewählt hat, geben Ihr Kennwort an und starten dann die Visu-Oberfläche (Visualisierung), z. B. die Gira-HomeServer-App. Fertig – als ob Sie Ihr Zuhause von daheim aus steuern würden.

24.5 Das Netzwerk abschotten mit Firewalls

Ein wichtiger Aspekt des Sicherheitskonzepts für das Netzwerk Ihres Eigenheims und damit ein Baustein des Smart Homes ist die *Firewall*. Sie schützt ein Netzwerk und die darin verbundenen Rechner vor unerwünschten Zugriffen, indem sie die durch die Firewall laufenden Datenpakete anhand definierter Regeln passieren lässt oder verwirft. Unterschieden werden zwei unterschiedliche Grundprinzipien:

1. Die *Personal Firewall*, auch Desktop-Firewall oder Software-Firewall genannt, arbeitet auf dem zu schützenden System selbst.
2. Die *externe Firewall*, auch Netzwerk-Firewall oder Hardware-Firewall genannt, arbeitet auf einem eigenständigen Gerät, über das auch gleichzeitig die Datenkommunikation zwischen den zwei separaten Netzen abgewickelt wird, z. B. auf dem Router zwischen Heimnetzwerk (LAN) und Internet (WAN).

Wichtig zu wissen ist, dass eine Firewall per definitionem nicht die Angriffe an sich erkennt, sondern lediglich vorgegebene Regeln für eine Netzwerkkommunikation umsetzt.

24.5.1 Abgrenzung Firewall, IDS, IPS

Wenn es um die Erkennung von Angriffen geht, kommt ein IDS (Intrusion Detection System) zum Einsatz, das oft auf einer bestehenden Firewall aufsetzt. Noch einen Schritt weiter würde ein IPS (Intrusion Prevention System) gehen, das Angriffe nicht nur aufspüren kann, sondern in gewissem Rahmen auch in der Lage ist, Datenpakete zu verwerfen, darin enthaltene Daten zu verändern oder eine Verbindung zu kappen. Prominente Softwareprojekte im IDS/IPS-Bereich sind Snort, Shamhain, Prelude oder auch Hogwash.

24.5.2 Wie schützt eine Firewall?

Eine Firewall kombiniert in der Regel mehrere Sicherheitsmaßnahmen und versucht so, Ihr Heimnetzwerk vor Angriffen zu schützen. Die wichtigsten Filtertechnologien finden Sie in diesem Abschnitt zusammengefasst. Die im Heimbereich sehr beliebte FRITZ!Box arbeitet als externe Firewall und bietet beispielsweise Paketfilter, Stateful Packet Inspection und Network Address Translation als Sicherheitsfunktionen.

- **Paketfilter**: Diese Basisfunktion sorgt für die Filterung von ein- und ausgehenden Datenpaketen anhand von IP-Adressen und Ports (unter Linux ist z. B. iptables eine bekannte Realisierung).
- **Stateful Packet Inspection (SPI)**: Eine Erweiterung zum einfachen Paketfilter, bei der Datenpakete analysiert werden und der Verbindungsstatus in die Entscheidung mit einbezogen wird. SPI sorgt dafür, dass nur Datenpakete in das Heimnetz gelangen, die direkte Antworten auf zuvor gestellte Anfragen darstellen.
- **Network Address Translation (NAT)**: Gewährleistet, dass kein Rechner aus dem Heimnetz im Internet sichtbar ist, und verhindert somit einen direkten Zugriff auf die Computer. NAT (genauer: Source-NAT) schreibt die Adresse des Computers um, der die Verbindung aufbaut. Es ersetzt also seine im Heimnetzwerk bekannte IP-Adresse durch die öffentliche IP-Adresse des Routers. Ebenso wird der Quellport des internen Rechners durch einen freien Port des Routers ersetzt. Der Router speichert diese Zuordnung in seiner NAT-Tabelle. Der Vorgang wird als PAT (Port and Address Translation) bezeichnet.

- **Proxy Firewall (Application Layer Firewall)**: Der Proxy ist eine Art Vermittler, der zusätzlich zu IP-Adressen und Ports auch die Nutzdaten von Paketen beachtet. Er reicht Pakete nicht nur durch (wie z. B. NAT), sondern baut selbst eine eigene Verbindung zum Zielsystem auf. Dadurch kann der Proxy die Pakete zusammenhängend analysieren und Einfluss auf die Verbindung nehmen. Dedicated Proxys sind jeweils auf ein bestimmtes höheres Protokoll (HTTP, FTP, SMTP usw.) spezialisiert, wohingegen ein generischer Proxy (auch Circuit Level Proxy genannt) als protokollunabhängiger Filter arbeitet. Unter Linux ist der Proxyserver Squid beispielsweise sehr verbreitet.

24.5.3 Sicherheit für Ihr Heimnetzwerk

Eine Firewall ist eine sehr wichtige Komponente eines Sicherheitskonzepts, aber für sich allein kein ausreichender Schutz. Sie dient dazu, ungewollte Zugriffe auf Netzwerkdienste zu unterbinden, verhindert aber in der Regel nicht die Ausnutzung einer Sicherheitslücke in einem Netzwerkdienst oder Browser. Was können und sollten Sie also zusätzlich unternehmen, um Ihr Heimnetzwerk so sicher wie möglich zu gestalten?

- Setzen Sie eine Hardware-Firewall ein (z. B. Ihren DSL-Router).
- Betreiben Sie auf Ihren Windows-Rechnern die Windows-eigene Software-Firewall.
- Setzen Sie immer Virenscanner mit aktuellen Signaturen ein, insbesondere auf Windows-Rechnern.
- Halten Sie Ihre Systeme aktuell (Sicherheits-Updates), das gilt nicht nur für Windows, sondern auch für Linux-Rechner, NAS-Systeme, Router-Firmware usw.
- Surfen Sie stets mit aktuellsten Browsern und bevorzugen Sie wo immer möglich HTTPS-Verbindungen anstelle von HTTP-Verbindungen. Vermeiden Sie Browser-Plug-ins.
- Verwenden Sie starke und unterschiedliche Passwörter für WLAN, Benutzerkonten, Rechteverwaltung von Serverdiensten usw. und ändern Sie unbedingt Standardkombinationen aus Benutzernamen und Passwort ab (z. B. admin/admin).
- Konfigurieren Sie für Ihr WLAN die aktuelle Verschlüsselungstechnologie (derzeit WPA2) in Verbindung mit einer zusätzlichen MAC-Adressenfilterung.
- Deaktivieren Sie Dienste, die Sie nicht unbedingt benötigen (wo kein Dienst arbeitet, ist auch kein offener Port vorhanden).
- Lassen Sie Ihre Dienste (Linux) nur mit root-Rechten laufen, wenn unbedingt notwendig.
- Setzen Sie Port-Knocking ein (siehe Abschnitt 50.9, »knockd – ein Port-Knocking-Server«).
- Kommunizieren Sie nie über unverschlüsselte Verbindungen wie Telnet oder FTP, sondern setzen Sie auf verschlüsselte Protokolle (z. B. SSH, SFTP).
- Ändern Sie Standardports ab, benutzen Sie also z. B. für SSH anstatt Port 22 den Port 651. Programme wie PuTTY und KiTTY unterstützen das.

- Als fortgeschrittener Benutzer können Sie einen eigenen Proxyserver für Ihr Netzwerk betreiben (z. B. Squid).

Port-Forwarding ist böse!

Ein besonders wichtiger Hinweis noch am Schluss: Reißen Sie bitte keine vermeidbaren Sicherheitslöcher auf, indem Sie durch Port-Forwarding (Portweiterleitung) auf Ihrem Router Eindringlingen die notwendige Angriffsfläche bieten. Eine viel elegantere und sicherere Methode, die inzwischen auch gut von den meisten Netzwerkgeräten unterstützt wird, lautet Virtual Private Network (VPN) und wird in Abschnitt 24.4, »Schaffen Sie einen sicheren Netzwerkzugang«, näher vorgestellt.

24.6 Ein Backup-System einrichten

Im Laufe der Zeit werden Sie viel Arbeit und Mühe in die Konfiguration Ihrer Automatisierungsrechner im Heimnetzwerk investieren. Da der Datenverlust überall und in jeder Situation droht, benötigen Sie eine wirksame Gegenmaßnahme, und die heißt: regelmäßiges Backup! Dieser Abschnitt zeigt Ihnen, auf welchen beispielhaften Smart-Home-Geräten wichtige Daten anfallen und mit welchen Methoden Sie diese sichern.

24.6.1 Die richtige Backup-Strategie

Die folgende Darstellung in Abbildung 24.9 skizziert ein typisches Netzwerk aus unterschiedlichen Rechnersystemen, die an einer Heimautomatisierung beteiligt sind:

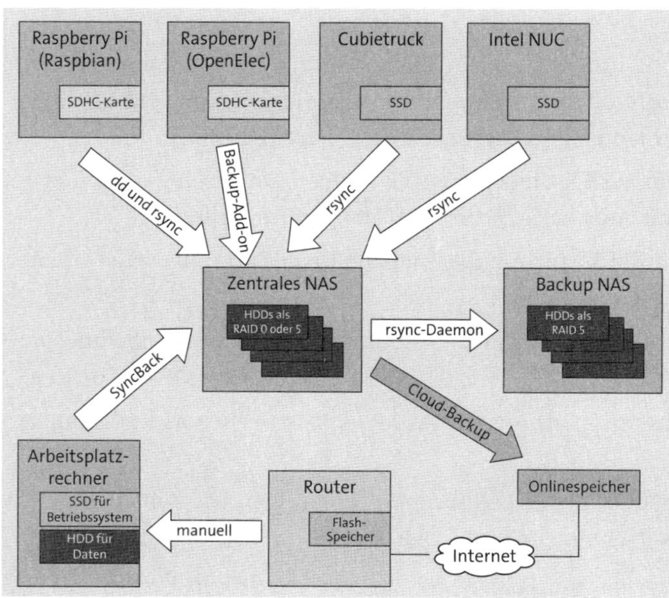

Abbildung 24.9 Backup-Mechanismen für ein Automatisierungsnetzwerk

Jeder im Netzwerk arbeitende Rechner sichert seine Daten auf einem zentralen NAS. Welche Verfahren bzw. Tools Sie dazu verwenden, hängt stark von den Arten der beteiligten Rechner ab. Eine Zusammenstellung typischer Backup-Methoden finden Sie in Tabelle 24.3:

Gerät	Backup-Methode
Router (FRITZ!Box) und Managed Switch	Sichern Sie die Einstellungen über die FRITZ!Box-Weboberfläche (SYSTEM • SICHERUNG • SICHERN) auf einen Desktop-PC (z. B. jeweils vor einem Firmware-Update) und synchronisieren Sie diesen Desktop-PC mit einem Backup-Medium.
Gira HomeServer	▸ Backup des HS-Projekts über HomeServer Experte (DATEI • ARCHIVIEREN • PROJEKT+QUADCLIENT) und Miteinbeziehen des Archivs in Backup-Plan ▸ Remanentspeicher automatisch periodisch auf FTP-Server sichern (HomeServer Experte: STAMMDATEN • PROJEKT • REMANENTSPEICHER • SCHREIBEN)
Raspberry Pi mit Raspbian	▸ Legen Sie periodisch SD-Karten-Images auf gemountetem NFS-Laufwerk an (Abschnitt 24.6.2) ▸ oder sichern Sie einzelne File mit rsync (Abschnitt 24.6.4).
Raspberry Pi mit OpenElec	▸ Sichern Sie manuell die SD-Karte von Zeit zu Zeit (mit dem Programm WinDisk32Imager). ▸ Installieren Sie das Kodi-Add-on Backup aus der Rubrik *Programm AddOn* und konfigurieren Sie damit ein zyklisches Backup Ihrer Einstellungen, Datenbanken, Playlisten usw. auf beispielsweise ein NFS-Verzeichnis oder eine FRITZ!Box. Der Restore-Vorgang läuft bei Bedarf ebenfalls über dieses Add-on.
Intel NUC mit Lubuntu	▸ Fertigen Sie komplette Images an mit Clonezilla (*http://clonezilla.org*) ▸ oder wählen Sie die rsync-Methode (Abschnitt 24.6.4).
Cubietruck mit Debian 7	rsync-Methode (Abschnitt 24.6.4)
Set-Top-Box	Set-Top-Box-eigene Backup-Funktion, z. B. auf NFS-Verzeichnis
Arbeitsplatz-PC oder Laptop	Periodische Sicherung auf NAS mit einem Backup-Tool Ihrer Wahl. Sehr gut bewährt hat sich z. B. SyncBack (*http://www.2brightsparks.com/index.html*) oder die TimeMachine für OS X.

Tabelle 24.3 Typische Backup-Methoden für Automatisierungsrechner

Gerät	Backup-Methode
NAS	▸ Richten Sie ein automatisches Backup auf ein zweites NAS über den rsync-Daemon ein (Abschnitt 24.6.3). ▸ Richten Sie ein zweites (verschlüsseltes) Backup für besonders kritische Daten auf ein Onlinemedium ein.

Tabelle 24.3 Typische Backup-Methoden für Automatisierungsrechner (Forts.)

Noch sicherer gestalten Sie Ihr Backup-System, wenn Sie ein zweites NAS einsetzen, das, räumlich getrennt, eine Kopie der zentralen Backups erhält. Um zusätzlich auch vor einem Worst-Case-Szenario (wie z. B. Brand, Wasser, Einbruch) geschützt zu sein, sollten Sie besonders wichtige Daten auch stets zusätzlich über ein Onlinemedium sichern. Dazu bieten sich kostenlose Cloud-Services oder kostenpflichtige Dienste wie z. B. Strato HiDrive oder Microsoft OneDrive an. In jedem Fall sollten Sie vor dem Online-Backup eine Verschlüsselung der Daten durchführen.

Für das Anfertigen von Backups bietet Ihnen Linux von Haus aus mächtige Hilfsmittel, von denen wir uns die zwei wichtigsten näher ansehen:

- Das Kommando `dd`, speziell geeignet für bitgenaue Images von ganzen Datenträgern wie z. B. SD-Karten.
- Das Kommando `rsync` dient dazu, zwei Verzeichnisse (Quelle und Backup) untereinander zu synchronisieren, wobei es ressourcenschonend nur veränderte Daten überträgt. rsync erlaubt zusätzlich den Betrieb in einem noch leistungsfähigeren Client/Server-Modus. Der dazu notwendige rsync-Daemon wird in Abschnitt 24.6.3, »Richten Sie einen rsync-Daemon ein«, beschrieben.

24.6.2 Sichern Sie SD-Karten im laufenden Betrieb

Gehen wir von folgendem Szenario aus: Ihr Automatisierungsrechner (im Beispiel ein Raspberry Pi) soll gesichert werden. Sie könnten natürlich ganz klassisch den RasPi herunterfahren und z. B. mit der Windows-Software Win32DiskImager (siehe Einführungsbeispiel in Abschnitt 4.2.2, »Geben Sie Ihrem RasPi ein Betriebssystem«) ein Image der SD-Karte herstellen. Da Ihr RasPi aber als Automatisierungsrechner natürlich durchlaufen sollte und Sie ohnedies keine Lust haben, in den Keller zu gehen, um die SD-Karte zu holen, soll das Backup als »Hot Backup« ausgeführt werden, also im laufenden Betrieb.

Fertigen Sie das Hot Backup an

Eine einfache und robuste Methode, Ihre SD-Karte sozusagen nebenher auf einem externen Speicher (z. B. NAS) zu sichern, finden Sie den folgenden Schritten.

Laden Sie zuerst auf der Webseite *http://www.megaleecher.net/Best_Raspberry_Pi_Hot_Backup_Shell_Script#axzz3YtBfI9df* das dort vorgestellte Backup-Skript auf den RasPi herunter (am besten mit dem Kommando `wget`) und editieren Sie das File (`nano Raspber-`

ry_Pi_Backup_Script.sh). Es gilt, folgende Anpassungen an Ihren eigenen Gegebenheiten durchzuführen:

- Setzen Sie für DIR das Zielverzeichnis für Ihr Backup ein (z. B. ein per NFS gemountetes Laufwerk, siehe Abschnitt 14.4.2, »Arbeiten mit Netzwerkverzeichnissen«), hier: DIR=/mnt/nas/volume1/backup/$SUBDIR
- Für SUBDIR geben Sie ein Unterverzeichnis von DIR an, hier: SUBDIR=rpi-keller
- Im Skript werden vor dem Backup einige Services gestoppt (apache2, mysql, cron). Ergänzen Sie sie gegebenenfalls um weitere (wie owserver und collectd) und entfernen Sie die nicht installierten (z. B. apache2, mysql). Eine Übersicht darüber, welche Services auf Ihrem RasPi laufen, erhalten Sie mit:

  ```
  service --status-all
  ```
- Gegen Ende des Skripts werden die Services wieder aktiviert, ergänzen Sie sie auch hier um eigene Einträge.

Führen Sie jetzt das modifizierte Skript aus:

```
chmod +x Raspberry_Pi_Backup_Script.sh
sudo ./Raspberry_Pi_Backup_Script.sh
```

Durch Verwendung des pv-Kommandos im Skript sehen Sie stets den aktuellen Fortschritt des Backups im Shell-Fenster. Eine 16-GByte-SD-Karte wird über eine NFS-Verbindung in ca. 45 Minuten gesichert. Das fertige Image wird mit einem Zeit- und Datumsstempel im Filenamen abgelegt.

Das Restore Ihrer Sicherung

Im Notfall haben Sie aus der letzten gesicherten Imagedatei sehr schnell wieder eine lauffähige SD-Karte angefertigt. Über den bekannten Win32DiskImager schreiben Sie das Imagefile einfach auf eine eingelegte SD-Karte.

Darf es noch etwas mehr sein?

Ein richtiges Power-Skript, das ähnlich vorgeht wie in oben stehendem Beispiel, können Sie auf *http://www.linux-tips-and-tricks.de/de/raspibackup* herunterladen. Das raspiBackup-Skript ist mit allen möglichen Features ausgestattet und bietet neben der dd-Methode auch rsync und tar sowie E-Mail-Benachrichtigungen. Probieren Sie es aus.

24.6.3 Richten Sie einen rsync-Daemon ein

Einen rsync-Server setzen Sie z. B. unter Linux Ubuntu in nur wenigen Schritten auf:

Editieren Sie die Datei *rsync* (sudo nano /etc/default/rsync) und ändern Sie in der Aktivierungszeile den Wert false zu inetd, sodass sie lautet:

```
RSYNC_ENABLE=inetd
```

Installieren Sie nach dem Speichern der Datei *rsync* den Service xinetd mit:

```
sudo apt-get update
sudo apt-get -y install xinetd
```

Legen Sie das File */etc/xinetd.d/rsync* an, das dafür sorgen wird, dass rsync via xinetd gestartet wird. Fügen Sie den folgenden Konfigurationsblock bitte in das File ein:

```
service rsync
{
    disable = no
    socket_type = stream
    wait = no
    user = root
    server = /usr/bin/rsync
    server_args = --daemon
    log_on_failure += USERID
    flags = IPv6
}
```

Zusätzlich benötigen Sie für sync im Daemon-Modus eine zweite Konfigurationsdatei. Legen Sie das File */etc/rsyncd.conf* mit folgendem Inhalt an:

```
max connections = 5
log file = /var/log/rsync.log
timeout = 600

[backup]
comment = Backup Server
path = /var/backup
read only = no
hosts allow = 192.168.178.60 192.168.178.12 127.0.0.1
list = yes
uid = rsync
gid = rsync
auth users = rsync
secrets file = /etc/rsyncd.secrets
```

Kurz zur Erklärung: Sie definieren ein rsync-Modul namens `backup`, das seine Daten in */var/backup* schreibt. Ein rsync-Modul ist ein wenig vergleichbar mit einer SMB-Freigabe. Der Client adressiert später über den Modulnamen das gewünschte Backup-Verzeichnis auf dem Rechner des rsync-Daemons. Die drei IP-Adressen unter `hosts allow` definieren die Rechner, die auf das Modul zugreifen dürfen. Bitte passen Sie sie Ihren eigenen Gegebenheiten an. Als Account wird der Benutzer `rsync` der Gruppe `rsync` verwendet, den Sie ebenfalls nach Ihren Vorstellungen ändern können. Er muss aber dem Benutzer entsprechen, der später auf dem Clientrechner eingeloggt ist.

Lagern Sie in das Secrets-File (*/etc/rsyncd.secrets*), das nur aus einem Eintrag besteht, die Zugangsdaten aus und schützen Sie sie. Erstellen Sie das File und fügen Sie folgende Zeile ein:

`rsync:Passwort`

wobei Sie `Passwort` durch Ihre eigene Zeichenkette ersetzen. Das File schützen Sie bitte gegen neugierige Blicke mit `sudo chmod 600 /etc/rsyncd.secrets`.

Legen Sie im nächsten Schritt mit `sudo mkdir /var/backup` das künftige Zielverzeichnis für Ihr rsync-Modul an und verschaffen Sie dem neu angelegten Benutzer `rsync` die notwendigen Rechte:

`sudo adduser rsync` (bei Aufforderung: gleiches Passwort wie in Secrets-Datei)

`sudo chown rsync:rsync /var/backup`

Starten Sie zum Abschluss den xinetd-Daemon neu, worauf die serverseitigen Arbeiten bereits erledigt sind:

`sudo /etc/init.d/xinetd restart`

Sie können recht einfach prüfen, ob Ihr neuer rsync-Service richtig funktioniert. Rufen Sie dazu von einem beliebigen Client aus, dessen IP-Adresse Sie unter `hosts allow` in der Datei */etc/rsyncd.conf* freigegeben haben, das `rsync`-Kommando auf:

`rsync server-ip::`

Die Ausgabe liefert Ihnen alle bekannten Module auf dem rsync-Server, in unserem Fall das Modul `backup`. Die erste Anlaufstelle bei Problemen sollte die Logdatei des Daemons sein, in unserem Setup liegt sie unter */var/log/rsyncd.log*.

24.6.4 Beispielanwendungen mit rsync

Ich möchte Ihnen gern noch zwei mögliche rsync-Clientanwendungen vorstellen, die den im vorangegangenen Abschnitt aufgesetzten rsync-Daemon als Backup-Server verwenden.

Eine Synology-DiskStation (NAS) als Client

Um ein NAS der Firma Synology als rsync-Client aufzusetzen, sind wenige Vorbereitungen notwendig:

1. Legen Sie einen neuen Benutzer namens rsync an und statten Sie ihn mit den entsprechenden Rechten aus. Aktivieren Sie auch NETZWERKSICHERUNGSZIEL im Register APPLIKATIONEN.
2. Abbildung 24.10 zeigt, wie Sie unter DATENSICHERUNG & REPLIKATION • DATENSICHERUNGSZIEL • ERSTELLEN • NETZWERKSICHERUNGSZIEL ein neues Backup-Ziel einrichten. Achten Sie darauf, dass der BENUTZERNAME dem Linux-Account entspricht, den Sie im File */etc/rsyncd.conf* (siehe vorangegangener Abschnitt) definiert

haben. Selbiges gilt für das Feld GEMEINSAMER ORDNER, das dem rsync-Modul (hier: BACKUP) entsprechen muss.

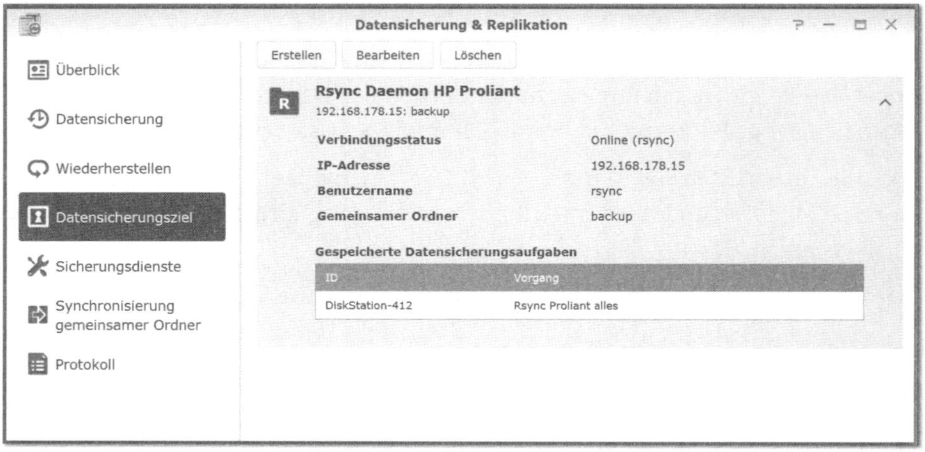

Abbildung 24.10 Einrichten eines rsync-Datensicherungsziels

3. Um ein Backup manuell oder automatisch durchzuführen, definieren Sie unter DATENSICHERUNG & REPLIKATION • DATENSICHERUNG • ERSTELLEN • DATENSICHERUNGSAUFGABE eine neue Task, aktivieren per Checkbox alle zu sichernden Verzeichnisse und geben einen Zeitplan vor. Als Krönung geben Sie unter SYSTEMSTEUERUNG • BENACHRICHTIGUNG • E-MAIL dem DiskStation-Manager noch Ihren E-Mail-Account an und werden fortan über Erfolg oder Misserfolg Ihres Backups informiert.

Verzeichnisse synchronisieren über die Konsole

Das `rsync`-Kommando ist recht einfach aufgebaut, die Syntax lautet:

```
rsync -ARGUMENTS SOURCE TARGET
```

Die Argumente `SOURCE` und `TARGET` dürfen entweder lokale Verzeichnisse bzw. gemountete Laufwerke und/oder Module auf einem entfernten Server sein.

Ein Aufruf, um alle Dateien und Verzeichnisse des Ordners *Schreibtisch* auf eine gemountete externe Festplatte (*sdb1*) zu sichern, würde lauten:

```
rsync -av ~/Schreibtisch /media/sdb1/rsync-backup/
```

Abbildung 24.11 zeigt dazu den Screenshot:

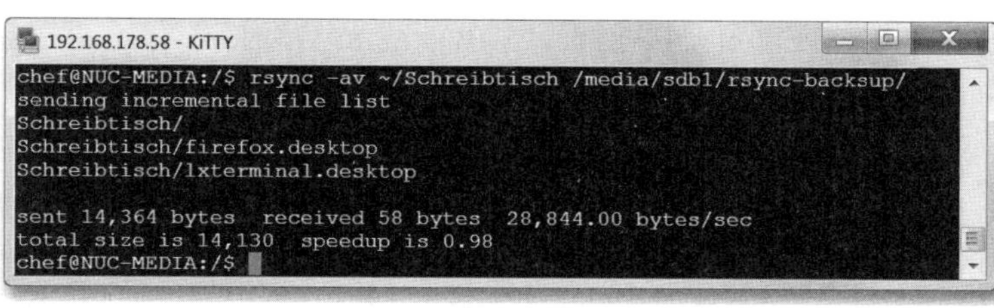

Abbildung 24.11 rsync überträgt zwei Files auf eine externe Festplatte.

Mit einem Backup-Server, auf dem der rsyncd-Daemon wie in unserem Beispiel aufgesetzt ist, sieht die Kommunikation ähnlich aus. Zum Erstellen des Backups (Push) rufen Sie auf:

```
rsync -avr ~/Schreibtisch rsync@192.168.178.15::backup
```

Das Restore (Pull) funktioniert nahezu identisch, nur tauschen Sie `SOURCE` und `TARGET`:

```
rsync -avr rsync@192.168.178.15::backup ~/Schreibtisch
```

24.7 Verschlüsselung der Daten

Zur richtig ausgeführten Planung der Rechnerinfrastruktur zählt auch der Einsatz von Datenverschlüsselung. Zwei Herangehensweisen möchte ich Ihnen in diesem Abschnitt aufzeigen: die Verschlüsselung ganzer Laufwerke bzw. Partitionen unabhängig von deren Inhalt und die Verschlüsselung einer Master-Passwortdatei über ein Spezialtool.

24.7.1 Verschlüsselung von Festplatten, Partitionen und Dateien

Festplatten verschlüsseln Sie unter Linux z. B. mit dem Logical Volume Manager (LVM), einer weitverbreiteten Abstraktionsebene zwischen Festplatten, Partitionen und Dateisystemen. Im Windows-Umfeld bietet es sich an, Festplatten mit dem Microsoft-Tool Bitlocker zu verschlüsseln, das Bestandteil von Windows 7 (Ultimate und Enterprise), Windows 8 (Pro) und Windows Server (ab 2008) ist.

Eine weitere handliche Verschlüsselungsmöglichkeit unter Windows/Linux/Mac OS X stellt das Tool TrueCrypt bzw. dessen quelloffener Nachfolger VeraCrypt (*https://veracrypt.codeplex.com/*, Abbildung 24.12) dar.

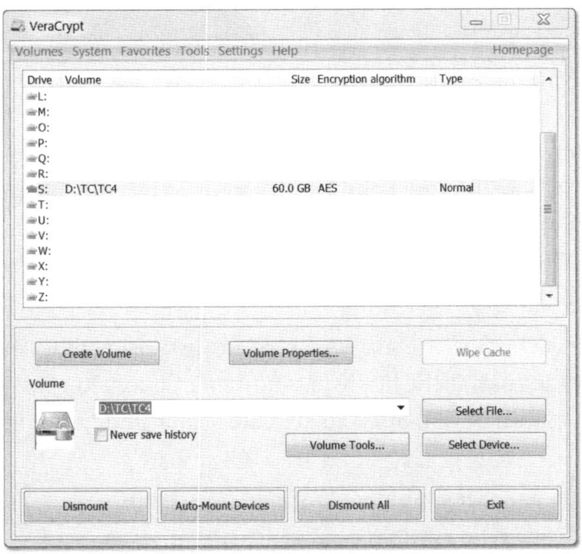

Abbildung 24.12 VeraCrypt mit Mount auf verschlüsseltes Laufwerk

VeraCrypt kann entweder ganze Partitionen bzw. Festplatten verschlüsseln (inklusive Systempartition) oder ein eigenes, virtuelles und verschlüsseltes Laufwerk innerhalb eines File-Containers anlegen. Speziell diese Variante ist sehr gut dazu geeignet, kritische Daten an einem dafür vorgesehenen Ort, dem verschlüsselten Container-File, abzulegen, ohne auch das restliche System verschlüsseln zu müssen.

24.7.2 Verschlüsselung von Passwortdateien

Passwörter für unterschiedliche Zugänge sollten immer auch unterschiedlich sein. Im Idealfall haben Sie für jeden Benutzer-Account und jeden Webservice unterschiedliche Passwörter. Da jedes Passwort nicht nur aus ein paar Zeichen bestehen sollte, sondern möglichst stark und zufällig sein muss, kommen in kurzer Zeit sehr viele Daten zusammen, die sich niemand mehr merken will und kann. Sie benötigen dafür Unterstützung. Das kostenlose Tool KeePass (*http://keepass.info*, Abbildung 24.13) leistet genau das, es verwaltet beliebig viele Passwörter in einer verschlüsselten Datenbank, die selbst durch ein Masterpasswort geschützt ist.

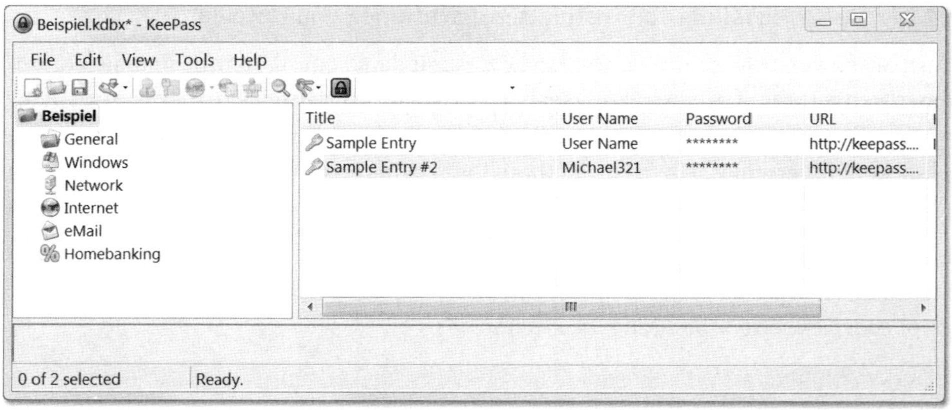

Abbildung 24.13 Eine KeePass-Datenbank mit Beispiel-Accounts

KeePass unterstützt Sie nicht nur bei der Verwaltung von Passwörtern, sondern auch bei der zufälligen Generierung starker Passwörter und beim Einloggen in Webseiten. Wenn Sie sich angewöhnen, jedes Passwort künftig mit KeePass zu verwalten, müssen Sie sich nur noch ein einziges, dafür aber bitte sehr komplexes Passwort merken, um auf alle Ihre Accounts Zugriff zu haben.

Da die Passwortdatei zu einem sehr wichtigen Artefakt wird, binden Sie sie unbedingt in Ihr Backup-Konzept ein. Legen Sie eine zusätzliche Kopie (zusammen mit dem KeePass-Tool selbst) regelmäßig auf einem externen USB-Stick ab, den Sie sicher und getrennt von Ihrem Rechner aufbewahren.

Für OS X und iOS erhältlich ist das geniale Tool 1Password (*https://agilebits.com/onepassword/mac*), das einen ähnlichen Funktionsumfang wie KeePass besitzt.

24.8 Denken Sie an den Energieverbrauch

In einem Smart Home haben Sie die Möglichkeit, sowohl Verbrauchsdaten zu erfassen als auch den Verbrauch zu optimieren. Wie Sie permanent Ihren Stromverbrauch ermitteln (Abbildung 24.14), erfahren Sie in Kapitel 35, »Energiemanagement«. Zur Reduktion des Stromverbrauchs tragen Schaltaktoren bei, die nicht benötigte Verbraucher komplett vom Netz trennen.

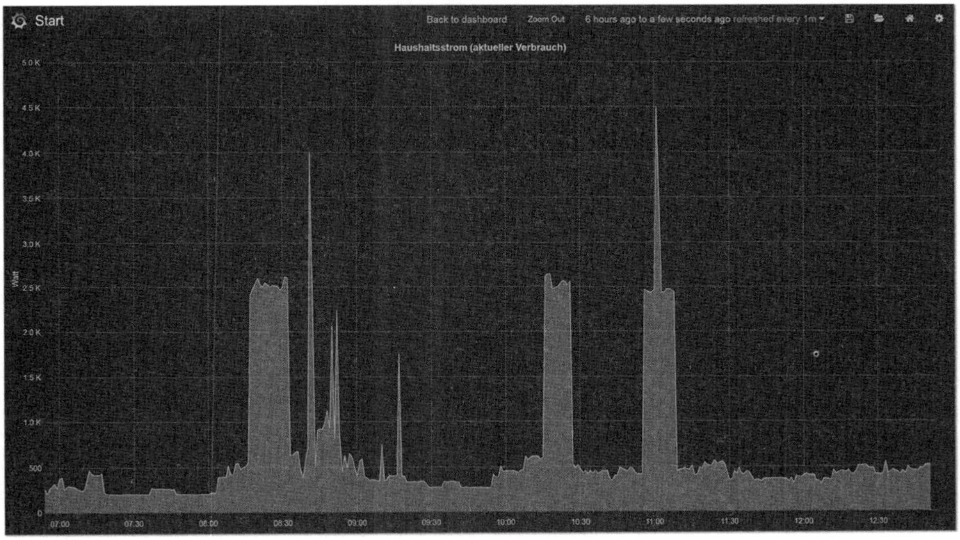

Abbildung 24.14 Beispiel: Stromverbrauch über sechs Stunden

In den folgenden beiden Abschnitten möchte ich Sie einerseits etwas sensibilisieren, was den Energieverbrauch von typischen Smart-Home- und Entertainment-Geräten betrifft, und andererseits vorschlagen, was Sie in Ihrer Gebäudeautomation unternehmen können, um diesen zu reduzieren.

24.8.1 Stromverbrauch von Smart-Home-Komponenten

Sie finden in Tabelle 24.4 einige typische Geräte in einem Smart Home zusammen mit ihren Verbrauchsdaten im Stand-by-Zustand wie auch im Normalbetrieb:

Gerät	Gemessener Verbrauch	Kommentar
Gira HomeServer 3	▶ Betrieb: 18,5 W (Watt)	KNX-USB-Interface, ISDN angeschlossen
FRITZ!Box 7390 als WLAM AP	▶ Betrieb: 8,2 W ▶ ohne WLAN: 6,4 W	FRITZ!OS 6.2, WLAN nur 2,4 GHz, 1 aktiver Gigabit-Port, DSL deaktiviert, ohne DECT

Tabelle 24.4 Stromverbrauch von Smart-Home-Geräten

Gerät	Gemessener Verbrauch	Kommentar
FRITZ!Box 7490 als WLAN AP und DECT Basis	▸ Betrieb: 9,2 W ▸ ohne DECT: 9 W ▸ ohne WLAN: 8,5 W	FRITZ!OS 6.2, WLAN nur 2,4 GHz, 3 aktive Gigabit-Ports, DSL deaktiviert
SAT-Receiver VU+ Solo 2	▸ aus: 0,3 W ▸ Stand-by: 10,5 W ▸ Betrieb: 14,5 W	VTI Image 8.x, 2 aktive Receiver, 2,5 Zoll HDD
SAT Multiswitch Spaun SMS 5803 NF	▸ kein Receiver: 4,4 W ▸ 2 Receiver: 13,7 W	Leistung variiert mit Anzahl der versorgten LNBs bzw. Anzahl der Receiver in Betrieb
Standard-PC (Intel Core i5, 3 HDDs, 1 SSD)	▸ Stand-by: 1,4 W ▸ Betrieb: 135 W ▸ mit Monitor: 190 W bzw. 147 W	Messung mit Grafikkarte GTX 470, bei GTX 970 reduzierte sich der Verbrauch auf 147 W mit Monitor
Standard-PC (Intel Core i7-4790K, 1 HDD, 1 SSD)	▸ Stand-by: 2,6 W ▸ Energiesparen: 3,5 W ▸ Desktop-Betrieb: 55 W	Grafikkarte GTX 970
28-Zoll-Monitor Acer XB280HK	▸ Stand-by: 0,3 W ▸ Betrieb: 34 W	–
Fernseher 40 Zoll LCD	▸ Stand-by: 0,9 W ▸ Betrieb: ca. 110-200 W	–
Intel-NUC D34010WYK MPD, Tvheadend-Server	▸ aus: 0,3 W ▸ Betrieb: 8,8 W	Lubuntu 14.04, SSD, externe USB 3.0 HDD (2,5 Zoll), Soundkarte, SAT-Karte
Intel-NUC NUC5i3RYK Visu-Rechner	▸ aus: 0,7 W ▸ Energie sparen: 1,2 W ▸ Betrieb: 11,7 W	Windows 7, 8 GByte RAM, SSD, HDMI, Gira Quad-Client
Synology NAS DiskStation-412+	▸ aus: 2,9 W ▸ Betrieb: 37 W	4 HDD, DSM 5.2
Synology NAS DiskStation-114	▸ aus: 2,1 W ▸ Betrieb: 13,8 W	1 HDD, DSM 5.2

Tabelle 24.4 Stromverbrauch von Smart-Home-Geräten (Forts.)

Gerät	Gemessener Verbrauch	Kommentar
HP Proliant	▸ Stand-by: 6 W (iLO aktiv) ▸ Betrieb 44 W (4 HDDs) ▸ Betrieb: 34 W (1 HDD)	Ubuntu-Server 14.04 LTS, Celeron G1610T 2,3 GHz, 4 GByte RAM
Gigabit Switch TP-Link TL-SG3424	▸ Betrieb: 12 W	11 versorgte LAN-Ports
Raspberry Pi Model 1	▸ Betrieb: 2,8 W	OpenElec 5.0.8
Raspberry Pi Model 2	▸ Betrieb: 2,5 W	OpenElec 5.0.6
Cubietruck interne SDD, ohne microSD-Karte	▸ aus: 0,2 W ▸ Betrieb: 3,2 W	Debian 7, Headless-Betrieb, Sunfounder-Netzteil
Blu-Ray-Player DMP-BDT465	▸ Stand-by: 0,2 W ▸ Betrieb: 10 W	Abspielen einer Blu-Ray
Mini-Verstärker SMSL SA-50	▸ Betrieb leise: 2,4 W ▸ Betrieb laut: 13 W	2 × 50 W, Originalnetzteil
Logitech Harmony Remote Hub	▸ Betrieb: 1,2 W	–
FRITZ!DECT-Steckdose	▸ Relais aus: 0,9 W ▸ Relais an: 1,6 W	über DECT mit FRITZ!Box verbunden

Tabelle 24.4 Stromverbrauch von Smart-Home-Geräten (Forts.)

Alle Verbrauchsdaten wurden mit dem (übrigens sehr empfehlenswerten) Energy Master von ELV (*www.elv.de*, Abbildung 24.15) gemessen.

Abbildung 24.15 Der Energy Master von ELV

Der Energy Master besitzt eine Messauflösung von 0,1 W und ermöglicht die Erfassung, Anzeige und Berechnung von Netzspannung, Strom, Leistungsfaktor, Wirkleistung, Blindleistung, Scheinleistung, Energieverbrauch, Messzeit, Frequenz, Kilowattstunden, äquivalentem Kohlendioxidausstoß (kg CO_2) und Kosten in Euro (für bis zu 10 Verbraucher speicherbar).

Achten Sie auf den Stromverbrauch!

Gerade bei einem Server, der für den Betrieb rund um die Uhr ausgelegt sein sollte, spielt der Stromverbrauch eine dominante Rolle, die gern unterschätzt wird. Nehmen wir als realistisches Beispiel ein ineffizientes Servermodell, das gegenüber einem stromsparenden Gerät 20 W mehr an Leistung benötigt. Pro Stunde geben Sie bei einem kWh-Preis von 26 Cent zwar nur ca. einen halben Cent mehr aus als notwendig, aber auf drei Jahre gerechnet für den 24/7-Betrieb sind das Mehrkosten in Höhe von 136 €.

24.8.2 Strategien zur Energieeinsparung

Eine gute Möglichkeit, unnötige Verbraucher komplett abzuschalten, bietet sich natürlich mit KNX-Schaltaktoren (siehe Abschnitt 30.1, »Schaltaktor«). Eine rein softwaregesteuerte Abschaltung erreichen Sie auch mit knockd, einem kleinen Linux-Daemon (siehe Abschnitt 50.9, »knockd – ein Port-Knocking-Server«), der die meisten Linux-Systeme herunterfahren kann. Aufwecken lassen sich viele Geräte heutzutage mit WOL (Wake-On-LAN). Eine Logik-Engine wie z. B. der HomeServer kann problemlos WOL-Pakete erzeugen. Einen Überblick über mögliche Maßnahmen zur Energieeinsparung von Stand-by-Verbrauchern zeigt Tabelle 24.5:

Gerät	Maßnahme	WOL	knockd
Gira HomeServer 3	durchlaufen lassen	–	–
FRITZ!Box 7390, 7490	Schaltaktor verwenden, DECT und WLAN nur bei Bedarf aktivieren	–	–
SAT-Receiver VU+ Solo 2	Schaltaktor verwenden, Fernsteuermöglichkeiten (siehe Abschnitt 41.4)	–	–
SAT Multiswitch	Schaltaktor verwenden	–	–
Standard-PC	WOL und knockd einsetzen bzw. EventGhost für Windows	ja	ja
Fernseher	Schaltaktor verwenden	evtl.	–

Tabelle 24.5 Einsatz von Schaltaktoren, Wake-On-LAN und Remote Shutdown

Gerät	Maßnahme	WOL	knockd
Intel-NUC	WOL und knockd einsetzen bzw. EventGhost für Windows	ja	ja
Synology DS412+	knockd lässt sich installieren, aber nur bis zum nächsten DSM-Update, WOL funktioniert, wenn NAS nicht zwischendurch spannungsfrei geschaltet wurde	ja	bedingt
Synology DS114		ja	bedingt
HP Proliant	WOL und knockd einsetzen bzw. EventGhost für Windows, ggf. Schaltaktor wg. iLO	ja	ja
Gigabit Switch	Schaltaktor verwenden	–	–
Raspberry Pi 1 u. 2	ggf. über Schaltaktor starten	nein	ja
Cubietruck	ggf. über Schaltaktor starten	nein	ja
KNX-Tastsensoren und Displays	Beleuchtung abschalten über KNX-Telegramm	–	–
Blu-Ray-Player	ggf. Schaltaktor verwenden	–	–
Mini-Verstärker	Schaltaktor verwenden	–	–

Tabelle 24.5 Einsatz von Schaltaktoren, Wake-On-LAN und Remote Shutdown (Forts.)

Eine Alternative zu knockd speziell für Windows-Systeme stellt das freie Open-Source-Tool EventGhost dar (*www.eventghost.org*). Damit gelingt nicht nur das Herunterfahren von Rechnern über UDP, sondern es stehen auch unzählige andere Fernsteuerungsmöglichkeiten zur Verfügung.

Herausfinden, wer nicht mitspielt

Das Windows-Betriebssystem hat bereits einige clevere Stromsparmechanismen eingebaut. Über sogenannte Energiesparpläne (z. B. für Windows 7: Systemsteuerung • Energieoptionen) können Sie sehr granular einstellen, wann Ihr System in den Energiesparmodus wechselt. In der Praxis funktioniert das automatische Energiesparen jedoch meist nur mit einer großen Portion Glück. Irgendeine Hardwarekomponente oder eine besonders geschäftige Software verhindert allzu oft den Spareffekt. Herauszufinden, wer der Übeltäter sein könnte, ist sehr mühsam, aber es gibt kompetente Unterstützung in Form von Windows-Bordmitteln: das Kommandozeilentool `powercfg`.

Rufen Sie in einem Kommandofenster (mit Admin-Rechten öffnen) das Tool mit `powercfg -energy` auf, worauf es nach ca. einer Minute einen aussagekräftigen Report im HTML-Format erzeugt (*energy-report.html*), den Sie in jedem Browser öffnen können. In den farblich hervorgehobenen Fehlerabschnitten finden Sie sehr nützliche Hinweise auf alle Tatverdächtigen. Zusätzlich enthält der Report unter dem Stichwort `Unterstützte Standbystatus` eine Auflistung dazu, welche Energiesparmodi Ihr PC überhaupt derzeit anbietet.

Ein Aufruf von `powercfg -lastwake` ist ebenfalls sehr nützlich, er zeigt Ihnen nach einem Systemstart stets den dafür ermittelten Grund auf (Beispiel: USB-Hostcontroller).

TEIL IV

Hardware

Kapitel 25
Schaltschrank – der Maschinenraum

Sie sind jetzt mit sämtlichen Planungsgrundlagen vertraut und bereit, alles über Ihre neue Hardware im intelligenten Gebäude zu lernen. Beginnen wir ganz von vorne – wo kommt der Strom ins Haus?

Ein Großteil der Gerätschaft für eine intelligente Gebäudesteuerung wird im Stromkreisverteiler (Schaltschrank) untergebracht. Überhaupt wird der gesamte Technikraum zu einem Ihrer am häufigsten benutzten Räume werden, zumindest so lange, wie Sie neue Automatisierungsfunktion noch nicht bequem vom Arbeitsplatzrechner aus umsetzen können. Sie sollten sich also mit Ihrem Zweitwohnsitz vertraut machen. Dafür sind Sie in diesem Kapitel richtig.

25.1 Hausanschlusskasten, Zählerschrank, Stromkreisverteiler

Die Stromzuführung des Stromversorgers (EVU = Energieversorgungsunternehmen) wird als *Hausanschluss* bezeichnet. Sehen Sie eine grafische Darstellung in Abbildung 25.1. Dabei wird das Gebäude, in der Regel über einen Erdanschluss, durch die *Hauptanschlussleitung* mit dem *Hausanschlusskasten* verbunden. Den Hausanschlusskasten (HAK) erkennen Sie an seiner transparenten Abdeckung und den drei darin installierten *NH-Sicherungen* (Niederspannungs-Hochleistungs-Sicherung), manchmal auch noch Hauptsicherungen oder Panzersicherungen genannt.

Der Zählerschrank wird über die *Hauptleitung* mit dem HAK verbunden und enthält neben den Vorsicherungen (NH) oder selektiven Leitungsschutzschaltern (SLS) auch mindestens einen Zähler. Zähler messen die verbrauchte elektrische Energie. Falls Sie eine Fotovoltaikanlage installiert haben, findet im Zählerschrank ein weiterer Zähler Platz, der die von Ihnen eingespeiste Energie misst. Für bestimmte Heizungsanlagen (z. B. Wärmepumpe) werden weitere Zähler (und eventuell Tarifsteuergeräte) installiert und ebenso, wenn es sich bei dem Gebäude um ein Mehrparteienhaus handelt.

Im *Stromkreisverteiler* (Haupt-/Unterverteilungen) werden bei der Elektroinstallation die benötigten Einbaugeräte wie Fehlerstromschutzschalter (RCD bzw. FI), Leitungsschutzschalter (LS), Netzteile, Relais und Stromstoßschalter montiert. Ausgehend vom Stromkreisverteiler, versorgen einzeln abgesicherte Zuleitungen alle weiteren Räume. In größeren Gebäuden kommen zusätzlich zur Verteilung im Keller oft weitere Unterverteilungen (z. B. pro Etage) zum Einsatz.

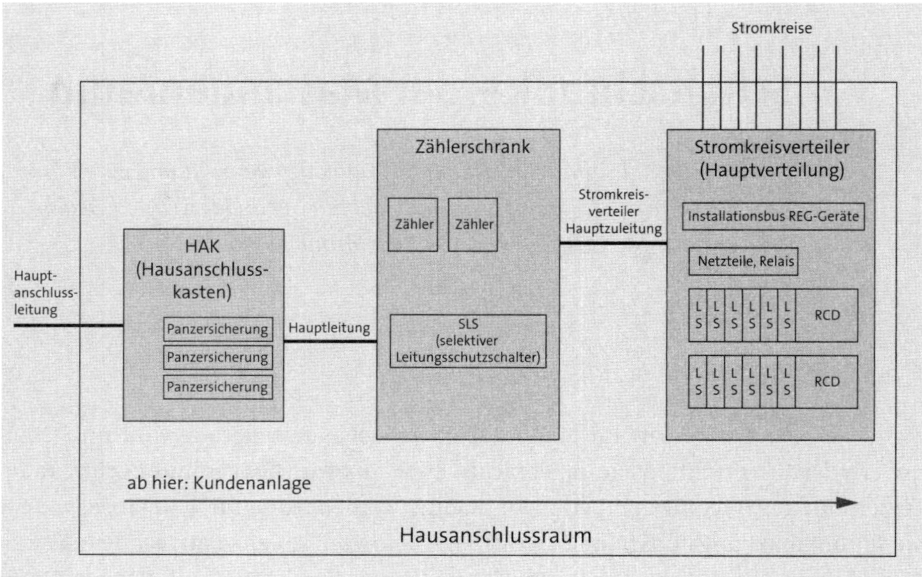

Abbildung 25.1 Hausanschlusskasten, Zählerschrank und Stromkreisverteiler

Für kleinere Installationen werden Zählerschrank und Verteilerschrank auch gerne mal vereint. Falls Sie für Ihr Vorhaben noch mitten in der Planungsphase stecken, sehen Sie, wenn möglich, aber zwei getrennte Schränke vor. Über den Zugewinn an Installationsraum werden Sie sich (und der Elektriker) unter Garantie freuen.

Ein Großteil Ihrer künftigen Smart-Home-Gerätschaft wird im Verteilerschrank beherbergt sein. Für alle Geräte in REG-Bauweise (REG = Reiheneinbaugerät) ist das der vorgesehene Einbauort. Grund genug, sich näher mit dem Thema Verteilerschrank zu beschäftigen – dem Maschinenraum des Smart Homes.

25.2 Der Stromkreisverteiler im Detail

In Deutschland sind Verteiler nach DIN 43880 standardisiert. Ein Verteiler besitzt mehrere Installationsreihen, sogenannte *Hutschienen*, die vertikal zueinander in einem Abstand von 150 mm montiert sind. Der Abstand darf bei Bedarf in einem 25-mm-Raster vergrößert werden.

25.2.1 Felder und Teilungseinheiten

Horizontal ist ein Verteiler in *Felder* unterteilt. Ein Feld bietet Platz für zwölf *Teilungseinheiten* (*TE*) mit je 17,5 mm Breite. Die für REG-Module benötigte Einbaubreite wird ebenfalls in der abstrakten Einheit TE angegeben. In einem Verteilerfeld haben somit Geräte mit einer Gesamtbreite von 12 TE in Hutschienenmontage Platz. Aufgeteilt werden könnten die verfügbaren 12 TE z. B. auf 1 Gerät mit 4 TE plus 1 Gerät mit 8 TE oder auch

12 Geräte zu je 1 TE. In der Praxis findet man sehr oft einen RCD (4 TE) kombiniert mit 8 LS (je 1 TE).

Die Kapazität eines Verteilers wird ebenfalls in Teilungseinheiten angegeben. Ein Kleinverteiler mit 4 × 12 TE besteht beispielsweise aus 4 Hutschienenreihen zu je 12 TE, was insgesamt einer Kapazität von 48 TE entspricht.

25.2.2 Die Innenausstattung

Noch schwieriger als die Wahl des richtigen Verteilerschranks selbst ist dessen Innenausstattung. Die schiere Menge an unterschiedlichen für den Innenausbau eines Verteilers verfügbaren Bausteinen überfordert sehr schnell. An dieser Stelle benötigen Sie die kompetente Hilfe des Elektrikers, der sich im Produktangebot der großen Hersteller zu Hause fühlt. Ansonsten laufen Sie Gefahr, das eine oder andere Zubehör zu vergessen oder falsch auszuwählen.

Wenn Sie sich für Schaltschranksysteme der Firma Hager (*www.hager.de*) entscheiden, können Sie sich im gewissen Rahmen auch elektronische Unterstützung holen. Auf der Download-Seite *http://www.hager.de/downloads-software/produkt-und-planungssoftware/magnetplaner/77406.htm* hält Hager die Software *Magnetplaner* zum kostenlosen Einsatz bereit. Mit ein bisschen Forschergeist gelingt es, ein Modell des Verteilers aus den verfügbaren Bausteinen zusammenzustellen. Für einen Schrank des Typs ZB55S mit 5 × 9 Feldern und den Maßen 1.400 mm × 1.300 mm × 205 mm (H × B × T) ergibt sich die in Abbildung 25.2 gezeigte exemplarische Aufteilung:

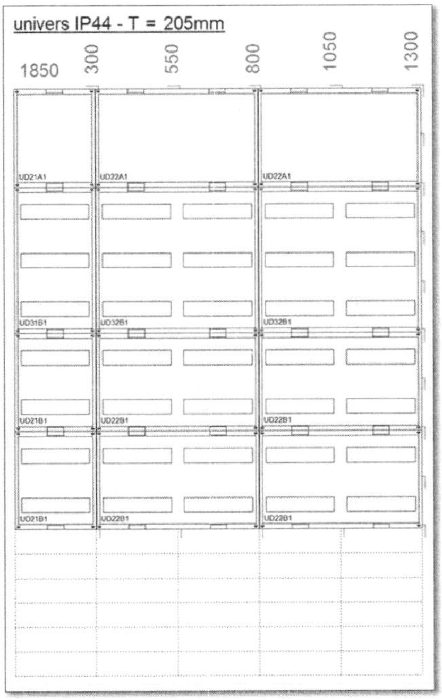

Abbildung 25.2 Hager ZB55S mit 5 × 9 Feldern

Die oberen beiden Reihen werden vollständig abgedeckt, dahinter verbergen sich später die Reihenklemmen. Die restlichen sieben Reihen besitzen jeweils die gewohnte 12 TE breite Aussparung, und zwar je fünfmal, sodass Sie insgesamt Geräte mit 420 TE Breite installieren können. Dazu kommen zwei komplette Reihen je fünf Felder für Reihenklemmen.

Die Bausteine, aus denen sich das Innenleben des abgebildeten ZB55S zusammensetzt, haben folgende Bezeichnungen (siehe Tabelle 25.1):

Baustein	Maße (H × B)	geschlossen/geschlitzt	Anzahl
UD21A1	300 × 250 mm	geschlossen	1
UD21B1	300 × 250 mm	geschlitzt	2
UD22A1	300 × 500 mm	geschlossen	2
UD22B1	300 × 500 mm	geschlitzt	4
UD31B1	450 × 250 mm	geschlitzt	1
UD32B1	450 × 500 mm	geschlitzt	2

Tabelle 25.1 Beispiel: Innenausstattung für Hager ZB55S

Die Bausteinbreite von 500 mm hat insbesondere in den oberen zwei Reihen einen Vorteil: Die Hutschienen erstrecken sich nicht über ein, sondern über zwei Felder und können durchgehend mit Reihenklemmen (Abbildung 25.3) bestückt werden, was einen nicht zu unterschätzenden Platzgewinn bedeutet.

Abbildung 25.3 Reihenklemmen im Verteilerschrank

25.3 Hinweise zur Dimensionierung, Installation und Platzierung

Sie wissen jetzt, wie das Innenleben eines Stromkreisverteilers aufgebaut ist, aber für welche Größe sollten Sie sich entscheiden, und wie teilen Sie mehrere Verteiler sinnvoll auf?

25.3.1 Welches ist die richtige Größe für mich?

Auf diese Frage gibt es aus Sicht eines begeisterten Smart-Home-Bewohners nur eine mögliche Antwort: so groß wie möglich. Jedes zusätzlich verfügbare Feld im Verteiler bedeutet Flexibilität und Erweiterbarkeit.

Die Rundum-sorglos-Lösung erreichen Sie auf jeden Fall mit folgender Kombination, bestehend aus separatem Zählerschrank und Stromkreisverteiler:

- Zählerschrank: Hager Typ ZB53S (IP44) mit je 3 Feldern in 9 Reihen, Maße: (H × B × T): 1.400 mm × 800 mm × 205 mm
- Stromkreisverteiler: Hager Typ ZB55S (IP44) mit je 5 Feldern in 9 Reihen, Maße: (H × B × T): 1.400 mm × 1.300 mm × 205 mm

Natürlich geht es auch kleiner. Wie viel kleiner, ergibt sich aus der Verteilerplanung, die Sie in Abschnitt 22.3, »Die Verteilerplanung«, kennengelernt haben. Rechnen Sie zur ermittelten Anzahl der benötigten Teilungseinheiten jedoch noch 25 bis 30 % Reserve dazu. Sie werden über Erweiterungen durch zusätzliche REG-Module schneller nachdenken, als Sie sich während der Planung vorstellen können.

25.3.2 Wie erfolgt die Leitungseinführung?

Leitungen können Sie in den Stromkreisverteiler von oben oder von unten einführen, entsprechende Durchführungsstellen ermöglichen zudem unterschiedliche Durchmesser. Bei der Art und Weise, wie Sie die Leitungen in den Verteiler einführen, haben Sie die Wahl zwischen zwei Vorgehensweisen:

1. Sie führen die Leerrohre bis in den Verteiler ein und können dann auch Einzeladern in den Leerrohren führen. Einzeladern dürfen außerhalb des Verteilers nicht ungeschützt geführt werden (ohne Mantel bzw. ohne Leerrohr).
2. Sie lassen das Leerrohr außerhalb des Verteilers enden, dürfen aber dann nur Mantelleitungen (z. B. NYM-J) in den Verteiler führen (Einzeladern sind nicht erlaubt).

25.3.3 Was gilt es bei Größe und Aufteilung zu beachten?

Sofern Sie im aktuellen Stadium Ihres Smart-Home-Vorhabens noch Einfluss auf die Elektroverteilung nehmen können, achten Sie bitte insbesondere auf folgende Punkte:

- Wenn möglich, Zählerschrank und Stromkreisverteiler separat.
- Den Zählerschrank groß genug für weitere zukünftige Zähler wählen (Wärmepumpe, Fotovoltaik).
- Den Stromkreisverteiler so groß wie möglich wählen und neben dem Zählerschrank montieren.
- Eine Platzierung des Stromkreisverteilers möglichst nahe am zentralen Technikschacht spart Leitungsmaterial.
- Installation der Multimedia- und Netzwerkkomponenten (Switches, DSL-Router, Server, Verstärker) nicht im Stromkreisverteiler, sondern in einem eigenen 19-Zoll-Rack (siehe Abschnitt 25.4, »Ein 19-Zoll-Rack für Netzwerk und Multimedia«).

Ergibt sich bei Ihrer Planung die Notwendigkeit, weitere Unterverteilungen (z. B. eine pro Etage) zu installieren, achten Sie darauf, dass ausreichend Leerrohre zwischen Hauptverteilung und Unterverteilung vorhanden sind. Neben entsprechend stark dimensionierten Stromleitungen benötigen Sie in der Unterverteilung auf jeden Fall Folgendes:

- KNX-Busleitung
- weitere Busverbindungen wie DALI, 1-Wire, DMX, Türkommunikationssystem usw.
- Cat.7-Leitungen
- Reserve für künftige Erweiterungen

Eine Unterverteilung in der Nähe von Wohnräumen oder Schlafräumen hat einen Nachteil, den es zu berücksichtigen gilt: Schaltaktoren verwenden zum Schalten elektrischer Lasten normalerweise mechanische Relais, die akustisch durchaus wahrnehmbar sind. Je nach Modell der eingesetzten Schaltaktoren kann das entstehende Geräusch, unverblümt gesagt, furchtbar nerven. Bei einer komplett zentralen Installation im Keller hingegen nehmen Sie die Geräusche eine Etage höher nicht wahr.

Ein weiterer Nachteil von Unterverteilungen im Vergleich zu einer einzigen Zentralverteilung ist die schlechtere Ausnutzungsmöglichkeit von KNX-Geräten mit mehreren Kanälen. Ein Beispiel dazu: Wenn Sie im Hauptverteiler insgesamt fünf Schaltaktorkanäle brauchen und in der Unterverteilung drei, müssen Sie einen 8-fach-Aktor plus einen 4-fach-Aktor installieren, obwohl Sie eigentlich nur acht Kanäle insgesamt benötigen.

25.4 Ein 19-Zoll-Rack für Netzwerk und Multimedia

Als *19-Zoll-Rack* bezeichnet man ein Gestell für den Einbau von elektronischen Geräten mit der genormten Gerätebreite von 19 Zoll. Anders gesagt, Geräte, die für den 19-Zoll-Rack-Einbau geeignet sind, besitzen eine Frontplattenbreite von genau 19 Zoll (= 48,26 cm).

Die Frontplattenhöhe von 19-Zoll-Geräten (Einschüben) ist nicht beliebig, sondern gerastert, wobei die Rasterung immer ein Vielfaches einer *Höheneinheit (HE)* beträgt. Eine

HE ist mit 1,75 Zoll (= 44,45 mm) normiert. Um den Einbau zu erleichtern, wird von der Frontplatte einmal 1/32 Zoll (= 0,787 mm) in der Höhe abgezogen. Demnach besitzt z. B. ein Ethernet-Switch mit 1 HE eine Frontplattenhöhe von etwas weniger als 1,75 Zoll und ein kleiner 19-Zoll-Server mit 2 HE folglich 3,5 Zoll.

19-Zoll-Geräte werden an senkrecht verlaufenden Profilschienen befestigt mit je zwei Schrauben auf beiden Seiten. Die Profilschienen sind an der Vorderseite des Racks montiert und bilden eine 17,75 Zoll (= 45,09 cm) breite Öffnung für die Einschubgeräte. Die in die Schienen eingebohrte Lochreihe besitzt je Höheneinheit (HE) drei Löcher in zwei Abständen zu 0,625 Zoll (= 15,88 mm). Alternativ können es auch quadratische Stanzlöcher sein, in die dann sogenannte Käfigmuttern eingesetzt werden.

Das folgende Foto in Abbildung 25.4 veranschaulicht das Gesagte mit einem Praxisbeispiel. Montiert wurde hier ein Patch-Panel (1 HE), darunter 1 HE Abstand gefolgt von einem Ethernet-Switch mit ebenfalls 1 HE. Befestigt sind beide 19-Zoll-Geräte durch jeweils vier Schrauben, die über Käfigmuttern mit den beiden Profilschienen verbunden wurden.

Abbildung 25.4 19-Zoll-Profilschienen und Käfigmuttern

25.4.1 Die 19-Zoll-Rack-Formate

19-Zoll-Racks können Sie in Bautiefen von 60, 80, 100 und 120 cm sowie in Baubreiten von 60, 70 oder 80 cm bekommen. Eine Breite von 60 cm reicht für die meisten Anwendungsfälle im Eigenheim aus, allerdings bieten breitere Racks seitlichen Zusatzraum für strukturierte Verkabelung und Stromversorgung. Sehr praktisch sind Modelle mit abnehmbaren Seitenteilen.

Beim Kauf eines 19-Zoll-Racks müssen Sie beachten, dass zwar die Höhe immer in HE angegeben wird (nutzbare Höhe für Einbaugeräte), die Breite und die Tiefe allerdings als Außenmaß in Zentimeter. Speziell die nutzbare Nettotiefe ist herstellerabhängig.

25.4.2 Die Auswahl des richtigen Racks

Als generelle Regel gilt: Versuchen Sie, das Rack so groß wie möglich zu bekommen, insbesondere was die Höhe betrifft. Sie werden feststellen, dass sich der Schrank schneller füllt, als Sie gerechnet hätten, und Sie werden dankbar für jede verfügbare HE sein. Optimal ist ein Schrank mit 42 HE und z. B. 60 × 80 cm (B × T). Speziell bei 19-Zoll-Servern kann jedoch eine größere Schranktiefe von z. B. 100 cm auf keinen Fall schaden.

Selbstverständlich ist ein derartiger »Monsterschrank« eine Herausforderung, was den Platzbedarf betrifft und auch preislich selten ein Schnäppchen, aber auf der anderen Seite ist eine aufgeräumte, flexible und erweiterbare Infrastruktur mit strukturierter Verkabelung/Vernetzung einer der wichtigsten Smart-Home-Bestandteile.

Sehen Sie sich bei den folgenden Herstellern die umfangreichen Produktpaletten an. Sie finden mit Sicherheit auch für Ihre persönliche Einbausituation das passende Modell.

- Rittal (*www.Rittal.de*)
- Triton (*www.triton-racks.de*)
- Digitus (*www.digitus.info/produkte/professional-network/netzwerk-schraenke-und-zubehoer*)

Große Racks für kleines Geld

Wenn Sie etwas Geduld haben, sollten Sie sich z. B. bei eBay oder eBay-Kleinanzeigen auf die Lauer legen. Es empfiehlt sich eine E-Mail-Benachrichtigung für Angebote im näheren Umkreis. Wenn Sie eine Selbstabholung nicht scheuen, finden Sie oft genug wirklich hochwertige gebrauchte Racks (von z. B. Rittal) zu einem Spottpreis.

Empfehlen kann ich auch, auf spezielle Angebote für gebrauchte Netzwerkschränke zu achten, z. B. ist IT-Budget (*www.it-budget.de*) eine gute Anlaufstelle.

Sehr sinnvolle Ausstattungsmerkmale, an denen Sie sich orientieren können, sind:

- optionale Rollen (wenn Sie öfter hinter dem Rack hantieren)
- Sicherheitsglastür (empfehlenswert für die Optik) und wechselbarer Türanschlag, eventuell abschließbar
- abnehmbare Seitenwände und abnehmbare Rückwand, erleichtern die Montage sehr
- Kabeleinführungen in Schrankboden, -decke und auf der Rückseite
- Öffnungen für Belüftungseinheiten
- Gestell und Wände aus Stahlblech

25.4.3 Sinnvolles Rack-Zubehör

Was den Innenausbau Ihres 19-Zoll-Racks betrifft, können Sie z. B. bei Rittal und Triton auf einen gut bestückten Baukasten zurückgreifen:

- Montageplatten (z. B. für vertikale Aufnahme eines SAT-Receivers im hinteren Schrankbereich)
- zusätzliche Profilschienen (z. B. für den hinteren Bereich zur Aufnahme von Hutschienen oder 19-Zoll-Steckdosenleisten)
- Geräteböden jeglicher Art und Belastbarkeit (NAS-Geräte, Servergehäuse, Router, Verstärker, externe Festplatten)
- Innenbeleuchtung, 19-Zoll-Steckdosenleisten
- Wandbefestigungsmaterial
- unterschiedlichste aktive Belüftungselemente
- ausziehbare Fachböden und Schubladen, z. B. für Tastaturen
- Kabelführungssysteme und Bügel sowie Hutschienen
- Frontplatten, Blindplatten
- leere 19-Zoll-Einschubgehäuse für die Realisierung eigener Ideen
- Montagesätze (besorgen Sie sich am besten gleich mindestens 40 Käfigmuttern)
- Rollen, Nivellierfüße und Sockel

Ein Beispiel, wie Sie auch Stand-alone-Geräte wie z. B. NAS-Systeme, Router und einen Gira HomeServer aufgeräumt in ein 19-Zoll-Rack platzieren, finden Sie in unten stehender Abbildung 25.5. Verwendet wurden Fachböden, die sowohl an den vorderen als auch an den hinteren Profilschienen verschraubt sind.

Abbildung 25.5 19-Zoll-Fachböden, auch für schwere Lasten geeignet

25.4.4 Was kommt in das 19-Zoll-Rack?

Zwar können Sie versuchen, Netzwerkgeräte wie einen 24-Port-Switch oder einen Router sinnvoll in einen klassischen Verteilerschrank zu »quetschen«, viel besser eignet sich aber das 19-Zoll-Rack. Damit gelingt Ihnen die professionelle Installation von Netzwerk- und Multimedia-Komponenten, insbesondere von:

- Patch-Panel(s) (z. B. 24 Ports, 1 HE)
- Ethernet-Switch(es) (ebenfalls 24 Ports, 1 HE) und gegebenenfalls PoE-Injektoren
- Rack-Server (je nach Modell z. B. zwischen 1 HE und 4 HE)
- Audioverstärker
- 35-mm-Hutschiene im hinteren Schrankbereich für z. B. KNX-REG-Geräte (USB-Anbindung von Homeserver) und Netzteile
- Geräte auf Fachböden (NAS, Router, Mini-Rechner, externe Festplatten)
- SAT-Receiver (auf Montageplatte im hinteren Schrankbereich)
- USV (unterbrechungsfreie Stromversorgung)

Kapitel 26
Den Bus versorgen: Spannungsquellen

Die Stromversorgung Ihres KNX-Systems legen Sie nicht in die Hände einer x-beliebigen Spannungsquelle, sondern ausschließlich in die einer dafür speziell ausgelegten KNX-Spannungsversorgung.

Wir sehen uns in diesem Kapitel nicht nur die KNX-Spannungsversorgungen im Detail an, sondern auch herkömmliche Universal-Spannungsversorgungen für verschiedenste Einsatzzwecke. Außerdem lernen Sie, was es mit verdrosselten und unverdrosselten Ausgängen auf sich hat.

26.1 Speziell: KNX-Spannungsversorgung

Um Ihren KNX-Bus mit der notwendigen elektrischen Energie zu versorgen, benötigen Sie eine *KNX-Spannungsquelle*. Sie ist sozusagen das Herz Ihres Bus (nicht das Gehirn) und versorgt alle Busteilnehmer mit den notwendigen 30 V DC. Eingespeist und überwacht wird diese Spannung vom KNX-Netzteil über das rot-schwarze Adernpaar, das, wie Sie aus dem Grundlagenteil wissen, zugleich ja auch die Datenleitung ist.

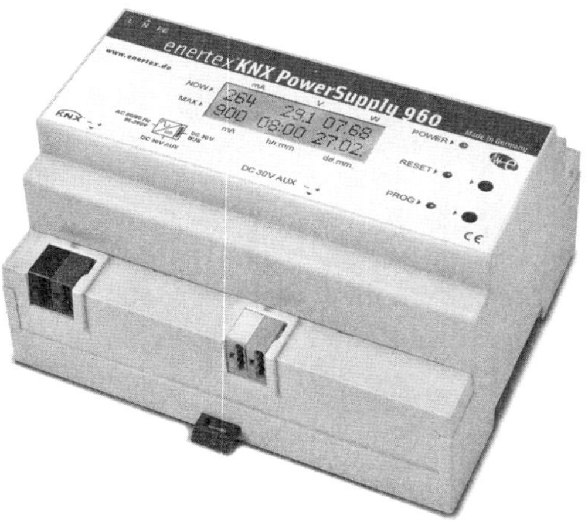

Abbildung 26.1 KNX-Spannungsversorgung der Oberklasse (Enertex)

KNX-Spannungsversorgungen (Abbildung 26.1) sind kurzschlussfest und überlastsicher, benötigen primärseitig einen 230-V-Anschluss, der in der Regel sehr großzügig zwischen

85 und 265 V AC schwanken darf, und haben sekundärseitig mindestens einen 30-V-DC-Ausgang. Sie können beim Erwerb der Spannungsversorgung aus vier Leistungsklassen auswählen:

- für kleine KNX-Linien: 160 mA
- für mittlere Linien: 320 mA
- für größere Linien: 640 mA
- seit Kurzem auch für leistungshungrige Linien: 960 mA

Sie sehen in Abbildung 26.2, dass, um den Datenverkehr von der Versorgungsspannung zu trennen, KNX-Spannungsquellen durch eine integrierte Drossel von der Buslinie entkoppelt sind. Der 30-V-DC-Ausgang wird daher auch als *verdrosselter* Ausgang bezeichnet.

Netzteile der größeren Leistungsklassen verfügen oft auch über einen zweiten Ausgang mit 30 V DC, der allerdings *unverdrosselt* ausgeführt ist. Dieser Ausgang lässt sich wunderbar einsetzen, um beispielsweise eine IP-Schnittstelle mit der notwendigen Spannung zu versorgen. Dazu verbinden Sie Spannungsversorgung und Schnittstelle mit den gelb-weißen Busanschlussklemmen. Den unverdrosselten Ausgang können Sie ebenso zur Speisung einer weiteren Buslinie (dann aber in Verbindung mit einer separaten Drossel) verwenden.

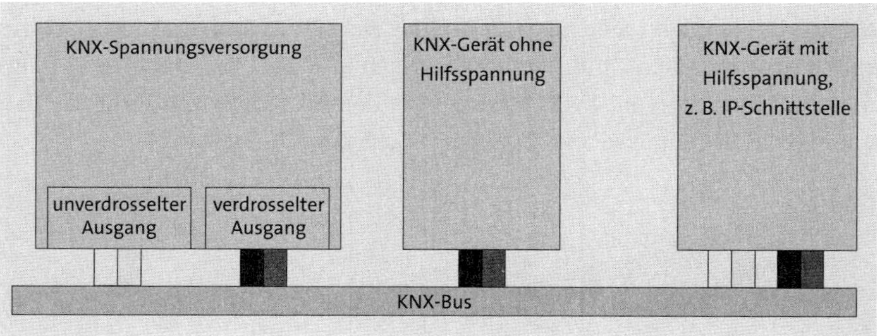

Abbildung 26.2 Anschluss einer KNX-Spannungsversorgung

Durch einen Reset an der Spannungsversorgung kann die Buslinie spannungslos geschaltet und alle an der Buslinie angeschlossenen Teilnehmer können ebenfalls zurückgesetzt (neu gestartet) werden.

Eine Besonderheit unter den KNX-Spannungsversorgungen stellen die unterbrechungsfreien Varianten dar (siehe auch Tabelle 26.1). Diese Modelle erlauben den Anschluss eines Akkumoduls, z. B. auf Bleigelbasis. Sie können damit, je nach eingesetzter Akkukapazität, folgende beispielhafte Überbrückungszeiten erreichen:

- für Akkukapazität von 1 Ah: 10 min
- für Akkukapazität von 7 Ah: bis zu 2,5 h
- für Akkukapazität von 12 Ah: bis zu 5,5 h

Die angegebenen Zeiten beziehen sich auf einen neuwertigen Akku bei voller Auslastung der unterbrechungsfreien Spannungsversorgung.

Die Akkumulatoren werden über die Spannungsversorgung geladen, dabei wird die Ladespannung temperaturabhängig geregelt, was den Anschluss eines Temperaturfühlers erfordert.

Sparen Sie nicht am falschen Ende!

Auch wenn es preislich zunächst verlockend erscheint, muss ich vom Einsatz einer klassischen Standardspannungsquelle mit 24 oder 28 V DC mit nachgeschalteter Drossel abraten. Zertifizierte KNX-Spannungsquellen sind zwar teurer, halten dafür aber auch eine festgelegte Spannungsstromkurve zum Schutz der Anlage ein.

Um Sie bei der Auswahl der für Sie am besten passenden KNX-Spannungsquelle zu unterstützen, finden Sie in Tabelle 26.1 fünf typische Modelle aus vier unterschiedlichen Leistungsklassen:

Merkmal	ABB SV/S30.160.5	ABB SV/ S30.320.2.1	Gira 1087 00	Enertex Power-Supply 960	ABB SU/S 30.640.1
Foto		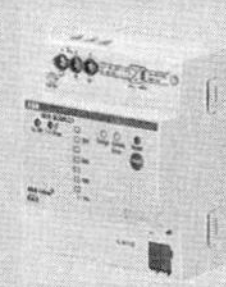		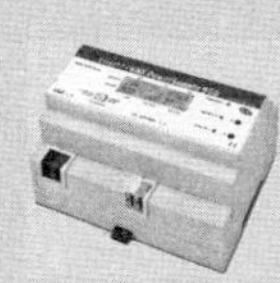	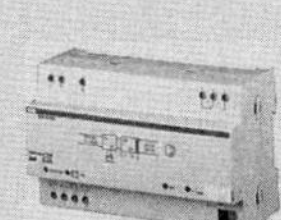
Preis	ca. 100 €	ca. 160 €	ca. 240 €	ca. 248 €	ca. 258 €
Ausgangsstrom	160 mA	320 mA	640 mA	960 mA	640 mA
Geeignet für	Einfamilienhaus, eine Linie, max. 16 Teilnehmer	Einfamilienhaus, eine Linie, max. 32 Teilnehmer	mittlere bis große KNX-Anlage, max. 64 Teilnehmer	große KNX-Anlage, max. 96 Teilnehmer	größere Anlagen mit hohen Ansprüchen an die Störungssicherheit, max. 64 Teilnehmer
Eingangsspannungsbereich	192–253 V AC	85–253 V AC	161–264 V AC, 176–270 V DC	85–265 V AC	196–253 V AC

Tabelle 26.1 Entscheidungshilfe KNX-Spannungsversorgung (Quelle: ABB Stotz-Kontakt, Gira, Enertex)

Merkmal	ABB SV/S30.160.5	ABB SV/ S30.320.2.1	Gira 1087 00	Enertex Power-Supply 960	ABB SU/S 30.640.1
Ausgangs-spannungs-bereich	28–31 V DC	28–31 V DC	2 × verdros-selt und 1 × unverdros-selt 28–31 V DC	30 V DC	28–31 V DC
Einbaumaß	REG: 4 TE	REG: 4 TE	REG: 7 TE	REG: 6 TE	REG: 8 TE
Reset-Mög-lichkeit	Abziehen der Busan-schluss-klemme	Bus-Reset-Taste und Anzeige, Reset über KO	2 Reset-Taster für 2 Linien		Bus-Reset-Taste
Anzeige-elemente	Betriebs-LED	Ausgangs-spannung, Überlast, Busstrom, Telegramm-verkehr, Kommunika-tionsfehler	3 LEDs für Betrieb, Überlast, Überspan-nung, 2 Reset-LEDs	zweizeiliges Text-Dis-play, 3 LEDs für Betrieb, Kurzschluss, Überlast	5 LEDs für Überlast, Eingang OK, Ausgang OK, Akku OK, Reset, poten-zialfreier Kontakt zur Stö-rungsmel-dung
Besonder-heiten	–	7 LEDs zur Anzeige des aktuellen Busstroms, Statuswerte über KNX abfragbar	zweiter ver-drosselter Ausgang, DC-Span-nungsversor-gung möglich	Messwert-ausgabe auf KNX über Gruppen-objekte, Anzeige auf integriertem Display, USB-Safe	unterbre-chungsfreie Stromversor-gung mit Pufferung durch Blei-gelakku

Tabelle 26.1 Entscheidungshilfe KNX-Spannungsversorgung (Quelle: ABB Stotz-Kontakt, Gira, Enertex) (Forts.)

Sie sehen, dass es preislich recht große Unterschiede gibt. Abgesehen von einem unterdimensionierten Modell (zu wenig Ausgangsstrom für Ihre Anlage) können Sie aber bei zertifizierten KNX-Netzteilen recht wenig falsch machen.

Sie benötigen im Einfamilienhaus in der Regel keine unterbrechungsfreie Stromversorgung, sodass ein Gerät mit 320 mA eine vernünftige Lösung darstellt. Bedenken Sie aber, dass der Appetit beim Essen kommt, und wenn Sie erst einmal von den Möglichkeiten von KNX begeistert sind und Ihre Anlage wachsen möchte, haben Sie mit 640 mA Ausgangsstrom deutlich mehr Reserven. Meine Empfehlung lautet deshalb: Setzen Sie direkt auf 640-mA-Geräte.

Wenn Sie gleich in die Oberklasse einsteigen und ein Maximum an Leistungsreserve für die Zukunft haben möchten und wenn Sie sich über die integrierte Spannungs- und Strommesseinheit freuen, bekommen Sie mit der Enertex PowerSupply 960 ein gelungenes Gerät.

26.2 Die Drossel

Eine zusätzliche *Drossel* setzen Sie immer dann ein, wenn Sie mit einer KNX-Spannungsversorgung zwei KNX-Linien versorgen möchten. Die Drossel entkoppelt die Buslinie von der Spannungsversorgung (Abbildung 26.3).

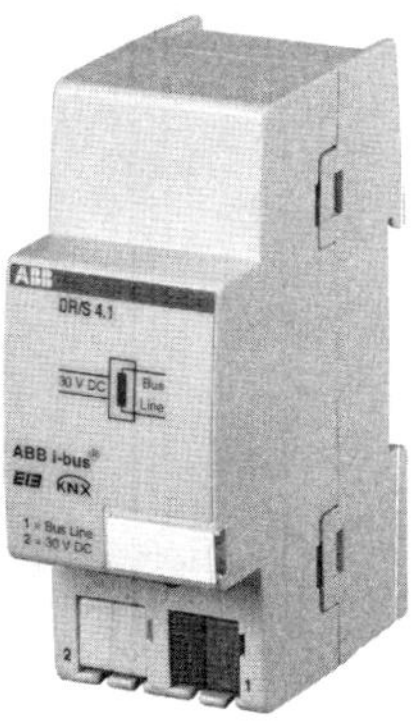

Abbildung 26.3 Anschluss KNX-Drossel

Finanziell gesehen, bietet die Drossel mit einem Preis von ca. 30 € eine konkurrenzlose Alternative zu einer zweiten Spannungsversorgung für Ihre zweite KNX-Linie. Beachten Sie bitte dennoch, dass der Gesamtstrom des Netzteils auf beide Linien aufgeteilt werden muss und dass bei Ausfall des Netzteils folglich auch beide Buslinien ausfallen.

26.3 Universell: REG-Spannungsquellen

In den beiden vorherigen Abschnitten haben Sie gelernt, wie Sie Ihren KNX-Bus mit zertifizierten KNX-Spannungsquellen versorgen. Sie werden beim Ausbau Ihres Smart Homes schnell feststellen, dass einige weitere Stromversorgungen notwendig werden, ärgerlicherweise auch noch mit unterschiedlichen Ausgangsspannungswerten. Benötigt werden sie für:

- Türkommunikationssystem
- Netzwerk-Switches und USB-Hubs
- DSL-Router
- NAS-Geräte
- Embedded Rechner/Server mit externem Netzteil (z. B. Raspberry Pi)
- zentrale Audioverstärker

Natürlich können Sie jedes Ihrer Geräte mit dem dafür passenden externen Netzgerät betreiben, besonders schön oder besonders smart ist das jedoch nicht. Sie werden mir darin sicherlich zustimmen, wenn Sie das Sammelsurium an schwarzen Kistchen betrachten, die schon allein für Ihre Rechner und Netzwerkgeräte notwendig sind.

Eine sehr gute Möglichkeit, dieser Ansammlung entgegenzuwirken, sind Spannungsquellen als Reiheneinbaugeräte (REG). Speziell für Ihren Verteilerschrank, aber auch für ein geplantes Multimedia-Rack, sind sie eine hervorragende Kombination aus einfachem Einbau und strukturierter Verkabelung.

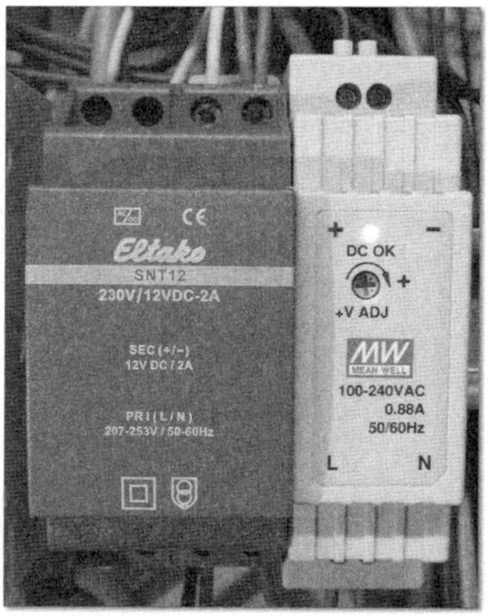

Abbildung 26.4 Hutschienennetzteile für 12-V- und 5-V-DC

Hutschienennetzteile (englisch: *DIN-Rail,* Abbildung 26.4) bekommen Sie in einer großen Vielzahl an unterschiedlichen Ausgangsspannungen (z. B. 5 V, 12 V, 15 V, 24 V, 48 V ...) und in so gut wie jeder Leistungsklasse, die für Einfamilienhäuser benötigt wird (angefangen von 10 W bis 480 W oder sogar 960 W). In der Regel ist ein 1-Phasen-Anschluss die richtige Wahl. Große Hersteller, in deren Sortiment Sie mit Sicherheit das passende Netzteil finden, sind unter anderem:

- Phoenix Contact (*www.phoenixcontact.com*)
- TDK-Lambda (*http://de.tdk-lambda.com/public/index.aspx*)
- Meanwell (*www.meanwell.com*)
- Weidmüller (*www.weidmueller.de*)

Zusätzlich zu den wichtigsten Eckdaten, wie Ausgangsspannung und Ausgangsstrom, achten Sie bitte beim Kauf auf einen möglichst hohen *Wirkungsgrad* (englisch: *Efficiency*). Nicht selten muss ein Hutschienennetzteil im 24/7-Betrieb permanent Strom zur Verfügung stellen, sodass Sie jedes Prozent an Wirkungsgrad direkt auf Ihrer Stromrechnung wiederfinden. Weitere wichtige Kriterien sind eine möglichst kleine *Ausgangswelligkeit* (Ripple & Noise) sowie eine geringe *Toleranz der Ausgangsspannung*.

Für sehr spannungssensitive Verbraucher bietet es sich außerdem an, ein Netzteil mit *regulierbarer Ausgangsspannung* einzusetzen. Das Beispiel in Abbildung 26.4 zeigt rechts ein 5-V-Netzteil vom Typ Meanwell DR-15-5 mit einem Ausgangseinstellbereich von 4,75 bis 5,5 V und einem Wirkungsgrad von 77 %. Mit 2,4 A hat das Netzteil genug Reserve, um den RasPi in jeder Situation ausreichend zu versorgen. Mit dem Drehpotentiometer lässt sich die Ausgangspannung exakt auf 5,0 V einstellen und kann bei Bedarf noch geringfügig erhöht werden.

Kapitel 27
Mit Schnittstellen auf den KNX-Bus zugreifen

Als Systemgerät hat die KNX®-Schnittstelle die Aufgabe, die Verbindung Ihres Bus zum Rest der Welt herzustellen. Vorzugsweise geschieht dies über IP, es existieren jedoch auch weitere Möglichkeiten.

Für einen funktionierenden KNX-Aufbau benötigen Sie neben einer Spannungsversorgung (siehe vorheriges Kapitel) als zweite wichtige Komponente eine KNX-Schnittstelle. Mit dieser verbinden Sie Ihren PC bzw. Ihren Automatisierungsserver oder Visualisierungsrechner mit dem KNX-Bus und ermöglichen dadurch

- Parametrierung und Monitoring Ihrer KNX-Anlage mit der ETS-Software sowie
- Zugriff des Automatisierungsservers (Logik-Engine, HomeServer) auf den KNX-Bus.

Der erste Punkt ist dabei essenziell. Nur mit der ETS haben Sie die Möglichkeit, Ihrem Bus Leben einzuhauchen. Eine zusätzlich am KNX angebundene Logik-Engine ist optional und dient lediglich der (zugegebenermaßen fast grenzenlosen) Erweiterung.

Die folgenden Abschnitte sollen Ihnen einen Überblick über die unterschiedlichen Anschlussmöglichkeiten geben. Dies sind:

1. serielle RS-232-Schnittstelle
2. USB-Schnittstelle
3. IP-Schnittstelle
4. IP-Router

Daran anschließend möchte ich Ihnen noch eine kleine Entscheidungshilfe präsentieren. Ein Praxisbeispiel, in dem Sie einen kleinen KNX-Busaufbau, bestehend aus Netzteil und KNX-Schnittstelle, realisieren, finden Sie in Abschnitt 7.5, »Meistern Sie den Einstieg!«.

27.1 Einfach: serielle Schnittstelle

Die technologisch sicherlich einfachste Möglichkeit, Ihren KNX-Bus mit dem restlichen Hausnetzwerk zu verbinden, bietet die serielle Schnittstelle bzw. *RS-232-Schnittstelle* (Abbildung 27.1). Sie finden die Grundlagen zum RS-232-Protokoll in Abschnitt 12.1, »Einfache serielle Verbindungen mit RS-232 und RS-485«.

In der Regel gibt es keine Notwendigkeit, die RS-232-Schnittstelle über die ETS zu parametrieren.

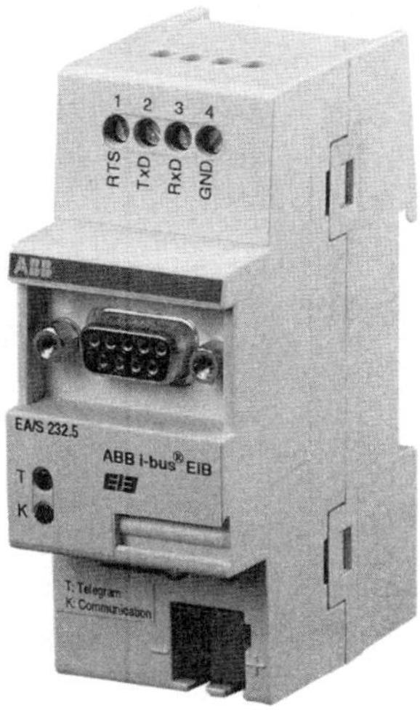

Abbildung 27.1 KNX-RS-232-Interface (Quelle: ABB Stotz-Kontakt)

Die Verbindung zu einem Rechner, der seinerseits über Ethernet an das Hausnetzwerk angebunden sein kann, erfolgt über eine neunadrige Leitung mit Sub-D-Steckern. Die Anforderungen an die RS-232-Schnittstelle Ihres PCs sind sehr gering, das KNX-Interface arbeitet PC-seitig (mit dem Protokoll FT1.2) lediglich mit 19,2 kBit/s (was für die 9,6 kBit/s des KNX ja auch ausreichend ist). Da modernere PCs heutzutage selten noch RS-232-Anschlüsse (Abbildung 27.2) besitzen (erkennbar z. B. an der Beschriftung COM1), wird gern ein Adapterkabel USB auf RS-232 eingesetzt. Solche Adapter können Sie auch für zwei oder mehr RS-232-Ports bekommen.

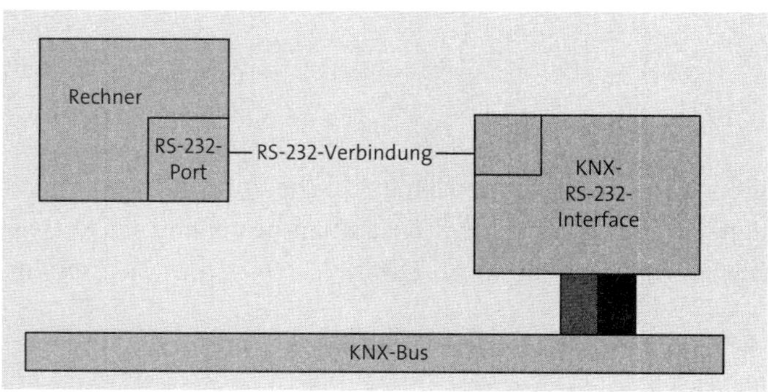

Abbildung 27.2 Anschluss KNX-RS-232-Interface

Derzeit nehmen die Branchengrößen zunehmend das RS-232-Interface aus ihrem KNX-Sortiment zugunsten von USB und IP. Falls Sie sich also fragen, warum Sie nicht gleich eine KNX-USB-Schnittstelle einsetzen sollten, haben Sie natürlich uneingeschränkt recht.

Dennoch sprechen unter Umständen zwei Gründe für RS-232. Zum einen kommen Sie regelmäßig (z. B. durch Internetauktionen) sehr preisgünstig an ein Gerät (siehe auch die Einkaufstipps in Abschnitt 23.3), und andererseits haben Sie vielleicht eine bereits bestehende Verkabelung, die sich für RS-232 eignen würde, nicht aber für USB. Die betagte Technik ist sehr gutmütig, sie stellt kaum Ansprüche an das Verbindungskabel. Als Richtlinie sollten Sie jedoch eine Kabellänge von 5 m nicht überschreiten.

27.2 Robust: USB-Schnittstelle

Derzeit am einfachsten und problemlosesten greifen Sie auf Ihren KNX-Bus über eine *USB-Schnittstelle* zu. Alle großen KNX-Hersteller bieten entsprechende Produkte im Sortiment. Eine Parametrierung über die ETS ist in der Regel nicht erforderlich, der Buszugriff über USB funktioniert sozusagen »out of the box«. Oft ist nicht einmal ein Applikationsprogramm erforderlich, für Dokumentationszwecke kann aber eine Dummy-Applikation in der ETS erstellt werden.

USB-Schnittstellen gibt es sowohl als REG-Gerät als auch als Einsatz für eine Standardunterputzdose. Die folgende Abbildung 27.3 zeigt beide Varianten:

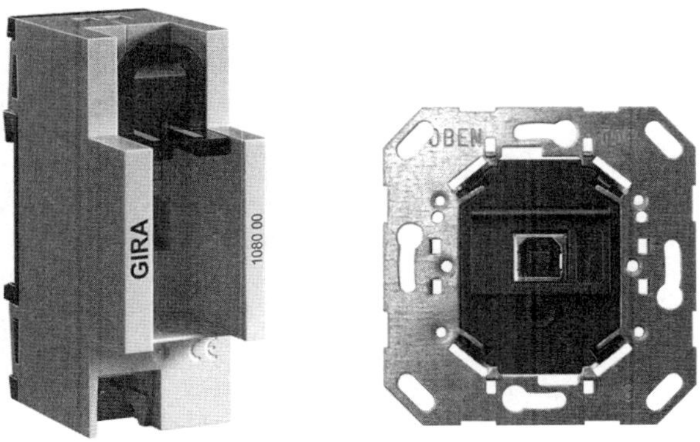

Abbildung 27.3 KNX-USB-Interface als REG-Gerät (links) und UP-Gerät (rechts)

Ähnlich wie bei der RS-232-Verbindung schließen Sie Ihren Rechner direkt über ein USB-Kabel an die Schnittstelle und damit an den KNX-Bus an. Aufpassen müssen Sie lediglich beim Typ des USB-Kabels, Sie benötigen eines mit A-Stecker auf B-Stecker. Alternativ können Sie die Verbindung auch über einen USB-Hub führen. Bitte achten Sie aber darauf, dass es ein aktiver Hub sein sollte (also mit externer Spannungsversorgung).

Ein Port an Ihrem Rechner vom Typ USB 1.1 ist vollständig ausreichend, höhere Geschwindigkeiten würden aufgrund der im Vergleich sehr langsamen KNX-Busverbindung nicht spürbar sein. Ein Fehler ist USB 2.0 bzw. 3.0 natürlich trotzdem nicht.

Die folgende Abbildung 27.4 zeigt zwei mögliche Anschlussarten, zum einen für einen beliebigen Rechner über einen aktiven USB-Hub und zum anderen beispielhaft die direkte Verbindung des Gira HomeServers.

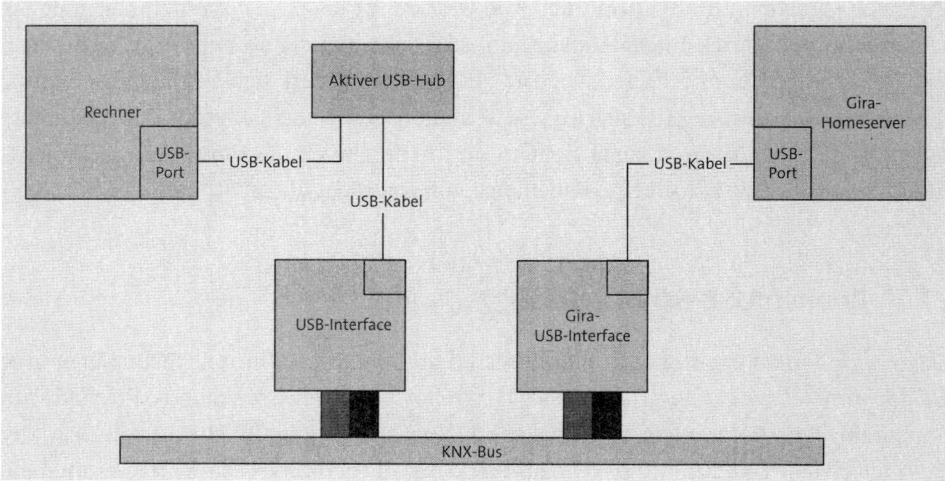

Abbildung 27.4 Anschluss KNX-USB-Interface (zwei Varianten)

USB-Schnittstellen in Verbindung mit dem Gira HomeServer

Technische Probleme beim Einsatz von USB-Schnittstellen sind nicht zu erwarten. Mir ist lediglich eine Inkompatibilität bekannt: Wenn Sie planen, den Gira HomeServer (insbesondere die Baureihe 3) per USB auf den KNX zugreifen zu lassen, sollten Sie auch die von Gira angebotene USB-KNX-Schnittstelle einsetzen (Typ: 1080 00). Andere Fabrikate funktionieren oftmals nicht.

Allerdings können Sie diesem Problem aus dem Weg gehen, indem Sie statt USB auf eine IP-Schnittstelle oder gar einen IP-Router setzen, wie in den folgenden beiden Abschnitten beschrieben.

27.3 Komfortabel: IP-Schnittstelle

Mit der *IP-Schnittstelle* verbinden Sie den KNX-Bus mit einem Ethernet-Netzwerk, was im Wesentlichen den größten Vorteil gegenüber einer Eins-zu-eins-Verbindung (RS-23- oder USB-Schnittstelle) darstellt. Über das Netzwerk können KNX-Telegramme an andere Geräte gesendet oder von diesen empfangen werden. Eine IP-Schnittstelle (Beispiel in Abbildung 27.5) verwendet zur Kommunikation das KNXnet/IP-Protokoll der KNX Association (früher auch als EIBnet/IP-Protokoll bezeichnet).

Durch die flexible Anschlussmöglichkeit von Ethernet-Netzwerken sind Sie nicht mehr an die räumliche Nähe zwischen Ihrem KNX-Zugangspunkt und Ihrem PC zur KNX-Programmierung angewiesen. Im Unterschied zu USB-Schnittstellen benötigen Sie für das IP-Interface eine zusätzliche Spannungsversorgung im Bereich von 10 bis 30 V DC. Oft und gern wird dazu der zweite Spannungsausgang eines KNX-REG-Netzteils verwendet, was bei einigen Modellen durch die Farbgebung der gelb-weißen Wago-Klemme auch signalisiert wird. Somit bietet sich zwar der Einbauort in der Nähe des KNX-Netzteils an (vorzugsweise der Schaltschrank), ist aber nicht zwingend.

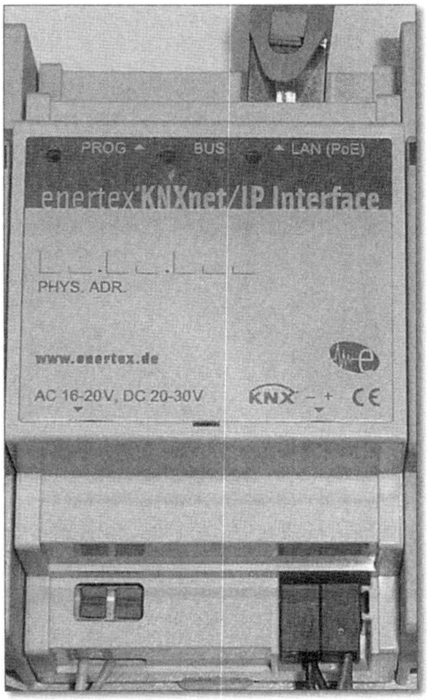

Abbildung 27.5 Enertex-KNX-IP-Schnittstelle im REG-Einsatz

27.3.1 Anschluss der KNX-IP-Schnittstelle

Die IP-Schnittstellen (Abbildung 27.6) werden über die RJ-45-Buchse 10/100BaseT an Ihr Netzwerk angebunden. Als Switch reicht Ihnen dafür ein 100-MBit/s-Modell, wie fast immer gilt aber: Mehr schadet auch nicht.

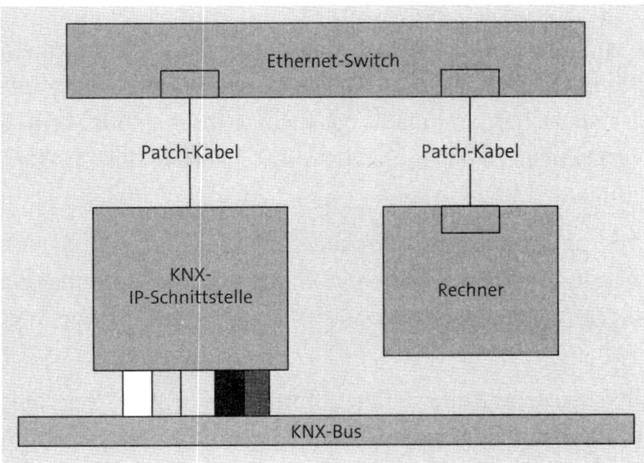

Abbildung 27.6 Anschluss KNX-IP-Interface

Als kleine Hilfe sind IP-Schnittstellen größtenteils mit mehreren Status-LEDs ausgestattet, sodass Sie recht schnell erkennen können, ob Telegramme vom KNX über Ethernet übertragen werden.

27.3.2 Konfiguration der KNX-IP-Schnittstelle

Im Gegensatz zu USB-Schnittstellen haben Sie mit IP-Schnittstellen einen Hauch mehr an Konfigurationsarbeit zu erledigen, um das Gerät betriebsbereit zu setzen. Die wichtigste Einstellung ist die IP-Adresse, die Ihre Schnittstelle in Ihrem Netzwerk bekommen soll (siehe Abbildung 27.7).

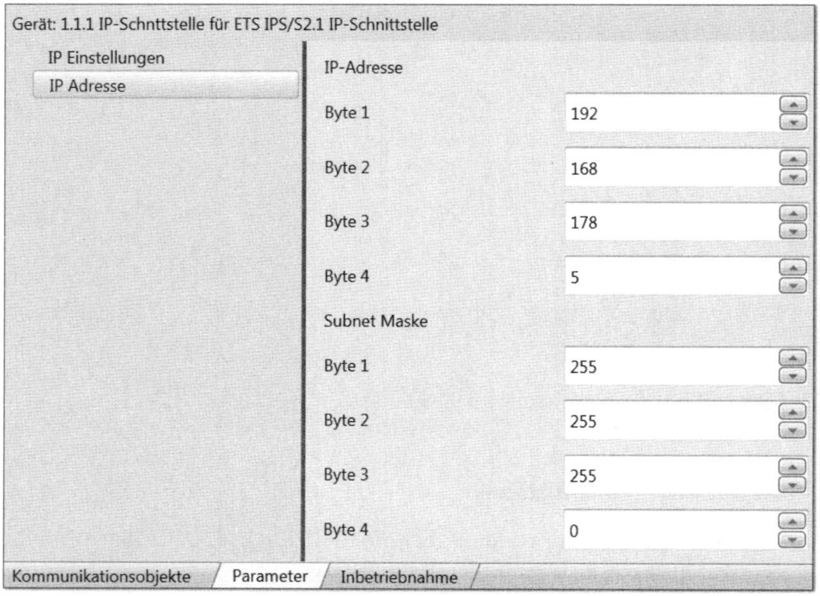

Abbildung 27.7 Einstellen der Netzwerkparameter bei der IP-Schnittstelle

Werkseitig sind die Module normalerweise so vorkonfiguriert, dass sie sich mit einem DHCP-Server im Netzwerk verbinden und automatisch über diesen ihre Adresse, die Netzwerkmaske und das Gateway beziehen. Sollten Sie das nicht wünschen oder keinen DHCP-Service in Ihrem Netzwerk anbieten, haben Sie die Möglichkeit, in der ETS-Software die notwendigen Einstellungen vorzunehmen.

Die ETS verbindet sich zur Programmierung mit der physikalischen Adresse der IP-Schnittstelle, um Geräte in der Linie zu programmieren (Abbildung 27.8). Dazu muss die Verbindung über die Dialogbox Einstellungen • Kommunikation der ETS wie folgt eingestellt werden:

Achten Sie darauf, dass die physikalische Adresse der Schnittstelle in Ihre Topologie passt. Bei einer Adresse des übergeordneten Kopplers von z. B. 1.1.0 ist eine topologisch korrekte Adresse 1.1.255.

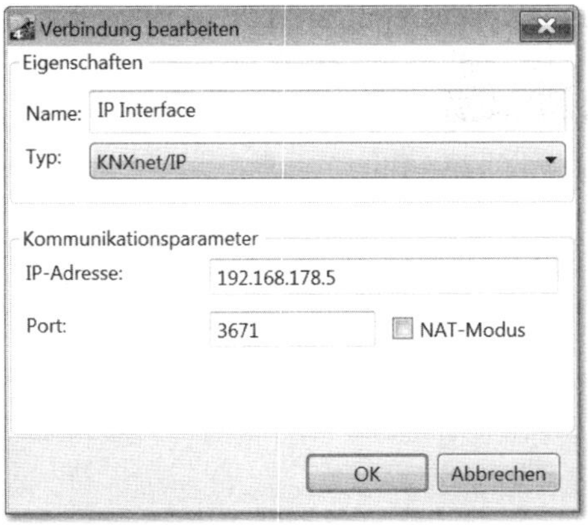

Abbildung 27.8 Die IP-Schnittstelle in der ETS konfigurieren

Hinweis: Eine IP-Schnittstelle ist kein IP-Router!

Das bedeutet in der Praxis, dass Sie zwar mit der IP-Schnittstelle wunderbar über die ETS Ihren Bus parametrieren und überwachen können, aber sobald Sie mit mehreren Geräten gleichzeitig auf den KNX zugreifen möchten (z. B. HomeServer, Wiregate usw.), stoßen Sie an Grenzen. In diesem Fall benötigen Sie entweder einen IP-Router (siehe nächster Abschnitt) oder eine IP-Schnittstelle, die mehrere KNXnet/IP-Tunnelverbindungen beherrscht (z. B. die vorgestellte Enertex-KNX-IP-Schnittstelle). Außerdem beherrscht z. B. der Gira HomeServer nur IP-Routing, was konsequenterweise auch nur mit einem IP-Router möglich ist.

27.4 Flexibel: IP-Router

Ich habe es im vorherigen Abschnitt schon angesprochen: Der *IP-Router* ist zwar der IP-Schnittstelle sehr ähnlich (und manchmal auch äußerlich nur durch Details zu unterscheiden), bietet aber ein paar Features, die Sie bei anderen Schnittstellentypen so nicht finden werden.

27.4.1 Anschluss des IP-Routers

Der Router wird in der gleichen Art und Weise in Ihr Netzwerk integriert wie die IP-Schnittstelle. Wie in Abbildung 27.9 angedeutet, sind aber im Vergleich zur IP-Schnittstelle mehrere Verbindungen gleichzeitig möglich. Damit ist gemeint, dass Sie beispielsweise mit der ETS parametrieren und per Gruppenmonitor Ihren Bus überwachen können, während gleichzeitig eine oder mehrere Logikmaschinen (HomeServer, eibPC usw.) die Visualisierung erledigen und sich sogar ein weiterer IP-Router zu einer zweiten KNX-Linie verbindet.

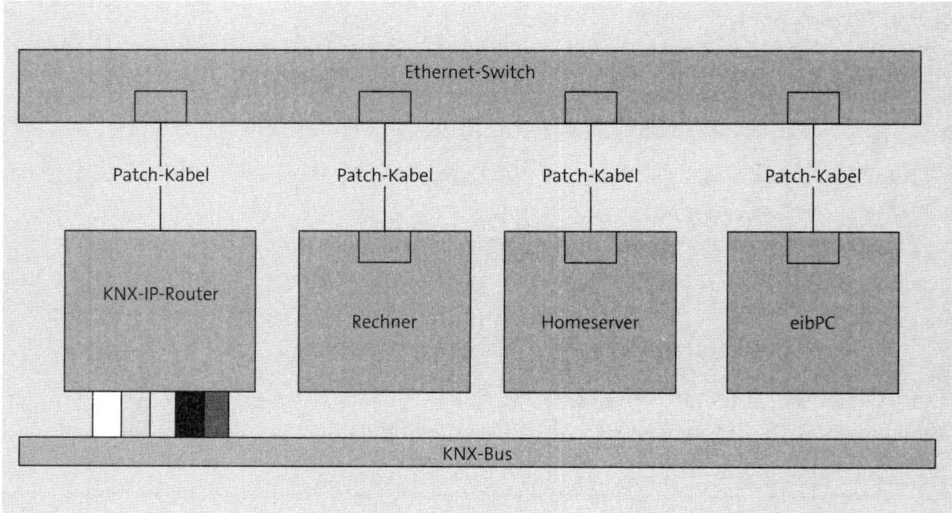

Abbildung 27.9 Anschluss KNX-IP-Router

Was genau unterscheidet jetzt den IP-Router von der IP-Schnittstelle? Für Sie als Endanwender sind folgende drei Kriterien in Tabelle 27.1 wichtig:

Kriterium	IP-Schnittstelle	IP-Router
Unterstützte KNXnet/IP-Funktionen	Tunneling	Tunneling und Routing (IGMP)
Verbinden von KNX-Linien und Bereichen über IP	nein	ja
Gleichzeitige Verbindungen	in der Regel eine, manche Modelle unterstützen auch fünf sogenannte Tunnelverbindungen gleichzeitig	mehrere

Tabelle 27.1 IP-Schnittstelle vs. IP-Router

Als Besonderheit lassen sich IP-Router auch als Linien- oder Bereichskoppler über Ethernet einsetzen, siehe dazu Kapitel 28, »Geräte, Linien und Bereiche koppeln«.

27.4.2 Ein IP-Router-Produktbeispiel

Lassen Sie uns einen IP-Router exemplarisch genauer kennenlernen. In der unten stehenden Abbildung 27.10 sehen Sie ein sehr komfortables Gerät der KNX-»Oberklasse« in REG-Bauweise.

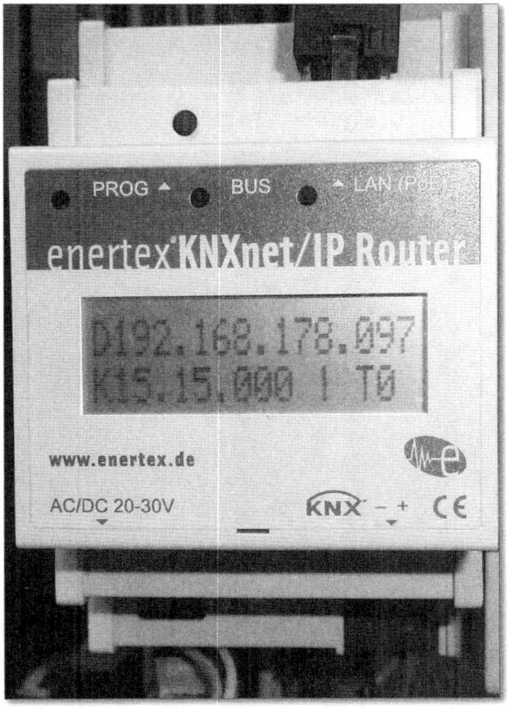

Abbildung 27.10 Der Enertex-KNXnet/IP-Router im Einsatz

Besonderheiten des Enertex-KNXnet/IP-Routers

Bei diesem Router der Firma Enertex (*www.enertex.de*, Preis: ca. 305 €) finden Sie Besonderheiten wie ein Display, das die zugeordnete IP-Adresse, die noch möglichen Tunnelverbindungen sowie die physikalische KNX-Busadresse anzeigt. Die Routerfirmware unterstützt SNTP (Simple Network Time Protocol) und ist, außer über die ETS, auch mittels des eingebauten Telnet-Servers konfigurierbar. Die externe Spannungsversorgung kann klassischerweise wie bei der IP-Schnittstelle (siehe Abschnitt 27.3, »Komfortabel: IP-Schnittstelle«) über eine 20–30-V-DC-Einspeisung erfolgen – oder aber auch per PoE bei einer Ausgangsleistung von mindestens 1 W. Darüber hinaus enthält der Enertex-Router eine batterie-gepufferte Echtzeituhr.

Der integrierte Telnet-Server

Sehr praktisch und ebenfalls keine Selbstverständlichkeit bei KNX-IP-Routern ist der eingebaute Telnet-Server (Abbildung 27.11), über den Sie zusätzliche Informationen abfragen und bestimmte Aktionen auslösen können, und zwar ganz ohne die ETS. Dazu zählen z. B. die Abfrage der Netzwerkparameter ❶ und KNXnet/IP-Routing-Einstellungen ❷, Statistiken über Telegrammverarbeitungen ❹ sowie aktive Tunnelverbindungen ❸.

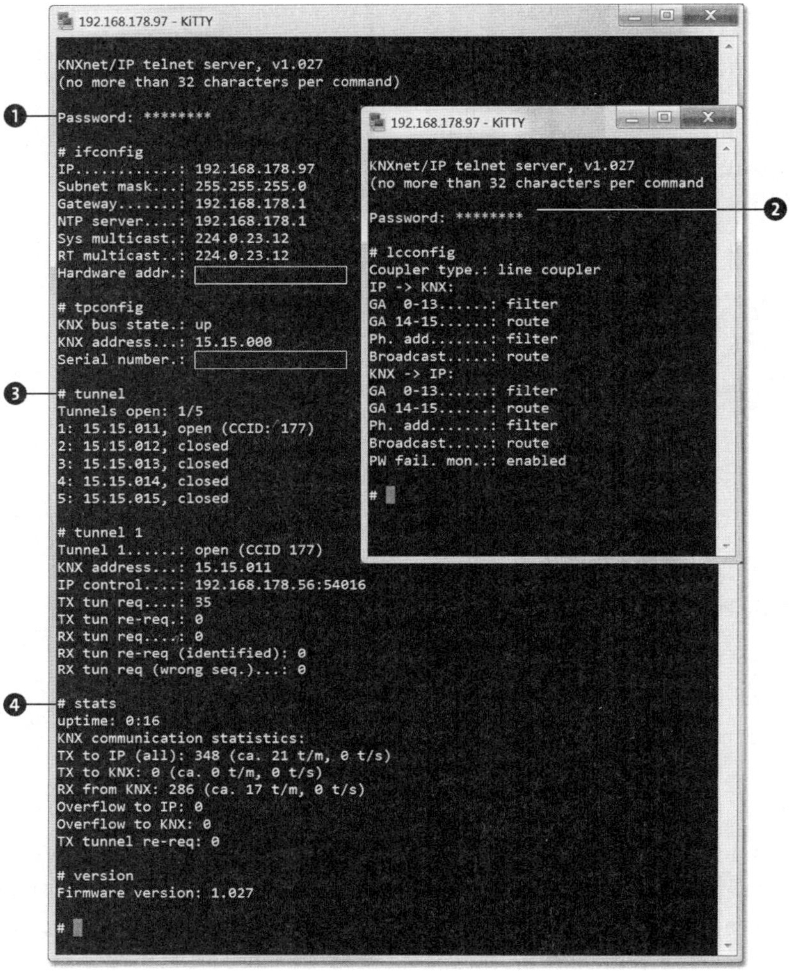

Abbildung 27.11 Der Telnet-Zugang auf den Enertex-IP-Router

Nicht dass es oft passieren würde, aber als nettes Feature meldet der Router auch über IP, wenn die KNX-Busspannung ausfällt bzw. wiederkehrt.

27.5 Extravagant: Der Raspberry Pi als KNX-Schnittstelle

Die Gemeinsamkeit der bisher vorgestellten KNX-Schnittstellen ist die, dass sie allesamt als fertiges und bewährtes Produkt der großen KNX-Hersteller verfügbar sind. Da Sie sich aber mit diesem Werk ein Buch für Maker gekauft haben, möchte ich Ihnen gerne noch eine weitere interessante Variante vorstellen: ein Raspberry Pi mit ROT-Erweiterung als KNX-Schnittstelle inklusive IP-Routing-Unterstützung.

ROT ist die Abkürzung von RTC-OneWire-TPUART. Am Namen erkennen Sie schon, dass Sie mit der Aufsteckplatine nicht nur eine KNX-Verbindung bekommen (TPUART), sondern auch noch eine Echtzeituhr (RTC = Real Time Clock) und einen 1-Wire-Busmaster. Außerdem enthält die ROT-Extension ein 2-kBit-EEPROM. Während der Erstellung dieses Buchs wurde die neue Version der ROT-Erweiterung gerade vorgestellt (*http://busware.de/tiki-index.php?page=ROT*). Das neue System ist modularer und unterstützt nicht nur das erste RasPi-Modell (Abbildung 27.12). Es nennt sich Pigator OneWire (*http://busware.de/tiki-index.php?page=PIG_OW*) und lässt sich durch mehrere Huckepack-module erweitern (*http://busware.de/tiki-index.php?page=PIGATOR*), unter anderem EnOcean, HomeMatic, Z-Wave und natürlich auch das an dieser Stelle interessante KNX/EIB-Modul.

Abbildung 27.12 Raspberry Pi mit ROT-Erweiterung (busware.de)

Diese Schnittstellenlösung bekommen Sie nicht als fertiges Produkt. Neben dem Aufbau der Hardware benötigen Sie eine entsprechende Software. Ich stelle sie Ihnen im Abschnitt 50.2, »eibd – der EIB-Daemon« vor. Sogar noch einfacher geht es mit dem Smart-Home.pi-Komplett-Image für den RasPi (*https://github.com/mknx/smarthome/wiki*).

Wenn Sie Ihr selbst gebautes KNX-Interface erfolgreich in Betrieb genommen haben, binden Sie es folgendermaßen (Abbildung 27.13) in ein KNX- bzw. 1-Wire-Netzwerk ein:

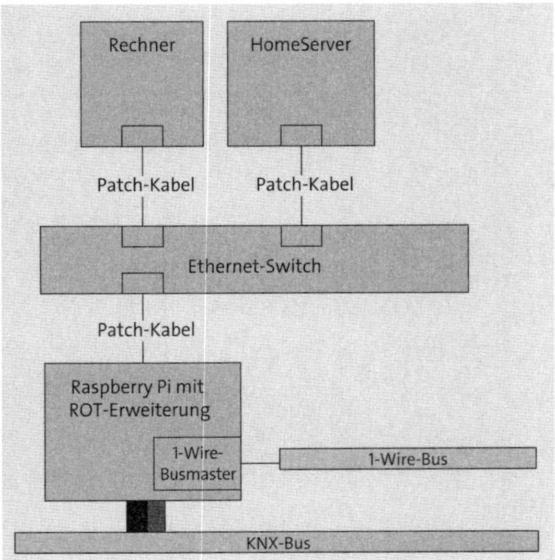

Abbildung 27.13 Raspberry Pi als KNX-Schnittstelle

Der Aufbau einer eigenen Schnittstelle lohnt sich durchaus: Für einen verhältnismäßig günstigen Preis bekommen Sie eine vollwertige KNX-Schnittstelle, die von der ETS bedient werden kann, netzwerkfähig ist und sogar, durch Unterstützung des KNX-IP-Routing-Protokolls, gleichzeitige Verbindungen ermöglicht. Als Bonusdreingabe freuen Sie sich sicherlich auch über den 1-Wire-Busmaster.

27.6 KNX-Schnittstelle: eine Entscheidungshilfe

Die folgende Aufstellung (Tabelle 27.2) fasst die wichtigsten Kriterien zur Auswahl der passenden KNX-Schnittstelle zusammen:

Kriterium	RS-232-Schnittstelle	USB-Schnittstelle	IP-Schnittstelle	IP-Router	RPi + ROT-Erweiterung bzw. Pigator
Preis	sehr günstig (Gebrauchtmarkt), neu: ca. 140 €	ca. 160 €	ca. 140 €	ca. 280 €	ca. 150 €
Kompatibilität	mittel	hoch	hoch	hoch	hoch
Einfachheit	hoch	hoch	mittel	mittel	gering
Flexibilität	gering (1:1 Verbindung)	gering (1:1 Verbindung)	mittel	hoch	hoch
Robustheit	hoch	hoch	mittel	mittel	gering
Einbaumaß	REG: 2 TE	REG: 2 TE oder UP-Dose	REG: 2 TE	REG: 2–4 TE	RasPi-Gehäuse
Spannungsversorgung	über KNX	über KNX	über KNX, zusätzlich 10–30 V DC	über KNX, zusätzlich 20–30 V DC oder PoE	über KNX, zusätzlich Spannungsversorgung für RasPi

Tabelle 27.2 Entscheidungshilfe KNX-Schnittstelle

Welche Schnittstelle(n) sollten Sie für Ihr Smart Home nun einsetzen? Dazu kann es leider keine pauschal gültige Antwort geben, aber ich werde Ihnen anhand beispielhafter Anforderungen die passenden Lösungen aufzeigen:

- Eine RS-232-Schnittstelle sollten Sie heute nicht mehr einsetzen, es sei denn, Sie bekommen eine sehr günstig über den Gebrauchtmarkt.
- Visieren Sie eine überschaubare KNX-Anlage mit nur einer Linie an, reicht Ihnen die IP-Schnittstelle.
- Bevorzugen Sie mehrere Linien und/oder hätten gern eigenständige Visualisierungs-PCs, setzen Sie am besten auf den IP-Router.
- Planen Sie den Einsatz eines Gira HomeServers, verbinden Sie diesen entweder über einen IP-Router oder eine Gira-USB-Schnittstelle. In Abschnitt 48.1, »Installation und Grundeinstellungen«, lernen Sie, dass Sie mit dem HomeServer über eine einzige Schnittstelle mehrere Verbindungen gleichzeitig bedienen können (iETS-Server).
- Der Maker bekommt mit der Kombination RasPi + ROT bzw. Pigator eine recht leistungsfähige Variante, die die meisten Anwendungsfälle abdeckt. Es empfiehlt sich jedoch, noch eine weitere KNX-Schnittstelle im System zu haben, sollte der RasPi seinen Dienst doch einmal verweigern.

Achten Sie auf die Details bei Typenbezeichnung

Passen Sie bezüglich Typenbezeichnungen beim Einkauf von KNX-Geräten (hier im Speziellen IP-Schnittstelle und IP-Router) genau auf. Die Unterschiede in der Bezeichnung sind oft marginal. So heißt bei ABB z. B. die IP-Schnittstelle IPS/S 2.1 und der IP-Router IPR/S 2.1. Ein kleiner Unterschied, der jedoch sowohl funktional als auch preislich (IPR kostet das Doppelte von IPS) durchaus entscheidend ist.

Nicht weil ich Sie verwirren möchte, sondern weil ich Ihnen auch noch die übrigen Alternativen aufzeigen will, komme ich noch auf das Wiregate zu sprechen, das Sie im Kapitel über Logik-Engines (Kapitel 34, »Grenzenlose Möglichkeiten: Logik-Engines«) noch kennenlernen werden. Sollten Sie mit der Anschaffung des interessanten Geräts liebäugeln, bekommen Sie, ähnlich wie beim HomeServer, eine KNX-IP-Schnittstelle in Form eines iETS-Service mit.

Kapitel 28

Geräte, Linien und Bereiche koppeln

Im KNX-Jargon wird fleißig »gekoppelt«. Es gibt Busankoppler, Linienkoppler, Bereichskoppler und noch weitere. Was es damit auf sich hat und welche Geräte existieren, erfahren Sie in diesem Kapitel.

Wir beginnen ganz im Kleinen bei einem einzelnen KNX-Gerät und sehen uns dann den Linienverstärker, den Linienkoppler sowie zum Schluss den Bereichskoppler an. Erstaunlicherweise handelt es sich bei den letzten drei Kopplern um ein und dasselbe Gerät.

28.1 Ein Einzelgerät anbinden: Busankoppler

Ein KNX-Busteilnehmer (z. B. ein Schaltaktor) besteht aus drei verschiedenen Komponenten (Abbildung 28.1):

- BA: *Busankoppler*
- AM: *Anwendungsmodul*
- AP: *Applikationsprogramm*

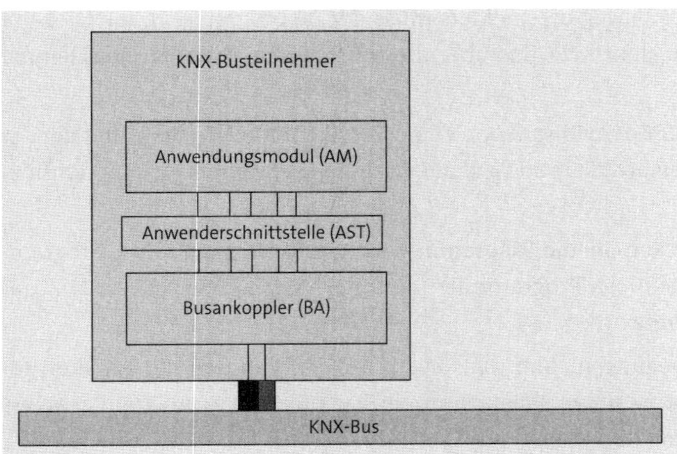

Abbildung 28.1 Aufbau eines KNX-Teilnehmers

Der Busankoppler und das Anwendungsmodul können zusammen in einem Gehäuse angebracht sein (die meisten REG-Module) oder getrennt voneinander (z. B. bei UP-Tastsensoren) und müssen vom selben Hersteller sein. Falls die Komponenten BA und AM nicht im selben Gehäuse untergebracht sind, werden sie über die standardisierte *Anwenderschnittstelle* (AST), eine Kontaktreihe mit zehn bis zwölf Pins, zusammengesteckt, wobei fünf Pins für die Datenübertragung zwischen BA und AM und zwei Pins für die Stromversorgung zuständig sind.

Die Verbindung des Busankopplers zum KNX-Bus wird über die ebenfalls standardisierten rot-schwarzen Busklemmen erreicht.

Es existieren derzeit zwei Varianten des Busankopplers für zwei unterschiedliche Medien:

1. für Twisted Pair 1 (TP1): das verdrillte Adernpaar im grünen KNX-Kabel
2. für das Stromnetz: die Powerline-110-Variante

Das dritte für KNX mögliche Übertragungsmedium (Funk) benötigt keinen Busankoppler in diesem Sinne.

Jeder Busankoppler für sich ist ein intelligentes Gerät, er besitzt einen Mikrocontroller, diverse Speicher (RAM, ROM und EEPROM) und unterstützt somit den KNX-Grundgedanken eines dezentralen Systems. Durch die verteilte Intelligenz ist kein zentraler Steuerrechner erforderlich, aber dennoch möglich (Visualisierungsrechner, Homeserver, Logik-Engine usw.).

Sie als Anwender kommen zu mehreren Zeitpunkten mit dem Busankoppler in Berührung, hier am Beispiel eines Bewegungsmelders:

1. Beim Kauf Ihrer KNX-Komponente müssen Sie den zu dem Bewegungsmelder passenden Busankoppler wählen.
2. Vor der Installation des Bewegungsmelders muss der Busankoppler in die UP-Dose montiert und dort mit dem KNX-Bus über die rot-schwarze Busanschlussklemme verbunden werden.
3. Mittels der ETS weisen Sie dem Busankoppler die physikalische Adresse, unter der der Bewegungsmelder erreichbar sein soll, zu und starten die Funktion zur Programmierung.
4. Am Busankoppler drücken Sie die Programmiertaste und warten, bis die Programmier-LED für den Zeitraum der Programmierung der physikalischen Adresse kurz an- und wieder ausgeschaltet wird.
5. Nachdem Sie den Bewegungsmelder (plus eventuell den Rahmen des Schalterprogramms) auf den BA aufgesteckt haben, kommen Sie mit dem Busankoppler selbst nicht mehr in Berührung.

Ein Busankoppler ist entweder bereits in das KNX-Gerät eingebaut oder wird, wie bei vielen UP-Geräten üblich, getrennt vom Anwendungsmodul eingefügt. Die folgende Abbildung 28.2 zeigt in der linken Hälfte einen bereits montierten Unterputz-Busankoppler vom Typ Gira 0570 00 mit Programmiertaste ❷, Programmier-LED ❶ und der zehnpoligen Anwenderschnittstelle ❸. Der Gira 0570 00 ist beispielsweise der passende Busankoppler für den Bewegungsmelder vom Typ Gira Automatikschalter KNX Standard 0880 28 (auf der Abbildung rechts), der nach Zuweisung der physikalischen Adresse einfach auf den BA aufgesteckt wird.

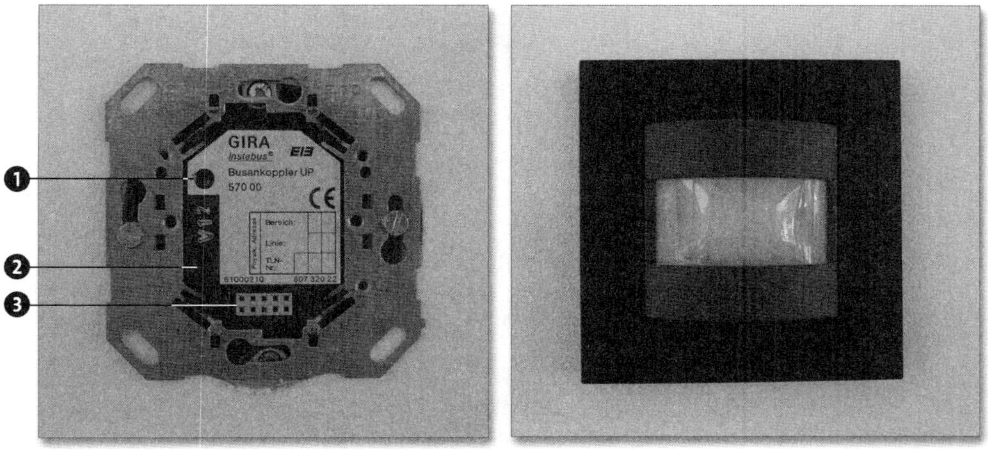

Abbildung 28.2 Busankoppler Gira 570 00 in UP-Montage (links) und mit aufgestecktem Bewegungsmelder (rechts)

28.2 Größer werden: Linienkoppler und Bereichskoppler

Spätestens dann, wenn in Ihrem KNX-System die Anzahl von 64 Teilnehmern überschritten wird, ist es höchste Zeit, sich mit Kopplern auseinanderzusetzen. Die Grundlagen zur KNX-Topologie und die notwendigen Erläuterungen zu Linien und Bereichen finden Sie in den Abschnitten 8.2.2, »Liniensegmente und Linien«, und 8.2.3, »Es wird noch größer: mit Bereichen«. Das für die Ausdehnung eines KNX-Netzwerks (sowohl in der Länge als auch in der Teilnehmeranzahl) zuständige Gerät nennt sich *Linienkoppler*. Obwohl es ein und dasselbe physikalische Gerät ist, erfüllt es drei verschiedene Rollen:

1. **Linienverstärker (LV)**
2. **Linienkoppler (LK)**
3. **Bereichskoppler (BK)**

Welche Funktionalität ein Linienkoppler tatsächlich ausführt, wird über die ETS, das auf das Gerät geladene Applikationsprogramm und dessen Parametrierung bestimmt.

Als Anschlussschema ergibt sich, je nach Einsatz, eine der drei Varianten in Abbildung 28.3.

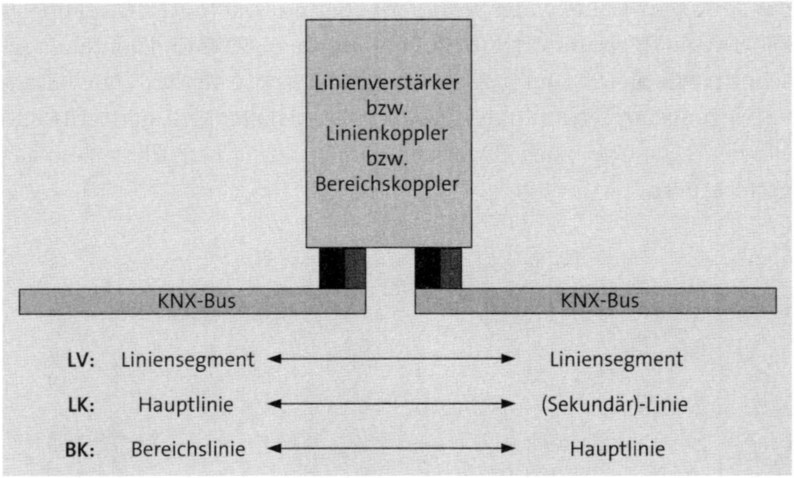

Abbildung 28.3 Anschluss von KNX-Linienverstärkern und -kopplern

28.2.1 Einsatz als Linienverstärker

Als Linienverstärker parametriert, verbindet das Gerät datentechnisch zwei Liniensegmente, trennt diese jedoch galvanisch. Ein Liniensegment kann um bis zu drei weitere Segmente (drei Linienverstärker) erweitert werden und wird dadurch zur voll ausgebauten Linie mit bis zu 256 Teilnehmern (= 4 × 64). Jedes Liniensegment ist mit einer eigenen KNX-Spannungsversorgung auszustatten.

Linienverstärker besitzen keine Filtertabellen, wodurch ein Telegramm in alle angeschlossenen Liniensegmente gesendet wird, unabhängig davon, ob es im entsprechenden Liniensegment verarbeitet wird oder nicht. Bei Auftreten eines Übertragungsfehlers reagiert ein Linienverstärker wie folgt:

- Handelt es sich um ein *physikalisch* adressiertes Telegramm, wird dieses Telegramm nicht wiederholt.
- Im Gegensatz dazu wird ein *Gruppentelegramm* ohne eine daraufhin empfangene Quittierung bis zu drei Mal wiederholt.

28.2.2 Einsatz als Linienkoppler oder Bereichskoppler

Ein Linien- bzw. Bereichskoppler dient nicht nur zur logischen Strukturierung und Erweiterung der physikalischen Ausdehnung der Anlage, sondern auch zur Senkung des Kommunikationsaufkommens in den einzelnen Teilabschnitten.

Die Filterfunktion von LK und BK

Im Gegensatz zu Linienverstärkern können LK und BK zusätzliche eine *Filterfunktion* wahrnehmen. Die Koppler sind in der Lage, physikalisch adressierte, gruppenadressierte sowie Broadcast-Telegramme weiterzuleiten, und gehen dabei folgendermaßen vor:

- Weiterleitung von physikalisch adressierten Telegrammen: Der LK/BK vergleicht die Zieladresse mit seiner eigenen physikalischen Adresse, die ja seine Linienzugehörigkeit festlegt. Je nach Ergebnis des Vergleichs und seiner Parametrierung werden die Telegramme weitergeleitet oder ignoriert.
- Weiterleitung von Telegrammen mit Gruppenadressen: Der Koppler reagiert entsprechend seiner Parametrierung, er leitet im Normalbetrieb nur diejenigen Telegramme weiter, deren Gruppenadressen in seiner Filtertabelle eingetragen sind. Für die Inbetriebnahme oder während einer Fehlerdiagnose lässt sich die Filtertabelle jedoch ganz oder teilweise abschalten.

Über die ETS angelegte Filtertabellen speichert der Linienkoppler bzw. Bereichskoppler dauerhaft in einem nicht flüchtigen Speicher direkt auf dem Gerät. Sie müssen also nach einem Busspannungs-Reset keine neue Programmierung vornehmen.

Koppler erweitern Ausdehnung und Teilnehmeranzahl

Über einen Linienkoppler können Sie eine einzelne KNX-Linie, die aus maximal 64 Teilnehmern (bzw. 256 mit Linienverstärkern) besteht, mit bis zu 15 weiteren Linien (inklusive Hauptlinie) zusammenschalten. Einen derartig gebildeten Bereich dürfen Sie auch künftig mit bis zu 15 weiteren Bereichen (inklusive Backbone) erweitern, wozu Sie Bereichskoppler einsetzen. Ein Bereichskoppler ist, wie schon erwähnt, nichts anderes als ein Linienkoppler mit geladener Applikationssoftware für die Bereichskopplung. Eine Teilnehmeranzahl von mehr als 58.000 ist durch diese Verschachtelung möglich.

28.2.3 Ein Linienkoppler-Produktbeispiel

Alle größeren KNX-Hersteller haben in ihrem Produktportfolio Linienkoppler, die sich in Funktion und Größe nur unwesentlich unterscheiden. Stellvertretend möchte ich Ihnen den Linienkoppler LK/S 4.2 der Firma ABB (*www.abb.de*, Abbildung 28.4) vorstellen.

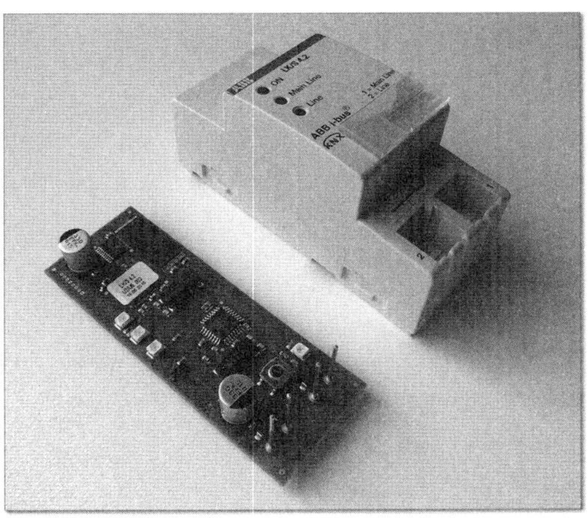

Abbildung 28.4 Der ABB-Linienkoppler LK/S 4.2 mal anders – mit Innenleben (links) und im Einsatz (rechts)

Zum Preis von ca. 208 € erfüllt das Gerät die Anforderungen an Linienverstärker, Linienkoppler und Bereichskoppler, bietet alle notwendigen Filtereinstellungen und lässt sich komplett über die ETS parametrieren (Abbildung 28.5). Drei farbige LEDs an der Gehäusefront geben Auskunft über den Betrieb sowie über den Telegrammverkehr auf der übergeordneten Linie (Main Line) und der untergeordneten Linie (Line).

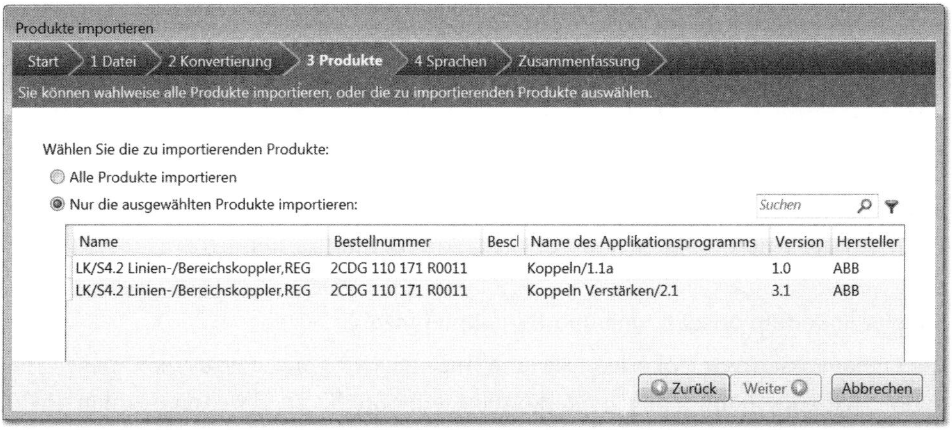

Abbildung 28.5 Beim Import der Produktdatenbank haben Sie die Wahl zwischen den Applikationen Koppeln und Koppeln/Verstärken.

Wird der ABB LK/S 4.2 lediglich als Linienverstärker betrieben, fällt die Konfiguration mit der ETS naturgemäß sehr kurz aus (Abbildung 28.6). In der Funktion als Linien-/Bereichskoppler, der zwei Linien datentechnisch miteinander verbindet (aber physikalisch gesehen galvanisch trennt), erlaubt der Koppler eine detaillierte Parametrierung. In zwei ETS-Registerkarten entscheiden Sie, ob Gruppentelegramme und physikalisch adressierte Telegramme von der Hauptlinie zur zweiten Linie und umgekehrt übertragen, gefiltert oder gesperrt werden.

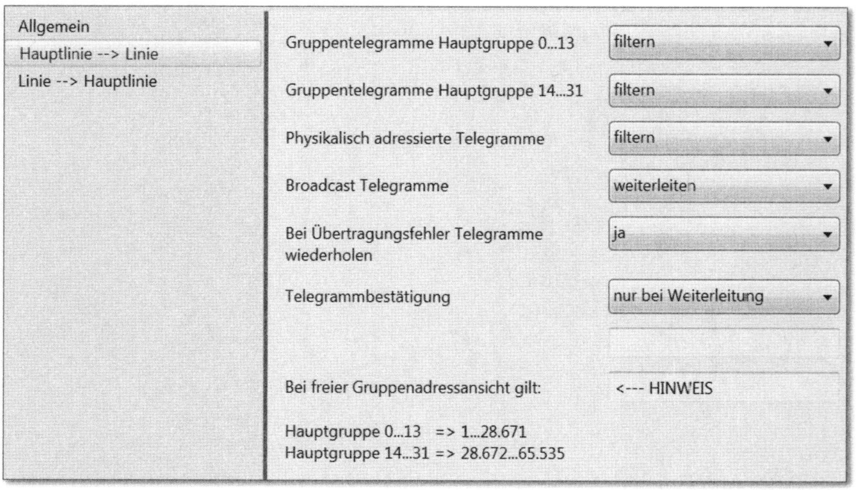

Abbildung 28.6 ETS-Konfiguration des ABB-Linienkopplers LK/S 4.2

Im Filtermodus werden nur Gruppentelegramme, die in der Filtertabelle eingetragen sind, weitergeleitet, wobei die ETS die Filtertabelle automatisch erstellt. Bei physikalisch adressierten Telegrammen erfolgt die Weiterleitung entsprechend der Topologie. Der LK/S 4.2 unterstützt auch das Sperren von Broadcast-Telegrammen, die z. B. von der ETS versendet werden, um KNX-Geräte im Programmiermodus aufzufinden.

Linienkoppler zur Erhöhung der Ausfallsicherheit

Besteht Ihr KNX-Bus aus nur einem Liniensegment, würde ein permanenter Kurzschluss auf der Busleitung das Gesamtsystem komplett zum Stillstand bringen. Solange der Kurzschluss anhält, ließen sich keinerlei Telegramme mehr übertragen. Zu einem Defekt führt das in der Regel nicht, aber in Ihrem Smart Home würde in diesem Fall nur noch das Allerwenigste funktionieren, bis das Problem beseitigt ist.

Linienkoppler helfen, die Auswirkungen eines Kurzschlusses zu vermindern. Sie trennen Liniensegmente bzw. Linien galvanisch voneinander. Tritt ein Kurzschluss auf einer Linie auf, betrifft das auch nur diese Linie und ihr zugeordnetes Netzteil. Alle anderen Linien, die durch LKs galvanisch von der defekten Linie getrennt sind und ja ihr eigenes Netzteil besitzen, sind nicht betroffen.

Besonders interessant wird diese Schutzfunktion, wenn Sie vorhaben, Ihren KNX-Bus auch in den Außenbereich (z. B. Außenbewegungsmelder) zu führen. Es ist guter Stil, für den Außenbereich eine eigene, galvanisch getrennte Linie zu spendieren. Stellen Sie sich vor, was ein böser Schurke mit einem provozierten Kurzschluss am Außenbewegungsmelder anstellen könnte ...

28.2.4 KNX Powerline einbinden mit Medienkopplern

Linienverstärker, Linienkoppler und Bereichskoppler sind allesamt KNX-TP-Geräte. Falls Sie für Ihr Automatisierungsprojekt ein KNX-TP-Netzwerk mit einem KNX-PL-System verbinden möchten, benötigen Sie einen sogenannten *Medienkoppler*.

Anders als Koppler für den Twisted-Pair-Bereich, die Sie von fast jedem größeren Hersteller erhalten, ist die Auswahl im Powerline-Markt leider beschränkter. Ein gutes, universelles Gerät bietet die Firma Busch-Jaeger (*www.busch-jaeger.de*, Abbildung 28.7) mit dem Systemkoppler 6987/10 zum Preis von ca. 450 €.

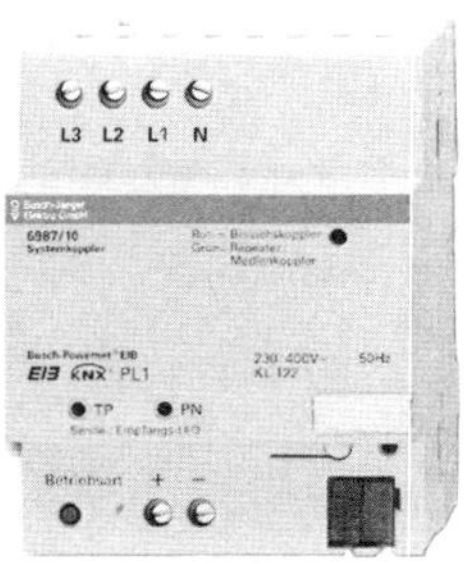

Abbildung 28.7 KNX-Systemkoppler (Busch-Jaeger)

Als Systemkoppler erfüllt der 6987/10 drei unterschiedliche Rollen:

1. Als *Repeater* dient er der Phasenkopplung und Signalverstärkung. Empfangene Telegramme werden dabei auf allen drei Phasen wiederholt.
2. Wird der 6987/10 als *Medienkoppler* betrieben, sorgt er für die bidirektionale Kopplung von KNX-Twisted-Pair-Anlagen und Powerline-KNX-Anlagen.
3. Im Einsatz als *Bereichskoppler* koppelt er mehrere KNX-Powerline-Anlagen untereinander, und zwar bidirektional.

Kapitel 29
Messen mit Sensoren

Sensoren sind die Augen, Ohren und sogar die Nase Ihres Smart Homes. Benötigt werden Sensoren nicht nur zum Regeln und zum Überwachen, sondern auch zum besseren Verstehen von Vorgängen.

Die Welt der Sensoren ist extrem vielfältig. Es gibt sie in allen Größen, Bauformen, Genauigkeiten, Preiskategorien und mit unterschiedlichsten Schnittstellen. Fast alles lässt sich irgendwie messen, vieles davon ist im Privatbau mit moderner Gebäudesteuerung nicht nur sinnvoll und wichtig, sondern auch die Voraussetzung für intelligente Automatikfunktionen.

29.1 Tür- und Fensterkontakte

Tür- und Fensterkontakte werden meist als sogenannte *Reed-Kontakte* ausgeführt. Ein Reed-Kontakt (oder auch Reed-Schalter genannt) ist ein hermetisch dichter Schalter, der durch ein Magnetfeld betätigt wird. Unterschieden werden die Ausführungen als NC- (Normally Closed) und NO-Schalter (Normally Open). Mehr dazu lesen Sie in Abschnitt 6.3, »Schließer und Öffner«.

29.1.1 Die Anwendungsvielfalt von Fenster- und Türkontakten

Fenster- und Türkontakte gehören unbestritten zu den wichtigsten Sensoren im Smart Home, lassen sie sich doch für die unterschiedlichsten Anwendungen nutzen:

1. als einfache Fenster- oder Türüberwachung und daraus generierter Anzeige, z. B.:
   - Bei Verlassen des Hauses wird per roter LED, akustischer Ansage oder auch über ein blinkendes Deckenlicht an ein noch geöffnetes Fenster erinnert.
   - Eine LED-Anzeige neben dem Bett gibt Auskunft über vergessene Fenster (z. B. kombiniert mit einem Regensensor).
   - Abhängig von der gemessenen Außentemperatur und der verstrichenen Zeit wird an ein vergessenes Fenster nach dem Lüften erinnert.
2. für die Heizungs-, Lüftungs- und Klimasteuerung, z. B.:
   - Ein nur kurzzeitig geöffnetes Fenster (Stoßlüften) sollte auf die Heizungsregelung keinen Einfluss haben, bei einem tatsächlich vergessenen Fenster kann die Heiz-

leistung in diesem Raum jedoch heruntergefahren werden (Frostschutz), um keine unnötige Energie zu verbrauchen.

- Eine Wohnraumbelüftung kann dynamisch auf den Fensterstatus (offen, geschlossen) reagieren.
- Ein Abluftventilator (z. B. im WC) wird nur eingeschaltet, wenn das WC-Fenster geschlossen ist.

3. für die Jalousie- und Rollladensteuerung in Abhängigkeit vom Fensterstatus, z. B.:
   - Eine geöffnete Terrassentür unterbindet (sperrt) das automatische Herunterfahren der Jalousie, um ein versehentliches Ausschließen zu verhindern.
   - Bei einsetzendem Regen (Wetterstation) und geöffnetem Fenster wird dessen Außenjalousie automatisch geschlossen, um einem Wassereintritt so weit wie möglich entgegenzuwirken.
   - Die Lamellenposition einer Jalousie kann automatisch auf Mittelstellung (offen) gestellt werden, wenn das zugeordnete Fenster geöffnet wird (sinnvoll bei manueller Lüftung).
   - Ein innen liegendes Verdunklungsrollo darf nur heruntergelassen werden, wenn das dahinterliegende Fenster geschlossen ist.
4. als eine Art Mini-Alarmanlage (Achtung: keine versicherungstechnische Relevanz), z. B.:
   - Ein Öffnen von Fenstern oder Türen bei aktivierter Alarmfunktion führt zum Auslösen eines Alarms und der Abschreckungsfunktion für den Einbrecher (alle Lichter an, alle Jalousien hoch, akustische Unterstützung).

29.1.2 Verschiedene Arten von Kontaktelementen

Die *Öffnungsüberwachung* besteht aus einem Kontaktelement und einem fest angebrachten Magneten. Dazu wird in den Fensterflügel ein Permanentmagnet eingebaut und in den Fensterrahmen ein Reed-Kontakt. Ist der Fensterflügel geschlossen, liegen Reed und Magnet direkt nebeneinander bzw. übereinander, das Fenster wird als geschlossen erkannt. Der Nachteil dieser Methode ist, dass auch ein nur zugedrückter Flügel (z. B. durch Wind) als geschlossen erkannt wird, obwohl der Fenstergriff in Drehstellung ist.

Bei der *Verschlussüberwachung* (oder auch *Griffüberwachung*) ist das Fenster mit einem Kontaktelement und einem Flügelbauteil mit beweglichem Magneten ausgerüstet, womit die tatsächliche Verriegelung des Fensters überwacht werden kann. Bei einer Drehung des Fenstergriffs bewegt sich der Magnet aus dem Schaltbereich des Kontaktelements.

Um auch zwischen geöffnetem und gekipptem Fenster unterscheiden zu können, bieten sich zwei Varianten an:

1. Bei der Öffnungsüberwachung benötigen Sie pro Flügel jeweils zwei Reed-Schalter und Magnete. Ein Pärchen wird oben im Fenster angebracht (Erkennung von gekippt), das zweite ganz unten (Erkennung von geöffnet).
2. Eine Kombination aus Verschlussüberwachung und einem zweiten Reed-Kontakt unten im Fenster erfüllt die Aufgabe ebenfalls.

Ein Beispiel (Tabelle 29.1) verdeutlicht die Kombinatorik am besten. Angenommen, das Fenster besitzt sowohl eine Verschlussüberwachung (im Griff) als auch eine Öffnungsüberwachung (unten am Fenster), so ergeben sich durch die beiden Reed-Schalter insgesamt vier Kombinationen:

Kontaktelement an Griff meldet	Kontaktelemtent an Fenster unten meldet	Resultat
offen (0)	offen (0)	Fenster ist in Drehstellung offen
offen (0)	geschlossen (1)	Fenster ist gekippt
geschlossen (1)	offen (0)	Fenster als offen interpretiert
geschlossen (1)	geschlossen (1)	Fenster ist geschlossen und verriegelt

Tabelle 29.1 Auswertung von Fensterkontakten

Je nach Anforderung lassen sich auch Fensterkontakte mit zusätzlichen Sicherheitsmerkmalen verbauen:

- Kontakte mit einem **Sabotagekreis** besitzen vier statt zwei Adern (gleich aussehend). Das erste Adernpaar ist für die eigentliche Unterscheidung zwischen geöffnet und geschlossen zuständig, das zweite Paar ist immer »geschlossen«, es sei denn, es wird durchgeschnitten oder anderweitig zerstört. Genau das wäre bei einer Sabotage der Fall und lässt sich wunderbar ebenfalls mit einem Binäreingang abfragen.
- Eine **Fremdfeldüberwachung** erkennt, ob durch ein von außen angelegtes fremdes Magnetfeld der Reed-Kontakt manipuliert bzw. die Alarmanlage getäuscht werden soll. Hierzu werden Magnetschalter mit zwei Kontakten eingesetzt, einer für die Verschluss- bzw. Öffnungsüberwachung und ein zweiter, der sich immer dann öffnet, wenn ein Fremdmagnetfeld angelegt ist.
- Magnetschalter mit **Doppelkontakt** sind dazu gedacht, die Haussteuerung konsequent von der Alarmüberwachung zu trennen.

Auf den Herstellerseiten von z. B. Maco (*www.maco.de*) und Roto (*www.roto-frank.com*) finden Sie für fast jeden Anwendungsfall die passenden Beschläge. Einzelne Reed-Kontakte für Fenster und Türen bieten fast alle Hersteller von Sicherheitstechnik, Beispiele sind Abus (*www.abus.com*), Gira (*www.gira.de*, Abbildung 29.1) und ABB (*www.abb.de*).

In Abbildung 29.1 erkennen Sie gut den Reed-Schalter mit dem Signalkabel und den dazu passenden Permanentmagneten:

Abbildung 29.1 Beispiel für einen Reed-Kontakt (Gira)

Eingebaut in ein Holz-Alu-Fenster (Abbildung 29.2), sehen Sie von dem Magneten im Flügel ❷ fast nichts mehr, genauso wenig wie vom Reed-Schalter, der im Fensterrahmen montiert ist ❶.

Abbildung 29.2 Reed-Schalter in Fensterrahmen und Flügel montiert

Tipp: Magnetkontakte bei neuen Fenstern

Falls Sie in der Planungsphase für neue Fenster bzw. für ein ganzes Haus sein sollten, lohnt es sich, in jedem Fall mit dem Fensterbauer Ihrer Wahl zu sprechen. Oft lassen diese sich überreden, in Flügel und Rahmen Magnetkontakte gleich mit einzubauen, die Sie selbst besorgt haben und dem Fensterbauer zukommen lassen. Für relativ wenig Geld bekommen Sie auf diese Art professionell eingebohrte Kontakte.

29.1.3 Anschlussbeispiel für Fensterkontakte

Reed-Kontakte für Fenster oder Türen mit oder ohne Sabotageleitung verbinden Sie ganz einfach mit einem KNX-Binäreingang (als REG-Modul oder Unterputzversion, siehe dazu Kapitel 31, »Zustände erfassen durch Eingänge«) und bringen so Ihre Öffnungsüberwachung auf den KNX-Bus (Abbildung 29.3).

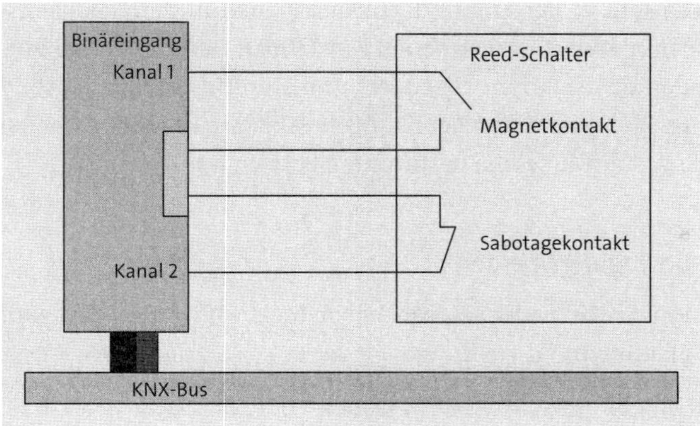

Abbildung 29.3 Anschluss eines Reed-Kontakts über Binäreingang

Auf Kanal 1 des Binäreingangs erkennen Sie, ob das Fenster geöffnet oder geschlossen ist. Den Sabotagekontakt, falls vorhanden, legen Sie optional auf einen zweiten Eingang. Im Normalzustand ist dieser immer geschlossen. Erkennt der Binäreingang einen offenen Kontakt, können Sie von einem Kabelbruch (z. B. Sabotage) ausgehen.

Achten Sie bei der Abfragespannung des verwendeten Binäreingangs auf einen kleinen Wert möglichst unterhalb 5 V (Lichtbogengrenze). Im Abschnitt über Unterputzbinäreingänge (siehe Abschnitt 31.3, »Unterputzbinäreingang«) finden Sie ein Modell mit besonders niedriger Abfragespannung. Höhere Schaltspannungen können eine Materialwanderung auf der Kontaktoberfläche begünstigen. Reed-Kontakte, die explizit eine hohe Schaltspannung erlauben, sind zu bevorzugen.

29.2 Bewegungsmelder

Ein *Bewegungsmelder* ist, vereinfacht gesagt, ein elektronischer Sensor, der Bewegungen in seiner näheren Umgebung erkennt und daraufhin eine Reaktion (z. B. eine Schalthandlung) auslösen kann. Haupteinsatzgebiete sind die automatische Beleuchtungssteuerung sowie die Alarmauslösung.

Der Bewegungsmelder (BWM) arbeitet nach einem der folgenden Verfahren oder einer Kombination daraus (Dual-Melder):

1. Radar (nach dem Dopplerradarprinzip)
2. Ultraschall
3. Passivinfrarot

Bewegungsmelder nach dem *PIR*-Prinzip (englisch: Passive Infrared) sind die am häufigsten eingesetzten Typen, sie bestehen aus einem Empfänger mit Linsenaufsatz sowie der passenden Auswertelektronik und verarbeiten die vorhandene Umgebungsstrahlung zur Erkennung von Bewegungen.

Die meisten Modelle sind sowohl in der Empfindlichkeit als auch in der Helligkeitsschwelle, unterhalb von der sie aktiviert werden sollen, einstellbar. Durch spezielle Vorsatzblenden kann ein Teil der Sichtsektoren abgedeckt und somit das Erfassungsfeld beschränkt werden. Diese Art Blenden wirken bei häufigen Fehlalarmen oder einer gewünschten Reduktion der Erfassung auf einen bestimmten Bereich wahre Wunder.

29.2.1 Bauarten von PIR-Bewegungsmeldern

Je nach Einsatzgebiet bieten sich verschiedene Bauarten von Meldern an. Zunächst wird unterschieden, ob eine Installation im

- Innenbereich
- oder im Außenbereich (IP-Schutzklasse beachten, siehe Abschnitt 5.4, »Die IP-Schutzarten«)

anvisiert ist. Für beide Bereiche hängt die Wahl des Melders von dessen geplanter Einbauhöhe ab, man unterscheidet zwischen

- Deckenmontage,
- Wandmontage in 1,10 m Höhe und
- Wandmontage in 2,20 m Höhe.

Zu guter Letzt ist die Wahl des Interface ein wichtiges Kriterium. Sie haben die Wahl zwischen

- klassischem Melder mit 230-V-Betrieb,
- Melder mit KNX-Busankoppler und
- Melder mit DALI-Interface.

Im Innenbereich haben Sie mit einem KNX-Gerät die größten Vorteile. Allein die direkte Parametrierung über die ETS und die einfache flexible Verkabelung (nur Busanschluss notwendig) sprechen für sich. Im Außenbereich gilt das prinzipiell auch, leider ist aber die Produktvielfalt von KNX-Geräten mit höheren IP-Klassen (noch) nicht riesig. Ein weiterer Grund dafür, dass auch 230-V-Melder durchaus ihre Berechtigung im Außenbereich haben, ist das »ungute Gefühl«, eine KNX-Busleitung nach außen zu führen (siehe dazu auch Abschnitt 24.3, »Die Sicherheit von KNX«).

29.2.2 Anschluss eines KNX-Bewegungsmelders

Ein Beispiel für eine KNX-basierte Lichtsteuerung über einen KNX-Bewegungsmelder finden Sie in Abbildung 29.4. Sie erkennen in dieser kleinen Schaltung sehr gut, dass es keine direkte Verbindung des Bewegungsmelders mit der zu schaltenden Leuchte gibt, die beiden Geräte sind sozusagen entkoppelt.

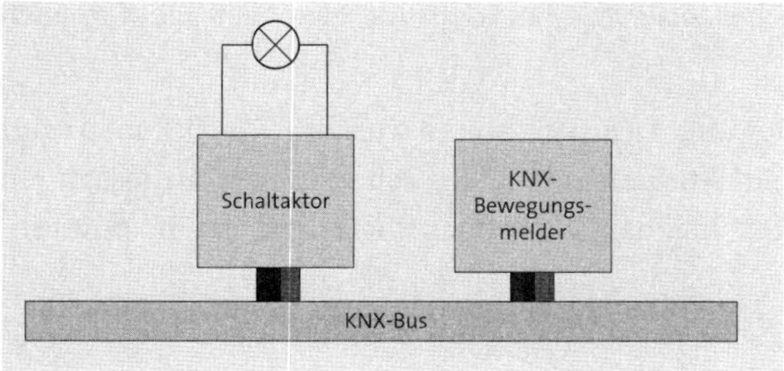

Abbildung 29.4 Anschluss eines KNX-Bewegungsmelders

Im einfachsten Fall erzeugt der Melder ein KNX-Telegramm, wenn er eine Bewegung erkannt hat. Der Aktor empfängt dieses und schaltet die Beleuchtung an.

Der große Vorteil ist aber die Flexibilität, denn zwischen dem Telegramm »Bewegung erkannt« und der Schalthandlung des Aktors können beliebige Logiken und Verknüpfungen eingefügt werden. Beispiele hierfür:

- Kein Licht, wenn nachts das Fenster geöffnet ist – Stechmückengefahr!
- Kein Licht, wenn im Nebenzimmer das Kind schläft.
- Zusätzlich zur Lichtansteuerung werden noch die Jalousien bei Nacht geschlossen.

29.2.3 Anschluss eines konventionellen Bewegungsmelders

Natürlich können Sie, wie in Abbildung 29.5, auch einen 230-V-Melder busfähig machen, indem Sie ihn mit einem KNX-Binäreingang (230 V) abfragen (vieradrige Leitung zum Bewegungsmelder vorsehen). Den Komfort eines echten KNX-Melders erreichen Sie dadurch aber nicht vollständig (keine Parametrierung des Melders über die ETS).

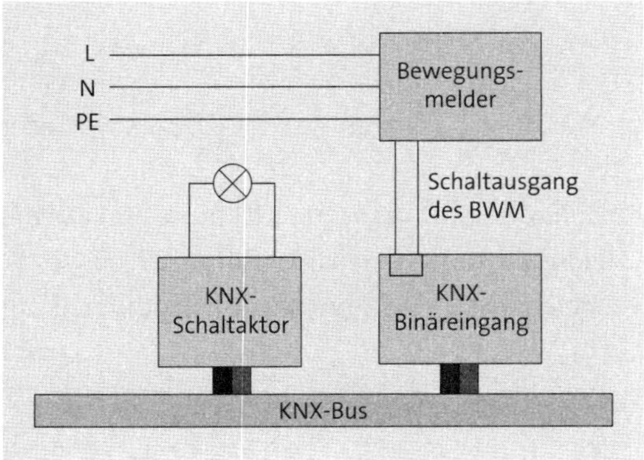

Abbildung 29.5 Anschluss eines konventionellen Bewegungsmelders

Der konventionelle Melder wird also so weit »um-verdrahtet«, dass sein Schaltausgang statt mit der Beleuchtung jetzt mit einem freien Kanal eines Binäreingangs verbunden wird. Die im vorherigen Abschnitt beschriebene Entkopplung erreichen Sie demnach auch mit diesem Aufbau.

Es gibt jedoch eine kleine Einschränkung: Der vorgestellte Anschluss funktioniert nur problemlos, wenn der Melder seinen Ausgang per Relais schaltet. Ist stattdessen ein Triac (Zweirichtungs-Thyristortriode) eingebaut, benötigen Sie zusätzlich eine Mindestlast (z. B. eine Leuchte).

29.2.4 Beispiel für einen KNX-Bewegungsmelder im Innenbereich

Melder für den Innenbereich bekommen Sie problemlos für alle gängigen Schalterprogramme und Farben der bekannten Hersteller. Exemplarisch möchte ich Ihnen ein KNX-Modell von Gira (Abbildung 29.6) vorstellen, das als Standardmodell (Preis: ca. 70 €) und Komfortmodell (Preis: ca. 102 €) jeweils als Variante für einen normal hohen Einbau (1,10 m) und hohe Einbauzonen (2,20 m) erhältlich ist. Zusätzlich benötigen Sie für beide einen UP-Busankoppler vom Typ 570 00 (Preis: ca. 70 €).

Abbildung 29.6 Gira-KNX-Automatikschalter 130528 im Doppelrahmen mit einem KNX-Taster

Die Reichweite für die Installation auf Normalhöhe (1,10 m) beträgt 10 m frontal auf die Linse sowie jeweils 6 m zu beiden Seiten. Der Erfassungsbereich (Abbildung 29.7) ist 180°. Wie immer wird die optimale Reichweite erreicht, wenn der Sensor seitlich zur Gehrichtung angebracht wird.

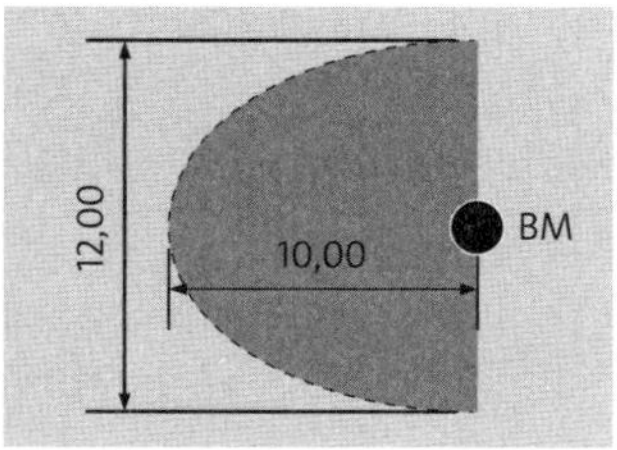

Abbildung 29.7 Erfassungsbereich des Gira-BWM

Der Melder wird komplett über die ETS parametriert (Abbildung 29.8), die möglichen Einstellungen sind überschaubar. Die wichtigsten für die Komfortversion des Melders sind:

- Einstellung des Dämmerungswerts, ab dem Bewegungen erfasst werden
- bei erkannter Bewegung können mehrere Telegrammtypen erzeugt werden: Schalten, Wertgeber, Lichtszene
- Betriebsarten: Beleuchtungsbetrieb oder Meldebetrieb, umschaltbar
- Modus Einzelgerät, Hauptstelle und Nebenstelle wählbar
- Gehtestfunktion
- Alarmmeldung bei Abziehen des Geräts möglich (Tamper-Schalter oder Sabotagekontakt)

Abbildung 29.8 Parametrierung des Gira-BWM

29.2.5 Beispiel für einen KNX-Bewegungsmelder im Außenbereich

Wie bereits erwähnt, sind KNX-Melder für den Außenbereich ein wenig seltener. Fündig werden Sie aber bei z. B. Merten, ABB, Siemens oder B.E.G.

Das Modell KNX Argus 220 von Merten (*www.merten.de*, Preis: ca. 170 €) ist ein gutes Beispiel für einen soliden und optisch ansprechenden Außenmelder in der Schutzart IP55. Abbildung 29.9 zeigt den Argus in eingebautem Zustand (rechts) und ohne seine Abdeckung (links). Den kugelförmigen Sensorkopf ❹ können Sie in einem gewissen Umfang feinjustieren, sodass der Melder den zu überwachenden Bereich optimal ausleuchtet. Um den IP55-Anforderungen gerecht zu werden, besitzt der Argus keinen Programmiertaster, sondern einen speziellen Kontakt ❷, der über einen Magneten geschaltet wird. Die Programmier-LED ❸ ist ebenfalls geschützt ausgeführt.

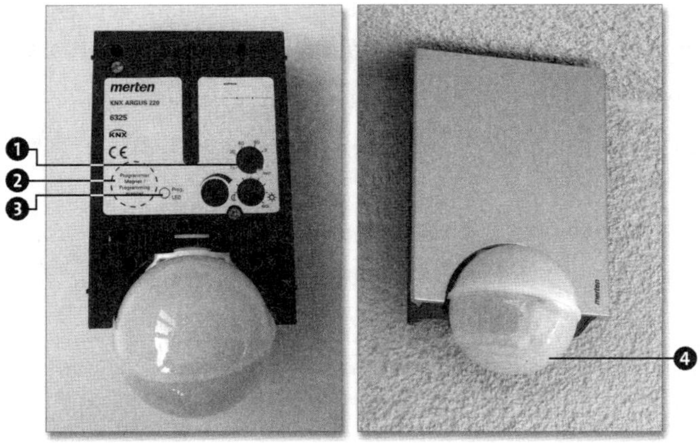

Abbildung 29.9 KNX-BWM für den Außenbereich (Merten KNX Argus 220)

Des Weiteren befinden sich drei Potentiometer ❶ unter der Abdeckung, mit denen Sie die Empfindlichkeit, die Helligkeitsschwelle und die Zeit einstellen, die der Melder von der letzten erkannten Bewegung bis zum Ausschalten (der Beleuchtung) warten soll. Bereits an dieser Stelle beweist der Argus 220 (Abbildung 29.10) einen der Vorteile von echten KNX-Bewegungsmeldern. Die drei Einstellparameter können Sie nämlich auch ganz bequem, ohne Leiter und Schraubendreher, über die ETS justieren. Die Applikation bietet dazu für jeden Parameter eine Umschaltmöglichkeit zwischen Potentiometerwert und ETS-Wert.

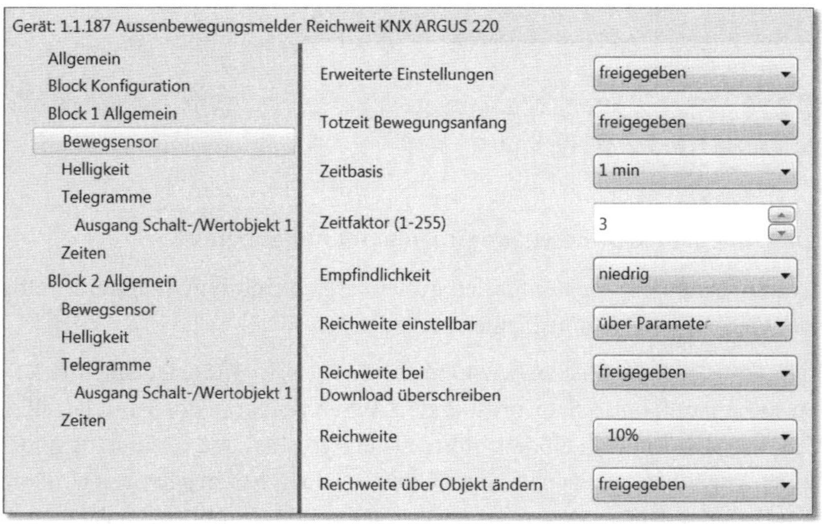

Abbildung 29.10 KNX Argus 220: umfangreiche Einstellungsmöglichkeiten

Die Reichweite, die Helligkeitsschwelle oder auch die Treppenlichtzeit können Sie zusätzlich sogar per KNX-Telegramm verändern. Mehr Flexibilität geht kaum. Ebenfalls vorbildlich gelöst sind die maximal fünf getrennt parametrierbaren Bewegungsblöcke.

Jeder Bewegungsblock besitzt einen eigenen Schaltausgang in Form eines Kommunikationsobjekts. Nützlich sind die getrennten Blöcke z. B. dann, wenn Sie die helligkeitsunabhängige Anwesenheit einer Person erfassen und getrennt davon (helligkeitsabhängig) die Außenbeleuchtung schalten möchten.

Mit seinem breiten Erfassungswinkel von 220° und maximal 16 m Reichweite ist der KNX Argus 220 auch für größere Häuserfronten geeignet. Die 220°-Zone lässt sich bei geeigneter Montage auch mit einer Rundum-360°-Zone (Radius 4 m) kombinieren. Geeignet ist der Argus für Decken- und Wandmontage, sogar an ortsfesten Rohren. Eine Mindesthöhe von 1,70 m sollte nicht unterschritten werden, optimal sind 2,50 m. Durch vier mitgelieferte einsetzbare Abdunklungssegmente können Sie unerwünschte Zonen und Störquellen aus dem Erfassungsbereich ausblenden. Die angegebene Reichweite von 16 m hat der Argus in meiner Testinstallation souverän erreicht. In der Praxis reduzieren Sie die Empfindlichkeit vermutlich, es sei denn, Ihr Smart Home hat residenzartige Dimensionen.

29.2.6 Die richtige Platzierung von PIR-Bewegungsmeldern

PIR-Melder reagieren optimal, wenn die zu erfassende Person am Sensor vorbeigeht, wohingegen ein Sensor nach dem Dopplerprinzip am besten Abstandsänderungen erkennen kann (Person geht frontal auf den Melder zu).

Achten Sie bei der Installation darauf, dass der Melder nicht auf Heizkörper oder Fenster gerichtet ist. Die Wärmeänderungen des Heizkörpers können ebenso zu Fehlauslösungen führen wie der plötzliche Sonnenlichteinfall durch ein Fenster. Wichtig für die Planung ist auch, zu wissen, dass eine Person, die hinter einer Scheibe an einem PIR-Bewegungsmelder vorbeigeht, nicht erkannt wird (Duschkabinen, Glastrennwände).

Ein gut platzierter Melder erfasst ausschließlich den Raum, den er erfassen soll, und nicht zusätzlich einen Nebenraum oder angrenzenden Flur, es sei denn, das wäre explizit erwünscht.

Ein typisches Beispiel für gut platzierte und eher »mäßig« platzierte Wandbewegungsmelder verdeutlicht Abbildung 29.11.

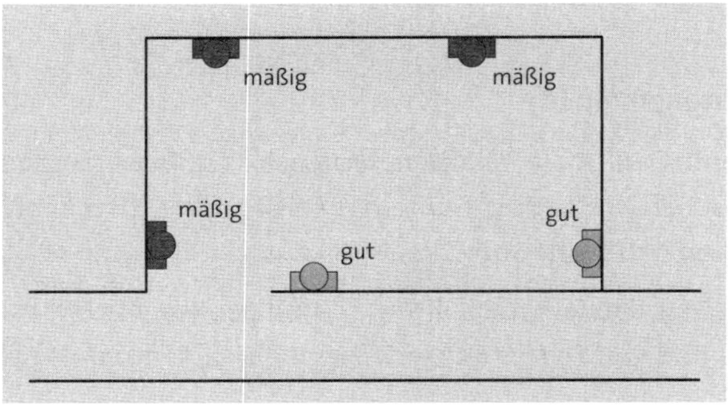

Abbildung 29.11 Bewegungsmelder gut und schlecht platziert

Abdunklungssegmente können zwar helfen, sollten aber immer nur die zweite Priorität nach der durchdachten Planung als oberstes Ziel sein. Besonders im Außenbereich sollten Sie beachten, dass die Empfindlichkeit eines Bewegungsmelders bei Kälte und Regen sinkt (die Kleidung schottet die Körperwärmestrahlung ab).

PIR-Bewegungsmelder erkennen keine Bewegung!

Der klassische PIR-Melder ist im eigentlichen Sinne gar kein Bewegungsmelder, denn er erkennt nicht die eigentliche Bewegung selbst, sondern eine Veränderung der Temperaturen seiner pyroelektrischen Kristalle auf der Empfängerfläche. Durch dieses Funktionsprinzip können nur relativ plötzliche Temperaturschwankungen erkannt werden, jedoch keine sehr langsamen Bewegungen durch den Abtastbereich des Melders. Ein Hindurchschleichen ohne Erkennung ist durchaus möglich (isolierende Kleidung, Hände und Gesicht abgedeckt).

Für eher sensiblere Einsatzgebiete werden daher auch aktive Bewegungsmelder eingesetzt, die im Gegensatz zu PIR-Meldern (also den passiven Geräten) selbst Strahlung aussenden und daher auch minimale Bewegungen sicher erfassen. Eine Überlistung ist bei aktiven Geräten signifikant schwieriger.

29.3 Präsenzmelder

Ein *Präsenzmelder* (PM) arbeitet, vergleichbar mit dem Bewegungsmelder (siehe vorheriger Abschnitt), nach dem PIR-Prinzip (Passiv Infrared). Er registriert Wärmestrahlung in seinem Erfassungsbereich und wandelt sie in ein messbares, elektrisches Signal. Eine wie auch immer geartete Schaltaktion kann daraufhin erfolgen (z. B. Licht an).

Wie auch bei den Bewegungsmeldern können Sie sich bei der Planung von Präsenzmeldern sowohl für eine konventionelle Variante als auch für ein Modell mit direktem KNX-Busanschluss entscheiden. Letzteren sollten Sie, wenn immer es anschlusstechnisch möglich ist, auf jeden Fall bevorzugen. Im Abschnitt über Bewegungsmelder (siehe Abschnitt 29.2.3, »Anschluss eines konventionellen Bewegungsmelders«) erfahren Sie dennoch, wie Sie eine Busanbindung auch mit herkömmlichen Präsenzmeldern erreichen.

29.3.1 Funktionalitäten von Präsenzmeldern

Präsenzmelder sind recht intelligente Geräte, die weit mehr leisten, als nur Bewegung zu erkennen. Der Funktionsumfang ist bei den meisten Geräten relativ ähnlich, ich möchte Ihnen an dieser Stelle die wichtigsten Merkmale vorstellen:

- PM können Licht nicht nur schalten, sondern auch dimmen, und per Mischlichtmessung dafür sorgen, dass die Summe von Tages- und Kunstlicht einen Raum optimal ausleuchtet.

- Viele Modelle haben unabhängige Steuerungen für zwei Lichtgruppen und eine zusätzliche HLK-Steuerung (Heizung, Lüftung, Klimatechnik).
- Oft ist eine leistungsfähige Konstantlichtregelung integriert.
- Ansteuerung eines Orientierungslichts.
- Die gemessene Helligkeit lässt sich bequem über den KNX-Bus auslesen.
- Manche Typen ermöglichen die gezielte Aktivierung/Deaktivierung einzelner Sektoren, oft komfortabel über die ETS-Software

29.3.2 Der Unterschied zum Bewegungsmelder

Beiden Gerätekonzepten (BWM und PM) ist gemeinsam, dass bei Erfassung von Bewegungen eine Schalthandlung (z. B. Licht) ausgelöst werden soll. Jedoch gilt es, sich bei der Planung die wichtigsten Unterschiede (Tabelle 29.2) vor Augen zu führen:

Merkmal	Bewegungsmelder	Präsenzmelder
Empfindlichkeit	relativ unempfindlich	deutlich empfindlichere Sensoren (bis zu 1.000 Zonen)
reagiert auf	größere Veränderungen im Wärmebild (gehende Person)	bereits minimale Veränderungen im Wärmebild (z. B. Person, an Tastatur tippend)
Lichtmessung	Einmalige Messung, wenn aufgrund von Bewegung eine Schalthandlung erfolgt ist. Ist im späteren Verlauf die Tageslichthelligkeit ausreichend groß, bleibt jedoch das Licht trotzdem angeschaltet.	Helligkeit wird permanent gemessen, und bei Überschreitung der eingestellten Grenze wird das Licht abgeschaltet, selbst wenn eine Bewegung detektiert wird.
Typischer Einsatzort	Überwachung von Fluren, Toiletten, Keller, Umkleideräumen oder Einfahrten im Außenbereich zur Erkennung von deutlichen Bewegungen	vorwiegend Deckeneinbau im Innenbereich zur Erkennung von Anwesenheit (Büros, Wohnräume), insbesondere in Räumen mit Tageslicht

Tabelle 29.2 Unterschied Bewegungsmelder und Präsenzmelder

29.3.3 Die richtige Platzierung von Präsenzmeldern

Für ein Büro oder einen Wohnraum eignet sich ein an der Decke montierter Präsenzmelder. Von der Decke hat er sozusagen »freie Sicht« auf alle Personen und deren Bewegung. Da die Entfernung zwischen Personen und Präsenzmelder begrenzt ist, herrscht im gesamten Erfassungsbereich eine gleichmäßig hohe Erfassungsempfindlichkeit.

In Fluren oder Korridoren, wo eher mit gehenden Personen zu rechnen ist, bieten sich Wandpräsenzmelder mit einem Erfassungswinkel von 180° an und ebenso Decken-PMs mit großer Reichweite. Auch beim Präsenzmelder gilt: Geht eine Person direkt auf ihn zu, reduziert sich seine Empfindlichkeit.

Fällt die Entscheidung gegen Wand- und für Deckenmelder, sollten Sie die Deckenmelder nicht mittig, sondern besser seitlich an der Decke im Gang anbringen.

Für größere rechteckige oder quadratische Räume eignen sich einer oder mehrere PMs mit speziellem quadratischem Erfassungsbereich. »Tote Winkel« können dadurch zuverlässig eliminiert werden. Generell gilt zudem, dass Sie Melder am besten dort installieren, wo die »schlechtesten« bzw. dunkelsten Lichtwerte gemessen werden können.

Vermeiden Sie bei der Montage folgende Störquellen in der Nähe des PM:

- Leuchtmittel näher als 1 m
- Objekte, die die Sicht des PM einschränken, wie z. B. hängende Lampen, Trennwände (auch aus Glas), große Pflanzen
- Geräte, die schnelle Temperaturwechsel verursachen können, z. B. Heizlüfter, Ventilatoren

Relativ unproblematisch sind hingegen Objekte, die sich nur langsam erwärmen, wie z. B.:

- PCs und Bildschirme
- Heizungsradiatoren
- Raumbelüftungsanlagen (jedoch nicht direkt auf den Präsenzmelder richten)

29.3.4 Beispiel für einen KNX-Präsenzmelder im Innenbereich

Vor ein paar Jahren waren die meisten Präsenzmelder noch

- groß,
- unförmig,
- teuer,
- hässlich
- oder eine beliebige Kombination daraus.

Mittlerweile hat sich das zum großen Vorteil des Smart-Home-Planers geändert. Das Angebot an KNX-Präsenzmeldern, speziell für die Deckenmontage, ist sehr breit, und es gibt mehr und mehr auch optisch unauffällige und gelungene Produkte. Gern eingesetzte Modelle finden Sie bei MDT, EIBMarkt, Gira, ABB, Züblin, Esylux, Merten, Theben, Basalte, B.E.G. und Hager. Besonders kleine und flache Melder bietet die Produktpalette von B.E.G.

Ebenfalls außergewöhnlich (im positiven Sinne) erscheinen die neuen Glaspräsenzmelder der Firma MDT (*www.mdt.de*, Abbildung 29.12). Letztere stelle ich Ihnen exemplarisch näher vor:

Abbildung 29.12 Glaspräsenzmelder von MDT, Vorder- und Rückseite

Der Typ SCN-G360D3.01 (Preis: ca. 110 €) ist mit drei Sensoren bei einer Reichweite von 11 m (Bewegung) und 5 m (Präsenz) ausgerüstet. Der optisch identische Typ SCN-G360K3.01 (Preis: ca. 120 €) hat zusätzlich eine Konstantlichtregelung eingebaut. Der KNX-Busankoppler ist erfreulicherweise jeweils bereits integriert. Alle Modelle sind für die Deckenmontage in 2 bis 4 m Höhe ausgelegt.

Am Gerät selbst gibt es keine einstellbaren Parameter, die Konfiguration wird vollständig über die ETS durchgeführt. Unter anderem geben Sie damit vor:

- Rückfallzeit und Empfindlichkeit
- Einstellungen für bis zu zwei Lichtgruppen und eine HLK-Gruppe (Heizung, Lüftung, Klima)
- Format des Helligkeitswerts, den der Melder über den Bus sendet, und dessen Kalibrierung bzw. Teach-in-Funktion
- Sperr- und Zwangsführungsobjekte
- Parameter der Konstantlichtsteuerung
- Aktivierung/Deaktivierung der LED-Anzeige (wichtig für Schlafräume)
- Auswahl der aktiven Sensoren (eine schöne Anwendung dafür finden Sie am Ende dieses Abschnitts)

Neben dem Glaspräsenzmelder können Sie, je nach persönlichen Vorlieben, in gleicher Art und Weise die herkömmlichen Geräte (weißes Kunststoffgehäuse) einsetzen, ebenfalls mit oder ohne Konstantlichtregelung und mit einem bis vier Sensoren. Die Applikationssoftware ist, bis auf die gerätetypischen Funktionsunterschiede, gleich. Modelle mit vier Sensoren unterstützen die Ansteuerung einer zweiten Lichtgruppe zusätzlich zur HLK-Gruppe.

Die Vorteile von einzeln aktivierbaren Sensoren

Als große Stärke, und darum habe ich die MDT-Melder für das Beispiel ausgewählt, besitzen die Geräte mehrere (je nach Modell drei oder vier) Sensoren, die Sie einzeln oder in Kombination per ETS-Parametrierung aktivieren oder deaktivieren können. Durch geschickte Deckenplatzierung haben Sie so die Möglichkeit, mit nur einem Präsenzmelder zwei Bereiche unabhängig zu überwachen (z. B. Wohn- und Essbereich oder linkes/rechtes Bett in einem Doppelkinderzimmer). Weiterhin ist es auf diese Art möglich, die Bewegungsrichtung einer Person zu bestimmen (je nachdem, welcher Sensor sich zuerst meldet) oder gezielt Bereiche auszublenden, die nicht erfasst werden sollen (Deaktivierung eines einzelnen Sensors). Ein Beispiel in Abbildung 29.13 verdeutlicht das:

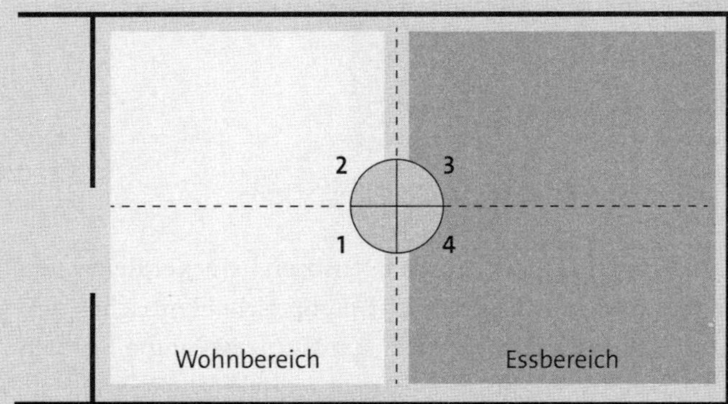

Abbildung 29.13 Einzeln aktivierbare Sensoren bei Präsenzmeldern

Der Melder besitzt vier aktivierbare Sensoren, wovon in diesem Beispiel die Sensoren 1 und 2 Lichtgruppe 1 (Wohnbereich) und die Sensoren 3 und 4 Lichtgruppe 2 (Essbereich) unabhängig erfassen sollen. Konfiguriert wird diese Anforderung komfortabel in der ETS wie in Abbildung 29.14:

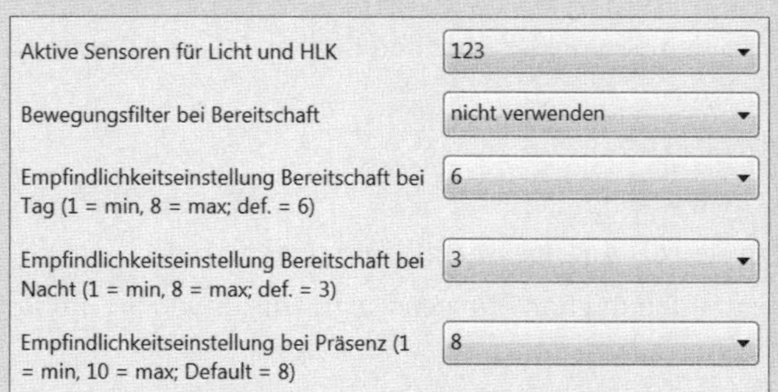

Abbildung 29.14 Sensoren aktivieren/deaktivieren (MDT-Präsenzmelder)

Natürlich sind die vier Bereiche nicht messerscharf voneinander trennbar, ein gewisser Graubereich an den Segmentübergängen muss eingeplant werden.

Ein Präsenzmelder mit mehreren Lichtgruppen (der MDT besitzt bis zu zwei Lichtgruppen plus eine HLK-Gruppe) bietet außerdem den Vorteil, dass Sie eine reine Präsenzüberwachung (helligkeitsunabhängig) mit einer helligkeitsabhängigen Beleuchtungssteuerung kombinieren können, und das in der Regel ohne zusätzliche Logikfunktionen.

Den rundum gelungenen MDT-Glaspräsenzmelder treffen Sie übrigens im Praxisteil (Kapitel 52, »Licht steuern«) zum Thema präsenzgesteuerte Beleuchtung wieder.

29.3.5 Die häufigsten Probleme beim Einsatz von PIR-Meldern

Die folgende Auflistung (Tabelle 29.3) zeigt Ihnen die am häufigsten auftretenden Probleme im Betrieb von Präsenzmeldern sowie mögliche Lösungsansätze. Sie gilt gleichermaßen auch für Bewegungsmelder nach dem PIR-Prinzip.

Fehlfunktion	Mögliche Ursache	Lösungsmöglichkeit
Das Licht bleibt dauernd eingeschaltet oder schaltet sich permanent wieder an.	Der Melder ist eventuell zu nahe an Lichtwärmequellen angebracht. Starke Signale, wie sie z. B. von Halogenlampen emittiert werden, können fälschlicherweise als Bewegung interpretiert werden.	Wärmestrahlung nicht auf den Melder richten und den Melder gegebenenfalls partiell abdecken. Außerdem den Melder weit genug von starken Lampen entfernt montieren
Hochdruckentladungslampen funktionieren schlecht an PIR-Meldern.	Die von Hochdruckentladungslampen abgegebene Strahlung enthält einen sehr hohen Infrarotanteil.	besser auf LED-Systeme setzen sowie auf hochwertige Leuchtstofflampen
Unerwünschte Lichtschaltung in der Nähe von Kopierern, Laserdruckern oder Faxgeräten.	Ein empfindlicher Präsenzmelder kann das Auswerfen von warmem Papier fälschlicherweise als Bewegung erkennen.	den Blattauswurfschacht aus der Sichtverbindung zum Melder entfernen, eine Glaswand zur Trennung installieren, Drucker auf Tintenbasis verwenden
Unerwünschte Lichtschaltung in der Nähe von Klimaanlagen oder Luftaustrittsdüsen.	Luftverwirbelungen aus den Austrittsdüsen können sensible Melder irritieren.	Auch hier gilt: keine Sichtverbindung zwischen Melder und Düsen.

Tabelle 29.3 Häufige Probleme beim Einsatz von PIR-Meldern

Fehlfunktion	Mögliche Ursache	Lösungsmöglichkeit
Personen hinter einer Glasscheibe werden nicht erfasst.	Fensterglas ist kaum durchlässig für Infrarotstrahlung.	Auf beiden Seiten der Glaswand jeweils einen Melder installieren oder insgesamt einen Radarmelder benutzen.
Das Licht schaltet nach zu kurzer Zeit wieder ab	Die Nachlaufzeit ist zu kurz gewählt, oder der verwendete Melder hat eine zu geringe Empfindlichkeit.	Nachlaufzeit und/oder Empfindlichkeit über die ETS erhöhen – Nachlaufzeiten unter 10 Minuten (eher 15 Minuten) sind in der Regel unzweckmäßig.
Das Licht schaltet auch ohne Bewegung von Personen.	Haustiere oder sich im Luftzug bewegende Pflanzenteile werden als Bewegung einer Person interpretiert.	Empfindlichkeit verringern (ETS)
Bei Gewitter schaltet der Melder fälschlicherweise.	Elektrische Felder während eines Gewitters (oder auch starke Funkanlagen) stören die Elektronik des Melders.	Eventuell hilft eine hochwertig geschirmte Leitung.
Das Licht schaltet nie ein.	Der Dämmerungswert könnte falsch eingestellt sein (zu niedrig).	mittels ETS Parametrierung erhöhen
Das Licht schaltet zwar automatisch aus, muss aber manuell eingeschaltet werden.	Normales Verhalten bei Präsenzmeldern im Halbautomatikbetrieb.	mittels ETS auf Vollautomatikmodus wechseln
Ein Außenbereichsmelder funktioniert nach Jahren spontan nicht mehr.	Besitzt der Melder (unter einer Blende) Drehregler, um Helligkeit oder Empfindlichkeit zu verstellen, und bleiben diese über lange Zeit auf einer Position, kann sich der Übergangswiderstand verändern.	Durch Hin- und Herdrehen wird die Leitschicht wieder »freigekratzt«.

Tabelle 29.3 Häufige Probleme beim Einsatz von PIR-Meldern (Forts.)

Fehlfunktion	Mögliche Ursache	Lösungsmöglichkeit
Die LED am Präsentmelder blinkt mit jeder Bewegung.	Die LED ist als Information für die Erkennung von Präsenz gedacht, kann besonders im Schlafbereich aber sehr störend sein.	Bei manchen Modellen lässt sich die LED per Schalter oder noch besser per ETS deaktivieren. Falls nicht, hilft eventuell gezieltes Abkleben, es sei denn, die LED ist in der Linse angebracht.
Personen werden in einem zu großen Bereich erfasst.	Der Erfassungsbereich ist zu hoch.	Beim Wandmelder den Neigungswinkel verstellen oder eine Blende verwenden (Linsenmaske)
Das Licht wird angeschaltet, obwohl Tageslicht ausreichend ist.	Wahrscheinlich wurde statt eines Präsenzmelders ein Bewegungsmelder verwendet.	BWM durch PM ersetzen.

Tabelle 29.3 Häufige Probleme beim Einsatz von PIR-Meldern (Forts.)

29.4 Wetterstation

Ein wahres Multitalent unter den KNX-Sensoren ist die *Wetterstation*, die je nach Modell eine Vielzahl an Umweltmessgrößen erfassen kann, mindestens jedoch:

- Außentemperatur (auf der Südwestseite ist wegen der Sonneneinstrahlung mit zu hohen Werten zu rechnen, daher empfiehlt sich grundsätzlich ein zweiter Temperatursensor auf der Nordseite)
- Windgeschwindigkeit (durch akustisches, mechanisches oder thermisches Messverfahren, sehr wichtig für Windalarmgenerierung bei Außenjalousien)
- Helligkeit (oft in drei Himmelsrichtungen und spezieller zusätzlicher Sensor für Dämmerungsmessung unter 1.000 lx)
- Regen (nur eine binäre Information: Regen ja oder nein)
- und bei Geräten gehobener Ausstattung zusätzlich noch:
- Feuchtigkeit (gut zu verwenden für Lüftungsentscheidung)
- Regenmenge (eher zweitrangig)
- Windrichtung (nützlich für differenzierten Windalarm bei Jalousien auf mehreren Gebäudeseiten)
- Bodentemperatur als Zusatzsensor (für Frostalarmgenerierung)
- Bodenfeuchtigkeit als Zusatzsensor (hilfreich für Bewässerungssteuerung)

Außerdem bieten Wetterstationen oft noch die Möglichkeit, das Datums- und Zeitsignal über einen integrierten DCF77-Empfänger oder über GPS (Sichtverbindung zum Satelliten ist von Vorteil) auszuwerten – eine wunderbare Zeitbasis für den KNX-Bus.

29.4.1 Anschluss der Wetterstation

Die folgende Abbildung 29.15 zeigt drei verschiedene Konzepte für Wetterstationen:

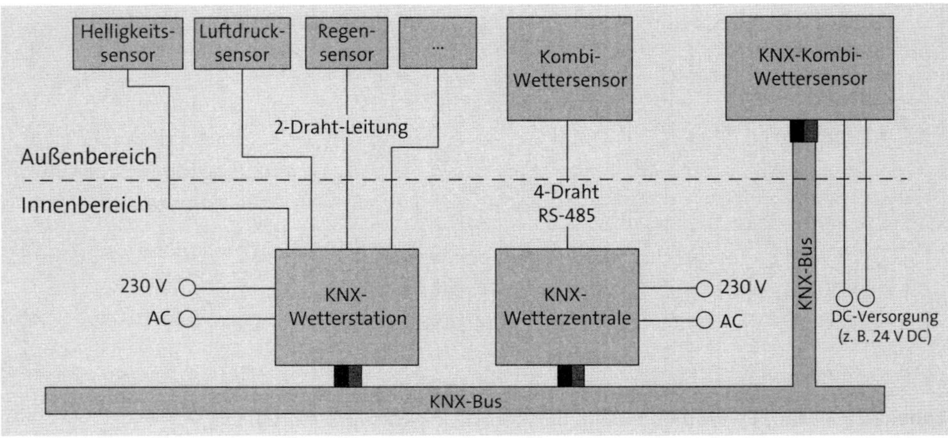

Abbildung 29.15 KNX-Wetterstation in drei Varianten

Von links nach rechts sind das:

1. KNX-Wetterstation plus externe Einzelsensoren: Diese Variante besteht aus dem Zentralgerät (REG) und einzeln platzierten Sensoren. Dabei bleibt Ihnen die Entscheidung überlassen, welche Sensoren Sie einsetzen bzw. welche physikalischen Größen Sie gern messen möchten. Gerätebeispiele:
   - ABB: Wetterstation WS/S4.1 (Preis: ca. 390 € + Sensoren)
   - Gira: Wetterstation Komfort 1010 00 (Preis: ca. 430 € + Sensoren)
2. KNX-Wetterzentrale plus ein Kombisensor: Der Kombisensor wird über eine vieradrige Leitung von dem REG-Modul versorgt (Datenleitung + Heizung für Regensensor). Gerätebeispiele:
   - ABB: Wetterzentrale WZ/S1.1 (Preis: ca. 460 €) plus Wettersensor WES/A2.1 (Preis: ca. 225 €)
   - Gira: Wetterstation Komfort 1010 00 (Preis: ca. 430 €) plus Kombisensor 1025 00 (Preis: ca. 490 €)
3. All-in-One-KNX-Wetterstation (inklusive integrierter Sensoren): Diese Art Wetterstation kombiniert das KNX-Auswertemodul mit einer Reihe an integrierten Sensoren, wird im Außenbereich montiert und mit einer KNX-Busleitung sowie einer separaten Spannungsversorgung (in der Regel 24 V DC oder AC) verbunden. Gerätebeispiele:

- Gira: Wetterstation Standard 2150 04 (Preis: ca. 410 €)
- Jung: KNX-Wetterstation Universal mit Montagearm und zusätzlicher Messung von Windrichtung, Luftfeuchte und Luftdruck (Preis: ca. 715 €)
- Elsner (*www.elsner-elektronik.de*): Suntracer KNX-GPS Wetterstation (Preis: ca. 820 €), inklusive Sonnenstandsberechnung

29.4.2 Positionierung der Wetterstation

Das Logik- und Auswertemodul wird auf einer Hutschiene im Verteilerschrank installiert (Abbildung 29.16), die Sensoren außerhalb des Gebäudes entweder an einem Mast oder an der Südseite der Fassade.

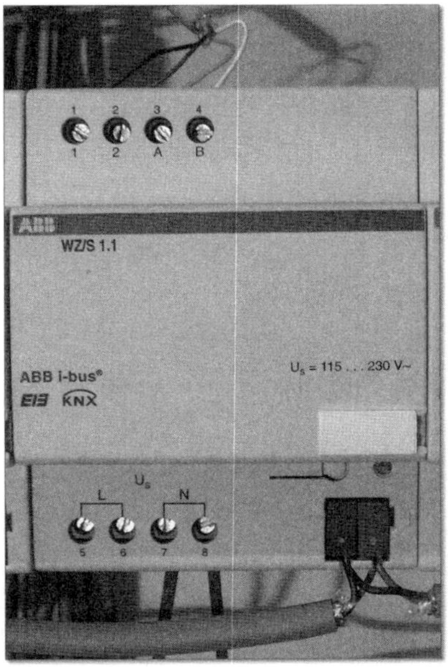

Abbildung 29.16 KNX-Wetterzentrale (ABB) im Verteilerschrank

Die Mastmontage hat dabei den Vorteil, dass die Windmessung störungsfreier erfolgt, sie muss aber eventuell in das Blitzschutzkonzept mit aufgenommen werden. Das Anbringen an der Gebäudefassade erfolgt bevorzugt an einem abgewinkelten Auslegearm (ähnlich wie bei der SAT-Schüssel, Abbildung 29.17).

Schützen Sie die Wetterstation nicht vor einem Unwetter, denn genau das soll sie ja messen und melden. Die Montage unterhalb eines Dachvorsprungs ist aus diesem Grund keine gute Idee. Soll eine Markise vor zu starkem Wind geschützt werden, empfiehlt es sich, den Windsensor auch in deren unmittelbarer Nähe zu platzieren und nicht etwa auf der gegenüberliegenden Gebäudeseite. Weiterhin zu beachten: Die an die Wettersensoren herangeführten Leitungen sollten vor UV-Strahlung geschützt sein.

Abbildung 29.17 ABB-Wettersensor, Fassadenmontage ohne Dachüberstand

29.4.3 Anwendungsbeispiele für die Wetterstation

Das Multitalent Wetterstation mit seiner Vielfalt an Sensorik spielt eine wichtige Rolle im Smart-Home-Einsatz und trägt zur Realisierung einer ganzen Reihe an Funktionen bei, z. B.:

- automatisches Einfahren der Außenjalousien bei starkem Wind (Windgeschwindigkeit über einstellbarem Grenzwert)
- Steuerung von Behang und Lamellenposition, abhängig von der Außenhelligkeit (z. B. für Sichtschutz)
- Einziehen von Sonnensegeln bei Regen oder Wind
- Schließen der Jalousien bei Regen und geöffneten Fenstern, Schließen von motorisierten Dachfenstern
- Information über Außentemperatur zur Steuerung der Heizungsanlage
- Lichtsteuerung, abhängig von der Außenhelligkeit (z. B. Fassadenbeleuchtung, Eingangsbeleuchtung)
- Steuerung der Außenheizung in Abhängigkeit von Frost (Dachrinnenheizung, Beheizung der Hofzufahrt usw.)
- Regenmenge als Parameter für die Ansteuerung der Gartenbewässerung

Die Applikationsprogramme der KNX-Wetterstationen sind recht umfangreich und ermöglichen detaillierte Anpassungen an die eigenen Gegebenheiten und an das gewünschte Verhalten (Abbildung 29.18). Unter anderem bestimmen Sie über die ETS:

- Grenzen, Toleranzbänder und Hysterese diverser Schwellwerte,
- die Art und Weise, wie die Messwerte der verwendeten Sensoren interpretiert und auf den KNX-Bus gesendet werden,
- die Generierung der Datums- und Zeitinformation,
- die Einstellungen zu internen Wertespeichern und Ringspeichern sowie
- das Absetzen von Alarmmeldungen (Windalarm, Regenalarm usw.).

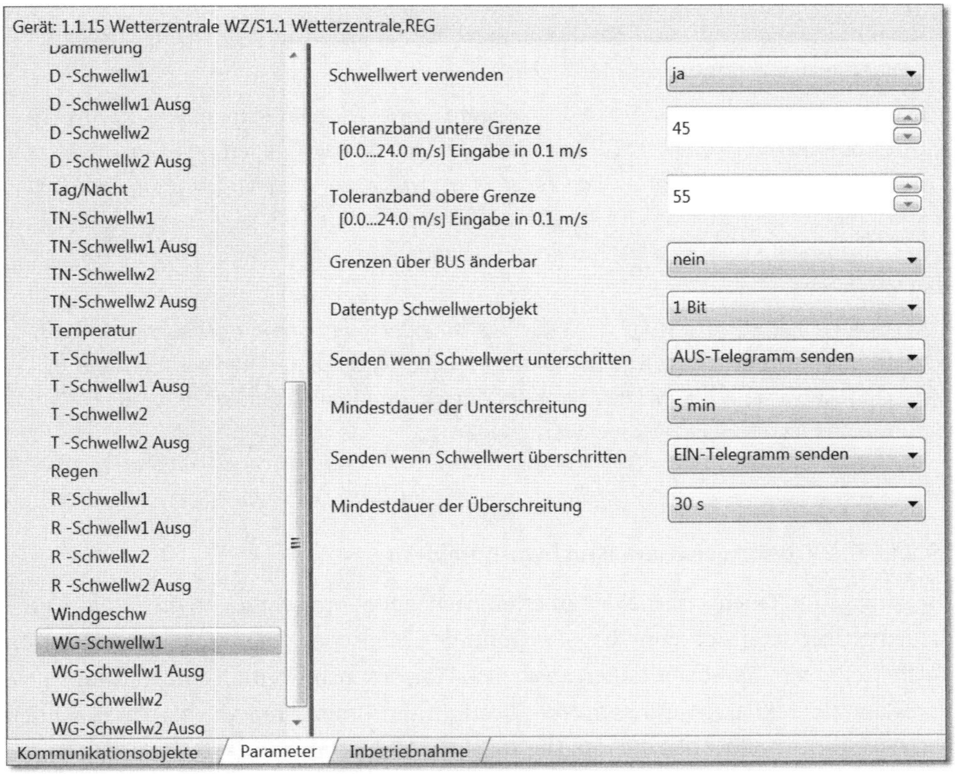

Abbildung 29.18 Parametrierung einer Wetterstation mit der ETS

Nicht zu vergessen: Einige Wetterstationen besitzen auch eine Reihe an einfachen, aber auch flexibel verwendbaren Logikfunktionen. Zwar spielt diese Anwendung eine untergeordnete Rolle, wenn Sie bereits eine Logikmaschine an Ihrem KNX-Bus betreiben, besitzen Sie jedoch keinen HomeServer, EibPC oder Ähnliches, sind frei nutzbare Logikfunktionen eventuell sogar missionsentscheidend.

Ein ausgearbeitetes Praxisbeispiel für die Wetterstation finden Sie in Abschnitt 54.3, »Automatiksteuerung mit Wetterzentrale«.

29.5 Rauchwarnmelder

Sie haben bereits einiges in den bisherigen Hardwarekapiteln über Geräte erfahren, die verschiedenste Funktionen in Ihrem Smart Home übernehmen. Ein weiterer Gerätetyp, der für die sicherlich wichtigste Funktion, nämlich dem Schutz des (eigenen) Lebens, eingesetzt wird, ist der *Rauchwarnmelder*.

Unterschied Brandmelder, Rauchmelder, Rauchwarnmelder

Umgangssprachlich werden die drei Begriffe häufig synonym verwendet, tatsächlich existieren aber wesentliche Unterschiede:

Brandmelder ist korrekterweise ein Überbegriff für eine technische Anlage, die im Fall eines Brands Alarm auslöst. Zu den Brandmeldern gehören neben den *Feuermeldern* und *Wärmemeldern* auch die *Rauchmelder* und *Rauchwarnmelder*. Feuermelder und Rauchmelder begegnen uns im Privathaushalt eher weniger, da bei diesen Gerätetypen der Alarm nicht im Gerät selbst integriert ist, sondern über die Anlage bzw. eine Zentrale ausgegeben wird.

Im Unterschied dazu verfügt der Rauchwarnmelder über eine eingebaute akustische Warnung, die ohne zusätzliche Brandmeldezentrale wahrgenommen werden kann. Wir beschränken uns in diesem Buch auf den für ein Einfamilienhaus oder für eine Wohnung sinnvollsten Typ: den Rauchwarnmelder.

29.5.1 Die Arbeitsweise von Rauchwarnmeldern

Die gängigsten Rauchwarnmelder arbeiten nach einem optischen Verfahren, das kleine Rauchpartikel bereits erkennt, bevor eine für den Menschen gefährliche Konzentration entsteht. Bessere Geräte enthalten zusätzlich Wärmesensoren, die Temperaturanstiege zuverlässig detektieren und somit bei bestimmten Brandarten wie z. B. brennenden Flüssigkeiten schneller alarmieren. Der folgende Meldertyp vom Typ Gira Dual/VdS in Abbildung 29.19 beinhaltet beispielsweise beide Verfahren:

Abbildung 29.19 Rauchwarnmelder Gira Dual/VdS

Achten Sie beim Rauchwarnmelderkauf unbedingt darauf, dass Sie Geräte bekommen, die nach dem optischen Verfahren arbeiten (besser noch mit zusätzlichem Wärmesensor) und neben dem CE-Kennzeichen auch das VdS-Prüfzeichen tragen. Vertrauen Sie Ihr Leben bitte keinem Supermarktgerät für 3 bis 4 € an.

Ich hoffe an dieser Stelle, Sie als Leser meines Smart-Home-Buchs bereits so weit gewonnen zu haben, dass Sie sich bestimmt nicht mit einzelnen, nicht vernetzten Rauchwarnmeldern, die zudem keinerlei Verbindung zu Ihrem Hausbus besitzen, zufriedengeben. Richtig?

Sehen wir uns also an, wie aus dummen Meldern smarte Melder gemacht werden. Als Beispiel dient der genannte Gira Dual/VdS.

29.5.2 Rauchwarnmelder vernetzen – so klappt es!

Rauchwarnmelder können miteinander über Funk oder Kabel vernetzt werden, was den großen Vorteil bietet, dass der Alarm des auslösenden Melders auf allen anderen vernetzten Meldern ebenfalls aktiviert wird. Ein Alarm des im Keller installierten Melders, der einen Brand detektiert, wird also z. B. auch im Schlafzimmer im zweiten Obergeschoss durch den dort montieren Melder zuverlässig gehört. Ein entscheidender Zeitvorteil!

Zusätzlich lassen sich Rauchwarnmelder relativ einfach an den KNX-Bus anbinden, was weitere sinnvolle Möglichkeiten eröffnet, z. B.:

- Beleuchtung für Fluchtweg einschalten, alle anderen elektrischen Verbraucher abschalten
- alle Jalousien öffnen und die KWL abstellen
- eine SMS oder einen Telefonanruf absetzen

Vernetzung über einen einzigen Binäreingang

Die Vernetzung bzw. Busanbindung können Sie auf mehrere Arten realisieren. In der einfachsten wird mittels eines Relais-Kontakts in einem beliebigen Gerät der untereinander verbundenen Melder der Alarm auf einen KNX-Binäreingang geführt (Abbildung 29.20).

Diese preislich sehr attraktive Methode erfordert lediglich ein einziges Relais-Modul und je einen freien Kanal auf einem Binäreingang für Alarm und Störung. Ein Manko ist, dass im Alarmfall nicht festgestellt werden kann, wo das Feuer ausgebrochen ist bzw. welcher Melder ausgelöst hat. Das Relais-Modul aktiviert den Alarmausgang, sobald ein beliebiges Gerät der vernetzten Melder einen Brand meldet.

Das Relais-Modul besitzt zusätzlich einen zweiten, potenzialfreien Ausgang, der als Störungskontakt fungiert. Stellt der Melder, in dem das Relais eingebaut ist, ein Problem (Verschmutzung, Batteriewechsel fällig) fest, signalisiert er dies über den Störungskontakt. Das Hausbussystem kann daraufhin mit einer visualisierten Meldung reagieren.

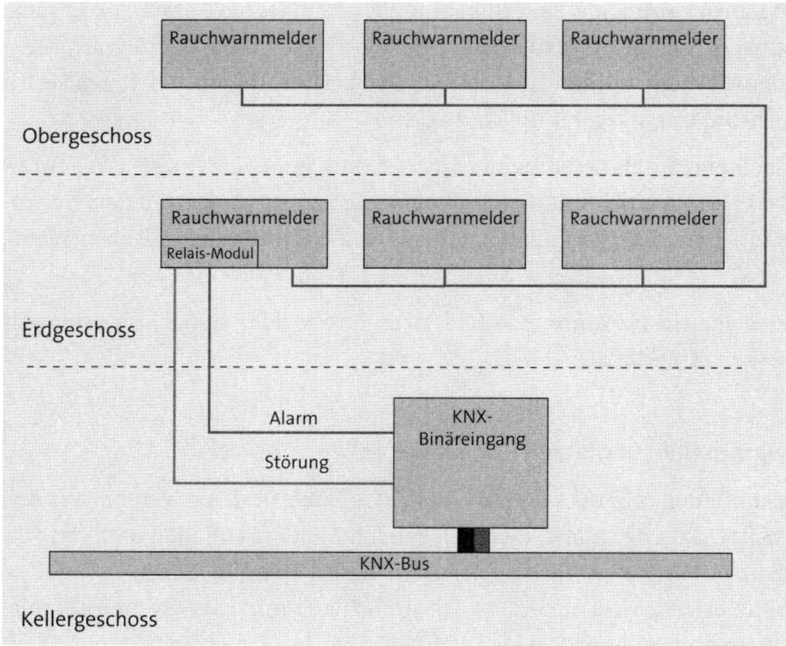

Abbildung 29.20 Vernetzung von Rauchwarnmeldern – zentrales Relais

Vernetzung über ein Relais-Modul pro Melder

Eine erweiterte Vernetzungsmöglichkeit ergibt sich, wenn Sie pro Rauchwarnmelder ein eigenes Relais-Modul vorsehen (Abbildung 29.21). Damit können Sie zwar immer noch nicht feststellen, welcher Melder den Brand detektiert hat, aber der Störungskontakt lässt sich auf diese Weise eindeutig dem Melder mit dem Problem zuordnen.

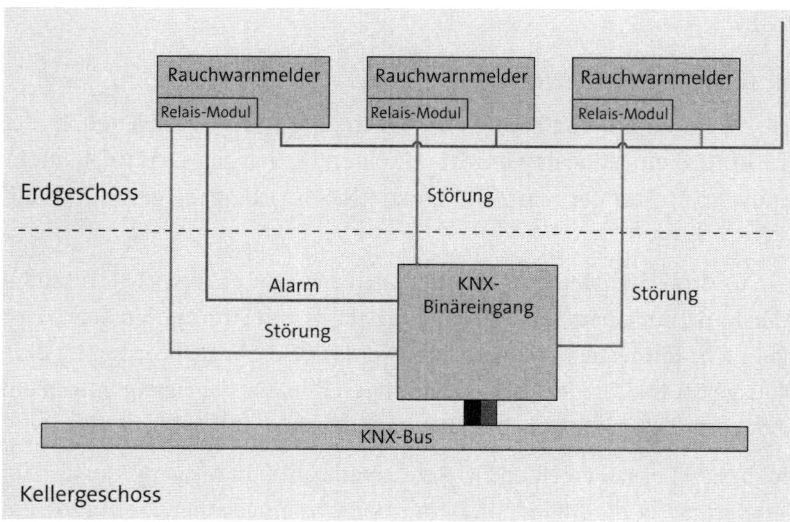

Abbildung 29.21 Vernetzung von Rauchwarnmeldern – dezentrale Relais

Vernetzung durch direkte KNX-Bus-Anbindung

Ich würde Ihnen gerne noch die »High-End-Variante« vorstellen, in der jeder Rauchwarnmelder mit einem eigenen KNX-Modul ausgestattet ist, wie es z. B. für den Gira Dual/VdS angeboten wird (Abbildung 29.22).

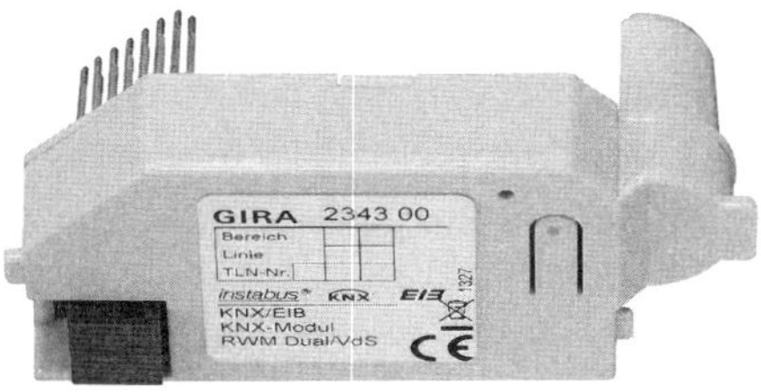

Abbildung 29.22 Gira 2343 00-KNX-Modul für Rauchwarnmelder (Quelle: Gira)

Sie benötigen für diese Variante natürlich keinen Binäreingang mehr. Jeder Melder, der mit einem KNX-Modul ausgerüstet ist, kann direkt über den KNX-Bus angesprochen und abgefragt werden (Abbildung 29.23).

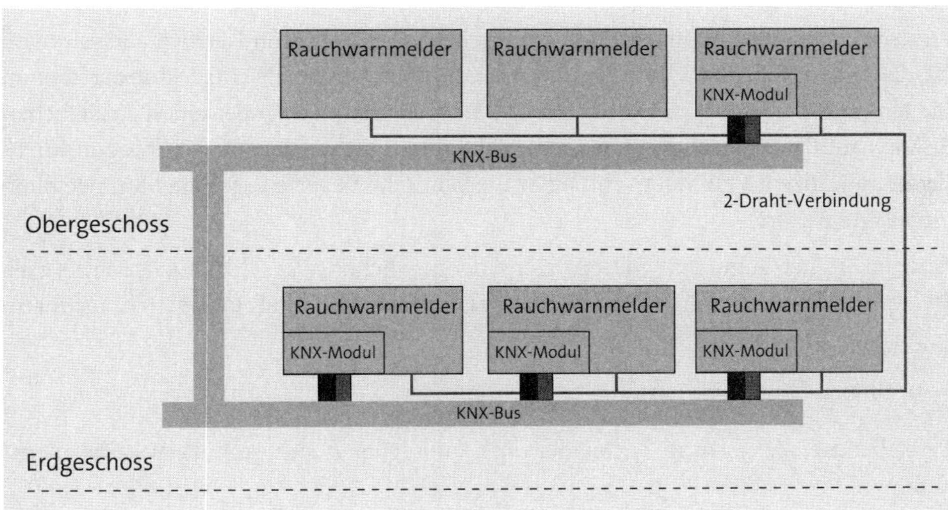

Abbildung 29.23 Vernetzung von Rauchwarnmeldern – KNX-Module

Dem deutlich höheren Mehrpreis durch die KNX-Module stehen ein paar interessante Vorteile gegenüber:

- Die Unterscheidung zwischen lokalen und Remote-Alarmen ist möglich.
- Alarme können entweder über die 2-Draht-Verkabelung oder über den KNX-Bus weitergegeben werden.
- Von jedem Melder kann dessen »Gesundheitsstatus« detailliert über KNX abgefragt und quittiert werden (Defekt, Batterie schwach, verschmutzt, Strom zu hoch, Temperatur zu hoch oder zu niedrig, Störung der Kommunikation usw.).

- Es kann zwischen Rauchalarm und Wärmealarm unterschieden werden.
- Signalgeber und Testalarm können für jeden Melder aktiviert werden.
- Die am Melder gemessene Temperatur kann abgefragt werden (führt jedoch zu erhöhter Belastung der Batterie, wenn der Melder nicht noch zusätzlich mit 230 V versorgt wird).

Eine Anmerkung: Einen gezielten akustischen Alarm per KNX auszugeben, ist natürlich eine schicke Zusatzfunktion (z. B. zur Abschreckung von Einbrechern), kann aber in eingeschränkter Weise auch über einen Kurzschluss des 2-Draht-Busses erreicht werden (in der Regel über einen Schaltaktor zu lösen).

Es existiert genau genommen eine weitere Vernetzungsvariante, allerdings eine kabellose. Manche Rauchwarnmeldertypen lassen sich entweder durch ein Funkmodul erweitern oder unterstützen von Haus aus eine Funkvernetzung. Für Bestandsbauten ist das eine tolle Sache, falls Sie aber die Chance haben, Ihre Melder durch ein Kabel zu verbinden, sollten Sie dies bevorzugen.

Die Stromversorgung von Rauchwarnmeldern

Rauchwarnmelder sind in der Regel batteriebetrieben, was grundsätzlich auch sinnvoll ist, da sie dadurch autark vom Stromnetz alarmieren können. Nichtsdestotrotz können Sie einige Gerätetypen zusätzlich mit 230 V versorgen (meist über einen zusätzlichen Sockel), auf die 9 V darf aber trotzdem nicht verzichtet werden. Geräte mit gut durchdachtem Konzept verhindern mit einer mechanischen Sperre sogar die Montage ohne eingelegte Batterie.

Machen Sie sich keine großen Gedanken über möglicherweise häufige Batteriewechsel. Herstellerangaben zufolge können Sie ungefähr mit folgenden Lebensdauern rechnen:

- 9-V-Block-Alkaline: ca. 5 Jahre
- 9-V-Block-Lithium: ca. 10 Jahre

Bei kabelloser Vernetzung der Melder über Funk halbiert sich grob die Batterielebensdauer.

Die korrekte Platzierung von Rauchwarnmeldern

Lassen Sie mich noch ein paar Worte zur Installation der Rauchwarnmelder selbst verlieren. Einen Mindestschutz erreichen Sie, wenn Sie in allen Schlafzimmern und auf den Fluchtwegen (Flure, Treppenhäuser) Melder platzieren. Für einen optimalen Schutz ist die Erweiterung auf alle Räume empfehlenswert. In einer Standardraumgeometrie platzieren Sie die Rauchwarnmelder am besten in der Raummitte unter der Decke mit einem Mindestabstand zur Wand sowie zu Leuchtstofflampen und Energiesparlampen von 50 cm. Um Fehlalarme zu reduzieren, vermeiden Sie die Installation in der Nähe von offenen Feuerstellen, Klimaanlagen und Heizluftauslässen.

In Deutschland und Österreich wird für die meisten Bundesländer (Tendenz steigend) für Neubauten die Installation von Rauchwarnmeldern vorgeschrieben. Für Bestandsbauten gelten verschiedene Übergangsregelungen, die aber alle in einer Nachrüstpflicht enden werden.

Bitte installieren Sie Rauchwarnmelder! Am besten vernetzt!

Lassen Sie mich anhand aktueller Zahlen die Wichtigkeit einer Brandmeldeeinrichtung unterstreichen (Quelle: *www.rauchmelderpflicht.net*):

Pro Jahr sterben in Deutschland ca. 500 Menschen bei Bränden. 70 % von ihnen werden nachts im Schlaf getötet, und zwar – jetzt kommt die wichtigste Information – nicht durch die Flammen selbst, sondern durch giftige Rauchgase, die bei Bränden entstehen.

Auch wenn nachgewiesen wurde (Weizmann Institute of Science), dass der Mensch auch im Schlaf Gerüche verarbeitet, so werden diese dennoch nicht »normal« wahrgenommen und führen in keinem Fall zum Erwachen aus dem Schlaf (Universität von Rhode Island). Glücklicherweise ist aber das Gehör im Schlaf sehr wohl aktiv. Die meisten dieser Todesfälle hätten also wirksam durch den Einsatz von Rauchwarnmeldern verhindert werden können.

Sie finden, abschließend zu diesem Kapitel, im Praxisteil (siehe Kapitel 58, »Rauchwarnmelder installieren und abfragen«) ein ausgearbeitetes Realisierungsbeispiel für die Anbindung von Rauchwarnmeldern an den KNX-Bus.

29.6 Wassermelder

Wassermelder an geeigneten Stellen (Küche, Waschmaschine, Heizung, Technikraum oder sogar unter der Duschwanne) können im Ernstfall eines Leitungsbruchs oder eines undichten Anschlusses kostspielige Schäden rechtzeitig verhindern. Wie im Smart Home üblich, werden alle Sensoren an den Automatisierungsbus angebunden, sodass Sie offen für jegliche Art der Alarmierung bleiben.

In Abbildung 29.24 finden Sie drei verschiedene Möglichkeiten, Wassersensoren an den KNX-Bus anzubinden:

1. Sensorband 1538/02 von Busch-Jäger (Preis: ca. 13 €): Das 2 m lange flexible Band kann sogar über Ecken gelegt werden und lässt sich direkt an einem KNX-Binäreingang betreiben.
2. Kemo M158 Wassermelder 9-12 V DC (Preis: ca. 10 €): Der aktiv versorgte Wassermelder (9–12 V DC) mit Relais-Ausgang und maximal 5 m Leitungslänge zum Fühler kann ebenfalls an einem Binäreingang abgefragt werden. Einen ähnlich aufgebauten Sensor finden Sie auch bei ABB (SWM4/RN), allerdings mit eingebautem Fühler.
3. Ein KNX-Wassermelder (wie z. B. Siemens 5WG1 272-2AB_1) hat den Vorteil, dass Sie auf einen Binäreingangskanal verzichten können.

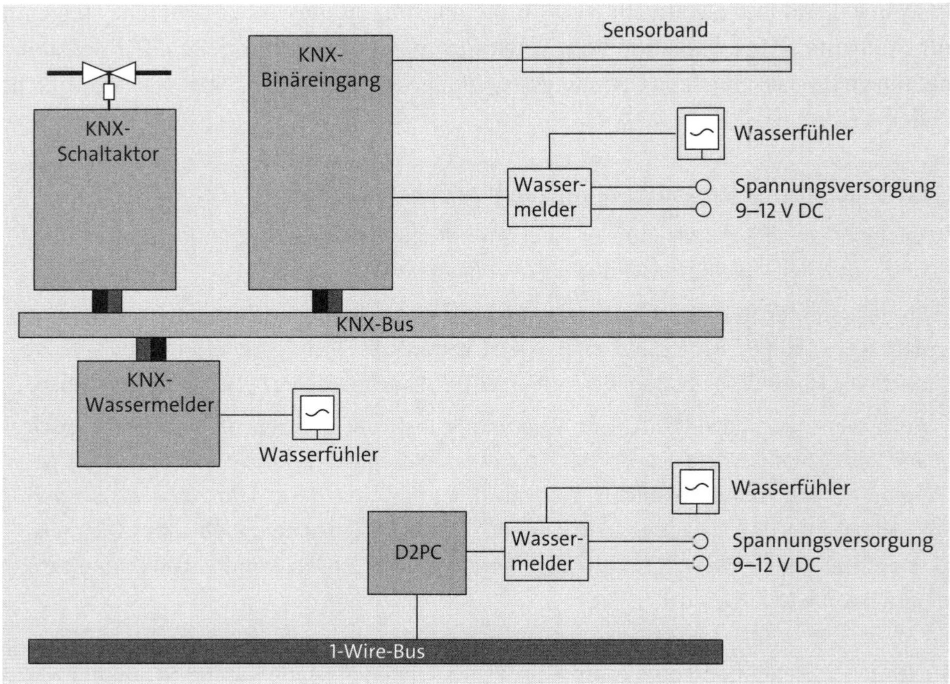

Abbildung 29.24 Anschluss von Wassersensoren an KNX und 1-Wire

Weiterhin harmoniert der Kemo M158 auch mit dem 1-Wire-Bus. Statt eines KNX-Binäreingangs verwenden Sie in diesem Fall einen 1-Wire D2PC (2 Kanal Digital I/O 1-Wire-Modul) als Interface.

Abbildung 29.25 Wassermelder Kemo M158 (Quelle: Kemo)

In Abbildung 29.25 erkennen Sie auch einen Schaltaktor am KNX-Bus. Was hat es damit auf sich?

Erkennt ein über den Bus angebundener Wassermelder eine Leckage, ist das zwar gut und hat Ihre sicherheitsbewusste Realisierung bestätigt, es ist aber eben nur die halbe

Wahrheit. Es fehlt eine entsprechende Reaktion auf das unerwünschte Ereignis. Eine wie immer geartete Alarmierung (akustisch, Anruf ...) ist auf jeden Fall empfehlenswert, noch besser ist jedoch eine zusätzliche automatische Abriegelung der Hauptwasserzufuhr. Genau dafür ist der Schaltaktor in Verbindung mit einem elektrischen Schieber vorgesehen.

Anregungen für den fortgeschrittenen Logiker

Einen elektrischen Schieber (Motorkugelhahn) können Sie auch generell verwenden, um Ihren Hauptwasseranschluss immer dann zu sperren, wenn kein Wasser benötigt wird (Abwesenheit, Schlaf). Das funktioniert wunderbar, wenn nicht die Waschmaschine bei Abwesenheit waschen soll oder nachts ein Bewohner mehr als einmal die WC-Spülung betätigt.

Hier zeigt sich besonders gut die Flexibilität des KNX-Systems. Mittels Logiken bekommen Sie auch diese Aufgabenstellung gelöst:

- Die Zeit, in der die Waschmaschine Wasser benötigt, kann ermittelt werden. Ein Schaltaktor mit Strommessung (siehe Abschnitt 30.2, »Schaltaktor mit Strommessung«), über den die Maschine versorgt wird, kann über den gemessenen Strom (plus Schwellwert und Nachlaufzeit) eine Wasserbedarfsanforderung generieren.
- Bedarf für Toilettenspülwasser können Sie einfach über Bewegungsmelder im WC realisieren.

Als Motorkugelhahn können Sie beispielsweise den Swift O Matic ISO Top (Preis: ca. 150 €) in 230-V-Ausführung mit Handnotbetätigung einsetzen.

Eine weitere Möglichkeit, Wassermelder durch Logiken zu ersetzen/zu erweitern, ergibt sich, wenn Sie einen Durchflusssensor im Hauptwasseranschluss eingebaut haben oder z. B. in Ihrem Wasserenthärter einen solchen abgreifen können. Ähnlich wie im Beispiel des Motorkugelhahns gilt es, zu bestimmen, wann Wasserfluss berechtigt ist und wann nicht. Ein gemessener Durchfluss, wenn sich kein Bewohner im Haus befindet und auch kein Gerät mit Wasseranschluss in diesem Moment Strom verbraucht (Nachlaufzeit verwenden), deutet in der Regel schon mal auf eine Leckage hin. Sonderfälle wie der Ganove, der sich nachts nach erfolgreichem Einbruch an Ihrem Außenwasserhahn noch schnell die Hände waschen möchte, müssen natürlich gesondert behandelt werden.

29.7 Alarmmelder

Alarmmelder, wie z. B. Glasbruchsensoren an Fenstern, Türen oder Vitrinen im Innenbereich, sowie Lichtschranken oder ähnliche Vorkehrungen lassen sich nach denselben Prinzipien an den Automatisierungsbus anbinden, wie im Abschnitt über Wassermelder (siehe Abschnitt 29.6, »Wassermelder«) vorgestellt. Hat der Melder bereits einen KNX-Anschluss integriert, ist das Gröbste schon erledigt. Falls nicht, helfen Ihnen Binäreingänge dabei, auch das zu lösen. Eine externe Spannungsversorgung kann benötigt werden, sollte also bei der Verkabelungsplanung berücksichtigt werden.

Folgende Abbildung 29.26 zeigt einen typischen Glasbruchsensor, in diesem Fall das Modell von Gira:

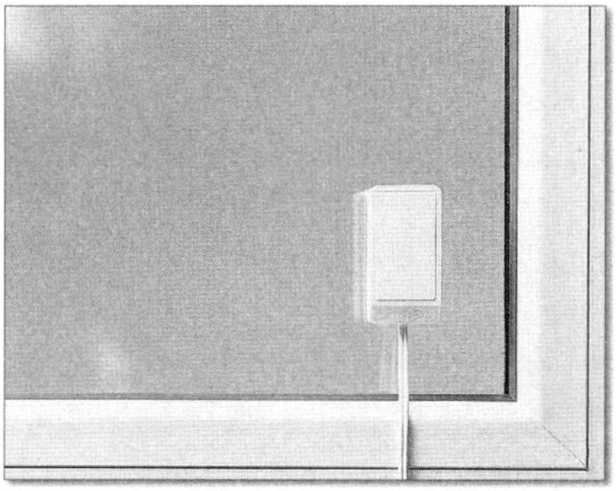

Abbildung 29.26 Glasbruchsensor (Quelle: Gira)

Der Sensor wird direkt an der Scheibe befestigt und wertet bei Glasbruch oder Glasbeschädigung die entstehenden Ultraschallsignale nach Frequenz und Amplitude aus. Zu beachten ist, dass die Alarmaktivierung auf der Signalleitung nur ca. 0,5 bis 5 Sekunden ansteht.

Zwei wichtige Grundprinzipien sollten Sie, insbesondere bei Alarmsensoren, beachten, aber auch wenn möglich bei allen anderen Arten von Sensoren:

- Um bei Kabelbruch oder Sabotage nicht die Funktion der Alarmvorrichtung zu verlieren, ist es vorteilhaft, Sensoren als NC-Version (Normally Closed, siehe Abschnitt 6.3, »Schließer und Öffner«) zu wählen.
- Befinden sich die Sensoren und besonders auch die Verkabelung in exponierter Lage bzw. sind von außen zugänglich, planen Sie einen Sabotagekontakt mit ein. Im Abschnitt zu den Reed-Kontakten (siehe Abschnitt 29.6, »Wassermelder«) finden Sie eine Beispielanwendung.

29.8 Luftgütesensoren

Sie finden in diesem Abschnitt zwei verschiedene Sensortypen vorgestellt, die beide gern zur Messung der Luftqualität eingesetzt werden, den CO_2-Sensor und den VOC-Sensor. Daran anknüpfend lernen Sie insgesamt drei konkrete Produktbeispiele für den KNX-Bus kennen, einen Vertreter der CO_2-Sensoren und je einen Luftfeuchte- bzw. Temperatursensor für den Innenbereich und den Außenbereich.

29.8.1 Überblick CO_2-Sensoren

Als der technisch einfachere Typ, verglichen mit dem VOC-Sensor, misst der CO_2-Sensor die Kohlendioxidkonzentration in der Raumluft und dient als Eingangsgröße für eine nachgeschaltete Steuerung von z. B. Lüftern und Fensterantrieben oder auch nur zur Visualisierung der Luftqualität.

Kohlendioxid (CO_2) ist ein unsichtbares und geruchsneutrales Gas, das beim Verbrennen fossiler Brennstoffe, aber auch beim Ausatmen von Menschen und Tieren entsteht. Steigt die CO_2-Konzentration in der Raumluft auf einen zu hohen Wert (die natürliche mittlere Konzentration ist ca. 380 ppm, entspricht 0,038 %), wirkt sich das negativ auf Leistungsfähigkeit und Konzentration aus.

CO_2-Sensoren mit KNX-Schnittstelle (Tabelle 29.4) bieten oft Zusatzfunktionen, wie einen zusätzlich eingebauten Temperatur- und Feuchtigkeitssensor, oder auch Raumtemperaturreglerfunktionen, benötigen in der Regel keine separate Spannungsversorgung und lassen sich unauffällig in gängige Schalterprogramme montieren. Produktbeispiele für die Unterputzinstallation sind:

Sensormodell	Produktmerkmale
Gira-CO_2-Sensor 2104 112 Preis: ca. 210 €	▸ KNX-Schnittstelle ▸ Messen der Kohlendioxidkonzentration ▸ zwei zusätzliche Binäreingänge vorhanden ▸ Messen der relativen Luftfeuchte ▸ Messen der Raumtemperatur ▸ Grenzwertüberwachung ▸ Taupunktalarmierung (z. B. für Kühldecken) ▸ Raumtemperaturregler integriert ▸ Ausgabefunktionen: Schalten, Dimmen, Jalousie und Wertgeber ▸ eingebaute Logikgatter für einfache Verknüpfungsfunktionen ▸ Messbereich CO_2 bis 2.000 ppm
Elsner KNX AQS/TH-UP basic Innenraum-Kombisensor Preis: ca. 250 €	▸ KNX-Schnittstelle ▸ Messen der Kohlendioxidkonzentration ▸ Messen der relativen Luftfeuchte ▸ Messen der Raumtemperatur ▸ elf Schaltobjekte mit einstellbaren Grenzwerten ▸ Taupunktalarmierung (z. B. für Kühldecken) ▸ Raumtemperaturregler integriert ▸ PI-Regler für Lüftung ▸ 8 UND- und 8 ODER-Gatter, je 4 Eingänge ▸ Messbereich CO_2 bis 2.000 ppm

Tabelle 29.4 Produktbeispiele KNX-CO_2-Sensoren

Sensormodell	Produktmerkmale
Elsner KNX AQS/TH-B-UP-Kombisensor Preis: ca. 280 €	entspricht weitestgehend dem AQS/TH-UP basic (siehe oben), jedoch mit zusätzlich: ▸ integriertem Display ▸ zwei eingebauten Tastern zur Betriebsmodus-Umschaltung (oder als frei programmierbare Bustaster verwendbar)

Tabelle 29.4 Produktbeispiele KNX-CO_2-Sensoren (Forts.)

Dicke Luft?

Ab welcher Konzentration von CO_2 wird die Raumluft eigentlich als schlechte Luft empfunden? Unter der Maßeinheit ppm (englisch: Parts per Million = Teile pro Million) kann man sich wenig vorstellen, aber folgende Richtwerte sollen Ihnen helfen, ein Gefühl dafür zu entwickeln:

- gute Raumluft: unter 800 ppm
- mittlere Raumluftqualität: 800 bis 1.000 ppm
- mäßige Qualität: 1.000 bis 1.400 ppm
- niedrige Qualität: größer als 1.400 ppm

Zum Vergleich: Die CO_2-Konzentration in der Außenluft beträgt ca. 380 ppm, schlechte Luft wird ab 1.000 ppm wahrgenommen, der am Arbeitsplatz maximal zulässige Wert (MAK) beträgt 5.000 ppm, ab 100.000 ppm erlischt eine Kerze, und ab 200.000 ppm ist die Konzentration tödlich.

Als Grenzwert für Wohnräume gilt in Deutschland 0,15 % (1.500 ppm) CO_2. In einem ungelüfteten Schlafzimmer können bis zu 5.000 ppm gemessen werden, das ist bereits sehr dicke Luft. Um nun den CO_2-Gehalt auf maximal 1.500 ppm zu begrenzen, müssten pro Person ca. 25 m^3/h frische Luft zugeführt werden, treiben Sie gerade Sport (oder etwas Ähnliches), ist es auch deutlich mehr.

29.8.2 Überblick VOC-Sensoren

VOC-Sensoren (auch Mischgassensoren genannt) gehen bei der Messung der Raumluftqualität noch einen Schritt weiter als CO_2-Sensoren. Ein VOC-Sensor misst die Schadstoffkonzentration, die sogenannten VOCs (englisch: Volatile Organic Compounds), das sind flüchtige organische Verbindungen in der Luft. VOCs sind Kohlenwasserstoffverbindungen und entstehen in Wohnräumen oder Arbeitsräumen hauptsächlich durch Ausdünstungen

- aus menschlicher Atmung, Transpiration und Verdauung,
- von Gebäudematerialien (Teppichböden, Lacke),

- von Einrichtungsgegenständen und Geräten (Möbel, Drucker, Kopierer) sowie
- von Reinigern, Parfüm und Zigarettenrauch.

VOCs sind Verursacher von Augenreizungen, Kopfschmerzen, Müdigkeit und Schwindelanfällen, die unter dem Begriff SBS (englisch: Sick Building Syndrome = gebäudebedingtes Krankheitssyndrom) zusammengefasst werden können. CO_2-Sensoren können leider diese Stoffe nicht direkt erfassen und nicht darauf reagieren, ein VOC-Sensor hingegen schon. Bei einer Belüftungsstrategie sollten VOCs auf jeden Fall mit berücksichtigt werden.

Zwar kann kein VOC-Sensor detektieren, welche Substanzen genau sich in der Raumluft befinden, jedoch ist eine VOC-Aussage hinsichtlich ihrer Abdeckung von Zigtausend schädlichen Verbindungen in dieser Gruppe trotzdem aussagekräftig. Wenn Sie die Möglichkeit haben, planen Sie in Wohnräumen, Arbeitsräumen und vor allem Schlafzimmern VOC-Sensoren ein. Zur Unterstützung zeigt Ihnen die folgende Tabelle 29.5 zwei Beispielprodukte für die UP-Installation:

Sensormodell	Produktmerkmale
Elsner KNX VOC-UP basic Mischgas Preis: ca. 205 € Abbildung 29.29	► KNX-Schnittstelle ► Messung von Mischgas und Berechnung eines Luftgütewerts in CO_2-Äquivalenten ► 4 Schaltobjekte mit einstellbaren Grenzwerten ► PI-Regler für Lüftung ► 8 UND- und 8 ODER-Gatter, je 4 Eingänge ► Messbereich 450 bis 5.000 ppm ► separates Netzteil 12 bis 24 V DC (max. 500 mW) erforderlich
1-Wire-VOC-Mischgassensor VOC 2.60 Preis: ca. 130 €, Bezug bei: *www.wiregate.de*	► 1-Wire-Schnittstelle ► Messung der Luftgüte als CO_2-Äquivalent ► zusätzlich 2 × IO-Ports bis 28 V/20 mA ► Messbereich 450 bis 2.000 ppm ► 3-Leiteranschluss für 1-Wire (Data, GND, 6 bis 30 V)

Tabelle 29.5 Produktbeispiele VOC-Sensoren (KNX, 1-Wire)

29.8.3 KNX-CO_2-Sensor als Produktbeispiel

Gebäude, die nach heutigen Baustandards errichtet werden, besitzen eine sehr dichte Gebäudehülle, die zwar Energie einspart, aber leider den nachteiligen Effekt hat, dass sich schlechte Atemluft und Feuchtigkeit ansammeln. In dieser Situation hilft Ihnen ein CO_2-Sensor, der zudem auch die Feuchtigkeit messen kann, auf zweierlei Arten weiter.

Zum einen zeigt er Ihnen die aktuell gemessene CO_2-Konzentration und die Luftfeuchtigkeit an, zum anderen kann er als Luftfeuchte- und Raumtemperaturregler agieren und damit das Problem gleich beseitigen, sofern die dazu notwendige Vorrichtung vorhanden ist.

Der Gira-KNX-CO_2-Sensor (*www.gira.de*) erfüllt zum Preis von ca. 210 € genau diese Aufgaben, enthält außerdem einen Temperatursensor, lässt sich vollständig in ein Schalterprogramm integrieren (siehe Abbildung 29.27) und kommt ohne Fremdspannung aus. Die KNX-Busspannung über den bereits integrierten Busankoppler versorgt den Sensor ausreichend (typ. 12,5 mA, maximal 25 mA).

Abbildung 29.27 Der Gira-KNX-CO_2-Sensor ohne und mit Abdeckung

Der Sensor mit der Gira-Bestellnummer (2104 xx) besitzt keine Bedien- oder Anzeigeelemente, sondern kommuniziert vollständig über KNX. Einmal korrekt über die ETS eingerichtet, misst er fortlaufend die relative Luftfeuchte zwischen 10 und 95 %, die Temperatur zwischen –5 und +45 °C sowie die Kohlendioxidkonzentration im Bereich von 0 bis 2.000 ppm. Der Wert 2.000 ppm (Parts per Million) entspricht einem CO_2-Anteil von 0,2 %.

Als Luftfeuchte- und Raumtemperaturregler macht der 2104 ebenfalls eine gute Figur. Sowohl die Ansteuerung elektrisch betriebener Fenster als auch die Ansteuerung von Heizungs- und Klimaanlangen und natürlich die Lüftersteuerung lassen sich über die ETS im Detail parametrieren. Mehrere konfigurierbare Grenzwerte können Sie über interne Logikgatter verknüpfen und z. B. zur Visualisierung oder Alarmierung verwenden.

Durch Kombination der aktuellen Raumtemperatur und der gemessenen Luftfeuchtigkeit bestimmt der Sensor den sogenannten *Taupunkt*, also die Temperatur, ab der das in der Luft enthaltene Wasser an Decken bzw. Wänden kondensiert. Die Taupunktinformation können Sie ebenfalls benutzen, um Heizung oder Lüftung zu regulieren.

Wie der typische Verlauf einer CO_2-Anreicherung im Wohnraum, gemessen mit dem Gira-Sensor, aussieht, finden Sie in Abbildung 29.28. Sehr deutlich ist die manuelle Fensterlüftung in der Mitte der Zeitachse zu sehen.

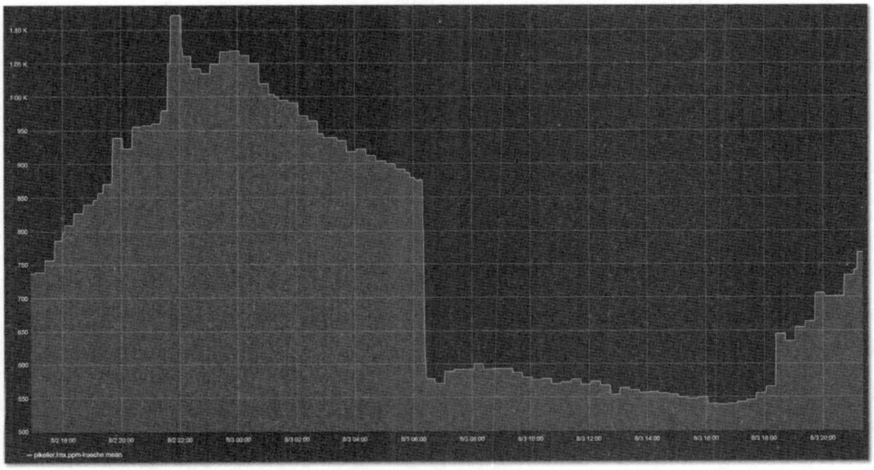

Abbildung 29.28 CO_2-Reduktion von 900 ppm auf 550 ppm durch Lüften

Außer seinen primären Aufgaben nachzugehen, kann der 2104 Sie auch mit einer eingebauten Zusatzfunktion unterstützen. Er besitzt erfreulicherweise noch zwei integrierte potenzialfreie Binäreingänge, die Sie mit maximal 5 m Anschlussleitung vom Typ J-Y(St)Y 2×2×0,8mm z. B. für Taster, Schalter, oder auch Fensterkontakte einsetzen können. Entsprechend bei der Verkabelung berücksichtigt, lässt sich damit einfach ein separater UP-Binäreingang einsparen.

29.8.4 Produktbeispiel: KNX-Feuchte- und Temperatursensor

Aus der breiten Palette an hochwertigen KNX-Sensoren der Firma Elsner Elektronik (*www.elsner-elektronik.de*) stammt der Elsner KNX TH-UP basic (siehe Abbildung 29.29), ein Innenraumsensor für Temperatur und Luftfeuchtigkeit zum Preis von ca. 160 €.

Abbildung 29.29 Elsner-Sensor für Temperatur und Feuchtigkeit

Sein Design passt unaufdringlich in gängige Schalterprogramme, als Farbvarianten bietet Elsner Elektronik Weiß, Alu, Anthrazit und Edelstahl an. Das Gerät selbst besitzt keine Bedien- oder Anzeigeelemente, sondern setzt als KNX-Gerät auf Automation und optionale Anzeige über eine Visualisierung. Falls Sie Wert auf ein Display und Bedientasten legen, finden Sie bei Elsner jede Menge vergleichbare Sensoren in unterschiedlichen Ausstattungsvarianten – bis hin zum KNX AQS/TH-B-UP-Sensor, der, wie Sie hinsichtlich der Länge des Namens schon vermuten, sowohl CO_2 und Temperatur als auch Feuchte messen kann und zudem ein Display und Tasten besitzt.

Wir bleiben aber bei dem Modell KNX TH-UP basic, der einen integrierten PI-Regler zur Ansteuerung einer Lüftung (nach Luftfeuchtigkeit) und einer Heizung/Kühlung (nach Temperatur) besitzt. Die Messung von Temperatur und Luftfeuchtigkeit erfolgt sowohl relativ als auch absolut, zudem berechnet der Elsner-Sensor den Taupunkt und kann Telegramme erzeugen, sobald das Behaglichkeitsfeld (nach DIN 1946) verlassen wird.

Der Feuchtigkeitsverlauf in einem Badezimmer sieht, mit dem KNX TH-UP basic gemessen, z. B. folgendermaßen aus (siehe Abbildung 29.30):

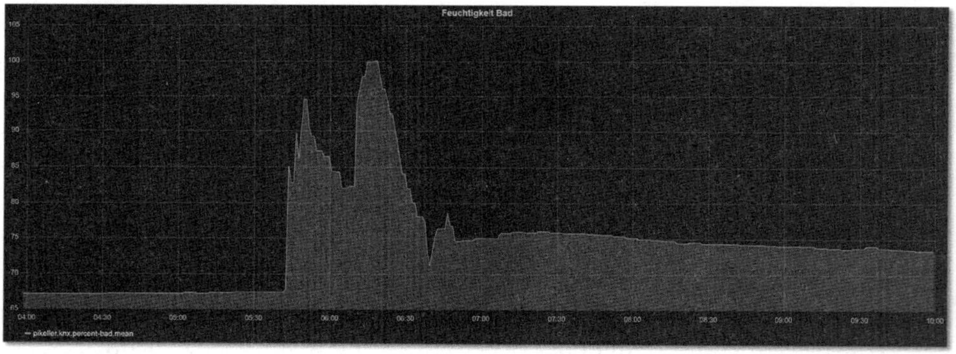

Abbildung 29.30 Feuchtigkeit vor dem Duschen und nach Belüftung

Der Effekt der Fensterlüftung ist schön zu erkennen. Eine Über- oder Unterschreitung des einstellbaren Schwellwerts für die Feuchtigkeit lässt sich sehr einfach für eine Hinweismeldung (z. B. über eine LED an einem Tastsensor) benutzen. Die Parametrierung dafür erledigen Sie bequem in der ETS (siehe Abbildung 29.31).

Die Applikationssoftware ist insgesamt sehr stark ausgestattet und bietet sechs Schaltausgänge mit einstellbaren Grenzwerten (ETS-Parameter oder über Kommunikationsobjekt) und 16 Logikgatter (8-mal UND und 8-mal ODER) mit jeweils 4 Eingängen. Außerdem berechnet sie Minimal- und Maximalwerte, die per Gruppenadresse auch rücksetzbar sind.

Der Elsner TH-UP basic löst die Luftfeuchtigkeit im Bereich von 0 bis 100 % sehr klein mit 0,1 % auf (Genauigkeit 3 % zwischen 20 % und 80 %), die Temperatur von –30 bis +60 °C besitzt eine Genauigkeit von 0,9 °C (bei 25 °C). Eventuelle Messwertabweichungen können über die ETS kompensiert werden. Die Beeinflussung der Temperaturmessung durch die Eigenerwärmung des Geräts korrigiert die Software bereits selbstständig.

Insgesamt benötigt das rundum gelungene KNX-Gerät nur genügsame 6 mA im Normalbetrieb, kommt also ohne Fremdspannungsversorgung aus.

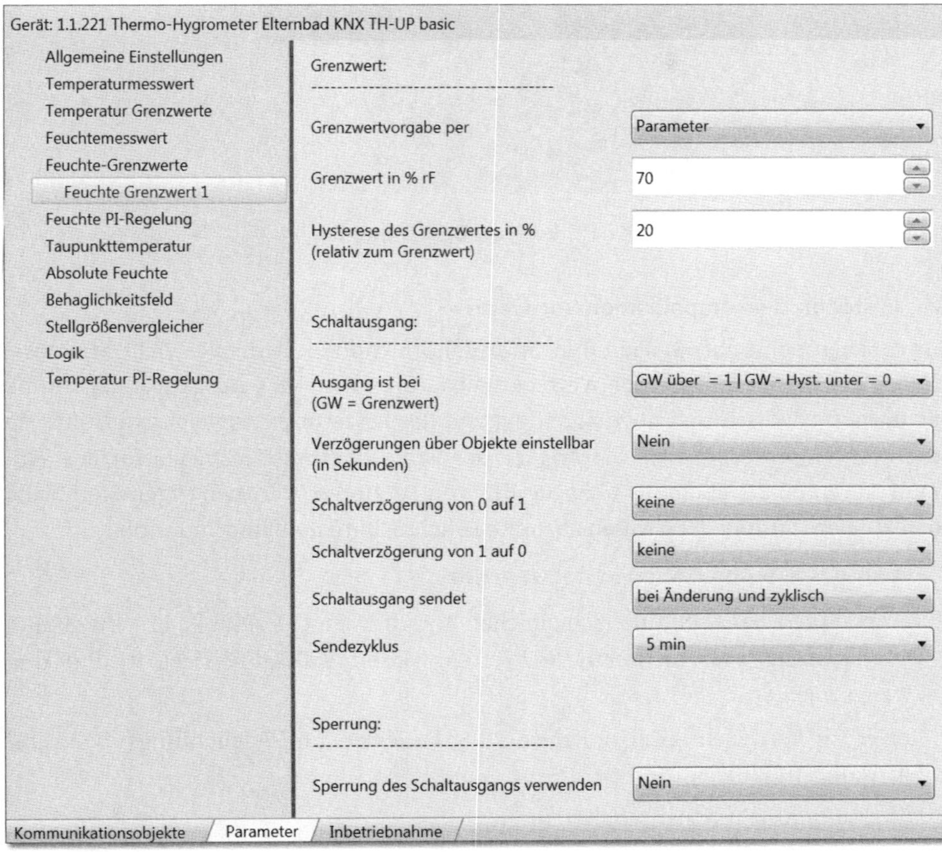

Abbildung 29.31 Umfangreiche Grenzwerteinstellungen für Luftfeuchtigkeit

29.8.5 KNX-Außensensor für Helligkeit, Feuchtigkeit und Temperatur

Als Produktbeispiel für einen Außensensor mit integriertem KNX-Busankoppler möchte ich Ihnen abschließend noch den SK10L-THC-L-AFF (siehe Abbildung 29.32) der Firma arcus-eds (*www.arcus-eds.de*) vorstellen. Der Sensor ist in einem IP54/65-Kunststoffgehäuse untergebracht und vereint Temperatur- und Feuchtigkeitsmessung/-regelung sowie die Helligkeitsmessung (daher auch der transparente Deckel) in einem Gerät.

Die Wertebereiche, in denen der SK10L-THC-L-AFF misst, betragen –20 bis +80 °C (Temperatur), 0 bis 95 % für die relative Luftfeuchtigkeit und 3 bis 220.000 lx für den Helligkeitssensor.

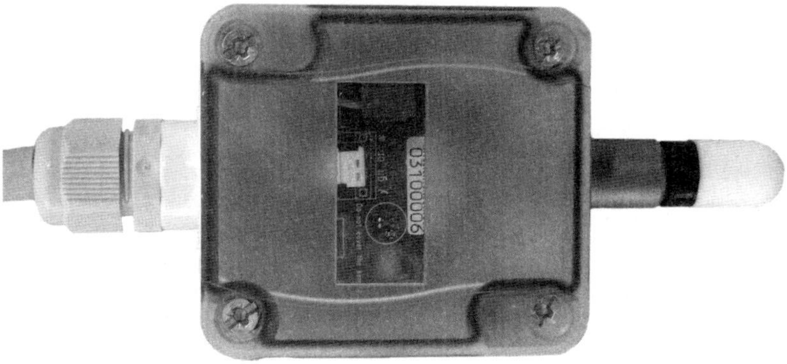

Abbildung 29.32 arcus-eds SK10L-THC-L-AFF (in Deckenmontage)

Was leistet die Sensorapplikationssoftware?

Wie es sich für eine gute Sensorapplikation gehört, können Sie für alle wichtigen Messgrößen die Art und Weise der Werteaktualisierung über KNX-Ausgangstelegramme bestimmen (zyklisch und auch abhängig von der Änderung). Abgleichswerte für die Sensorfeineinstellung sowie die Angabe der Höhe über Meeresspiegel für den Einbauort nehmen Sie ebenfalls über die ETS vor. Letzteren Wert benötigen Sie für die korrekte Berechnung der Größen absolute Feuchte, Enthalpie und Taupunkt.

Die arcus-eds-ETS-Applikation leistet weiterhin:

- Temperaturregler nach unterschiedlichen Algorithmen (2-Punkt, PI, PI + PWM) und Unterstützung von mehreren Sollwerten, Heizen/Kühlen-Betriebsart und drei Zwangsobjekten
- Regler für Luftfeuchtigkeit (P-Regler, 2-Punkt-Regler) mit Befeuchtungs- oder Entfeuchtungsmodus
- Lüftersteuerung mit vier Schalterstufen
- jeweils mehrere Grenzwerte mit Hysteresefunktion (für Temperatur, Luftfeuchtigkeit, Taupunkt, Helligkeit)

Sollten Sie mit dem robusten Sensor einmal Probleme haben, hilft der pfeilschnelle Support von arcus-eds kompetent weiter.

Logikdefinition mal anders

Besonders spannend ist die Konfiguration der vier Logikblöcke umgesetzt. Jeder Block kann bis zu sechs Eingangssignale (A–F) verarbeiten, die entweder mit den Inhalten von empfangenen Kommunikationsobjekten oder mit geräteinternen Werten belegt werden. Ein Logikblock berechnet daraus einen Ausgangswert, dessen Format (Bit, Byte mit/ohne Vorzeichen) Sie bestimmen können. So weit ist das noch nichts Besonderes. arcus-eds hat sich aber für die Kombinatorik der Logikfunktion selbst etwas einfallen lassen. Sie geben in der ETS als Zeichenkette (maximal 20 Zeichen) vor, wie Sie gern den

Ausgangswert aus den Eingangswerten berechnen möchten. Dazu benutzen Sie Buchstaben für die Eingänge A–F und Operatorzeichen (siehe Abbildung 29.33) für die Funktion. Ein Beispiel: Die Zeichenkette `(A&B)|(C^D)` würde bewirken, dass der Ausgang des Logikblocks immer dann wahr (aktiv) ist, wenn die Eingänge A UND B aktiv sind ODER entweder C oder D aktiv ist. Kenner der booleschen Algebra werden eventuell feststellen, dass die verwendeten Kommandos nicht genau der bekannten Operator-Schreibweise entsprechen. An dieser Stelle ist ein wenig Vorsicht geboten. Das Zeichen ^ steht in der booleschen Algebra (siehe auch Abschnitt 6.1) für den UND-Operator, statt dem XOR-Operator (= exklusiv ODER).

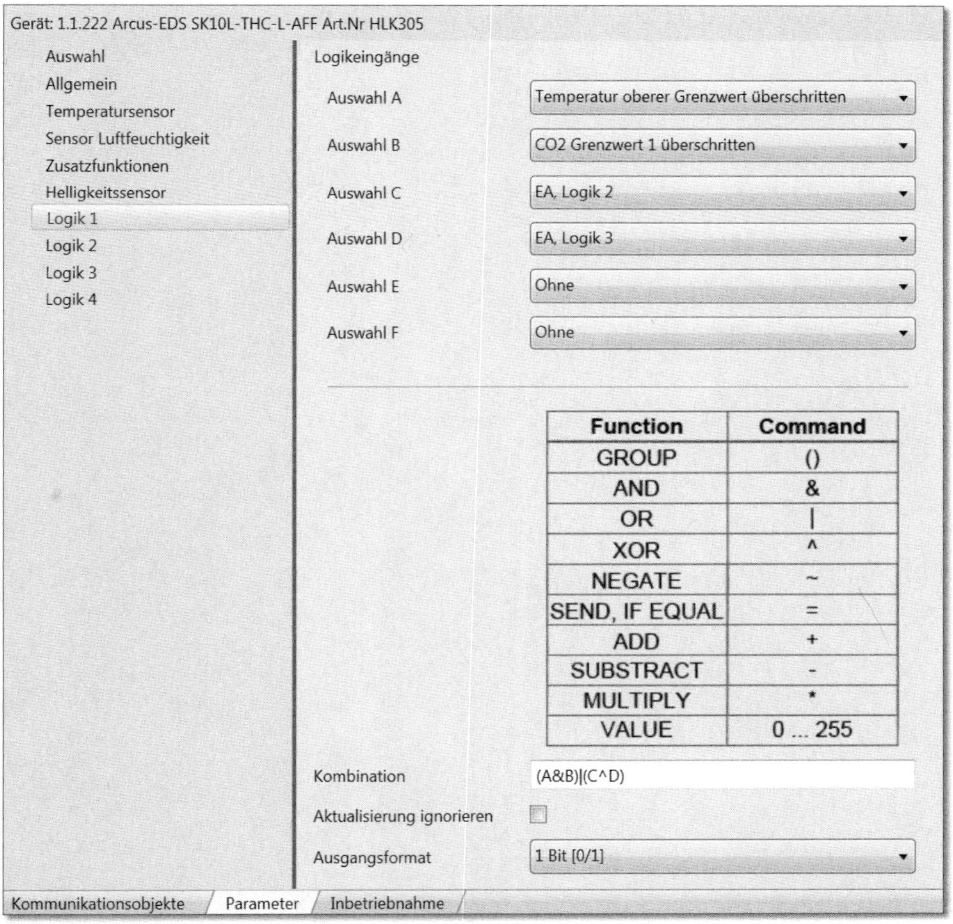

Abbildung 29.33 Flexible Logikfunktion beim arcus-eds-Sensor

Auf diese Art und Weise sind Sie sehr frei in der Definition eigener Logiken und weniger auf die per ETS-Masken vorgegebenen Auswahlwerte angewiesen. In manchen Situationen entscheidet solch ein Detailunterschied, ob Sie Ihre Anforderungen ohne externe Logikmaschine lösen können oder nicht.

MySensors.org – This is where all the fun happens ...

Eine besonders empfehlenswerte Webseite möchte ich Ihnen am Schluss dieses Sensorkapitels auf keinen Fall vorenthalten. Sie finden auf *mysensors.org* viele spannende Sensorprojekte zum Selbstbau. Als Basis dient jeweils ein Arduino mit Funkmodul. Mehrere dieser dezentralen Sensoren bilden ein kleines privates Internet of Things (IoT). Da die Lösung ohne eine Cloud auf einem fremden Server auskommt, könnte man sie auch IoYT (Internet of Your Things) nennen. Die dort vorgestellte Sensorik hat zwar kein KNX-Interface, eine Anbindung an Ihr KNX-System gelingt jedoch über den Umweg openHAB. Der Realisierung eines Klopfsensors, der die Tür zum Weinkeller über ein geheimes Klopfzeichen öffnet, steht also nicht im Weg.

Kapitel 30
Schalten mit Aktoren

Wenn die Sensoren Augen und Nase eines Gebäudes sind, dann sind die Aktoren Finger und Hände.

Allgemein gesprochen, setzt ein Aktor ein elektrisches Signal (z. B. ein Schaltkommando in Form eines KNX-Telegramms) in eine mechanische Bewegung oder eine andere physikalische Größe um. Damit werden sie mit zum wichtigsten Teil einer intelligenten Gebäudesteuerung, denn ohne Aktoren passiert auch nichts.

30.1 Schaltaktor

Jedes KNX-Bussystem, das nicht gerade ausschließlich für das Einlesen von Sensorwerten eingesetzt wird, beinhaltet in irgendeiner Form *Schaltaktoren*. Der Klassiker unter den KNX-Aktoren schlechthin wird immer dann benötigt, wenn es sich um das Schalten von Lasten (ohmsche, induktive und kapazitive) handelt, wie z. B. Beleuchtung und alle Arten elektrischer Verbraucher an Steckdosen. Vereinfacht gesagt, ist ein Schaltaktor ein über den KNX-Bus ansteuerbares Relais. Man möchte meinen, für diesen Aufgabenbereich reichen dem Endanwender fünf bis sechs verschiedene Aktormodelle auf dem Markt, tatsächlich ist es aber so, dass der Schaltaktor das KNX-Modul mit den meisten Varianten ist. Alleine der Hersteller ABB hat beispielsweise mehr als 20 unterschiedliche Geräte im Portfolio, bereits veraltete Modelle nicht mitgerechnet.

Woher kommt diese Vielfalt? Sie entsteht aus der Kombinatorik von unterschiedlichen Produktanforderungen, insbesondere sind das folgende:

- Anzahl der Aktorkanäle bzw. Ausgänge (gängige Anzahlen sind: 2, 3, 4, 8, 10, 12 und sogar 20)
- mit oder ohne Handbedienung
- Nennstrom der Ausgänge (6 A, 10 A, 16 A, 20 A)
- monostabile oder bistabile Relais
- Relais oder Halbleiterausgänge
- L-Anschlüsse intern gebrückt oder separat
- mit oder ohne Stromerkennung

30.1.1 Anschluss eines KNX-Schaltaktors

Der Anschluss eines Schaltaktors (siehe Abbildung 30.1) gestaltet sich ziemlich unspektakulär. Jeden Kanal können Sie einzeln (wenn der Aktor getrennte L-Anschlüsse besitzt), über L1, L2 oder L3 versorgen, den Schaltausgang verbinden Sie direkt mit dem Verbraucher.

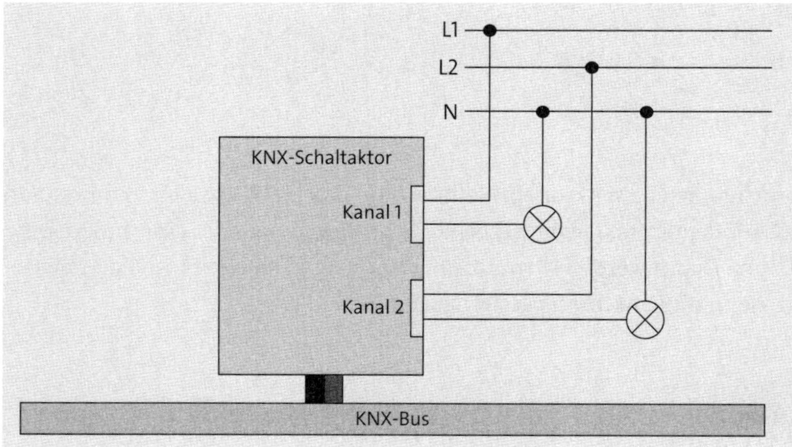

Abbildung 30.1 Anschluss KNX-Schaltaktor

30.1.2 Den richtigen Schaltaktor auswählen

Die Frage nach dem richtigen Aktor ist nicht ganz einfach zu beantworten, es wird sich ein Kompromiss zwischen benötigten Anforderungen und dem Preis einstellen. Ich möchte Sie an dieser Stelle gern mit einer Entscheidungshilfe unterstützen. Gehen wir die einzelnen Kriterien der Reihe nach durch:

Aktorkanäle

Die Anzahl der Aktorkanäle ist der maßgebliche Faktor für den Preis. Generell sollten Sie wenige Geräte mit vielen Kanälen gegenüber vielen Geräten mit wenigen Ausgängen bevorzugen. Der Preis pro Kanal (Kanalpreis) beträgt bei einem 4-fach-Aktor (Beispiel ABB) 45 € gegenüber dem 12-fach-Aktor derselben Baureihe mit 24 €. Außerdem halten Sie auf diese Weise die KNX-Bus-Teilnehmeranzahl möglichst gering, denn es gilt: Jedes KNX-Eingangs- und Ausgangsmodul, egal wie viele Kanäle es besitzt, zählt als nur ein Gerät.

Handbedienung

Die Möglichkeit zur Handbedienung ist während der Inbetriebnahmephase, und solange Sie keine KNX-Busspannung zur Verfügung haben, eine sinnvolle Funktion, sie verliert aber im Normalbetrieb stark an Wichtigkeit.

Nennstrom

Entscheidender ist hingegen der Nennstrom pro Ausgang. Wählen Sie für

- das Schalten von Steckdosen 16 A,
- das Schalten von Beleuchtung mindestens 10 A sowie
- kleine, fest verdrahtete Verbraucher (keine Steckdosen) mindestens 6 A (z. B. Motorschloss).

Es gilt stets: Mehr Nennstrom ist besser, da der Aktor dadurch flexibler einsetzbar wird. Möchten Sie mit dem Aktor (größere) Gasentladungslampen (Leuchtstofflampen, Quecksilberdampflampen usw.) oder vorrangig induktive Lasten (Trafos) schalten, bieten manche Hersteller spezielle AX-Versionen oder C-Last-Versionen an. So schaltet beispielsweise das C-Last-Modell SA/S 4.16.5.1 von ABB Niedervolthalogenlampen mit bis zu 2.000 W gegenüber dem Standard-16-A-Gerät SA/S 4.16.2.1 mit bis zu 1.200 W.

Relais oder Halbleiterausgang

Bistabile Relais haben gegenüber den monostabilen Relais den Vorteil, dass auch im Fall eines Ausfalls der 230-V-Hilfsspannung und der KNX-Busspannung sowie bei einem Update der Parameter der aktuelle Schaltzustand erhalten bleibt. Außerdem sind sie im Stromverbrauch günstiger, da in der Arbeitslage nicht permanent ein Strom durch die Wicklung fließen muss. Bevorzugen Sie für Schaltaktoren bistabile Relais.

Aktoren mit Halbleiterausgängen, also elektronische Schaltaktoren, eignen sich zum geräuschlosen und verschleißfreien Schalten von beliebigen Lasten, sind jedoch bezüglich Nennstrom deutlich weniger leistungsfähig als Geräte mit Relais-Ausgängen. Haben Sie die Notwendigkeit, einen Schaltaktor z. B. in Schlafzimmernähe zu installieren, können Relais-Schaltgeräusche störend sein. Einen Halbleiterausgang nehmen Sie akustisch nicht wahr. Die Firma ABB bietet z. B. mit dem ES/S 4.1.2.1 einen elektronischen 4-fach-Schaltaktor als passendes Produkt (Preis: ca. 180 €) an.

L-Anschlüsse

Setzen Sie auf getrennte Phasen. Eine gemeinsame Phase schränkt Sie in der Flexibilität beim Einsatz des Aktors ein.

Stromerkennung oder sogar Wirkleistungsmessung

Ein Schaltaktor mit Stromerkennung ist merklich teurer, ermöglicht aber einige sehr interessante Möglichkeiten und hat daher einen eigenen Abschnitt verdient (siehe Abschnitt 30.2, »Schaltaktor mit Strommessung«).

Fazit

Lassen Sie sich von der Vielzahl an Varianten nicht verwirren, Sie benötigen keinen Aktor, der alle Anforderungen beherrscht. Nutzen Sie vielmehr die Flexibilität, mehrere unterschiedliche Typen einzusetzen, und kommen Sie dadurch dem KNX-Grundgedanken nahe. Wählen Sie beispielsweise für Steckdosen einen oder mehrere möglichst große 16-A-Aktoren mit getrenntem L-Anschluss, erweitern Sie Ihr System durch einen Beleuchtungsaktor mit 10 A bzw. speziellen Lastanforderungen und setzen Sie für Spezialanwendungen auf einen kleinen Aktor mit Strommessung.

30.1.3 Produktbeispiel für einen KNX-Schaltaktor

Die Vielfalt an auf den ersten Blick ähnlichen, aber im Detail durchaus sich unterscheidenden Schaltaktoren ist riesig. So hat beinahe jeder KNX-Hersteller eine Fülle eigener Geräte im Produktportfolio. Um nur einige zu nennen: Merten, Hager, ABB, MDT, Siemens, Gira, Lingg&Janke, Theben, EIBMarkt. Im vorherigen Abschnitt haben Sie gelernt, auf welche Merkmale Sie achten sollten, und je nachdem, für welchen Hersteller Sie sich entscheiden, können Sie mit einer doch erheblichen Preisspanne von ca. 20 € pro Kanal bis über 45 € rechnen.

Repräsentativ finden Sie in der folgenden Übersicht (Tabelle 30.1) die technischen Leistungsmerkmale eines 8-fach-Schaltaktors des Herstellers MDT mit sehr gutem Preis-Leistungs-Verhältnis:

Merkmal	MDT AKS-0816.02
Ausgänge	8 Kanäle mit bistabilen Relais (1.000.000 Schaltzyklen) für 230 V AC
Schaltleistung je Kanal	▸ ohmsche Last: 16 A ▸ kapazitive Last: max. 140 µF bei 16 A
Maximaler Einschaltstrom	▸ 250 A für 600 µs ▸ 600 A für 150 µs
Maximale Last	▸ Glühlampen, HV-Halogenlampen: 3.000 W ▸ NV-Halogenlampen: 1.500 W ▸ Leuchtstofflampen: 1.800 W ▸ max. 20 EVGs
Strommessung	nein
Getrennte L-Anschlüsse	ja, für jeden Kanal
Manuelle Bedienung	ja, über Taster
Anzeigen	je Kanal eine LED
Bauform	REG: 6 TE

Tabelle 30.1 KNX-Schaltaktor (MDT AKS-0816.02)

Merkmal	MDT AKS-0816.02
Softwarefunktionen	▸ Schaltstellung für Relais nach Busspannungsausfall oder Wiederkehr programmierbar ▸ Szenenfunktionen (8 pro Kanal) ▸ Zeitfunktionen (Verzögerung, Treppenhausfunktion) ▸ Statusrückmeldungen ▸ Sperrfunktion ▸ zentrale Schaltfunktionen ▸ logische Verknüpfungen
Preis	ca. 215 € (Kanalpreis: 26,80 €)

Tabelle 30.1 KNX-Schaltaktor (MDT AKS-0816.02) (Forts.)

30.1.4 Grundlegende Softwarefunktionen

Da Ihnen im Verlauf dieses Buchs einige grundlegende Softwarefunktionen immer wieder begegnen werden, möchte ich Ihnen im Kontext des Schaltaktors die wichtigsten vorstellen:

Treppenlichtfunktion

Die Treppenlichtfunktion ermöglicht ein automatisches Ausschalten des Schaltausgangs nach einer voreingestellten Zeit und ist in der Regel frei parametrierbar. So kann z. B. vor Ablauf der Treppenlichtzeit eine Vorwarnzeit eingerichtet werden, die den Lichtausgang kurz aus- und wieder einschaltet. Eine andere Option ist die Re-Triggerung (das »Aufpumpen«), die die Treppenlichtzeit durch mehrmaliges Drücken des Schalters verlängern kann.

Sperrfunktion

Durch Sperren können einzelne Ausgänge fixiert in einen Zustand (ein, aus oder keine Veränderung) gebracht werden.

Statusrückmeldung

Eine sehr wichtige Funktion. Die Rückmeldung ist ein Kommunikationsobjekt, das den aktuellen Schaltzustand jedes einzelnen Kanals reflektiert.

Logische Verknüpfungen

Ein Schaltkommando an den Aktor kann mit weiteren Kommunikationsobjekten (den sogenannten Verknüpfungsobjekten) logisch kombiniert werden. Unterstützte Logikfunktionen sind typischerweise AND, OR, XOR oder die Tor-Funktion (eine Sperrfunktion).

30.2 Schaltaktor mit Strommessung

Die Luxusklasse der KNX-Schaltaktoren besitzt mit der eingebauten *Strommessung* eine Funktionalität, für die es sich lohnt, ein eigenes kleines Kapitel zu schreiben.

Ein Schaltaktor, der diese Funktion nicht unterstützt, hat zwar die Möglichkeit, über das Statusobjekt den Schaltzustand des Ausgangs zurückzumelden, diese Information ist jedoch nur die halbe Wahrheit. Durch die Messung des Stromverbrauchs pro Kanal lässt sich ermitteln, ob das Gerät am Ausgang tatsächlich in Betrieb ist, sprich aktuell Strom verbraucht (und wenn ja, wie viel). Sinnvolle Anwendungsfälle sind beispielsweise:

- Anzeige des tatsächlichen Betriebszustands
- Anzeige und Weiterverarbeitung des Stromverbrauchs
- Erkennung eines Ausfalls des Verbrauchers oder Unterbrechung im Stromkreis
- Erfassung der Betriebsstunden und damit Meldung bei anstehenden Wartungsarbeiten

In nachfolgender Übersicht (Tabelle 30.2) finden Sie zwei gern eingesetzte Schaltaktoren der Hersteller ABB und MDT mit der Zusatzfunktion Strommessung:

Merkmal	ABB SA/S 8.16.6.1	MDT AZI-0616.01
	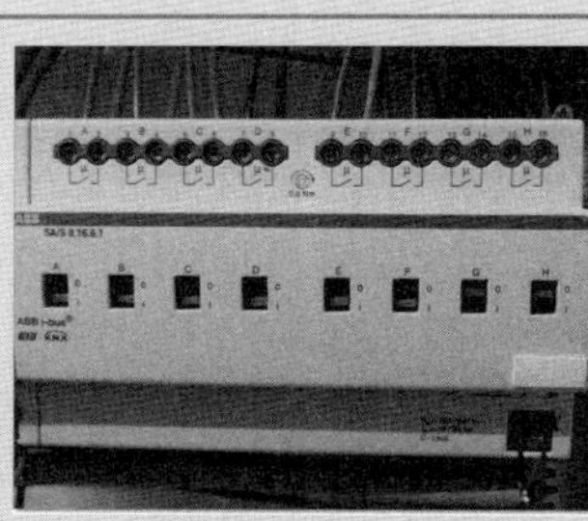	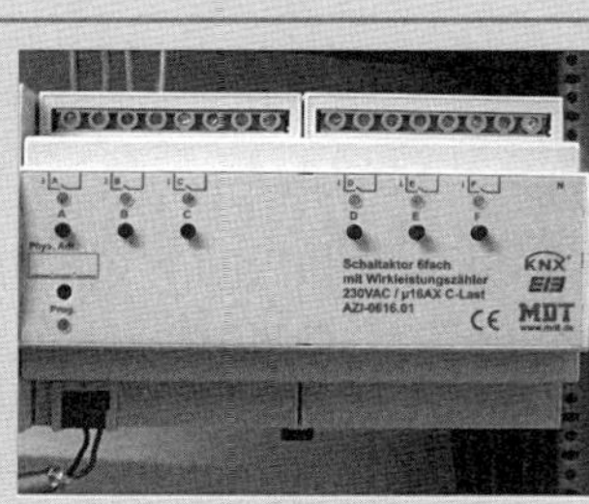
Ausgänge	8 Kanäle inklusive Strommessung, 16 A	6 Kanäle inklusive Wirkleistungsmessung, 16 A
Strommessbereich	20 mA bis 20 A	10 mA bis 20 A
Messgenauigkeit typ.	2 % und +/–20 mA	2 %
Abtastrate	320 ms	2.000 Messungen/500 ms
Bedienelemente und Anzeige	Handbedienung für jeden Kanal	Handbedienung und Status-LED für jeden Kanal

Tabelle 30.2 KNX-Schaltaktoren mit Strommessung (ABB, MDT)

Merkmal	ABB SA/S 8.16.6.1	MDT AZI-0616.01
Besonderheiten	▶ zwei Stromschwellwerte einstellbar ▶ Erkennung von Fehlerstrom/Lastausfall	▶ TrueRMS-Messung (Stromstärke, kWh) ▶ echter Wirkleistungszähler mit Strom- und Spannungsmessung ▶ Summenfunktion über alle Kanäle ▶ Überwachung von Lastunterschreitung und Überschreitung ▶ Erkennung von Fehlerstrom/Lastausfall ▶ Betriebsstundenzähler
Preis	ca. 285 € (Kanalpreis: 35,60 €)	ca. 265 € (Kanalpreis: 44,16 €)

Tabelle 30.2 KNX-Schaltaktoren mit Strommessung (ABB, MDT) (Forts.)

30.2.1 Produktbeispiel für einen Schaltaktor mit Wirkleistungsmessung

Mit den Geräten AZI-0316.01 (3-fach, ca. 200 €) und AZI-0616.01 (6-fach, ca. 265 €) enthält das Produktangebot von MDT sogar Schaltaktoren mit integriertem *Wirkleistungszähler* (Wh/kWh) mit Strom- und Spannungsmessung, wodurch die tatsächliche Leistung betrachtet werden kann. Die Auswertung des rein ohmschen Anteils einer Last sowie der Blindleistung (kapazitiv/induktiv) und sogar des Phasenwinkels cos phi ist für den MDT AZI kein Problem.

Die integrierte TrueRMS-Messung ist dazu geeignet, den Energieverbrauch von angeschlossenen Verbrauchern zu ermitteln, zu überwachen und anzuzeigen. Über eine Zählerfunktion mit Zwischen- und Hauptzähler können Sie sogar die Stromkosten erfassen. Ein Betriebsstundenzähler und die Summenstromfunktion (über alle Kanäle) runden das beeindruckende Leistungsspektrum des MDT-Schaltaktors mit Wirkleistungsmessung ab. Selbstverständlich sind die Standardanforderungen an einen KNX-Schaltaktor auch beim AZI abgedeckt (Ein-, Ausschaltverzögerungen, Sperrfunktion, Szenenfunktion, Treppenlichtautomatik und einfache UND-/ODER-Logikfunktionen).

Damit Ihnen die Konfiguration des Aktors mit der ETS nicht zu schnell langweilig wird, können Sie mehr als 100 Parameter beeinflussen – und zwar pro Kanal. So manch ein Standardaktor bietet diese Menge nicht mal für alle seine Kanäle zusammen. Das informative, 71 Seiten starke Handbuch geht auf alle Funktionalitäten des Geräts ein. Die umfangreichen Möglichkeiten des MDT-Aktors lassen sich gut mit der Anzahl der verfügbaren Kommunikationsobjekte zeigen. Pro Kanal sind es mehr als 30.

Nummer	Name	Objektfunktion	Beschreibung	Gruppen...	Länge	K	L	S	Ü	A	Datentyp	Priorität
36	Kanal B	Schalten EIN/AUS			1 bit	K	-	S	-	-	Schalten	Niedrig
38	Kanal B	Sperren			1 bit	K	-	S	-	-	Freigeben	Niedrig
39	Kanal B	Szene			1 Byte	K	-	S	-	-	Szenen Nummer	Niedrig
40	Kanal B	Status			1 bit	K	L	-	Ü	-	Status	Niedrig
41	Kanal B	Logik 1			1 bit	K	-	S	-	-	Boolesch	Niedrig
42	Kanal B	Logik 2			1 bit	K	-	S	-	-	Boolesch	Niedrig
43	Kanal B Wirkleistungszähler	Wirkleistung			4 Byte	K	L	-	Ü	-	Leistung (W)	Niedrig
44	Kanal B Wirkleistungszähler	Stromwert			2 Byte	K	L	-	Ü	-	Strom (mA)	Niedrig
45	Kanal B Wirkleistungszähler	Spannungwert			4 Byte	K	L	-	Ü	-	elekt. Potential (V)	Niedrig
46	Kanal B Erweiterte Leistungsmessung	Leistungsfaktor cos Phi			4 Byte	K	L	-	Ü	-	Leistungsfaktor (cos Φ)	Niedrig
47	Kanal B Wirkleistungszähler	Lastüberschreitung			1 bit	K	L	-	Ü	-	Status	Niedrig
48	Kanal B Wirkleistungszähler	Lastunterschreitung			1 bit	K	L	-	Ü	-	Status	Niedrig
49	Kanal B Wirkleistungszähler	Stromüberschreitung			1 bit	K	L	-	Ü	-	Status	Niedrig
50	Kanal B Wirkleistungszähler	Stromunterschreitung			1 bit	K	L	-	Ü	-	Status	Niedrig
51	Kanal B Wirkleistungszähler	Spannungsüberschreitung			1 bit	K	L	-	Ü	-	Status	Niedrig
52	Kanal B Wirkleistungszähler	Spannungsunterschreitun			1 bit	K	L	-	Ü	-	Status	Niedrig
53	Kanal B Zwischenzähler	Elektrische Wirkarbeit (Wl			4 Byte	K	L	-	Ü	-	Wirkarbeit (Wh)	Niedrig
54	Kanal B Zwischenzähler	Kosten in Cent ausgeben			4 Byte	K	L	-	Ü	-		Niedrig
55	Kanal B Zwischenzähler	Zählerstand Tag			4 Byte	K	L	-	Ü	-	Wirkarbeit (Wh)	Niedrig
56	Kanal B Zwischenzähler	Zählerstand Nacht			4 Byte	K	L	-	Ü	-	Wirkarbeit (Wh)	Niedrig
57	Kanal B Zwischenzähler	Reset			1 bit	K	-	S	-	-	Freigeben	Niedrig
58	Kanal B Hauptzähler	Elektrische Wirkarbeit (kW			4 Byte	K	L	-	Ü	-	Wirkarbeit (kWh)	Niedrig
59	Kanal B Hauptzähler	Kosten in Cent ausgeben			4 Byte	K	L	-	Ü	-		Niedrig
60	Kanal B Hauptzähler	Zählerstand Tag			4 Byte	K	L	-	Ü	-	Wirkarbeit (kWh)	Niedrig
61	Kanal B Hauptzähler	Zählerstand Nacht			4 Byte	K	L	-	Ü	-	Wirkarbeit (kWh)	Niedrig
62	Kanal B Hauptzähler	Reset			1 bit	K	-	S	-	-	Freigeben	Niedrig
63	Kanal B Zähler	Event A			1 bit	K	-	-	Ü	-	Start/Stop	Niedrig
64	Kanal B Zähler	Event B			1 bit	K	-	-	Ü	-	Start/Stop	Niedrig
65	Kanal B Betriebsstundenzähler	Rückmeldung Betriebsstu			2 Byte	K	L	-	Ü	-	Zeit (h)	Niedrig
66	Kanal B Betriebsstundenzähler	Rücksetzen Betriebsstund			1 bit	K	-	S	-	-	Schalten	Niedrig

Abbildung 30.2 Beeindruckende Anzahl an Kommunikationsobjekten beim MDT-AZI-Schaltaktor mit Wirkleistungszähler

Zu den in Abbildung 30.2 gezeigten kanalspezifischen Kommunikationsobjekten kommt noch eine ganze Reihe an Zentralfunktionen (Gesamtwirkleistung, aktueller Strompreis, Spannungsfehler usw.) hinzu.

30.2.2 Der Vorteil der Strommessung

Um die Sinnhaftigkeit der Strommessung zu unterstreichen, möchte ich Ihnen eine Reihe von Anwendungsmöglichkeiten im Smart Home auflisten:

- Bei Einschalten des Fernsehers (direkt am Gerät oder per Fernbedienung) wird über die Strommessung der Betriebszustand des Fernsehgeräts ermittelt und automatisch die Fernsehen-Szene aktiviert (Licht abdunkeln, Jalousien schließen, Radio ausschalten usw.).
- Der Stromverbrauch eines Kühlschranks oder einer Gefriertruhe wird permanent überwacht. Verbraucht das Gerät pro Tag nicht mindestens eine gewisse Mindeststrommenge oder schaltet sich der Kompressor über eine definierte Zeit nicht mindestens einmal an, wird von einem Defekt am Gerät ausgegangen, und die Bewohner werden informiert (Schutz vor Auftauen des Gefrierguts). Zu dieser Anwendung finden Sie eine Ausarbeitung im Praxisteil (siehe Abschnitt 53.2, »Mehr Möglichkeiten durch Stromerkennung«).

- Nachdem die Waschmaschine oder der Trockner seine Arbeit beendet hat, wird optisch oder akustisch eine Fertig-Meldung erzeugt.
- Beherrscht der Aktor auch die Wirkleistungsmessung, ergeben sich weitere Anwendungsfälle, wie z. B. die Visualisierung echter Verbrauchsdaten/Kosten sowie die Überwachung von Spannung, Strom und Leistungsfaktor.

Wo liegen die Grenzen der Strommessfunktion?

Bitte beachten Sie, dass die Strommessung eines Schaltaktors für übergeordnete Logikfunktionen sehr sinnvoll ist, aber nicht für die Überwachung von sicherheitsrelevanten Anwendungen verwendet werden sollte und auf keinen Fall, um die Funktion eines Leitungsschutzschalters oder RCD zu übernehmen.

Durch die beschränkte Genauigkeit der Messung eignet sich ein Schaltaktor mit Strommessfunktion ebenfalls nicht für abrechnungsrelevante Verbrauchsmessungen. Deutlich besser sieht es in diesem Punkt bei den mächtigeren Schaltaktoren mit Wirkleistungsmessung aus, wie z. B. dem vorgestellten MDT AZI-0616.01.

30.3 Analogaktor

Analogaktoren haben zur Aufgabe, Nachrichten auf dem KNX-Bus zu empfangen und in analoge Ausgangssignale zu wandeln. Sie sind also sozusagen die DA-Wandler (Digital-zu-Analog-Wandler) der KNX-Welt und nicht zu verwechseln mit den Analogeingängen (siehe Abschnitt 31.4, »Analogeingang«).

Mittels Analogaktoren und deren Ausgangssignalen werden häufig z. B. Endgeräte der Heizungs-, Klima- und Lüftungstechnik angesteuert. Die einzelnen Ausgangskanäle lassen sich per Software (wie immer die ETS) auf unterschiedliche Strom- und Spannungsformate parametrieren. Dazu benötigt der Analogaktor eine zusätzliche Spannungsversorgung, die Busspannung allein reicht nicht aus.

Ein repräsentatives Beispiel für einen KNX-Analogaktor der Firma Berker (Abbildung 30.3) finden Sie in Tabelle 30.3:

Merkmal	Berker 7551 40 01
Ausgänge	4, erweiterbar
Benötigte Hilfsspannung	24 V DC, max. 310 mA

Tabelle 30.3 KNX-Analogaktor (Berker 7551 40 01)

Merkmal	Berker 7551 40 01
Art der Ausgangssignale	▶ 0–1 V DC ▶ 0–10 V DC ▶ 0–20 mA DC ▶ 4–20 mA DC
Softwarefunktionen	▶ Zwangsführung ▶ zyklische Überwachung ▶ Dimmen ▶ Alarmausgang
Preis	ca. 260 €

Tabelle 30.3 KNX-Analogaktor (Berker 7551 40 01) (Forts.)

Als kleine Besonderheit lässt sich die Anzahl der Ausgänge von Analogaktoren oft durch Erweiterungsmodule erhöhen. Im Fall von Berker heißt das Erweiterungsmodul 7552 40 01 (Abbildung 30.4). Es erweitert die Ausgänge auf das Maximum von 8 und kostet mit ca. 225 € etwas weniger als das Grundgerät selbst.

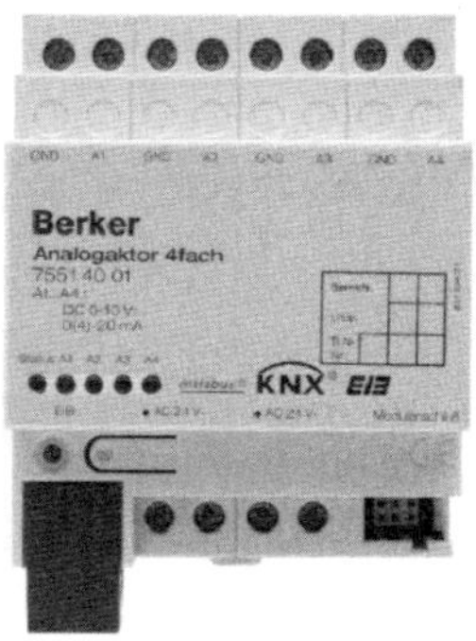

Abbildung 30.3 KNX-Analogaktor (Quelle: Berker) ...

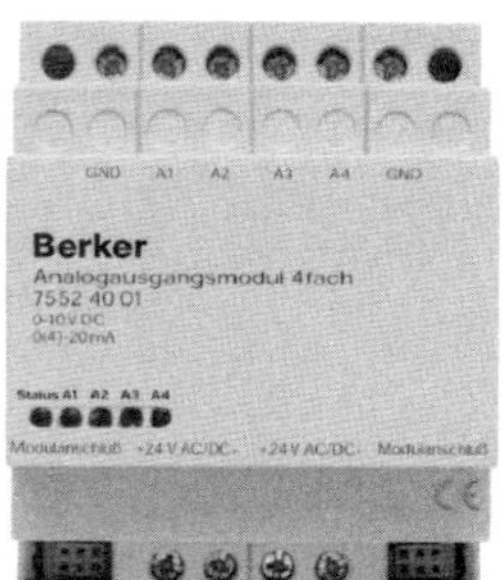

Abbildung 30.4 ... und passendes Erweiterungsmodul (Quelle: Berker)

30.4 Jalousieaktor

Mit eine der wichtigsten Funktionalitäten im modernen Smart Home ist die automatische Beschattung, ein Paradebeispiel für den Einsatz eines Gebäudeautomatisierungsbus wie KNX. Das benötigte Busmodul für die Ansteuerung von motorischen Antrieben ist dabei der *Jalousieaktor*. Das Bewegen einer Jalousie (Behangsteuerung und Lamellenverstellung) ist nur ein möglicher Anwendungsfall für einen Jalousieaktor, andere sind:

- Rollläden
- elektrische Fenster und Vorhänge, Markisen
- Trennwände
- Lüftungsklappen, Oberlichter
- Garagentore

Ich gehe in diesem Kapitel exemplarisch auf den Anwendungsfall Jalousien mit Lamellen ein, für alle anderen Einsatzgebiete gelten jedoch dieselben Aussagen. Generell muss bei der Wahl des richtigen Jalousieaktors, unabhängig vom Einsatzzweck, vor allem auf die Betriebsspannung der Motoren geachtet werden. Im Fall von Behängen sind das in der Regel Aktoren:

1. für 230-V-AC-Motoren
2. für 24-V-DC-Motoren
3. mit SMI-Interface, eine Beschreibung des SMI (Standard Motor Interface) finden Sie in Abschnitt 12.6, »Antriebe steuern mit SMI«

Die KNX-Jalousieaktoren mit Wechselstromkontakten können in der Regel keine DC-Motoren schalten.

30.4.1 Anschluss eines KNX-Jalousieaktors

Das Anschlussprinzip eines Jalousieaktors ist dem des normalen Schaltaktors sehr ähnlich, jedoch mit dem entscheidenden Unterschied, dass Sie für beide Drehrichtungen des Motors (auf und ab) jeweils einen eigenen Schaltkontakt benötigen.

Vielleicht haben Sie an dieser Stelle zu Recht den Einwand, dass die skizzierte Schaltung (Abbildung 30.5) auch mit einem herkömmlichen Schaltaktor mit zwei Kanälen gelöst werden könnte. Prinzipiell stimmt das auch, der Jalousieaktor hat jedoch eine essenzielle Besonderheit: Im Gegensatz zum Schaltaktor steuert er die Antriebe über einen Wechselkontakt. Je nach Fahrtrichtung wird dadurch die entsprechende Wicklung im Antrieb angesteuert. Es kann niemals zu einer gleichzeitigen Aktivierung beider Wicklungen kommen, was zur Zerstörung des Motors führen würde.

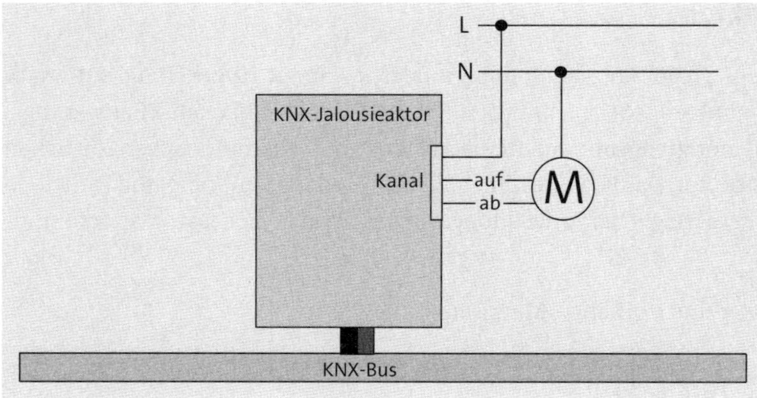

Abbildung 30.5 Anschluss KNX-Jalousieaktor

Würden Sie hingegen einen Schaltaktor zur Jalousieansteuerung einsetzen, sind Sie vor dieser gleichzeitigen Aktivierung von zwei Ausgängen nicht geschützt. Eine einfache Fehlbedienung oder Fehlparametrierung würde ausreichen, um den Antrieb zu zerstören.

Manche Hersteller bieten Schaltaktoren an, die explizit auch als Jalousieaktor betrieben werden können. Ein Beispiel ist der TXA207A von Hager (*www.hager.de*). Dieser 10-fach-Schaltaktor kann über die ETS auch als 5-fach-Jalousieaktor parametriert werden, und zwar für jedes Kanalpaar separat. Für einen entsprechenden Schutz vor gleichzeitiger Aktivierung von beiden Drehrichtungen am Motor sorgt der TXA207A selbstständig, wenn er als Jalousieaktor betrieben wird.

Pro Kanal nur ein Motor!

Sollen mehrere Jalousiemotoren parallel geschaltet werden, müssen die Motoren entweder für Parallelschaltung geeignet sein, oder es müssen *Trennrelais* verwendet werden. Beachten Sie das nicht, riskieren Sie mit hoher Wahrscheinlichkeit die Zerstörung des Motors oder Behangs.

30.4.2 Produktbeispiel für einen KNX-Jalousieaktor

Die folgende Tabelle 30.4 stellt Ihnen die wichtigsten Merkmale zweier häufig eingesetzter KNX-Jalousieaktoren für 230-V-Motoren der Hersteller ABB (*www.abb.de*) und BMS (*www.bms-solutions.de*) vor.

Merkmal	ABB JRA/S X.230.5.1	BMS MCU-09
	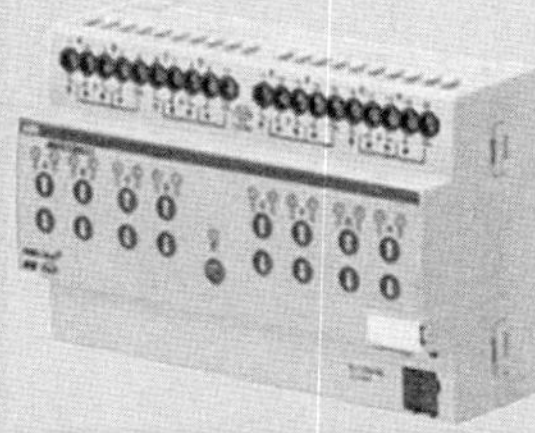	
Ausgänge	8 Kanäle für 230-V-Motoren, max. 6 A	9 Kanäle für 230-V-Motoren, max. 2,5 A
Bedienelemente	▸ pro Kanal Folientaster zum Steuern (Fahren auf/ab, Lamelle auf/zu) ▸ eine Folientaster für Aktivierung/Deaktivierung des Handbetriebs	▸ Gruppenprüftasten ▸ Lokalbedienungsanschluss (9-fach), wahlweise als Binäreingang nutzbar, siehe unten
Anzeigeelemente	▸ pro Kanal zwei LEDs für Ausgangsstatusanzeige ▸ eine LED zur Anzeige von aktiviertem Handbetrieb	▸ pro Kanal eine LED für Statusanzeige des Ausgangs ▸ eine Status-LED
Einbaumaß	REG: 8 TE	REG: 9 TE
Fahrzeitermittlung	Fahrzeiten der Antriebe werden automatisch über Endlagenerkennung ermittelt und im Aktor gespeichert	Laufzeiteinmessung mit Endschaltererkennung
Zusätzliche Binäreingänge	keine	18 potenzialfreie Kontakte
Preis	ca. 310 € (Kanalpreis: 39 €)	ca. 564 € (Kanalpreis: 63 €)

Tabelle 30.4 KNX-Jalousieaktoren (ABB, BMS)

Der pro Kanal höhere Preis des BMS-Aktors lohnt sich immer dann, wenn Sie die zusätzlichen 18 potenzialfreien Eingänge sinnvoll nutzen können. Das wäre z. B. dann der Fall, wenn Sie Reed-Kontakte für Ihre Fenster einplanen und vom BMS einlesen lassen. Zum Vergleich: Ein Binäreingang für 16 Reed-Kontakte, z. B. der BE-16000.01 von MDT, würde ca. 225 € kosten, womit sich unterm Strich die BMS-Lösung als die billigere herausstellen könnte und zudem weitaus weniger kostbaren Hutschienenplatz benötigt.

30.4.3 Spezielle Softwarefunktionen von Jalousieaktoren

Die Applikationssoftware von Jalousieaktoren bietet je nach Hersteller eine Reihe an Funktionen, die für die Ansteuerung von Behängen jeglicher Art benötigt werden, unter anderem sind das:

- Ansteuerung der **Behangposition** und **Lamellenöffnung**.
- **Einstellbare Umkehrpause** (Wartezeit nach Wechsel des Fahrrichtungskommandos): Diese liegt in der Regel bei > 500 ms, muss aber unbedingt an die technischen Daten des jeweiligen Antriebsherstellers angepasst werden.
- **Zeitverzögertes Schalten** der Antriebe: Meist nur notwendig, wenn sehr viele Antriebe gleichzeitig gefahren werden müssen und ein zu hoher Anlaufstrom entstehen würde.
- **Einstellbare Grenzwerte**: Dient der Begrenzung des Fahrbereichs.
- **Sicherheitsfunktionen** (Windalarm, Regenalarm, Frostalarm): Bei außen liegenden Jalousien sollte auf jeden Fall das Sicherheitsobjekt für Windalarm von einer Wetterstation gespeist werden. Der Grenzwert für Windalarm wird vom Sonnenschutzinstallateur bestimmt und liegt in der Regel zwischen ca. 6 und 12 m/s. Sicherheitsfunktionen haben immer Vorrang, sodass sichergestellt ist, dass im Fall eines Windalarms (von der Wetterstation generiert) der Behang auf jeden Fall eingefahren wird.
- **Automatikbetrieb**: Ein je nach Aktormodell unterschiedlicher Modus zur automatischen Steuerung von Jalousien, abhängig von Sonnenposition, Heizen-/Kühlen-Modus, Raumtemperatur usw. Die benötigten Umweltmesswerte können vom Jalousieaktor in der Regel nicht selbst ermittelt werden, sondern werden z. B. über eine Wetterstation (siehe Abschnitt 29.4, »Wetterstation«) über KNX-Telegramme gemeldet.
- **Fahrzeitermittlung** (über Stromerkennung): Der Aktor ermittelt automatisch und selbstständig die Fahrzeit in beiden Richtungen von Endlage zu Endlage im laufenden Betrieb (über Messung der Dauer des Stromflusses). Gegenüber den ansonsten manuell zu messenden und per ETS einzutragenden Zeiten hat die automatische Ermittlung den Vorteil, dass Alterungsprozesse und temperaturbedingte Einflüsse auf den Behang und eine Dehnung von Bändern oder Seil kompensiert werden. Eine genauere Positionierung, vereinfachte Inbetriebnahme des Behangs und bessere Fehlerkontrolle sind weitere Vorteile.

Parametriert werden Jalousieaktoren wie immer über die ETS. Ein Beispiel für die umfangreichen Einstellungen der Sicherheitseinstellungen finden Sie in Abbildung 30.6.

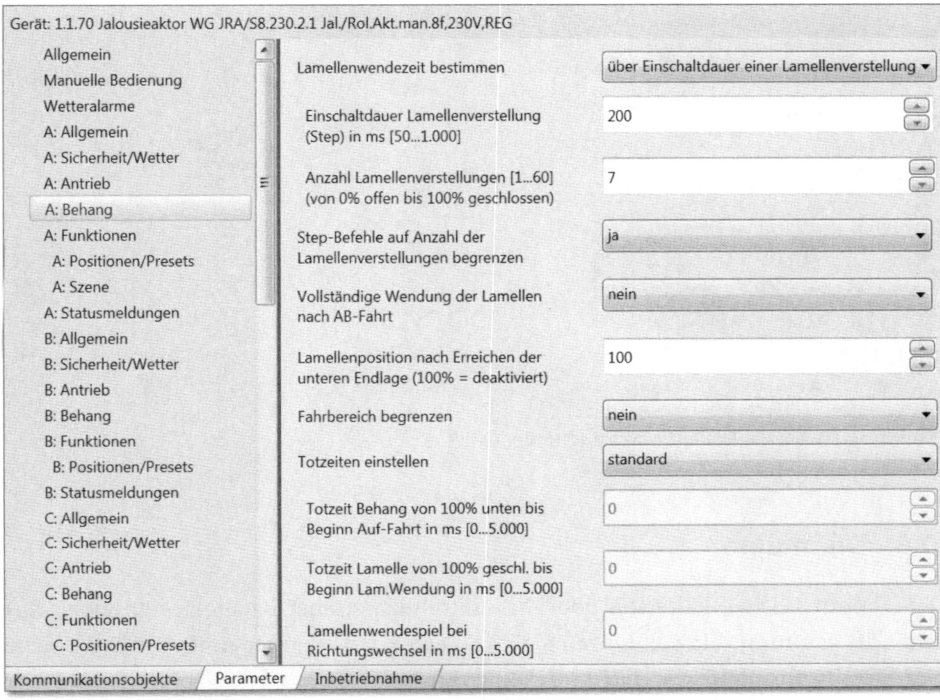

Abbildung 30.6 Einstellungen für einen ABB-Jalousieaktor

30.5 Rollladenaktor

Der *Rollladenaktor* ist eine Sonderform des Jalousieaktors. Er bietet eine nahezu identische Funktionalität und besitzt zwar naturgemäß keine Steuerung von Lamellenpositionen, selbstverständlich aber die obligatorischen Sicherheitsfunktionen (eigene Kommunikationsobjekte für Windalarm, Regenalarm und Frostalarm).

Ein Beispiel für einen 4-fach-Rollladenaktor ist der Gira 2160 00 (Preis: ca. 160 €, Abbildung 30.7), der für alle Arten von elektrisch betriebenen Rollläden, Markisen oder ähnlichen Behängen mit 230-V-AC-Motoren geeignet ist. Jeder Rollladenausgang ist mit 6 A belastbar und verfügt über netzversorgte monostabile Schaltrelais, sodass Vorzugslagen auch bei Busspannungsausfall eingestellt werden können. Ein Handbetrieb am Gerät ist ebenso möglich wie das Ablesen der Kanalzustände über LEDs.

Eine automatische Fahrzeitermittlung besitzt der 2160 00 leider nicht, die Zeiten für Ein- und Ausfahren der Behänge müssen manuell ermittelt und mittels der ETS konfiguriert werden.

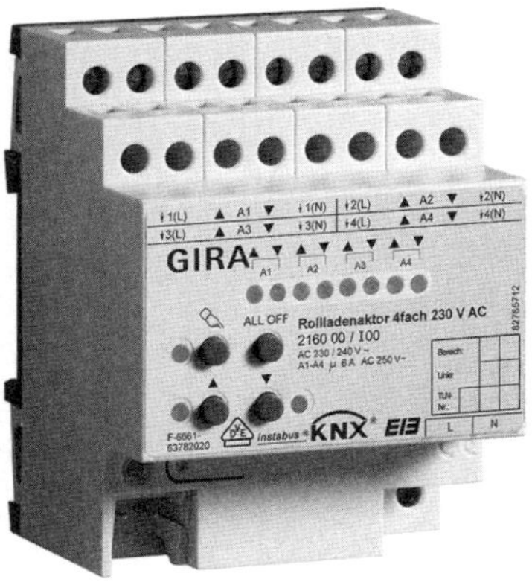

Abbildung 30.7 KNX-Rollladenaktor (Quelle: Gira)

30.6 Dimmaktor

Ungedimmtes Licht schalten Sie über KNX mittels klassischer Schaltaktoren. Sobald das Licht aber gedimmt sein soll, setzen Sie KNX-*Dimmaktoren* (oder alternativ DALI, siehe Kapitel 9, »Atmosphärisches Licht mit DALI«) ein.

Dimmaktoren gehören leider zu den größten und teuersten KNX-Boliden, erlauben aber durch ihre Lasterkennung den Dimmbetrieb von unterschiedlichen Arten von Leuchtmitteln mittels *Phasenanschnittsteuerung* und *Phasenabschnittsteuerung*. Somit können herkömmliche Glühlampen genauso wie 230-V-Halogenlampen und Niedervolthalogenlampen an elektronische und gewickelte Transformatoren angeschlossen werden.

Die folgende Abbildung 30.8 zeigt das Anschlussprinzip eines Dimmaktors. Falls der Aktor intern gebrückte N-Anschlüsse besitzt, dürfen Sie das gesamte Gerät nur über einen einzigen RCD versorgen, also die einzelnen Kanäle nicht über unterschiedliche RCDs anfahren.

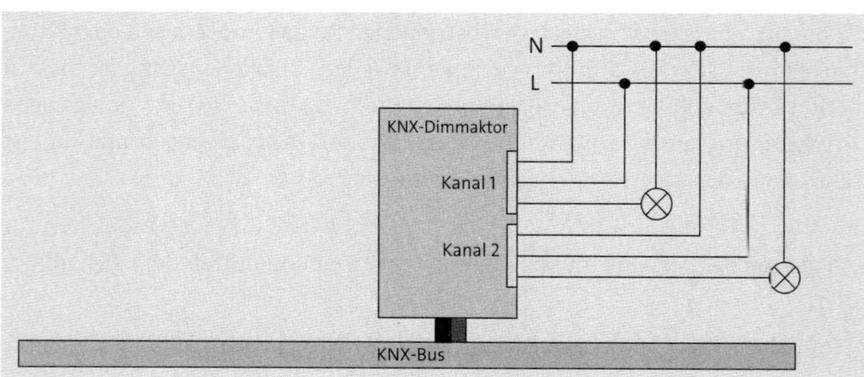

Abbildung 30.8 Anschluss KNX-Dimmaktor

30.6.1 Überblick über verschiedene Lasttypen

Damit ein Dimmkanal ordnungsgemäß funktioniert, müssen Sie für ihn den passenden Lasttyp einstellen. Je nach Dimmermodell wählen Sie per ETS unter folgenden Typen aus Tabelle 30.5:

Lasttyp	Geeignet für
Phasenabschnitt RC, ohmsche Lasten	▸ konventionelle Glühbirnen ▸ Hochvolthalogenlampen
Phasenanschnitt L, induktive/gewickelte Trafos	▸ Leuchtstofflampen mit konventionellem Vorschaltgerät ▸ Niedervolthalogenlampen mit gewickeltem Trafo
Phasenabschnitt Energiesparlampe, LED, Halogen mit elektronischem Trafo	▸ Energiesparlampen mit elektronischem Trafo ▸ Leuchtstofflampen mit elektronischem Trafo ▸ LEDs mit elektronischem Trafo ▸ Hochvolthalogenlampen mit elektronischem Trafo ▸ Niedervolthalogenlampen mit elektronischem Trafo
Phasenanschnitt Energiesparlampe, LED, ohne Trafo	▸ LEDs für 230 V (Retrofit) ▸ normale Energiesparlampen
Phasenanschnitt Energiesparlampe ohne Trafo, 100%-Start	▸ Leuchtstofflampen und Energiesparlampen, die einen 100-%-Start benötigen

Tabelle 30.5 Lasttypen bei Dimmaktoren

Da mittlerweile auch der Wunsch nach dimmbaren LED-Leuchtmitteln immer größer wird, achten Sie bei der Beschaffung eines KNX-Dimmaktors idealerweise auch auf dessen explizite Eignung für den LED-Betrieb. LED-taugliche Geräte gibt es zum Beispiel von:

- MDT (*www.mdt.de*)
- Gira (*www.gira.de*), Modell 217400 (auf Index I02 achten!)

Sehr vorteilhaft ist auch die Möglichkeit, die Kennlinie für das Dimmverhalten per ETS einstellen zu können. In der Regel wird ein möglichst lineares (gleichmäßiges) Dimmverhalten angestrebt, was je nach Leuchtmittel über eine der folgenden Kennlinien erreicht wird:

- linear (für Glühlampen, Halogenlampen, LEDs)
- quadratisch (für Energiesparlampen und Leuchtstofflampen)
- logarithmisch, halblogarithmisch

30.6.2 Produktbeispiel für einen KNX-Dimmaktor

KNX-Dimmer erhalten Sie von den meisten großen Herstellern in verschiedenen Ausführungen – als 1-fach-Dimmer, als 2-fach-, 3-fach- und 4-fach-Geräte, von 200 W bis über 600 W. In den Produktpaletten von Hager, Berker, Gira, ABB, MDT usw. werden Sie mit Sicherheit fündig.

Exemplarisch möchte ich Ihnen den 4-fach-Dimmer 2174 00 von Gira (Preis: ca. 350 €, Abbildung 30.9) vorstellen, der ab dem Index I02 auch voll LED-fähig ist.

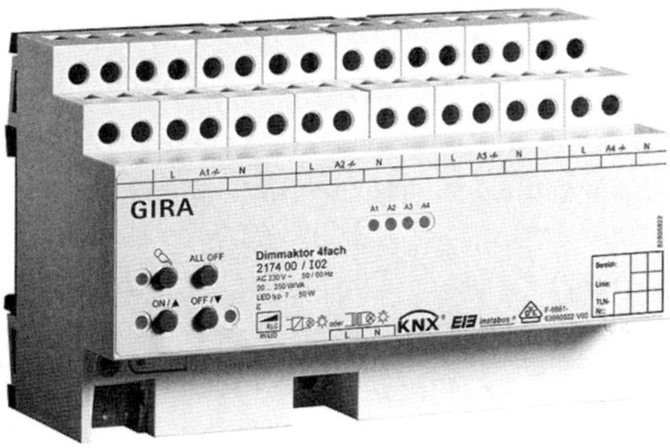

Abbildung 30.9 4-fach-KNX-Dimmaktor (Quelle: Gira)

Das Gerät liefert pro Ausgang zwischen 20 W (Mindestlast) und 250 W (Maximallast) für Glühlampen, Hochvolthalogenlampen sowie induktive und elektronische Trafos. Bei Hochvolt-LEDs und Leuchtstofflampen sind es 7 bis 50 W. Wie bei Dimmaktoren üblich, nimmt auch dieses Modell mit 8 TE großzügig Platz im Verteiler in Anspruch.

Die N-Klemmen der Versorgung der Lastausgänge (Anschluss erforderlich!) sind im Gerät erfreulicherweise nicht gebrückt mit dem Vorteil, dass verschiedene RCD-Stromkreise angeschlossen werden können.

Als weitere Besonderheit besitzt der Gira-Aktor für alle Lastausgänge eine elektronische Handbedienung sowie eine Reihe von Status-LEDs auf der Gerätefront. Für jeden Ausgang sind außerdem ein Kurzschlussschutz und ein Übertemperaturschutz integriert. Die vollständig per ETS parametrierbaren Funktionen beinhalten neben den gängigen Standardleistungsmerkmalen, wie Treppenlichtfunktion, Lichtszenenbetrieb und einstellbarem Dimmverhalten, auch folgende Besonderheiten:

- Einschaltzeiten können durch Betriebsstundenzähler erfasst und ausgewertet werden.
- Die eingestellte Lastart eines Dimmkanals kann per KNX-Bus abgefragt werden.
- Benutzerdefinierter Kennlinienverlauf.

30.6.3 Hinweise zum Einsatz von Dimmaktoren

Achten Sie bei Planung, Einbau und beim Betrieb von Dimmaktoren bitte auf Folgendes:

- Wegen der Verlustleistung von Dimmaktoren ist mit erhöhter Wärmeentwicklung im Verteilerschrank zu rechnen. Daher sind Abstände zwischen den einzelnen Modulen ratsam und ebenso eine Platzierung möglichst weit unten im Schaltschrank.
- Elektronische und konventionelle Trafos nicht an einem Dimmkreis mischen (ohmsche Lasten wie z. B. Glühlampen können an allen Dimmkreisen angeschlossen werden).
- Weiterhin dürfen induktive Trafos nicht gemeinsam mit Hochvolt-LEDs oder Kompaktleuchtstofflampen an einen Kanal angeschlossen werden.
- Bei LED-Leuchtmitteln führt der hohe Einschaltstrom dazu, dass die maximale Last, je nach Hersteller des Leuchtmittels, stark reduziert geplant werden muss (Richtwert für 250-W-Dimmkanal: nicht mehr als 25- bis 80-W-LED-Leuchtmittel!).
- Beim Dimmen von LEDs sollte der Dimmer eine möglichst geringe Mindestlast voraussetzen (z. B. 4 W oder 7 W).
- Universaldimmaktoren prüfen durch Anlegen von Spannung am Ausgang, ob es sich um eine induktive oder eine kapazitive Last handelt, und passen ihr Dimmprinzip (Wirkweise) entsprechend als Phasenanschnitt- oder Phasenabschnittsteuerung an.
- Bei einstellbaren Dimmmodi: Das am Dimmer eingestellte Dimmprinzip muss zu der Lastart passen, insbesondere bei Änderungen ist vor dem ersten Anschalten darauf zu achten.
- An manchen Mehrkanaldimmern ist es erforderlich, Ausgänge, an denen kein Leuchtmittel betrieben wird (oder es defekt ist), zu deaktivieren.
- Schalten Sie niemals auf der Sekundärseite eines an den Dimmer angeschlossenen Trafos den Verbraucher ab.
- Schließen Sie keine Leuchten mit integriertem Dimmer an.
- Schalten Sie KNX-Dimmaktoren nicht mit KNX-Schaltaktoren in Reihe.

30.6.4 Alternativen zum Dimmaktor

Anstelle eines klassischen KNX-Dimmaktors für 230-V-Betrieb können, je nach eingesetzten Leuchtmitteln, auch weitere Alternativen sinnvoll sein. So existieren für die noch verbreitete 0–10-V-Technik spezielle Schalt-/Dimmaktoren, beispielsweise der SD/S 4.16.1 von ABB (4 Kanäle) oder auch von MDT der AKD-0410V.02 (4 Kanäle). Letzterer erlaubt über einen PWM-Controller auch die Ansteuerung von RGBW-Stripes.

Planen Sie für Ihr Projekt nicht nur zwei oder drei dimmbare Leuchtmittel, lohnt sich ein Blick auf den DALI-Bus (siehe Kapitel 9, »Atmosphärisches Licht mit DALI«). Bei einer einzigen Leuchte hingegen wäre die dafür notwendige Anschaffung eines KNX-DALI-Gateways unwirtschaftlich.

30.7 Heizungsaktor

Technische Anlagen zur Regelung von Raumklima und Raumtemperatur sind in einem Gebäude die maßgeblichsten Verbraucher von Energie und sollten daher besonders gründlich geplant und umgesetzt werden. Die KNX-Gebäudetechnik bietet zur Optimierung des Energieverbrauchs eine breite Palette an Gerätschaften.

Ein *Raumtemperaturregler* (RTR) erfasst die Raum-Isttemperatur, berechnet nach einem bestimmten Algorithmus unter Berücksichtigung der gewünschten Solltemperatur eine Stellgröße und gibt diese über ein KNX-Telegramm an den Ventilantriebsaktor.

Ventilantriebsaktoren, oder auch *Heizungsaktoren* genannt, dienen der Ansteuerung von thermoelektrischen Stellantrieben in Heiz-/Kühlsystemen. Sie öffnen/schließen ein Ventil eines Heiz- (oder auch Kühl-)Kreises, worauf die Raumtemperatur steigt oder sinkt.

Im Zusammenspiel sind diese Geräte Bestandteile einer wirkungsvollen *Einzelraumregelung* (ERR).

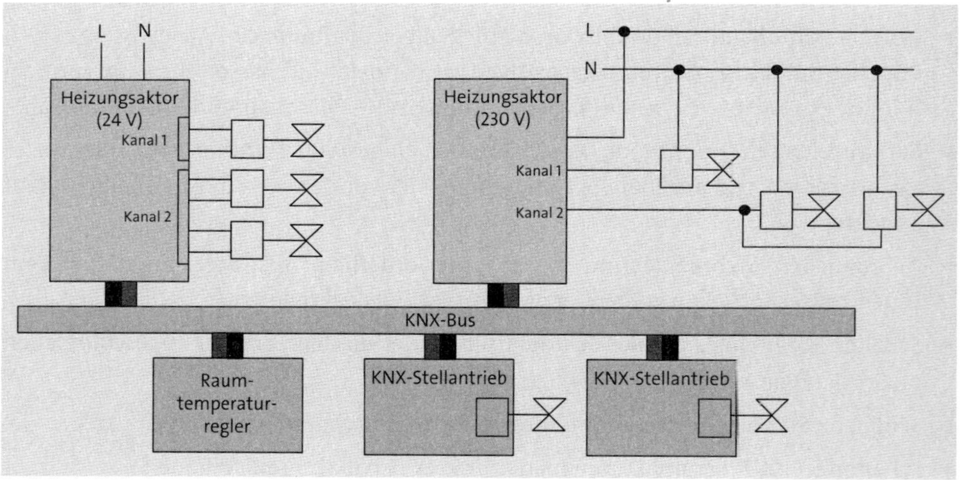

Abbildung 30.10 Anschluss von KNX-Heizungsaktoren

In Abbildung 30.10 sind insgesamt drei unterschiedliche Möglichkeiten, Stellantriebe anzusteuern, vereint:

1. 230-V-Heizungsaktor
2. 24-V-Heizungsaktor (mit 230-V-Versorgung)
3. Stellantrieb mit KNX-Busanbindung

Variante 3 steht dabei außen vor, da sie ohne Heizungsaktor auskommt, dient aber zur Vervollständigung und als Vorgriff auf Abschnitt 39.3, »Thermoelektrische und elektromotorische Stellantriebe«. Die Stellgrößen erhalten alle Varianten in diesem Beispiel von einem RTR über den KNX-Bus. Wie Sie außerdem erkennen können, erlauben Heizungsaktoren auch, mehr als einen Stellantrieb pro Kanal zu betreiben, wobei aber auf jeden Fall der maximale Ausgangsstrom berücksichtigt werden muss.

Die nachfolgende Tabelle 30.6 zeigt Ihnen exemplarisch zwei Heizungsaktoren für den Schaltschrankeinbau. Das ABB-Gerät besitzt zwölf Kanäle und eine manuelle Ansteuerung der Stellantriebe, der Aktor von MDT verfügt über acht Kanäle und einen bereits integrierten Temperaturregler.

Merkmal	ABB VAA/S 12.230.2.1	MDT AKH – 0800.01
	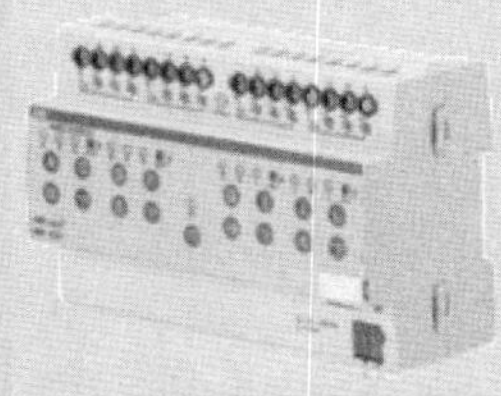	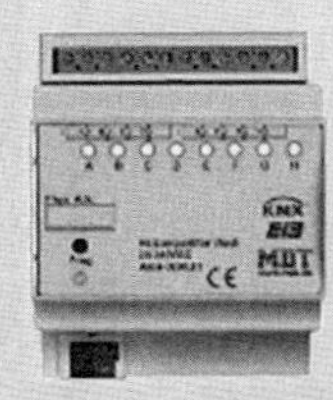
Ausgangskanäle	12	8
Zulässiger Spannungsbereich	24–230 V AC	24 oder 230 V AC
Maximaler Ausgangsstrom	160 mA pro Kanal	500 mA
Einbaumaß	REG: 8 TE	REG: 4 TE
Besonderheiten	▶ manuelle Bedienung ▶ für 2-Punkt-Regelung und PWM ▶ Ventilschutzfunktion ▶ Kennlinienkorrektur ▶ benötigt RTR	▶ Temperaturregler bereits integriert (kein RTR benötigt) ▶ für 2-Punkt-Regelung und PWM ▶ Ventilschutzfunktion ▶ Notbetrieb ▶ Taupunktalarm
Preis	ca. 260 €	ca. 140 €

Tabelle 30.6 KNX-Heizungsaktoren (Quellen: ABB Stotz-Kontakt, MDT)

Geräte mit integriertem Temperaturregler haben den Vorteil, dass Sie häufig auf einen RTR in jedem Wohnraum verzichten können. Voraussetzung ist dann allerdings, dass Sie die aktuelle Raumtemperatur (die ansonsten über den RTR zur Verfügung gestellt wird) über einen beliebigen Temperatursensor (darf auch 1-Wire sein) dem Heizungsaktor über den KNX-Bus zuführen.

Alle notwendigen Einstellungen am Aktor nehmen Sie komfortabel über die ETS vor. Der Screenshot aus Abbildung 30.11 zeigt die Einstellungsmöglichkeiten für eine 2-Punkt-Regelung:

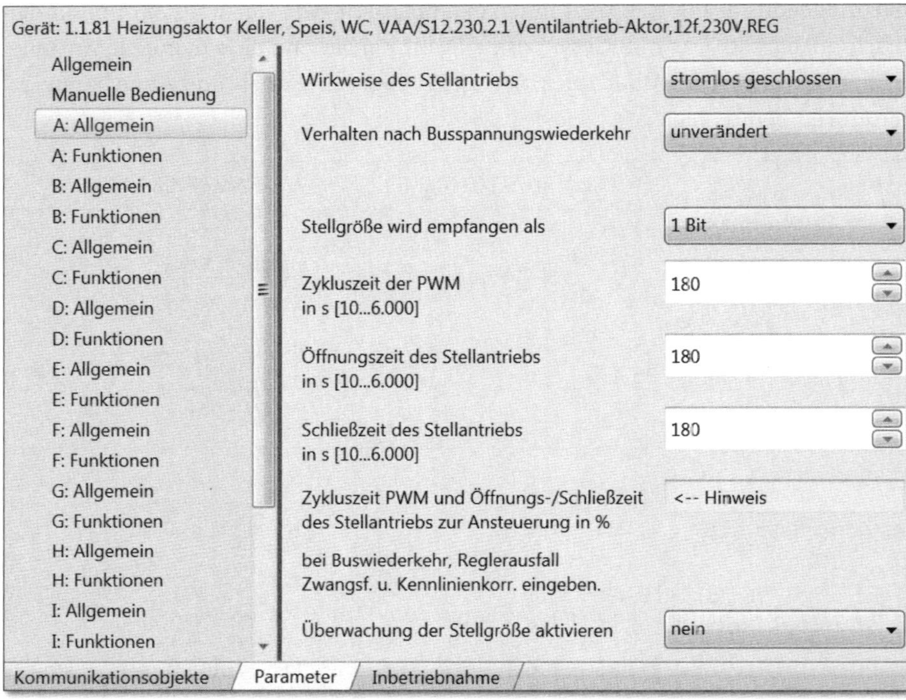

Abbildung 30.11 Einstellungen für einen Heizungsaktor (ABB VAA/S 12.230.2.1)

Was die Montage der Heizungsaktoren betrifft, haben Sie grundsätzlich die Wahl zwischen:

1. in Haupt- oder Unterverteilung als REG-Gerät
2. direkt im Heizkreisverteiler

Im ersten Fall planen Sie für jeden anzusteuernden Stellantrieb jeweils zwei Adern zwischen dem REG-Aktor und dem Heizkreisverteiler. Da Sie die N-Leiter zusammenfassen dürfen, sind für x Stellantriebe x + 1 Adern erforderlich (z. B. Ölflexleitung). Guter Stil: Eine KNX-Busleitung können Sie außerdem für künftige Erweiterungen vorsehen.

Sitzt der Aktor direkt im Heizkreisverteiler, benötigen Sie an dieser Stelle nur eine KNX-Leitung und einmal 230 V. Das im Folgenden abgebildete Aktormodell (ABB VAA/A 6.24.1, Preis: ca. 275 €, Abbildung 30.12) versorgt »vor Ort« im Heizkreisverteiler insgesamt bis zu 13 Stellantriebe mit 24 V.

Vergleichbare Geräte finden Sie auch bei Theben (*www.theben.de*) unter den Modellbezeichnungen HMT 6 KNX (6-fach) und HMT 12 KNX (12-fach).

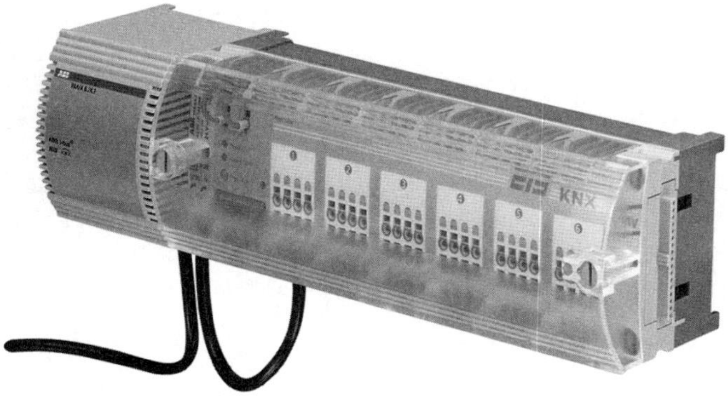

Abbildung 30.12 Heizungsaktor für Heizkreisverteiler (Quelle: ABB Stotz-Kontakt)

30.8 Lüfter und Fan-Coil-Aktor

Ein *Fan-Coil-Aktor* wird immer dann eingesetzt, wenn es um die elektrische Ansteuerung von Gebläsekonvektoren (Fan-Coil-Units) geht. Lüfter bzw. Gebläsekonvektoren werden zum dezentralen Heizen und Kühlen verwendet und über eine zentrale Wärme- bzw. Kälteversorgung gespeist. Betrieben werden können sie in Zweirohrsystemen (nur Heizen, nur Kühlen oder Heizen/Kühlen über gemeinsames Rohrleitungssystem) genauso wie in Vierrohrsystemen (Heizen und Kühlen erfolgt über getrennte Rohrleitungen).

Die Besonderheit von Fan-Coil-Aktoren gegenüber z. B. Schaltaktoren ist die Sicherstellung, dass keine zwei Lüfterstufen gleichzeitig einschaltbar sind, wofür in der ETS eine parametrierbare Umschaltpause zur Verfügung steht.

Die folgende Tabelle 30.7 zeigt die wichtigsten Merkmale von zwei exemplarisch gewählten Gerätemodellen von ABB und Jung:

Merkmal	ABB FCA/S 1.2.1.2	Jung FCA 2 REGHE
Ansteuerbare Geräte	▸ 2 × Ventil (0–10 V DC) ▸ Lüfter 6 A (3 Kontakte) ▸ Ausgang 16 A	2
Ausgangsleistung	3 × 6 A, 1 × 16 A	10 A
Lüftungsstufen	▸ ein 3-stufiger Lüfter ▸ ein 2-stufiger Lüfter ▸ ein 1-stufiger Lüfter ▸ oder 3 Einzelausgänge	insgesamt 8, verteilt auf 2 Geräte/Ausgänge

Tabelle 30.7 KNX-Fan-Coil-Aktoren (ABB, Jung)

Merkmal	ABB FCA/S 1.2.1.2	Jung FCA 2 REGHE
Geeignete Rohrsysteme	▸ 2-Rohr-System ▸ 3-Rohr-System ▸ 4-Rohr-System	▸ 2-Rohr-System ▸ 4-Rohr-System
Bedienelemente	keine	4 Drucktasten für Handbetrieb
Zusätzliche Eingänge	3, potenzialfrei	keine
Zustandsanzeige über LED	nein	ja
Preis	ca. 200 €	ca. 270 €

Tabelle 30.7 KNX-Fan-Coil-Aktoren (ABB, Jung) (Forts.)

Das Gerät von Jung verfügt über acht Funktions-LEDs (eine LED je Ausgang) und vier Drucktasten für eine manuelle Lüftersteuerung, die auch ohne KNX-Busspannung und ohne vorherige Parametrierung über die ETS eine schnelle Funktionsprüfung der angeschlossenen Ventile und Lüfter ermöglichen.

Der Aktor von ABB (Abbildung 30.13) hingegen wartet mit drei zusätzlichen Eingängen auf, die beispielsweise für einen Fensterkontakt oder einen Temperatursensor genutzt werden können.

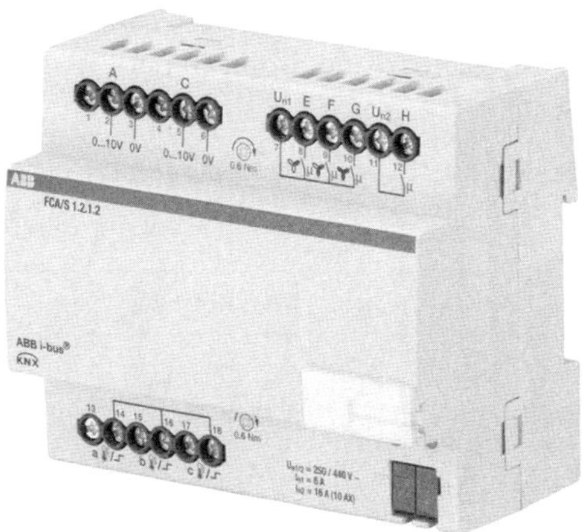

Abbildung 30.13 KNX-Fan-Coil-Aktor (Quelle: ABB Stotz-Kontakt)

Ein Anschlussbeispiel finden Sie in der Darstellung aus Abbildung 30.14 für einen typischen Fan-Coil-Aktor mit einem ansteuerbaren Gerät (z. B. ABB LFA/S 1.1). Ein dreistufiger Lüfter wird an den Ausgängen A bis C betrieben, der verbleibende Ausgang D wird für die Ansteuerung eines Ventils benutzt. Die Stellgrößen für die Lüfter werden z. B. von einem Raumtemperaturregler (RTR) zur Verfügung gestellt.

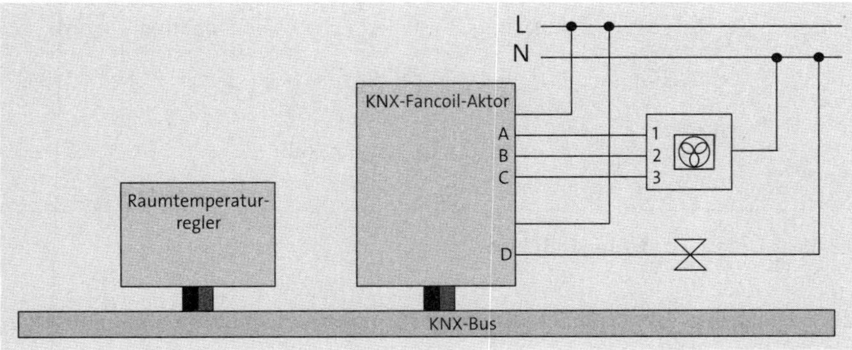

Abbildung 30.14 Anschluss KNX-Fan-Coil-Aktor

30.9 Unterputzaktoren

Alle bisher aufgeführten Aktoren haben gemeinsam, dass sie als REG (Reiheneinbaugerät) auf einer Hutschiene im Verteilerschrank montiert werden. Diese zentrale Lösung ist prinzipiell die richtige, sie garantiert in Kombination mit Reihenklemmen die höchste Flexibilität. Durch einfaches Umverdrahten im Verteiler lässt sich aus einer Ader mit Konstantstrom eine geschaltete Ader machen oder die Ansteuerung einer Beleuchtung statt über einen Schaltaktor über einen Dimmaktor realisieren.

Es gibt jedoch Fälle, in denen ein dezentraler Aktor direkt »vor Ort« sinnvoll sein kann. Haben Sie beispielsweise an Ihrem Fernsehschrank nicht genügend einzeln schaltbare Adern vorgesehen, dafür aber an dieser Stelle eine abgreifbare KNX-Leitung, lösen Sie das Problem recht elegant mit einem UP-Schaltaktor. Ein anderes Beispiel wäre die nachträglich gewünschte Ansteuerung einer Jalousie mit einem UP-Jalousieaktor.

Netter Nebeneffekt bei UP-Geräten: Sie beinhalten oft einen oder mehrere zusätzliche Binäreingänge (z. B. sinnvoll für die Abfrage von Reed-Kontakten an Fenstern).

Ein recht vollständiges Sortiment an UP-Aktoren finden Sie unter anderem bei ABB, gezeigt in Tabelle 30.8:

Bezeichnung	Gerätetyp	Ausgänge	Eingänge	Preis
SA/U 1.16.1.1	Schaltaktor	1 × 16 A, 230 V	2-fach	ca. 85 €
JRA/U 1.230.1.1	Jalousie-/Rollladenaktor	1 Jalousieausgang 3 A, 230 V	3-fach	ca. 100 €
VAA/U 1.230.1	Heizungsaktor	1 × 25 mA für max. 2 Stellantriebe, 230 V	3-fach	ca. 115 €

Tabelle 30.8 KNX-Unterputzaktoren (ABB)

Bezeichnung	Gerätetyp	Ausgänge	Eingänge	Preis
KA/U 1.1.1	Kombiaktor	▸ 1 Jalousieausgang 3 A, 230 V ▸ 1 × 25 mA für max. 2 Stellantriebe	3-fach	ca. 130 €

Tabelle 30.8 KNX-Unterputzaktoren (ABB) (Forts.)

Anhand der Kanalpreise erkennen Sie direkt, warum in der Regel die zentrale Installation von mehrkanaligen REG-Modulen bevorzugt wird.

Die Abmessungen von Unterputzaktoren sind so ausgelegt, dass sie in UP-Dosen installiert werden können. Ein Beispiel zeigt Abbildung 30.15 anhand des oben aufgeführten Kombiaktors:

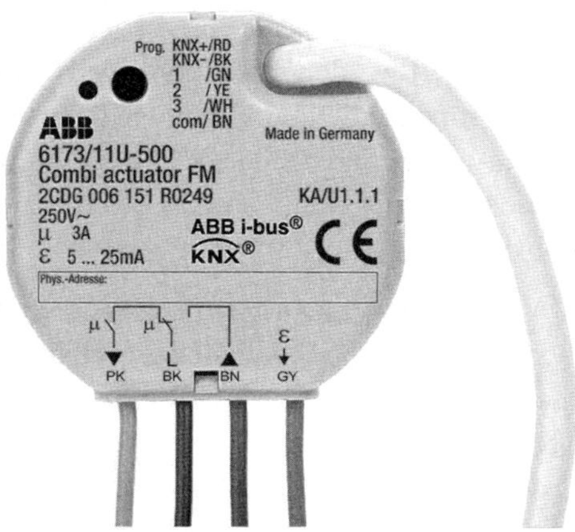

Abbildung 30.15 KNX-Unterputzkombiaktor (Quelle: ABB Stotz-Kontakt)

Kapitel 31
Zustände erfassen durch Eingänge

Einen KNX-Eingang setzen Sie immer dann ein, wenn die zu messende Größe bzw. der Sensor keine eigene Busanbindung und Form eines KNX-Busankopplers besitzt.

Entscheidend bei der Wahl des richtigen KNX-Eingangs ist, welche Art von Messgröße Sie erfassen möchten. Handelt es sich lediglich um binäre Informationen (also 0/1, offen/geschlossen, an/aus), wählen Sie einen Binäreingang. Bei kontinuierlichen Größen (Temperatur, Feuchtigkeit, Druck usw.) ist der Analogeingang der richtige.

31.1 Binäreingang

Vereinfacht gesagt, hat ein *Binäreingang* nur eine simple Aufgabe, nämlich das Messen eines Signals, das nur zwei verschiedene Zustände hat. Im Detail betrachtet, ergibt sich aber eine durchaus breite Palette an Auswerteanforderungen, die berücksichtigt sein wollen.

Allen Binäreingängen ist gemein, dass sie ein Eingangssignal verarbeiten und das Ergebnis als Gruppenadresse mit dem Wert 0 oder 1 auf den KNX-Bus legen. Die Bedeutung der Werte 0 und 1 ist anwendungsspezifisch, wichtig ist aber, dass Sender und Empfänger das gleiche »Verständnis« haben, sich also einig sein müssen, wie eine 0 oder 1 interpretiert werden soll. Beispiele sind:

- an/aus
- offen/geschlossen
- Ok/Fehler
- Taste gedrückt/Taste nicht gedrückt

Binäreingänge werden in der Gebäudeautomatisierung immer dann eingesetzt, wenn konventionelle Sensoren oder Schalter (z. B. der klassische Lichtschalter) KNX-Bus-fähig gemacht werden sollen, durch:

- Abfragen von Fensterkontakten und Türkontakten (Reed-Schalter, Lichtschranken)
- Abfragen von Störausgängen von z. B. Heizung oder Wasserenthärter
- Erkennen von Tastendrücken oder Schalterstellungen
- Zählen von Impulsen (z. B. Durchflussmesser, Stromzähler)

Unterschieden werden KNX-Binäreingänge zunächst durch ihre Bauform als REG (Reiheneinbaugerät) oder als UP (Unterputzversion). Letzterer ist ein eigener Abschnitt gewidmet (siehe Abschnitt 31.3, »Unterputzbinäreingang«). REG-Module existieren, abhängig von der Art der Eingangsbeschaltung, in zwei unterschiedlichen Varianten:

1. mit *Weitbereichseingängen* (z. B. bis 24 V AC/DC oder für 230 V AC)
2. mit *Eingängen für Kontaktabfrage* (für potenzialfreie Kontakte)

Tabelle 31.1 stellt die wichtigsten Merkmale zweier typischer Binäreingänge zusammen, hier das REG-Modul von ABB mit Weitbereichseingängen sowie ein Spezialist für potenzialfreie Kontakte von MDT:

Merkmal	ABB BE/S 8.230.2.1	MDT BE-16000.01
Eingänge	8	16
Zulässiger Spannungsbereich	0–265 V AC/DC	für potenzialfreie Abfrage, Abfragespannung: 12 V DC
Zulässige Leitungslänge bei 1,5 mm^2	100 m	100 m
Manuelle Bedienung	über Folientasten, sperrbar	keine
Zustandsanzeige über LED	ja (ausschaltbar)	ja
Einsatzmöglichkeiten	▸ Schaltsensor ▸ Dimmsensor ▸ Jalousiesensor ▸ Wert/Zwangsführung ▸ Szenen ▸ Schaltfolgen ▸ Mehrfachbetätigung ▸ Impulszähler (max. 5 Hz)	▸ Schaltsensor ▸ Dimmsensor ▸ Jalousiesensor ▸ Wert/Zwangsführung ▸ Szenen ▸ Impulszähler (geeignet für 30 ms S0 Impulse
Besonderheiten	▸ einstellbare kapazitive Entstörung, Entprellzeit und Mindestsignaldauer ▸ Unterscheidung kurze/lange Betätigung ▸ Haupt-/Zwischenimpulszähler	▸ einstellbare Entprellzeit ▸ Unterscheidung kurze/lange Betätigung ▸ 4 Logikfunktionen (UND/ODER) mit 2 zusätzlichen Eingangsobjekten
Preis	ca. 210 €	ca. 235 €

Tabelle 31.1 KNX-Binäreingänge (ABB, MDT)

Wozu benötige ich Binäreingänge für potenzialfreie Kontaktabfrage?

Die wichtige Frage, wann ein Binäreingang für potenzialfreie Eingänge benutzt werden sollte und wann nicht, lässt sich pauschal beantworten:

Wenn das zu messende Signal eine eigenständige Spannung ist (z. B. 230 V an einem Schalter oder Spannungsausgang eines Türöffners), setzen Sie einen Binäreingang mit Weitbereichseingang ein (z. B. ABB BE/S 8.230.2.1).

Möchten Sie hingegen Kontakte abfragen, die selbst keine Spannung erzeugen, brauchen Sie einen Binäreingang für potenzialfreie Abfrage. Bei diesen Typen wird eine gepulste Abfragespannung zum Anschluss von potenzialfreien Kontakten vom Gerät zur Verfügung gestellt. Bestes Beispiel hierfür sind Reed-Kontakte für Fenster und Türen. Setzen Sie hierfür z. B. auf den MDT BE-16000.01, der sich aufgrund seiner vergleichsweise geringen Abfragespannung von 12 V für viele Reed-Kontakte eignet (Datenblatt beachten). Alternativ bieten sich Unterputzgeräte mit noch geringeren Abfragespannungen an (siehe Abschnitt 31.3, »Unterputzbinäreingang«).

Abbildung 31.1 zeigt zwei im Schaltschrank eingebaute REG-Binäreingänge. Der offensichtlichste Unterschied ist der, dass das ABB-Gerät auch über Folientasten bedient werden kann. Mit den sperrbaren Tasten kann der Wert an jedem Eingang manuell geschaltet werden, was insbesondere während der Inbetriebnahmephase hilfreich ist. Noch nicht vorhandene Sensoren können dadurch einfach simuliert werden.

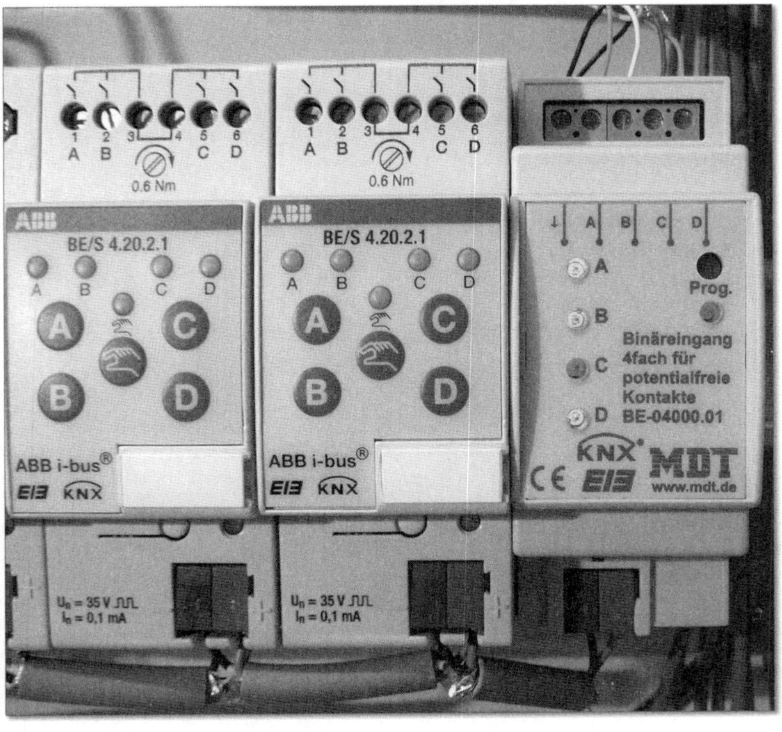

Abbildung 31.1 KNX-Binäreingänge (ABB und MDT)

Binäreingänge lassen sich vollständig in der ETS parametrieren, die Modellreihe von ABB bietet zusätzlich eine hilfreiche Zusatzfunktion (per Kontextmenü), um bereits fertig parametrierte Kanäle einfach zu duplizieren oder zu tauschen (siehe Abbildung 31.2). Die Konfiguration mehrerer gleicher Eingänge wird dadurch beschleunigt, und Flüchtigkeitsfehler werden reduziert.

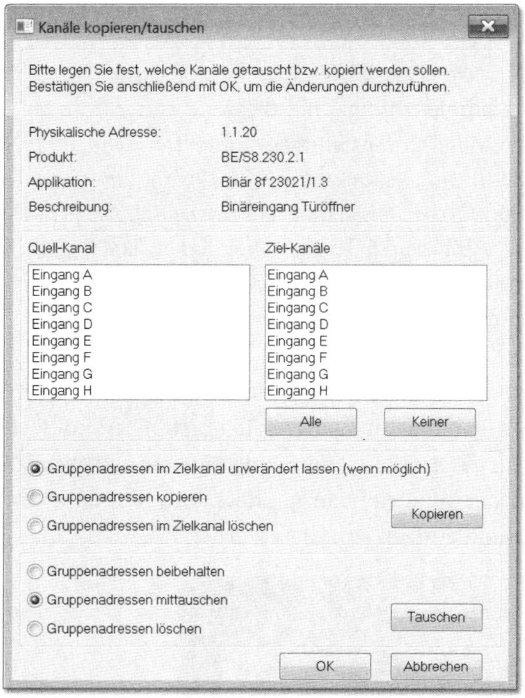

Abbildung 31.2 ETS-Funktion, um Kanäle zu klonen und zu tauschen

Beachten Sie bei Verwendung von beleuchteten Tastereinsätzen:

Bei 230-V-Binäreingängen ist besonders zu beachten, dass die korrekte Funktion und ausreichende Beleuchtung der Glimmlampen von beleuchteten Schalter- oder Tastereinsätzen nur sichergestellt ist, wenn Taster mit Neutralleiteranschluss (N-Klemme) verwendet werden.

31.2 Universal-E/A-Konzentrator

Eine besondere Variante von Binäreingängen sind sogenannte *Universal-E/A-Konzentratoren* (E/A steht für Eingabe/Ausgabe). Sie eignen sich besonders für die Abfrage vieler ähnlicher Eingänge, wie z. B. eines Bedien- und Anzeigepanels mit einzelnen Tasten in räumlicher Nähe des Konzentrators selbst. Die Firma ABB hat mit dem UK/S 32.2 beispielsweise einen 32-fach-E/A-Konzentrator im Programm, der über eine 12- oder 24-V-

DC-Hilfsspannung insgesamt 32 Kanäle entweder als Eingang (Taster) oder als Ausgang (z. B. Tasterbeleuchtung) ansteuern kann (Abbildung 31.3). Die Leitungslänge ist pro Kanal auf 10 m begrenzt.

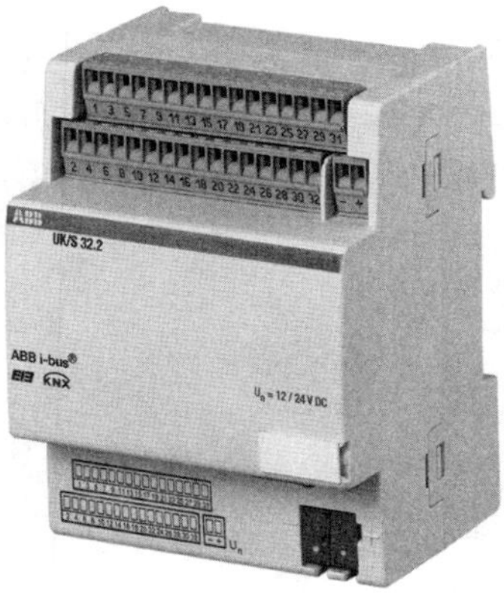

Abbildung 31.3 KNX-Universalkonzentrator (Quelle: ABB Stotz-Kontakt)

31.3 Unterputzbinäreingang

KNX-*Unterputzbinäreingänge* (Abbildung 31.4), auch *Universalschnittstelle* oder *Tasterinterface* genannt, sind die miniaturisierte Variante der REG-Binäreingänge (siehe Abschnitt 31.1, »Binäreingang«). Sie eignen sich durch eine spezielle Bauform besonders gut für die Unterputzmontage hinter einem Taster oder Schalter und ähneln in der Funktionalität sehr stark den REG-Binäreingängen. Als Besonderheit verfügen sie zusätzlich über die Möglichkeit, alle Eingänge auch als parametrierte LED-Ausgänge (Low-Current LED) verwenden zu können. Vorwiderstände für die LEDs sind in der Regel bereits integriert. Die einzelnen Ein- und Ausgänge sind über separate, farblich unterschiedliche Anschlussleitungen herausgeführt.

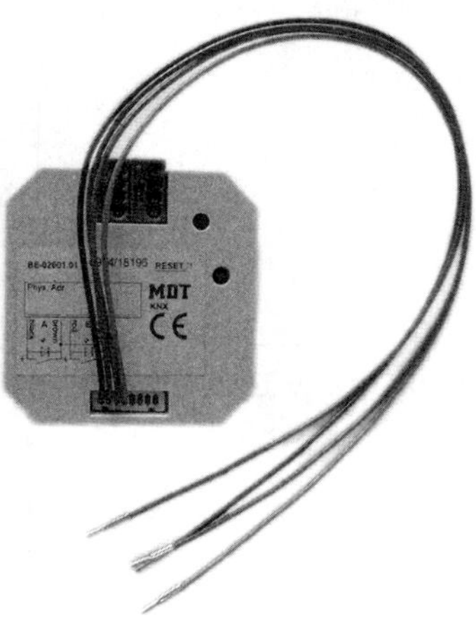

Abbildung 31.4 KNX-Unterputzbinäreingang 2-fach (MDT BE-02001.01)

Tasterinterfaces können Sie als Variante mit zwei, vier, sechs und sogar zwölf Eingängen bekommen. Neben LEDs dürfen als weitere Einsatzmöglichkeit auch spezielle elektronische Relais betrieben werden, bei ABB z. B. erhalten Sie ein passendes Relais unter der Produktbezeichnung ER/U 1.1.

Was die Funktionalität der Tasterinterfaces betrifft, stehen sie kaum den REG-Varianten nach. Ein paar wichtige Unterschiede gilt es trotzdem zu beachten, hier exemplarisch in Tabelle 31.2 für zwei Produkte der Firmen ABB und MDT mit zwölf bzw. sechs Eingängen:

Merkmal	ABB US/U 12.2	MDT BE–06001.01
Eingänge	12	6
Maximale Länge Kanalanschlussleitungen	10 m	5 m
Ausgang	3,3 V DC, 2 mA	3,3 V DC, 1 mA
Abfragespannung (für potenzialfreie Kontakte)	20 V DC (gepulst)	3,3 V DC
Preis	ca. 110 €	ca. 65 €

Tabelle 31.2 KNX-Tasterinterfaces (ABB, MDT)

Sparen mit geschickt platzierten Unterputzbinäreingängen

Besonders elegant lassen sich Tasterinterfaces in der Nähe von Fenstern einsetzen: Eine auf Schalterhöhe platzierte (tiefe) Unterputzdose nimmt ein 4-fach-Tasterinterface auf, an dessen ersten beiden Eingängen zwei Fensterkontakte oder ein Fensterkontakt plus Sabotagekontakt geführt werden. Die beiden zusätzlichen Eingänge verdrahten Sie mit einem konventionellen Schaltereinsatz (z. B. Doppelwippe), der den Binäreingang optisch verdeckt.

Alternativ könnten Sie natürlich auch alle Signale zentral an ein REG-Modul im Schaltschrank führen, aber die dezentrale Installation mit einem UP-Binäreingang hat mehrere Vorteile:

- eventuell preisgünstiger, da weniger Leitungsaufwand
- die kürzere Leitungsführung und geringere Kontaktabfragespannung erhöhen die Lebensdauer von Reed-Kontakten

Abbildung 31.5 zeigt einen Unterputzbinäreingang, platziert in einer tiefen Hohlwandinstallationsdose. Es bleibt ausreichend Platz für die Montage einer Doppelwippe und die Verdrahtung der Taster mit dem KNX-Gerät.

Abbildung 31.5 UP-Binäreingang (MDT), eingebaut in Hohlwanddose

31.4 Analogeingang

Während der Binäreingang (siehe Abschnitt 31.1, »Binäreingang«) nur zwischen zwei Zuständen eines Eingangs unterscheiden kann, ermöglicht ein *Analogeingangsmodul* ganz allgemein die Messung von analogen Eingangssignalen und damit die Auswertung von Sensoren unterschiedlichster Art. Gemessene Signale werden anhand eingestellter Parameter weiterverarbeitet und auf den KNX-Bus gelegt. Dabei sind Analogeingänge erstaunlich flexibel, was die Art der zu messenden Signale betrifft. Über die ETS stellen Sie für jeden Kanal separat ein, welchen Messbereich Sie wünschen, Beispiele hierfür sind:

- Lux-Sensor (0–10 V DC)
- CO_2-Sensor (0–10 V DC)
- Temperatursensor (0–10 V DC)
- Drucksensor (0–20 mA)
- PT100 (Temperaturmessung, Ro = 100 Ω)
- Feuchtesensor (0–1000 Ω)

KNX-Analogschnittstellen sind in der Regel als Reiheneinbaugerät mit vier Eingangskanälen konzipiert und benötigen neben dem KNX-Busanschluss eine zweite Versorgungsspannung. Zwei recht ähnliche Geräte werden exemplarisch in folgender Tabelle 31.3 gegenübergestellt:

Merkmal	ABB AE/S4.2	Gira 1021 00
Eingänge	4	4
Benötigte Hilfsspannung	24 V DC, 300 mA	24 V DC, 250 mA
Art der Eingangssignale	▸ 0–1 V DC ▸ 0–5 V DC ▸ 0–10 V DC ▸ 1–10 V DC ▸ 0–20 mA DC ▸ 4–20 mA DC ▸ 0–1000 Ω ▸ PT100 2-Leiter ▸ potenzialfreie Kontaktabfrage	▸ 0–1 V DC ▸ 0–10 V DC ▸ 0–20 mA DC ▸ 4–20 mA DC
Preis	ca. 160 €	ca. 180 €

Tabelle 31.3 KNX-Analogeingänge (ABB, Gira)

Als typische Genauigkeit der Messungen können Sie von ca. 2 % ausgehen. Je nach Gerätemodell haben Sie über die ETS umfangreiche Einstellungsmöglichkeiten zur Verfügung, die von Schwellwert, Filterung/Mittelung und Messkurvenanpassung bis zu Signalkorrektur und Definition des Ausgangsdatentyps reichen.

Das abgebildete Gerät der Firma ABB (Abbildung 31.6) unterstützt sogar einfache mathematische Vergleiche und Berechnungen von Sensorwerten:

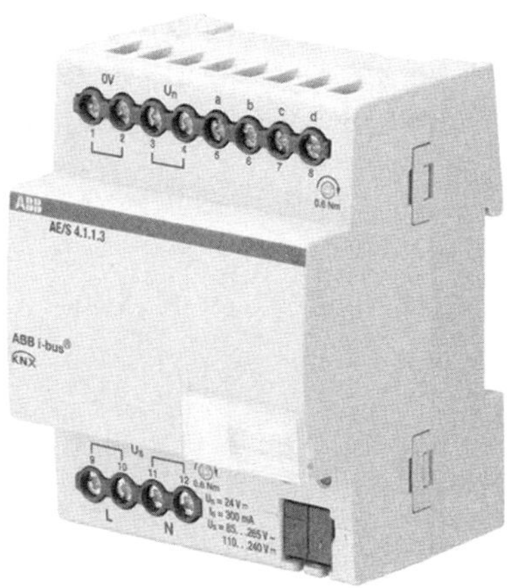

Abbildung 31.6 KNX-Analogeingang AE/S 4.1.1.3 (Quelle: ABB Stotz-Kontakt)

Kapitel 32
Multifunktionsmodule

KNX-Allroundgeräte, sogenannte Multifunktionsmodule, sind insbesondere für kleine Wohneinheiten interessant, sie beinhalten bereits viele Grundfunktionen der intelligenten Gebäudesteuerung.

Dieses recht kurze Kapitel stellt Ihnen eine Klasse von KNX-Geräten vor, die weder Eingang noch Ausgang sind, sondern von beidem etwas. Multifunktionsmodule finden Sie als REG-Versionen oder, noch spezieller, als integriertes Bausteinkonzept.

32.1 Raum-Master

Raum-Master sind sozusagen die Alleskönner unter den KNX-Geräten, sie vereinen mehrere Funktionen in einem Gesamtgerät, für die Sie ansonsten unterschiedliche Einzelgeräte benötigen würden. Auch wenn die Raum-Master in der Regel weniger im privaten Wohnungsbau zum Einsatz kommen, sondern ihre Stärken eher im Hotelbereich oder in kleinen Apartments ausspielen, möchte ich sie kurz vorstellen.

Nur wenige KNX-Hersteller haben Raum-Master in ihrem Produktportfolio, die Firma ABB (*www.abb.de*) ist einer davon und hält zwei verschiedene Modelle bereit, die sich hauptsächlich in der Anzahl der Ein- und Ausgänge unterscheiden. Das kleinere der beiden Modelle, der Raum Master Basic RM/S 1.1, bietet auf einer Breite von 8 TE (REG) bereits eine großzügige Ausstattung:

- Ansteuerung eines einphasigen Lüfters mit bis zu drei Lüfterstufen (6 A)
- Anschluss von elektromotorischen oder elektrothermischen Stellantrieben (Heizen, Kühlen): vier Ventile (0,5 A)
- potenzialfreier Kontakt für den Anschluss einer elektrischen Zusatzheizung (16 A)
- zwei Ausgänge für die Versorgung von Steckdosen und Beleuchtung (20 A, 16 A)
- acht Binäreingänge mit eigener Abfragespannung (32 V, gepulst) für die Abfrage von Türkontakt, Fensterkontakt, Wassersensor, Notsignal, Nicht-stören-Taster usw.

Interessant ist die Tatsache, dass der Raum-Master bereits als vorkonfiguriertes Gerät geliefert wird. Wenn Sie die Binäreingänge und Schaltausgänge so verdrahten und verwenden, wie sie im Grundzustand angedacht sind, können Sie fast schon von einem Plug-and-play-Gerät sprechen. Natürlich können Sie wie gehabt über die ETS auch alle Parameter selbst modifizieren, eine Rückkehr zur Voreinstellung ist jederzeit möglich.

Wenn Sie es gerne noch breiter mögen, wird Ihnen das größere Modell, der Raum-Master Premium RM/S 2.1 (Abbildung 32.1), mit seinen 12 TE (REG) gefallen. Der RM/S 2.1 bietet zusätzlich zum RM/S 1.1:

- zehn weitere Binäreingänge,
- zwei weitere 20-A-Schaltkontakte, zusätzlich neun Ausgänge mit 6 A sowie
- einen Wechselkontakt (6 A).

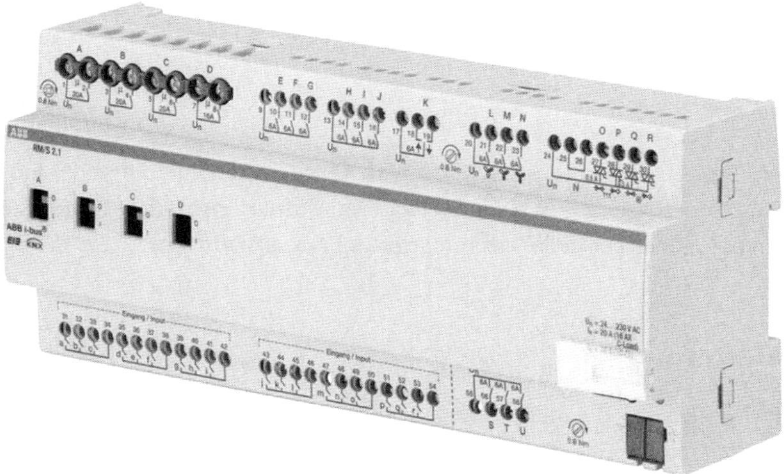

Abbildung 32.1 KNX-Raum-Master RM/S 2.1 (Quelle: ABB Stotz-Kontakt)

Damit eignet er sich nicht nur für Beleuchtung, Heizung/Kühlung und das Schalten von Verbrauchern, sondern kann, durch seinen Wechselkontakt, auch zusätzlich die Funktion eines Jalousieaktors übernehmen.

Zum Preis von ca. 380 € für das Basismodell bzw. 660 € für die Premium-Version ist der Raum-Master eine interessante Alternative für kleine Installationen bzw. für die Ausstattung mehrerer identischer Räume.

32.2 Raum-Controller

Ein sehr ähnliches Konzept wie der Raum-Master wird vom sogenannten *Raum-Controller* geboten. Dort wo es dem Raum-Master an Flexibilität fehlt, nämlich bei der Zusammenstellung der gewünschten Eingänge und Ausgänge, punktet der Raum-Controller mit seiner baukastenartigen Architektur. Statt in REG-Montage wird er dezentral direkt im auszustattenden Raum installiert.

Der Raum-Controller, im Beispiel die beiden Geräte RC/A4.2 und RC/A8.2 (ABB, Abbildung 32.2), besteht aus einem Grundgerät, in das bis zu vier bzw. acht beliebige Module eingesteckt werden können. Die KNX-Buskommunikation wird vom Grundgerät übernommen, das seine interne Versorgungsspannung aus der eigenen Einspeisespannung erzeugt. Die eingesteckten Module werden automatisch erkannt und mit Energie versorgt, wobei in jedem Steckplatz ein beliebiger Modultyp installiert werden darf.

Abbildung 32.2 Raum-Master RC/A8.2 (Quelle: ABB Stotz-Kontakt)

Ein Vorteil dieses Konzepts ist, dass das Gerät auch ohne vorhandenen KNX-Bus voll funktionsfähig bleibt und durch die manuelle Bedienung sofort einsatzbereit ist.

Der Raum-Controller ist spritzwassergeschützt (Schutzklasse IP 54) und mit einer Bauhöhe von 50 mm auch gut für die Zwischendeckeninstallation geeignet.

Was die einsteckbaren Module betrifft, haben Sie unter anderem die Auswahl zwischen diesen:

- Binäreingänge mit 12/24 V, 230 V und Kontaktabfrage
- elektronische Schaltaktormodule mit 12/24 V oder 230 V
- Jalousieaktormodule, ebenfalls mit 12/24 V oder 230 V
- Kombiaktor
- Lichtregler
- Schaltaktor 6 A oder 16 A, Dimmaktor
- Heizungsaktor 230 V

Kapitel 33
Welten verbinden mit Gateways

Mit einem Gateway erweitern Sie Ihren KNX-Bus über seine Systemgrenzen hinaus, erschließen sich neue Welten und damit neue spannende Anwendungen.

Alle KNX-Gateways haben gemein, dass sie neben der KNX-Schnittstelle, mindestens eine weitere Schnittstelle zur Verfügung stellen. Zwischen diesen beiden Schnittstellen vermittelt das Gateway Telegramme in beide Richtungen, verbindet also einen Bus mit einem anderen.

33.1 DALI-Gateway

Ein *KNX-DALI-Gateway* bildet die Schnittstelle zwischen einem KNX-System und einer DALI-Beleuchtungsanlage und vernetzt so zwei der bedeutendsten Standards zur Gebäudesteuerung miteinander.

Das DALI-Gateway tritt dabei sowohl als DALI-Master als auch als Spannungsversorgung für elektrische DALI-Vorschaltgeräte (Slaves) auf, stellt also die DALI-Systemspannung zur Verfügung. Aus diesem Grund ist es weder notwendig noch zulässig, parallel zum Gateway eine weitere DALI-Spannungsversorgung in die Installation einzufügen. Ebenso benötigen Sie keine weiteren DALI-Zentralen oder DALI-Master. Ein DALI-Betriebsgerät, wie z. B. ein DALI-EVG, arbeitet als Befehlsempfänger, der nur bei Anfrage Zustände oder Statusmeldungen an den Master zurücksendet.

Es ist die alleinige Aufgabe des Gateways, über KNX empfangene Telegramme in Steuerbefehle auf die DALI-Leitung umzusetzen und die angeschlossenen Betriebsgeräte zu kontrollieren. Dabei erfolgt die Kommunikation zwischen KNX-System und DALI-Schnittstelle bidirektional. Typische Telegramme, die ausgetauscht werden, sind z. B.:

- **KNX → DALI**: Steuerbefehle, die den Helligkeitszustand von Leuchten oder Leuchtengruppen verändern – schalten, dimmen, Szenen abrufen, Helligkeitswertvorgabe, Effekte abrufen –, sowie diverse Sperrfunktionen, Zeitfunktionen (z. B. Treppenhauslicht) oder Zwangsführungen
- **DALI → KNX**: die vom Gateway ermittelten Helligkeitszustände der Betriebsgeräte und Statusinformationen von Betriebsgeräten (Lampenfehler, EVG-Fehler usw.) bzw. des Gateways selbst (Spannungsausfall, Notbetrieb, Kurzschluss auf DALI-Bus usw.)

Ein wenig lässt sich die Art und Weise, wie ein einzelnes DALI-Betriebsgerät angesprochen wird, mit einem Aktorkanal eines klassischen KNX-Dimmaktors vergleichen. Sie können sich also die Arbeit mit einem DALI-Gateway in etwa so vorstellen wie mit einem ziemlich breiten 64-Kanal-KNX-Dimmaktor (den es natürlich so nicht gibt).

33.1.1 Die Teilnehmeradressierung

In der Regel bieten DALI-Gateways mehrere Arten der Teilnehmeradressierung, also der Methode, wie einzelne oder mehrere DALI-Betriebsgeräte angesprochen werden können:

- **Zentralsteuerung**: Alle angeschlossenen DALI-Komponenten werden durch einen Broadcast-Befehl angesteuert. Das Schalten von einzelnen Leuchten ist in diesem Modus nicht möglich, dafür entfällt aber die DALI-Inbetriebnahme.
- **Gruppensteuerung**: Während der DALI-Inbetriebnahme werden die maximal 64 DALI-Betriebsgeräte beliebig verschiedenen Gruppen des Gateways zugeordnet, die das Gateway anschließend gemeinsam ansprechen kann.
- **Gerätesteuerung**: Diese, individuellste, Adressierungsart erlaubt das gezielte Ansprechen von bis zu 64 Einzelgeräten. Ein einzelnes Betriebsgerät lässt sich über ein zugeordnetes KNX-Kommunikationsobjekt so ansprechen, als wäre es Teilnehmer am KNX-System selbst.

Manche KNX-DALI-Gateways, z. B. das in Tabelle 33.1 aufgeführte Modell von Gira, bieten auch Kombinationen aus diesen Adressierungsmethoden.

Wie muss man sich die Vergabe von DALI-Adressen beim Einsatz eines DALI-Gateways vorstellen? Das von ABB hergestellte DG/S 1.1 geht beispielsweise so vor, dass es alle (neu gefundenen) DALI-Teilnehmer in ungeordneter Reihenfolge aufsteigend auf dem KNX abbildet. Jeder Teilnehmer ist danach direkt über zugeordnete KNX-Kommunikationsobjekte ansprechbar. Falls eine Umadressierung gewünscht ist, kommt ein separates Tool zum Einsatz. In der ETS-Software werden alle Kommunikationsobjekte in gewohnter Art und Weise mit Gruppenadressen verknüpft und die Parameter des Gateways eingestellt. Die Parameter sind teils spezifisch für jeden DALI-Teilnehmer oder aber global für das gesamte Gateway.

33.1.2 Produktbeispiele: KNX-DALI-Gateways

Ich möchte Ihnen in nachfolgender Tabelle 33.1 drei gern eingesetzte KNX-DALI-Gateways gegenüberstellen. Jedes davon ist gut für den Einsatz im Privatbau geeignet. Weitere gängige Modelle stammen z. B. von Merten (MEG6725-0001) oder Siemens (KNX-DALI-Gateway Twin N 141/31).

Merkmal	ABB DG/S 1.1	IPAS KNX DaliControl e64	Gira KNX DALI Gateway Plus 2180 00
Preis	ca. 330 €	ca. 665 €	ca. 345 €
Breite	4 TE	4 TE	4 TE
EVGs (max.)	Kanal A: 64 EVGs (Einzelzugriff) Kanal B: 64 Teilnehmer, gruppiert	64 EVGs (Einzelzugriff) 16 Gruppen	64 EVGs (Einzelzugriff) 32 Gruppen
Lichtszenen	15	16	16
Effektmodul	–	Effektmodul, 16 Programme mit bis zu 500 Schritten	16 Effekte mit jeweils 16 Effektschritten
Besonderheiten	Dynamikbetrieb (z. B. Treppenlichtmodus), Einbrennfunktion	Betriebsdatenfassung der Leuchten, Treppenlichtmodus, Notlicht mit Testbetrieb, Panikbetrieb, Tag/Nacht, Statistikfunktion, Einbrennfunktion	Betriebsstundenzähler, Treppenlichtmodus, Korridorfunktion, Notlichtfunktion mit Testbetrieb, Unterstützung von Stand-by-Schaltung für DALI-EVGs
Fehlererkennung	EVG und Lampenfehler über KNX melden	EVG und Lampenfehler über KNX melden	EVG und Lampenfehler über KNX melden
Integration	ETS-Parametrierung, ohne Plug-in, einfaches Inbetriebnahmetool	ETS-Parametrierung, mit Plug-in (inklusive Inbetriebnahme), integrierter Webserver mit Visualisierung, Konfiguration, Steuerung, RJ-45, 100 MBit/s	ETS-Parametrierung, mit Plug-in (inklusive Inbetriebnahme und Testfunktion), Handbetriebsteuerung

Tabelle 33.1 Produktbeispiele: KNX-DALI-Gateways

Merkmal	ABB DG/S 1.1	IPAS KNX DaliControl e64	Gira KNX DALI Gateway Plus 2180 00
Bedienelemente	1 LED, 1 Taste (Prüfung DALI-Ausgänge)	Display, 3 LEDs, 3 Taster, zur Inbetriebnahme und Parametrierung	4 Drucktasten, 3 Status-LEDs, eine 7-Segment-Anzeige
Leistungsaufnahme	max. 12,5 W	7 W	max. 6 W

Tabelle 33.1 Produktbeispiele: KNX-DALI-Gateways (Forts.)

Zu teuer?

Das IPAS-Gateway überzeugt mit tollen Features, was man auch an dem gehobenen Preis ablesen kann. Doch es geht auch günstiger: Vom Hersteller MDT bekommen Sie ein nahezu identisches Gerät für ca. 380 €. Das MDT-Gateway nennt sich SCN-DALI64.02.

33.1.3 Ein Wort zur Übertragungsgeschwindigkeit

Der DALI-Bus überträgt Informationen mit gemächlichen 1.200 Bit/s, KNX hingegen mit 9.600 Bit/s. Bedingt durch die langsamere Übertragungsgeschwindigkeit kommt es bei KNX-Telegrammen mit mehr als sieben dadurch adressierten DALI-Teilnehmern zu einer spürbaren Verzögerung beim Ein- und Ausschalten. Ein KNX-Telegramm kann zudem bis zu 64 einzelne DALI-Telegramme auslösen, die nacheinander vom Gateway über die DALI-Steuerleitung gesendet bzw. gequetscht werden. Ebenso spielen die Einflüsse der Leuchtmittel und EVGs bei der Abfrage von Statuswerten eine zeitliche Rolle. In der Praxis macht sich diese Verzögerungen z. B. dahin gehend bemerkbar, dass zwischen dem Einschalten einer DALI-Leuchte und der daraufhin vom Gateway gesendeten Statusinformation (Leuchte ist an) schon einige Sekunden vergehen können. Wirklich störend ist das allerdings nicht, denn die eigentliche Aktion, nämlich das Schalten oder Dimmen der Leuchte, findet quasi unmittelbar statt.

Sie können sich jedoch bestimmt vorstellen, dass schnelle Farbübergänge bei RGB-LEDs und synchronisierte Beleuchtungseffekte in Echtzeit mit DALI kaum möglich sind. Die Situation verbessert sich, wenn Sie ein Gateway mit eingebautem Effektmodul verwenden (siehe Tabelle 33.1). Wirklich bühnenreif bekommen Sie Ihre Lichteffekte allerdings erst mit DMX.

Bitte beachten Sie

Da bei der Installation eines DALI-Gateways gleich mehrere unterschiedliche Spannungsbereiche beteiligt sind, ist eine wichtige Vorschrift unbedingt zu beachten: Die DALI-Systemspannung ist Funktionskleinspannung (FELV). Aus diesem Grund ist die DALI-Schnittstelle wie eine netzspannungsführende Leitung gemäß den gültigen Installationsvorschriften zu behandeln.

33.1.4 Das Gira KNX DALI Gateway Plus

Im Gira KNX DALI Gateway Plus 2180 00 (siehe Abbildung 33.1) finden Sie die komplette Ausstattung, die Sie für eine leistungsfähige Beleuchtungssteuerung über den DALI-Bus benötigen.

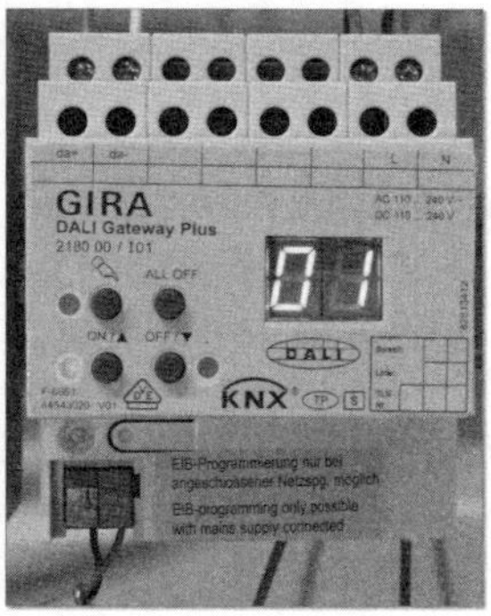

Abbildung 33.1 Das Gira-DALI-Gateway 2180 00

Wie vollgepackt mit Funktionen das Gira-Gerät ist, lässt bereits das 288 Seiten starke Handbuch erahnen. Bis zu 64 Leuchten in maximal 32 Gruppen sind über ein einzelnes Gerät ansteuerbar. Die Adressierung ist überaus flexibel. Insgesamt sechs Adressierungsarten, wie z. B. Einzel-, Gruppen- und Broadcast-Adressierung, sowie ein Handbetrieb stehen zur Verfügung. Wie bei DALI üblich, kann die Gruppenzuordnung einzelner Leuchten unabhängig von der tatsächlichen Verkabelung vorgenommen werden.

Standard- und Spezialfunktionen

Neben Standardfunktionen wie Szenensteuerung (bis zu 16 Lichtszenen), parametrierbarem Dimmverhalten, diversen Zeitfunktionen, Fehlerrückmeldungen (inklusive Kurzschluss und Spannungsausfall), Sammelrückmeldung sowie Sperrfunktionen und Helligkeitsgrenzwerten bietet das DALI Gateway Plus einige Besonderheiten:

- Eine eingebaute Effektsteuerung zur Umsetzung dynamischer Lichtstimmungen (16 Effekte mit je bis zu 16 Schritten).
- Die Treppenhausfunktion kann mit reduzierter Helligkeit vorwarnen.
- Alle kanalorientierten Funktionen lassen sich auch für jede Gruppe parametrieren.

- Ein Betriebsstundenzähler (vorwärts oder rückwärts) unterstützt bei Wartungsaufgaben.
- Der DALI-Power-ON-Level und der System-Failure-Level sind einstellbar.
- Der Betrieb von Notleuchten wird umfangreich unterstützt.
- Die optionale Prüfung von DALI-Gerätetypen während der Zuordnung verhindert Funktionsinkompatibilitäten (z. B. nach dem Austausch eines Betriebsgeräts).
- Ein ebenfalls zuschaltbarer Kompatibilitätsmodus erlaubt auch die Steuerung von Betriebsgeräten, die sich nicht vollständig an die DALI-Spezifikation halten.
- Einzelne Leuchten können Sie im laufenden Betrieb austauschen, wobei die Ersatzleuchte im System automatisch die Position der ausgetauschten Leuchte einnimmt.
- Zur Vermeidung von Stand-by-Verlusten unterstützt das Gateway über einen zusätzlichen KNX-Schaltaktor die Netzspannungsabschaltung der DALI-Teilnehmer (dazu mehr am Ende dieses Abschnitts).

Das starke ETS-Plug-in unterstützt Sie bei der Inbetriebnahme

Konfiguriert wird das Gira 2180 00 über ein intuitives ETS-Plug-in, zusätzliche Software wird nicht benötigt, auch nicht für die Zuordnung der gefundenen DALI-Betriebsgeräte. Das Plug-in erlaubt sogar eine teilweise Offline-DALI-Konfiguration. Über das Plug-in (siehe Abbildung 33.2) lösen Sie ebenfalls die Testfunktionen für Einzelgeräte oder ganze DALI-Gruppen aus. Die Testmöglichkeiten sind nicht auf einfaches Ein- und Ausschalten beschränkt, sondern umfassen ebenso Gruppentests, zentrales Schalten, Dimmen und sogar die Prüfung von Szenen und Effekten.

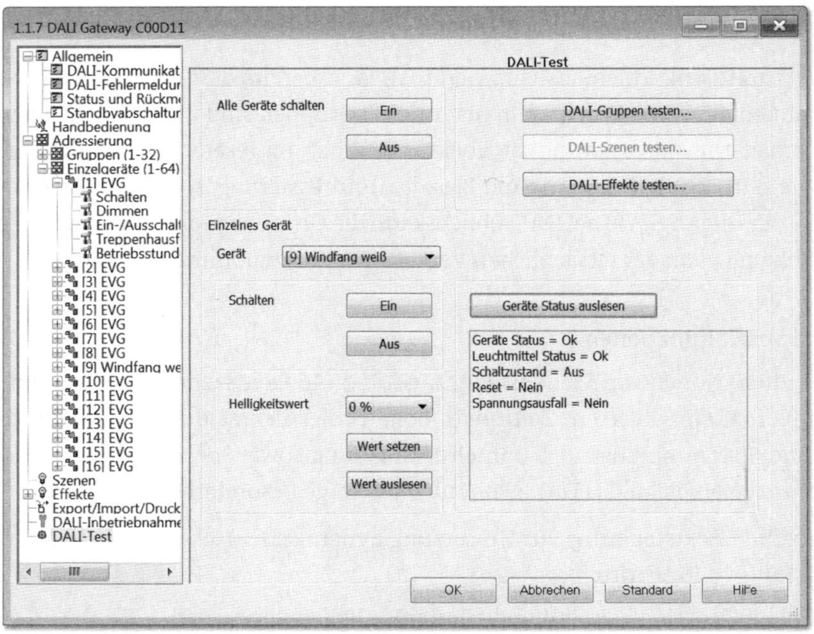

Abbildung 33.2 DALI-Testbetrieb im Gira-ETS-Plug-in

Weiterhin können Sie Parametrierungsvorlagen im XML-Format importieren und exportieren.

Handbetrieb am Gateway

Das DALI Gateway Plus besitzt eine 7-Segment-Anzeige, die Sie bei der Steuerung von Betriebsgeräten im Handbetrieb unterstützt. Außerdem stellt sie Gerätezustände (z. B. Initialisierungsphase) und Fehler (z. B. Anschluss, Gerätetausch) dar. Die Bedienung am Gerät nehmen Sie über vier Drucktaster vor.

Die Sache mit der Stand-by-Abschaltung

Das Gira-DALI-Gateway (nur in der Plus-Version) bietet eine Funktion zur globalen Rückmeldung der Schaltstatus aller projektierten DALI-Betriebsgeräte, die in Verbindung mit einem KNX-Schaltaktor zur Stand-by-Abschaltung der DALI-Anlage und damit zur Energieeinsparung verwendet werden kann. Das Anschlussschema mit Gruppenadresse zur Ansteuerung des Schaltaktors sehen Sie in Abbildung 33.3.

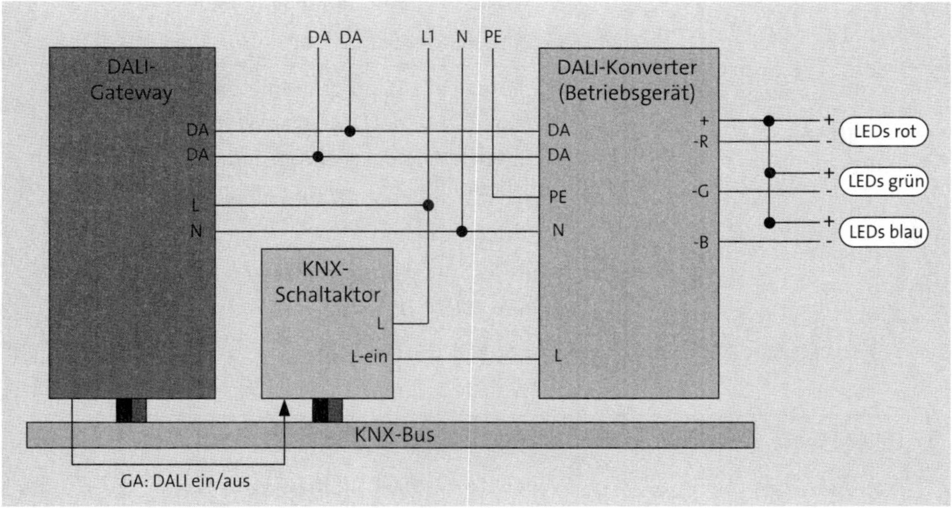

Abbildung 33.3 Anschlussschemata zur DALI-Stand-by-Abschaltung

33.2 DMX-Gateway

Um es gleich vorwegzunehmen: Leider ist DMX nicht so unproblematisch in der KNX-Anbindung wie z. B. DALI. Der Markt bietet zwar eine Handvoll Gateways, die prinzipiell gut funktionieren, teilweise aber die unangenehme Eigenschaft haben, keine DMX-Statuswerte wieder auf den KNX-Bus zurückübertragen zu können. Die folgende Tabelle 33.2 soll Ihnen die wichtigsten *KNX-DMX-Gateway*-Lösungen aufzeigen und als zusätzliche Variante auch eine DALI-DMX-Schnittstelle vorstellen (letzte Zeile).

Produkt	Eigenschaften	Preis
arcus-eds KNX-GW-DMX (*www.arcus-eds.de/dmx.html*)	▶ Parametrierung erfolgt über den DMX-Konfigurator ▶ nur unidirektional ▶ eingebauter Sequenzer ▶ kann nur eine Sequenz zur gleichen Zeit nutzen	ca. 310 €
BabTec DUODMX 12110 KNXnet/IP SR (*www.bab-tec.de*)	▶ 2 DMX-Ausgänge mit je 512 Kanälen ▶ Deckeneinbau und Hutschienenmontage ▶ Konfiguration über Software DMX-Configurator ▶ kann in der Version »SR« sowohl senden als auch empfangen ▶ Power over Ethernet (PoE) möglich ▶ eingebauter Sequenzer	ca. 325 €
ELKA KNX Gateway DMX-Web (*www.elka.de*)	▶ nicht über ETS programmierbar (separates Tool DMX-Gate3, über Ethernet), aber synchronisierbar ▶ nicht bidirektional (aber möglich mit 2 Geräten) ▶ max. 2.000 Gruppenadressen und max. 1.024 Objekte ▶ Szenenverarbeitung ▶ Websteuerung	ca. 915 €
Erweiterung für Wiregate	bestehend aus: Wiregate + DMX-Plug-in (*www.wiregate.de*) NanoDMX Controller USB (*www.dmx4all.de*)	 ca. 475 € ca. 50 €
Selbstbaulösung mit Raspberry Pi, basierend auf OpenLighting Image (*www.opendmx.net/index.php/Open_Lighting_Project*)	bestehend aus: Raspberry Pi Open DMX USB (*www.enttec.com*) Bauanleitung: *www.hackerspace-bamberg.de/DMX_Lighting*	 ca. 35 € ca. 55 €

Tabelle 33.2 DMX-Gateways

Produkt	Eigenschaften	Preis
fi multi-dmx 3e DALI/DSI-zu-DMX Konverter (*www.feno.com/de/produkte/detail/fi-multi-dmx-3e.html*)	Ausgabe von DALI-Dimmwerten als DMX-Datenstrom mit 3 Kanälen	

Tabelle 33.2 DMX-Gateways (Forts.)

Das DuoDMX Gateway von BAB Technology (Abbildung 33.4) ist in insgesamt fünf Varianten verfügbar (KNXnet/IP, KNX TP, EnOcean, Standalone oder als Erweiterung für den eibPort), für Deckeneinbau oder über für die Hutschiene (mit Adapter):

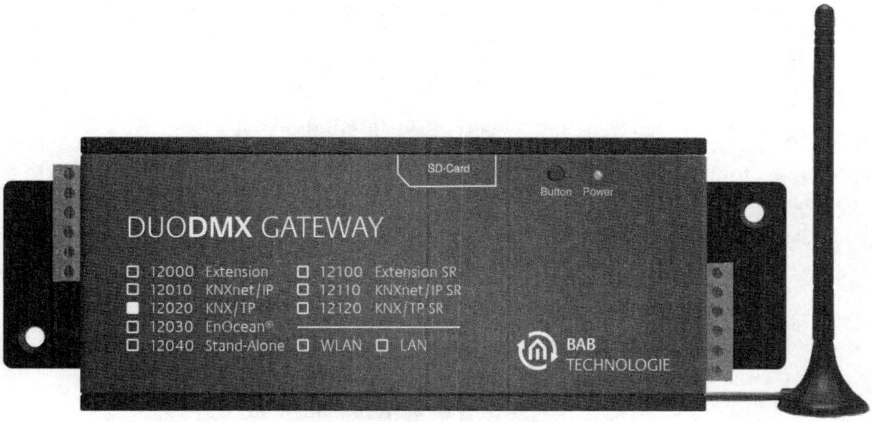

Abbildung 33.4 Das DuoDMX Gateway von BAB Technology

33.3 EnOcean-Gateway

Ein uni- oder bidirektionales *EnOcean-Gateway* dient der Anbindung von EnOcean-Komponenten an einen KNX-Bus. Es erlaubt Ihnen somit, Messwerte von EnOcean-Funksensoren über den KNX-Bus zu lesen, sowie im Fall eines bidirektionalen Gateways, auch EnOcean-Funkaktoren zu steuern.

33.3.1 Die KNX-Anbindung von EnOcean

Die in Tabelle 33.3 vorgestellten Geräte benötigten keine zusätzliche Spannungsversorgung, die KNX-Versorgung ist ausreichend. Gefunkt wird im ISM-Band 868,3 MHz, und unterstützt wird EnOcean EEP (EnOcean Equipment Profil) Version 2.1.

Produkt	Eigenschaften	Preis
Weinzierl Gateway KNX ENO 630 KNX ENO 632 KNX ENO 634 (*www.weinzierl.de*)	▸ unidirektionales (ENO 630) bzw. bidirektionales (ENO 632, ENO 634) Gateway ▸ bietet Logik- und Regelungsfunktionen (z. B. Verzögerungen, Lichtsteuerung, Gatter, Trigger, Wertgeber usw.) ▸ integrierter Repeater ▸ 16 Kanäle (ENO 630), 24 Kanäle (ENO 632), 32 Kanäle (ENO 634) ▸ Konfiguration über ETS ▸ Taster und Display als Bedienelemente ▸ Aufputzmontage, auch auf UP-Dose ▸ Busmonitorfunktion	ca. 234 € ca. 270 € ca. 305 €
Hager EnOcean Funk KNX-Gateway TYC120 (*www.hager.de*)	▸ bidirektional ▸ bietet Logik- und Steuerungsfunktionen (z. B. Verzögerungen, Gatter, Regulator usw.) ▸ 32 Kanäle ▸ Konfiguration über ETS ▸ Aufputzmontage, auch auf UP-Dose ▸ unterschiedliche Steuerfunktionen für jeden Kanal ▸ LCD für Inbetriebnahme und Systemdiagnose ▸ integrierter Repeater für EnOcean-Sendebefehl	ca. 410 €
Selbstbaulösung mit Raspberry Pi auf Basis von FHEM oder openHAB und KNX-Anbindung mit eibd	bestehend aus: ▸ Raspberry Pi, EnOcean USB Gateway USB 300 (*www.enocean.com/de/enocean_module/usb-300-oem*) ▸ oder alternativ: EnOcean Pi (*www.element14.com/community/docs/DOC-55169?CMP=PRR-GLO-13-0042*)	ca. 35 € ca. 38 € ca. 30 €

Tabelle 33.3 EnOcean-Gateways

Die drei genannten Weinzierl-Gateways werden durch die ETS-Software und zusätzlich über eine komfortable Windows-Software namens KNX ENO Tool angesprochen, die den fernbedienbaren Einlernvorgang von Sensoren und Aktoren unterstützt und zusätzlich einen Busmonitor für EnOcean-Telegramme bietet.

Sehr interessant für den experimentierfreudigen Maker ist natürlich die Selbstbaulösung, z. B. mit einem Raspberry Pi als Hardwareplattform. Die Funkanbindung lässt sich mit einem USB-Modul (USB 300, siehe Abbildung 33.5) lösen oder alternativ mit einer Erweiterungsplatine (EnOcean Pi).

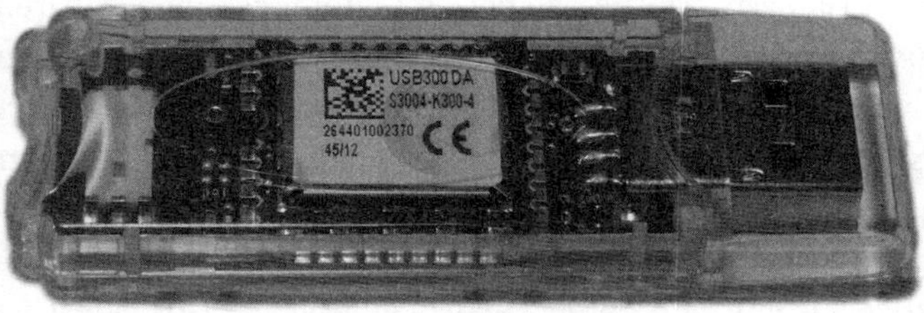

Abbildung 33.5 Das EnOcean USB Gateway USB 300

Die KNX-seitige Anbindung realisieren Sie z. B. mit eibd (siehe Abschnitt 50.2, »eibd – der EIB-Daemon«), als Logik-Engine würden sich openHAB (siehe Abschnitt 50.6, »openHAB – eine Metaplattform«) oder FHEM (siehe Abschnitt 50.5, »FHEM – die freundliche Hausautomation«) anbieten.

33.3.2 Produktbeispiel KNX-EnOcean-Gateway

Mit dem KNX ENO (in Abbildung 33.6 in der Modellvariante 634) hat die Weinzierl Engineering GmbH (*http://www.weinzierl.de*) ein rundum sympathisches Produkt geschaffen. Die Anbindung von EnOcean-Funkgeräten an den KNX-Bus wird mit dem bidirektionalen Gateway zum Kinderspiel.

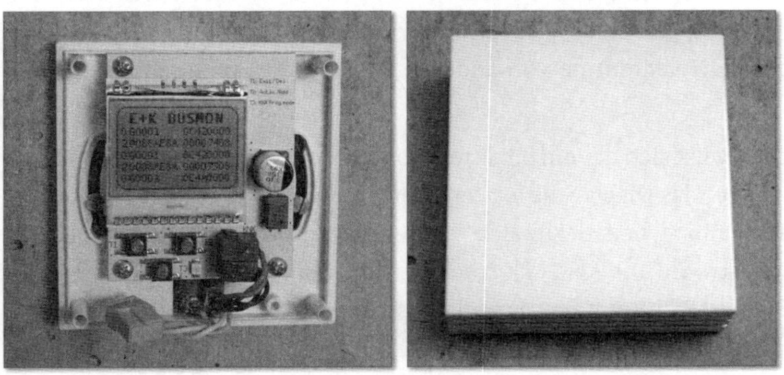

Abbildung 33.6 Das Weinzierl EnOcean Gateway KNX ENO 634 ohne und mit Abdeckung im Busmonitorzustand

Ausstattung des KNX ENO 634

Das KNX 634 besitzt 32 Kanäle, kann also 32 EnOcean-Geräte ansprechen. Da es bidirektional arbeitet, dürfen nicht nur Sensoren (Schalter, Zugangskarten, Temperatur, Feuchtigkeit, Anwesenheit usw.) ausgelesen, sondern auch Aktoren (Schalten, Dimmen, Jalousien, Stellantriebe usw.) geschaltet werden. Ein Kanal kann zudem die Aufgaben einer Logikfunktion (Gatter, Impuls, Verzögerung usw.) oder sogar eines Reglers (kontinuierlich, 2-Punkt, Lichtregelung) übernehmen.

Zur Parametrierung des KNX ENO benötigen Sie lediglich die ETS. Der EnOcean-Einlernvorgang erfolgt direkt über das Gateway selbst. Dazu besitzt es unter der abnehmbaren Abdeckhaube ein LCD (Liquid Crystal Display) und drei Taster. Im Normalbetrieb werden die Bedienelemente nicht benötigt, das Aufputzgerät kann also geschlossen montiert werden. Das Display unterstützt Sie sowohl bei der Inbetriebnahme als auch bei einer späteren Diagnose. Es zeigt erstaunlich viele Informationen, angefangen vom Betriebsmodus des Gateways selbst über seine physikalische KNX-Adresse bis hin zur Signalstärke der empfangenen Funktelegramme und deren Kanalzugehörigkeit. Gut gelöst ist auch die Abfrage von Kanälen. Sie erhalten in Klartext die Kanalnummer und den Kanalnamen (aus der ETS) sowie den Kanaltyp (Sensor/Aktor), das dazugehörige EnOcean Equipment Profile (EEP) und die Anzahl der benutzten und der noch verfügbaren Kanallinks.

Den Datenaustausch zwischen Sensoren und Aktoren des EnOcean-Netzwerks kann das Gateway in sehr vielen Fällen komplett autonom durchführen. Dazu legen Sie in der ETS Verknüpfungen an, die entweder intern oder extern ausgeführt sein dürfen:

- **extern**: Verknüpfung erfolgt über Gruppenadressen, dabei werden die übergebenen Werte auch auf dem KNX-Bus sichtbar
- **intern**: Verknüpfung ohne Gruppenadressen und ohne KNX-Telegramme

Über die ETS schalten Sie auch die Repeater-Funktion des Gateways ein. Sie dient dazu, größere Entfernungen zwischen Sensoren und Aktoren zu überbrücken. Das KNX ENO arbeitet als Level-1-Funk-Repeater, es leitet also nur Telegramme weiter, die direkt von einem Sender stammen. Telegramme von anderen Repeatern werden nicht noch einmal wiederholt.

Als überaus nützlich erweist sich der eingebaute Busmonitor des Weinzierl-Geräts. Ist er aktiviert, können Sie über das Display die letzten fünf empfangenen und gesendeten Telegramme in dezimaler bzw. hexadezimaler Darstellung mitlesen. Der umschaltbare Monitor funktioniert sowohl für KNX- als auch für EnOcean-Telegramme, wobei für Letztere sogar die Signalstärke beim Empfang dargestellt wird.

Das KNX ENO 634 wird vollständig über die KNX-Spannungsversorgung gespeist und benötigt im laufenden Betrieb ca. 12 mA.

Das KNX ENO Tool

Noch komfortabler wird die Inbetriebnahme Ihres EnOcean-Netzwerks, wenn Sie das kostenlose KNX ENO Tool (siehe Abbildung 33.7) der Weinzierl Engineering GmbH einsetzen. Das Windows-Programm stellt übersichtlich die Konfiguration des Gateways dar und beinhaltet außerdem einen EnOcean- und einen KNX-Busmonitor.

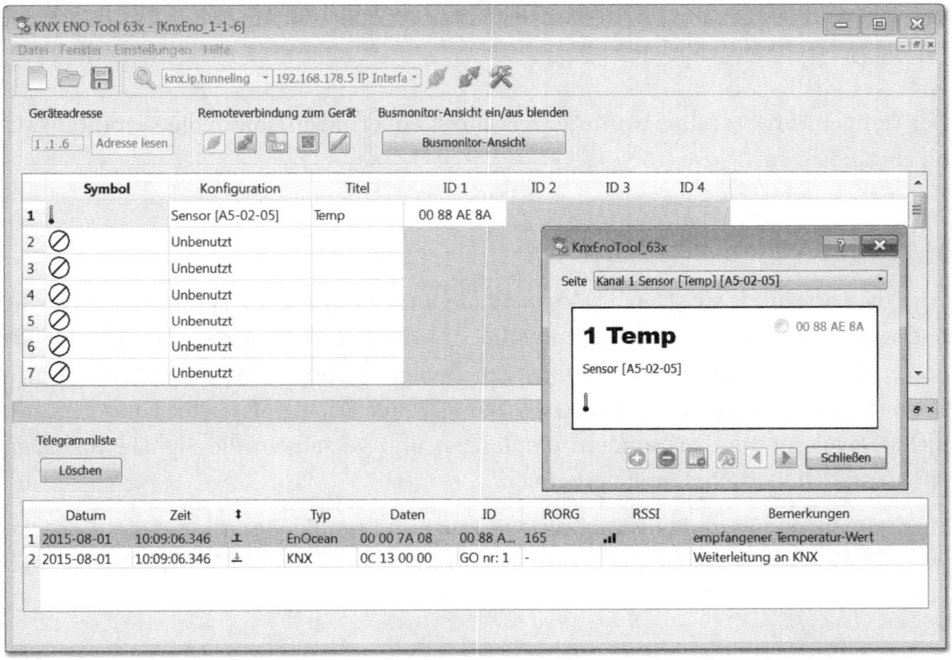

Abbildung 33.7 Das KNX ENO Tool mit einem eingelernten EnOcean-Temperatursensor

Ein Reichweitentest mit EnOcean-Temperatursensor

Um Ihnen eine Orientierungshilfe für die Reichweite von EnOcean-Sensoren zu geben, finden Sie in der folgenden Tabelle 33.4 die gemessene Signalstärke in unterschiedlichen Szenarien. Die Übertragung erfolgt jeweils von einem Temperatursensor (STM 330) zum KNX ENO 634, montiert auf Schalterhöhe an einer Betonwand.

Entfernung	Hindernis	Signalstärke
3 m	keines	3 (gut)
10 m	vorbei an Betonwand	2 (mittel)
16 m	vorbei an Betonwand	1 (gering)

Tabelle 33.4 Reichweitentest mit EnOcean-Temperatursensor

Entfernung	Hindernis	Signalstärke
4 m	Sensor im Kühlschrank	1 (gering)
9 m	über Betongeschossdecke	1 (gering)
18 m	über Betongeschossdecke und eine Tür	keine

Tabelle 33.4 Reichweitentest mit EnOcean-Temperatursensor (Forts.)

Der Temperaturwert selbst wurde jeweils korrekt übertragen, sofern die Kommunikation zustande kam.

33.3.3 EnOcean-Funk-Repeater

Wird die Entfernung zwischen EnOcean-Sender und -Empfänger zu groß oder haben Sie mit schwierigen baulichen Gegebenheiten zu kämpfen, können sogenannte *Funk-Repeater* effektiv unterstützen. Sie empfangen die Signale von Sensoren und Aktoren, prüfen sie und senden sie mit voller Sendeleistung weiter. Dabei müssen die Funk-Repeater nicht eingelernt werden, sondern empfangen und verstärken die Signale von allen Funksensoren in ihrem Empfangsbereich.

Eine sehr schöne Produktauswahl für den Innen- und Außenbereich bietet z. B. Eltako (*www.eltako.de*) mit den Funk-Repeatern FRP65, FRP61, FSRP-230V, FRP70-230V und FARP60-230V.

33.3.4 Von DMX nach EnOcean

Wenn Sie sich für eine Anbindung von DMX an EnOcean interessieren, sollten Sie sich zusätzlich noch das Duo DMX Gateway (Preis: ca. 220 €) der Firma BAB Technology (*www.bab-tec.de*) ansehen.

Kapitel 34

Grenzenlose Möglichkeiten: Logik-Engines

Im Smart Home sind Logik-Engines die perfekten Komponenten, wenn es um die Realisierung anspruchsvoller Funktionalitäten geht. Denn nach wie vor gilt: Es gibt immer etwas zu ... automatisieren.

Sie haben in den letzten Kapiteln sehr viel über verschiedene KNX-Geräte, insbesondere Aktoren und Eingänge, erfahren. Diese bilden das Rückgrat eines Smart Homes, sie sorgen dafür, dass Strom dort geschaltet wird, wo gewünscht, und die angeschlossene Sensorik abgetastet und für alle Teilnehmer über den KNX-Bus zur Verfügung gestellt wird.

KNX-Teilnehmer sind eigenständige Geräte mit dezentraler Intelligenz, sie benötigen im Grundgedanken keinen übergeordneten Steuerrechner. Viele Basisfunktionen können bereits durch die Applikationssoftware der einzelnen KNX-Teilnehmer und deren cleveres Zusammenspiel realisiert werden.

Irgendwann werden Sie jedoch an einen Punkt kommen, an dem Sie »mehr« wollen, an dem Sie eigene Ideen, eigene Bedienoberflächen und Logiken verwirklichen möchten, für die die Softwarefunktionen der Sensor- und Aktormodule eben nicht mehr ausreichen. Spätestens dann betreten Sie die Welt der *Logik-Engines* und *Visualisierungen*, und damit fängt der ganze Spaß an der Heimautomation erst richtig an ...

Einteilen lassen sich die Logik- und Visualisierungssysteme grob in vier Kategorien, wie auch in Tabelle 34.1, die Sie in den folgenden Kapiteln genauer kennenlernen werden:

Kategorie	Eigenschaften
Logikbausteine	Reine Logikfunktionalitäten, verpackt in Hutschienenmodulen, ohne Visualisierung, dafür aber einfach in der Anwendung und am direktesten in den KNX-Bus integriert.
Vollwertige Automatisierungsrechner	Die wirklichen Alleskönner – eigenständige Kleinrechner mit komplexen Logikmaschinen, Visualisierungsfunktionen und Schnittstellen zu anderen Technologien.

Tabelle 34.1 Einteilung Logik- und Visualisierungssysteme

Kategorie	Eigenschaften
Dedizierte Visualisierungssysteme	Eigenständige Geräte mit der Hauptaufgabe, eine Visualisierung zu ermöglichen, im besten Fall werden durch diese Geräte auch einfache Logikfunktionen unterstützt.
Automatisierungssoftware-Lösungen	Softwarepakete, für die Sie selbst einen Rechner bereitstellen müssen, die teilweise sehr komplexe Logiken und Visualisierungen ermöglichen und zudem auch andere Automatisierungssysteme (nicht nur KNX) unterstützen.

Tabelle 34.1 Einteilung Logik- und Visualisierungssysteme (Forts.)

34.1 Intelligenz auf der Hutschiene: Logikbausteine

Beginnen wir mit der einfachsten Art, Ihrem KNX-System zusätzliche Logik beizubringen: mit speziell dafür ausgelegten *KNX-Logikbausteinen*. Diese Hutschienenmodule mit lediglich 2 TE Breite sehen, beispielsweise im Vergleich zu einem 12-fach-Schaltaktor, sehr harmlos aus, haben es aber in sich. Sie besitzen keine Aktorik, können keine physikalischen Ausgänge schalten, keine Messwerte erfassen und benötigen lediglich den KNX-Busanschluss und eventuell noch eine zusätzliche Spannungsversorgung. Manche Logikmodule besitzen zusätzlich eine LAN-Schnittstelle, die für die Projektierungssoftware erforderlich ist.

34.1.1 Überblick: Logikmodule für die Hutschiene

Das, was an Hardwarefunktionalität fehlt, wird bei den Logikmodulen in eine möglichst leistungsfähige Software gesteckt. So ist es nicht verwunderlich, dass die vollständige Parametrierung über die ETS alleine nicht mehr ausreicht und auch gar nicht möglich wäre. Den Ausweg bilden *ETS-Plug-ins*. Sie ermöglichen den Zugriff auf die Logikfunktionen, und beispielsweise das Gira-Logikmodul setzt gar auf eine externe Projektierungssoftware.

Gern eingesetzte KNX-Logikmodule für die Hutschiene finden Sie in der folgenden Übersicht in Tabelle 34.2.

Gerät	Ausstattung	Preis
ABB-Logikmodul LM/S 1.1	▶ 3 verschiedene Funktionen können gleichzeitig ausgeführt werden ▶ 12 unterschiedliche Funktionen verfügbar, z. B.: Logikgatter, Torglied, Zeitglied, Vervielfacher, Temperaturvergleicher, Formatwandler, Treppenlicht, Zähler ▶ Parametrierung über ETS	ca. 76 €
ABB-Applikationsbaustein Logik ABL/S 2.1	▶ grafischer Logikentwurf mit max. 200 Arbeitsblättern ▶ 254 Ein- und Ausgänge ▶ 10 Vergleicher, 250 Merker ▶ 30 Zeitglieder (Verzögerungen, Impulsdauer, Treppenlicht) ▶ 50 Torfunktionen ▶ 50 Logikfunktionen ▶ Programmierung über grafische Bedienoberfläche als ETS-Plug-in ▶ Programmiermethode: grafischer Funktionsplan (FUP), angelehnt an DIN 40900	ca. 320 €
ABB-Applikationsbaustein Zeit ABZ/S2.1	▶ spezialisiert auf alle Arten von Zeitschaltungen ▶ mehrkanalige Zeitschaltuhr mit Ablaufsteuerung für Jahr, Woche und Tag ▶ 15 Tagesabläufe, max. 800 Schaltzeiten ▶ 100 Sondertage mit Abweichung vom normalen Wochenablauf ▶ Sommer-/Winterzeit ▶ Auslöser für ganze Sets von Gruppenadressen (max. 30) ▶ Programmierung über Zusatzsoftware	ca. 225 €

Tabelle 34.2 Auswahl an KNX-Logikmodulen

Gerät	Ausstattung	Preis
Gira-Logikmodul 2070 00	▸ Bausteinbibliothek mit 35 konfigurierbaren Logikbausteinen ▸ Erweiterungen durch Firmware-Updates ▸ Importfunktion (KNX-Projekte) ▸ max. 150 Datenpunkte pro Projekt ▸ 10 Schaltzeiten und 20 Szenensets ▸ Programmierung über grafische Bedienoberfläche (Assistent) mit Logikeditor ▸ Logiksimulation ▸ Programmierung über LAN-Schnittstelle (100 MBit/s) ▸ 3 Status-LEDs auf der Gehäuseoberseite	ca. 356 €
MDT-Logikmodul SCN-LOG1.01	▸ 8 Logikblöcke mit je 8 Eingängen ▸ 4 Formatumsetzermodule ▸ 4 Filtermodule, 8 Multiplexer ▸ 4 Temperaturauswertmodule ▸ 4 Zeitmodule ▸ 8 konfigurierbare LEDs direkt am Gerät zur schnellen Auswertung ▸ nur KNX-Busanschluss notwendig ▸ Parametrierung über ETS	ca. 156 €
Merten KNX Logikmodul Basic	▸ 10 Logikblöcke mit je 8 Eingängen ▸ 10 Filter- und Zeitbausteine ▸ 8 Formatumsetzermodule ▸ 12 Multiplexer ▸ 3 Tasten und 3 LEDs mit freier Zuweisung direkt am Gerät ▸ nur KNX-Busanschluss notwendig ▸ Parametrierung über ETS	ca. 155 €

Tabelle 34.2 Auswahl an KNX-Logikmodulen (Forts.)

Gerät	Ausstattung	Preis
Merten-Minifunktions-modul	▸ frei programmierbare logische und mathematische Funktionen ▸ kein Senden von Telegrammen im Gleitkommaformat ▸ Projektumfang: 150 Funktionsblöcke und 200 Gruppenadressen ▸ Programmierung über grafische Sprache mit eigenständiger Software ▸ Funktionsbibliothek mit ca. 40 Funktionselementen ▸ Stromversorgung über Datenschiene, siehe aber Abschnitt 7.5.3	ca. 430 €
Merten-Funktionsmodul	▸ frei programmierbare logische und mathematische Funktionen ▸ unterstützt das Senden von Telegrammen im Gleitkommaformat ▸ Programmierung über grafische Sprache mit eigenständiger Software ▸ Funktionsbibliothek mit mehr als 50 Funktionselementen ▸ Stromversorgung über Datenschiene	ca. 1.030 €

Tabelle 34.2 Auswahl an KNX-Logikmodulen (Forts.)

34.1.2 Beispiele für Logikmodule

Im folgenden Abschnitt (siehe Abbildung 34.1 und Abbildung 34.2) finden Sie für zwei ausgewählte KNX-Logikmodule jeweils eine Produktabbildung und für das ABB-Gerät einen Screenshot der speziell für dieses Modul entwickelten Programmiersoftware.

Beispiel ABB-Applikationsbaustein Logik ABL/S 2.1

Den Applikationsbaustein ABL/S 2.1 verbinden Sie lediglich über die Busanschlussklemme mit dem KNX-Bus und parametrieren die gewünschten Logik-Funktionen über ein ETS-Plugin.

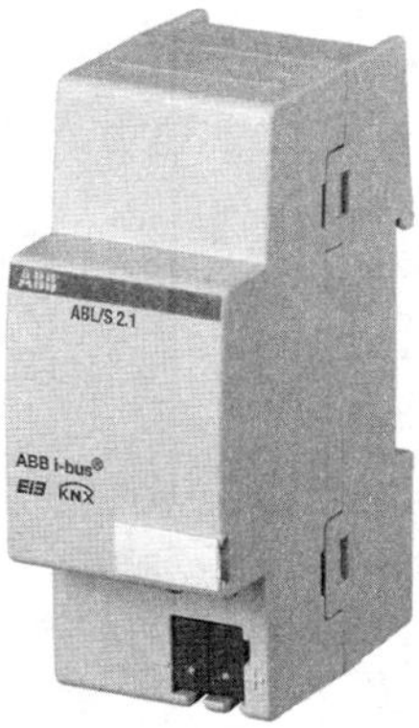

Abbildung 34.1 KNX-Applikationsbaustein Logik (Quelle: ABB Stotz-Kontakt)

Das Plugin erlaubt den Entwurf eigener Logik-Funktionen über eine grafische Programmiermethode. Es stehen Ihnen 200 Arbeitsblätter und 254 Ein- und Ausgänge zur Verfügung.

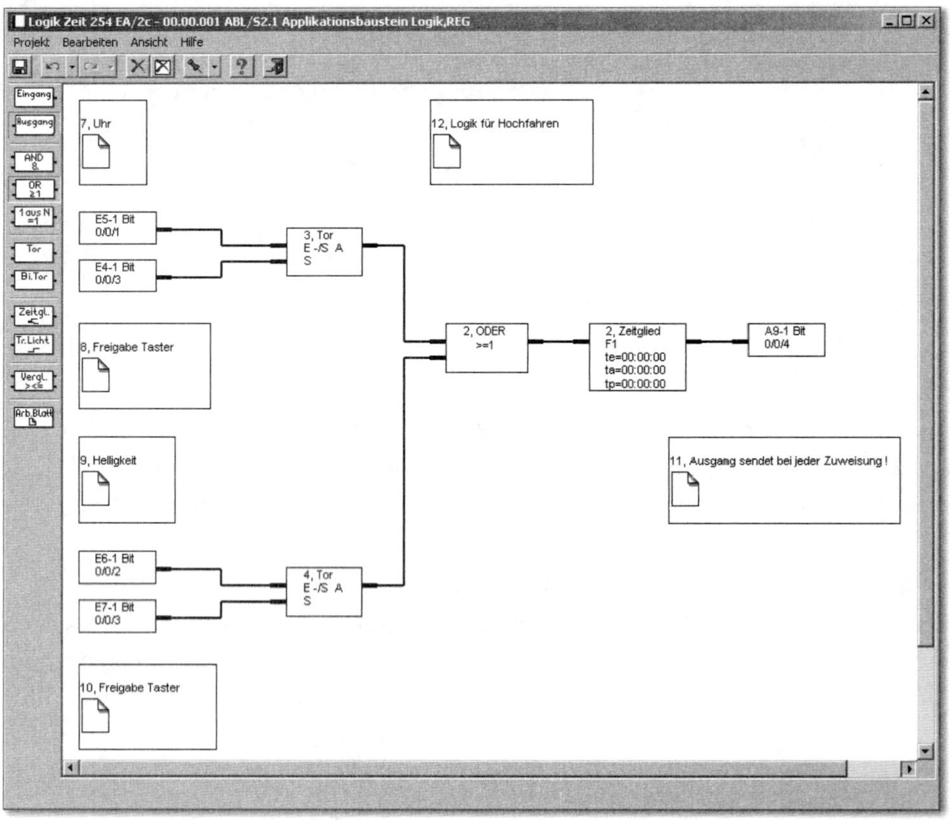

Abbildung 34.2 Grafische Programmierung eines Logikbausteins (Quelle: ABB Stotz-Kontakt)

Beispiel Gira-Logikmodul 2070 00

Bei der Erstellung dieses Buchs noch ganz neu in der Produktpalette von Gira ist das Logikmodul 2070 00 (siehe Abbildung 34.3), das als einziges der hier vorgestellten KNX-Geräte eine LAN-Schnittstelle benötigt und mit der modernsten Programmierumgebung, basierend auf einem Assistenten mit grafischem Logikeditor, geliefert wird. Als weitere Besonderheit enthält die Software einen Logiksimulator, mit dem noch vor der Inbetriebnahme logische Funktionen in der Simulation geprüft werden können.

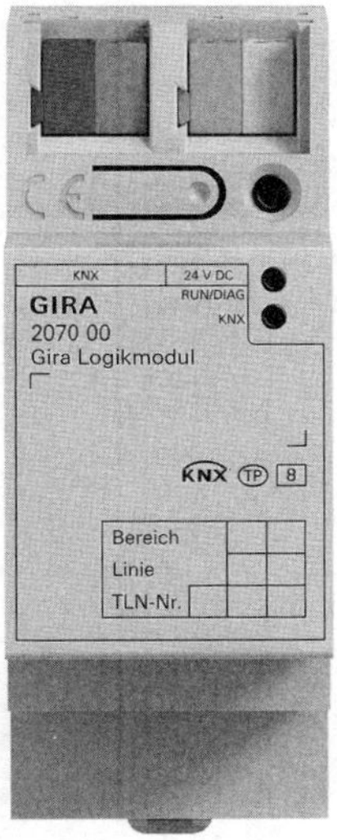

Abbildung 34.3 KNX-Logikmodul 2070 00 (Gira)

34.2 Zentrale Automatisierungsrechner

Im vorherigen Abschnitt konnten Sie sich einen Überblick über KNX-Logikmodule verschaffen. Sie stellen eine einfache Möglichkeit dar, begrenzt komplexe Logiken, die nicht mehr mit den Bordmitteln von Standard-KNX-Geräten (wie Aktoren, Wetterstationen und Tasterinterfaces) realisierbar sind, für Ihr Smart Home umzusetzen.

Ich sage bewusst »begrenzt«, denn auch wenn die beiden ausgewählten Produktbeispiele, der Gira-Logikbaustein 2070 00 und der ABB-Applikationsbaustein Logik ABL/S 2.1, schon durchaus anspruchsvolle Funktionalitäten in Ihrem Smart Home erlauben, gibt es in der KNX-Welt noch so viel mehr. Kommen wir also zur Spielwiese für die richtig beeindruckenden Funktionen mit richtig hohem NBF (Nachbarschafts-Beeindruck-Faktor) – den Automatisierungsrechnern.

In diesem Segment tummeln sich einige mehr oder weniger etablierte Produkte mit teilweise recht unterschiedlichen Konzepten und Fähigkeiten. Für den interessierten Einsteiger sind die einzelnen Möglichkeiten kaum zu durchschauen, ich möchte Ihnen daher die wichtigsten Geräte vorstellen, ihre Merkmale gegenüberstellen und Ihnen die Entscheidung für Ihre künftige Spielwiese erleichtern.

34.2.1 Überblick: Das Who's who der Automatisierungsrechner

Lassen Sie mich im ersten Schritt die wichtigsten Vertreter der *Automatisierungsrechner* zusammenfassen und mit einem, je nach Ausstattung unterschiedlichen, Preisrahmen ergänzen (siehe Tabelle 34.3):

Produkt	Hersteller	Preis
EibPC	Enertex (*www.enertex.de*)	ca. 480–700 €
HomeServer	Gira (*www.gira.de*)	ca. 1.750 €
Facility Server	Gira (*www.gira.de*)	ca. 2.250 €
Wiregate Multifunktionsgateway	Elaborated Networks (*www.wiregate.de*)	ca. 475 €
Loxone Miniserver	Loxone (*www.loxone.de*)	ca. 415 €
eibPort	BAB Technology (*www.bab-tec.de*)	ab ca. 1.125 €
Berker IP-Control	Berker (*www.berker.de*)	ab ca. 1.640 €
Domovea	Hager (*www.hager.de*)	ca. 1.130 €
Berker B.IOS	Berker (*www.berker.de*)	ca. 1.010 €

Tabelle 34.3 Die wichtigsten Automatisierungsrechner

Anmerkung: Baugleiche bzw. sehr ähnliche Geräte sind in Tabelle 34.3 zusammengefasst.

In den folgenden Kapiteln finden Sie detailliertere Informationen zu den vorgestellten Automatisierungsrechnern.

34.2.2 Die Zauberkiste: Gira HomeServer

Erstmals im Jahr 2000 vorgestellt und seither kontinuierlich weiterentwickelt und verbessert, ist der *Gira HomeServer* (siehe Abbildung 34.4) heute einer der Platzhirsche im KNX-Automatisierungsbereich und erfreut sich einer großen Anhängerschaft. Aus gutem Grund, denn der lüfterlose und ohne bewegliche Teile konstruierte HomeServer mit einem Verbrauch von unter 15 Watt ist an Funktionalität und Vielseitigkeit kaum zu übertreffen. Es gibt nur sehr wenige Anwendungsfälle, die sich mit seinen Bordmitteln und den zahllosen Erweiterungen nicht in die Tat umsetzen lassen.

Abbildung 34.4 Der Gira HomeServer 3 im 19-Zoll-Rack

Der Gira HomeServer ist mittlerweile in der Version 4 erschienen, die Vorgängerversion, der HomeServer 3, ist aber bei diversen Händlern noch erhältlich. Die wesentlichen Unterschiede zwischen der 3. und 4. Generation sind:

- In dem schicken Gerät ist das Netzteil bereits integriert, außerdem ist es im Vergleich zu dem ebenfalls sehr edlen Gehäuse des HomeServers 3 ein wenig kleiner geworden.
- Die Performance wurde etwas erhöht: Prozessor 1,2 GHz, 1 GByte RAM, 1 GByte mSATA.
- Es wird aber jetzt, bei Bedarf, ein zusätzlicher ISDN-Adapter benötigt (Gira 2093 00).

Außer dem HomeServer bietet Gira auch den FacilityServer, ein 19-Zoll-Rack-Gerät mit identischer Funktionalität wie der HomeServer, allerdings mit deutlich mehr Speicher. Im Einfamilienhaus sind Sie, auch bei einer aufwendigen KNX-Installation, mit dem HomeServer hervorragend beraten, der FacilityServer ist eher auf hohe Anforderungen im gewerblichen Bereich abgestimmt.

Die HomeServer-Schnittstellen

An Schnittstellen bietet der HomeServer folgende:

- eine RS-232-Schnittstelle (für den Anschluss an den KNX-Bus über eine FT1.2-KNX-Schnittstelle und für die serielle Übertragung einer Konfiguration)
- eine Ethernet-Schnittstelle, RJ-45, 100 MBit/s (Zugriff auf Visualisierung, Übertragung einer Konfiguration, Zugriff auf KNX-Bus über KNX-IP-Router)
- VGA (DVI), PS/2-Maus/-Tastatur (allerdings nur für Diagnosezwecke)
- vier USB-Schnittstellen (Zugriff auf KNX-Bus über KNX-USB-Schnittstelle, Anschluss ISDN-Adapter, Tastatur für Servicezwecke)

Zu beachten ist, dass das Gerät keinen direkten KNX-Busanschluss besitzt, sondern ein zusätzliches KNX-Interface benötigt, das entweder ein KNX-IP-Router sein kann, eine KNX-USB-Schnittstelle (dann aber zwingend die Gira 1080 00 oder die 1070 00) oder ein KNX-RS-232-Interface. Eine KNX-IP-Schnittstelle hingegen funktioniert nicht.

Die HomeServer-Software

Vom Hersteller Gira bekommen Sie für alle Home- und FacilityServer-Versionen kostenlos ein umfangreiches Softwarepaket (Windows), das unter anderem beinhaltet:

- **HomeServer Experte**: die zentrale Konfigurations- und Programmierumgebung für den HomeServer, erlaubt die Erstellung von Logiken und Visualisierungen (siehe Abbildung 34.5), Transfer auf den HomeServer und Einstellung sämtlicher Funktionalitäten
- **HS-Client**: optimierter Client, um auf die freie Visualisierungsoberfläche des HomeServers zuzugreifen, ähnlich einem Webbrowser, aber mit speziellem Caching zur Optimierung der Reaktionszeit
- **Quad-Client**: ein weiterer Client, dieser ist für die Darstellung der konfigurierbaren Quad-Visualisierung des HomeServers zuständig
- **OS Connect**: Software zur Anbindung von Apple-Produkten an den HomeServer/FacilityServer

Der Zugriff auf die verschiedenen Visualisierungsoberflächen des HomeServers ist sowohl mit einem Standardwebbrowser als auch mit speziellen Clients wie dem HS-Client oder dem Quad-Client (für eine Quad-Visu) möglich. Für Android und iOS (iPhone und iPad) bietet Gira spezielle Apps (inzwischen kostenfrei), die die Quad-Visu optimiert auf mobilen Geräten und Tablets präsentiert.

Die eigentliche Firmware des HomeServers können Sie übrigens selbst direkt nicht verändern, ein Update auf neue Versionen findet indirekt über den HomeServer Experten statt.

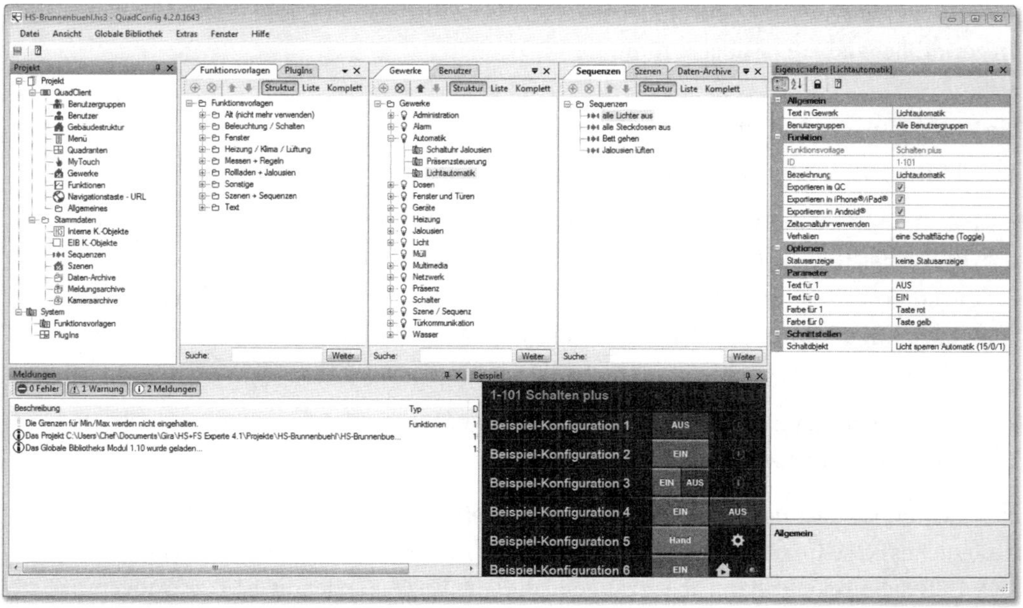

Abbildung 34.5 HomeServer Experte (Gira) – QC-Config

Und was kann der HomeServer?

Eine ganze Menge. Zunächst wäre da eine der Hauptaufgaben zu nennen, die Aufbereitung der Visualisierung, also der grafischen Bedienkomponente für Ihren KNX-Bus. Dafür stellt die HomeServer-Software mehrere Möglichkeiten bereit:

- **Quad-Visu** (oder »Mädchen-Visu«): Eine Visualisierung, die komfortabel mit dem HomeServer Experten unter Zuhilfenahme eines Baukastensystems konfiguriert wird. Der Begriff »Quad« deutet auf die vordefinierte Aufteilung in vier Bereiche hin, bestehend aus Raumliste, Schaltfunktionen und zwei wechselbaren Plug-ins auf der rechten Seite (z. B. Wetter, Kamera, Türkommunikation, Energiediagramm usw.). Die Quad-Visu kann nicht mit einem normalen Browser dargestellt werden, dafür benötigen Sie den kostenlosen Quad-Client (Windows) und/oder die App Gira HomeServer für Android und iOS (ebenfalls kostenlos) (siehe Abbildung 34.6).
- **Freie Visu** (oder »Männer-Visu«): Im Gegensatz zur Quad-Visu frei gestaltbare Visualisierung, die auf herkömmlicher HTML-Technik basiert und mit jedem Browser darstellbar ist. Im HomeServer Experten ist dazu ein HTML-Editor eingebaut, der speziell auf die Bedürfnisse von KNX-Visualisierungen zugeschnitten ist. Die moderne AJAX-Technologie (Asynchronous JavaScript and XML) ist ebenfalls verwendbar und erlaubt einen sehr schnellen Seitenaufbau im Browser und kurze Reaktionszeiten bei der Bedienung.

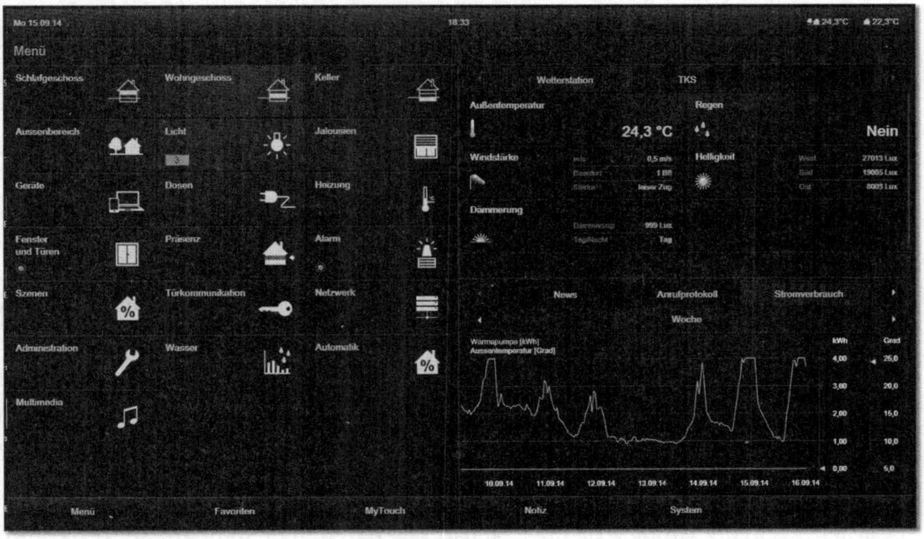

Abbildung 34.6 Die HomeServer-Quad-Visu

Ein weiterer Hauptbestandteil der HomeServer-Software ist der mächtige grafische Logikeditor (Abbildung 34.7) mit Unterstützung von beliebig vielen Arbeitsblättern und bereits mehr als 80 eingebauten Logikbausteinen. Viele weitere Bausteine wurden und werden von engagierten Anwendern entwickelt und in der Regel kostenfrei zur Verfügung gestellt. Eine hervorragende Anlaufstelle ist die Logikdatenbank des KNX-User-Forums (*http://service.knx-user-forum.de/?comm=download*) mit derzeit ca. 400 teils sehr leistungsfähigen Zusatzbausteinen (z. B. Wetterabfragen, Wake-On-LAN, Prowl-Anbindung, Squeezebox-Steuerung, DALI-Sequenzer u. v. m.). Darüber hinaus ist natürlich die Entwicklung eigener Logikbausteine möglich (in Python), die anschließend im Logikeditor des HomeServer Experten grafisch eingebunden und beschaltet werden können.

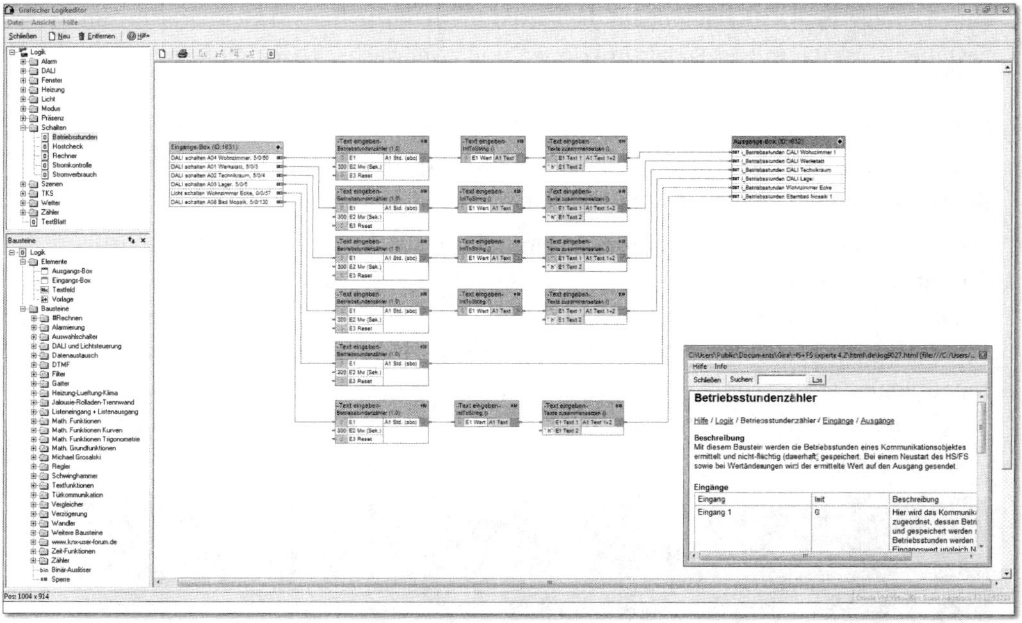

Abbildung 34.7 HomeServer Experte (Gira) – Logik-Editor

Sehr weltoffen zeigt sich der HomeServer auch bei der Integration weiterer Technologien. So ermöglicht er die nahtlose Einbindung von Türkommunikationsanlagen (Gira-TKS-System, Agfeo-Telefonanlage), Kameras (z. B. IP-Kameras vom Mobotix) und Audiosystemen (z. B. Revox Multiroom), kann Störmeldungen über SMS, Sprachnachricht und E-Mail übertragen und ermöglicht ganz nebenbei noch über das EIBnet/IP-Protokoll den KNX-Buszugriff für andere Geräte, die über IP-Kommunikation angebunden sind. Die Bedienung der heimischen KNX-Anlage per Telefon über DTMF-Signale ist ebenso möglich.

Außerdem kann der HomeServer per Webabfragen und über Standard-Socket-Kommunikation die Daten von beliebigen IP-Geräten auswerten (sowohl lesend als auch schreibend) und beherrscht sogar SNMP und FTP.

Fast schon als selbstverständlich erscheinen im Vergleich dazu die Basisfunktionalitäten für eine leistungsstarke Automatisierung, die der HomeServer natürlich ebenfalls unterstützt. Die aufgeführten Funktionalitäten sind allesamt mit dem HomeServer Experten konfigurierbar und erfordern keine Programmierkenntnisse:

- Zeitschaltuhren
- umfangreiche Archivfunktionen: Kameraarchiv, Meldungsarchiv usw.
- remanente (dauerhafte) Speicherung von Messwerten, Darstellung in konfigurierbaren Diagrammen und Versenden per E-Mail oder FTP
- Anwesenheitssimulation
- Szenensteuerung und Sequenzen
- aufrufbare Debug-Seiten
- Darstellung von RSS-Nachrichten
- Unterstützung von Schaltlisten in externen Dateien
- Verwaltung von 200 Nutzern
- sicheres Zugangsverfahren für Fernwartung, während der Fernprogrammierung behält der HomeServer sein aktuelles Prozessabbild
- und jede Menge mehr

34.2.3 Der Enertex EibPC ... macht süchtig

Einen weiteren Tausendsassa für alle Arten von Automatisierungsaufgaben finden Sie bei der Firma Enertex Bayern GmbH. Der *Enertex EibPC* (*http://enertex.de/d-eibpc.html*) ist eine programmierbare Steuerung, bestehend aus Hardware und Software, zur Erweiterung einer bestehenden KNX-Installation. Er erfüllt die Aufgaben einer Logik-Engine und stellt (mit der Zusatzoption »NP«) eine webbasierte und benutzerdefinierbare Visualisierung zur Verfügung. Dabei verbraucht das Gerät nur sehr sparsame 1,5 W, ist also hervorragend geeignet als 24/7-Automatisierungssystem.

Abbildung 34.8 Der Enertex EibPC in Hutschienenmontage

Der embedded Rechner ist, passend für eine vorbildliche Schaltschrankinstallation, ausschließlich als Hutschienengerät mit einer Breite von 6 TE erhältlich (siehe Abbildung 30.7). Zum Betrieb benötigen Sie lediglich eine Spannungsversorgung (20–30 V DC, mindestens 1,7 Watt) und ein KNX-Interface. Dieses darf entweder eine FT-1.2-kompatible KNX-RS-232-Schnittstelle sein oder eine EIBnet/IP-Schnittstelle bzw. ein Router (z. B. Enertex-KNXnet/IP-Router). Geräteseitig hat der EibPC passend dazu einen RS-232-Sub-D- und einen RJ-45-LAN-Anschluss an Bord.

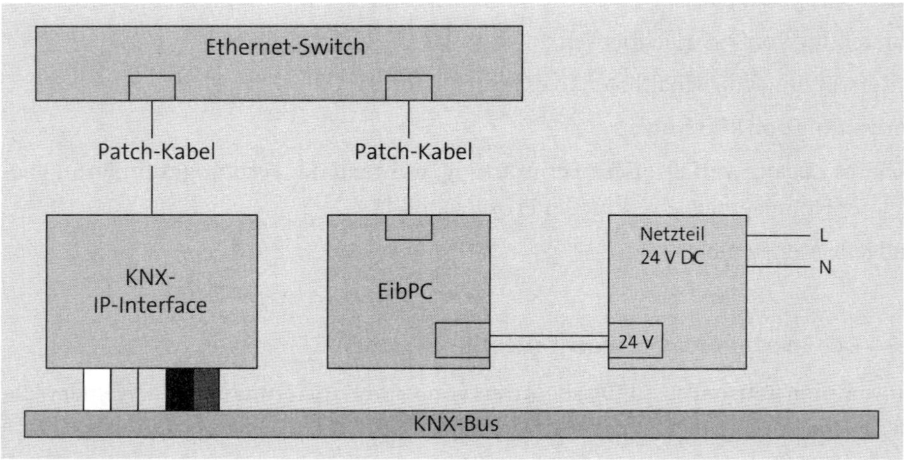

Abbildung 34.9 Anschluss des EibPCs

Wenn Sie den Hutschienenrechner, wie in oben stehender Abbildung 34.9 gezeigt, über eine IP-Schnittstelle angebunden haben, steht der RS-232-Port für eigene Anwendungen zur Verfügung. Dieser lässt sich mit der EibStudio-Software frei programmieren.

Funktionsübersicht

Das 341 Seiten starke und sehr gut aufbereitete Benutzerhandbuch deutet bereits auf den mächtigen Funktionsumfang der kleinen Maschine hin, die Sie komplett über die mitgelieferte Software Enertex EibStudio erschließen. Sie können das EibStudio unter *www.enertex.de* gratis herunterladen, es existieren erfreulicherweise Versionen für Windows, Mac OS X und Linux. Alle Versionen kommunizieren per LAN-Interface mit dem EibPC, was eine entspannte Umsetzung Ihrer Automatisierungsideen vom Arbeitsplatzrechner aus ermöglicht. Mit dem unterlagerten Betriebssystem des EibPCs (ein Debian Linux) kommen Sie direkt nicht in Kontakt.

Als Logik-Engine, speziell für KNX-Systeme, übernimmt der EibPC umfangreiche Aufgaben, wie z. B. Szenensteuerung, Schaltzeituhren oder vielfältige Reglerfunktionen, und meistert bedingte Anweisungen, mathematische Ausdrücke, Zeit- und Verzögerungsglieder sowie Verknüpfungen von KNX-Objekten. Vordefinierte Funktionsblöcke erlauben, durch einfache Parametrierung bereits die Basisfunktionalitäten für Lichtsteuerungen, Beschattung, Zeitschaltuhren usw. umzusetzen, ohne eigenen Code entwickeln zu müssen. Eine Makrobibliothek mit vordefinierten Funktionsblöcken, unter anderem für die Ansteuerung von Russound-Multiroom-System, Squeezebox- und Sonos-Geräten, zur Abfrage von 1-Wire-Komponenten oder auch für die Kommunikation mit dem FRITZ!Box-Call-Monitor, wird auf der Enertex-Webseite zur Verfügung gestellt und gewartet.

Darüber hinaus dürfen Sie natürlich, und das ist einer der großen Stärken des EibPCs, beliebige eigene Automatisierungsideen umsetzen. Dazu steht Ihnen eine eigene, einfach zu erlernende Programmiersprache zur Verfügung. Selbst entworfene Codeteile lassen sich zudem als Funktionsblock in eine Bibliothek auslagern, die dann in weiteren Projekten eingesetzt werden kann.

Datenlogging und Remanentspeicher

Eine sehr nützliche Fähigkeit, insbesondere bei der Fehlerdiagnose, ist der integrierte Datenlogger, der, unabhängig von einem Desktop-PC, bis zu 500.000 KNX-Telegramme aufzeichnen und zu einem beliebigen Zeitpunkt über das EibStudio präsentieren kann. Die Menge an speicherbaren Telegrammen entspricht dem gesamten Busverkehr von ca. 200 Tagen bei einer durchschnittlichen Buslast.

Interessanterweise sind auch eine Parametrierung des EibPCs und der Zugriff auf Gruppenadressen ohne die ETS-Software möglich, ebenso wie ein Bus-Monitoring und das Senden und Empfangen beliebiger KNX-Telegramme.

Des Weiteren stellt der EibPC einen Remanentspeicher für das nicht flüchtige Speichern von Variablen und Szenen zur Verfügung. Dieser lässt sich beispielsweise mit der gleichnamigen Funktionalität des Gira HomeServers (siehe Abschnitt 48.2.4, »Remanente Kommunikationsobjekte«) vergleichen.

Die Umsetzung einer typischen Automatisierungsaufgabe

Mit dem EibPC sind Standardaufgaben der Automatisierung, auch für den ungeübten Einsteiger, schnell umgesetzt. Nach Installation der Hardware und der Enertex-EibStudio-Software sowie deren kurzer Konfiguration importieren Sie in einem Rutsch alle Gruppenadressen aus Ihrem ETS-Projekt (ESF-Datei), erstellen das Anwenderprogramm und übertragen dieses per Knopfdruck auf den EibPC. In Abbildung 34.10 finden Sie einen Treppenhausautomaten als Makro aus der Makrobibliothek *Licht* ❷. Mit nur einer Codezeile ❶ realisieren Sie eine 30-Sekunden-Treppenlicht-Funktion.

Der ganze Vorgang ist überraschend geradlinig und intuitiv erledigt. Die BASIC-artige Programmiersprache beherrschen Sie schon nach kurzer Einarbeitungszeit. Während der Entwicklung im eingebauten Editor werden Sie von Syntaxhervorhebung und Autovervollständigung der Schlüsselwörter unterstützt. Ein kleiner Debugger erlaubt die Anzeige von Variableninhalten. Der integrierte Compiler (genannt EibParser) prüft, optimiert und übersetzt den Anwendercode, den der EibPC einmal in einer Millisekunde ausführt (Zykluszeit: 1 ms).

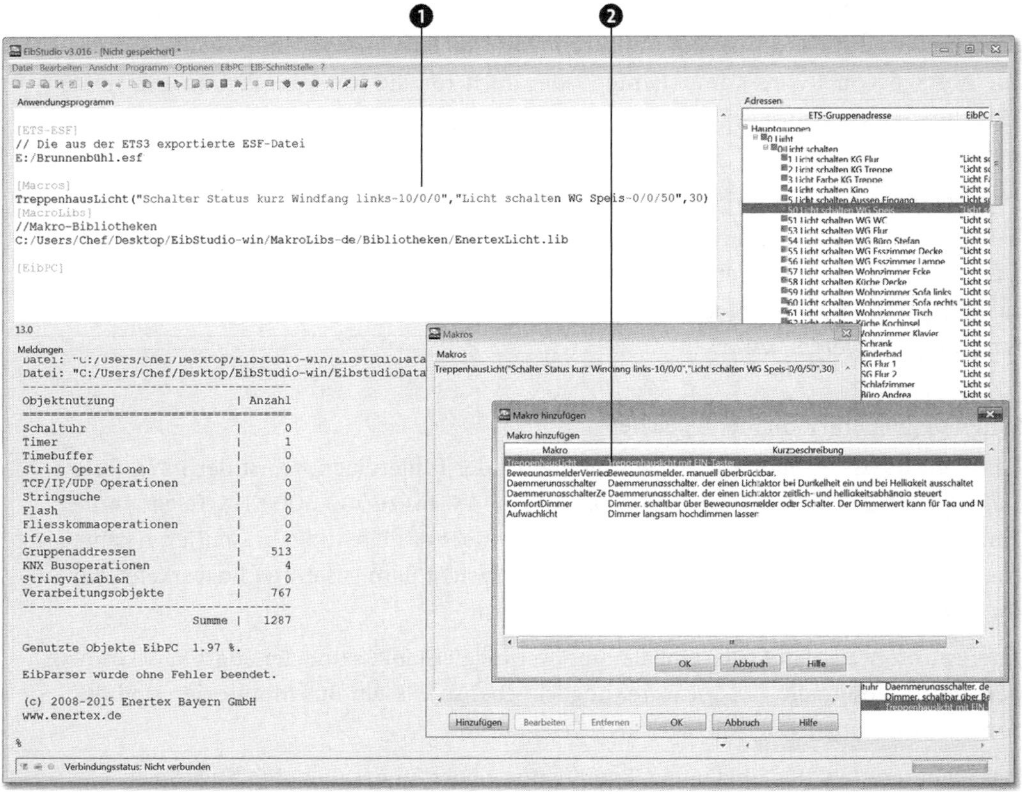

Abbildung 34.10 EibStudio: Code wird kompiliert und auf den eibPC übertragen.

Visualisierung und Steuerung

Ist der EibPC mit der Option NP ausgestattet, erlaubt er die Erstellung einer benutzerdefinierten Visualisierung über einen Softwareassistenten im EibStudio. Der Assistent ermöglicht die gerasterte Platzierung von vordefinierten Steuerelementen, wie z. B. Beleuchtung, Dimmer, Rollo oder Raumcontroller, sowie deren Verknüpfung mit Gruppenadressen. Das Design der Bedienelemente ist dabei fest vorgegeben. Während der Erstellung der Webseite gibt ein Vorschaumodus Auskunft über das spätere Erscheinungsbild der Visualisierung, die sich auch über mehrere Seiten erstrecken darf. Jedes Bedienelement auf der Visualisierung kann über zugeordnete Identifier im Codeeditor des EibStudios angesprochen werden, woraus sich eine unerschöpfliche Menge an Anwendungsmöglichen ergibt. So ist das Einbinden einer externen Wetterkarte ebenso wenig ein Problem wie eine sich aktualisierende Chart-Darstellung mit y/x-Koordinaten.

Eine fertig erstellte Visualisierung wird über einen Standardwebbrowser bedient, eine spezielle Clientsoftware ist nicht erforderlich. Aktuell können Sie als Benutzer zwischen zwei verschiedenen Oberflächendesigns auswählen, dem klassischen Enertex-Blau oder einem schicken Black-Design.

Eine Visualisierung für mobile Geräte ist ebenfalls vorgesehen. Dazu benötigen Sie allerdings zusätzliche Software wie z. B. Command Fusion (*http://www.commandfusion.com/index.php*).

Produktvarianten

Der EibPC wird von Enertex in drei Produktvarianten, wie in Tabelle 34.4 aufgeführt, angeboten:

Variante	Basis	Basis + NP-Bundle	NP-Nachrüstung
Herstellernummer	1137-02	1137-01	1137-03
Preis (ca.)	478 €	698 €	258 €
Webserver mit Visualisierung	nein	ja	ja
TCP/UDP-Telegramme senden und empfangen	nein	ja	ja
E-Mails senden	nein	ja	ja
VPN-Verbindung	nein	ja	ja
Visualisierung mit Smartphone	nein	ja	ja

Tabelle 34.4 Der EibPC in zwei Editionen plus Nachrüstoption

Das Supportforum für den EibPC ist übrigens in das KNX-User-Forum (siehe Abschnitt 17.5, »Das KNX-User-Forum«) integriert. Sie finden es unter diesem Link:

http://knx-user-forum.de/forum/supportforen/eibpc

34.2.4 Der eibPort von BAB Technology

Den eibPort, genauer gesagt den *eibPort LAN Version 3*, bekommen Sie in insgesamt acht Produktvarianten (KNX, EnOcean, Powernet und Kombinationen). Entwickelt wurde der 8 bis 10 TE breite Hutschienenserver mit Linux-Betriebssystem von BAB Technology (*www.bab-tec.de*). In der Beispielausstattung KNX/EnOcean kostet das Modell 10504 ca. 1.300 €.

Im eibPort arbeitet eine 600-MHz-DX86-CPU mit 256 MByte RAM, 4 GByte Flash und, je nach Ausstattung, einer ganzen Menge an Schnittstellen – LAN, KNX, 4 mal S0, 1-Wire (über USB), KNX PL, EnOcean und sogar GSM – bei einem Stromverbrauch von ca. 5 W.

Die Softwareausstattung ist ebenfalls reichlich: integrierter KNXnet/IP- und VPN-Server, Datenaufzeichnung in Datenbank, Benutzeradministration, Sichern und Wiederherstellen, Raumbelegungsplanmodul, EnOcean-Konfiguration, Theme-Verwaltung und vieles mehr.

Programmiert wird der eibPort (zu sehen in Abbildung 34.11) über eine integrierte Entwicklungsumgebung, bestehend aus Visualisierungssoftware, Projektierungstool und Konfigurationstool. Insgesamt werden vier verschiedene, frei gestaltbare Visualisierungen unterstützt (Java, Ajax, JavaScript und eine spezielle CubeVision). Eine Softwareinstallation auf den Visu-Clients ist nicht notwendig. Über sogenannte Jobs, die bereits alle im eibPort implementiert sind, gelingen viele Automationsaufgaben bereits mit den Bordmitteln. Beispiele sind: Logiken, Szenen, Zeitschaltuhren, SMS senden und empfangen, Mails, eKey-Zutrittskontrolle, UDP und HTTP-Schnittstelle, Squeeze-Geräte ansteuern, Raumtemperaturreglerfunktionen, DALI-Monitor, S0-Impulszähler, 1-Wire-Unterstützung und sogar ein IRTrans-Sender/Empfänger (siehe auch Abschnitt 37.4, »Intelligente IR-Steuerung«).

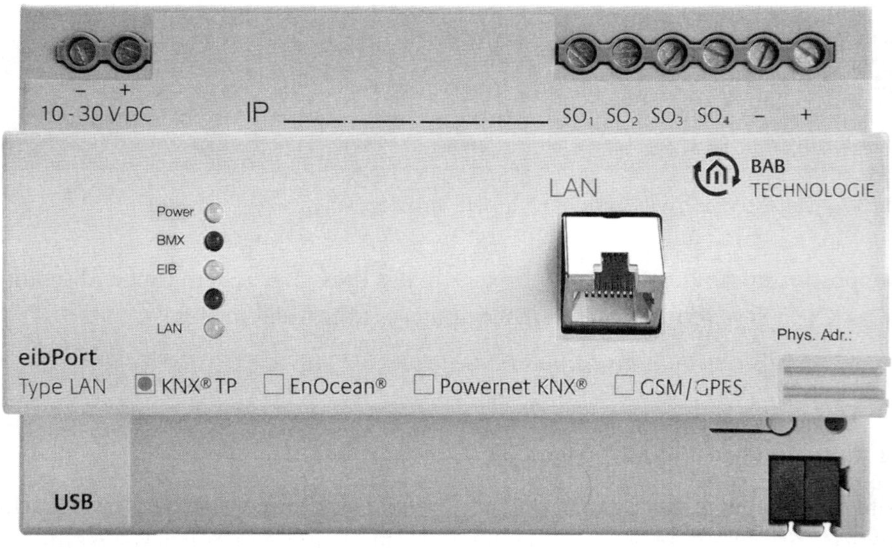

Abbildung 34.11 Der eibPort mit KNX-TP1-Interface (Quelle: BAB Technology)

34.2.5 Das Wiregate-Multifunktionsgateway von Elaborated Networks

Als Paradebeispiel für ein Embedded System in der Heimautomation darf der Wiregate-Server auf keinen Fall fehlen. Er stammt von der Firma Elaborated Networks GmbH (*www.wiregate.de*, Abbildung 34.12) und ist zum Preis von 476 € (bzw. 595 € mit fünf Jahren Garantie) erhältlich.

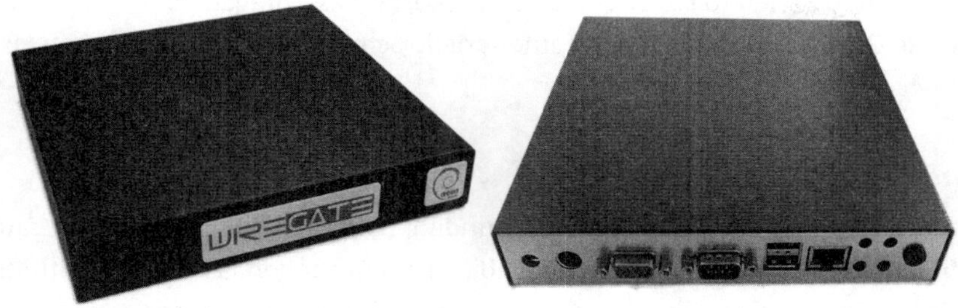

Abbildung 34.12 Das Wiregate im Blechgehäuse, Vorder- und Rückseite

Das Wiregate sorgt für die perfekte Verbindung dreier Welten

Welche drei Welten meine ich? Zunächst ist das Wiregate primär ein Server für ein 1-Wire-Netzwerk, es lässt sich jedoch genauso einfach mit dem KNX koppeln und kommuniziert über Ethernet. Durch den eingebauten RS-232-Port ist, wenn man so will, sogar noch eine vierte Schnittstelle an Board, mit der sich beispielsweise viele AV-Receiver oder Beamer ansteuern lassen.

Die Liste der Anwendungsmöglichkeiten ist so lang wie der Produktname selbst – das Wiregate-Multifunktionsgateway (kurz Wiregate oder noch kürzer WG) leistet Beachtliches:

- Es stellt (mit dem USB-TP-UART) eine komplette KNXnet/IP-Tunneling-Schnittstelle zur Verfügung und erspart damit die Anschaffung einer KNX-IP-Schnittstelle.
- Ein integrierter VPN-Server sorgt für den sicheren Fernzugriff (z. B. für Visualisierung) auf das lokale LAN.
- Es bietet die Datenspeicherung in Logfiles/Datenbankfiles und eine grafische Auswertung mit automatischer Datenaufzeichnung der Sensorwerte sowie laufender Diagrammerstellung und Weitergabe per KNX oder UDP.
- Es bietet eine automatische Erkennung und Auflistung von angeschlossenen 1-Wire-Sensoren und -Busmastern sowie die direkte Einbindung in die Weboberfläche während des laufendes Betriebs.

Ein 1-Wire-System mit dem komplett vorinstallierten Wiregate ist hochgradig skalierbar. Bei einem Dutzend Busmastern mit jeweils 20 bis 80 Sensoren darf Ihr System demnach aus bis zu 1.000 Sensoren bestehen. Damit lässt sich selbst ein Einfamilienhaus, das nur aus Sensoren besteht, verwirklichen. Wem das nicht genug ist, kaskadiert mehrere Wiregate-Server zu einem Verbund über KNX und/oder Ethernet.

Als Gateway beherrscht es Gateway-Funktionen natürlich besonders gut. Sämtliche 1-Wire-Sensorwerte werden zyklisch abgefragt und über konfigurierbare Gruppenadressen als KNX-Telegramme weitergereicht. Die Funktionsweise ist der eines KNX-Analogeingangs sehr ähnlich. Ebenso funktioniert die Weitergabe über TCP/UDP/SNMP/HTTP für eine KNX-unabhängige Auswertung.

Mit dem eingebauten Seriell to LAN Device-Server besitzt das Wiregate einen Problemlöser für diverse Geräte, die sich nur über eine serielle Schnittstelle automatisieren lassen (z. B. AV-Receiver).

Das Wiregate als Logik-Engine

Da wir uns ja im Kapitel über Logik-Engines befinden, liegt es nahe, dass das Wiregate auch diese beherrscht – und so ist es. Fast beliebige Erweiterungen lassen sich mithilfe von Perl-Skripten (Plug-ins) erstellen, wofür ein in die Weboberfläche integrierter Editor mit Syntax-Highlighting zur Verfügung steht. Diese Automatisierungsskripte können auf Ereignisse von KNX-Bus, 1-Wire-Bus, seriellen und Funkschnittstellen sowie TCP/UDP-Ports reagieren, wodurch sich auch komplexe Logiken und Berechnungen realisieren lassen (Heizungssteuerung, RTR in Software, Nutzung von Funkschnittstellen, E-Mail-Versand usw.).

Zusätzlich stehen mehrere Dutzend fertiger Plug-ins für die eigene Nutzung zur Verfügung und können leicht für den eigenen Zweck angepasst werden (*http://knx-user-forum.de/forum/öffentlicher-bereich/knx-eib-forum/code-schnipsel*).

Das steckt im Wiregate

Das robuste und zuverlässige Wiregate kommt ohne bewegliche Teile aus, arbeitet mit einer stromsparenden AMD-CPU vom Typ AMD Geode (LX800) 5x86 (500 MHz), besitzt 256 MByte SDRAM und eine interne 4-GByte-SSD mit besonders langlebigem Industrial Grade Flash. Das mitgelieferte Schaltnetzteil versorgt den Rechner mit 12 V DC/1,2 A, die Leistungsaufnahme beträgt 5 W (ca. 11 bis 12 € pro Jahr). Für Sie als Anwender zugänglich sind 10/100-MBit-Ethernet-Anschluss, D-Sub-9-RS-232-Port, 2 × USB 2.0, Audio-Line-in und -Line-out, Mikrofon und Kopfhörer sowie die normalerweise nicht benötigten Schnittstellen für Maus/Tastatur (PS/2) und VGA (als D-Sub 15). Auf der AMD-CPU werkelt eine schlanke Debian-Linux-Distribution mit nutzbarem Root-Zugang für die Installation von Erweiterungen und Anpassungen. Zur Befestigung besitzt das Wiregate eine Montagemöglichkeit an der Rückseite (VESA 100).

So starten Sie

Um direkt loslegen zu können, benötigen Sie noch einen 1-Wire-Busmaster-USB-Hostadapter DS9490R oder besser noch den 1-Wire-Professional-Busmaster und sinnvollerweise mindestens einen 1-Wire-Sensor (z. B. Temperatursensor DS18B20). Im Wiregate-Shop (*www.wiregate.de*) bekommen Sie alles aus erster Hand, inklusive optionalen Zubehörs wie z. B. USB-Hubs, und natürlich sämtlichen Sensoren. Spezielle Software benötigen Sie für das Wiregate nicht, sämtliche Arbeiten werden über eine Webschnittstelle durchgeführt. Diese WebMin-basierte Konfigurationsoberfläche mit eingebauter Onlinehilfe zu allen Funktionen dürfen Sie über einen Demozugang selbst ausprobieren. Die URL lautet *http://demo.wiregate.de:10000*, die Seite beinhaltet auch einen Link zur eingebetteten CometVisu.

Das Wiregate-Supportforum ist praktischerweise in das KNX-UF integriert (*http://knx-user-forum.de/forum/supportforen/wiregate*).

34.2.6 Weitere Visualisierungssysteme

Zusätzlich zu der im vorherigen Abschnitt vorgestellten Prominenz der Automatisierungsrechner sind weitere reine Visualisierungssysteme (siehe Tabelle 34.5) oder Komplettlösungen (bestehend aus Software und Hardware) erhältlich. Teils sind sie weniger komplex ausgelegt, bieten einfach zu erstellende Bedienoberflächen für Ihr Smart Home und rudimentäre Logikfunktionalitäten.

Produkt	Kurzbeschreibung
Busch-ComfortPanel *www.busch-jaeger.de*	IP-/KNX-Touchdisplay (9 Zoll oder 12,1 Zoll) als raumübergreifendes Steuerungs- und Entertainment-Center mit integrierter Kamera
CommandFusion *www.commandfusion.com*	Komplettlösung, bestehend aus HW und SW, unterstützt viele Technologien und Standards
Control4 *http://mycontrol4.at*	Automatisierungssystem mit eigenen Hardwarekomponenten, Anbindung an KNX möglich, Stärken vor allem im Multimedia-Bereich
FIAVis *www.bb-steuerungstechnik.de*	KNX-Visualisierung mit serieller EIBWeiche zur Busankopplung
MDT VisuControl Easy Objektserver und Touchpanel *www.mdt.de*	Objektserver für Visualisierung (iPhone, iPad), Verwendung als IP-Interface möglich, GUI wird automatisch erzeugt, mit KNX-Busankoppler
ProServ *http://knxware.proknx.com*	IP-Programmierschnittstelle und Visualisierungscontroller in einem, wird komplett über die ETS konfiguriert und benötigt keine Plug-ins

Tabelle 34.5 Weitere Visualisierungssysteme

34.3 Automatisierungssoftware-Lösungen

SmartHome.py, SmartVISU, CometVisu, openHAB, FHEM? Herrje, wie soll da jemand durchsteigen? Die folgende Übersicht (Tabelle 34.6) soll Ihnen helfen, die einzelnen Produkte und Projekte einzuordnen. Für einige ausgewählte Lösungen finden Sie jeweils einen eigenen Buchabschnitt.

Produkt	Kurzbeschreibung
ayControl *www.aycontrol.com*	KNX-Steuerung und Visualisierungs-App für iPhone, iPad und Android-Smartphones und -Tablets
B-CON *http://www.iconag.de*	herstellerneutrale Leittechniksoftware für größere Gebäude
CometVisu *www.cometvisu.org*	tolle, kostenlose, webbasierte Visualisierungslösung mit KNX-Zugriff über eibd bzw. knxd oder über Integration in openHAB, arbeitet auch auf dem Wiregate
EisBär *www.busbaer.de*	Visualisierungslösung, bestehend aus Editor und (Windows-)Client
Elvis 3 *www.it-gmbh.de*	Softwaresystem für die Visualisierung, freie Gestaltung mit Projektierungstool in 2-D oder 3-D
FHEM *www.fhem.de*	Automatisierungsserver als Softwarelösung mit Webzugriff, Smartphone-Anbindung und Telnet bzw. TCP/IP-Interface (Details in Abschnitt 50.5)
KnxWeb *http://sourceforge.net/p/linknx/wiki/KnxWeb/*	auf AJAX basierende Visualisierung (Frontend) zu linknx
linknx *http://linknx.sourceforge.net*	ermöglicht den KNX-Buszugriff über eine XML-Schnittstelle und eibd sowie die Definition eigener Regeln (Bedingungen, Aktionen, Zeitprogramme, mehr dazu in Abschnitt 50.3)
Misterhouse *http://misterhouse.sourceforge.net*	Open-Source-Automatisierungslösung für Perl-Kenner, Erweiterung: MisterEIB
m..myhome *http://www.mremote.de*	speziell für Apple-Geräte frei definierbare GUI
IP-Symcon *www.ip-symcon.de*	herstellerunabhängige Visualisierungs- und Automatisierungssoftware mit sehr ansprechender Bedienoberfläche (siehe Abschnitt 51.1)
openHAB *http://www.openhab.org*	mächtige technologie- und herstellerunabhängige Automatisierungslösung als Open-Source-Software (siehe Abschnitt 50.6)

Tabelle 34.6 Übersicht: Automatisierungssoftware-Lösungen

Produkt	Kurzbeschreibung
SmartHome.py *http://mknx.github.io/smarthome*	modulares Automatisierungs-Framework, entwickelt in Python, mit vielen Plug-ins (KNX, 1-Wire, DMX, iCal, Asterisk usw., siehe Abschnitt 50.8)
smartVISU *http://www.smartvisu.de*	umfangreiches Framework zur Visualisierung über HTML-Seiten (siehe Abschnitt 50.8), verwendet SmartHome.py als Backend
Xsolution Xhome *http://xsolution.de*	Software zur Visualisierung und Gebäudesteuerung mit breiter SW/HW-Unterstützung und zahlreichen Schnittstellen

Tabelle 34.6 Übersicht: Automatisierungssoftware-Lösungen (Forts.)

Kapitel 35
Energiemanagement

Gehen Sie zum Ablesen der Zähler in den Keller? Hätten Sie gern eine eindrucksvolle grafische Darstellung, vielleicht sogar mit Live-Update Ihrer Verbrauchswerte über die Zeit?

Möchten Sie zu Hause bequem vom Wohnzimmer aus feststellen, wie viel Energie (Strom) Sie aktuell gerade verbrauchen? Interessiert es Sie, was Ihr Eigenheim nachts so treibt, sprich, welche Grundlast Sie zu Hause haben, wenn eigentlich alle Bewohner schlafen sollten?

Falls Sie eine dieser Fragen oder der Fragen im Anleser mit Ja beantworten können, sind Sie sicherlich neugierig auf die technische Umsetzung. In diesem Kapitel lernen Sie die dafür notwendigen messtechnischen Erfassungsmöglichkeiten kennen. Wie Sie mit den gewonnenen Daten weiterarbeiten, erfahren Sie im Praxisteil in Kapitel 61, »Die Möglichkeiten von Smart Metering«.

Unter dem Begriff *Energiezähler* fasst man eine ganze Reihe unterschiedlicher Messeinrichtungen zur Erfassung der Verbrauchswerte zusammen von z. B.:

- Strom (Elektrozähler)
- Gas
- Wasser
- Heizenergie

Obwohl diese Zähler verschiedene Datenwerte liefern, werden sie grundsätzlich alle auf die gleiche Art und Weise in ein Automatisierungskonzept eingebunden. Ziel sollte es dabei immer sein, mindestens den gerade aktuellen Momentanverbrauch und den Gesamtzählerstand digital verfügbar zu machen. Die Zielerreichung ist gegeben, wenn die Zählerstände entweder über den Automatisierungsbus (vorzugsweise KNX) oder eine LAN-Schnittstelle abrufbar sind.

Da die Vorgehensweise für die unterschiedlichen Energiezähler prinzipiell gleich ist, bietet es sich an, die folgenden Abschnitte zur Messwerterfassung und zu den Beispielanwendungen auf einen typischen Zählertyp zu konzentrieren, den Energiezähler. Das Gelernte können Sie nahezu eins zu eins auf die weiteren Energiezähler umsetzen. Beispielsweise bietet der Markt parallel zu KNX-Stromzählern ebenso KNX-Wasserzähler und Wärmezähler mit KNX-Busankoppler, oft sogar auf derselben Anbieterwebseite (z. B. *www.lingg-janke.de*).

35.1 Wege zur Stromverbrauchserfassung

Grundsätzlich haben Sie mehrere Ansatzpunkte, den Stromverbrauch messtechnisch zu erfassen. Wie immer hat jede Methode ihre Vor- und Nachteile, und nicht jede Lösungsmöglichkeit ist automatisch für alle Anwendungsfälle einsetzbar. Sie können sich an der folgenden Übersicht (siehe Tabelle 35.1) orientieren:

Erfassung	Beschreibung	Bewertung
intelligente Stromzähler bzw. eHZ (elektronische Haushaltszähler) mit S0-Schnittstelle	Der Zähler gibt über seine S0-Schnittstelle gewichtete Impulse aus, die sich recht einfach mit einem KNX-Binäreingang (z. B. MDT BE-04000.01) zählen lassen.	**Vorteil:** ▸ günstige und genaue Erfassungsmöglichkeit ▸ Kein Eingriff in die Stromverteilung. **Nachteil:** ▸ Hängt vom Zählertyp ab. ▸ Das Speichern der Zählerstände muss gemanagt werden.
intelligente Stromzähler bzw. eHZ (elektronische Haushaltszähler) mit optischer Datenschnittstelle (SML-Protokoll)	Über einen am Zähler anzubringenden optischen Lesekopf werden unterschiedliche Datenpakete (aktueller Verbrauch, Zählerstand usw.) vom Zähler an eine Auswerteeinrichtung (z. B. Raspberry Pi) gesendet. Ein Anwendungsbeispiel finden Sie in Kapitel 61.	**Vorteil:** ▸ sehr genau, stets aktuelle Zählerstände ▸ kein Eingriff in Stromverteilung **Nachteil:** ▸ Hängt vom Zählertyp ab. ▸ nicht triviale Auswertung

Tabelle 35.1 Wege zu Stromverbrauchserfassung

Erfassung	Beschreibung	Bewertung
digitaler Wechselstromzähler mit S0-Schnittstelle	Ein zusätzlicher Zählerbaustein (Hutschiene) wird unabhängig vom Stromzähler installiert und gibt gewichtete Impulse an seinem S0-Ausgang aus, die von einem Binäreingang erfasst werden. Produktbeispiele für Messung: DRS155D, *www.bg-etech.de* arcus-eds KNX-IMPZ2, inklusive KNX-Interface und Zählerberechnung, *http://www.arcus-eds.de/impuls_2.html* Produktbeispiel für Auswertung: KCI 4 S0, *www.zennio.com*	**Vorteil:** ▸ genaue Erfassung ▸ unabhängig vom Hauptzähler ▸ KNX-Zugang. **Nachteil:** ▸ Eingriff in die Stromverteilung. ▸ Das Speichern der Zählerstände muss gemanagt werden.
induktive Messung über Stromwandler	Ein oder mehrere induktive Stromwandler messen den aktuellen Stromverbrauch und geben ihn im besten Fall direkt als KNX-Telegramm weiter. Produktbeispiel: KES – KNX Energy Saver, *www.zennio.com*	**Vorteil:** ▸ Eingriff in bestehende Anschlüsse nicht erforderlich ▸ unabhängig vom Hauptzähler ▸ direkter KNX-Zugang möglich **Nachteil:** ▸ Das Messprinzip ist nicht genau. ▸ Das Speichern der Zählerstände muss gemanagt werden.

Tabelle 35.1 Wege zu Stromverbrauchserfassung (Forts.)

Erfassung	Beschreibung	Bewertung
KNX-Stromzähler	REG-Module für den Einbau in die Stromverteilung mit integrierter KNX-Schnittstelle. Produktbeispiel: EMU-Wandlerzähler der Firma Lingg & Janke (*www.lingg-janke.de*)	**Vorteil:** ▸ größter Komfort, direkter KNX-Zugang ▸ robuste Auslegung ▸ kaum Nachbearbeitung notwendig ▸ unabhängig vom Hauptzähler **Nachteil:** ▸ Eingriff in die Stromverteilung.
Schaltaktoren mit eingebauter Strommessung	KNX-Schaltaktoren mit eingebauter Strommessung ermitteln den Momentanverbrauch der pro Kanal angeschlossenen Verbraucher. Der gemessene Strom ist direkt als KNX-Telegramm verfügbar.	**Vorteil:** ▸ einfach anzuwenden ▸ keine Zusatzhardware notwendig ▸ gut für Logikfunktionen einsetzbar ▸ kein Eingriff in Stromverteilung **Nachteil:** ▸ nicht genau, wenn keine Wirkleistungsmessung ▸ Wenige Geräte sind für die Gesamtverbrauchsmessung geeignet.

Tabelle 35.1 Wege zu Stromverbrauchserfassung (Forts.)

Eine weitere sehr interessante Variante, um mechanische Ferraris-Zähler, Balgengaszähler, Wasser- und Ölzähler automatisiert abzulesen, wird von der Firma Fast Forward AG (*fastforward.ag*) unter der Produktbezeichnung FAST EnergyCam entwickelt. Es handelt sich dabei um eine optische Sensoreinheit im edlen Designgehäuse, die über einen Bildverarbeitungsalgorithmus den aktuellen Zählerstand erfasst und diesen drahtgebunden oder per Funk an ein Gateway zur Weiterverarbeitung meldet.

Sie finden in den beiden folgenden Abschnitten zwei Varianten zur Stromverbrauchserfassung näher ausgeführt, einen KNX-Stromzähler und einen Lesekopf zur Auswertung über das SML-Protokoll.

Was ist eine S0-Schnittstelle?

Die *S0-Schnittstelle* (gesprochen als S-Null) ist eine einfache, über einen Optokoppler geführte Open-Kollektor-Schnittstelle, die häufig für die Datenübertragung von Zählern (Stromzählern, Wasserzählern, Gaszählern usw.) eingesetzt wird. Standardisiert ist sie nach EN 62053-31. Die Verbrauchswerte werden über die S0-Schnittstelle mithilfe von gewichteten Impulsen übertragen. Welche Gewichtung (wie viele Pulse pro kWh bzw. pro m^3) herangezogen wird, ist zählerabhängig und muss beim Empfänger bekannt sein. Eine Auswerteeinheit kann aus den gezählten Pulsen einen Zählerstand generieren. Je nach Klasse der S0-Schnittstelle können folgende Maximalspannungen angeschlossen werden:

- **Klasse A** (für längere Übertragungswege): bis zu 27 V DC
- **Klasse B** (für kürzere Übertragungswege): bis zu 15 V DC

Die S0-Schnittstelle ist bitte nicht zu verwechseln mit dem in der ISDN-Welt heimischen S_0-Bus.

35.2 Messen mit KNX-Stromzählern

Eine sehr schöne Möglichkeit, Verbrauchsdaten zu erfassen, bietet sich beim Einsatz von Stromzählern mit eingebauter KNX-Schnittstelle. Diese in REG-Bauweise ausgeführten Module werden direkt im Stromverteiler vom Fachmann installiert und erfassen, dem eigentlichen Zähler des Stromversorgers nachgeschaltet, den kompletten Verbrauch des Anschlusses. Wenn Sie mehrere Haushaltszähler (z. B. für Fotovoltaik und Wärmepumpe) besitzen, benötigen Sie konsequenterweise auch mehrere KNX-Stromzähler.

35.2.1 EMU-Wandlerzähler

Gut durchdachte Lösungen finden Sie in den EMU-Wandlerzählern der Firma Lingg & Janke (*www.lingg-janke.de*). Die nur 5 TE schmalen Drei-Phasen-Elektroenergiezähler vereinen die Funktionen eines Energiezählers mit denen eines Datenloggers. Angeboten wird der EMU-Zähler in zwei verschiedenen Ausführungen:

1. EZ-EMU-WSTD-D-REG-FW (Standardausführung), Preis: ca. 250 €
2. EZ-EMU-WSUP-D-REG-FW (Superior-Ausführung), Preis: ca. 290 €

Die Zähler gibt es für Direktmessung (75 A) und Wandlermessung (1 A und 5 A), wobei der Wandlerfaktor in weiten Bereichen am Gerät parametrierbar ist. Bis zu vier Tarife werden von der ETS-Applikation unterstützt. An KNX-Kommunikationsobjekten steht alles zur Verfügung, was von Interesse ist, z. B.:

- Wirk- und Blindenergie, Wirk- und Blindleistung
- Spannung, Strom und Leistungsfaktor

- jeweils getrennte Objekte für L1, L2, L3 und gesamt
- Vorwärts- und Rückwärts-Zähler mit Rücksetzfunktion

Im Unterschied zur Standardausführung besitzt das Superior-Modell einen saldierenden Zweirichtungszähler und erfasst auch die Blindenergie. Darüber hinaus sind im Gerät vier über den KNX-Bus ansprechbare Schaltausgänge (maximal 230 V AC, 90 mA) integriert.

Ein sehr ähnliches Gerät finden Sie auch bei Gira (*www.gira.de*) mit dem KNX-Energiezähler Komfort 2173 00 (siehe Abbildung 35.1) für den Direktanschluss (bzw. 2175 00 mit Wandleranschluss), Preis: ca. 250 €.

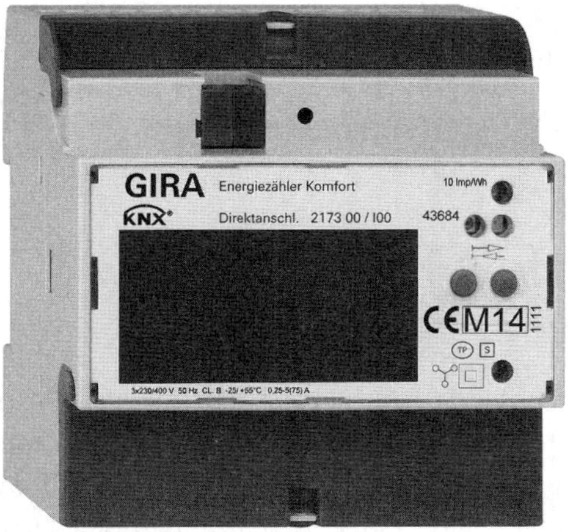

Abbildung 35.1 Der Energiezähler Komfort mit KNX-Interface (Quelle: Gira)

Mit dem saldierenden Zweirichtungs- und Vierquadrantenzähler gelingt die Erfassung von Energiewerten genauso einfach wie Leistungsüberwachung, Kostenstellenabrechnung und Spannungsausfallüberwachung. Der Gira 2173 00 ist ab Werk für Verrechnungszwecke innerhalb der Europäischen Union zugelassen, lässt sich also wunderbar auch für vermietete Wohnungen einsetzen.

35.2.2 KNX SmartMeter

Eine interessante Alternative stellt das *KNX SmartMeter* 1149 (Preis: ca. 190 €) der innovativen Firma Enertex Bayern GmbH (*www.enertex.de*, Abbildung 35.2) dar. Der Vierquadrantenzähler ist mit 4 TE auf der Hutschiene noch platzsparender als das Lingg & Janke-Gerät, ermöglicht ebenfalls eine saldierende Messung der Wirk- und Blindenergie/-leistung und kann sogar Netzqualität, Spannungsverzerrung, Stromverzerrung und Schieflast messen. Es genügt der Genauigkeitsklasse 1 für Wirk- und Blindleistung und besitzt einen Messbereich von 1 mA bis 25 A.

Zwar besitzt das SmartMeter kein Display, wartet dafür aber mit einem Mikro-SD-Kartenslot zur Aufzeichnung der Zählerwerte auf.

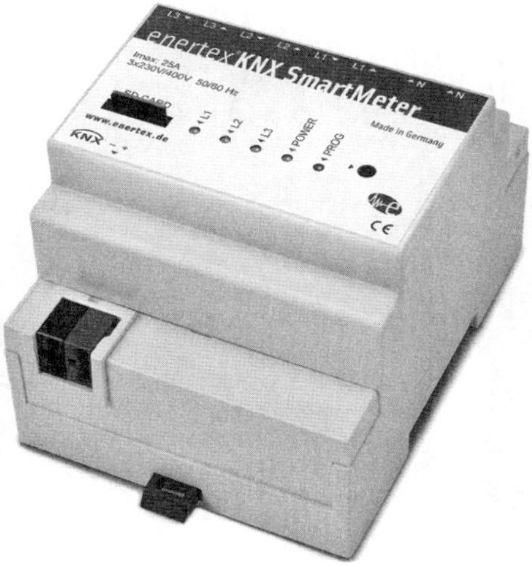

Abbildung 35.2 KNX SmartMeter 1149 (Enertex)

35.3 Infrarotlesekopf

Falls Sie bereits einen KNX-Stromzähler bzw. -Energiezähler besitzen (oder planen), verfügen Sie schon über eine ideale Möglichkeit, Verbrauchsdaten und Zählerstände zu erfassen und diese zur Weiterverarbeitung auf den KNX-Bus zu legen.

Eine andere Möglichkeit, die sich auch zur Nachrüstung eignet, ist der direkte Abgriff der Verbrauchsdaten vom installierten Stromzähler des Versorgungsnetzbetreibers. Viele modernere Zähler sind als IEC 62056-21-kompatible Geräte mit einer unidirektionalen optischen Schnittstelle ausgestattet. Über diese Schnittstelle geben die Stromzähler permanent eine Reihe an nützlichen Informationen aus, die über das *SML-Kommunikationsprotokoll (*Smart Message Language) standardisiert sind. Diese gesendeten Datensätze bestehen z. B. aus:

- einer Herstelleridentifikation und Geräteidentifikation,
- einem oder mehreren Zählerständen,
- der Momentanleistung.

Mit einem sogenannten *Magnet-IR-Optokopf* (siehe Abbildung 35.3) sind Sie in der Lage, diesen Datenstrom auszulesen und weiterzuverarbeiten. Der Optokopf, der als Infrarotinterface fungiert, wird unmittelbar an einer dafür vorgesehen Schnittstelle des Zählers angebracht, die magnetische Halterung sorgt für festen Sitz bei werkzeugloser Montage.

Einen sehr gut funktionierenden Optokopf finden Sie bei co-met (*http://www.my-smartshop.de/co-met-magnet-ir-optokopf-fuer-elektronische-zaehler.html*) zum Preis von ca. 50 bis 65 €. Der Kopf wird über eine RS-232-Schnittstelle mit dem Auswerterechner verbunden. Je nach Ausführung wird direkt ein RS-232/USB-Adapter mitgeliefert, sodass ein problemloser Anschluss an einen beliebigen USB-2.0-Port sofort gelingt.

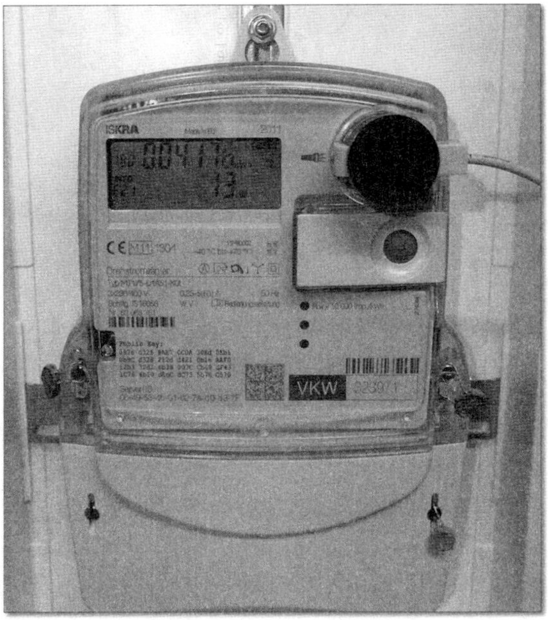

Abbildung 35.3 Magnet-IR-Optokopf (rechts oben) am Iskra-Zähler

Offiziell arbeitet der co-met-Kopf mit mindestens folgenden Zählertypen zusammen: mit dem eHz von Hager und EMH, dem Alpha A1440/AS1440/A1350 von Elster und den Iskra-Modellen MT681/MT372/MT174. An einem Iskra MT175 D1A51 K0t ließen sich die SML-Messages ebenfalls reibungslos über einen Raspberry Pi auslesen.

Besitzen Sie mehrere Zähler (z. B. Haushaltsstrom, Fotovoltaik, Wärmepumpe), ist pro Zähler ein eigener IR-Kopf erforderlich, was unter Umständen einen aktiven USB-Hub bei stromschwachen Kleinstrechnern wie dem RasPi voraussetzt.

Eine weitere Möglichkeit, einen IR-Optokopf abzufragen, wäre die Umsetzung der RS-232-Kommunikation auf TCP/IP über einen Serial Device Server, wie er z. B. von der Firma Moxa angeboten wird (*www.moxa.com/Product/NPort_5110.htm*). Mittels einer Logikmaschine (z. B. Gira HomeServer) können Sie den Moxa-Server in Ihr Automatisierungssystem einbinden.

In Abschnitt 50.1, »libSML – Zählerstände lesen«, erfahren Sie, wie Sie die libSML in Kombination mit einem IR-Kopf einsetzen, um einem Stromzähler über das SML-Protokoll seine Zählerstände und den Momentanverbrauch zu entlocken.

35.4 Eine unterbrechungsfreie Stromversorgung (USV)

Mit einer *unterbrechungsfreien Stromversorgung* (USV), in Englisch Uninterruptible Power Supply (UPS), stellen Sie sicher, dass kritische Verbraucher in Ihrem Heim auch dann zuverlässig weiterarbeiten, wenn die örtliche Stromversorgung ausfällt. Für eine gewisse Zeit, der sogenannten *Überbrückungszeit*, arbeiten Geräte, die über eine USV versorgt werden, ganz normal weiter.

Die USV überbrückt aber nicht nur Stromausfälle, sondern schützt, je nach Aufbau, zusätzlich vor

- Überspannung und Unterspannung sowie
- Netzfrequenzänderung und Oberschwingungen.

Zwar sind wir in Westeuropa sehr selten von Stromausfällen betroffen, aber Spannungsabsenkungen oder Erhöhungen treten auch hierzulande auf und können empfindliche Geräte beschädigen. Lokale Schwankungen und Ausfälle gleicht eine USV aus, indem sie die Geräte mit elektrischer Energie aus Akkumulatoren speist, die sie ständig aus dem Stromnetz nachlädt.

Eine unterbrechungsfreie Stromversorgung ist übrigens, speziell bei Modellen mit einfacher Ausführung, nicht wirklich unterbrechungsfrei, eine kurze Stromunterbrechung für die angeschlossenen Verbraucher sollte daher tolerierbar sein. Glücklicherweise beträgt die typische Unterbrechung aber nur wenige Millisekunden. Wenn auch diese nur kurze Unterbrechung nicht erlaubt ist, müssen Sie sich für eine USV der Klasse 1 entscheiden und leider in den sauren Apfel (in Form des Preises) beißen. Die unterschiedlichen USV-Klassen werden in diesem Abschnitt noch gegenübergestellt.

35.4.1 Welche Geräte eignen sich für USV-Betrieb?

Generell sollten Sie nur die Geräte über eine USV absichern, die für die wichtigsten Funktionen in Ihrem Heim zuständig sind und sich gleichzeitig durch einen möglichst geringen Stromverbrauch auszeichnen. Es ist z. B. wenig sinnvoll, Küchengeräte mit ihren hohen Leistungen absichern zu wollen. Der Preis für das dann benötigte USV-Modell würde Sie sowieso schnell davon abbringen.

Sinnvoll und gut umsetzbar ist hingegen die Absicherung z. B. davon:

- Automatisierungsbus (z. B. KNX) inklusive aller Busteilnehmer
- Telekommunikationsgeräte
- Modems, Router und andere Netzwerkkomponenten
- Automatisierungsserver, Netzwerkserver
- wichtiger Arbeitsplatzrechner
- Notbeleuchtung, Alarmeinrichtung
- weitere Anwendungen je nach persönlicher Situation

Was die Absicherung eines KNX-Bussystems betrifft, ergibt sich mit den akkugepufferten KNX-Spannungsversorgungen (Beispiel siehe Abschnitt 26.1, »Speziell: KNX-Spannungsversorgung«) übrigens eine erwähnenswerte Alternative zu herkömmlichen USVs.

35.4.2 Klassifizierung von USVs

Nach dem International Engineering Consortium (IEC) werden unterbrechungsfreie Stromversorgungen in unterschiedliche Klassen aufgeteilt. Die Produktnorm IEC 62040-3 unterscheidet, abhängig vom Betriebsverhalten, die drei Klassen in Tabelle 35.2:

	Offline-USV	Netzinteraktive USV	Online-USV
Klasse	3	2	1
Betriebsverhalten	VFD (Voltage and Frequency Dependent)	VI (Voltage Independent)	VFI (Voltage and Frequency Independent)
Maximale Leistung	bis 1 kVA	bis 5 kVA	ab 500 VA
Schutz	mäßiger Schutz: Netzausfall und kurzzeitige Spannungsschwankungen	mittlerer Schutz: Netzausfall, Filtern von Spannungsschwankungen und Spannungsspitzen	hoher Schutz durch ständige Erzeugung einer Sinusspannung
Wirkungsgrad	ca. 95 %	ca. 95–98 %	ca. 90 %
Umschaltzeit	4–10 ms	2–4 ms	keine
Merkmale	ungeeignet für Geräte mit induktiver Last (z. B. Laserdrucker)	ideal, wenn häufige Spannungsschwankungen erwartet werden	beste Qualität der Ausgangsstromversorgung, auch für sensible Geräte geeignet, Lebensdauer der Akkus nur ca. 4 Jahre
Preis	gering	mittel	hoch

Tabelle 35.2 Die Klassifizierung von unterbrechungsfreien Stromversorgungen

35.4.3 Ratgeber zur USV-Anschaffung

USV-Modelle gibt es in unterschiedlichen Größen, Leistungsreserven und Bauformen. Ein Einsteigergerät bekommen Sie für weniger als 100 €, im professionellen Bereich und zur Absicherung kompletter Netzwerke sind mehrere Hundert Euro die untere Grenze.

Auswahl von Klasse und Bauart

Für wirklich geschäftskritische Anwendungen empfiehlt sich die Geräteklasse 1 (Online-USV). Arbeitsplatzrechner, Telekommunikationsanlagen, Netzwerke und Server kommen in der Regel mit Klasse-2-USVs aus. Unwichtigere Geräte ohne teure Bauteile oder ohne Gefahr eines Datenverlusts benötigen maximal eine Klasse-3-Versorgung.

Da USVs in unterschiedlichen Bauarten (Einzelstandgerät, Einschub für 19-Zoll-Rack) erhältlich sind, sollte der Einbauort vor Erwerb eines Modells bekannt sein. Von Vorteil ist auch, wenn Sie den Standort so planen, dass spätere Wartungsarbeiten, wie z. B. ein Ersatz der Akkumulatoren, einfach möglich sind.

Die Wahl der Leistungsklasse

Die Leistung einer unterbrechungsfreien Stromversorgung muss mindestens so hoch gewählt werden, dass alle daran betriebenen Geräte ordnungsgemäß heruntergefahren werden können, ohne Schaden zu nehmen. Erst wenn diese Mindestüberbrückungszeit deutlich überschritten wird, kann auch im Fall eines Stromausfalls mit den angeschlossenen Geräten zeitweise weitergearbeitet werden.

Die folgende Grafik (Abbildung 35.4) zeigt Ihnen exemplarisch die erwartete Autonomiezeit, aufgetragen über die Last. Bei einer Last von 100 W würde sich für dieses Modell eine ca. 20 Minuten lange Überbrückungszeit ergeben:

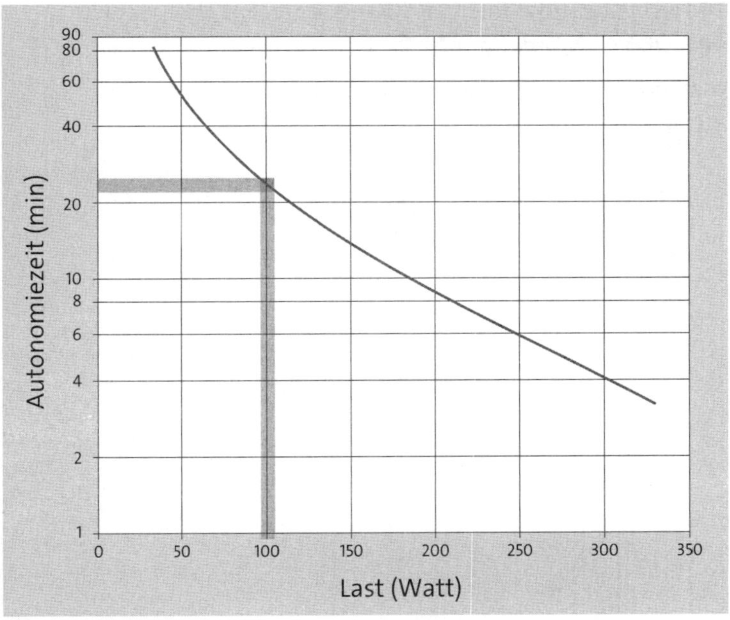

Abbildung 35.4 Autonomiezeit der USV APC Power-Saving Back-UPS Pro 550

Bei führenden USV-Herstellern finden Sie online in der Regel spezielle USV-Rechner, die Ihnen nach Eingabe der zu schützenden (IT-)Geräte, der gewünschten Überbrückungszeit und eventuell Leistungsreserven für die Zukunft die passenden Modelle vorschlagen. Einen gut gelösten USV-Rechner können Sie beispielsweise unter *http://www.apc-home.de/kaufberatung-zubehoer.html* benutzen.

Bezüglich der Verbrauchskosten zeigt ein Vergleich, dass bei einem Wirkungsgrad von 90 % mehr als doppelt so viele Zusatzstromkosten entstehen wie bei einem von 95 %. Dieser wichtigen Messgröße sollten Sie bei der Anschaffung einer USV ebenfalls Ihre besondere Aufmerksamkeit schenken.

Gut zu wissen:

Bei einigen (wenigen) USV-Herstellern bekommen Sie beim Kauf einer USV gleichzeitig eine kostenlose Produktversicherung dazu.

35.4.4 USV-Monitoring

Ein sogenannter UPS-Daemon unter Linux ermöglicht die softwareseitige Einbindung eines USV-Geräts in ein Serversystem und erlaubt das ordnungsgemäße Herunterfahren eines Rechners bei einem Stromausfall. Um diese Automatikfunktion realisieren zu können, wird die USV (z. B. per USB oder serieller Verbindung) mit dem Rechner verbunden, und darauf wird einer der gängigen UPS-Daemons eingerichtet:

- *NUT* (Network UPS Tools) unterstützt mehr als 100 verschiedene USV-Modelle: *http://www.networkupstools.org/index.html*
- *Apcupsd* (APC UPS daemon) ist spezialisiert auf Geräte des Herstellers APC: *http://www.apcupsd.org*

Kapitel 36
Sicherheit und Überwachung

Eine reine KNX-Installation erhebt nicht den Anspruch, eine professionelle Einbruchmeldeanlage (EMA) zu ersetzen, aber mit KNX können Sie dennoch einige EMA-Funktionen selbst nachbilden.

Mit Fensterkontakten, Türkontakten, Bewegungsmeldern und Präsenzmeldern haben Sie bereits wichtige Sensoren kennengelernt, die neben Automatisierungsanwendungen zusätzlich auch Sicherheitsfunktionen erfüllen. Die KNX-Welt hält weitere spezielle Sicherheits- und Überwachungsmodule bereit, die ich Ihnen in diesem Kapitel vorstellen möchte.

36.1 Der Überwachungsbaustein

Ein KNX-*Überwachungsbaustein* hat zur Aufgabe, KNX-Busteilnehmer auf deren Vorhandensein und Betriebsbereitschaft zu überwachen, was entweder über physikalische Adressen (PA) oder Gruppenadresstelegramme (GA) realisiert werden kann.

Es lassen sich nicht gerade viele unterschiedliche Geräte dieser Kategorie in den Produktpaletten der KNX-Hersteller finden, ein Beispiel ist jedoch der EUB/S 1.1 von ABB (Preis: ca. 330 €, siehe Abbildung 36.1).

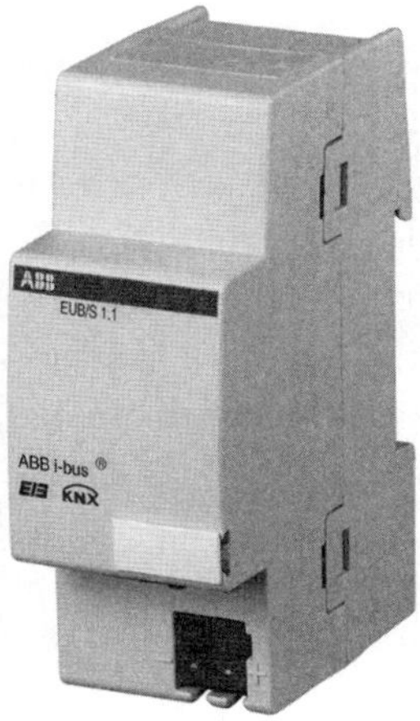

Abbildung 36.1 KNX-Überwachungsbaustein (Quelle: ABB Stotz-Kontakt)

Der EUB ist ein 2 TE breites Gerät für die REG-Montage und benötigt außer dem KNX-Bus keine weiteren Anschlüsse. Er kann maximal 100 Teilnehmer überwachen und hat vier unterschiedliche Überwachungsarten implementiert:

1. **Physikalische Adresse zyklisch abfragen**: Der Ausfall eines Geräts wird immer dann erkannt, wenn es auf die zyklische Abfrage nach Vorhandensein innerhalb einer definierten Zeitspanne nicht reagiert. Der EUB benutzt für die Abfragen physikalische Adressen, keine GAs.
2. **Physikalische Adresse ereignisgesteuert abfragen**: Wie Variante 1, aber die Abfrage erfolgt nicht zyklisch, sondern nur auf Anforderung.
3. **Gruppenadresse zyklisch empfangen**: Ein bestimmtes vom zu überwachenden Gerät zyklisch erzeugtes Telegramm wird permanent überwacht. Ein Ausfall dieses Telegramms nach einer definierten Zeit wird vom EUB als Geräteausfall interpretiert. Sehr gut geeignet dafür sind die zyklischen »In-Betrieb«-Telegramme, die viele KNX-Geräte erzeugen können.
4. **Gruppenadresse zyklisch abfragen**: Wie Variante 2, aber der EUB fordert die zu überwachenden Geräte auf, das zu erwartende Gruppenadresstelegramm zu senden.

Um die Buslast bei Abfrage und Antwort der zu überwachenden Geräte nicht unnötig groß werden zu lassen, können die Zeitabstände relativ frei eingestellt werden.

Per ETS nehmen Sie alle Einstellungen am EUB-Überwachungsbaustein vor und ordnen jedes zu überwachende Gerät einer von fünf Gruppen zu. Fällt ein KNX-Gerät aus, erzeugt das EUB Sammelmeldungen für die fünf Gruppen sowie individuelle Ausfalltelegramme für jedes Einzelgerät.

Um sinnvolle Aktionen auf die erzeugten Ausfalltelegramme einleiten zu können, verarbeiten Sie die Informationen auf einem Visualisierungsrechner, zeigen sie transparent für den Benutzer an oder verknüpfen die Kommunikationsobjekte des EUB direkt mit z. B. Schaltaktoren oder Zwangsführungen von Jalousieaktoren.

Bilden Sie die Überwachungsfunktionalität selbst nach

Betreiben Sie in Ihrem KNX-System eine Logik-Engine (z. B. HomeServer), lässt sich die Funktionalität eines Überwachungsbausteins recht gut nachbilden. Bis auf die Möglichkeit, die Überwachung auf Basis der physikalischen Adresse durchzuführen, können Sie mittels überschaubarer Logiken (z. B. Watch Dog) alles realisieren, was auch ein dediziertes KNX-Überwachungsmodul leistet. Am besten setzen Sie dafür auf die weiter oben beschriebene Strategie Nr. 3 (Gruppenadresse zyklisch empfangen).

Eine Ersparnis von 300 € bei unwesentlich reduzierten Möglichkeiten mag Sie zusätzlich motivieren ...

36.2 Der Störmeldebaustein

In ein dem in Abschnitt 36.1, »Der Überwachungsbaustein«, vorgestellten Überwachungsbaustein sehr ähnliches Anwendungsprofil fällt auch der KNX-*Störmeldebaustein*. Große Auswahl an unterschiedlichen Typen werden Sie auch hier kaum finden, daher lohnt es sich, den Fokus auf ein ganz konkretes Gerät zu legen: den Störmeldebaustein SMB/S 1.1 von ABB (Preis: ca. 330 €). Das 2 TE breite Modul benötigt, mit Ausnahme natürlich des Busanschlusses selbst, keine Verdrahtung. Verarbeiten kann der SMB bis zu 100 Störmeldungen, die in einer einzigen Störmeldegruppe zusammengefasst oder auf mehrere unabhängige verteilt werden können.

Durch Erfassung von Störmeldungen erzeugt der SMB Ansteuertelegramme für beliebige Signalmelder (z. B. Schaltaktoren) und beinhaltet gleich die Quittierrückmeldung als Funktion. In der etwas betagten DIN 19235 (von 1985) sind vier Meldungsarten (Störmeldung mit Dauerlicht, Neuwertmeldung mit Einfachblinklicht, Erstwertmeldung mit Einfachquittierung und Motormeldung) definiert, die das Applikationsprogramm des Störmeldebausteins unterstützt.

Auch für den Störmeldebaustein gilt der Hinweis aus dem vorherigen Abschnitt zum Überwachungsbaustein. Mit entsprechendem Engagement und einer Logik-Engine am KNX-Bus lässt sich im Privathaushalt die Funktionalität eines Störmeldebausteins ausreichend nachbilden. Die gesparten 300 € investieren Sie z. B. in einen weiteren Schaltaktor, denn Leistungshardware kann weder heute noch in absehbarer Zukunft durch reine Softwarelogik ersetzt werden.

36.3 Der Betriebsdatenerfassungsbaustein

Optisch dem Störmeldebaustein zum Verwechseln ähnlich, ist der sogenannte *Betriebsdatenerfassungsbaustein* ein weiterer »Exot«, den ich Ihnen am Beispiel des ABB BDB/S 1.1 (Preis: ca. 320 €) etwas näher vorstellen möchte. Der Name ist zugleich Programm. Der BDB erfasst die Betriebsdaten (auf Zeit und auf Basis von Ein-/Ausschaltvorgängen) aller überwachten KNX-Geräte (insgesamt aber maximal 35 Kanäle).

Für den Privathaushalt in dieser Form weniger wichtig, liefert der BDB für einen industriellen Einsatz jedoch gut aufbereitete Wartungsauslöser für z. B. Beleuchtung, Transportsysteme oder Heizung/Klima/Belüftung.

Pro Kanal erfasst der Baustein die Betriebsstunden mit einer Auflösung von einer Sekunde sowie die Anzahl der Ein-/Ausschaltvorgänge, entweder als Vorwärtszähler oder als Rückwärtszähler. Die Grenzwerte jedes einzelnen Zählers lassen sich praktischerweise über Kommunikationsobjekte (per KNX-Telegramm) verändern, ebenso wie die Zählerwerte selbst.

Erfreulicherweise ist die Hardware des BDB in der Lage, bei einem Busspannungsausfall sämtliche Zählerwerte und Grenzwerte zu speichern und bei Rückkehr der Spannungsversorgung nahtlos weiterzuarbeiten.

Wieder gilt: Ein Betriebsdatenerfassungsbaustein ist eine einfache und robuste Möglichkeit, ohne eine zusätzliche Logik-Engine die beschriebenen Daten zu erfassen. Ein entsprechend programmierter HomeServer ist dazu jedoch ebenfalls in der Lage und mit seinen remanenten Datenspeichern auch durchaus geeignet für das dauerhafte Abspeichern von Zählerständen. Je nach Kritikalität der zu erfassenden Betriebsdaten ist in einzelnen Fällen ein dezentraler und spezialisierter Baustein wie der BDB dennoch erste Wahl.

36.4 KNX-Sicherheitsbausteine

Sicherheitsbausteine, wie sie von manchen KNX-Herstellern wie z. B. ABB (*www.abb.de*) angeboten werden, besitzen als typische Anwendungen die Außenhautüberwachung von Fenstern und Türen sowie die Erkennung von Glasbruch und die Raumüberwachung mittels Bewegungsmeldern.

Spezialisierte KNX-Geräte, im Beispiel das Sicherheitsterminal ABB MT/S 8.12.2M (in REG-Bauart), sind mit ihren Sensorschnittstellen für Anwendungen in der Sicherheitstechnik konzipiert. Sie erlauben den Anschluss von passiven Meldern (wie z. B. Reed-Kontakten und Glasbruchsensoren) und halten Eingänge für potenzialfreie Kontakte mit erhöhten Sicherheitsanforderungen bereit.

Insgesamt acht Eingänge (12 V Leerlaufspannung) können mit den typischen Melderkombinationen wie in Abbildung 36.2 beschaltet werden:

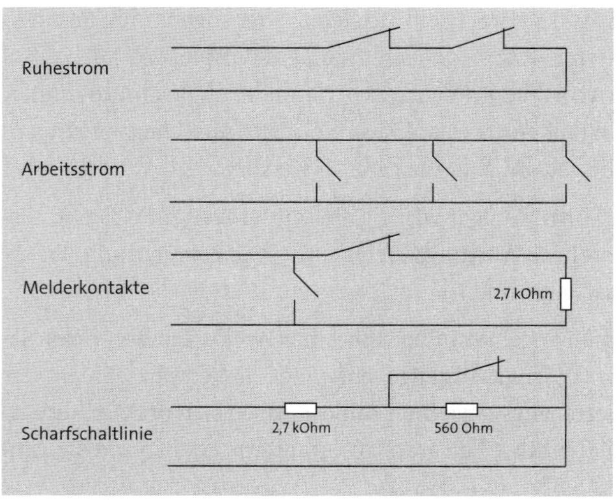

Abbildung 36.2 Anschlussarten der Melder an das Sicherheitsterminal

Außerdem stellt das MT/S 8.12.2M insgesamt drei monostabile Relais-Ausgänge mit jeweils maximal 0,6 A Kurzschlussstrom zur Verfügung (2 × 12 V DC intern gebrückt, 1 × 12-24 V DC).

Für alle Eingänge und Ausgänge sind Signal-LEDs als Anzeigeelemente am Gerät vorhanden, außerdem drei Folientaster für die Ausgänge und ein Reset-Taster für das manuelle Rücksetzen.

Das Sicherheitsterminal wird vollständig über die ETS parametriert und erlaubt zwei unterschiedliche Betriebsarten:

- **Selbstständige Alarmlogik**: Das Gerät wird als eigenständige Alarmzentrale eingesetzt, benötigt keine übergeordnete Logik.
- **Mit Sicherheitsmodul/Einbruchmeldeanlage**: Das Gerät wird mit einer übergeordneten Logik betrieben (z. B. einer Einbruchmeldeanlage mit KNX-Schnittstelle).

Parameter wie z. B. einzelne Verzögerungen bei Scharfschaltungen oder Alarmauslösungen lassen sich ebenso flexibel einstellen wie Art und Eigenschaften der angeschlossenen Sensorik. Für jeden der acht Eingänge kann unter elf verschiedenen Profilen gewählt werden (z. B. Innenraummelder, Außenhautmelder, Überfallmelder, technischer Melder, Sabotagemelder, Scharfschalteingang), und dafür können spezifische Detaileinstellungen vorgenommen werden. Ebenso flexibel werden die Einstellungen für die drei Ausgänge vorgenommen.

Eine Besonderheit des Sicherheitsterminals ist der eingebaute Alarmspeicher, der sich merkt, welche Melder bzw. Meldergruppen ausgelöst haben, und erlaubt dadurch z. B. eine Rekonstruktion des Wegs eines Einbrechers.

Kapitel 37
Bedienen und visualisieren

Unter einer Visualisierung versteht man die grafische Darstellung des gesamten Gebäudestatus mit gleichzeitiger Bedienmöglichkeit. Neben Tastsensoren ist sie die wichtigste Bedienkomponente im Smart Home.

Bedienelemente wie Schalter und Wippen sind im Smart-Home-Grundgedanken zwar deutlich weniger wichtig als bei der klassischen Elektroinstallation, ganz wegzudenken ist sie jedoch auch nicht, zumindest noch nicht. Entscheidend bei der intelligenten Gebäudesteuerung ist, dass nach Möglichkeit jeder Taster und jeder Schalter an den Installationsbus angebunden sein sollte. Nur dadurch bleiben Sie maximal flexibel, vermeiden Insellösungen und ermöglichen die gewerkeübergreifende Funktionalität, die einer der großen Vorteile des Smart Homes ist.

Einen klassischen Schalter in die Gebäudesteuerung zu integrieren, ist gar nicht mal aufwendig. Noch leichter gelingt das sogar mit den speziell für den KNX-Bus ausgelegten Multifunktionsschaltern, den sogenannten Tastsensoren.

Zusammenfassen lassen sich die unterschiedlichen Typen von Bedienelementen in sechs Kategorien:

1. Schalter und Taster der konventionellen (klassischen) Elektroinstallation: Diese werden über KNX-Binäreingänge bzw. Tasterschnittstellen in den Installationsbus integriert.
2. Bedienelemente aus konventionellen Schalterprogrammen, die direkt auf einen KNX-Busankoppler gesteckt werden.
3. KNX-Taster mit bereits integriertem Busankoppler.
4. KNX-Raumcontroller: Tastsensoren mit Ausführung in unterschiedlichsten Varianten und Ausstattungen, von Low End bis High End. Häufig sind Raumtemperaturregler-Funktionen integriert.
5. Touchdisplays: In der Regel sind diese mit einem Netzwerkinterface ausgestattet und werden über Ethernet in das KNX-System eingebunden.
6. Smartphones oder iPod-artige Geräte erlauben die Bedienung und Visualisierung von unterwegs oder von zu Hause, z. B. in Form einer Wandhalterung.

Die Bedienelemente aus Kategorie 1 (klassische Schalterprogramme) finden Sie detailliert im nächsten Abschnitt erklärt. Darunter fallen auch solche Schalter, die direkt mit einem KNX-Busankoppler kombiniert werden (Kategorie 2).

Der Kategorie 4 (KNX-Raumcontroller) ist der darauffolgende Abschnitt 37.2, »Große Flexibilität: Tastsensoren«, gewidmet. Dieser deckt ebenso die Kategorie 3 (KNX-Taster) ab, die vom Prinzip wie die leistungsfähigeren Raumcontroller-Tastsensoren arbeiten, jedoch deutlich weniger Funktionalität bieten und ohne Display auskommen.

Die Touchdisplays (Kategorie 5), als Königsklasse der Bedienelemente, habe ich in den entsprechenden Abschnitt zur Visualisierung aufgenommen, zu finden in Abschnitt 37.6, »Umfassend visualisieren mit Touchscreen«. Dazu passend bieten mobile Geräte (siehe Abschnitt 37.7, »Von unterwegs: Smartphone«) eine ähnliche Funktion wie ausgewachsene Touchdisplays im Einbaurahmen.

37.1 Große Vielfalt: klassische Schalterprogramme

Schalter, Taster, Wippen, die Bedienelemente der klassischen Elektroinstallation lassen sich bei entsprechender Verkabelung vollständig in eine intelligente Gebäudesteuerung einbinden. Die Kernfrage ist dabei immer dieselbe: Wie erreicht man, dass Schalterstellungen und Tasterimpulse als verwertbare Information in Bustelegrammen abgebildet werden? Die Antwort lautet: Binäreingänge (siehe Abschnitt 31.3, »Unterputzbinäreingang«). Statt herkömmliche Taster so zu verdrahten, dass sie direkt einen Verbraucher, wie z. B. eine Beleuchtung, schalten, werden sie an einen busfähigen Binäreingang angeschlossen und schalten von sich aus erst einmal gar nichts (siehe Abbildung 37.1). Die Festlegung, was bei einem Tasterdruck passieren soll, erfolgt später, und zwar nur durch die Parametrierung mittels der ETS-Software.

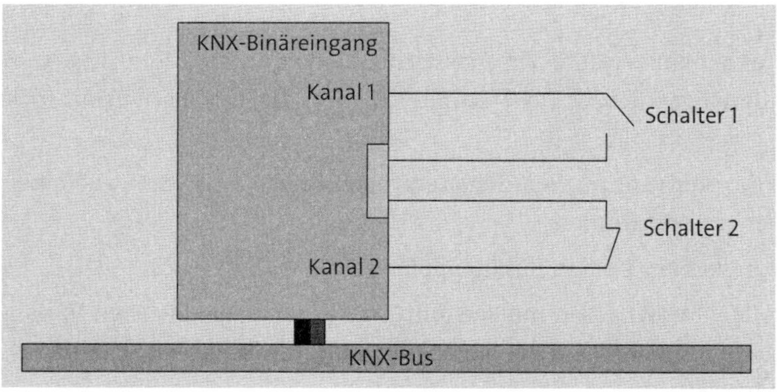

Abbildung 37.1 Anschluss von konventionellen Schaltern am Binäreingang

All das lernen Sie im weiteren Verlauf dieses Buchs noch zu Genüge. Für dieses Kapitel es aber wichtig, zu wissen – und das ist die gute Nachricht –, dass Sie die riesige Palette an Schalterprogrammen unterschiedlicher Hersteller auch im Smart Home einsetzen können.

37.1.1 Große Auswahl bei den Marktführern

Ein paar gängige Hersteller mit teilweise riesiger Produktauswahl finden Sie in folgender Tabelle 37.1 in einer Kurzübersicht:

Hersteller	Link (Schalterprogramme)
Gira	*http://www.gira.de/schalterprogramme.html*
Merten	*http://www.merten.de/Schalterprogramme.10.0.html*
Berker	*http://www.berker.de*
Jung	*http://www.jung.de/610/produkte/design/*
Busch-Jaeger	*http://www.busch-jaeger.de/produkte/schalterprogramme/*

Tabelle 37.1 Hersteller gängiger Schalterprogramme

Unterschiedliche Formen, Farben, Funktionen, Materialien und natürlich eine breite Preisspanne machen Ihnen die Auswahl zwar nicht leicht, aber dafür enorm flexibel. Jeder Hersteller führt auch mindestens ein paar Produktlinien, die sich deutlich von der Standardausführung in weißem Kunststoff abheben. Diese Designserien zeichnen sich durch ansprechende Optik und besondere Materialien wie z. B. Edelstahl, Aluminium und Glas aus. Sogar Holz und Linoleum können Sie sich heutzutage in moderner Optik an die Wand schrauben.

Wenn von Schalterprogrammen gesprochen wird, sind damit nicht nur die namensgebenden Schalter und Taster selbst gemeint, sondern auch die zugehörigen Einsätze für Steckdosen, Temperaturregler, Bewegungsmelder, Dimmer sowie für Türkommunikation und Datentechnik. Darüber hinaus sind die vielfältigsten Anschlüsse für alle Arten vom Multimedia (Lautsprecher, USB, HDMI, SAT, Audio) optisch passend zu den Standardeinsätzen erhältlich. Selbst kleine Unterputzradios bekommen Sie, perfekt abgestimmt, im Design des Schalterprogramms.

37.1.2 Die Kombination von Rahmen und Einsatz

In den meisten Fällen werden Schalter, Steckdosen und andere Einsätze in Elektroinstallationsdosen für Unterputz, Hohlwand oder Betonbau montiert. Die Gerätedose hat einen Durchmesser von 68 mm und eine je nach Ausführung unterschiedliche Tiefe. Innerhalb der Dose werden die Anschlüsse für den Einsatz an diesem verdrahtet. Der angeschlossene Einsatz (Schalter, Steckdose, Sensor usw.) wird anschließend mittels zweier Schrauben an der Installationsdose befestigt, es folgt das Anbringen des Rahmens und schließlich die Abdeckung des Einsatzes, die den Rahmen fixiert.

In der Regel besitzt jeder Einsatz die Standardeinbaumaße von 55 × 55 mm und kann daher mit fast allen Rahmen der gängigen Schalterprogramme kombiniert werden. An dieser Stelle haben Sie als Kunde die größte Flexibilität. Sie können problemlos einen speziellen Einsatz der Firma A (z. B. eine Steckdose mit eingebauter LED-Nachtbeleuchtung) mit dem für Sie optisch ansprechenderen Aluminiumrahmen der Firma B kombinieren, solange beide für das Einbaumaß 55 × 55 mm ausgelegt sind.

Eine kleine Bilderreihe (siehe Abbildung 37.2) soll den Zusammenhang kurz verdeutlichen. Auf der ersten Abbildung finden Sie eine Installationsdose im Betonbau mit bereits eingezogenen Leitungen. Daran schließen Sie z. B. einen Standardsteckdoseneinsatz (im Beispiel ein Zentraleinsatz aus dem Programm Gira System 55) an ❶. Den Einsatz verschrauben Sie an zwei Stellen mit der Installationsdose ❷. Es folgt der Rahmen ❸, hier ein schwarzer Aluminiumrahmen aus dem Programm Gira Esprit Metall, der in der letzten Abbildung ❹ mit der Steckdosenabdeckung fixiert wird. Sie beenden die Installation durch Anziehen einer Schraube in der Steckdosenmitte

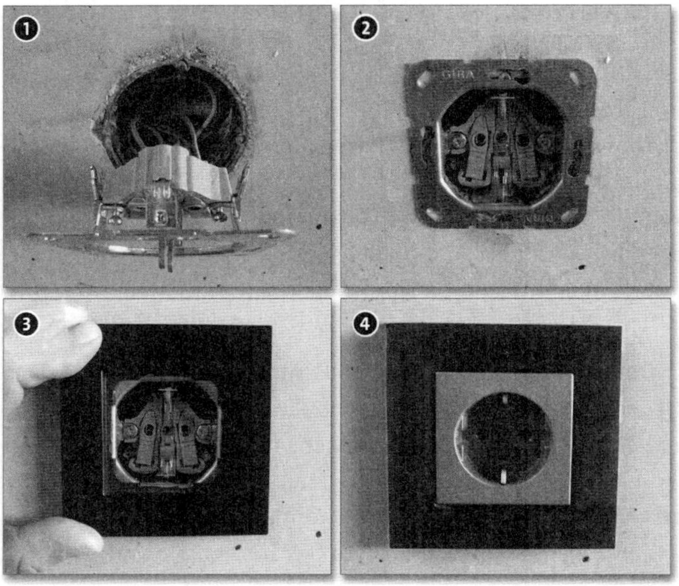

Abbildung 37.2 Steckdoseneinsatz und Rahmen montieren

37.1.3 Die unterschiedlichen Bauarten der Schalterprogramme

Sie haben im vergangenen Abschnitt bereits die in Wohnräumen am häufigsten anzutreffende Bauform von Schalterprogrammen kennengelernt: die Variante für die *Unterputzinstallation*.

In Kellerräumen wird nicht selten auf Unterputzinstallation verzichtet und stattdessen auf Aufputzschalter und -steckdosen gesetzt (siehe Abbildung 37.3). Die größeren Hersteller von Schalterprogrammen unterstützen auch diese Art der Montage mit eigens dafür vorgesehenen Serien. Wie eine Kombination von Steckdose und Schalter in *Aufputzinstallation* aussieht, finden Sie in Abbildung 37.3. Die Zuleitungen sind dazu passend in einem Kabelkanal verlegt.

Abbildung 37.3 Aufputzschalter, für den Keller ausreichend

Für den Außenbereich benötigen Sie ein Schalterprogramm, das sich *spritzwassergeschützt* (in IP 44) installieren lässt (siehe Abschnitt 5.4, »Die IP-Schutzarten«). An dieser Stelle wird die Auswahl, insbesondere von optisch ansprechenden Modellen, schon sehr viel kleiner. Ich habe Ihnen exemplarisch drei interessante Schalterprogramme, die sich für den Außenbereich eignen, in Tabelle 37.2 zusammengestellt:

Hersteller	Programm	Link (Schalterprogramme)
Gira	TX_44 (IP 44)	*http://www.gira.de/schalterprogramme/tx44.html*
Berker	W.1 (IP 55)	*http://www.berker.de/produktkatalog/anwendungen-und-systeme/feuchtrauminstallation-aufputz/524077.htm*
Legrand	Soliroc (vandalensicher)	*http://www.legrand.de/produkte/schalter-und-steckdosen/vandalensichere-schalter-und-steckdosen/soliroc.html*

Tabelle 37.2 Beispiele: Schalterprogramme für den Außenbereich

Das Gira TX_44-Programm (siehe Abbildung 37.4) ist als Kunststoffausführung in den Farben Alu, Anthrazit und Reinweiß erhältlich und kann nicht nur Schalter, Steckdosen und Bewegungsmelder im Außeneinsatz aufnehmen, sondern eignet sich auch für Türstationen. In dieser Funktion erlaubt es sogar die Montage von Kameras und Keyless-In-Geräten.

Abbildung 37.4 Gira TX_44 im 4-fach-Rahmen als Türkommunikationssystem

Besonders im Außenbereich sollten Sie an der Qualität des Schaltermaterials nicht sparen. Das von Billigherstellern verwendete Kunststoffmaterial verfärbt sich unter Sonneneinstrahlung relativ schnell und hinterlässt einen unschönen Gilb, der sich auch leider nicht mehr entfernen lässt.

37.2 Große Flexibilität: Tastsensoren

Mit *Tastsensoren* lässt sich eine Vielzahl an Funktionen der intelligenten Gebäudetechnik in nur einem einzigen Wandgerät vereinen. Sie bestehen nicht nur aus einer Kombination von Tastern bzw. Wippen, sondern integrieren zudem weitere Ausstattungsmerkmale, wie z. B. Displays, mehrfarbige LEDs, Temperatursensoren und Infrarotschnittstellen. Oft verfügen sie über umfangreiche Applikationssoftware mit zahlreichen über die ETS parametrierbaren Einstellungsmöglichkeiten. Dadurch werden KNX-Tastsensoren zum echten Multifunktionsgerät (auch *Raumcontroller* genannt), das nicht nur schalten, dimmen und Jalousien bewegen, sondern ebenso Szenen speichern und abrufen, die Funktion einer Raumtemperaturregelung übernehmen und Belüftungsanlagen ansteuern kann. Trotz enormer Funktionalität ist der Anschluss an Einfachheit kaum zu übertreffen (siehe Abbildung 37.5).

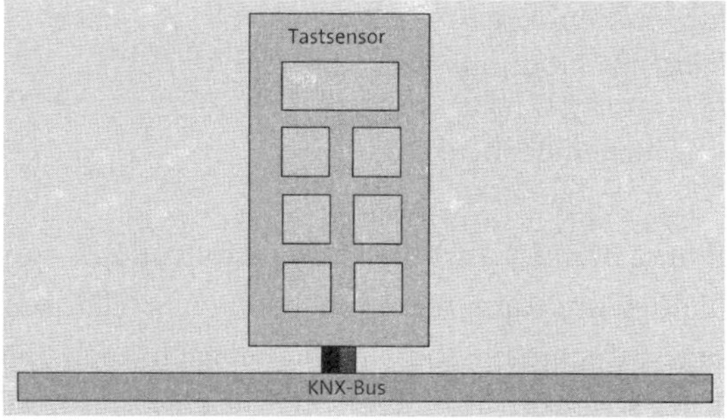

Abbildung 37.5 Anschluss eines KNX-Tastsensors

Für die meisten Tastsensorgeräte benötigen Sie lediglich die KNX-Busklemme. Einige wenige Modelle erwarten eine zusätzliche Hilfsspannung, und Geräte von Zennio beispielsweise ermöglichen den optionalen Anschluss von externen Sensoren über eine Schnittstelle an der Geräterückseite.

37.2.1 Die Crème de la Crème der KNX-Tastsensoren

Die Firma Basalte bietet Tastsensoren in sehr exklusiven Materialien an, die B.IQ-Reihe von Berker glänzt durch gute Haptik und flexible Konfiguration, und Busch-Jaeger hat mit den priOn-Geräten ein modulares Konzept mit optionalem TFT-Farbdisplay und Drehbedienelement im Sortiment. Bei Gira überzeugt der Tastsensor 3 mit solider Funktionalität und einfacher Integrierbarkeit in Ihr favorisiertes Schalterprogramm. Merten und Jung zeigen bewährte Konzepte mit durchdachter Ausstattung in ansprechender Optik. Von MDT bekommen Sie einen schicken Glastaster mit ausgezeichnetem Preis-Leistungs-Verhältnis. Die Firma Zennio erlaubt Ihnen sogar eine individuelle Gestaltung der kapazitiven Raumcontroller, und zu guter Letzt kann das bayerische Unternehmen Enertex mit dem weltweit ersten Touchcontroller mit integrierter Spracherkennung und Busspeisung aufwarten.

Die Auswahl des richtigen Tastsensors fällt nicht leicht, ich würde sogar behaupten, dass diese Entscheidung eine der schwierigsten der gesamten Smart-Home-Komponentenplanung ist. Jedes der in der folgenden Tabelle aufgeführten Geräte besitzt seinen eigenen Charme und leistet all das, was Sie für die meisten Anwendungsfälle benötigen werden. Da Tastsensoren an exponierten Stellen montiert werden und somit immer ins Auge fallen, spielen Design und Optik eine große Rolle. Wichtig, aber nicht essenziell ist, dass die ausgewählten Tastsensoren äußerlich mit dem übrigen Schalterprogramm harmonieren.

Geschmäcker sind ebenso breit gestreut wie die Einrichtungsstile. Sehen Sie sich die folgenden Beispielmodelle auf den Herstellerwebseiten in Ruhe an und übereilen Sie die Entscheidung nicht. Wenn Sie sich für den KNX-Standard entscheiden, funktionieren alle aufgeführten Tastsensoren in Ihrer Installation reibungslos. Wichtig in der Planungsphase ist anfänglich nur, dass Sie an alle später gewünschten Positionen eine Unterputzdose mit eingeführtem KNX-Busanschluss vorsehen. Die Tastsensoren können Sie unter Umständen sogar erst nach dem Einzug Schritt für Schritt erwerben und montieren.

Wenn Sie irgendeine Möglichkeit haben (Elektriker, Systemintegrator, Messestand), nehmen Sie möglichst viele unterschiedliche Modelle in die Hand und bedienen sie. Die Haptik eines Tastsensors ist ein sehr wichtiges Kaufkriterium. Jeder Anwender beurteilt die verschiedenen Konzepte unterschiedlich. Wo sich der eine nur mit großen, mechanischen Druckflächen und deutlichem Feedback des Schalters anfreunden kann, bevorzugt der zweite lieber kapazitive Touchflächen, und wiederum ein anderer schwört nach anfänglichem Misstrauen auf die Bedienung mittels Drehelement.

Wie bereits erwähnt, fällt die Auswahl schwer, aber mit folgender Zusammenstellung (siehe Tabelle 37.3) der Crème de la Crème der KNX-Tastsensoren hoffentlich ein wenig leichter:

Hersteller	Serie Modellbeispiel	Modellbeispiel
Basalte	Sentido 202-02	▶ 4 Touchoberflächen, gebürstet, dunkelgrau ▶ spezieller Multitouch-Betrieb ▶ LED-Backlight (Multicolor) ▶ Raumtemperaturregler ▶ integrierter Szenensequenzer ▶ kombiniert mit Busankoppler 200-02
	Deseo 301-23	▶ Raumcontroller, schwarzes Glas ▶ 1,7-Zoll-OLED-Display, touchgesteuertes Menü ▶ Raumtemperaturregler ▶ kombiniert mit Busankoppler 300-02
Berker	B.IQ 75663693	▶ rahmenloser KNX-Tastsensor mit Wippen in Vollmaterial (Edelstahl) ▶ LC-Display mit Symboldarstellung und Beleuchtung, 2 Funktionstasten ▶ Raumtemperaturregler ▶ 3 Wippen ▶ 2 weiße Status-LEDs je Wippe ▶ blaue Betriebs-LED ▶ eingebauter IR-Sensor ▶ Busankoppler benötigt: 75040003
Busch-Jaeger	triton 6320/38	▶ 3-/6-fach-Tastsensor mit RTR ▶ 1 LED (rot/grün) pro Wippe ▶ eingebauter IR-Sensor ▶ beleuchtetes Display ▶ integrierter Busankoppler ▶ beschriftbare Wippen und hinterleuchtetes Beschriftungsfeld

Tabelle 37.3 KNX-Tastsensoren: ausgewählte Modelle

Hersteller	Serie Modellbeispiel	Modellbeispiel
	priOn 6344-xx-101	▶ modulares System ▶ mit 3,5-Zoll-TFT-Farbdisplay und Drehbedienelement ▶ eingebauter IR-Sensor ▶ RTR-Funktionalität ▶ Näherungsfunktion ▶ Logikfunktionen ▶ Busankoppler benötigt
Elsner	Corlo Touch	▶ grafische Menüs ▶ brillantes 3,5-Zoll-Display ▶ 1-fach-, 2-fach- oder 3-fach-Gerät ▶ 4 Eingänge (Kontakte oder Temperatursensor) ▶ Betriebsspannung: 12–40 V DC ▶ Näherungssensor, Helligkeitssensor ▶ RGB-Rahmenbeleuchtung, einstellbar ▶ LAN-/WLAN-Anbindung
Enertex	SynOhr SynOhr® MultiSense KNX Standard	▶ Raumtemperaturregler ▶ integriertes Display ▶ Temperatur- und Feuchtigkeitsmessung ▶ Messung von Lichtfarbe und Lichteinfall ▶ Spracherkennung ▶ Leuchtring mit freier Farbdefinition ▶ 2 Touchtasten, 1 Drucktaster ▶ Abspielen von WAV-Dateien von der integrierten SD-Karte
Gira	Tastsensor 3 Plus	▶ passend zu verschiedenen Schalterprogrammen ▶ 2-fach- oder 5-fach-Wippenset ▶ Raumtemperaturregler ▶ integriertes Display ▶ 2 mehrfarbige Status-LEDs pro Taste ▶ weiße Betriebs-LED ▶ Beschriftungsfeld mit Hintergrundbeleuchtung ▶ Busankoppler benötigt: 2008 00

Tabelle 37.3 KNX-Tastsensoren: ausgewählte Modelle (Forts.)

Hersteller	Serie Modellbeispiel	Modellbeispiel
MDT	Taster BE-TA55P6.01	▸ 6-fach-Taster, reinweiß ▸ passend für 55-mm-Schalterprogramme ▸ integrierter Busankoppler ▸ Status- und Orientierungs-LEDs
	Glastaster BE-GTT4S.01	▸ 4-fach-Glastaster, schwarz ▸ weiße/rote LED je Sensorfläche ▸ umlaufendes Orientierungslicht ▸ integrierter Temperatursensor
Merten	System M MEG6212-0444	▸ Taster 2-fach mit RTR und Display ▸ Betriebs- und Statusanzeige ▸ 4 Bedientasten ▸ 5 rote LEDs ▸ integrierter Busankoppler
Jung	Kompakt-Raumcontroller 4093 KRM TS D	▸ Display mit Digitalanzeige ▸ 4 rote Status-LEDs, blaue Betriebs-LED ▸ integrierter Busankoppler ▸ Anschluss Tastsensor-Erweiterungsmodul (1–4-fach) ▸ integrierte Raumtemperaturregelung
	Raumcontroller OLED RCD LS 4092 M	▸ Display mit Digitalanzeige ▸ 2 rote Status-LEDs pro Taster ▸ hochauflösendes OLED-Grafikdisplay ▸ integrierter Busankoppler ▸ Anschluss Tastsensor-Erweiterungsmodul (1–4-fach) ▸ integrierte Raumtemperaturregelung
Zennio	ZAS Roll-ZAS ZN1VI-TPZAS	▸ 1,8-Zoll-Display (beleuchtet) ▸ eingebauter IR-Sensor ▸ RTR-Funktionalität ▸ Touchfläche in eingegrenzten Bereichen ▸ 2 A/D-Eingänge auf Rückseite ▸ integrierter Busankoppler

Tabelle 37.3 KNX-Tastsensoren: ausgewählte Modelle (Forts.)

Hersteller	Serie Modellbeispiel	Modellbeispiel
Zennio (Forts.)	TMD TMD-Display One ZVI-TMDD	▶ 1,8-Zoll-Display (beleuchtet) ▶ kapazitiver KNX-Raumcontroller ▶ frei gestaltbares Design (bedrucktes Glas) ▶ RTR-Funktionalität ▶ 8 Touchbereiche, 1 Zentraltaste ▶ 2 A/D-Eingänge auf der Rückseite ▶ LED-Helligkeit parametrierbar ▶ integrierter Busankoppler

Tabelle 37.3 KNX-Tastsensoren: ausgewählte Modelle (Forts.)

Achten Sie, nachdem Sie das für Sie passende Modell gefunden haben, unbedingt auch auf eventuell unterschiedliche Ausstattungsvarianten. Gira vertreibt den Tastsensor 3 beispielsweise in den Ausführungen Basis, Komfort und Plus, die sich durchaus in wesentlichen Features unterscheiden. Den sprachsteuerbaren SynOhr MultiSense von Enertex finden Sie ebenfalls in drei Varianten, von denen die kleinste (Starter) beispielsweise keine WAV-Dateien von der eingebauten SD-Karte abspielen kann.

37.2.2 Der Anschluss eines KNX-Tastsensors in vier Schritten

Am Beispiel eines B.IQ-Tastsensors der Firma Berker möchte ich Ihnen gern anhand von Abbildung 37.6 eine typische Installation, bestehend aus Busankoppler, Grundplatte und Abdeckung, darstellen:

- Bild ❶: Die Installation eines KNX-Tastsensors beginnt an der für ihn vorgesehenen Elektroinstallationsdose, in die Sie die KNX-Anschlussleitung einziehen und mit Busklemmen ausstatten. Die eingehende und abgehende Busleitung verklemmen Sie jeweils miteinander.
- Bild ❷: Das gelb-weiße Pärchen benötigen Sie für das Beispiel nicht, es verbleibt, durch die Klemmen isoliert, in der Unterputzdose. Das rot-schwarze Pärchen schließen Sie bitte an den Busankoppler (vom Typ Berker 75040003) an und verschrauben diesen an der Dose.
- Bild ❸: Im dritten Arbeitsgang wird die physikalische Adresse programmiert. Für diesen Vorgang benötigen Sie die ETS-Software und einen spitzen Gegenstand für die Betätigung der Programmiertaste am Busankoppler. Wie genau die Programmierung mit der ETS abläuft, lernen Sie in Kapitel 47, »KNX parametrieren mit der ETS-Software«, kennen. An dieser Stelle geht es nur darum, ein wenig Gefühl für das Umgehen mit Tastsensoren zu bekommen. Nachdem die rote LED als Antwort auf die erfolgreiche Programmierung der physikalischen Adresse erloschen ist, stecken

Sie die Grundplatte auf den Busankoppler und verschrauben sie. Da Sie noch keinerlei Funktionalität für den Tastsensor parametriert haben, zeigt dieser bei Herstellen der Spannungsversorgung über den Busankoppler die Meldung KEINE PARAMETER! auf seinem zweizeiligen Display.

- Bild ❹: Beim ausgewählten Tastsensor handelt es sich übrigens um den Berker B.IQ 3-fach IR-Tastsensor mit Temperaturregler und Display in Edelstahlausführung (Typ: 75663693). Seine Abdeckung, die aus drei Stahlwippen besteht, drücken Sie im vierten Schritt auf die Grundplatte, wodurch die mechanische Installation bereits vollendet ist. Abschließend hauchen Sie dem Tastsensor noch die gewünschten Funktionalitäten mit der ETS ein.

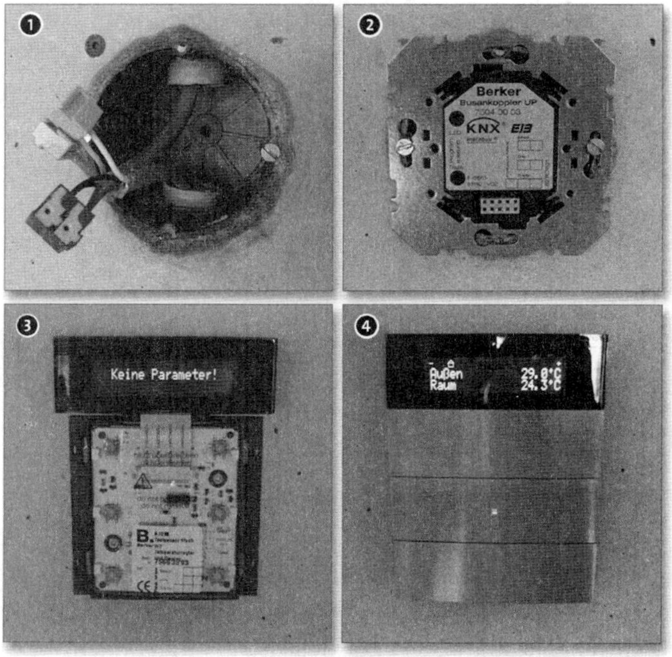

Abbildung 37.6 Installation eines KNX-Tastsensors in vier Schritten

37.2.3 Wenn es auch weniger sein darf

Es muss nicht immer ein vollständiger Raumcontroller sein, insbesondere dann nicht, wenn Sie in einem Raum bereits einen solchen eingesetzt haben. Eine zweite Bedienstelle darf durchaus auch durch einen deutlich einfacheren und natürlich günstigeren KNX-Taster abgedeckt sein.

Ein Beispiel: Stellen Sie sich vor, Sie haben im Schlafzimmer bereits in Türnähe einen kompletten Raumcontroller (wie den Berker B.IQ-3-fach-IR-Tastsensor aus dem vorherigen Abschnitt) installiert. Links und rechts vom Bett würden sich dann die dazu passenden 3-fach-Wippen (Berker 75163593), ebenfalls aus der B.IQ-Serie, anbieten, um Funktionen wie Zentral-Aus, Audio, Paniktaster oder Lichtszenen abzurufen.

37.2.4 »Kommando: Licht umschalten« – ein Produktbeispiel

Normalerweise würde ich keine Verpackung eines KNX-Geräts im Buch abbilden, aber beim Enertex SynOhr mache ich mit Abbildung 37.7 eine Ausnahme, denn es handelt sich schließlich auch um einen Ausnahmetastsensor.

Abbildung 37.7 Edel bereits beim Auspacken – Enertex SynOhr

Der *Enertex SynOhr MultiSense KNX* ist der weltweit erste KNX-Touch-Raumcontroller mit integrierter Spracherkennung und alleiniger Versorgung aus der Busspannung. Zudem sieht das von Enertex Bayern GmbH (*www.enertex.de*) entwickelte Gerät im eloxierten Vollaluminiumgehäuse mit seiner RGB-Ringbeleuchtung und der RGB-Wandbeleuchtung auch noch sehr edel aus. Wie genau, sehen Sie in Abbildung 37.8, zusammen mit den Bedienelementen – zwei kapazitiven Touchtasten ❷ und zentralem Drucktaster ❸ – sowie dem Slot für die SD-Karte ❶. Die Blende (rechts) wird am Unterputzeinsatz durch starke Neodym-Magnete festgehalten.

Abbildung 37.8 SynOhr MultiSense – ohne (links) und mit Aluminiumblende (rechts) in Standardunterputzdose

Auf das hervorstechende Merkmal, die eingebaute Spracherkennung, komme ich im Anschluss gleich zu sprechen. Zuvor fasse ich Ihnen noch die weiteren Produktmerkmale zusammen.

Was außer hören kann das SynOhr noch?

Als echter Raumcontroller misst das SynOhr die Temperatur, die Luftfeuchte und sogar die Farbintensivität. Ein eingebauter Helligkeitssensor passt auf Wunsch sowohl die Helligkeit der LED-Beleuchtung als auch die der Displayhintergrundbeleuchtung an. Über den integrierten Lautsprecher können Sie per KNX-Kommando Audiodateien ausgeben, die auf der SD-Karte gespeichert werden. Das 14-Byte-Telegramm enthält dabei praktischerweise den Filenamen der Audiodatei.

Das SynOhr MultiSense ist in drei Modellvarianten verfügbar: Starter (Preis: ca. 500 €), Standard (ca. 700 €) und Premium (ca. 880 €). Neben der hier gezeigten gebürsteten Aluminiumversion sind inzwischen auch Modelle in Alu-Schwarz sowie in Weiß pulverbeschichtet erhältlich. Die Grundfunktionalität beherrschen alle drei Ausführungen. Ab Standard lassen sich die Farben des Leuchtrings frei definieren und WAV-Dateien abspielen, die Premium-Version unterstützt zusätzlich unter anderem eine Schallpegelmessung (Babyfon), die Verwendung des Displays als Punktmatrixanzeige mit 28 Zeichen und Autoscroll-Funktion sowie die Darstellung von Symbolen. Die Anzahl der Kommandos des Spracherkenners unterscheidet sich ebenfalls: Basic: 6, Standard: 12, Premium: 40.

Sprachkommandos bilden und verknüpfen

Die große Besonderheit des SynOhr MultiSense ist sicherlich seine Fähigkeit, Sprachkommandos zu erkennen und daraufhin Aktionen auszuführen. Der aktualisierbare Sprachschatz ist sprecherunabhängig und muss auch nicht von Ihnen eingelernt werden. Wie läuft die Spracherkennungskonfiguration aber in der Praxis ab?

Im ersten Schritt (siehe Abbildung 37.9) weisen Sie jedem der 40 (in der Premium-Version) möglichen Kommandoslots eine Aktion (z. B. Schalten, Dimmen, Szene) zu und verknüpfen die entsprechende Gruppenadresse.

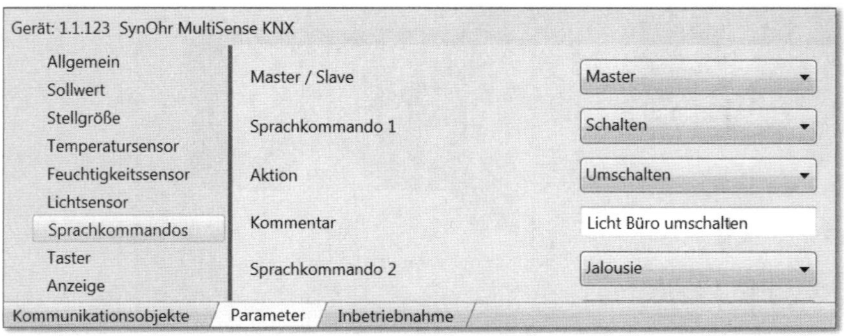

Abbildung 37.9 Sprachkommandos über die ETS an Aktionen binden

Den zweiten Schritt führen Sie im Windows-Programm SynOhrStudio durch, wo Sie beim ersten Start nach einer Sprachschatzdatei gefragt werden. Der Sprachschatz wird regelmäßig auf der Enertex-Webseite aktualisiert, liegt sowohl in Deutsch als auch in Englisch vor und enthält ca. 250 Wörter wie z. B. Licht, Fünfzig, dunkler, mein, mehr, rot, Schlafzimmer usw. Aus diesen Kommandos stellen Sie per Drag-and-drop Befehlsfolgen für jedes mögliche Sprachkommando zusammen (siehe Abbildung 37.10). Ein Sprachkommando darf dabei aus bis zu vier Einzelbefehlen bestehen, Beispiel: »Schlafzimmer Licht umschalten«.

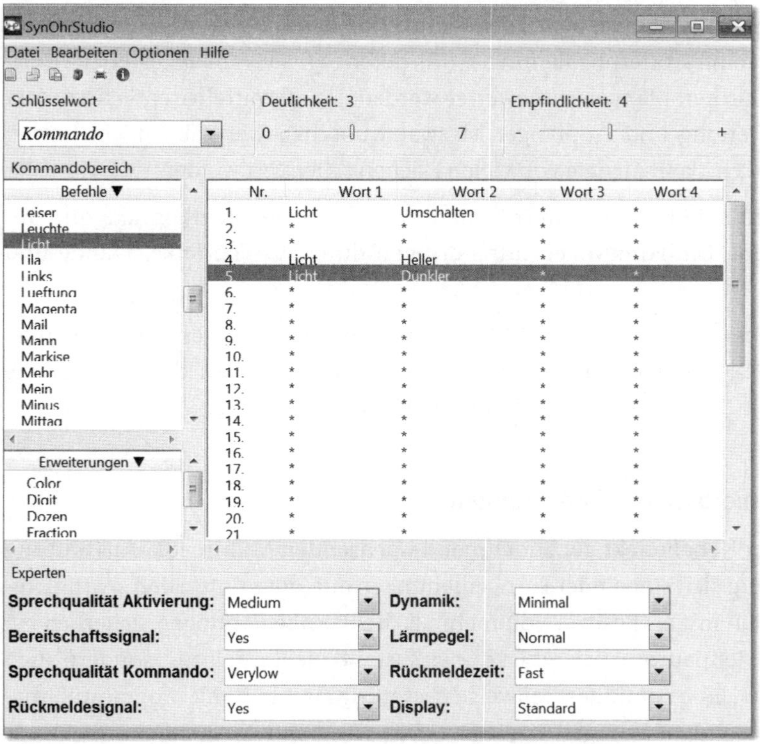

Abbildung 37.10 Sprachkommandos bilden mit dem SynOhrStudio

Damit das SynOhr später im Betrieb auch auf Ihre Kommandos hört, wählen Sie eines der sieben Schlüsselwörter aus (z. B. Kommando, SynOhr, Steuerung). Die SynOhr-Spracherkennung wird nur aktiv, wenn es dieses Schlüsselwort gefolgt von einer kurzen Pause und Ihrem definierten Sprachkommando erkennt. Erkannte Kommandos signalisiert das SynOhr über eine visuelle (gelbes Blinken des Rings) und akustische Rückmeldung. Die Reichweite beträgt ca. 7 m bei normaler Sprecherlautstärke.

Im letzten Schritt kompiliert das SynOhrStudio Ihre Befehlsfolgen. Das erzeugte Verzeichnis legen Sie auf die mitgelieferte SD-Karte, stecken diese in den Slot den SynOhr und starten es neu. Sekunden später dürfen Sie sich wie Scotty in Star Trek IV fühlen. Es versteht sich von selbst, dass es dafür aber nur ein akzeptables Kommandoschlüsselwort gibt, nämlich »Computer«.

37.3 Konventionelle und programmierbare Fernbedienungen

Eine Bedienung muss nicht immer über eine Berührung erfolgen. Fernbedienungen bieten eine komfortable Möglichkeit, auch vom Sofa aus eine Aktion der Gebäudesteuerung aufzurufen

37.3.1 Konventionelle Fernbedienungen

Eine konventionelle – also nicht programmierbare – Fernbedienung steuert in der Regel genau ein bestimmtes Gerät (oder eine Gerätefamilie), zu deren Lieferumgang sie gehört. Am gängigsten sind Infrarotfernbedienungen (IR), deren Signale vom angesteuerten Gerät über einen Infrarotempfänger ausgewertet werden. Ein unmittelbarer Sichtkontakt zwischen Fernbedienung und Empfänger ist zwar wünschenswert, aber nicht immer zwingend erforderlich, da IR-Signale von vielen Flächen reflektiert werden.

Im Gegensatz dazu benötigen Funkfernbedienungen keinerlei Sichtkontakt zum anzusteuernden Gerät. Die Funkwellen durchdringen durchaus Schränke, Wände und Decken.

Um die Signale einer konventionellen IR-Fernbedienung als weiterverwendbares Telegramm auf den KNX-Bus zu legen, existieren mehrere Möglichkeiten, die ich Ihnen detailliert in Abschnitt 37.3.3, »Die Smart-Home-Anbindung«, vorstelle.

37.3.2 Programmierbare Fernbedienungen

Ein unangenehmer Nebeneffekt der zunehmend wachsenden Multimedia-Ausstattung zu Hause ist der Berg sich stapelnder Fernbedienungen auf (oder unter) dem Wohnzimmertisch. Sie werden mir als Besitzer von mehr als drei Fernbedienungen sicherlich zustimmen. Für den Heimautomatisierer ist dieser Zustand nicht nur lästig, sondern auch gänzlich »unsmart«. Eine zumindest teilweise Besserung lässt sich mit programmierbaren Multifunktionsfernbedienungen erreichen.

Im ersten Schritt ersetzt solch ein Modell idealerweise alle anderen Geräte in Ihrer Umgebung und vereinfacht die Bedienung sämtlicher Multimedia-Ausstattungen erheblich. In einem zweiten Schritt, und das ist der eigentlich für Sie als angehenden Smart-Home-Anhänger interessantere, verlangt eine Universalfernbedienung natürlich nach einer »smarten« Einbindung in das Heimautomatisierungssystem.

Sehen wir uns an, was der Markt an *Universalfernbedienungen* hergibt. Sehr gängig sind einfache, programmierbare Geräte (Preis: maximal 25 €) von z. B. Philips, Hama, Vivanco und One for All, die entweder einen festen Satz an unterstützten Geräten beinhalten oder sich mehr oder weniger komfortabel über Tastenkombinationen bzw. Anlernfunktionen anpassen lassen.

Eine ganze Ecke luxuriöser präsentieren sich die Harmony-Modelle von Logitech (*www.logitech.com/de-de/harmony-remotes*, Abbildung 37.11), aus deren Reihe ich Ihnen gern die Harmony Smart Control vorstellen möchte (Preis: ca. 80 €).

Abbildung 37.11 Die Harmony Smart Control mit Hub (Quelle: Logitech)

Die Harmony Smart Control (und ebenso die Harmony Ultimate) wartet mit einigen Besonderheiten auf, die sie aus der Masse der programmierbaren Fernbedienungen herausstechen lassen:

- Die komplette Einrichtung der anzusteuernden Geräte erfolgt über eine App bzw. eine spezielle Software auf Ihrem Rechner (siehe Abbildung 37.12).

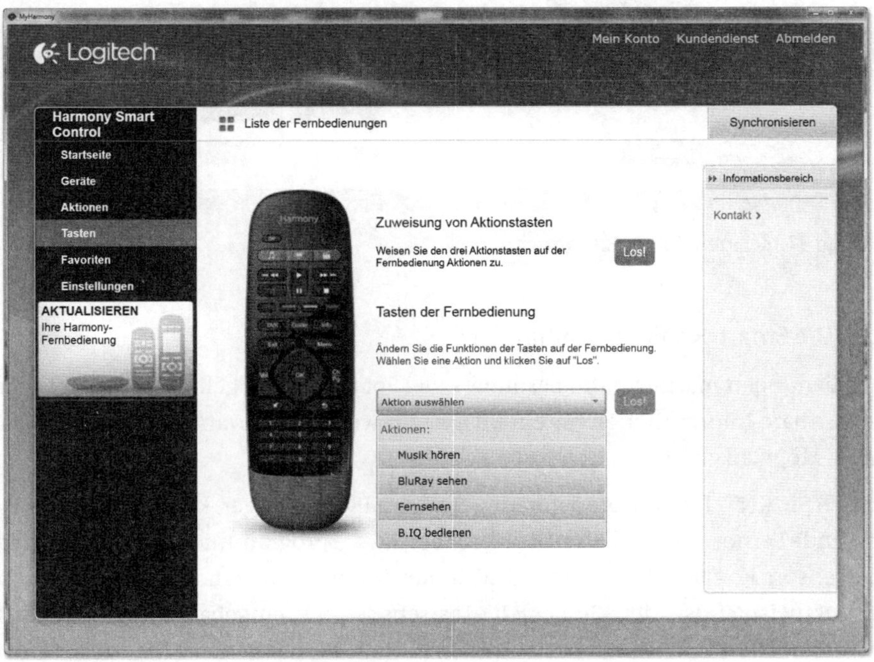

Abbildung 37.12 Die Harmony-Konfigurationssoftware

- Der Smart-Hub empfängt die Signale der beiliegenden Fernbedienung (ohne Sichtkontakt) sowie Wi-Fi-Signale des Smartphones (iOS, Android) und setzt diese in IR- und Bluetooth-Befehle um.
- Über den Hub können Sie Ihre Multimedia-Geräte über ein Smartphone bedienen.
- Es können bis zu acht Geräte bedient werden aus einer Datenbank von über 225.000 vordefinierten Produkten.

Wie Sie in Abbildung 37.13 sehen können, lässt sich die Smart Control sogar überreden, die Wippen eines KNX-Tasterinterface, wie dem Berker B.IQ, über zugeordnete Tasten fernzusteuern:

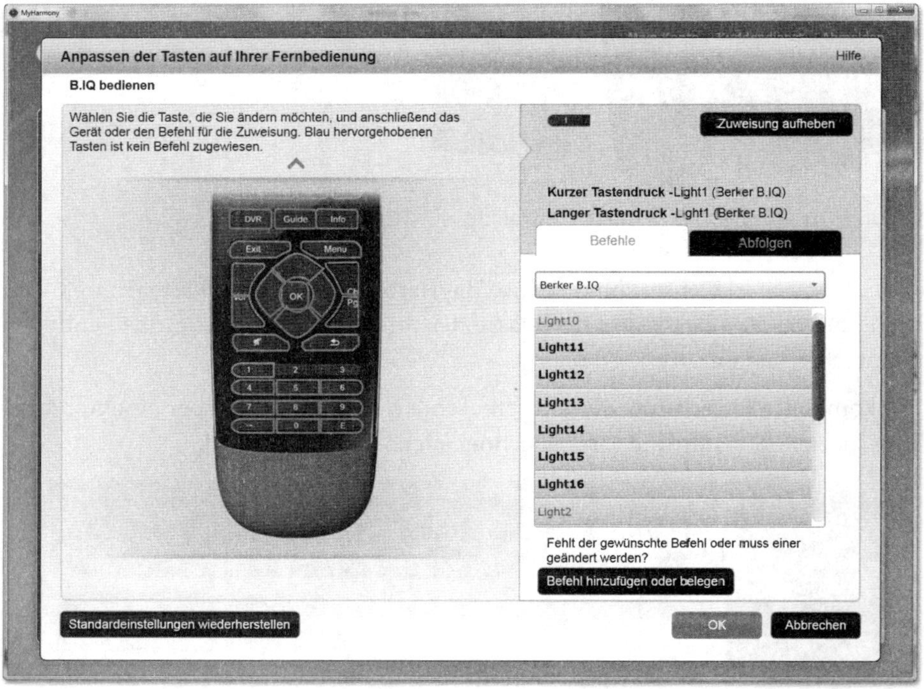

Abbildung 37.13 Einen Berker B.IQ fernsteuern

37.3.3 Die Smart-Home-Anbindung

Fernbedienungen machen dann besonders viel Spaß, wenn es gelingt, deren IR-Signale in verwertbare Informationen für ein Bussystem wie KNX zu wandeln. Dazu haben Sie mehrere Möglichkeiten:

- Planen Sie KNX-Tastsensoren mit eingebautem IR-Empfänger, können Sie dafür eine passende Fernbedienung erwerben, worüber Sie die programmierten Funktionen des Tastsensors komfortabel auf bis zu 10 m Reichweite bedienen können. Ein schönes Produktbeispiel ist der Berker B.IQ-Tastsensor mit eingebautem IR-Empfänger (*www.berker.de*) und dem dazu passenden IR-Handsender Berker 2779 (Preis: ca. 60 €, siehe Abbildung 37.14).

Abbildung 37.14 IR-Handsender (Quelle: Berker)

- Als schicke Unterputzgeräte bieten einige KNX-Hersteller ihre IR/KNX-Umsetzer an. Empfangene IR-Signale (nach RC5-Standard) werden direkt in KNX-Telegramme umgesetzt, was eine einfache und schnelle Integration in ein bestehendes Automatisierungssystem ermöglicht. Angelernte IR-Signale können bei manchen Modellen zudem auch wieder ausgegeben werden. Produktbeispiele, um nur zwei zu nennen, sind der Gira-IR-Umsetzer 0588112 (Preis: ca. 450 €) und der Siemens-5WG1450-7AB03-IR-Empfängerdecoder (Preis: ca. 110 €).
- Eine weitere Option ist die Verwendung eines speziellen IR-Servers, wie z. B. die Produkte von IRTans (siehe Abschnitt 37.4, »Intelligente IR-Steuerung«). Diese wunderbar automatisierbaren Universalempfänger ermöglichen die Erfassung von unterschiedlichsten IR-Signalen, teilweise mit mehreren positionierbaren Empfängern, und können über eine KNX-Logik-Engine (z. B. Gira HomeServer) per TCP/IP abgefragt werden.
- Zu guter Letzt lässt sich ein solcher Universalempfänger elegant mit einem Raspberry Pi selbst konstruieren, z. B. durch Anschluss eines TSOP 4838-IR-Empfängers (Preis: ca. 1,70 €, Abbildung 37.15). Darüber hinaus ist der RasPi mit einer sogenannten CUL-Erweiterung sogar in der Lage, Funksignale zu verarbeiten. CULs für 433 MHz und 868 MHz finden Sie etwa bei Busware (*http://shop.busware.de/index.php/cPath/1*) zu einem Preis von ca. 50 €.

Abbildung 37.15 IR-Empfänger TSOP 4838

Statten Sie den erweiterten RasPi zusätzlich mit der eibd-Software (siehe Abschnitt 50.2, »eibd – der EIB-Daemon«) aus, verfügen Sie über eine leistungsfähige Methode, empfangene Signale auch auf den KNX-Bus zu legen – sozusagen ein eigenes IR-KNX-Gateway.

Vielversprechende Ansätze

Sehen Sie hin und wieder mal auf der GitHub-Seite von *pyharmony* vorbei (unter der URL *www.github.com/petele/pyharmony*). Das Projekt begann als vielversprechender Ansatz, den Harmony-Smart-Hub über eine Python-Library fernzusteuern, was eine tolle Möglichkeit wäre, das clevere Gerät in eine Automatisierungsumgebung einzubinden.

Ein weiterer Weg führt über die sogenannten Bindings von openHAB (siehe Abschnitt 50.6, »openHAB – eine Metaplattform«).

37.4 Intelligente IR-Steuerung

Einen Schritt weiter als mit programmierbaren Fernbedienungen gehen Sie mit sogenannten *IR-Servern*. Man versteht darunter kleine, intelligente Mini-Embedded-Systeme, die IR-Signale empfangen und senden können und in irgendeiner Art programmierbar oder parametrierbar sind. Idealerweise hat ein solches System eine LAN-Schnittstelle bzw. Wi-Fi eingebaut, lässt sich mittels TCP/IP fernsteuern und per Webbrowser programmieren.

Mit diesem Anforderungsprofil eignet sich ein IR-Server hervorragend für alle Arten von Automatisierungsaufgaben, bei denen Sie auf IR-Signale ausweichen müssen. Oft und gern werden damit Multimedia-Komponenten wie AV-Receiver und Beamer angesteuert.

37.4.1 Die IRTrans-Produktpalette

Wie in Abschnitt 37.3.3, »Die Smart-Home-Anbindung«, angedeutet, lässt sich mit einem gewissen Aufwand und Spaß am Experimentieren ein solches Gerät z. B. auf Basis eines Raspberry Pis selbst konstruieren. Sehr viel schneller kommen Sie aber mit einem kommerziellen Produkt zum Ziel. Die Auswahl ist nicht sehr groß – muss sie auch nicht sein, denn vom Hersteller IRTrans (*www.irtrans.de*) bekommen Sie alles, was Sie benötigen.

Die IRTrans-Produktpalette umfasst ein gutes Dutzend unterschiedlicher Geräte, die sich sowohl in der Art des Hostinterface und der Anzahl an IR-Sendern und -Empfängern als auch in den Fähigkeiten der Firmware unterscheiden. Für die meisten Anwendungsfälle im eigenen Smart Home sollte eines der drei folgenden Modelle (siehe Tabelle 37.4) geeignet sein (gezeigt werden nur die wesentlichen Unterschiede):

Ausstattung	IRTrans Ethernet	IRTrans WiFi	IRTrans LAN I/O
Hostinterface	Ethernet	WLAN 802.11 bgn USB/RS-232	Ethernet RS-232
Mikrocontroller	64k IR 64k Ethernet	256K	64k IR 64k Ethernet
Flash für HTML-Seiten	128K	–	128K
Autarke IR-Übersetzung	ja, für IRDB-Modelle	ja, für IRDB-Modelle	ja
IR-Datenbank	ja, für IRDB-Modelle	ja, für IRDB-Modelle	ja
IR-Empfänger	1 (Standard oder 455 kHz)	1 (Standard oder 455 kHz)	3 (Univ. + 38 kHz + 455 kHz)
Anschlüsse für externe IR-Empfänger	1	1	1
Relais-Ausgänge	–	–	–
Power ON	WOL	WOL	WOL Relais
Preis (IRDB-Modell)	ca. 175 € Netzteil: 12 €	ca. 209 € Netzteil: 12 €	ca. 300 € Netzteil: 12 €

Tabelle 37.4 Drei IRTrans-Produktbeispiele

Das Modell IRTrans Ethernet ist unter der Bezeichnung IRTrans Ethernet PoE auch als Modell mit Stromversorgung über PoE (Power over Ethernet) erhältlich, besitzt allerdings bei ansonsten fast identischer Ausstattung keinen Anschluss für einen externen IR-Empfänger.

Für größere Installationen sind mehrere IRTrans-Module kaskadierbar, wobei nur ein Modul als Server fungieren muss und über einen einzigen Client bedient bzw. konfiguriert wird. Die IRTrans-Vernetzung erfolgt über RS-232, USB oder Ethernet.

37.4.2 IRTrans WiFi

Sehen wir uns im Speziellen das IRTrans WiFi genauer an. Der kleine, autark funktionierende IR-Server kann Infrarotsignale mit dem eingebauten Receiver und Transmitter empfangen und senden. Weiterhin besitzt er einen Eingang und einen Ausgang für je einen weiteren externen Empfänger bzw. Sender. In unten stehender Abbildung 37.16 sind außerdem der Anschluss für das Netzteil und die Mini-USB-Buchse zu sehen.

Abbildung 37.16 IRTrans als Wi-Fi-Version

Mittels des USB-Anschlusses wird das Gerät konfiguriert und seine Firmware bei Bedarf aktualisiert. Den notwendigen Windows-Treiber installieren Sie bei dieser Aktion gleich mit. Linux- und MAC-Treiber können Sie jederzeit auf der IRTrans-Webseite herunterladen. Benötigt wird lediglich ein Java Runtime Environment (ab Version 1.6). Ist das Gerät einmal über die USB-Schnittstelle eingerichtet (WLAN- und Netzwerkkonfiguration), lässt es sich fortan über den Webbrowser konfigurieren (siehe Abbildung 37.17).

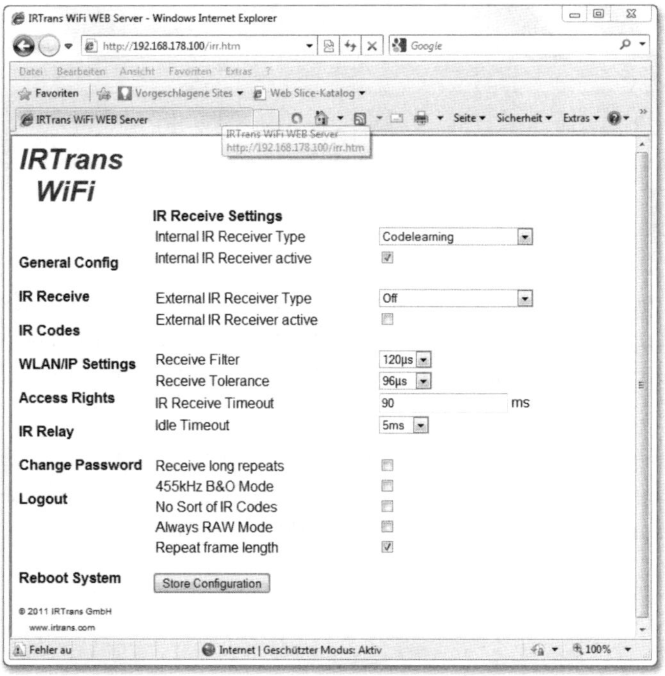

Abbildung 37.17 Der integrierte Webserver der IRTrans-Module

Externe Transmitter und Receiver

Für die IRTrans-Netzwerkgeräte steht eine Reihe externer IR-Transmitter und -Receiver zur Verfügung, die über die 3,5-mm-Klinke angeschlossen werden. Die universelle Einsetzbarkeit des IRTrans-Systems wird dadurch weiter erhöht. Beispiele für optionale Receiver und Transmitter für IRTrans WiFi sind in Tabelle 37.5 aufgeführt:

Optionale IR-Sender/-Empfänger	Kommentar	Preis
Zweiter IR-Ausgang	2 × 3,5-mm-Klinke	ca. 30 €
Universal-Lernempfänger	intern, anstelle des Standardempfängers (Reichweite: 1 m)	ca. 9 €
Externer Transmitter	auf 3,5-mm-Klinke, entweder 1-fach, 2-fach, 4-fach oder 6-fach	von 7 € (1-fach) bis 39 € (6-fach)
Externer Hochleistungstransmitter	auf 3,5-mm-Klinke, mit 4 LEDs	ca. 32 €
Externer Universal-IR-Empfänger	nur zum Lernen geeignet, misst und lernt Trägerfrequenzen (30–65 kHz)	ca. 30 €
Externer IR-Empfänger	▸ für 30–40 kHz ▸ für 455 kHz	▸ ca. 24 € ▸ ca. 30 €

Tabelle 37.5 Optionale Sender/Empfänger für IRTrans WiFi

Die eingebauter IR-Datenbank (IRDB-Option)

Beim Kauf eines IRTrans WiFi (und ebenso den anderen Modellen) sollten Sie den Aufpreis von ca. 30 € für die IRDB-Option investieren. Geräte mit IRDB-Option eignen sich besonders für die Heimautomatisierung, denn sie ermöglichen die Verwendung des IRTrans-Moduls, ohne dass auf einem anderen Rechner im Netzwerk eine IRTrans-Serversoftware laufen muss. Zwar ist auf den begrenzten Ressourcen eines Moduls nicht die komplette Serversoftware implementiert, aber die wichtigsten Funktionen sind direkt standalone vorhanden:

- Senden von IR-Befehlen aus der IRDB (Datenbank) sowie direktes Senden von CCF-Codes (Component Configuration Files)
- Empfang von IR-Befehlen

37.4.3 IRTrans in der Heimautomatisierung

Ein IRTrans-Modul (vorzugsweise in der IRDB-Version) spielt immer dann seine Stärken aus, wenn ein anzusteuerndes Gerät keine TCP/IP- oder RS-232-Fernsteuerung erlaubt, kein Businterface wie z. B. KNX besitzt und auch auf sonstige »konventionelle« Methoden nicht anspricht. Häufig ist das bei Fernsehern, SAT-, Hi-Fi- und AV-Receivern sowie Beamern der Fall. IRTrans schlägt hier die Brücke zwischen IR-Fernsteuerung und Automatisierungssystem. In anderen Worten, IRTrans übernimmt die Rolle der Fernbedienung, die ihre Befehle über eine TCP/IP-Verbindung bezieht, die wiederum von Ihrem Automatisierungssystem (Logik-Engine) kommandiert wird. Zur bildlichen Verdeutlichung ein Beispiel-Setup in Abbildung 37.18:

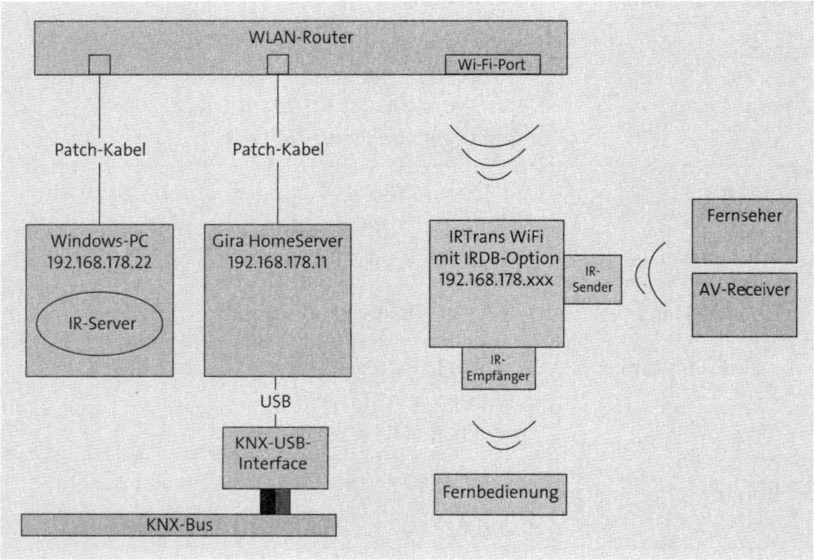

Abbildung 37.18 Automatisierungsbeispiel mit IRTrans

Das Setup aus Abbildung 37.18 würde Sie in die Lage versetzen, die beiden Multimedia-Geräte Fernseher und AV-Receiver über Ihre KNX-Logik-Engine (hier ein Gira HomeServer) fernzusteuern. Eine echte (zugeordnete) Fernbedienung ist hier nicht mehr erforderlich, jedoch lassen sich beliebige Fernbedienungskommandos natürlich trotzdem über den IRTrans empfangen und an den HomeServer weiterleiten.

Das Anwendungsszenario

Das skizzierte Szenario könnte z. B. Teil einer KNX-Szene namens »DVD sehen« sein, die per Tastendruck ausgelöst wird und die Jalousien im Wohnzimmer herunterfährt, das Licht herunterdimmt, das Telefon stumm schaltet sowie den Strom für Fernseher und AV-Receiver per KNX-Aktor einschaltet. Um die Szene zu vervollständigen, muss am Fernseher noch der HDMI-Eingang des AV-Receivers eingestellt und am Receiver wiederum der DVD-Eingang gewählt werden.

Diese letzte Teilansteuerung (DVD-Eingang per IR-Kommando selektieren) würde ich Ihnen gern in der Praxis zeigen.

IRTrans konfigurieren

Das entsprechende Kommando wird zuerst gelernt (siehe Abbildung 37.19). Dazu verbinden Sie das IRTrans per USB mit dem PC und starten mittels des Tray-Icons den IRTrans-Server. Mit der rechten Maustaste rufen Sie über dem Tray-Icon das IRTrans-Menü auf und wählen IR CODE LERNEN. In der erscheinenden Dialogbox legen Sie eine neue Fernbedienung mit dem Beispielnamen »Bose« an und bestätigen mit dem Button FERNBEDIENUNG ÖFFNEN/NEU.

Im Eingabefeld für den Befehl geben Sie diesem einen Namen, z. B. »Eingang-DVD«, und starten den Lernvorgang mit dem Button BEFEHL LERNEN.

Abbildung 37.19 Einen Befehl mit IRTrans lernen

Sie sollten jetzt innerhalb der ablaufenden Zeit die zu lernende Taste an der Fernbedienung vor dem IR-Empfänger des IRTrans betätigen. Der aufgezeichnete Code sieht beispielsweise aus wie in Abbildung 37.20:

Abbildung 37.20 Der erste gelernte Befehl

Unter Windows 7 liegen die definierten Fernbedienungen der Datenbank übrigens im Verzeichnis *C:\Users\All Users\IRTrans\remotes* als *.rem*-Files. Die *.rem*-Files sind ASCII-Files und können mit einem beliebigen Editor geöffnet werden. Nach dem eben erfolgten Lernvorgang wird ein solches File für die neue Fernbedienung mit bisher einem enthaltenen Befehl angelegt (siehe Abbildung 37.21):

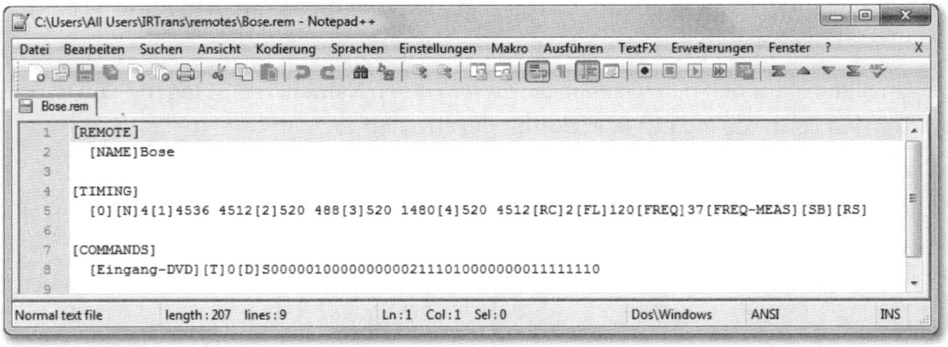

Abbildung 37.21 Das neu angelegte .rem-File

Im nächsten Schritt (siehe Abbildung 37.22) quittieren Sie die Dialogbox mittels LERNEN BEENDEN und selektieren aus dem IRTrans-Tray-Menü die Funktion DEVICE DATENBANK. Stellen Sie zufrieden fest, dass die neue Fernbedienung mit dem Namen *bose* jetzt Bestandteil der Datenbank ist, markieren Sie sie mit der rechten Maustaste und der Funktion AUSWÄHLEN und schreiben Sie die Datenbank auf das IRTrans-Modul mit dem Button FLASHEN. Vergewissern Sie sich im IRDB FLASHSTATUS-Fenster, dass die neue Fernbedienung und ein zugehöriger Befehl übertragen wurden.

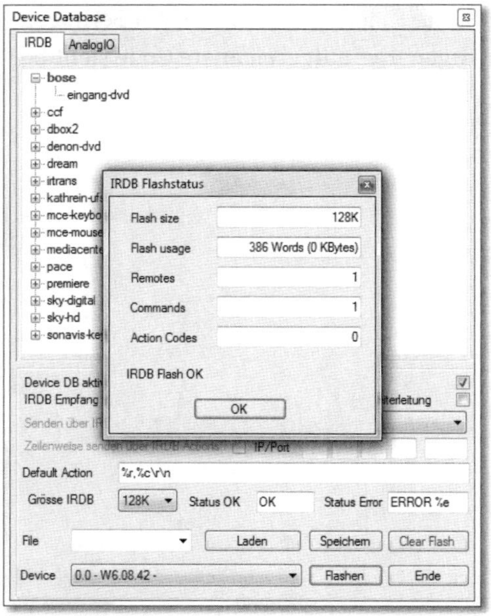

Abbildung 37.22 Die IRDB wurde übertragen.

Nachdem das IRTrans-Modul programmiert wurde, benötigen Sie die USB-Verbindung nicht mehr und können das Gerät an seinen Bestimmungsort setzen. Im nächsten Schritt richten Sie den HomeServer für die Kommunikation mit IRTrans ein.

IP-Telegramme über den HomeServer senden

Im HomeServer Experten rufen Sie über das Menü KOMMUNIKATION • IP/EIB-TELEGRAMME (SENDEN) die gleichnamige Dialogbox auf, in der Sie folgende Einstellungen vornehmen:

1. Legen Sie ein neues IP/EIB-Telegramm an mit der beispielhaften BEZEICHNUNG »Bose Eingang DVD«.
2. Als IP-TELEGRAMM-TYP (Registerkarte EMPFÄNGER) stellen Sie bitte UDP ein, als IP/HOST-ADRESSE die Adresse Ihres IRTrans (im Beispiel: 192.168.178.100) und als IP-PORT 21000, wie in Abbildung 37.23.

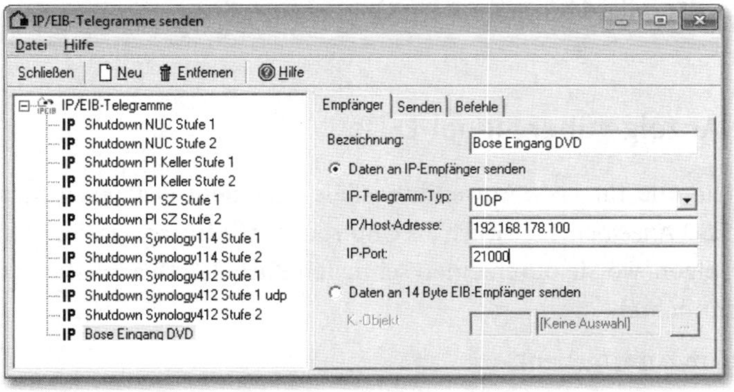

Abbildung 37.23 Ein neues UDP-Telegramm für IRTrans anlegen

3. Auf der Registerkarte SENDEN fügen Sie einen neuen Block vom Typ TEXT ein und definieren für diesen im Feld TEXT das Kommando `snd bose,eingang-dvd`, zu sehen in Abbildung 37.24.

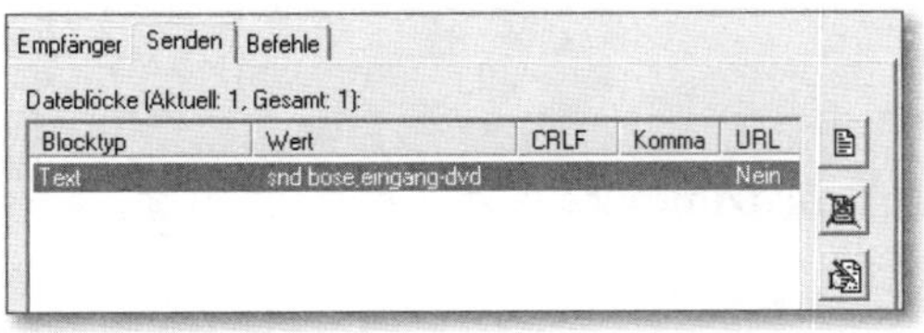

Abbildung 37.24 Das zu sendende Kommando an IRTrans

Nach der Definition des IP-Telegramms müssen Sie nur noch dafür sorgen, dass es zum richtigen Zeitpunkt gesendet wird. Im grafischen Logikeditor (GLE) des HomeServer Experten kann der Auslöser zum Beispiel ein iKO (internes Kommunikationsobjekt) sein, das über einen Taster in der Visualisierung bedient wird. Das iKO triggert durch eine einfache Verbindung im GLE das Senden des IP-Telegramms, wie in folgender Abbildung 37.25 verdeutlicht ist:

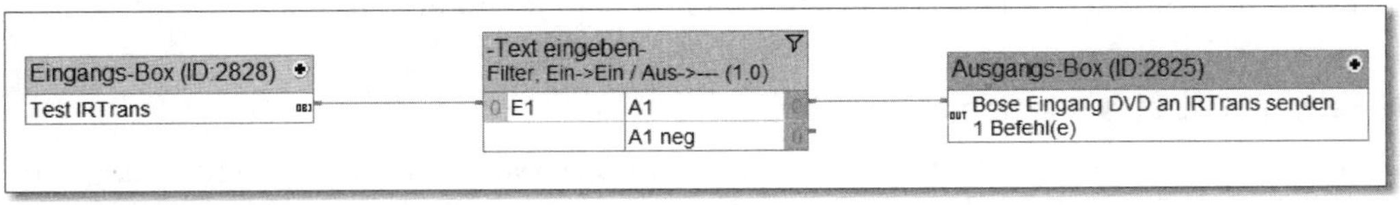

Abbildung 37.25 Das UDP-Telegramm per Taster senden

Das Empfangen von IR-Befehlen über IRTrans und die Weitergabe an den HomeServer funktionieren übrigens ebenfalls. Nur verwenden Sie analog dazu die HomeServer-Funktion KOMMUNIKATION • IP/EIB-TELEGRAMME (EMPFANG).

Noch ein abschließender Tipp: Falls Ihr WLAN-Router keine Verbindung mit IRTrans WiFi aufnehmen kann (war bei meinen Versuchen z. B. mit der FRITZ!Box 7390 ein Problem), hilft es, den WLAN-Standard b/g auf nur b *oder* g umzustellen.

37.5 Die schnelle Anzeige über Signal-LEDs

Eine wunderbar einfache und für viele Anwendungsfälle geeignete Visualisierungslösung eröffnet sich mit *LED-Anzeigen*. Erhältlich als Unterputzausführung, lassen sie sich hervorragend dort einsetzen, wo Sie durch einen schnellen Blick den Gesamtstatus des Smart Homes erfahren möchten:

- Schlafzimmer (vor dem Zubettgehen)
- Eingangsbereich, Nähe Haustür (vor dem Verlassen des Hauses)
- als Alternative zu Touchscreen-Visualisierungen

Eine LED-Anzeige kann sinnvoll die eventuell vorhandene Hauptvisualisierung (in der Regel ein Touchscreen) ergänzen, und in Kombination mit wenigen darunter angebrachten Tastern lassen sich problemlos Schalthandlungen mit gleichzeitiger Statusanzeige realisieren, z. B.

- Haus-verlassen-Taste im Eingangsbereich
- Zubettgehen-Taste neben dem Bett im Schlafzimmer

37.5.1 KNX-LED-Anzeigen als Komplettgerät

Eine wie ich finde sehr durchdachte LED-Anzeige möchte ich Ihnen kurz in Abbildung 37.26 vorstellen:

Das KNX-Unterputzgerät der Firma MDT können Sie als Einzelgerät (Glasausführung) in Schwarz und Weiß bekommen sowie in einer kleineren Variante zur Integration in gängige Schalterprogramme von Gira, Jung, Merten und Berker. Sie benötigen keinen zusätzlichen Busankoppler, sodass Sie für einen Endpreis von ca. 120 € insgesamt zwölf unabhängig voneinander schaltbare RGB-LEDs erhalten. Für jede LED dürfen Sie unter anderem Folgendes parametrieren:

- Leuchtfarbe (ROT, GRÜN, BLAU, WEISS)
- Leuchtstärke (AUS, DUNKEL, HELL)
- Blinkmodus (KONSTANT LEUCHTEN, BLINKEN, AUFBLITZEN)

Abbildung 37.26 LED-Anzeige (für KNX)

Alle Einstellungen werden wie gewohnt über die ETS-Software vorgenommen, weitere Plug-ins sind nicht notwendig (siehe Abbildung 37.27). Jede LED erlaubt die Konfiguration von fünf Zuständen (ein, aus, Priorität 1 Vorrang, Priorität 2 Vorrang, Überwachungsobjekt ausgefallen). Weiterhin bestimmt ein Tag-Nacht-Objekt über zwei mögliche Helligkeitsstufen.

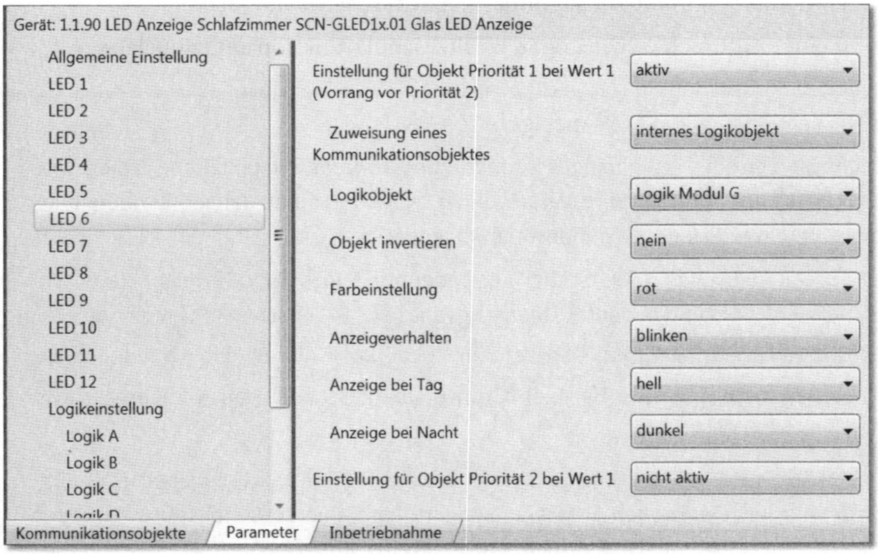

Abbildung 37.27 Beispiel für Parametrierung der LED-Anzeige

Über die reinen Aufgaben einer LED-Anzeige hinaus bietet die eingebaute Applikationssoftware eine Reihe sinnvoller Zusatzfunktionen:

- acht Logikblöcke (UND, ODER) mit jeweils acht Eingängen und einem Ausgang (Schalten, Szene, Byte-Wert setzen)
- Alarmfunktion (Senden von Alarmobjekten, abhängig von LED-Zustand)
- vier Umsetzer (Byte → Bit, 2 Bit → Bit, Temperatur → Bit) mit TOR-Funktion

37.5.2 Was sich zur Visualisierung mit LEDs eignet

Als Anregung würde ich Ihnen gern eine Auswahl an Anwendungsideen aufzählen, die sich gut für die Visualisierung mit einer LED-Anzeige eignen:

- offene Fenster (LED an: mindestens ein Fenster offen, LED blinkt: zusätzlich noch Regen)
- Bewegung von Präsenzmeldern detektiert (LED-Farbe oder -Position entspricht dem Geschoss, auf dem die Bewegung erkannt wurde)
- Störungen (Fehler bei KNX-Gerät, Salz von Enthärter verbraucht, Homeserver down, Festplattentemperatur zu hoch)
- Alarm (Wassermelder, Rauchwarnmelder), gegebenenfalls ergänzt durch zusätzlichen akustischen Alarm
- Warnung (Windalarm, Regenalarm, Kühlschrank verbraucht keinen Strom)
- Meldungen (Müll rausstellen, Waschmaschine/Spülmaschine fertig)
- Heizungsstatus
- Garagentor (z. B. grün: geschlossen, rot: geöffnet, grün blinkend: schließt sich, rot blinkend: öffnet sich)
- aktueller Modus (Tagmodus, Schlafmodus, Alarm scharf/unscharf)
- Zustand einer Automatikschaltung (z. B. Hitzeschutzfunktion der Jalousien)

Tipps für den Einsatz von LED-Anzeigen

Überlegen Sie sich ein durchgängiges *Visualisierungskonzept* und behalten Sie dieses wo immer möglich bei. Nicht nur Ihre Mitbewohner werden es Ihnen danken, sondern auch Sie selbst. Vereinheitlichen Sie mindestens Folgendes:

- *Stetige LED/blinkende LED*: stetig an bedeutet Endzustand erreicht (z. B. Tor geschlossen), blinkend bedeutet Übergangsphase (z. B. Tor schließt sich gerade)
- *LED-Farben nach Kritikalität*: Beispiel: Grün = okay, Rot = Alarm, Blau = Meldung usw.
- *LED-Farben nach Geschoss*: Beispiel: Grün = Obergeschoss, Blau = Kellergeschoss, Weiß = Erdgeschoss

Versuchen Sie nicht, zu detaillierte Informationen über LEDs auszugeben (z. B. Öffnungszustand jedes einzelnen Fensters), sondern kombinieren Sie besser in Gruppen (mindestens ein Fenster im Obergeschoss noch offen). Bedenken Sie auch, dass weniger oftmals mehr ist. Statt einer grünen LED für »alles okay« können Sie die LED auch ganz ausschalten und nur im Fehlerfall eine Farbe setzen.

Falls Sie in der Nähe der LED-Anzeige einen Präsenzmelder installiert haben, bietet es sich auch an, sämtliche LEDs nur bei Anwesenheit zu aktivieren. Das hier vorstellte Gerät von MDT bietet solche Funktionen ohne weitere externe Logik.

Die Busanbindung von LED-Anzeigen mit integrierter KNX-Schnittstelle ist im Handumdrehen erledigt. Das folgende Anschlussschema in Abbildung 37.28 zeigt den für die Fensterüberwachung vorgeschlagenen Aufbau:

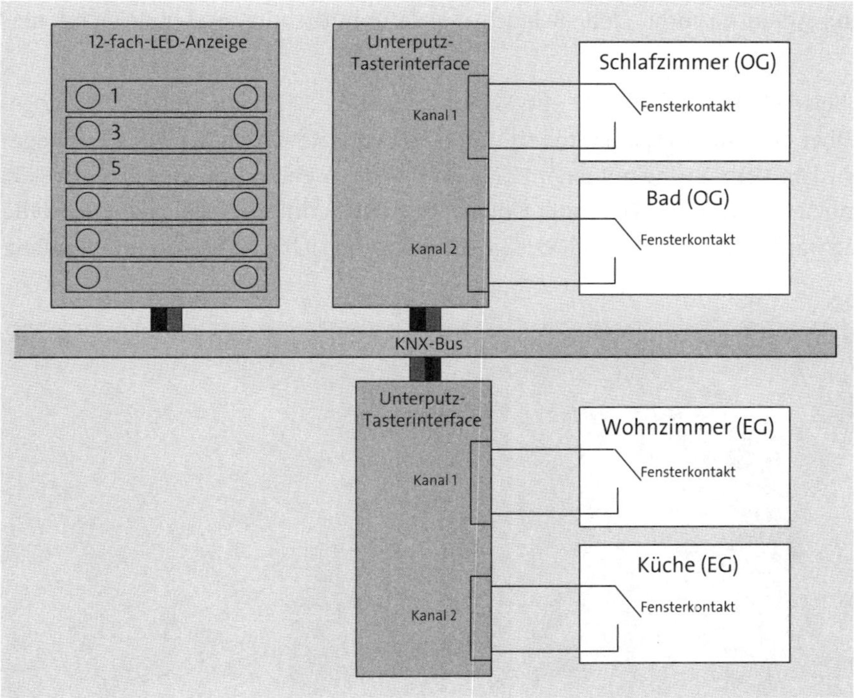

Abbildung 37.28 Überwachung von Fensterkontakten mit einer LED-Anzeige

37.5.3 Alternative LED-Anzeige

Eine LED-Anzeige als Komplettgerät ist eine sehr schöne Lösung, insbesondere wenn Sie umfangreiche Informationen an einer zentralen Stelle darstellen möchten. Oft jedoch ist für eine Realisierung auch nur eine sehr reduzierte Anzeige mit einer oder wenigen (einfarbigen) LEDs ausreichend.

Problemlos und ebenfalls direkt über den KNX-Bus ansteuerbar, können Sie eine Mini-LED-Anzeige auch über eine UP-Tasterschnittstelle realisieren. Sie finden die genaue Beschreibung zu Tasterschnittstellen inklusive Abbildung in Abschnitt 31.3, »Unterputz-binäreingang«. An dieser Stelle wichtig ist die Möglichkeit, die Eingänge der Schnittstelle (je nach Modell 2, 4 oder 6) auch als LED-Ausgang zu betreiben. Praktischerweise ist ein Vorwiderstand (z. B. 1,5 kΩ) schon integriert, Sie können die LEDs (eine pro Ausgang) somit direkt anschließen.

Formschön verpacken lässt sich eine LED z. B. in einer Blindabdeckung, die für alle gängigen Schalterprogramme erhältlich ist. Die LED fixieren Sie am besten mit etwas Heißkleber in einer kleinen Bohröffnung.

37.5.4 Vorhandene Beleuchtung »missbrauchen«

Eine nützliche Status- oder Hinweisanzeige können Sie auch realisieren (ganz ohne Zusatzkosten), indem Sie vorhandene Beleuchtung dafür mitbenutzen oder gleich mit einplanen.

Dazu ein Beispiel (Abbildung 37.29): Im Windfang ist eine LED-Leiste (RGB-WW) eingebaut, die über ein DALI-EVG angesteuert und per DALI-Gateway an den KNX-Bus angebunden wird. In Verbindung mit einem KNX-Bewegungsmelder sorgt die LED-Leiste für die Grundbeleuchtung im Windfang. Unterhalb einer definierten Helligkeitsschwelle werden die warmweißen LEDs auf 100 % gedimmt, wenn sich eine Person im Windfang befindet.

Abbildung 37.29 LED-Leiste: Grundbeleuchtung in warmem Weiß (links), Hinweisanzeige in Rot (rechts) – kein Problem mit DALI

Erweitert wird diese Standardfunktionalität nun um Folgendes: Wird die Haustür von innen geöffnet (Reed-Kontakt) und im Haus ist mindestens noch ein Fenster geöffnet (ebenfalls Reed-Kontakte), dimmt die LED-Leiste auf 0 % Warmweiß herunter und auf 100 % Rotanteil hoch. Vor Verlassen des Hauses wird der Bewohner dadurch auf vergessene Fenster aufmerksam gemacht, schließt diese ordnungsgemäß und erhält als Quittierung ein wieder auf 100 % warmweiß und 0 % Rotanteil gedimmtes Licht.

Die skizzierte Anwendung lässt sich fantasievoll erweitern: Wie wäre es mit einer Anzeige in Blau, wenn Sie z. B. bei Verlassen des Hauses noch die Mülltonnen an die Straße stellen müssen?

37.6 Umfassend visualisieren mit Touchscreen

Sie haben in Kapitel 37, »Bedienen und visualisieren«, bereits kennengelernt, wie die Bedienung Ihres Smart Homes über konventionelle Schalter und Taster funktioniert und welche zusätzlichen Anwendungsmöglichkeiten sich mit speziellen KNX-Tastsensoren erschließen.

In diesem Kapitel gehen wir noch einen Schritt weiter, wir sehen uns die Königsklasse der Bedienelemente an, die sich grob in zwei Produktkategorien aufteilen lässt:

1. On-Wall- oder In-Wall-Lösungen mit Handheld-Geräten wie iPod, iPad oder Ähnlichen
2. Einbaupanel-Lösungen, bestehend aus einem vollwertigem Touchscreen in Verbindung mit einem PC (z. B. Windows-Rechner)

37.6.1 Handheld-Geräte mit Wandhalterung

Ein eigentlich mobiles Gerät, wie z. B. ein iPod oder iPad, können Sie, entsprechendes Befestigungsmaterial vorausgesetzt, auch als stationäres Bedienpanel einsetzen. Dabei haben Sie entweder die Möglichkeit zum festen Wandeinbau (In-Wall) oder die Montage über eine Wandhalterung (On-Wall). Erstere ist deutlich ansprechender, wohingegen bei der On-Wall-Lösung das Gerät auch mal mobil (z. B. vom Sofa aus) benutzt werden kann.

Beiden Montagearten ist gemein, dass die Touchgeräte über ihre eingebaute WLAN-Schnittstelle mit dem Visualisierungsrechner kommunizieren. Der gewählte Montageort sollte deshalb auch eine sehr gute WLAN-Abdeckung besitzen.

Eine Reihe an cleveren Produkten rund um die iPod- und iPad-Montage erhalten Sie bei der Firma iPort (*www.iportmusic.com*). Je nach Modell beinhalten die Wandmontagesets Anschlussmöglichkeiten für eine Stromversorgung und einen Audioausgang für symmetrische oder unsymmetrische Übertragung über eine Cat.5-/Cat.6-Leitung. Einige Halterungen unterstützen sogar einen Videoausgang. Berücksichtigen Sie also bei der Planung der Wandhalterung nicht nur die WLAN-Abdeckung, sondern auch die zusätzlichen Leitungen, die idealerweise unterputz herangeführt werden.

Sehen Sie sich bitte bei Interesse auch mal »Eve« von Basalte (*http://www.basalte.be/de/products/eve*) an. Als Luxuswandhalterung für ein iPad ist die Lösung genial.

37.6.2 Der Einbau-Touchpanel-PC

Sicherlich die edelste, aber auch mit Abstand die am aufwendigsten und teuersten zu realisierende Bedienmöglichkeit ist eine Einbaulösung, bestehend aus einem Touchscreen mit integriertem Rechner. Ab einem Bildschirmformat von ca. 19 Zoll lässt sich die gesamte Haussteuerung komfortabel bedienen. Das Touchpanel wird an geeigneter Stelle fix in der Wand installiert, und mit der richtigen Visualisierungssoftware ausgerüstet, entsteht echtes Kommandozentralen-Feeling.

Besondere Planung ist gefragt

Voraussetzung allerdings ist, dass Sie den Einbauort rechtzeitig in Ihrer Planung vorsehen, denn neben den notwendigen Aussparungen in der Wand müssen auch die Anschlussleitungen im Vorfeld beachtet haben. Diese bestehen mindestens aus der Stromversorgung und einer Cat.7-Ethernet-Leitung. Weitere kommen optional hinzu, falls die gewünschten Erweiterungen wie Lautsprecher, Mikrofon oder Webcam nicht bereits im Gerät integriert sind.

Eine besondere Herausforderung besteht darin, dass Sie sich während der Planung bereits auf ein konkretes Modell einschießen müssen, wenn es in eine massive Wand installiert werden soll. Breite, Höhe und Tiefe der Aussparung müssen zu dem Modell Ihrer Wahl passen, und je nach Typ ist eventuell ein Rahmenkonstruktionselement in der Rohwand erforderlich. Etwas entspannter werden Planung und Einbau in Holzständerwände oder Rückwände von Schränken und Raumteilern. Eine Stichsäge schafft die erforderliche Aussparung in der Regel problemlos.

Nicht nur die Visualisierung fühlt sich auf dem Touchpanel-PC wohl

Softwareseitig läuft auf dem Touchpanel-PC hauptsächlich ein aktueller Browser, der die webbasierte Visualisierungsoberfläche darstellt. Alternativ zum herkömmlichen Browser wird die Visualisierung auch von einer speziellen Clientsoftware übernommen, wie z. B. dem Gira QuadClient in Verbindung mit dem Gira HomeServer (siehe dazu Abschnitt 48.8, »Der QuadClient«). Der QuadClient benötigt zwingend einen Windows-basierten Rechner, erlaubt dann aber auch die komfortable Integration eines Türkommunikationssystems (Gira-TKS, siehe Abschnitt 45.2, »Proprietäre Türsprechsysteme«).

Der Touchpanel-PC an einer strategisch wichtigen Stelle ist nicht nur hervorragend geeignet, die Schaltzentrale Ihres Smart Homes zu werden, sondern erledigt auf Wunsch nebenbei noch weitere Zusatzaufgaben. Fassen Sie die folgenden Punkt gern als unterstützende Argumentationshilfen auf (sozusagen als Ergänzung zu Abschnitt 2.3, »Wie bringe ich es meiner Frau bei?«):

- Anzeigen von Kochrezepten
- Musikzuspieler (MP3, Webradio)
- Türkommunikationssystem
- Anzeige von E-Mails und RSS-Feeds
- Funktion als digitaler Bilderrahmen (mit Musikuntermalung)
- Einbetten von Kamerabildern (Außenkamera, Türkamera, Babykamera)

Zu guter Letzt kann der Touchpanel-PC zusätzlich zur Visualisierung auch gut als Logik-Engine eingesetzt werden, was den Betrieb eines weiteren Rechners unter Umständen unnötig macht. openHAB beispielsweise (siehe Abschnitt 50.6, »openHAB – eine Metaplattform«) fühlt sich auf allen Plattformen wohl, auf denen Java zur Verfügung steht (Windows, Mac OS X, Linux).

Kaufkriterien für einen Touchpanel-PC

Einen Touchpanel-PC für den Wandeinbau können Sie entweder als Komplettgerät erwerben, als vorkonfektionierten Bausatz bekommen oder ganz individuell aus Einzelkomponenten zusammenstellen. Der Eigenbau ist machbar, aber nicht zu unterschätzen. Wer bereits einen Desktop-PC selbst zusammengestellt hat, besitzt zwar das notwendige Grundwissen, aber ein clever zusammengestelltes Einbau-Touchpanel-Gerät ist nochmals eine ganz andere Liga.

Unabhängig davon sollen Ihnen diese Einkaufskriterien helfen, die wichtigsten Anforderungen abzudecken:

- kapazitive Touchscreens haben gegenüber den resistiven Displays den Vorteil, verschleißfreier, genauer und multitouch-fähig zu sein
- lüfterlose Kühlung
- möglichst kleiner Stand-by-Verbrauch (unter 5 W)
- SSD als Massenspeicher integrierbar
- Panel mit mindestens HD-Auflösung
- Windows 7 (und neuer) als Betriebssystem unterstützt
- mindestens 2 GByte (besser 4 GByte) Arbeitsspeicher
- Gigabit-Ethernet-Anschluss
- freie USB-Ports, gegebenenfalls einer von vorne zugänglich
- Unterstützung von Webcam-, Mikrofon- und Lautsprecheranschluss
- ein (auch optisch) zur Wand passender Einbaurahmen und Abdeckung

Konkrete Produktbeispiele (Tabelle 37.6) für ansprechende Umsetzungen sind:

Hersteller	Modell mit Zubehör	Preis
Gira (*www.gira.de*)	Control 19 Client (208800) Unterputzdose (207600) Glasabdeckung (209005)	ca. 2.700 € ca. 100 € ca. 380 €
PeaKNX (*www.peaknx.de*)	PEAKnx Controlpro (Fertiggerät) Frontglas	ca. 3.800 € ca. 350 €
	PEAKnx Controlpro (Bausatz) Frontglas	ca. 1.900 € ca. 350 €

Tabelle 37.6 Produktbeispiele für Touchpanel-PCs

37.6.3 Touchpanel-PC im Eigenbau

Es ist gar nicht mal so schwer, einen leistungsstarken Touchpanel-Rechner für eine komfortable zentrale Visualisierung selbst zusammenzustellen und dabei gegenüber Fertiglösungen eine Menge Geld zu sparen. Je nach Modell des Touchscreens gelingt auch der optisch gelungene Wandeinbau.

Was benötigen Sie dafür an Komponenten?

Der wichtigste Bestandteil ist natürlich der Touchscreen selbst. Ein recht gut geeigneter Bildschirm mit 10-Punkt-Touchfunktion ist z. B. der 23 Zoll Full-HD IPS Touch LG23ET63V von LG (Preis: ca. 320 €). Durch seine nur moderat gewölbte Rückseite können Sie ihn recht unproblematisch in eine Schrankrückwand oder einen Raumteiler einbauen. Über die VESA-Halterung und zwei passende Schienen oder eine selbst zugeschnittene Holzhalterung fixieren Sie ihn von hinten durch eine ausgesägte Rechtecköffnung.

Als Mini-PC für den Touchscreen können Sie natürlich jedes beliebige Gerät verwenden. Ich würde Ihnen aber z. B. den Intel-NUC (siehe Abschnitt 43.1.1) ans Herz legen. Die Core-i3-Version reicht vollkommen aus, Sie können sogar eine noch kleinere CPU wählen. Spendieren Sie dem NUC mindestens 2 GByte RAM und eine kleine interne SSD, und Sie werden sehr viel Freude an dem Gerät haben. Den NUC können Sie über die VESA-Halterung direkt auf die Gehäuserückseite des LG-Bildschirms schrauben (siehe die folgende Abbildung 37.30), sie liegt dem NUC bei.

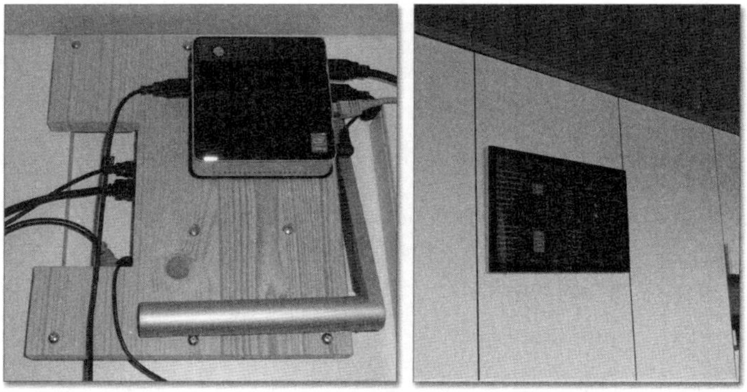

Abbildung 37.30 Selbstbau Visualisierungsrechner, von hinten mit NUC (links) und von vorne (rechts)

Als Betriebssystem setzen Sie z. B. Windows 7 ein und realisieren die Visualisierung mit dem Quad-Client. Besitzen Sie ein Gira-TKS (Türkommunikationssystem), schließen Sie am NUC noch einen kleinen Lautsprecher und ein Mikrofon an, und schon haben Sie über die TKS-Communicator-Software und das TKS-IP-Gateway eine vollwertige Türsprechanlage, optional sogar mit Farbkamera.

Tools für den Touchpanel-PC

An weiterer Software für den NUC leisten zwei kostenlose Tools noch wertvolle Hilfe. Zum einen dient die Fernsteuerungssoftware *TeamViewer* (*https://www.teamviewer.com/de*) dem komfortablen Bedienen des NUC (der ja vermutlich weder Tastatur noch

Maus besitzen wird) über einen beliebigen Arbeitsplatzrechner. Für den eigentlichen Betrieb als Visualisierungsrechner wird diese Verbindung nicht benötigt, während der Einrichtung leistet sie aber gute Dienste.

Der zweite Helfer nennt sich *EventGhost* (*www.eventghost.org*) und spielt eine besondere Rolle. EventGhost kann eine große Anzahl an verschiedenen Events verarbeiten und daraufhin eine definierte Reihe an Aktionen auf dem NUC ausführen. Wie Sie in unten stehendem Schema (siehe Abbildung 37.31) entnehmen, reagiert der EventGhost auf Ereignisse, die der HomeServer (oder eine andere Logikmaschine) an ihn senden.

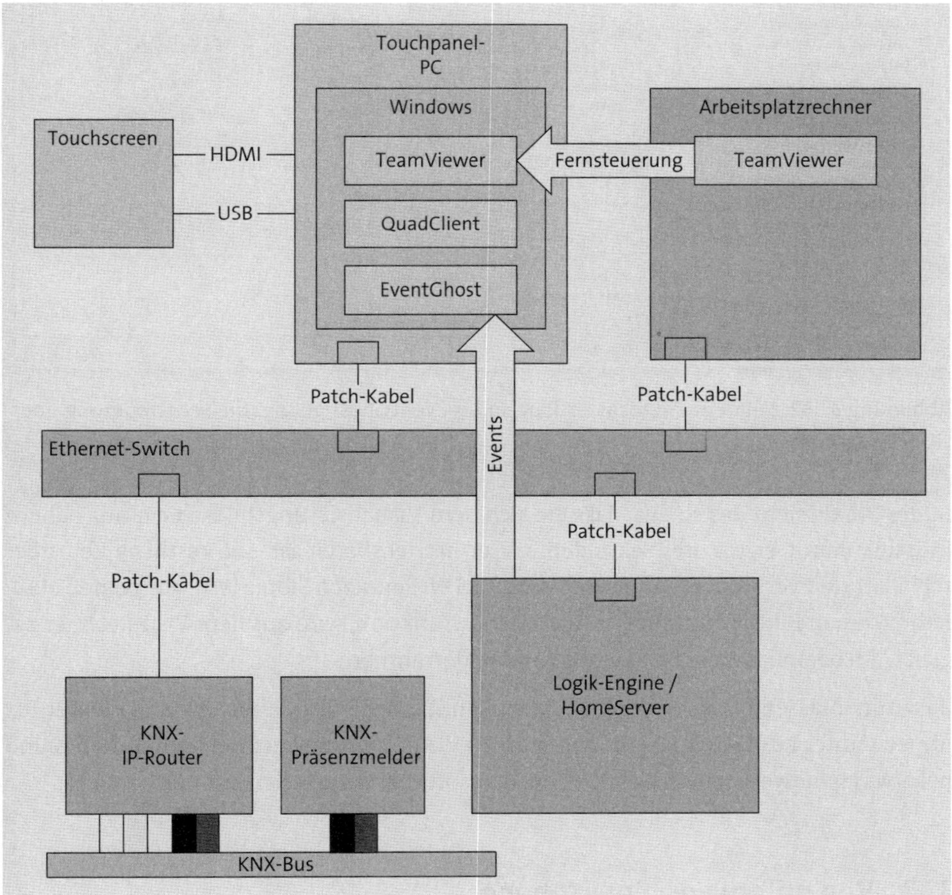

Abbildung 37.31 Infrastruktur für den Touchpanel-PC

Damit lassen sich eine Menge nützlicher Funktionen umsetzen. In unserem Beispiel wertet der HomeServer einen KNX-Präsenzmelder aus und weckt daraufhin den NUC und den Touchscreen aus dem Stand-by-Zustand (oder Energiesparzustand) auf. Das Aufwecktelegramm empfängt der EventGhost über eine UDP-Schnittstelle (siehe Abbildung 37.32), worauf er einfach den Tastendruck der [⇧]-Taste simuliert.

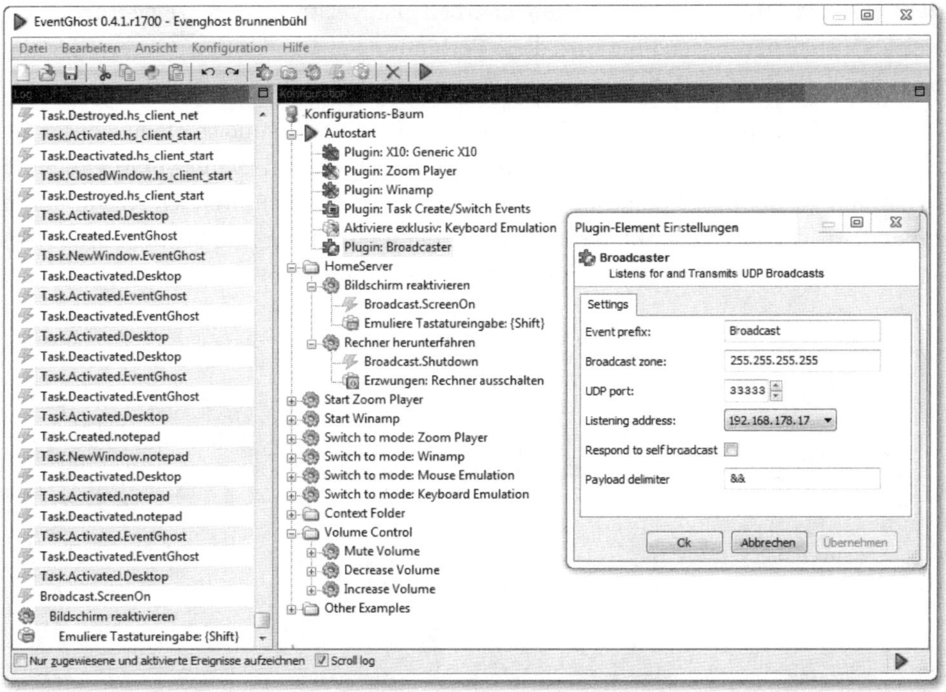

Abbildung 37.32 Mit dem Broadcaster-Plug-in für EventGhost gelingt die Fernsteuerung über UDP-Telegramme.

In der Praxis sieht das so aus, dass Sie sich dem Visualisierungsbildschirm nur nähern müssen, damit er ca. drei Sekunden später betriebsbereit ist. Die restliche Zeit über schläft er und verbraucht insgesamt nur ca. 1,5 W. Benutzen Sie als WAF-steigernde Maßnahme einen Bildschirmschoner mit Diashowfunktion, wird aus dem Visu-Rechner zugleich ein beeindruckend großer digitaler Bilderrahmen.

Zusammenfassend lässt sich sagen, dass Sie mit einer Selbstbaulösung nach dieser Art für weit unter 1.000 € einen leistungsstarken Visualisierungsrechner konfigurieren und bei etwas handwerklichem Geschick auch ansprechend einbauen können.

37.7 Von unterwegs: Smartphone

Wenn Sie es geschafft haben (und davon gehe ich aus, nachdem Sie die vorherigen Abschnitte gelesen haben), Ihr System über einen Touchscreen zu steuern, ist der nächste logische Schritt, nämlich die Bedienung Ihres Smart Homes von unterwegs, nicht mehr weit entfernt.

Basierend auf einem Heimnetzwerk, das typischerweise aus einem Router und mehreren Endgeräten besteht, die mit diesem direkt oder indirekt (über einen Switch) verbunden sind, müssen Sie ein paar Vorarbeiten leisten, um einem Smartphone den

Zugriff von außen zu erlauben. Das Vorgehen habe ich Ihnen in Abschnitt 24.4, »Schaffen Sie einen sicheren Netzwerkzugang«, zusammengefasst, überfliegen Sie bitte insbesondere nochmals Abbildung 24.5.

Gezeigt ist ein Gira HomeServer, der als Visu-Rechner arbeitet. Das Beispiel-Setup ist jedoch ebenso auf andere netzwerkbasierte Visualisierungslösungen anwendbar (z. B. SmartHome.py). Die notwendigen Schritte, um den HomeServer von unterwegs bedienen zu können, sind folgende:

- Reservieren Sie sich für Ihren Router einen dynamischen Domainnamen (siehe Abschnitt 24.4.1, »Machen Sie Ihren Router erreichbar«).
- Richten Sie auf Ihrem Router einen VPN-Service ein (siehe Abschnitt 24.4.2, »VPN auf dem Router einrichten«).
- Konfigurieren Sie auf Ihrem mobilen Gerät den VPN-Client (siehe Abschnitt 24.4.3, »VPN auf den Clients einrichten«).
- Verbinden Sie sich von unterwegs über VPN mit Ihrem Heimnetzwerk.
- Öffnen Sie die Zugriffssoftware auf dem Mobilgerät (z. B. Webbrowser oder Quad-Client) und greifen Sie auf den HomeServer zu, ganz so, als ob Sie zu Hause wären.
- Und natürlich: Genießen Sie das Gefühl, Ihr gesamtes Heim von unterwegs aus steuern zu können.

37.7.1 Wo liegen die Grenzen?

Die Antwort in Kürze: Es gibt theoretisch keine, von eventuellen Einschränkungen bei Spezial-Apps mal abgesehen. Alles was Sie an Abfrage- und Steuermöglichkeiten über die Visualisierung innerhalb Ihres Heimnetzes besitzen, können Sie auch von unterwegs über den VPN-Zugang haben.

Als besonders praktisch erachte ich diese Möglichkeiten:

- eine kurze Prüfung, ob alle Fenster wirklich geschlossen sind
- im Meldungsarchiv nachsehen, ob es besondere Ereignisse (z. B. Störungen) gab oder ob jemand geklingelt hat (inklusive Kamerabild)
- im Notfall die Haustür öffnen können
- nachsehen, ob jemand zu Hause ist

Man könnte sagen: Je besser Sie Ihr Heim automatisiert haben, desto seltener werden Sie einen Zugriff von unterwegs benötigen. Beispielsweise sollten Sie eigentlich nie in die Verlegenheit kommen müssen, das Licht per Smartphone von außerhalb ausschalten zu müssen. Ein Smart Home hat so etwas per definitionem selbst zu erledigen. Trotzdem, es ist beruhigend zu wissen, dass es funktionieren würde.

Kapitel 38
Vorschaltgeräte und Treiber

Ich gebe zu, das Thema Vorschaltgeräte hört sich nicht besonders spannend an. Dennoch haben es die Dinger in sich, besonders die EVGs mit DALI-Interface. Sehen Sie selbst.

Ein Vorschaltgerät benötigen Sie immer dann, wenn Sie Gasentladungslampen (dazu gehören auch die Leuchtstofflampen) betreiben möchten. Oft sind Vorschaltgeräte als separates Bauelement in der Leuchte eingebaut, im Fall von Energiesparlampen sind sie jedoch bereits im Leuchtmittel integriert, was einen direkten 230-V-Netzanschluss erlaubt. Die Vorschaltgeräte werden grundsätzlich in zwei Bauarten unterteilt:

1. **magnetische Vorschaltgeräte**, dazu zählen die *konventionellen Vorschaltgeräte* (KVG) und die *verlustarmen Vorschaltgeräte* (VVG)
2. **elektronische Vorschaltgeräte** (EVG)

Aufgrund der im privaten Einsatz wesentlich besseren Eignung der EVGs gegenüber den magnetischen Vorschaltgeräten beschränke ich mich im nächsten Abschnitt auch auf genau diese.

38.1 Elektronische Vorschaltgeräte einsetzen

Die elektronischen Vorschaltgeräte (EVGs) lassen sich in zwei unterschiedliche Typen einteilen: *Kaltstart-EVGs* und *Warmstart-EVGs*. Letztere sind zu bevorzugen, da sie durch ihre Vorheizphase das Leuchtmittel wesentlich schonender zünden und die Lebensdauer der Lampe dadurch deutlich erhöhen.

EVGs bieten gegenüber den konventionellen Vorschaltgeräten eine Handvoll Vorteile:

- geringere Verluste, besserer Leistungsfaktor
- Bauform ist kleiner und leichter
- kein Flackern, kein Stroboskopeffekt (daher auch an rotierenden Maschinen einsetzbar)
- dimmbare Versionen möglich (mit analogem Steuersignal von 1 bis 10 Volt oder als digitale DALI-Variante, siehe Abschnitt 38.2, »Spannende Möglichkeiten mit DALI-EVGs«)

- Fehlererkennung bei defekter Lampe
- in der Regel geringere Geräuschentwicklung (kein Netzbrummen)

38.1.1 EVG-Produktbeispiele

Ist in der von Ihnen gewählten Leuchte das EVG bereits eingebaut, belassen Sie es in der Regel auch dabei. Sollten Sie allerdings dafür entscheiden, ein EVG separat zu erwerben, soll Ihnen die folgende Tabelle 38.1 mit Produktbeispielen als Übersicht dienen. Mit aufgenommen ist außerdem ein Beispiel für einen elektronischen Trafo für Niedervolthalogenlampen.

Kategorie	Dimmbar	Produktbeispiel	Lampe
Leuchtstofflampen (LL) und Kompaktleuchtstofflampen (KLL)	nein	Osram Quicktronic Intelligent EVG für LL 16 mm (T5)	T5-Leuchtstofflampe
	ja, 1–10-V-Schnittstelle	Osram Quicktronic Intelligent DIM T5	
Hochdruckgasentladungslampen (HID)	nein	Osram Powertronic Intelligent PTi S EVG	HID-Lampen
Halogenniedervoltlampen	ja, über Phasenanschnitt oder Phasenabschnitt	Osram Halotronic-Professional HTL	12-V-Halogenlampen

Tabelle 38.1 Beispiele: Elektronische Vorschaltgeräte

Die aufgeführten Produktbeispiele von Osram (*www.osram.de*) sind in mehreren Leistungsklassen erhältlich, die dem tatsächlich verwendeten Lampentyp entsprechen müssen. So bekommen Sie beispielsweise die Quicktronic Intelligent DIM mit 1–10-V-Schnittstelle in Varianten von 1 × 14 W bis 2 × 80 W oder sogar 4 × 24 W.

38.1.2 Anschluss eines EVG mit 1–10-V-Schnittstelle

Für den Anschluss eines dimmbaren EVG mit 1–10-V-Schnittstelle (siehe Abbildung 38.1) benötigen Sie, außer der 230-V-Versorgung, natürlich einen PE und die beiden 1–10-V-Steuerleitungen. Anders als beim DALI-Bus müssen Sie unbedingt die korrekte Polarität der Steuerleitungen beachten.

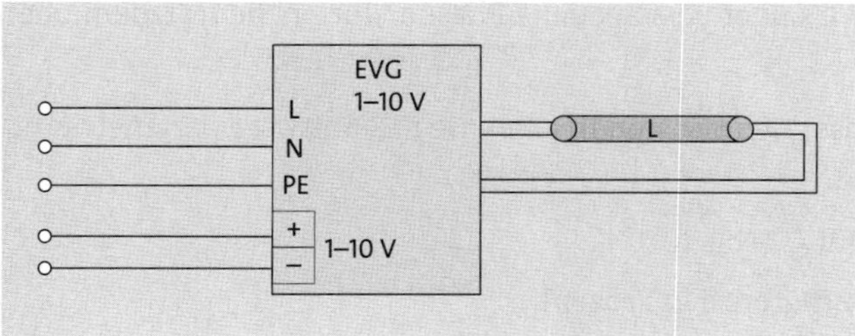

Abbildung 38.1 Anschluss eines EVG mit 1–10-V-Schnittstelle

Die Ansteuerung der Helligkeit erfolgt über ein störungssicheres Gleichspannungssignal von 1 bis 10 V, wobei 10 V der maximalen Helligkeit und 1 V der minimalen Helligkeit entspricht. Die dazu notwendige Steuerleistung wird vom EVG erzeugt, ist typen- und herstellerabhängig und beträgt üblicherweise zwischen 0,5 und 4 mA.

Wie auch bei DALI gilt es bei 1–10-V-Systemen zu beachten, dass zwar die Steuerleitung potenzialgetrennt von der Netzleitung ist, es sich dabei aber um keine SELV (Schutzkleinspannung) handelt.

Die Steuerleitungslänge wird nur durch Spannungsabfall begrenzt. Pauschal lässt sich sagen, dass 100 m Leitungslänge in der Regel unkritisch sind. Es empfiehlt sich, als Steuerleitungen die beiden freien Adern in einem NYM-J 5x1,5 oder NYM-J 5x2,5 zu verwenden.

38.1.3 Automatisierung über Schalt-/Dimmaktor

Interessant wird die 1–10-V-Technik, wenn Sie sie an Ihren Automatisierungsbus anbinden. Für den KNX-Bus empfiehlt sich ein Schalt-/Dimmaktor wie z. B. der ABB SD/S 4.16.1 (4-fach). Eine Erweiterung der Anschlussskizze aus Abschnitt 38.1.2, »Anschluss eines EVG mit 1–10-V-Schnittstelle«, würde aussehen, wie in Abbildung 38.2 dargestellt:

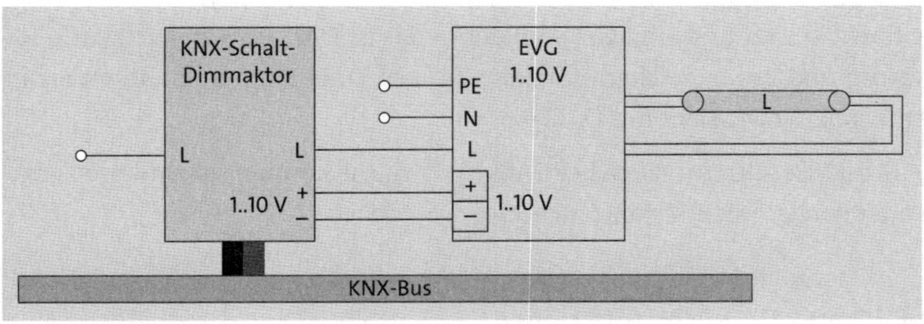

Abbildung 38.2 KNX-Schalt-/Dimmaktor mit 1–10-V-EVG

Über die 1–10-V-Schnittstelle werden die EVGs nur gedimmt. Geschaltet wird über die Netzleitung. Der Schaltkontakt ist im Schalt-/Dimmaktor enthalten und kann gezielt über den KNX angesteuert werden. Was die Zuordnung von Phasen betrifft, sind Sie relativ frei. Schalten Sie Ihre EVGs über verschiedene Phasen, dürfen Sie trotzdem über dasselbe Steuergerät dimmen.

Die Dimmfunktion im Aktor lässt sich vollständig über die ETS-Software parametrieren und erlaubt z. B. die Einstellung:

- der Dimmgeschwindigkeit für 0 % bis 100 %,
- der oberen und unteren Dimmgrenze in Prozent,
- der Auswahl, ob das Leuchtmittel rein über Dimmen ein- und ausgeschaltet werden kann (oder nur über den Schaltkanal), sowie
- der Kennlinienkorrektur.

Dimmen kann per KNX-Telegramm sowohl relativ zum aktuellen Wert als auch absolut ausgelöst werden. Der erwähnte Schalt-/Dimmaktor von ABB kann über die reine Dimmfunktion hinaus als ganz normaler Schaltaktor verwendet werden, inklusive aller Standardfunktionalitäten wie Treppenlichtfunktion, Zwangsführung und Sperrfunktion, Presets und Szenen.

Abschließend zum Thema Dimmen über 1–10 V würde ich gern noch ein paar Hinweise bezüglich des Anschlusses der 1–10-V-Steuerleitungen geben:

- Eine offene Steuerleitung bewirkt die maximale Helligkeit.
- Eine kurzgeschlossene Steuerleitung erzeugt den maximalen Dimmwert (= die kleinste Helligkeit).
- Bei vertauschter Polarität der Steuerleitung stellt sich ebenfalls der maximale Dimmwert ein.
- In allen genannte Fällen ist keine Dimmung der Beleuchtung möglich.

38.2 Spannende Möglichkeiten mit DALI-EVGs

Moderner, flexibler, bunter und einfach »digitaler« – das ist DALI im Vergleich zur 1–10-V-Technik. Warum und unter welchen Voraussetzungen DALI Sinn ergibt, lesen Sie in Kapitel 9, »Atmosphärisches Licht mit DALI«.

Was für die 1–10-V-EVGs gilt, trifft auch bei DALI-EVGs zu. Sie können sie entweder separat erwerben oder bereits integriert in Leuchten.

38.2.1 DALI-EVGs mit T5-Leuchtstofflampen

Ein schönes Beispiel für eine anschlussfertige DALI-Deckenleuchtstofflampe ist das Osram Ecopack-T5 DALI (*www.osram.de*), das Sie in unterschiedlichen Leistungsklassen und damit verbunden unterschiedlich langen Leuchtmitteln, wie in Tabelle 38.2 beschrieben, bekommen:

Modell	Lampenleistung (Multiwatt)	Leuchtenlänge	Preis
Ecopack-T5 DALI 14/24 W	14/24 W	584 mm	ca. 86 €
Ecopack-T5 DALI 21/39 W	21/39 W	884 mm	ca. 90 €
Ecopack-T5 DALI 28/54 W	28/54 W	1.184 mm	ca. 91 €
Ecopack-T5 DALI 35/49/80 W	35/49/80 W	1.484 mm	ca. 91 €

Tabelle 38.2 Osram Ecopack T5 DALI

Die Ecopack-Leuchte (siehe Abbildung 38.3) ist in schlichtem Weiß gehalten (RAL 9016) und beinhaltet das ebenfalls von Osram stammende DALI EVG Quicktronic QTi DALI.

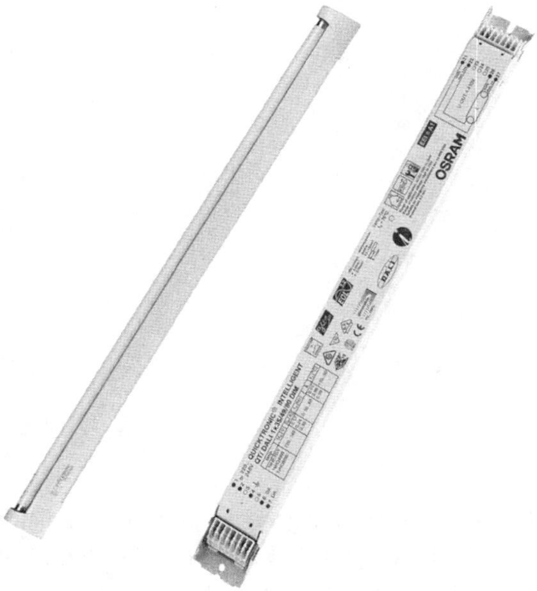

Abbildung 38.3 Das Ecopack T5 DALI von Osram (links) und das QTi DALI (rechts), Quelle: Osram

Das Quicktronic-EVG ist gleichzeitig auch als Einzelgerät in mehr als zehn Varianten (mit Leistungen von 1 × 14/24 W über 2 × 35/49/80 W bis zu 4 × 14/24 W) erhältlich und bietet einen sehr niedrigen Stand-by-Leistungsverbrauch von < 0,2 W sowie eine Lebensdauer von bis zu 100.000 Stunden. Die Schaltfestigkeit ist mit einem Wert von bis zu 300.000 ebenfalls überdurchschnittlich hoch.

Sie finden in Kapitel 9, »Atmosphärisches Licht mit DALI«, das Anschlussschema für DALI-EVGs.

38.2.2 DALI-EVGs für Halogenlampen

Als Referenzprodukt für die Ansteuerung von 12-V-Halogenlampen bietet sich ein Tridonic-Produkt (siehe Tabelle 38.3 und Abbildung 38.4) an:

Modell	Einsatz	Preis
Tridonic TE 0105 one4all sc	Transformator für Halogenlampen ▸ für 12-V-Halogen ▸ DALI und DSI-Interface ▸ Lampenleistung: 20– 05 VA ▸ Dimmfunktion	ca. 44 €

Tabelle 38.3 DALI-EVGs für Halogenlampen

Abbildung 38.4 Der Tridonic TE 0105 one4all sc (Quelle: Tridonic)

38.2.3 DALI-EVGs für LEDs

Besonders gut sind DALI-EVGs auch für LED-Beleuchtung geeignet. Am Markt erhältliche EVGs sind entweder mit einem Kanal (einfarbige LEDs) oder drei Kanälen (RGB-LEDs) bzw. vier Kanälen (RGB plus Warmweiß) ausgestattet. Jeder Kanal zählt dabei wie ein einzelner DALI-Teilnehmer.

Grundsätzlich sind LED-EVGs in zwei unterschiedlichen Ansteuerungsvarianten erhältlich:

- **Konstantstrom**: 350 mA oder 700 mA, ideal für Power-LEDs, die Leuchten werden in *Serienschaltung* miteinander verbunden
- **Konstantspannung**: 12-V- oder 24-V-Konstantspannungsdimmer, sind meist nur für LED-Stripes geeignet, die Leuchten werden in *Parallelschaltung* miteinander verbunden

Die folgende Tabelle 38.4 gibt Ihnen eine Übersicht beliebter LED-EVGs mit DALI-Interface. Die ersten fünf Geräte sind dabei für Konstantspannung ausgelegt, das letzte für Konstantstrom:

Modell	Einsatz	Preis
Tridonic TALEXXconverter 0025 **K210** 24V one4all	1-Kanal-LED-Betriebsgerät ▶ 1-Kanal, für 24-V-LED ▶ DALI-Interface ▶ Leistung: 25 W	ca. 68 €
Tridonic TALEXXconverter 0025 **K211** 24V	3-Kanal-Dimming-Controller ▶ 3-Kanal (RGB), für 24-V-LED ▶ DALI-Interface ▶ Leistung: 3 × 8 W	ca. 68 €
Tridonic TALEXXcontrol LED **C004** PWM-Verstärker	3-Kanal-PWM-Verstärker für z. B. K210 und K211 ▶ 3-Kanal (RGB), für 12-/24-V-LED ▶ Leistung: 2 A/Kanal	ca. 105 €
Osram Optotronic OTi DALI 75/220-240/24	4-Kanal-Konstantspannungsversorgung ▶ 4-Kanal (RGB+W), für 24-V-LED ▶ DALI-Interface ▶ Lampenleistung 75 W (verteilbar auf 4 × 24 V PWM)	ca. 100 €
Osram Optotronic OT 65/ 220-240/24 3DIM E (siehe Abbildung 38.5)	4-Kanal-Konstantspannungsversorgung ▶ 4-Kanal (RGB+W), für 24-V-LED ▶ DALI-Interface ▶ Leistung: 65 W	ca. 90 €
Tridonic TALEXXconverter 0018 K350 DALI RGB	3-Kanal-Konstantstrom-Betriebsgerät ▶ 3-Kanal (RGB) ▶ LED: 350 mA ▶ DALI-Interface ▶ Ausgangsleistung: 18 W	ca. 96 €

Tabelle 38.4 DALI-EVGs für LED

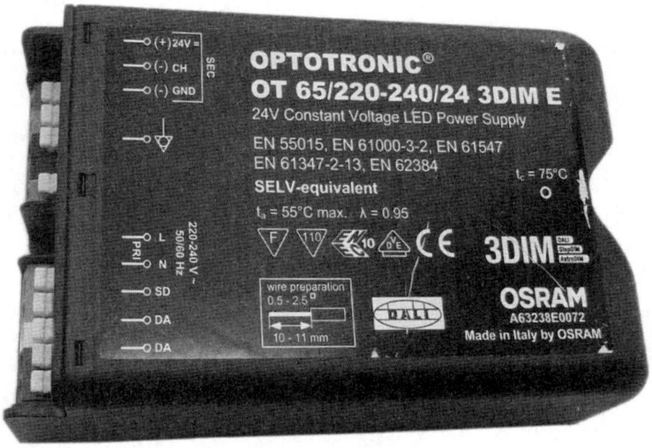

Abbildung 38.5 Das Osram OT 65/220-240/24 3DIM E

Abschließend finden Sie in unten stehender Abbildung 38.6 eine oft genutzte Schaltung für 12-V- und 24-V-LEDs (RGB), bestehend aus einem K211 und (wegen erhöhter Leistung) einem C004:

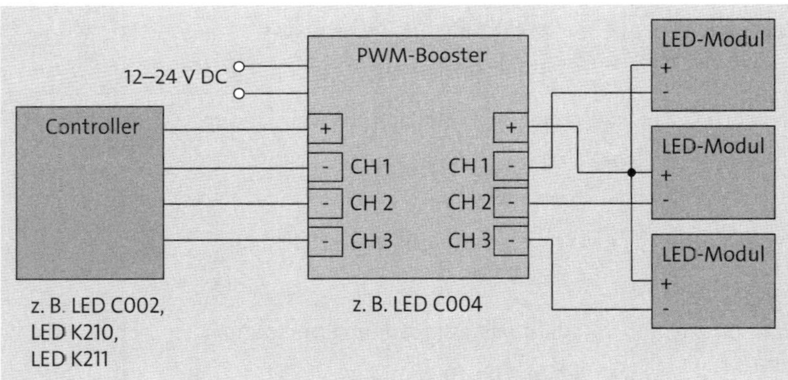

Abbildung 38.6 Anschlussbeispiel K211 plus C004 für RGB-LEDs

Kapitel 39
Bewegen mit Antrieben

Sie wissen jetzt bereits, wie man schaltet, dimmt, misst, bedient, visualisiert und überwacht. Was Sie noch nicht wissen, ist, wie man bewegt. Das ist Thema dieses Kapitels.

Zum Thema Bewegung möchte ich drei unterschiedliche Antriebsarten ansprechen: Fensterantriebe, Motorschlösser und natürlich die schon mehrfach angesprochenen Stellantriebe für Heizkreisregelungen jeglicher Art.

39.1 Schließen nie mehr vergessen: Fensterantriebe

Fensterantriebe für z. B. Dachfenster oder Oberlichtöffnungssysteme lassen sich genauso einfach mit KNX ansteuern wie Jalousiemotoren und Rollladenmotoren auch. Die beiden dafür passenden KNX-Aktoren nennen sich Jalousieaktor bzw. Rollladenaktor. Sie haben sie bereits in den Abschnitten 30.4, »Jalousieaktor«, und 30.5, »Rollladenaktor«, kennengelernt.

Fenstermotoren für 230 V können Sie direkt mit den Aktoren verbinden, bei 24-V-Motoren sind, je nach Hersteller, noch ein 24-V-Netzteil und eine Wendepolansteuerung erforderlich.

Um die automatische Öffnung und Schließung von Fenstern für Ihr Smart Home zu realisieren, setzen Sie am besten auf die Antriebstechnik namhafter Hersteller wie z. B. Roto (*http://ftt.roto-frank.com/de/produkte/produktansicht/detail/roto-e-tec-drive*), Velux (*www.velux.de*) oder Gretsch-Unitas (*www.g-u.de*), kombinieren diese aber (statt der herstellereigenen Bedienlösung) mit Ihren KNX-Komponenten. Sie sichern sich somit sämtliche Vorteile einer Smart-Home-Integration:

- manuelle Bedienung, über KNX-Tastsensoren oder herkömmliche Schalter (mit Binäreingang) eingebunden
- automatische Ansteuerung mit beliebig komplexer Logik, abhängig von Zeit, Temperatur, Luftqualität etc.
- einfach zu realisierende Sicherheitsfunktionen, wie z. B. Schließen bei Regen (KNX-Wetterstation) oder Abwesenheit
- der aktuelle Zustand (offen, geschlossen) lässt sich komfortabel visualisieren (LEDs, Touchpanel, Smartphone etc.)

Geeignete KNX-Aktoren finden Sie bei fast allen größeren KNX-Herstellern sowohl für die zentrale REG-Montage als dezentral in der UP-Variante. Speziell für die Unterputzinstallation lohnt es sich, im gut sortierten Produktportfolio der Firma Elsner Elektronik (*www.elsner-elektronik.de*) zu schmökern.

39.2 Sie werden es nicht mehr missen wollen: Motorschloss

Würden Sie mich fragen, auf welchen Luxus eines Smart Homes ich auf keinen Fall mehr verzichten möchte, wäre eine der Antworten: auf das *Motorschloss* an der Haustür (siehe Abbildung 39.1). Der Komfortgewinn gegenüber einer herkömmlichen Schließanlage erfreut täglich mehrmals – mit jedem Betreten oder Verlassen des Hauses:

- Wird die Haustür zugezogen, verschließt eine Mehrfachverriegelung den Eingang zuverlässig. Die Frage »Habe ich die Tür abgeschlossen?« erübrigt sich.
- Bei Annäherung von außen an die Haustür kann sie sich in Verbindung mit einem Keyless-In-System automatisch öffnen. Durch die Dichtungsgummis wird sie normalerweise auch so weit aufgedrückt, dass Sie direkt hindurchgehen können. Ein aktiver Transponder ermöglicht das autorisierte Betreten des Hauses, ohne dass Sie Ihre Hände freihaben müssen.
- Trotz Automatik lässt sich die Haustür mit einem herkömmlichen Schlüssel zusätzlich öffnen.
- Von innen kann die Haustür durch Drückerbetätigung normal geöffnet werden (Panikfunktion).

Abbildung 39.1 Haustür (halbmotorisches Motorschloss im eingebauten Zustand)

39.2.1 Der Unterschied: halbmotorische und vollmotorische Schlösser

Motorschlösser lassen sich prinzipiell in zwei Kategorien einteilen:

1. *halbmotorische* Mehrfachriegelschlösser, auch genannt Automatikschlösser (Sicherheitsstufe/Komfortstufe: mittel), Beispiele sind: Fuhr 834 Autotronic (*www.fuhr.de*) und GU Secury Automatic mit A-Öffnerfunktion (*www.g-u.de*)
2. *vollmotorische* Mehrfachriegelschlösser (Sicherheitsstufe/Komfortstufe: hoch), Beispiele sind: Fuhr 881 Multitronic und KFV Genius (*www.kfv.de*)

Als wichtigsten Unterschied bieten vollmotorische Varianten gegenüber den halbmotorischen Modellen den Vorteil, dass nicht nur die Entriegelung, sondern auch die Verriegelung über einen Elektromotor betätigt wird. Außerdem besitzt ein vollmotorisches Schloss in der Regel eine aufwendigere Steuereinheit und damit ein Mehr an Anschlussmöglichkeiten und Funktionserweiterungen.

Halbmotorische Schlösser entriegeln über einen Motor, sorgen aber rein mechanisch (durch mehrere Fallen) dafür, dass die Tür im geschlossenen Zustand immer mehrfach verriegelt ist. Eine Fallenriegelüberwachung ist auch bei dieser Kategorie (oft optional) möglich.

39.2.2 Ein Motorschloss, mit KNX angesteuert

Der Ansteuerung eines Motorschlosses (im Beispiel aus Abbildung 39.2 die halbmotorische Variante GU Secury Automatic mit A-Öffner) über den KNX-Bus lässt sich problemlos über einen Standardschaltaktor lösen. In der Regel reichen Modelle mit kleinster Leistung (z. B. 6 A) vollkommen aus. Achten Sie aber darauf, dass Sie auf dessen einzelnen Kanälen keine 230 V und 12/24 V mischen dürfen, es sei denn, der Aktortyp erlaubt das explizit.

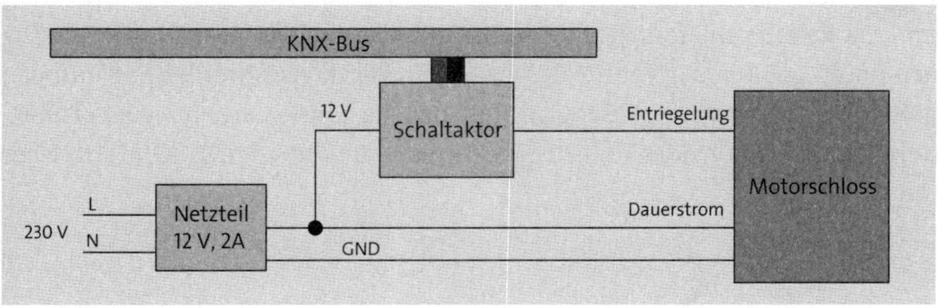

Abbildung 39.2 Anschlussbeispiel GU Secury Automatic (mit A-Öffner)

Das Motorschloss erwartet Dauerstrom, den Sie direkt über ein möglichst effizientes 12-V-Netzteil (siehe Abschnitt 26.3, »Universell: REG-Spannungsquellen«) zur Verfügung stellen. Die Entriegelung führen Sie über einen freien Kanal auf dem Schaltaktor. Ein über den KNX-Bus gesendetes Schaltkommando öffnet das Motorschloss. Was die Auslösung des Schaltkommandos betrifft, haben Sie freie Wahl. Vorstellbar sind z. B. Taster,

Visu-Bedienelemente oder auch sogenannte Keyless-In-Funktionen (Transponder, Fingerprint, Codetastatur).

Da der Entriegelungsmechanismus nur eine zeitlich begrenzte Aktivierung benötigt, bietet es sich an, die Treppenlichtfunktion des Aktors dafür einzusetzen. Für einen Schaltaktor vom Typ ABB SA/S 4.10.1 sieht die beispielhafte Parametrierung für 5 Sekunden Schaltdauer in der ETS wie in folgender Abbildung 39.3 aus:

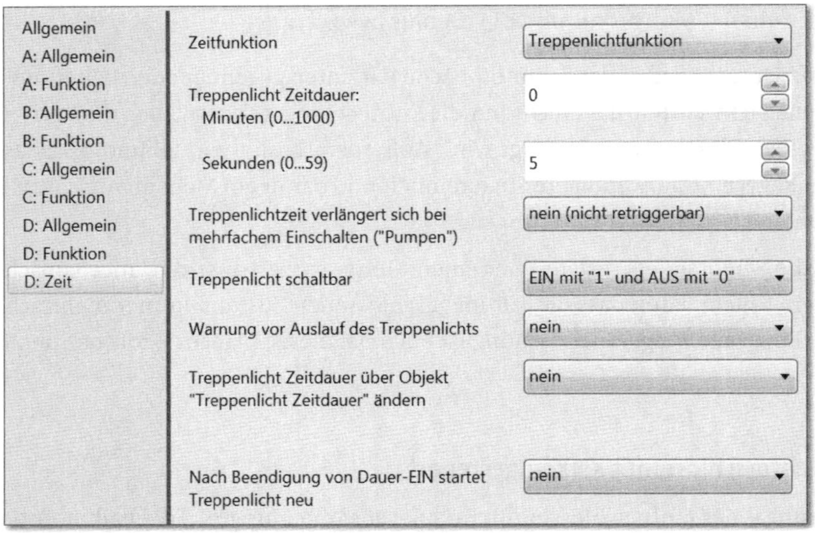

Abbildung 39.3 Treppenlichtfunktion für die Motorschlossansteuerung

39.3 Thermoelektrische und elektromotorische Stellantriebe

Durch die Einzelraumregelung einer Fußbodenheizung bzw. von Radiatoren/Konvektoren kann die Raumtemperatur für jeden Raum individuell eingestellt werden. Für das Öffnen und Schließen der Ventile des jeweiligen Heizkreises werden *Stellantriebe* (siehe Abbildung 39.4) eingesetzt. Gängige Stellantriebe können Sie entweder als 230-V-Version, als 24-V-Version oder als dritte Möglichkeit mit direktem KNX-Interface bekommen.

Abbildung 39.4 Thermoelektrischer Stellantrieb (230 V)

39.3.1 Der thermoelektrische Stellantrieb

Die Stellmechanik eines *thermoelektrischen Stellantriebs* arbeitet mit einem beheizten Dehnstoffelement und einer Druckfeder. Wird an das Dehnstoffelement eine Spannung angelegt, heizt es sich auf und öffnet sich (nach Ablauf einer Totzeit) gleichmäßig. Das Dehnstoffelement kühlt sich ab, sobald die angelegte Spannung abgeschaltet wird, und nach Verstreichen der Verharrzeit beginnt sich das Ventil zu schließen (Schließkraft der Feder). Diese Schließkraft ist auf handelsübliche Ventile abgestimmt und hält ein Ventil somit im stromlosen Zustand geschlossen (NC). Die Ansteuerung kann mittels 2-Punkt-Regelung oder Pulsweitenmodulation erfolgen (siehe dazu die Einführung in Abschnitt 6.4.3, »Regelalgorithmen verstehen«).

Wenn Sie einen installierten thermoelektrischen Stellantrieb wieder abschrauben, passiert übrigens Folgendes: Der Heizkreis ist komplett geöffnet, der Raum wird maximal geheizt. Somit dient das Abschrauben sozusagen als kurzfristige Behelfsfunktion, falls im Winter aus irgendeinem Grund die Regelung einmal nicht funktionieren sollte.

39.3.2 Der elektromotorische Stellantrieb

Im Unterschied dazu positionieren Sie einen *elektromotorischen Stellantrieb* direkt auf eine Position zwischen 0 % und 100 % (über ein KNX-Stellgrößenobjekt). Durch die beliebigen Zwischenstellungen ist eine genauere Regelung als über die 2-Punkt-Methode möglich

39.3.3 Produktbeispiele für Stellantriebe

Die folgende Tabelle 39.1 zeigt Ihnen jeweils einen Stellantrieb exemplarisch für 24 V, 230 V und KNX direkt:

Bauart	ABB TSA/K 24.1	ABB TSA/K 230.1	Merten MEG6921-0001
Antrieb	thermoelektrischer Stellantrieb	thermoelektrischer Stellantrieb	elektromotorischer KNX-Stellantrieb
Ausführung	NC (stromlos geschlossen)	NC (stromlos geschlossen)	stufenlose Ventilverstellung
Betriebsspannung	24 V DC/AC, –10 % bis +20 %	230 V DC/AC, –10 % bis +10 %	KNX-Bus
Betriebsstrom	75 mA	8 mA	12–15 mA
Maximaler Einschaltstrom	250 mA für max. 2 min	300 mA für 200 ms	–

Tabelle 39.1 Beispiele für Stellantriebe

Bauart	ABB TSA/K 24.1	ABB TSA/K 230.1	Merten MEG6921-0001
Stellweg	4 mm	4 mm	7,5 mm
Stellkraft	100 N	100 N	120 N
Schließzeit und Öffnungszeit	ca. 3 min	ca. 3 min	ca. 2,5 min
Anschluss an	Ventilaktor/Heizungsaktor mit 24 V	Ventilaktor/Heizungsaktor mit 230 V	KNX-Bus
Besonderheiten	► quasi geräuschlos ► 24-V-Netzteil erforderlich, wenn nicht in Aktor integriert	quasi geräuschlos	► direkter KNX-Busanschluss ► 5 LEDs für Ventilposition ► Eingang für Fensterkontakt und Präsenzkontakt (5 m) ► umfangreiche Parametrierung der verwendeten Ventile ► Eichfahrt möglich ► gewisse Geräuschentwicklung (Vorsicht im Schlafbereich)
Anschlussleitung	► Mantelleitung NYM 1,5 mm^2 ► Stegleitung NYIF 1,5 mm^2 ► Klingelleitung Y(R) 0,6 mm^2, besser 0,8 mm^2	► Mantelleitung NYM 1,5 mm^2 ► Stegleitung NYIF 1,5 mm^2	► KNX-Busleitung ► Binäreingänge: J-Y(St)Y 2x2x0,6
Preis	ca. 20 €	ca. 20 €	ca. 125 €

Tabelle 39.1 Beispiele für Stellantriebe (Forts.)

Für den Baustellenbetrieb besitzen die Stellantriebe praktischerweise eine *First-Open-Funktion*, die auch in der Rohbauphase ohne elektrische Verdrahtung einen Heizbetrieb ermöglichen.

39.3.4 Berechnungsbeispiel für Stellantriebe

Unabhängig davon, ob Sie sich für eine Lösung mit thermoelektrischen oder elektromotorischen Stellantrieben entscheiden – funktionieren werden beide Systeme. Das Entscheidungskriterium ist hauptsächlich der Gesamtpreis.

Angenommen, Sie benötigen Stellantriebe für insgesamt zwölf unabhängige Heizkreise. Die daraus resultierenden Gesamtkosten wären:

- für **thermoelektrische Stellantriebe**
  - 12 Antriebe (12 × 20 €) = 240 €
  - Heizungsaktoren (1 × 4-fach: 120 €, 1 × 8-fach: 145 €) = 265 €

  Gesamtpreis: 505 €
- für **elektromotorische Stellantriebe**
  - 12 Antriebe (12 × 125 €) = 1.500 €
  - eine Ersparnis ergibt sich jedoch, wenn durch die beiden integrierten Eingänge auf die Anschaffung von Binäreingängen z. B. für Fensterkontakte verzichtet werden kann

  Gesamtpreis: 1.500 €

Etwas anders sieht die Rechnung aus, wenn Sie beispielsweise für nur ein oder zwei Radiatoren/Konvektoren Stellantriebe benötigen. In diesem Fall kann es sich lohnen, auf die KNX-Antriebe ohne zusätzliche Heizungsaktoren zu setzen.

Ein beispielhaftes Anschlussschema für beide Varianten finden Sie in Abschnitt 30.7, »Heizungsaktor«.

Kapitel 40
Audio im Smart Home

Ein Hausbussystem wie z. B. KNX ist generell nicht für die Übertragung von Audio- oder Videodaten geeignet, wohl aber für die Ansteuerung der Multimedia-Hardware und damit die Integration in das Automationskonzept.

Damit ein Audiosystem wie z. B. der klassische Hi-Fi-Verstärker smart wird, muss es immer auch vernetzt sein. Welche Möglichkeiten zur Audioeinbindung in eine intelligente Gebäudesteuerung es gibt, erfahren Sie in diesem Kapitel. Grundsätzlich empfiehlt es sich bei der Konzeptplanung, auf eine strikte Trennung von Zuspieler und Verstärker zu achten. Ihr System bleibt auf diesem Weg flexibler und besser gerüstet für künftige Änderungen.

Ergänzend zu diesem Kapitel stelle ich Ihnen im Praxisteil ein Low-Cost-/High-Power-Multiroom-Audiosystem mit KNX-Integration für den Selbstbau vor (siehe Kapitel 56, »Vernetztes Hören mit Multiroom Audio«).

40.1 Lautsprecher: Wand, Decke, Standgerät

Mit die wichtigsten Komponenten bei der Planung und Ausstattung des Audiosystems sind die richtigen Lautsprecher (und deren Positionierung), haben sie doch den maßgeblichsten Einfluss auf den Klang. Je nach Bauform spricht man entweder von Standlautsprechern, Wandlautsprechern, Deckenlautsprechern oder als Sonderform sogar von Bodenlautsprechern oder Unterwasserlautsprechern.

Für den Einsatz in den eigenen vier Wänden ergibt sich eine Reihe sinnvoller Kombinationen, wie in Tabelle 40.1 beschrieben:

Bauart	Standgerät	Aufbau	Einbau	Unsichtbar
Standlautsprecher, Regallautsprecher	alle möglichen Bauformen	–	–	–
Wandlautsprecher	–	»OnWall« z. B. Quader, Kugel	»InWall« rund, eckig	möglich

Tabelle 40.1 Bauarten von Lautsprechern

Bauart	Standgerät	Aufbau	Einbau	Unsichtbar
Deckenlaut-sprecher	–	»OnCeiling« z. B. Quader, Kugel	»InCeiling« rund, eckig	möglich

Tabelle 40.1 Bauarten von Lautsprechern (Forts.)

40.1.1 Standlautsprecher

Unumstritten haben Standlautsprecher gegenüber den anderen Bauarten bei ähnlicher Qualität mit Abstand den besten Klang und sind für den audiophilen Hörer konkurrenzlos. Wand- und Deckenlautsprecher hingegen haben den Vorteil, sehr unauffällig (bzw. unsichtbar) installiert werden zu können.

Die größte Flexibilität, was die Positionierung betrifft, haben Sie ebenfalls durch Standlautsprecher oder auch Regallautsprecher. Die richtige Kabelverlegung vorausgesetzt, können Sie nicht eingebaute Geräte so lange ausrichten, bis sich der für Sie optimale Klang einstellt. Als »Notlösung« für vergessene Verkabelung bieten viele Hersteller mittlerweile funkbasierte Systeme an. Falls möglich, sollten Sie dennoch immer eine kabelgebundene Übertragung bevorzugen.

40.1.2 Deckenlautsprecher

Deckenlautsprecher lassen sich besonders gut in (gegossene) Betondecken oder alternativ in abgehängte Decken integrieren. Für Betondecken bietet z. B. die Firma Kaiser mit der Kompax-Produktpalette (siehe Abbildung 40.1 und Abbildung 40.2) robuste Einbaugehäuse in verschiedenen Größen an:

Abbildung 40.1 Kompax-Beton-Einbaugehäuse (Quelle: Kaiser)

Abbildung 40.2 Lautsprecher in Betondecke mit und ohne Gitter

Beim Einbau in abgehängten Decken und Leichtbauwänden sollten Sie unbedingt auf einen robusten Einbaukasten achten, den Sie entweder (z. B. aus Schichtholz) selbst konstruieren oder die von den Lautsprecherherstellern oft angebotenen Einbaukästen verwenden. Damit soll verhindert werden, dass sich die Tieftöner gegenseitig beeinflussen. Jeder Lautsprecher strahlt nach hinten genauso viel Schall wie nach vorne ab, allerdings mit umgekehrter Phase, bezogen auf den Druckgradienten. Je nach wiedergegebenem Schallereignis können durch ein nicht definiertes Gehäuse, wie es eine Hohlwand darstellt, bei bestimmten Frequenzen Auslöschungen, aber auf jeden Fall deutliche Klangveränderungen gegenüber der angestrebten Wiedergabe des Originalklangereignisses entstehen.

Zu Deckenlautsprechern sollte erwähnt sein, dass ihr akustisches Klangbild und der Stereoeffekt bedingt durch ihren Einbauort über dem Hörer den wandbasierten (auf Ohrhöhe des Hörers) oder gar den Standlautsprechern unterlegen ist. Der Unterschied ist bei Frontlautsprechern deutlich signifikanter als bei Rear/Surround-Lautsprechern.

40.1.3 Wandlautsprecher

Gängige Montageorte für Wandlautsprecher sind Beton-, Mauerwerk- oder Leichtbauwände. In jedem Fall ist eine gute Planung für die Verkabelung und den notwendigen Einbaukasten wichtig. Gegenüber der Deckenmontage werden Sie in der Regel zwar durch einen besseren Klang belohnt, sind aber weniger flexibel, was die Platzierung betrifft. Leider hat ein liebevoll eingebauter Wandlautsprecher nicht selten die Eigenschaft, genau dort zu stehen, wo das neu erworbene Möbelstück aufgestellt werden möchte ...

Ein optisch unaufdringliches Surround-System erreichen Sie sehr gut durch InWall-Lautsprecher oder sogar unsichtbare Modelle. Selbst für leistungsstarke Subwoofer gibt es mittlerweile clevere Einbaumöglichkeiten. Dass ein auch optisch ansprechendes Surround-System nicht unbedingt »InWall« sein muss, beweist z. B. der Hersteller Bose in Abbildung 40.3.

Abbildung 40.3 Bose-Satelliten-Wandlautsprecher

40.1.4 Wichtige Hersteller von Einbaulautsprechern

Hochwertige, aber bezahlbare Lautsprecher, die sich für Wand- und Deckenmontage eignen, finden Sie z. B. bei:

- Canton (*www.canton.de*)
- KEF (*www.kef.com*)
- Boston Acoustics (*www.bostonacoustics.de*)
- Klipsch (*www.klipsch.com*)
- B&W (*www.bowers-wilkins.de*)

Falls Sie ein Anhänger von gänzlich unsichtbaren Schalllösungen sind, sollten Sie einen Blick auf das AmbienTone-System von In-Akustik werfen. AmbienTone ist ein Flachmembranlautsprecher auf Basis eines Biegewellenwandlers. Eingepasst wird das System in eine Gipskartonplatte und installiert in Trockenbauweise.

- In-Akustik (*www.in-akustik.com*)

40.2 Klassisch verstärken in Stereo und Surround

Passend zu den gewählten Lautsprechern brauchen Sie für Ihr (Multiroom-)Audioerlebnis einen oder mehrere Hi-Fi-Verstärker bzw. Endstufen (siehe Abbildung 40.4). Im einfachsten Fall ist das ein Stereoverstärker, mit dem Sie zwei Lautsprecher (links/rechts) in einer Zone betreiben. Hat der Verstärker noch ein weiteres Anschlussterminal, kann ein zweites Lautsprecherpärchen angeschlossen werden, das jedoch immer noch der einen Zone zugeordnet ist.

Mehrere Zonen bedeuten stets auch mehrere unabhängige Stereoverstärker oder eine Mehrkanalendstufe.

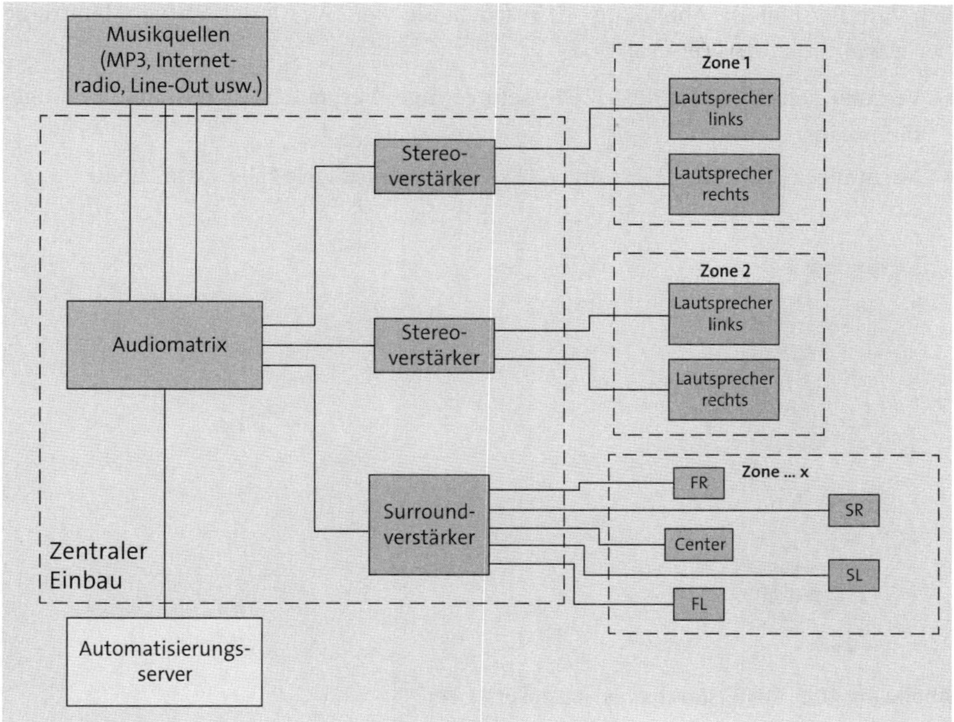

Abbildung 40.4 Multiroom-Audio mit Einzelverstärkern

Je nach verwendeter Audiomatrix ist ein derart aufgebautes System sehr flexibel erweiterbar. Für einen zusätzlichen Raum (bzw. eine neue Zone) benötigen Sie lediglich ein Lautsprecherpaar, einen Verstärker und eine entsprechende Verkabelung.

Als Verstärker bieten sich mehrere Varianten an, in den folgenden Abschnitten möchte ich Ihnen drei davon vorstellen.

40.2.1 Hi-Fi-Vollverstärker

Die klassische Methode ist es, Hi-Fi-Vollverstärker, die Sie entweder bereits besitzen oder recht günstig gebraucht erwerben können, einzusetzen:

- **Vorteile**: High-End-Geräte können eingesetzt werden, Netzteil in der Regel integriert
- **Nachteile**: groß, teilweise hoher Stromverbrauch (auch im Stand-by-Betrieb)

Neben reinen Stereo- oder Surround-Verstärkern bieten sich auch Mehrkanalendstufen an. Im Produktangebot von Mediacraft (*www.mediacraft.de*) finden Sie beispielsweise Verstärker von Parasound, Audiocontrol und Russound von 3 bis 16 Kanälen.

40.2.2 Hutschienenverstärker

Eine sehr aufgeräumte Realisierung ist mit Audioverstärkern für die Hutschiene möglich. Im Beispiel in Abbildung 40.5 sehen Sie den AV30 der Firma Maintronic (*www.maintronic.de*, Preis: ca. 100 €).

- **Vorteile**: sehr kompakt (REG: 2 TE), sehr geringer Verbrauch (< 1 W Stand-by), aufgeräumte Installation
- **Nachteile**: keine hohen Leistungen (2 × 15 W), aber für viele Fälle ausreichend

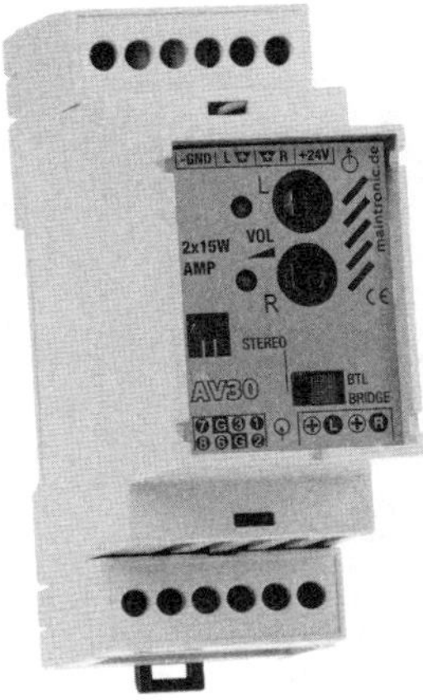

Abbildung 40.5 AV30-Hutschienen-Audioverstärker von Maintronic (Quelle: Maintronic)

40.2.3 Mini-Amps

Eine wie ich finde sehr spannende Möglichkeit, hochwertigen Klang zu erzeugen, bietet sich mit Mini-Amps. Ausgestattet mit nur den notwendigsten Anschlüssen (Netzteil, Stereolautsprecher, einmal Line-In) und Bedienelementen (Lautstärke, Ein/Aus), haben sie genau nur eine Aufgabe: die möglichst detailgetreue Verstärkung des Eingangssignals. Der in folgender Abbildung 40.6 vorgestellte Verstärker der Firma SMSL leistet das mit Bravour. Beachten Sie bitte die »Größe« des Geräts, er ist gerade mal so groß wie ein halbes Pfund Butter (das zugehörige Netzteil allerdings ebenso).

Abbildung 40.6 Mini-Amp (SMSL SA-50)

Für unterschiedliche Anforderungen stehen drei Leistungsklassen zur Verfügung (siehe Tabelle 40.2):

Modell	Leistung	Stromversorgung	Preis
SMSL SA-S3	2 × 18 W/4 Ohm	14 V DC, 3 A	ca. 50 €
SMSL SA-50	2 × 56 W/4 Ohm	24 V DC, 4,5 A	ca. 60 €
SMSL SA-98E	2 × 160 W/4 Ohm	32 V DC	ca. 100 €

Tabelle 40.2 SMSL-Mini-Amps

Lassen Sie sich von der geringen Baugröße nicht täuschen, schon die Version mit 2 × 50 W bietet für einen 30 m^2 großen Wohnraum mehr als genügend Leistung.

40.3 Verstärker für Multiroom-Audio

Ein Mehrzonenverstärker oder Multiroom-Verstärker ist ideal für die Anforderungen eines Multiroom-Audiosystems ausgelegt. Er verteilt mehrere verschiedene Eingangssignale auf mehrere Zonen (Räume), entweder unabhängig oder zusammenfassend. Für Sie bedeutet das, Sie können in jedem Raum eine andere Musikquelle hören oder in mehreren Räumen die gleiche.

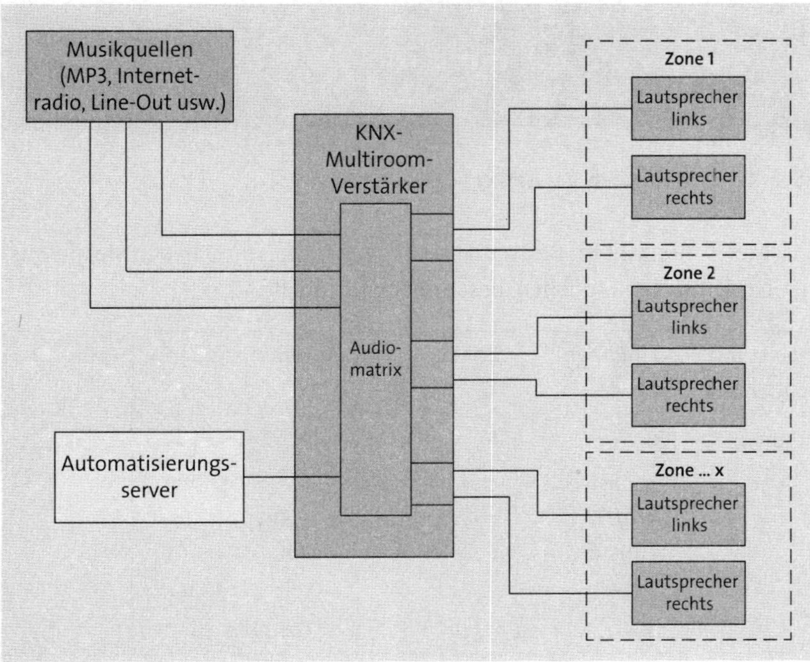

Abbildung 40.7 Multiroom-Audio mit Multiroom-Verstärker

Im Gegensatz zu der Lösung mit mehreren unabhängigen Stereoverstärkern benötigten Sie für einen Multiroom-Verstärker (siehe Abbildung 40.7) keine zusätzliche Audiomatrix für die Verteilung der Eingangssignale auf die verschiedenen Ausgänge.

Hersteller von guten und hochwertigen Multiroom-Systemen, teils mit sehr ansprechenden Bedieneinheiten für Tisch oder Wandmontage, sind unter anderem: Russound, Crestron, Revox, Linn und Control4.

Ein Beispiel: Das in den USA sehr beliebte, aber zunehmend auch in Deutschland gern eingesetzte spezialisierte Multiroom-Verstärkersystem der Firma Russound (*www.russound.com*, siehe Abbildung 40.8) bietet gute Automatisierbarkeit über RS-232 und TCP/IP und kann auch auf eine große Zonenanzahl skaliert werden.

Abbildung 40.8 8-Kanal-Multiroom-Verstärker (Russound MCA-C5)

Je nach gewünschter Zonenzahl im Basisgerät und Ausgangsleistung haben Sie die Auswahl aus zwei recht ähnlichen Modellen, beschrieben in Tabelle 40.3:

Modell	Leistung pro Kanal	Eingänge	Zonen	Automatisierbarkeit	Preis
Russound MCA-C3	20 W	6 inklusive AM/FM-Tuner	6 erweiterbar auf 36	▶ TCP/IP, RS-232 ▶ 7 IR-Ausgänge ▶ 6 Keypad-Ausgänge ▶ 6 12-V-Trigger-Outputs	1.450 US$

Tabelle 40.3 Multiroom-Verstärker MCA-C3 und MCA-C5 von Russound

Modell	Leistung pro Kanal	Eingänge	Zonen	Automatisierbarkeit	Preis
Russound MCA-C5	40 W	8 inklusive AM/FM-Tuner	8 erweiterbar auf 48	▸ TCP/IP, RS-232 ▸ 7 IR-Ausgänge ▸ 8 Keypad-Ausgänge ▸ 8 12-V-Trigger-Outputs	1.550 US$

Tabelle 40.3 Multiroom-Verstärker MCA-C3 und MCA-C5 von Russound (Forts.)

Optional können Sie in jeder Zone (in jedem Zimmer) ein sogenanntes *Keypad* (Abbildung 40.9) installieren und mit dem Verstärker verbinden (über Cat.5e-Leitung, RJ-45-Stecker).

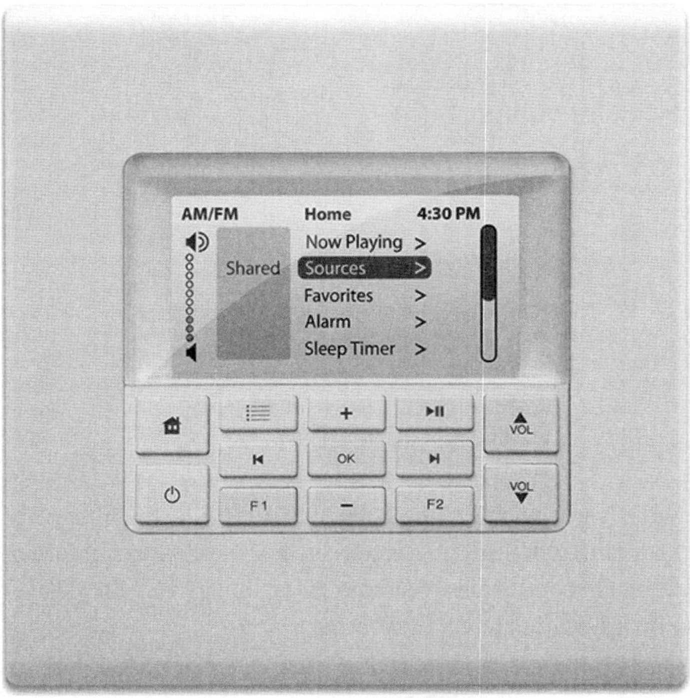

Abbildung 40.9 Multiroom-Keypad (Russound C6)

Vollintegrierte Multiroom-Verstärker haben, wie bereits erwähnt, eine Audiomatrix eingebaut und heißen deswegen gern auch Matrixverstärker. Einen Mehrkanalverstärker ohne Multiroom-Funktionalität können Sie aber auch um einen separaten Audiomatrix-Switch (z. B. von Control4, *www.control4.de*) erweitern, um individuellere Lösungen zu realisieren.

40.4 Automatisierung eingebaut: KNX-Multiroom-Verstärker

Für den begeisterten Automatisierer wie geschaffen sind Multiroom-Verstärker mit eingebautem KNX-Anschluss (Abbildung 40.10). Mit ihnen gelingt der Spagat zwischen dem Audiosystem und der Smart-Home-Infrastruktur am besten. Natürlich funktioniert es mit mehr oder weniger Aufwand, auch andere Lösungen smart zu integrieren, aber mit einer nativen KNX-Anbindung ist es besonders komfortabel.

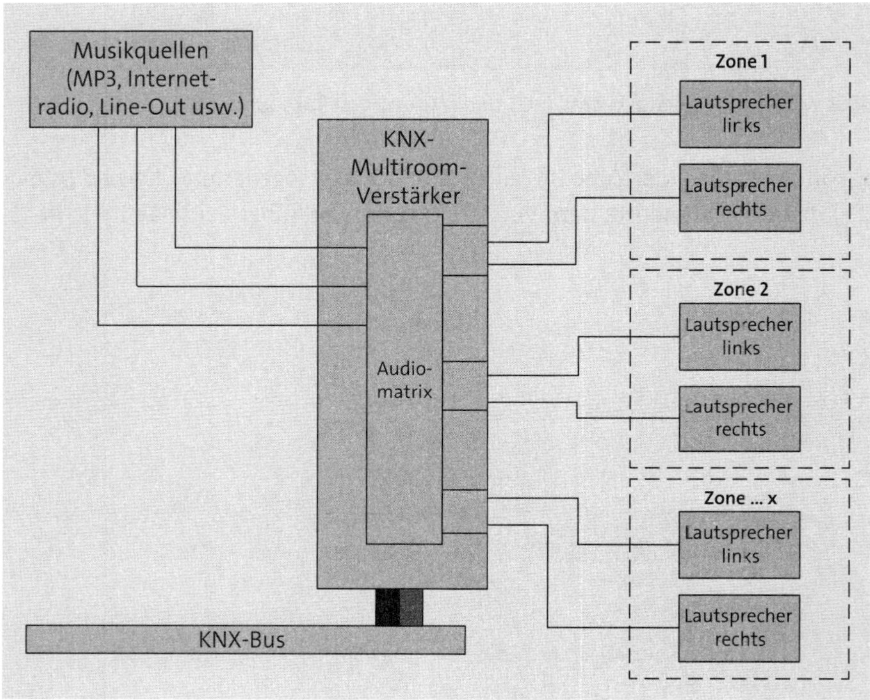

Abbildung 40.10 Multiroom-Audio mit KNX-Multiroom-Verstärker

Ganz frisch hat die Firma Jung (*www.jung.de*, siehe Abbildung 40.11) eine toll integrierte Lösung vorgestellt. Der KNX-fähige Multiroom-Verstärker im 19-Zoll-Einschubformat mit eingebautem Busankoppler hat optionales Webradio, einen integrierten MP3-Player und bis zu acht verstärkte Ausgänge für Stereolautsprecher.

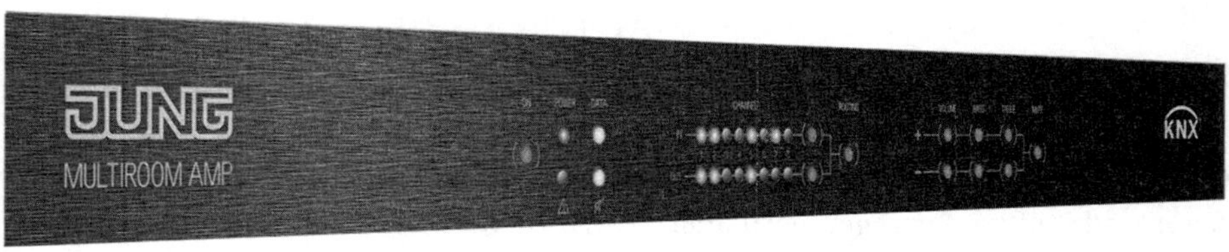

Abbildung 40.11 KNX-Multiroom-Verstärker (Jung)

Vier Modellvarianten aus Tabelle 40.4 stehen zur Auswahl:

Modell	Leistung pro Kanal	Eingänge	Zonen	Automation	Preis
MR-AMP 4.4	30 W	4 NF-Signale	4, erweiterbar plus 2 Stereoausgänge	KNX	1.933 €
MR-AMP 4.8	30 W	4 NF-Signale	8, erweiterbar plus 2 Stereoausgänge	KNX	2.811 €
MR WR-AMP 4.4	30 W	4 NF-Signale, plus Webradio, MP3-Player, SD-Kartenleser	4, erweiterbar plus 2 Stereoausgänge	KNX LAN 100 MBit/s	2.610 €
MR WR-AMP 4.8	30 W	4 NF-Signale, plus Webradio, MP3-Player, SD-Kartenleser	8, erweiterbar plus 2 Stereoausgänge	KNX LAN 100MBit/s	3.487 €

Tabelle 40.4 Jung-KNX-Multiroom-Verstärker

40.5 Ton mit dem Rechner erzeugen: Soundkarten

Zur Versorgung Ihres Multiroom-Systems mit Musik aus möglichst vielen unterschiedlichen Quellen können Sie entweder zu speziell dafür ausgelegten Geräten (sogenannten Media-Streamern, Beispiel: Russound DMS-3.1) greifen, oder Sie rüsten einen vorhandenen Rechner/Server mit entsprechenden Erweiterungen aus.

Als Bastler, der gewillt ist, sich in die Materie einzuarbeiten, erreichen Sie mit einer Kombination aus Rechner und Soundkarten eine preisgünstige, flexible und durchaus sehr hochwertige Lösung. In Kapitel 56, »Vernetztes Hören mit Multiroom Audio«, finden Sie ein passendes Realisierungsbeispiel.

Nach welchen Kriterien wählen Sie die für Sie passende Soundkarte aus? Je nach Einbausituation/Gehäuse fällt die Wahl entweder auf eine externe USB-Soundkarte oder eine interne PCI- oder PCIExpress-Karte. Achten Sie beim Kauf auf die folgenden Eigenschaften:

- Am besten eignet sich eine 7.1-Soundkarte (mit den insgesamt acht Kanälen können Sie vier Stereozonen versorgen).
- Wichtig ist Linux-Kompatibilität (eine gute Übersicht darüber, welche Geräte vom Linux-Soundtreiber ALSA unterstützt werden, finden Sie z. B. hier: *www.alsa-project.org/main/index.php/Matrix:Main*).
- Neben den Klinkenausgängen sollte noch jeweils ein Toslink (SPDIF-IN, SPDIF-OUT) für Ein- und Ausgang zur Ausstattung gehören.
- Der Signal-Rausch-Abstand (SNR) sollte möglichst hoch sein (90 dB, besser noch 100 dB).
- Sampling-Rate: bei USB-Karten 48 kHz, bei internen Karten 96 kHz.
- Auflösung: bei internen Karten 16 Bit, bei externen Karten 24 Bit. Zum Vergleich: Bei Audio-CDs wird eine Abtastrate von 44,1 kHz/16 Bit benutzt, was ausreichend ist, um Audiosignale mit Frequenzen bis 22 kHz zu erfassen.

Die ALSA-Treiber von Linux sind problemlos in der Lage, auch mehrere angeschlossene Soundkarten einzubinden. Einer Multiroom-Konstruktion mit mehr als vier Räumen steht also nichts im Weg.

Die folgende Abbildung 40.12 zeigt Ihnen eine externe USB-Soundkarte mit 7.1-Ausgang der Firma Sweex (*www.sweex.com*), die ohne Treiberinstallation direkt unter Linux funktionsfähig ist.

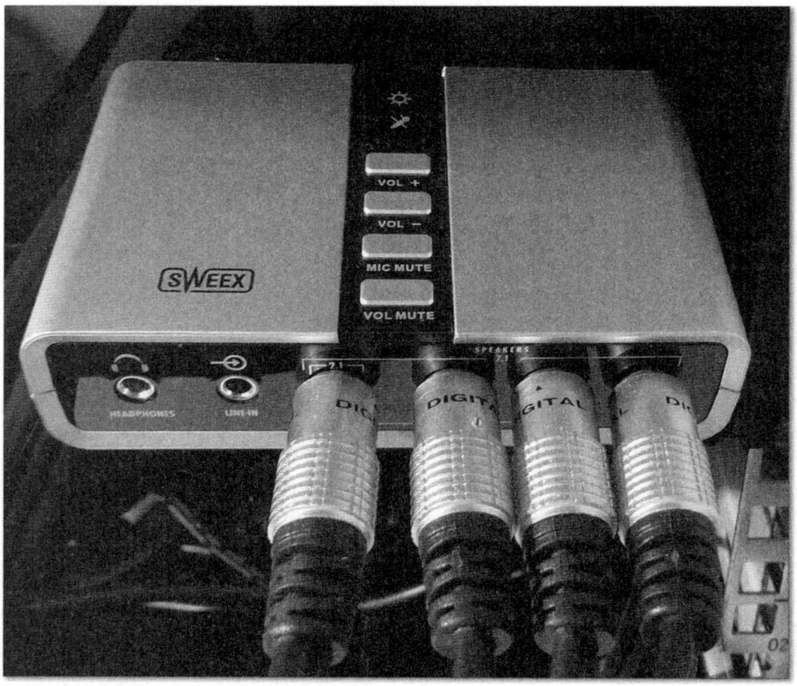

Abbildung 40.12 Externe USB-Soundkarte 7.1 (Sweex)

40.6 Sonos und Squeezebox

Die Logitech-*Squeezebox*-Produktpalette, in Zusammenarbeit mit dem freien *Logitech Media Server* (LMS), ist ebenfalls ein tolles Gespann, wenn es um die Einbindung in eine Smart-Home-Umgebung geht. Das KNX-UF, siehe Abschnitt 48.3.8, »Noch mehr Möglichkeiten: Externe Logikbausteine und Funktionsvorlagen«, hält im Download-Bereich eine Handvoll praktischer Lösungen bereit, die Sie in Ihr Audiokonzept übernehmen können. Der Baustein 12299 (Squeeze) beispielsweise erlaubt sogar die Telnet-Kommunikation für den Gira HomeServer.

Eine Squeezebox besitzt zwei verschiedene Betriebsmodi, nämlich in Verbindung mit

- einem von Logitech bereitgestellten Internetserver (*http://www.mysqueezebox.com/index/Home*)
- oder einem eigenen Logitech-Media-Server im Heimnetzwerk (*http://wiki.slimdevices.com/index.php/Main_Page*).

Der LMS läuft auf allen gängigen Betriebssystemen, ist Open Source und lässt sich zusätzlich durch jede Menge Plug-ins erweitern (*http://wiki.slimdevices.com/index.php/SqueezeCenter_Plugins*), womit er zu einer echten Spielweise für den Automatisierer mit Interesse an Multiroom-Audio wird.

Abbildung 40.13 Das Squeezebox-Radio mit Farbdisplay (Logitech)

Ähnlich gut sieht es mit der Multiroom-Audiolösung von Sonos aus (*www.sonos.de*). Speziell für OpenHAB und FHEM stehen Ihnen Plug-ins zur Verfügung, die eine Steuerung der sehr beliebten Sonos-Gerätelandschaft erlauben. Die Sonos-Wireless-Lautsprecher sind prima geeignet, ein Multiroom-Audiosystem umzusetzen, auch wenn Sie die dazu notwendige Verkabelung nicht vorbereiten konnten.

Kapitel 41
Video im Smart Home

Das klassische Fernsehen mit SAT-Multiswitch, Receiver und TV wird heutzutage ergänzt durch Streaming-Lösungen, TV-Server mit Multiroom-Video sowie leistungsstarke Set-Top-Boxen, die wesentlich mehr ermöglichen als nur Fernsehen alleine.

Sie lernen in diesem Kapitel die benötigten Komponenten für ein leistungsstarkes und zukunftsorientiertes Videosystem kennen. Mehrere Wege führen dabei zum Ziel, je nach Ihren eigenen Anforderungen wählen Sie die passenden Geräte aus. Sehen wir uns an, welche das sind. Ergänzend dazu lernen Sie in Kapitel 49, »Multimedia-Software: mächtig und kostenlos«, mit Kodi und Tvheadend zwei wirklich tolle und kostenlose Softwarelösungen für das umfassende Multimedia-Erlebnis kennen.

41.1 TV-Karten

TV-Karten stehen Ihnen in zwei verschiedenen Bauformen zur Verfügung:

- als externes Standalone-Gerät, angeschlossen über USB
- als interne Steckkarte mit PCI-Express oder PCI-Schnittstelle

Beiden ist gemein, dass Sie je nach Modell ein oder mehrere der digital verfügbaren Medien DVB-S, DVB-S2, DVB-C oder DVB-T empfangen können. Falls Sie aktuell vor einer Kaufentscheidung stehen, achten Sie bitte darauf, dass das Gerät auch von Linux unterstützt wird. Eine gute Verträglichkeit mit Linux erlaubt es Ihnen, einen Linux-basierten TV-Server mit einem oder mehreren DVB-Tunern zu betreiben, deren Signale Sie per Ethernet auf verschiedene Endgeräte verteilen können. So würde beispielsweise der Zweitfernseher im Schlafzimmer keinen eigenen Receiver benötigen, sondern nur einen lokalen Streaming-Client (z. B. ein Raspberry Pi), der seinen Stream vom zentralen TV-Server bezieht. Aufnahmen erledigt ebenfalls der TV-Server mit seinen verfügbaren Datenträgern selbst, lediglich die Ansteuerung erfolgt komfortabel per Fernbedienung vom Schlafzimmer aus. Wie Sie solch einen Client/Server-Aufbau auch für Ihr Zuhause realisieren können, finden Sie ausgearbeitet in Kapitel 56, »Vernetztes Hören mit Multiroom Audio«.

Ein Beispiel für einen gut unter Linux funktionierenden DVB-S2-Receiver als externes USB2-Gerät ist das Modell DVBSky S960CI (*http://www.dvbsky.net/Products_S960C.html*, Abbildung 41.1) mit Common-Interface-Schacht.

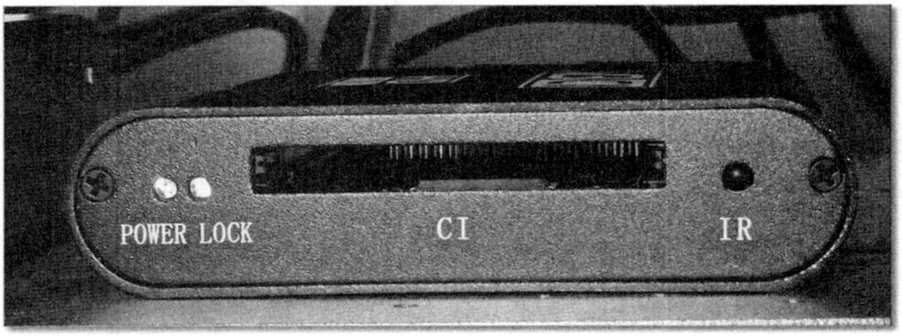

Abbildung 41.1 DVBSky S960CI auf 19-Zoll-Fachboden

Eine gute Linux-Kompatibilitätsübersicht aller Arten von DVB-Receivern finden Sie übrigens unter *http://www.linuxtv.org/wiki/index.php/Hardware_Device_Information*.

41.2 Multiswitch

Ein *Multiswitch* (oder Multischalter) hat in der SAT-Empfangstechnik die Aufgabe, das Signal einer SAT-Antenne an mehrere SAT-Receiver zu verteilen, und kann, je nach Modell, zusätzlich ein terrestrisches DVB-T- oder ein UKW-Signal in die Koax-Leitungen zu den Receivern einspeisen. Mit geeigneten Antennendosen (Drei-Loch-Dosen) oder kleinen (HF-)Weichen können die unterschiedlichen Signale wieder voneinander getrennt genutzt werden (SAT-Receiver, UKW-Tuner und DVB-T/DVB-T2 sowie analoge Signale aus dem VHF- und UHF-Bereich).

41.2.1 Die SAT-Verteilung über Multiswitch

Die folgende Abbildung 41.2 zeigt Ihnen schematisch eine typische SAT-Verteilung im Privathaushalt. Der LNB ist über vier Koaxialkabel mit einem Multiswitch verbunden, der zusätzlich zwei Antennensignale (DVB-T und UKW) erhält. Der Multiswitch (hier als Version für acht Teilnehmer) verbindet den Receiver mit einem der vier Ausgänge des LNB, der die SAT-Signale im High- oder Lowband sowie die Polarisationsebenen horizontal und vertikal gleichzeitig zur Verfügung stellt (vom Receiver mitgeteilt durch unterschiedliche Spannungen und Frequenzen über das Koaxialkabel). Darüber hinaus stellt der Multiswitch den Endgeräten ein eingespeistes DVB-T- und UKW-Signal zur Verfügung.

Alle nicht genutzten Ausgänge des Multiswitchs werden über einen 75-Ω-Abschlusswiderstand (aufschraubbar) terminiert.

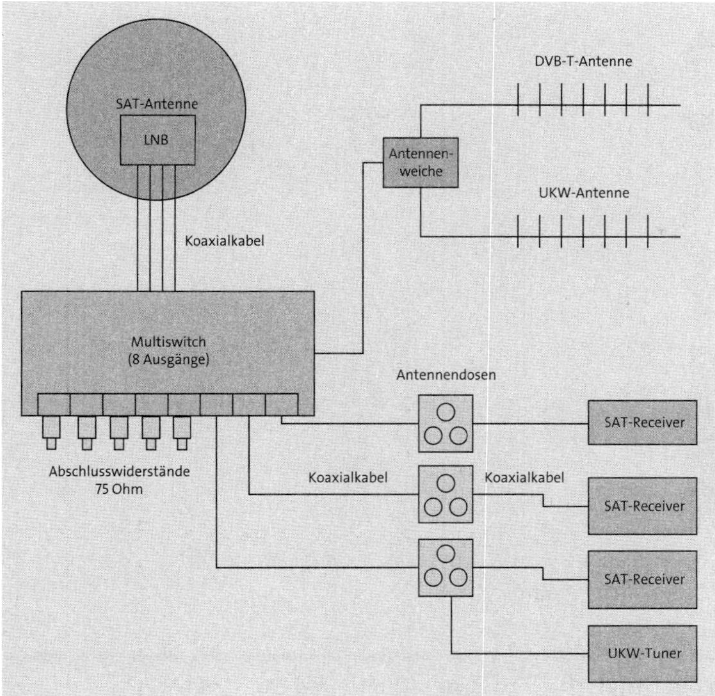

Abbildung 41.2 SAT-Verteilung mit Multiswitch (ohne Potenzialausgleich)

41.2.2 Produktbeispiel SAT-Multiswitch

Da Sie einen SAT-Multiswitch nicht alle zwei Jahre neu beschaffen, sondern über einen langen Zeitraum in Ihrer Empfangsanlage betreiben, sollten Sie sich für ein hochwertiges Gerät entscheiden.

Sehr gute Geräte finden Sie unter anderem bei folgenden Herstellern:

- Spaun (*www.spaun.de*)
- Kathrein (*www.kathrein.de*)
- Schwaiger (*www.schwaiger.de*)

Exemplarisch (Abbildung 41.3) für einen 8-fach-Multiswitch habe ich ein Modell der Firma Spaun gewählt, den SMS 5803 NF. Er besitzt acht Ausgänge, einen terrestrischen Eingang, einen sehr hohen Ausgangspegel von 108 dBµV und ist sowohl für QUAD- als auch Quattro-LNBs geeignet.

Bei einem Gerät, das in der Regel 24 Stunden am Tag Strom verbraucht (es sei denn, Sie legen die Versorgungsspannung z. B. über KNX-Aktor schaltbar aus), ist es besonders wichtig, dass es im Stand-by-Betrieb sparsam ist. Der 5803 begnügt sich mit kargen 5 W im Stand-by-Modus.

Abbildung 41.3 8-fach-Multiswitch (Spaun)

Was genau ist denn der Unterschied zwischen Quad- und Quattro-LNBs?

- **Quad-LNB**: LNB mit vier unabhängigen Anschlüssen zum Anschluss von vier Receivern. Der Multiswitch ist dabei integriert.
- **Quattro-LNB**: Besitzt keinen eingebauten Multiswitch und führt horizontal und vertikal polarisierte Signale jeweils getrennt für Lowband und Highband heraus. Ein nachgeschalteter Multiswitch ermöglicht eine Verteilung an nahezu beliebig viele Receiver.

Auch einen Quad-LNB können Sie (später) mit Multiswitches erweitern, dazu muss der Multiswitch aber Quad-LNBs unterstützen.

41.3 Das Smart-TV

Einen Fernseher für das Wohnzimmer wählte man bisher hautsächlich nach den Kriterien Größe, Bildqualität, Receiver und natürlich Preis aus. Schick und stylish muss das Gerät ohnehin sein. Das wird sich auch nicht ändern, hinzukommen als Kaufkriterien sind jedoch zusätzliche Eigenschaften, die aus einem herkömmlichen Fernseher ein Smart-TV machen. Aber was macht einen Fernseher »smart«?

41.3.1 Wann ist ein TV smart?

Ein *Smart-TV* zeichnet sich in erster Linie durch seine Konnektivität aus, besitzt also idealerweise eine LAN-Schnittstelle (oder WLAN), mehrere USB-2.0/3.0-Ports und möglichst viele HDMI-Schnittstellen. Ein weiterer Unterschied zu herkömmlichen TV-Geräten besteht zudem in der Verfügbarkeit von *HbbTV* (*Hybrid Broadcast Broadband TV*). Die notwendigen Informationen für HbbTV werden entweder über das Internet oder über das Fernsehsignal abgerufen. Für den Anwender bedeutet die HbbTV-Unterstützung eine verbesserte Navigation mit dem Smart-TV und den Zugriff auf unzählige weitere Informationen zum Programm und spezifischen Filmen. Ein wenig lässt sich das neue System mit dem altgedienten Videotext vergleichen, es kann jedoch wesentlich mehr. Allerdings sind Smart-TVs auch nicht frei von Tadel: Der Smart-TV-Hersteller ist aktuell in der Lage, »mitzulesen«, was der Endbenutzer gerade macht und was er auf seinen angeschlossenen Datenträger gespeichert hat.

Das wichtigste Interface für das Smart-TV ist der Breitbandnetzwerkanschluss (vorzugsweise über Ethernet-Patch-Kabel), nur er ermöglicht die smarten Multimedia-Funktionen:

- Internetzugriff über eingebauten Webbrowser, gegebenenfalls Anschluss einer USB- oder Bluetooth-Tastatur
- Abruf von E-Mails und Einbindung von sozialen Netzwerken
- Bezug von Filmen und Serien aus Onlinevideotheken
- Zugriff auf Multimedia-Dateien wie z. B. Fotos, Musik, Videos
- Durchführen von Videotelefonaten
- Steuerung des TVs von extern (Mobiltelefon, Tablet usw.)

41.3.2 Wer bietet Smart-TVs?

Nicht nur die Smart-Home-Branche, sondern auch die Sparte der Smart-TV-Geräte erlebte in den letzten Jahren einen wahren Boom. So verwundert es nicht, dass fast jeder TV-Hersteller eine Auswahl an Smart-TV-Modellen bietet. Die Hersteller Philips und Loewe befinden sich in einer Kooperation mit LG und Sharp; daher haben die Modelle der Marken identische Programmierschnittstellen implementiert, und in der Theorie sind die Apps der Hersteller untereinander kompatibel.

Weiterhin produzieren Samsung (Samsung Smart TV), Sony (Sony Internet TV) und Panasonic (Viera Connect) sowie auch Sharp (Aquos Net+) eigene Modelle mit jeweils eigenen Schnittstellen. Allen Geräten ist gemein, dass sie geschätzt 50 Anwendungsfälle abdecken, die fortan nicht mehr nur am Computer, sondern auch am Smart-TV-Gerät abgerufen werden können.

Das bessere Smart-TV

Falls Sie mit einem weinenden Auge auf Ihr neues 50-Zoll-Fernsehgerät sehen, das leider keine Ethernet-Schnittstelle besitzt – kein Problem. Sogenannte Set-Top-Boxen und leistungsfähige SAT-Receiver machen auch aus dem dümmsten Fernseher ein Smart-TV, oftmals mit wesentlich mehr Fähigkeiten und Komfort als ein Smart-TV-Gerät von der Stange. In Abschnitt 41.4 wird dieser Ansatz weiterverfolgt.

41

41.3.3 Was funktioniert heute schon und was eher nicht?

Zukünftig wird man sich von der Vorstellung, dass ein TV-Gerät nur dazu da ist, um Multimedia-Inhalte zu konsumieren, verabschieden dürfen. Abgelöst wird das Konzept Fernseher durch ein smartes Betriebssystem, das in der Lage ist, verschiedene Arten von Aktionen über unterschiedliche angeschlossene Einheiten auszuführen und leider auch die Möglichkeit bietet, kontextabhängig personifizierte Werbung und Angebote direkt an den Fernsehkonsumenten zu senden.

Die Bereitstellung von wunschgemäßem Mediencontent ist heute schon gut gelöst, ist aber eben nur einer von vielen Leistungsaspekten eines echten Smart-TVs. Die einfache Einbindung in ein komplettes Gebäudesteuerungskonzept ist derzeit noch nicht massenmarkttauglich. Es fehlt an den notwendigen und akzeptierten Standards, ohne die derartige Produkte immer Insellösungen bleiben werden.

41.4 Set-Top-Boxen und SAT-Receiver

Set-Top-Boxen sind ursprünglich mit dem Ziel entwickelt worden, einen teureren Gegenstand wie etwa einen Fernseher nachträglich mit fehlenden Funktionen aufzurüsten. Primär zählen dazu Funktionen wie z. B. digitale SAT-Tuner, Festplatten für Medienaufzeichnungen oder auch fernbedienbare Webbrowser.

41.4.1 Ein offenes Betriebssystem sorgt für optimale Automatisierbarkeit

Als bekannter Vorreiter und auch heute noch mit tollen Geräten präsenter Hersteller von Set-Top-Boxen hat sich die Firma Dream Multimedia (*www.dream-multimedia-tv.de*) einen Namen gemacht und genießt eine große Anhängerschaft in der Community. Mit ein Grund für die große Beliebtheit ist das Merkmal, dass die Dreamboxen ein Linux-Betriebssystem (*Enigma 2*) besitzen, das eine nahezu unbegrenzte Erweiterbarkeit des Geräts ermöglicht. So lassen sich zahllose Plug-ins, alternative Skins, diverse Systemerweiterungen und sogar komplette Images mit alternativer Softwareumgebung kostenlos im Internet finden. Ein bisschen Ausdauer und Forscherdrang vorausgesetzt, basteln Sie aus einer Standard-Dreambox ein an die persönlichen Bedürfnisse angepasstes High-End-Gerät, das jeden Smart-TV um Längen an Funktionsumfang hinter sich lässt.

Offenes Linux-Betriebssystem, LAN-Interface, USB-Anschlüsse, starker Prozessor, all das klingt wie perfekte Voraussetzungen für die erfolgreiche Einbindung in eine intelligente Gebäudesteuerung – und genauso ist es auch.

41.4.2 Möglichkeiten zur Smart-Home-Integration am Beispiel

Anhand eines konkreten Modellbeispiels möchte ich Ihnen gern die zahlreichen Möglichkeiten zur intelligenten Anbindung an ein Smart-Home-Konzept aufzeigen. Neben den Enigma-basierten Geräten der Firma Dream Multimedia hat auch der Hersteller Vu+ (*www.vuplus.de*) sehr mächtige Geräte, ebenfalls ausgestattet mit einem Enigma2-Linux in ihrem Produkt-Portfolio.

Ein Modell, das auch höchsten Ansprüchen genügt, ist beispielsweise der Vu+ Solo^2 FULL HD Twin Receiver. Er ist unter anderem ausgestattet mit:

- 1,3 GHz-Dual-Core-Prozessor
- Twin-Tuner (2 × DCB-S2)
- Gigabit-Ethernet
- Unterstützung von SATA HDD
- 256 MByte Flash, 1 GByte RAM
- 3 × USB, RS-232-Schnittstelle
- 2 Smart-Card-Slots, Common Interface
- HDMI-Ausgang (Video, Audio)

Seitens der Hardware ist die Box bereits sehr üppig ausgestattet, als Erweiterung lohnt sich jedoch eine interne Festplatte (2,5 Zoll) mit möglichst großer Kapazität. Der Einbau ist einfach, die Festplatte wird vorbildlich vom Linux-Kern der Vu+ eingebunden und erweitert Ihren SAT-Receiver um Aufnahme- und Wiedergabefunktionen. Zusätzlich haben Sie auch immer die Möglichkeit, Netzwerklaufwerke (z. B. vom NAS-System) einzubinden. Dank des Gigabit-Ethernet-Interface stoßen Sie hier auf keinen Engpass. Die Vu+ Solo^2 beinhaltet von Haus aus einen Twin-Tuner, den Sie am besten ausnutzen, indem Sie zwei einzelne Koax-Verbindungen zu Ihrem SAT-Multiswitch herstellen (siehe Abbildung 41.4). Das Aufnehmen von mehr als einer Sendung parallel, bei gleichzeitiger Wiedergabe, wird dadurch möglich.

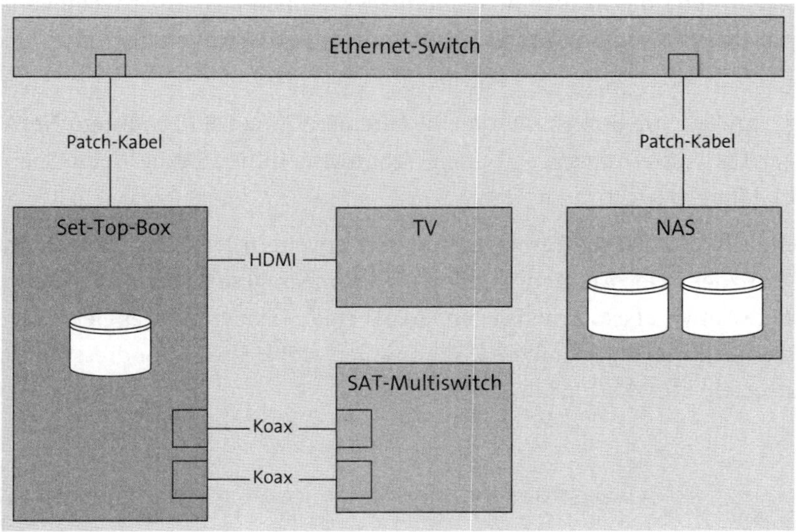

Abbildung 41.4 Smart-Home-Anbindung von Set-Top-Boxen

Die Set-Top-Box verbessern: Images und Plug-ins

Das Optimum an Funktionalität holen Sie mit einem alternativen Image aus Ihrer Set-Top-Box heraus. Für die Vu+-Modelle eignet sich beispielsweise das VTi Team Image (*http://www.vuplus-support.org/wbb3/index.php?page=Board&boardID=191*) hervorragend. Das installierte Image können Sie kontinuierlich mit Plug-ins erweitern, viele davon komfortabel über menügeführte Funktionen in der VTi Image-Benutzeroberfläche.

Für die Integration ins Smart Home besonders nützliche Plug-ins sehen Sie beispielhaft in Tabelle 41.1:

Plug-in	Beschreibung
fritzcall	Zeigt Anrufe und vieles mehr von der FRITZ!Box.
eibox	Setzt einen installierten linknx-Server voraus und bietet dann eine von knxweb her vertraute Oberfläche.
growlee	Growl-Kommunikation mit Growl-Clients/Servern
MPD	Musik mit dem Smartphone/Rechner auf der VU+ abspielen, siehe Abschnitt 49.1
dlnaserver	ein DLNA-Server für Enigma (siehe Abschnitt 13.3.3)

Tabelle 41.1 Enigma 2-Plug-ins im Smart-Home-Kontext

Enigma2-Geräte automatisieren

SAT-Receiver mit einem Enigma2-Betriebssystem (z. B. Dreambox oder Vu+) eröffnen eine sehr schöne Möglichkeit zur Automatisierung. Der Weg führt über das Dreambox-Webinterface (*Webif*), das in allen neueren Images enthalten ist. Über Webif können Sie nicht nur Ihre Set-Top-Box per Browser steuern, sondern auch über eine API fernsteuern.

Nehmen wir an, Ihre Set-Top-Box ist über die IP-Adresse 192.168.178.70 in Ihrem Netzwerk ansprechbar. Über diese Adresse und einen Webbrowser öffnen Sie die Webif-Oberfläche wie in Abbildung 41.5.

Fast genauso einfach ist auch die Fernsteuerung, Sie erweitern lediglich die URL im Browser durch eines der vielen API-Kommandos, die, technisch gesehen, einfache HTTP-Requests sind. Eine Antwort bekommen Sie im XML-Format. Probieren Sie es gleich einmal aus und lassen Sie Ihren Browser diese URL anwählen, wobei Sie die IP-Adresse Ihrer eigenen Box einsetzen: *http://192.168.178.70/web/about*.

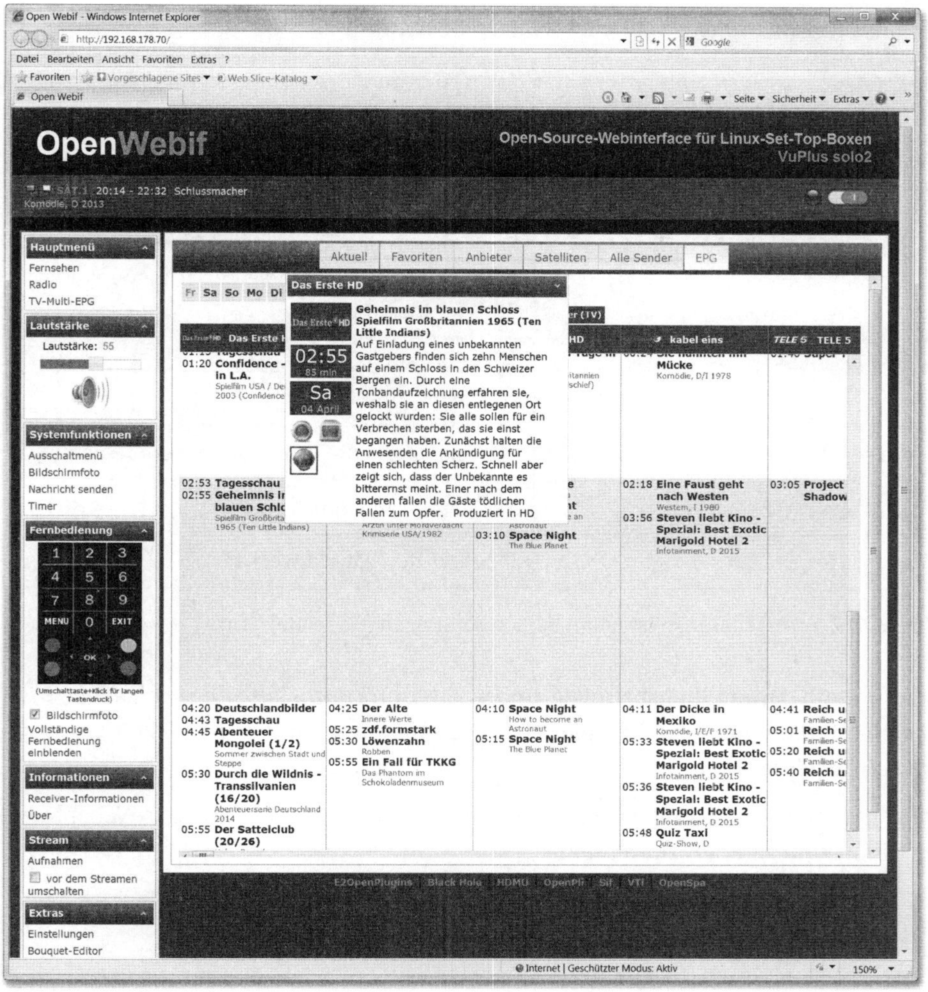

Abbildung 41.5 OpenWebif im Browser: Timer aus dem aktuellen EPG setzen

Das Ergebnis wird eine XML-Ausgabe mit einer Menge an Informationen über Ihr Modell sein. Ein paar exemplarische API-Aufrufe finden Sie in folgender Tabelle zusammengestellt, damit lässt sich bereits eine Menge nützlicher Funktionen umsetzen. Kopieren Sie den Request der ersten Spalte in Tabelle 41.2 einfach hinter die URL *http://192.168.178.70/web/*.

Request (Beispiel)	Beschreibung
`getlocations`	Zeigt den Pfad, unter dem Ihre Aufnahmen abgelegt werden.
`vol`	Lautstärke anzeigen

Tabelle 41.2 Fernsteuerung von Enigma2-Set-Top-Boxen (Beispiele)

Request (Beispiel)	Beschreibung
`vol?set=set40`	Lautstärke auf 40 % stellen.
`vol?set=mute`	Stummschaltung.
`timerlist`	Liste der Timer (geplante Aufnahmen).
`message?text=Beispieltext&type=0&timeout=30`	Zeigt eine Dialogbox auf dem TV mit Auswahlmöglichkeit Ja/Nein und einem Timeout von 30 Sekunden an.
`messageanswer?getanswer=now`	Holt die vom Benutzer ausgewählte Antwort (Ja oder Nein).
`remotecontrol?command=138`	»Drückt« die Help-Taste auf der Fernbedienung.
`powerstate`	Power-Zustand abfragen.
`powerstate?newstate=5`	In Stand-by-Zustand wechseln.

Tabelle 41.2 Fernsteuerung von Enigma2-Set-Top-Boxen (Beispiele) (Forts.)

Viele weitere Anwendungsbeispiele finden Sie unter *http://dream.reichholf.net/wiki/Enigma2:WebInterface*, die komplette API-Beschreibung wird auf *http://dream.reichholf.net/e2web* gepflegt.

Die generierten XML-Antworten (Abbildung 41.6) sind geeignet, um über Webabfragefunktionen interpretiert zu werden:

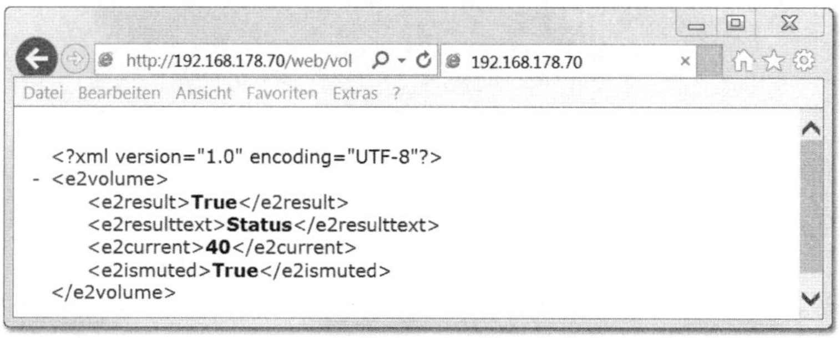

Abbildung 41.6 XML-Antwort auf eine Lautstärkeanfrage: 40 %

Lassen Sie uns eine kleine Beispielanwendung skizzieren, die so aussieht: Falls jemand an der Haustür klingelt, soll in das laufende Fernsehbild eine Dialogbox eingeblendet werden. Sie haben über die Fernbedienung daraufhin für 30 Sekunden lang die Möglichkeit, die Haustür durch Betätigen der JA-Auswahl zu öffnen. Sie benötigen zur Umsetzung eine Logikmaschine wie z. B. den HomeServer und natürlich einen geeigneten Türöffnungsmechanismus (zum Thema Motorschloss siehe Abschnitt 39.2 »Sie werden es nicht mehr missen wollen: Motorschloss«).

Die Logik (Abbildung 41.7) für die Weiterreichung der Klingeltaste an das Webif-Interface der Set-Top-Box sowie die Webabfrage für die Einblendung der Meldung (siehe Abbildung 41.8) haben folgenden Aufbau:

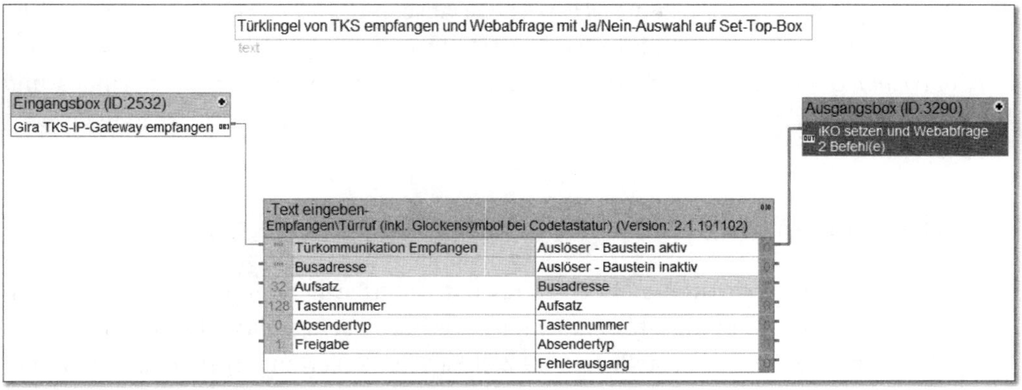

Abbildung 41.7 Anstoßen der Webabfrage bei Türklingel

Als Enigma-Befehl ❶ wählen Sie aus Tabelle 41.2 das Kommando `message?text=Beispieltext&type=0&timeout=30` aus, wobei Sie für `Beispieltext` etwas Netteres einsetzen sollten, wie z. B. `Es hat geklingelt, soll die Tür geöffnet werden?`.

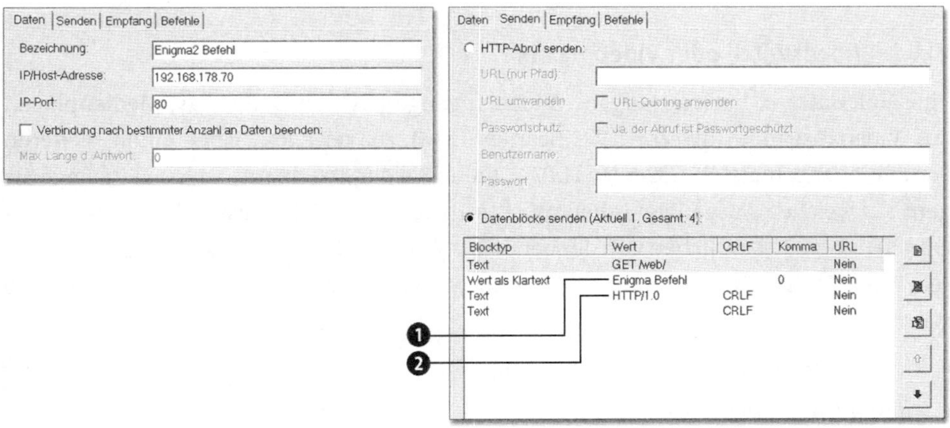

Abbildung 41.8 Webseitenabfrage für Enigma2-Befehl, Register Daten (links) und Senden (rechts)

Beachten Sie auf jeden Fall zwei Dinge:

- Bei Verwendung von Umlauten oder Leerzeichen müssen Sie Text zuerst URL-encodieren. Das geht am einfachsten über einen Online-Encoder wie z. B. *http://meyerweb.com/eric/tools/dencoder*. Für den Beispieltext lautet die encodierte Zeichenkette:
  `Es%20hat%20geklingelt%2C%20soll%20die%20T%C3%BCre%20ge%C3%B6ffnet%20werden%3F`
- Vor dem Datenblock `HTTP/1.0` muss ein Leerzeichen stehen ❷.

Die vier in Abbildung 41.8 gezeigten Datenblöcke setzen Sie per Webabfrage ab, worauf auf dem TV bereits die Ja/Nein-Auswahlbox erscheint. Die Benutzerantwort fragen Sie nach demselben Schema ab, der Befehl dafür lautet `messageanswer?getanswer=now`.

Die Automatisierungssoftware FHEM (siehe Abschnitt 50.5, »FHEM – die freundliche Hausautomation«) bringt übrigens als FHEM-Protokol Enigma2 direkt mit. Auf *http://fhem.de/commandref.html#ENIGMA2* finden Sie die unterstützten Kommandos und Events.

41.5 Videomatrix

Eine *Videomatrix* wird immer dann interessant, wenn Sie in Ihrem Smart Home ein Multiroom-Videokonzept umsetzen möchten. Multiroom besagt, dass alle Empfänger und Player an einer zentralen Stelle (z. B. 19-Zoll-Rack im Keller) untergebracht sind und in den einzelnen Wohnräumen nur noch die Abspielgeräte selbst (TV, Beamer) aufgestellt werden. Der Anspruch dabei ist, dass jedes Abspielgerät auf alle zentralen Funktionen Zugriff hat, also den/die SAT-Receiver verwenden kann, das Videoarchiv durchstöbern darf, Sendungen aufnehmen und DVDs/Blu-Rays ansehen kann.

Technisch gesehen, existieren mehrere Umsetzungsvarianten:

41.5.1 Videoswitch oder Videomatrix

Eine Videomatrix hat die Aufgabe, Videoeingänge (SAT, DVD, Blu-Ray, Medienplayer) auf Videoausgänge (diverse TVs, Beamer usw.) zu verteilen. Über einen weiteren Steuereingang, meist RS-232 oder TCP/IP, teilen Sie der Matrix mit, welche Eingänge Sie gern auf welchen Ausgängen sehen möchten. Die Auswahl des passenden Switchs (Matrix) hängt im Wesentlichen von der benötigten Anzahl der Ein- und Ausgänge sowie deren Typ (HDMI, VGA, DVI usw.) ab. Eine Auswahl unterschiedlicher Modelle finden Sie z. B. bei:

- Gefen (*http://www.gefen.com/index.jsp*)
- Aten (*http://www.aten.com*)

Heutzutage wird für die Videoübertragung meist HDMI gewählt, was in der Regel auch reibungslos funktioniert, wenn Sie die maximalen Streckenlängen beachten. Ein unverstärktes HDMI-Signal können Sie selten mehr als zehn Meter weit transportieren. Zwischen einem zentralen Video-Switch und dem Abspielgerät liegen jedoch oft mehr als zehn Meter Leitung. In solch einem Fall hilft ein sogenannter HDMI-Extender, ein Umsetzer von HDMI auf eine Cat.6-/Cat.7-Leitung, mit dessen Hilfe Sie auch größere Strecken überwinden (siehe Abbildung 41.9).

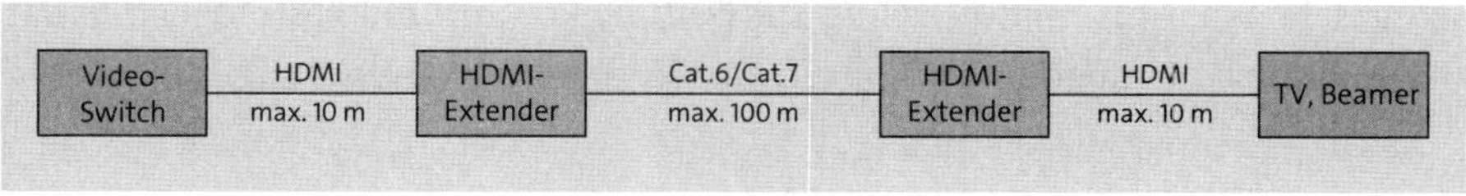

Abbildung 41.9 Streckenüberbrückung mit HDMI-Extender

Eine weitere Möglichkeit zur Entfernungsüberbrückung bietet ein HDMI-Verstärker, der als Zwischenstecker ohne externe Stromversorgung zwischen zwei HDMI-Kabel gesteckt wird.

41.5.2 Videoverteilung über IP-Netzwerk

Flexibler als die Übertragung über HDMI gestaltet sich eine reine IP-basierte Videoverteilung. Der Datenstrom einer Videoquelle (z. B. eines SAT-Receivers) wird dabei in einen IP-Datenstrom umgewandelt, über ein möglichst leistungsstarkes Netzwerk übertragen und von einem Abspielgerät in ein HDMI-Signal gewandelt, das das Anzeigegerät dann darstellt.

Ein 100-MBit/s-Netzwerk ist bei Videoübertragungen recht schnell überlastet, setzen Sie daher auf jeden Fall durchgehend Cat.6-/Cat.7-Leitungen in Verbindung mit einem Gigabit-Ethernet-Switch ein. Wenn Sie hinsichtlich der Videoverteilung richtig hoch hinaus wollen, lohnt es sich, über ein eigenes, nur für diesen Zweck angelegtes Teilnetzwerk (mit eigenem Switch) nachzudenken.

Was die unterschiedlichen Arten von Videoquellen und Abspielgeräten betrifft, ist Ihrer Fantasie fast keine Grenze gesetzt. Ein Realisierungsbeispiel, in dem ein Videoserver mit OpenELEC-Endgeräten kombiniert wird, die wiederum Zugriff auf eine Set-Top-Box haben und von einem NAS-Massenspeicher unterstützt werden, finden Sie in Kapitel 57, »So sieht man Fernsehen heute«.

41.6 Beamer und Heimkino

Jetzt im Augenblick, in dem dieses Buchkapitel entsteht, ein Tag nach dem ersten Halbfinale der Fußball WM 2014, ist die Freude über den wirklich beeindruckenden Sieg der deutschen Mannschaft über die favorisierten Brasilianer mit dem historischen Ergebnis 7:1 noch riesig. Es stellt sich umgehend die wichtige Frage: Wo und wie lässt sich das Finalspiel entsprechend gebührend ansehen? Public Viewing wäre die eine Möglichkeit, da Sie sich aber das Smart-Home-Buch gekauft haben, erwarten Sie eine andere Antwort: im eigenen Heimkino!

Ein *Beamer* ist, die entsprechende Räumlichkeit und eine Leinwand vorausgesetzt, inzwischen eine erschwingliche Möglichkeit, das ganz große Kino auch nach Hause zu holen. Full-HD-Geräte sind preislich heute schon im grünen Bereich, 4k-Modelle werden es in absehbarer Zukunft ebenso ein. Damit ein Beamer, vielleicht sogar in einem eigens dafür vorgesehenen Kinozimmer, richtig zur Geltung kommt und bestmöglich in das Smart-Home-Konzept integriert ist, sind ein paar Vorbereitungen zu treffen.

41.6.1 Benötigte Leitungsplanung für Ihren Beamer

In den meisten Fällen eignet sich die Deckenmontage (Abbildung 41.10) am besten. Eine Universaldeckenhalterung ist leicht anzubringen und benötigt außer den Leerrohren für die Zuleitungen kaum bauseitige Vorbereitung. Eleganter, aber auch deutlich aufwendiger, ist ein in der Decke versenkbarer Beamer-Lift. Zusammen mit einer motorbetriebenen Leinwand können Sie auf diese Weise Ihr Kino fast vollständig verschwinden lassen.

Sehen Sie bitte bei der Planung die Anschlussleitungen aus Tabelle 41.3 vor:

Anschluss	Leitung	Ansteuerung
Beamer-Stromversorgung	NYM 3x1,5	Schaltaktor oder Dauerstrom
Videosignal	HDMI-Leitung	über AV-Receiver
Fernsteuerung	RS-232-Leitung	z. B. über Moxa
	Cat.7-Leitung	Ethernet-Switch
	kabellose IR-Verbindung	z. B. IRTrans
Beamer-Lift	abhängig vom Typ des Beamer-Lifts: am besten eigene NYM-Leitung 4x1,5 bei 230 V, eventuell zusammen mit Beamer-Stromversorgung (mind. 5-adrig)	abhängig vom Typ des Beamer-Lifts: Jalousieaktor/Rollladenaktor oder Schaltaktor für 12 V/24 V oder 230 V

Tabelle 41.3 Leitungsplanung für Beamer

Ein Beamer-Lift besitzt oft einen speziellen Ausschaltkontakt, über den die 230-V-Versorgung des Beamers geschaltet werden sollte. Auf diese Art wird verhindert, dass der Beamer eingeschaltet wird, wenn der Lift nicht ausgefahren ist. Ohne eine derartige Sicherheitsvorrichtung riskieren Sie eine Überhitzung oder noch Schlimmeres.

Steuern Sie sowohl den Beamer selbst als auch den Lift über Aktoren an, können Sie alternativ einen Ausschaltkontakt auch über die eingebauten Logikfunktionen des Aktors realisieren (z. B. Sperrfunktion). Ebenso elegant lässt sich eine Einziehverzögerung des Beamer-Lifts über KNX realisieren, die dafür sorgt, dass der Beamer-Lift erst nach einer gewissen Abkühlzeit des Beamers eingefahren wird.

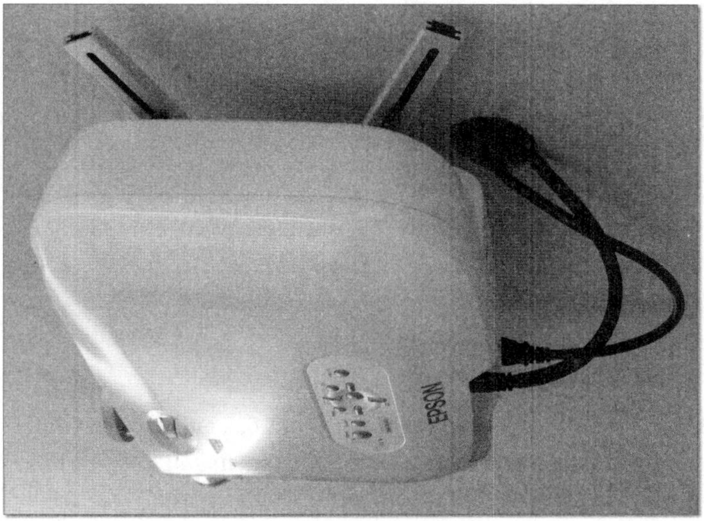

Abbildung 41.10 Beamer in Deckenmontage

Auf der sicheren Seite, was die Verkabelung betrifft, sind Sie mit ausreichend Leerrohren zwischen Beamer und AV-Receiver (HDMI-Leitung) und zwischen Beamer und Ihrem Verteilerschrank bzw. Multimedia-Rack (Stromversorgung, Ethernet, RS-232). Achten Sie wie immer auf die Trennung zwischen 230 V und den Datenleitungen.

Ein HDMI-Kabel ist durch seine Stecker eine recht sperrige Angelegenheit

Das Einziehen in ein Leerrohr kann schnell sehr frustrierend sein, insbesondere wenn es über eine oder mehrere Ecken geführt ist. Das Leerrohr sollte mindestens DN32 als Durchmesser haben, um die Erfolgschancen zu erhöhen. Noch besser ist es aber, das HDMI-Kabel bereits vor dem Verlegen des Leerrohrs einzuziehen und die herausstehenden Kabelenden sowie die Stecker vor mechanischen Beschädigungen und Feuchtigkeit während der Bauphase gut zu schützen.

41

41.6.2 Zusatzausstattung für Ihr Heimkinoerlebnis

Zum Heimkino-Gesamtkonzept gehören, außer dem Beamer selbst, natürlich noch weitere automatisierbare Ausstattungen, die wichtigsten sind in Tabelle 41.4 aufgeführt:

Ausstattung	Leitung	Ansteuerung
Motorbetriebene Leinwand	je nach Modell, aber in der Regel ausreichend: NYM 4x1,5	je nach Modell: Schaltaktor oder Jalousieaktor/Rollladenaktor

Tabelle 41.4 Weitere Ausstattung im Heimkino

Ausstattung	Leitung	Ansteuerung
Verdunklung (Außen-jalousien, Rollladen)	Ölflex (4-adrig)	Jalousieaktor/Rollladen-aktor
Dimmbare Beleuchtung	NYM 5x1,5	Dimmaktor
Soundanlage	NYM, HDMI, Lautsprecher-kabel, Antenne, Cat.7 und weitere (modellabhängig)	je nach Modell: RS-232 (z. B. Moxa), IRTrans, TCP/IP

Tabelle 41.4 Weitere Ausstattung im Heimkino (Forts.)

Bei dieser Vielzahl an unterschiedlichen Komponenten, die für das entspannte Kinoerlebnis zusammenspielen müssen, zeigt sich eine der großen Stärken von KNX – die Szenen. Ein einziger Tastendruck (oder ein anderes Kommando) reicht aus, um sowohl den Beamer als auch den Beamer-Lift und die Leinwand in Stellung zu bringen, die Jalousien zu schließen und die Beleuchtung zu dimmen. Wäre eine Heizung nicht so träge, ließe sie sich ebenfalls wunderbar in eine KNX-Szene einbinden. Besitzen Sie jedoch im Kinozimmer einen (schnellen) elektrischen Heizkörper, nehmen Sie in zumindest versuchsweise in Ihre Szenensteuerung auf.

Als Tüpfelchen auf dem i bleibt noch das Ansteuern der Soundanlage und des Zuspielers (Player) sowie die Fernsteuerung des Beamers (über Ethernet, RS-232 oder IR). Aber auch vor diesen Profifunktionen müssen Sie keinen Respekt haben, im Verlauf dieses Buchs lernen Sie praktische Beispiele kennen.

41.6.3 Den Beamer füttern

Ein Beamer besitzt in der Regel keinen eigenen Tuner/Receiver, sondern wird über ein HDMI-Signal versorgt. Als Abspielgerät dient ein DVD-/Blu-Ray-Player oder auch ein kleiner Streaming-Client. Letzterer ist in der Lage, den wiederzugebenden Inhalt (Live-TV, Aufnahmen, eingelegte DVD) aus unterschiedlichen Quellen zu beziehen, z. B. von:

- einem DVD-/Blu-Ray-Player, beispielsweise über UPnP,
- einer Set-Top-Box, oder
- einem TV-Server, beispielsweise Tvheadend.

Für alle drei Varianten finden Sie in diesem Buch Umsetzungsbeispiele.

41.6.4 Die Automatisierbarkeit des Beamers

Es gelten für den Beamer ähnliche Auswahlkriterien wie auch für das Fernsehgerät. Preis und Bildqualität stehen hier im Vordergrund. Um das Gerät jedoch flexibel in ein umfassendes Automatisierungskonzept einbinden zu können, sollte es ein paar Grundanforderungen erfüllen:

- Idealerweise ist der Beamer über eine Ethernet-Verbindung fernsteuerbar und unterstützt z. B. Telnet.
- Eine andere Möglichkeit ist die Fernsteuerung über eine RS-232-Schnittstelle.
- Verfügt das Gerät über keine dieser Schnittstellen, bleibt als Lösung die Ansteuerung über IR (z. B. mit IRTrans, siehe Abschnitt 37.4, »Intelligente IR-Steuerung«).

Berechnen Sie die optimale Beamer-Position

Eine sehr gute englischsprachige Webseite mit einem hilfreichen Projektionsabstandsrechner (Projection Calculator Pro) finden Sie zur Unterstützung Ihrer Planung unter *www.projectorcentral.com/projection-calculator-pro.cfm.*

Um die Einleitung dieses Kapitels zu vervollständigen: Im Nachhinein wissen wir es, Public Viewing im eigenen Heimkino wäre sicherlich ein Erfolg geworden ... Deutschland wurde zum vierten Mal Weltmeister.

41.7 DVD- und Blu-Ray-Player

Klassischerweise schließen Sie Ihren Player über eine HDMI-Verbindung an einen AV-Receiver an, versorgen ihn mit Strom und bedienen beide Geräte über eine Fernbedienung. Automatisierbar wird der Player erst dann, wenn Sie ihn über eine der im Beamer-Kapitel (siehe Abschnitt 41.6.4, »Die Automatisierbarkeit des Beamers«) aufgeführten Schnittstellen fernsteuern. Neben Ethernet, RS-232 und IR kommt natürlich auch WLAN infrage. Eine Netzwerkverbindung über Kabel oder Funk ist normalerweise die erste Wahl (vor RS-232 und IR), da sie mit dem geringsten Hardwareaufwand auskommt und meistens bidirektional ausgeführt ist. Damit lässt sich fast immer auch der Status des Players ermitteln (z. B. der aktuelle Track), was mit einer unidirektionalen IR-Ansteuerung leider so nicht möglich ist.

Problematisch an der Automatisierung eines Blu-Ray- oder DVD-Players, wie für die meisten anderen AV-Komponenten auch, ist die Verfügbarkeit der herstellerspezifischen Protokollbeschreibungen für TCP/IP-Verbindungen und RS-232-Fernsteuerung. Sehr oft sind diese nicht zu bekommen, sodass als Ausweg nur eines bleibt: Reverse-Engineering (englisch für umgekehrt entwickeln oder nachkonstruieren). Der mitunter steinige Weg führt über einen Protokoll-Analyzer (wie z. B. Wireshark, siehe Abschnitt 19.5, »Wireshark – der Protokoll-Analyzer«). Als Kommunikationspartner zum Player benutzen Sie z. B. eine vom Hersteller entwickelte Mobile-App, steuern damit den Player und schneiden den Netzwerkverkehr mit. Das so rekonstruierte Protokollwissen verwenden Sie später, um den Player beispielsweise über einen HomeServer oder eine sonstige Logik-Engine in derselben Art und Weise wie die App anzusprechen – mühsam, aber möglich.

41.8 Videoüberwachung

Ein wachsames Auge in Form einer Kamera erhöht nicht nur die Sicherheit, sondern ist auch eine praktische Möglichkeit, einfach mal einen schnellen Blick nach draußen zu werfen.

41.8.1 Kameratypen und Einbindung

Kameras für den Außen- und Innenbereich erhalten Sie entweder als Analogkamera oder, immer beliebter, als digitales Modell (sogenannte Netzwerkkameras oder IP-Kameras). Über welche Schnittstellen die unterschiedlichen Typen in ein Automatisierungssystem eingebunden werden und welche Verkabelung dafür eingeplant werden sollte, zeigt Tabelle 41.5:

<table>
<tr><th>Typ</th><th>Einbindung</th><th>Verkabelung</th></tr>
<tr><td rowspan="3">Analoge Kameras
USB</td><td>Video (Composite, HDMI usw.) zu USB-Konverter</td><td rowspan="3">75-Ω-Videokabel
+ Versorgung (z. B. 230 V oder 12 V)
oder
75-Ω-Kombikabel (Signal + 12-V-Versorgung)
plus optional 230 V für Scheinwerfer, Heizung usw.</td></tr>
<tr><td>über Videoserver, der die analogen Kamerasignale in ein TCP/IP-Netzwerk transferiert
Produktbeispiel: Axis Video-Encoder (http://classic.www.axis.com/de/products/video/video_server)</td></tr>
<tr><td>Kamera direkt per USB am Automatisierungsrechner</td></tr>
<tr><td>Netzwerkkameras</td><td>Kamera wird direkt an TCP/IP-Netzwerk angebunden</td><td>Ethernet (inklusive PoE)
oder Ethernet + Stromversorgung
oder WLAN + Stromversorgung
plus optional 230 V für Scheinwerfer, Heizung usw.</td></tr>
</table>

Tabelle 41.5 Einbindungsmöglichkeiten von Überwachungskameras

41.8.2 Netzwerkkameras

Netzwerkkameras haben sich als moderne Alternative zu den analogen Kameras längst durchgesetzt. Sie besitzen eine eigene Intelligenz mit eigenem Mikrocontroller und sind in der Lage, über ein TCP/IP-Netzwerk (Ethernet, WLAN) zu kommunizieren. Aufgenommene Bilder versenden Sie bereits in digitaler Form über das Netzwerk. Über diese Verbindung können die Videos und Fotos mit Endgeräten wie einem PC oder Smartphone abgerufen werden. Ebenso erfolgt darüber die Steuerung des Geräts. Je nach Infrastruktur funktioniert das nicht nur im eigenen Heimnetz, sondern auch über das Internet.

Wenn Sie darauf achten, dass das Kameramodell per Power over Ethernet (PoE) mit Strom versorgt werden kann, benötigen Sie nicht mal eine Versorgungsleitung. Eine Cat.6- oder Cat.7-Leitung in Verbindung mit einem PoE-Switch bzw. PoE-Injector reicht bereits aus.

Was die Bauform betrifft, haben Sie die Wahl zwischen:

- Fixed
- Fixed Dome: in halbrunder getönter Kuppel aus Kunststoff eingebaut, Vorteil: höherer Vandalismusschutz, höhere Abschreckung, da schwer erkennbar ist, in welche Richtung die Kamera ausgerichtet ist
- PTZ-Dome: die PTZ-Funktion (Pan Tilt Zoom = Schwenk-Neige-Zoom) erlaubt die ferngesteuerte Ausrichtung und Zoomverstellung

Für die Wahl eines passenden Modells spielen weitere Ausstattungsmerkmale ebenfalls eine große Rolle. Prüfen Sie für die Kamera Ihrer Wahl auf folgende Funktionen: Innen-/Außeneinsatz, Nachtmodus (mit IR-LEDs), PoE-Unterstützung, Audiounterstützung, lokaler Speicher (SD-Karte), Bewegungserkennung, optischer Zoom, WLAN-Unterstützung, Wechselobjektiv, maximale Auflösung und unterstützte Komprimierungsverfahren.

Sie finden in folgender Übersicht eine kleine Auswahl an Herstellern von Überwachungskameras:

- D-Link (*http://www.dlink.com/de/de/business-solutions/ip_surveillance*)
- Axis (*http://classic.www.axis.com/de*)
- Instar (*http://www.instar.de*)

Kapitel 42
Netzwerkkomponenten einsetzen

Sobald Sie mehr als nur einen Rechner oder ein anderes netzwerkfähiges Gerät besitzen, werden Sie den Wunsch haben, diese miteinander zu verbinden, sprich zu vernetzen.

In den folgenden Abschnitten erfahren Sie, welche Komponenten Sie für unterschiedliche Einsatzzwecke benötigen, welche davon sich für die Realisierung Ihres vernetzten Smart Homes anbieten und welche Vor- bzw. Nachteile abgewogen werden sollten.

Außerhalb der hier vorgestellten Vernetzungsmöglichkeiten möchte ich Ihnen natürlich nicht verschweigen, dass Sie durchaus zwei Rechner ohne jegliche weitere Hardware »vernetzen« können. Ein einfaches Ethernet-Kabel, das die Netzwerkkarten der beiden Rechner verbindet, erfüllt seinen Zweck oft ebenso ausreichend. Hat einer der Rechner zusätzlich noch eine zweite Netzwerkkarte, können Sie diesem Aufbau sogar einen weiteren, dritten Rechner hinzufügen.

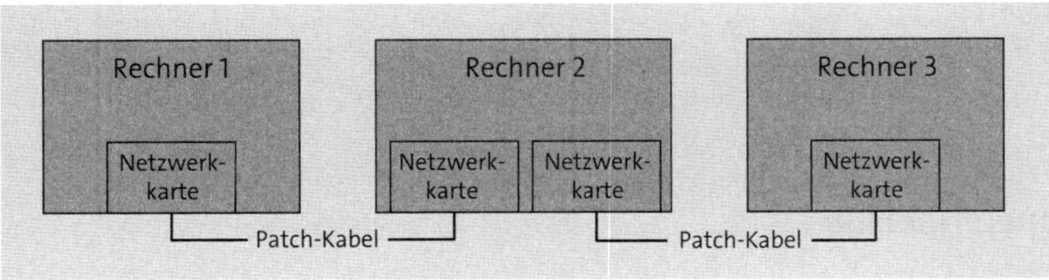

Abbildung 42.1 Rechner direkt verbinden

Für die direkte Eins-zu-eins-Verbindung (Abbildung 42.1) benötigen Sie in der Regel ein spezielles Ethernet-Kabel, das im Inneren die signalführenden Adernpaare gekreuzt hat (*Kreuzkabel* oder *Cross-Kabel*), oder Sie setzen ein herkömmliches *Patch-Kabel* (1:1-Durchgangskabel) in Verbindung mit einem *Crossover-Adapter* ein. Neuere Netzwerkadapter »überkreuzen« oft bereits die Drähte automatisch, wenn sie erkennen, dass sie mit einem normalen Ethernet-Kabel direkt mit einem anderen Netzwerkadapter verbunden werden.

Abgesehen von der skizzierten Eins-zu-eins-Vernetzung werden Sie in Ihrem Heimnetzwerk immer aktive Komponenten benötigen. In den folgenden Abschnitten möchte ich Ihnen außer Patch-Panel und Router ganz besonders die breite Familie der Hubs/Switches vorstellen. In Tabelle 42.1 finden Sie einen ersten Überblick:

Merkmal	Hub	Unmanaged Switch	Websmart-Switch	Managed Switch
Alternative Bezeichnung	Repeating Hub	Bridging Hub	Multilayer-Switch	Multilayer-Switch
OSI-Referenzmodell	Schicht 1	Schicht 2	Schicht 2	Schicht 2 oder Schicht 3
Adressen	keine eigene IP-Adresse	keine eigene IP-Adresse	IP-Adresse für Management	IP-Adresse für Management
Einsatz	sollte heutzutage durch einen Switch ersetzt werden	gut für kleine Netze, Plug-and-play	einfache Managementfunktionen	ermöglicht sehr umfangreiche Managementfunktionen
Management	keines	keines	Webzugang, teilweise auch andere Protokolle	z. B. über Web, SSH, Telnet, CLI, SNMP
Preisbeispiel (24 Ports, GBit)	–	TP-Link TL-SG1024: 95 €	TP-Link TL-SG2424: 110 €	TP-Link TL-SG3424: 143 €

Tabelle 42.1 Unterschiede zwischen Hub und Switch

42.1 Simpel: Der Hub

Sobald Sie mehr als zwei Rechner vernünftig vernetzen möchten, sollten Sie um direkte Eins-zu-eins-Verbindungen einen großen Bogen machen und stattdessen mindestens einen Hub (Abbildung 42.2) einsetzen.

Ein Hub arbeitet im OSI-Referenzmodell (siehe Abschnitt 13.1, »Das OSI-Referenzmodell«) ausschließlich auf Ebene 1, also der Bitübertragungsschicht, und kann konsequenterweise Netzwerkpakete nicht zielgerichtet an den richtigen Empfängerport verteilen. Es wird also immer ein Broadcast erzeugt.

Für das in Abbildung 42.2 gezeigte Netzwerk hätte das zur Folge, dass ein Netzwerkverkehr zwischen Rechner 1 und Rechner 2 auch auf den *Port* (Anschluss) von Rechner 3 durchgeleitet würde und sich somit die Gesamtnetzwerkbelastung erhöhte. Natürlich ignoriert Rechner 3 Pakete, die nicht für ihn bestimmt sind, aber in dem Moment ist es schon zu spät, das Paket befindet sich bereits unnötigerweise auf dem Strang an Port 3.

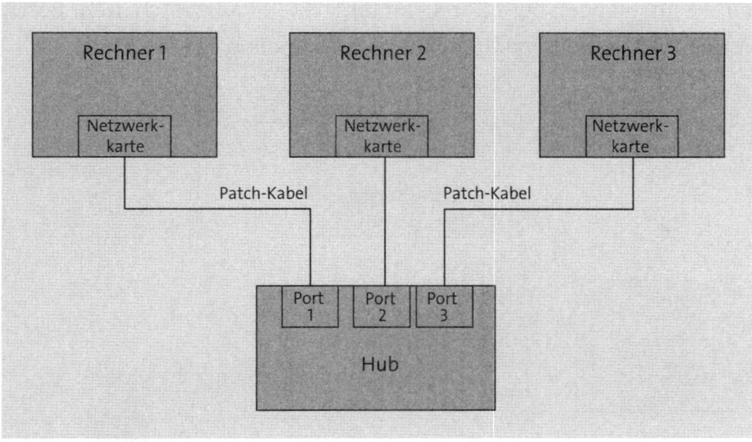

Abbildung 42.2 Netzwerkverbindung über einen Hub

Im Gegensatz zum Switch besitzt der Hub nur Ports mit gleicher Geschwindigkeit. Möchten Sie 10-MBit/s- und 100-MBit/s-Geräte gleichzeitig an einem Hub betreiben, benötigen Sie einen sogenannten Dual-Speed-Hub.

Dass Switches mittlerweile die Hubs fast vollständig abgelöst haben, liegt, außer an den schon genannten Nachteilen, auch daran, dass Hubs im Ethernet nicht beliebig kaskadiert werden können, um die Netzausdehnung zu vergrößern. Für Geschwindigkeiten ab 1 GBit/s sind Hubs zudem nicht mehr üblich.

42.2 Robust: Der Unmanaged Switch

Im Gegensatz zum Hub (siehe vorherigen Abschnitt) arbeiten Netzwerk-*Switches* im OSI-Referenzmodell auf Schicht 2 (Data Link Layer), sind also in der Lage, die MAC-Adressen der Netzwerkpakete auszuwerten, und benutzen diese Information, um Pakete nur auf die Ports weiterzureichen, an denen sie benötigt werden. Dabei geht der Switch (Beispiel in Abbildung 42.3) recht intelligent vor, er lernt selbstständig, welche Hardwareadressen an welchen Ports angeschlossen sind.

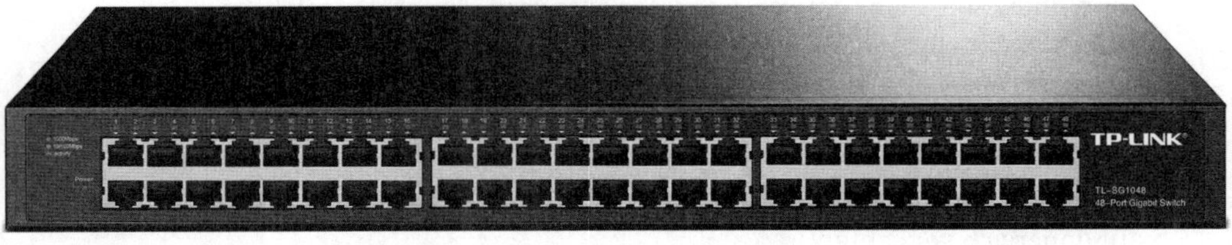

Abbildung 42.3 Unmanaged Netzwerk-Switch (Quelle: TP-LINK)

Switches bekommen Sie, angefangen bei 4 Ports, mit bis zu 24, 48 oder noch mehr Ports, auf denen das Gerät unabhängig voneinander gleichzeitig sendet und empfängt.

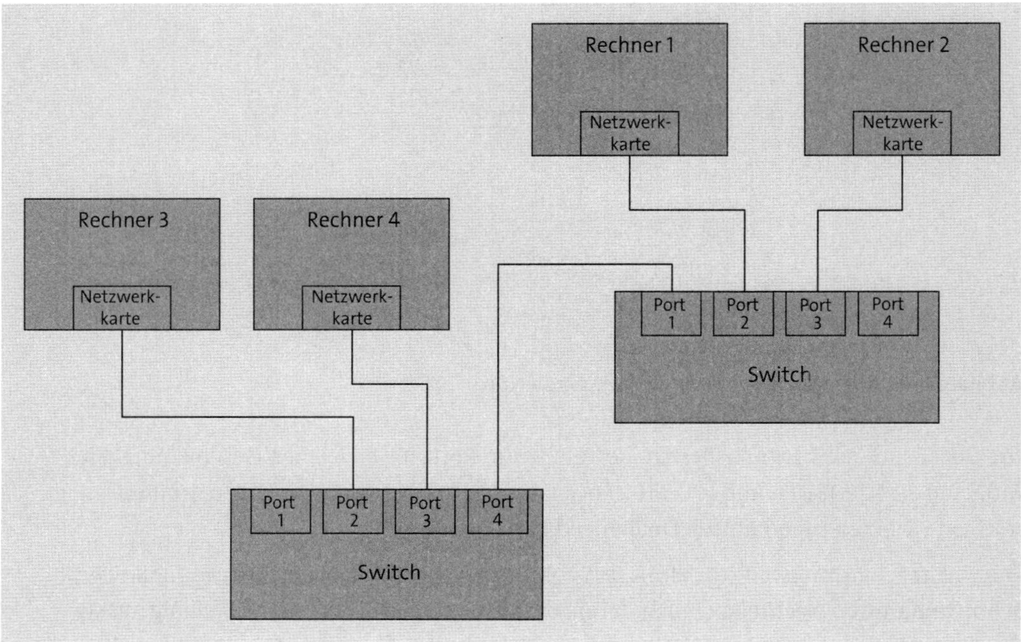

Abbildung 42.4 Netzwerkverbindung über einen Switch (kaskadiert)

Man unterscheidet prinzipiell zwei Switch-Typen: Layer 2- und Layer 3-Geräte (bzw. noch höher). Die einfacheren Modelle sind vom Typ Layer 2, sie unterstützen, wenn überhaupt, nur sehr rudimentäre Managementfunktionen, sind dafür aber ohne große Vorkenntnisse direkt einsetzbar, benötigen keinen administrativen Eingriff und funktionieren sozusagen »out-of-the-box«.

Wie Sie aus oben stehender Abbildung 42.4 sehen können, lassen sich Switches problemlos (und nahezu unbegrenzt im Gegensatz zu Hubs) verbinden (*kaskadieren*). Bei älteren Geräten muss die Verbindung über einen speziell ausgezeichneten Port (*Uplink-Port*) erfolgen, modernere Switches unterstützen Auto-MDI/MDIX, wodurch kein spezielles Kopplungskabel mehr notwendig ist. Ein Standard-Patchkabel reicht hier.

Dennoch haben Sie bei hochwertigeren Geräten alternativ die Möglichkeit, die Uplink-Ports der Switches über sogenannte *SFP-Module* (*Small Formfactor Pluggable*) mit einem speziellen Kabel (oft Glasfaser) zu verbinden (Abbildung 42.5). Damit überbrücken Sie zuverlässig auch große Entfernungen und können auf den Einsatz von Kupferkabel im Außenbereich verzichten.

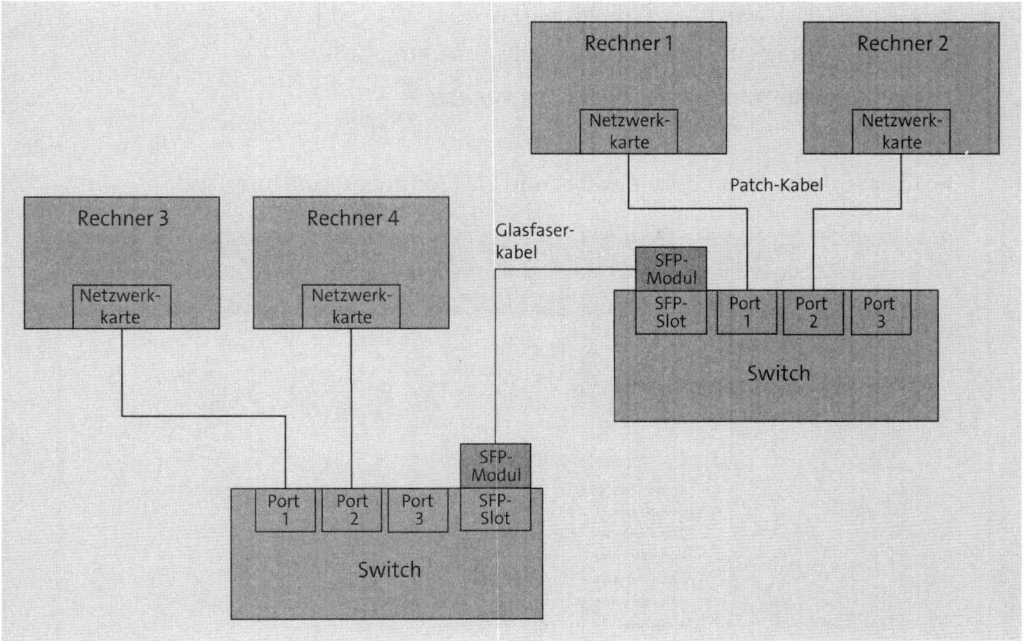

Abbildung 42.5 Netzwerkverbindung über einen Switch (mit SFP-Modul)

42.3 Flexibel: Der Managed Switch

Während die Familie der Unmanaged Switches eher einfachere Modelle sind, bieten Managed Switches mit ihren Layer 2- und Layer 3-Funktionen leistungsfähige und vielfach recht komplexe Möglichkeiten zur Konfiguration Ihres Netzwerks. Neben den grundlegenden Switch-Funktionen verfügen Managed Switches (Beispiel in Abbildung 42.6) zusätzlich über eine Vielzahl an Mechanismen zur Steigerung des Datendurchsatzes, Erhöhung der Verfügbarkeit und Verbesserung der Netzwerksicherheit sowie über Funktionen zur Diagnose und Administrationszugänge über mehrere Protokolle.

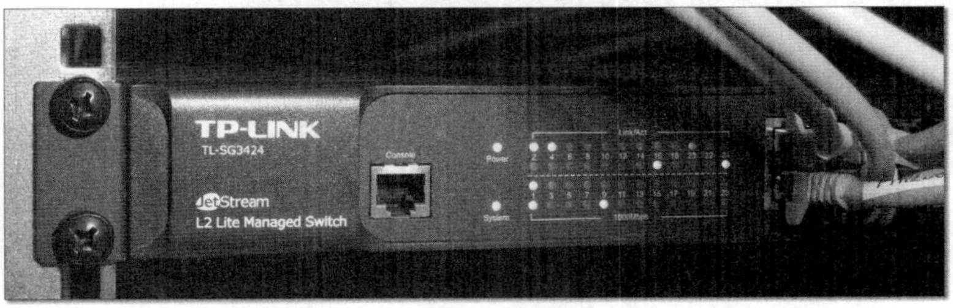

Abbildung 42.6 Managed Switch in Rack-Montage (TP-Link TL-SG3424)

Damit ein Switch zu einem *Managed Switch* wird, muss er natürlich gemanagt werden können, sprich einen Administrationszugang besitzen. Dieser wird auf eine der folgenden Arten realisiert:

- Weboberfläche (siehe Abbildung 42.7)
- Telnet-Zugang oder SSH-Zugang (siehe Abbildung 42.8)
- eine spezielle Administrations-Clientsoftware
- SNMP
- über ein spezielles Konsolenkabel und CLI (Command Line Interface)

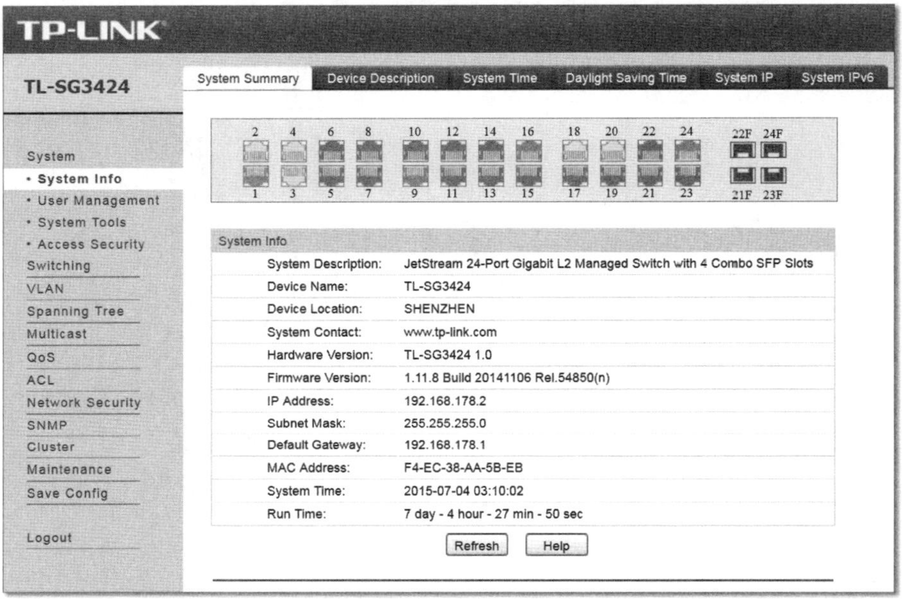

Abbildung 42.7 Weboberfläche eines Managed Switchs

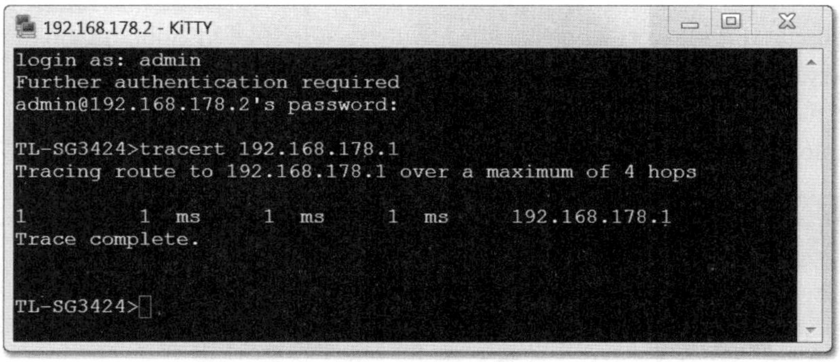

Abbildung 42.8 SSH-Zugang eines Managed Switchs

Als preiswerte Alternative zum Fully Managed Switch können auch sogenannte *Web Smart Switches* interessant sein. Sie kombinieren die Einfachheit und Benutzerfreundlichkeit eines Unmanaged Switchs mit einigen grundlegenden Administrationsfunktionen der Managed Switches (z. B. VLAN, Bandbreitenbegrenzung, Webkonfigurationszugang, Port-Mirroring, Spanning Tree usw.).

Nachteile von Switches?

Ein Switch bietet gegenüber einem Hub fast nur Vorteile, einen kleinen Nachteil möchte ich jedoch nicht unerwähnt lassen: Da ein Switch die Ethernet-Pakete nur auf dem Port ausgibt, an dem der adressierte Teilnehmer tatsächlich angeschlossen ist, können Sie mit einem Netzwerk-Sniffer (z. B. Wireshark) den restlichen Datenverkehr nicht analysieren und mitschneiden. An dieser Stelle werden Sie ein Feature, das hochwertigere Switches bieten, schätzen lernen. Gemeint ist *Port-Mirroring*.

Um diese hilfreiche Funktion zu benutzen, wird (normalerweise per Webbrowser) der Switch so konfiguriert, dass er alle Pakete, die auf den zu beobachtenden Ports übertragen werden, zusätzlich an den ausgewählten Port, mit dem der Netzwerk-Sniffer verbunden ist, *gespiegelt*.

Standardisiert ist Port-Mirroring im *SMON-Protokoll*.

42.4 Der Switch: Entscheidungshilfe

Wie Sie in den vorherigen Abschnitten vielleicht mitgenommen haben, ist die Auswahl des richtigen Switchs nicht gerade trivial. Als Unterstützung finden Sie in der folgenden Tabelle 42.2 die für den Smart-Home-Einsatz wichtigsten Kriterien und eine Einschätzung zur Wichtigkeit.

Kriterium	Erklärung und Empfehlung	Wichtigkeit
Geschwindigkeit	Achten Sie darauf, dass der Switch Gigabit-LAN (1.000 MBit/s) unterstützt, es sei denn, Sie sind sich sicher, dass auch in Zukunft nur 100-MBit/s-Geräte an dem Switch betrieben werden.	hoch
Auto-MDI/MDIX	Verhindert, dass Sie sich wegen der Art der Netzwerkkabel Gedanken machen müssen (Patch-Kabel, Crossover-Kabel).	mittel
Anzahl Ports	Ein guter Wert ist 24 (Ports), je nach Anwendungsfall aber auch weniger sinnvoll.	hoch
SFP-Ports	Zwei oder vier SFP-Ports sind hilfreich für die Verbindung von mehreren Switches untereinander.	mittel
Stromverbrauch	Max. 15 W ist ein recht guter Wert, von Vorteil ist die Leistungsreduzierung von nicht aktiven Ports.	hoch
Status-LEDs	Unterscheidung pro Port von 100-MBit/s- oder 1-GBit/s-Link und gegebenenfalls Fehlerzustand	mittel

Tabelle 42.2 Auswahlkriterien für Switch

Kriterium	Erklärung und Empfehlung	Wichtigkeit
Lautstärke	Für den Wohnbereich ideal ist ein passiv gekühltes Gerät, für den Einbau in den Serverschrank eignet sich auch ein leiser Gerätelüfter.	Hoch, wenn Einsatz im Wohnbereich
Einbaumaß	Für den Einbau in den Serverschrank sollten Sie auf ein mitgeliefertes oder zumindest optionales Einbau-Kit für 19-Zoll-Racks achten.	mittel
Speicher	Achten Sie auf ausreichend Speicher, z. B. 4 MByte Puffer und 8 kByte speicherbare MAC-Adressen.	mittel
Power over Ethernet (PoE)	sehr nützlich für den vereinfachten Anschluss (weniger Verkabelung) von z. B. Netzwerkkameras oder Access Points	mittel
Leistungssteigerung	Jumbo-Frames können, falls von allen Teilnehmern unterstützt, die Netzwerkleistung (speziell bei großen Datenmengen) verbessern, Link-Aggregation bündelt mehrere Verbindungen (vorausgesetzt, die beteiligten Rechner haben mehr als eine Netzwerkkarte) und erreicht dadurch mehr Bandbreite.	mittel
Management	Zugang zum Management des Switchs über Web, SSH, einfacher Firmware-Upgrade	hoch
Sicherheitskonzepte	IP-MAC-Port-VID-Anbindung, ACL (Access Control Lists), Portsicherheit/Isolierung, DoS-Abwehr, Storm Control, DHCP Snooping, 802.1X-Authentifizierung und Radius, VLAN-Features	hoch
Redundante Verbindungen	Spanning Tree Protocol (STP) ermöglicht redundante Verbindungen, Steigerung der Ausfallsicherheit.	mittel
Portfunktionen	Port-Mirroring für Troubleshooting mit Netzwerk-Sniffer (z. B. Wireshark)	mittel
Traffic-Management	Quality of Service (QoS, L2 bis L4) verbessert die reibungslose Übertragung. Der Administrator vergibt Prioritäten für zu bevorzugende Daten, IGMP-Snooping sorgt für optimierte Voice- und Videoanwendungen.	mittel

Tabelle 42.2 Auswahlkriterien für Switch (Forts.)

Kriterium	Erklärung und Empfehlung	Wichtigkeit
Statusabfrage	Abfrage von Statusinformationen über SNMP v1/2/3, RMON und Reaktion auf abnormale Ereignisse.	mittel
Diagnosefunktionen	Bei Problemen können abfragbare Log-Tabellen, Loopback-Tests und eingebaute Kabeltestfunktionen sowie ein Traffic-Monitor sehr hilfreich sein.	mittel

Tabelle 42.2 Auswahlkriterien für Switch (Forts.)

Ich empfehle Ihnen (gilt nicht nur für die Switch-Auswahl), vor dem Kauf auf jeden Fall das Benutzerhandbuch über die Webseite des Herstellers herunterzuladen. So sehen Sie oft sehr schnell, wie gut Sie mit Ihrem künftigen Gerät zurechtkommen werden und wie umfangreich die Produktunterstützung ist (FAQs, Firmware-Updates).

Was die Bauform betrifft, haben Sie bei Switches prinzipiell drei Möglichkeiten:

1. Standalone-Gerät (Tisch-/Desktopgerät)
2. 19-Zoll-Rack-Format
3. Hutschienen-Gerät

Wenn Sie die Möglichkeit haben, einen Serverschrank aufzustellen, sollten Sie in jedem Fall einen Switch wählen, der sich für den Einbau in ein 19-Zoll-Rack eignet. Für kleine Netzwerke (weniger als 8 Ports) oder Untersegmente bieten sich auch Hutschienengeräte an. Ein Beispiel finden Sie in folgernder Abbildung 42.9:

Abbildung 42.9 WAGO-825-111-Hutschienen-Switch (alle Rechte bei WAGO, anderweitige Nutzung des Bilds unzulässig)

Haben Sie weder die Möglichkeit der Rack-Installation noch die der Hutschienenmontage, greifen Sie auf Tischgeräte zurück, achten Sie aber bitte ganz besonders auf eine möglichst geringe Lärmentwicklung.

Zusammenfassend ergibt sich als flexible und zukunftssichere Empfehlung mit gutem Preis-Leistungs-Verhältnis ein Switch mit folgender Charakteristik:

- Managed Layer 2-Switch mit 24 Ports (GBit)
- als 19-Zoll-Rack-Version
- passiv gekühlt, maximal 15 W Verbrauch
- Preis: maximal 150 €

Diesen Switch betreiben Sie als Hauptverteiler und ergänzen ihn bei Bedarf um ein zweites, ähnliches Gerät, ebenfalls im 19-Zoll-Rack. Idealerweise, genügend Netzwerkkabel vorausgesetzt, benötigen Sie in den einzelnen Räumen keine weiteren Switches. Falls doch, ergänzen Sie das Netzwerk »vor Ort« durch sparsame und kleine (vier bis acht Ports) Unmanaged Gigabit-Switches.

Möchten Sie PoE-fähige Endgeräte betreiben, können Sie entweder einen zusätzlichen Switch mit PoE-Ports einsetzen oder die Ports Ihres nicht PoE-fähigen Geräts um sogenannte PoE-Extender erweitern (siehe Abschnitt 42.6, »Clever verkabeln mit Power over Ethernet (PoE)«).

42.5 Netzwerke koppeln: Der Router

Eine Schicht im OSI-Referenzmodell höher als der Unmanaged Switch arbeitet der *Router*. Die Hauptaufgaben dieser Schicht 3-Geräte umfassen

- die Lenkung des Datenverkehrs,
- die intelligente Wahl der Wege der Pakete im LAN (oder WAN) und
- die optimale Netzauslastung.

Der Router besitzt mehrere Interfaces (Schnittstellen), über die die angebundenen Netze erreichbar sind, und nimmt alle notwendigen Anpassungen (Schnittstellen, Übertragungsraten, Aufbau der Datenpakete) vor, wodurch er Netze mit völlig unterschiedlichen Topologien und Zugriffsverfahren miteinander verbinden kann.

Wie bereits erwähnt, arbeitet der Router in OSI-Schicht 3 (Network Layer), er entscheidet daher auch anhand der Schicht 3-Zieladressen (z. B. IP-Adresse), welcher der beste Weg zum Ziel ist, und bestimmt die passende Schnittstelle, über die die Daten weitergeleitet werden. Er bedient sich dazu einer auf dem Gerät vorhandenen Routing-Tabelle. Diese Tabelle enthält Informationen darüber, über welchen Anschluss des Routers (und welche Zwischenstation) welches Netzwerk erreichbar ist.

Router sind erheblich langsamer als Switches, weil sie die logischen Adressen jeder Bitfolge auswerten müssen. Dafür bieten sie eine bessere Trennung des Datenverkehrs und sind somit gut für komplexe und weitverzweigte Netze geeignet.

Router können verkabelt (Ethernet-Kabel) oder auch drahtlos (WLAN) sein. Wenn Sie lediglich Ihre Computer miteinander verbinden möchten, reicht ein Switch aus. Wenn jedoch alle Ihre vernetzten Computer über ein einziges Modem Internetzugang erhalten sollen, verwenden Sie einen Router oder ein Modem mit integriertem Router.

Heutzutage erhältliche Geräte beinhalten oft weit mehr als die reinen Routerfunktionalitäten und sind eher als Multifunktionsgeräte zu bezeichnen, die neben einem Internetzugang mit Switch, WLAN-Access-Point, einer DECT-Anlage und nicht selten auch mit NAS-Funktionalitäten ausgestattet sind.

Ein wahrer Tausendsassa unter den Routern ist die weitverbreitete und sehr beliebte FRITZ!Box der deutschen Firma AVM (*www.avm.de*, Abbildung 42.10). Die FRITZ!Box können Sie in mindestens einem Dutzend unterschiedlicher Varianten bekommen – für Kabel, LTE, VDSL/DSL, mit Telefonie und ohne, mit und ohne DECT-Funktionalität usw. Das derzeitige Spitzenmodell, die FRITZ!Box 7490, kostet um die 230 €, bietet dafür aber auch WLAN AC + N, fungiert als DECT-Basis, beinhaltet ein VDSL/ADSL-Modem, 4 GBit-Ethernet-Ports und zwei USB-3.0-Anschlüsse.

Abbildung 42.10 Die AVM FRITZ!Box 7490 in Wandmontage

Im Smart Home macht die FRITZ!Box eine ausgezeichnete Figur, sie lässt sich wunderbar in einen bestehenden KNX-Bus integrieren und arbeitet auch mit anderen Smart-Home-Komponenten wirkungsvoll zusammen (z. B. dem SAT-Receiver). Ein Beispiel für eine realisierbare Anwendung finden Sie in Abschnitt 57.6.4, »Lassen Sie Ihren Fernseher Telefonanrufe anzeigen«.

42.6 Clever verkabeln mit Power over Ethernet (PoE)

Power over Ethernet (*PoE*) ist eine ganz feine Sache. Bei diesem Verfahren werden netzwerkfähige Geräte (z. B. IP-Kameras) über das achtadrige Ethernet-Kabel nicht nur mit Daten, sondern auch mit Strom versorgt. Eine separate Stromversorgung benötigen Sie dabei nicht mehr, was zum einen den Verkabelungsaufwand reduziert und zum anderen die Flexibilität bei der Platzierung/Installation von PoE-fähigen Geräten erhöht.

PoE wird immer dann interessant, wenn die angeschlossenen Netzwerkgeräte relativ wenig Leistung benötigen, was z. B. typischerweise bei IP-Telefonen, Kameras, Hubs, WLAN-Access-Points, Bluetooth-Access-Points und sogar kleinen Servern der Fall ist.

42.6.1 Die Technik von PoE

Standardisiert ist PoE in der IEEE 802.3af-2003 bzw. im neueren IEEE-802.3at-2009-Standard, der die maximale Leistungsabgabe pro Port von 15,4 W auf 25,5 W erhöht. Die Versorgungsspannung beträgt 48 V, kann aber zwischen 44 V und 54 V schwanken. Als Übertragungsmedium benötigen Sie lediglich mindestens ein Twisted-Pair-Kabel ab Cat.5 (auch UTP-Kabel sind möglich) und RJ-45-Stecker. Die maximale Leistung von 15,4 W bzw. 25,5 W ist für Kabellängen bis zu 100 m möglich. Der IEEE-Standard geht dabei davon aus, dass abzüglich der Leitungsverluste 12,95 W bzw. 21,9 W vom Verbraucher aufgenommen werden dürfen.

Zur Energieübertragung werden normalerweise die freien Adern bei Ethernet-Kabeln verwendet. Freie Adern gibt es bei Standard-Ethernet (10BASE-T, 10 MBit/s) und Fast Ethernet (100BASE-TX, 100 MBit/s), aber nicht bei Gigabit-Ethernet (1000BASE-T, 1 GBit/s). Dass für Gigabit-Ethernet trotzdem PoE möglich ist, liegt daran, dass die zur Stromversorgung benötigte Gleichspannung sozusagen mit auf die Datenleitungen gelegt wird.

42.6.2 Drei Möglichkeiten zur PoE-Einspeisung

Prinzipiell haben Sie drei verschiedene Methoden, um Ihre Netzwerkgeräte mittels PoE zu versorgen:

1. **PoE-fähiger Switch**: Bei dieser besonders komfortablen Lösung sind mehrere oder sogar alle Ports des Switchs mit PoE-Einspeisung ausgerüstet. Einen 24-Port-Gigabit-PoE-Switch bekommen Sie beispielsweise von TP-Link (*www.tp-link.com*) unter der Modellbezeichnung TL-SG3424P. Der Switch stellt insgesamt 320 W für die Stromversorgung der 24 Ports zur Verfügung. Der Preis liegt bei ca. 350 € gegenüber dem Modell ohne PoE (TL-SG3424) mit ca. 140 €.
2. **PoE-Patch-Panel**: Ein Patch-Panel mit PoE-Einspeisung bietet z. B. die Firma Rutenbeck mit dem PPR 6 PoE (Preis: ca. 95 €). Das Besondere an dem für drei LAN-Anschlüsse (100 MBit/s) ausgelegten Gerät ist sein Hutschienenformat. Als Zubehör

benötigen Sie allerdings noch ein Netzteil, z. B. das Rutenbeck SVR 48 V PoE, ebenfalls im Hutschienenformat mit einer Ausgangsleistung von 48 W (Preis: ca. 67 €).

3. **PoE-Injektor**: Besteht die Notwendigkeit, nur ein paar wenige Ethernet-Leitungen mit PoE auszustatten, bietet sich ein sogenannter PoE-Injektor an, der in das Ethernet-Kabel am Eingang die PoE-Spannung injiziert, sodass am Ausgang Ethernet plus PoE anliegt. Benötigt wird ein Injektor pro zu versorgendes Gerät. Wiederum von TP-Link stammt das Produktbeispiel TL-POE150S (Abbildung 42.11), ein PoE-Injektor für Gigabit-Ethernet mit einer Leistung von bis zu 15,4 W nach IEEE 802.3af. Der Preis liegt bei ca. 15 €.

Abbildung 42.11 Gigabit-Ethernet-PoE-Injektor (Quelle: TP-LINK)

Schaltaktorkanäle mit PoE einsparen

Ein angenehmer Nebeneffekt ist, dass PoE-Endgeräte, die über einen PoE-Switch versorgt werden, durch Deaktivierung des Switch-Ports (z. B. über SNMP) stromlos geschaltet werden können – eine prima Variante, um Strom zu sparen, ohne das Endgerät über beispielsweise einen KNX-Aktor schaltbar zu machen.

Des Weiteren greift beim PoE-Anschluss eine zentrale, unterbrechungsfreie Stromversorgung (USV), an der lediglich der PoE-Switch betrieben werden muss, wesentlich effizienter.

Kapitel 43
Das Arbeitstier: Server

Ein Server hat nicht nur die Aufgabe, Daten zentralisiert zur Verfügung zu stellen, sondern kann auch als Logik-Engine und Visualisierungsrechner für eine komplette Gebäudeautomation zuständig sein.

Server haben in den Privathaushalt längst Einzug erhalten, sie dienen nicht nur zur Aufnahme großer Menge an Daten, sondern ebenso zum komfortablen File-Austausch innerhalb der Familie, einer vereinfachten Synchronisation und sogar zum Betrieb der eigenen Cloud. Webserver, Mailserver und Backup-Maschinen sind weitere beliebte Anwendungsfälle. Je nachdem, welche Erwartungen Sie an einen Server für Ihr Zuhause haben, eignet sich ein Gerät aus einer der folgenden Kategorien:

- Ausgewachsene File-Server als Konfektionsware oder Selbstbauprojekt (siehe Abschnitt 43.1) sind am besten auf den individuellen Einsatzzweck anpassbar und in ihrer Leistung je nach Ausbau kaum begrenzt.
- Rechenzwerge wie der Raspberry Pi oder Cubietruck (siehe Abschnitt 43.2) bieten zwar nur begrenzt Rechenpower und I/O-Bandbreite, sind dafür aber günstig, sehr stromsparend und gut geeignet für den gewillten Bastler.
- NAS-Systeme (siehe Abschnitt 44.3, »Network Attached Storage (NAS)«) kommen mit vorinstalliertem Linux, sehr guten Bedienoberflächen über Webbrowser und oft sehr üppiger Ausstattung.
- Auf die Heimautomatisierung zugeschnittene Server (siehe Abschnitt 34.2) sind sozusagen die Spezialisten im Smart Home und sehr gut auf dieses Umfeld abgestimmt.

In den folgenden Abschnitten finden Sie konkrete Beispiele für die Modellauswahl von klassischen Linux-Servern und den aktuell sehr beliebten Kleinstrechnern. Den Themen NAS und Automatisierungsserver sind eigene Kapitel gewidmet.

43.1 Der klassische Linux-Server

Sehen wir uns an, welche Möglichkeiten sich bei der Auswahl einer geeigneten Serverhardware ergeben und welche Betriebssysteme sich dafür besonders eignen:

- Der Bau eines **eigenen Servers** ist die flexibelste Art und Weise, zu exakt dem Gerät zu kommen, das Ihren persönlichen Anforderungen entspricht. Entsprechendes Fachwissen, Geduld, Lernbereitschaft und Motivation vorausgesetzt, ermöglicht der Eigenbau tolle Lösungen zu erstaunlich niedrigen Preisen.

- Den **Mini-Server** können Sie selbst mit zusätzlichen Festplatten, mehr RAM oder PCIe-Karten erweitern. Ansehnliche Kleinserver mit einer guten Mischung aus Preis, Leistung, Stromverbrauch und Lautstärke finden Sie z. B. bei Hewlett-Packard (*www.hp.de*). Den ProLiant-Microserver bekommen Sie in mehreren Ausstattungsvarianten. Zwei von ihnen, ein Generation 8-Celeron-Modell und ein Vorgänger (Generation 7) mit AMD-Prozessor habe ich Ihnen als Beispiel aufgeführt:
  - Microserver HP ProLiant Gen8 (Celeron G1610T 2,3 GHz, 4 GByte RAM, 1 TByte Festplatte), Preis: ca. 300 €
  - Server HP ProLiant G7 Micro N54L (AMD Turion II Neo, 2,2 GHz, 4 GByte RAM, keine HDD, 4-Bay), Preis: ca. 230 €

  Ein anderes interessantes Gerät stammt von Dell. Der PowerEdge T20 kommt mit ECC-Arbeitsspeicher, Intel Xeon E3 und Platz für bis zu vier 3,5-Zoll-SATA-Festplatten. Der Preis liegt bei günstigen 300 €.
- Der **Kleinstrechner** kombiniert moderne Technik mit geringsten Gehäusemaßen und wird eventuell durch RAM-Speicher und Massenspeicher komplettiert. Ein wirklich tolles Gerät dieser Kategorie stellt z. B. der Intel NUC dar, den ich Ihnen in Abschnitt 43.1.1 vorstelle.
- Ein fertiges **NAS-System** mit Serverfunktionalität bekommen Sie beispielsweise von QNAP, Synology oder Buffalo. Dem Thema NAS habe ich ebenfalls einen eigenen Abschnitt gewidmet (siehe Abschnitt 44.3).
- Einen **konfektionierten Server** gibt es als 19-Zoll-Rack-Einbauvariante von z. B. Thomas Krenn (*www.thomas-krenn.de*).
- Nicht zuletzt lässt sich auch aus einem **ausrangierten PC** ein voll funktionierender Server gestalten. Je nach Stromhunger der alten Hardware ist die Freude über die kostenlose Anschaffung jedoch sehr schnell getrübt. Darüber hinaus ist die Wahrscheinlichkeit eines Defekts bei einem in die Jahre gekommenen Rechners relativ hoch, und passende Ersatzteile sind eventuell schwierig zu beschaffen.

43.1.1 Der Intel-NUC

Mit dem Intel NUC (*Next Unit of Computing*, Abbildung 43.1) bekommen Sie auf nur ca. 11 × 11 cm ein wahres Kraftpaket an Rechenleistung, I/O-Leistung und Anschlüssen. Intel bietet den NUC entweder als reines Mainboard (Board) oder komplett mit Gehäuse (Kit) an. RAM-Speicher (Achtung: nur 1,35 V DIMM verwenden), einen Massenspeicher (vorzugsweise eine mSATA-SSD) und ein Betriebssystem müssen Sie separat erwerben, sie sind nicht Bestandteil des Kits.

Abbildung 43.1 Der Intel NUC, montiert auf der beiliegenden VESA-Halterung

Intel produziert den NUC in mehreren Prozessorvarianten: entweder als leistungsstarke Core-i3- oder -i5-Modelle, mit Celeron oder mit stromsparender Atom-CPU. Die folgende Tabelle 43.1 führt die wichtigsten technischen Daten der i3- und i5-Modelle (Generation 2014) auf:

	D34010WYK (Kit) **D34010WYB (Board)**	**D54250WYK (Kit)** **D54250WYB (Board)**
CPU	Core™ i3-4010U (4. Gen), 1,7 GHz Dual-Core, 3 MByte Smart-Cache	Core™ i5-4250U (4. Gen), 1,3–2,6 GHz Dual-Core, 3 MByte Smart-Cache
RAM	max. 16 GByte 1600/1333 MHz, 1,35-V-DDR3-Speicher, nicht im Lieferumfang	
Grafikkarte	Intel® HD-Grafik 4400	Intel® HD-Grafik 5000
Video	▸ Mini DisplayPort 1.2 (4K und Audiounterstützung) ▸ HDMI 1.4a (mit Audiounterstützung)	
Audio	▸ Intel® HD-Audio 7.1 ▸ Stereomikrofonbuchse	
USB	▸ 2 × USB 3.0 (Vorderseite) ▸ 2 × USB 3.0 (Rückseite) ▸ 2 × USB 2.0 (interne Ports)	

Tabelle 43.1 Die Intel-NUC-Familie

	D34010WYK (Kit) D34010WYB (Board)	D54250WYK (Kit) D54250WYB (Board)
LAN	Intel®-Gigabit-Ethernet-Controller	
SATA	1 × SATA (intern), 6 GBit/s	
Infrarot	Infrarotempfänger (Vorderseite)	
PCI	▶ Mini-PCI-Express, volle Länge (mSATA-Unterstützung) ▶ Mini-PCI-Express, halbe Länge	
Netzteil	19 V, 65 W	
Bedienelemente	Reset, HDD-LED, Power-LED, Power-Button	
Gehäusegröße (bei Kit-Version)	116,6 mm × 112,0 mm × 34,5 mm	
Preis	Kit: ca. 288 €	Kit: ca. 327 €

Tabelle 43.1 Die Intel-NUC-Familie (Forts.)

Beide Kit-Modelle erhalten Sie seit Kurzem auch in leicht vergrößerter Gehäusevariante (116,6 mm × 112,0 mm × 49,5 mm), die dann den direkten Anschluss einer internen 2,5-Zoll-HDD oder -SDD erlauben. Die Modellbezeichnung ist analog zu Tabelle 43.1, allerdings mit einem abschließenden »H«. Weitere Modellvarianten sind die die Celeron-NUC als Kit (DN2820FYKH) und der NUC mit Atomprozessor, als Kit (DE3815TYKHE) und Board (DE3815TYBE).

43.1.2 Der HP-ProLiant-Microserver Gen8

Die Bezeichnung *ProLiant* findet sich bei HP normalerweise nur bei 19-Zoll-Rack-Servern im Namen, aber durch die Ergänzung *Microserver* deutet sie bereits auf einen etwas anderen Einsatzbereich hin. Es handelt sich um ein sehr kleines Komplettsystem, das einen Kompromiss zwischen Mini-Server und NAS darstellt und bevorzugt für kleine Firmen und den Heimgebrauch ausgelegt ist. Die mittlerweile achte Generation der ProLiant-Microserver setzt durchgehend auf Intel-CPUs, Sie können zwischen drei Typen wählen:

- Celeron G1610T, 2 × 2,3 GHz, 2 MByte L3, 35 W TDP
- Pentium G2020T, 2 × 2,5 GHz, 3 MByte L3, 35 W TDP
- Xeon E3-1220L v2, 2 × 2.30 GHz, HT, 3 MByte L3, 17 W TDP

Den je nach Modell unterschiedlichen groß bestückten RAM-Speicher können Sie auf bis zu 16 GByte ausbauen, an Festplatteneinschüben sind vier Stück vorhanden (3,5 Zoll, SATA III/II), die allerdings leider nicht Hot-Plug-fähig sind. Für externe Erweiterungen oder zum Anschluss von Tastatur und Maus sind sechs USB-Ports verfügbar sowie ein PCIe 2.0 × 16 Low Profile-Steckplatz. Die eingebaute Matrox-G200-Grafik ist recht schwach auf der Brust, was für einen Server allerdings verschmerzbar sein sollte.

Für diese Preisklasse nicht selbstverständlich sind insgesamt drei GBit-Netzwerkschnittstellen, von denen allerdings eine fest der Server-Remote-Managementschnittstelle HP iLO4 (*Integrated Lights Out*) zugeordnet ist.

HP iLO4 (Abbildung 43.2) bietet eine sehr spannende Möglichkeit, Ihren Server über ein leistungsfähiges Webinterface zu administrieren. Da iLO sozusagen ein eigenständiger Rechner im Rechner ist, funktioniert der Managementzugriff auch bei abgeschaltetem Server. Eine spezielle Software benötigen Sie weder serverseitig noch seitens der Clients.

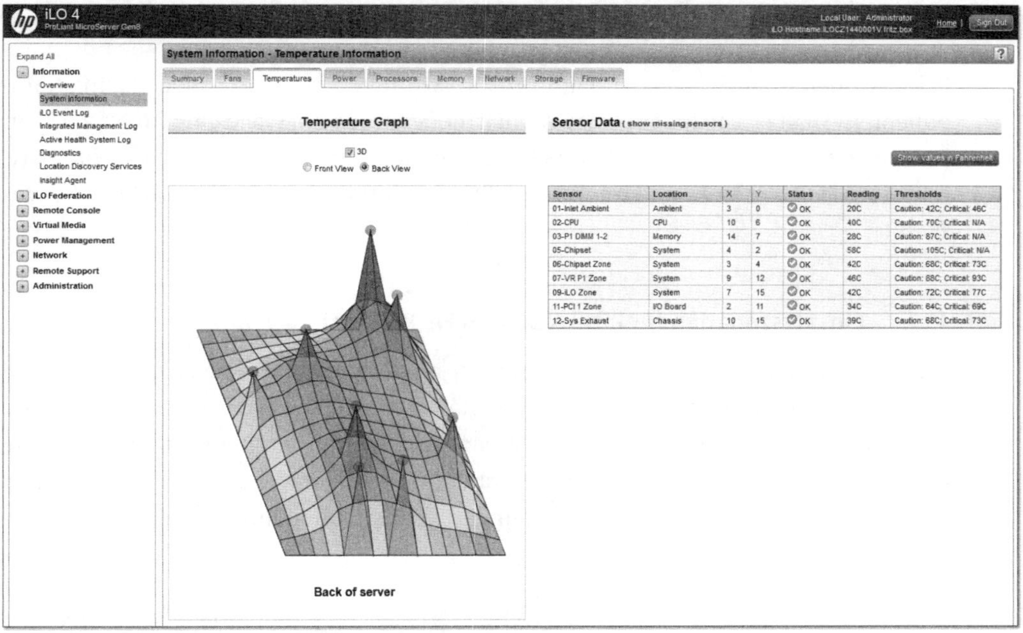

Abbildung 43.2 Der iLO4-Webzugriff (hier: Temperatursensoren)

Zum endgültigen Glück vermisst man beim integrierten HP Dynamic Smart Array B120i-Controller jedoch den RAID 5-Modus und die Hot-Swap-Fähigkeit. RAID 0, 1 und RAID 10 werden aber unterstützt.

Optisch ist der ProLiant-Microserver (siehe Abbildung 43.3) ein Hingucker, zwar wird er vermutlich im dunklen Serverschrank stehen, aber trotzdem – der qualitativ hochwertige Look kann überzeugen.

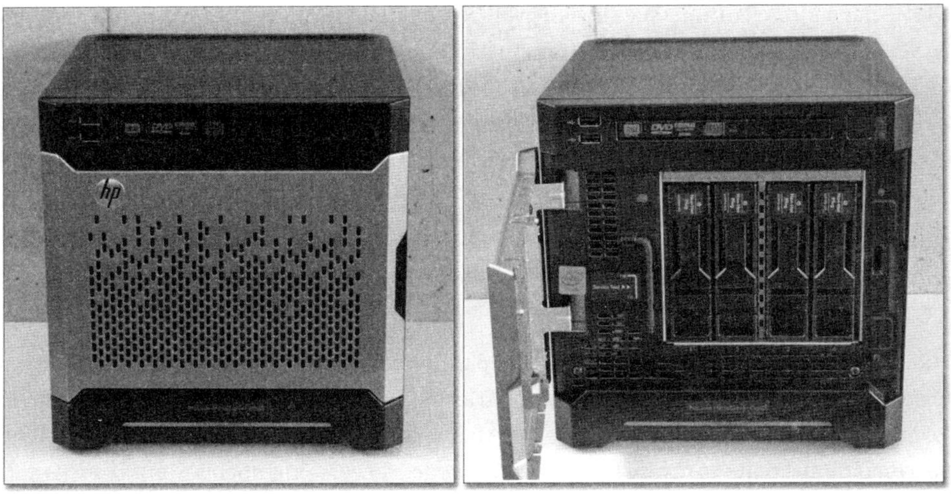

Abbildung 43.3 Der HP-ProLiant-Microserver Gen8

Beim Stromverbrauch (siehe Abschnitt 24.8.1, »Stromverbrauch von Smart-Home-Komponenten«) hält er sich für ein 4-Bay-Modell moderat. Sowohl Wake-On-LAN als auch ein ferngesteuerter Shutdown mit knockd (siehe Abschnitt 50.9, »knockd – ein Port-Knocking-Server«) funktionieren auf dem ProLiant einwandfrei und helfen beim Stromsparen.

43.1.3 Einsatzszenarien für Intel NUC und HP ProLiant

Wenn wir, bereits als Vorgriff, die Tabelle der möglichen Einsatzszenarien aus Tabelle 43.10 heranziehen, ergibt sich für den NUC ein durchgehend grünes Bild. Ebenso eignet sich der HP-Microserver für fast alle Einsatzszenarien im Smart Home (siehe Tabelle 43.2). Abstriche müssen Sie lediglich bei grafikintensiven Anwendungen machen, dafür ist er aber als NAS oder Fileserver mit seinen vier Festplatteneinschüben geradezu prädestiniert.

Einsatzzweck	i3-NUC	i5-NUC	HP-ProLiant-Microserver
eibd	gut	gut	gut
owfs	gut	gut	gut
Grafana, InfluxDB	gut	gut	gut
FHEM	gut	gut	gut
openHAB	gut	gut	gut
SmartHome.py und smartVISU	gut	gut	gut

Tabelle 43.2 Einsatzszenarien für NUC und ProLiant-Microserver

Einsatzzweck	i3-NUC	i5-NUC	HP-ProLiant-Microserver
Webserver	gut	gut	gut
Fileserver oder NAS	gut	gut	gut
Audio, MPD	gut	gut	gut
Video, Kodi	gut	gut	ungeeignet

Tabelle 43.2 Einsatzszenarien für NUC und ProLiant-Microserver (Forts.)

43.1.4 Geben Sie Ihrem Server ein Betriebssystem

Die Frage nach dem richtigen Betriebssystem für Ihren Server kann, ohne einen Glaubenskrieg auszulösen, kaum beantwortet werden. Das beste Serverbetriebssystem gibt es schlichtweg nicht, die Wahl hängt sehr stark von mehreren Faktoren ab. Um nur einige zu nennen, sind das:

- Art und Leistung der zur Verfügung stehenden Hardware
- Anforderungen der (Benutzer-)Software, die betrieben werden soll
- Preis und Wartung
- Kenntnisse des Administrators
- persönliche Vorlieben und Geschmack

Stellt man die Anforderungen der Heimautomatisierungsszene den Eigenschaften der unterschiedlichen Betriebssysteme aus der Windows- und Linux/UNIX-Welt gegenüber und geht davon aus, dass Sie als Käufer dieses Buchs und künftiger Smart-Home-Bewohner nicht vor (leistungsfähigen) Selbstbaulösungen zurückschrecken und gleichzeitig froh über ein komplett kostenloses Betriebssystem sind, gehen die Linux/Unix-artigen Systeme als Sieger hervor (siehe Tabelle 43.3):

Betriebssystem	Eigenschaften
FreeBSD *www.freebsd.org*	▸ freies, UNIX-artiges Betriebssystem ▸ gut geeignet für Server, mit speziellen Features wie Jails, Portsystem und einer starken Firewall ▸ sehr gutes Onlinehandbuch ▸ bekannte Distributionen wie FreeNAS und NAS4Free
CentOS *www.centos.org*	▸ kostenlose Linux-Distribution, basierend auf RHEL (Red Hat Enterprise Linux) ▸ 10 Jahre Support-Cycle

Tabelle 43.3 Auswahl kostenloser Serverbetriebssysteme

Betriebssystem	Eigenschaften
Ubuntu Server LTS *www.ubuntu.com/server*	▸ Ubuntu Linux basiert auf Debian ▸ Update-Zyklus: 6 Monate ▸ 5 Jahre Support-Cycle (LTS-Versionen)
Debian *www.debian.org*	▸ Linux mit sehr guter Unterstützung von ARM-basierten Embedded Systemen (z. B. Raspberry Pi) ▸ ca. 37.500 verschiedene SW-Pakete ▸ ca. 3 Jahre Support-Cycle

Tabelle 43.3 Auswahl kostenloser Serverbetriebssysteme (Forts.)

Die Frage nach dem richtigen OS ist damit zwar noch nicht beantwortet, muss sie aber auch nicht. Die Betriebssysteme in der oben stehenden Beispieltabelle eignen sich alle für den Betrieb eines Heimservers bzw. Automatisierungsservers. Wenn Sie den Beispielen aus diesem Buch möglichst eins zu eins folgen möchten (Übersicht siehe Abschnitt 4.1 »Wegweiser«), bietet es sich an, mit Ubuntu und Debian zu arbeiten, genauer:

- **Debian 7.x (Wheezy)** für alle Raspberry Pi-Anwendungen (Raspbian)
- **Ubuntu 14.04 (Trusty Tahr) LTS** für alle Intel-NUC-Beispiele und als OS der virtuellen Maschinen (VirtualBox)

Eine sehr gute Webseite, wenn Sie sich für Linux-Distributionen interessieren, ist übrigens *www.distrowatch.com*. Täglich trudeln dort Neuigkeiten zu allen Distributionen ein, die Rang und Namen haben.

Falls Sie sich ganz frisch mit den Linux-Betriebssystemen auseinandersetzen, helfen Ihnen gut aufgearbeitete und freie Dokumentationen weiter: Für Debian-Benutzer empfiehlt sich das deutschsprachige Anwenderhandbuch unter *www.debiananwenderhandbuch.de/index.html* und für Ubuntu das ebenfalls in Deutsch verfügbare Ubuntu Manual Project (*www.ubuntu-manual.org/downloads*).

Spezialisierte Distributionen

Neben den typischen Serverbetriebssystemen sind für den Einsatz im Heimbereich auch Distributionen geeignet, die sich durch spezielle NAS-Funktionalitäten auszeichnen. Drei geeignete Kandidaten sind:

- **FreeNAS** (basierend auf FreeBSD)
- **OpenMediaVault** (basierend auf Debian)
- **Zentyal** (basierend auf Ubuntu)

Während die NAS-Softwarepakete FreeNAS und OpenMediaVault als eigenständig zu installierende Images verpackt sind, lässt sich die Serversoftware Zentyal wunderbar zu einer bereits bestehenden Ubuntu-Installation hinzufügen.

Zentyal bietet ein respektables Paket aus z. B. Groupware, Mail-, Druck-, Webserver, DNS- und DHCP-Service, ist über eine ansprechende Weboberfläche administrierbar und wirbt mit Kompatibilität zu Microsoft Exchange Server-Protokollen und Active Directory. In der sogenannten Community Edition ist Zentyal sogar kostenlos.

Zentyal für Ubuntu installieren

Basierend auf dem System Ubuntu 14.04 Server Edition, können Sie Zentyal ganz einfach über folgende Prozedur installieren:

- Editieren Sie das File */etc/apt/sources.list* und fügen Sie am Ende `deb http://archive.zentyal.org/zentyal 4.0 main` hinzu.
- Importieren Sie den Public Key durch das Shell-Kommando `wget -q http://keys.zentyal.org/zentyal-4.0-archive.asc -O- | sudo apt-key add -`.
- Installieren Sie Zentyal mit:

```
sudo apt-get update
sudo apt-get install zentyal
```

Nach erfolgreicher Installation können Sie jederzeit über einen Browser auf Ihr Serversystem zugreifen, benutzen Sie bitte für die URL die Adresse Ihres Servers mit dem Port 8443 (also z. B. *http://192.168.178.10:8443*). Über diese Webseite führen Sie auch die geführte Ersteinrichtung von Zentyal durch, nach deren Abschluss Sie das Dashboard präsentiert bekommen (siehe Abbildung 43.4):

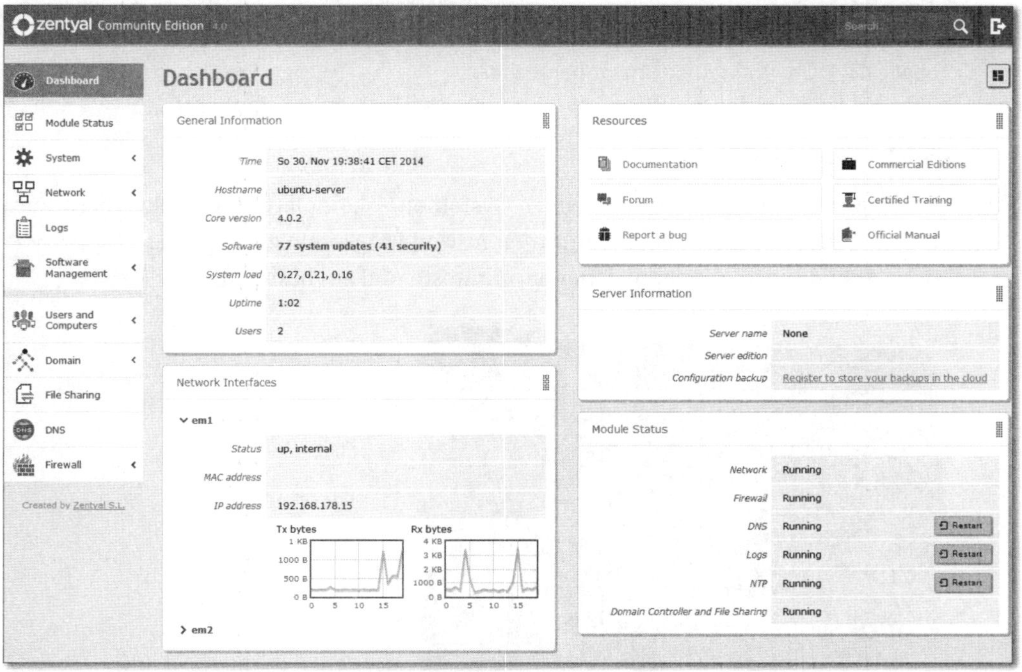

Abbildung 43.4 Das Zentyal-Dashboard

43.2 Klein und modern: Raspberry Pi, BeagleBone Black & Co.

In den letzten zwei Jahren haben Low-Cost-Boards in der Entwicklerwelt einen enormen Popularitätsschub erfahren. Mit ausgelöst wurde das große Interesse vor allem durch den Markterfolg des Raspberry Pi. Starke Communitys, die in immer kürzeren Abständen Linux-Distributionen und leistungsfähige Open-Source-Projekte der Allgemeinheit zur Verfügung stellen sowie wertvolle Unterstützung für Einsteiger und Profis leisten, tragen wesentlich zur Verbreitung bei.

Auch wird die Hardware der kompakten und stromsparenden Plattformen immer leistungsfähiger, was zusätzliche neue Anwendungsgebiete erschließt. Eines davon ist das breite Gebiet der Heimautomation – und damit sind wir beim richtigen Thema.

Sehr faire Preise ermöglichen jedem Hobbyentwickler und angehenden Smart-Home-Automatisierer, kreativ und innovativ zu sein und Systeme zu entwickeln, die Spaß machen und das Leben bereichern. Folgende Übersicht in Tabelle 43.4 zeigt Ihnen, was derzeit »hipp« ist:

Gerät	Webseite	Preis
Raspberry Pi (diverse Modelle)	*www.raspberrypi.org*	ab ca. 35 €
BeagleBone Black	*www.beagleboard.org*	ca. 60 €
Cubietruck (Cubieboard 3)	*www.cubieboard.org*	ab ca. 90 €
Odroid U3	*www.hardkernel.com*	ca. 70 €

Tabelle 43.4 Übersicht über Einplatinenrechner

43.2.1 Raspberry Pi

Von den hier vorgestellten Embedded Systemen – kompletten Mini-Rechnern zum Low-Cost-Preis, aber mit einem enormen Anwendungspotenzial – ist der *Raspberry Pi* (siehe Abbildung 43.5) sicherlich der berühmteste und am besten unterstützte.

Abbildung 43.5 Der Raspberry Pi 2, Modell B

Er kam Anfang 2012 auf den Markt, verkaufte sich bis heute (Februar 2015) rund 5 Millionen Mal und darf getrost als Auslöser für den großen Hype um die leistungsfähigen Winzlinge betrachtet werden. Cubieboard, Beagleboard & Co. machen dem kleinen Pi seit einiger Zeit Konkurrenz, heben sie sich doch durch kräftigere Prozessoren und bessere Ausstattung ab.

Technische Daten des Raspberry Pi (B-Modell)

Gegenüber dem ursprünglichen A-Modell besitzt das Modell B (Tabelle 43.5) doppelt so viel RAM, einen zweiten USB-Anschluss, eine Ethernet-Schnittstelle und mehr Status-LEDs, es ist dafür aber auch nicht mehr ganz so sparsam wie der Ur-Pi. Bei den maximal 3,5 W des B-Modells sollte das aber trotzdem verschmerzbar sein.

Merkmal	Ausstattung
Prozessor	Broadcom BCM2835 SoC (ARM1176JZFS v6 mit VPU und DSP), 700 MHz
RAM	512 MByte, 400 MHz
Grafik	Videocore IV, Dual Core, 128 KByte L2-Cache, 250 MHz, unterstützt OpenGL ES 2.0
Stromversorgung	5 V über Micro-USB-Anschluss
Anzeigen	5 Status LEDs (Power, SD-Card-Zugriff, LAN 10/100 MBit, LAN-Full-Duplex, LAN-Link/-Zugriff)
Netzwerk	Ethernet: 100 MBits/s, RJ-45, intern über den USB-Controller angebunden
USB	2 × USB 2.0 über internen Hub
SD/MMC	SD Memory Card Slot (SDHC),
Video	HDMI 1.3a, Composite Video
Audio	3,5-mm-Stereo-Audio und Audio über HDMI
I/O-Ports	▸ 26-Pin-Port mit 5 V, 3,3 V, GND ▸ 17 × 3,3-V-GPIO-Pins (SPI, I2C, UART) mit 2–16 mA ▸ Camera Interface Port (CSI-2) und LCD Interface Port (DSI)
Größe	85,60 mm × 53,98 mm × 17 mm
Leistungsaufnahme	max. 3,5 W

Tabelle 43.5 Technische Daten des Raspberry Pi (B-Modell)

Merkmal	Ausstattung
Unterstützte Betriebssysteme	empfohlen: ▶ Raspbian (Debian 7-basiert, mit LXDE-Oberfläche) ▶ Arch Linux, Pidora (Fedora), Kali Linux, OpenSUSE ▶ Kodi-Distributionen (OpenELEC, Raspbmc, XBian) ▶ Android ▶ RISC OS 5, FreeBSD, NetBSD Mit dem Bootloader *BerryBoot* können auch mehrere Betriebssysteme von einer SD-Karte gebootet werden.
Interaktive Hardwarebeschreibung	*http://raspmap.everpi.net*

Tabelle 43.5 Technische Daten des Raspberry Pi (B-Modell) (Forts.)

Das neue Modell B+ – Was hat sich geändert?

Seit Juli 2014 existiert zudem ein überarbeitetes B-Modell, der RasPi B+. Der neueste Spross besitzt jetzt vier USB-Ports, eine auf 40 Pins erweiterte GPIO-Leiste, eine verbesserte Spannungsregelung und einen Slot für microSD (statt wie bisher für größere SD-Karten). Auf der Platine selbst leuchten jetzt nur noch zwei LEDs: eine bei angeschlossenem Netzteil, die zweite bei Zugriff auf die microSD-Karte. Zudem ist der auffällig gelbe FBAS-Anschluss verschwunden. Er wurde beim Modell B+ mit dem Audioausgang vereint. Zwar sind die Maße das Raspberry Pi B+ gleich geblieben, aufgrund der veränderten Anschlüsse passt das neue Modell allerdings nicht mehr in das Gehäuse seiner Vorgänger.

Die vier USB-2.0-Ports können insgesamt maximal 1,7 A Strom bereitstellen, laut Spezifikation müssten es jedoch 4 × 500 mA, also 2 A sein. Die Mindestempfehlung für das Netzteil lautet jetzt ebenfalls 2 A. Insgesamt ist es bei der Neuauflage aber gelungen, den Gesamtstromverbrauch zu senken. So verbraucht der Winzling beim Abspielen eines Videos (Kodi) nur noch 2,3 W statt 3,5 W, ebenso sinkt die Prozessortemperatur um ca. 7 auf 40 °C. Einer der großen Kritikpunkte des B-Modells, die miese Audioqualität am analogen Anschluss, verbessert sich beim B+-Raspberry deutlich.

Wenn aus einer Himbeere eine Banane wird

Der aus China stammende Nachbau das Raspberry Pi, der *Banana Pi*, sieht auf den ersten Blick aus wie ein Klon des aus Großbritannien stammendes Originals. Die deutlichsten Unterschiede zum B-Modell des RasPi sind:

- Allwinner A20 (ARM Cortex-A7 Dual-Core, 1 GHz, Mali400MP2-GPU)
- 1 GByte DDR3-RAM
- Gigabit-Ethernet

- 3 Bedien-Buttons (Power, Reset, Uboot-Key)
- IR-Receiver
- SATA-Anschluss

Damit liegt der Banana Pi in einer ähnlichen Leistungsklasse wie z. B. das Cubieboard 2. Um sämtliche Komponenten mit ausreichend Strom versorgen zu können, sollte mindestens ein 2-A-Netzteil verwendet werden, der Raspberry begnügt sich dagegen noch mit 750 mA.

Beim Betriebssystem kann bereits aus einer stattlichen Menge an Distributionen gewählt werden: Arch Linux, Lubuntu, Raspbian, Fedora, Open Media Vault, Gentoo, Android und OpenSUSE, um nur einige zu nennen. Android läuft derzeit nur sehr dürftig auf dem Banana Pi, wohingegen sich Lubuntu wesentlich flüssiger anfühlt als auf dem Original.

Inzwischen gibt es den Banana Pi auch mit CE-Siegel in Deutschland, er kostet aber mit ca. 50 € ein gutes Stück mehr im Vergleich zur Himbeere. Als Nachteil des Banana Pi muss klar erwähnt werden, dass die zahlreichen Hardwareerweiterungsplatinen des Raspberry leider aufgrund des unterschiedlichen Platinenlayouts nicht kompatibel sind. Auch passt der Neue nicht in bereits bestehende Gehäuse. Die Bananen-Community ist im Vergleich zur Himbeer-Community außerdem nur einen Bruchteil so stark.

Wer mit der Leistung des Original-Pi unzufrieden ist, Wert auf einen SATA-Anschluss legt oder einfach die gängigen Linux-Distributionen deutlich flotter bedienen möchte, findet mit dem Banana Pi sicherlich eine spannende Alternative.

Sehen Sie sich bei Interesse am besten immer mal wieder die beiden Webseiten *www.bananapi.org* und *wiki.lemaker.org* an.

Nochmals draufgelegt: der Raspberry Pi 2

Die Raspberry Pi Foundation hat mit der Entwicklung eines neuen Pi, dem Pi 2, die Messlatte nochmals höher gelegt. Hauptunterschiede zum Vorgänger sind der deutlich kräftigere Prozessor und die RAM-Größe, gleich geblieben sind hingegen GPU, USB und Ethernet, Board-Größe, GPIO-Belegung und Preis (siehe Tabelle 43.6).

Unterschied	Pi 1 Modell B+	Pi 2 Modell B
Prozessor	Broadcom BCM2835 1 × 700 MHz	Broadcom BCM2836 4 × 900 MHz
RAM	1 × 512 MByte	2 × 512 MByte
Architektur	ARMv6-Architektur	ARMv7-Architektur
Bootvorgang	ca. 30 Sekunden	ca. 15 Sekunden

Tabelle 43.6 Unterschied RasPi 1 und RasPi 2

Für die ARMv7-Architektur des neuen Pi sind weitere Betriebssysteme gegenüber dem alten Pi verfügbar, so z. B. eine spezielle Windows 10-Version (IoT Core). Der neue BCM2836 SoC (System on a Chip) ist ausreichend kräftig, sodass sogar der Multimedia-König Kodi (siehe Abschnitt 49.3, »Kodi, ehemals XBMC – ein luxuriöses Multimedia-Frontend«) wieder richtig flott läuft.

43.2.2 BeagleBone Black

Das ursprüngliche Mitte 2008 vorgestellte BeagleBoard ist ein kostengünstiger Einplatinencomputer, basierend auf einem SoC von Texas Instruments (OMAP3530). Das Hardwaredesign ist frei und darf kostenlos heruntergeladen werden. Die in diesem Buch vorgestellte Weiterentwicklung, das *BeagleBone Black* (*BBB*) (Abbildung 43.6) ist noch relativ neu (2013) und bietet als Besonderheit unter anderem ein 4 GByte großes internes Flash, auf dem bereits Ångström-Linux vorinstalliert ist. Das System unterstützt aber diverse weitere Distributionen wie Ubuntu, Debian und sogar QNX und Windows Embedded.

Abbildung 43.6 Das BeagleBone Black

Technische Daten des BeagleBone Black

Die aktuelle Board-Version ist mittlerweile *Rev.C*. Achten Sie beim Kauf bitte darauf, keine ältere Version zu erhalten. Die wichtigsten technischen Daten der Rev.C finden Sie hier in Tabelle 43.7:

Merkmal	Ausstattung
Prozessor	AM335x 1 GHz ARM® Cortex-A8 (Level 1-Cache: 64 KByte, Level 2-Cache: 256 KByte)
RAM	512 MByte DDR3, 800 MHz

Tabelle 43.7 Technische Daten des BeagleBone Black

Merkmal	Ausstattung
On-Board-Flash	4 GByte 8-Bit eMMC
EEPROM	4 KByte (enthält Board-Name, Serial-Nummer und Revision)
Grafik	SGX530 3D, 20M Polygone/s
Stromversorgung	über mini-USB oder 5-V-DC-Eingang
Anzeigen	1 × Power, 2 × Ethernet, 4 × benutzerdefinierte LEDs
Bedienung	Reset-Button, Boot-Button, Power-Button
Netzwerk	Ethernet: 100 MBits/s, RJ-45
USB	1 × USB 2.0 (500 mA)
SD/MMC	microSD, 3,3 V
Video	HDMI (microHDMI), kein HDCP
Audio	über HDMI-Interface, Stereo
Erweiterungsleiste	▸ Power (5 V, 3,3 V), VDD_ADC: 1,8 V ▸ McASP0, SPI1, I2C, GPIO (max. 69), LCD ▸ GPMC, MMC1, MMC2, 7 AIN ▸ 4 Timer, 4 serielle Ports, CAN0 ▸ EHRPWM(0,2), XDMA Interrupt, Power Button ▸ Expansion Board ID (bis zu 4 können gestapelt werden)
Bootmedien	Internes Flash, SD-Karte, USB oder seriell
Stromverbrauch	Bei 5 V: Leerlauf: 350 mA, Peak: 460 mA
Größe	86.36 mm × 53.34 mm
Unterstützte Betriebssysteme	▸ Ångström (vorinstalliert) ▸ Android (Rowboat), QNX, Windows Embedded ▸ Ubuntu, Debian, openSUSE ▸ FreeBSD, OpenBSD

Tabelle 43.7 Technische Daten des BeagleBone Black (Forts.)

Stapelbare Erweiterungen: die Capes

Das BeagleBone Black kann insgesamt vier Erweiterungsboards »huckepack« über die Erweiterungsleisten aufnehmen. Diese sogenannten *Capes* werden direkt aufeinandergesteckt und gehören zu den großen Stärken des BeagleBone. Glücklicherweise funktionieren die meisten Capes, die für den ursprünglichen BeagleBone entwickelt wurden, auch anstandslos mit dem BeagleBone Black. Eine wahre Fundgrube an Erweiterungen, angefangen von diversen I/Os über Kameras und Displays bis zu Busanbindungen, finden Sie auf *www.elinux.org/Beagleboard:BeagleBone_Capes*.

BeagleBone Black für den Entwickler

Im Lieferumfang des BeagleBone Black ist bereits alles enthalten, was Sie für erste Entwicklungsschritte benötigen. Schließen Sie den Kleinstrechner über das mitgelieferte USB-Kabel direkt an Ihren PC an, wird der BeagleBone sofort erkannt, und mittels eines Webbrowsers (z. B. Chrome) können Sie unmittelbar auf die integrierte Entwicklungsoberfläche zugreifen. Der Internet Explorer funktioniert dafür leider nicht.

Das Tutorial im Browser bietet einen sehr guten ersten Anlaufpunkt, um sich mit dem System vertraut zu machen. Bei der auf dem internen Flash installierten Entwicklungsumgebung handelt es sich um die Cloud9-IDE für Node.js-basierende JavaScript-Anwendungen. Außerdem werden HTML, CSS, PHP, Java, Ruby und viele weitere Sprachen unterstützt.

Für den ursprünglichen BeagleBone wurde mit Bone-Script eine auf node.js basierende Library entwickelt, die ideal für die hardwarenahe Programmierung mit Embedded Linux-Systemen geeignet ist. Diese Arduino-ähnliche Funktionalität, codiert in JavaScript, ist ebenso zu dem BeagleBone Black kompatibel.

Besonders gut gelungen sind die professionell aufbereiteten Entwicklungsunterlagen beim BeagleBone Black. Das ca. 130 Seiten starke System Reference Manual beispielsweise ist eine echte Fundgrube für den künftigen BeagleBone-Anhänger.

43.2.3 Cubietruck (auch bekannt als Cubieboard 3)

Seit Ende 2013 ist ein weiteres Highlight in der Cubieboard-Modellpalette erhältlich, das Cubieboard 3 oder, besser gesagt, der *Cubietruck* (siehe Abbildung 43.7). Mit ansehnlichem Plexiglasgehäuse, einem Kabelsatz (SATA, USB, OTG, Power) sowie Kühlkörper und Netzteil kostet ein Cubietruck-Set um die 110 €. Das im internen Flash-Speicher (mit großzügigen 8 GByte) vorinstallierte Android lässt sich durch verschiedene Linux-Distributionen (Lubuntu, Fedora usw.) ersetzen, der Cubietruck bootet aber auch ein Betriebssystem von der SD-Karte.

Der Dual-Core-Mini-Rechner wartet im Gegensatz zur Konkurrenz mit ein paar Besonderheiten auf, die den etwas höheren Preis durchaus rechtfertigen. So besitzt er einen Gigabit-fähigen Ethernet-Anschluss, WLAN und Bluetooth (über integrierte PCB-Antennen) und sogar einen SATA-Port. Damit wird aus ihm zwar kein High-End-Fileserver, aber im Vergleich zu Raspberry Pi und BeagleBone schneidet er um Längen besser ab, was die I/O-Leistung betrifft.

Erfreulicherweise sehen die meisten auf den Cubietruck zugeschnittenen Gehäuse bereits Platz für eine 2,5-Zoll-Festplatte vor. Ein wirklich gutes alternatives Gehäuse bekommen Sie übrigens mit dem Cubietruck-Ewell-Gehäuse in Schwarz (*www.exp-tech.de/Zubehoer/Gehaeuse/Cubietruck-Gehaeuse.html*) zum Preis von ca. 11 €.

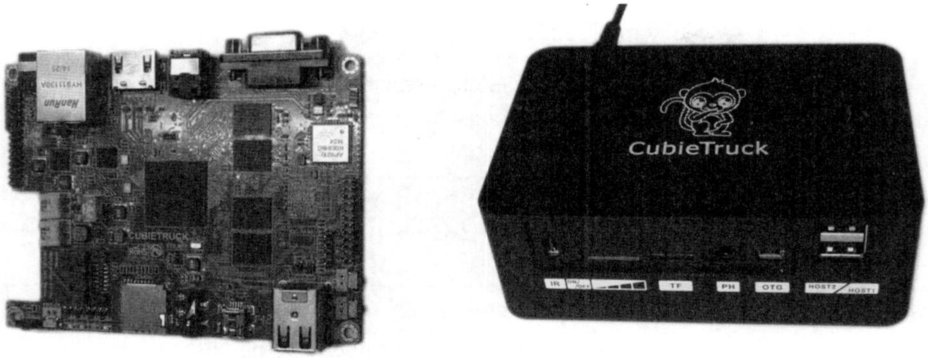

Abbildung 43.7 Der Cubietruck mit und ohne Gehäuse

Technische Daten des Cubietruck

Mit seiner sehr interessanten Hardwareausstattung (siehe Tabelle 43.8) spielt der Cubietruck ganz oben in der Liga der ARM-basierten Embedded Systeme:

Merkmal	Ausstattung
Prozessor	Allwinner A20 SoC (ARM Cortex-A7 Dual-Core, 1 GHz), Level 1-Cache: 64 KByte, Level 2-Cache: 256 KByte auf 2 Cores verteilt
RAM	2 GByte DDR3, 480 MHz
On-Board-Flash	8 GByte Flash (NAND)
Grafik	▸ GPU: Mali-400MP ▸ VPU: CedarX ▸ Ultra-HD-fähig
Stromversorgung	5-V-DC-Eingang (2,5 A), Unterstützung Li-Ion-Akkus 3,6/3,7 V
Anzeigen	4 LEDs (blau = Heartbeat, orange = CPU 0 load, weiß = CPU 1 load, grün = mmc0 load)
Bedienung	Reset-Button, Boot-Button, FEL-Button (Recovery-Modus)
Netzwerk	▸ Ethernet: 1 GBit/s (RTL8211E) ▸ WLAN ▸ Bluetooth (Aktivieren mit: `modprobe bcmdhd`)

Tabelle 43.8 Technische Daten des Cubietruck

Merkmal	Ausstattung
USB	▶ 2 × USB 2.0 ▶ 1 × miniUSB 2.0 (OTG-fähig)
SATA	1 × SATA 2.0 (für 2,5-Zoll-Festplatten, eine 3,5-Zoll-Festpatte ist über Erweiterung möglich) – der Cubietruck kann allerdings nicht von der Festplatte booten
SD/MMC	microSD
Video	HDMI 1.4
Audio	▶ S/PDIF, Kopfhörerausgang und Audio über HDMI ▶ Mikrofone und Line-Eingang über externe Anschlusspins
Infrarot	eingebauter IR-Empfänger
Echtzeituhr	RTC (Realtime Clock) eingebaut
Erweiterungsleiste	▶ I2S, I2C, SPI, CVBS, 2 × LRADC ▶ UART, PS2, 2 × PWM, TS/CSI, IRDA, ▶ Line-In, FMIN, Mic-In, 4 × TVIN ▶ im Gegensatz zum Vorgänger kein LVDS mehr
Größe	11 cm × 8 cm
Unterstützte Betriebssysteme	▶ Android (vorinstalliert) ▶ Lubuntu, Cubian (Debian-Distribution) ▶ Fedora 19/20, Debian, Arch Linux

Tabelle 43.8 Technische Daten des Cubietruck (Forts.)

Ausblick: Cubieboard 4

Cubietech hat noch einmal nachgelegt und das Cubieboard 4 angekündigt. Auf dem Board soll ein Allwinner-SoC A80 mit bis zu 2 GHz laufen, der nominal sage und schreibe acht Kerne besitzt (4 × ARM Cortex A15, 4 × Cortex A7), USB 3.0 unterstützt und die leistungsfähigere PowerVR-GPU G6230 zur Seite gestellt bekommt. In der Welt der kleinen Embedded Systeme tut sich etwas ... ganz zur Freude der Entwickler und Bastler.

Erste Schritte mit dem Cubietruck

Das Einrichten des Cubietrucks ist leider (noch) nicht so komfortabel wie z. B. beim Raspberry Pi, der sehr gut dokumentiert ist und eine tolle Community besitzt. Beim Cubietruck ist ein anständiges Linux-Setup ziemlich fummelig und mit größeren eigenen Internetrecherchen verbunden. Außerdem sind die zuständigen Flash-Tools (PhoenixSuite) gelinde gesagt ziemlich suboptimal.

Gute Erfahrungen habe ich selbst mit dem Debian Wheezy Image von Igor Pečovnik gemacht (*www.igorpecovnik.com/2013/12/24/cubietruck-debian-wheezy-sd-card-image*), dessen Setup sehr gut in einem Beitrag des FHEM-Wikis dokumentiert ist (*www.fhem-wiki.de/wiki/Cubieboard_3*). Falls Sie übrigens noch nach einem guten Kaufvorwand für einen Cubietruck suchen – FHEM wäre z. B. einer. In Abschnitt 50.5, »FHEM – die freundliche Hausautomation«, erfahren Sie mehr über den Hausautomationsserver FHEM.

So schlecht die richtige Dokumentation zum Cubietruck auch derzeit noch zu finden ist, so beeindruckend läuft der kleine Rechner, wenn er dann mal läuft. Das sperrige Phoenix-Suite-Tool werden Sie, wenn überhaupt, vermutlich nur einmal benötigen, und falls doch, sollten Sie sich gut merken, wie Sie den Cubietruck in den FEL-Modus (ein spezieller Modus für das Flashen des internen NAND-Flashs) versetzen können:

1. Stromversorgung abstecken.
2. USB-Kabel in den PC stecken.
3. FEL-Taste gedrückt halten und bei gedrückter Taste das andere Ende des USB-Kabels mit dem Cubieboard verbinden.
4. FEL-Taste am Cubieboard loslassen.
5. Nachdem Windows eventuell Treiber nachgeladen hat, ist der Cubietruck bereit für das Flashen eines Images (mit der Phoenix-Suite).

Für den Einstieg in den faszinierenden Cubietruck sollen Sie auch einen Blick auf den Beitrag *http://debianforum.de/forum/viewtopic.php?f=1&t=148369* werfen.

43.2.4 Odroid U3

Der unter den vorgestellten Einplatinenrechnern wohl am wenigsten bekannte *Odroid U3* (siehe Abbildung 43.8) überrascht mit sehr kleinen Gerätemaßen bei gleichzeitig viel Leistung. Ein Cortex-A9-Quad-Core und ganze 2 GByte an RAM ermöglichen es, auch aufwendigere Visualisierungen wie z. B. das Duo SmartHome.py/smartVISU flüssig darzustellen. Der U3 ist softwarekompatibel zum Odroid U2.

Abbildung 43.8 Der Odroid U3

Die technischen Daten des Odroid U3 finden Sie in Tabelle 43.9 aufgeführt:

Merkmal	Ausstattung
Prozessor	Exynos4412 Prime Cortex-A9 Quad-Core mit 1,7 GHz
RAM	2 GByte
Grafik	ARM Mali-400 Quad-Core, 440 MHz
Stromversorgung	5-V-DC-Eingang (2 A)
Lüfter	PWM-Ausgang für externen Lüfter
Anzeigen	Power-LED, Heartbeat-LED
Bedienung	Power-Button
Netzwerk	Ethernet: 100 MBits/s, RJ-45
USB	3 × USB 2.0
SD/MMC	microSD und eMMC-Modul-Connector, beide bootfähig
Video	Standard-Micro-HDMI
Audio	Kopfhörerausgang
Echtzeituhr	Backup-Batterieanschluss für RTC (Realtime Clock)
I/O Ports	GPIO, UART/I2C, SPI
Größe	83 × 48 mm
Unterstützte Betriebssysteme	Android, Xubuntu, Ubuntu

Tabelle 43.9 Technische Daten des Odroid U3

Noch mehr Leistung: die XU3-Version

Wem der Odroid U3 noch zu schwach erscheint, der findet in dem leistungsfähigeren, aber auch deutlich teureren Odroid XU3 seinen Wunschrechner. Er besitzt einen 8-Kern-Prozessor, USB 3.0 und sogar einen Display-Port. Damit befindet er sich in der gleichen Leistungsklasse wie z. B. der Cubietruck 4.

43.2.5 Und welcher Winzling passt jetzt zu mir?

Jeder der vorgestellten Winzlinge hat seinen ganz eigenen Charme und seine Vorzüge. Entscheidend ist der geplante Einsatzzweck.

Der Raspberry Pi

Der Trendsetter Raspberry Pi ist nach wie vor ein tolles Kistchen, ihm haben wir unter anderem zu verdanken, dass sich ein ganzer Anbietermarkt um unsere Käufergunst bemüht. Preis, Bekanntheit und der mit Sicherheit sehr lang anhaltende Produktsupport sprechen für ihn. Er besitzt die mit Abstand stärkste Community, und egal für welche Fragestellung Sie eine Antwort suchen – Sie finden mit hoher Wahrscheinlichkeit irgendwo im Netz die passende Antwort. Gute deutschsprachige Literatur und ein enormes Angebot an Erweiterungshardware sind zusätzliche Pluspunkte. Viele Anwendungen sind mit dem Raspberry Pi ausreichend schnell, und es erstaunt immer wieder, was mit dem Broadcom SoC alles möglich ist.

Der BeagleBone Black

Jedoch hat der Pi starke Konkurrenz. So zielt der BeagleBone Black auf denselben Anwenderkreis, besitzt mit den stapelbaren Capes ebenfalls eine große Auswahl an Hardwareerweiterungen, hat mit dem Cortex-A8 spürbar mehr Rechenleistung und besitzt sogar ein eingebautes Flash. Im Gegensatz zum Pi ist er dadurch direkt, ohne Zukauf einer SD-Karte, benutzbar. Dass Ubuntu als Distribution verfügbar ist, mag dem einen oder anderen die Entscheidung zusätzlich erleichtern. Was für die schnelle CPU des BeagleBone gilt, lässt sich leider nicht für die Grafikeinheit behaupten. Dank seines hardwarebeschleunigten Grafikchips gibt der Raspberry Pi nämlich Full-HD-Videos ruckelfrei wieder, was ihn für den Einsatz als Mediacenter-PC prädestiniert.

Der Cubietruck

Der Cubietruck ist nochmals eine ganze Ecke schneller als der BeagleBone, besitzt ein großes RAM und ein üppiges internes Flash. Sein SATA-Port und die Gigabit-Ethernet-Schnittstelle erlauben ihm, auch als kleiner File-Server oder NAS zu glänzen. So ist besonders erfreulich, dass sich eine 2,5-Zoll-Festplatte direkt im Gehäuse verbauen lässt.

Der Odroid U3

Der Odroid U3 ist eine interessante Alternative, allerdings (noch) längst nicht so breit unterstützt wie seine Konkurrenten. Dafür kombiniert er einen sehr kraftvollen Prozessor und komfortable 2 GByte an RAM mit sehr geringen Platinenmaßen.

Eine Entscheidungsmatrix

Die Wahl des richtigen Geräts fällt wie immer nicht leicht. Jeder der vorgestellten Mini-Computer hat seinen eigenen Charme, und die Entscheidung wird immer ein Kompromiss zwischen Preis, Leistung, Verbrauch und Einsatzzweck sein. Nehmen Sie die folgende Tabelle 43.10 bitte als grobe Richtlinie, die Ihnen helfen soll, für typische Automatisierungsaufgaben geeignete und weniger geeignete Modelle zu filtern. Die aufgeführten Softwareprojekte werden in Kapitel 49, »Kodi, ehemals XBMC – ein luxuriöses Multimedia-Frontend«, und Kapitel 50, »Erstaunliche Möglichkeiten mit Open-Source-Automation«, beschrieben.

Einsatzzweck	Raspberry Pi	BeagleBone Black	Cubietruck	Odroid U3
eibd	gut	gut	gut	gut
owfs	gut	gut	gut	gut
Grafana, InfluxDB	mittel	gut	gut	gut
FHEM	mittel	gut	gut	gut
openHAB	mäßig	gut	gut	gut
SmartHome.py und smartVISU	mittel	gut	gut	gut
Webserver	mittel	gut	gut	gut
Fileserver oder NAS	ungeeignet	mittel	gut	mittel
Audio, MPD	gut	gut	gut	gut
Video, Kodi	gut	ungeeignet	mäßig	mäßig

Tabelle 43.10 Rechenzwerge: Entscheidungshilfe nach Einsatzzweck

Wenn Sie gerne noch weitere Geräte in Ihre Auswahl aufnehmen möchten, finden Sie z. B. unter *www.wandboard.org* die durchaus vielversprechende Wandboard-Familie. Außerdem hat z. B. *www.beagleboard.org* unter anderem noch das BeagleBoard und das BeagleBoard-xM, ebenfalls tolle Einplatinenrechner.

Sie müssen sich nicht unbedingt für ein einziges Gerät entscheiden

Es dürfen natürlich auch zwei oder drei sein. Ich bin ohnehin der Meinung, dass der Trend zum Dritt-Pi geht.

Gute Gerätekombinationen lassen sich reichlich finden. Ein Beispiel:

- ein Raspberry Pi (Modell 2) als Medienplayer für das Schlafzimmer
- ein weiterer RasPi im Verteilerschrank für das Einlesen von 1-Wire-Sensoren, das Auslesen der Verbrauchsdaten von Stromzählern und als KNX-IP-Schnittstelle
- ein Cubietruck mit SSD als openHAB-Server, Webserver und Datenbankserver für sämtliche Sensordaten

Kapitel 44
Speicher: Wohin mit den Daten?

SAN, DAS, NAS, RAID, SATA, SSD – sind das aktuell noch bedeutungslose Abkürzungen für Sie? Schon bald nicht mehr, denn dieses Kapitel sorgt für den notwendigen Überblick im Bereich der Speichertechniken.

Sie wissen bereits aus dem vorherigen Kapitel, welche »Rechenmaschinen« in Ihrem Netzwerk die Arbeit verrichten, aber noch nicht, wo und wie Sie sinnvollerweise Ihre Daten ablegen – und davon gibt es eine ganze Menge. Die für das Smart Home wichtigsten sind:

- das (zentrale) Audio-, Video- und Fotoarchiv
- Betriebssysteme, Installationen und Konfigurationen der im Smart Home eingebundenen Rechner
- die Abbilder von virtuellen Maschinen
- Backups und Images
- Prozessdaten (Messwerte-Datenbank, Logfiles, Meldungsarchive, Kanal/Sender-Datenbank)
- Software und Daten der benötigten Entwicklungswerkzeuge (ETS, HomeServer Experte, Schaltpläne, Produktdatenbanken usw.)
- Webseiten im Intranet

Übergreifend lassen sich die gängigen Datenspeicherungskonzepte in drei Kategorien aufteilen:

1. **SAN (Storage Area Network)** ist ein komplexes dediziertes Speichernetzwerk, das Server und Speichersysteme über sehr breitbandige Verbindungen (wie z. B. Fibre-Channel) zusammenfügt und primär im missionskritischen Unternehmenseinsatz eine Rolle spielt. SANs haben preislich und administrationstechnisch eine sehr hohe Einstiegshürde, deswegen werden sie hier nicht weiter betrachtet.
2. **NAS (Network Attached Storage)** ist grob gesagt ein einfach zu verwaltender Dateiserver. Sie finden detaillierte Informationen in Abschnitt 44.3, »Network Attached Storage (NAS)«.
3. **DAS (Direct Attached Storage)** bezeichnet, im Gegensatz zum NAS, Festplattenspeicher, der direkt einem Computer zugeordnet und folglich in dessen Gehäuse integriert ist. In Abschnitt 44.2, »Direct Attached Storage (DAS)«, erfahren Sie mehr über interne und externe DAS-Speicher.

44.1 Die Auswahl der richtigen Festplatten

Unabhängig davon, ob Sie NAS oder DAS betreiben möchten, benötigen Sie natürlich immer einen oder mehrere Datenträger, sprich Festplatten. Um der fast unüberschaubaren Vielfalt an Medien Herr zu werden und letztendlich passende Produkte auszuwählen, bietet sich eine schrittweise Kategorisierung an.

44.1.1 Unterschiede in der Bauform

Zunächst wird, wie in Tabelle 44.1, nach der Bauform (Breite der Festplatte in Zoll) unterschieden:

Kriterium	2,5-Zoll-Gerät	3,5-Zoll-Gerät
Einsatz	hauptsächlich in tragbaren Rechnern	für Desktop- oder Servergeräte
Aktuelle Kapazität	2 TByte	6 TByte
Transferrate	110 MByte/s	180 MByte/s
Typische Drehzahl	5.400 U/min	7.200 U/min oder mehr
Preis (für 1 TB-Modell)	56 €	52 €
Typischer Stromverbrauch	▸ Leerlauf: 1 W ▸ Last: 3,5 W	▸ Leerlauf: 7 W ▸ Last: 9 W
Vorteile gegenüber der anderen Bauform	▸ weniger empfindlich gegen Stöße ▸ geringerer Stromverbrauch	▸ schneller ▸ größere Kapazität ▸ billiger

Tabelle 44.1 Bauformen bei Festplatten

Das wichtigste Unterscheidungskriterium, insbesondere was Kapazität und Transferleistung betrifft, ist die Speichertechnik.

44.1.2 Vergleich der Speichertechniken

Der Siegeszug der *SSD* (*Solid State Drive*) ist im vollen Gange, jedoch trumpft die klassische ferromagnetische Festplatte (*HDD*) mit hohen Speicherkapazitäten und günstigen Preisen (siehe hierzu Tabelle 44.2):

Kriterium	Ferromagnetische Festplatte (HDD)	Solid State Drive (SSD)
Typischer Einsatz	speicherintensive oder sehr zugriffsintensive Anwendungen, Backup	Betriebssystemlaufwerk, Kleinserver
Aktuelle Kapazität	6 TByte	1 TByte
Transferrate	180 MByte/s	250–500 MByte/s
Typische Drehzahl	7.200 U/min oder mehr	keine beweglichen Teile
Preis pro GByte	5–10 Cent	65–90 Cent
Typische Leistungsaufnahme	▸ Leerlauf: 7 W ▸ Last: 9 W	▸ Leerlauf: 0,5 W ▸ Last: 2–3 W
Vorteile gegenüber der anderen Bauform	▸ größere Kapazität ▸ deutlich günstiger	▸ sehr robust gegen Erschütterung ▸ geräuschlos ▸ wenig Wärmeentwicklung ▸ sparsamer ▸ deutlich höhere Transferrate ▸ drastisch bessere Zugriffszeiten

Tabelle 44.2 Speichertechnik bei Festplatten

Zwischen HDD und SSD entwickelt sich aktuell eine neue Technik, die sogenannten *SSHDs* (*Solid State Hybrid Drives*). Diese hybride Form ist eine Mischung aus einer klassischen Harddisk (mit großer Kapazität) und einem zusätzlichen Flash-Speicher (Größenordnung 8 GByte), der als Cache dient und für zusätzliche Geschwindigkeit sorgt. In der Praxis funktioniert das ordentlich und umso besser, je öfter auf immer die gleichen Daten zugegriffen wird, denn die SSHD »lernt« mit der Zeit, welche Daten häufig abgerufen werden, und speichert (cacht) diese in dem schnellen Flash-Speicher. Sie werden also gegenüber einer klassischen Festplatte z. B. beim Starten des Betriebssystems eine sehr deutliche Leistungssteigerung bemerken, weniger jedoch bei Abrufen von wenig benutzten Daten. An die Leistung einer SSD reicht sie nicht heran. Dennoch ist die SSHD für z. B. Laptops und Rechner mit nur einer Festplatte eine prima Lösung und nicht wesentlich teurer als eine reine ferromagnetische Festplatte.

Bitte beachten Sie jedoch, dass es speziell unter Linux mit manchen Hybridfestplatten noch Kompatibilitätsprobleme geben könnte.

44.1.3 Auswahl des Interface-Typs

Bleibt als dritter und letzter Punkt noch die Auswahl des richtigen Interface. Für den Heimbereich ist inzwischen *SATA* (*Serial Advanced Technology Attachment*), zumindest für interne Festplatten, das Maß aller Dinge. Der aus dem älteren *ATA* (*Advanced Technology Attachment*) entwickelte Standard setzt auf eine serielle Punkt-zu-Punkt-Verbindung, unterstützt Hot-Plug und zeichnet sich durch leichte, schmale und flexible Kabel (siehe Abbildung 44.1) aus, die ein Meter lang sein dürfen (für eSATA: zwei Meter, für xSATA: acht Meter).

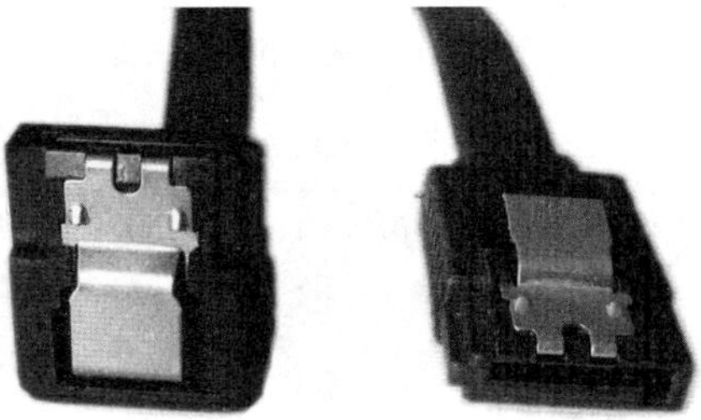

Abbildung 44.1 SATA-Stecker (abgewinkelte und gerade Form)

Der SATA-Standard existiert mittlerweile in mehreren Versionen (siehe Tabelle 44.3):

Revision	Bezeichnung	Alternative Bezeichnung	Netto-Datenrate	Eingeführte Features
–	Serial ATA 1,5 GBit/s	SATA I	150 MByte/s	–
Rev. 2.x	Serial ATA 3,0 GBit/s	SATA II SATA-300	300 MByte/s	▸ NCQ, ▸ eSATA ▸ xSATA ▸ Hot-Swap
Rev. 3.x	Serial ATA 6,0 GBit/s	SATA III SATA-600	600 MByte/s	
Rev. 3.2	SATA Express 8,0 GBit/s	–	986 MByte/s	PCI-Express
Rev. 3.2	SATA Express 16,0 GBit/s	–	1.970 MByte/s	PCI-Express

Tabelle 44.3 Versionen des SATA-Standards

Eine besondere Anschlussmöglichkeit speziell für sehr kleine Rechner wurde mit *mSATA* (Abbildung 44.2) eingeführt. Bei mSATA (*mini-SATA*, nicht zu verwechseln mit *micro-SATA*) handelt es sich im eigentlichen Sinn um einen PCI-Express-Anschluss, der jedoch wie ein SATA-Kabel angesteuert wird und derzeit je nach SATA-Revision 1,5, 3,0 oder 6,0 GBit/s übertragen kann.

Abbildung 44.2 Ein mSATA-SSD-Modul von Kingston

Sie sehen, die Auswahl der richtigen Festplatte ist nicht trivial, ich möchte Ihnen deshalb in Abschnitt 44.5, »Speichern im Netzwerk: Ein Praxisbeispiel«, ein leistungsstarkes und bewährtes Konzept für die Datenspeicherung in Ihrem Netzwerk aufzeigen.

44.2 Direct Attached Storage (DAS)

Direct Attached Storage (*DAS*) ist die klassische und immer noch am weitesten verbreitete Art, Speichermedien anzuschließen. Dabei werden ein oder mehrere Medien (normalerweise Festplatten bzw. SSDs) direkt an einem Bus am Rechner betrieben. Andere Rechner können auf diese lokalen Daten über LAN zugreifen, müssen sich aber konzeptbedingt mit einer niedrigeren Bandbreite zufriedengeben. Anders als beim NAS, bei dem ein eigenständiges System die Speicheraufgaben erfüllt, wird ein DAS-Rechner noch durch das Ausführen von anderer Software (ist in der Regel seine Hauptaufgabe) belastet.

44.2.1 Aufgeräumt: interne Festplatten

Bietet das Gehäuse Ihres Rechners ausreichend viel Platz, was heutzutage durch Kleinstrechner wie z. B. den RasPi oft genug nicht mehr der Fall ist, bieten sich interne Festplatten an.

Falls Sie nur eine einzige Festplatte einsetzen können (aus Platzgründen) oder wollen, setzen Sie auf eine SSD oder SSHD (siehe Abschnitt 44.1.2, »Vergleich der Speichertechniken«). Als Interface wählen Sie heutzutage am besten, je nach Ausstattung Ihres Mainboards, den Standard Serial ATA 6,0 GBit/s (oder den langsameren 3,0 GBit/s). Angeschlossen wird Ihr Laufwerk über ein SATA-Kabel oder in sehr kleinen Gehäusen über mSATA.

Planen Sie den Einsatz von zwei (SATA-)Festplatten, nutzen Sie idealerweise die besten Eigenschaften der beiden Technologien SSD und HDD: eine kleine SSD für das Betriebssystem und die wichtigsten Programme/Daten (ca. 60 GByte) und in Kombination eine große ferromagnetische Festplatte (ab 1 TByte) für alle anderen Daten. So vereinen Sie die Vorteile der hohen Geschwindigkeit und der großen Speicherkapazität.

Neben dem Betrieb als Einzelfestplatten können Sie zwei oder mehr Festplatten auch als *RAID-Verbund* betreiben. Diesem komplexeren Thema ist ein kleiner RAID-Ratgeber in Abschnitt 44.4 gewidmet.

44.2.2 Flexibel: externe Festplatten

Mit USB 3.0 und *eSATA* (*External Serial ATA*) bietet die Technologie mittlerweile ausreichend schnelle Schnittstellen (siehe dazu Tabelle 44.4), um leistungsfähige Festplatten auch extern betreiben zu können. USB 2.0 ist, was die maximale Übertragungsrate betrifft, nicht mehr zu empfehlen, schnelle Festplatten können sich nur ab USB 3.0 voll entfalten, für SSD ist derzeit immer noch eSATA die beste Wahl.

Schnittstelle	Bandbreite	Typische Transferraten
USB 2.0	480 MBit/s	▸ HDD (3,5 Zoll): 30 MByte/s ▸ SSD (2,5 Zoll): 30 MByte/s
USB 3.0	5 GBit/s	▸ HDD (2,5 Zoll): 80 MByte/s ▸ HDD (3,5 Zoll): 110 MByte/s ▸ SSD (2,5 Zoll): 120 MByte/s
eSATA (3,0 GBit/s)	3 GBit/s	▸ HDD (2,5 Zoll): 80 MByte/s ▸ HDD (3,5 Zoll): 125 MByte/s ▸ SSD (2,5 Zoll): 240 MByte/s
eSATA (6,0 GBit/s)	6 GBit/s	
Thunderbolt 2	20 GBit/s	mit 2 × PCIe SSD als RAID 0: 1.200 MByte/s

Tabelle 44.4 Schnittstellen für externe Festplatten

Eine externe Festplatte bietet sich an, wenn Sie

- aus Platzgründen keine (weitere) interne Festplatte einbauen können,
- kein NAS-System betreiben möchten,
- eine flexible, transportable Lösung suchen, ideal für den Datenaustausch, oder
- für Ihr Backup sinnvollerweise einen absteckbaren Datenträger bevorzugen.

Um eine Festplatte extern zu betreiben, benötigen Sie ein passendes Gehäuse. Die einfachste Lösung ist es, Festplatte und Gehäuse als Gesamtgerät zu erwerben.

Leere Gehäuse zum Einbau eigener Festplatten sind ebenfalls in vielen Varianten verfügbar, sogar bis hin zu sogenannten Dockingstations (Abbildung 44.3) für eine oder auch mehrere Festplatten. Komfortablere Modelle unterstützen zusätzlich noch das Klonen von Datenträgern, und das sogar ohne Rechneranbindung.

Abbildung 44.3 USB-Dockingstation für Festplatten

Achten Sie, unabhängig von Größe, Geschwindigkeit und Gehäuse, beim Erwerb einer externen Lösung zusätzlich auf zwei Punkte:

1. Der automatische Spin-down sollte unterstützt sein (Festplatte schaltet sich in den Energiesparmodus bei Nichtbenutzung).
2. Falls Sie auf eine zusätzliche Stromversorgung der externen Festplatte gern verzichten möchten, wählen Sie ein 2,5-Zoll-Modell oder eine SDD.

44.3 Network Attached Storage (NAS)

Im kleinen Unternehmensbereich und zunehmend auch im Heimbereich setzen sich *NAS*-Geräte immer mehr durch. Dabei handelt es sich um fertig konfigurierte eigenständige Rechner mit speziellem NAS-Betriebssystem und eigens für den einfachen Ausbau mit einer oder mehreren Festplatten ausgelegten Gehäusen.

Ein NAS wird in der Regel *headless* betrieben, hat also weder einen Monitorausgang noch Anschlüsse für Tastatur und Maus, sondern wird über eine Weboberfläche oder einen netzwerkbasierten Konsolenzugang administriert. Im Gegensatz zum DAS-System (siehe Abschnitt 44.2, »Direct Attached Storage (DAS)«) sind NAS-Geräte ideal für den Mehrbenutzerbetrieb und für das zentrale Verwalten von großen Datenmengen im eigenen

Heimnetzwerk. Dabei unterstützen NAS-Betriebssysteme (oft auf Linux-Basis) eine Vielzahl an Netzwerkprotokollen (SMB/CIFS, NFS und oft iSCSI), erlauben die Vergabe von Zugriffsrechten (ACL) und sind dazu prädestiniert, unterschiedlichste Clientrechner schnell und einfach mit Daten zu versorgen (Windows-PCs, Macs, SAT-Receiver, Streaming-Clients usw.). Zudem arbeiten aktuelle Modelle inzwischen sehr sparsam, bieten ausreichend hohe Bandbreiten und benötigen für ihren Betrieb keinen zusätzlichen Rechner (wie er bei einem DAS-System notwendig wäre).

Ein NAS-Gerät erwerben Sie entweder bereits vorbestückt mit einer oder mehreren Festplatten oder, noch flexibler, vorbereitet für den Einbau eigener Festplatten nach Wahl. Als Gehäusetyp haben Sie die Wahl zwischen einem Standgerät (siehe Abbildung 44.4) und einer Rack-Variante (siehe Abbildung 44.5) für den Einbau in einen 19-Zoll-Netzwerkschrank.

Abbildung 44.4 NAS-Standgerät mit fünf Laufwerkfächern (Quelle: Synology)

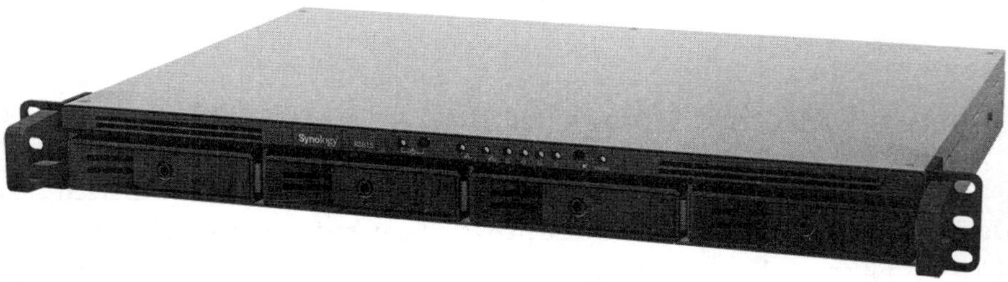

Abbildung 44.5 NAS-Rack-Gerät mit 4 Bays für 19-Zoll-Rack (Quelle: Synology)

Beliebte NAS-Geräte finden Sie in allen möglichen Leistungsklassen, beispielsweise bei Synology (*www.synology.de*) oder QNAP (*www.qnap.de*).

Sie können sich bedenkenlos zwischen den Produkten der beiden Hersteller entscheiden, Vor- und Nachteile sind zwar vorhanden, aber nur marginal und oft auch abhängig von persönlichen Vorlieben. Folgende Tabelle 44.5 soll Ihnen eine für ein Smart Home gut konfektionierte Leistungsklasse zeigen und dabei zwei konkrete NAS-Produkte gegenüberstellen. Je nach Ihren persönlichen Anforderungen können auch entweder leistungsfähigere oder preisgünstigere Lösungen infrage kommen. Die hier gezeigten Geräte sind aber ein guter Mittelweg.

Merkmal	Synology DS412+	QNAP TS-469L

Preis	ca. 510 €	ca. 570 €
Bays	4 Bays 2,5 und 3,5 Zoll SSD-Unterstützung	4 Bays 2,5 und 3,5 Zoll SSD-Unterstützung
Max. interne Kapazität	24 TByte	24 TByte
Transferrate	▶ Lesen: 205 MByte/s ▶ Schreiben: 182 MByte/s (bei RAID 5 und Link-Aggregation)	▶ Lesen: 224 MByte/s ▶ Schreiben: 208 MByte/s (bei RAID 5 und Link-Aggregation)
Prozessor	Intel Atom Dual Core 2,13 GHz	Intel Atom Dual Core 2,13 GHz
Speicher	1 GByte DDR3-RAM	1 GByte RAM, erweiterbar auf 3 GByte
Betriebssystem	Synology DiskStation Manager (aktuelle Version DSM 5)	QNAP Turbo System (aktuelle Version QTS 3.7)
LAN-Anschlüsse	2 Gigabit-Ports, unterstützt FailOver und Link Aggregation	2 Gigabit-Ports, unterstützt FailOver und Link Aggregation
USB- und eSATA-Schnittstellen	▶ 1 × USB 2.0 ▶ 2 × USB 3.0 ▶ 1 × eSATA	▶ 5 × USB 2.0 ▶ 2 × USB 3.0 ▶ 2 × eSATA

Tabelle 44.5 Typische NAS-Geräte für Smart Home (Quelle: Synology, QNAP)

Merkmal	Synology DS412+	QNAP TS-469L
Leistungsaufnahme	▶ Ruhezustand: 15 W ▶ Betrieb: 44 W	▶ Ruhezustand: 25 W ▶ Betrieb: 43 W
Lautstärke	19,3 dB(A)	22,4 dB(A)
RAID-Unterstützung	RAID 0, 1, 5, 6, 10 JBOD	RAID 0, 1, 5, 6, 10 JBOD

Tabelle 44.5 Typische NAS-Geräte für Smart Home (Quelle: Synology, QNAP) (Forts.)

Die auf den vorgestellten NAS-Systemen installierten Betriebssysteme bieten inzwischen eine enorme Funktionalität und lassen sich sogar noch durch zusätzliche Pakete komfortabel erweitern. Eine vollständige Liste der Funktionalitäten wäre in dem Moment, an dem Sie dieses Buch in Ihren Händen halten, schon veraltet. Sowohl DSM (Screenshot in Abbildung 44.6) als auch QTS überschlagen sich förmlich mit neuen Features.

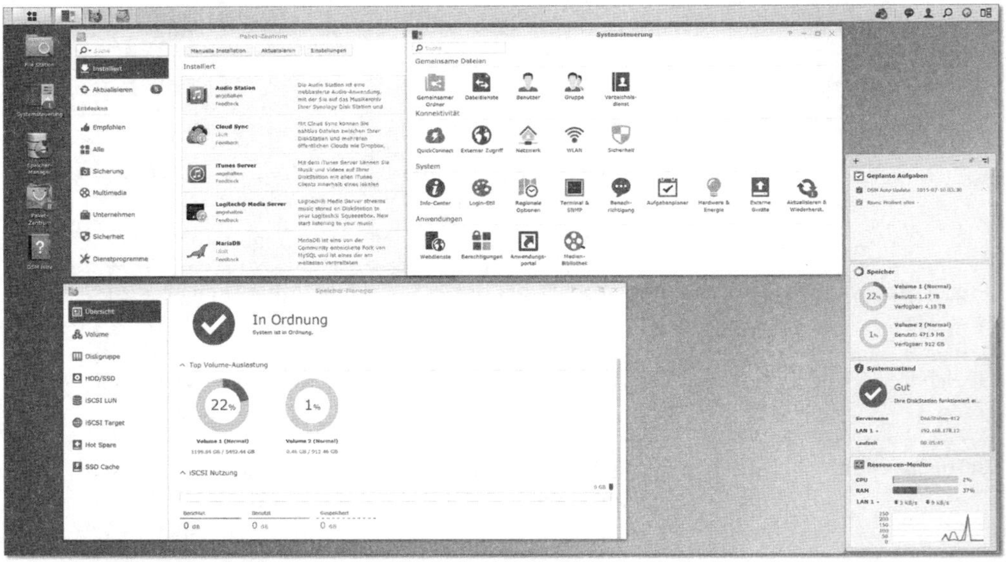

Abbildung 44.6 NAS-Weboberfläche der Synology Diskstation

Daher an dieser Stelle eine kurze Zusammenstellung der für das Smart Home interessantesten Features:

- Webserver mit PHP und MySQL, Wiki sowie E-Mail-Server
- Überwachungsserver für IP-Kameras
- VPN-Server, Cloud-Server, DNS-Server, RADIUS-Server, Druckerserver, Telnet, SSH, Dropbox
- Support von LDAP, ACL

- Protokolle: AFP, FTP, NFS, WebDAV, SMB/CIFS, Syslog, SNMP, Asterisk, rsync
- Virtualisierung: VMware, Windows Server, Citrix
- Ausgewählte Erweiterungen: Drupal, DVB-Link TV Server, Joomla, Mantis, Logitech Media Server, Plex Media Server, Mono, Perl, Python

Einige dieser Features werden Sie später in diesem Buch in den Praxisbeispielen genauer kennenlernen, unter anderem rsync und NFS.

Auch wenn die Auswahl des richtigen Datenspeicherungskonzepts keine leichte Aufgabe ist, etwas Gutes hat das Ganze doch: Sie müssen sich nicht zwischen DAS- und NAS-Systemen entscheiden. Beide Konzepte kooperieren im Smart Home ganz wunderbar. Das Praxisbeispiel in Abschnitt 44.5 vereint deswegen auch beide Konzepte.

Ein NAS-System selbst bauen

Ein NAS-System lässt sich wunderbar auch selbst entwerfen und realisieren und muss sich hinter einem System »von der Stange« keinesfalls verstecken. Die notwendige Hardware können Sie preiswert erwerben oder aus ausgedienten Komponenten zusammenstellen.

Die benötigte Software ist in der Regel Open Source, Sie haben die Wahl zwischen Standard-Linux-Distributionen wie z. B.:

- Ubuntu 14.04 Server (*http://www.ubuntu.com/server*)

und speziell für NAS-Systeme optimierte Distributionen, wie z. B.:

- FreeNAS (*http://www.freenas.org*)
- NAS4Free (*www.nas4free.org*)
- OpenMediaVault (*www.openmediavault.org*)
- OpenFiler (*http://www.openfiler.com*)

Auch kommerzielle Serversoftware kommt infrage:

- Windows Home Server (*http://windows.microsoft.com/de-de/windows/windows-home-server#T1=protect*)

Sie finden in 43.1.4, »Geben Sie Ihrem Server ein Betriebssystem«, eine Kurzanleitung zur Softwareausstattung eines eigenen NAS-Systems.

44.4 Der kleine RAID-Ratgeber

RAID (*Redundant Array of Independent Disks*) ist eine Datenspeichertechnologie, die durch den Verbund mehrerer Festplatten eine höhere Ausfallsicherheit erreichen möchte und so vor Datenverlust schützt.

Die folgende Tabelle 44.6 enthält die wichtigsten Merkmale der gängigen RAID-Levels und soll Sie bei der Wahl des für Sie passenden Redundanzmodells unterstützen:

Typ	Benötigte Drives	Tolerierte Fehler	Kapazität	Beschreibung
Basis	1	0	Drive-Größe	jede Disk wird als Einzelgerät verwaltet ▶ kein gemeinsames Volume ▶ ohne Redundanz ▶ ohne Performancezuwachs ▶ kein Kapazitätsverlust
JBOD	>= 2	0	Summe der Drives	»Just a bunch of disks« ▶ Verbund von Drives ähnlich wie bei RAID 0 ▶ ohne Redundanz ▶ ohne Performancezuwachs ▶ kein Kapazitätsverlust
RAID 0	>= 2	0	D × kleinstes Drive	Data Striping ▶ Verteilung der Daten parallel auf mehrere Drives, dadurch Performanceverbesserung ▶ bei Ausfall von nur einem Drive sind Daten vom RAID-Verbund verloren
RAID 1	2 3 4	1 2 3	kleinstes Drive	Disk-Mirroring ▶ gute Redundanz, da zweite Disk exakte Kopie der Daten hält ▶ hoher Kapazitätsverschnitt ▶ kleiner Performancegewinn beim Lesen
RAID 5	>= 3	1	(D – 1) × kleinstes Drive	Data Striping + verteilte Parität ▶ Paritätsinformationen werden verteilt über alle angeschlossenen Drives ▶ gute Redundanz, ein komplettes Drive kann ausfallen ▶ schnelle CPU oder Hardware-RAID vorteilhaft ▶ i. d. R. kein Performancegewinn

Tabelle 44.6 Übersicht der RAID-Modi

Typ	Benötigte Drives	Tolerierte Fehler	Kapazität	Beschreibung
RAID 6	>= 4	2	(D – 2) × kleinstes Drive	Data Striping + doppelte verteilte Parität ▸ ähnlich RAID 5, aber Paritätsdaten werden in doppelter Form abgelegt ▸ sehr gute Redundanz, zwei komplette Drives können ausfallen
RAID 10	>= 4 (gerade Zahl)	Hälfte aller Drives	(D ÷ 2) × kleinstes Drive	Data Striping + Disk-Mirroring ▸ Kombination aus RAID 0 und RAID 1, verwaltet Festplatten in Gruppen von zwei ▸ Performancegewinn durch parallele Lesezugriffe (RAID 0) ▸ eine gespiegelte Platte darf ausfallen (RAID 1)

Tabelle 44.6 Übersicht der RAID-Modi (Forts.)

Bedeutung: D = Anzahl der Drives (Festplatten, SDDs)

Den eindeutig besten RAID-Typ gibt es nicht, eine Entscheidung wird immer ein Kompromiss zwischen Preis, Kapazität, Performance und Redundanz sein. Je nach Anforderung lassen sich aber Empfehlungen formulieren:

- RAID 5 ist derzeit die beste (bezahlbare) Lösung, wenn Sie Wert auf Sicherheit legen. Bei drei Festplatten können Sie den Ausfall einer davon kompensieren. Nach Austausch der defekten Platte und einem anschließenden Rebuild haben Sie wieder die Ausgangsredundanz.
- Für ein auf Geschwindigkeit getrimmtes Setup setzen Sie am günstigsten auf RAID 0. Bereits mit nur zwei Festplatten erhalten Sie einen Leistungszuwachs. Treffen Sie bitte jedoch besonders sorgfältige Maßnahmen gegen Datenverlust (regelmäßige Backups).

Generell ist es von Vorteil, identische Festplattenmodelle einzusetzen, eine Mischbestückung funktioniert jedoch ebenfalls gut, wenn Sie auf eine gemeinsame Kapazität achten.

RAID ersetzt kein Backup!

Ein RAID-System (außer RAID 0) schützt Sie zwar vor dem Ausfall einer Festplatte, kann und will aber kein regelmäßiges Backup ersetzen. Ein Softwarefehler, ein Virus, versehentliches Löschen, Überspannungsschäden oder sogar ein Diebstahl bedeuten auch mit dem cleversten RAID-Konzept in der Regel einen Verlust Ihrer Daten. Auch wenn die RAID-Hardware selbst das Zeitliche segnet und nicht durch eine gleichwertige ersetzt werden kann, sind die Daten mit einem anderen RAID-System in den meisten Fällen ebenfalls nicht mehr lesbar.

Daher gilt uneingeschränkt: Auch mit einem RAID-System ist ein regelmäßiges Backup Pflicht. Ein Beispielkonzept finden Sie in Abschnitt 24.6, »Ein Backup-System einrichten«.

44.5 Speichern im Netzwerk: Ein Praxisbeispiel

Sie können der unten stehenden Abbildung 44.7 ein praktisches Beispiel für ein hybrides System von vernetzten Speichermedien entnehmen, das oft in dieser oder ähnlicher Art im Smart Home Anwendung findet.

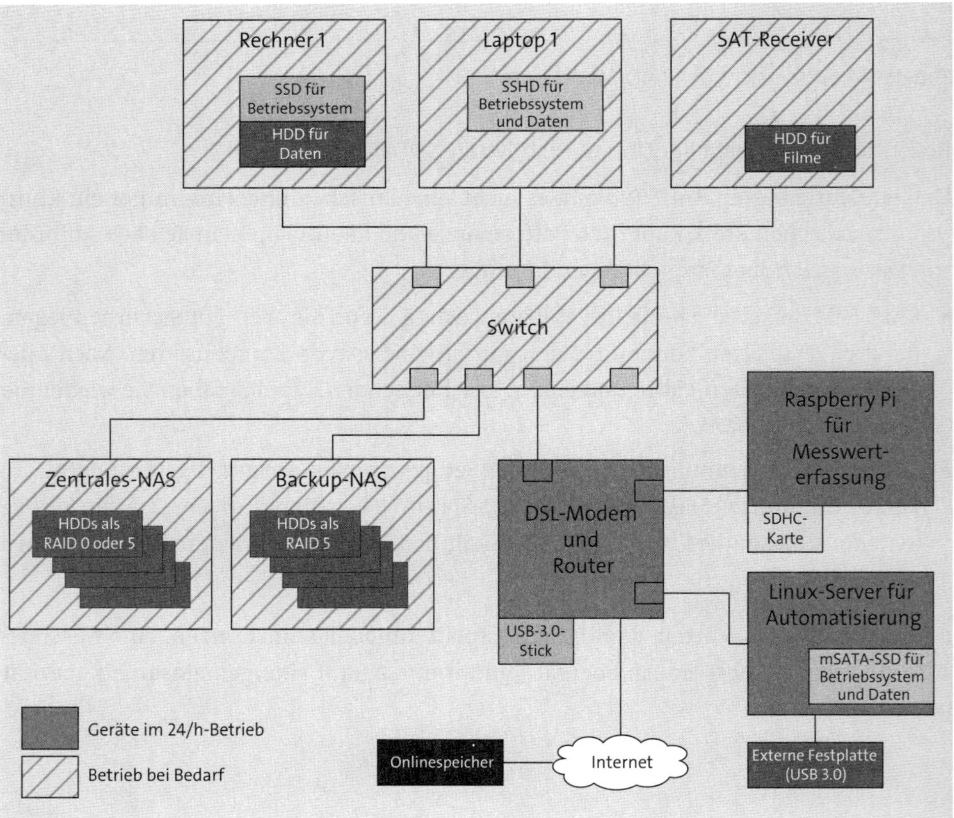

Abbildung 44.7 Praxisbeispiel: Speichern im Netzwerk

Grundlegende Prinzipien bei der Aufteilung sind:

- Betriebssystem und rechnerbezogene Daten/Programme werden auf lokalen (schnellen) Medien gehalten.
- Einsatz von SSDs dort, wo Geschwindigkeit entscheidend ist, große HDDs dort, wo Kapazität vorrangig ist.
- Backup-Speicher sind räumlich getrennt.
- Es erfolgt eine Aufteilung der Geräte nach der Notwendigkeit für Dauerbetrieb und Betrieb nur im Bedarfsfall.

In diesem Beispiel setze ich auf ein mehrstufiges Backup-Konzept:

1. Lokal benötigte Daten werden auf den einzelnen Rechnern gespeichert.
2. Ein schnelles, großes *Zentral-NAS* für alle im Netzwerk verteilten Rechner/Benutzer, das zusätzlich als Backup-Medium für alle lokalen Daten genutzt wird.
3. Ein zweites *Backup-NAS* dient dazu, automatisch die Daten des Zentral-NAS zu spiegeln.
4. besonders kritische Daten werden zusätzlich periodisch auf einem USB-Stick gespeichert (in diesem Fall am Router), der zur Vorsorge gegen Diebstahl auch abgezogen wird
5. Für eine Komplettkatastrophe (Hausbrand) werden diese kritischen Daten zusätzlich (natürlich verschlüsselt!) auf einem Onlinespeichermedium gehalten (z. B. Dropbox).

Kapitel 45
Telefon, Türkommunikation und Zutrittskontrolle

Moderne Türkommunikationssysteme lassen sich wunderbar in eine Smart-Home-Infrastruktur einbetten. Ein schnurloses Telefon übernimmt dabei auch schon mal die Rolle einer Gegensprechanlage.

Zwei gut funktionierende Ausführungen für ein Türkommunikationssystem mit KNX-Anbindung möchte ich Ihnen in diesem Kapitel vorstellen, eine SIP-basierte Türsprechanlage und ein proprietäres System. Im Zusammenspiel mit schlüssellosen Zutrittskontrollverfahren ergeben sich praktische Erleichterungen im Alltag.

45.1 SIP-Türsprechsysteme

Moderne Türkommunikationssysteme (Türsprechanlagen) basieren heutzutage immer mehr auf einer Datenübertragung über ein unterlagertes Netzwerk. Das Verfahren nennt sich *VoIP* (*Voice over IP*) und ist vielen aus der Internettelefonie bekannt. Der große Vorteil dabei ist, dass eine bestehende IP-Infrastruktur für die Übertragung von Telefonaten (Audio und Video) mitverwendet wird und die herkömmliche Telefontechnologie samt ISDN weitgehend ersetzt. Als Synonym für VoIP-Telefonie wird oft SIP-Telefonie verwendet, wobei SIP aber nur eines von vielen Protokollen ist, die bei VoIP eingesetzt werden, und nicht einmal für die Übertragung von Sprache zuständig ist.

SIP – was ist das genau?

Das im OSI-Referenzmodell in Schicht 5 (Kommunikation) angesiedelte *SIP* (*Session Initiation Protocol*) ist das für IP-Telefonie am weitesten verbreitete Verbindungsprotokoll. SIP wurde von der IETF (*Internet Engineering Task Force*) entwickelt, ist im RFC 3261 definiert und wird als offener Standard, ähnlich dem HTTP-Protokoll, heute von vielen Herstellern unterstützt. Es ist ein auf Text basierendes Signalisierungsprotokoll und hat zunächst nichts mit der eigentlichen Sprachübertragung zu tun, sondern sorgt lediglich dafür, dass ein Gespräch zustande kommt. Seine Aufgabe ist es, den Verbindungsaufbau, die Datenübertragung während des Gesprächs sowie den Abbau der Verbindung am Ende des Telefonats zu regeln. Ist ein Gespräch erst einmal aufgebaut worden, gilt es, die Details der Video- bzw. Audioübertragung auszuhandeln, wozu sich SIP bei einem eingebetteten Protokoll namens SDP bedient. Über *SDP* (*Session Description Protocol*, RFC 4566) teilen sich die Kommunikationspartner mit, welche Übertragungsmethoden (Codecs) sie beherrschen, und handeln zudem Protokoll und Netzadressen aus. Für die Medienübertragung selbst kommt noch ein drittes Protokoll ins Spiel. Bei der Internettelefonie werden die Audio- und Videodatenströme über *RTP* (*Realtime Transport Protocol*, RFC 3550) übertragen.

45.1.1 Aufbau eines SIP-Türsprechsystems

SIP-Türsprechstellen machen sich demnach ein bestehendes TCP/IP-Netzwerk zunutze und erlauben die Zusammenarbeit mit anderen Geräten wie Touchpads, Smartphones, Telefonen usw. Eine eigene Verkabelung benötigen SIP-Geräte nicht, sie werden, wie andere Netzwerkteilnehmer auch, über eine Cat.6- oder Cat.7-Leitung angeschlossen. Ihre Stromversorgung lösen sie meist über PoE (Power over Ethernet). Ohne PoE ist eine zusätzliche Spannungsversorgung erforderlich, die bei der Elektroinstallation bereits vorgesehen sein sollte (in Form einer Kleinspannungsleitung).

Ein Türkommunikationssystem auf Basis von SIP-Sprechstellen hat folgenden schematischen Aufbau in Abbildung 45.1:

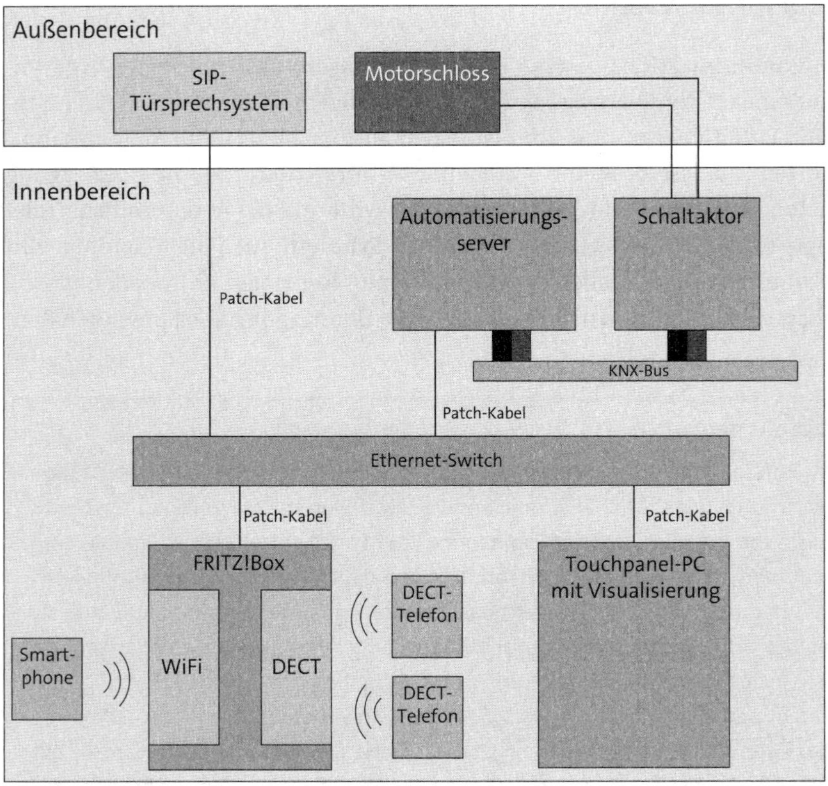

Abbildung 45.1 SIP-Türsprechsystem in Verbindung mit KNX

Der Aufbau ist in einen Außen- und einen Innenbereich aufgeteilt. Das integrierte Relais, das einige Türstationen zur Ansteuerung eines Motorschlosses bereithalten, sollten Sie nicht verwenden, da es in der Regel nicht manipulationssicher installiert ist. Stattdessen erfolgt das Öffnen der Haustür durch einen sicher im Innenbereich (Verteiler) platzierten Schaltaktor. Das Türsprechsystem und der Öffnungsmechanismus besitzen somit keine direkte Verbindung. Je nach Modell des eingesetzten Ethernet-Switchs lässt sich durch entsprechende Konfiguration die nach außen geführte Cat-Leitung zusätzlich absichern.

45.1.2 Produktvorschläge für SIP-Türsprechsysteme

Gute, modulare Türsprechsysteme, teilweise mit integrierter IP-Kamera und RFID-Zugangskontrolle, finden Sie z. B. bei:

- Stentofon Baudisch (*http://www.stentofonbaudisch.com/produkte/sip-modulsystem*)
- Mobotix (*http://www.mobotix.com/ger_DE/Produkte/Haustechnik*)

45.2 Proprietäre Türsprechsysteme

Eine andere Möglichkeit, ein modernes Türkommunikationssystem aufzusetzen, bieten proprietäre Systeme in Form von herstellerspezifischen Komplettlösungen. Eines davon ist das Gira-TKS-Türkommunikationssystem (*http://www.gira.de/tuerkommunikation.html*).

45.2.1 Modularer Aufbau des Türkommunikationssystems

Das *TKS* besteht aus einer Kombination von einzelnen modularen Komponenten (siehe Abbildung 45.2), die allesamt über einen eigenen 2-Draht-Bus verbunden sind und darüber kommunizieren. Die Liste der verfügbaren Komponenten ist recht umfangreich, sie lässt sich in drei Kategorien unterteilen:

1. *Türstationen* für den Außenbereich, eine modulare Zusammenstellung aus einem oder mehreren Elementen: Ruftaster (1-fach bis 3-fach), Mikrofon/Lautsprecher, Kamera, Infomodul (z. B. beleuchtete Anzeige der Hausnummer). Zusätzlich lassen sich schlüssellose Zugangskontrollsysteme wie z. B. Codetastatur oder Transponder integrieren.
2. *Wohnungsstationen* für den Innenbereich, bestehend aus einer ebenfalls modularen Unterputzkombination von TFT-Display, Lautsprecher/Mikrofon, Ruftasten, Hörer. Zusätzlich erhältlich sind Aufputzgeräte in Form von integrierten Wohnungsstationen, kompletten Videoterminals oder nur einfachen Benachrichtigungsmodulen (Gong).

3. *Systemgeräte*, die zum Betrieb des TKS-2-Draht-Bus erforderlich sind (Steuergerät), diesen erweitern (TKS-Repeater, TKS-Schaltaktor, Spannungsversorgung) oder Schnittstellen schaffen (z. B. TKS-IP-Gateway). Die Systemgeräte sind entweder im Verteilerschrank untergebracht oder dezentral in Unterputzdosen.

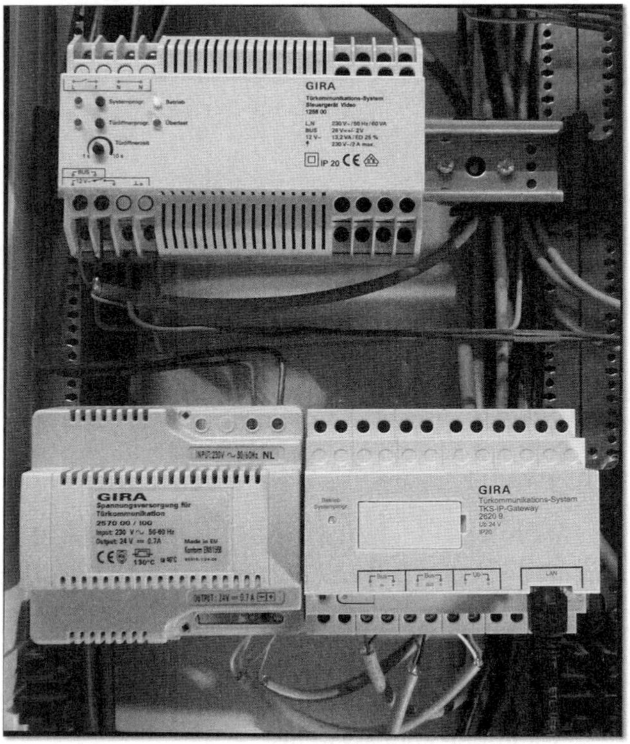

Abbildung 45.2 Gira-TKS: Steuergerät (oben), Netzteil (links), TKS-IP-Gateway (rechts)

Die TKS-Module für Außenbereich und Innenbereich lassen sich wunderbar in Standardschalterprogrammen installieren, was eine gewisse Harmonie im Erscheinungsbild ergibt. Für Außenstationen eignet sich beispielsweise das nach IP44 spritzwassergeschützte Programm TX_44 (ebenfalls Gira), im Innenbereich sind Sie noch wesentlich flexibler und können Ihr verwendetes 55-×-55-mm-Schalterprogramm übernehmen.

45.2.2 Beispielaufbau eines TKS

In unten stehender Abbildung 45.3 sind alle Komponenten des Türkommunikationssystems über den TKS-2-Draht-Bus verbunden. Das TKS-Steuergerät Video versorgt zum einen den TKS-Bus mit der 26-V-DC-SELV-Betriebsspannung (inklusive Kameras, Ruftastenbeleuchtung und Türöffner) und wird zusätzlich zur Programmierung der TKS-Komponenten benötigt. Unter Programmierung versteht man in diesem Kontext die Zuordnung von Türstationsruftasten oder Etagenruftasten an eine oder mehrere Wohnungsstationen sowie die Verknüpfungen des Türöffnerausgangs.

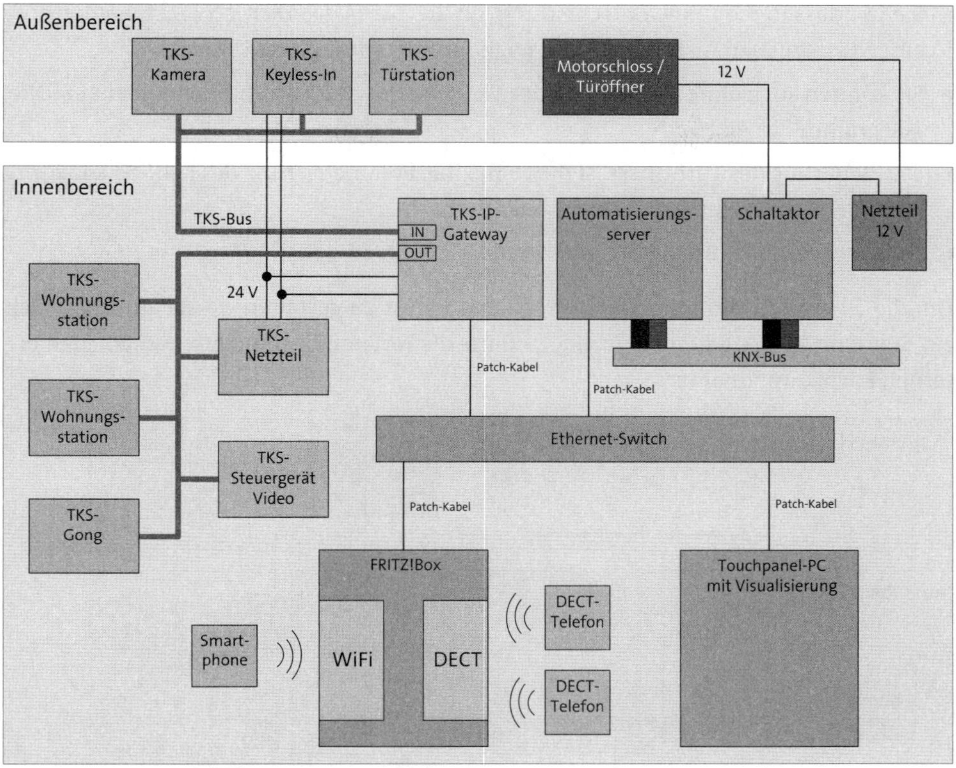

Abbildung 45.3 Eine TKS-Beispielkonfiguration

Ein TKS-System benötigt immer ein Steuergerät. Das Steuergerät Video setzen Sie ein, wenn das System zusätzlich zu Audio- auch Videokomponenten enthält (Farbkamera und TFT-Farbdisplay), ansonsten reicht das günstigere Steuergerät Audio. Das zusätzliche 24-V-Netzteil versorgt ein optionales Keyless-In-Gerät (z. B. Transponder, siehe Abschnitt 45.3.3, »Berührungsloser Zutritt mit Kartenleser und Transponder«) sowie das TKS-IP-Gateway mit dem notwendigen Strom.

Die Türöffnerfunktion des Steuergeräts wird in oben stehendem Schema nicht verwendet, stattdessen steuert der Automatisierungsserver bei Erkennung einer gültigen Keyless-In-Aufforderung (z. B. Fingerprint korrekt) das Motorschloss bzw. den Türöffner über einen KNX-Schaltaktor an. Ein manuelles Öffnen der Haustür über einen Button auf der Visualisierungsoberfläche oder einen Unterputztaster ist ebenso möglich.

45.2.3 Beispielaufbau mit indirekter Ansteuerung des Türöffners

Das TKS-Steuergerät ist in der Lage, mithilfe seines 12-V-Türöffnerausgangs einen Türöffner mit maximal 1,1 A anzuziehen. Es ist sinnvoll, diesen Türöffnerausgang nicht direkt auf den Türöffner zu schalten, sondern stattdessen den Umweg über KNX (siehe Abbildung 45.4) zu wählen, was ein paar Vorteile mit sich bringt:

- Sie überlassen die finale Entscheidung, ob die Tür tatsächlich geöffnet werden soll, einer zusätzlichen Instanz (z. B. der Logikfunktion des Schaltaktors).
- Sie können auch ohne Kommando des TKS-Systems den Türöffner rein über ein KNX-Telegramm öffnen.
- Die Steuerung des Türöffners ist durch flexible Parametrierung des KNX-Schaltaktors (z. B. Treppenlichtfunktion) besser adaptierbar.
- Größere Lasten können geschaltet werden.

Um die Türöffnungsfunktionalität möglichst robust zu gestalten, ist sie ausschließlich auf Standard-KNX-Geräten abgebildet – ohne die Notwendigkeit einer zusätzlichen externen Logikkomponente.

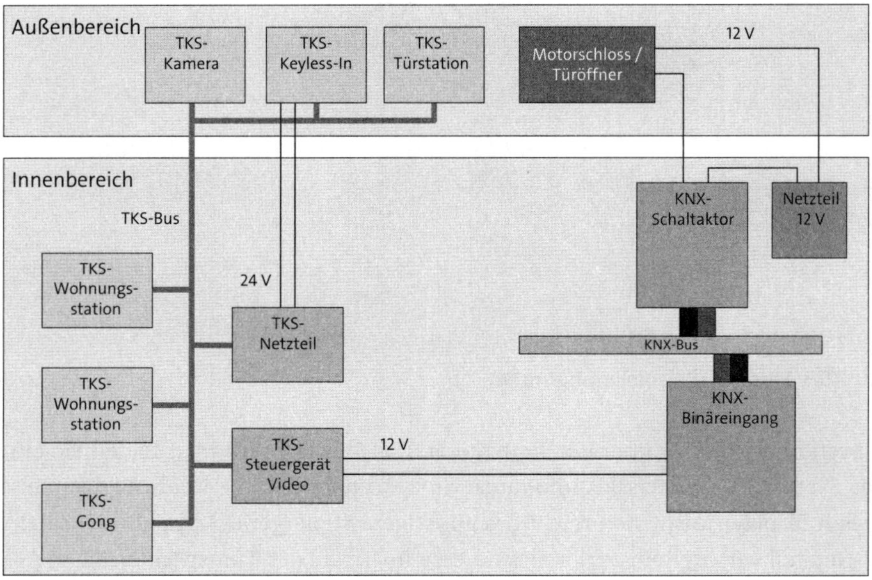

Abbildung 45.4 Türöffneransteuerung über Steuergerät und KNX

Wenn das TKS-Steuergerät aufgefordert wird, den Türöffner zu schalten, gibt es an seinem Türöffnerausgang einen Impuls (1 bis 10 Sekunden, einstellbar) aus, der vom KNX-Binäreingang (Funktion: Taster) erfasst wird. Der Schalten-Ausgang des Binäreingangs ist mit dem Schalten-Eingang eines Schaltaktors verknüpft, der für 5 Sekunden (Treppenlichtfunktion) den Türöffner aktiviert. Soll der Türöffner über ein KNX-Bedienelement angesteuert werden, müssen Sie lediglich ein zusätzliches Kommunikationsobjekt mit dem Schalten-Eingang des Aktors verknüpfen.

45.3 Zutrittskontrolle: Alternativen zum Schlüssel

Selbstverständlich kann die Haustür auch in einem Smart Home mit dem guten alten Schlüssel geöffnet werden, richtig fortschrittlich wird die Zutrittskontrolle aber erst mit *digitalen Schlüsseln*. Zu dieser Kategorie zählen Schlüsselkarten, biometrische Verfahren (wie z. B. Fingerabdruckscanner), Codetastaturen und RFID-Lösungen. Was heutzutage bereits in Geschäftsgebäuden gang und gäbe ist, verbreitet sich im privaten Wohnungsbau noch schleppend. Dabei bieten die alternativen Zutrittssysteme interessante Möglichkeiten – und ganz ohne dass Sie einen herkömmlichen Schlüssel in der Tasche suchen müssten. Erfahren Sie in den nächsten Abschnitten, welche Möglichkeiten existieren.

45.3.1 Zugang per Zahlencode: Codetastatur

Codetastaturen bzw. Codeschlösser erlauben den Zugang mittels einer Zahlenkombination, auch *PIN* (*Personal Identification Number*) genannt. Gängige Codetastaturen verwalten mindestens 100 individuelle Zahlencodes für verschiedene Benutzer und unterschiedliche Schalthandlungen. In der Regel löst eine Codetastatur bzw. das Steuersystem des Zutrittssystems bei Eingabe einer korrekten Zahlenkombination das Öffnen der Haustür oder des Garagentors aus. Am besten funktioniert die elektrische Entriegelung mit einem Motorschloss, das über einen Schaltausgang (Relais) des Zugangssystems angesteuert wird.

Codeschlösser sind, je nach Typ, entweder als eigenständige Systeme ausgelegt oder optionaler Bestandteil eines herstellerspezifischen Türkommunikations- und Zutrittssystem. Für den Außenbereich geeignete Produkte erhalten Sie beispielsweise von Assa Abloy (*www.assaabloy.de*), eKey (*www.ekey.net*), Gira (*www.gira.de*, Abbildung 45.5), Mobotix (*www.mobotix.de*), Siedle (*www.siedle.de*) oder Jung (*www.jung.de*).

Eine Anbindung an einen Gebäudeautomatisierungsbus wie KNX ist in den meisten Fällen möglich. Die Systeme von eKey und Gira, erweitert mit passenden Gateway-Modulen, setzen z. B. auf eine IP-basierte Kommunikation.

Abbildung 45.5 Keyless In-Codetastatur (Quelle: Gira)

Den Vorteilen der Codeschlösser (hohe Zuverlässigkeit, kein Verlust von Schlüsseln, RFID-Tag oder Karte zu befürchten) steht der Nachteil der reduzierten Sicherheit gegenüber (siehe Tabelle 45.1). Durch die Kombination mit einem weiteren Medium (z. B. Fingerprint) gleichen Sie diesen Nachteil jedoch aus.

Vorteile	Nachteile
Es ist kein Schlüssel, keine Karte, kein RFID-Chip erforderlich, somit kein Verlust oder Diebstahl möglich.	Reduzierte Sicherheit, da Codes eventuell erraten oder auch ausgespäht werden können. Einfache Muster oder leicht zu erratende Kombinationen (Geburtsdatum, Heiratsdatum usw.) auf jeden Fall vermeiden. Ein Code mit acht oder mehr Stellen ist empfohlen.
Codetastaturen funktionieren sehr zuverlässig.	
Eignet sich gut zur Kombination mit einem weiterem System (z. B. Kartenleser), wodurch die Sicherheit deutlich erhöht wird.	

Tabelle 45.1 Vor- und Nachteile von Codetastaturen

45.3.2 Der Finger als Schlüssel: Fingerprint

Nicht ganz so beeindruckend wie ein an der Haustür angebrachter Irisscanner, aber dennoch sehr fortschrittlich: der Fingerabdruckscanner. Er tastet einen Finger mittels eines biometrischen Sensors ab, erzeugt ein digitales Abbild des Fingerabdrucks und vergleicht es mit gespeicherten Referenzabbildern. Erkennt er eine Übereinstimmung, löst er die für diesen Finger hinterlegte Schalthandlung(en) aus. In der Praxis sehr nützlich ist die Möglichkeit, unterschiedliche Finger einer Hand mit unterschiedlichen Aktionen zu verknüpfen. Dadurch lassen sich mit nur einem Fingerprintgerät Schalthandlungen differenziert auslösen. Beispielsweise könnte der Zeigefinger für das Öffnen der Haustür programmiert werden, der Mittelfinger für das Garagentor, und dem Ringfinger ließe sich eine Aktivierung der Alarmanlage oder sogar eine Überfallfunktion zuordnen.

Voraussetzung für eine wirklich umfassende Integration in das Gebäudesteuerungssystem (als Beispiel KNX) ist das Vorhandensein einer Logik-Engine, wie z. B. des HomeServers, oder ein Open-Source-Projekt wie SmartHome.py oder openHAB. Auch spielt ein Fingerabdruckscanner seine Vorteile am besten in Kombination mit einem Motorschloss aus.

Die Anbieter von Fingerabdruckscannern sind dieselben Firmen, die bereits im vorherigen Abschnitt erwähnt wurden, also z. B. eKey (*www.ekey.net*), Gira (*www.gira.de*, Abbildung 45.6), Siedle (*www.siedle.de*) oder auch Feller in der Schweiz (*www.feller.ch*).

Abbildung 45.6 Keyless In-Fingerprint (Quelle: Gira)

Fingerprintsysteme, die mittels Hochfrequenztechnologie den aufgelegten Finger auswerten, arbeiten sehr manipulationssicher und funktionieren auch bei leicht verschmutzten oder verletzten Fingern zuverlässig. Ein gutes Beispiel dafür liefert der Keyless In-Fingerprintsensor von Gira (Preis: ca. 450 €). Er basiert auf einem selbstlernenden System, das nach und nach alle gesehenen Ausschnitte eines Fingers zu einem Gesamtbild zusammenfügen kann. Das Hochfrequenzleitfähigkeitsverfahrens kann auch zwischen echten, lebendigen Fingern und nachgeahmten unterscheiden. Einen abgetrennten Finger sollte demnach kein Ganove zum Öffnen Ihrer Haustür verwenden können, wobei das wahrscheinlich dann das kleinste Übel wäre.

Im Vergleich zu anderen Zutrittsverfahren schneidet die Fingerprintmethode laut Tabelle 45.2 recht gut ab:

Vorteile	Nachteile
Es ist kein Schlüssel, keine Karte, kein RFID-Chip erforderlich, somit kein Verlust oder Diebstahl möglich.	Weitergabe an eine weitere Person nicht möglich (im Gegensatz zu Schlüssel oder RFID-Tag).
Sehr sichere Zugangsmethode beim Einsatz von Qualitätsprodukten.	Erhöhter administrativer Aufwand durch Einlernen aller autorisierten Finger.
Unterschiedliche Finger einer Person können unterschiedliche Schalthandlungen auslösen (Tür öffnen, Beleuchtung anschalten, Alarmanlage deaktivieren).	

Tabelle 45.2 Vor- und Nachteile von Fingerabdruckscannern

45.3.3 Berührungsloser Zutritt mit Kartenleser und Transponder

Transpondersysteme erlauben das Öffnen der Haustür (und andere Schalthandlungen) per Karte oder Transponderschlüssel. Sie unterscheiden dabei zwischen:

- **Nahbereichserkennung** (ca. 5 cm): mit aktivem Transponderschlüssel und passiver Transponderkarte
- **Fernbereichserkennung** (ca. 0,7 m bis 1,5 m): mit aktivem Transponderschlüssel

Der große Vorteil der Fernbereichserkennung ist, dass der digitale Schlüssel in Form eines aktiven Transponderchips in der Tasche bleiben kann. Bei Annäherung an die Haustür wird das Transpondersignal ausgewertet, und bei eingerichteter Zugangsberechtigung wird die Schalthandlung ausgelöst. Ein elektrischer Öffner entriegelt die Tür, die sich durch die Eigenkraft der Dichtungsgummis in der Regel so weit öffnet, dass Sie sie direkt öffnen können. Sollte eine Fernbereichserkennung aus Sicherheitsgründen nicht gewünscht sein, kann bei den meisten Lesern der Betrieb auch auf die Nahbereichsfunktion reduziert werden.

Die insbesondere in Smartphones zunehmend eingesetzte *NFC-Technik* (*Near Field Communication*) wird in Zukunft weitere Lesegeräte auf den Markt bringen, die eine sichere Authentifizierung ermöglichen.

Kartenleser bzw. Transponder-Lesegeräte sind in unterschiedlichsten Bauformen erhältlich. Sie reichen von klassischen Unterputz- oder Aufputzgeräten bis zu unsichtbar in der Tür eingebauten Varianten. Eine Auswahl an geeigneten Systemen liefert die folgende Tabelle 45.3:

Hersteller	Link
Kaba GmbH	*http://www.kaba.de/loesungen/elektronische-tuerschloesser-kartenleser/491704/kartenleser.html*
I-KEYS	*http://www.i-keys.de/de/Zutrittskontrollsysteme.html*
Gira	*http://www.gira.de/tuerkommunikation/keylessin/transponder.html*
SimonVoss	*http://www.simons-voss.de*

Tabelle 45.3 Herstellerauswahl für Transponder-Lesegeräte

Ein Modell, das Ihnen im Praxisteil dieses Buchs noch begegnen wird, ist der Gira Keyless In-Transponder (Abbildung 45.7), der sich nahtlos in das Türkommunikationssystem Gira-TKS einfügt. Sowohl im Außen- als auch im Innenbereich ist er mit gängigen Standardschalterprogrammen kombinierbar (z. B. E2, Event, Standard 55, Esprit, E22 und TX_44). Das Gira-TKS kann zudem über ein optionales Gateway (Gira-TKS-IP-Gateway) in ein bestehendes IP-Netzwerk integriert werden und ist über diese Schnittstelle auch seitens des KNX-Bus ansprechbar. Wie so etwas praktisch umgesetzt wird, erfahren Sie in Abschnitt 58.6, »Anwendungsszenario Zutrittskontrolle«.

Das Keyless In Transponder-Lesegerät kann bis zu 250 Schlüssel bzw. Karten verwalten, die direkt am Gerät eingelernt werden. Für den Lernvorgang ist zur Sicherheit eine spezielle Programmierkarte notwendig.

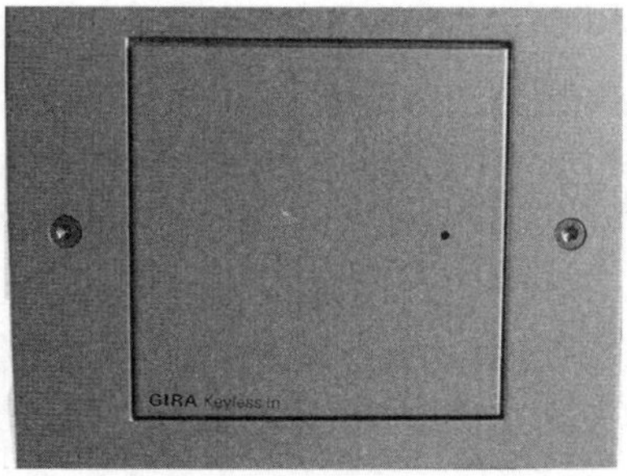

Abbildung 45.7 Gira Keyless In-Transponder mit TX_44-Rahmen

Transponderschlüssel und -karten werden in unterschiedlichsten Formen (Abbildung 45.8) angeboten, diese reichen von Karten in EC-Kartengröße über Schlüsselanhänger bis zu Armbändern und Uhren.

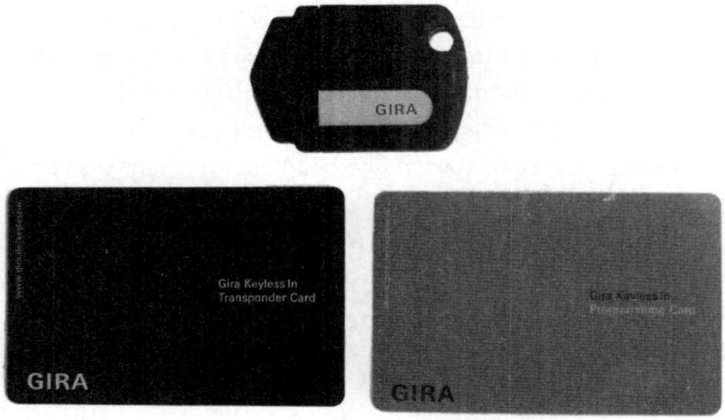

Abbildung 45.8 Gira-TKS: Transponder, Transponderkarte, Programmierkarte

Im Vergleich zu anderen Zutrittskontrollsystemen schneidet das Transponderverfahren gut ab, dem erhöhten Komfort steht lediglich ein möglicher Verlust einer Karte gegenüber (siehe Tabelle 45.4):

Vorteile	Nachteile
Transponder mit Fernbereichserkennung erlauben das Öffnen der Haustür, auch wenn die Hände nicht frei sind.	Eine Karte oder ein RFID-Chip kann verloren gehen (oder gestohlen werden), jedoch lassen sie sich einfach sperren.
Einige Transponder können unterschiedliche Schalthandlungen für Nahbereichs- und Fernbereichserkennung ausführen (Tür öffnen, Beleuchtung anschalten, Alarmanlage deaktivieren).	

Tabelle 45.4 Vor- und Nachteile von Transponderlösungen

45.3.4 Kombinieren Sie die unterschiedlichen Medien

Es ist übrigens eine sehr praktikable Vorgehensweise, unterschiedliche Zutrittssysteme zu kombinieren. Denkbar ist z. B. eine Erhöhung der Sicherheit über die Nacht durch Mehrfachauthentifizierung (Fingerprint und Code) und eine Lockerung tagsüber (nur Fingerprint).

Andererseits ist ein zweites Zutrittssystem wie z. B. eine Codetastatur eine gute Möglichkeit, um einer Person (Nachbar, Handwerker usw.) eine zeitlich beschränkt gültige Kombination zur Entriegelung einzuräumen.

Grundregeln zum Zutrittskontrollsystem

Beachten Sie bitte – bei allen Vorteilen, die ein modernes Zutrittskontrollsystem bietet – die folgenden zwei Grundregeln:

1. In jedem Fall müssen Sie dafür sorgen, dass die Erfassungseinheit (Leser) von der eigentlichen Steuereinheit (diejenige, die den Öffnungsmechanismus bedient) getrennt installiert ist. Die Steuereinheit muss an einer von außen nicht zugänglichen Position (z. B. im Schaltschrank) installiert werden. Da die Leseeinheit in den meisten Fällen über eine verschlüsselte digitale Verbindung mit der Steuereinheit kommuniziert, ist eine Sabotage von außen, wenn überhaupt, nur mit sehr großem technischem Aufwand möglich.
2. Der zweite Grundsatz lautet: Verzichten Sie trotz elektrischer Entriegelung nicht auf eine Möglichkeit, die Haustür auch mit dem guten alten Schlüssel zu öffnen. Sie benötigen ihn nur im Notfall (z. B. bei Stromausfall) und können ihn dafür bei einer Person Ihres Vertrauens deponieren.

45.4 Telefonie

Trotz der allgegenwärtigen Präsenz der Smartphones hat das gute alte Telefon zu Hause längst nicht ausgedient. Zwar sieht man schnurgebundene Telefone immer seltener, aber die kabellosen Geräte sind nach wie vor sehr beliebt. Grundsätzlich können Sie sich zwischen zwei Standards entscheiden:

- IP-Telefone
- DECT-Telefone

45.4.1 VoIP- und DECT-Telefonie

Die IP-Telefonie, auch *Voice over IP* (VoIP) genannt, basiert auf dem IP-Netzwerkprotokoll. Ein VoIP-Telefon meldet sich bei einem Server (in der Regel einem SIP-Server, siehe Abschnitt 45.1, »SIP-Türsprechsysteme«) an, das klassische Telefonnetz wird dabei gar nicht benötigt. Die eigentliche Kommunikation zwischen zwei IP-Telefonen kann, nach der Vermittlung durch den Server, unabhängig von diesem erfolgen. VoIP funktioniert dabei nicht nur im privaten Heimnetz, sondern auch im öffentlichen Internet.

Die *DECT*-Technologie (*Digital Enhanced Cordless Telecommunications*) ist hauptsächlich für gebäudeinterne Telefonie mit wenigen Teilnehmern an einer gemeinsamen Basisstation ausgelegt. DECT funkt unterhalb des von WLAN und Bluetooth benutzten Frequenzbereichs von 2,45 GHz und stört daher diese Netzwerke nicht. Zur Sprachübertragung kommt der G.726-Codec zum Einsatz mit einer Bitrate von 32 kBit/s. Weitere Informationen zum DECT-Standard finden Sie in Abschnitt 12.7.3, »DECT«.

45.4.2 Das Telefon als Smart-Home-Komponente

Als Beispielaufbau habe ich die Kombination FRITZ!Box 7490 plus DECT-Mobilteil (z. B. FRITZ!Fon C4) gewählt. Die FRITZ!Box fungiert dabei als DECT-Basisstation und ist nebenbei auch noch mit dem HomeServer über eine ISDN-Leitung verbunden. Ein echter ISDN-Anschluss ist dabei nicht erforderlich. Sehen Sie sich zusätzlich auch noch Abbildung 45.1 an. Welche Anwendungen können Sie nun mit einem DECT-Mobilteil umsetzen? Sie können:

- Den HomeServer dazu verwenden, ein (DECT-)Mobilteil bei einem bestimmten Ereignis klingeln zu lassen (Waschmaschine fertig, Regenalarm bei geöffnetem Fenster usw.). Den notwendigen Befehl können Sie im Logikeditor mit BEFEHLS-TYP ALARM AUSLÖSEN und ALARM-TYP ANRUF in eine Ausgangsbox einfügen. Eine Alternative bietet der Logikbaustein FritzControl oder auch der Baustein DTMF Anrufalarmierung (siehe Abschnitt 48.3.8, »Noch mehr Möglichkeiten: Externe Logikbausteine und Funktionsvorlagen«).
- In der Quad-Client-Visualisierung die letzten Anrufer anzeigen, inklusive der Namensanzeige aus dem FRITZ!Box-Telefonbuch, sowie Rufumleitung und Anrufbeantwortersteuerung. Dazu setzen Sie das Quad-Client-Plug-in QCFritz Pro ein (siehe *http://service.knx-user-forum.de/?comm=download*). Eine Alternative dazu ist HsPhone (*http://knx-user-forum.de/forum/playground/hsphone*).
- Über eine Set-Top-Box mit Enigma2-Betriebssystem einen eingehenden Anruf in das laufende TV-Bild einblenden, inklusive Rückwärtssuche unbekannter Anrufer und Stummschaltung des TV-Geräts. In Abschnitt 57.6.4, »Lassen Sie Ihren Fernseher Telefonanrufe anzeigen«, finden Sie ein Umsetzungsbeispiel.
- Die intelligenten FRITZ!DECT-200-Steckdosen über eine FRITZ!Fon-Funktion schalten, mehr dazu in Abschnitt 12.7.3, »DECT«.
- Das Mobilteil klingeln lassen, wenn die Türglocke betätigt wird, und es sogar als Gegensprechanlage nutzen (z. B. in Verbindung mit dem Gira-TKS-IP-Gateway, siehe Abschnitt 45.2, »Proprietäre Türsprechsysteme«).

- Eine beliebige Logik ausführen, wenn ein Anruf eingeht (Baustein FritzBox-CallMon, siehe Abschnitt 48.3.8, »Noch mehr Möglichkeiten: Externe Logikbausteine und Funktionsvorlagen«, oder über den HS-Experten, Menü: EIB-STEUERUNG • TELEFONBEDIENUNG).

Kennen Sie Asterisk?

Nein, *Asterisk* ist kein Gallier, dessen unbeugsames Dorf nicht aufhört, dem Eindringling Widerstand zu leisten, sondern ein Open-Source-Framework, das Sie in die Lage versetzt, einen beliebigen Rechner in einen Kommunikationsserver zu verwandeln. Weltweit sind mehr als eine Million Asterisk-basierte Kommunikationssysteme in Betrieb, was eindrucksvoll die Beliebtheit beweist. Im Eigenheim wird Asterisk (*www.asterisk.org*) gern als VoIP-Gateway eingesetzt, es ist geeignet für Sprach- und Videokommunikation in Echtzeit, beherrscht quasi jedes relevante Protokoll (SIP, ISDN usw.) sowie jeden Codec und bezeichnet sich selbst, zu Recht, als »Schweizer Taschenmesser für Kommunikationsaufgaben«. Einen Asterisk-Server selbst aufsetzen können Sie, indem Sie entweder die spezialisierte Distribution AsteriskNOW (*http://www.asterisk.org/downloads/asterisknow*) einsetzen oder das Asterisk-Framework zu einem bestehenden Linux-System hinzufügen.

Kapitel 46
Wasser, Lüftung, Heizung, Haushaltsgeräte

Auch wenn der intelligente Kühlschrank, der selbst Lebensmittel bestellt, noch auf sich warten lässt – man darf gespannt sein, was im eigenen Zuhause mittelfristig alles möglich sein wird.

Das letzte Kapitel des umfangreichen Hardwareteils zeigt Ihnen, welche weiteren Geräte bzw. Anlagen sich sinnvoll in eine Smart-Home-Umgebung einbinden lassen und welcher Mehrwert daraus entsteht.

46.1 Wasserenthärter

Die durchschnittliche Wasserhärte in Deutschland (Tabelle 46.1) liegt bei 16,00°dH (deutscher Härtegrad), was nach der Härtebereichseinteilung als »hart« eingestuft wird:

Härtebereich	°dH
weich	< 8,4 °dH
mittel	8,4–14 °dH
hart	> 14 °dH

Tabelle 46.1 Deutsche Wasserhärtebereiche

Die Wasserhärte an Ihrem eigenen Wohnort können Sie übrigens beim zuständigen Wasserversorger in Erfahrung bringen oder eine Serviceseite wie *www.wasserhaerte.net/deutschland/index.html* befragen. Ihre Postleitzahl reicht dazu. Hartes Wasser ist zwar nicht schädlich, aber ein weiches Wasser zu haben, bietet unbestritten eine Menge Vorteile, sowohl hinsichtlich der Kostenersparnis als auch im Komfort:

- Bereits 1 mm Kalkbelag auf einer Heizschlange verzögert den Wärmetransport deutlich.
- Durch weiches Wasser reduzieren Sie den Verbrauch an Waschmittel und Reinigungsmittel und verlängern die Lebensdauer Ihrer Geräte in Küche und Bad.
- Die Reinigung von Bad und Küche wird deutlich »nervenschonender«.
- Und nicht ganz unwichtig: Kaffee und Tee schmecken mit weichem Wasser einfach besser.

Ein zentral im Haushalt installierter *Wasserenthärter* sorgt wirksam für sofortigen Genuss von weichem Wasser. Während die Wirkung von Voodoo-Enthärtern, die mit irgendwelchen obskuren bestromten Spulen die Form des Kalks im Wasser zu ändern versuchen, eher umstritten ist, funktionieren Enthärter nach dem Prinzip des Ionenaustauschs (die Härtebildner Magnesium und Calcium werden aus dem Trinkwasser entfernt) nachweislich.

Gute und zuverlässige Geräte bekommen Sie z. B. bei Grünbeck (*www.gruenbeck.de*, Abbildung 46.1). Einmal installiert und eingestellt (z. B. auf eine kontante Härte von 3°dH), benötigen Sie zum Betrieb zwar etwas Strom (Stand-by ca. 13 VA) und ungefähr zweimal pro Jahr eine Füllung an Salz für die Regeneration des Filters, bekommen dafür aber im gesamten Haushalt angenehm weiches Wasser.

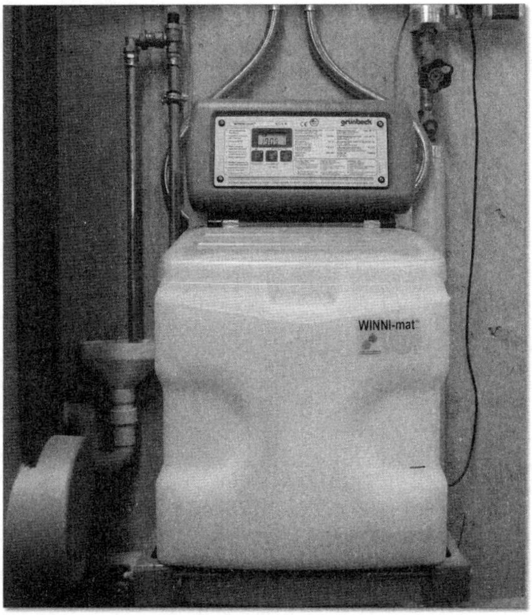

Abbildung 46.1 Wasserenthärter für ein EFH (Grünbeck WINNI-mat®)

Ein Wasserenthärter kann je nach Modell mehr oder weniger einfach in ein bestehendes Automatisierungssystem eingebunden werden. Relativ problemlos sollte möglich sein:

- Das Abgreifen der Sammelstörung des Wasserenthärters (Salzmengenalarm, erkannter Defekt, Rohwasserzufuhr unterbrochen): Der Sammelstörkontakt (oft potenzialfrei) wird über einen KNX-Binäreingang auf den Bus gelegt und weiterverarbeitet. Die Vorgehensweise ist die gleiche wie beispielsweise die für Fensterkontakte (siehe Abschnitt 29.1.3, »Anschlussbeispiel für Fensterkontakte«).
- Die Schaltzustände der eingebauten Elektroventile lassen sich meistens ebenfalls abgreifen, dadurch kann der Betriebszustand des Enthärters ermittelt und Aussagen über die Zeitdauer und das Anstehen des nächsten Regenerationsprozesses können getroffen werden.

- Das Abgreifen des Wasserdurchflusszählers (oft über potenzialfreien Impulskontakt) am Enthärter: Nach einmaliger Ermittlung des Impulsverhältnisses lässt sich über einen KNX-Binäreingang der Wasserverbrauch des Haushalts messen und statistisch aufbereiten.

Die folgende Abbildung 46.2 gibt die Parametrierung eines MDT-Binäreingangs von Typ BE-04000.01 für die Impulszählung des Wasserdurchflusssensors des Enthärters wieder. Alle 50 Pulse wird der Zählerstand über ein KNX-Telegramm gemeldet.

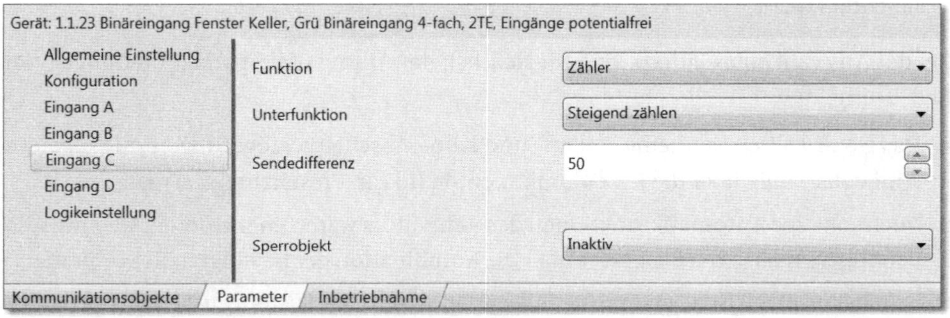

Abbildung 46.2 Parametrierung eines Binäreingangs für Impulszählung

46.2 Lüfter

Auch wenn immer mehr zentrale Gebäudelüftungsanlagen verbaut werden, kommt den lokalen *Lüftern* bzw. Ventilatoren immer noch eine gewisse Rolle zu. Insbesondere bei innen liegenden Feuchträumen ohne Fenster ist eine automatisierbare Lüftung eine sehr sinnvolle Einrichtung. Dabei ist die Anbindung an ein Automatisierungssystem wie z. B. den KNX sehr einfach, wie Abbildung 46.3 zeigt. Es reicht bereits ein freier Schaltaktorkanal (siehe Abschnitt 30.1, »Schaltaktor«) oder Lüfter-/Fan-Coil-Aktor-Kanal (siehe Abschnitt 30.8, »Lüfter und Fan-Coil-Aktor«) aus.

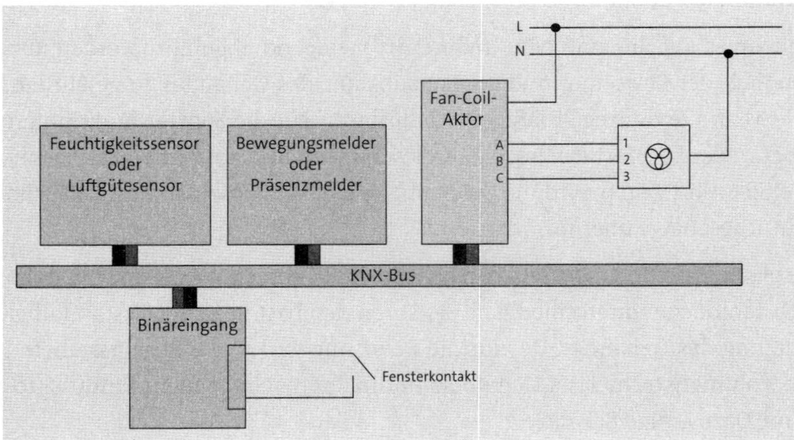

Abbildung 46.3 Anschlussschema für Lüftersteuerung

Über Logikfunktionen, die in der Regel bereits mit KNX-Bordmitteln (also ohne externe Logik-Engine) gelöst werden können, lässt sich eine smarte Lüftersteuerung verwirklichen. Diese kann entscheiden, ob, wie stark und wie lange der Lüfter arbeiten soll, basierend auf Eingangsgrößen wie z. B.:

- Präsenzmelder oder Bewegungsmelder (Anwesenheit einer Person)
- Fensterkontakt (Fenster auf oder geschlossen)
- Feuchtigkeitssensor bzw. Luftgütesensor (Betrieb des Lüfters bei »schlechter« oder zu feuchter Luft)

Bei der Auswahl eines Lüfters sind hinsichtlich der Automatisierbarkeit besonders von Bedeutung:

- Das Gerät sollte über keine Anlauf- und keine Abschaltverzögerung verfügen, diese wird vollständig über die KNX-Komponenten (Aktor, Präsenzmelder) realisiert.
- Auch sonstige Automatikfunktionen des Ventilators wären eher störend, alles, was Sie benötigen, realisieren Sie besser über die Kombination der beteiligten KNX-Geräte.
- Durch eine elektrisch verstellbare Lüfterklappe wird das System zusätzlich optimiert.

46.3 Kontrollierte Wohnraumlüftung (KWL)

Die besonders bei Neubauten angestrebte Energieeffizienz wird hauptsächlich durch gute Gebäudedämmung, aber auch durch eine konsequent luftdichte Bauweise erreicht. Was auf der einen Seite Heizkosten spart, führt auf der anderen Seite zu einer Verschlechterung der Raumluft. Durch eine dichte Gebäudehülle findet kein ausreichender Luftaustausch mehr statt. Die Raumluft reichert sich mit Schadstoffen an, die durch Ausdünstungen von Teppichen und Möbeln entstehen. Zugleich wird Schimmelbildung durch eingebrachte Feuchtigkeit gefördert. Feuchtigkeit entsteht nicht nur durch Kochen, Waschen oder Duschen, die bloße Anwesenheit von Bewohnern erhöht bereits die Wasserkonzentration in der Luft.

Die Feuchtigkeit muss auf die eine oder andere Art zwingend abgeführt werden, um nicht die Gesundheit der Bewohner und die Bausubstanz des Gebäudes zu gefährden. Die traditionelle Methode des regelmäßigen Stoßlüftens über die Fenster funktioniert natürlich, ist aber weder komfortabel noch energieschonend und auf keinen Fall besonders smart. Intelligent hingegen wird die Belüftung, wenn sie von einer kontrollierten Wohnraumbelüftungsanlage übernommen wird.

An dieser Stelle glänzt eine Gebäudesteuerung z. B. auf KNX-Basis ganz besonders, denn sie besitzt durch zahlreiche unterschiedliche Sensoren den besten Kenntnisstand über die aktuelle Nutzung des Gebäudes. Der für die Belüftung wichtigste Regelparameter, der sogenannte Volumenstrom, lässt sich umso optimaler regeln, je mehr Einflussgrößen bekannt sind. Dazu einige Beispiele:

- **Feuchtigkeitssensoren**: Eine zu hohe Feuchtigkeit (z. B. nach dem Duschen) fährt den Volumenstrom auf Maximum.
- **CO2-Sensoren** oder **VOC-Sensoren**: Je geringer der Sauerstoffanteil in der Raumluft bzw. je größer die Luftverunreinigung ist, desto höher wird der Volumenstrom eingestellt.
- **Präsenzmelder**: Die Abwesenheit aller Bewohner reduziert den benötigten Volumenstrom.
- **Zeitabhängige Steuerung**: Unterschiedliche Volumenströme bei Tag und in der Nacht.
- **Unterschiedliche Modi**: Eine Partytaste erhöht den Volumenstrom für eine gewisse Zeit auf ein Maximum.
- **Fensterkontakte**: Stehen Fenster oder Türen offen, kann die Belüftungsanlage entsprechend reagieren.

Hinsichtlich der Integration in ein KNX-System lassen sich zwei verschiedene KWL-Anlagentypen unterscheiden:

1. Kompaktsysteme mit integrierter KNX-Busanbindung
2. Kompaktsysteme oder größere Anlagen ohne Busanbindung

Die Integration von Systemen mit eingebauter KNX-Schnittstelle gelingt am schnellsten. Sie erlauben die Änderung von Betriebsparametern (z. B. den aktuellen Volumenstrom) direkt per KNX-Telegramm. Ebenso einfach lassen sich Informationen aus der Anlage abfragen, weiterverarbeiten und visualisieren. Dazu zählen nicht nur die tatsächlichen Betriebsdaten (Temperaturen, Volumenstrom, Ventilatorstatus usw.), sondern auch Störmeldungen und Servicemeldungen.

Etwas aufwendiger, aber dennoch lösbar, wird die Anbindung an den Gebäudeautomationsbus, wenn die Anlage kein KNX-Businterface besitzt. Je nach Anlagentyp setzen Sie dazu unterschiedliche Aktoren und Sensoren ein:

- **Schaltaktor**: für die stufenweise Ansteuerung des Volumenstroms (ein Beispiel finden Sie in Abschnitt 30.8, »Lüfter und Fan-Coil-Aktor«)
- **Analogausgänge** (z. B. 0 bis 10 V): für die stufenlose Steuerung (siehe Abschnitt 30.3, »Analogaktor«)
- **Binäreingänge**: dienen der Abfrage von Stör- oder Servicemeldungen (Details siehe Abschnitt 31.1, »Binäreingang«)

46.4 Heizungssystem

In Sachen Heizung gilt es, verschiedene Teilsysteme auseinanderzuhalten. In der Heimautomation werden der Wärmeerzeuger (z. B. die Wärmepumpe) und die Heizung selbst (z. B. Fußbodenheizung oder Heizkörper) komplett unterschiedlich behandelt.

46.4.1 Wärmerzeuger

Einen Einfluss auf die Temperaturregelung Ihres Heims nehmen Sie am besten über die Stellantriebe am Heizkreisverteiler oder Heizkörper. Eine Einzelraumtemperaturregelung ist genau darauf aufgebaut. Eine weitere Eingriffsmöglichkeit ergibt sich dadurch, dass Sie den Wärmeerzeuger selbst zusätzlich in die Gebäudesteuerung mit einbeziehen. Je nach Typ und Aufbau der Heizungsanlage ist die Herangehensweise dazu unterschiedlich, lässt sich aber in zwei grundsätzliche Ansätze kategorisieren:

1. Ansteuerung einer Heizungsanlage mit integrierter oder nachrüstbarer Busanbindung bzw. Netzwerkverbindung
2. Zugriff auf die Heizungsanlage über KNX-Aktor und Sensormodule

Beide Vorgehensweisen werden im Folgenden näher erläutert.

Ansteuerung über direkte Busanbindung

Ansatz 1 über eine direkte KNX-Busanbindung ist sicherlich der einfachste und zielführendste. Immer mehr Anbieter von Wärmepumpen oder Brennwertthermen bieten entsprechende Erweiterungssets an oder integrieren die Busanbindung bereits ab Werk in deren Steuerungselektronik. Über diese Schnittstelle können Sie interessante Status-/Messwerte der Heizungsanlage abfragen und weiterverarbeiten oder die dafür vorgesehenen Betriebsparameter ändern. Beides wird über KNX-Telegramme abgewickelt, die Parametrierung findet über die ETS-Software statt.

Eine kleine Auswahl an typischen Datenpunkten finden Sie in folgender Liste, je nach Heizungsanlagentyp stehen in der Praxis sehr viel mehr weitere Betriebsparameter zur Verfügung:

- Außentemperatur, Vorlauftemperatur, Rücklauftemperatur
- Warmwassertemperatur
- Wärmequelleneintritt
- Wärmemenge
- Heizkurvenendpunkt, Festwerttemperatur
- Parallelverschiebung (Heizkurve)
- Betriebsmodus, Betriebszustände (Verdichter, Mischer, Pumpen)
- Solltemperatur
- Absenkung, Anhebung
- EVU-Sperre

Lösungen für nachrüstbare Busschnittstellen sind beispielsweise die beiden Module von Dimplex und Viessmann in Tabelle 46.2:

Hersteller	Busschnittstelle	Preis
Dimplex	Erweiterung für eine KNX/EIB-Anbindung: EWPM *http://www.dimplex.de/diagnostic*	ca. 360 €
Viessmann	Vitogate 200 (Typ EIB) *www.viessmann.com*	ca. 550 €

Tabelle 46.2 Produktbeispiele: Busschnittstellen für Heizungsanlagen

Die Busanbindung von Dimplex ist in einem Wiki sehr schön dokumentiert, es lohnt sich, die Onlinedokumentation zu studieren, wenn das EWPM-Modul für Sie infrage kommt: *http://www.dimplex.de/wiki/index.php/EWPM*.

Die EWPM-Erweiterung (siehe folgende Abbildung 46.4) ist unkompliziert einzubauen, am Dimplex-Wärmepumpenmanager ist dafür bereits der Steckplatz Serial Card/BMS Card vorgesehen.

Abbildung 46.4 KNX-Busschnittstelle EWPM (Quelle: Dimplex)

Ist für Ihre Heizungsanlage keine KNX-Anbindung verfügbar, klappt eine Vernetzung über Umwege oft trotzdem. Viele Hersteller bieten für ihre Geräte eine Webschnittstelle als Nachrüstoption an. Auch über eine HTTP- oder sonstige TCP-Verbindung kommen

Sie nämlich an die notwendigen Datenpunkte. Voraussetzung ist dann allerdings eine Logik-Engine in Ihrem Automatisierungskonzept (z. B. HomeServer, openHAB, SmartHome.py usw.), über die Sie die Netzwerkschnittstelle zur Heizungselektronik ansprechen.

Ansteuerung über KNX-Aktoren und Sensoren

Plan B, falls für Ihre Heizungsanlage keine direkte Busanbindung oder Netzwerkverbindung möglich ist, lautet: Verändern Sie Betriebsparameter mithilfe von KNX-Aktoren und fragen Sie Ausgangswerte des Wärmeerzeugers über entsprechende KNX-Sensoren ab.

Da Art und Umfang der benutzbaren Ein- und Ausgänge von Modell zu Modell verschieden sind, können Sie die notwendigen KNX-Geräte erst dann bestimmen, wenn Sie den genauen Typ Ihrer Heizungsanlage wissen und zudem auf die technische Dokumentation Zugriff haben. Sobald klar ist, an welchen Anschlüssen welche Parameter abgreifbar sind, können Sie aus der ganzen KNX-Gerätepalette die passenden Module auswählen. Fast immer einsetzbar sind z. B.:

- Schaltaktoren und Analogaktoren (Parameter ändern)
- Binäreingänge und Analogeingänge (Parameter abfragen)

Beide Geräte haben Sie bereits in Kapitel 31, »Zustände erfassen durch Eingänge«, kennengelernt. Sehr einfach und für fast jeden Typ von Wärmeerzeuger möglich ist beispielsweise die Abfrage einer (Sammel-)Störmeldung über einen (potenzialfreien) Binäreingang.

Das oben erwähnt Vitogate finden Sie näher beschrieben im Kapitel über die Gateways (siehe Abschnitt 24.1.3, »Gateways lösen die Verständigungsprobleme«).

46.4.2 Fußbodenheizung, Radiatoren und Konvektoren

Fußbodenheizungen (Abbildung 46.5) werden als Niedertemperatur-Flächenheizung ausgelegt, was bedeutet, dass die *Vorlauftemperatur* des Wassers, je nach Außentemperatur, zwischen ca. 25 und 35 °C liegt. Je geringer die Vorlauftemperatur ist, desto höher ist die mögliche Energieeinsparung.

Über eine *Umwälzpumpe* (Abbildung 46.6) wird das warme Wasser in Vorlauftemperatur durch spiralförmig verlegte Kunststoffrohre, die im Estrich eingebettet sind, gepumpt. Dort gibt es seine Wärmeenergie an den Raum ab und kehrt im Rücklauf ca. 5 bis 6 °C kälter zurück. Diese sogenannte *Temperaturspreizung* zwischen Vorlauf und Rücklauf sollte in einem gut gedämmten Haus nicht höher als 6 °C liegen.

Abbildung 46.5 Fußbodenheizung

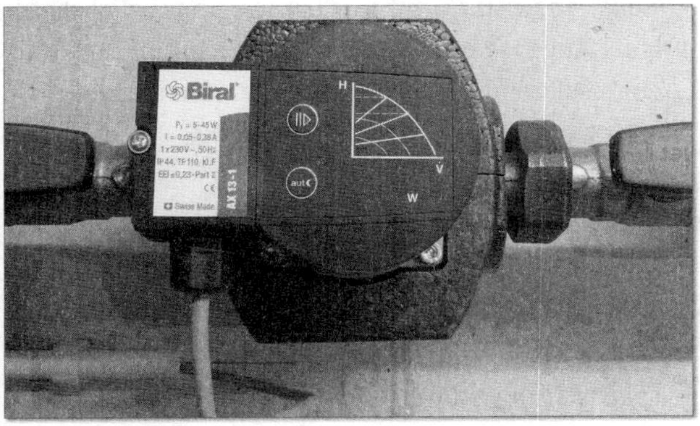

Abbildung 46.6 Umwälzpumpe

Heizkreisverteiler und Durchflussbegrenzer

Das vom Wärmeerzeuger erhitzte Wasser wird über einen *Heizkreisverteiler* (Abbildung 46.7) gepumpt, der für die Wärmeverteilung der einzelnen Heizkreise zuständig ist.

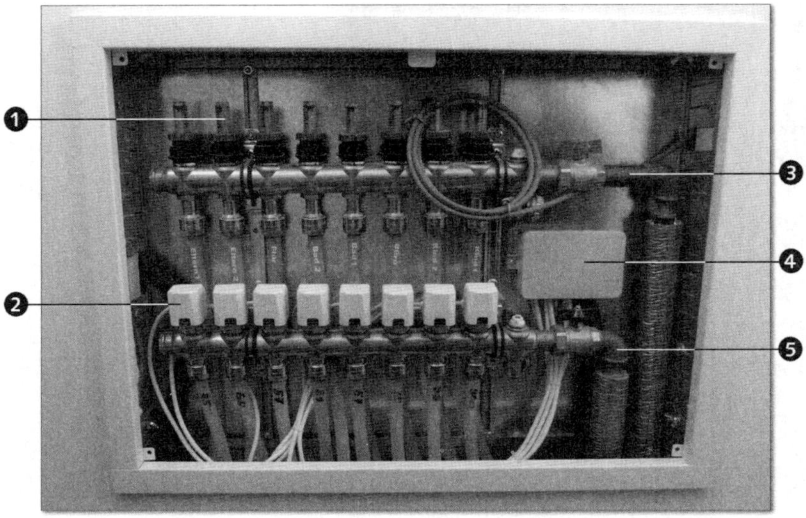

Abbildung 46.7 Heizkreisverteiler mit 230-V-Stellantrieben ❷ und 230-V-Verteilung ❹ sowie einer KNX-Reserveleitung

In der Regel ist pro Etage ein Heizkreisverteiler montiert, an dem jeder Raum bzw. jeder Heizkreis mit Vorlauf ❸ und Rücklauf ❺ angeschlossen ist. Am Heizkreisverteiler ist pro Heizkreis ein *Durchflussbegrenzer* ❶ angebracht, mit dem der Volumenstrom jedes Heizkreises eingestellt wird. Die Durchflussbegrenzer besitzen in den meisten Fällen eine kleine Skala, an der der eingestellte Volumenstrom in Litern pro Minute ablesbar ist (z. B. zwischen 0 und 2,5 l/min).

Der Vorgang, bei dem sämtliche Durchflussbegrenzer auf den richtigen Volumenstrom justiert werden, nennt sich *hydraulischer Abgleich*. Damit ein Heizsystem möglichst effizient funktioniert, ist ein hydraulischer Abgleich unbedingt erforderlich. Durchgeführt wird dieser vom Heizungsinstallateur, basierend auf berechneten Werten aus der thermischen Auslegung der Anlage.

Der thermoelektrische Stellantrieb

Basierend auf dem durch den hydraulischen Abgleich eingestellten Durchfluss, kommt ein zweites regulierendes Element zum Einsatz. Die Rede ist von den *thermoelektrischen Stellantrieben*, deren Aufgabe es ist, den Durchfluss eines jeden Heizkreises weiter zu begrenzen. Die Stellantriebe werden elektrisch angesteuert und erlauben einer übergeordneten Einzelraumregelung, die Raumtemperatur zu senken, indem sie den Durchfluss reduzieren. Dieser kann zwischen null und dem mit dem Durchflussbegrenzer eingestellten Maximum liegen, je nach Ventilstellung des Antriebs.

Beide Systeme, Fußbodenheizung und Radiatorheizung, werden auf die gleiche Weise reguliert. Es sorgt jeweils ein Stellantrieb dafür, dass der Durchfluss an warmem Wasser an die tatsächlich benötigte Menge angepasst wird. Der Unterschied besteht darin, dass der Stellantrieb bei der Radiatorheizung normalerweise direkt am Heizkörper selbst montiert wird, wohingegen bei einem Fußbodenheizsystem alle Stellantriebe am Heizkreisverteiler platziert werden.

Zum Thema Stellantriebe finden Sie in Abschnitt 39.3, »Thermoelektrische und elektromotorische Stellantriebe« weitere Informationen.

Träge Fußbodenheizung und flinke konventionelle Heizkörper

Hinsichtlich der Ansteuerung einer Fußbodenheizung sind ein paar Grundzusammenhänge mit einzubeziehen. Bedingt durch die große Trägheit dieser Systeme und die angestrebte niedrige Vorlauftemperatur lohnt es sich nicht, auf kurzfristige Anwesenheit oder Abwesenheit (über Präsenzmelder) zu reagieren. Ebenso ist es wenig sinnvoll, die Einzelraumtemperaturregelung einer Fußbodenheizung auf einen kurzfristigen Temperaturabfall durch Öffnen der Fenster (Querlüftung) mit einer Durchflusserhöhung reagieren zu lassen. Dazu bieten Raumtemperaturregler in der Regel die Möglichkeit, den Fensterstatus (offen oder geschlossen) auszuwerten. Ein kurzeitiges Öffnen des Fensters sorgt dafür, dass sich die Ausgangsgröße der Regelung nicht erhöht. Signalisiert der Fensterkontakt für eine längere Zeit ein offen stehendes Fenster, kann die Heizleistung vom Regler sogar reduziert und beispielsweise auf Frostschutzbetrieb umgestellt werden. Dadurch vermeiden Sie unnötigen Energieverbrauch.

Ganz anders verfahren Sie, wenn es sich um konventionelle Heizkörper mit hohen Vorlauftemperaturen handelt. Im Vergleich zu einer Fußbodenheizung sind diese Systeme recht flink und profitieren von einer präsenzabhängigen Regelung (Präsenzmelder). Fensterkontakte können jedoch auch bei einer Radiatorheizung zur Drosselung der Heizleistung eingesetzt werden.

Die folgende Schemazeichnung in Abbildung 46.8 zeigt die an einer Einzelraumtemperaturregelung beteiligten KNX-Komponenten:

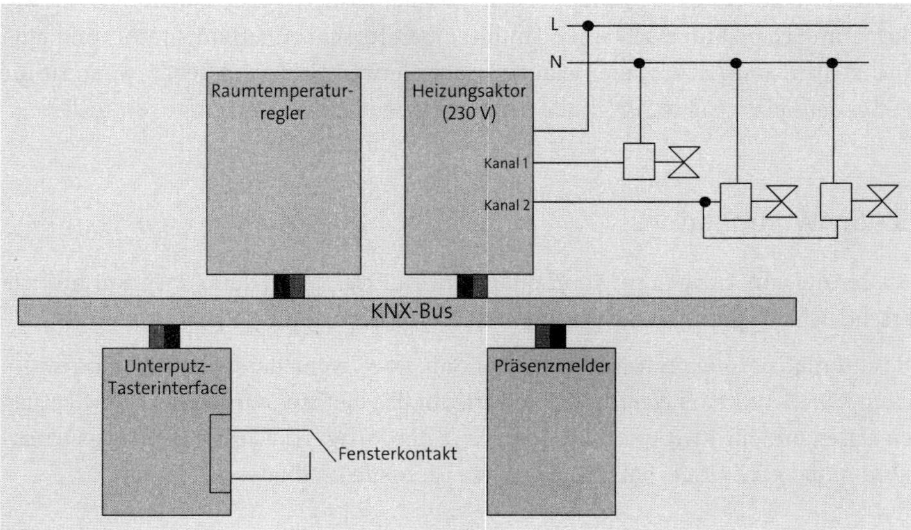

Abbildung 46.8 Anschlussschema Fußbodenheizung, Radiatoren

46.4.3 Elektroheizung

Eine Elektroheizung schafft, als Ergänzung zur Fußbodenheizung, besonders im Bad eine schnelle Möglichkeit, den Raum aufzuheizen, Handtücher zu trocknen oder einfach zusätzliche lokale Wärme zu spenden. In die Gebäudesteuerung integrieren Sie Elektroheizkörper recht einfach über KNX-Schaltaktoren (Abbildung 46.9). Abhängig vom Heizkörpertyp, benötigen Sie einen Aktorkanal oder mehrere, falls unterschiedliche Heizstufen zur Verfügung stehen.

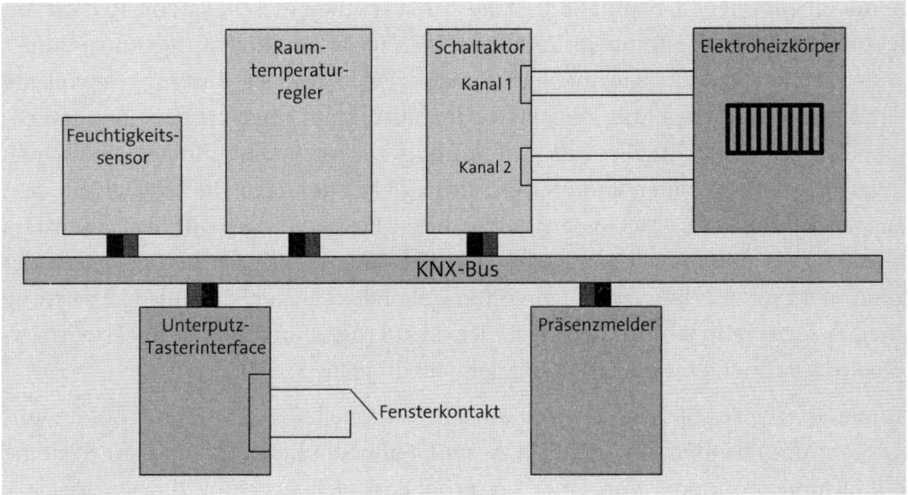

Abbildung 46.9 Anschlussschema Elektroheizung

Eine reine Steuerung ist für einen Zusatzheizkörper in der Regel akzeptabel. Meist erfüllt die rein zeitliche oder besser noch präsenzabhängige Ansteuerung bereits ihren Zweck.

Soll statt der Steuerung eine echte Regelung implementiert werden, benötigen Sie zusätzlich zum Schaltaktor noch einen Raumtemperatursensor (Isttemperatur) und eine Möglichkeit zur Sollwertvorgabe. Beides ist normalerweise bereits gegeben, wenn Sie für die Fußbodenheizung eine Einzelraumtemperaturregelung einsetzen.

46.5 Schwimmbad

Die Steuerung von Anlagen für Pools oder Schwimmbäder und deren Messwertabfrage unterscheidet sich grundsätzlich von Produkthersteller zu Produkthersteller:

- Die automatisierungstechnisch beste Variante ist es, wenn das Gerät über eine eingebaute KNX-Schnittstelle verfügt. Diese erlaubt das einfache Auswerten der wichtigsten Daten und die KNX-gestützte Steuerung der Anlage. Die Firma Ospa (*www.ospa-schwimmbadtechnik.de*) hat beispielsweise passende Produkte im Portfolio.

- Ist keine KNX-Schnittstelle vorhanden, lassen sich in der Regel wichtige Messsignale und Alarmmeldungen über KNX-Binäreingänge und Analogeingänge (siehe die Abschnitte 31.1 und 31.4) erfassen, weiterverarbeiten und visualisieren.
- Schwimmbadsteuerungen mit eingebautem Webserver (z. B. DULCOMARIN ® II) können Sie über die Webabfragefunktionen eines Gira HomeServers oder einer anderen Logik-Engine anbinden.

Als Minimalanforderung gilt, dass Sie in jedem Fall

- eine Sammelstörungsmeldung (z. B. über den KNX-Binäreingang) an Ihr Automatisierungssystem übermitteln und visualisieren bzw. alarmieren,
- Alarmmeldungen über KNX-Binäreingange und Messwerte (Chlor, PH-Wert, Redox) ebenso übertragen (z. B. KNX-Analogeingänge), was Ihnen den Weg zur Poolanlage oft erspart.

Klappt's auch mit dem Nachbarn, ist es sicherlich eine Überlegung wert, Störmeldungen bei längerer Abwesenheit auch diesem zukommen zu lassen. Schlimmeres lässt sich dadurch eventuell verhindern.

Achten Sie bei der Schwimmbad-Elektroinstallation (speziell bei Tastsensoren, aber auch beim REG-Einbau von KNX-Geräten) bitte grundsätzlich darauf, dass diese nicht der aggressiven Atmosphäre ausgesetzt sein dürfen. Auch rein mechanische Geräte beenden ihre Leben bei Nichtbeachtung sehr schnell.

46.6 Intelligente Haushaltsgeräte

Dass elektrische Haushaltsgeräte die Arbeit im Haushalt erleichtern, ist unumstritten. Beim nächsten logischen Schritt, der Vernetzung der mitunter bereits recht intelligenten Einzelgeräte, tut sich die Küchen- und Haushaltsbranche jedoch noch merklich schwer.

Inzwischen treffen sich die Hersteller nicht mehr auf der Domotechnica-Messe in Köln, sondern auf der Internationalen Funkausstellung (IFA) in Berlin und präsentieren dort Spülmaschinen mit innovativer Trocknungstechnologie, Kühlgeräte mit hocheffizienter Dämmung oder Waschmaschinen mit der Möglichkeit, eine thermische Solaranlage perfekt zu nutzen.

46.6.1 Noch fehlt es leider an Standards

Bei so viel Entwicklergeist ist es umso unbefriedigender, dass bisher für den Anwender kein wirklich gewinnbringendes und flexibel einzusetzendes Gesamtkonzept existiert. Dabei hätte gerade die herstellerunabhängige Vernetzung der Haushaltsgeräte das Potenzial, sowohl Bedienkomfort und Sicherheit als auch den Energieverbrauch zu optimieren.

Stattdessen konzentrieren sich die Hersteller leider auf proprietäre Systeme mit dem Charakter von Insellösungen oder reduzieren ihre Definition von intelligenter Vernetzung darauf, dass ein Backofen mit dem Smartphone bedienbar sein muss.

Im Grundgedanken löblich ist die sogenannte *Smart-Grid*-Fähigkeit. Sie wurde geschaffen, um vernetzte Haushaltsgeräte über eine zentrale Steuerungseinheit auf eingehende Signale der Energieversorger (z. B. Tarifsignale oder Hinweise zur Leistungsreduzierung) reagieren lassen zu können. Die notwendigen Voraussetzungen für den Einsatz von Smart-Grid-fähigen Haushaltsgeräten bestehen aktuell leider nicht, denn weder werden von den Energieversorgern ausreichend flexible Tarifmodelle angeboten, noch bestehen die notwendigen Standardisierungen einheitlicher Schnittstellen. Die Frage nach dem sinnvollen Nutzen für den Kunden muss durchaus gestellt werden. Nur dem Stromversorger dadurch entgegenzukommen, dass man den eigenen Verbrauch nach dem Stromaufkommen des EVU ausrichtet und dafür private Nutzungsdaten preisgibt, ist als Antwort mit Sicherheit noch nicht ausreichend.

46.6.2 Konkurrierende Systeme

Smart-Home-fähige Geräte von verschiedenen Herstellern sind untereinander nicht kompatibel. Sie müssen sich beim Kauf also leider auf eine Gerätelinie festlegen. Zudem lassen sich oft auch nur die Topgeräte der jeweiligen Marken in das System mit einbeziehen. Zwei konkurrierende Technologien für intelligente Haushaltsgeräte finden Sie in der folgenden Tabelle 46.3:

System und Hersteller	Beispiele	Funktionsweise
Home Connect ▸ Bosch ▸ Siemens *www.home-connect.com/de-de/*	▸ Programmlaufzeit (z. B. Ofen) prüfen ▸ Programm starten und ändern ▸ Fertig-Meldung ▸ auf Gerät angepasste Rezepte und Einkaufslisten ▸ Gerätehandbücher auf App ▸ Kontakt zu Service und Shop ▸ Füllstände von Klarspüler, Salz	▸ verwendet das heimische WLAN-Netz als Übertragungsmedium ▸ Steuerung über Smartphone-App ▸ eigener Account notwendig

Tabelle 46.3 Systembeispiele: intelligente Haushaltsgeräte

System und Hersteller	Beispiele	Funktionsweise
Miele@home ▶ Miele *www.miele.de*	▶ Display eines Geräts kann auch Zustände der anderen Geräte zeigen (Supervision) ▶ Anzeige von Restlaufzeiten, Temperatur, Feuchtigkeit usw. ▶ Kommunikation zwischen Kochfeld und Dunstabzugshaube (Betriebsstufenwahl) ▶ Generierung einer E-Mail bei Störung ▶ Uhrzeitsynchronisation ▶ Programm starten und ändern	▶ Übertragungsmedium: vorhandenes Stromnetz (Powerline) ▶ neue Geräte verfügen außerdem über ZigBee ▶ Kommunikationseinsteckmodule notwendig ▶ Einsatz von Repeatern möglich (ZigBee) ▶ Einbindung in Gebäudeautomatisierung durch Miele@home-Gateway (XGW 2000, XGW 3000) und XML-Schnittstelle ▶ Smartphone-App über Gateway/WLAN ▶ Anbindung an Qivicon-System

Tabelle 46.3 Systembeispiele: intelligente Haushaltsgeräte (Forts.)

46.6.3 Anschlussschema für Miele@home

Neben der neueren funkbasierten Vernetzung über ZigBee können Sie Miele@home-fähige Geräte auch über Powerline verbinden. Das Gateway Miele XGW 2000 sorgt für den Übergang zu einem bestehenden Gebäudeautomatisierungssystem wie z. B. KNX (Abbildung 46.10). Sehr wichtig zu beachten ist, dass sich jeweils die L1-Anschlüsse aller intelligenten Haushaltsgeräte auch wirklich auf L1 des Hauptstrangs befinden.

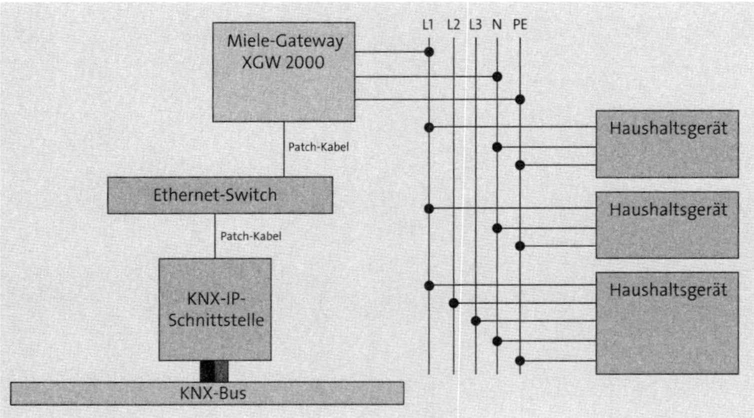

Abbildung 46.10 Die Verbindung von Miele@home mit einem KNX-Bus

TEIL V

Software

Kapitel 47
KNX parametrieren mit der ETS-Software

Die ETS ist die Schlüsselsoftware für die Inbetriebnahme und Parametrierung Ihres KNX-Systems. »Angst« vor einer Programmierung im eigentlichen Sinn (Code editieren) müssen Sie dabei nicht haben, mit der ETS erledigen Sie die meisten Aufgaben per Drag-and-drop.

Die *ETS* (*Engineering Tool Software*) ist die wichtigste und zugleich unbedingt notwendige Projektierungssoftware, um Ihre KNX-Installation zu parametrieren und zu programmieren. Wenn man so will, ist sie sogar ein Bestandteil des KNX-Standards. Die ETS ist eine Windows-Applikation und kommuniziert mit dem KNX-Bus über eine KNX-Schnittstelle, wie z. B. einen KNX-IP-Router (siehe Kapitel 27, »Mit Schnittstellen auf den KNX-Bus zugreifen«).

Eine Projektierung mit der ETS läuft in der Regel immer ähnlich ab und besteht aus folgenden Schritten. Wir sehen uns die Details zu jedem Arbeitsgang im weiteren Verlauf dieses Kapitels noch genau an:

1. ETS installieren und lizenzieren.
2. ETS-Datenbank anlegen.
3. Mindestens ein Projekt in der Datenbank erzeugen.
4. Die Gebäudestruktur für das Projekt anlegen.
5. Produktdatenbanken der verwendeten KNX-Komponenten herunterladen und importieren.
6. Die KNX-Geräte in die Gebäudestruktur einfügen.
7. Die Parameter der KNX-Geräte den Erfordernissen entsprechend einstellen.
8. Anlegen der Gruppenadressen.
9. Die Kommunikationsobjekte der KNX-Komponenten mit den Gruppenadressen verbinden.
10. Zuordnung der projektierten KNX-Geräte zur Bustopologie und damit Festlegung der endgültigen physikalischen Adresse.
11. Zuordnen der KNX-Komponenten auf die eingerichteten Gewerke (optional).
12. Prüfen der Projektierung.

13. Programmierung der projektierten Komponenten durchführen.
14. Die KNX-Funktion mittels des Gruppenmonitors prüfen.

Falls Sie die ETS noch nicht haben, finden Sie in Abschnitt 23.3.4, »Daran führt kein Weg vorbei: die ETS beschaffen«, nützliche Einkaufstipps. Die aktuelle Version ist ETS5, der Nachfolger der im folgenden Kapitel beschriebenen Version 4. Sie können jedoch die hier gelernten Vorgehensweisen problemlos auf die neuere Version anwenden.

47.1 Die ETS installieren

Die ETS in der Version 4 ist nicht gerade ein Leichtgewicht, was den Installationsumfang betrifft. Zusätzlich zur Software selbst werden einige weitere Komponenten wie z. B. der Microsoft SQL Server 2008 und diverse .NET-Bestandteile installiert.

Die ETS als virtuelle Maschine

Falls Sie Ihr Windows-Produktivsystem gern möglichst schlank halten oder keine Komplikationen mit bestehenden SQL-Server-Instanzen riskieren möchten, bietet es sich an, die ETS auf eine virtuelle Maschine zu installieren. Im Grundlagenteil zu VirtualBox (siehe Abschnitt 19.2, »Ideal für Tests: VirtualBox«) lernen Sie die wichtigsten Handgriffe im Umgang mit VirtualBox kennen. Bei meinen eigenen Arbeiten mit der ETS (Version 4.1.8) konnte ich keine Komplikationen im Betrieb unter VirtualBox feststellen. Sowohl Host- als auch Gastsystem liefen unter Windows 7 in der 64-Bit-Version, VirtualBox selbst habe ich in der Version 4.3.12 verwendet. Als RAM-Speicher sollten Sie der virtuellen Windows 7-Maschine 2 GByte oder mehr zuweisen.

47.1.1 Das Setup-File herunterladen

Die Installationsdatei für die ETS bekommen Sie über die Webseite *http://www.my.knx.org* als 530 MByte schweren Download. Da der Einkauf über den Shop, insbesondere aufgrund der verschiedenen Lizenzierungsmöglichkeiten, auf den ersten Blick etwas verwirrend erscheinen, habe ich ihm unter 23.3.4, »Daran führt kein Weg vorbei: die ETS beschaffen«, einen eigenen Abschnitt gewidmet.

47.1.2 Die ETS-Installation durchführen

Das über den KNX-Shop erworbene Setup-Programm starten Sie mit einem Doppelklick. Die folgenden Beschreibungen beziehen sich exemplarisch auf die ETS-Version 4.2, deren Installationsroutine nach der obligatorischen Bestätigung der Lizenzvereinbarung folgende Komponenten (Abbildung 47.1) installieren wird:

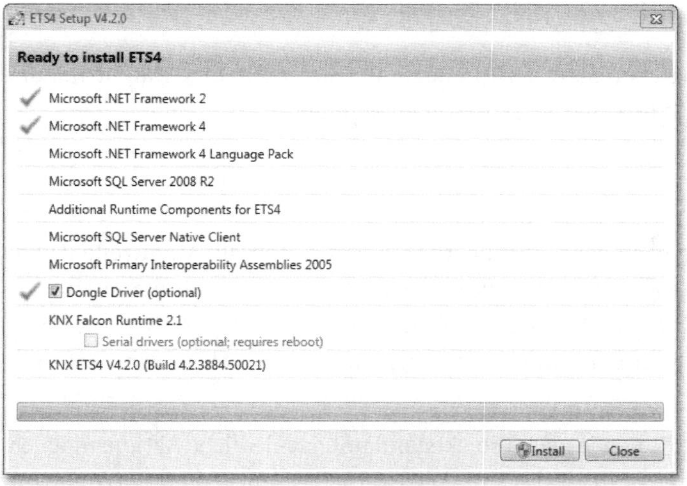

Abbildung 47.1 Die ETS-4.2-Installation

Die Checkbox für den optionalen Dongle-Treiber lassen Sie am besten aktiviert, der Treiber wird für den ETS-Lizenz-Dongle benötigt. Ein bisschen Zeit sollten Sie für die Installation schon einplanen, außer Abwarten wird Ihre Zuarbeit aber nicht benötigt. Sind alle Komponenten installiert, können Sie den Setup-Bericht quittieren und auf das auf dem Desktop erscheinende ETS-Icon doppelklicken. Nach dem ersten Start (Abbildung 47.2) der ETS-Software bekommen Sie den Übersichtsbildschirm präsentiert, von wo aus Sie im nächsten Schritt ein eigenes Projekt anlegen:

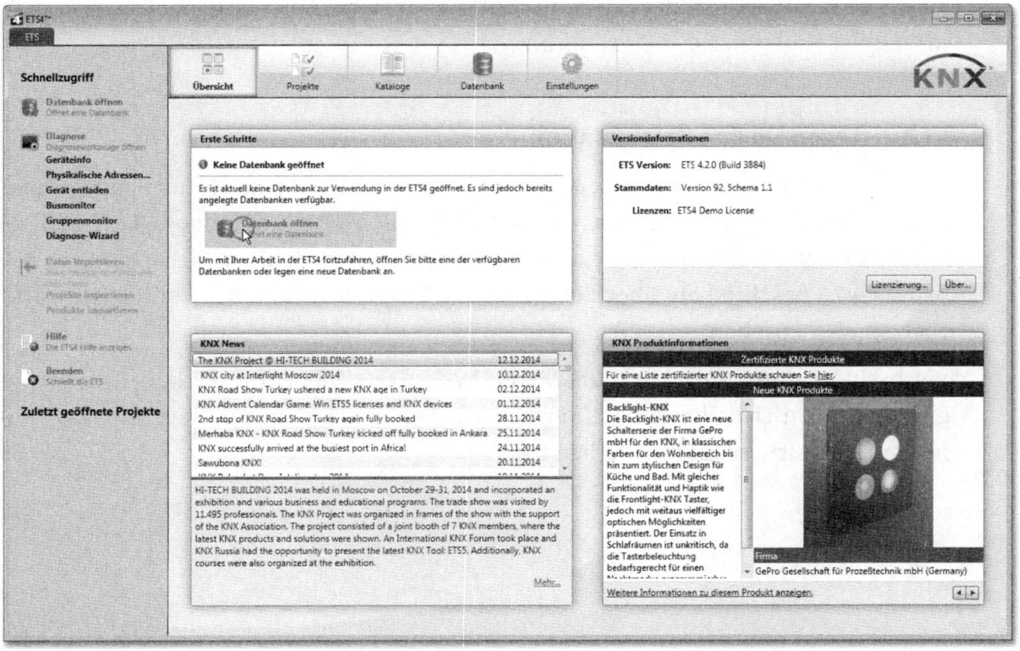

Abbildung 47.2 Der erste Start der ETS-Software

47.2 Richten Sie Ihr eigenes KNX-Projekt ein

Nach dem ersten erfolgreichen Start der ETS beginnen Sie damit, eine Datenbank und ein Projekt anzulegen und Ihre Gebäudestruktur zu definieren.

47.2.1 Die erste Orientierung

Das ETS-Fenster, das Sie nach dem Start begrüßt, bietet neben der Menüzeile (ÜBERSICHT, PROJEKTE, KATALOGE, DATENBANK und EINSTELLUNGEN), auf deren Funktionen wir noch im Einzelnen zu sprechen kommen, eine Schnellstartleiste am linken Rand mit häufig benutzten Funktionen und insgesamt vier rechteckigen Informationsbereichen:

- ERSTE SCHRITTE: Zeigt Ihnen je nach Projektstand unterschiedliche Aktionsmöglichkeiten. Nach dem ersten Start ist das sinnvollerweise das Anlegen einer Datenbank, später die Auswahl aus bestehenden Projekten.
- VERSIONSINFORMATIONEN: Gibt Ihnen Auskunft über die installierte ETS-Version und die aktuelle Lizenzierung. Sie starten mit einer Demolizenz für maximal drei KNX-Geräte, aber unbegrenzter Laufzeit.
- KNX NEWS: Neuigkeiten und Nachrichten aus dem KNX-Sektor zum Durchstöbern.
- KNX PRODUKTINFORMATIONEN: wechselnde Produktvorstellungen mit Links auf Zusatzinformationen

Der Erste-Schritte-Assistent schlägt vor, eine neue Datenbank anzulegen, und genau eine solche erzeugen wir im nächsten Schritt komfortabel über die Schnellzugriffsleiste mittels der Funktion NEUE DATENBANK.

47.2.2 Legen Sie Ihre Datenbank an

In der erscheinenden Dialogbox geben Sie Ihrer Datenbank einen Namen, im Beispiel habe ich »Einstieg« gewählt. Nach wenigen Sekunden hat die ETS eine SQL-Server-Datenbank erzeugt. In welchem Verzeichnis das passiert ist, können Sie sich, wie in Abbildung 47.3 beschrieben, über die Menüzeile EINSTELLUNGEN auf der Registerkarte DATENBANK ansehen:

Wechseln Sie direkt auch kurz zum Menü DATENBANK (Abbildung 47.4), in dem Sie die grundlegenden Datenbankoperationen vorfinden, z. B. Datenbank wechseln, löschen, neu anlegen, sichern und wiederherstellen.

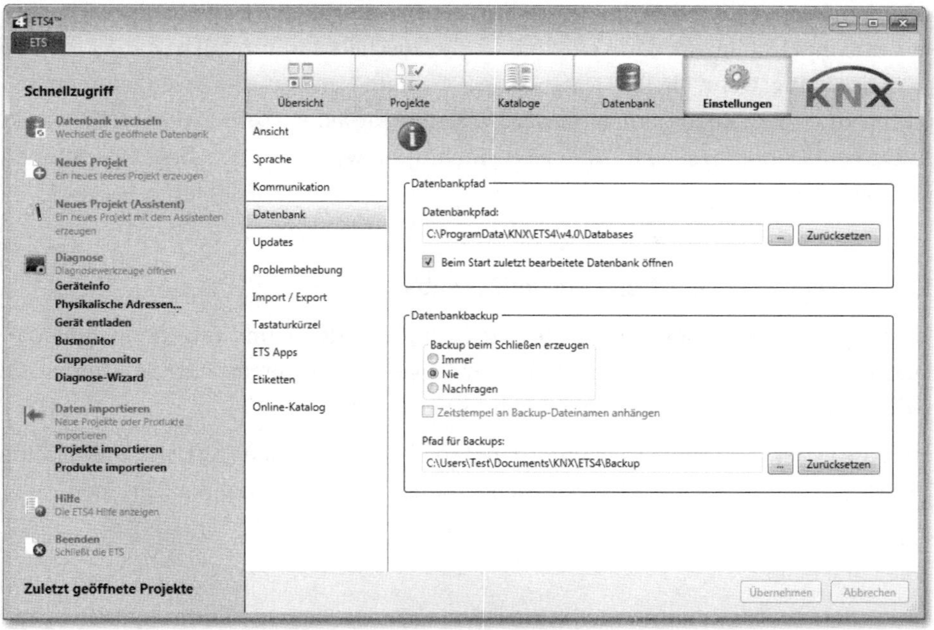

Abbildung 47.3 Der Datenbankpfad Ihrer ersten ETS-Datenbank

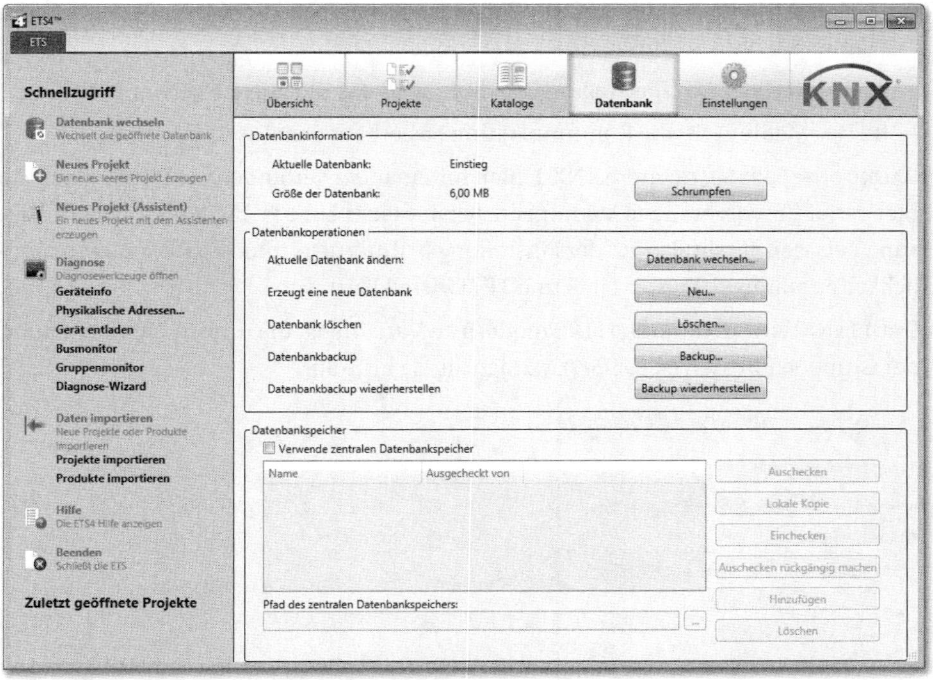

Abbildung 47.4 Die Datenbankoperationen der ETS

Außerdem könnten Sie über diese Registerkarte einen zentralen Datenbankspeicher anlegen und Ihre Datenbank darin ein- und wieder auschecken. Sinnvoll ist diese Methode der Speicherung, wenn Sie Ihre Datenbank auf einem Netzlaufwerk erzeugen möchten und mit mehreren Benutzern an dieser Datenbank arbeiten. Zum aktuellen Zeitpunkt besteht kein Handlungsbedarf, aber es ist wichtig, zu wissen, wo Sie diese Operationen finden können.

47.2.3 Erzeugen Sie ein Projekt in der Datenbank

Wechseln Sie bitte zurück auf der Menüzeile zu ÜBERSICHT und folgen Sie dem Vorschlag des Assistenten, ein neues Projekt anzulegen. Die passende Funktion finden Sie wiederum in der Schnellzugriffsleiste: NEUES PROJEKT.

Geben Sie in der geöffneten Dialogbox dem Projekt einen Namen (hier, siehe Abbildung 47.5, »Mein SmartHome«) und überprüfen Sie kurz die voreingestellten Optionen:

- LINIE 1.1 ERZEUGEN: Sollte angewählt sein. Die ETS legt für Sie eine Linienstruktur für die Linie 1.1 an.
- MEDIUM: Als Übertragungsmedium der Linie können Sie gemäß Ihrer eigenen Installation unter den folgenden drei Optionen wählen:
  - TP – Twisted Pair: das konventionelle und wann immer möglich zu bevorzugende Medium. Die KNX-Linie wird über die klassische grüne KNX-Leitung verdrahtet. Wählen Sie bitte für unser Projekt diese Einstellung.
  - PL – Powerline: Als Übertragungsmedium wird das 230-V-Netz verwendet.
  - IP: Das Medium für die Kommunikation basiert auf dem Internetprotokoll.
- BACKBONE: Falls Sie mehrere KNX-Linien miteinander verbinden möchten, geben Sie hier das dafür vorgesehene Medium an. Bei nur einer Linie ist die Auswahl nicht relevant, belassen Sie sie also auf der Einstellung IP (Internet Protocol). Die anderen Möglichkeiten wären PL (Power Line) und TP (Twisted Pair).
- GRUPPENADRESSENANSICHT: Die modernste Variante ist die dreistufige Darstellung der Gruppenadressen (z. B. 2/5/7), wählen Sie sie bitte aus.

Abbildung 47.5 Die Optionen für das erste ETS-Projekt

Falls Sie sich mit den Begriffen *Linien* und *Gruppenadressen* noch nicht vertraut gemacht haben, wäre jetzt ein guter Zeitpunkt, das nachzuholen. Im KNX-Grundlagenkapitel finden Sie in Abschnitt 8.4, »Die Gruppenadressen«, alles Wissenswerte.

Nachdem Sie Ihr erstes Projekt angelegt haben, finden Sie sich in der sogenannten Projektierungsansicht wieder. Da Sie den größten Teil Ihrer Arbeiten mit der ETS in dieser Ansicht durchführen, sehen wir sie uns genauer an.

47.2.4 Die ETS-Projektierungsansicht

Das Projektierungsfenster (Abbildung 47.6) beinhaltet insgesamt fünf Elemente, von oben nach unten sind das:

- **Menüleiste ❶**: Enthält alle für die Projektierung relevanten Funktionen. Der grüne ETS-Knopf in der linken oberen Ecke führt Sie jederzeit wieder in das nach dem ETS-Start geöffnete Hauptfenster.
- **Werkzeugleiste ❷**: Ausgewählte Funktionen für den schnellen Zugriff.
- **Arbeitsfenster ❸**: Dort findet die eigentliche Arbeit statt. Sie können mehrere Arbeitsfenster gleichzeitig offen halten und entsprechend der Bearbeitung zusammenstellen. Zu Beginn sind bereits zwei davon geöffnet: TOPOLOGIE und GRUPPENADRESSEN
- **Statusleiste ❹**: Enthält verschiedene Statusinformationen, z. B. die aktuell gewählte KNX-Schnittstelle zur Programmierung, den Datenbanknamen oder die Namen der aktuell selektierten Bereiche und Linien.
- Und ganz rechts die **Sidebar ❺**: Sie enthält mehrere Registerkarten für Funktionen wie Suchen und Ersetzen, die Speicherung von Arbeitsbereichen oder dynamische Informationen zu gerade angewählten Elementen in den Arbeitsfenstern

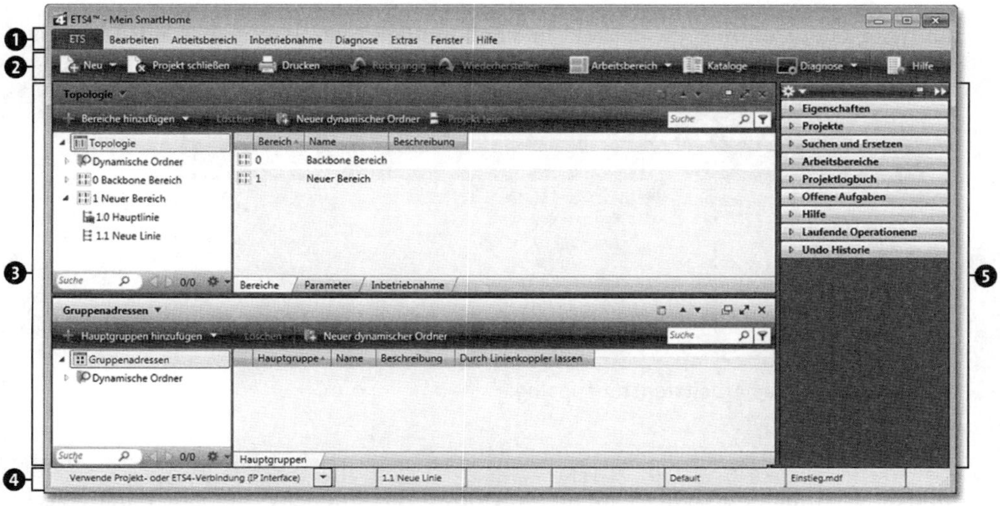

Abbildung 47.6 Die ETS-Projektierungsansicht

Die größte Fläche der Projektierungsansicht nehmen die Arbeitsfenster ein. Neben den beiden bereits geöffneten existieren weitere unterschiedliche Arbeitsfenster, die Sie bei Bedarf zusätzlich öffnen, schließen und verschieben können. Dazu dient die Funktion ARBEITSBEREICH • NEUES FENSTER ÖFFNEN aus der Werkzeugleiste. Den Typ eines geöffneten Arbeitsfensters können Sie bequem in dessen Titelzeile ändern. Mehrere Arbeitsfenster desselben Typs sind für die ETS kein Problem und für manche Aufgaben auch sinnvoll.

Insgesamt stehen acht verschiedene Typen von Arbeitsfenstern zur Verfügung:

- GEBÄUDE: Dient der Strukturierung des Gebäudes in Gebäude, Gebäudeteil, Etage, Raum usw.
- GRUPPENADRESSEN: Erzeugen und Definieren von Gruppenadressen.
- TOPOLOGIE: Definition der realen Busstruktur und Zuweisungen individueller Adressen für die KNX-Geräte.
- GERÄTE: Die Anzeige aller KNX-Geräte in Ihrem Projekt, auch solche, die noch keinem Raum, keiner Linie oder keinem Gewerk zugeordnet sind.
- FAVORITEN: Ansicht aller Elemente (Geräte, Gruppenadressen, Linien usw.), die Sie per Kontextmenü als Favorit gekennzeichnet haben.
- GANZES PROJEKT: Fasst lediglich die Arbeitsfenster für Gebäude, Gruppenadressen, Topologie und Geräte in einem Fenster zusammen.
- KATALOG (Aufruf über Menüleiste: KATALOGE): Anzeige aller importierten Produktdatenbanken.
- BUSMONITOR/GRUPPENMONITOR (Aufruf über Menüleiste: DIAGNOSE): Anzeigen des aktuellen Telegrammverkehrs auf dem KNX-Bus und Stimulation von Werten (sozusagen das »Wireshark« für den KNX).

Ein Arbeitsfenster, hier im Beispiel in Abbildung 47.7 das TOPOLOGIE-Fenster, besitzt selbst einen aus mehreren Bedienelementen bestehenden Aufbau:

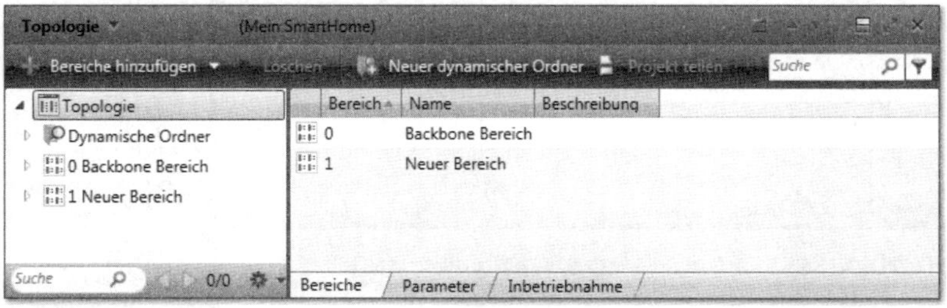

Abbildung 47.7 Das Arbeitsfenster Topologie

Die grüne Titelleiste ermöglicht es, das Arbeitsfenster nach Belieben zu positionieren und dessen Inhalt durch Klick auf die Drag-down-Box mit dem Titelnamen (hier: TOPOLOGIE) zu ändern. Die darunterliegende Werkzeugleiste ist kontextsensitiv und gibt Zugriff auf die am häufigsten benötigten Funktionen. Der linke Fensterteil stellt eine je

Arbeitsfenstertyp unterschiedliche Baumansicht dar, wohingegen der rechte Fensterteil eine Listenansicht zum ausgewählten Element der Baumansicht zeigt. Die Listenansicht kann bis zu drei verschiedene Karteikarten beinhalten (hier: BEREICHE, PARAMETER, INBETRIEBNAHME), die über die am unteren Rand positionierten Register selektiert werden können.

In den nächsten Abschnitten gehe ich auf die einzelnen Arbeitsfenster noch genauer ein.

47.2.5 Legen Sie die Gebäudestruktur fest

Nachdem Sie Ihr erstes KNX-Projekt angelegt haben, ist der nächste Schritt die Definition Ihres Smart-Home-Gebäudes. Die zu projektierenden KNX-Geräte lassen sich in der ETS nur in Räumen, Fluren, Treppenhäusern und Schaltschränken platzieren, eine zumindest rudimentäre Gebäudestruktur ist also erforderlich.

Wichtig zu wissen ist, dass die von Ihnen definierte Gebäudestruktur weder Auswirkungen auf die reale Bustopologie noch auf physikalische Adressen oder Gruppenadressen hat. Eine Gebäudehierarchie hilft Ihnen jedoch, den Überblick über Ihren Aufbau zu bewahren, und besitzt nicht zu vernachlässigende Dokumentationsaspekte.

Um die Gebäudestruktur zu definieren, öffnen Sie ein Arbeitsfenster vom Typ GEBÄUDE und fügen über die Werkzeugleiste nacheinander die Hierarchieebenen zu Ihrem Gebäude hinzu. Beginnen Sie mit GEBÄUDE HINZUFÜGEN und arbeiten Sie sich durch die immer granularer werdenden Ebenen hindurch, die wie folgt strukturiert sind (jeweils mit Beispiel aus Abbildung 47.8 in Klammern):

- GEBÄUDE (Mein Anwesen)
  - GEBÄUDETEIL (Innenbereich)
    - ETAGE (Kellergeschoss)
      - RAUM (Technikraum)
      - FLUR (Kellerflur)
      - SCHALTSCHRANK (Schaltschrank Technikraum)
    - TREPPENHAUS (Wendeltreppe)

Die Beispielstruktur, erweitert um einen Außenbereich als Gebäudeteil und ein Erdgeschoss mit WC und Küche, würde wie in Abbildung 47.8 aussehen.

Im dargestellten Screenshot erkennen Sie auch direkt eine erste Funktion der Sidebar (rechter Bildschirmrand). Im Register EIGENSCHAFTEN können Sie, stets kontextabhängig, zusätzliche Attribute zum jeweils selektierten Element in der Listenansicht angeben (hier: eine BESCHREIBUNG zum Schaltschrank).

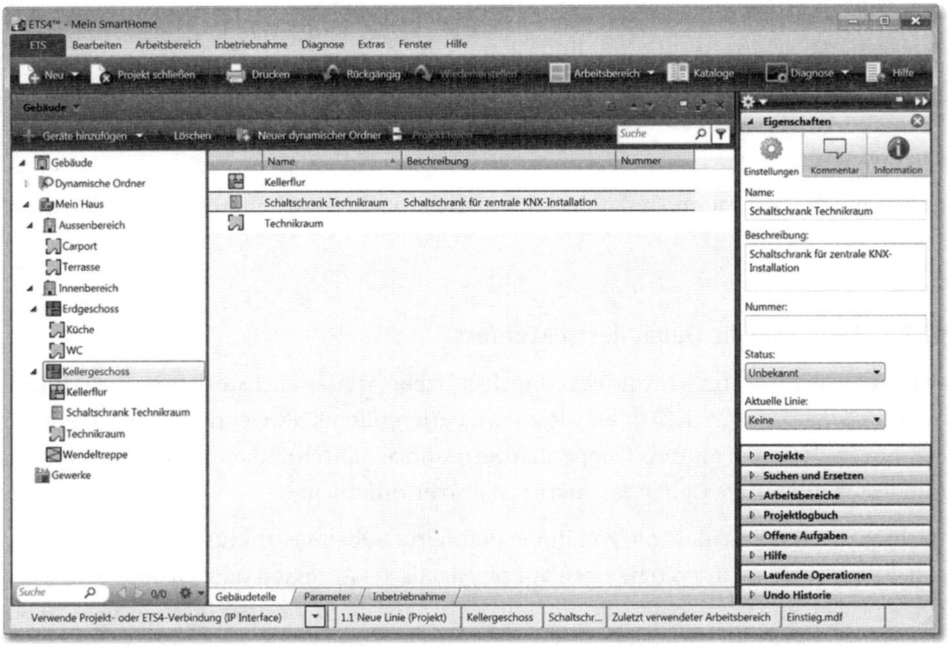

Abbildung 47.8 Eine erste Gebäudestruktur, mit der ETS definiert

Probieren Sie es am besten gleich aus und errichten Sie Ihr eigenes Smart Home im Gebäude-Arbeitsfenster. Sollten Sie etwas vergessen, stellt das kein Problem dar, Änderungen sind jederzeit konfliktfrei möglich.

Auf eine Besonderheit der ETS muss noch hingewiesen werden. Wie im Beispiel auch gezeigt, kann der Schaltschrank leider nicht in einem Raum angelegt werden. Er ist daher direkt im Kellerflur-Teilbaum eingehängt und nicht unterhalb des Technikraums, wo er eigentlich hingehörte.

47.3 Geräte und Produktdatenbanken

Sie besitzen, nachdem Sie den vorherigen Abschnitt durchgearbeitet haben, ein virtuelles Abbild Ihrer Gebäudestruktur, deren unterste Ebene die einzelnen Räume bzw. ein oder mehrere Schaltschränke sind. Bisher hat noch kein einziges KNX-Gerät Einzug in Ihr ETS-Projekt erhalten – Zeit, das zu ändern.

47.3.1 Was sind Produktdatenbanken?

Um ein KNX-Gerät in Ihr Projekt aufzunehmen, muss die ETS (und Sie selbst natürlich auch) zunächst einmal wissen, um welchen Typ von Gerät es sich handelt. Für sämtliche KNX-Komponenten stellen deren Hersteller sogenannte *Produktdatenbanken* zur Verfügung. Man muss sich diese wie eine Art Softwaretreiber vorstellen, die die Eigenschaften und Einstellungsmöglichkeiten einer KNX-Komponente (Sensor, Aktor) beschreiben.

Beim Erwerb eines KNX-Geräts bekommen Sie die dazugehörige Datenbank in der Regel nicht mitgeliefert, Sie müssen sich diese von der Herstellerwebseite erst mal kostenlos herunterladen und in die ETS importieren. Ist die Produktdatenbank eines Gerätetyps der ETS einmal bekannt, können Sie ein oder mehrere Geräte dieses Typs in Ihre Projektstruktur aufnehmen.

Es ist zudem empfehlenswert, die Herstellerseiten in regelmäßigem Turnus auf Updates zu durchsuchen, nicht selten ermöglicht eine aktualisierte Produktdatenbank neue oder verbesserte Funktionalitäten des Geräts.

Eine interessante Eigenschaft der Produktdatenbanken soll an dieser Stelle erwähnt werden. Auch ohne dass Sie ein bestimmtes KNX-Gerät tatsächlich besitzen, dürfen Sie dessen Datenbank in die ETS importieren, um sozusagen im Trockenlauf dessen Eigenschaften kennenzulernen und es gegebenenfalls mit Produkten anderer Hersteller zu vergleichen. In Abschnitt 23.3.1, »Planen Sie Ihre Einkaufsliste«, zum Produkteinkauf erfahren Sie etwas mehr über diese *Phantom-Installation*.

47.3.2 Importieren Sie die benötigten Produktdatenbanken

Sehen wir uns an, wie Sie am besten zu den Produktdatenbanken Ihrer Geräte kommen. Der Weg führt über die Webseiten der KNX-Gerätehersteller, leider jedoch nicht in einer standardisierten Art und Weise.

In Tabelle 47.1 finden Sie die Links zu den Produktdatenbanken (auch *ETS-Applikationen* genannt) einiger bekannter Hersteller:

Hersteller	Produktdatenbanken
ABB	*www.knx-gebaeudesysteme.de/sto_g/Deutsch/Deutschland/ABB_ibus_KNX/_HTML/product_data_knxprod_name_asc.htm*
MDT	*www.mdt.de/Downloads_Produktdatenbanken.html*
Gira	*www.gira.de/service/download/index.html?id=2559*
Hager	*www.hager.de/downloads-software/produkt-und-planungssoftware/tebis-knx-produktdatenbank-einzelapplikationen/523484.htm*
Berker	*www.berker.de/service-downloads/br-software/knx-software/knx-datenbank-einzelprodukte/536740.htm*

Tabelle 47.1 Hersteller-Links zu Produktdatenbanken

Sie können sich entweder für jedes einzelne Produkt dessen zugehörige Datenbank herunterladen oder bei den meisten Download-Seiten auch eine Komplettzusammenstellung aller Produkte des betreffenden Herstellers in einer einzigen Datenbank bekommen. In letzterem Fall entscheiden Sie beim Import in die ETS, welche Produkte Sie konkret einfügen möchten.

Ich selbst habe mir angewöhnt, immer nur die Einzelapplikationen herunterzuladen und auch nur genau die benötigten Geräte in die ETS zu importieren, was der Größe der ETS-Datenbank zuträglich ist. Beide Wege, einzeln und komplett, führen zum Ziel. Sie sollten aber in jedem Fall darauf achten, alle heruntergeladenen Datenbanken an einer zentralen Stelle auf Ihrer Festplatte zu sammeln, am besten in separaten Unterverzeichnissen pro Hersteller.

Der Download im Beispiel

Am schnellsten verinnerlichen Sie den Importmechanismus, indem Sie ihn anhand eines kleinen Beispiels selbst durchführen. Nehmen wir an, Sie besitzen einen KNX-Schaltaktor vom Typ SA/S 4.16.2.1 des Herstellers ABB (oder planen dessen Kauf). Es handelt sich dabei um einen 16-A-Schaltaktor mit vier Kanälen. Suchen Sie das Gerät anhand der Typenbezeichnung auf der ABB-Seite (siehe Abbildung 47.9), deren Adresse in Tabelle 47.1 aufgeführt ist:

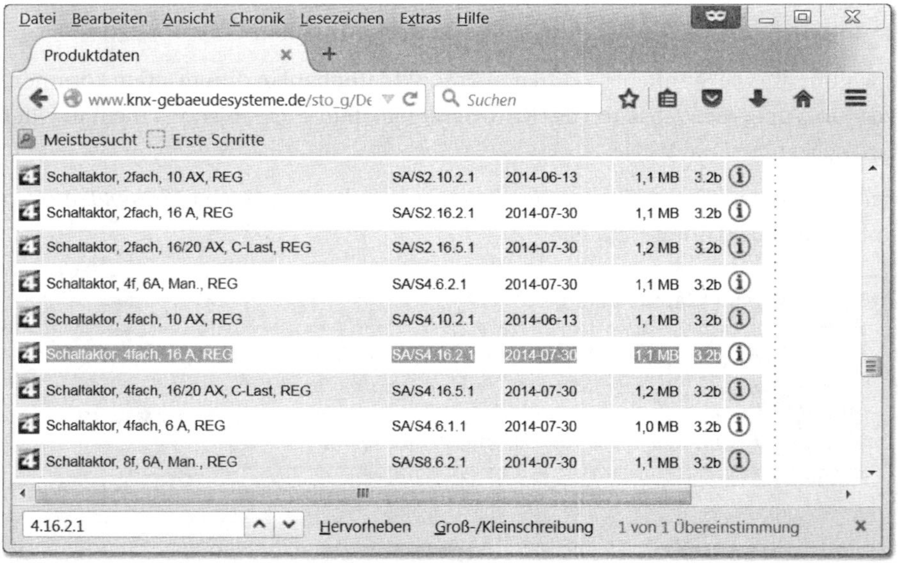

Abbildung 47.9 Download der Produktdatenbank

Klicken Sie auf den Link, um das 1,1 MByte große File mit dem Namen *SAS_X1621_VD-TP_XX_V14-07-24_R3-2B.KNXPROD* herunterzuladen (Abbildung 47.9).

Ganz oben auf der ABB-Download-Seite würden Sie übrigens auch den Link zur Gesamtproduktdatenbank finden (derzeitige Größe: 41 MByte). Je nach Hersteller finden Sie Produktdatenbanken auch für unterschiedliche ETS-Versionen vor. So enthält die vorbildliche Download-Seite von MDT (*www.mdt.de/Downloads_Produktdatenbanken.html,* siehe Abbildung 47.10) z. B. für alle Produkte sowohl die ETS3- und ETS4 als auch bereits die ETS5-Version und oft auch einen Link auf eine sehr nützliche Versionshistorie.

Download MDT Produktdatenbanken

Produktdatenbanken Eingänge:	ETS 3	ETS 4	ETS 5	History
MDT Binäreingang V2.0a	vd4	prod	prod	pdf
MDT Tasterinterface V1.6a	vd4	prod	prod	pdf
MDT Taster V1.5a	vd4	prod	prod	pdf
MDT Glastaster V1.0a	vd4	prod	prod	pdf

Abbildung 47.10 Auszug aus der MDT-Download-Seite

Produktdatenbanken liegen in den Formaten *vd2*, *vd3*, *vd4*, *vd5* und *prod* vor. Die Formate *vd2* und *vd3* sind auch noch zu den ältesten ETS-Versionen kompatibel, ab ETS3.0d können Sie *vd4* verwenden, für die ETS-Versionen 4 und 5 am besten das *prod*-Format.

Importieren in die ETS

Im nächsten Schritt soll die heruntergeladene Produktdatenbank zum Schaltaktor ABB SA/S 4.16.2.1 (siehe oben) in die ETS importiert werden. Dazu wählen Sie die Funktion KATALOGE aus der Menüleiste, worauf der noch leere Produktkatalog (Abbildung 47.11) erscheint. In dessen Werkzeugleiste selektieren Sie die Funktion IMPORTIEREN.

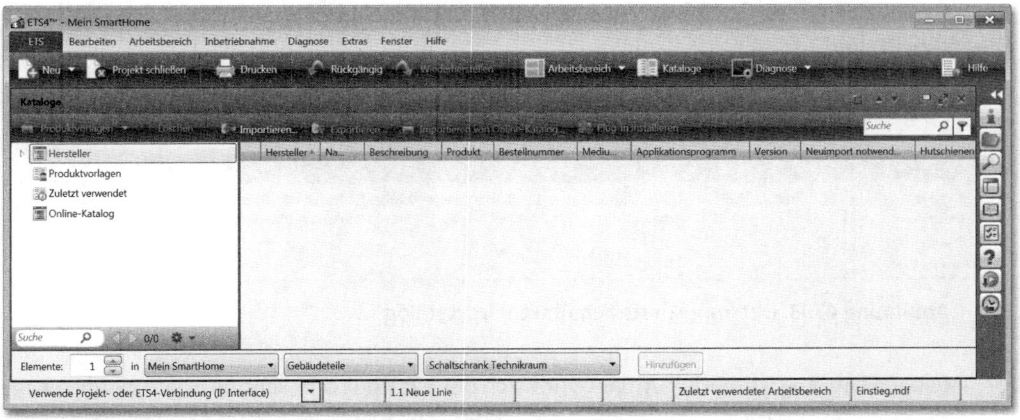

Abbildung 47.11 Einen Katalog (Produktdatenbank) in die ETS importieren

Der Import wird von einem mehrstufigen Assistenten unterstützt, dem Sie zuallererst den Pfad zur importierbaren Datei verraten (in unserem Beispiel das heruntergeladene File *SAS_X1621_VD-TP_XX_V14-07-24_R3-2B.KNXPROD)*.

Im zweiten Schritt könnten Sie eine konvertierte Ausgabedatei erzeugen, was Sie jedoch nicht benötigen.

Schritt 3 (Abbildung 47.12) fragt Sie nach dem konkreten Produkt, das importiert werden soll. Selektieren Sie die Checkbox NUR DIE GEWÄHLTEN PRODUKTE IMPORTIEREN, worauf Sie eine Liste der in dem Datenbank-File enthaltenen Geräte erhalten. In unserem

Fall sind das vier leicht unterschiedliche Aktoren, von denen Sie bitte den Typ SA/S 4.16.2.1 auswählen.

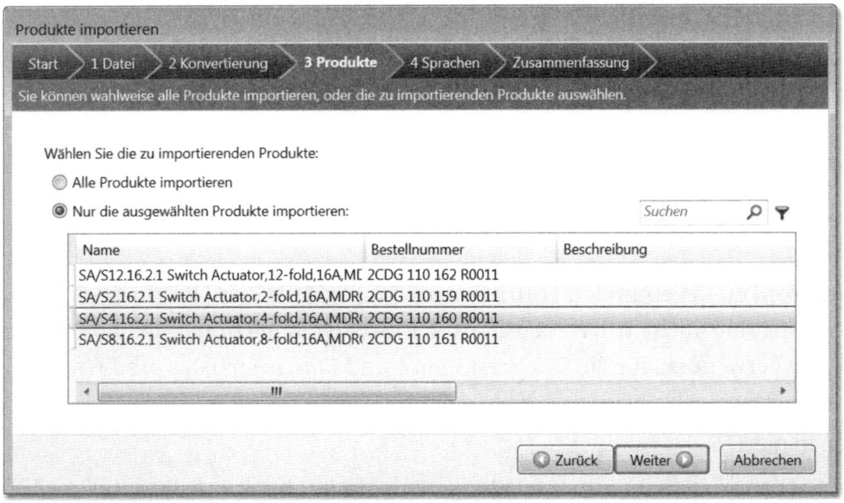

Abbildung 47.12 Importschritt 3: Das Produkt wählen

Im vierten Schritt (Abbildung 47.13) sorgen Sie dafür, dass nur die deutsche Sprachversion importiert wird, und die abschließende Zusammenfassung quittieren Sie mit dem Button IMPORTIEREN. Nachdem der Import-Assistent seine Aufgabe erledigt hat, beenden Sie ihn und finden daraufhin Ihr erstes Gerät im ETS-Produktkatalog vor:

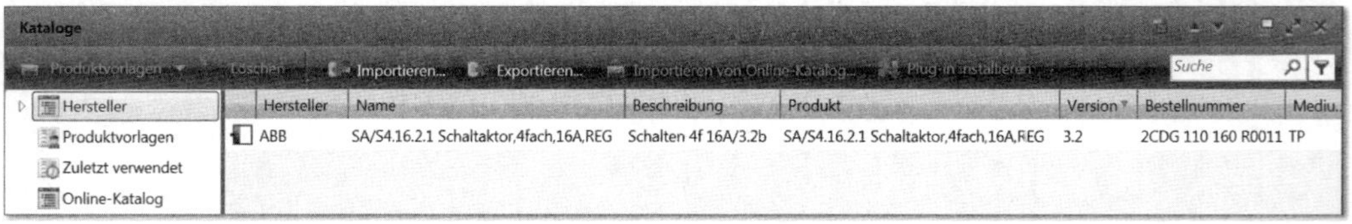

Abbildung 47.13 Der importierte Schaltaktor im Katalog

Je nach Umfang Ihrer KNX-Anlage wird sich der Katalog recht schnell füllen, wodurch Sie die Such- und Filterfunktionen des Arbeitsfensters schätzen lernen werden. Eine einfache Sortierung nach Spalten ist ebenso möglich, klicken Sie dazu einfach auf den Spaltentitel (z. B. HERSTELLER). Jeder weitere Klick kehrt die Sortierreihenfolge um.

Was sind Dummy-Applikationen?

Dummy-Applikationen sind Geräte, die zwar nicht direkt an Ihrem KNX-Bus arbeiten, aber aus unterschiedlichen Gründen (Funktion, Dokumentation, Platzhalter) in eine ETS-Projektierung aufgenommen werden. Dummy-Applikationen sind insbesondere dann erforderlich, wenn in Ihrem Projekt mehrere Linien vorhanden sind und daher Linienkoppler bzw. Filtertabellen eingesetzt werden müssen. Ein Gira HomeServer wäre ein gutes Beispiel für eine Dummy-Applikation, denn er wird über eine eigene Software programmiert (nicht über die ETS). Damit die ETS ihn jedoch trotzdem erkennt, wird dem HomeServer eine ETS-Dummy-Applikation zugewiesen, wodurch der HomeServer eine physikalische Adresse bekommt. Gleiches gilt z. B. auch für das Wiregate.

Produktdatenbanken für Dummy-Applikationen bekommen Sie z. B. bei Gira: *http://www.gira.de/service/download/index.html?id=1084*

47.3.3 Platzieren Sie Geräte in die Gebäudestruktur

Nachdem Sie einen Gerätetyp innerhalb der ETS durch den Import seiner Produktdatenbank bekannt gemacht haben, können Sie Instanzen dieses Typs, also konkrete Geräte, in Ihre Gebäudestruktur aufnehmen.

Öffnen Sie dazu am einfachsten zwei Arbeitsfenster, Produktkatalog und Gebäude-Arbeitsfenster, und ziehen Sie per Drag-and-drop den Aktor aus dem Produktkatalog in die Gebäudehierarchie, und zwar in den Schaltschrank Technikraum, da der Aktor dort installiert wird. In der folgenden Abbildung 47.14 ist diese Zuordnung bereits durchgeführt:

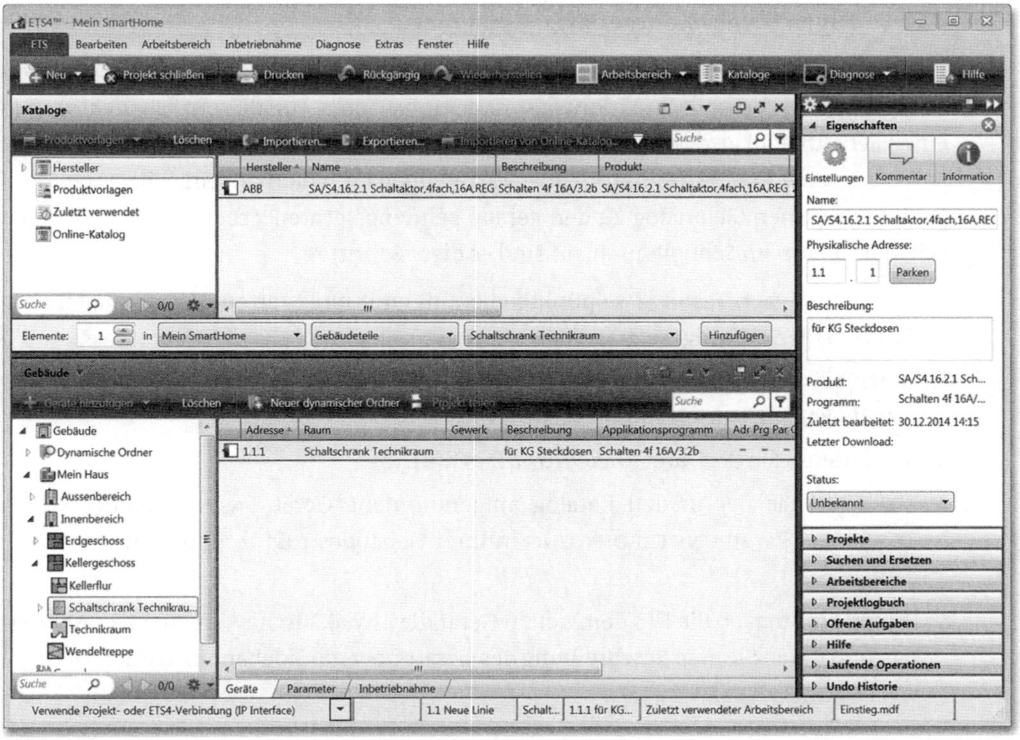

Abbildung 47.14 Der in den Schaltschrank platzierte Aktor

Der Drag-and-drop-Mechanismus funktioniert fast überall in der ETS, Sie werden ihn insbesondere noch bei der Zuordnung von Gruppenadressen später in diesem Kapitel benötigen. Um Drag-and-drop effektiv zu nutzen, öffnen Sie immer mindestens zwei Arbeitsfenster und ziehen Objekte von einem in das andere. Je nach Typ der Arbeitsfenster wählt die ETS automatisch, ob ein Objekt verschoben oder, wie im gezeigten Beispiel, nur verlinkt wird.

Beachten Sie bitte in Abbildung 47.14 die Sidebar mit der Registerkarte EIGENSCHAFTEN (rechts). Im Feld BESCHREIBUNG können Sie beispielsweise festhalten, für welche Aufgaben der Aktor vorgesehen ist. Wichtiger noch ist die PHYSIKALISCHE ADRESSE, die von der ETS automatisch vorgeschlagen wurde. In diesem Fall handelt es sich um die Adresse 1.1.1, wovon sich der erste Teil (1.1) aus der von der ETS beim Erstellen des Projekts selbstständig angelegten Linie 1.1 ableitet. Die letzte Stelle (1) ergibt sich aus der ersten freien Adresse innerhalb der Linie.

Sie können, müssen jedoch nicht, diesen Adressenvorschlag der ETS beibehalten. Die physikalische Adresse ist an dieser Stelle lediglich *reserviert*, das KNX-Gerät bekommt sie *real* erst genau dann, wenn es programmiert wird. Sie lernen den Programmiervorgang im späteren Verlauf des ETS-Kapitels noch kennen.

47.3.4 Fügen Sie ein weiteres KNX-Gerät hinzu

Unser Smart-Home-Projekt beinhaltet momentan nur genau einen Schaltaktor – etwas wenig, um eine sinnvolle Funktionalität zu demonstrieren. Um diesem Schaltaktor auch einen Schaltbefehl erteilen zu können, fügen Sie bitte noch einen KNX-Taster, mit dem später einzelne Kanäle des Aktors über Tastereingaben schaltbar sein sollen, dem Projekt hinzu. Gehen Sie analog zu den gerade kennengelernten Arbeitsschritten für den Schaltaktor vor. Im Schnelldurchlauf sind es diese Schritte:

1. Es soll ein 2-fach-Taster (Zweipunktbedienung) mit integriertem Busankoppler vom Typ Gira 0185 00 eingesetzt werden.
2. Laden Sie die Produktdatenbank von der Gira-Webseite herunter (*www.gira.de/service/download/index.html?id=1084*).
3. Importieren Sie die Datei (*01859110.vd1*) in die ETS.
4. Platzieren Sie das in den Katalog aufgenommene Gerät TASTER-BUSANKOPPLER 2FACH MIT ZWEIPUNKTBEDIENUNG in Ihrer Gebäudestruktur, und zwar in der KÜCHE.
5. Prüfen Sie kurz, ob die ETS dem neuen Gerät die physikalische Adresse 1.1.2 reserviert hat, und fügen Sie eine Beschreibung des Geräts über die Sidebar hinzu (hier: DOPPELWIPPE LINKS NEBEN TÜR).

Haben Sie alles richtig gemacht, sollte Ihr Gebäude-Arbeitsfenster aussehen wie in Abbildung 47.15:

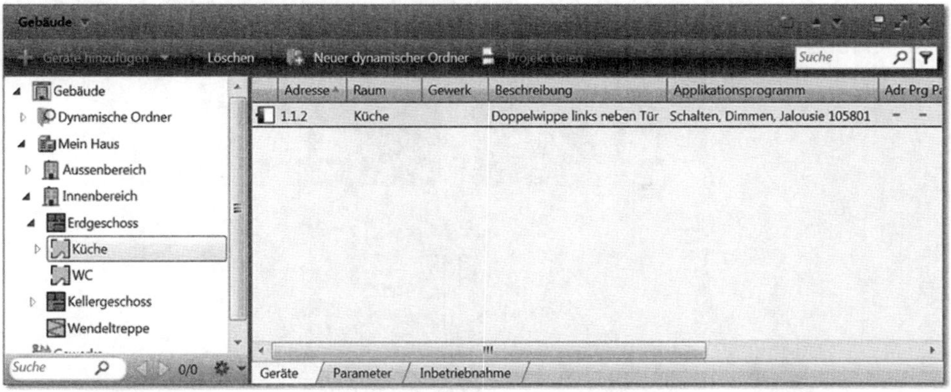

Abbildung 47.15 Ein zweites KNX-Gerät, diesmal in der Küche

Mit zwei hinzugefügten KNX-Geräten sind Sie bereit für die nächsten Schritte der Projektierung: Parametrierung der Geräte und Verknüpfen der Gruppenadressen. Vorher aber ein Hinweis:

Dokumentieren Sie fleißig!

Machen Sie bitte für Ihre eigenen KNX-Projekte so ausgiebig wie möglich von den ETS-Dokumentationsfunktionen Gebrauch. Die gerade hinzugefügte Beschreibung (DOPPELWIPPE LINKS NEBEN TÜR) mag an dieser Stelle trivial sein, wenn Ihr Projekt aber im Laufe der Zeit immer weiter wächst oder Sie nicht mehr jeden Tag an ihm weiterarbeiten, werden Sie dankbar für jeden hinterlassenen Kommentar sein. Beschreibungen helfen nicht nur, Geräte gleichen Typs (z. B. Aktoren im Schaltschrank) auseinanderzuhalten, sondern geben auch unkompliziert Hinweise dazu, wo welches Gerät im Raum installiert wurde (z. B. Taster links oder rechts vom Bett). Eine kurze Beschreibung sollte mindestens beantworten: Was ist es, wo ist es eingebaut, und wozu dient es?

47.4 Die Parametrierung von KNX-Geräten

Die frisch in die ETS importierten KNX-Geräte besitzen noch keine definierte Aufgabe, nehmen nicht an der Buskommunikation teil und sind, vorsichtig gesagt, bisher relativ nutzlos. Das ändern wir ganz schnell.

47.4.1 Das Ausgangsszenario

Um etwas Sinnvolles mit den beiden Geräten Schaltaktor und Doppelwippe anstellen zu können, denken wir uns einen einfachen Anwendungsfall aus: Die linke Wippe soll zwei unterschiedliche Steckdosen, an denen jeweils eine Oberschrankbeleuchtung angesteckt ist, ein- und ausschalten können. Die rechte Wippe bleibt in unserem Beispiel unbelegt.

Symbolisch skizziert, würde der in einer KNX-Installation relevante Teil so aussehen wie in Abbildung 47.16:

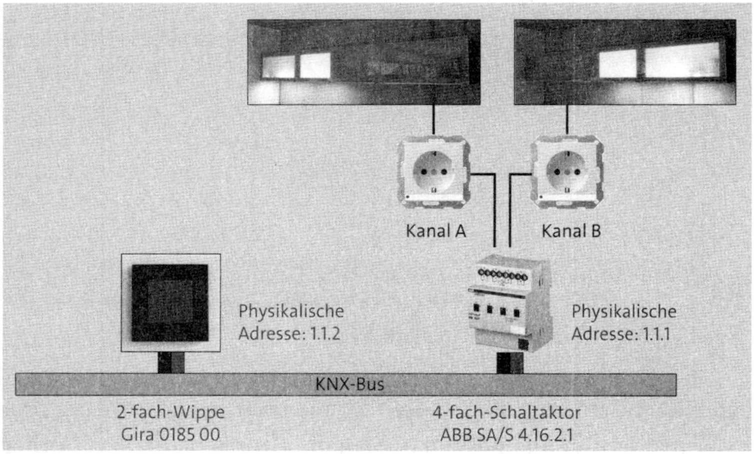

Abbildung 47.16 Beispielszenario: Doppelwippe und Schaltaktor

Für diesen konkreten Anwendungsfall ist der verwendete 16-A-Schaltaktor mehr als ausreichend dimensioniert. Alternativ könnte auch problemlos ein etwas günstigerer 10-A-Typ und statt der beiden Schukosteckdosen eine Festverkabelung mit Wandauslassdosen geplant werden. Für die folgende ETS-Parametrierung spielt die Detailauslegung jedoch keine Rolle. Die Parametrierung soll Folgendes bewirken:

- Mit jedem Druck auf den oberen Teil der linken Wippe soll die linke Lichtleiste (an Kanal A des Aktors) abwechselnd ein- und ausgeschaltet werden.
- Analog dazu soll der untere Teil der linken Wippe den Kanal B des Aktors und damit die rechte Lichtleiste schalten.
- Die rechte Wippe und die beiden restlichen Kanäle C und D bleiben an dieser Stelle unbenutzt (und sind somit für einen späteren Einsatz reserviert).

47.4.2 Beschaffen der Gerätedokumentation

Idealerweise haben Sie sich mit den einzusetzenden KNX-Geräten schon vor dem Kauf auseinandergesetzt, deren Produkthandbücher überflogen und vielleicht sogar schon in die ETS importiert, um die Einstellungsmöglichkeiten zu bewerten.

Für unser Beispielszenario hatten Sie dazu natürlich noch keine Gelegenheit, aber der Zeitpunkt, das nachzuholen, ist jetzt günstig. Dazu müssen Sie wissen, dass außer den in diesem Abschnitt beschriebenen Produktdatenbanken von den Herstellern der KNX-Komponenten eine mehr oder weniger umfangreiche Dokumentation angeboten wird. Oft wird sie *Produkthandbuch* oder *Technische Dokumentation* genannt und ist kostenlos auf den Herstellerwebseiten herunterzuladen. Zu finden sind die Produkthandbücher nicht weit entfernt von den Produktdatenbanken.

Für die beiden verwendeten Geräte finden Sie die Handbücher im PDF-Format unter folgenden Links in Tabelle 47.2:

Gerät	Produkthandbuch
ABB SA/S 4.16.2.1	*www.knx-gebaeudesysteme.de/sto_g/Deutsch/Deutschland/ABB_ibus_KNX/_HTML/product_2CDG110160R0011.htm*
Gira 0185 00	Durch die Suche von »0185 00« unter: *www.gira.de/service/download/index.html*

Tabelle 47.2 Hersteller-Links zu Produkthandbüchern

Ein Produkthandbuch enthält alles Wissenswerte über die Fähigkeiten, Einstellungsmöglichkeiten und Kommunikationsobjekte eines KNX-Geräts. Gewöhnen Sie sich am besten an (ebenso wie für die Produktdatenbanken), diese an einem zentralen Ort Ihrer Festplatte zu sammeln – Sie werden sie des Öfteren benötigen.

Für den Moment ist es ausreichend, dass Sie die beiden Handbücher herunterladen, abspeichern und überfliegen. Die im nächsten Abschnitt beschriebene Parametrierung sollte ausreichen, sich mit den Arbeitsschritten in der ETS vertraut zu machen, ohne dass Sie direkt die beiden 10 und 180 Seiten starken Wälzer durcharbeiten müssten.

47.4.3 Den Schaltaktor parametrieren

Beginnen Sie damit, in der ETS ein Geräte-Arbeitsfenster zu öffnen, und selektieren Sie in der linken Baumansicht den Schaltaktor. Die Listenansicht enthält im unteren Teil drei Register, von denen Sie das mittlere (PARAMETER) aktivieren. Sie befinden sich jetzt in der für die Parametrierung passenden Ansicht. Die einzelnen Einstellungsseiten (hier in Abbildung 47.17: ALLGEMEIN, A: ALLGEMEIN, A: FUNKTION) wechseln Sie, indem Sie die gewünschten Register rechts neben der Baumansicht auswählen. Die Namensgebung und der Inhalt dieser Einstellungsseiten sind von KNX-Gerät zu KNX-Gerät unterschiedlich, jedoch innerhalb der Produktpalette eines Herstellers in der Regel ähnlich.

Zwei recht hilfreiche Funktionen finden Sie in der Werkzeugleiste des Geräte-Arbeitsfensters:

- Mit der Schaltfläche STANDARDPARAMETER setzen Sie alle Parameter wieder auf die vom Hersteller ursprünglich eingestellten Werte zurück.
- Die Schaltfläche ÄNDERUNGEN ANZEIGEN bewirkt, dass alle von Ihnen geänderten Einstellungen mit einem roten Ausrufezeichen markiert werden.

Bevor Sie die ersten Parameter bearbeiten, sollten Sie noch den Kommentar zu diesem Schaltaktor über die Sidebar ändern. Er ist nunmehr nicht nur für Steckdosen im Kellergeschoss geplant, sondern zusätzlich für zwei Steckdosen in der Küche. Die passende Beschreibung wäre also z. B.: »für Steckdosen Küche und Keller«.

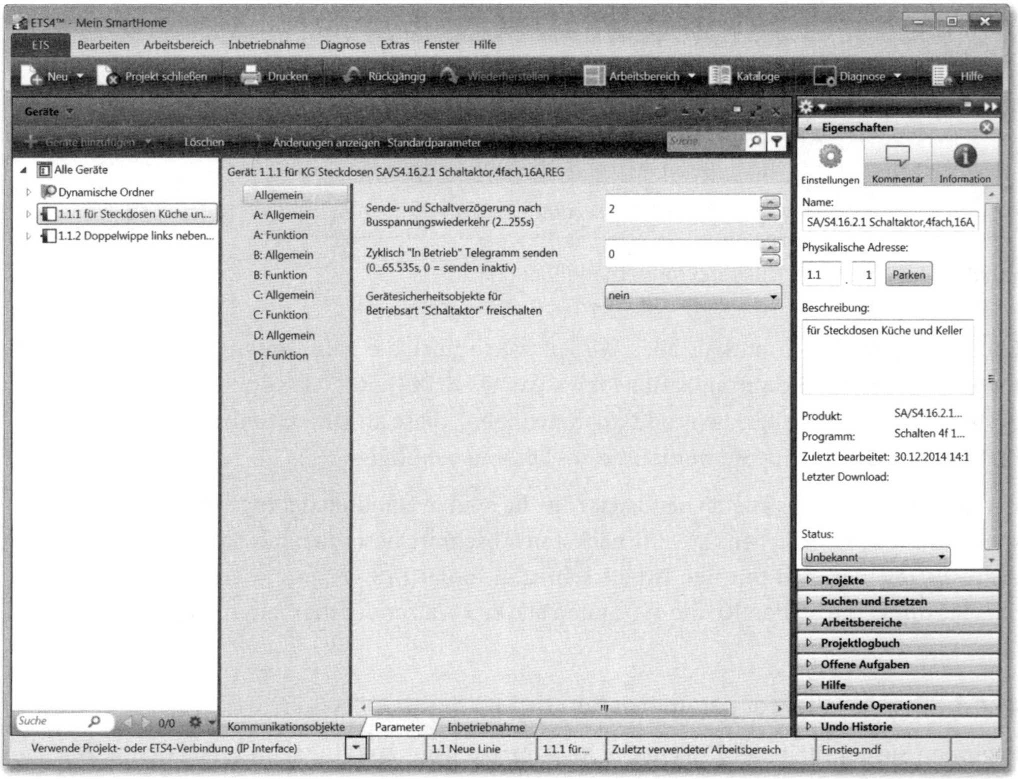

Abbildung 47.17 Parametrierung des Schaltaktors

Die Seite »Allgemein«

Die erste Reihe an Einstellungsmöglichkeiten für den Schaltaktor finden Sie, wie auch in Abbildung 47.17 aufgeklappt, auf der Seite ALLGEMEIN. Alle Parameter, die Sie hier finden, beziehen sich auf den gesamten Aktor und sind nicht individuell pro Kanal vorzunehmen. Die Standardeinstellungen sind so weit passend, sodass Sie direkt auf die Parametrierung des ersten Aktorkanals wechseln können.

Die Seite »A: Allgemein«

Hier wird es bereits spannender. Sie konfigurieren die Arbeitsweise von Kanal A des Schaltaktors, der im Beispiel die erste der beiden Lichtzeilen ansteuern soll. Die voreingestellten Werte sind bereits fast passend, wir werden nur den zweiten abändern. Gehen wir die Einstellungen (Abbildung 47.18) kurz durch:

- Als BETRIEBSART benötigen Sie SCHALTAKTOR. In einem anderen Anwendungsfall könnte das Gerät auch als Jalousieaktor arbeiten.

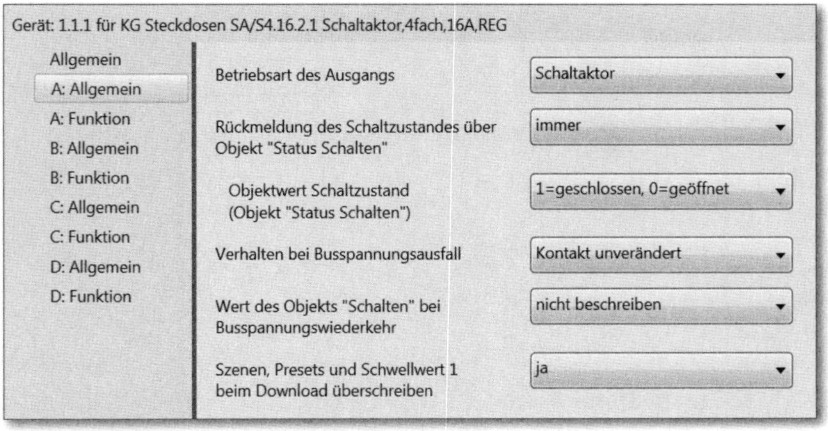

Abbildung 47.18 Parametrierung: allgemeine Einstellung Kanal A

- Für die RÜCKMELDUNG DES SCHALTZUSTANDES stellen Sie IMMER ein, sodass der Aktor bei jedem Schaltbefehl seinen Status rückmeldet, auch bei solchen, die am Relais-Ausgang keine Änderung hervorrufen.
- Der OBJEKTWERT SCHALTZUSTAND ist bereits korrekt. Ist das Relais GESCHLOSSEN, sendet der Aktor eine logische 1 als Zustand. Als Tipp: Gewöhnen Sie sich an, logische Werte für Zustände im gesamten Projekt immer gleich zu behandeln (z. B. sollte »1« immer geschlossen und »0« immer offen bedeuten), wodurch Sie Logikfehler reduzieren.
- Im Fall eines BUSSPANNUNGSAUSFALLS darf unser Schaltkontakt UNVERÄNDERT bleiben, es handelt sich nur um eine Lichtleiste. Eine abweichende Einstellung könnte z. B. für Alarmfunktionen sinnvoll sein.
- Ebenso wünschen wir keine Änderung (d. h. NICHT BESCHREIBEN) des OBJEKTS "SCHALTEN", wenn die BUSSPANNUNG WIEDERKEHRT.
- Die letzte Einstellung (BEIM DOWNLOAD ÜBERSCHREIBEN) können Sie auf JA belassen, wir verwenden in diesem Beispiel keine Szenen oder Presets.

Die Seite »A: Funktion«

Die zweite kanalspezifische Einstellungsseite enthält jede Menge Zusatzfunktionalitäten, die beim Einsatz als einfacher Lichtaktor erst einmal nicht benötigt werden. Im Praxisteil dieses Buchs gehe ich in den einzelnen Realisierungsbeispielen auf einige davon noch näher ein.

Belassen Sie die voreingestellten Werte (Abbildung 47.19) deshalb bitte auf Verhalten des Ausgangs: Schliesser und alle anderen Auswahlboxen auf Nein.

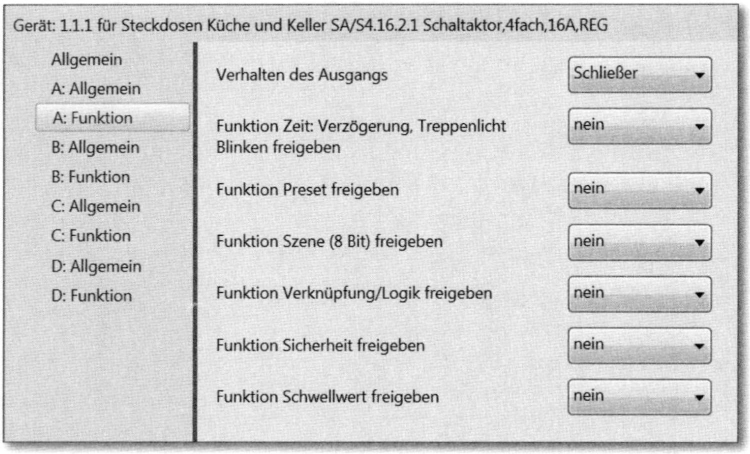

Abbildung 47.19 Parametrierung: weitere Einstellungen Kanal A

Einstellungen für den zweiten Kanal: »B: Allgemein« und »B: Funktion«

Da der zweite Aktorkanal genau die gleiche Aufgabe bekommen soll wie Kanal A, wird er auch exakt mit den gleichen Einstellungen parametriert. Dem kleinen Unterschied, nämlich dass beide Kanäle auf unterschiedliche Tastenbetätigungen reagieren sollen, tragen wir nicht hier Rechnung, sondern im nächsten Abschnitt beim Thema Gruppenadressen.

Sie könnten jetzt alle Einstellungen des Kanals A von Hand auch für Kanal B vornehmen, was zwar funktioniert, aber nicht ganz so cool ist wie diese Methode: Die neueren ABB-Schaltaktoren unterstützen (über eine ETS-Plug-in-Funktion, die beim Import der Produktdatenbank eingerichtet wurde) unter anderem das Kopieren von Kanälen. Der Aufruf ist einfach: Klicken Sie mit der rechten Maustaste (Kontextmenü) auf den Schaltaktor in der Baumansicht links im Geräte-Arbeitsfenster und wählen Sie den Menüpunkt Plug-in • Kanäle kopieren/tauschen (Abbildung 47.20). In der daraufhin geöffneten Dialogbox selektieren Sie Ausgang A als Quell-Kanal und Ausgang B als Ziel-Kanal und klicken auf den Button Kopieren.

Schon besitzt Kanal B exakt die gleichen Einstellungen wie Kanal A. Neben Kopieren (auch auf mehrere Ziele) unterstützt das Plug-in noch das Tauschen von Kanälen sowie das Konvertieren von Einstellungen älterer Aktoren.

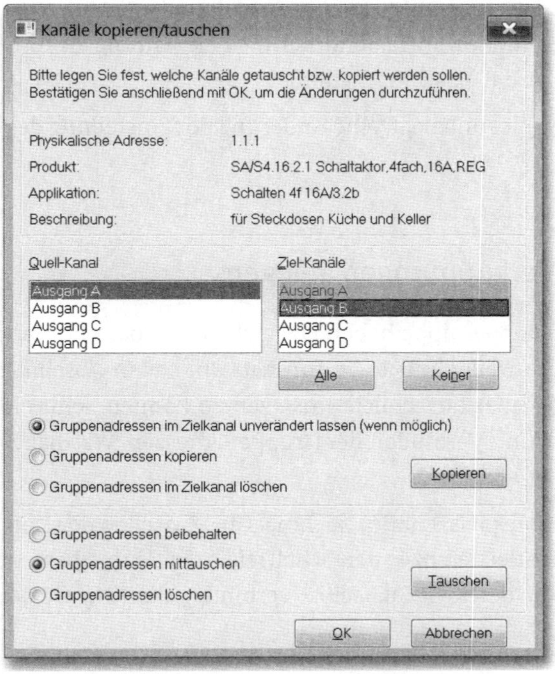

Abbildung 47.20 Das Plug-in Kanäle kopieren/tauschen

47.4.4 Die Doppelwippe parametrieren

Der Gira 0185 00, dessen linke Wippe die beiden Lichtleisten schalten soll, ist schnell parametriert. Wählen Sie dazu in der Baumansicht des Geräte-Arbeitsfensters die Doppelwippe an. Im ersten Einstellungsbereich ALLGEMEIN sind keine Änderungen erforderlich, die beiden Zeiten (ZEIT ZWISCHEN ZWEI TELEGRAMMEN sowie KURZ- UND LANGZEITBETRIEB) spielen für unsere Anwendung keine Rolle, Sie können den Wert von 500 MS belassen.

Interessanter wird die Seite WIPPE LINKS. Da die Wippe bei einer Betätigung eine Schalthandlung einleiten soll, stellen Sie bitte als FUNKTION DER WIPPE den Modus SCHALTEN ein (Abbildung 47.21).

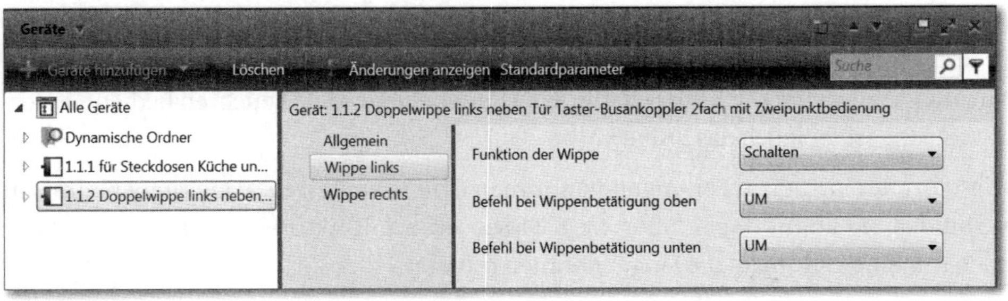

Abbildung 47.21 Parametrierung der Doppelwippe

Als BEFEHL BEI WIPPENBETÄTIGUNG ist die Einstellung UM korrekt, und zwar für OBEN und UNTEN. Damit erreichen Sie, dass mit jedem Tastendruck die Beleuchtung abwechselnd ein- und wieder ausgeschaltet wird (UM = Umschalten).

Die WIPPE RECHTS ist in unserem Beispiel unbelegt, eine Änderung der Einstellung deshalb nicht notwendig.

47.5 Gruppenadressen und Verknüpfungen anlegen

Sowohl den Schaltaktor als auch die Doppelwippe haben Sie jetzt so weit parametriert, dass jedes der beiden Geräte für sich »weiß«, was es zu tun hat. Um das in Abschnitt 47.4.1 beschriebene Ausgangsszenario aber tatsächlich umsetzen zu können, fehlt ein wichtiger Arbeitsschritt: das Anlegen und Verbinden der Gruppenadressen. Was hat es damit auf sich?

Sehen Sie sich bitte Abbildung 47.16 (Beispielszenario) nochmals an. Zwischen der Doppelwippe und den zu schaltenden Lichtleisten bzw. den Schaltrelais des Aktors besteht keine Verbindung, keine Leitung. Nur der KNX-Bus selbst verbindet alle KNX-Geräte miteinander.

Im Vergleich: klassische Installation

In einer klassischen Installation würden Sie zwischen einem Schalter und einer Leuchte eine Installationsleitung benötigen. Der Schalter würde die anliegende 230-V-Spannung bei Betätigung auf die Leuchte schalten, den Stromkreis schließen und die Leuchte zum Brennen bringen. Die Beziehung Schalter zu Leuchte wäre über die vom Installateur durchgeführte Verkabelung bereits vorgegeben. Der Schalter könnte genau diese eine Leuchte schalten, und die Leuchte selbst könnte auch nur von diesem Schalter aus betätigt werden. Jegliche Änderung dieser Vorgabe hätte eine mehr oder weniger aufwendige (und nicht selten auch unmögliche) Umverdrahtung nach sich gezogen. Beurteilung: maximale Inflexibilität.

Das Umdenken: virtuelle Leitungen

Als Besitzer eines KNX-Bus können Sie über derartige Problemstellungen nur müde schmunzeln. In der KNX-Welt ist prinzipiell jeder Sensor (oder Schalter) mit jedem Aktor (z. B. Leuchte) verbunden. Eine Leuchte können Sie von jeder beliebigen Stelle aus schalten, und umgekehrt kann ein Schalter eine oder beliebig viele Leuchten bedienen. Voraussetzung ist lediglich das *grüne Kabel*.

Diese Art der virtuellen Leitungen nennt man *Gruppenadressen*. Mit Gruppenadressen verbinden Sie komfortabel (über die ETS) Sensoren mit Aktoren, ohne dass Sie dafür auch nur eine Leitung in die Finger nehmen müssten.

Wie so etwas aussieht, sehen Sie in Abbildung 47.22, einer um zwei Gruppenadressen erweiterten Darstellung aus Abschnitt 47.4.1, »Das Ausgangsszenario«:

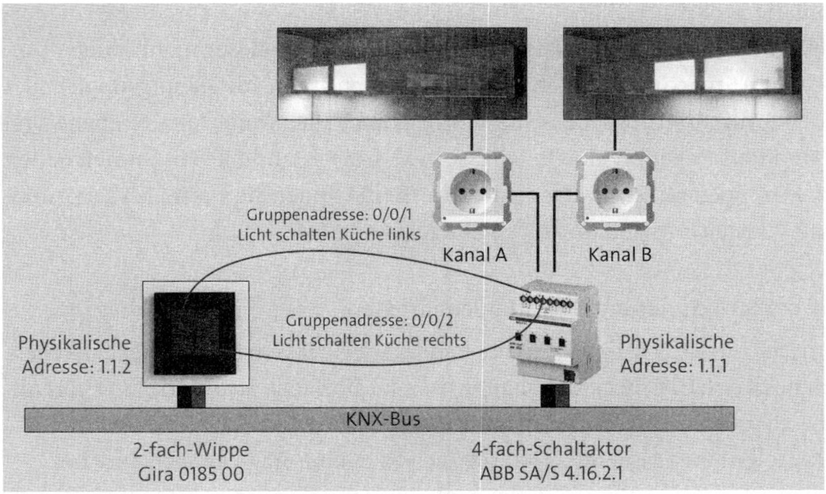

Abbildung 47.22 Das Ausgangsbeispiel mit Gruppenadressen

Die beiden Gruppenadressen (0/0/1 und 0/0/2) repräsentieren die virtuelle Verbindung zwischen dem Wipptaster und dem Schaltaktor. Physikalisch gesehen, sendet der Taster bei Betätigung ein Telegramm über den KNX-Bus, das vom Schaltaktor empfangen und interpretiert wird und eine Schalthandlung auf einem der beiden Ausgangskanäle zur Folge hat.

Damit Sie KNX-Geräte über Gruppenadressen verbinden können, müssen diese zuerst einmal angelegt sein.

47.5.1 Anlegen einer Gruppenadressenstruktur

Dazu öffnen Sie in der ETS ein Arbeitsfenster vom Typ GRUPPENADRESSEN, das zunächst einmal wie in Abbildung 47.23 leer sein wird:

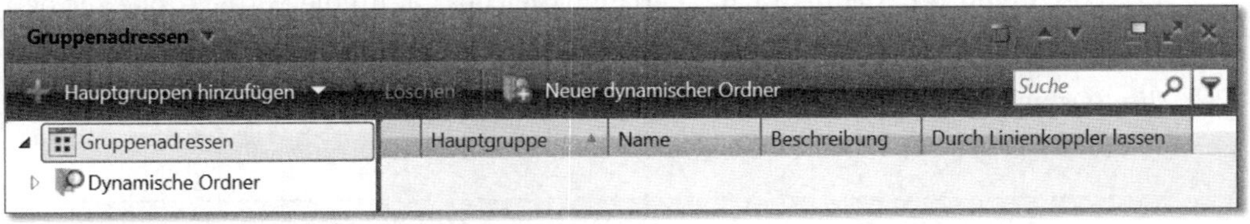

Abbildung 47.23 Das noch leere Arbeitsfenster für Gruppenadressen

Vielleicht erinnern Sie sich noch – beim Anlegen des ETS-Projekts (siehe Abschnitt 47.2.3, »Erzeugen Sie ein Projekt in der Datenbank«) haben Sie sich für eine dreistufige Gruppenadressenansicht entschieden, also aus einer Kombination von:

- Hauptgruppe
- Mittelgruppe
- Untergruppe

Diese Kombination wird üblicherweise in folgender Schreibweise dargestellt: Hauptgruppe/Mittelgruppe/Untergruppe (also z. B. 0/0/1). Der Sinn dieser mehrstufigen Ansicht ist die bessere Strukturierbarkeit. Man könnte auch sagen, die Hauptgruppe bildet die erste/grobe Strukturierungsebene, die Mittelgruppe die zweite/feinere Ebene und der dritte Bestandteil eine individuelle Adresse. Alle drei Bestandteile zusammen bilden die eigentliche Gruppenadresse. Mehr zu diesem Thema finden Sie zusätzlich im Grundlagenabschnitt zu den Gruppenadressen (siehe Abschnitt 8.4).

Vorgehen bei der Strukturierung von Gruppenadressen

Sie werden im Laufe der Zeit sehr viele Gruppenadressen in Ihrem KNX-Projekt erstellen. Um trotzdem noch den Überblick zu behalten, ist eine sinnvolle Strukturierung von Anfang an mehr als nur zu empfehlen. Es gibt mehrere zielführende Varianten, wie Sie Haupt- und Mittelgruppen benennen, letztendlich ist es eine Frage des persönlichen Geschmacks. Ich möchte Ihnen eine oft verwendete Philosophie gerne an dieser Stelle aufzeigen.

Nach dieser Methode sind die Hauptgruppen nach einem Gewerk (z. B. Jalousien, Heizung, Fenster/Türen) strukturiert, die Mittelgruppen nach Funktionen in diesem Gewerk (z. B. Schalten, Status, Dimmen, Solltemperatur), und die Untergruppen beinhalten eine konkrete und durchnummerierte Instanz für diese Kombination aus Haupt- und Mittelgruppe (z. B. Küche Lichtzeile links).

Eine Kombination aus

Hauptgruppe/Mittelgruppe/Untergruppe

könnte also folgendermaßen aussehen:

Licht/Licht schalten/Licht schalten Küche Lichtzeile links

Im Namen der Untergruppe werden die Namensbestandteile der Haupt- und Mittelgruppe wiederholt, was den Vorteil hat, dass auch die Untergruppe alleine eine eindeutige Beschreibung der Funktionalität erlaubt. Gleiches gilt für die Mittelgruppe, die den Namen des Gewerks aus der übergeordneten Hauptgruppe im Namen dupliziert hat.

Ein Beispiel für eine derartige Aufteilung von Haupt- und Mittelgruppen finden Sie in folgender Tabelle 47.3:

Nr.	Hauptgruppe	Nr.	Mittelgruppe
0	Licht	0	Licht schalten
		1	Licht dimmen
		2	Licht Status

Tabelle 47.3 Haupt- und Mittelgruppen: Beispielstruktur

Nr.	Hauptgruppe	Nr.	Mittelgruppe
1	Dosen	0	Dosen schalten
		1	Dosen Status
		2	Dosen Stromwert
		3	Dosen Schwellwert
2	Jalousien	0	Jalousien Betrieb
		1	Jalousien Position
		2	Jalousien Rückmeldung
3	Heizung	0	Heizung Temperatur
		1	Heizung Modus
		2	Heizung Status
		3	Heizung Sollwert
4	Wetter	0	Wetter Temperatur
		1	Wetter Helligkeit
		2	Wetter Licht
		3	Wetter Regen
		4	Wetter Wind
		5	Wetter Schwellwert
		6	Wetter Datum Uhrzeit
5	DALI	0	DALI Schalten
		1	DALI Dimmwert
		2	DALI Status
6	Fenster und Türen	0	Fenster Status
		1	Tür Status
7	Türkommunikation	0	TKS Schalten
		1	TKS Status
8	Multimedia		

Tabelle 47.3 Haupt- und Mittelgruppen: Beispielstruktur (Forts.)

Was den letzten Bestandteil der Gruppenadresse, die Untergruppe, betrifft, können Sie beispielsweise einem der folgenden drei Ansätze folgen oder natürlich auch einen nach Ihren eigenen Vorstellungen definieren:

- einfache fortlaufende Nummerierung
- Einteilung nach Geschossen (z. B. 0–100: Erdgeschoss, 101–200: Obergeschoss, > 200: Außenbereich) und innerhalb des Geschosses eine einfache fortlaufende Nummerierung
- Nummernbereich für jeden einzelnen Raum (z. B. 1–10: Küche, 11–20: Wohnzimmer, 21–30: Esszimmer)

Da für jede einzelne Mittelgruppe 255 Untergruppen angelegt werden können, sollten Ihnen für die meisten Anwendungen zehn reservierte Adressen pro Raum ausreichen. Selten werden Sie z. B. mehr als zehn einzeln schaltbare Leuchtmittel oder mehr als zehn Fensterkontakte pro Raum verwalten wollen.

Die in unserem Beispiel gewählten Gruppenadressen 0/0/1 und 0/0/2 folgen dem Vorschlag aus Tabelle 47.3 in Verbindung mit einem pro Raum reservierten Nummernbereich für die Untergruppe.

Sehen wir uns an, wie Sie diese Struktur in der ETS abbilden.

Anlegen der Gruppenstruktur in der ETS

Ausgehend vom Arbeitsfenster GRUPPENADRESSEN (siehe Abbildung 47.23), legen Sie nun mit der Werkzeugzeilenfunktion HAUPTGRUPPEN HINZUFÜGEN die Hauptgruppe »Licht« an. Die von der ETS daraufhin geöffnete Dialogbox erwartet von Ihnen mindestens einen NAMEN (hier: "Licht") (Abbildung 47.24). Wenn Sie die restlichen Felder (ANZAHL, STARTE MIT usw.) auf deren voreingestellten Werten belassen, erhalten Sie genau eine Hauptgruppe mit der Nummer 0 und dem Namen Licht.

Abbildung 47.24 Anlegen der ersten Hauptgruppe

Wünschen Sie die schnelle Erzeugung von gleich mehreren Gruppen, setzen Sie den Wert ANZAHL auf einen Wert größer als 1. Sollen die erzeugten Adressen nicht bei 0 beginnen, sondern fortlaufend ab einem anderen Wert, geben Sie diesen im Feld STARTE MIT an.

Zur Übung dürfen Sie gerne noch mehr als nur die eine Hauptgruppe anlegen. In der Baumansicht können Sie jederzeit die Namen der Hauptgruppen über das Kontextmenü wieder ändern (Funktion EIGENSCHAFTEN ganz unten). Die Sidebar schaltet daraufhin automatisch in das Register EIGENSCHAFTEN, in dem Sie im Feld NAME den neuen Gruppennamen vergeben können. Ebenso verändern Sie später auch die Adressen (Feld ADRESSE). Die ETS prüft selbstständig auf korrekte und eindeutige Nummerierung.

Nachdem Sie mindestens eine Hauptgruppe angelegt haben, wird die Funktion MITTELGRUPPEN HINZUFÜGEN in der Werkzeugleiste aktiviert. Selektieren Sie vorher in der Baumansicht im Arbeitsfenster die Hauptgruppe (hier: 0 Licht). In der bereits bekannten Dialogbox vergeben Sie den Namen »Licht schalten«.

Wählen Sie abschließend in der Baumansicht die neue Mittelgruppe an und erzeugen Sie mit der Funktion GRUPPENADRESSEN HINZUFÜGEN insgesamt zwei Gruppenadressen (Wert »2« im Feld Anzahl). Als Name wählen Sie »Licht schalten Küche Lichtzeile links« (Abbildung 47.25).

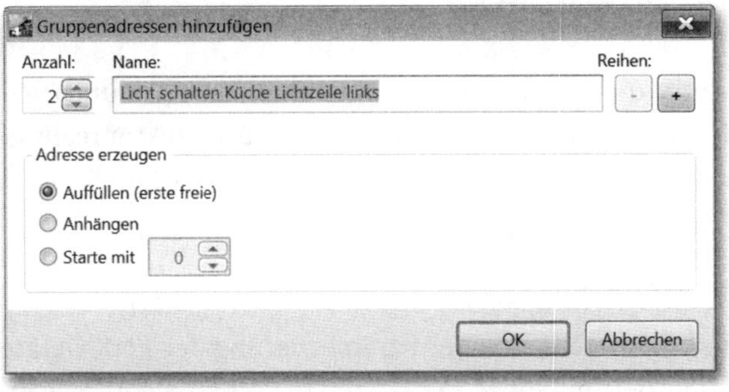

Abbildung 47.25 Anlegen von zwei Gruppenadressen

Nach Quittieren mit OK finden Sie in der Baumansicht bereits die beiden angelegten Gruppenadressen, wovon die zweite noch einen kleinen Schönheitsfehler im Namen aufweist. Korrigieren Sie diesen, indem Sie mit der rechten Maustaste das Kontextmenü über der zweiten Gruppenadresse (0/0/2) aufrufen, die Funktion EIGENSCHAFTEN wählen und in der Sidebar den Namen »Licht schalten Küche Lichtzeile links« in »Licht schalten Küche Lichtzeile rechts« umändern. Der doppelt vergebene Name stammt von der Mehrfacherzeugung der Gruppenadressen (ANZAHL 2). Vergessen Sie nicht, den beiden Gruppenadressen eine Beschreibung anzuhängen (Sidebar: BESCHREIBUNG).

Das Ergebnis Ihrer Arbeit ist eine erste Gruppenadressenstruktur (Abbildung 47.26) mit zwei verknüpfungsfertigen Gruppenadressen. Beachten Sie in der Baumansicht die von der ETS dargestellte Hierarchie in Hauptgruppen (blaues Symbol), Mittelgruppen (grün) und Untergruppen (rot). Die Listenansicht enthält immer den Inhalt der in der Baumansicht selektierten Haupt- oder Mittelgruppe.

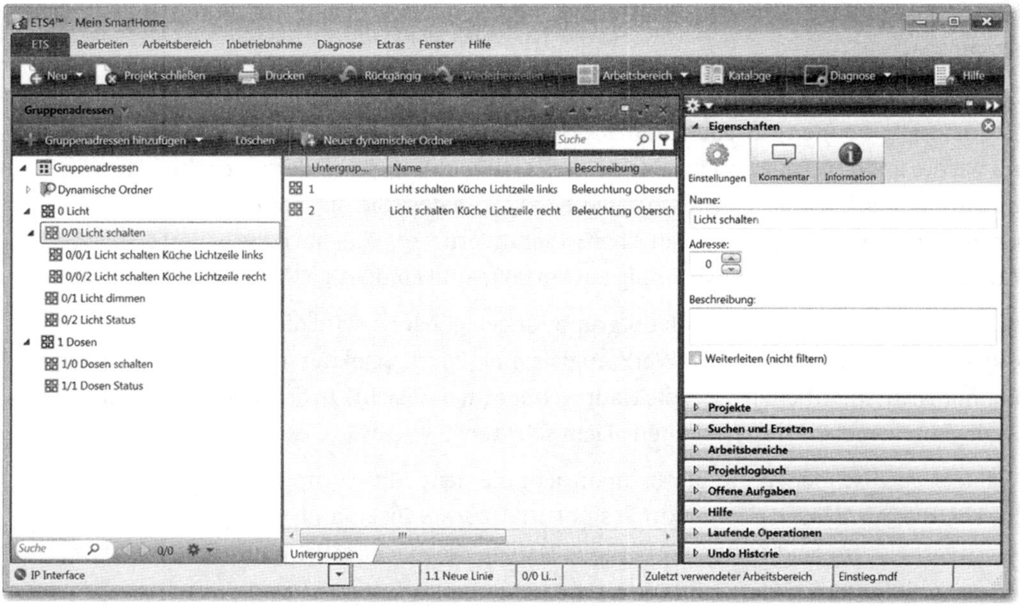

Abbildung 47.26 Die fertige Gruppenadressenstruktur

Im folgenden Schritt werden Sie über die beiden roten Gruppenadressen 0/0/1 und 0/0/2 die gewünschte virtuelle Verdrahtung zwischen Doppelwippe und Schaltaktor realisieren. Sehen Sie sich bitte dazu nochmals Abbildung 47.22 kurz an.

47.5.2 Verknüpfen der Gruppenadressen

Das Geräte-Arbeitsfenster kennen Sie bereits von der Parametrierung der KNX-Geräte (siehe Abschnitt 47.4, »Die Parametrierung von KNX-Geräten«). Öffnen Sie es wieder, wählen Sie jetzt aber das Register KOMMUNIKATIONSOBJEKTE am unteren Rand aus. Selektieren Sie außerdem die Doppelwippe in der Baumansicht. Was Sie anschließend in der Listenansicht sehen, sind die sogenannten *Kommunikationsobjekte* der Wippe. Bildlich gesprochen, sind diese Kommunikationsobjekte (KO) Andockpunkte für Gruppenadressen oder, anders gesagt, virtuelle Klemmstellen für eine ebenso virtuelle Verkabelung.

Die Sensorseite

Das einfache KNX-Gerät in unserem Beispiel besitzt nur sehr wenige KOs, nämlich genau vier mit den Nummern 0 bis 3, von denen die ersten beiden der linken Wippe zugeordnet sind. Andere, komplexere KNX-Geräte besitzen viele Dutzend KOs, entsprechend umfangreich fällt auch deren Produkthandbuch aus.

Zusätzlich zum Geräte-Arbeitsfenster öffnen Sie nun ein Arbeitsfenster vom Typ GRUPPENADRESSEN und wählen in diesem die Mittelgruppe LICHT SCHALTEN in der Baumansicht aus (Abbildung 47.27). Sie sollten dann in etwa diese Ansichten im ETS-Fenster erhalten:

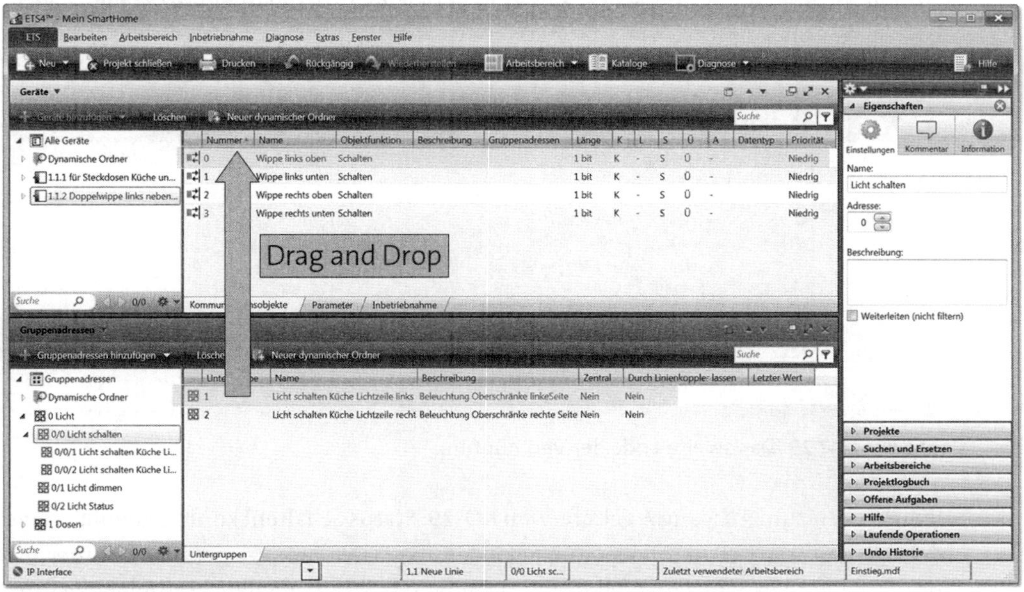

Abbildung 47.27 Vorbereitung zum Erstellen der virtuellen Verdrahtung

Um nun der Doppelwippe mitzuteilen, dass sie beim Betätigen des oberen Teils der linken Wippe einen Schaltbefehl senden soll, genügt es, die dafür angelegte Gruppenadresse 0/0/1 (Licht schalten Küche Lichtzeile links) per Drag-and-drop auf das Kommunikationsobjekt 0 (Wippe links oben) zu ziehen (Abbildung 47.28). In der Spalte GRUPPENADRESSEN des KOs sehen Sie sofort die erfolgreiche Verknüpfung:

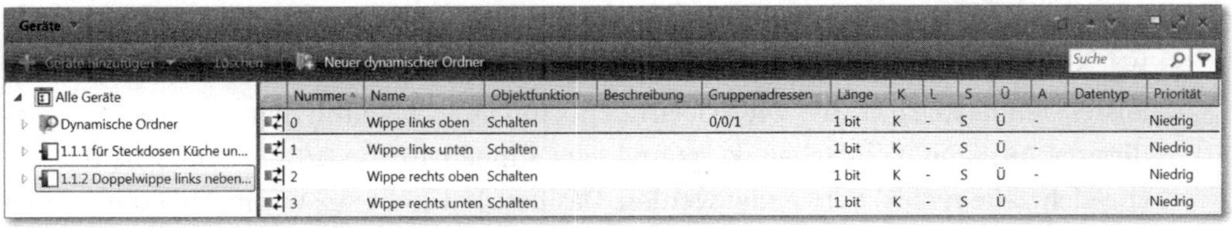

Abbildung 47.28 Ein verknüpftes Kommunikationsobjekt

Das eine Ende der virtuellen Verkabelung ist erledigt, fehlt noch das andere Ende, das des Schaltaktors.

Die Aktorseite

Selektieren Sie hierfür im oberen Geräte-Arbeitsfenster den Schaltaktor (1.1.1). Sie stellen beim Blick auf die Listenansicht fest, dass der Aktor zwei Kommunikationsobjekte für den Ausgang A zur Verfügung stellt (KO 10: Schalten und KO 29: Status Schalten). Wie Sie vielleicht bereits erraten haben, müssen Sie zur Vervollständigung der virtuellen Verbindung die Gruppenadresse 0/0/1 ein zweites Mal verbinden, diesmal mit dem Aktor KO 10 (Schalten), siehe Abbildung 47.29. Erledigen Sie das kurz per Drag-and-drop, die Verbindung wird daraufhin wieder direkt in der Listenansicht aufgeführt (Spalte GRUPPENADRESSEN):

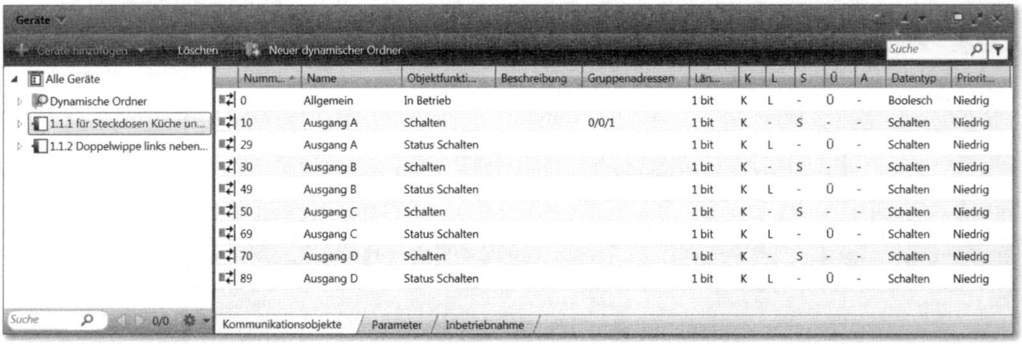

Abbildung 47.29 Das zweite Ende der Verknüpfung

Dem zweiten zum Ausgang A gehörenden KO (29: Status Schalten) kommt ebenfalls eine wichtige Rolle zu. Der Aktor sendet nach jeder über KO 10 empfangenen Aufforderung zum Schalten den Schaltzustand des Relais über das KO 29 an alle verbundenen Gruppenadressen. In Abbildung 47.18 können Sie sehen, warum er das tut: Sie hatten bei der Parametrierung das Ausgangs A angegeben, dass die RÜCKMELDUNG DES SCHALTZUSTANDS *immer* zu erfolgen hat. Ich komme in Abschnitt 52.1.5, »Was hat es mit den Statusobjekten auf sich?«, noch ausführlich auf die Bedeutung der Statusobjekte zu sprechen. Für diesen Einsatzfall benötigen wir die Rückmeldung des Schaltaktors noch nicht, daher bleibt das KO 29 unverknüpft.

Das Ganze nochmals für die zweite Lichtleiste

Was Sie aber noch erledigen sollten, sind die Verknüpfungen für die rechte Küchenlichtleiste. Wenden Sie bitte das eben Gelernte nochmals an, aber mit dem Unterschied, dass diesmal Ausgang B des Schaltaktors und die Gruppenadresse 0/0/2 (Licht schalten Küche Lichtzeile rechts) verwendet werden. Das Resultat sieht aus wie in Abbildung 47.30 und Abbildung 47.31.

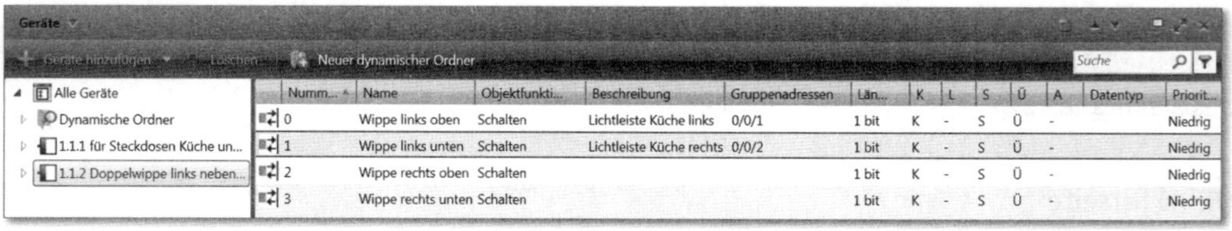

Abbildung 47.30 Die zweite virtuelle Verknüpfung: Wippe links unten

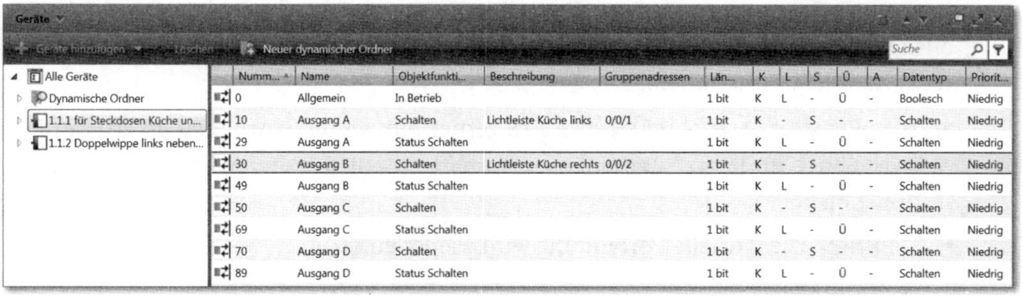

Abbildung 47.31 Die zweite virtuelle Verknüpfung: Schaltausgang B

In beiden Screenshots sehen Sie, dass die virtuelle Verdrahtung manuell noch beschriftet wurde (Spalte BESCHREIBUNG). Dies erleichtert die spätere Zuordnung enorm, machen Sie bitte davon Gebrauch.

Sie sind an dieser Stelle mit den Verbindungen der Gruppenadressen fertig. Ihr Projekt beinhaltet alle Informationen, die zum Betrieb unserer Beispielanwendungen notwendig sind. Bevor Sie jedoch mit dem nächsten Schritt, der Programmierung der Komponenten, weitermachen, würde ich Ihnen gerne noch zwei Browsing-Funktionen vorstellen.

Browsen in den Gruppenadressen

Wählen Sie dazu bitte eine Gruppenadresse (z. B. 0/0/1) in der Baumansicht eines Gruppenadressen-Arbeitsfensters aus und werfen Sie einen Blick auf die Listendarstellung rechts daneben (Abbildung 47.32). Sie erkennen darin sehr gut die beiden Kommunikationsobjekte (0 und 10), mit denen diese Gruppenadresse verbunden ist. Die Information wird ergänzt durch eine Vielzahl an zusätzlichen Spalten mit Details zu den KOs. Die Spalten lassen sich übrigens, wie auch in fast allen anderen Listen der ETS, konfigurieren. Dazu klicken Sie auf einen der dargestellten Spaltennamen mit der rechten Maustaste. Im geöffneten Kontextmenü können Sie jede einzelne Spalte entweder ein- oder ausblenden.

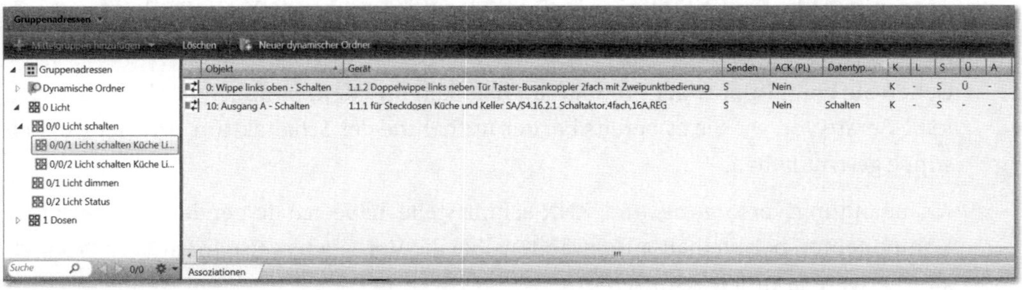

Abbildung 47.32 Darstellung verknüpfter Kommunikationsobjekte

Rufen Sie mit der rechten Maustaste ein Kontextmenü über einem Eintrag in der Listenansicht der Kommunikationsobjekte (Register ASSOZIATIONEN) auf, finden Sie zwei recht hilfreiche Funktionen:

- ZUM ELEMENT NAVIGIEREN: Die ETS öffnet ein weiteres Arbeitsfenster vom Typ TOPOLOGIE und setzt den Fokus automatisch auf das angewählte Kommunikationsobjekt.
- TRENNEN: Die virtuelle Verbindung wird wieder entfernt.

Browsen aus der Geräteansicht

Die Trennfunktion finden Sie übrigens auch, wenn Sie in einem Geräte-Arbeitsfenster im Register KOMMUNIKATIONSOBJEKTE ein KO in der Listenansicht selektieren und den Mauspfeil auf die Spalte GRUPPENADRESSEN stellen. Direkt bei der verknüpften GA erscheint eine Pull-down-Box mit vier Funktionen, von denen die zweite die Trennfunktion ist. Zusätzlich können Sie mit ZUM ELEMENT NAVIGIEREN von dieser Stelle aus wieder zurück in die GA-Hierarchie springen.

47.6 Die Programmierung durchführen

Bisher wurden alle Einstellungen und Verknüpfungen, die Sie am Projekt vorgenommen haben, nur innerhalb der ETS bzw. der Datenbank Ihres Projekts durchgeführt. Eine tatsächliche Übertragung auf reale KNX-Komponenten ist noch nicht erfolgt. In diesem Abschnitt werden wir genau das nachholen.

47.6.1 Vervollständigen des Beispielaufbaus

Der aus Abschnitt 47.4.1, »Das Ausgangsszenario«, bekannte Aufbau beinhaltet bisher zwei KNX-Geräte: eine Doppelwippe und einen Schaltaktor. Um daraus einen funktionierenden Busaufbau zu realisieren, fehlen noch zwei weitere wichtige Komponenten: eine KNX-Spannungsversorgung und ein KNX-Businterface. Sie können bei Bedarf in Abschnitt 7.4.1, »Ein KNX-Minimalaufbau«, Ihr Wissen über KNX-Minimalsysteme auffrischen.

Gehen Sie beim Import der Produktdatenbanken und dem Einfügen der beiden neuen KNX-Geräte vor, wie Sie es bereits bei der Aufnahme des Schaltakttors und der Doppelwippe gelernt haben.

Als Spannungsversorgung und KNX-Schnittstelle habe ich folgende zwei bewährte Komponenten beispielhaft ausgewählt, wobei die Vorgehensweise für andere Produktalternativen natürlich identisch ist:

- KNX-IP-Schnittstelle: ABB IPS/S2.1
- Spannungsversorgung: ABB SU/S30.640.1

Laden Sie beide Produktdatenbanken herunter, importieren Sie sie und fügen Sie beide Geräte in der Gebäudehierarchie im Schaltschrank Technikraum ein.

Einschränkungen im Demobetrieb

Falls Ihnen die ETS den Import eines vierten Geräts nicht mehr erlaubt, arbeiten Sie noch im Demomodus. Die ETS4 erlaubt maximal drei Geräte, bei ETS5 sind es fünf Geräte. Um Ihr eigenes Smart Home sinnvoll mit der ETS parametrieren zu können, ist, besser früher als später, mindestens eine Lite-, besser noch eine Professional-Version notwendig. In Abschnitt 47.9.2 lesen Sie, wie Sie eine erworbene Lizenzdatei in die ETS einbinden.

Dennoch können Sie auch mit der Demoversion diese ETS-Einführung weiterverfolgen und im kleinen Rahmen mit dem Projekt-Setup experimentieren. Arbeiten Sie mit ETS4, verzichten Sie bitte auf die Aufnahme der Spannungsversorgung und binden als drittes und letztes Gerät nur noch die KNX-IP-Schnittstelle ein. Für die Beschreibung der weiteren ETS-Arbeitsschritte gehe ich zur Vereinfachung jedoch von einer ebenfalls importierten Spannungsversorgung aus. Als ETS5-Benutzer dürfen Sie die Spannungsversorgung als viertes Gerät noch hinzufügen.

Nach dem erfolgreichen Import

Haben Sie sowohl KNX-IP-Schnittstelle als auch Spannungsversorgung importiert und in den Schaltschrank verlinkt, sollten Sie eine Geräteübersicht wie in Abbildung 47.33 vorfinden:

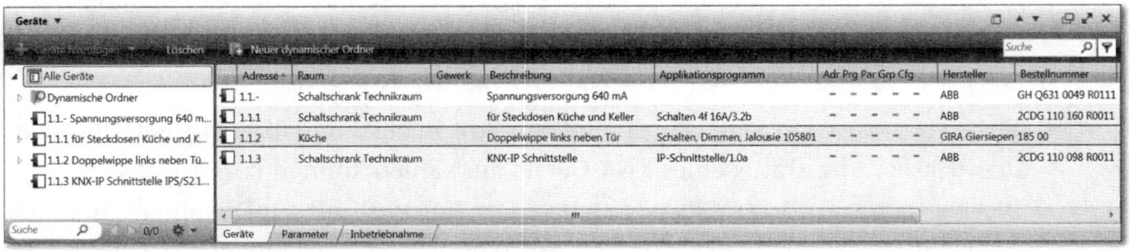

Abbildung 47.33 ETS-Projekt mit Spannungsversorgung und IP-Interface

Eine Beschreibung der beiden neuen Geräte habe ich für diesen Screenshot manuell vorgenommen. Die ETS hat für die KNX-IP-Schnittstelle die erste freie physikalische Adresse auf der aktuellen Linie gewählt (1.1.3), das ist so weit keine Überraschung. Die Spannungsversorgung hingegen bekam als Adresse 1.1 ohne Endnummer. Nach KNX-Standard ist das korrekt. Sie werden bei dieser hier gewählten Spannungsversorgung auch keine einstellbaren Parameter und keine verknüpfbaren Kommunikationsobjekte finden (anderer Hersteller, z. B. Enertex, bieten in neueren Modellen durchaus verwendbare KOs).

Interessant an der Listenansicht Abbildung 47.33 sind außer den bereits bekannten Attributen folgende Spalten:

- APPLIKATIONSPROGRAMM: Name und Version der auf das KNX-Gerät geladenen Applikationssoftware (sozusagen die Firmware).
- Die Programmierstatusinformationen ADR, PRG, PAR, GRP, CFG. Für alle aufgelisteten Geräte sind die fünf Zustände noch ungesetzt. Was sie bedeuten, lesen Sie im Folgenden.

Die Programmierstatusinformationen

Ein KNX-Gerät ist erst dann voll funktionsfähig und einsatzbereit, wenn außer seiner physikalischen Adresse auch die Applikation geladen wurde. Um jederzeit zu erkennen, welcher Programmierschritt bei einem Gerät durchgeführt wurde bzw. (nach einer Änderung) noch fehlt, helfen die Statusinformationen:

- ADR: die physikalische Adresse ist programmiert
- PRG: das Applikationsprogramm wurde geladen
- PAR: die Parametereinstellungen wurden geladen
- GRP: alle Gruppenadressen wurden geladen
- CFG: medienspezifische Einstellungen wurden geladen (normalerweise zusammen mit ADR gesetzt)

Geräteinformationen in der Sidebar

Werfen Sie, nachdem Sie ein KNX-Gerät im Listenbereich des Geräte-Arbeitsfensters angewählt haben, einen Blick auf die Sidebar (Register: INFORMATIONEN, Abbildung 47.34). Sie finden in den insgesamt drei Registerkarten (EINSTELLUNGEN, KOMMENTAR und INFORMATION) nützliche Informationen, unter anderem diese:

- EINSTELLUNGEN • STATUS: Eine Pull-down-Box, in der Sie zu Ihrer eigenen Übersicht den Bearbeitungsstatus eines KNX-Geräts auswählen können (z. B. UNBEKANNT, IN BEARBEITUNG, GETESTET, FREIGEGEBEN). Der Status ist nur zur Dokumentation und hat keine technischen Auswirkungen zur Folge, ist aber ganz nützlich.

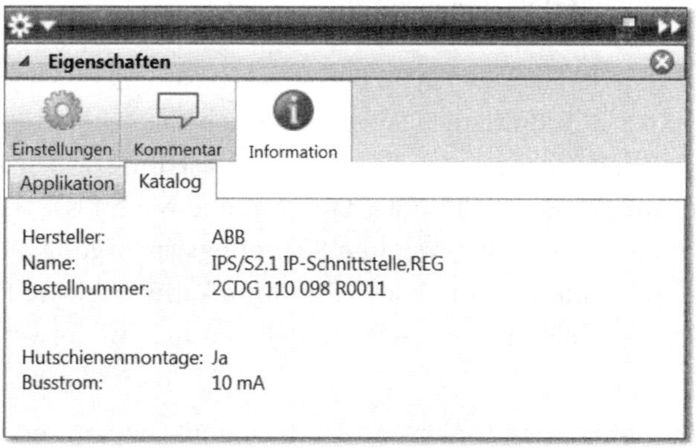

Abbildung 47.34 Erweiterte Geräteinformationen in der Sidebar (hier: Busstrom)

- KOMMENTAR • INSTALLATIONSHINWEISE und KOMMENTAR • KOMMENTAR: Zwei Texteditorfelder zur Ihrer freien Verfügung, hilfreich für Dokumentationszwecke.
- Registerkarte INFORMATION: In den beiden Unterregisterkarten APPLIKATION und KATALOG finden Sie detailliertere Informationen zur verwendeten Applikationssoftware und sogar zum vom Hersteller angegebenen ungefähren Stromverbrauch dieser KNX-Komponente (BUSSTROM).

47.6.2 Richten Sie ein KNX-Businterface ein

Sie haben im vorherigen Abschnitt bereits eine KNX-IP-Schnittstelle in Ihren KNX-Aufbau eingefügt. Diese werden Sie für alle nachfolgenden Programmieraufgaben benötigen, sie bildet das Bindeglied zwischen Ihrem PC mit der ETS-Software und den Komponenten auf dem KNX-Bus.

Ihre KNX-IP-Schnittstelle finden und hinzufügen

In der ETS konfigurieren Sie Ihre KNX-Schnittstelle am schnellsten, indem Sie aus dem Startbildschirm heraus das Menü EINSTELLUNGEN wählen und dort auf das Register KOMMUNIKATION klicken (Abbildung 47.35).

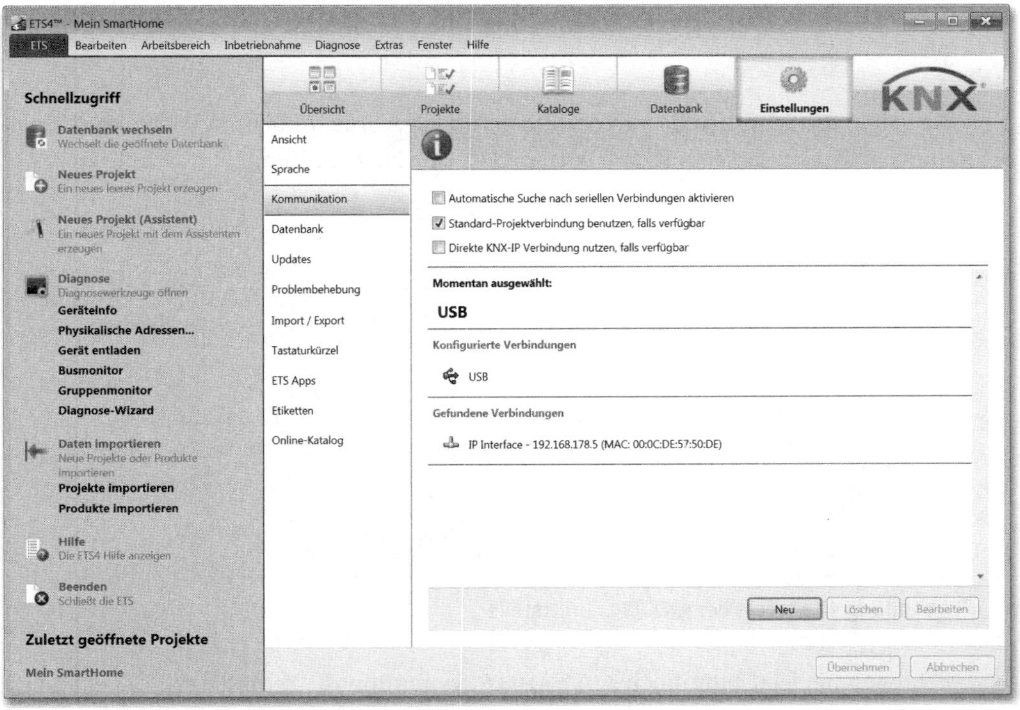

Abbildung 47.35 Einrichten einer KNX-IP-Schnittstelle

Sie erkennen in oben stehendem Screenshot, dass bereits eine startbereite KNX-IP-Schnittstelle mit der IP-Adresse gefunden wurde. Das ist schon mal die halbe Miete. Falls in Ihrem Setup keine Schnittstelle automatisch gefunden wird, suchen Sie manuell danach, indem Sie den Button NEU anklicken. In der Dialogbox NEUE VERBINDUNG (Abbildung 47.36) geben Sie der Schnittstelle einen NAMEN (hier: IP Interface) und stellen den TYP auf KNXNET/IP. Außerdem müssen Sie die von Ihnen für die Schnittstelle gewählte IP-ADRESSE definieren (hier: 192.168.178.5). Den PORT (3671) und den deaktivierten NAT-MODUS sollten Sie auf den Voreinstellungen belassen.

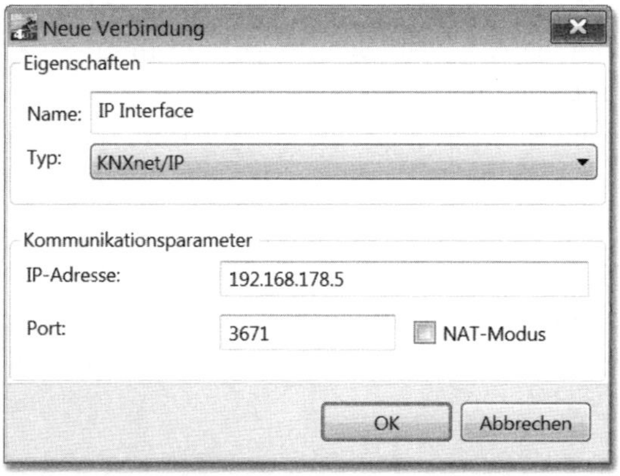

Abbildung 47.36 Manuelles Hinzufügen einer IP-Schnittstelle

Nachdem die Schnittstelle von der ETS gefunden wurde (Abbildung 47.37), selektieren Sie sie und veranlassen mit dem Button TEST eine kurze Prüfung:

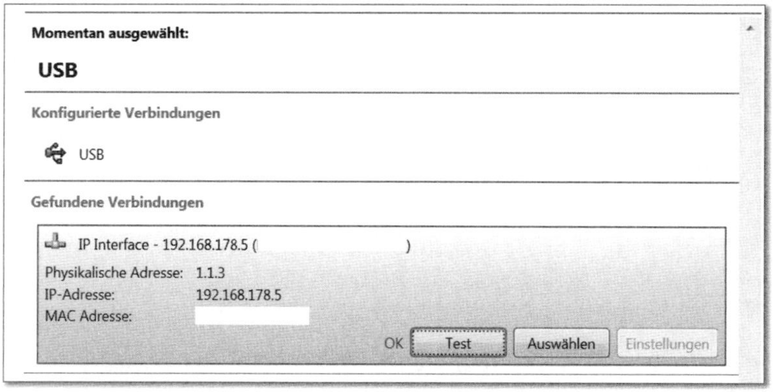

Abbildung 47.37 Test der KNX-IP-Schnittstelle

Betätigen Sie jetzt bitte noch AUSWÄHLEN, woraufhin die Schnittstelle in der Rubrik KONFIGURIERTE VERBINDUNGEN erscheint:

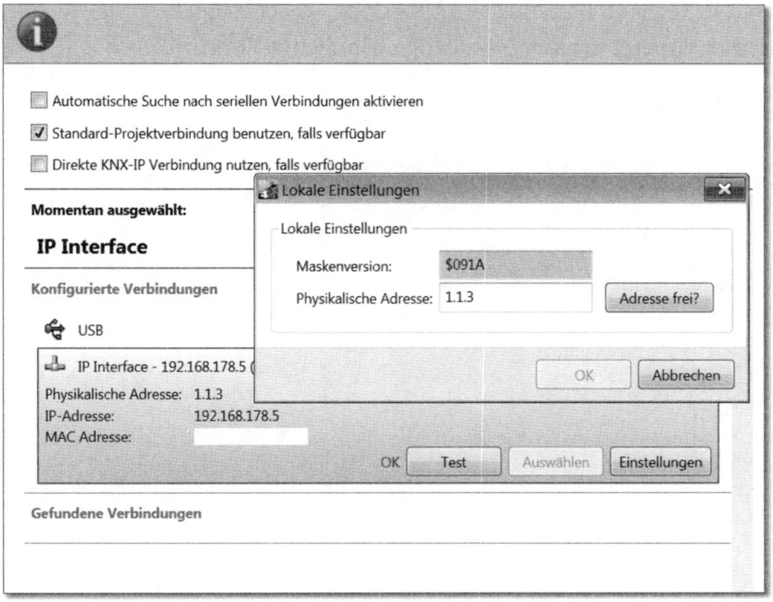

Abbildung 47.38 Vergabe der physikalischen Adresse

Gleichzeitig wird der Button EINSTELLUNGEN aktivierbar. Klicken Sie darauf und vergeben Sie in der Dialogbox LOKALE EINSTELLUNGEN (Abbildung 47.38) die gewünschte PHYSIKALISCHE ADRESSE des KNX-IP-Interface. In Abschnitt 47.6.1, »Vervollständigen des Beispielaufbaus«, hatten Sie dem Gerät ABB IPS/S2.1 die physikalische Adresse 1.1.3 vergeben. Genau diese tragen Sie bitte hier ein. Sie sind an dieser Stelle fertig, wechseln Sie nun wieder in die Projektansicht der ETS.

Ihre KNX-IP-Schnittstelle parametrieren

Über die Geräteansicht müssen Sie abschließend noch die Parameter der KNX-Schnittstelle anpassen. Bei unserem Modell ist das lediglich die IP-Adresse (Abbildung 47.39). Es empfiehlt sich, eine fixe IP-Adresse einzustellen, ändern Sie dazu den Parameter ZUWEISUNG DER IP-ADRESSE von AUTOMATISCH (DHCP) auf FEST.

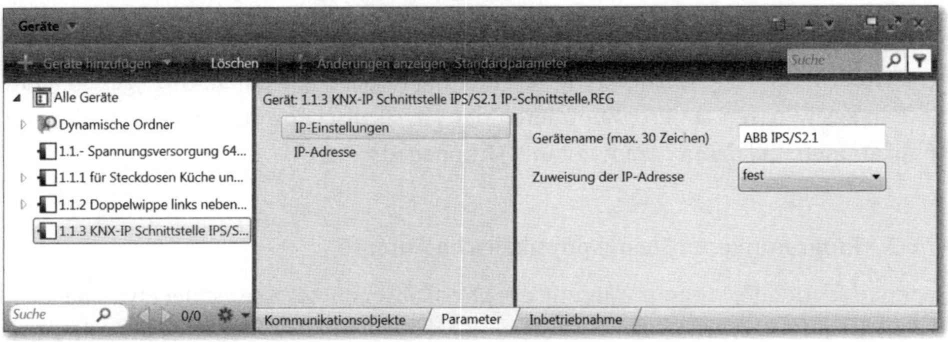

Abbildung 47.39 Umschalten auf eine statische IP-Adresse

Im darunterliegenden Register IP-Adresse (Abbildung 47.40) vergeben Sie die gewünschten Netzwerkparameter in einer etwas ungewöhnlichen Form:

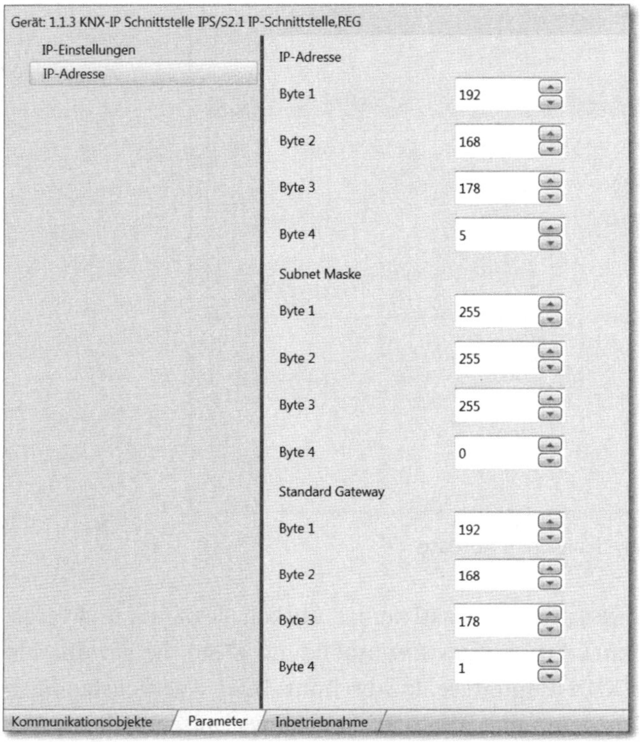

Abbildung 47.40 Vergabe der IP-Adresse

Die hier auf einzelne Bytes aufgeteilten Adressen bedeuten in der gewohnten Schreibweise:

- IP-Adresse: 192.168.178.5 (diese Adresse muss übereinstimmen mit der Schnittstelleneinstellung aus Abbildung 47.36)
- Subnet Maske: typischerweise 255.255.255.0
- Standard Gateway: 192.168.178.1 (Ihre eigene Gateway-/Router-Adresse)

Nachdem Sie jetzt alle Komponenten der Beispiel-KNX-Anlage in der ETS vorbereitet haben, kann mit der eigentlichen Programmierung begonnen werden. Grob gesagt, läuft diese in zwei Phasen ab: Programmieren der physikalischen Adressen und Laden der Applikationen und deren Parameter und Gruppenadressen.

47.6.3 Programmieren Sie die physikalische Adresse

Der erste Schritt, die Programmierung der physikalischen Adresse, ist der etwas heiklere der beiden und das einzige Mal, dass Sie vom Arbeitsplatz aufstehen müssen. Alle anderen Programmierarbeiten erledigen Sie ausschließlich in der ETS.

Die physikalische Adresse, die Sie in der ETS für ein KNX-Gerät vergeben haben, wird bei der Programmierung auf dem Gerät gespeichert. Von diesem Zeitpunkt an hört der Teilnehmer auf diese Adresse, sie bleibt in seinem nicht flüchtigen Speicher erhalten, auch wenn die Spannungsversorgung ausfällt. Die physikalische Adresse muss nur einmal programmiert werden, Sie können sie jedoch später wieder ändern.

Die Programmierung stoßen Sie am einfachsten an, wenn Sie in der ETS-Geräteansicht (Abbildung 47.41) im Register Inbetriebnahme arbeiten.

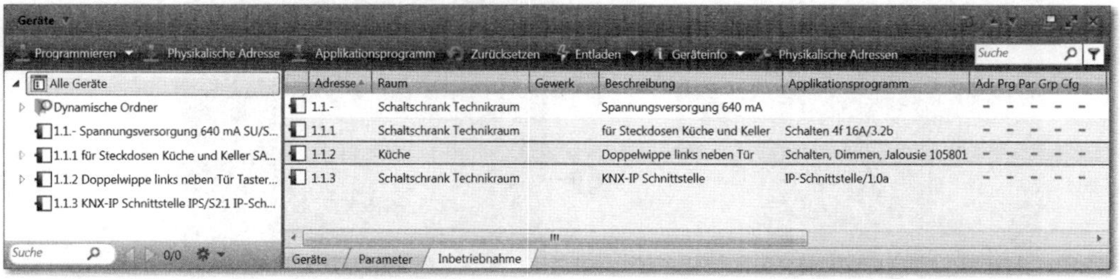

Abbildung 47.41 Die Inbetriebnahme im Geräte-Arbeitsfenster

Die an die Inbetriebnahmeaufgaben angepasste Werkzeugleiste unterstützt Sie mit den am häufigsten benötigten Funktionen, die Sie alternativ auch über das Kontextmenü (rechte Maustaste) zu einem im Listenbereich aufgeführten Gerät erreichen.

Selektieren Sie, um zu beginnen, das Gerät mit der Adresse 1.1.3 (unsere KNX-IP-Schnittstelle) und wählen Sie in der Werkzeugleiste die Funktion Physikalische Adresse. Sie werden feststellen, dass sich in der Sidebar rechts die Registerkarte Laufende Operationen öffnet und Sie auffordert, den Programmierknopf zu drücken. Was ist das nun wieder?

Finden Sie die Programmiertaste

Eine physikalische Adresse in unserem Aufbau können Sie nur dann programmieren, wenn Sie direkt nach dem Start der ETS-Funktion am zu programmierenden KNX-Gerät die *Programmiertaste* drücken. Dieser manuelle Arbeitsschritt soll sicherstellen, dass Sie dem richtigen Gerät die richtige Adresse vergeben. Drücken Sie die Taste nicht, ist weder die Programmierung noch die Änderung der physikalischen Adresse möglich. Für das Laden von Applikation und Parametern benötigen Sie die Taste später nicht mehr.

Je nachdem, ob es sich bei der zu programmierenden KNX-Komponente um ein REG (Reiheneinbaugerät im Schaltschrank, Abbildung 47.42) oder ein Unterputzgerät (z. B. Tastsensor) handelt, finden Sie den Programmierknopf an unterschiedlichen Stellen. In der REG-Version hat eine KNX-Komponente den Knopf von vorne zugänglich am Gehäuse ❶, so wie auch unser KNX-IP-Interface. Ein Unterputzgerät ist oft in den Busankoppler und das eigentliche Anwendermodul aufgeteilt. Der Programmierknopf ❹ ist in dem Fall immer am Busankoppler zu finden. Abbildung 47.42 zeigt beide Varianten mit Programmiertaste ❶ und ❹ sowie Status-LED ❷ und ❸.

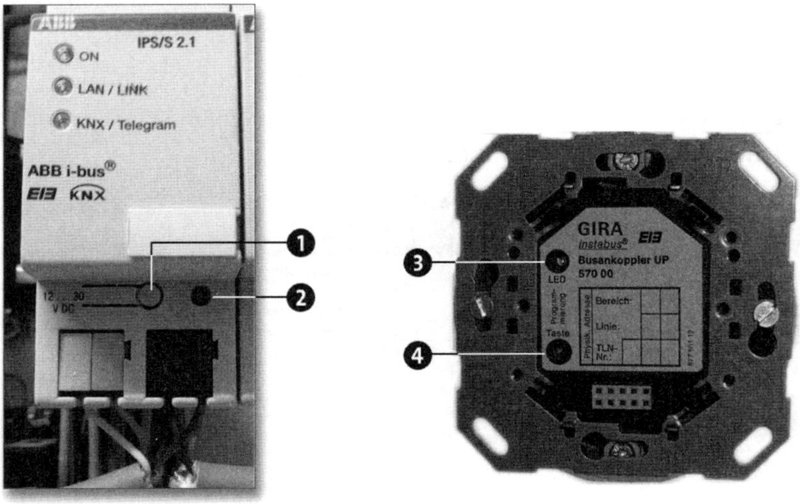

Abbildung 47.42 REG-Modul (links) und Busankoppler (rechts) mit Programmiertaste und Status-LED

Dazu ein wichtiger Hinweis: Die physikalische Adresse wird immer dem Busankoppler zugewiesen, nicht der daraufgesteckten Komponente. Sie können diese Tatsache ein wenig vergleichen mit einer Netzwerkkarte, die Sie in einen PC einbauen. Die MAC-Adresse des PCs ist auf der Netzwerkkarte gespeichert, bauen Sie die Karte in einen anderen PC, bekommt dieser die MAC-Adresse des alten PCs (mehr zur MAC-Adresse finden Sie bei Interesse in Abschnitt 12.4.2, »Das Ethernet-Rahmenformat«).

Drücken Sie die Programmiertaste

Allen Varianten ist gemein, dass beim Drücken der Programmiertaste eine (rote) LED ❷ am Gerät für einige Sekunden aufleuchtet. Während der Leuchtdauer programmiert die geduldig wartende ETS die physikalische Adresse. Falls noch nicht geschehen, drücken Sie sie bitte jetzt, z. B. mit einem Kugelschreiber oder einer Messspitze. Die ETS zeigt nach wenigen Sekunden in der Sidebar die erfolgreiche Programmierung der physikalischen Adresse an.

Sie dürfen immer nur eine Programmiertaste gleichzeitig drücken. Beachten Sie das bei der Programmierung. Leuchtet die rote LED bereits bei einem Gerät, während Sie über die ETS die Funktion zum Beschreiben der physikalischen Adresse aufrufen, wird dieser Arbeitsschritt direkt mit dem entsprechenden Gerät ausgeführt. Nach erfolgreichem Durchlauf erlischt die LED automatisch.

KNX-Geräte, die den Busankoppler bereits eingebaut haben, wie z. B. der in folgender Abbildung 47.43 gezeigte Präsenzmelder der Firma MDT, behandeln Sie bezüglich der Programmiertaste ❺ genau so wie die REG-Komponenten.

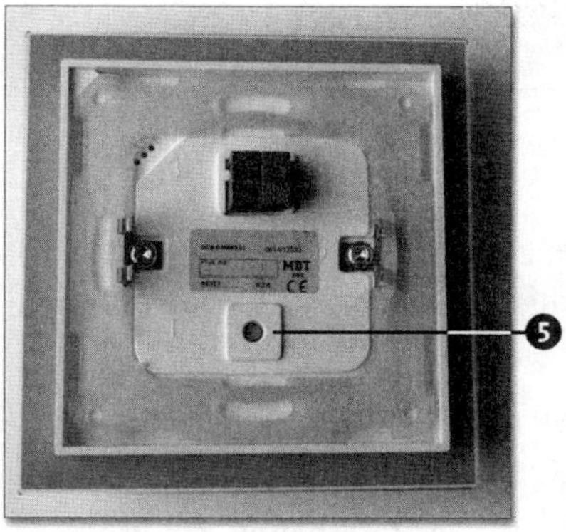

Abbildung 47.43 MDT-Glaspräsenzmelder: Rückseite mit Programmiertaste

47.6.4 Programmieren von Applikation, Gruppenadressen und Parametern

Nachdem ein Gerät seine physikalische Adresse bekommen hat, sind die restlichen Programmierschritte nur noch Routine.

In der INBETRIEBNAHME-Werkzeugleiste finden Sie unter dem Pull-down-Button PROGRAMMIEREN eine Reihe von leicht unterschiedlichen Methoden:

- APPLIKATIONSPROGRAMM: Es werden die Applikation, die Parameter, die Gruppenadressen (und gegebenenfalls Filtertabellen) auf das oder die selektierten Geräte geladen.
- PHYSIKALISCHE ADRESSE: Programmiert nur die physikalische Adresse, wie im vorherigen Abschnitt beschrieben.
- PHYSIKALISCHE ADRESSE & APPLIKATIONSPROGRAMM: Das volle Paket, die Kombination aus den beiden oberen Methoden.
- PARTIELL: Eine sehr nützliche Methode, es wird nur all das programmiert, was noch fehlt (genauer gesagt, werden die Schritte durchgeführt, die über die Programmier-Flags ADR, PRG, PAR, GRP, CFG als fehlend angezeigt werden). Partielles Programmieren bringt z. B. immer dann einen (zeitlichen) Vorteil, wenn nur Parameter oder Gruppenadressen am Gerät verändert wurden.
- ÜBERSCHREIBE PHYSIKALISCHE ADRESSE: Eine Programmierung der physikalischen Adresse, ohne dass der Programmierknopf gedrückt werden muss. Dafür wird aber die physikalische Adresse eines bereits programmierten Geräts per Dialogbox abgefragt. Gehen Sie mit dieser Funktion bitte vorsichtig um.

Am besten führen Sie jetzt direkt die komplette Programmierung für alle Busteilnehmer (außer der Spannungsversorgung) durch. Für die initiale Programmierung bietet sich die Methode APPLIKATIONSPROGRAMM an, für alle weiteren Änderungen an einem Gerät können Sie die abgespeckte Variante PARTIELL verwenden. Belohnt werden Sie nach der Programmierung einerseits durch fünf blaue Häkchen und natürlich einer funktionierenden KNX-Anlage (hier in Abbildung 47.44 am Beispiel der Doppelwippe):

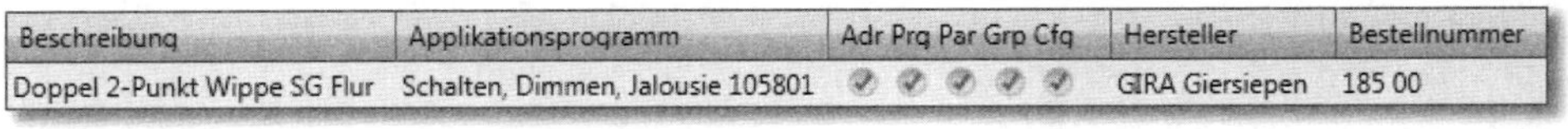

Beschreibung	Applikationsprogramm	Adr Prg Par Grp Cfg	Hersteller	Bestellnummer
Doppel 2-Punkt Wippe SG Flur	Schalten, Dimmen, Jalousie 105801		GIRA Giersiepen	185 00

Abbildung 47.44 Die erfolgreiche Programmierung der Doppelwippe

Die ETS verlangt freundlicherweise nicht von Ihnen, jedes KNX-Gerät einzeln zu programmieren. Eine Handvoll eingebauter Erleichterungen unterstützen die Vielprogrammierer unter Ihnen:

- Im Geräte-Arbeitsfenster können Sie problemlos mehrere Geräte gleichzeitig auswählen (Strg + linke Maustaste) und in einem Rutsch programmieren.
- Während des Programmierens dürfen Sie mit der ETS weiterarbeiten, die Programmierung läuft im Hintergrund, den aktuellen Arbeitsfortschritt sehen Sie in der Sidebar (Register LAUFENDE OPERATIONEN).
- Im Geräte-Arbeitsfenster unterhält die ETS vier dynamische Ordner (Abbildung 47.45) namens GEÄNDERTE GERÄTE, INITIAL-GERÄTE, KEINEM RAUM/GEWERK ZUGEWIESEN, KEINER LINIE ZUGEWIESEN. Benutzen Sie z. B. GEÄNDERTE GERÄTE, um alle durchgeführten Änderungen neu zu programmieren. Auch hier ist natürlich der Batch-Programmiermodus mehrerer oder aller Geräte möglich.

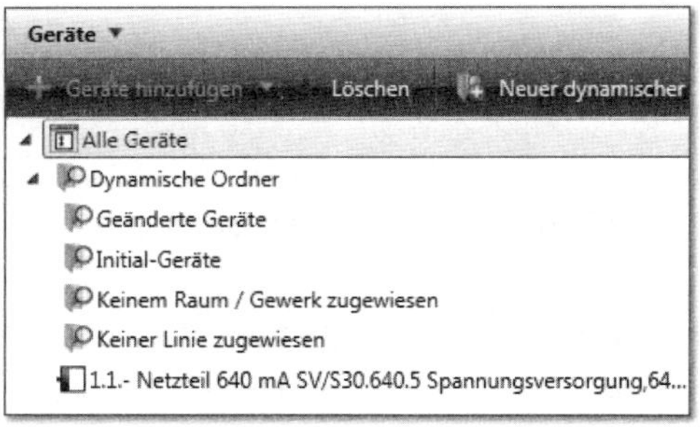

Abbildung 47.45 Hilfreiche dynamische Ordner

47.7 Unverzichtbar: Der Gruppenmonitor und der Busmonitor

Der wahrscheinlich wichtigste Begleiter, wenn es darum geht, dem KNX-Bus bei der Arbeit zuzusehen, oder als Unterstützung bei Problemlösungen, ist der in die ETS eingebaute Busmonitor. Genauer gesagt, sind es sogar zwei verschiedene Monitore, der *Busmonitor* und der *Gruppenmonitor*. Beide finden Sie in der ETS-Werkzeugleiste DIAGNOSE der Projektieransicht.

47.7.1 Der Gruppenmonitor

Wenn Sie den Gruppenmonitor starten, öffnet die ETS ein eigenes Arbeitsfenster mit drei Bereichen. Von oben nach unten sind das:

- **Werkzeugleiste** mit den Funktionen START, STOP, LÖSCHEN usw.
- **Gruppenfunktionszeile**: Senden von eigenen Telegrammen (damit sie sichtbar ist, bitte vorher GRUPPENFUNKTIONEN in der Werkzeugleiste aktivieren).
- **Detailbereich** mit den Spalten ZEIT, QUELLE, ZIELADRESSE usw.: Hier werden alle auf dem KNX-Bus anliegenden Telegramme mitprotokolliert.
- **Statuszeile**: Gibt Auskunft über die vom Gruppenmonitor verwendete Schnittstelle (z. B. KNX-IP-Interface).

Sehen wir uns in Abbildung 47.46 einen mitgeschriebenen Auszug aus einer KNX-Kommunikation an:

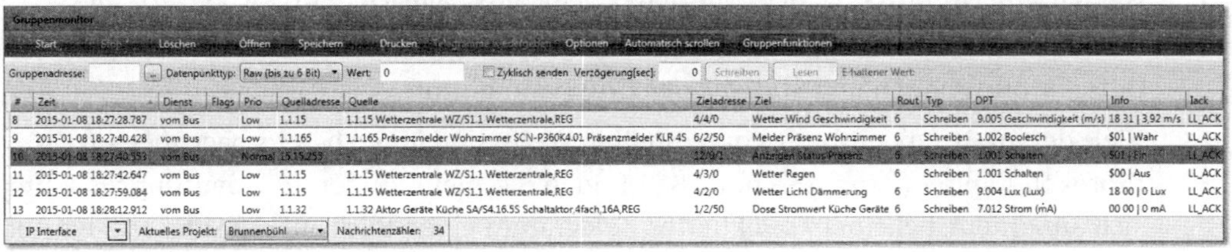

Abbildung 47.46 ETS-Gruppenmonitor-Mitschrieb

Mit den Buttons START und STOP können Sie jederzeit den Mitschrieb fortführen und anhalten, mit LÖSCHEN leeren Sie das Detailfenster, das Sie mit SPEICHERN sichern und mit ÖFFNEN wieder laden können. Für eine erfolgreiche Telegrammaufnahme muss lediglich eine gültige KNX-Schnittstelle in Ihrem Projekt eingerichtet sein (siehe Abschnitt 47.6.2, »Richten Sie ein KNX-Businterface ein«). In der Regel haben Sie auch alle beteiligten Gruppenadressen und physikalischen Adressen im Projekt angelegt, wodurch der Gruppenmonitor in die Lage versetzt wird, Busrohdaten gleich in Klartext auszugeben. Das Mitprotokollieren funktioniert natürlich auch mit unbekannten Busteilnehmern und Gruppenadressen, auf die Decodierung müssen Sie verständlicherweise aber dann verzichten.

Was zeichnet der Gruppenmonitor auf?

Mitgeschrieben werden vom Gruppenmonitor folgende Informationen:

- #: fortlaufende Telegrammnummer
- ZEIT: Zeit und Datum des Telegramms (es wird die Zeit des ETS-Rechners angegeben)
- FLAGS: Zusatzinformationen (z. B. Nummer des Datenpakets)
- PRIO: die Priorität des Telegramms
- QUELLADRESSE/QUELLE: die physikalische Adresse des Senders und wenn möglich ein Beschreibungstext
- ZIELADRESSE/ZIEL: die Gruppenadresse des Ziels (zusätzlich in Klartext)
- ROUT: Wert des Routing-Zählers
- TYP: der Telegrammtyp (z. B. Lesen, Schreiben)

- DPT: der Datenpunkttyp
- INFO: der Nutzinhalt des Telegramms, und falls vom Benutzer ein DPT für dieses Objekt eingestellt wurde, auch die passende Decodierung; hexadezimale Werte werden mit einem einleitenden »$« dargestellt
- IACK: die Quittung

Der in Abbildung 47.46 dargestellte Beispielmitschrieb zeigt hauptsächlich Telegramme einer Wetterstation sowie gemessene Stromaufnahmen von Verbrauchern (über einen KNX-Schaltaktor mit eingebauter Strommessung). Das Telegramm mit der Nummer 10 ist von der ETS grau eingefärbt, es stammt von einem ebenfalls über den KNX-Bus agierenden Gira HomeServer, der in diesem Fall die physikalische Adresse 15.15.255 hatte.

Detailinformationen und Statistik des Gruppenmonitors

Viele der im Gruppenmonitor dargestellten Werte sind Ihnen bereits begegnet, im KNX-Protokoll-Kapitel (siehe Abschnitt 8.9) finden Sie mehr zu deren Bedeutung. Es lohnt sich außerdem, bei einem selektierten Telegramm einen Blick auf die Sidebar (Register EIGENSCHAFTEN) zu werfen, die eine etwas detailliertere Darstellung bereithält.

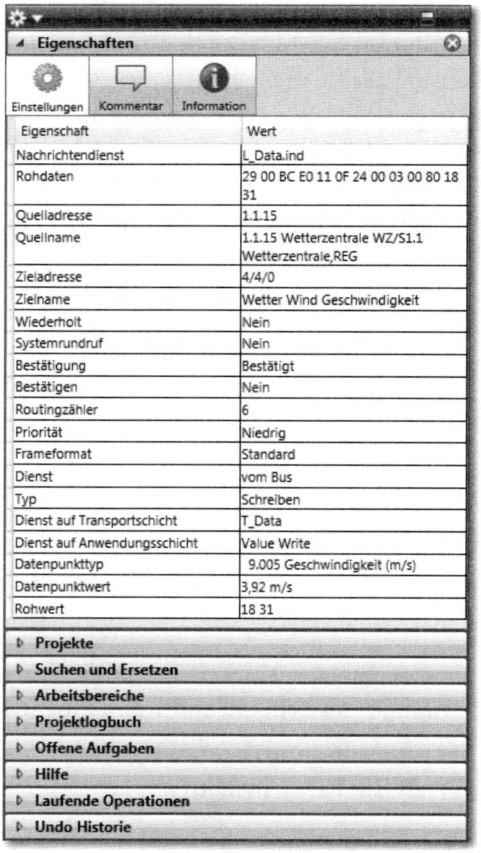

Abbildung 47.47 Eigenschaften eines KNX-Telegramms

Wissenswertes der eher statistischen Art bereitet die ETS für Sie im Register INFORMATION (Abbildung 47.48) auf. Besonders interessant sind die Werte BUSLAST, WIEDERHOLTE TELEGRAMME und BUSY TELEGRAMME, geben sie doch Auskunft über die »Gesundheit« des Bus.

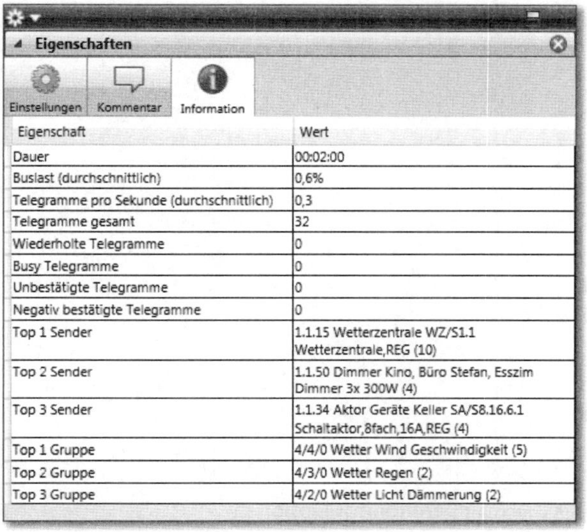

Eigenschaft	Wert
Dauer	00:02:00
Buslast (durchschnittlich)	0,6%
Telegramme pro Sekunde (durchschnittlich)	0,3
Telegramme gesamt	32
Wiederholte Telegramme	0
Busy Telegramme	0
Unbestätigte Telegramme	0
Negativ bestätigte Telegramme	0
Top 1 Sender	1.1.15 Wetterzentrale WZ/S1.1 Wetterzentrale,REG (10)
Top 2 Sender	1.1.50 Dimmer Kino, Büro Stefan, Esszim Dimmer 3x 300W (4)
Top 3 Sender	1.1.34 Aktor Geräte Keller SA/S8.16.6.1 Schaltaktor,8fach,16A,REG (4)
Top 1 Gruppe	4/4/0 Wetter Wind Geschwindigkeit (5)
Top 2 Gruppe	4/3/0 Wetter Regen (2)
Top 3 Gruppe	4/2/0 Wetter Licht Dämmerung (2)

Abbildung 47.48 Statistik des Gruppenmonitors

Falls Sie Ihre Buslast reduzieren möchten, lohnt es sich, zuerst bei den besonders gesprächigen Geräten zu beginnen. Welche das sind, schlüsselt die ETS in den Feldern TOP 1 SENDER bis TOP 3 SENDER bzw. TOP 1 GRUPPEN bis TOP 3 GRUPPEN auf.

Sie sehen, die ETS stellt viele praktische Hilfsmittel zur Verfügung, man muss nur wissen, wo man danach zu suchen hat.

Gruppenmonitor Optionen

Eine Reihe dieser Hilfsmittel verbergen sich im OPTIONEN-Dialogfenster, das Sie über die Werkzeugleistenfunktion OPTIONEN öffnen können. Über die insgesamt vier Register holen Sie aus dem Gruppenmonitor noch mehr heraus:

- Die Definition eigener Capture- und Filterbedingungen mit Logikverknüpfungen ermöglicht, die Aufzeichnung einzuschränken und nur gezielt bestimmte Telegramme mitzuschreiben (z. B. nur solche an eine bestimmte Gruppenadresse oder nur ungültige oder alle negativ bestätigten).
- Anpassung der TELEGRAMM-EINFÄRBUNG (Abbildung 47.49) im Monitorfenster, basierend auf vordefinierten oder selbst definierten Bedingungen (so ist z. B. auch der graue Eintrag aus Abbildung 47.46 entstanden).
- Aktivierung der Echtzeit-Logging-Funktion in einer Datei.

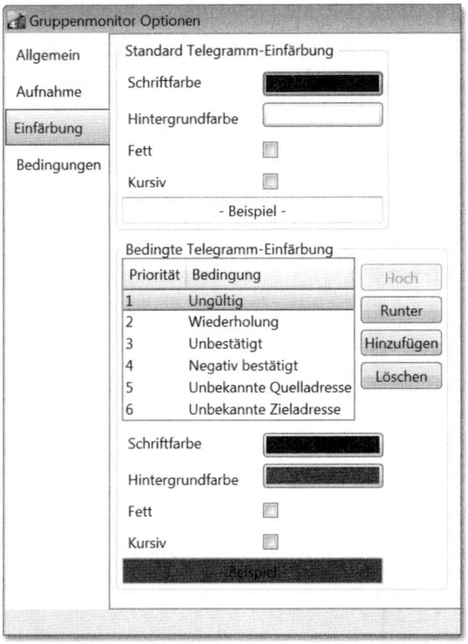

Abbildung 47.49 Register »Einfärbung« der Gruppenmonitor-Optionen

Abfragen und Stimulieren von Gruppenadressen

Unterhalb der Werkzeugleiste im Gruppenmonitor-Arbeitsfenster (Abbildung 47.50) finden Sie die Gruppenfunktionszeile, mit deren Hilfe Sie zwei ausgesprochen nützliche Funktionen aufrufen: den Wert einer Gruppenadresse lesen oder beschreiben.

Abbildung 47.50 Lesen und Schreiben im Gruppenmonitor

Um den aktuellen Wert einer Gruppenadresse direkt vom KNX-Bus zu lesen, wählen Sie bei laufendem Gruppenmonitor (START-Button) im Feld GRUPPENADRESSE die zu lesende GA und betätigen den LESEN-Button. Der Auswahlknopf (mit den drei Punkten) öffnet Ihnen eine Liste aller definierten Gruppenadressen.

Eine Leseabfrage für beispielsweise den Aktorzustand einer Beleuchtung (Licht an/Licht aus) würde so aussehen wie in Abbildung 47.51:

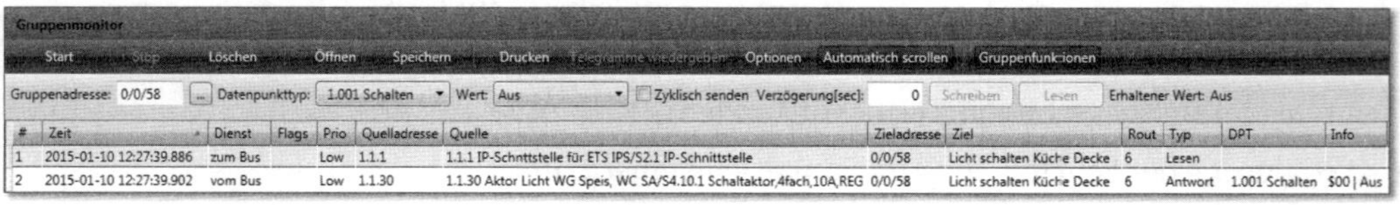

Abbildung 47.51 Leseanfrage und Antwort im Gruppenmonitor

Sie erkennen in der ersten Zeile des Mitschriebs die Leseanfrage der ETS (über die KNX-IP-Schnittstelle als Quelle) und in der zweiten Zeile, ca. 10 ms später, die Antwort des Aktors mit der physikalischen Adresse 1.1.30. Das Ergebnis der Abfrage ist: Das Licht ist aktuell aus, die Gruppenadresse 0/0/58 hat demnach den Wert $00 (Aus).

Generell gilt: Haben Sie für das Kommunikationsobjekt mit der abgefragten Gruppenadresse einen Datenpunkttyp (DPT) festgelegt, erfolgt auch die Darstellung im Monitor anhand der festgelegten DPT-Codierung, z. B. DPT_Switch (1.001) → Ein/Aus.

Die Bedeutung des L-Flags

Es ist wichtig, zu wissen, dass nur Gruppenadressen ausgelesen werden können, bei denen das Lesen-Flag (L-Flag) gesetzt ist. Ein eigenes Unterkapitel zu den Flags finden Sie in Abschnitt 47.8.3. Versuchen Sie, Gruppenadressen abzufragen, die in Kommunikationsobjekten als *nicht sendend* spezifiziert sind, antwortet der Busteilnehmer mit der *sendenden* Gruppenadresse.

Um einen Wert auf den Bus zu schreiben (stimulieren), gehen Sie vor wie beim Lesen eines Werts. Sie selektieren also zuerst die zu beschreibende Gruppenadresse, geben dann im Feld Wert vor, was Sie gern schreiben möchten, und bestätigen mit dem Button Schreiben.

Die eben noch abgefragte Beleuchtung wird mit dem Schreiben des Werts 1 (Ein) eingeschaltet:

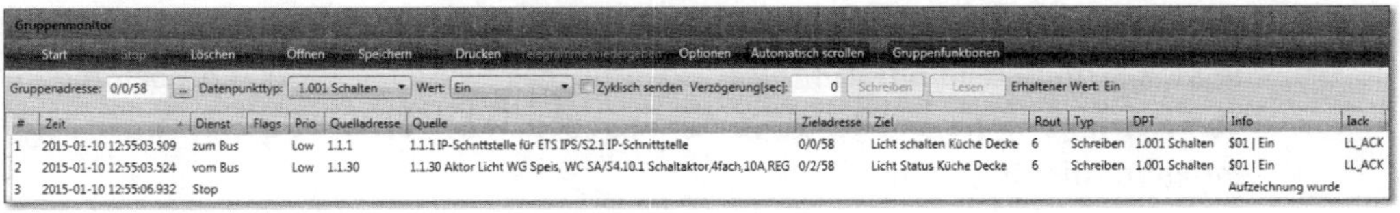

Abbildung 47.52 Eine Gruppenadresse stimulieren

Wiederum erkennen Sie (siehe Abbildung 47.52) im ersten aufgezeichneten Telegramm die Schreibaufforderung der ETS und in Zeile 2 den vom Aktor daraufhin gesendeten neuen Statuswert des Schaltkanals.

Den Gruppenmonitor aus der Gruppenadressenansicht aufrufen

Wenn Sie während Ihrer Arbeit in einem Gruppenadressen-Arbeitsfensters zwischendurch schnell eine bestimmte GA lesen oder schreiben möchten, hält die ETS eine praktische Abkürzung bereit (Abbildung 47.53). Sie finden die Funktion Wert lesen/schreiben im Kontextmenü, das Sie bei selektierter Gruppenadresse aufrufen:

Sollte der Gruppenmonitor noch nicht geöffnet sein, holt das die ETS selbstständig nach, startet die Aufzeichnung und stellt in der Gruppenfunktionszeile automatisch die gewünschte GA ein. Sie müssen anschließend nur noch den Lesen- oder Schreiben-

Button betätigen und gegebenenfalls vorher einen zu schreibenden WERT einstellen. Überaus praktisch.

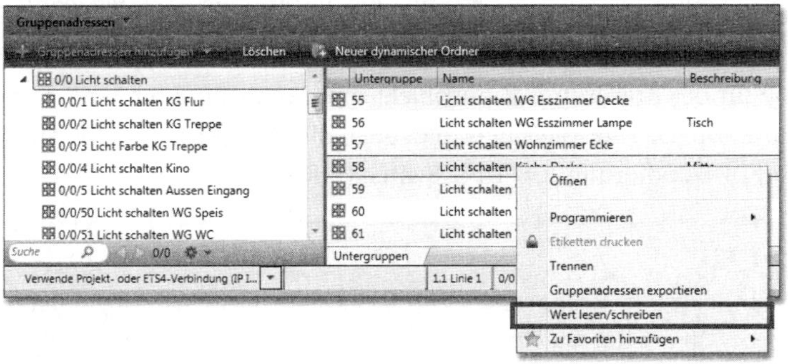

Abbildung 47.53 Den Gruppenmonitor schnell aufrufen

47.7.2 Der Busmonitor

Was ist nun am Busmonitor (Abbildung 47.54) anders als am Gruppenmonitor? Prinzipiell sind sich beide sehr ähnlich, ein paar entscheidende Unterschiede gibt es jedoch:

- Der **Busmonitor** zeichnet *alle* auf dem Bus existierenden Telegramme auf und analysiert sie. Er benötigt alleinigen (also *exklusiven*) Buszugriff für die Dauer der Aufzeichnung.
- Der **Gruppenmonitor** zeichnet *nur Gruppentelegramme* auf, erlaubt dafür aber das Lesen und Schreiben von Werten von Gruppenadressen. Er benutzt für die Diagnose die KNX-Schnittstelle nur mit (*nicht exklusiv*), das heißt, die ETS kann über andere Funktionen weiterhin auf den KNX-Bus zugreifen, was z. B. das Mithören einer Geräteprogrammierung erlaubt.

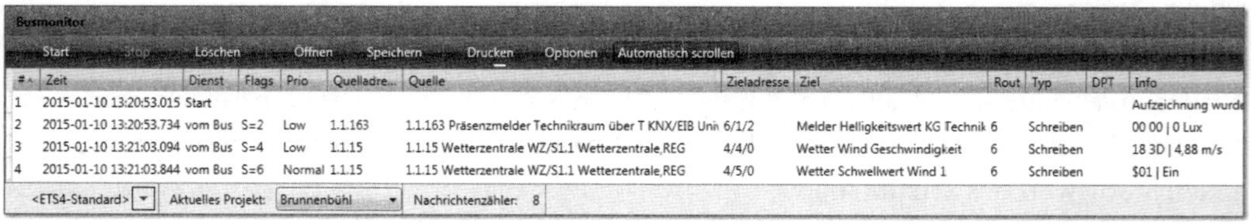

Abbildung 47.54 Der ETS-Busmonitor

47.8 Gruppenadressen und Kommunikationsobjekte vertieft

KNX-Geräte tauschen untereinander Informationen über *Gruppenadressen* aus. Über die ETS verknüpfen Sie die Gruppenadressen mit den *Kommunikationsobjekten* (sozusagen den Sende- und Empfangskanälen), wodurch eine virtuelle Verdrahtung entsteht. Die Anzahl der Gruppenadressen, die einem KNX-Gerät zugeordnet werden dürfen, ist unterschiedlich groß und hängt von der konkreten Größe des Gerätespeichers ab. Jedes

Kommunikationsobjekt in diesem Speicher besitzt einen bestimmten Datenpunkttyp (DPT), benötigt also zwischen 1 Bit und 14 Byte Speicher. Ein Sensor kann immer nur eine sendende Gruppenadresse haben.

Ein Kommunikationsobjekt kann mehrere Gruppenadressen zugewiesen bekommen, wobei aber immer nur genau eine die sendende Gruppenadresse darstellt. Diese Einschränkung ist sehr wichtig und muss speziell bei Sensoren beachtet werden, die Informationen für mehrere Empfänger generieren sollen. Ein Aktor hingegen, der Telegramme empfängt, kann auf mehrere Gruppenadressen hören.

47.8.1 Arbeiten mit Gruppenadressen und Kommunikationsobjekten

Nachdem Sie bereits eine erste erfolgreiche Programmierung durchgeführt haben, möchte ich Ihnen gerne noch ein paar tiefere Kenntnisse zur Arbeit mit Gruppenadressen und Kommunikationsobjekten vermitteln.

In unten stehender Abbildung 47.55 finden Sie zwei Arten, wie Sie mit verbundenen Gruppenadressen einfach hantieren können. Das obere Arbeitsfenster (Typ GERÄTE) zeigt alle Kommunikationsobjekte einer KNX-Komponente in der Baumansicht. Selektieren Sie eines davon, werden in der Detailansicht die verknüpften Gruppenadressen aufgeführt.

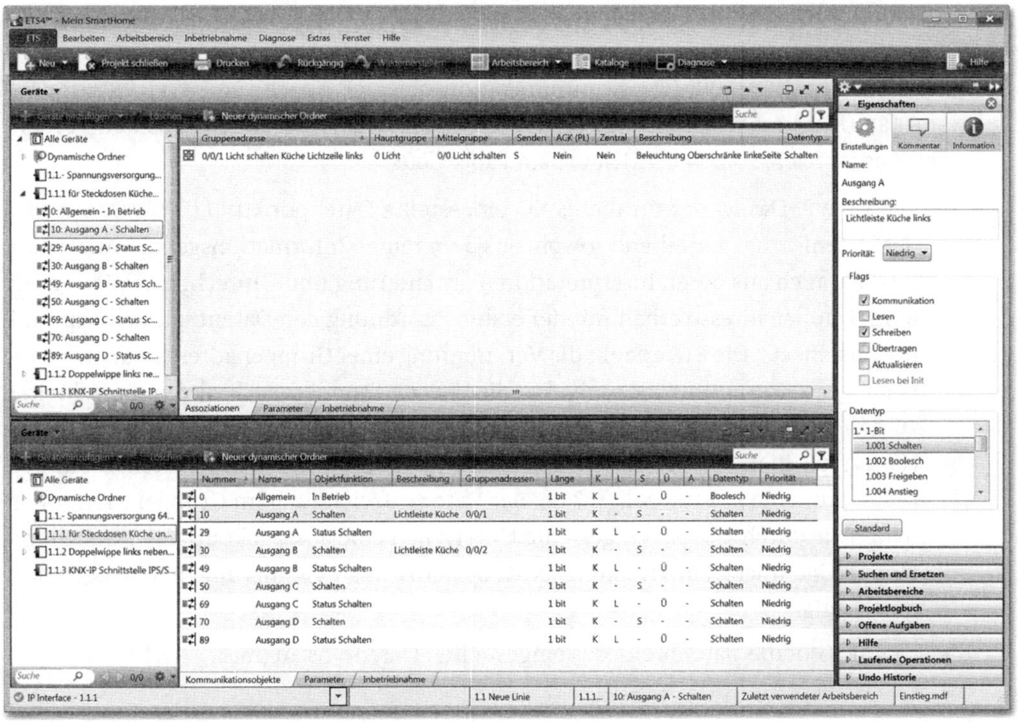

Abbildung 47.55 Arbeiten mit Gruppenadressen und Kommunikationsobjekten

Das untere Arbeitsfenster listet bei angewähltem KNX-Gerät über das Register KOMMUNIKATIONSOBJEKTE wiederum alle KOs des Geräts mit verknüpften Gruppenadressen auf (Spalte GRUPPENADRESSEN).

In der rechten Sidebar finden Sie auf der Registerkarte EIGENSCHAFTEN alle Zusatzinformationen zum jeweils angewählten Element der Baumansicht oder Listenansicht mit der Möglichkeit, diese zu ändern.

47.8.2 Attribute der Kommunikationsobjekte

Sehen wir uns zunächst an, welche Informationen zu den Kommunikationsobjekten gespeichert werden und welche Bedeutung sie haben. Die Spaltendarstellung gibt den besten Überblick (Abbildung 47.56). Über die Sidebar lassen sich die einzelnen Werte ändern. Wie gehabt, können Sie über einen Rechtsklick auf die Spaltennamen die Ansicht anpassen, ein Linksklick ändert die Sortierreihenfolge.

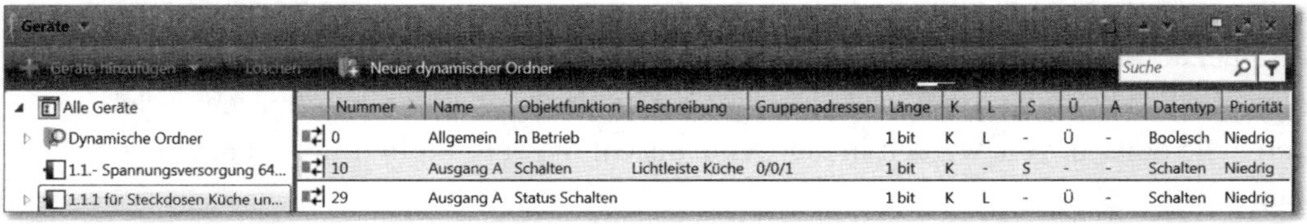

Abbildung 47.56 Attribute der Kommunikationsobjekte

Die Attribute NUMMER (des Kommunikationsobjekts), NAME, OBJEKTFUNKTION, BESCHREIBUNG und verknüpfte GRUPPENADRESSEN kennen Sie bereits aus den vorherigen Abschnitten. Folgende Attribute sind aber neu:

- DATENTYP: Das ist der für dieses KO eingestellte Datenpunkttyp (DPT). Damit wird das Datenformat, bestehend sowohl aus dem reinen Informationsgehalt (Anzahl der Bits) als auch aus deren Interpretation (Formatierung und Umrechnung), festgelegt. Eine Gruppenadresse erhält mit der ersten Zuordnung den Datentyp des Kommunikationsobjekts. Die ETS erlaubt die Verknüpfung einer Gruppenadresse nur, wenn die beteiligten Kommunikationsobjekte die gleiche Datenbreite besitzen. Einzelheiten zu den DPTs finden Sie in Abschnitt 8.9.1, »Das KNX-TP1-Protokoll«). Innerhalb des Haupttyps (hier: 1 Bit) dürfen Sie den Untertyp (im Beispiel: 1.001 Schalten) modifizieren. Warum Sie das tun sollten? Bei der Datenaufzeichnung im Gruppenmonitor erhalten Sie durch korrekt eingestellte Untertypen eine aussagekräftigere Darstellung. Für die eigentliche Funktion Ihres KNX-Systems ist eine Änderung in der Regel nicht notwendig.
- LÄNGE: Gibt die Datenbreite des eingestellten Datentyps an (hier: 1 BIT).

- PRIORITÄT: Die vom Hersteller voreingestellte Priorität der Telegramme kann geändert werden. Mögliche Werte sind:
  - NIEDRIG: für zeitunkritische Funktionen (Normalfall)
  - MITTEL: für handbetätigte Funktionen
  - ALARM: höchste Priorität für zeitkritische Funktionen

  Die hier eingestellte Priorität steht im direkten Zusammenhang mit den Prioritätsinformationen, die im Kontrollfeld eines KNX-Telegramms übertragen werden (siehe dazu Abschnitt 8.9.1, »Das KNX-TP1-Protokoll«). Es empfiehlt sich, die Priorität nur in Sonderfällen abzuändern.
- Die sogenannten Flags (K, L, S, Ü, A, I): Jedes Kommunikationsobjekt besitzt sechs Flags, die dessen Kommunikationsmöglichkeiten auf dem KNX-Bus regeln. Der folgende Abschnitt widmet sich deren Bedeutung im Einzelnen.

47.8.3 Die Flags K, L, S, Ü, A, I

Die 6 *Flags*, die Sie mit der ETS modifizieren können, sind Tabelle 47.4 in aufgelistet:

Flag	Bedeutung
K (Kommunikation)	Sozusagen der Hauptschalter der Kommunikation. Ist es nicht gesetzt, kann das Objekt keine Telegramme senden oder empfangen. Das K-Flag ist standardmäßig gesetzt. Bei bestimmten Konstellationen (siehe Produkthandbuch des Herstellers) kann es notwendig sein, das K-Flag zu löschen. ▸ *Ein*: Das Kommunikationsobjekt hat eine normale Verbindung zum Bus. ▸ *Aus*: Telegramme werden zwar quittiert, aber das KO wird nicht verändert.
L (Lesen)	Definiert ob ein Objekt über den Bus ausgelesen werden kann. Aufgrund eines Lesetelegramms wird nur dann ein Antworttelegramm erzeugt, wenn das L-Flag gesetzt ist. Für jede Gruppenadresse sollte das L-Flag maximal nur einmal gesetzt sein, um bei Leseanfragen Mehrfachantworten zu vermeiden. Das L-Flag darf nur bei dem Teilnehmer gesetzt sein, der antworten soll. Die GA, die zum Lesen eines Statuswerts verwendet wird, muss bei dem auszulesenden Teilnehmer an *sendender Stelle* stehen (mehr dazu im nächsten Abschnitt). ▸ *Ein*: Der Objektwert kann über den Bus gelesen werden. ▸ *Aus*: Der Objektwert kann nicht über den Bus gelesen werden.

Tabelle 47.4 ETS: Bedeutung der Flags bei Kommunikationsobjekten

Flag	Bedeutung
S (**S**chreiben)	Das S-Flag erlaubt es, den Objektzustand über den KNX-Bus zu ändern. Ein Aktor kann z. B. nur dann schalten, wenn bei dem Schaltkommunikationsobjekt das S-Flag gesetzt ist. ▸ *Ein*: Der Objektwert kann über den Bus geändert werden. ▸ *Aus*: Der Objektwert kann nicht über den Bus geändert werden.
Ü (**Ü**bertragen)	Das Ü-Flag erlaubt es, einem KO Telegramme zu senden (z. B. bei einer Änderung des Objektstatus oder als Folge eines Tastendrucks). Bei parallel geschalteten Dimmern sollte nur einer davon das Ü-Flag gesetzt haben. ▸ *Ein*: Wird bei einem Sensor der Objektwert geändert, wird ein entsprechendes Telegramm gesendet. ▸ *Aus*: Das KO sendet nur bei einer Leseanforderung ein Antworttelegramm.
A (**A**ktualisieren)	▸ *Ein*: Wertantworttelegramme werden als Schreibbefehl interpretiert, der Wert des KO wird aktualisiert. ▸ *Aus*: Keine Interpretation als Schreibbefehl, der Wert des KO wird nicht verändert.
I (Lesen bei **I**nit)	Ist das I-Flag gesetzt, fragt ein Gerät beim Hochlaufen eigenständig den Wert seiner sendenden Gruppenadresse ab (wird nur bei speziellen Geräten unterstützt). ▸ *Ein*: Nach Spannungsrückkehr sendet der Teilnehmer selbstständig ein Lesebefehl zur Initialisierung des Kommunikationsobjekts. ▸ *Aus*: Es wird kein Wert-lesen-Telegramm ausgesendet.

Tabelle 47.4 ETS: Bedeutung der Flags bei Kommunikationsobjekten (Forts.)

47.8.4 Attribute der Gruppenadressen

Drei Attribute der Gruppenadressen (Abbildung 47.57) wurden bislang noch nicht diskutiert: SENDEN, ACK (PL) und ZENTRAL.

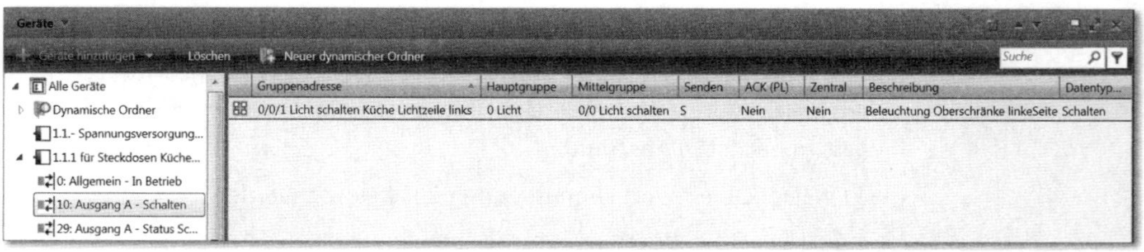

Abbildung 47.57 Attribute der Gruppenadressen

Die Bedeutung ist folgende:

- ACK (PL): Bei Powerline-Geräten (KNX-PL) muss ein Objekt pro Gruppenadresse das Gruppensprecher-Flag (KNX-PL) gesetzt bekommen.
- ZENTRAL: Hat nur innerhalb der ETS eine Bedeutung. So markierte GAs werden bei der ETS-Funktion KOPIEREN MIT OPTIONEN immer unverändert in neu erstellte Geräte übernommen. Nicht zentrale Gruppenadressen werden neu angelegt.
- SENDEN (Abbildung 47.58): Ein Kommunikationsobjekt kann mit mehreren Gruppenadressen verknüpft sein (z. B. zwei verschiedene Taster schalten einen Aktor). Das KO wird auch alle Gruppenadressen empfangen, es kann jedoch nur eine einzige Gruppenadresse senden. Wünschen Sie eine Änderung, welche Gruppenadresse die sendende sein soll, geht das am einfachsten in der Gebäudeansicht. In deren Listenbereich rufen Sie das Kontextmenü (rechte Taste) für eine GA auf, und zwar über der Spalte SENDEN. Die benötigte Menüfunktion heißt SENDEND SETZEN.

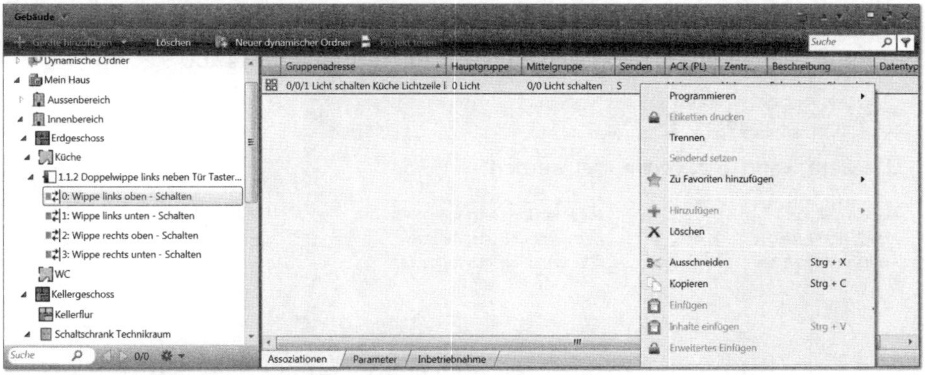

Abbildung 47.58 Eine Gruppenadresse wurde als sendend gesetzt.

47.9 Einrichten einer ETS-Lizenz

Um die kostenlos verfügbare Demoversion der ETS (mit maximal drei bzw. fünf erlaubten KNX-Geräten) in eine lizenzierte Version zu wandeln, benötigen Sie einen Lizenzschlüssel für entweder die ETS-Lite- oder die ETS-Professional-Version. Alles Wissenswerte über den Einkauf finden Sie in Abschnitt 23.3.4, »Daran führt kein Weg vorbei: die ETS beschaffen«. Wie Sie einen erworbenen Lizenzschlüssel (im Beispiel eine gedongelte Professional-Version der ETS4) installieren, lesen Sie im Folgenden.

Falls noch nicht geschehen, stecken Sie Ihren erworbenen Lizenz-Dongle bitte in einen freien USB-Port und lassen Windows die notwendigen Treiber installieren.

47.9.1 Besonderheiten beim ETS-Betrieb in einer virtuellen Maschine

Sind Sie meinem Vorschlag aus Abschnitt 47.1, »Die ETS installieren«, gefolgt und haben die ETS in einer virtuelle Maschine installiert, müssen Sie VirtualBox für die Lizenzeinbindung vorbereiten. Die Vorbereitung besteht darin, dass Sie VirtualBox anweisen, den Lizenz-Dongle des Hosts in den Gastrechner durchzureichen. Dazu starten Sie die virtuelle Maschine mit der ETS-Installation und wählen im Menü der laufenden VirtualBox die Funktion GERÄTE • USB-GERÄTE (Abbildung 47.59). Sie erhalten eine Auflistung aller gefundenen USB-Geräte des Hosts. Geräte mit einem Haken sind bereits durchgereicht.

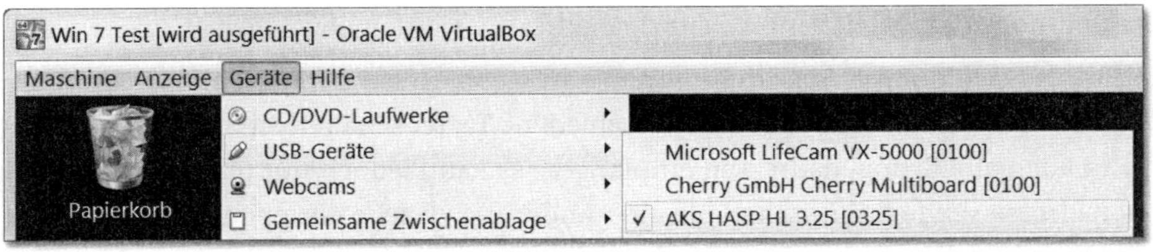

Abbildung 47.59 Durchreichen von USB-Geräten in VirtualBox

Das Gerät für den Lizenz-Dongle trägt den Namen AKS HASP. Wenn Sie dafür sorgen, dass es wie in oben stehender Abbildung 47.59 angehakt ist, werden innerhalb des Gastsystems die benötigten Treiber ebenfalls installiert (Abbildung 47.60):

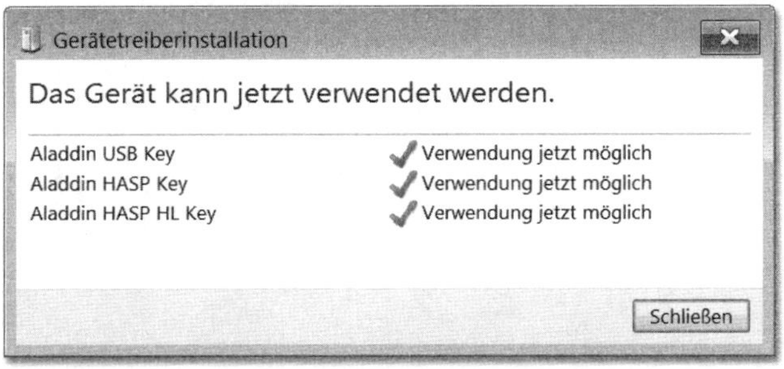

Abbildung 47.60 Die Treiber des USB-Dongles sind erfolgreich geladen.

Sollten Sie übrigens vorhaben, auf den ETS-Rechner mittels Microsoft Remote Desktop zuzugreifen, wird Ihr Dongle leider nicht angesprochen, Sie arbeiten also im limitierten Demomodus der ETS.

47.9.2 Einfügen der Lizenzdatei in die ETS

In der kostenlosen ETS-Demoversion (Abbildung 47.61) finden Sie in deren Startbildschirm die aktuelle Lizenzsituation im Fensterbereich VERSIONSINFORMATIONEN. Erwartungsgemäß arbeiten Sie ohne Lizenzdatei im Demomodus.

Klicken Sie nun den Button LIZENZIERUNG und in der daraufhin geöffneten Dialogbox auf die Werkzeugleistenfunktion HINZUFÜGEN. Suchen Sie in dem Dateibrowser nach Ihrer Lizenzdatei (*.lic*) und bestätigen Sie mit ÖFFNEN. Die Demolizenz sollte sich daraufhin in eine Professional-Lizenz wie in Abbildung 47.62 verwandeln.

Abbildung 47.61 Die ETS im Demomodus

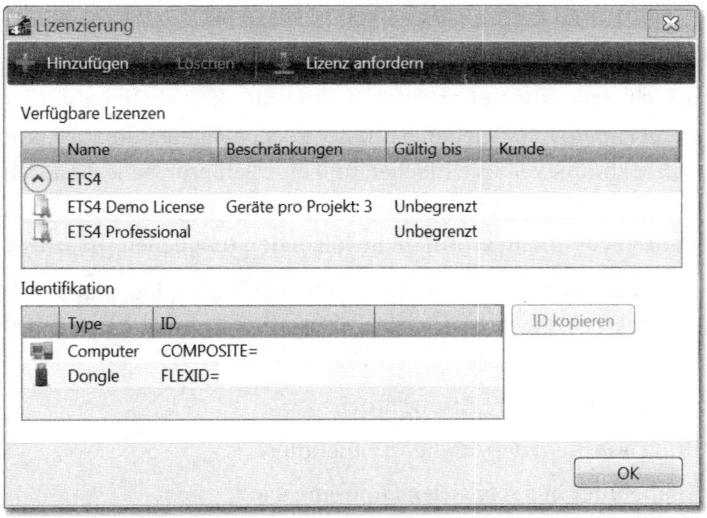

Abbildung 47.62 Erfolgreicher Import einer Lizenzdatei

Ab sofort begrüßt Sie Ihre ETS beim Start mit der neuen VERSIONSINFORMATION (Abbildung 47.63).

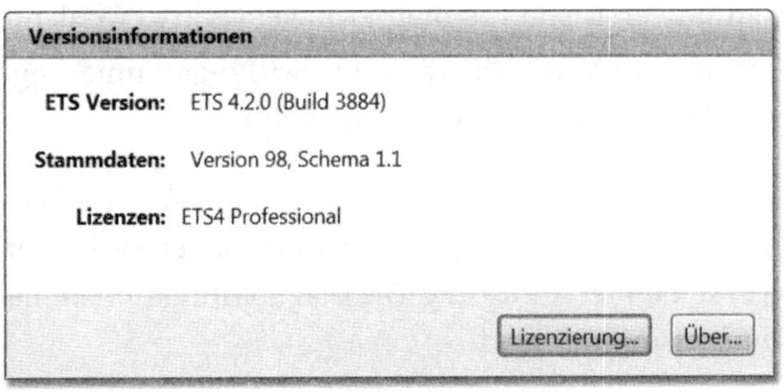

Abbildung 47.63 Von nun an arbeiten Sie mit einer Professional-Version.

47.10 Fehlersuche mit der ETS

Neben dem mächtigen Gruppenmonitor bietet die ETS noch weitere nützliche Funktionen, wenn es darum geht, Problemen in einer KNX-Businstallation auf die Spur zu kommen. In diesem Kapitel lernen Sie die wichtigsten kennen:

- die Geräteinfo
- Auswertung der physikalischen Adressen
- die Projektprüfung
- der Online-Fehlerdiagnose-Assistent
- der Online-Installationsdiagnose-Assistent
- der bereits vorgestellte Busmonitor und Gruppenmonitor (siehe Abschnitt 47.7, »Unverzichtbar: Der Gruppenmonitor und der Busmonitor«)

47.10.1 Wie gehen Sie bei der Diagnose und der Fehlersuche vor?

Wenn eine KNX-Anlage nicht wie erwartet arbeitet, sollten Sie die Fehler möglichst schnell identifizieren und beheben. Aufschieben ist in der Regel nie eine gute Idee, mit der Zeit wird das Projekt eher komplexer als einfacher, und eine Fehlerursache lässt sich am besten in dem Moment isolieren, in dem sie entsteht. Bei einer Fehlfunktion gehen Sie vorzugsweise systematisch vor und überprüfen die folgenden möglichen Ursachen:

1. Überprüfen Sie den Starkstromteil (230 V) der Gesamtanlage (Gebäudeverkabelung, defektes Leuchtmittel, defekter Trafo, RCD, LS, Reihenklemmen, Trennklemme mit N verbunden?).
2. Überprüfen Sie die KNX-Busleitung auf Leitungsbruch.
3. Verpolung der Busleitung an einem betroffenen Teilnehmer?
4. Vorprogrammierter Teilnehmer in der falschen Linie eingebaut?
5. Teilnehmer falsch projektiert und/oder falsch parametriert? Flags richtig gesetzt? (Das L-Flag ist z. B. für das Lesen notwendig.)
6. KNX-Gerät falsch oder nicht programmiert?
7. Falsche Produktdatenbank für den Teilnehmer geladen (passiert häufiger, als man denkt, die Produktbezeichnungen ähneln sich und können leicht verwechselt werden)?
8. Lässt sich der Fehler (z. B. permanenter Abbruch während der Programmierung) durch einen Reset des KNX-Bus beheben (Reset-Knopf am Netzteil)?
9. Teilnehmer defekt?

Die in den folgenden Abschnitten vorgestellten ETS-Funktionen unterstützen Sie bei der Analyse der Punkte 4 bis 8 aus oben stehender Auflistung. Die Diagnosefunktionen finden Sie allesamt in der ETS-Werkzeugleiste DIAGNOSE.

47.10.2 Die Geräteinfo

Die GERÄTEINFO (Abbildung 47.64) lässt sich sehr gut verwenden, um herauszufinden, ob bei einen Busankoppler das richtige Applikationsprogramm geladen bzw. das entsprechende Anwendungsmodul aufgesteckt wurde. Aktivieren Sie in der erscheinenden Dialogbox zusätzlich die Option LESE GRUPPENKOMMUNIKATIONSTEIL, werden auch die den Kommunikationsobjekten zugeordneten Gruppenadressen im Bericht aufgeführt. Der Bericht enthält, wo möglich, zusätzlich zu den Rohwerten auch eine Interpretation der gelesenen Daten:

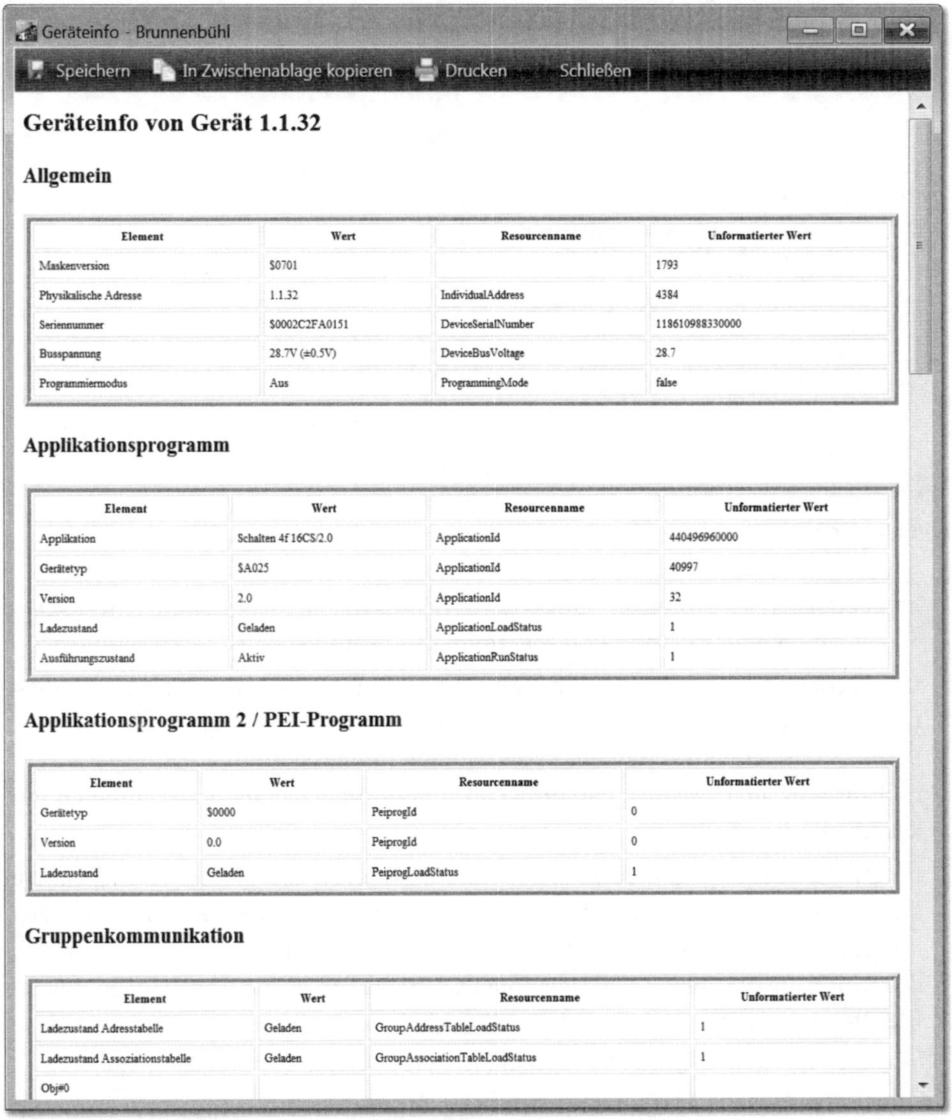

Geräteinfo von Gerät 1.1.32

Allgemein

Element	Wert	Resourcenname	Unformatierter Wert
Maskenversion	$0701		1793
Physikalische Adresse	1.1.32	IndividualAddress	4384
Seriennummer	$0002C2FA0151	DeviceSerialNumber	118610988330000
Busspannung	28.7V (±0.5V)	DeviceBusVoltage	28.7
Programmiermodus	Aus	ProgrammingMode	false

Applikationsprogramm

Element	Wert	Resourcenname	Unformatierter Wert
Applikation	Schalten 4f 16CS/2.0	ApplicationId	440496960000
Gerätetyp	$A025	ApplicationId	40997
Version	2.0	ApplicationId	32
Ladezustand	Geladen	ApplicationLoadStatus	1
Ausführungszustand	Aktiv	ApplicationRunStatus	1

Applikationsprogramm 2 / PEI-Programm

Element	Wert	Resourcenname	Unformatierter Wert
Gerätetyp	$0000	PeiprogId	0
Version	0.0	PeiprogId	0
Ladezustand	Geladen	PeiprogLoadStatus	1

Gruppenkommunikation

Element	Wert	Resourcenname	Unformatierter Wert
Ladezustand Adresstabelle	Geladen	GroupAddressTableLoadStatus	1
Ladezustand Assoziationstabelle	Geladen	GroupAssociationTableLoadStatus	1
Obj#0			

Abbildung 47.64 Beispiel für die Geräteinfo eines Schaltaktors

47.10.3 Die Auswertung von physikalischen Adressen

Die Dialogbox, die Sie mit DIAGNOSE • PHYSIKALISCHE ADRESSEN (Abbildung 47.65) aufrufen, enthält insgesamt drei Bereiche mit drei unterschiedlichen Diagnosefunktionen:

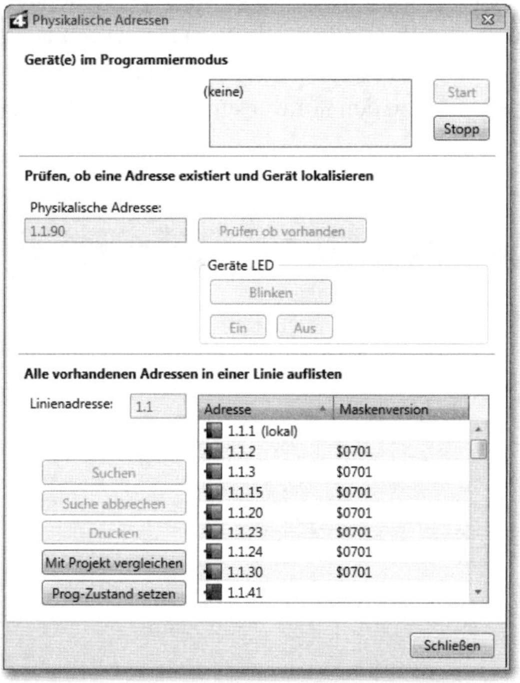

Abbildung 47.65 Die Auswertung physikalischer Adressen

1. Im oberen Bereich prüfen Sie schnell durch Betätigen von START, ob sich KNX-Geräte aktuell im Programmiermodus (Programmiertaste am Gerät gedrückt) befinden.
2. Der mittlere Bereich prüft nach der Eingabe einer physikalischen Adresse, ob diese tatsächlich auf dem Bus existiert (Button PRÜFEN OB VORHANDEN). Durch Klick auf BLINKEN wird zudem an diesem KNX-Gerät die rote Programmier-LED zyklisch ein- und ausgeschaltet, was sich hervorragend zum Auffinden einer unbekannten physikalischen Adresse eignet.
3. Im unteren Teilbereich können Sie über SUCHEN einen kompletten Scan der eingestellten Linie (hier: 1.1) durchführen lassen, worauf alle gefundenen physikalischen Adressen aufgelistet werden. Klicken Sie anschließend auf MIT PROJEKT VERGLEICHEN, und die ETS stellt für jede gefundene Adresse dar, ob diese auch im geöffneten ETS-Projekt existiert. Drei verschiedene Zustände sind möglich:
   - *Grün*: Das Gerät wurde gefunden und ist in der ETS projektiert (alles okay).
   - *Rot*: Das Gerät wurde physikalisch nicht gefunden, ist aber in der ETS projektiert.
   - *Grau*: Es wurde ein Gerät gefunden, das jedoch nicht projektiert ist.

47.10.4 Die Projektprüfung

Ein Assistent sammelt in mehreren Schritten Ihre Wünsche zum Detaillierungsgrad des zu erzeugenden Reports und gibt als Ergebnis eine tabellarische Übersicht mit potenziell verdächtigen Konstellationen in Ihrem Projekt. Oft sind die gefundenen Fehler oder Warnungen zwar gewollt bzw. das Projekt ist an dieser Stelle noch nicht fertig, als Lösungshinweis für ein Fehlverhalten sind sie jedoch eine willkommene Unterstützung. Folgende Prüfungen führt der Assistent durch:

1. Prüfung, ob mindestens ein Kommunikationsobjekt eines Geräts mit einer Gruppenadresse verbunden ist
2. Prüfung, ob alle Gruppenadressen verbunden sind
3. Prüfung, ob der aktuell benötigte Stromverbrauch zu den Stromversorgungen passt
4. Prüfung, ob jede Linie über genügend Netzteile für die projektierten Geräte verfügt
5. Erzeugung einer Liste der Applikationsprogramme, die ein Update der Produktdatenbank benötigen

Führen Sie die Projektprüfung auch ohne konkretes Fehlverhalten von Zeit zu Zeit durch. Es ist wichtig, zu wissen, wo eventuelle Schwachstellen lauern.

47.10.5 Der Online-Fehlerdiagnose-Assistent

Dieser mehrstufige Assistent, bei dessen Aufruf eine Gruppenadresse oder ein Gerät mit mehreren verbundenen Gruppenadressen selektiert sein muss, bietet die Möglichkeit, zu prüfen:

- ob alle Geräte, die mit einer Gruppenadresse verbunden sind, korrekt programmiert wurden,
- ob Gruppenadressen gelesen oder geschrieben werden können sowie
- ob es Bestätigungsprobleme gibt und wie hoch die Buslast ist.

Für die beiden letztgenannten Funktionen enthält der Online-Fehlerdiagnose-Assistent eine Art Mini-Gruppenmonitor in seiner Dialogbox bereit.

47.10.6 Der Online-Installationsdiagnose-Assistent

Das letzte Diagnosehilfsmittel mit dem etwas sperrigen Namen Online-Installationsdiagnose-Assistent (Abbildung 47.66) prüft in zwei unterschiedlich tiefen Prüfungen, ob die Gruppenadresskonfiguration im Gerät mit der Projektierung identisch ist.

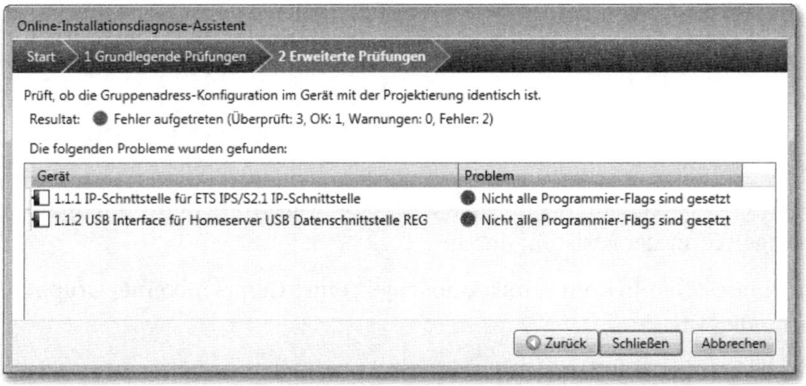

Abbildung 47.66 Der Online-Installationsdiagnose-Assistent

47.11 Ein Regelwerk zur KNX-Parametrierung

Wenn Sie selbst Software entwickelt haben, sind Sie (hoffentlich) schon in Kontakt mit Programmierrichtlinien oder sogenannten Coding-Standards gekommen. Diese Sammlungen von bewährten Regeln sind überaus sinnvoll und wurden geschaffen, um unter anderem die Qualität von Sourcecode zu erhöhen, die Portierbarkeit und Lesbarkeit zu verbessern und schwer zu findende Fehler von vornherein zu reduzieren.

Falls Sie, unabhängig von Ihrem Automatisierungsvorhaben, an solchen Standards Interesse haben, sehen Sie sich z. B. den MISRA-C-Standard für sicherheitskritische Software einmal näher an (*www.misra-c.com/Activities/MISRAC/tabid/160/Default.aspx*).

Was die Entwicklungsarbeit in der ETS betrifft, kann man zwar nicht direkt von Programmieren, sondern eher von Parametrieren sprechen, dennoch lässt sich eine Reihe bewährter Regeln (Tabelle 47.5) finden, die bei der Anwendung kaum Zeit kosten, aber die Qualität, Wartbarkeit und Betriebssicherheit Ihrer Installation erhöhen:

ID	Regel	Kommentar
Allgemeine Regeln		
A-1	Benutzen Sie immer die neuesten Produktdatenbanken bzw. Applikationen und ETS-Plug-ins für Ihre KNX-Geräte.	Fehler könnten behoben oder neue Funktionen verfügbar sein.
A-2	Definieren Sie eine wahrheitsgemäße Gebäudestruktur inklusive des Einbauorts aller Geräte in Ihrem ETS-Projekt.	Erleichtert das spätere Auffinden von Teilnehmern.

Tabelle 47.5 Ein Regelwerk zur KNX-Parametrierung

ID	Regel	Kommentar
A-3	Prüfen Sie vorgenommene Änderungen an der Programmierung direkt im Anschluss.	Ändern Sie außerdem, je nach Kenntnisstand, nur in kleinen Häppchen.
A-4	Dokumentieren Sie Ihr KNX-System sorgfältig und pflegen Sie auch die Änderungen stets mit ein.	Dokumentationsmittel (z. B. den Logikkatalog) finden Sie in Kapitel 22.
A-5	Nutzen Sie ausgiebig die Dokumentationsmöglichkeiten und Kommentarfelder der ETS.	Eine gute Methode ist auch das ETS-eigene Logbuch, das Sie im Hauptmenü unter PROJEKTE • DETAILS • PROJEKTLOG finden.
A-6	Vergessen Sie regelmäßige Backups der ETS-Datenbank und anderer Projektdateien nicht.	Siehe dazu Abschnitt 24.6.
A-7	Vergeben Sie für alle Geräte im System eine physikalische Adresse.	Für Geräte, die außerhalb der ETS verwaltet werden (z. B. Gira HomeServer), vergeben Sie Dummy-Adressen in der ETS (siehe Abschnitt 47.3.2).
A-8	Setzen Sie Szenen oft (und gern) ein.	Szenen sind eine wertvolle KNX-Funktionalität.
Sicherheit		
S-1	Parametrieren Sie Ihre Anlage so, dass Sie nach einer Spannungsunterbrechung automatisch wieder betriebsbereit ist.	Nutzen Sie dazu die Möglichkeit, Ihrer KNX-Komponenten deren Eingangswerte nach einem Reset erneut zu senden, und fragen Sie über eine eventuelle Visualisierung Statuswerte nach Spannungsrückkehr ab. Definieren Sie bewusst für Ausgänge (z. B. Schaltaktoren) den Schaltzustand nach Spannungsausfall und Spannungsrückkehr.
S-2	Verlassen Sie sich so wenig wie möglich auf eine zentrale Komponente (z. B. den Visualisierungsrechner), sondern setzen Sie auf die Vorteile der dezentralen KNX-Architektur.	Siehe dazu Abschnitt 21.4.

Tabelle 47.5 Ein Regelwerk zur KNX-Parametrierung (Forts.)

ID	Regel	Kommentar
S-3	Entfernen Sie nicht programmierte KNX-Geräte oder solche mit undefiniert geladener Applikation aus der Installation oder verwenden Sie zumindest die Applikationsentladefunktion der ETS.	Vermeiden Sie dadurch undefiniertes Verhalten.
S-4	Verwenden Sie die zyklische Überwachungsfunktion von kritischen KNX-Komponenten und reagieren Sie bei einem Ausfall.	Sinnvoll ist z. B. das sichere Einfahren von Außenjalousien bei Ausfall der Wetterstation. Das Ausmaß der Überwachung sollte aber nicht im Widerspruch zu Regel R-1 stehen.
S-5	Sehen Sie für jeden geschalteten Ausgang eine Bedienmöglichkeit vor (Visualisierung, Schalter usw.).	Aktorausgänge, die nur über die ETS (Gruppenmonitor) gesetzt werden können, müssen vermieden werden.
S-6	Analysieren Sie für jeden Binäreingangskanal die Auswirkung bei Sensorausfall oder Drahtbruch ...	... und reagieren Sie entsprechend darauf.
S-7	Verwenden Sie immer die Sicherheitsfunktionalitäten der einzelnen KNX-Geräte.	Beispielsweise bieten Jalousieaktoren Sicherheitsobjekte, die mit Daten einer Wetterstation verbunden werden (Windalarm).
Ressourcen		
R-1	Achten Sie auf eine möglichst kleine Busbelastung.	Reduzieren Sie zyklische Sender (Temperaturen, Präsenzmelder, Stromwerte, Statusmeldungen) auf ein Minimum.
R-2	Vermeiden Sie hohe Peak-Belastungen, die z. B. durch einen Zentralbefehl mit vielen gleichzeitigen Rückmeldungen entstehen.	Steigt die Busauslastung z. B. bei einem zentralen Licht-aus-Befehl und der quasi gleichzeitigen Rückmeldung aller Schaltaktoren über ein gewisses Maß, können trotz dreimaliger Wiederholung Telegramme tatsächlich verloren gehen, siehe auch Abschnitt 8.9.1 zum KNX-Protokoll.
Gruppenadressen		
G-1	Verwenden Sie nur die Hauptgruppen 0–13.	Bessere Unterstützung bei Einsatz von Filtertabellen.

Tabelle 47.5 Ein Regelwerk zur KNX-Parametrierung (Forts.)

ID	Regel	Kommentar
G-2	Strukturieren Sie Ihre Gruppenadressen nach einem durchgängigen Konzept und vergeben Sie aussagekräftige Namen.	Verbessert die Dokumentation enorm, Beispiele siehe Abschnitt 47.5.1.
G-3	Ordnen Sie den Sendekommunikationsobjekten die zugehörigen Statusobjekte zu.	Häufige Fehlerquelle, die sich dahin gehend äußert, dass Sie z. B. einen Taster für die Beleuchtung zweimal betätigen müssen, bevor geschaltet wird. Siehe dazu Abschnitt 52.1.5.
G-4	Ändern Sie die Kommunikations-Flags nur, wenn es gute Gründe dafür gibt.	Grundlagen zu den Flags finden Sie in Abschnitt 47.8.3.
G-5	Für jede Gruppenadresse sollte nicht mehr als ein L-Flag gesetzt sein.	Vermeidung mehrerer Antworttelegramme.
G-6	Legen Sie nie zwei oder mehr verschiedene Gruppenadressen für ein und dieselbe Funktionalität an.	Das Chaos ist sonst vorprogrammiert.

Tabelle 47.5 Ein Regelwerk zur KNX-Parametrierung (Forts.)

Kapitel 48

HomeServer Experte und Client kennenlernen

Die mächtige Software HomeServer Experte ist Konfigurationstool, Logikeditor, GUI-Editor und vieles mehr für den beliebten Gira HomeServer.

Das Softwarepaket für den Gira HomeServer besteht aus mehreren Windows-Programmen, von denen der *HomeServer Experte* (kurz: *HS Experte*, Abbildung 48.1) jedoch das wichtigste ist. Über ihn führen Sie die Konfiguration und Programmierung aller HomeServer- und FacilityServer-Varianten durch. In diesem Kapitel lernen Sie das sehr umfangreiche Tool genauer kennen.

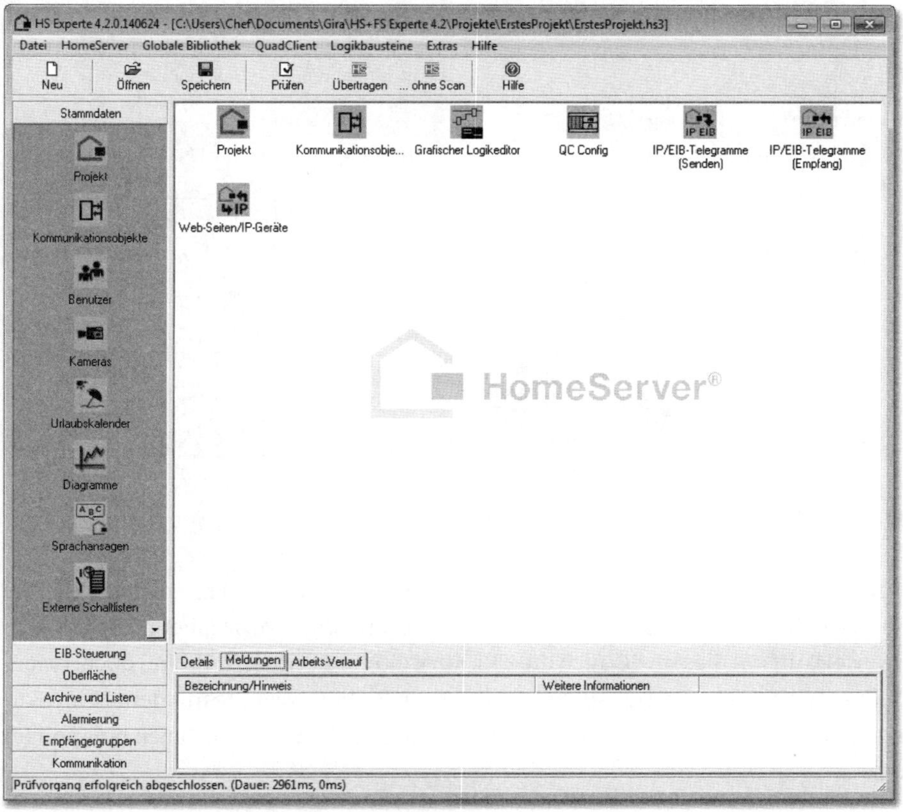

Abbildung 48.1 Arbeitsfenster des HomeServer Experten 4.2

48.1 Installation und Grundeinstellungen

Die Erstinbetriebnahme eines HomeServers/FacilityServers besteht aus drei Schritten: der Herstellung der notwendigen Verbindungen, die Installation der Software HomeServer Experte und deren Konfiguration.

48.1.1 Einbindung des HomeServers in die Infrastruktur

Der HomeServer besitzt leider keinen integrierten KNX-Buszugang, sondern wird immer über eine externe KNX-Schnittstelle angeschlossen. Zur Auswahl stehen KNX-IP-Schnittstellen bzw. KNX-IP-Router, RS-232-Schnittstellen und USB. In Kapitel 27, »Mit Schnittstellen auf den KNX-Bus zugreifen«, finden Sie einen ausführlichen Vergleich der unterschiedlichen Möglichkeiten. Der unten stehende Beispielaufbau (Abbildung 48.2) setzt auf eine USB-Verbindung, die den Vorteil hat, komplett autark vom sonstigen Hausnetzwerk (Switch, Router) zu funktionieren.

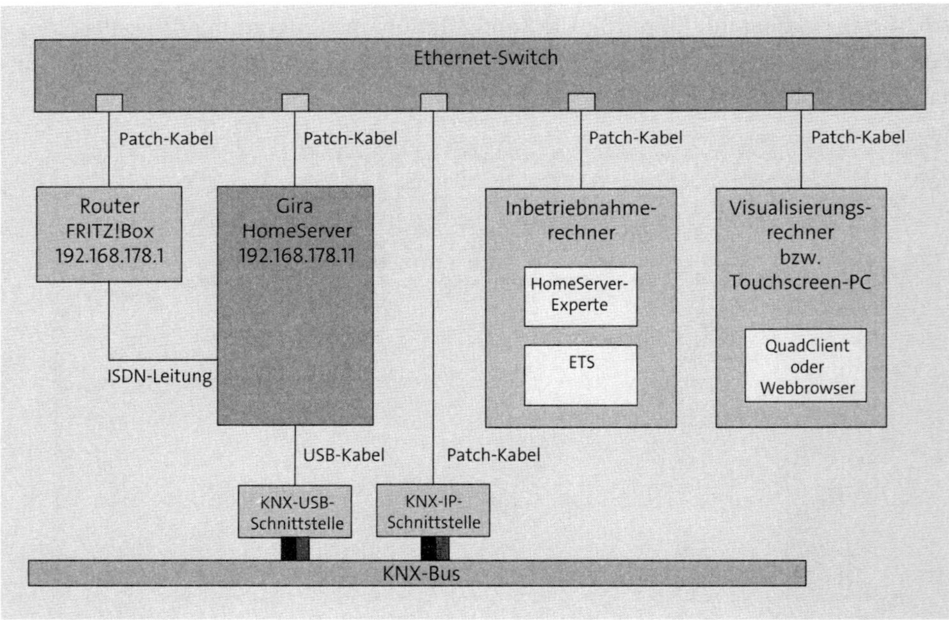

Abbildung 48.2 Anschluss des Gira HomeServers

Der Anschlussaufbau zeigt auch die Rolle des Inbetriebnahmerechners, auf dem die HomeServer Experte-Software installiert wird. Zweckmäßigerweise (aber nicht notwendigerweise) läuft auf diesem PC auch die ETS. Ein weiterer Rechner, z. B. ein Touchscreen-PC, stellt entweder über den QuadClient oder einen Webbrowser die mit dem HomeServer erzeugte Visualisierung dar. Genauso gut könnte der Visu-Rechner auch ein mobiles Gerät sein.

Die zusätzliche KNX-IP-Schnittstelle hat den Zweck, der ETS die Parametrierung der KNX-Geräte zu erlauben. Alternativ ist auch der HS in der Lage, diese Aufgabe zu übernehmen. Über seine eingebaute iETS-Unterstützung dient er der ETS als KNX-IP-Interface. Die iETS-Funktionalität muss über die Projekteinstellungen seitens des HomeServer Experten aktiviert werden.

Der HomeServer kann optional über einen ISDN-Bus z. B. mit einer FRITZ!Box verbunden werden, was unter anderem das einfache Absetzen von Telefonanrufen (z. B. im Alarmfall) ermöglicht.

Damit der HS als Standalone-Gerät seine Arbeit korrekt ausführt, benötigt er den Inbetriebnahmerechner nicht mehr. Dieser ist nur bei der Programmierung von Bedeutung. Der Visualisierungs-PC ist ebenso lediglich für die Visualisierung notwendig. Existiert er nicht, verrichtet der HS trotzdem autonom seine Aufgabe als Logikmaschine.

48.1.2 Die Installation der Gira HomeServer-Software

Die jeweils neueste Version der HomeServer-Software können Sie sich auf der Gira Download-Seite herunterladen, der Link ist:

http://www.gira.de/service/download/index.html?id=1043

Zum Zeitpunkt, an dem dieses Kapitel entstand, war der aktuelle Stand die Version 4.2 vom Juli 2014. Das ca. 240 MByte schwere Zip-File passt sowohl für die HomeServer 2 und 3 als auch für das aktuelle HomeServer 4-Modell und natürlich für die FacilityServer. Die neueste Firmware für den HomeServer selbst ist ebenso in dem Archiv enthalten wie der QuadClient und dessen Config-Programm. Vor dem Download ist eine kostenlose Registrierung erforderlich.

An dieser Stelle ein kleiner Hinweis: Das HS Experte-Softwarepaket funktioniert wunderbar mit einer virtuellen Maschine, z. B. über VirtualBox (siehe Abschnitt 19.2, »Ideal für Tests: VirtualBox«).

Unabhängig davon starten Sie nach dem Download das Setup-Tool Gira_Experte_Setup_v4.2 mit einem Doppelklick. Nach erfolgreicher Installation finden Sie im Windows-Startmenü den Experten 4.2 vor, den Sie bitte auch direkt starten. In der Einrichtungsdialogbox (Abbildung 48.3) können Sie die Standardpfade übernehmen oder ihn auf eine andere Partition bzw. Festplatte legen. Sinnvoll ist insbesondere, das Verzeichnis für Sicherungskopien nicht ebenfalls auf Laufwerk C unterzubringen.

Nachdem Sie die Pfade festgelegt haben, dürfen Sie bereits das erste Projekt anlegen (siehe Abbildung 48.4). Möchten Sie kein bestehendes Projekt importieren, belassen Sie die Checkbox auf LEERPROJEKT und geben im Feld PROJEKTNAME Ihrem ersten Projekt einen Namen. Das PFAD-VORSCHAU-Feld verrät Ihnen, wo die Projektdaten abgelegt werden.

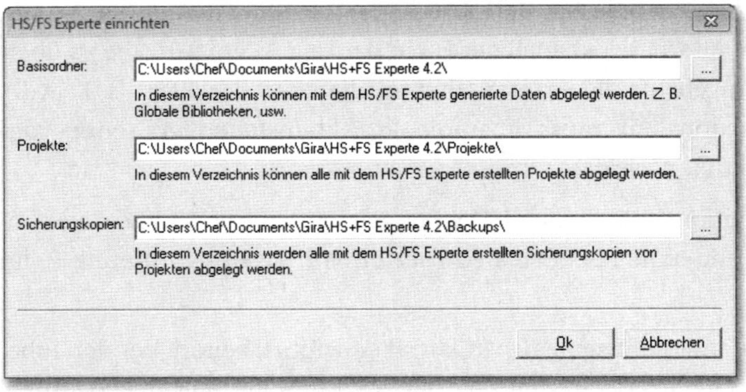

Abbildung 48.3 Einrichtung der Basis- und Projektordner

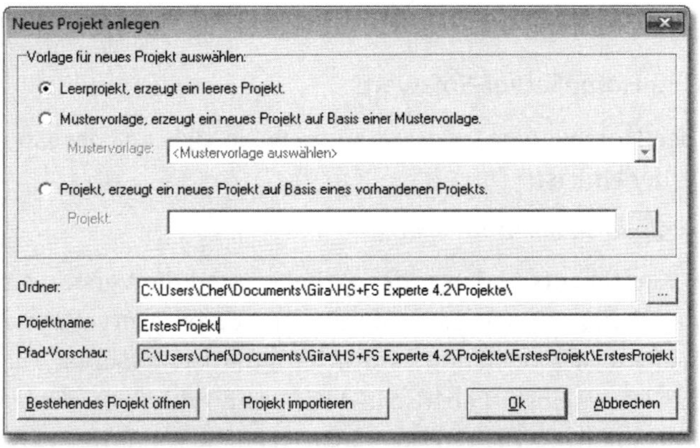

Abbildung 48.4 Ein neues HomeServer-Projekt anlegen

Die Installation ist damit beendet, im nächsten Schritt erfahren Sie, welche Grundeinstellungen für ein erstes HomeServer-Projekt vorgenommen werden.

48.1.3 Die Grundeinstellungen für ein erstes Projekt

Das Arbeitsfenster von HomeServer (HS) Experte sollte jetzt vor Ihnen liegen. Auf der linken Seite sind in mehreren Registern (STAMMDATEN, EIB-STEUERUNG, OBERFLÄCHE usw.) die wichtigsten Funktionen angeordnet. Im unteren Bereich des Fensters finden Sie, ebenfalls in drei Register aufgeteilt, textuelle Informationen über DETAILS, MELDUNGEN und den ARBEITS-VERLAUF. Als Meldung erhalten Sie bereits einen ersten Fehler: »ungültige IP-Adresse«. Im Rahmen der Ersteinstellung für Ihr Projekt wird dieser direkt mit behoben.

Klicken Sie bitte für den Aufruf der Projekteinstellungen auf das Icon PROJEKT im Register STAMMDATEN mit der rechten Maustaste und lassen Sie dadurch gleich einen Link auf den Desktop des HS Experten anlegen. Sie benötigen diese Einstellungen noch öfter. Ein Doppelklick auf das PROJEKT-Desktopsymbol öffnet schließlich den Einstellungsdialog PROJEKTEINSTELLUNGEN (Abbildung 48.5) mit auf den ersten Blick schrecklich vielen Optionen.

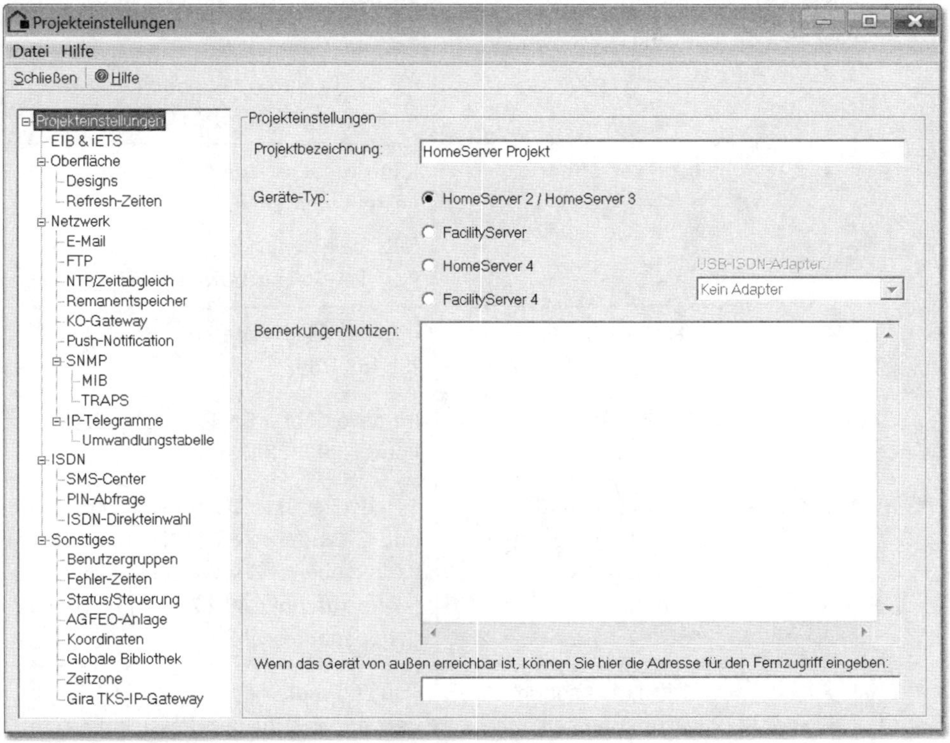

Abbildung 48.5 Die Dialogbox für Projekteinstellungen

Keine Sorge, Sie müssen sich an dieser Stelle nicht mit allen Einstellungen direkt beschäftigen, wir werden zunächst nur ein funktionsfähiges Setup herstellen. Die folgende Tabelle 48.1 enthält, auf Register und Dialogfelder aufgeteilt, welche Einstellungen Sie abweichend von den Standardeinstellungen jetzt vornehmen:

Register	Feld	Einstellung
PROJEKTEINSTELLUNGEN	PROJEKTBEZEICHNUNG	Geben Sie Ihrem Projekt einen aussagekräftigen Namen.
	GERÄTE-TYP	Angabe, welchen HomeServer Sie einsetzen (hier: HS 3).
EIB & ETS	SCHNITTSTELLE	Ausgehend davon, dass Sie den HS über eine USB-Schnittstelle mit dem KNX-Bus verbinden, ist USB die richtige Einstellung.

Tabelle 48.1 HS Experte: Basisprojekteinstellungen

Register	Feld	Einstellung
NETZWERK	EIGENE IP	die gewünschte IP-Adresse Ihres HS: z. B. 192.168.178.11
	NETZWERKMASKE	die für Ihr Netzwerk passende Maske, in der Regel 255.255.255.0
	INTERNET-ZUGANG	Kann zunächst auf KEIN ZUGANG gestellt werden. falls Sie einen DSL-Router einsetzen: ROUTER – VERBINDUNG HALTEN (PORTAL)
	DEFAULT-GATEWAY	Ihre Router-IP-Adresse, z. B. 192.168.178.1
	DNS-SERVER	Ihr bevorzugter DNS-Server, z. B. Ihr Router: 192.168.178.1
NTP/ZEITABGLEICH	falls Datum und Zeit über KNX empfangen wird (z. B. Wetterstation)	Tragen Sie für K.-OBJEKT FÜR DATUM und K.-OBJEKT FÜR ZEIT die Kommunikationsobjekte der Wetterstation ein (siehe Abschnitt 48.2.2 zum Import von Gruppenadressen).
	Alternativ können Datum und Zeit auch über einen NTP-Server bezogen werden.	Tragen Sie die ADRESSE DES NTP-SERVERS ein, z. B. die IP-Adresse Ihres Routers.

Tabelle 48.1 HS Experte: Basisprojekteinstellungen (Forts.)

Verlassen Sie die Dialogbox mit dem SCHLIESSEN-Button links oben und klicken Sie im HS Experte-Arbeitsfenster auf das PRÜFEN-Symbol in der Werkzeugleiste am oberen Fensterrand. Der eingangs erwähnte Fehlerhinweis im Register MELDUNGEN am unteren Fensterrand sollte jetzt verschwunden sein.

48.1.4 Anlegen des Administrator-Accounts

Für das spätere Programmieren des HomeServers benötigen Sie einen Benutzer-Account mit Administratorrechten. Diesen legen Sie, wie Abbildung 48.6 zeigt, über die Dialogbox STAMMDATEN • BENUTZER an.

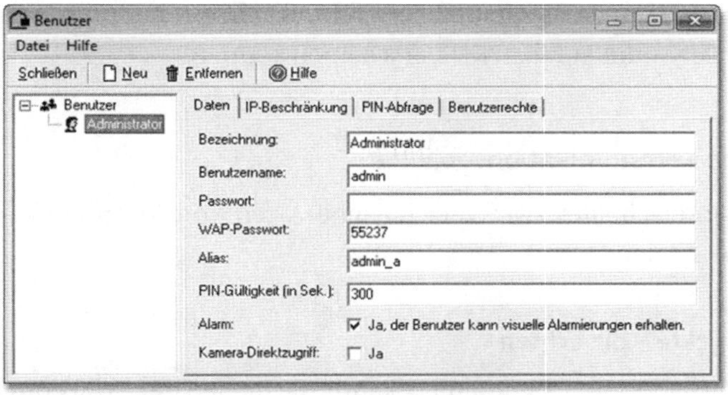

Abbildung 48.6 Ein neues Administratorkonto

Füllen Sie die einzelnen Register entsprechend Tabelle 48.2 aus:

Register	Feld	Einstellung
DATEN	BEZEICHNUNG	Bezeichnung des Accounts, z. B. »Administrator«
	BENUTZERNAME	Name des Benutzers (hier »admin«)
	PASSWORT	ein möglichst starkes Passwort
	ALIAS	Ein frei definierbarer Aliasname
BENUTZERRECHTE	LISTEN • INTERNER ZUGRIFF	Setzen Sie den Wert für alle vier Felder von KEIN ZUGRIFF auf PASSWORT.
	LISTEN • EXTERNER ZUGRIFF	
	ADMINISTRATION • INTERNER ZUGRIFF	
	ADMINISTRATION • EXTERNER ZUGRIFF	

Tabelle 48.2 Anlegen eines Administratorkontos

48.2 Arbeiten mit Kommunikationsobjekten

Kommunikationsobjekte (KOs) sind die Datenspeicher in der KNX-Welt. Über KOs läuft die KNX-Kommunikation ab, und auch für den HomeServer spielen sie eine essenzielle Rolle. Logikfunktionen benutzen KOs als Eingangswerte, führen abhängig davon Berechnungen durch und stellen das Ergebnis wiederum als KO am Ausgang der Logik dar. Die HomeServer-Visualisierung wird ebenfalls über KOs mit den darzustellenden Daten versorgt und wandelt Benutzeraktionen (z. B. einen Tastendruck) ebenso in Kommunikationsobjekte um, die als Telegramm auf dem KNX erscheinen können.

48.2.1 Externe und interne Kommunikationsobjekte

Die HomeServer-Software unterscheidet zwei verschiedene Arten von Kommunikationsobjekten: den *externen* und den *internen*.

Externe Kommunikationsobjekte – die echten

Externe KOs sind Ihnen bereits aus dem ETS-Kapitel bekannt, sie dienen der KNX-Kommunikation und werden auch als EIB-Objekte oder KNX-Objekte bezeichnet. Der HomeServer hört im laufenden Betrieb den KNX-Bus permanent ab und speichert intern den zuletzt angenommenen Wert aller bekannten externen Kommunikationsobjekte. Der HomeServer ist also stets im Bilde über alle Informationen, die über den Bus ausgetauscht werden, und natürlich ebenso über die Daten, die er selbst erzeugt und als Telegramme auf den Bus sendet. Man nennt das ein *Prozessabbild*.

Interne Kommunikationsobjekte – die HomeServer-Spezialität

Im Gegensatz dazu tauchen die *internen KOs* (iKOs) nie auf dem KNX-Bus als Telegramm auf, sie sind sozusagen die internen Variablen des HomeServers. Sie dienen der Speicherung beliebiger Werte und finden insbesondere bei Logikdefinitionen Verwendung. Falls Sie sich mit Programmiersprachen auskennen, hilft Ihnen vielleicht die Vorstellung, dass die internen KOs gut mit globalen Variablen vergleichbar sind. Dass sie auch den Namen Kommunikationsobjekt tragen, kommt daher, dass sie innerhalb der HomeServer-Software in den meisten Fällen genau wie ihre Kollegen, die echten (externen) KOs, behandelt werden.

Interne KOs dürfen Sie selbst beliebig anlegen, ändern und löschen, wohingegen externe KOs meist über einen Import aus der ETS-Datenbank eingelesen werden.

48.2.2 Der Editor für Kommunikationsobjekte

Die Arbeit mit Kommunikationsobjekten findet im HS Experten immer über die Dialogbox KOMMUNIKATIONSOBJEKTE statt. Das gleichnamige Symbol zum Aufruf finden Sie im Register STAMMDATEN. Legen Sie es am besten direkt als Verknüpfung auf den HS Experte-Desktop, wie in Abschnitt 48.1.3, »Die Grundeinstellungen für ein erstes Projekt«, beschrieben.

Kommunikationsobjekte in der Baumansicht

Der Editor für Kommunikationsobjekte wird sowohl für externe als auch für interne KOs verwendet. Umschalten zwischen den beiden Typen können Sie über die beiden Register

Intern und EIB (= extern) im linken oberen Fensterbereich. Sehen Sie sich die bereits automatisch angelegten internen KOs in Abbildung 48.7 einmal an:

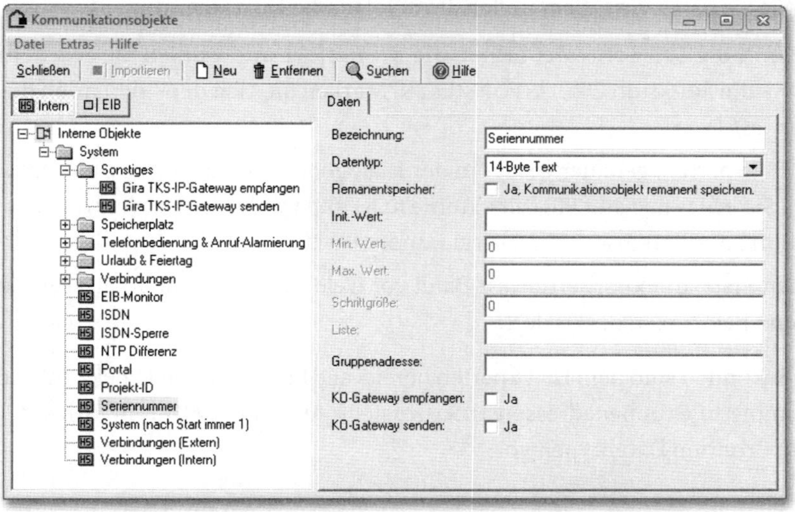

Abbildung 48.7 Automatisch angelegte interne Kommunikationsobjekte

Im linken Fensterteil finden Sie alle KOs, geordnet in einer Baumansicht. Zusammengehörige KOs können nach Belieben in einen oder mehrere Ordner gruppiert werden. Auswirkungen auf die Funktion hat das keine, die Ordner dienen lediglich dem Zweck einer Ordnung. Wenn Sie ein KO auswählen, erhalten Sie im rechten Fensterteil die Detailinformationen angezeigt. Die vom HS Experten angelegten iKOs sollten Sie nicht verändern. Bei selbst eingefügten iKOs hingegen bestimmen Sie selbst über Bezeichnung, Datentyp, Init.-Werte usw.

Anlegen von internen Kommunikationsobjekten

Am schnellsten legen Sie ein iKO mit Klick der rechten Maustaste auf einen Ordner in der Baumansicht an. Im Kontextmenü haben Sie dabei die Wahl zwischen Objekt anlegen (also iKO anlegen) und Ordner anlegen. Das bekannte Copy-and-paste funktioniert ebenfalls, sowohl für ganze Ordner als auch für einzelne KOs.

Wenn Sie das Kontextmenü (rechte Maustaste) über einem KO öffnen, finden Sie weitere nützliche Funktionen:

- Duplizieren: Erstellt eine Kopie des KO, die Sie in der rechten Fensterhälfte editieren können. Die Funktion eignet sich gut für das Anlegen mehrerer KOs mit z. B. gleichen Datentypen und ähnlichen Bezeichnungen.
- Verweise: Zeigt in einem neuen Fenster alle Stellen im aktuellen Projekt (z. B. Logikfunktionen), an denen dieses KO verwendet ist.
- Umwandeln (EIB ⇔ Intern): Macht aus einem iKO ein KO, wobei direkt eine Gruppenadresse zugeordnet wird. Die Rückumwandlung funktioniert genauso.

Importieren von externen Kommunikationsobjekten

Externe KOs legen Sie in der Regel nicht an, sondern importieren sie aus der ETS in den HS Experten. Wie Sie dabei vorgehen, finden Sie in folgender Kurzanleitung:

1. Wechseln Sie in die ETS-Software, öffnen Sie Ihr Projekt und wählen Sie aus dem Menü EXTRAS die Funktion OPC EXPORTIEREN. Merken Sie sich den Filenamen der exportierten *.esf*-Datei.
2. Zurück im HS Experten, genauer gesagt in der Dialogbox KOMMUNIKATIONSOBJEKTE, wechseln Sie in das Register EIB (für externe KOs) und wählen in der Werkzeugleiste die Funktion IMPORTIEREN • OPC-DATEI IMPORTIEREN.
3. Geben Sie den Pfad zur exportierten *.esf*-Datei vor (Feld: DATEINAME) und lassen Sie die restlichen Checkboxen deaktiviert.

Nach wenigen Sekunden sind dem HS Experten bereits alle Ihre EIB-Objekte bekannt, Sie finden Ihre komplette Gruppenadressenstruktur (siehe Abbildung 48.8) inklusive der von der ETS importierten Datentypen vor:

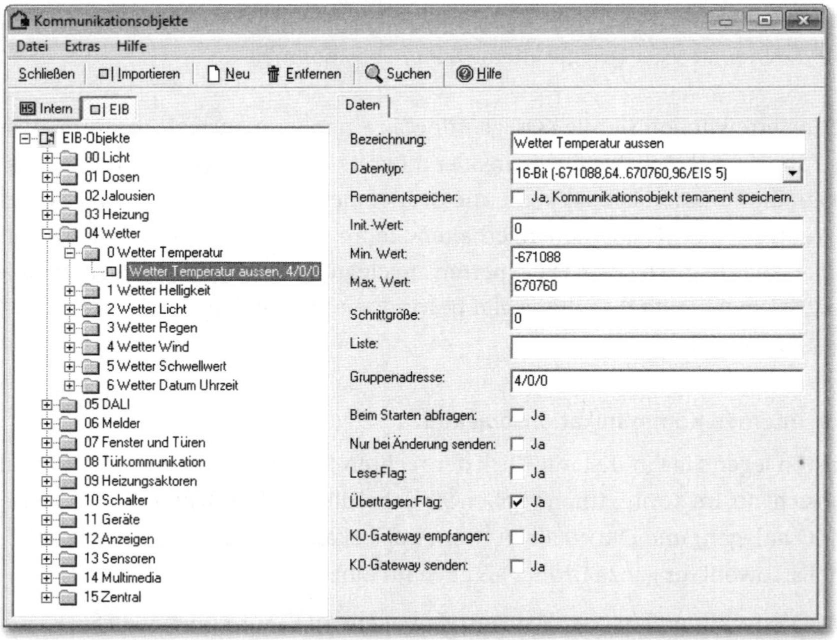

Abbildung 48.8 Die von der ETS importierten externen Kommunikationsobjekte

Die Attribute der Kommunikationsobjekte

Die Detailinformationen, die Sie zu jedem KO auf der rechten Fensterseite erhalten, sind teilweise selbsterklärend, teilweise aber auch missverständlich. Die folgende Tabelle 48.3 geht kurz auf die Attribute ein, für interne KOs sind davon nicht alle verfügbar:

Attribut	Beschreibung
Bezeichnung	Name des KO (selbst vergeben oder aus der ETS importiert).
Datentyp	Der Datentyp des KO (selbst vergeben/importiert).
Remanentspeicher	Gibt an, ob dieses KO in einem nicht flüchtigen Speicher des HomeServers abgelegt werden soll (siehe dazu Abschnitt 48.2.4).
Init.-Wert	Der HS belegt KOs, die nicht vom KNX-Bus gelesen werden konnten oder sollten, mit diesem Initialwert.
Min. Wert Max. Wert	Minimum- bzw. Maximumwert des KO, abgeleitet aus dem Datentyp, kann aber verändert werden. Der HS begrenzt KOs, z. B. beim Schreiben auf den KNX-Bus, auf diese Grenzwerte.
Schrittgrösse	Eine Konstante, die von einem Befehl verwendet wird, um z. B. einen Dimmaktor um 20 % zu erhöhen oder zu verringern,
Liste	Dient dazu, einen Aktorausgang nur auf bestimmte in einer Liste festgelegte Werte zu setzen. Format: z. B. 0,10,20,50,100. Ausgangswerte werden an den in der Liste am besten passenden Wert angepasst.
Gruppenadresse	Die Gruppenadresse, in der Regel aus der ETS importiert. Erlaubt sind die zweistellige und die dreistellige Notation. Gültige Bereiche für interne GAs sind: ▸ zweistellige Notation: 100–199/0–2047 ▸ dreistellige Notation: 100–199/0–7/0–255
Beim Starten abfragen	Aktiviert: Der HS liest bei einem Neustart dieses Objekt aktiv vom KNX-Bus (Leseaufforderung). In der ETS muss das L-Flag (Lese-Flag) für dieses Objekt gesetzt sein, ansonsten verzögert sich der Start des HS erheblich (Wiederholung bei Fehler).
Nur bei Änderung senden	Wenn aktiviert, sendet es den Wert des KO auf den KNX, wenn dieser sich im HS geändert hat.
Lese-Flag	Aktiviert: Das KO kann aus dem HS von einem anderen KNX-Gerät ausgelesen werden, nicht zu verwechseln mit dem L-Flag, das in der ETS vergeben wird.

Tabelle 48.3 Die Attribute der Kommunikationsobjekte

Attribut	Beschreibung
ÜBERTRAGEN-FLAG	Aktiviert: Alle Telegramme, die über den HS erzeugt werden, werden auch auf den Bus gesendet, nicht zu verwechseln mit dem Ü-Flag, das in der ETS vergeben wird.
KO-GATEWAY EMPFANGEN	Dieses KO kann von außen über das KO-Gateway geändert werden, Näheres dazu in Abschnitt 48.9.2.
KO-GATEWAY SENDEN	Ein für dieses KO erzeugtes Telegramm wird auf das KO-Gateway gesendet, Näheres dazu in Abschnitt 48.9.2.

Tabelle 48.3 Die Attribute der Kommunikationsobjekte (Forts.)

48.2.3 Die Sache mit den Zentraladressen

Eine *Zentraladresse* (auch *hörende Adresse* genannt) ist eine wichtige Eigenheit von KOs im HomeServer Experten. Oftmals sind sie der Schlüssel zu Erfolg oder Misserfolg bei der Arbeit mit Rückmeldungen. Jedem KO können Sie eine oder mehrere Zentraladressen zuordnen, indem Sie mit der rechten Maustaste das Kontextmenü über einem KO in der Dialogbox KOMMUNIKATIONSOBJEKTE (und zwar im Register EIB) öffnen und dort den Punkt ZENTRAL-ADRESSE ANLEGEN auswählen. Wird nun vom HS ein Wert über eine Zentraladresse empfangen, werden alle EIB-Objekte, denen diese Zentraladresse zugewiesen wurde, auf den Wert des Zentralobjekts gesetzt. Der klassische Anwendungsfall dafür ist z. B. der visualisierte Lichtschalter, der seinen Zustand auch dann ändern soll, wenn irgendwo im Haus ein anderer Benutzer nicht über die Visualisierung des HS das Licht ein- oder ausschaltet (z. B. über einen konventionellen Taster oder einen Präsenzmelder).

Ein Praxisbeispiel zur Anwendung finden Sie später noch in Abschnitt 52.1.5, »Was hat es mit den Statusobjekten auf sich?«.

48.2.4 Remanente Kommunikationsobjekte

Eine nützliche Spezialität des HomeServers ist die Möglichkeit, externe und interne Kommunikationsobjekte (und auch andere Daten wie Zeitschaltuhren, Archive, Zähler, Kamerabilder usw.) *remanent* zu speichern. Remanent bedeutet, dass die Werte der KOs auch nach einem Spannungsausfall bzw. Neustart des HS wieder vorhanden sind. Es handelt sich dabei also um einen nicht flüchtigen Speicher (Flash). Da ein Flash-Speicher nicht für beliebig viele Schreibvorgänge ausgelegt ist, überträgt der HS alle remanenten Daten nur alle 15 Minuten in den *Remanentspeicher* – und auch nur dann, wenn sie sich geändert haben. Ein paar nützliche Informationen über den Status des Remanentspeichers erhalten Sie über die Debug-Seiten des HS. In Abschnitt 48.9.1, »Die Debug-Seiten«, lernen Sie diese noch ausführlich kennen.

Ein typischer Anwendungsfall, der sich für remanente Datenspeicherung anbietet, wäre z. B. der Zählerstand eines Betriebsstundenzählers (Anzahl der Stunden, in denen ein Leuchtmittel eingeschaltet ist).

Vorsicht beim Update der HS-Firmware

Zwar überlebt der Remanentspeicher Spannungsausfälle, Neustarts und die Neuprogrammierung des HS, nicht aber ein Update der HomeServer-Firmware. Speichern Sie also auf jeden Fall die Daten im Remanentspeicher des HS, bevor Sie ein Firmware-Update durchführen. Die Funktion zum Sichern und wieder Zurückschreiben befindet sich im HS Experte-Menü HOMESERVER • REMANENTSPEICHER SICHERN bzw. REMANENTSPEICHER HOCHLADEN.

48.3 Logiken erschaffen

Kommen wir zu einer der Hauptaufgaben des HomeServers, dem Ausführen beliebiger, selbst definierbarer *Logikfunktionen*. Diese Fähigkeit macht den HS zu einem mächtigen Automatisierungsrechner – anders gesagt, zu einer *Logik-Engine*. Die HomeServer Experte-Software stellt als Hilfsmittel einen grafischen Logikeditor zur Verfügung.

48.3.1 Erste Schritte im Logikeditor

Den *grafischen Logikeditor* (GLE) starten Sie über das gleichnamige Icon aus dem STAMMDATEN-Register im HS Experte-Arbeitsfenster. Der Editor öffnet sich in einem eigenen Fenster, das aus einer Menüleiste und drei Bereichen besteht. Links oben werden in einer Listenansicht alle erstellten Ordner und die darin enthaltenen Logikarbeitsblätter dargestellt. Aktuell ist diese Liste noch leer, lediglich der Ursprungsknoten namens *Logik* wartet bereits. Darunter, in der Rubrik *Bausteine*, finden Sie einen kategorisierten Katalog aller Logikbausteine, die Sie in eigenen Logikfunktionen verwenden können. Diese Logikfunktionen legen Sie auf Arbeitsblättern an, die in der rechten Fensterhälfte geöffnet werden.

Erstellen wir gemeinsam eine erste kleine Logikfunktion. Öffnen Sie dazu mit der rechten Maustaste das Kontextmenü über dem obersten Logikknoten mit der Bezeichnung *Logik* und wählen Sie den Menüpunkt ORDNER ANLEGEN. Dem Ordner geben Sie einen Namen (z. B. »Erste Schritte«) und öffnen wiederum das Kontextmenü über dem neu erzeugten Ordner-Icon ERSTE SCHRITTE. Selektieren Sie im Kontextmenü ARBEITSBLATT ANLEGEN, geben Sie dem Arbeitsblatt einen Namen (hier: »Erste Logik«), wählen Sie als

BLATTGRÖSSE den Wert MITTEL und bestätigen Sie die Dialogbox mit OK. Schon besitzen Sie ein erstes Arbeitsblatt (Abbildung 48.9), das auch bereits geöffnet wurde und mit einer EINGANGS-BOX und einer AUSGANGS-BOX ausgestattet ist:

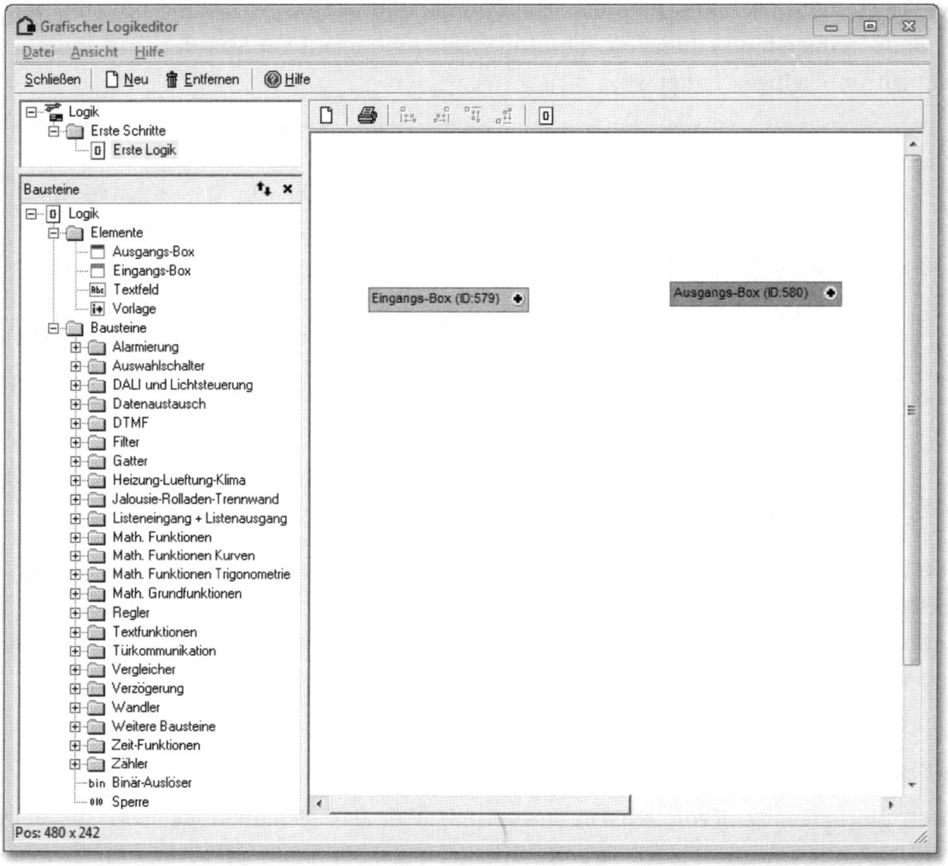

Abbildung 48.9 Ein leeres Arbeitsblatt im grafischen Logikeditor

Die Eingangsbox ist essenzieller Bestandteil jeder Logikfunktion. Eine sinnvolle Logikfunktion benötigt immer einen oder mehrere Eingangswerte, die nicht einfach aus dem Nichts in das Arbeitsblatt gelangen, sondern über eine Eingangsbox. Diese besitzt am rechten Rand ein kleines Plussymbol, über das beliebig viele Eingänge hinzugefügt werden können. Probieren Sie es aus. Nach dem Klick öffnet sich die bekannte Dialogbox für Kommunikationsobjekte, mit deren Hilfe Sie ein externes oder internes KO auswählen. Die Auswahl erfolgt am schnellsten durch einen Doppelklick auf das gewünschte Kommunikationsobjekt. Falls das (interne) KO, das Sie gern als Eingang in Ihrer Logikfunktion verwenden möchten, noch gar nicht existiert, können Sie es in der Dialogbox für Kommunikationsobjekte direkt anlegen. Genau das führen wir für das Einführungsbeispiel durch.

48.3.2 Vorbereitungen zur ersten Logikfunktion

Legen Sie im Editor für Kommunikationsobjekte bitte vier interne KOs an, und zwar im Sinne der Übersichtlichkeit in einen eigenen Order namens *Logik-Test*:

- Bezeichnung: *Außentemperatur*, Datentyp: 16 Bit, EIS5
- Bezeichnung: Innentemperatur, Datentyp: 16 Bit, EIS5
- Bezeichnung: Lüften, Datentyp: 1 Bit
- Bezeichnung: Sommer, Datentyp: 1 Bit

Bei Ihnen sollte das wie in Abbildung 48.10 aussehen:

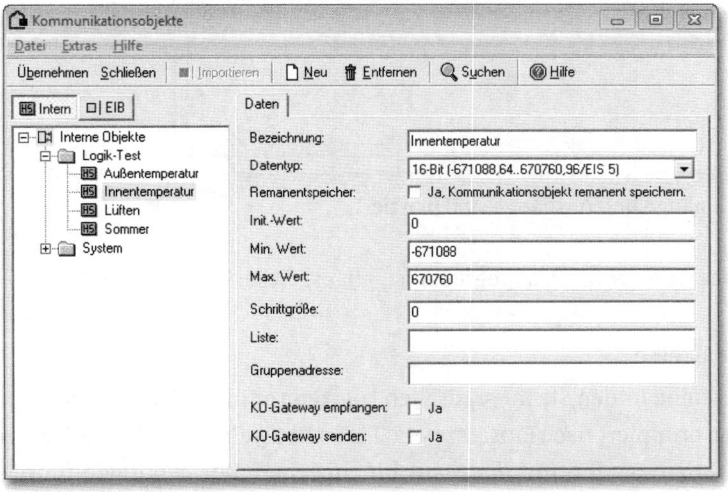

Abbildung 48.10 Anlegen der internen KOs für die erste Logikfunktion

Was könnte man mit diesen vier Signalen nun anfangen? Unsere kleine Beispiellogik soll Folgendes umsetzen: Beträgt die Außentemperatur mindestens 2 Grad weniger als die Innentemperatur, soll für 5 Minuten der Ausgang Lüften auf 1 (also aktiv) geschaltet werden, bevor er anschließend wieder auf 0 (inaktiv) zurückfällt. Der Lüften-Ausgang soll allerdings nur im Sommer aktiv werden (Eingang Sommer = 1), im Winter wird er nicht benötigt.

Anlegen der Ein- und Ausgangsboxen

Die drei Eingänge Aussentemperatur, Innentemperatur und Sommer legen Sie in eine oder mehrere Eingangsboxen, funktional macht das keinen Unterschied (Abbildung 48.11). Den Ausgang der Logik platzieren Sie, indem Sie das Plussymbol in der Ausgangsbox einmal anklicken, worauf eine Dialogbox Ausgang/Befehle bearbeiten geöffnet wird. Betätigen Sie den Auswahl-Button (drei Punkte) in der Zeile Kommunikationsobjekt und suchen Sie im Kommunikationsobjekt-Editor das interne KO namens Lüften. Schließen Sie die Dialogboxen mit Übernehmen bzw. OK, worauf das Ausgangs-KO in der Ausgangsbox erscheint.

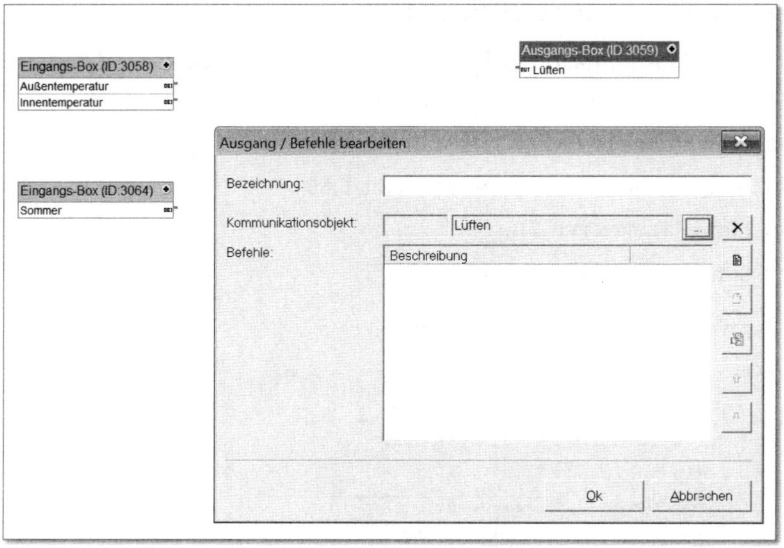

Abbildung 48.11 Die Eingänge und Ausgänge sind platziert.

Nachdem das Interface unserer Logik abgegrenzt ist, gilt es, diese zu implementieren.

Einfügen der Logikbausteine

Alle verfügbaren Bausteine finden Sie im grafischen Logikeditor in der Baumansicht im linken Fensterbereich, gruppiert nach Einsatzzweck. Einen Baustein fügen Sie einfach in Ihr Arbeitsblatt ein, indem Sie ihn mit der Maus hineinziehen. Wir benötigen für die Umsetzung der Logik folgende Bausteine:

- KLEINER GLEICH (aus dem Ordner *Vergleicher*)
- SUBTRAKTION (aus dem Ordner *Math. Grundfunktionen*)
- UND, 2 EING (aus dem Ordner *Gatter*)
- TREPPENHAUSLICHT (aus dem Ordner *Weitere Bausteine*)

Wundern Sie sich nicht über den namentlich unpassend erscheinenden Baustein TREPPENHAUSLICHT, er ist sehr gut geeignet, um eine zeitlich begrenzte Schaltung (in unserem Fall das Setzen von LÜFTEN=1 für 5 Minuten) umzusetzen.

Sie haben jetzt vier unverbundene Logikbausteine in Ihr Arbeitsblatt aufgenommen. Im nächsten Schritt müssen diese sinnvoll miteinander kombiniert werden. Vorher aber sehen wir uns an, wie ein Logikbaustein überhaupt aufgebaut ist.

Ein Logikbaustein im Detail

Ein Baustein besitzt immer einen Überschriftenblock, in dessen erster Zeile ein aussagekräftiger Text eingegeben werden sollte (mit rechter Maustaste auf die Überschrift klicken und Funktion EIGENSCHAFTEN wählen). Die zweite Zeile gibt den unveränderlichen Namen des Bausteins an.

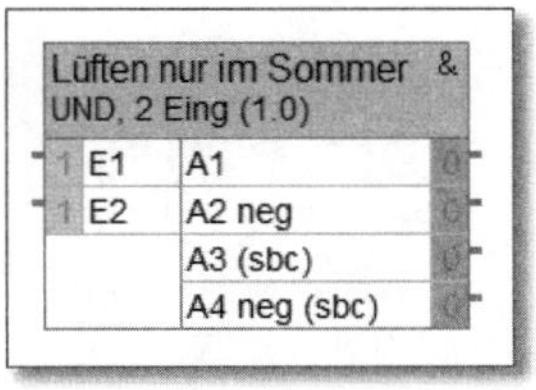

Abbildung 48.12 Ein UND-Gatter mit frei vergebener Bezeichnung

Bei dem in Abbildung 48.12 abgebildeten Baustein handelt es sich um ein einfaches UND-Gatter mit zwei Eingängen. Die Funktionsweise der diversen Gatter wird im Grundlagenkapitel (siehe Abschnitt 6.1, »Einfache Logikfunktionen«) erläutert.

Eingänge (hier E1 und E2) befinden sich bei allen Bausteinen links, Ausgänge (hier A1 bis A4) immer rechts.

Send-Ausgänge und Send-by-Change-Ausgänge

Außer dem offensichtlichen Ausgang A1, der die Logikverknüpfungen E1 und E2 ausgibt, existieren bei dem UND-Gatter noch drei weitere Ausgänge. Die meisten anderen Logikbausteine aus der Bibliothek verwenden ebenfalls diese Zusatzausgänge, daher stelle ich sie kurz vor:

- A2 NEG: Enthält immer den invertierten (negierten) Zustand von A1 und erspart Ihnen oft den Einsatz eines NOT-Gatters.
- A3 (SBC): Während Ausgang A1 (und A2) bei jeder Änderung der Eingänge ein Telegramm am Ausgang erzeugt, generiert ein *sbc*- Ausgang (*send by change*) nur dann ein Telegramm, wenn sich der Ausgang ändert. Das ist ein wichtiger Unterschied.
- A4 NEG (SBC): Wie A3, aber negiert.

Die beiden grünen 1-Werte an den Eingängen repräsentieren die Default-Werte. Immer dann, wenn ein Eingang nicht angeschlossen ist, nimmt er diesen Default-Wert an. Sie können ihn durch einen Doppelklick darauf nach Ihren Anforderungen anpassen. Wenn Sie sich etwas in digitaler Schaltungstechnik auskennen, kommt Ihnen vielleicht der Vergleich mit einem Pull-up- oder Pull-down-Widerstand in den Sinn. Das ist korrekt, genau so verhalten sich die Eingänge mit Default-Wert auch.

Die Hilfefunktion zu Bausteinen

Mit Ihr bester Freund wird die eingebaute Hilfefunktion zu den Logikbausteinen werden (Abbildung 48.13). Klicken Sie mit der rechten Maustaste auf einen Baustein und wählen das Menü HILFE ZUM BAUSTEIN, erhalten Sie eine Kurzbeschreibung der Funktion inklusive der Bedeutung der Ein- und Ausgänge.

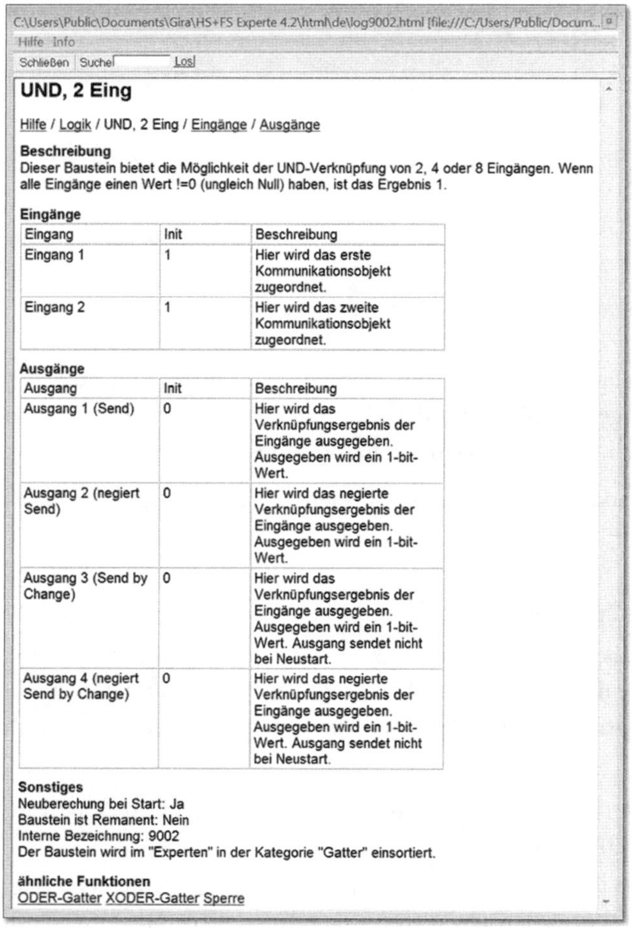
C:\Users\Public\Documents\Gira\HS+FS Experte 4.2\html\de\log9002.html [file:///C:/Users/Public/Docum...

Hilfe Info

Schließen Suche Los!

UND, 2 Eing

Hilfe / Logik / UND, 2 Eing / Eingänge / Ausgänge

Beschreibung
Dieser Baustein bietet die Möglichkeit der UND-Verknüpfung von 2, 4 oder 8 Eingängen. Wenn alle Eingänge einen Wert !=0 (ungleich Null) haben, ist das Ergebnis 1.

Eingänge

Eingang	Init	Beschreibung
Eingang 1	1	Hier wird das erste Kommunikationsobjekt zugeordnet.
Eingang 2	1	Hier wird das zweite Kommunikationsobjekt zugeordnet.

Ausgänge

Ausgang	Init	Beschreibung
Ausgang 1 (Send)	0	Hier wird das Verknüpfungsergebnis der Eingänge ausgegeben. Ausgegeben wird ein 1-bit-Wert.
Ausgang 2 (negiert Send)	0	Hier wird das negierte Verknüpfungsergebnis der Eingänge ausgegeben. Ausgegeben wird ein 1-bit-Wert.
Ausgang 3 (Send by Change)	0	Hier wird das Verknüpfungsergebnis der Eingänge ausgegeben. Ausgegeben wird ein 1-bit-Wert. Ausgang sendet nicht bei Neustart.
Ausgang 4 (negiert Send by Change)	0	Hier wird das negierte Verknüpfungsergebnis der Eingänge ausgegeben. Ausgegeben wird ein 1-bit-Wert. Ausgang sendet nicht bei Neustart.

Sonstiges
Neuberechung bei Start: Ja
Baustein ist Remanent: Nein
Interne Bezeichnung: 9002
Der Baustein wird im "Experten" in der Kategorie "Gatter" einsortiert.

ähnliche Funktionen
ODER-Gatter XODER-Gatter Sperre

Abbildung 48.13 Hilfe zum UND-Logikbaustein

48.3.3 Verbinden der Logikbausteine

Rufen Sie sich kurz nochmals die Aufgabenstellung ins Gedächtnis: Beträgt die Außentemperatur mindestens 2 °C weniger als die Innentemperatur, soll für fünf Minuten der Ausgang Lüften auf 1 geschaltet werden, aber nur im Sommer.

Wenn Sie die bereits platzierten Bausteine richtig verbinden, ergibt sich die Logik aus Abbildung 48.14.

Die Verbindungen zwischen Ein- und Ausgängen ziehen Sie einfach mit der Maus. Die grafische »Schönheit« spielt dabei nur eine kosmetische Rolle, auf die Funktion hat sie keinen Einfluss. Verbindungen zu lösen, ist ebenso einfach. Es genügt ein Rechtsklick auf einen verbundenen Eingang oder Ausgang und die Auswahl der Kontextmenüfunktion VERBINDUNG(EN) LÖSEN. Eine bestehende Verbindung können Sie über dasselbe Kontextmenü auch jederzeit invertieren (VERBINDUNG(EN) NEGIEREN). Grafisch sichtbar ist eine Negierung durch einen kleinen schwarzen Punkt am Eingang.

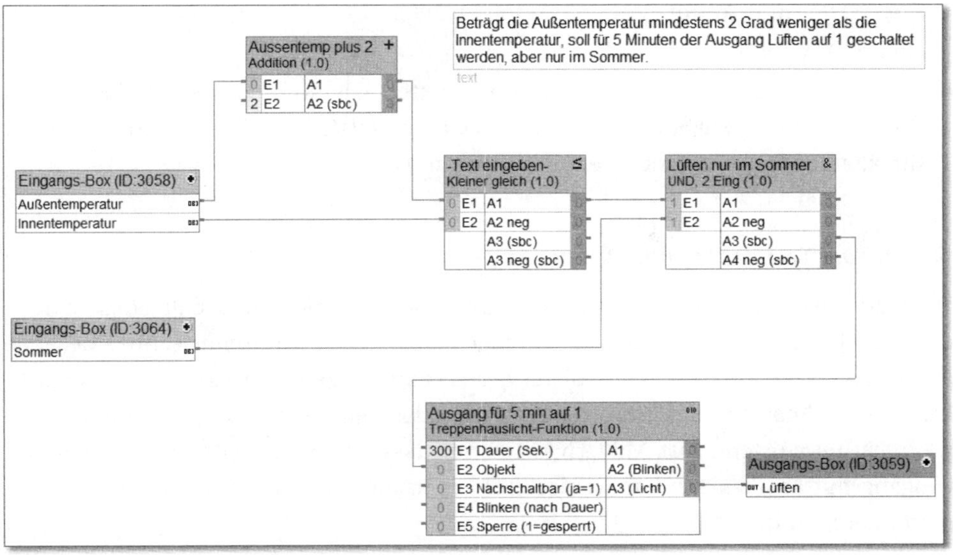

Abbildung 48.14 Die fertige Logik

Für konstante Werte, wie z. B. den Wert 2 bei der Subtraktion oder den Wert 300 (5 Minuten) bei der Treppenhauslichtfunktion, benötigen Sie keine extra internen KOs, sondern können direkt die Werte für die Eingänge vorgeben. Ein Doppelklick auf den Eingang genügt.

Was genau bewirkt nun dieses Logikkonstrukt? Von links nach rechts passiert Folgendes: Zur Außentemperatur wird der Wert 2 addiert und das Ergebnis mit der Innentemperatur verglichen. Ist es kleiner oder gleich der Innentemperatur und ist das interne KO Sommer = 1, wird eine logische 1 auf den Objekteingang (E2) der Treppenhauslichtfunktion gelegt. Diese sorgt dafür, dass ihr Ausgang A3 für 300 Sekunden den Wert 1 annimmt. Da der Treppenhauslichtbaustein im Gegensatz zu den anderen verwendeten Bausteinen nicht trivial ist, lohnt es sich, die eingebaute Hilfefunktion für diesen auszuprobieren.

In dieser Logikfunktion werden nur interne KOs, sowohl an den Eingängen als auch an den Ausgängen, verwendet. Damit hat die Logik keine (direkte) Auswirkung auf Teilnehmer am KNX-Bus. Offensichtlich passiert also gar nichts. Mir war jedoch wichtig, dass Sie das Konzept hinter einer Logik verstehen, und dafür eignet sich eine Funktion ohne Abhängigkeit von anderen KNX-Teilnehmern am besten. Der nächste Schritt – für diese Funktionalität eine tatsächliche, greifbare Auswirkung zu erzielen – ist einfach. Dazu ersetzen Sie lediglich die internen KOs durch externe KOs:

- Aus Außentemperatur wird ein externes KO, von einer KNX-Wetterstation produziert.
- Die Innentemperatur ersetzen Sie durch einen realen Sensorwert, z. B. von einem KNX-Raumtemperaturregler.

- Das KO Sommer könnte ein internes KO bleiben und z. B. aus einer anderen Logikfunktion stammen.
- in der Ausgangsbox ersetzen Sie das iKO Lüften z. B. durch das Schaltobjekt eines KNX-Aktors für eine Hinweisbeleuchtung, oder Sie schalten über die Ausgangsbox direkt einen Fensterantrieb, der die Lüftung umsetzt.

48.3.4 Der Test der Logikfunktion

Das Erstellen einer einfachen Logik ist hiermit schon fast erledigt, es fehlt lediglich noch der Test. Leider, und das steht auf meiner persönlichen Wunschliste für eine neue HomeServer-Version ganz oben, bietet der HS Experte keinerlei Simulationsmöglichkeit. Somit bleibt nur, den HomeServer nach jeder Änderung neu zu programmieren, was recht zeitaufwendig ist. Mildernd wirkt nur, dass Sie mit der Zeit immer sicherer im Umgang mit Logiken werden, weniger Fehler machen und den HS seltener neu programmieren müssen.

Ich möchte an dieser Stelle bereits zwei wertvolle Helfer nennen, denen Sie in den Abschnitten 48.9.2, »Interne Kommunikationsobjekte beobachten mit qHSMon«, und 48.9.3, »Statusausgaben im QuadClient«, noch detailliert begegnen werden: Wertanzeige bzw. Wetterstation und qHSMon. Beide helfen Ihnen, vor allem bei Problemen mit Logikfunktionen, den Durchblick zu behalten.

48.3.5 Wichtige Logikbausteine

Aus der großen Zahl an verfügbaren Logikbausteinen benötigen Sie ein paar immer wieder. Sehen Sie hierzu Tabelle 48.4:

Baustein	Einsatz
ODER, UND, XODER (Ordner: *Gatter*)	Werden für alle Arten von logischen Verknüpfungen benötigt, es stehen jeweils Gatter mit 2, 4 oder 8 Eingängen zur Verfügung.
ADDITION, DIVISION, MULTIPLIKATION, SUBTRAKTION (Ordner: *Math. Grundfunktionen*)	Werden benötigt, sobald gerechnet werden soll (Skalierung, Einheiten umrechnen usw.).
TEXT ZUSAMMENSETZEN (Ordner: *Text-Funktionen*)	Gut geeignet, um für eine Visualisierung den Wert mit einer Einheit zu verknüpfen (z. B. 5,6 m/s).

Tabelle 48.4 Übersicht: essenzielle Logikbausteine

Baustein	Einsatz
GLEICH, GRÖSSER (GLEICH), KLEINER (GLEICH), UNGLEICH (Ordner: *Vergleicher*)	Elementare Vergleichsfunktionen, können in gewisser Art mit if-Anweisungen klassischer Programmiersprachen verglichen werden.
Ein-/Ausschaltverzögerung (Ordner: *Verzögerung*)	Gut geeignet, um einen zeitlichen Ablauf zu entwerfen.
INTTOSTRING, STRINGTOFLOAT und Ähnliche (Ordner: *Wandler*)	Zahlen in Zeichenketten umwandeln und umgekehrt, oft wichtig für Visualisierungen.
RS-FLIPFLOP (Ordner: *Weitere Bausteine*)	Setzen und Rücksetzen eines Werts (siehe Abschnitt 6.2).
TREPPENHAUSLICHT-FUNKTION (Ordner: *Weitere Bausteine*)	Zur Ansteuerung eines Ausgangs mit zeitlicher Begrenzung.
WATCHDOG (Ordner: *Weitere Bausteine*)	Sinnvoll bei der Überwachung, ob bestimmte KNX-Telegramme innerhalb einer vorgegebenen Zeit empfangen werden können.
BETRIEBSSTUNDENZÄHLER (Ordner: *Zähler*)	Dient der Erfassung von Zeiten, z. B. der Brenndauer einer Beleuchtung (der Baustein ist sinnvollerweise remanent).
BINÄRAUSLÖSER	Oft unterschätzt, aber unerlässlich: Führt einen oder mehrere HS-Befehle aus, wenn ein neues Telegramm am Eingang eintrifft.

Tabelle 48.4 Übersicht: essenzielle Logikbausteine (Forts.)

48.3.6 Befehle für die Ausgangsbox

Die Ausgangsbox wird nicht nur dazu verwendet, ein internes oder externes KO auf einen bestimmten Wert (nämlich den an die Ausgangsbox herangeführten) zu setzen, sie kann zudem auch verschiedene sogenannte *Befehle* auslösen.

Wie das Setzen eines KO in der Ausgangsbox funktioniert, haben Sie bereits in Abschnitt 48.3.2, »Vorbereitungen zur ersten Logikfunktion«, kennengelernt. Einen Befehl fügen Sie nahezu in der gleichen Art und Weise hinzu. Klicken Sie wiederum auf das Plussymbol, selektieren Sie dann aber kein Kommunikationsobjekt, sondern fügen Sie einen neuen Befehl wie in Abbildung 48.15 hinzu.

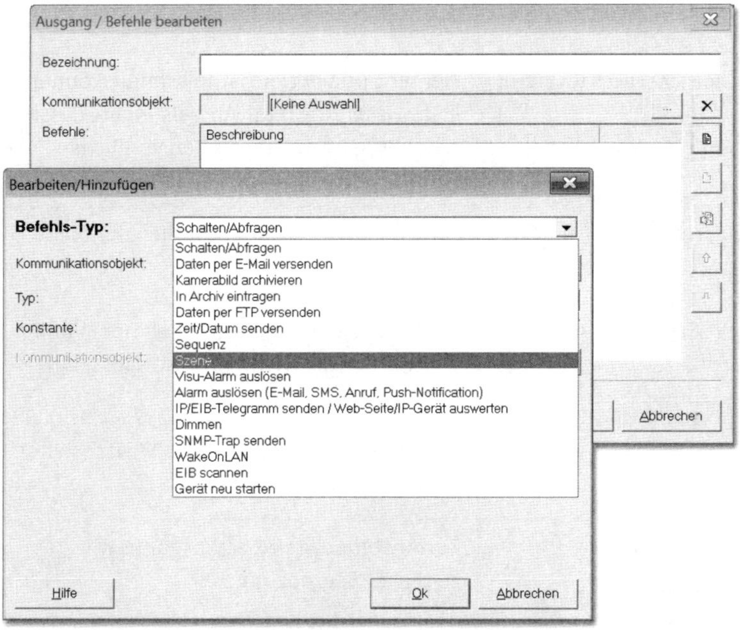

Abbildung 48.15 Auswahl des Befehlstyps für eine Ausgangsbox

Eine Ausgangsbox darf mehr als nur einen Befehl pro Ausgang beinhalten, ebenso auch selbst mehrere Ausgänge. Die folgende Abbildung 48.16 zeigt eine Ausgangsbox mit zwei Ausgängen, wovon der erste drei Befehle enthält. Diese drei Befehle werden vom HS immer dann abgearbeitet, wenn über den zugehörigen Ausgang ein Telegramm mit dem Wert ungleich null gesendet wird.

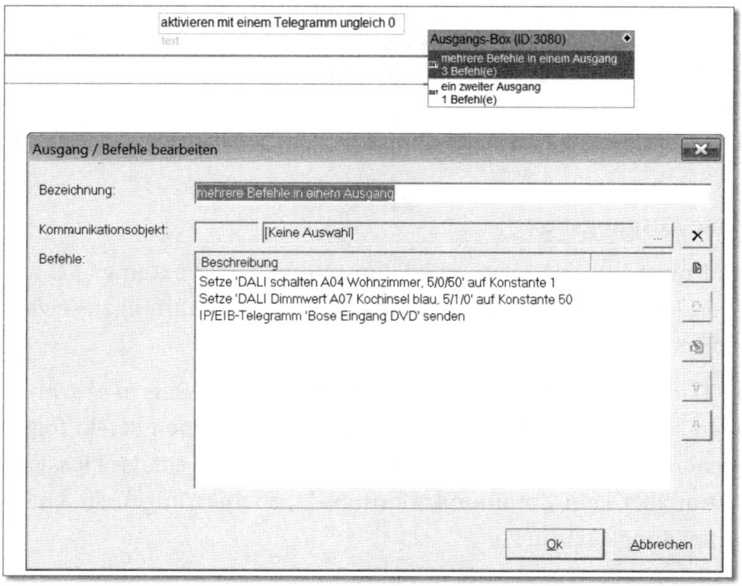

Abbildung 48.16 Ausgangsbox mit mehreren Befehlen und mehreren Ausgängen

48.3.7 Grundsätzliches zu HS-Logikfunktionen

Bei der Arbeit mit HomeServer-Logiken ist das Verständnis der Grundprinzipien, nach denen die Logikmaschine arbeitet, wichtig. Sehen wir uns ein paar Interna an.

Die Logik ist ereignisgesteuert

Der HomeServer als Logikmaschine arbeitet grundsätzlich *ereignisgesteuert* und *nicht zyklisch*. Das heißt, dass bei jedem Eintreffen eines Telegramms betroffene Logikbausteine neu berechnet werden. Das betrifft auch alle weiteren Bausteine, die durch diese Neuberechnung geänderte Eingangswerte sehen. Zeitgesteuerte Bausteine werden nach Ablauf der eingestellten Zeit neu berechnet. Während des Betriebs besitzt der HS ständig ein komplettes *Prozessabbild* des KNX-Bus (sowie der internen KOs), sodass das explizite Abfragen einzelner Gruppenadressen in der Regel nicht notwendig ist.

Die Anzahl der Ausgangstelegramme wird automatisch begrenzt

Da der HomeServer technisch gesehen so viele KNX-Telegramme quasi gleichzeitig senden könnte, dass der Bus überlastet wäre, besitzt er eine feste Maximalrate von 20 KNX-Telegrammen pro Sekunde. Voreingestellt ist die Obergrenze von sechs Telegrammen pro Sekunde, die Sie bei Bedarf in den Projekteinstellungen (STAMMDATEN • PROJEKT • EIB & IETS • TELEGRAMME/SEKUNDE) verändern können.

Bedeutung von wahr und falsch

In Logikfunktionen wird zwischen den Zuständen *wahr* und *falsch* unterschieden, die Bedeutung ist folgende:

- **Logisch falsch** entspricht einem Telegramm mit dem Wert *null*.
- **Logisch wahr** sind alle Telegramme mit einem Wert *ungleich null* (also auch negative Werte).

48.3.8 Noch mehr Möglichkeiten: Externe Logikbausteine und Funktionsvorlagen

Natürlich sind Sie nicht nur auf den Einsatz der bereits vorhandenen Logikbausteine angewiesen. Der HS Experte hält zwar viele Bausteine für Sie bereit, aber so manch kompliziertere Aufgabenstellung können Sie nur lösen, wenn Sie externe Bausteine importieren.

Eine kleine Auswahl an weiteren Logikbausteinen und Funktionsvorlagen

Das KNX-User-Forum.de stellt eine komplette Datenbank an kostenlos importierbaren Bausteinen bereit, von denen ich Ihnen in einer Übersicht in Tabelle 48.5 ein paar interessante herausgepickt habe. An dieser Stelle: herzlichen Dank an die Entwickler der

Bausteine. Die Downloads finden Sie unter *http://service.knx-user-forum.de/?comm=download*.

Nummer und Autor	Logikbaustein bzw. Funktionsvorlagen	Funktion
11721 Marc Naroska	Rollladensteuerung	komplette Steuerung einzelner Rollladen in Kombination mit: ▸ 11724 (Multi-Beschattung) ▸ 19820 (Sonnenstand) ▸ 11722 (Rollladen mit Positionierung)
11885 Alexander Kirpal	Alarmzentrale	kommerzieller Baustein für komplette Gebäudeüberwachung (siehe Abschnitt 58.1)
12122 Friedel Kehne	DTMF Anrufalarmierung	Anwahl einer Liste von Telefonnummern mit variabler Bestätigung im Fall einer Alarmierung
12242 Nils Stöver	Hostcheck	sendet zyklischen ICMP-Ping an beliebige IP-Adresse, um herauszufinden, ob das adressierte Gerät in Betrieb ist; ermittelt außerdem die Antwortzeit in ms
12263 Nils Stöver	Prowl	sendet Prowl-Nachrichten
12269 Nils Stöver	FritzBox-CallMon	verbindet sich mit einer FRITZ!Box und sendet die Gesprächsdaten im CALLINFO-Protokoll
12272 Nils Stöver	FritzControl (WLAN)	WLAN der FRITZ!Box ein-/ausschalten (und noch viel mehr mit der Version 0.8, Link: *http://knx-user-forum.de/forum/öffentlicher-bereich/knx-eib-forum/6763-wie-fritzbox-anrufliste-abfragen-mit-sessionid*)
12290 Tilo Kühn	Anzahl ungleich 0	zählt die Anzahl der Eingänge (max. 8), an denen ein Wert ungleich 0 anliegt; sehr praktisch z. B. für das Zählen der offenen Fenster einer Etage

Tabelle 48.5 Auswahl externer Logikbausteine und Funktionsvorlagen

Nummer und Autor	Logikbaustein bzw. Funktionsvorlagen	Funktion
12299 Holger Eckert	Squeeze	Squeezebox-Player können über den Baustein direkt gesteuert und deren Status kann vom HS empfangen werden, in Verbindung mit: ▸ 13310 (Squeeze_Player-Befehl) ▸ 13311 (Squeeze_Player-Status), beide von Klaus Muckelmann, ▸ 100357 (Template Steuerung) von Reinhard Socha
17579 Gaston Gloesener	Betriebsstundenzähler	komfortabler Betriebsstundenzähler, u. a. mit Reset, Sollwert und Flags-Eingang
19042 Holger Schwinghammer	Wind-Universalbaustein	Wandelt gemessene Windstärke in mehrere Einheiten um (Beaufort, Knoten, Text, m/s, km/h usw.).
19822 Matthias Schmidt	Jalousie Lamellennachführung	sehr interessanter Baustein für eine sonnenstandsgeführte Lamellennachführung in Kombination mit: ▸ 19820 (Sonnenstand pur) ▸ 19821 (Beschattung1)
100345 Matthias Scholl	Müllterminanzeige für den QC (Funktionsvorlage)	bis zu drei Mülltonnensymbole und ein Wochentag im QuadClient anzeigen, arbeitet mit externen Schaltlisten

Tabelle 48.5 Auswahl externer Logikbausteine und Funktionsvorlagen (Forts.)

Logikbausteine importieren

Im HS Experten importieren Sie einen externen Logikbaustein ganz einfach. Die heruntergeladene Datei ist meist vom Typ *.hslz*. Benennen Sie diese Datei in *.zip* um und öffnen Sie das Zip-Archiv. Darin befindet sich der Baustein selbst (*.hsl*) sowie eine oder mehrere Textdateien als Beschreibung. Die *.hsl*-Datei importieren Sie über das HS Experte-Menü LOGIKBAUSTEINE • IMPORTIEREN. Speichern Sie Ihr Projekt und öffnen Sie dann den GLE. Der neue Baustein sollte anschließend verwendbar sein. Wo er im Bausteinbaum einsortiert wird, ist oft der Beschreibung zu entnehmen, ansonsten hilft nur suchen.

Funktionsvorlagen importieren

Eine Funktionsvorlage ist ein vordefiniertes Bedienelement für den QuadClient, das Sie über einen oder mehrere Parameter an Ihre eigenen Bedürfnisse anpassen können. In oben stehender Tabelle finden Sie die Müllterminanzeige als Beispiel. Eine Funktionsvorlage laden Sie als *.hst*-Datei herunter, die Sie im Experten über das Menü QUADCLIENT • FUNKTIONSVORLAGEN IMPORTIEREN in Ihr Projekt aufnehmen können. Wenn Sie nach dem Import das nächste Mal im QuadConfig-Editor vorbeisehen, finden Sie die neue Vorlage bereits vor (die Müllterminanzeige wird z. B. in das Verzeichnis *Sonstige* einsortiert).

48.4 Webseiten abfragen und auswerten

Der HomeServer besitzt in Form der KOs und iKOs ständig die Kenntnis über den aktuellen Gesamtzustand Ihres Bussystems (das Prozessabbild). Wäre es jetzt nicht toll, wenn Sie jede Art von Information, die irgendwo in den Weiten des Internets vorhanden ist, ebenfalls für Ihre Gebäudesteuerung heranziehen könnten? Bestimmt ist das toll, ich gebe Ihnen auch Beispiele, warum:

- Verwendung von Wettervorhersagen
  - kein Aktivieren der Gartenbewässerung oder des Mähroboters, wenn Regen vorausgesagt ist
  - Einfluss auf die Steuerung Ihres Wärmeerzeugers
  - Visualisierung, ob die eben gewaschene Wäsche draußen aufgehängt werden soll oder nicht
  - Unwetterwarnung, Schließen der Fenster bei Pollenflugvorhersage
- Anzeige der aktuellen Benzinpreise und der billigsten Tankstelle im Umfeld
- Anzeige von Aktienkursen oder Indizes (dazu finden Sie auch ein Praxisbeispiel in Abschnitt 62.2, »Aktienkursabhängige Beleuchtungssteuerung«)
- Tausende weiterer sinnvoller und abgefahrener Anwendungsbeispiele

Auch wenn Sie die gewonnenen Informationen nicht zwangsweise in nachgeschalteten Logikfunktionen weiterverarbeiten müssen, so ist es in vielen Fällen dennoch praktisch, sie einfach nur über eine Visualisierung anzeigen zu lassen.

Eine *Webabfrage* (bzw. *Webseitenabfrage*) ist theoretisch in der Lage, jede Information, auf die Sie per HTTP zugreifen können (also über den Webbrowser), in Ihre Gebäudesteuerung zu holen. Dabei spielt es keine Rolle, ob die Webseite innerhalb Ihres Netzwerks abgelegt ist oder irgendwo da draußen. Die Webabfrage transferiert eine externe Information in ein internes Kommunikationsobjekt (iKO), das Sie mit dem HomeServer beliebig weiterverarbeiten können. Für das Erstellen und Einbinden einer Webabfrage sind mehrere Arbeitsschritte erforderlich:

48.4.1 Finden und analysieren Sie die Webseite

Zuallererst sollten Sie eine Webseite finden, die Ihre gewünschte Information enthält und dabei auch möglichst schlank und einfach aufgebaut ist. Suchen Sie in dieser Webseite nach einem fixen Schlüsseltext, der vor der gewünschten Information dargestellt wird (z. B. »heutige Temperatur:« oder »Kurs in EUR«, siehe Abbildung 48.17). Öffnen Sie nun die Webseite in der Source- bzw. Quellcodeansicht. Wie das funktioniert, hängt von Ihrem Browser ab. Beim Internet Explorer öffnen Sie die Quellcodeansicht beispielsweise mit ANSICHT • QUELLE (oder Strg + U). Suchen Sie im Quellcode nach Ihrem Schlüsseltext, er sollte am besten nur einmal auftauchen oder zumindest zuerst an der Stelle, die unmittelbar der gewünschten Information voransteht.

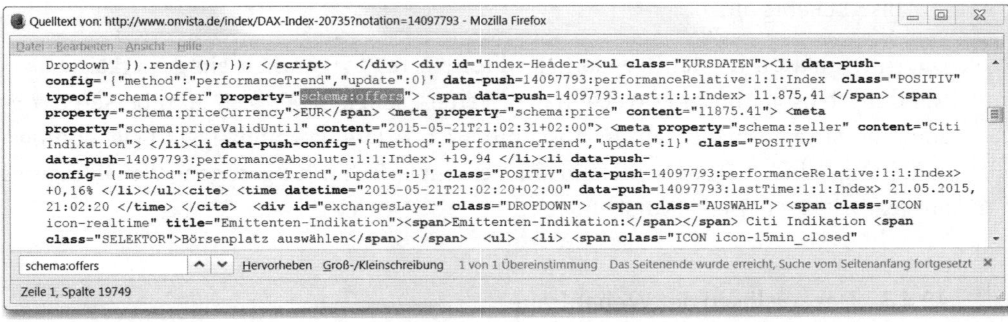

Abbildung 48.17 Schlüsseltext vor der eigentlich gesuchten Information (DAX-Punktestand)

Mit diesem Schlüsseltext steigen Sie in die etwas fummelige Erstellung der Abfrage ein.

48.4.2 Erstellen Sie die Abfrage

Die Dialogbox zu Erstellung der Abfrage öffnen Sie im HomeServer Experten mit KOMMUNIKATION • WEB-SEITEN/IP-GERÄTE. Vergeben Sie im ersten Register (DATEN) für Ihre Webabfrage eine beliebige BEZEICHNUNG, definieren Sie die URL (IP/HOST-ADRESSE), von der abgefragt werden soll, und den IP-PORT (normalerweise 80 bei HTTP-Abfragen). Im zweiten Register (SENDEN) nehmen Sie den Abfragestring in das Feld URL (NUR PFAD) auf.

Das eigentliche Zerpflücken der empfangenen Daten beginnt im dritten Register (EMPFANG). Das Grundprinzip dabei ist folgendes:

1. Fügen Sie einen ersten DATENBLOCK mit dem BLOCKTYP BELIEBIGE DATEN ein.
2. Lassen Sie über den ersten DATENBLOCK den von Ihnen ermittelten Schlüsseltext finden. Der BLOCKTYP ist demnach TEXT.
3. Geben Sie im nächsten DATENBLOCK vor, dass alle Zeichen bis zu der direkt vor der Nutzinformation stehenden Zeichenkette ignoriert werden sollen (BLOCKTYP = BELIEBIGE DATEN).

4. Lassen Sie jetzt die Zeichenkette unmittelbar vor der Information finden (BLOCKTYP = TEXT).
5. Lesen Sie im nächsten DATENBLOCK die gewünschte Information ein. Der BLOCKTYP ist diesmal WERT ALS KLARTEXT. In der BEARBEITEN/HINZUFÜGEN-Dialogbox geben Sie das K.-OBJEKT an, in dem die ermittelte Information abgelegt wird. Im Feld ZAHLENFORMAT bestimmen Sie noch das Format (z. B. #.###,#), in dem die Information im Quelltext vorliegt.
6. Geben Sie einem weiteren DATENBLOCK die Zeichenkette, die direkt nach der Nutzinformation enthalten ist, vor (BLOCKTYP = TEXT).
7. Für weitere Nutzinformationen (und damit weitere iKOs) wiederholen Sie die Schritte 2 bis 5 beliebig oft.

Die Hilfefunktion für den Webabfrageeditor (Taste F1) enthält ein gut erklärtes Anwendungsbeispiel für eine Webabfrage (Wetter), sehen Sie es sich zum besseren Verständnis bitte zusätzlich an. In Abschnitt 62.2, »Aktienkursabhängige Beleuchtungssteuerung«, finden Sie außerdem die hier exemplarisch herangezogene Webabfrage als ausgearbeitetes Beispiel (Kursabfrage).

48.4.3 Das Auslösen der Webabfrage

Nachdem Sie die Abfrage definiert und gespeichert haben, lassen Sie sie über den grafischen Logikeditor ausführen (Abbildung 48.18). Eine Möglichkeit zum zyklischen Ausführen der Abfrage ist z. B. der Logikbaustein TELEGRAMMGENERATOR aus der Kategorie *Weitere Bausteine*. Geben Sie ihm an Eingang E1 das Ausführungsintervall in Sekunden und an E2 eine 1, um den Logikblock zu aktivieren.

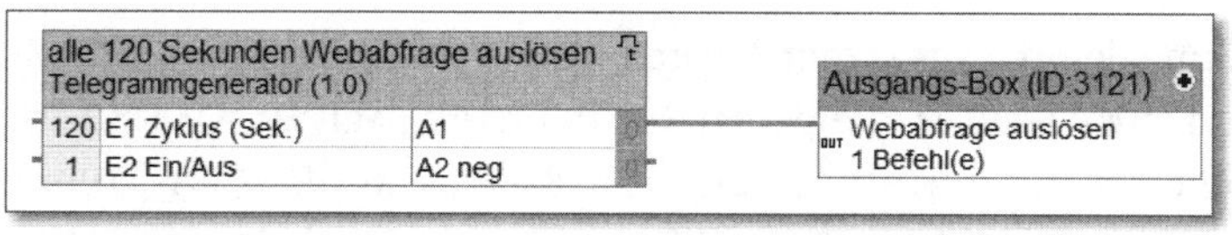

Abbildung 48.18 Auslösen der Abfrage mit Telegrammgenerator

Ausgang A1 ziehen Sie auf eine AUSGANGS-BOX, in der Sie einen Befehl anlegen. Der Befehlstyp ist: IP/EIB-TELEGRAMM SENDEN/WEB-SEITE/IP-GERÄT AUSWERTEN, der Modus dazu WEB-SEITE/IP-GERÄT AUSWERTEN.

Nach jedem Aufruf der Webabfrage finden Sie in den vorgesehenen iKOs die aktuell ermittelten Werte, die Sie direkt, z. B. in Logikfunktionen, weiterverarbeiten können oder einfach nur über die Visualisierung anzeigen lassen.

Wenn es nicht funktioniert

Wie Sie bestimmt bemerkt haben, ist speziell das Durchforsten der empfangenen Daten sehr mühselig und fehleranfällig. Schon eine kleine Unachtsamkeit oder ein Vertippen führt dazu, dass die Abfrage nicht die gewünschten Daten liefert. Gleiches gilt auch, wenn sich der Aufbau der angefragten Webseite ändert, genauer gesagt, Ihre gefundenen Schlüsselwörter oder Suchmuster. In diesem Fall ist leider Ihre Nacharbeit erforderlich.

Eine kleine Hilfestellung hat der HomeServer in Form seiner Debug-Seiten (siehe Abschnitt 48.9.1) eingebaut. Rufen Sie die Debug-Seite bitte einmal auf und navigieren Sie zum Bereich EVENT-BIDIR. Sie finden dort alle vom HomeServer angefragten Seiten und sehen die Daten, die gesendet und empfangen werden. Mit etwas Übung erkennen Sie über die Debug-Informationen den Grund für das Scheitern Ihrer Abfrage.

Event-BiDir

21.05.2015 21:27:15 (IP: www.onvista.de) (Port: 80)
(Send: 98) 0x47 0x45 0x54 0x20 0x2f 0x69 0x6e 0x64 0x65 0x78 0x2f 0x44 0x41 0x58 0x2d 0x49 0x6e 0x64 0x65 0x78 0x2d 0x32 0x30 0x37 0x33 0x35 0x3f 0x6e 0x6f 0x74 0x61 0x74 0x69 0x6f 0x6e 0x3d 0x31 0x34 0x30 0x39 0x37 0x37 0x39 0x33 0x20 0x48 0x54 0x54 0x50 0x2f 0x31 0x2e 0x30 0xd 0xa 0x48 0x6f 0x73 0x74 0x3a 0x20 0x77 0x77 0x77 0x2e 0x6f 0x6e 0x76 0x69 0x73 0x74 0x61 0x2e 0x64 0x65 0xd 0xa 0x43 0x6f 0x6e 0x6e 0x65 0x63 0x74 0x69 0x6f 0x6e 0x3a 0x20 0x43 0x6c 0x6f 0x73 0x65 0xd 0xa 0xd 0xa
GET /index/DAX-Index-20735?notation=14097793 HTTP/1.0 Host: www.onvista.de Connection: Close
(Recv: 79208) 0x48 0x54 0x54 0x50 0x2f 0x31 0x2e 0x31 0x20 0x32 0x30 0x30 0x20 0x4f 0x4b 0xd 0xa 0x53 0x65 0x72 0x76 0x65 0x72 0x3a 0x20 0x6e 0x67 0x69 0x6e 0x78 0xd 0xa 0x44 0x61 0x74 0x65 0x3a 0x20 0x54 0x68 0x75 0x2c 0x20 0x32 0x31 0x20 0x4d 0x61 0x79 0x20 0x32 0x30 0x31 0x35 0x20 0x31 0x39 0x3a 0x32 0x36 0x3a 0x32 0x37 0x20 0x47 0x4d 0x54 0xd 0xa 0x43 0x6f 0x6e 0x74 0x65 0x6e 0x74 0x2d 0x54 0x79 0x70 0x65 0x3a 0x20 0x74 0x65 0x78 0x74 0x2f 0x68 0x74 0x6d 0x6c 0x3b 0x20 0x63 0x68 0x61 0x72 0x73 0x65 0x74 0x3d 0x55 0x54 0x46 0x2d 0x38 0xd 0xa 0x43 0x6f 0x6e 0x6e 0x65 0x63 0x74 0x69 0x6f 0x6e 0x3a 0x20 0x63 0x6c 0x6f 0x73 0x65 0xd 0xa 0x56 0x61 0x72 0x79 0x3a 0x20 0x41 0x63 0x63 0x65 0x70 0x74 0x2d 0x45 0x6e 0x63 0x6f 0x64 0x69 0x6e 0x67 0xd 0xa 0x45 0x78 0x70 0x69 0x72 0x65 0x73 0x3a 0x20 0x54 0x68 0x75 0x2c 0x20 0x32 0x31 0x20 0x4d 0x61 0x79 0x20 0x32 0x30 0x31 0x35 0x20 0x31 0x39 0x3a 0x32 0x36 0x3a 0x33 0x34 0x20 0x47 0x4d 0x54 0xd 0xa 0x43 0x61 0x63 0x68 0x65 0x2d 0x43 0x6f 0x6e
HTTP/1.1 200 OK Server: nginx Date: Thu, 21 May 2015 19:26:27 GMT Content-Type: text/html; charset=UTF-8 Connection: close Vary: Accept-Encoding Expires: Thu, 21 May 2015 19:26:34 GMT Cache-Con
(Gesamt: 6) (Work: 6) (Typ: Liste) (OK: 1)

Abbildung 48.19 Die Debug-Ausgabe einer Webseitenabfrage

48.5 Der Programmiervorgang

Alles was Sie bisher im HomeServer Experten entwickelt und konfiguriert haben, ist bislang nur auf Ihrem Inbetriebnahmerechner gespeichert. Der HomeServer führt Ihre Automatisierung aber erst dann aus, wenn er *programmiert* wurde. Wie das funktioniert, sehen wir uns in diesem Abschnitt an.

Die Programmierung des HomeServers erfolgt selbstverständlich ebenfalls über den HS Experten. Der schnellste Weg in die Dialogbox PROJEKT ÜBERTRAGEN (so nennt sich die Programmierfunktion) führt über das Werkzeugleistensymbol ÜBERTRAGEN. Vorher führt der HS Experte eine Prüfung Ihres Projekts durch, die Sie jederzeit auch selbst starten können. In der Werkzeugleiste finden Sie sie unter dem Symbol PRÜFEN.

Nur ein syntaktisch korrektes Projekt lässt sich überhaupt auf den HomeServer übertragen. Die Prüffunktion zeigt Ihnen alle gefundenen Fehler im Register MELDUNGEN am unteren Bildschirmrand. Ein Doppelklick auf eine Fehlermeldung (Abbildung 48.20) führt Sie automatisch an die Stelle (z. B. im Logikeditor), an der der Fehler erkannt wurde.

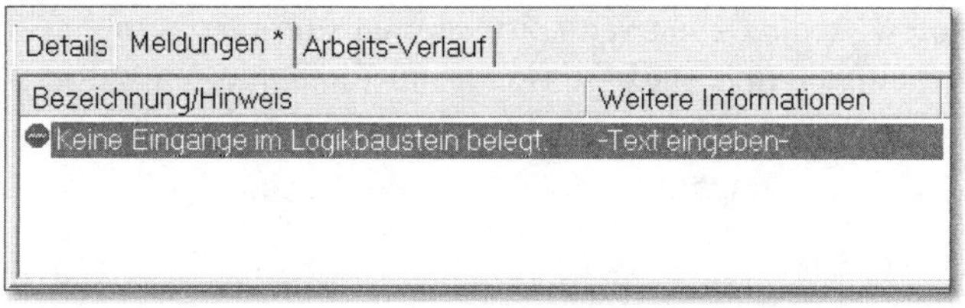

Abbildung 48.20 Fehlermeldung: Ein Doppelklick öffnet den Logikeditor.

Sind alle Fehler beseitigt, gelangen Sie zur Dialogbox PROJEKT ÜBERTRAGEN.

48.5.1 Auswahl des Programmiermediums

In der linken Fensterhälfte geben Sie vor, über welches physikalische Medium Ihr Projekt übertragen werden soll. Dabei haben Sie drei Möglichkeiten:

1. ÜBER NETZWERK: Die Standardmethode, sie lässt Ihnen die Wahl zwischen:
   - einem HS in Ihrem eigenen Netzwerk: LOKALE ADRESSE
   - FERNZUGRIFF: auf einen HS, der über eine statische IP-Adresse im Internet erreichbar ist (z. B. über *noip.com*); die Einstellung der statischen IP-Adresse finden Sie unter STAMMDATEN • PROJEKT • PROJEKTEINSTELLUNGEN
   - ANDERE ADRESSE: wie Fernzugriff, aber die Adresse wird direkt in diesem Feld angegeben; als Port wählen Sie in der Regel 80
   - ÜBER PORTAL ANSPRECHEN: Programmierung über das Internet unter Zuhilfenahme des Gira-Portals
2. ÜBER SERIELLE SCHNITTSTELLE: Ist nur während der Startphase des HS möglich und dient als letzte Möglichkeit, ein Projekt auf den HS zu übertragen.
3. IN DATEI SCHREIBEN: Die Ausgabe erfolgt nicht direkt an den HomeServer, sondern wird in eine Datei geleitet, die Sie später mit dem Zusatzprogramm *HS/FS Transfer* zur Programmierung des HS heranziehen können. HS/FS Transfer wird automatisch während des HS Experte-Setups im Unterverzeichnis *Tools* mitinstalliert. Vorteil dieser Methode: Bei der späteren Programmierung wird die HS Experte-Software nicht mehr benötigt.

Gehen wir im Folgenden davon aus, dass Sie für die Programmierung die Standardmethode (ÜBER NETZWERK, Abbildung 48.21) einsetzen. Als LOKALE ADRESSE wird die IP-Adresse des HomeServers in Ihrem Netzwerk angezeigt sowie, durch einen Doppelpunkt getrennt, der Port. Beide werden, wie in Abschnitt 48.1.3, »Die Grundeinstellungen für ein erstes Projekt«, beschrieben, über STAMMDATEN • PROJEKT • NETZWERK eingestellt.

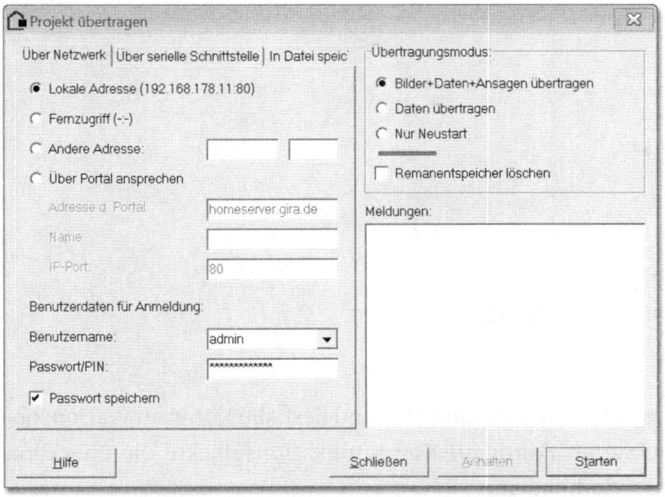

Abbildung 48.21 Programmierung des HomeServers über das lokale Netzwerk

Vor der Programmierung müssen Sie noch Ihren BENUTZERNAMEN wählen und das dazugehörige PASSWORT/PIN (Achtung: case-sensitiv) eingeben. Der Benutzer muss zur Programmierung Administratorrechte besitzen. Wie Sie einen Benutzer anlegen, erfahren Sie im Abschnitt zu den Grundeinstellungen (siehe Abschnitt 48.1.4, »Anlegen des Administrator-Accounts«).

48.5.2 Durchführen der Übertragung

Die Voreinstellungen sind damit erledigt, Sie wählen abschließend lediglich noch den ÜBERTRAGUNGSMODUS. Am sichersten fahren Sie mit BILDER+DATEN+ANSAGEN ÜBERTRAGEN. Die Option DATEN ÜBERTRAGEN können Sie immer dann wählen, wenn Sie sich sicher sind, keine Grafikdateien, Symbole, Designs oder Einstellungen im QuadConfig-Editor verändert zu haben. Mit der Option NEUSTART führen Sie lediglich einen Reset des HS durch, ohne Daten zu verändern.

Mit der Checkbox REMANENTSPEICHER LÖSCHEN veranlassen Sie die Löschung der nicht flüchtigen Daten (siehe Abschnitt 48.2.4, »Remanente Kommunikationsobjekte«). Falls Sie das nicht explizit wünschen, achten Sie bitte darauf, dass diese Checkbox nicht aktiviert ist.

Es ist so weit: Sie haben alles vorbereitet und können jetzt die Übertragung mit dem Button STARTEN beginnen. Nach Bestätigung einer Hinweismeldung beginnt die Übertragung und dauert über eine LAN-Verbindung und je nach Projektgröße ca. eine Minute oder mehr. Im Meldungsbereich der Dialogbox finden Sie ein kurzes Protokoll vor, wie das in Abbildung 48.22.

Abbildung 48.22 Die erfolgreiche Übertragung eines Projekts auf den HS

Der HomeServer startet daraufhin selbstständig neu und liest alle Kommunikationsobjekte vom KNX-Bus, für die Sie im Editor für Kommunikationsobjekte die Checkbox BEIM STARTEN ABFRAGEN aktiviert haben.

48.5.3 Sehen Sie dem Startvorgang zu

Die Leseanfragen des HomeServers können Sie prima mit dem ETS-Gruppenmonitor beobachten (Abbildung 48.23). Bei einem mittelgroßen Projekt verlängert sich der Startvorgang durch das Auslesen von vielen Aktor-Statuswerten übrigens schnell mal um weitere drei Minuten.

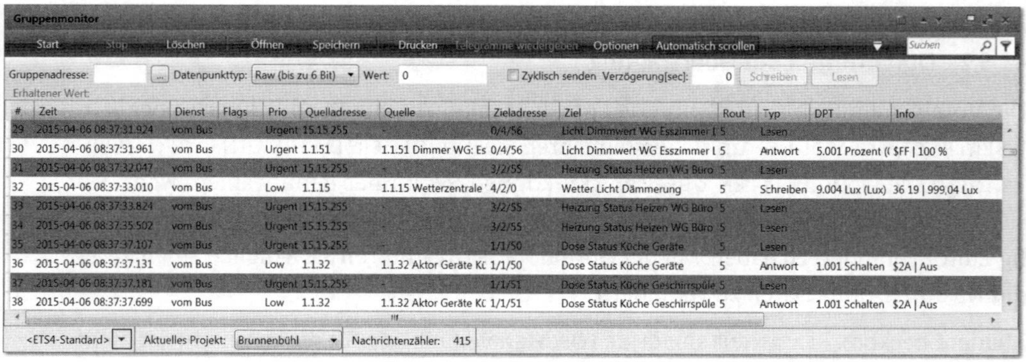

Abbildung 48.23 Gruppenmonitor-Aufzeichnung beim HS-Start

Die abgebildete Busaufzeichnung zeigt abwechselnd die Leseaufforderungen des HomeServers und das Antworttelegramm des angesprochenen Busteilnehmers. In diesem Log ist auch ein Fehler erkennbar. Sie sehen, dass der HS insgesamt dreimal versucht (Telegramm 31, 33 und 34), die Gruppenadresse 3/2/55 zu lesen, aber keine Antwort bekommt. Der Grund dafür lag bei diesem Aufbau daran, dass der adressierte Raumtemperaturregler tatsächlich nicht installiert war.

Gehen Sie diesen sogenannten *Scan-Fehlern* immer auf den Grund, sie können sowohl eine Fehlfunktion als auch eine falsche Programmierung bedeuten und verzögern den HomeServer-Start durch die Wiederholung der Anfragen deutlich. Als gutes Hilfsmittel erweist sich dafür einmal mehr die Debug-Seite, die Sie in Abschnitt 48.9.1 noch genauer kennenlernen werden. Ein Blick mit dem Browser auf die Sektion SCAN-FEHLER (Abbildung 48.24) verrät genau die problematische Gruppenadresse 3/2/55.

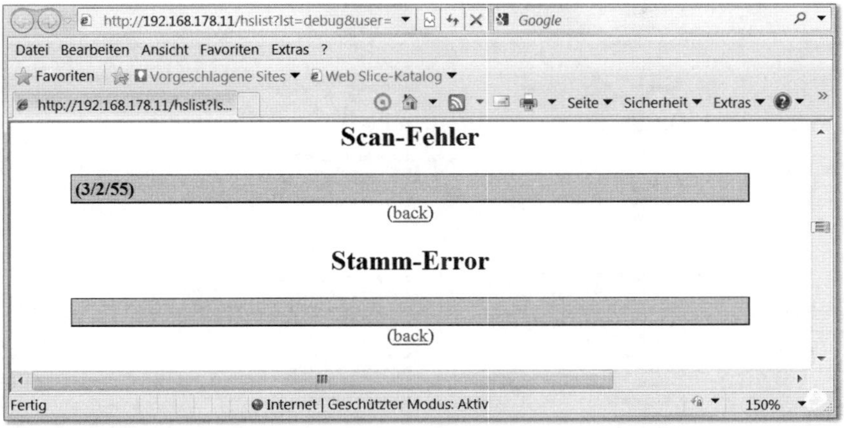

Abbildung 48.24 Scan-Fehler beim HomeServer-Start

48.6 Das QuadConfig-Programm

Der schnellste Weg, eine hübsche Visualisierung für den HomeServer zu erstellen, führt über das Programm *QuadConfig*, das Sie aus der HS Experte-Software über das Symbol QC CONFIG aus dem Register OBERFLÄCHE starten. Im QuadConfig-Tool angekommen, finden Sie jede Menge Arbeitsbereiche und Registerkarten vor, genug, um sich selbst dort zu verlieren. Dabei ist es gar nicht so kompliziert. Im Grunde besteht eine Quad-Visu aus einem rechten Teil mit zwei variablen Quadranten (mehr dazu im nächsten Abschnitt 48.7) und einer linken Hälfte, auf der Sie Ihr hierarchisches Bedienmenü aufbauen können. Dieses besteht aus mehreren Objekten des Typs MENÜ, die die oberste Bedienebene darstellen. Von da aus verweisen Sie entweder auf Untermenüs des Typs GEBÄUDESTRUKTUR oder des Typs GEWERKE. Abbildung 48.25 zeigt die Menüstruktur anhand einer Beispielumsetzung. Letztendlich endet jedes Untermenü in einer sogenannten FUNKTION.

Diese wiederum definiert, wie Sie in der folgenden Abbildung 48.26 sehen, die eigentliche Funktionalität und die SCHNITTSTELLEN (KOs oder iKOs), über die sie kommuniziert. Jede Funktion leiten Sie aus einer FUNKTIONSVORLAGE ab, von denen es reichlich gibt. Angefangen bei Schaltern über Taster, Regler und diverse Anzeigen bis hin zu komplexen Color-Pickern stehen jede Menge vordefinierte Funktionsvorlagen bereit. Sie können eingesetzte Funktionsvorlagen über diverse OPTIONEN und PARAMETER (siehe Screenshot) an Ihre Vorstellungen anpassen.

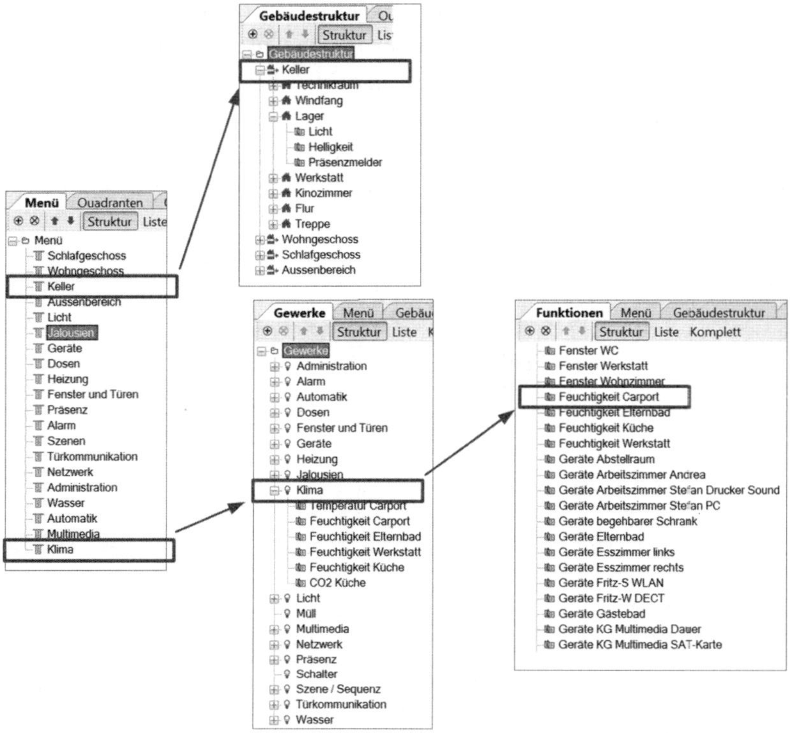

Abbildung 48.25 Aus dem Menü verweisen Sie auf Gewerke oder eine Gebäudestruktur oder beides.

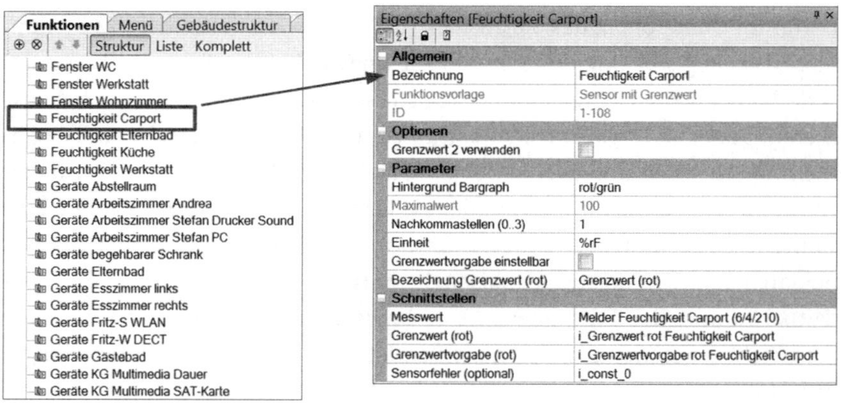

Abbildung 48.26 Eine Funktion basiert auf einer Funktionsvorlage.

Haben Sie eine Reihe an Menüs und sich dahinter verbergende Funktionen im QuadConfig-Editor definiert, programmieren Sie Ihren HomeServer damit (siehe Abschnitt 48.5, »Der Programmiervorgang«) und freuen sich über das Ergebnis im QuadClient. Die Anordnung der Bedienelemente finden Sie so vor, wie Sie sie im Editor definiert haben (siehe Abbildung 48.27).

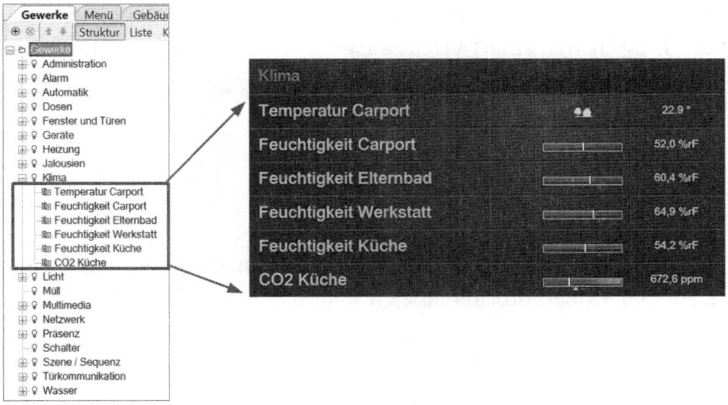

Abbildung 48.27 Gewerkestruktur und deren Darstellung im QuadClient

48.7 Die Plug-ins der Quad-Visu

Die sogenannten *Quadranten* – die namensgebende Funktionalität der Quad-Visu – sind Teilbereiche der Visualisierungsoberfläche, die unterschiedliche Informationen darstellen können. Die beiden linken Quadranten werden dabei von der Menüdarstellung belegt, den beiden rechten Quadranten kann der Benutzer verschiedene Visu-Elemente zuordnen. In der HomeServer-Sprache werden diese Visu-Elemente *Plug-ins* genannt. Der rechte obere und der rechte untere Quadrant können je ein Plug-in gleichzeitig darstellen. Welche Plug-ins darstellbar sind, wird im QuadConfig-Editor bestimmt. Dort findet auch die Konfiguration und Interface-Beschaltung der Plug-ins statt. Ist mehr als ein Plug-in für einen Quadranten definiert, lässt sich über den QuadClient auswählen, welches Plug-in aktuell dargestellt werden soll.

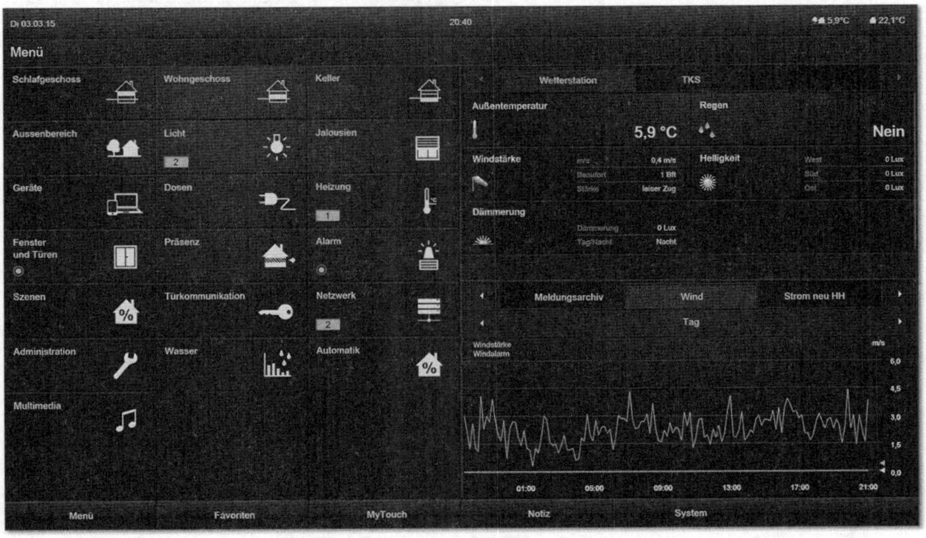

Abbildung 48.28 Zwei Plug-ins (Wetterstation und Diagramm), dargestellt in der Quad-Visu

In Abbildung 48.28 erkennen Sie die Menüstruktur, die die beiden linken Quadranten fix belegt. Rechts oben ist das Plug-in WETTERSTATION ausgewählt, rechts unten finden Sie eine Instanz des Plug-ins DIAGRAMM mit der gemessenen Windstärke über die letzten 24 Stunden.

48.7.1 Welche Plug-ins werden unterstützt?

Der QuadConfig-Editor unterstützt eine Vielzahl an Plug-ins für die rechten beiden Quadranten der Quad-Visu. Die nachfolgende Tabelle 48.6 zeigt die wichtigsten. Weitere interessante Plug-ins finden Sie übrigens im Download-Bereich des KNX-User-Forums, wie in Abschnitt 48.3.8, »Noch mehr Möglichkeiten: Externe Logikbausteine und Funktionsvorlagen« beschrieben ist.

Plug-in	Beschreibung
Audioarchiv	Navigiert durch das Musikarchiv und ruft das Mediaplayer-Plug-in auf.
Audioplayer	Spielt die Musik aus dem Audioarchiv (siehe oben) ab (benötigt den Windows Media Player).
Browser	Zeigt HomeServer-interne oder externe Webseiten an (benötigt den Internet Explorer).
Diagramm	Stellt Diagramme mit Daten aus den HS-Archiven dar.
Email-Client	Zeigt den Inhalt eines E-Mail-Kontos.
Energie-Ampel	Stellt symbolisch (Ampel) den Energieverbrauch im Vergleich zur Vorperiode dar (benötigt Energie-Graph).
Energie-Graph	Präsentiert den Energieverbrauch grafisch.
Kameraarchiv	Stellt ein Kameraarchiv des HS dar.
Kameras	Darstellung von Kamerabildern (abrufbar über URL).
Meldungsarchive	Abruf gespeicherter Meldungen in Listenform.
RSS Feed Reader	Zeigt Meldungen vom Typ RSS.
TKS-Plug-in	Erlaubt die Benutzung des QuadClients als Wohnungsstation für das Gira-Türkommunikationssystem (TKS).
UPnP-ControlPoint/Media-Renderer	Der QuadClient übernimmt die Funktion eines UPnP Control Point/Media Renderer (siehe Abschnitt 13.3).

Tabelle 48.6 Die unterschiedlichen Plug-in-Typen (Experte-Version 4.2)

Plug-in	Beschreibung
UPnP-ControlPoint/Media-Server	Der QuadClient übernimmt die Funktion eines UPnP Control Point/Media Servers (siehe Abschnitt 13.3).
Wertanzeige/Wetterstation	Universelle Anzeigefunktion für mehrere Werte (nicht nur für Wetterdaten geeignet).
Wetterprognose	Ruft Daten des Wetterdiensts für die nächsten drei Tage ab, Registrierung auf *www.homeserver.gira.de* erforderlich.

Tabelle 48.6 Die unterschiedlichen Plug-in-Typen (Experte-Version 4.2) (Forts.)

Sie finden in den folgenden Abschnitten einige dieser Plug-ins im praktischen Anwendungsfall detailliert beschrieben.

48.7.2 Binden Sie weitere Webseiten mit dem Browser-Plug-in ein

Das *Browser-Plug-in* lässt Sie sehr einfach eine (externe) Webseite innerhalb eines Quadranten einblenden. Die Konfiguration (Abbildung 48.29) ist schnell erledigt, Sie müssen nur darauf achten, im Feld STARTSEITE [URL] die komplette URL inklusive http-Präfix anzugeben:

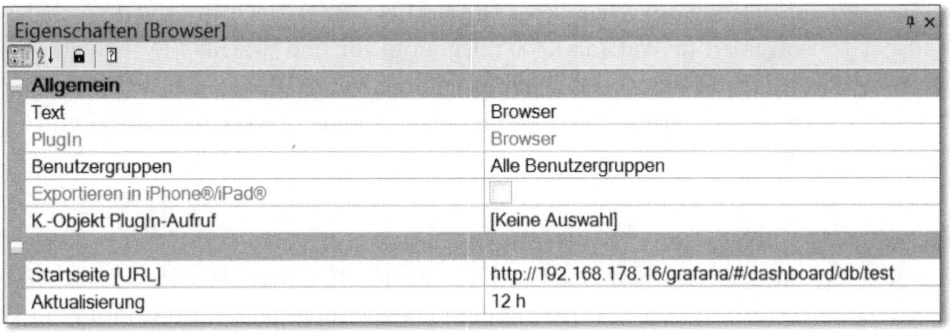

Abbildung 48.29 Konfiguration des Browser-Plug-ins

Das Plug-in arbeitet entsprechend dem aktuell installierten Internet Explorer, halten Sie diesen daher am besten auf dem neuesten Stand. Die HTTP-Seiten dürfen sowohl auf dem HomeServer selbst liegen (z. B. Teile der Männer-Visu) als auch extern gespeichert sein, wie hier in Abbildung 48.30 ein Grafana-Server:

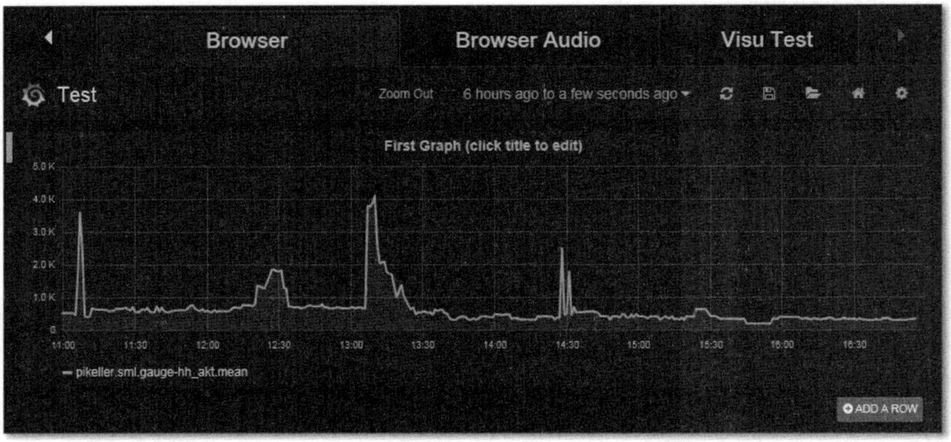

Abbildung 48.30 Browser-Plug-in zur Darstellung einer externen Webseite

48.7.3 Messwerte darstellen mit dem Diagramm-Plug-in

Die Einrichtung eines *Energiegraphen* für die Quad-Visu setzt sich aus mehreren Schritten zusammen. In einem Beispiel möchte ich Ihnen die Vorgehensweise bei der Erfassung und grafischen Ausgabe der aktuellen Verbrauchsdaten eines Stromzählers erläutern. Sie können diesen Anwendungsfall für alle anderen Arten von Messwerten, die sich über die Zeit auftragen lassen, umlegen (Außentemperatur, Luftfeuchtigkeit, Vorlauftemperatur der Heizung usw.). Für dieses Beispiel liegt der aktuelle Stromverbrauch des Haushaltsstromzählers (in Watt) als KNX-Telegramm vor, und zwar als 4-Byte-Gleitkommawert. Wie Sie einen Stromverbrauch messen und in ein KNX-Telegramm packen, erfahren Sie im Smart-Metering-Praxisbeispiel (siehe Kapitel 61, »Die Möglichkeiten von Smart Metering«).

Anlegen der Archive

Der erste Arbeitsgang besteht darin, dass Sie insgesamt fünf Archive anlegen. Wenn Sie selbst schon versucht haben, Archive mit der richtigen Ringspeichergröße und Zykluszeit anzulegen, werden Sie mir vermutlich recht geben, dass dieses Vorhaben nicht gerade intuitiv ist. Das Diagramm-Plug-in ist extrem wählerisch, wenn es um den korrekten Aufbau der Archive geht. Um Sie davor zu bewahren, eine Unmenge an Zeit mit dem Ausloten der passenden Parameter zu verlieren, finden Sie in folgender Tabelle 48.7 ein frustfreies Setup:

Archiv	Ringspeicher	Zyklus (in Min.)
Zähler Stunde	60	1
Zähler Tag	144	10

Tabelle 48.7 Die fünf Archive für das Diagramm-Plug-in

Archiv	Ringspeicher	Zyklus (in Min.)
Zähler Woche	224	45
Zähler Monat	224	180
Zähler Jahr	224	2160

Tabelle 48.7 Die fünf Archive für das Diagramm-Plug-in (Forts.)

Die insgesamt fünf Archive legen Sie über die Dialogbox ARCHIVE UND LISTEN • ARCHIVE (im HS Experten) an. Zu jedem Archiv übernehmen Sie die Werte der Felder RINGSPEICHER und ZYKLUS (IN MIN.) aus oben stehender Tabelle. Als TOTZEIT können Sie den Default-Wert (0) belassen. Die SPALTEN zu jedem Archiv füllen Sie mit den Gruppenadressen der Werte, die Sie aufzeichnen möchten. Im Beispiel in Abbildung 48.31 sind das zwei aktuelle Verbrauchswerte (in Watt) von zwei Stromzählern im vorzeichenbehafteten 32-Bit-Format.

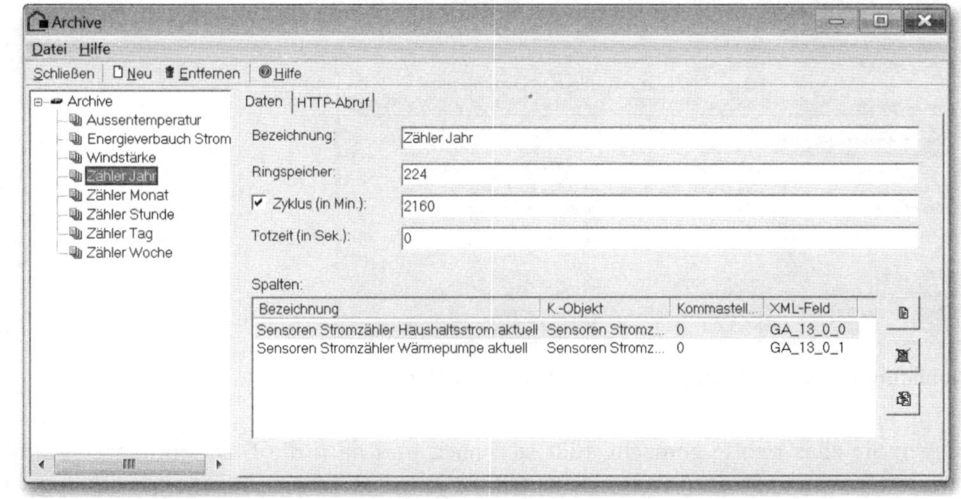

Abbildung 48.31 Anlegen der Archive für das Diagramm-Plug-in

Die Konfiguration des Diagramm-Plug-ins

Haben Sie alle Archive angelegt, öffnen Sie bitte den QuadConfig-Editor und fügen ein neues Plug-in vom Typ DIAGRAMM in Ihre Konfiguration ein. Setzen Sie im EIGENSCHAFTEN-Fenster die RELOAD-Zeiten auf 5, 10, 60, 120, 120 Minuten für Stunde, Tag, Woche, Monat und Jahr. Als UNTERELEMENT legen Sie am besten genau eines an (hier: HAUSHALT), setzen im Feld WERT das Kommunikationsobjekt ein, das den aktuellen Verbrauch (in Abbildung 48.32: SENSOREN STROMZÄHLER HAUSHALTSSTROM AKTUELL) enthält, und wählen im Bereich ARCHIVDATEN für jedes der fünf Archive das zugehörige aus.

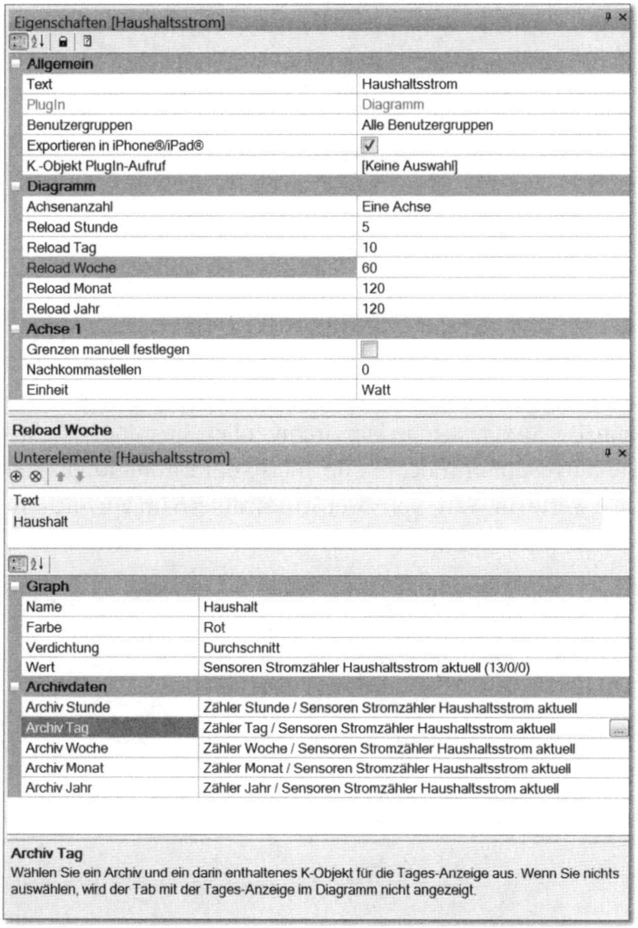

Abbildung 48.32 Die Konfiguration des Diagramm-Plug-ins

Haben Sie alles richtig gemacht, füllt sich nach und nach die Diagrammanzeige im QuadClient (Abbildung 48.33). Seien Sie jedoch geduldig, bedingt durch die großen Zykluszeiten und die Reload-Werte passiert augenscheinlich lange nichts.

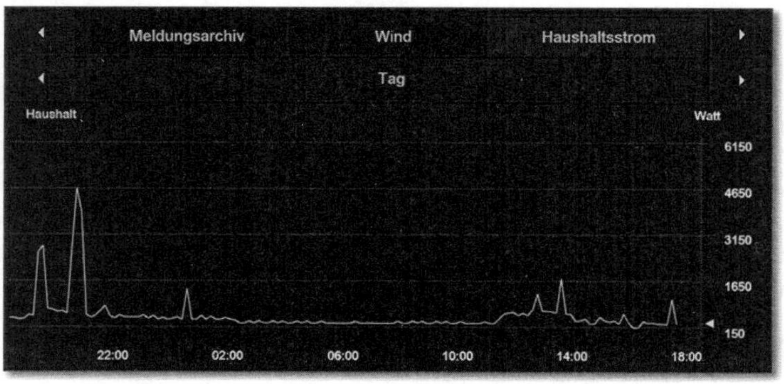

Abbildung 48.33 Diagramm-Plug-in: der Tages-Chart für den Stromverbrauch

48.7.4 Anwendungsbeispiel Energie-Graph und Energie-Ampel

Der Energie-Graph und die Energie-Ampel arbeiten eng zusammen. Der *Energie-Graph* zeigt den zeitlichen Verlauf Ihres Energieverbrauchs bei Gas, Wasser und Strom, berücksichtigt dabei bereits geleistete Vorauszahlungen und stellt zusätzlich eine Verbrauchsprognose für das Gesamtjahr grafisch dar. Die *Energie-Ampel* kann nur in Verbindung mit dem Energie-Graphen eingesetzt werden, sie basiert auf denselben Daten. Die Ampel zeigt Ihnen auf einen Blick, wie der Vergleich des Verbrauchs bezogen auf das Vorjahr ausfällt. Ein niedrigerer Verbrauch wird grün dargestellt, ein höherer dagegen rot.

Die Konfiguration der Energie-Plug-ins beginnt damit, dass Sie ein Archiv für die Messwerte anlegen (Abbildung 48.34). Bleiben wir bei dem Beispiel Haushaltsstrom aus dem vorherigen Abschnitt 48.7.3. Das neue Archiv bekommt als abzulegende Daten diesmal aber den *absoluten* Zählerstand des Haushaltsstromzählers (und gegebenenfalls weiterer). Die Größe des Archivs (Ringspeicher) muss so gewählt werden, dass er die Daten von zwei Jahren abbilden kann (732 Tage). Abgelegt wird der Zählerstand einmal pro Tag, was einer Zykluszeit von 1.440 Minuten entspricht.

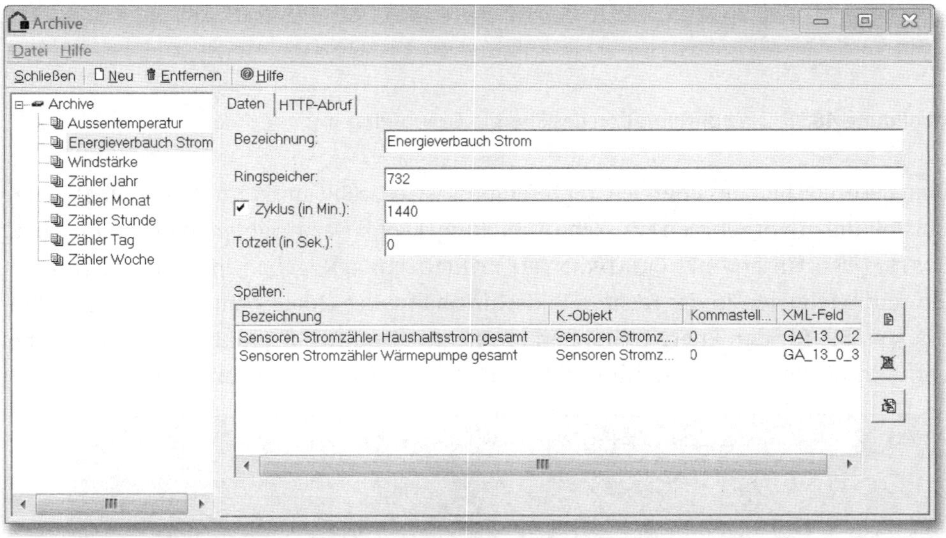

Abbildung 48.34 Anlegen des Archivs für das Energie-Graph-Plug-in

Das fertig angelegte Archiv binden Sie im nächsten Schritt direkt in ein neu angelegtes Plug-in vom Typ ENERGIE-GRAPH ein (Abbildung 48.35). Als Art der zu präsentierenden Daten sind Sie leider auf die drei fixen Vorgaben Gas, Wasser und Strom beschränkt. Wählen Sie an dieser Stelle also STROM aus und füllen Sie das Feld ARCHIV mit Archivname und Messwert für den Gesamtverbrauch.

Die Energie-Ampel ist noch einfacher zu konfigurieren. Ihr müssen Sie lediglich die Energieart verraten, wobei Sie auch hier nur aus den drei Alternativen Gas, Wasser und Strom wählen können.

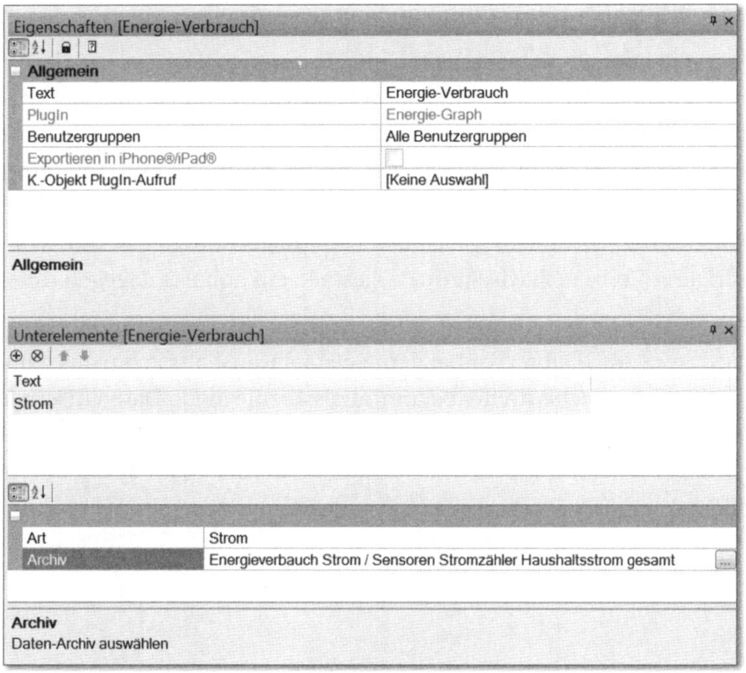

Abbildung 48.35 Die Konfiguration des Energie-Graph-Plug-ins

Eine Besonderheit des Energie-Graph-Plug-ins ist, dass Sie direkt im QuadClient weitere Einstellungen vornehmen müssen (Abbildung 48.36). Dazu wählen Sie bitte im Menü SYSTEM den Unterpunkt QUADRANTEN KONFIGURIEREN, geben Ihr Admin-Kennwort ein und navigieren in der rechten Bildschirmhälfte des QuadClients auf den Quadranten, den Sie für den Energie-Graphen angelegt haben. Das Schraubenschlüsselsymbol verrät Ihnen bereits, dass für dieses Plug-in erweiterte Einstellungen möglich sind.

Abbildung 48.36 Die Konfiguration des Energie-Graphen im QuadClient

Klicken Sie auf den Schraubenschlüssel und geben Sie dem Plug-in die für die grafische Ausgabe und die Prognose notwendigen Daten: Beginn der Auswertung, Grundpreis und Preis pro Einheit sowie Mehrwertsteuer. Übernommen werden die Daten nach Bestätigung mit OK und Anwahl der Menüfunktion QUADRANTENKONFIGURATION BEENDEN.

Das Ergebnis Ihrer Arbeit können Sie nach der Neuprogrammierung des HomeServers leider nicht vollständig begutachten, es dauert mehrere Tage bzw. Monate, bis Sie aussagekräftige Daten in den Graphen (Abbildung 48.37) erhalten.

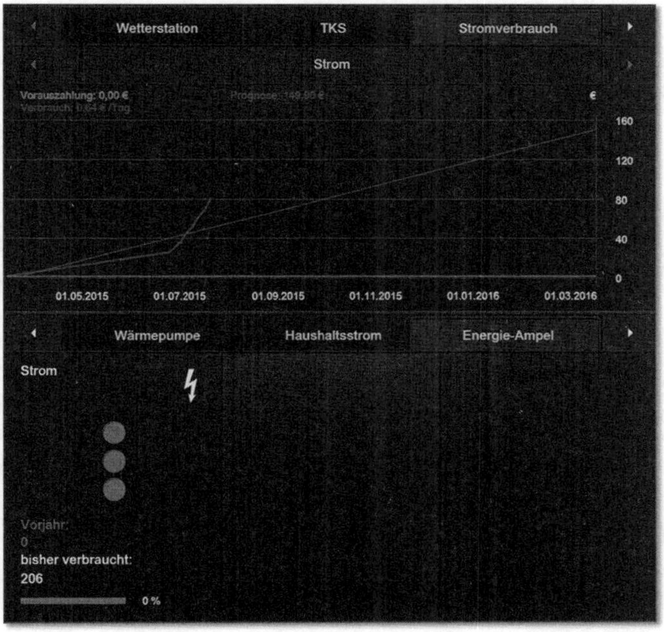

Abbildung 48.37 Die beiden Energie-Plug-ins

48.7.5 Protokollieren Sie mit dem Meldungsarchiv

Ein Plug-in vom Typ MELDUNGSARCHIV erlaubt Ihnen die listenförmige Darstellung gespeicherter Meldungen aller Art. Die Meldungen stammen dabei aus den HS-Meldungsarchiven. Um in einem Quadranten ein Meldungsarchiv-Plug-in darstellen zu können, benötigen Sie folglich zuerst ein Archiv als Datengrundlage (Abbildung 48.38). Aus dem HomeServer Experte-Menü wählen Sie zur Erzeugung den Menüpunkt ARCHIVE UND LISTEN • MELDUNGSARCHIVE.

Nehmen wir für ein Beispiel an, Sie möchten gern das Auftreten der von Ihrer Wetterstation erzeugten Windalarme protokollieren. Ein erster Archiveintrag soll immer dann erfolgen, wenn der Alarm auslöst, und ein weiterer, wenn der Alarm wieder deaktiviert ist. Legen Sie also ein Archiv mit dem Namen »Meldungen« an und definieren Sie zwei mögliche Einträge dafür: »Windalarm aktiv« und »Windalarm deaktiviert«.

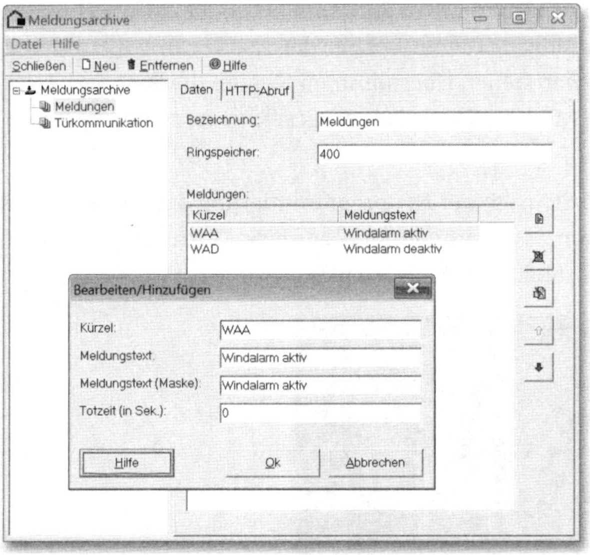

Abbildung 48.38 Anlegen eines Meldungsarchivs für Windalarme

Die KÜRZEL können Sie frei vergeben, es muss aber über alle Archive eindeutig sein. Der MELDUNGSTEXT erscheint später im QuadClient in der Listenansicht des Meldungsarchivs und im Pop-up-Fenster, das sich bei einem Klick auf einen Eintrag öffnet.

Im QuadConfig-Editor legen Sie jetzt für einen Quadranten ein neues Plug-in vom Typ MELDUNGSARCHIVE an und für dieses ein erstes UNTERELEMENT mit dem Namen »Meldungen« (Abbildung 48.39). Als Attribute geben Sie den Namen des MELDUNGSARCHIVS vor (MELDUNGEN) und die Farbe der ICONS für die Listendarstellung (GELB).

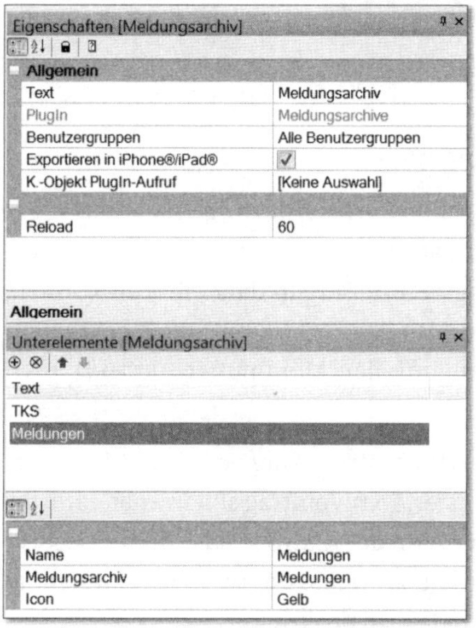

Abbildung 48.39 Die Konfiguration des Meldungsarchiv-Plug-ins

Ihr Meldungsarchiv würde im QuadClient jetzt schon richtig dargestellt werden, jedoch besitzt es noch keinen Inhalt. Sorgen Sie im letzten Schritt mit einer kleinen Logik (Abbildung 48.40) dafür, dass die Windalarmmeldungen der Wetterstation im Archiv gespeichert werden. Die Logik besteht aus einem Flankendetektor, an dessen Eingang Sie die Gruppenadresse für den Windalarm verbinden (hier: Wetter Schwellwert Wind). Im Fall einer steigenden Flanke ist der Windalarm aktiv und löst über die Ausgangsbox den Befehl IN ARCHIV EINTRAGEN aus. Welcher Text in das Archiv geschrieben wird, definieren Sie über das ZIEL-ARCHIV (MELDUNGEN) und das Kürzel (WAA = Windalarm aktiv).

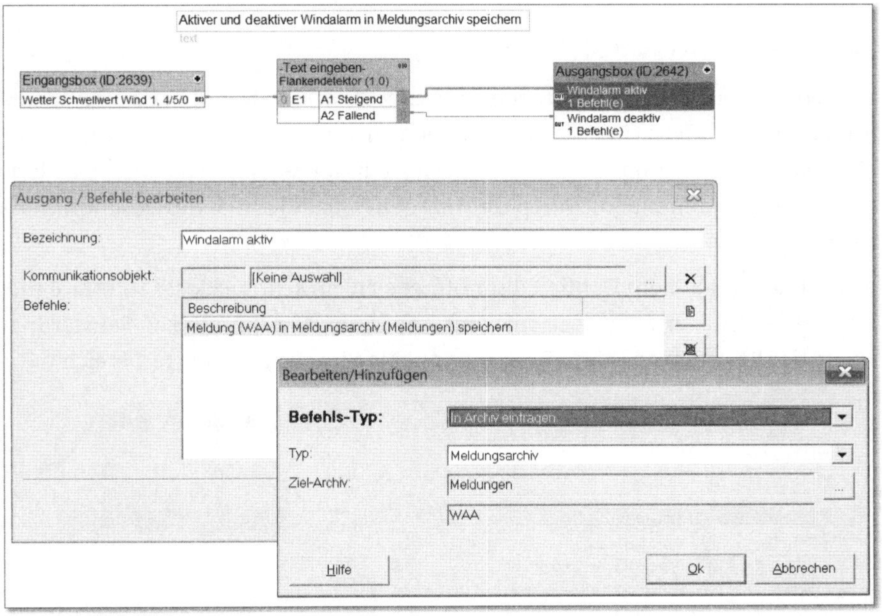

Abbildung 48.40 Die Logik für die Protokollierung im Meldungsarchiv

Für die fallende Flanke des Flankendetektors gehen Sie analog vor, mit dem einzigen Unterschied, dass Sie als Kürzel des Zielarchivs WAD (= Windalarm deaktiviert) vorgeben.

Nach der Neuprogrammierung des HomeServers können Sie Ihr Werk bereits im QuadClient bewundern (Abbildung 48.41), vorausgesetzt, Ihre Wetterstation hat bereits den einen oder anderen Windalarm erzeugt:

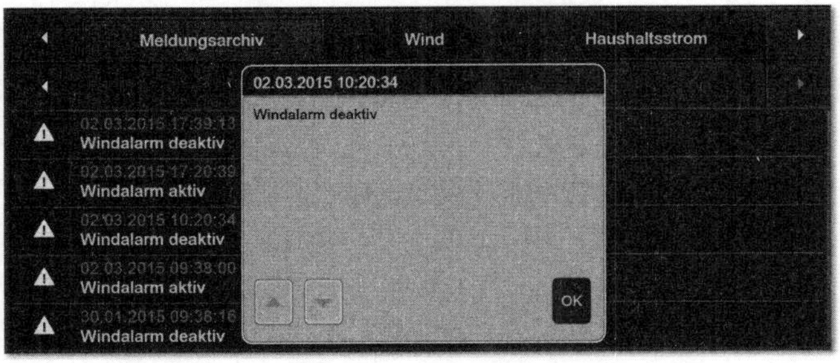

Abbildung 48.41 Das Meldungsarchiv in Aktion

48.8 Der QuadClient

Den *QuadClient*, wie Gira die Interface-Software nennt, um auf die Quad-Visu des HomeServers zugreifen zu können, können Sie sich wie eine Art Browser vorstellen, den Sie auf dem Visualisierungs-PC installieren. Das aktuell (Version 4.2) nur für Windows erhältliche Programm ist Bestandteil des HomeServer-Softwarepakets und besteht aus einem Konfigurationstool (QuadClient Config Editor) und der Anzeigesoftware (QuadClient) selbst.

48.8.1 Richten Sie den QuadClient ein

Vor der ersten Verwendung des QuadClients müssen Sie dessen Konfigurationstool einmal starten und die für Ihre Umgebung passenden Einstellungen vornehmen. Das Tool nennt sich QuadClient Config Editor und wird im Windows-Startverzeichnis platziert, nachdem Sie das QuadClient-Softwarepaket mit dem QuadClient-Setup-Programm installiert haben.

Mit dem Start des QuadClient Config Editor öffnet sich ein schmuckloses Interface mit insgesamt sieben Registern (siehe beispielhaft Abbildung 48.42) im linken Fensterdrittel. Zu jedem der Register gehört ein Einstellungsdialog im rechten Fensterbereich.

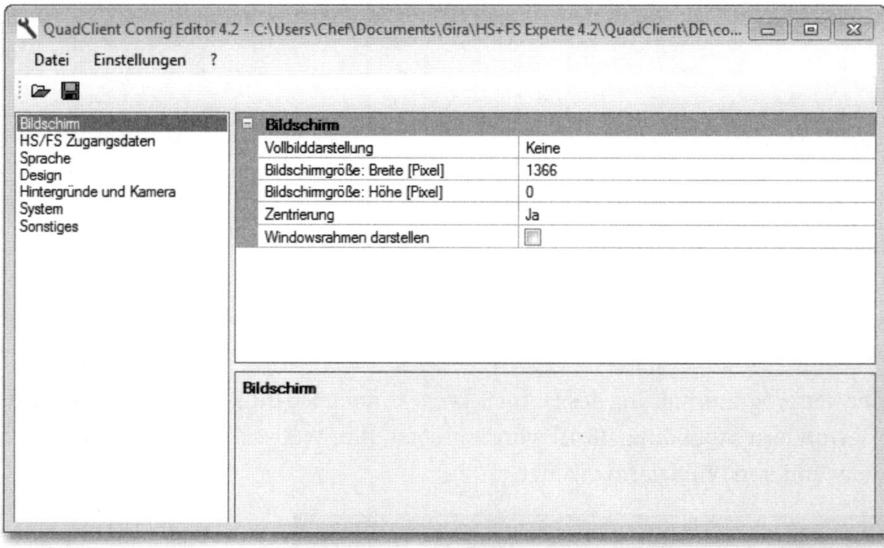

Abbildung 48.42 Der QuadClient Config Editor (Register Bildschirm)

Um ein funktionierendes Setup des QuadClients zu erhalten, gehen Sie am besten vor, wie in folgender Tabelle 48.8 zusammengefasst:

Register	Parameter	Wert
Bildschirm	Vollbilddarstellung	Wählen Sie KEINE, wenn Sie den Quad-Client auf einem Arbeitsplatz-PC starten möchten, und VOLLBILDDARSTELLUNG IM SEITENVERHÄLTNIS, wenn der QuadClient auf z. B. einem Touchpanel arbeiten soll.
	Bildschirmgröße: Breite	Die Auflösung in x-Richtung (z. B. 1366), passend zum Design, siehe Register DESIGN.
	Bildschirmgröße: Höhe	Wählen Sie den Wert 0, um die y-Auflösung im richtigen Seitenverhältnis zur x-Auflösung zu setzen.
	Zentrierung	Ja.
	Windowsrahmen darstellen	Nein (für eine bessere Optik).
HS/FS Zugangsdaten	HS/FS IP-Adresse	Die IP-Adresse Ihres HomeServers, muss der Einstellung PROJEKT • NETZWERK • EIGENE IP im HS Experten entsprechen.
	HS/FS Port	Port, auf dem der Webserver des HS erreichbar ist (Default: 80), muss der Einstellung PROJEKT • NETZWERK • IP-PORT im HS Experten entsprechen.
	Benutzername	Zugangsdaten für den QuadClient-Benutzer, entsprechend der HS Experte-Einstellung in der BENUTZER-Dialogbox.
	Password	
Sprache	Sprache/Land	Deutsch (Deutschland).
	Tastatur-Layout 1	Deutsch – Deutsch (de).
	Tastatur-Layout 2	English – English (en).
Design	Designschlüssel	Design 4 – 1366*768 – 4 Quadranten Muss im QuadConfig-Editor freigegeben sein (ALLGEMEINES • DESIGN).

Tabelle 48.8 Konfigurationsparameter im QuadClient Config Editor

Register	Parameter	Wert
Hintergründe und Kamera	Skalierung der Hintergrundgrafiken	1
	Grafik Verzeichnis	pic
	Skalierung der Kamerabilder	1
System	System-Aufruf	Ja.
	Beenden durch Anwender	Ja.
	Begrüßungsbildschirm (sek)	3
	Reinigungsbildschirm (sek)	30
Sonstiges	Dateiname Fehler-Aufzeichnung	Hier können Sie bei Problemen mit dem QuadClient eine Fehlerprotokollierung veranlassen (Aufzeichnungsmodus). Für den Normalbetrieb lassen Sie die beiden Felder leer.
	Dateiname Info-Aufzeichnung	

Tabelle 48.8 Konfigurationsparameter im QuadClient Config Editor (Forts.)

Nach der erfolgten Einstellung sämtlicher Optionen, speichern Sie über das Menü DATEI • SPEICHERN UNTER das Config-File (im XML-Format) unter folgendem Pfad: *C:\Users\<Ihr Benutzername>\Documents\Gira\HS+FS Experte 4.2\QuadClient\DE\config.xml.*

48.8.2 Der Aufruf des QuadClients

Haben Sie den Konfigurationsvorgang abgeschlossen, wird der QuadClient mit einem Doppelklick auf sein Symbol gestartet und zeigt nach kurzer Initialisierung die im Quad-Config-Editor des HomeServer Experten festgelegte Visualisierung, wie in Abbildung 48.43 zu sehen.

Der QuadClient besitzt ein paar nette Zusatzfunktionen, die Sie über das Menü am unteren Fensterrand erreichen. Mit FAVORITEN können Sie sich eine eigene Visualisierungsseite darstellen lassen, die mit den von Ihnen am häufigsten gebrauchten Funktionen gefüllt ist. Über NOTIZ rufen Sie ein sehr einfaches Malprogramm auf, das dazu gedacht ist, eine kurze Notiz für ein Familienmitglied zu hinterlassen (Abbildung 48.44). Am meisten Sinn ergibt die Notizfunktion, wenn der QuadClient auf einem fest installierten Touchpanel-PC läuft.

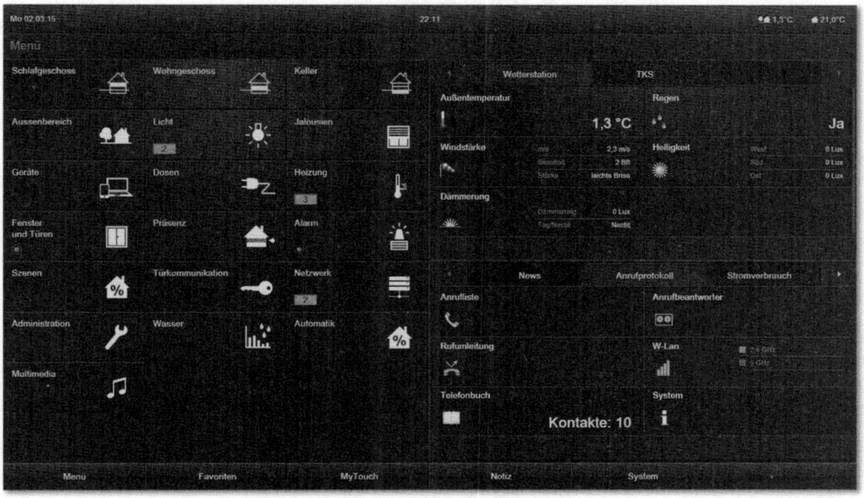

Abbildung 48.43 Darstellung der Quad-Visu im QuadClient

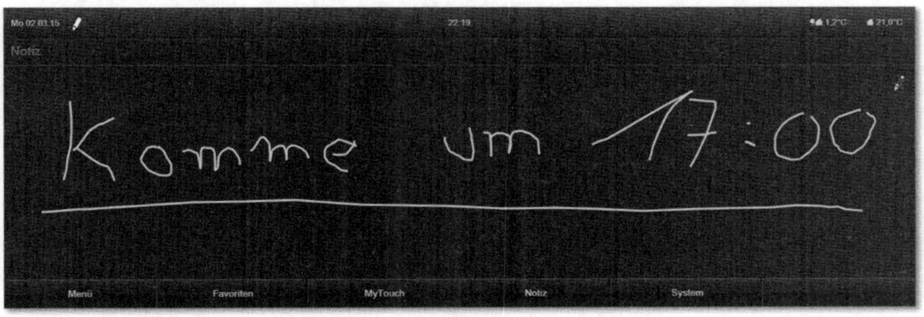

Abbildung 48.44 Eine schnelle Notiz mit dem QuadClient

Über das Menü SYSTEM konfigurieren Sie Ihre FAVORITEN-Seite, starten den Reinigungsmodus (es werden keine Eingaben für 30 Sekunden akzeptiert), arrangieren die beiden rechten Quadranten oder ändern das Zugangspasswort.

48.9 Schauen Sie dem HomeServer auf die Finger

Leider ist es nicht immer offensichtlich, was in einem HomeServer gerade vor sich geht. In der Regel ist das nicht schlimm, aber falls Sie einem Problem auf die Spur kommen möchten, sind Sie für Hilfe dankbar. Die wichtigsten Hilfsmittel zeige ich Ihnen in den folgenden Abschnitten.

48.9.1 Die Debug-Seiten

Der HomeServer protokolliert automatisch und fortlaufend jede Menge Informationen über sich selbst und die von Ihnen hochgeladenen Projektdaten mit. Auf einer Webseite kompakt zusammengestellt, finden Sie eine Fülle an Interna des HomeServers, die oft genug den entscheidenden Hinweis zur Lösung eines Problems beinhalten (Abbildung 48.45). Können Sie sich z. B. nicht erklären, warum E-Mails nicht korrekt versendet werden, manche Statuswerte nach einem HS-Neustart nicht gelesen werden oder die neu eingebaute Logik nicht funktionieren möchte – hier werden Sie fündig.

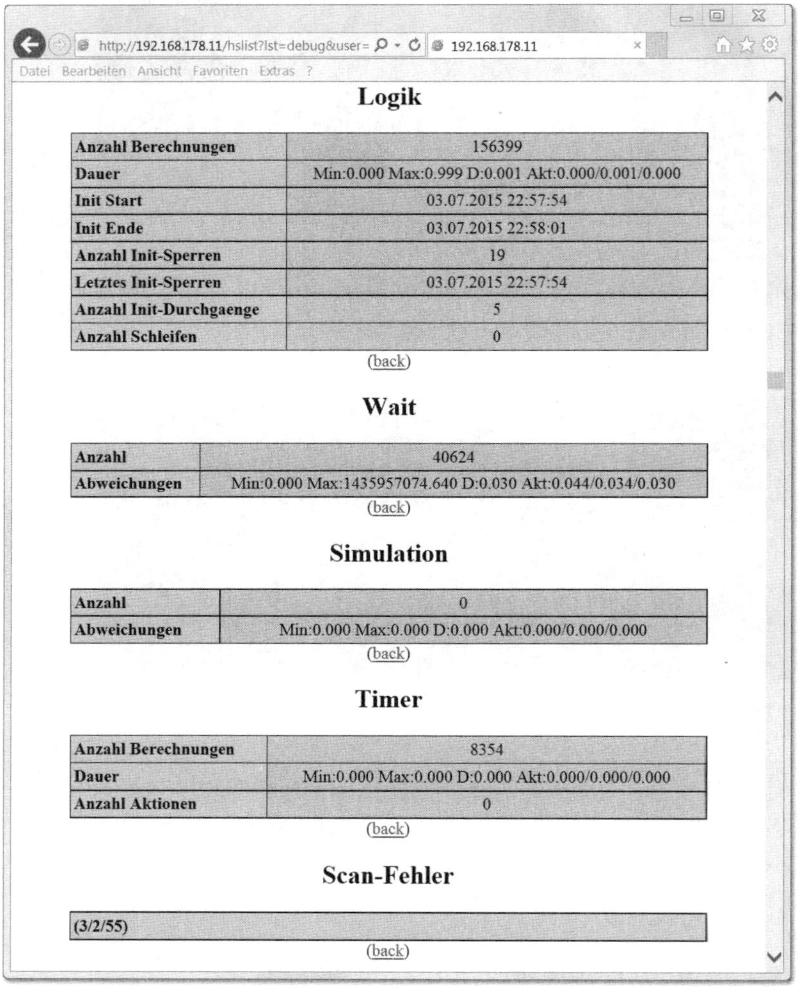

http://192.168.178.11/hslist?lst=debug&user=

192.168.178.11

Datei Bearbeiten Ansicht Favoriten Extras ?

Logik

Anzahl Berechnungen	156399
Dauer	Min:0.000 Max:0.999 D:0.001 Akt:0.000/0.001/0.000
Init Start	03.07.2015 22:57:54
Init Ende	03.07.2015 22:58:01
Anzahl Init-Sperren	19
Letztes Init-Sperren	03.07.2015 22:57:54
Anzahl Init-Durchgaenge	5
Anzahl Schleifen	0

(back)

Wait

Anzahl	40624
Abweichungen	Min:0.000 Max:1435957074.640 D:0.030 Akt:0.044/0.034/0.030

(back)

Simulation

Anzahl	0
Abweichungen	Min:0.000 Max:0.000 D:0.000 Akt:0.000/0.000/0.000

(back)

Timer

Anzahl Berechnungen	8354
Dauer	Min:0.000 Max:0.000 D:0.000 Akt:0.000/0.000/0.000
Anzahl Aktionen	0

(back)

Scan-Fehler

(3/2/55)

(back)

Abbildung 48.45 Aufruf der HomeServer-Debug-Seite

Wo finden Sie die Debug-Seiten?

Abrufen lassen sich diese wertvollen Informationen über einen Webbrowser und die in der URL codierten Zugangsdaten. Die Debug-Seite selbst öffnen Sie also beispielsweise mit *http://192.168.178.11/hslist?lst=debug&user=admin&pw=admin*, wobei Sie natürlich die IP-Adresse Ihres HomeServers und den eigenen Benutzernamen sowie das Passwort einsetzen. Die folgende Tabelle 48.9 enthält eine Übersicht weiterer wichtiger HomeServer-Links:

Link	Anwendung
http://<Homeserver-IP-adresse>/hslist	Der Benutzer wird zur Eingabe eines Listenschlüssels (z. B. »debug«) und des Benutzernamens/Passworts aufgefordert.
http://<Homeserver-IP-adresse>/shslist	wie oben, aber im gesicherten Modus
http://<Homerserver-IP-adresse>/hslist?lst=debug&user=<Username>&pw=<Passwort>	direkter Aufruf der Debug-Seite (wie oben, aber die drei Eingabefelder werden direkt über die URL übergeben)
http://<Homerserver-IP-adresse>/hslist?lst=<Archiv>	Anzeigen eines Archivs mit Namen <Archiv>. Dieses wird im Experten unter ARCHIVE UND LISTEN • ARCHIVE • HTTP-ABRUF • SCHLÜSSEL FÜR AUFRUF definiert und benannt.
http://<Homerserver-IP-adresse>/hslist?lst=eibmon&user=<Username>&pw=<Passwort>	Aufruf der EIB-Monitor-Seite
http://<Homerserver-IP-adresse>/hs	Zugriff auf die Visu-Seite des HomeServers nach Eingabe von Username, Passwort und Refresh-Zeit.
http://<Homerserver-IP-adresse>/shs	Wie oben, aber im gesicherten Modus.
http://homeserver.gira.de	Aufruf des HomeServer-Portals.

Tabelle 48.9 Wichtige HomeServer-Links

Die Namen der Listen, die in der URL als *lst=<Listenname>* codiert sind, werden im HomeServer Experten hinterlegt, und zwar an folgenden Positionen:

- für den EIB-Monitor: ARCHIVE UND LISTEN • EIB-MONITOR • HTTP-ABRUF • SCHLÜSSEL
- für die Debug-Liste: ARCHIVE UND LISTEN • SYSTEM-LISTEN • DEBUG-SEITE • SCHLÜSSEL

Welche nützlichen Informationen können den Debug-Seiten entnommen werden?

Probieren Sie über den oben stehenden Link den Zugriff auf die Debug-Seiten Ihres HomeServers direkt aus. Sie werden vermutlich durch die schiere Anzahl an ausgegebenen Werten überrascht sein. Natürlich müssen Sie sich nicht mit jedem einzelnen Tabelleneintrag auseinandersetzen, es lohnt sich aber, ab und zu einen Blick auf die nützlichen Informationen zu werfen. Insbesondere wenn Sie versuchen, einem seltsamen Verhalten des HS auf die Spur zu kommen oder das Gefühl haben, dass der HomeServer stetig langsamer wird, sehen Sie sich unbedingt die Felder SCAN ERROR und SETWERTQUEUE an. Diese beiden sowie weitere wichtige Felder beinhaltet die folgende Tabelle 48.10:

Sektion	Feld	Bedeutung
Allgemein	Gestartet	Zeitpunkt des letzten HS-Restarts
EIB	Scan Error	Gibt die Anzahl der Scan-Fehler während eines HS-Neustarts an. Mit jedem fehlgeschlagenen Versuch, eine Gruppenadresse, für die im HomeServer Experten Beim Starten abfragen gesetzt wurde, zu lesen, erhöht sich der Zähler. Ein Wert größer als null bedeutet oft, dass versucht wird, GAs ohne L-Flag (ETS) zu lesen, was auch den HS-Startvorgang zusätzlich verlängert. Andere Ursachen können sein: ▸ die GA ist nicht als »sendende Adresse« markiert ▸ das Gerät mit der entsprechenden GA ist noch nicht programmiert (oder defekt)
E-Mail	Veraltet	Anzahl der E-Mails, die vom HS nicht abgesetzt werden konnten
Ethernet	TCP/IP-Adresse	IP-Adresse dieses HomeServers. Wird über HS Experte geändert: Stammdaten • Projekt • Netzwerk.
	TCP/IP-Port	die Portnummer (normalerweise 80), unter der der Webserver des HS angesprochen wird
	Default-Gateway	Entspricht in der Regel der IP-Adresse Ihres Routers. Ohne eine Angabe dieser Adresse ist der HS nicht über das Internet zu erreichen.
	DNS-Server	Enthält bis zu zwei DNS-Server zur Namensauflösung von Internetadressen (entspricht in der Regel Ihrer Routeradresse). Details zur DNS-Namensauflösung finden Sie in der Debug-Sektion DNS
	Anz. TO	Anzahl der Timeouts von Netzwerkoperationen seit dem letzten HS-Neustart
	Last TO	der Zeitpunkt dieses letzten Timeouts
	Anz. ERR	die Anzahl aufgetretener Netzwerkfehler seit HS-Neustart.

Tabelle 48.10 Auswahl nützlicher Statusinformationen der Debug-Seite

Sektion	Feld	Bedeutung
Flash-Speicher	Bereich 1	der Bereich im Flash-Speicher für den Bootloader (fix)
	Bereich 2	der Bereich für die HS-Firmware (fix)
	Bereich 3	Reservierter fixer Bereich für das Benutzerprojekt.
	Bereich 4	Fixer Bereich für die Remanentdaten. Die Größe in Klammern entspricht der halben Bereichsgröße (die Daten werden abwechselnd in den zwei Bereichshälften abgelegt).
	Projektgröße	Größe des geladenen Benutzerprojekts (die Anzahl der Bytes, die in Bereich 3 belegt sind)
Queues	SetWertQueue	Der Wert in der Spalte IST sollte möglichst nahe 0 sein. Der Wert steigt, wenn der HS aus irgendeinem Grund zu stark ausgelastet ist (z. B. durch Probleme in Logikfunktionen), also Zuweisungen an interne KOs nicht im Zyklus abarbeiten kann.
Remanentspeicher	Laden (Speicherplatz, Status, Dauer, Size, Stand vom)	Gibt an, welcher von beiden für den Remanentspeicher reservierten Bereichen nach dem HS-Start geladen wurde, wann das geschehen ist, wie lange es gedauert hat und wie viele Bytes gelesen wurden.
	Speichern (Zeit, Speicherplatz, Status, Dauer, Size)	wie oben, aber Status über den letzten Speichervorgang im Remanent-Flash
	Speichern Anzahl	Der HS speichert alle 900 Sekunden im Remanentspeicher. Der Wert gibt die Anzahl der Schreibzugriffe seit HS-Start wieder.
Scan-Fehler	(alle)	Enthält die Gruppenadressen der erfolglosen Leseversuche (siehe Scan Error).
System	Laufzeit (Sek.)	Zeit in Sekunden seit dem letzten Neustart des HS
Telefonbedienung	(alle)	Statistiken zu Anrufen auf einer für die Telefonbedienung freigegebenen Rufnummer

Tabelle 48.10 Auswahl nützlicher Statusinformationen der Debug-Seite (Forts.)

48.9.2 Interne Kommunikationsobjekte beobachten mit qHSMon

Während Sie *echte* Kommunikationsobjekte wunderbar mit der ETS visualisieren und stimulieren können (siehe Abschnitt 47.7, »Unverzichtbar: Der Gruppenmonitor und der Busmonitor«), bleibt Ihnen der Inhalt der *internen* Kommunikationsobjekte des HomeServers (iKOs) leider zunächst verborgen.

Das ist insbesondere dann ärgerlich, wenn Sie einem Problem in einer selbst gebauten Logik auf die Spur kommen müssen oder einfach, zum besseren Verständnis, beobachten möchten, wie sich bestimmte Zustände im HomeServer verändern.

Das Tool der Wahl wäre eigentlich der HSMon, das im Lieferumfang der HomeServer Experte-Software enthalten ist. Jedoch haben Sie mit dem Tool *qHSMon* eine leistungsfähigere und vor allem um Faktoren schnellere Alternative zur Verfügung. Zu verdanken haben wir dieses wertvolle Hilfsmittel dem User makki aus dem geschätzten KNX-User-Forum (*www.knx-user-forum.de*). Genau dort ist es auch zu finden: *www.knx-user-forum.de/downloads.php?do=file&id=378* oder wahlweise auf *www.sourceforge.net/projects/openautomation/files/qHSMon*.

Die Installation von qHSMon

Besorgen Sie sich das in C++ entwickelte und durch Qt4 plattformunabhängige Tool aus einer der beiden genannten Quellen und starten Sie das Executable. Abhängigkeiten, die die Ausführung verhindern, sollten keine vorhanden sein.

Bereiten Sie den HomeServer vor

Um überhaupt mittels des qHSMon-Tools (und ebenso mit dem Standard HSMon) auf interne Kommunikationsobjekte zugreifen zu können, müssen Sie im HomeServer Experten ein paar Vorbereitungen treffen. Dazu navigieren Sie bitte zu STAMMDATEN • PROJEKT, selektieren aus der Baumansicht die Registerkarte KO-GATEWAY und aktivieren folgende Checkboxen (siehe Abbildung 48.46):

- K.-OBJEKTE ÜBER NETZWERK SENDEN UND EMPFANGEN (IP-PORT: 7003)
- ABSENDER 1: Tragen Sie hierfür die IP-Adresse und Ihre Netzmaske für den Rechner ein, auf dem qHSMon laufen wird. Der Schlüssel ist optional.
- EMPFANGEN FÜR ALLE K.-OBJEKTE AKTIVIEREN
- SENDEN FÜR ALLE K.-OBJEKTE AKTIVIEREN
- XML-STRUKTUR DER K.-OBJEKTE AUF GERÄT LADEN

In einem zweiten Schritt (Abbildung 48.47) ist es erforderlich, allen internen KOs, die in qHSMon sichtbar sein sollen, Gruppenadressen zuzuordnen und die Checkboxen KO-GATEWAY SENDEN sowie KO-GATEWAY EMPFANGEN zu aktivieren.

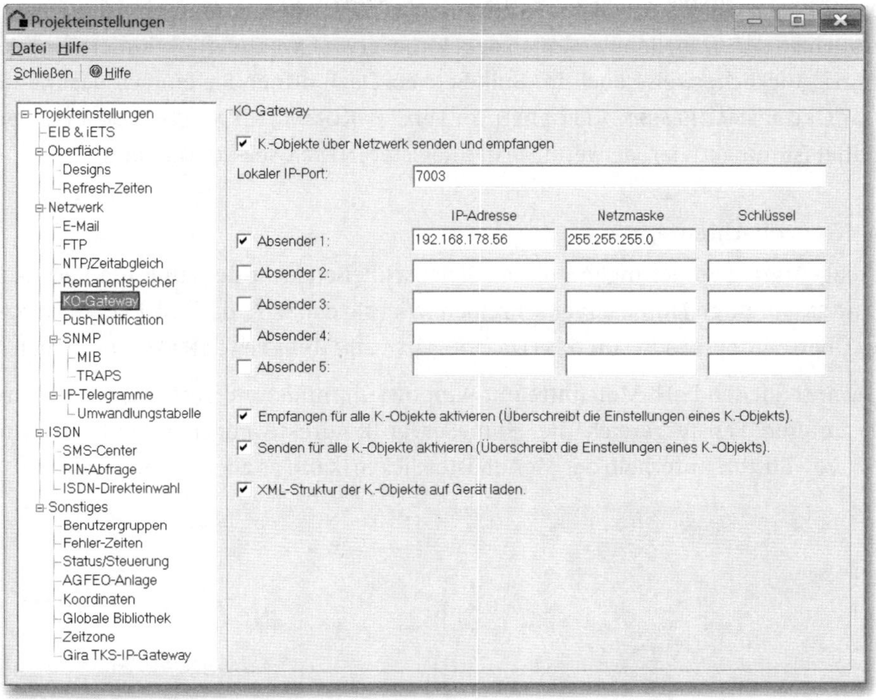

Abbildung 48.46 Aktivierung des KO-Gateways

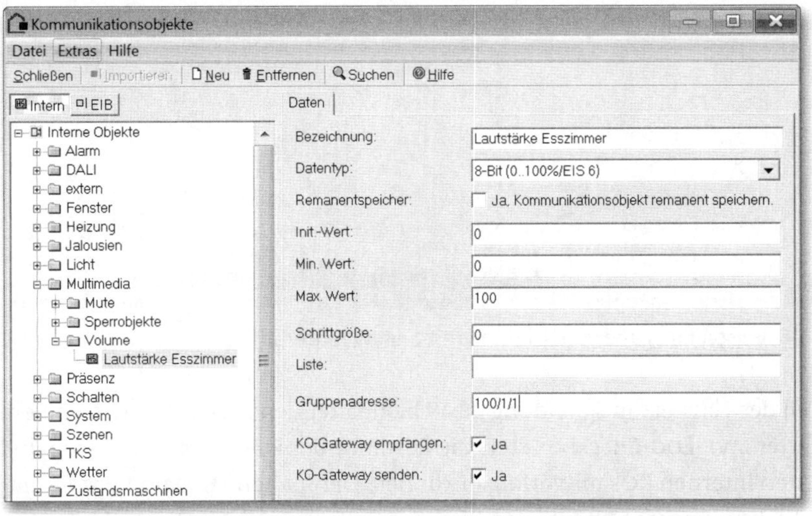

Abbildung 48.47 KO-Gateway-Einstellungen für zu überwachende interne KOs

Bei der Vergabe der GRUPPENADRESSE für ein internes KO dürfen Sie den reservierten Nummernbereich verwenden: bei der dreistufigen Angabe 100–199/0–7/0–255.

Das sieht für Sie nach viel Arbeit aus? Stimmt, wäre es bei mehr als nur ein paar Zuweisungen auch. In den aktuellen Versionen des HomeServer Experten funktioniert die GA-Zuordnung glücklicherweise auch im Bulk-Betrieb. Dazu öffnen Sie einfach das Menü EXTRAS • GRUPPENADRESSEN VERGEBEN im Fenster KOMMUNIKATIONSOBJEKTE. Der Menüpunkt ist nur aktivierbar, wenn Sie das Register INTERN selektiert haben.

Interne KOs beobachten

Alle durchgeführten Änderungen müssen Sie abschließend mit der Funktion PROJEKT ÜBERTRAGEN auf Ihren HomeServer schreiben. Wichtig dabei ist, dass Sie in der Dialogbox den Übertragungsmodus BILDER+DATEN+ANSAGEN ÜBERTRAGEN aktiviert haben.

Wenn Sie anschließend qHSMon (bitte mit Windows-Administratorrechten) starten, im rechten unteren Fensterbereich die HomeServer-IP-Adresse angeben und auf den CONNECTING-Button unterhalb der Menüleiste klicken, kann es auch schon losgehen:

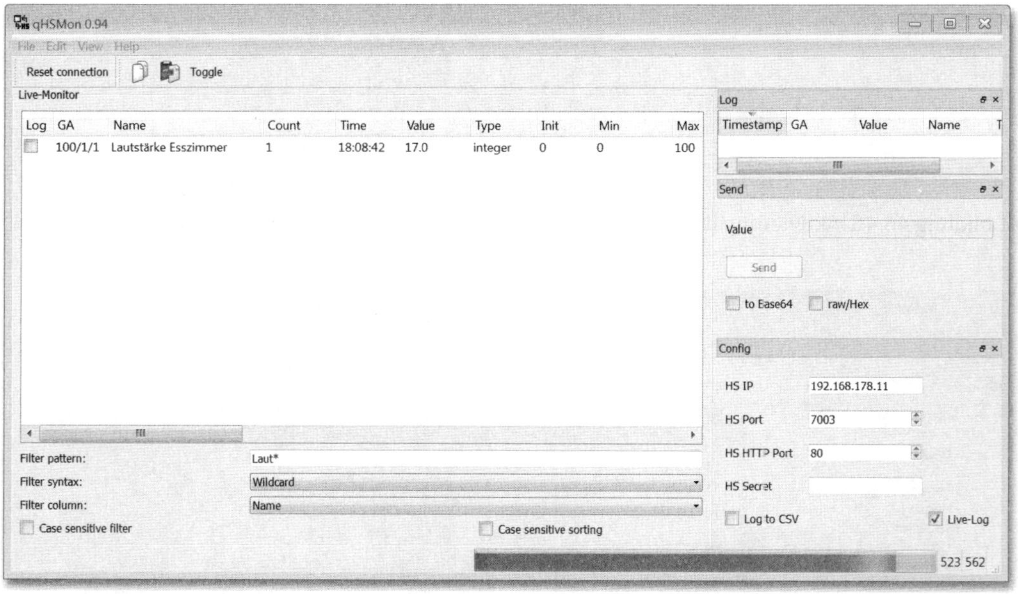

Abbildung 48.48 Beispielausgabe von qHSMon mit angewandtem Filter

Der größte Teil des Fensters in Abbildung 48.48 beinhaltet den LIVE-MONITOR, in dem Sie bei aktivierter LIVE-LOG-Checkbox stets die Zustände der EIB-Gruppenadressen und der gewünschten internen KOs mitverfolgen können. Die Spalten TIME und VALUE enthalten das Aktualisierungsdatum und den Wert der Gruppenadresse. Der Spalte COUNT können Sie entnehmen, wie oft der Wert schon verändert wurde. Besonders eifrige Kandidaten entlarven Sie hierüber recht schnell, indem Sie die LIVE-MONITOR-Liste durch einen Klick auf den COUNT-Spaltennamen nach dieser sortieren lassen.

qHSMon erlaubt darüber hinaus die komfortable Werteveränderung einzelner Gruppenadressen, sogar solcher, die in Wirklichkeit nur ein internes KO des HomeServers sind (Abbildung 48.49). Dazu selektieren Sie einfach eine GA im LIVE-MONITOR, geben im Fensterbereich SEND den neuen Wert im Feld VALUE vor und drücken auf den darunterliegenden SEND-Button.

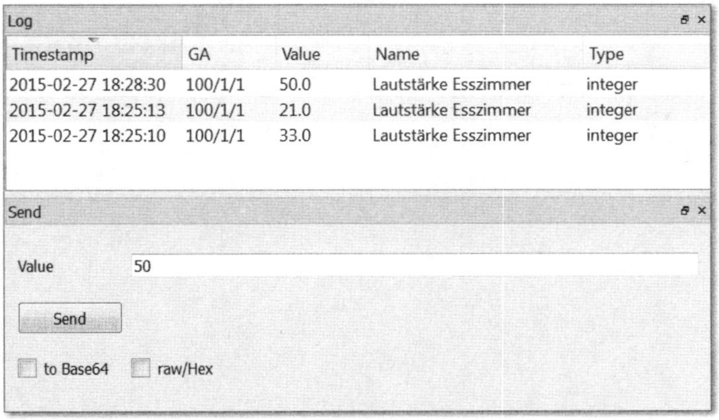

Abbildung 48.49 Gruppenadressen beschreiben und deren Veränderung loggen

Änderungen an Gruppenadressen kann qHSMon im LOG-Fenster für Sie protokollieren. Abbildung 48.49 zeigt die manuelle Änderung des internen KO Lautstärke Esszimmer auf den neuen Wert 50. Um eine Gruppenadresse dem LOG-Fenster hinzuzufügen, aktivieren Sie ganz einfach die LOG-Checkbox dieser Gruppenadresse im LIVE-MONITOR.

48.9.3 Statusausgaben im QuadClient

Haben Sie vor, nur einige wenige iKOs sichtbar zu machen, lässt sich eine Ausgabe auch einfach in eine Quad-Visu integrieren. Dem Vorteil, ohne externes Tool zur Anzeige auszukommen, steht der Nachteil gegenüber, dass die relevanten iKOs vorher von Ihnen geplant und im QuadClient Config Editor »verdrahtet« werden müssen. Als Plug-in für die Darstellung eignet sich WERTANZEIGE/WETTERSTATION (Abbildung 48.50), mit dem sich bis zu 18 Werte in einem Quadranten ausgeben lassen.

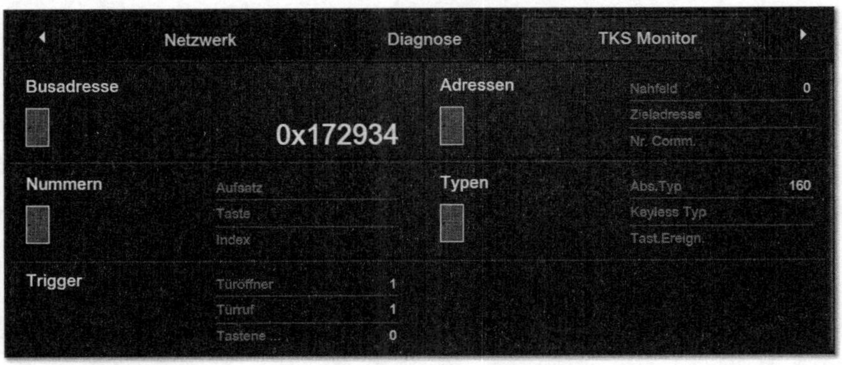

Abbildung 48.50 Debug-Ausgaben über das Wetterstation-Plug-in

Kapitel 49

Multimedia-Software: mächtig und kostenlos

Sie lernen im folgenden Kapitel drei sehr leistungsfähige Multimedia-Softwareprojekte kennen: einen Audioplayer, ein komplettes Entertainment-Center und einen Videoserver. Das Beste: Alle drei sind kostenlos.

Die drei Softwarepakete, die ich Ihnen gern vorstellen möchte, bilden die Grundlage für ein leistungsfähiges Multiroom-Audiosystem (mit MPD) sowie einen Video-Streaming-Server (Tvheadend) mit Entertainment-Center (Kodi). Alle drei Lösungen funktionieren auch mit »kleiner« Hardware und sind ideal für den Smart-Home-Einsatz.

49.1 MPD – der Music Player Daemon

Der *MPD* (*Music Player Daemon*) von Linux, eine sehr stabile und ressourcenschonende Serversoftware für das Abspielen von Musik, ist ein wahres Multitalent und eignet sich ideal für die Integration in eine intelligente Gebäudesteuerung.

Anders als klassische Musikplayer folgt die MPD-Architektur einer strikten Trennung von Serveranteil und Benutzeroberfläche, die unterschiedlichste Formen annehmen kann, jederzeit auswechselbar ist und eine Fernsteuerung über ein Netzwerk ermöglicht. In folgender Abbildung 49.1 findet sich eine vereinfachte Darstellung solch einer Architektur.

Der MPD-Server funktioniert auch gut auf sehr leistungsschwacher Hardware, was Mini-Computer wie den Raspberry Pi ebenfalls einschließt. Die eigentliche Soundausgabe findet dabei auf dem Rechner selbst statt, auf dem MPD installiert ist, oder wird (z. B. über PulseAudio) auf ein anderes Gerät im Netzwerk weitergereicht. Clients können entweder ebenfalls auf diesem Rechner betrieben werden oder über die offen gelegte Schnittstelle von nahezu überall aus mit MPD kommunizieren.

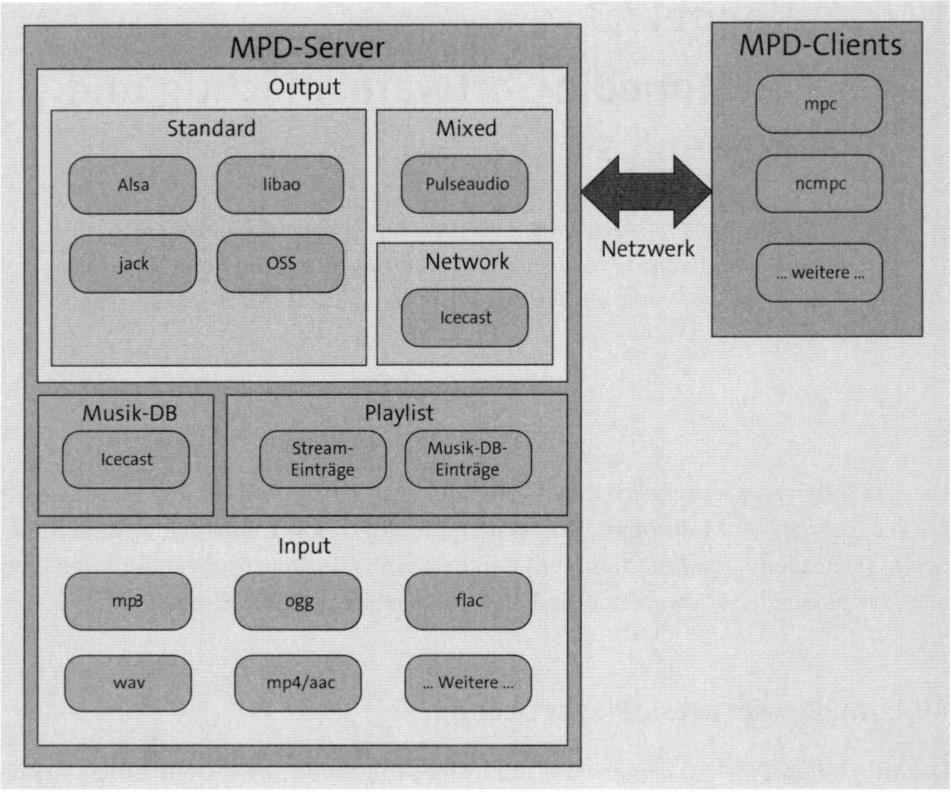

Abbildung 49.1 Die MPD-Architektur (etwas vereinfacht)

49.1.1 Aufgaben des MPD-Servers

Was vermag der MPD-Server alles zu leisten? Jede Menge:

- Abspielen von unterschiedlichsten Audioformaten, z. B. FLAC, Vorbis, MP2, MP3, MP4/AAC, Mod und WAV, außerdem FFmpeg-Unterstützung.
- Verwalten einer zentralen Datenbank mit Audiodateien, Einlesen von Metadaten (ID3-Tags, Vorbis, MP4) und Organisieren von Playlists (Wiedergabelisten).
- Unterstützung von Streaming, wodurch die Audioausgabe auch auf anderen Rechnern wie dem Server selbst ermöglicht wird (z. B. FLAC-, MP3- und Ogg Vorbis-HTTP-Streams).
- Ermöglichen simultaner Mehrfachausgabe.
- Unterstützung von lokalen Clients oder Netzwerkclients (TCP) als Benutzerschnittstelle.
- Durch HTTP-Input-Streaming können auch Webseiten-URLs in die Playlist eingefügt werden.

- Bietet Komfortfunktionen wie:
  - Replay-Gain (Audiodateien auf eine gemeinsame wahrgenommene Lautstärke anheben)
  - Gapless Playback (unterbrechungsfreie, also lückenlose Wiedergabe)
  - Crossfading (Überblenden zwischen zwei Kanälen)

49.1.2 MPD-Clients

In einer Client/Server-Architektur ist ein leistungsfähiger Serverteil schon mal die halbe Miete, für den komfortablen Einsatz bedarf es jedoch noch eines passenden Clients, der per Kommandozeile oder GUI mit dem Server kommunizieren kann. Für den MPD finden Sie weit mehr als 150 unterschiedlichste Clients (*www.mpd.wikia.com/wiki/Clients*), die folgende Übersicht in Tabelle 49.1 zeigt Ihnen ein paar besonders nützliche Vertreter:

Client	Beschreibung
MPC	Music Player Client: kommandozeilenbasierter Client, in C geschrieben, ideal für schnelle und skriptfähige Ansteuerung des MPD-Servers. Kann lokal oder remote betrieben werden.
ncmpc und pms	zwei leistungsfähige ncurses-basierte Konsolenclients mit textueller GUI
MPoD und MPaD	Apps für iPhone/iPod touch bzw. iPad zur MPD-Bedienung durch Streaming über http
Droid MPD Client, MPRemote und MPDroid	drei gut gemachte grafische Clients für Android
gmpc	toller GTK+-basierter Gnome Music Player Client
Conky	keine echte GUI, sondern ein Systemmonitor für X mit vielen eingebauten Features, u. a. MPD-Support
Auremo und WpfMpdClient	zwei GUI-Clients für Windows
mpdlirc	MPD über Infrarotschnittstelle (LIRC) bedienen
SGWhatsPlaying	ein WordPress-Plug-in, das den gerade abgespielten Track in einer Blog-Sidebar zeigt
Music Player Minion	ein hübscher MPD-Client als Firefox-Extension
xbmc-mpdc	ein MPD-Client für XBMC

Tabelle 49.1 Eine Auswahl nützlicher MPD-Clients

Client	Beschreibung
Ampanche	sehr leistungsfähiges webbasiertes Musik-Management-System
MMPD	sehr interessanter Multi-MPD-Client (mehrere Instanzen von MPD mit mehreren Ausgabegeräten kombinieren)
mpdtoys	Sammlung von kleinen Kommandozeilentools für MPD (z. B. Fade-in/-out, MPD-Status zwischen einzelnen Daemons transferieren)

Tabelle 49.1 Eine Auswahl nützlicher MPD-Clients (Forts.)

Ein Beispiel daraus, den GTK+-basierten Client gmpc, sehen Sie in Abbildung 49.2.

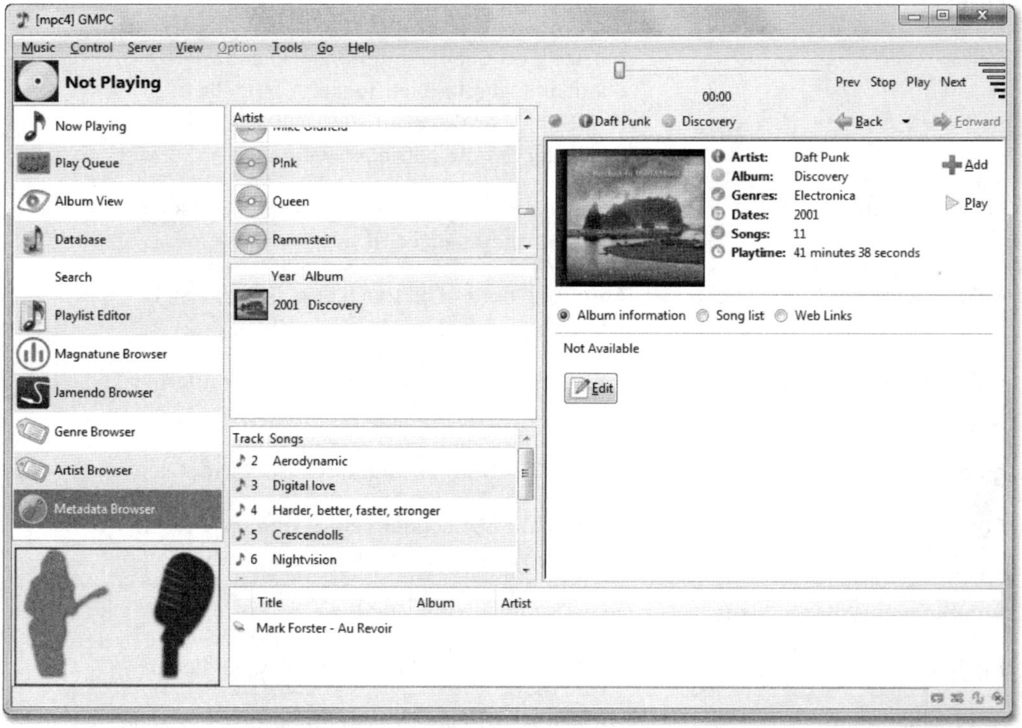

Abbildung 49.2 Der gmpc-Client unter Windows

Übrigens: Möchten Sie gern selbst Software entwickeln, die MPD benutzen soll, finden Sie unter *www.mpd.wikia.com/wiki/Client_Libraries* jede Menge Client-Libraries für C/C++, .NET, Java, Python, Perl und viele mehr. Eine weitere gute Quelle ist die Hacks- und Skriptsammlung, die teilweise gute Ideen für eigene Implementierungen liefern. Zu finden ist die Kollektion unter *www.mpd.wikia.com/wiki/Hacks*.

49.1.3 Die Installation von MPD und MPC

Die Installationsbeschreibung fällt angenehm kurz aus, unter Ubuntu ist lediglich ein einfaches

```
sudo apt-get install mpd mpc
```

notwendig, um sowohl den Server (MPD) als auch den Kommandozeilenclient (MPC) zu installieren. Die für die nächsten Schritte benötigte Konfigurationsdatei finden Sie nach der Installation in */etc/mpd.conf*. Diese öffnen Sie bitte direkt im Editor, um eine erste Anpassung an Ihre Umgebung vorzunehmen.

49.1.4 Den Service konfigurieren

Mit den in Tabelle 49.2 folgenden Einstellungen erhalten Sie bereits eine lauffähige Grundkonfiguration:

Einstellung in /etc/mpd.conf	Beschreibung
music_directory <pfad>	Definiert das Verzeichnis, in dem Sie Ihre Songs abgelegt haben, wobei darin enthaltene Unterverzeichnisse (z. B. Interpret/Album) natürlich erlaubt sind. Beispiel: `music_directory "/media/sdb1/music"`
playlist_directory <pfad>	Speicherort für Playlists, die über den MPD angelegt werden. Beispiel: `playlist_directory "/media/sdb1/mpd/playlists"`
db_file <pfad>	Über diesen Parameter geben Sie an, wo MPD die Datenbank ablegen soll. Beispiel: `db_file "/media/sdb1/mpd/mpd.db"`
log_file <pfad>	Ablageort für generierte Logfiles, die je nach eingestelltem Log-Level sehr wertvoll für das Troubleshooting sind. Der Wert `syslog` als Pfad sorgt dafür, dass für das Logging der lokale syslog-Daemon verwendet wird. Beispiel: `log_file "/media/sdb1/mpd/mpd.log"`
pid_file <pfad>	Gibt an, wo das File zur Ablage der Prozess-ID des MPD-Daemons liegen soll. Beispiel: `pid_file "/media/sdb1/mpd/mpd.pid"`

Tabelle 49.2 Grundeinstellungen in /etc/mpd.conf

Einstellung in /etc/mpd.conf	Beschreibung
state_file <pfad>	Gibt den Speicherort des State Files an (das übergeordnete Directory muss vom MPD-User beschreibbar sein). Das optionale State File wird vom MPD benötigt, um den Serverzustand (Play-Queue, Playback-Position usw.) persistent zwischen Restart und Reboot des Servers zu halten. Beispiel: `state_file "/media/sdb1/mpd/mpd.state"`

audio_output	Definiert, über welches Ausgabe-Device der Sound tatsächlich ausgegeben werden soll. Die Ausgabe über ALSA ist voreingestellt
	Beispiel (ALSA-Ausgabe mit Software-Mixer):
	`audio_output {`
	`  type "alsa"`
	`  name "NUC-Esszimmer"`
	`  mixer_type "software"`
	`  device "esszimmer"`
	`}`

port <port>	TCP-Port, auf dem der MPD-Daemon hören soll, Default ist 6600. Beispiel: `port "6601"`
# bind_to_address "localhost"	Diese Zeile auskommentieren, sodass alle Rechner aus dem lokalen Netzwerk den MPD ansprechen können.
auto_update <yes>	Regelt, ob die Datenbank automatisch vom Server aktualisiert werden soll. Beispiel: `auto_update "yes"`

Tabelle 49.2 Grundeinstellungen in /etc/mpd.conf (Forts.)

Die Installation von MPD erzeugt automatisch ein *init.d*-Skript, zu finden in */etc/init.d/mpd*, mit dem Sie komfortabel den MPD-Service starten und stoppen können.

Nach des Einstellungen in der *mpd.conf*-Datei starten Sie den MPD-Service neu (`sudo service mpd restart`), um die Änderungen direkt wirksam werden zu lassen.

49.1.5 Versuchslauf: den ersten Sound mit MPC abspielen

Eine gute Möglichkeit, die ersten Schritte mit dem MPD zu gehen, ist die Ansteuerung über den *MPC*, den *Music Player Client*, den Sie in Abschnitt 49.1.3 bereits vorsorglich mitinstalliert haben.

Nehmen wir an, Sie starten MPC auf demselben Rechner, auf dem auch der MPD läuft, und haben die Default-Einstellung für den MPD-Port (6600) beibehalten. Dann finden Sie mit

```
mpc -p 6600 listall
```

heraus, welche Musiktitel in Ihrer MPD-Datenbank bereits enthalten sind, und mit

```
mpc -p 6600 add "Titel"
```

fügen Sie (am besten per Copy-and-paste des Filenamens) einen dieser Titel in Ihre Playlist ein, bevor Sie mit

```
mpc -p 6600 play
```

genau diesen Song abspielen lassen. Ist Ihre MPD-Datenbank noch leer, können Sie sie mit `mpc -p 6600 update` aktualisieren lassen. Um die Ausgabelautstärke zu ändern, benutzen Sie ebenfalls ein MPC-Kommando, nämlich `volume`, dem Sie als Parameter die Lautstärke in Prozent geben:

```
mpc -p 6600 volume <Lautstärke>
```

Haben Sie alles richtig gemacht, hören Sie nach dem `play`-Kommando bereits Ihren Titel. Falls nicht, hilft Ihnen der nächste Abschnitt bei der Fehlersuche.

49.1.6 Was tun, wenn MPD Probleme macht?

Falls Sie bei dem ersten Versuchslauf keine Audioausgabe hören konnten, gehen Sie methodisch vor, um der Ursache auf den Grund zu gehen:

1. Überprüfen Sie zuallererst die Benutzerrechte (da sie in der Regel für fast alle Probleme die Ursache darstellen) und überprüfen Sie hier insbesondere, ob der Read/Write-Zugriff auf die Files, die Sie in */etc/mpd.conf* definiert haben, für den MPD-User möglich ist.
2. Prüfen Sie mit einem Aufruf von `mpd -version`, ob Ihr gewünschtes Feature (z. B. Audioformat) überhaupt in Ihrem MPD-Build unterstützt wird.
3. Prüfen Sie das generierte Logfile. Den Pfad dazu haben Sie in */etc/mpd.conf* spezifiziert.
4. Prüfen Sie auf der Webseite *www.musicpd.org*, ob Sie die aktuellste Version von MPD einsetzen.
5. Starten Sie MPD als `no-daemon`, um direkt eine mögliche Fehlerausgabe zu erhalten (siehe Abbildung 49.3): `mpd -v --stdout --no-daemon -verbose [Pfad zu Logfile]`
6. Alternativ können Sie auch den Log-Level im Config-File */etc/mpd.conf* erhöhen, indem Sie die Option `log_level "verbose"` setzen und den MPD-Service neu starten. Danach lesen Sie bitte das Logfile aus.

7. Prüfen Sie, ob MPD auch für den Port konfiguriert wurde, auf den Sie mit dem Client zugreifen wollen. Per Default ist das Port 6600, Sie können ihn aber in */etc/mpd.conf* umsetzen (siehe Tabelle 49.2). Stellen Sie ebenfalls sicher, dass Sie mit der korrekten IP-Adresse des MPD-Servers arbeiten und der MPD-Port von Ihrer Firewall nicht geblockt wird.
8. Starten Sie `netstat -apn|grep mpd` als Root, um herauszufinden, ob MPD überhaupt läuft, und `netcat localhost 6600`, ob MPD auf seinem Port (6600) mithört. Statt `localhost` können Sie natürlich auch die IP-Adresse des MPD-Rechners verwenden (Remote-Zugriff). Eine Antwort sollte in etwa so aussehen: `OK MPD 0.18.0`.
9. Falls Ihr Loopback-Interface nicht gestartet ist, können Sie sich nicht mit MPD verbinden. Korrigieren Sie das bitte als Root mit `ifconfig lo up`.

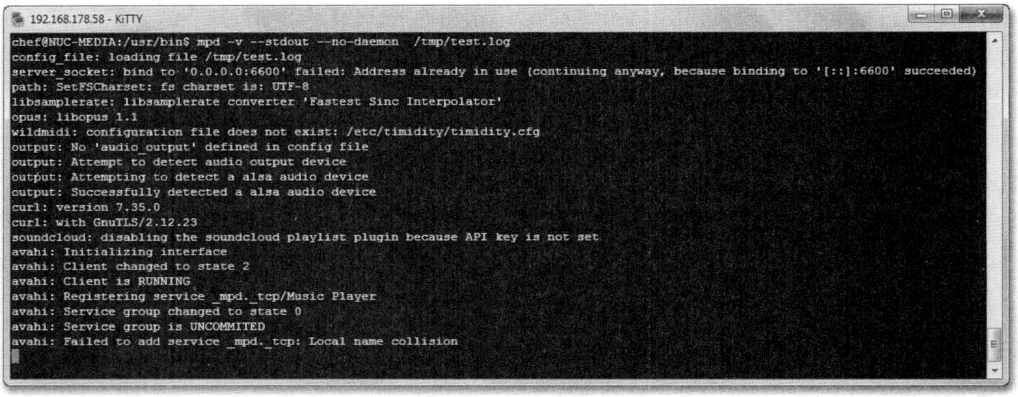

Abbildung 49.3 Start von MPD im Verbose-Modus

Arbeitet Ihr MPD-Daemon korrekt, die Audioausgabe aber nach wie vor nicht, sind weitere Untersuchungen notwendig:

1. Der Benutzer-Account, mit dem MPD läuft, muss die Erlaubnis haben, auf die Soundkarte zuzugreifen. Dies erreichen Sie, indem Sie dem Benutzer die zusätzliche Gruppe `audio` zuweisen (`sudo usermod -aG audio mpd`). Bestehende Mitglieder dieser Gruppe lassen sich übrigens einfach durch `cat /etc/group | grep audio` anzeigen.
2. Überprüfen Sie weiterhin, ob Ihre Soundkarte prinzipiell überhaupt arbeitet, z. B. mit dem ALSA-Tool *speaker-test*.

49.1.7 Wichtige ALSA-Kommandos

ALSA (*Advanced Linux Sound Architecture*) ist der grundlegende Baustein des Soundsystems unter Linux, um Soundausgaben überhaupt zu ermöglichen. Probieren Sie die in

Tabelle 49.3 aufgeführten Shell-Kommandos auf Ihrem Linux-Rechner aus. Die Informationen, die Sie erhalten, sind nicht nur nützlich, um zu sehen, welche Geräte in Ihrem System angelegt sind, sondern auch, um Fehlern besser auf die Spur zu kommen.

Kommando	Beschreibung
`cat /proc/asound/cards`	Ausgabe aller Soundkarten im System
`cat /proc/asound/card2/stream0`	Zeigt Informationen über die aktuelle Audioausgabe an.
`cat /proc/asound/card2/pcm0p/sub0/hw_params`	Zeigt die Parameter an, mit denen die Soundkarte aktuell läuft (ALSA konvertiert per Default auf 48 kHz, das ist ideal, wenn die Quelle dieselbe Samplerate besitzt).
`aplay -l`	Listet alle Soundkarten und digitalen Audiogeräte auf.
`aplay -L`	Listet Gerätenamen auf.
`aplay -D esszimmer /usr/share/sounds/alsa/Front_Center.wav`	Gibt eine WAV-Datei auf dem Gerät `esszimmer` aus.

Tabelle 49.3 Wichtige Shell-Kommandos zur Audioausgabe

49.1.8 Coverabbildungen einrichten

Um für Ihren MPD-Client (nehmen wir beispielsweise den MPaD für das iPad) die beliebte Coverabbildung einzurichten, gehen Sie wie folgt vor:

1. Richten Sie für den lighttpd einen Alias ein, der auf das *music*-Verzeichnis zeigt, z. B. */media/sdb1/music/*, und nennen Sie den Alias *mpd*. Wie Sie den Alias einrichten, erfahren Sie in lighttpd-Abschnitt 50.11.
2. Erzeugen Sie, falls das nicht schon geschehen ist, für jedes Album ein eigenes Verzeichnis, in dem zusätzlich zu den Musiktiteln das File *Folder.jpg* mit dem Bild des Covers liegt.
3. In den MPaD-Einstellungen definieren Sie in der Sektion LOCAL COVER ART für:
   - URL: den Pfad auf Ihren Webserver, inklusive Alias, also z. B. *http://192.168.178.58/mpd*
   - COVER FILENAME: *Folder.jpg*

Von nun an erstrahlt auch der MPaD in neuem Glanz (sehen Sie Abbildung 49.4).

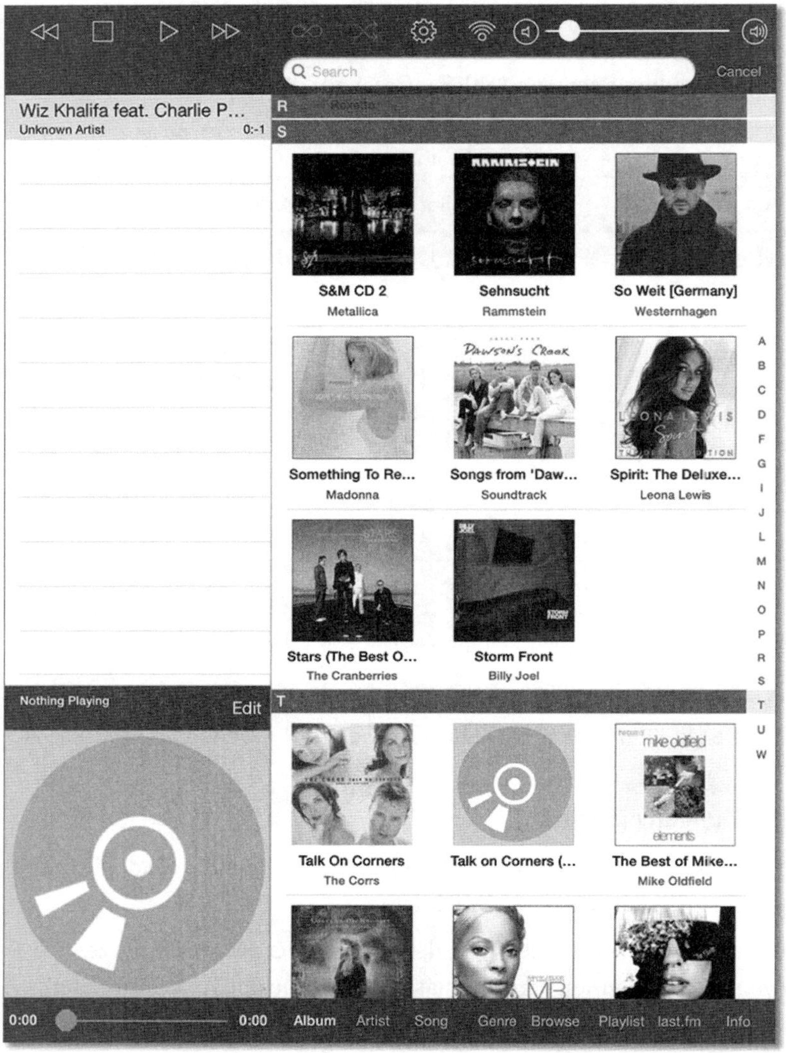

Abbildung 49.4 MPaD-Client mit aktivierter Coverdarstellung

49.1.9 MPD spielt Radio-Streams

Mit MPD können Sie recht einfach auch Internet-Streams (z. B. Radio) in Ihre Playlist aufnehmen. Am besten gehen Sie wie folgt vor:

1. Legen Sie in Ihrem *playlists*-Verzeichnis (z. B. */media/sdb1/mpd/playlists*) eine Datei mit dem Namen *Netradio.m3u* an.
2. Nehmen Sie sämtliche gewünschten Streams in die Datei auf, ein Beispiel zeigt Abbildung 49.5.
3. Rufen Sie `mpc update` auf.

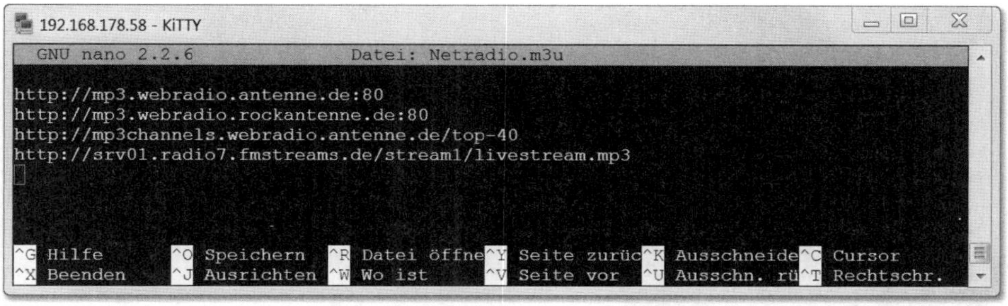

Abbildung 49.5 Beispiel-Playlist für Radio-Streams

49.1.10 MPD im Smart Home

Ich hatte ja eingangs schon erwähnt, dass MPD ein idealer Service für die Einbindung in eine Heimautomatisierung darstellt. Der Hauptgrund dafür ist, dass er sich wunderbar fernsteuern lässt.

Das Protokoll dafür ist offengelegt und unter *www.musicpd.org/doc/protocol/index.html* dokumentiert. Sie können die Kommunikation direkt ausprobieren, indem Sie eine Telnet-Session (z. B. mit KiTTY) auf dem MPD-Rechner (Default-Port ist 6600) starten und den Daemon mit ein paar Kommandos beschäftigen. Ein paar Beispiele sind in Tabelle 49.4 aufgelistet:

MPD-Kommando	Beschreibung
`currentsong`	Zeigt die Songinfo des aktuell gespielten Songs an.
`status`	Gibt jede Menge Statusinformationen zurück, wie z. B. aktuelle Lautstärke, Samplerate, Bitrate, abgelaufene Zeit usw.
`setvol <volume>`	Lautstärke auf `<volume>` setzen (Wert in Prozent).
`play [position]`	Ausgabe starten (ab `position` in Playlist).
`stop`	Ausgabe stoppen.
`next`	Den nächsten Song in der Playlist starten.
`previous`	Den vorherigen Song in der Playlist starten.
`shuffle [start:end]`	Zufällige Ausgabe der Songs zwischen den Positionen `start` und `end` in der Playlist.
`pause`	Pause abwechselnd an und aus.

Tabelle 49.4 Beispiele für das MPD-Protokoll

Der folgende Screenshot in Abbildung 49.6 zeigt Ihnen die Ausgabe des `stats`-Kommandos in einer Telnet-Session:

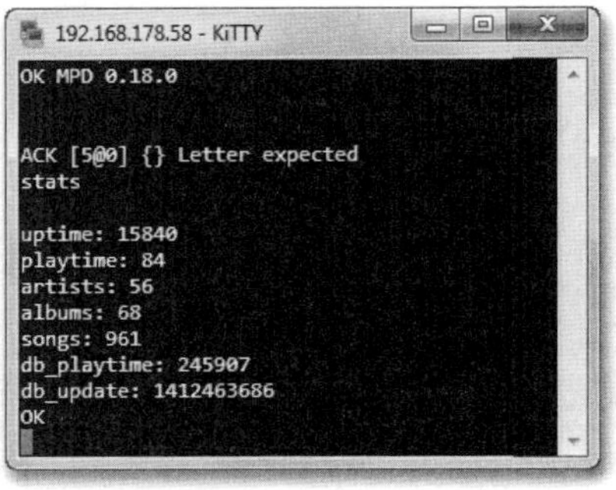

Abbildung 49.6 Das stats-Kommando in einer MPD-Telnet-Session

Im Praxis-Workshop zum Thema Multiroom-Audio (siehe Kapitel 56) wird von der MPD-Fernsteuerung mittels dieses Protokolls Gebrauch gemacht. Sie lernen, wie Sie mit dem Gira HomeServer als Beispiel eine selbst gebaute Multiroom-Soundanlage ansteuern können.

49.2 Tvheadend – der Video-Streaming-Server

Tvheadend ist ein extrem ressourcenschonender TV-Server und gleichzeitig TV-Rekorder, der ideal für kleine, vernetzte Serversysteme geeignet ist. Er zaubert sowohl Live-TV als auch gespeichertes Videomaterial auf so ziemlich jedes Display durch Streaming an einen Videoclient (z. B. Kodi). Alles was Sie für die Installation und den Betrieb von Tvheadend benötigen, ist ein kleiner (und sparsamer) Linux-Rechner und einen externen oder internen DVB-Empfänger. Zum Thema TV-Karten finden Sie in Abschnitt 41.1 eine kleine Einführung. Wenn Sie mehr als nur eine TV-Karte in Ihrem Server installiert haben oder eine Karte mit mehreren Tunern, können entsprechend auch mehrere Endgeräte (Clients) unterschiedliche Programme empfangen und darstellen. Gleiches gilt für Aufnahmen. Mit nur einem installierten Tuner verteilt Tvheadend trotzdem an mehrere Clients parallel, dann aber nur ein und dasselbe Programm bzw. alle Programme, die im selben DVB-Transportstrom (genannt Bouquet, Multiplex oder einfach nur Mux) stecken.

Konfigurieren lässt sich Tvheadend über ein eingebautes Webinterface, über das Sie auch die Aufnahme Ihrer Sendungen programmieren können. Dazu stellt Tvheadend aus dem DVB-Signal selbstständig einen *EPG* (*Electronic Program Guide* – elektronischer Programmführer) zusammen. Außer über das Webinterface können Sie auch mit zahlreichen gut gemachten Clients (z. B. die App TvhClient für iOS und Android) auf die Tvheadend-Funktionen zugreifen. Einer davon ist der Multimedia-König Kodi, für den Sie später noch ein konkretes Umsetzungsbeispiel für Live-TV sowie Aufnahmefunktionen finden.

49.2.1 Aufsetzen von Tvheadend

In diesem Installationsbeispiel gehe ich von einer Linux-Ubuntu-Installation als Basis aus. Tvheadend installieren Sie komplett über die Shell:

```
sudo apt-add-repository http://apt.tvheadend.org/stable
sudo apt-get update
sudo apt-get install tvheadend
```


Während der Installation werden Sie nach Benutzername und Passwort für Ihren künftigen Tvheadend-Administrations-Account gefragt: Merken Sie sich die Kombination gut. Die Konfigurationsdateien für jeden Benutzer finden Sie nach der Installation in */home/hts/.hts/tvheadend*. Das Passwort ändern Sie bei Bedarf später jederzeit mit `sudo dpkg-reconfigure tvheadend`.

49.2.2 Einrichten über das Tvheadend-Webfrontend

Nach erfolgreicher Installation greifen Sie über einen beliebigen Webbrowser auf die URL Ihres Tvheadend-Servers zu, und zwar über Port 9981 (Beispiel: *http://192.168.178.87:9981*). Die im Folgenden beschriebenen Schritte unterscheiden sich leider von einer Tvheadend-Version zur nächsten ein bisschen. Jedoch sollte die grundsätzliche Vorgehensweise auch bei neuen Versionen sehr ähnlich sein.

Anlegen eines neuen Benutzers

Es ist ratsam, zuerst einen User-Eintrag für den späteren Clientzugriff anzulegen (Abbildung 49.7). Wählen Sie dazu bitte über das in Registern organisierte Menü CONFIGURATION • ACCESS CONTROL den Menüpunkt ADD ENTRY aus, aktivieren Sie in dem daraufhin neu angelegten Eintrag die ENABLED-Checkbox und vergeben Sie USERNAME und PASSWORD (Beispiel: »tvh«, »tvh«). Die Benutzerrechte vergeben Sie über weitere Checkboxen, aktivieren Sie mindestens STREAMING, VIDEO RECORDER und WEB INTERFACE. Vergessen Sie nicht, die Änderung mit dem Button SAVE CHANGES zu speichern. Tvheadend macht Sie generell mit einem kleinen roten Dreieck in allen geänderten Feldern auf noch nicht gesicherte Werte aufmerksam.

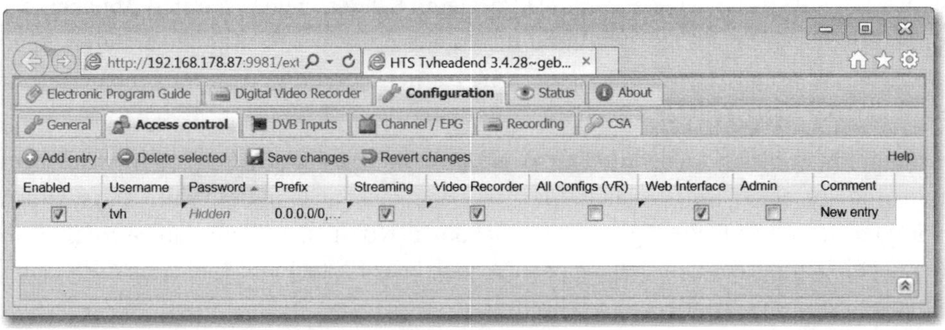

Abbildung 49.7 Anlegen eines Benutzers in Tvheadend

Einen TV-Adapter hinzufügen

Öffnen Sie nach dem Speichern im nächsten Schritt das Register DVB INPUTS und wählen Sie in der Auswahlliste Ihre TV-Karte aus. Besitzen Sie mehr als nur einen Tuner, erscheinen in der Auswahl auch alle anderen Empfänger, die Sie bitte ebenfalls wie in diesem Abschnitt beschrieben nacheinander konfigurieren. Falls noch kein Tuner zur Auswahl steht, wurde die TV-Karte von Linux nicht ordnungsgemäß erkannt.

Gehen wir aber vom positiven Fall aus, in dem Sie den zu konfigurierenden Tuner auswählen und ihn mit der Checkbox ENABLED im Seitenmenü an der rechten Seite aktivieren. Nach der Auswahl von ADD DVB-NETWORK BY LOCATION geben Sie dem Tuner vor, nach welchen Multiplexen er suchen soll. Empfangen Sie Satellitenfernsehen, wird die Einstellung ASTRA-19,2E in der Regel die richtige sein. Speichern Sie die Einstellung, worauf Tvheadend automatisch damit beginnt, alle Sender zu suchen. Der Zähler SERVICES wird inkrementiert, und stetig füllen sich die Einträge im Register SERVICES (die Datenströme, die in den Muxes verpackt sind). Wenn keine unbehandelten Muxes mehr existieren (MUXES AWAITING INITIAL SCAN = 0), können Sie über den Button MAP DVB SERVICES TO CHANNELS Tvheadend dazu veranlassen, alle Fernsehprogramme und Radioprogramme zuzuordnen.

System-Log einblenden

Der Suchlauf und die Zuordnung können gut mal über eine Stunde beanspruchen. Das Ende sehen Sie am besten, wenn Sie mittels des kleinen Doppelpfeilsymbols rechts unten im Browser das SYSTEM LOG einblenden. Es enthält wertvolle Informationen im Fehlerfall, und einen erfolgreichen Scanlauf erkennen Sie an der Meldung NOW IDLE.

49.2.3 Aufräumen

Da die schiere Menge an Kanälen bzw. Services Sie selbst und vermutlich auch Ihr künftiges Media-Center-Programm (z. B. Kodi) überfordern wird, steht eine umfassende Aufräumaktion an (Abbildung 49.8). Wechseln Sie dazu in das Register CONFIGURATION • CHANNEL/EPG • CHANNEL TAGS und definieren Sie über den Button ADD ENTRY ein eigenes Tag (Beispiel: »Schlafzimmer«). Aktivieren Sie das neue Tag durch Abhaken der Checkbox in der Spalte ENABLED und deaktivieren Sie gleichzeitig alle anderen. Speichern Sie die Änderungen und wechseln Sie zur Registerkarte CHANNELS. Jetzt erwartet Sie leider der harte Teil der Arbeit.

Ordnen Sie in dieser Ansicht jedem Kanal, den Sie später auf Ihrem Client vorfinden möchten, Ihr neues Tag (Schlafzimmer) zu. Dazu klicken Sie in der Spalte TAGS dessen Checkbox an. Anschließend geben Sie in der Spalte NUMBER die Reihenfolge vor (1–x), in der Sie die Kanäle auf dem Abspielgerät sortiert haben möchten. Speichern Sie wiederum die Änderungen mit dem SAVE-Button.

Damit Sie auf dem Client auch die Senderlogos angezeigt bekommen, erlaubt Ihnen Tvheadend, in der Spalte ICON (siehe Abbildung 49.8) eine URL (z. B. auf Ihrem Webserver) zu einem passenden Senderlogo anzugeben. Diverse Senderlogo-Sammlungen finden Sie im Internet. Achten Sie bei den Filenamen der Grafikdateien bitte darauf, keine Leerzeichen zu verwenden.

Abbildung 49.8 Tvheadend: Sender taggen und mit Logos versehen

Erfreulicherweise zeigt beispielsweise Kodi die in Tvheadend verlinkten Logos sowohl in der Kanalauswahl als auch im EPG an. Optisch macht das direkt etwas her.

Zu guter Letzt fehlen noch zwei wichtige Einstellungen: Geben Sie im Register CONFIGURATION • RECORDING • DIGITAL VIDEO RECORDER • RECORDING SYSTEM PATH den Pfad an, in dem Tvheadend TV-Aufnahmen ablegen soll (z. B. eine externe Festplatte: */media/sdb1/recording/*), und im danebenliegenden Register TIMESHIFT können Sie noch die Timeshift-Funktion aktivieren (ENABLED) sowie einen Pfad vergeben (STORAGE PATH). Geschafft, Sie haben Tvheadend als skalierbaren Mehrkanal-Videoserver vorbereitet. Ab jetzt können Sie von einem der zahlreichen Clients die Live-TV-Funktion, Aufnahmen und Timeshift benutzen. Wie Sie dabei vorgehen, verrät das Praxiskapitel in Abschnitt 57.4, »Videoserver und Streaming einsetzen«.

49.3 Kodi, ehemals XBMC – ein luxuriöses Multimedia-Frontend

Was haben Frodo und Isengard gemeinsam? Beide Namen stammen aus der Herr der Ringe Welt von J. R. R. Tolkien und sind außerdem Namensträger für Releases der beliebten Multimedia-Software *XBMC* (*Xbox Media Center*), die seit Version 14 offiziell *Kodi* heißt. Abbildung 49.9 zeigt Ihnen das Kodi-Hauptmenü.

Das Kodi Media Center, als freie und plattformunabhängige Software, ist ideal dazu geeignet, einen leistungsfähigen *HTPC* (*Home Theater PC*) für den Heimgebrauch zu realisieren. Es ist für den maus- und tastaturlosen Betrieb von Kleinrechnern am großen Fernseher konzipiert und unterstützt von Grund auf die wohnzimmertaugliche Bedienung mittels Fernbedienung. Mit Kodi ist es ein Leichtes, multimediale Inhalte wie Filme, Bilder oder Musik zu organisieren, zu katalogisieren und optisch beeindruckend zu präsentieren. Dabei kombiniert Kodi die eigentlichen Mediendateien mit zusätzlichen Inhalten, die es aus dem Internet gewinnt, wie z. B. Filmposter, Trailer, Informationen zu Filmen und Darstellern oder auch Songtexte.

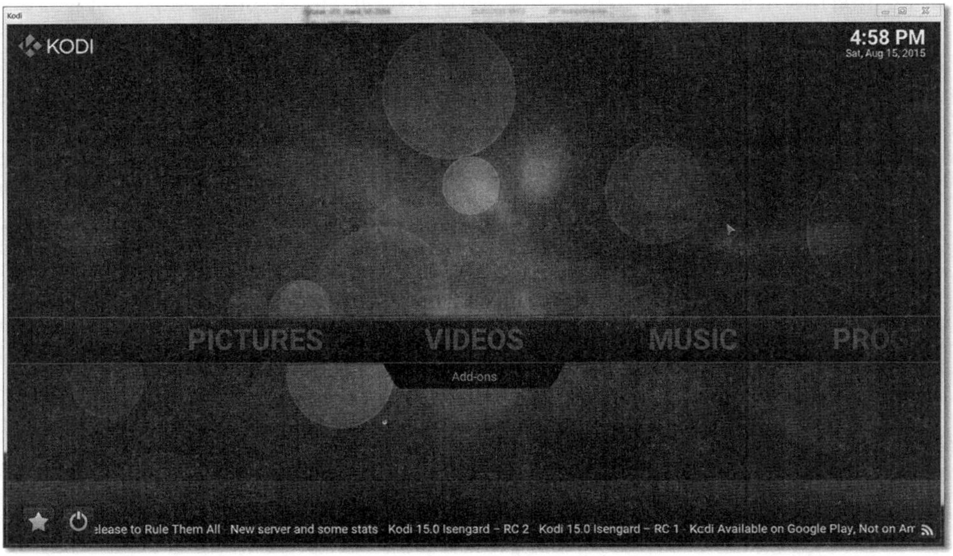

Abbildung 49.9 Kodi 15.0 – das »Isengard«-Hauptmenü

49.3.1 Was leistet Kodi?

Kodi kann fast alles. Was es nicht bereits in der Standardkonfiguration leistet, können Sie oft mit einem der zahlreichen Plug-ins ergänzen. Fast ohne Konfiguration können Sie direkt hiermit loslegen:

- Musikplayer mit Musikbibliotheksverwaltung
- Movie-Player für alle gängigen Formate (inklusive Onlinemedien) mit umfangreicher Videobibliotheksverwaltung und speziellen Features für Serien
- komplette Bilderverwaltung inklusive Slideshow-Funktionen
- UPnP-Unterstützung, erlaubt das Streamen von und zu allen Kodi-Instanzen bzw. anderen UPnP-kompatiblen Geräten
- eingebaute Live-TV-Funktion (PVR = Personal Video Recorder), wobei zahlreiche Backends unterstützt werden
- umfangreiche Fernsteuerbarkeit über JSON-RPC-Interface
- Unterstützung von IR-Fernbedienungen, CEC-kompatiblen Fernsehern und Smartphone-Apps
- fast unbegrenzte Erweiterungsmöglichkeiten durch Add-ons

Ganz ohne Konkurrenz in der Multimedia-Welt ist Kodi natürlich nicht. Wenn Sie sich näher mit diesem Thema beschäftigen möchten, riskieren Sie auch einen Blick auf den ebenfalls sehr leistungsstarken Plex Media Server (*plex.tv*).

49.3.2 Kodi kommt in vielen Verpackungsformen

Die enorme Popularität gewinnt Kodi (*www.kodi.tv*) nicht nur durch seine umfangreichen Fähigkeiten und die große Erweiterbarkeit (Skins, Plug-ins), sondern auch durch die breite Unterstützung unterschiedlicher Hardwareplattformen. Außerdem ist das Kodi-Projekt freie Software unter GPL-Lizenz. Sie können Kodi sowohl als installierbare Software für Windows, Linux, Android, OS X und Weitere bekommen als auch als komplette Distribution. Diese speziellen Linux-Distributionen sind auf den bestmöglichen Betrieb des Kodi Media Centers abgestimmt und bieten ihm die dazu notwendige Umgebung.

Wenn Sie vorhaben, aus einem (Mini-)Rechner einen vollwertigen HTPC zu konstruieren, sind Sie mit dafür ausgelegten Distributionen goldrichtig. Die aktuell bekanntesten sehen Sie in Tabelle 49.5:

Distribution	Plattform	Beschreibung
OpenELEC *http://openelec.tv*	▸ generisch (Intel) ▸ Raspberry Pi ▸ Raspberry Pi 2 ▸ Apple TV ▸ iMX6 ▸ Cubox-i ▸ CuboxTV	▸ Linux-basiert, aber von Grund auf entwickelt ▸ nur 150 MByte groß ▸ Filesystem: Squashfs ▸ Init-System: systemd ▸ keine Paketverwaltung ▸ out of the box: Samba, SSH, Avahi (Zeroconf), cron, Bluetooth, NTP, WLAN, LIRC
Raspbmc *www.raspbmc.com*	Raspberry Pi	wurde zugunsten der Entwicklung von OSMC aufgegeben
OSMC *https://osmc.tv*	▸ Vero ▸ Raspberry Pi ▸ Raspberry Pi 2 ▸ i.MX6 ▸ Apple TV (1. Gen.)	Nachfolger von Raspbmc, aktuell erst in Alpha-Version

Tabelle 49.5 Auf Kodi optimierte Distributionen

Distribution	Plattform	Beschreibung
XBian *www.xbian.org*	▸ Raspberry Pi ▸ Raspberry Pi 2 ▸ CuBox-i	▸ Minimal-Debian als Basis ▸ out of the box: Samba, CEC, LIRC, AutoFS, Airplay, VNC Server ▸ BTRFS-Tools ▸ Besonderheiten: Rolling Releases (wöchentlich) ▸ BTRFS mit Snapshots ▸ Emergency Shell

Tabelle 49.5 Auf Kodi optimierte Distributionen (Forts.)

49.3.3 Die Installation von OpenELEC auf dem Raspberry Pi

Lassen Sie uns gemeinsam die Distribution *OpenELEC* (aktuelle Version 5.0.5 mit Kodi 14.2 Helix) auf einem Raspberry Pi 1 installieren und konfigurieren. ELEC steht für *Embedded Linux Entertainment Center* und deutet bereits an, dass OpenELEC für kleine Hardware konzipiert wurde. Die aktuellen Builds finden Sie immer auf *openelec.tv/get-openelec*. Für den RasPi in der Modellvariante A/B/B+ ist das File *OpenELEC 5.0.5 (arm) Diskimage* das richtige.

Das gepackte File müssen Sie nach dem Download zuerst entpacken (z. B. mit dem Tool 7zip unter Windows) und anschließend mit Win32DiskImager auf eine SD-Karte schreiben. Die Vorgehensweise ist dabei dieselbe wie im Praxisbeispiel zum Thema Raspbian (siehe Abschnitt 4.2.2, »Geben Sie Ihrem RasPi ein Betriebssystem«).

Im nächsten Schritt booten Sie den Raspberry Pi von der neu erzeugten SD-Karte, wobei Sie für die ersten Schritte eine Tastatur und/oder eine Maus und den Bildschirm anschließen, an dem Sie später den HTPC-RasPi benutzen. Verbinden Sie den Pi zusätzlich mit Ihrem Netzwerk über ein Ethernet-Patch-Kabel. Der WLAN-Betrieb ist für einen HTPC weniger geeignet. Nachdem Sie die Spannungsversorgung angebracht haben, startet der RasPi bereits, und auf dem Bildschirm sollten Sie nacheinander den OpenELEC- und den Kodi-Splash-Screen sehen.

49.3.4 Die ersten Konfigurationsschritte

Nach dem ersten Start fordert Sie Kodi dazu auf, ein paar Konfigurationsentscheidungen zu treffen:

- Setzen Sie die REGIONAL SETTINGS auf GERMAN.
- Geben Sie Ihrem HTPC einen neuen Namen, den Sie im Netzwerk künftig gut wiederfinden. »OpenELEC« wäre etwas zu allgemein, besser ist z. B. »HTPC-Schlafzimmer«.

- Die Netzwerkeinstellungen können Sie erst einmal unverändert quittieren, worauf Ihr HTPC eine per DHCP zugewiesene IP-Adresse bekommt. Später ändern wir diese auf eine statisch vergebene.
- Aktivieren Sie im nächsten Konfigurationsschritt den SSH-Server zusätzlich zum Samba-Server.

49.3.5 Einstellen der Grundoptionen

Der erste Besuch auf der neuen Kodi-Benutzeroberfläche sollte dem OpenELEC-AddOn CONFIGURATION gelten, das Sie im Hauptmenü unter OPTIONEN • OPENELEC finden. Im Register SYSTEM setzen Sie zuerst Ihre TASTATURBELEGUNG auf DE, und im Register NETZWERK geben Sie im Feld ZEIT SERVER (NTP) die IP-Adresse Ihres NTP-Servers (in der Regel Ihr Router, z. B. 192.168.178.1) an.

Öffnen Sie anschließend, wiederum vom Kodi-Hauptmenü aus, die Funktion OPTIONEN • EINSTELLUNGEN und passen Sie dort im Register SYSTEM den Wert für VIDEO-HARDWARE Ihrem Fernsehgerät an (beispielsweise 1920X1080P).

49.3.6 OpenELEC-Optimierungsmaßnahmen

Im Praxisteil dieses Buchs, genauer gesagt in Kapitel 56, stoßen Sie abermals auf Kodi, und zwar in seiner Rolle als komfortables Multimedia-Frontend, insbesondere als Streaming-Client für Live-TV. Wenn Sie die Beispielanwendung dort durcharbeiten, werden Sie höchstwahrscheinlich feststellen, dass die TV-Live-Funktion entweder ziemlich ruckelt oder nicht synchron zur Audioausgabe ist – oder sogar beides. Der kleine RasPi läuft mit Kodi an seiner Performancegrenze, und das ist deutlich zu spüren. Mit ein paar wirkungsvollen Tuning-Maßnahmen verschaffen Sie ihm jedoch genügend Luft, um auch seine neue Aufgabe als HTPC anstandslos zu meistern.

Editieren der Konfigurationsdatei /flash/config.txt (Abbildung 49.10)

Den Großteil der Optimierungsmaßnahmen führen Sie über die OpenELEC-Datei *config.txt* durch. Öffnen Sie dazu mit PuTTY oder KiTTY eine SSH-Verbindung zu Ihrem RasPi und loggen Sie sich über die folgenden SSH-Zugangsdaten (Grundeinstellung) ein:

- USER: root
- PASSWORD: openelec

Den SSH-Server haben Sie während der Grundkonfiguration bereits aktiviert (siehe Abschnitt 49.3.4, »Die ersten Konfigurationsschritte«), ansonsten müssten Sie diesen Schritt jetzt nachholen.

Die Konfigurationsdatei *config.txt* finden Sie im Verzeichnis */flash*. Da dieser Ordner jedoch als *readonly* gemountet wurde, müssen Sie ihn als *read/write* neu einhängen:

```
mount /flash -o remount,rw
cd /flash
```

Die Konfigurationsdatei lässt sich anschließend modifizieren (Abbildung 49.10):

```
nano config.txt
```

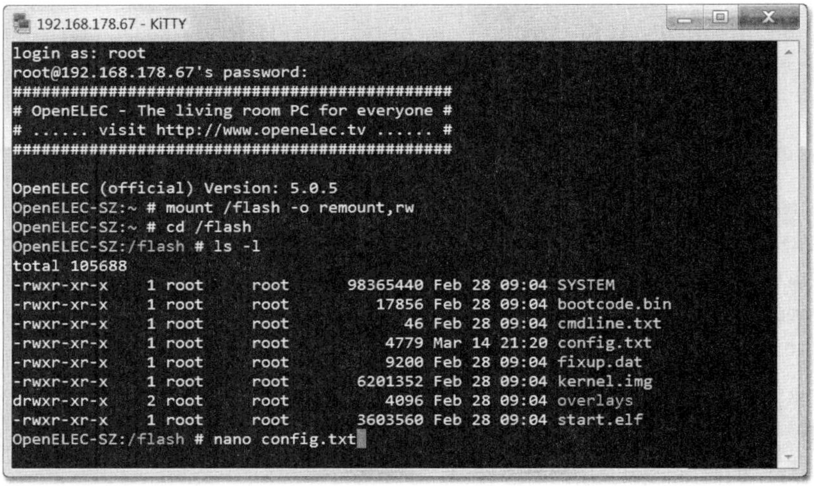

Abbildung 49.10 Editieren der OpenELEC-Config-Datei /flash/config.txt

Wählen Sie den Overclocking-Modus

Die erste Optimierung betrifft die Overclocking-Einstellung des RasPi. In der Grundeinstellung ist sie deaktiviert, darf aber durchaus auf *High* oder *Turbo* gesetzt werden. Dazu entfernen Sie die Kommentarzeichen der folgenden Parameter und belegen diese mit den gewünschten Werten aus der Overclocking-Tabelle (in Abbildung 49.11: Einstellung für *Turbo*):

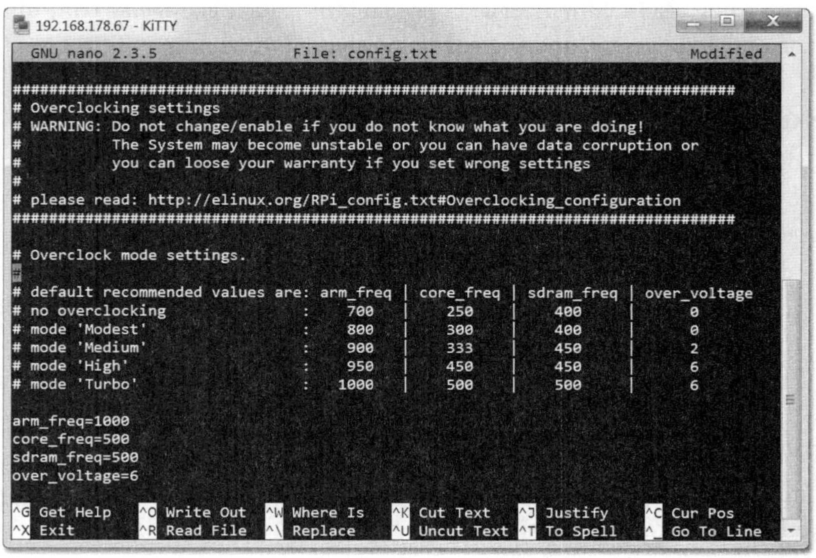

Abbildung 49.11 Setzen der Optimierungsparameter: arm_freq, core_freq, sdram_freq und over_voltage

HDMI-Optimierung

Um zu verhindern, dass Sie in Zukunft beim Hochfahren des HTPC keine Bildausgabe auf dem Fernseher erhalten (sollte dieser erst nach dem Start des RasPi eingeschaltet worden sein), entfernen Sie bitte das Kommentarzeichen in der Zeile `hdmi_force_hotplug`.

```
# Force HDMI even if unplugged or powered off
hdmi_force_hotplug=1
```

Erlauben Sie den Einsatz einer Fernbedienung

Der beste HTPC nützt Ihnen wenig, wenn sich dieser nicht komfortabel per Infrarotfernbedienung steuern lässt. Kodi ist dafür vorbereitet, es bedarf jedoch einer zusätzlichen Konfigurationszeile in */flash/config.txt*. Fügen Sie bitte den folgenden Block ein:

```
# IR-Fernbedienung erlauben
device_tree_overlay=lirc-rpi
```

GPU-Hardwaredecodierung lizenzieren

Der letzte Optimierungsschritt ist gleichzeitig der wichtigste. Um dem RasPi bei der Decodierung von Videomaterial richtig Beine zu machen, müssen Sie ihm erlauben, seinen Grafikprozessor (GPU) für diese Arbeit einzusetzen. Dazu ist etwas (kostenpflichtige) Vorarbeit nötig, denn Sie müssen für die MPEG2-Decodierung eine Lizenz erwerben. Diese erhalten Sie für ca. 2,40 £ (umgerechnet etwa 3,37 €) im Raspberry Pi-Onlineshop unter *www.raspberrypi.com/license-keys*. Bei der Bestellung des *MPEG-2 license key* werden Sie aufgefordert, die 16-stellige Serial-Nummer Ihres RasPi anzugeben. Diese ermitteln Sie am einfachsten über das Kommando `cat /proc/cpuinfo` in einer SSH-Shell. Die Ausgabe liefert in der letzten Zeile (SERIAL) die benötigte Nummer. Nach Abschluss und Bezahlung der Bestellung erhalten Sie Ihren persönlichen Lizenzschlüssel per E-Mail. Diesen geben Sie in der Datei */flash/config.txt* bekannt, eine dafür vorbereitete Zeile (`decode_MPG2`) ist bereits enthalten. Entfernen Sie das Kommentarzeichen und fügen Sie Ihren persönlichen Schlüssel ein:

```
################################################################
# License keys to enable GPU hardware decoding for various codecs
# to obtain keys visit the shop at http://www.raspberrypi.com
################################################################
decode_MPG2=0x???????
# decode_WVC1=0x00000000
# decode_DTS=0x00000000
# decode_DDP=0x00000000
```

Abschlussarbeiten (Abbildung 49.12)

Die wichtigsten Arbeiten an der Konfigurationsdatei haben Sie jetzt erledigt. Nach diesen Änderungen wandeln Sie das Filesystem wieder in *readonly* um und starten den RasPi neu:

```
mount -o remount,ro /flash
reboot
```

Überprüfen Sie in einer SSH-Shell, was Sie geleistet haben. Mit `vcgencmd codec_enabled MPG2` lassen Sie sich anzeigen, ob Ihre Lizenz aktiviert ist. Das Kommando `cat /sys/class/thermal/thermal_zone0/temp` gibt Ihnen die aktuell gemessene Temperatur des RasPi an, die durch die Übertaktung etwas ansteigt (Sie müssen sich ein Komma nach den ersten beiden Ziffern denken). Befürchtungen brauchen Sie keine zu haben, denn wenn die CPU-Temperatur über 85 °C steigt, taktet sich der Raspberry Pi automatisch herunter.

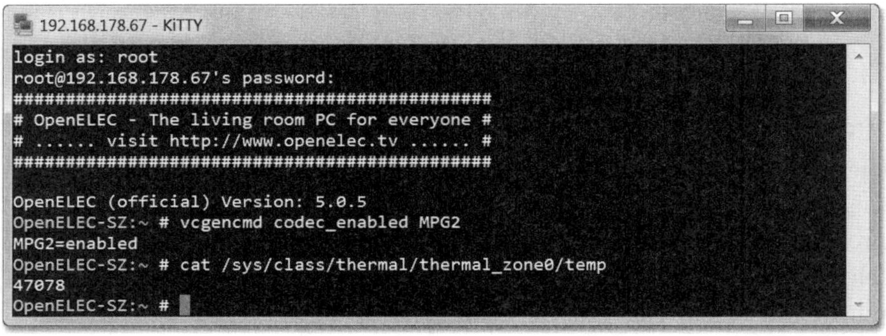

Abbildung 49.12 Aktivierte MPEG2-Lizenz und Messung der RasPi-Temperatur (hier: 47,08 °C)

Weitere beschleunigende Maßnahmen

Die Optimierungen auf OpenELEC-Ebene über die Konfigurationsdatei sind nicht die einzigen Maßnahmen, die Sie zur allgemeinen Performancesteigerung des kleinen Pi ergreifen können. Wenn Sie Folgendes beachten, erhöhen Sie insgesamt die Geschwindigkeit Ihres Kodi-Systems:

- Schalten Sie den RSS-Feed aus: OPTIONEN • EINSTELLUNGEN • DARSTELLUNG • RSS-NEWSFEED AKTIVIEREN.
- Binden Sie Netzlaufwerke über NFS ein statt über SMB.
- Wenn Sie Laufwerke direkt an den Pi anschließen, sollten diese aus Geschwindigkeitsgründen mit ext2, ext3 usw. formatiert sein statt mit NTFS.
- Im Menü OPTIONEN • EINSTELLUNGEN • VIDEO • WIEDERGABE verbergen sich zwei Optionen, die die Videoausgabe verbessern. Aktivieren Sie beide: BILDWIEDERHOLFREQUENZ AUTOMATISCH AN VIDEO ANPASSEN und SYNCHRONISIERE WIEDERGABE MIT BILDSCHIRM.
- Benutzen Sie sparsame Skins wie z. B. Confluence, Metropolis, Amber, Quartz oder Bellow und keinesfalls Schwergewichte wie z. B. Neon und Aeon MQ.

Erweitern Sie Kodi mit Add-ons

Kodi lässt sich nahezu beliebig durch zusätzliche Funktionen (sogenannte Add-ons) erweitern. Eine erste Anlaufstelle für eine kategorisierte Übersicht ist die offizielle Kodi-Webseite: *http://addons.kodi.tv*. Außerdem finden Sie im Wiki (*http://kodi.wiki/view/Add-ons*) Links zu unterstützten Add-ons sowie zu zusätzlichen inoffiziellen 3rd-Party-Repositories.

Add-ons installieren Sie am besten ganz bequem über die Kodi-Benutzeroberfläche, und zwar ausgehend vom Hauptmenü über das Menü SYSTEM • EINSTELLUNGEN • ADD-ONS.

In den sicherlich 1.000 offiziell und inoffiziell verfügbaren Add-ons lassen sich auch einige wenige mit echten Smart-Home-Fähigkeiten finden. In der folgenden Tabelle 49.6 habe ich Ihnen ein paar ausgewählte Add-ons zusammengestellt, die Sie in der Einbindung Ihres HTPC in eine intelligente Gebäudesteuerung unterstützen und Bezug nehmen auf hier in diesem Buch vorgestellten Softwareprojekte:

Add-on	Beschreibung
MPD Client *http://addons.kodi.tv/show/script.mpdc/*	Erlaubt die Steuerung eines MPD-Servers direkt von Kodi aus.
FHEM Home Cinema *http://addons.kodi.tv/show/service.fhem-cinema/*	Kann Kommandos an einen FHEM-Server oder eine HomeMatic-CCU senden.
Pushbullet *http://addons.kodi.tv/show/service.push-bullet/*	Ein Pushbullet-Client, der Push-Nachrichten senden und empfangen kann (auch Bilder).
Sonos *http://addons.kodi.tv/show/script.sonos/*	Erlaubt einfache Sonos-Fernsteuerung.

Tabelle 49.6 Kodi-Add-ons mit Smart-Home-Hintergrund

49.3.7 Kodi fernsteuern

Kodi lässt sich wunderbar fernsteuern, und zwar über seine eingebaute Schnittstelle *JSON-RPC*. JSON-RPC (*JavaScript Object Notation Remote Procedure Call*) ist ein flexibel einsetzbares, textbasiertes Protokoll, das asynchrone Kommunikation unterstützt und über unterschiedliche Kommunikationsprotokolle übertragen werden kann (z. B. TCP, HTTP, Websocket). JSON-RPC-Anfragen und Antworten enthalten generell eine ID, was eine einfache Zuordnung von Antworten zu den vorher gestellten Anfragen ermöglicht (daher auch asynchron).

Wie funktioniert JSON?

Das JSON-RPC-Kommunikationsmodell unterscheidet zwischen *Requests* (Anfragen vom Client an den Server) und *Responses* (die Antworten des Servers auf eine Anfrage). Eine spezielle Form der Requests stellen die *Notifications* dar. Sie besitzen kein id-Feld und dürfen in beide Übertragungsrichtungen verwendet werden. Die JSON-RPC-2.0-Spezifikation sieht keine Antwort auf eine Notification vor. Abbildung 49.13 zeigt den Aufbau der drei Funktionalitäten:

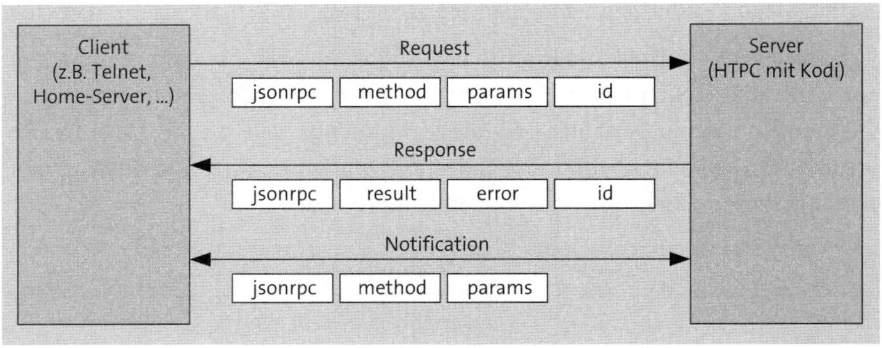

Abbildung 49.13 Das JSON-RPC-Kommunikationsmodell

Die Bedeutung der Nachrichtenbestandteile entnehmen Sie der folgenden Tabelle 49.7:

Feld	Bedeutung
jsonrpc	JSON-RPC-Protokollversion. Muss exakt »2.0« sein.
method	Name der Methode, die aufgerufen werden soll, z. B. »Application.SetVolume« oder »Player.PlayPause«
params	die Parameter, die an die Methode übergeben werden, z. B. »Player.Id playerid«
id	Die ID (String oder Zahl) wird vom Client vergeben und vom Server in seiner Antwort widergespiegelt. Sie dient zur Korrelation von Request und Response.
result	Enthält die Antwort der auf dem Server ausgeführten Methode.
error	Wird vom Server im Fall eines Fehlers eingefügt und enthält dann drei Unterfelder (code, message, data).

Tabelle 49.7 Bestandteile der JSON-RPC-Telegramme

Die offizielle JSON-RPC-Spezifikation finden Sie unter *http://www.jsonrpc.org/specification*, die Zusammenfassung aller Methoden, die für Kodi implementiert wurden, steht auf *http://kodi.wiki/view/JSON-RPC_API/v6* bereit. Aktuell (für Kodi ab Version 14.1 Helix) gilt die JSON-RPC-2.0-API-Version 6.

JSON-RPC für TCP-Kommunikation erlauben

Im Folgenden gehe ich davon aus, dass TCP als Transportprotokoll für JSON-RPC eingesetzt wird. TCP eignet sich gut für die Automatisierung, z. B. über den Gira HomeServer. Ein Praxisbeispiel dazu finden Sie in Abschnitt 57.6, »Integration ins Smart Home«.

Als Vorbereitung aktivieren Sie im Menü OPTIONEN • EINSTELLUNGEN • SYSTEM • DIENSTE • FERNBEDIENUNG die Checkbox STEUERUNG ÜBER LOKALE PROGRAMME ZULASSEN. Bereits jetzt lassen sich über eine Telnet-Verbindung zum Kodi-Rechner ein paar erste JSON-RPC-Tests durchführen. Öffnen Sie dazu bitte mit PuTTY oder KiTTY eine Telnet-Session auf Port 9090. In das leere Telnet-Fenster geben Sie die Anfrage als Zeichenkette ein, in diesem Fall für eine `ping`-Anweisung. Die Syntax lautet (Abbildung 49.14): `{"jsonrpc": "2.0", "method": "JSONRPC.Ping", "id": 1}`.

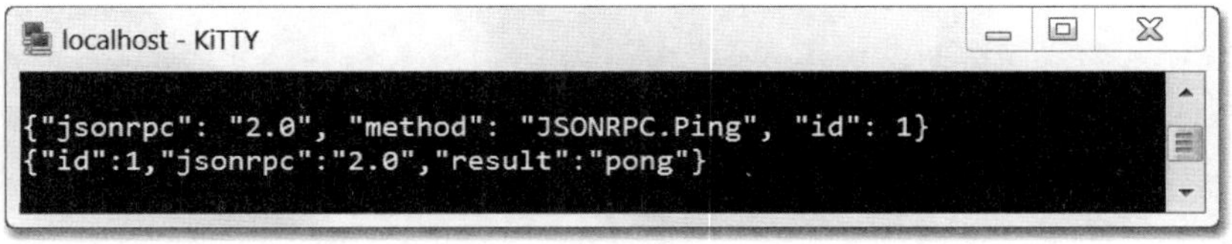

Abbildung 49.14 Eine erste Kommunikation mit Kodi über JSON-RPC

Kodi antwortet Ihnen unmittelbar auf Ihre `ping`-Anfrage mit einer `pong`-Antwort. So weit, so gut – funktioniert.

Vergleichen Sie bitte Ihren eingegebenen Request und die Kodi-Antwort darauf mit Abbildung 49.13. Bestimmt erkennen Sie im Aufbau der beiden Datenpakete das Kommunikationsmodell wieder. Ihre Anfrage besteht aus den durch Kommata getrennten Feldern `jsonrpc` (»2.0«), `method` (»JSONRPC.Ping«) und `id` (1). Ein `params`-Feld ist nicht enthalten, die Methode Ping unterstützt keine. Die Antwort ist aus `jsonrpc`, `result` und der aus der Anfrage übernommenen `id` (1) aufgebaut. Das Feld `error` wurde nicht benötigt.

Besonders spektakulär sieht das Erreichte zwar noch nicht aus, aber Sie werden sehen, dass sich über diese Schnittstelle viele Automatisierungsaufgaben lösen lassen (Beispiele in Tabelle 49.8).

Kommando	Beschreibung
Kodi-Rechner ausschalten	`{"jsonrpc": "2.0", "method": "System.Shutdown"}`
Lautstärke einstellen	`{"jsonrpc": "2.0", "method": "Application.SetVolume", "params": {"volume": <Lautstärke>}, "id": 1}` Für <Lautstärke> setzen Sie einen Wert zwischen 0 und 100 ein (Prozent).
Player mit der playerid 0 starten bzw. pausieren	`{"jsonrpc": "2.0", "method": "Player.PlayPause", "params": { "playerid": 0 }, "id": 1}`

Tabelle 49.8 Kodi-Fernsteuerung mit JSON-RPC in Beispielen

Kapitel 50

Erstaunliche Möglichkeiten mit Open-Source-Automation

Dieses randvoll gepackte Kapitel zeigt Ihnen die wahren Softwareperlen im Automatisierungsbereich. Sie lernen die bereits oft angesprochenen Projekte eibd (ein KNX-Daemon), openHAB, FHEM, SmartHome.py/ smartVISU und viele weitere kennen.

Alle in diesem Kapitel vorgestellten Softwareprojekte sind die perfekten Begleiter für den anspruchsvollen Automatisierer. Die komplett kostenlosen Lösungen decken eine große Bandbreite von Anforderungen im Smart Home ab, von Buszugriff über Logik-Engine bis hin zu Visualisierung und Smart Metering. Lassen Sie sich also überraschen, was sie zu bieten haben.

50.1 libSML – Zählerstände lesen

Mit der *Smart Message Language* (*SML*) wurde ein Kommunikationsprotokoll für Stromzähler geschaffen, das in erster Linie zum Austausch von Messdaten verwendet wird, aber unter anderem auch für Firmware-Updates eingesetzt werden kann. SML-Informationseinheiten (= SML-Dateien) werden entweder in Textform oder als Binärdaten übertragen und lassen sich bei den meisten Zählern (z. B. eHz) über eine Infrarotschnittstelle abtasten.

Die *libSML* (*www.github.com/dailab/libsml*) ist eine Bibliothek (Lizenz: GPL), die genau diese SML-Protokolldaten interpretieren kann.

50.1.1 Die libSML kompilieren

Die Kompilierung beispielsweise unter Ubuntu ist denkbar einfach. Installieren Sie zuerst die notwendigen Abhängigkeiten mit:

```
sudo apt-get install uuid-dev uuid-runtime
```

und kompilieren Sie auf Ihrem Rechner die aktuelle Version aus dem git-Repository:

```
cd /usr/src
sudo git clone https://github.com/dailab/libsml.git
```

```
cd libsml
sudo make
```

Nach erfolgreicher Übersetzung finden Sie im Unterverzeichnis *sml* die Library und im *examples*-Verzeichnis einen bereits kompilierten Beispielcode, um einen Zähler über das SML-Protokoll auszulesen.

50.1.2 Ein erster Testlauf

Der Beispielcode funktioniert in diesem Fall leider noch nicht für den Raspberry Pi, das lässt sich aber einfach beheben. Ändern Sie zunächst die Rechte der Beispieldateien ab:

```
sudo chown pi:pi examples
cd examples
sudo chown pi:pi *
```

Als Nächstes stellen Sie sicher, dass an dem auszulesenden Zähler der notwendige IR-Optokopf montiert (Schema in Abbildung 50.1) und über USB an den RPi angeschlossen ist. Informationen über einen geeigneten Optokopf finden Sie in Abschnitt 35.3, »Infrarotlesekopf«.

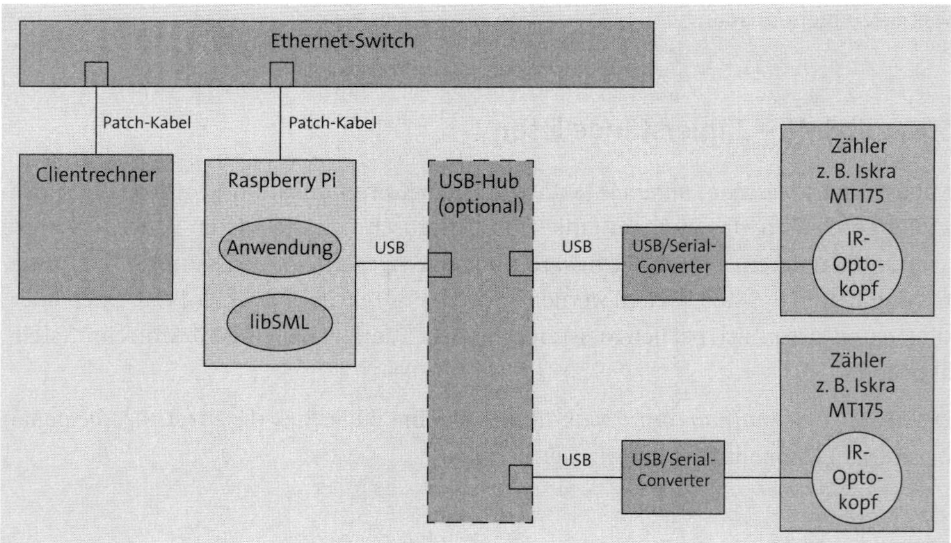

Abbildung 50.1 Mit libSML Stromzähler abfragen

Mit folgendem Shell-Kommando finden Sie heraus, welches USB-Device Ihrem Optokopf zugeordnet wurde:

```
dmesg |grep pl23
```

Im folgenden Screenshot (Abbildung 50.2) wurden zwei Köpfe gefunden und den USB-Devices *ttyUSB0* und *ttyUSB1* zugeordnet:

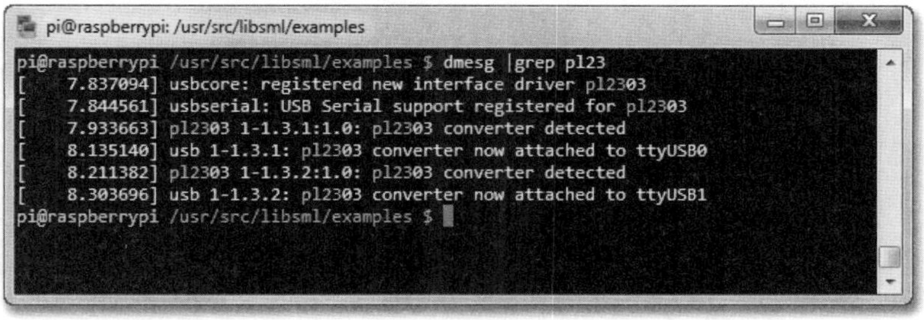

Abbildung 50.2 USB-Devices für IR-Optoköpfe

Mit einem Editor ändern Sie jetzt die `main`-Funktion (ganz unten) in der Datei *sml_server.c* so ab, dass Sie den Device-Namen für das richtige USB-Device in der Kommandozeile übergeben dürfen.

Zu modifizieren ist lediglich die Codezeile

```
char *device = "/dev/ttyUSB0";
```

die Sie mit

```
char *device = argv[1];
```

ersetzen. Die Funktion `transport_receiver` ersetzen Sie komplett durch folgenden Code:

```
void transport_receiver(unsigned char *buffer, size_t buffer_len) {
  // Danke an Axel (tuxedo) für seinen Beispielcode
  int i;
  double value;
  sml_file *file = sml_file_parse(buffer + 8, buffer_len - 16);
  // the sml file is parsed now

  for (i = 0; i < file->messages_len; i++) {
    sml_message *message = file->messages[i];
    if (*message->message_body->tag == SML_MESSAGE_GET_LIST_RESPONSE) {
      sml_list *entry;
      sml_get_list_response *body;
      body = (sml_get_list_response *) message->message_body->data;
      for (entry = body->val_list; entry != NULL; entry = entry->next) {
        switch (entry->value->type) {
          case 0x51: value= *entry->value->data.int8; break;
          case 0x52: value= *entry->value->data.int16; break;
          case 0x54: value= *entry->value->data.int32; break;
          case 0x58: value= *entry->value->data.int64; break;
          case 0x61: value= *entry->value->data.uint8; break;
          case 0x62: value= *entry->value->data.uint16; break;
          case 0x64: value= *entry->value->data.uint32; break;
          case 0x68: value= *entry->value->data.uint64; break;
```

```
                default:
                  value = 0;
              }
              int scaler = (entry->scaler) ? *entry->scaler : 1;
              if (scaler==-1)
                value *= 0.0001;
              if (value) {
                printf("%d-%d:%d.%d.%d*%d#%.3f#\n",
                  entry->obj_name->str[0], entry->obj_name->str[1],
                  entry->obj_name->str[2], entry->obj_name->str[3],
                  entry->obj_name->str[4], entry->obj_name->str[5],
                  value);
              }
            }
            sml_file_free(file);
            exit(0); // processed first message - exit
          }
        }
      }
```

Speichern und beenden Sie den Editor und kompilieren Sie das Beispiel mit `make` neu.

Sie können jetzt unmittelbar das erzeugte Executable starten und sich vom Ergebnis überzeugen (Abbildung 50.3). Ein Aufruf von `./sml_server /dev/ttyUSB0` liefert drei Messages, von denen die erste dem aktuellen Zählerstand in kWh (Tarif 1) entspricht und die dritte dem Momentanverbrauch in Watt.

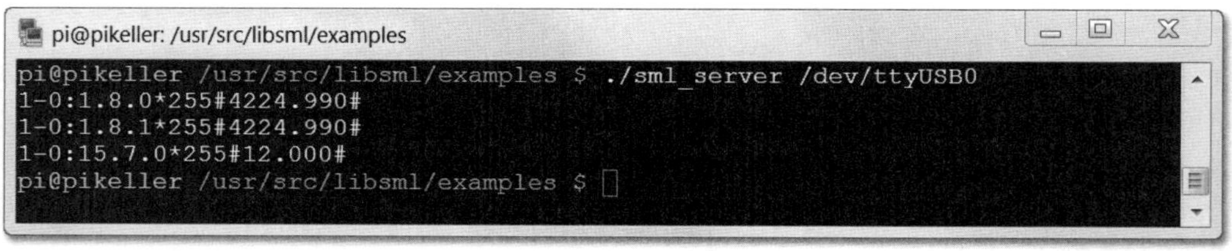

Abbildung 50.3 Drei SML-Messages werden empfangen.

Im Praxisbeispiel zum Thema Smart Metering in Kapitel 61 setzen wir an genau diesem Punkt wieder an, und Sie erfahren, wie Sie die Nutzdaten decodieren, protokollieren und visualisieren.

50.2 eibd – der EIB-Daemon

Mit *eibd* existiert ein Linux-Daemon, der über TCP/IP und ein simples Protokoll den Zugriff auf den EIB/KNX-Bus zur Verfügung stellt. Dazu benötigt eibd ein physikalisches Interface auf den KNX, wobei folgende unterstützt werden:

- PEI16/BCU 1 (serielles Interface)
- FT1.2/BCU 2
- TPUART
- EIBnet/IP Routing and Tunneling
- USB

Aus dem eibd-Projekt (mit bcuskd-0.0.5) entsteht übrigens aktuell ein Fork mit dem Namen *knxd* (*https://github.com/knxd/knxd/wiki*). Es lohnt sich, diese Weiterentwicklung ebenfalls auf dem Radar zu haben. Das Team um knxd freut sich außerdem immer über Mitstreiter für dieses in der KNX-Welt sehr wichtige Softwarepaket.

50.2.1 Die Installation von eibd

Ein einfaches Beispiel-Setup (Abbildung 50.4) könnte so aussehen: Auf einem Raspberry Pi (oder einem anderen Linux-System) läuft der eibd-Service im Hintergrund und ermöglicht den KNX-Buszugriff mittels einer über IP angebundenen KNX-IP-Schnittstelle. Natürlich können Sie statt der IP-Schnittstelle auch einen KNX-IP-Router einsetzen und haben dabei sogar den Vorteil, dass mehrere Verbindungen gleichzeitig möglich sind.

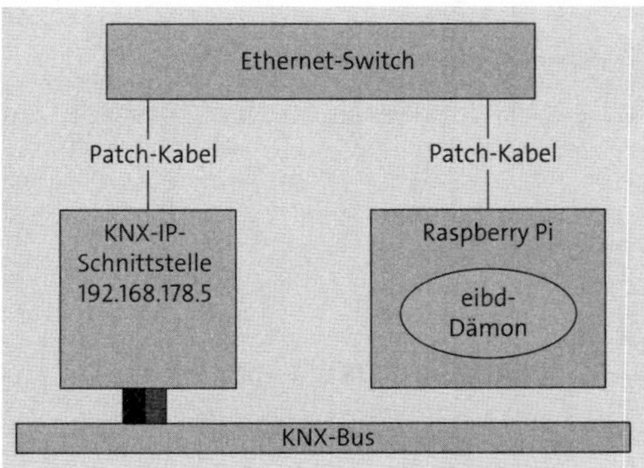

Abbildung 50.4 Beispiel-Setup für eibd

Die »Hardcore«-Installation: eibd selbst kompilieren

Sie haben im Einführungsbeispiel in Kapitel 4, »Abstecher in die Praxis«, bereits einen RasPi eingerichtet, jetzt ist es an der Zeit, diesen zusätzlich mit eibd auszustatten. Um eibd erfolgreich auf Ihrem System zu installieren, benötigen Sie zwei Softwarepakete:

1. **pthsem**: eine spezielle Variante der GNU User Mode Multi Threading Library mit Semaphorenunterstützung
2. **bcusdk**: eine freie Entwicklungsumgebung für KNX-BCUs

Die Installation des eibd-Service auf dem RasPi nehmen Sie über folgende Schritte vor:

```
cd /usr/src
sudo su
```

Werfen Sie jeweils einen Blick auf *http://sourceforge.net/projects/bcusdk/files/pthsem* und *http://sourceforge.net/projects/bcusdk/files/bcusdk*, um herauszufinden, welche Versionen von pthsem und bcusdk aktuell sind. In meinem Fall waren das *pthsem_2.0.8.tar.gz* und *bcusdk_0.0.5.tar.gz*, folglich würden Sie sich mit den folgenden beiden Kommandos die benötigten aktuellen Pakete holen:

```
wget http://sourceforge.net/projects/bcusdk/files/pthsem/pthsem_2.0.8.tar.gz
wget http://downloads.sourceforge.net/project/bcusdk/bcusdk/bcusdk_0.0.5.tar.gz
```

Entpacken Sie beide Archive und kompilieren Sie zuerst pthsem:

```
tar -xvf pthsem_2.0.8.tar.gz
tar -xvf bcusdk_0.0.5.tar.gz
cd pthsem*
./configure
make
make install
```

Nach erfolgreicher Installation von pthsem konfigurieren und kompilieren Sie ebenfalls bcusdk und installieren es:

```
cd ../bcusdk*
export LD_LIBRARY_PATH=/usr/local/lib
./configure --without-pth-test --with-mctx-mth=sjlj --with-mctx-dsp=ssjlj
--with-mctx-stk=sas --enable-onlyeibd --enable-eibnetip --enable-eibnetiptunnel
--enable-eibnetipserver --enable-groupcache --enable-usb
make
make install
exit
```

Bereiten Sie jetzt mit folgenden Kommandos noch den Start des eibd-Service vor:

```
echo "/usr/local/lib" | sudo tee -a /etc/ld.so.conf.d/bcusdk.conf
sudo ldconfig
sudo touch /var/log/eibd.log
sudo chown $USER /var/log/eibd.log
```

Sie starten eibd mit folgender Anweisung (die IP-Adresse ersetzen Sie dabei bitte mit der Ihrer eigenen KNX-IP-Schnittstelle):

```
/usr/local/bin/eibd -D -S -T -i --eibaddr=0.0.1 --daemon=/var/log/eibd.log
--no-tunnel-client-queuing ipt:192.168.178.5
```

Um eibd bei jedem Reboot des RasPi wieder automatisch zu starten, genügt es, die letzte Anweisung in das File */etc/rc.local* aufzunehmen, und zwar mit `sudo nano /etc/rc.local`.

Eine schönere Möglichkeit, nämlich ein Init-Skript für den eibd zu schreiben, finden Sie im Linux-Grundlagenteil in Abschnitt 14.6.6, »Ein eigenes Init-Skript schreiben«.

Für x64-Systeme: komfortable Installation über apt-get

Wenn Sie eibd nicht auf dem RasPi installieren, sondern auf einem x64-System (wie z. B. der Ubuntu-VM aus dem FHEM-Beispiel in Abschnitt 50.5), läuft die Installation wesentlich komfortabler ab. Lediglich folgende Schritte sind notwendig:

Fügen Sie eine neue Paketquelle mit

```
nano /etc/apt/sources.list
```

hinzu und fügen Sie diese beiden Zeilen am Dateiende ein:

```
deb http://www.auto.tuwien.ac.at/~mkoegler/debian eib main
deb-src http://www.auto.tuwien.ac.at/~mkoegler/debian eib main
```


Speichern Sie, verlassen Sie den Editor und übergeben Sie die restliche Arbeit an apt:

```
sudo apt-key adv --keyserver keyserver.ubuntu.com --recv-keys 3CB5CB58
sudo apt-get update
sudo apt-get install bcusdk
```

Mehr ist gar nicht notwendig, wie ein `eibd -V` beweist.

50.2.2 Mit eibd auf den KNX zugreifen

Ist eibd gestartet, können Sie mit einfachen Shell-Kommandos KNX-Gruppenadressen lesen, beschreiben, den Bus per Busmonitor überwachen, den Speicher von Busgeräten auslesen lassen und vieles mehr. Die wichtigsten Kommandos finden Sie in Tabelle 50.1:

Kommando	Beschreibung
`groupwrite`	eine Gruppenadresse beschreiben (für Werte mit mehr als 6 Bit Breite)
`groupswrite`	wie `groupwrite`, aber für Werte mit weniger als 6 Bit Breite
`groupreadresponse`	Lesetelegramm an eine Gruppenadresse senden und alle Antworten innerhalb einer Sekunde darstellen

Tabelle 50.1 Die wichtigsten eibd-Kommandos

Eine Gruppenadresse beschreiben

Die folgenden beiden Kommandos schreiben erst den Wert 1 und anschließend den Wert 0 auf die Gruppenadresse 0/0/54, was z. B. das Ein- und Ausschalten einer Beleuchtung sein könnte:

```
groupswrite ip:127.0.0.1 0/0/54 1
groupswrite ip:127.0.0.1 0/0/54 0
```

Da in diesem Beispiel `groupswrite` (also die Version für Werte mit weniger als 6 Bit Breite) verwendet wird, muss es sich um eine Gruppenadresse vom Typ EIS1 (zwei Zustände, an und aus) handeln.

Eine Gruppenadresse lesen

In die andere Richtung funktioniert das natürlich genauso. Um beispielsweise den Zustand eines Schaltaktorkanals (Gruppenadresse 0/2/54) anzuzeigen, geben Sie das Kommando:

```
groupreadresponse ip:127.0.0.1 0/2/54
```

50.2.3 Mit eibd automatisieren

Mit dem eben Gelernten und weiteren Linux-Bordmitteln ist bereits eine einfache Automatisierung möglich. Um die zeitliche Komponente beizusteuern, ergänzen Sie einfach Ihre *crontab*.

Mittels des Kommandos `sudo nano /etc/crontab` oder `crontab -e` rufen Sie den Editor auf und fügen folgende zwei Zeilen plus Kommentar ein, die die Außenbeleuchtung (abgebildet in der Gruppenadresse 0/1/2) um 22:00 anschaltet und um 7:00 wieder aus.

```
# Außenbeleuchtung: AN um 22:00, AUS um 7:00
0 22 * * * /usr/bin/groupswrite ip:127.0.0.1 0/1/2 1
0 7 * * * /usr/bin/groupswrite ip:127.0.0.1 0/1/2 0
```

50.2.4 Weitere eibd-Kommandos

Neben Lesen und Beschreiben von KNX-Gruppenadressen bietet Ihnen der eibd-Service noch einiges mehr. Die folgende Tabelle 50.2 zeigt Ihnen weitere nützliche Kommandos:

Kommando	Beschreibung
`vbusmonitor1`	ein Low-Level-Busmonitor
`vbusmonitor2`	Minimal-Busmonitor
`progmodeon`	einen Busteilnehmer in den Programmiermodus setzen
`progmodeoff`	für einen Busteilnehmer den Programmiermodus aufheben
`progmodestatus`	Abfrage, ob ein Busteilnehmer im Programmiermodus ist
`grouplisten`	alle empfangenen Nachrichten einer Gruppenadresse anzeigen
`groupsocketlisten`	einfacher Busmitschnitt
`mpropscan`	Liste aller Eigenschaften eines Device ausgeben

Tabelle 50.2 Weitere nützliche eibd-Kommandos

Kommando	Beschreibung
`mpropdesc`	eine Eigenschaft abfragen
`findknxusb`	mögliche KNX-USB-Interfaces auflisten

Tabelle 50.2 Weitere nützliche eibd-Kommandos (Forts.)

Ein paar Beispiele dazu:

- `/usr/local/bin/groupsocketlisten ip:127.0.0.1` startet einen einfachen Busmonitor.
- `grouplisten ip:127.0.0.1 0/2/54` zeigt alle Nachrichten der Gruppenadresse 0/2/54.

eibd + ROT-Erweiterung = Low-Cost-KNX-IP-Router

Mit der sogenannten ROT-Erweiterung (RTC-OneWire-TPUART) für den RasPi kann der Mini-Rechner direkt an den KNX-Bus angeschlossen werden und fungiert dort als KNX-IP-Router (mit etwas eingeschränkter Funktionalität gegenüber »echten« Routern). Installieren Sie auf dem RasPi lediglich noch den eibd, und Sie erhalten einen wunderbaren Low-Cost-KNX-IP-Router. Weitere Informationen zu der ROT-Erweiterung finden Sie in Abschnitt 27.5, »Extravagant: Der Raspberry Pi als KNX-Schnittstelle«.

Starten Sie eibd mit den Optionen `-D -S -T` (wie in unserem Beispiel), kann zudem die ETS über IP den KNX-Bus programmieren. Um diesen Zugriff einzurichten, wählen Sie in der ETS für eine neue Verbindung den Typ EIBNET/IP und als Port 3671. Sowohl Port 3671 als auch Port 3672 müssen Sie gegebenenfalls noch in der Windows-Firewall freischalten.

50.3 Linknx – Mehrwert für eibd

Linknx (*http://sourceforge.net/projects/linknx*) ist eine sehr ressourcenschonende XML-Schnittstelle für den KNX-Bus, genauer gesagt, ein Aufsatz auf eibd, der drei wesentliche Aufgaben erfüllt:

- Die eingebaute Regel-Engine erlaubt die Ausführung von Aktionen, basierend auf Logikbedingungen und Zeitinformationen.
- Die Konfiguration über eine XML-Datei wird ermöglicht.
- Dem Anwender von Linknx wird der Wert/Zustand aller konfigurierten KNX-Gruppenadressen bereitgestellt.

Insbesondere der letzte Punkt klingt nach wenig Mehrwert gegenüber einer reinen eibd-Buskommunikation, aber der Eindruck trügt. Linknx puffert nämlich alle Gruppenadressen, sodass eine auf Linknx aufgesetzte Visualisierung oder Automatisierung jederzeit den Wert einer Gruppenadresse abfragen kann, ohne dass diese erst vorher über den KNX angefragt werden müsste. Die Folge ist eine deutlich reduzierte KNX-Buslast, selbst bei aufwendigen Anwendungen.

Linknx benötigt dafür keine potente Hardware, sondern läuft wunderbar auf kleinen Linux-Embedded-Systemen, wie z. B. auf OpenWRT-Geräten (Router) oder natürlich auch auf dem RasPi. Abbildung 50.5 zeigt ein Beispiel-Setup:

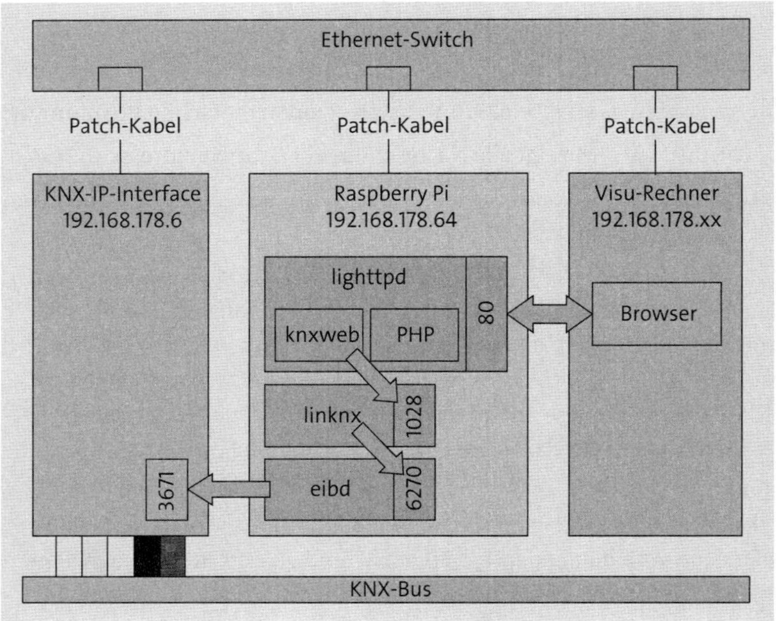

Abbildung 50.5 Typisches Anwendungsszenario für Linknx

50.3.1 Die Einrichtung von Linknx auf dem RasPi

Sehen Sie vor der Installation auf *http://sourceforge.net/projects/linknx/files* kurz nach, welche die aktuelle Version von Linknx ist. In meinem Fall war es die Version 0.0.1.30, die sich mit den folgenden Shell-Kommandos installieren lässt:

```
wget http://sunet.dl.sourceforge.net/project/linknx/linknx/linknx-0.0.1.30/
linknx-0.0.1.30.tar.gz
tar -xzf linknx-0.0.1.30.tar.gz
cd linknx-0.0.1.30
./configure
make
sudo make install
```

Versuchen Sie nach der Übersetzung einen kurzen Testaufruf mit:

```
/usr/local/bin/linknx -V
```

worauf Sie die aktuelle Linknx-Versionsnummer gemeldet bekommen. Als Nächstes legen Sie ein leeres Logfile an, in dem Sie die von Linknx generierten Logging-Informationen finden werden:

```
sudo touch /var/log/linknx.log
sudo chmod 666 /var/log/linknx.log
```

50.3.2 Arbeiten im Konfigurationsfile

Ausgehend von dem Verzeichnis, in das Sie das *tar*-File von Linknx gelegt haben (siehe Abschnitt 50.3.1), finden Sie in *conf/linknx.xml* eine Musterkonfigurationsdatei. Legen Sie eine Kopie davon beispielsweise unter */etc/linknx.conf* ab und öffnen Sie anschließend die neue Datei. Der Aufbau der Konfigurationsdatei ist aus Tabelle 50.3 ersichtlich und untergliedert sich in folgende Sektionen:

Sektion	Beschreibung
services	Basisparameter wie IP-Adresse und Port des eibd-Service sowie SMS, E-Mail, Koordinaten und weitere
logging	Einstellung, ob Linknx den internen Logger für das Beschreiben der Logfiles benutzen soll oder die externe Bibliothek log4cpp
objects	In dieser Sektion werden alle KNX-Objekte (über Gruppenadressen) aufgeführt, die in den Regeln (rules) verwendet werden bzw. über Linknx abgefragt werden können (z. B. durch eine Visualisierung).
rules	Definition der Regeln, also der Logikfunktionen selbst. Eine Regel besteht aus einer Bedingung (z. B. Änderung des Werts einer KNX-Gruppenadresse) und den daraus resultierenden Aktionen.

Tabelle 50.3 Die vier Sektionen im Linknx-Config-File

Nehmen Sie für einen ersten Testlauf direkt ein paar Änderungen vor:

- Fügen Sie direkt unter dem `<config>`-Tag eine neue Zeile ein: `<logging level="WARN"/>`
- Fügen Sie in der `<Objects>`-Sektion ein Objekt ein, das eine bestehende KNX-Gruppenadresse in Ihrem System repräsentiert. Für das Beispiel habe ich eine Außentemperaturinformation mit der ID `temp-aussen` gewählt, die über die GA 4/0/0 verfügbar ist. Die Definition sieht folgendermaßen aus. Nehmen Sie in die Sektion `<objects>` eine neue Zeile auf: `<object type="9.xxx" id="temp-aussen" gad="4/0/0">Temp Aussen </object>`

  Damit haben Sie bereits eine KNX-Gruppenadresse (4/0/0) in Linknx als Objekt `temp-aussen` bekannt gemacht.

Ein wenig knifflig ist die Angabe der `type`-Information. Gehen Sie bei der Bestimmung nach der Tabelle vor, die Sie hier finden: *http://sourceforge.net/p/linknx/wiki/Object_Definition_Syntax/#object-type*

Für unsere Temperaturinformation im 16-Bit-Floating-Point-Format (EIS5) ist der richtige Wert 9.xxx, also: `type="9.xxx"`

Nach der Speicherung des Config-Files können Sie Linknx bereits starten.

50.3.3 Starten von Linknx

Über die folgende Zeile starten Sie Linknx als Daemon:

```
/usr/local/bin/linknx --config=./linknx.conf --daemon=/var/log/linknx.log
```

Das Config-File (im Beispiel: *./linknx.conf*) ersetzen Sie bitte durch Ihren eigenen Pfad (z. B. */etc/linknx.conf*).

50.3.4 Erste Schritte über eine Telnet-Verbindung

Um auszuprobieren, wie Linknx arbeitet, verbinden Sie sich per Telnet mit dem laufenden Linknx-Service:

```
telnet localhost 1028
```

Falls Sie Telnet noch nicht installiert haben, holen Sie das bitte vorher mit `sudo apt-get install telnet` nach.

Sie können über die geöffnete Telnet-Verbindung dem Linknx-Service ein erstes Kommando geben. Beachten Sie, dass Sie jedes Kommando außer mit der [↵]-Taste zusätzlich mit [Strg] + [D] abschließen müssen. Versuchen Sie es zuerst mit einem Versionskommando und anschließend mit der Leseaufforderung einer KNX-Gruppenadresse wie nachfolgend gezeigt:

```
<read><version/></read>
<read><object id="temp-aussen"/></read>
```

Bei Erfolg sieht der Telnet-Dialog wie in Abbildung 50.6 aus.

Die Telnet-Sitzung brechen Sie übrigens ab mit [Strg] + [+] (also Strg-Taste mit der Plustaste), gefolgt von dem Befehl `quit`. Besonders komfortabel ist die Telnet-Methode natürlich nicht, sie zeigt aber sehr schön die Funktionsweise von Linknx. Um auch ohne Visualisierungsaufsatz vernünftig mit Linknx zu kommunizieren, benötigen Sie etwas Unterstützung in Form eines Shell-Clients.

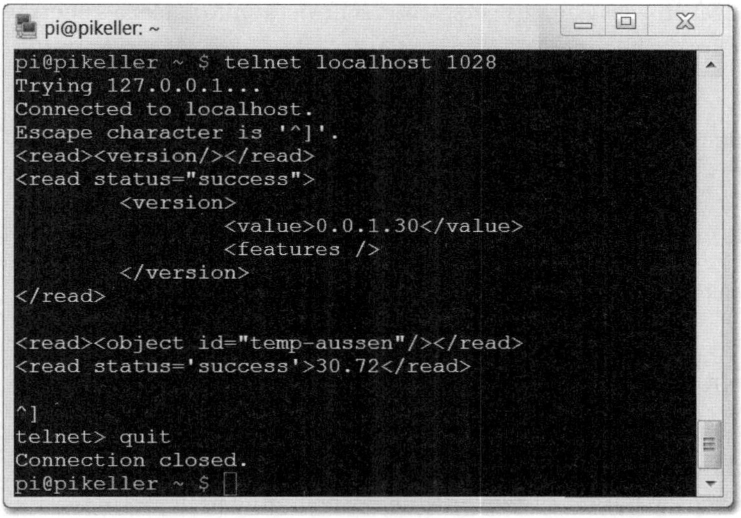

Abbildung 50.6 Aufbau einer Telnet-Verbindung und Absetzen von zwei linknx-Kommandos

50.3.5 Holen Sie sich einen Gehilfen an Bord

Ideal für Linknx-Aufrufe in der Shell ist ein kleines Tool namens *lwknxclient*, das Sie sich wie folgt besorgen:

Schritt 1: log4cpp einrichten

```
cd
wget http://downloads.sourceforge.net/project/log4cpp/log4cpp-1.1.x%20%28new%29/
log4cpp-1.1/log4cpp-1.1.1.tar.gz
tar -xzf log4cpp-1.1.1.tar.gz
cd log4cpp/
./configure --with-log4cpp
make
make check
sudo make install
```

Schritt 2: Den lwknxclient herunterladen

```
cd
wget http://downloads.sourceforge.net/project/cdefranoux.u/lwknxclient
chmod 777
```

Sie können direkt ausprobieren, ob Sie erfolgreich waren:

```
./lwknxclient -r temp-aussen
```

Sie werden mir recht geben – das Ganze ist jetzt schon sehr viel komfortabler als über die Telnet-Verbindung (dazu Abbildung 50.7).

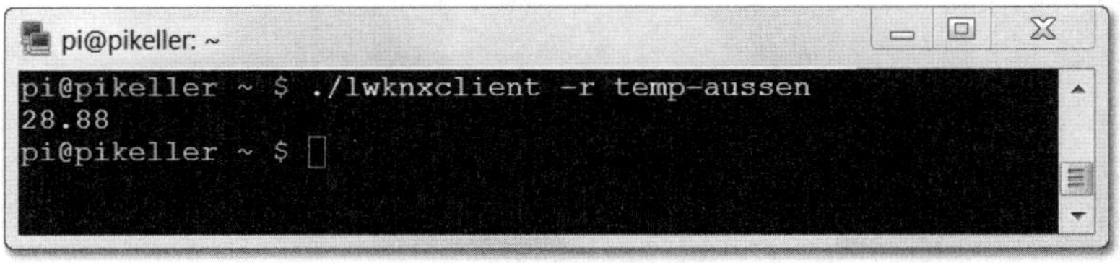

Abbildung 50.7 Sommerliche 28,8 Grad Celsius – mit lwknxclient

50.3.6 Und wie geht es weiter?

Selbstverständlich können Sie Linknx auch pur, also nur zusammen mit eibd, einsetzen, beispielsweise als echte Leichtgewicht-Logikmaschine. Deutlich mehr holen Sie aber heraus, wenn Sie Linknx in ein Gesamtsystem integrieren. Prädestiniert dafür sind:

- *SmartHome.py* als aufgesetztes Automatisierungs-Framework (siehe Abschnitt 50.7).
- Eine Beispielanwendung wie das Smart-Metering-Projekt in Kapitel 61. In diesem Kontext wird Linknx über den lwknxclient in einem Shell-Skript bedient, das wiederum von collectd aufgerufen wird und letztendlich periodische Messdaten für eine InfluxDB-Datenbank erzeugt. Eine tolle Kette an kostenlosen Programmen.
- Die Visualisierung *KnxWeb* (*http://sourceforge.net/p/linknx/wiki/KnxWeb*) bzw. der Nachfolger *KnxWeb2* (*http://sourceforge.net/p/linknx/wiki/KnxWeb2*) ist wie gemacht als Aufsatz für Linknx. KnxWeb funktioniert sogar auf Set-Top-Boxen wie VU+ Solo2.

50.4 OWFS – ein Filesystem für 1-Wire

Das *OWFS* (*One Wire File System*) ist ein leistungsfähiges, aber trotzdem einfach zu benutzendes Zugriffssystem auf den 1-Wire-Bus von Dallas/Maxim. Portiert wurde das hauptsächlich in C entwickelte und ca. 180.000 Codezeilen umfassende Softwareprojekt auf Linux, Windows (Cygwin notwendig), Mac OS X und sogar manche Embedded Router (z. B. diverse FRITZ!Box-Modelle). OWFS ist Open Source unter der GPLv2-Lizenz, darf also kostenlos verwendet werden.

Auf Grundlage der Systembibliothek OWLib, die Ein- und Ausgabefunktionen sowie die Protokollimplementierung des 1-Wire-Standards enthält, bildet OWFS den 1-Wire-Bus wahlweise über einen der folgenden Zugriffsarten an:

1. als Dateisystem (*owfs*),
2. über einen TCP/IP-Server (*owserver, owshell*),

3. durch einen http-Server (*owhttpd*)
4. und weitere Implementierungen.

OWFS unterstützt außerdem gängige Programmiersprachen wie Perl, Python, PHP, TCL, Java und natürlich C.

Ein wenig vergleichbar ist das One-Wire-Filesystem (*www.owfs.org*) mit *Digitemp* (*www.digitemp.com*), es bietet aber wesentlich mehr Möglichkeiten und ist daher für unseren Anwendungszweck das Mittel der Wahl, wenn es um den Zugriff auf den 1-Wire-Bus geht.

50.4.1 Die Installation von OWFS

Sind Sie dem Einführungsbeispiel aus Kapitel 4, »Abstecher in die Praxis«, gefolgt, haben Sie bereits eine lauffähige OWFS-Installation auf Ihrem Raspberry Pi. Die Installation klappt analog dazu auch auf anderen Linux-Systemen. Falls Sie nicht die aktuellste Version von OWFS installieren wollen, bietet sich statt des steinigen Wegs aus dem Einführungsbeispiel auch der alternative Weg über `apt-get` an:

```
sudo apt-get install owfs ow-shell
```

Allerdings wurde zum heutigen Zeitpunkt mit `apt-get` die OWFS-Version 2.8p15 installiert anstelle der neuesten Version 2.9p5.

Sie nehmen nach der Installation am besten noch ein paar kleine Änderungen in der Datei */etc/owfs.conf* vor:

- Entfernen Sie das Kommentarzeichen # vor der Zeile `server: usb = all`.
- Kommentieren Sie die Zeile `server: FAKE = DS18S20,DS2405` aus, setzen Sie also ein # an den Anfang.
- Verfahren Sie ebenso mit der Zeile `ftp: port = 2120`.

Starten Sie den OWFS-Service nach der Änderung mit `sudo service owserver restart` neu.

50.4.2 Die OWFS-Dienste

OWFS ist eine Client/Server-Anwendung, was den Vorteil hat, dass der Serveranteil (*owserver*) auf einem anderen System liegen darf als der Client (*owhttpd, owftpd*). Ebenso ist der Zugriff über das von OWFS bereitgestellte Filesystem (*owfs*) von einem anderen System aus möglich. Selbstverständlich kann aber auch komplett alles geschlossen auf einem Rechner installiert und betrieben werden.

Die bereits erwähnten OWFS-Komponenten sind im Einzelnen für folgende Einsatzzwecke gedacht (siehe Tabelle 50.4):

OWFS-Komponente	Funktion
owserver	Der owserver-Dienst ist sozusagen die Backend-Komponente der OWFS-Installation, er regelt den physikalischen Buszugriff auf den seriell oder per USB angebundenen 1-Wire-Bus. Der owserver stellt den Bus transparent über TCP-Sockets den Clientprozessen (owfs, owhttpd, owftpd) zur Verfügung.
owhttpd	ein eigens für die Abfrage der 1-Wire-Busgeräte enthaltener Webserver, der einem beliebigen Webbrowser eine menügeführte Darstellung aufbereitet
owftpd	Der FTP-Daemon erlaubt den 1-Wire-Buszugriff über FTP. Ähnlich wie bei owhttpd wird der Bus als Directory interpretiert und die einzelnen Sensoren als auslesbare Files.
owshell	Beinhaltet eine Handvoll Shell-Befehle, die den 1-Wire-Buszugriff über Standard-Shell-Programme ermöglichen und dadurch ideal für eigene Shell-Skripte verwendbar sind: ▸ `owdir`: zeigt eine Auflistung (Verzeichnis) der Busdaten und Busteilnehmer ▸ `owread`: Auslesen eines Sensorwerts ▸ `owwrite`: Eigenschaften eines 1-Wire-Geräts ändern ▸ `owget`: Kombination aus `owdir` und `owread`
owmon	Tcl/TK-Tool zur grafischen Ausgabe der Busstruktur, der Teilnehmer und der Verzeichnisse *statistics* und *settings*
owfs	Die Abbildung des kompletten 1-Wire-Bus im Filesystem über FUSE (Filesystem in Userspace). Durch owfs werden 1-Wire-Geräte als Files behandelt, wodurch Standarddateioperationen (lesen, schreiben, Verzeichnis auslesen) ermöglicht werden.

Tabelle 50.4 Die OWFS-Komponenten

50.4.3 OWFS-Praxisbeispiele

Lassen Sie mich das Kapitel mit ein paar Beispielen abschließen:

Auf das 1-Wire-Filesystem zugreifen

Mittels der OWFS-Shell-Befehle lassen sich 1-Wire-Devices komfortabel auflisten und anzeigen (Abbildung 50.8). So liefert z. B. das Kommando `owdir` eine Liste aller Devices und virtueller Unterverzeichnisse, die wiederum virtuelle Dateien beinhalten mit Konfiguration und Statistiken des 1-Wire-Bus.

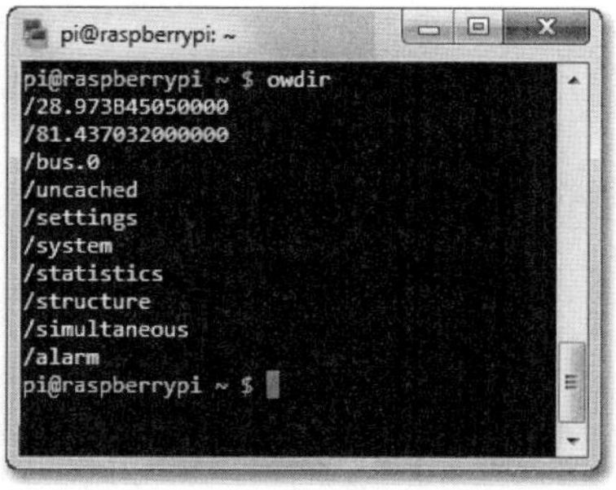

Abbildung 50.8 Die Ausgabe von owdir

Das Verzeichnis mit der führenden *28.* repräsentiert den angeschlossenen Temperatursensor, während das Verzeichnis, das mit *81.* beginnt, die virtuellen Files des 1-Wire-Busmasters enthält.

Sehen wir uns ein paar Beispiele an:

- `owdir /28.973B45050000` zeigt alle virtuellen Files des Sensors.
- `owread /28.973B45050000/temperature` liest den Wert aus dem File *temperature*, das den momentanen Messwert enthält.
- `owread /28.973B45050000/type` gibt den Typ des angesprochenen Sensors aus (DS18B20).
- `owread /statistics/read/bytes` ermittelt, wie viel Bytes gelesen wurden.

Ein Mini-Perl-Skript zum Auslesen eines 1-Wire-Sensors

Das Perl-Modul *OWNet.pm* bietet einen sehr einfachen owserver-Zugang und kann dadurch 1-Wire-Devices auslesen und beschreiben. Das Beispiel in Perl zeigt die Ausgabe der vom Sensor mit der ID 28.973B45050000 aktuell gemessenen Temperatur:

```
#!/usr/bin/perl
use OWNet;
print OWNet::read( "localhost:4304" , "/28.973B45050000/temperature" ) ."\n";
```

Vergessen Sie bitte nicht, für die Sensor-ID Ihren eigenen Wert aus Ihrem Bus-Setup einzusetzen.

Webzugriff auf 1-Wire-Busgeräte

Ein Standardwebbrowser ist ausreichend, um über den Daemon owhttpd eine Geräteauflistung des 1-Wire-Bus abzufragen sowie die Attribute einzelner Sensoren. Das Einführungsbeispiel aus Kapitel 4 konfigurierte den owhttpd, sodass er über Port 2121 erreichbar ist (siehe Abbildung 50.9).

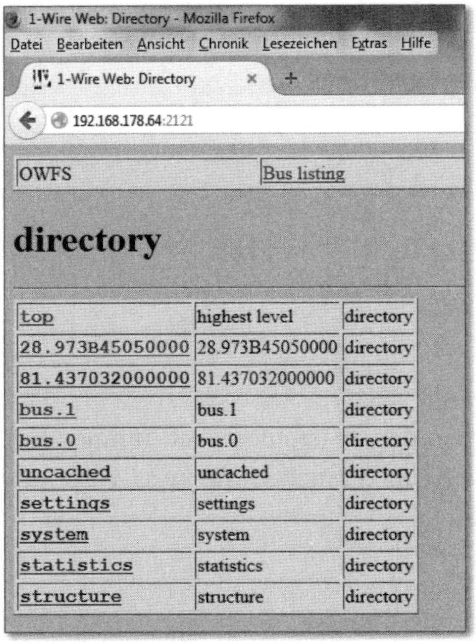

Abbildung 50.9 Die Ausgabe des OWFS-Webservers

Aliasdateien verwenden

Erstellen Sie eine Aliasdatei mit `nano ~/owfs-alias.txt` und nehmen Sie eine Zeile für jede gewünschte Aliaszuordnung auf. Das Format ist denkbar einfach:

```
Geräte-ID = lesbarer Name
```

So könnte der Inhalt für unser Beispiel-Setup lauten:

```
28.973B45050000 = Temperatur Keller
```

Nehmen Sie jetzt noch in der Konfigurationsdatei */etc/owfs.conf* eine Änderung vor: Fügen Sie direkt unter der Zeile `http: port = 2121` die neue Zeile `http: alias = /home/pi/owfs-alias.txt` ein und unter `server: port = localhost:4304` passend dazu die neue Zeile `server: alias = /home/pi/owfs-alias.txt`. Nach einem Neustart des RasPi und wiederholtem Aufruf der OWFS-Webseite sieht die Ausgabe bereits ein Stück lesbarer aus, wie in Abbildung 50.10 zu sehen ist.

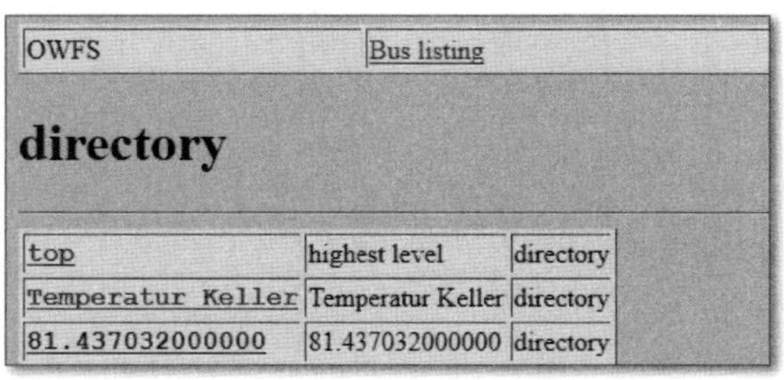

Abbildung 50.10 Die Ausgabe des OWFS-Webservers mit Alias

Die Darstellung der Aliasnamen funktioniert genau so bei einer Ausgabe von z. B. `owdir /`.

50.5 FHEM – die freundliche Hausautomation

FHEM, gesprochen »feem«, bedeutet tatsächlich »Freundliche Hausautomation und Energie-Messung« und ist ein in der Programmiersprache Perl entwickelter Server für Heimautomatisierung. Erfreulicherweise ist das Projekt unter der GPL (v2) lizenziert, darf also von Ihnen frei verwendet werden.

50.5.1 FHEM ist weltoffen

Das Konzept und gleichzeitig die Stärke von FHEM ist die unabhängige und transparente Zusammenführung von unterschiedlichen Automatisierungssystemen. FHEM setzt also (mindestens) ein für sich selbst funktionierendes Hardwaresystem aus Sensoren, Aktoren und einem Interface voraus, über das sich FHEM einbinden kann. Dabei ist es sehr weltoffen und kommuniziert mit fast allen Automatisierungssystemen und Protokollen, die im Heimbereich von Bedeutung sind, allen voran diese:

- EIB/KNX-Geräte (EIB)
- EnOcean (EnOcean)
- 1-Wire-Geräte (OWServer/OWDevice)

In Klammern sind jeweils die FHEM-Device-Namen angegeben. Zudem werden auch proprietäre Systeme wie z. B. FS20 (ELV-Elektronik), FHT und HomeMatic unterstützt. Besonders für Heimautomatisierer, die sich auch in andere Bereiche wie Multimedia und Telefonie vorwagen, hält FHEM weitere Devices bereits. Um nur einige wichtige zu nennen, sind das unter anderem:

- Enigma2-basierte SAT-Receiver, wie z. B. Dreambox oder VUplus, über Netzwerkverbindung (Enigma2)
- AVM FRITZ!DECT-Geräte (FBHA/FBDECT)
- Geräte die über das HTTP-Interface (HTTPMOD) kommunizieren
- Philips Hue-Beleuchtungssysteme (HUEBridge/HUEDevice)
- MPD Music Player Daemon und MPC (MPD)
- XBMC-Geräte, sowie PLEX (XBMC)
- Logitech Squeezebox

Die ständig wachsende Liste aller unterstützter Devices finden Sie übrigens unter *www.fhem.de/commandref.html*.

Eine für FHEM passende Rechnerplattform finden

Da FHEM ein reines Softwaresystem ist, benötigt es zum Betrieb natürlich noch eine passende Hardware. Es eignen sich unter anderem:

- Windows-PCs oder OS X-Rechner
- Linux-Rechner

- Embedded Systeme (wie z. B. der Raspberry Pi oder ein BeagleBone)
- NAS-Systeme (z. B. Synology, QNAP, Buffalo Linkstation)
- manche Router (z. B. FRITZ!Box)

Vorzugsweise wählen Sie eine Hardwareplattform mit möglichst geringem Strombedarf, ebenso eignet sich ein Gerät, das sowieso 24 Stunden am Tag in Betrieb ist. Ein Router wie z. B. die FRITZ!Box ist daher durchaus eine Überlegung wert, allerdings spielt der Hersteller AVM leider derzeit mit dem Gedanken, den FHEM-Bestandteil aus der FRITZ!Box-Firmware zu entfernen.

Wie binden Sie Automatisierungsgeräte an?

Noch nicht geklärt ist die Frage, wie Sie denn über FHEM auf die unterschiedlichen Automatisierungsgeräte, die Sie anbinden möchten, zugreifen können. Eine Übersicht über die wichtigsten Interfaces in Tabelle 50.5 soll helfen:

Automatisierungssystem	Benötigte FHEM-Interface-Hardware
EIB/KNX-Bus	▸ TUL-Stick, ein TPUART-USB-Modul, ermöglicht direkte Einbindung in FHEM, Preis: ca. 70 € (*shop.busware.de/product_info.php/cPath/1/products_id/59*) ▸ ein KNX-LAN-Gateway wie z. B. die ABB IPS/S2.1 (siehe dazu Kapitel 27)
EnOcean	▸ USB-Stick USB300 (*www.enocean.com/de/enocean_module/usb-300-oem*) ▸ Aufsteckmodul für den RasPi: *EnOcean Pi* (*www.enocean.com/de/enocean-pi*)
1-Wire	▸ ein direkt von FHEM erreichbares serielles bzw. USB-Interface für 1-Wire ▸ COC-Erweiterung für den Raspberry Pi, Preis: ca. 64 € (*shop.busware.de/product_info.php/cPath/1/products_id/77*) ▸ CUNO (USB-Network-Onewire), Preis: ca. 90 € (*shop.busware.de/product_info.php/cPath/1/products_id/47*) ▸ Remote über einen Rechner mit OWFS (One Wire Filesystem), siehe Abschnitt 50.4
FS20	▸ CUL USB-Lite 868 MHz, Preis: ca. 49 € (*shop.busware.de/product_info.php/cPath/1/products_id/29*) ▸ CUNO ▸ FHZ 1300 PC, Preis: ca. 50 €

Tabelle 50.5 FHEM-Anbindung an Automatisierungssysteme

Automatisierungssystem	Benötigte FHEM-Interface-Hardware
FHT	▸ CUL oder CUNO ▸ FHZ 1300 PC
HomeMatic	▸ CUL oder CUNO ▸ HomeMatic HM-CFG-LAN, Preis: ca. 50 € ▸ HomeMatic HM-CFG-USB 2, Preis: ca. 25 €
Philips Hue- und Light-Link-Lampen	▸ HUEBridge ▸ Zigbee-Aufsatzmodule für Raspberry Pi: RaspBee

Tabelle 50.5 FHEM-Anbindung an Automatisierungssysteme (Forts.)

Geräte, die nur eine TCP/IP-Verbindung benötigen (z. B. SAT-Receiver, XBMC, MPD usw.), sind auf keine spezielle Hardware angewiesen, um durch FHEM angesprochen werden zu können.

Für das KNX-Interface gilt: Es wird zusätzlich der eibd-Service (siehe Abschnitt 50.2) benötigt, wenn Sie entweder:

- mit der ETS4-Software remote auf den TUL-Stick zugreifen möchten
- oder der TUL-Stick nicht auf dem Rechner mit der laufenden FHEM-Software installiert ist (Remote-Anbindung des TUL-Sticks in FHEM oder ETS4)
- oder als Schnittstelle auf ein KNX-LAN-Gateway setzen.

50.5.2 So installieren Sie FHEM

Die virtuelle Maschine, die Sie (hoffentlich) bereits in Abschnitt 19.2, »Ideal für Tests: VirtualBox«, erfolgreich eingerichtet haben, ist ideal für ein erstes Kennenlernen von FHEM (Abbildung 50.11).

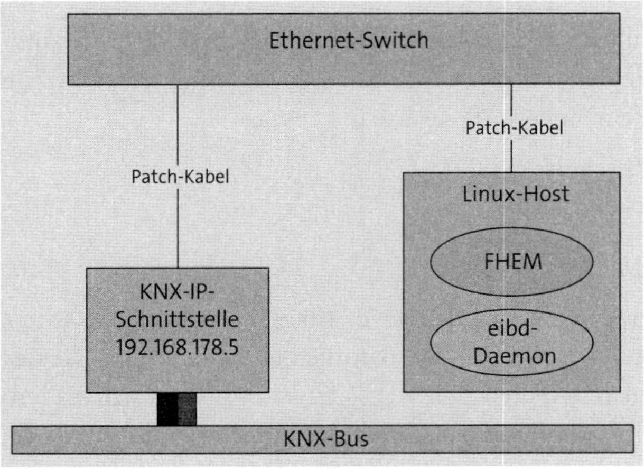

Abbildung 50.11 Beispiel-Setup für FHEM

Schritt 1: Die Installation von eibd

Erweitern Sie zuerst die Ubuntu-Installation auf der virtuellen Maschine mit eibd. Da Sie sich auf einer x86-Architektur befinden, können Sie den vereinfachten Installationsprozess von eibd durchlaufen, den Sie in Abschnitt 50.2.1 unter dem x86-Abschnitt finden. Nach der Installation über apt starten Sie lediglich noch den Service:

```
sudo touch /var/log/eibd.log
sudo chown $USER /var/log/eibd.log
eibd -D -S -T -i --eibaddr=0.0.1 --daemon=/var/log/eibd.log --no-tunnel-client-
queuing ipt:192.168.178.5
```

Schritt 2: FHEM installieren

Installieren Sie jetzt die benötigten Perl-Module:

```
sudo apt-get install perl libdevice-serialport-perl
sudo apt-get install libio-socket-ssl-perl
sudo apt-get install libwww-perl
sudo apt-get install libxml-simple-perl
```

Holen Sie sich das neueste FHEM-Paket auf Ihren Rechner, prüfen Sie aber bitte vorher unter *www.fhem.de/fhem.html#Download*, welche Version die neueste ist, und passen Sie den `wget`-Befehl (im Beispiel: Version 5.5) entsprechend an:

```
sudo wget http://fhem.de/fhem-5.5.deb
sudo dpkg -i fhem-5.5.deb
```

Abschließend modifizieren Sie noch die Schreib-/Leserechte. Als <Benutzername> setzen Sie bitte Ihren Log-in-Namen ein.

```
cd /opt
sudo chmod -R a+w fhem
sudo usermod -a -G tty <Benutzername>
sudo usermod -a -G tty fhem
```

FHEM ist jetzt in */opt/fhem* installiert und startet beim Hochfahren Ihres Rechners automatisch. Nehmen Sie in der Datei */etc/init/fhem.cfg* noch eine Änderung vor: Die Zeile `respawn` kommentieren Sie bitte aus, ändern Sie sie also in `# respawn`.

Starten Sie Ihren Rechner zum Abschluss neu.

50.5.3 Erste Schritte mit FHEM

FHEM konfigurieren Sie über ein Webinterface, das Sie im Browser unter der URL *http://localhost:8083* aufrufen. Statt *localhost* können Sie natürlich auch die IP-Adresse des FHEM-Servers angeben. Über den Menüpunkt EDIT FILES • FHEM.CFG öffnet sich die zentrale Konfigurationsdatei *fhem.cfg* (Abbildung 50.12), in der alle Einstellungen vorgenommen werden.

Abbildung 50.12 Das Config-File fhem.cfg editieren

Einen Fernzugang einrichten

Führen Sie direkt die erste Änderung an der Config-Datei durch, das Anlegen eines Fernzugangs für FHEM, sodass Sie beispielsweise auch von unterwegs über Ihren Smartphone-Browser den Server bedienen können. Dazu generieren Sie in der Shell eine Benutzer/Passwort-Kombination mit:

```
echo -n <Benutzer>:<Passwort> | base64
```

Für <Benutzer> und <Passwort> setzen Sie natürlich eine selbst gewählte Kombination ein. Den vom `base64`-Kommando ausgegebenen String kopieren Sie in die Zwischenablage.

In der im Webbrowser geöffneten Datei *fhem.cfg* fügen Sie direkt unter den beiden Zeilen

```
define WEBphone FHEMWEB 8084 global
attr WEBphone stylesheetPrefix smallscreen
```

die neue Zeile

```
attr WEBphone basicAuth MTExMToyMjIy
```

ein, wobei Sie für den Passwort-String `MTExMToyMjIy` den Text aus Ihrer Zwischenablage einsetzen. Speichern Sie die Änderung über das Menü SAVE CONFIG und starten Sie den

Server neu, indem Sie in der Kommandozeile (ganz oben auf der FHEM-Webseite) den Befehl `shutdown restart` geben.

Nach kurzer Zeit können Sie sich bereits neu per Webbrowser verbinden, benutzen aber diesmal Port 8084. Die jetzt veränderte Bedienoberfläche ist bereits für den Mobile-Phone-Zugang optimiert. Durch die entsprechende Konfiguration Ihres Routers ist dieses Log-in auch über das Internet von unterwegs möglich. Ein Praxisbeispiel dazu finden Sie in Abschnitt 24.4, »Schaffen Sie einen sicheren Netzwerkzugang«.

Ein Lampe über KNX schalten

Als kleines Praxisbeispiel (Abbildung 50.13) folgen die Schritte, die notwendig sind, um eine Lampe über KNX (eibd-Service) zu schalten. Öffnen Sie im Browser die Oberfläche von FHEM wieder über den Port 8083 und stoppen Sie den Service mit dem Kommando `shutdown`, das Sie in die Kommandozeile der Weboberfläche eingeben.

Abbildung 50.13 Ein Lampenschalter mit KNX-Anbindung

Öffnen Sie jetzt eine Shell und editieren Sie mit `nano /opt/fhem/fhem.cfg` die Config-Datei. Die erste Zeile (`attr global autoload_undefined_devices 1`) sollten Sie für dieses Beispiel auskommentieren (durch Voranstellen von #), wodurch Sie verhindern, dass FHEM automatisch alle gefundenen KNX-Gruppenadressen in die Config-Datei aufnimmt. Die Definition eines Schalters nehmen Sie jetzt manuell vor, indem Sie folgende beiden Zeilen ans Ende der Config-Datei anhängen:

```
define tul TUL eibd:localhost 1.1.251
define lamp1 EIB 0/0/54
```

Die erste Zeile weist FHEM an, über den eibd, der auf diesem Rechner läuft, sämtliche KNX-Gruppenadressen zu lesen und zu schreiben. Die zweite Zeile definiert eine Lampe mit dem Namen `lamp1` und einer zugehörigen Gruppenadresse (z. B. `0/0/54`). Speichern Sie die Änderungen in der *fhem.cfg* und booten Sie Ihren Rechner neu.

Nach Aufruf der FHEM-Oberfläche im Browser und Auswahl des Menüpunkts EVERYTHING sehen Sie bereits Ihren definierten Lampenschalter, der auch tatsächlich ein echtes Leuchtmittel über den KNX-Bus betätigt.

50.5.4 Und was kann FHEM?

FHEM ist sehr umfangreich. Es bietet die Möglichkeit, sowohl einfache Konfigurationen ohne Programmierkenntnisse zu erstellen als auch anspruchsvollere Funktionen zu realisieren, für die aber dann Perl-Programmierung erforderlich ist.

Der Arbeitsablauf gestaltet sich in der Art, dass Sie zuerst alle Hardware-Interfaces einbinden – wobei FHEM Ihnen einen Großteil der Arbeit abnimmt – und anschließend alle erreichbaren Sensoren und Aktoren konfigurieren. Auch hierbei unterstützt ein Plug-and-play-Mechanismus bei einigen Protokollen. Mit den Sensordaten, die Sie einlesen, können Sie (über definierbare Ereignisse) hinterlegte Skripte starten, Aktoren schalten oder externe Programme aufrufen. Messwerte lassen sich einfach aufzeichnen bzw. loggen und grafisch auswerten. Zeitabhängige Befehle werden problemlos definiert. Sogar ein Eventmonitor wurde in die Software eingebaut, der es Ihnen ermöglicht, alle Funkbefehle zu verfolgen und Kenntnis über Ablauf und Inhalt der Kommunikation zu erlangen.

Als freundliche Hausautomation besitzt FHEM zudem eine eingebaute Weboberfläche (Abbildung 50.14) zur Konfiguration und zur eigentlichen Bedienung der hinterlegten Funktionen. Das Look-and-feel der Oberfläche ist Geschmackssache, sie lässt sich aber durch alternative Frontends austauschen.

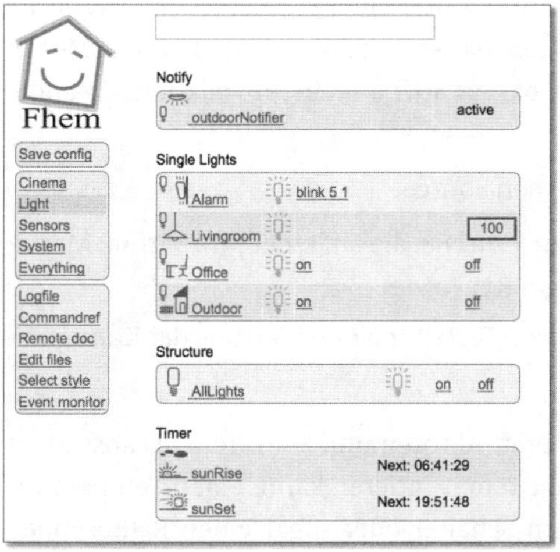

Abbildung 50.14 Das Standard-FHEM-Webfrontend

FHEM ist auf der Webseite *www.fhem.de* sehr gut beschrieben und im angeschlossenen Wiki *www.fhemwiki.de* liebevoll gepflegt. Die Menge der unterstützten Hardware wächst stetig und eröffnet nach und nach neue Anwendungsmöglichkeiten. Gut unterstützte Anwendungsfälle sind sowohl klassische Automatisierungsaufgaben wie z. B.

- Jalousie- und Rollladensteuerung, Heizungssteuerung,
- Plot-Erzeugung jeglicher Art, speziell z. B. Energieverbrauch,
- Bewässerung,
- Anwesenheitserkennung und
- Lichtsteuerung

als auch ein wenig »exklusivere« Lösungen, unter anderem

- diverse FRITZ!Box-Abfragen (Wer ist gerade im WLAN angemeldet, sprich, welcher Bewohner hält sich mit seinem Mobiltelefon im Haus auf?),
- iTunes-Fernsteuerung,
- Wettervorhersage,
- Sonos- und Squeezebox-Anbindung sowie
- Aufwecklichtfunktion.

FHEM spielt seine Stärken in der Zusammenführung unterschiedlicher Automatisierungssysteme aus und unterstützt eine breite Hardwarebasis sowohl serverseitig als auch seitens der Automatisierungsgeräte. Dank der Open-Source-Politik ist der Einstieg risikolos. Probieren Sie es aus!

50.6 openHAB – eine Metaplattform

Der *Open Home Automation Bus* (*openHAB*) hat als Zielsetzung, verschiedene Automatisierungssysteme miteinander zu verknüpfen und unter einer einheitlichen Oberfläche bedienbar zu machen. Hinsichtlich des Grundgedankens ist openHAB dem FHEM-Projekt (siehe Abschnitt 50.5) durchaus ähnlich, basiert aber auf einem vollkommen anderen Unterbau.

So besteht openHAB aus zwei Teilen, beide Open Source:

1. der serverseitigen plattformunabhängigen *Runtime*, die auf einer Java Virtual Machine läuft und Equinox als OSGi-Umgebung nutzt sowie
2. dem *Designer*, einem komfortablen Editor zur Erstellung und Wartung der Konfigurationsdaten.

openHAB behandelt jedes anzusteuernde Gerät (Aktoren und Sensoren) als abstraktes *Item*, das als solches unterschiedlichste Dinge repräsentieren kann: einen Temperatursensormesswert, eine Jalousieposition, einen Schalter oder sogar einen Radiosender. *Bindings* (siehe Abschnitt 50.6.1) koppeln die einzelnen Items später an reale Hardware.

Der Vorteil dieser Architektur ist, dass auf der Basis der Items bereits Automatisierungsfunktionen und Visualisierungen implementiert werden können, ohne dass auf die konkrete Hardware Rücksicht genommen werden müsste. Außerdem lassen sich bestehende Items relativ leicht durch Austausch der Bindings an neue Hardware koppeln.

50.6.1 Die openHAB-Bindings

Hardware und Protokolle werden in der openHAB-Welt über sogenannte Bindings eingebunden. Die Liste der unterstützten Bindings wächst erfreulicherweise stetig, ich möchte Ihnen an dieser Stelle die interessantesten aufzählen:

- KNX (über eine KNX-IP-Schnittstelle oder über den eibd-Service)
- 1-Wire, EnOcean, DMX512
- Bluetooth und Z-Wave, HomeMatic
- Asterisk, FRITZ!Box
- TCP/UDP, HTTP, SNMP
- Wake-On-LAN
- MPD und Pulseaudio
- Philips Hue
- Piface
- Squeezebox und Sonos, XBMC
- CUL (CUL Device im SlowRF-Modus, für FS20, FHT)
- IRTrans
- RS-232 (geeignet für z. B. RFID-Leser und AV-Receiver mit RS-232-Anschluss)
- Kommandozeile (Auslösen von Shell-Kommandos)

50.6.2 Die openHAB-Items

Items bestehen im Wesentlichen aus einem eindeutigen Namen, einem Funktionstyp (Gruppe, Schalter, Dimmer usw.), einem Text für die visuelle Anzeige, einem Icon und den Binding-spezifischen Optionen.

Items mit dem Typ `Group` können benutzt werden, um mehrere andere Items in einer Gruppe zusammenzufassen. Die Gruppierung kann dabei sowohl nach räumlichen als auch nach funktionalen Zusammenhängen erfolgen. Beispiele wären:

- alle Räume im Untergeschoss
- alle Jalousien, alle Leuchten oder alle Fensterkontakte

Gruppen sind besonders nützlich, wenn Sie vorhaben, mehrere Items gleichzeitig abzufragen:

- Sind alle Fenster geschlossen?
- Hat irgendein Präsenzmelder eine Anwesenheit erkannt?

Die Definition von Items ist über eine Textdatei vorzunehmen, wofür der openHAB Designer aber einen komfortablen Editor zur Verfügung stellt.

50.6.3 Die Rule-Engine

openHAB besitzt eine leistungsstarke Rule-Engine, eine Art Expertensystem, mit dem sich selbst die komplexesten Automatisierungsanforderungen formulieren lassen. Regeln können zudem gewichtet und gruppiert sowie dynamisch aktiviert bzw. deaktiviert werden. Die Rule-Engine kann außerdem mit Zeit- und Kalenderfunktionen umgehen. Ebenso wie bei der Definition der Items unterstützt Sie der openHAB Designer auch bei der Regelerstellung mit eingebauten Editoren, die Syntax- und Content-Awareness besitzen.

50.6.4 openHAB installieren

Die openHAB Runtime kann auf allen Rechnern betrieben werden, die in der Lage sind, eine JVM (Java Virtual Machine) auszuführen. Linux, Mac und Windows leisten das gleichermaßen. Als Mindestversion wird Java 1.7 benötigt.

In Abschnitt 19.2, »Ideal für Tests: VirtualBox«, haben Sie bereits eine virtuelle Maschine mit VirtualBox erstellt und erfolgreich Linux Ubuntu in Betrieb genommen. Die virtuelle Maschine ist ideal für Tests, nehmen wir sie an dieser Stelle daher für die ersten Schritte in openHAB. Später bietet sich ein Umzug der openHAB-Umgebung auf einen kleinen Automatisierungsserver an (Raspberry Pi, BeagleBone Black, UDOO oder z. B. Cubietruck). Das gewählte Setup für den openHAB-Testaufbau sehen Sie in Abbildung 50.15:

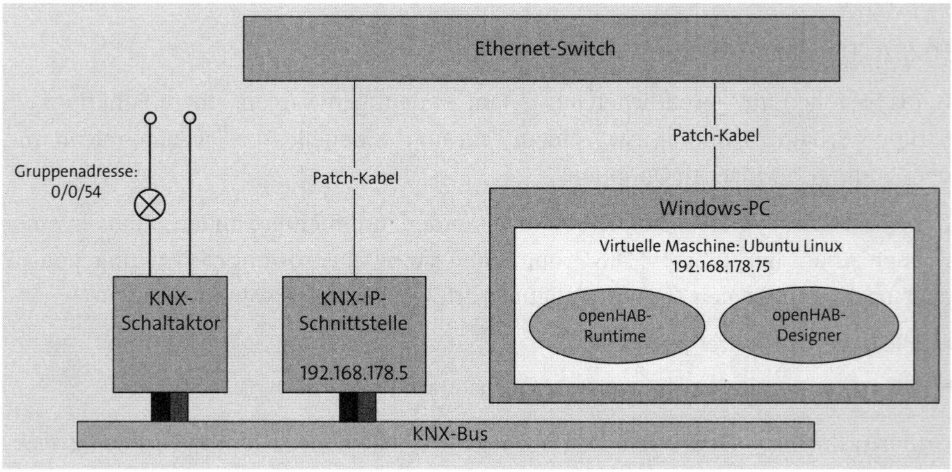

Abbildung 50.15 Der Testaufbau für openHAB

Die benötigten Pakete herunterladen

Sollte das Java Runtime Environment noch nicht installiert sein, holen Sie das jetzt nach:

```
sudo apt-get install default-jre
```

Besuchen Sie anschließend die Webseite *www.openhab.org/downloads.html* und holen Sie sich folgende Softwarepakete:

- Runtime Core
- AddOns
- Demo Setup
- openHAB Designer

Legen Sie die vier Pakete in einem Verzeichnis ab und entpacken Sie die Zipfiles.

Bindings hinzufügen

Sämtliche Bindings befinden sich im entpackten Verzeichnis *distribution-1.5.1-addons*. Bitte beachten Sie, dass die Versionsnummer (1.5.1) in diesem Pfad und den folgenden bei Ihnen wahrscheinlich abweichen wird. Für unsere Zwecke sind anfangs nur zwei Bindings notwendig, die Sie in das Add-ons-Verzeichnis der Runtime-Komponenten (*distribution-1.5.1-runtime/addons*) kopieren:

- *org.openhab.binding.http-1.5.1.jar*
- *org.openhab.binding.knx-1.5.1.jar*

Konfiguration, Sitemaps und Items

Um möglichst schnell zu einem funktionierenden Demo-Setup zu kommen, das Sie später an die eigenen Bedürfnisse anpassen können, empfiehlt es sich, die bestehenden Vorlagen zu verwenden. Sie benötigen für den openHAB-Betrieb mindestens drei Konfigurationsdateien (*openhab.cfg*, eine Items-Datei und eine Sitemaps-Datei).

- Duplizieren Sie im Verzeichnis *distribution-1.5.1-runtime/configurations/* die Datei *openhab_default.cfg* und benennen Sie die Kopie in *openhab.cfg* um.
- Kopieren Sie *distribution-1.5.1-demo-configuration/configurations/sitemaps/demo.sitemaps* nach *distribution-1.5.1-runtime/configurations/sitemaps*.
- Kopieren Sie *distribution-1.5.1-demo-configuration/configurations/items/demo.items* nach *distribution-1.5.1-runtime/configurations/items*.

Anpassen des Konfigurationsfiles

Unser Beispiel-Setup arbeitet mit dem KNX-Binding, das im File *openhab.cfg* noch konfiguriert werden muss. Dazu öffnen Sie *openhab.cfg*, suchen den KNX-Abschnitt im File und nehmen folgende drei Änderungen vor:

- Komplettieren Sie die Zeile `#knx:type` in `knx:type=TUNNEL`. Statt `TUNNEL` wäre auch `ROUTER` möglich, je nach Typ der angesprochenen KNX-Schnittstelle.
- Komplettieren Sie die Zeile `#knx:ip` zu `knx:ip=192.168.178.5` (als IP-Adresse setzen Sie die Ihrer KNX-Schnittstelle ein).
- Komplettieren Sie die Zeile `#knx: localIp` zu `knx: localIp=192.168.178.75` (als IP-Adresse setzen Sie die des Rechners ein, auf dem openHAB läuft).

Die drei geänderten Zeilen dürfen anschließend nicht mehr auskommentiert sein, entfernen Sie bitte jeweils das führende `#`.

Der erste Start von openHAB

Sie haben jetzt alle Vorbereitungen getroffen für einen ersten Start (Abbildung 50.16) von openHAB. Wechseln Sie in einer Shell in das Verzeichnis *distribution-1.5.1-runtime* und starten Sie den Service mit `./start.sh`.

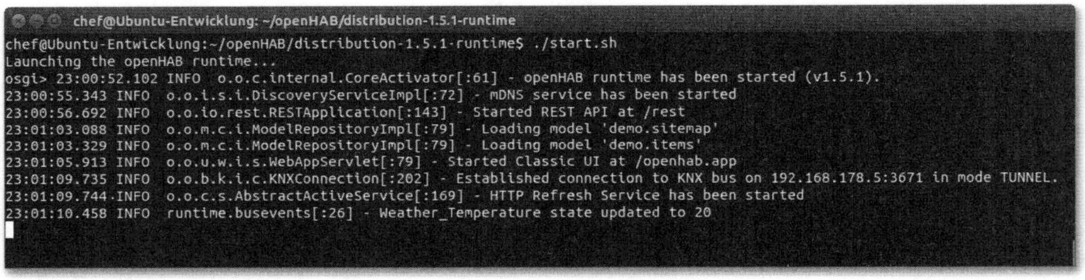

Abbildung 50.16 Der erfolgreiche Start von openHAB

Die Logging-Ausgaben des openHAB-Servers finden Sie übrigens in der Datei */opt/openhab/logs/openhab.log*. Für den Fall, dass Sie Ihren Automatisierungsserver headless betreiben, ist diese Datei eine sehr wichtige Informationsquelle.

50.6.5 Die openHAB-Visualisierung

openHAB besitzt bereits eine eingebaute Visualisierung, auf die Sie per Webbrowser zugreifen können, sobald der Server läuft. Verwendbar ist *jeder Webkit-basierte Browser* (wie z. B. Chrome und Safari). Mit dem Firefox dagegen werden Sie die Webseite zwar darstellen können, eine Reaktion auf die in der Visualisierung betätigten Switches konnte ich bei meinen Versuchen allerdings nicht feststellen.

Rufen Sie beispielsweise im Chrome-Browser die Webseite *http://localhost:8080/openhab.app?sitemap=demo* auf, sehen Sie bereits die Starseite der Visualisierung. Die Sitemap *demo* (Abbildung 50.17) haben Sie während der Installation (siehe Abschnitt 50.6.4) bereits angelegt.

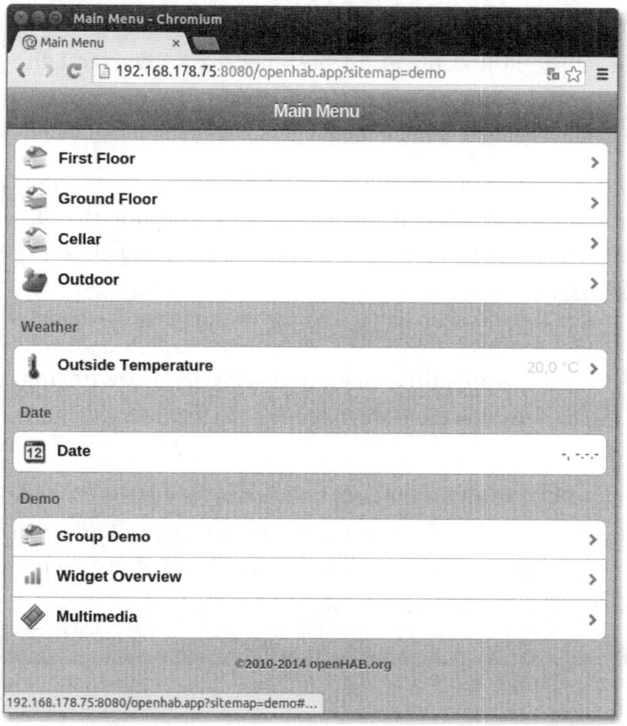

Abbildung 50.17 openHAB-Demo-Sitemap

Neben der bereits eingebauten Visualisierung sind weitere Oberflächen in openHAB integrierbar:

- *Classic UI*: eine HTML/JS-Lösung, die für die Touchbedienung optimiert ist und sowohl mit iPhone und Android als auch mit allen WebKit-basierten Browsern funktioniert.
- *GreenT*: entwickelt mit dem Sencha 2.0 !JavaScript Framework, läuft ebenfalls unter Safari, Chrome, iOS, Android und anderen Webkit-basierten Browsern. Der Typ des Visualisierungsgeräts (Mobile Phone, Tablet, PC) wird automatisch erkannt und die GUI entsprechend angepasst.
- *CometVisu* (*www.cometvisu.org*): sehr anpassbare Visualisierung, die mit jedem Browser funktioniert. Statt des Sitemap-Files benutzt die CometVisu ein eigenes XML-basiertes Konfigurationsfile.
- Im App Store bzw. bei Google Play finden Sie ebenfalls speziell auf iOS- und Android-Geräte angepasste native User-Interfaces. Suchen Sie einfach nach »openHAB«. Die Apps sind kostenlos.

50.6.6 Items verändern mit dem openHAB Designer

Der openHAB Designer ist eine Eclipse-RCP-Applikation, bestehend aus diversen Editoren mit Syntaxchecks und Autovervollständigung, und wird benutzt, um die openHAB Runtime zu konfigurieren.

Verwenden Sie in den nächsten Schritten den Designer (Abbildung 50.18), um einem Lichtschalter in der Demo-Sitemap eine KNX-Gruppenadresse zuzuordnen, sodass openHAB in der Lage ist, bei Betätigen des Schalters über die Visualisierung ein echtes Relais (über einen KNX-Schaltaktor) zu schalten:

- Rufen Sie den Designer über das Start-Icon OPENHAB DESIGNER auf.
- Wählen Sie im Designer das Ordnersymbol links oben und selektieren Sie im angezeigten Dialog das Verzeichnis, in dem sich die Datei *openhab.cfg* befindet (*distribution-1.5.1-runtime/configurations/*).
- In der daraufhin links erscheinenden Baumansicht doppelklicken Sie auf die Datei *demo.items* und suchen in der geöffneten Datei die Zeile, die mit `Switch Light_FF_Bath_Ceiling` beginnt. Es handelt sich dabei um die Definition eines Lichtschalters, dem im nächsten Schritt eine KNX-Gruppenadresse hinzugefügt wird.

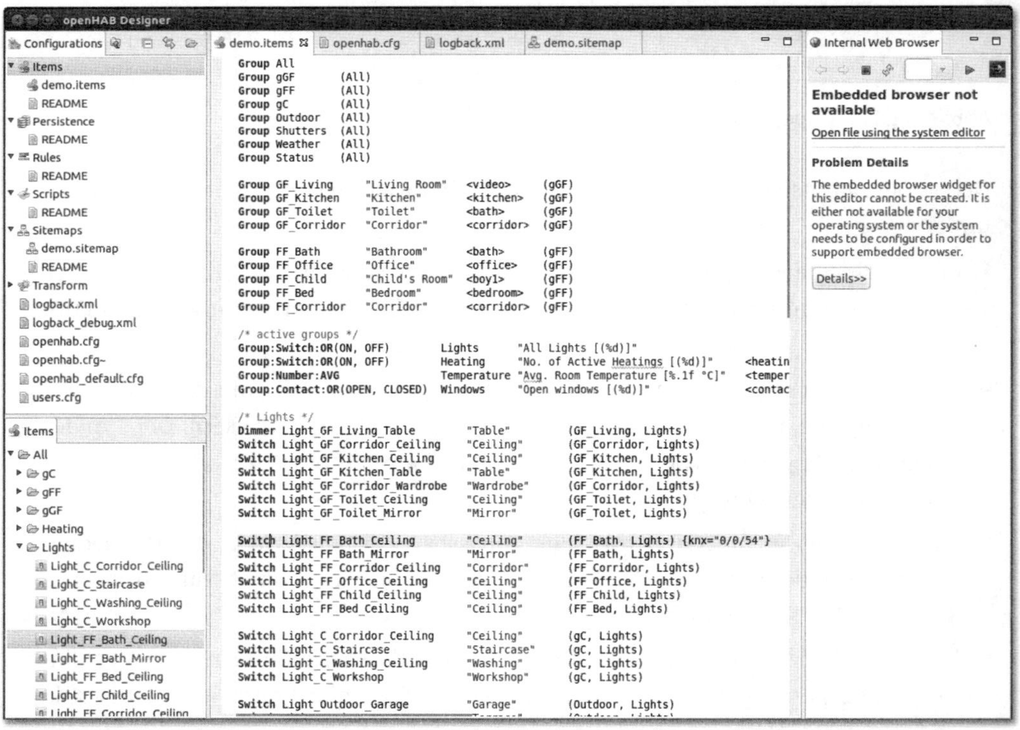

Abbildung 50.18 Der Designer mit geöffneter Items-Datei

- Ergänzen Sie, wie in Abbildung 50.19, die Zeile am Ende mit dem Binding {knx="0/0/54"}, wodurch Sie openHAB anweisen, bei Betätigen des Schalters die Gruppenadresse 0/0/54 zu beschreiben.

```
Switch Light_FF_Bath_Ceiling        "Ceiling"     (FF_Bath, Lights) {knx="0/0/54"}
Switch Light_FF_Bath_Mirror         "Mirror"      (FF_Bath, Lights)
Switch Light_FF_Corridor_Ceiling    "Corridor"    (FF_Corridor, Lights)
```

Abbildung 50.19 Das KNX-Binding wird hinzugefügt.

- Schließen Sie die Items-Datei (speichern nicht vergessen) und beobachten Sie, was die gestartete openHAB Runtime in der Shell ausgibt – die Änderungen werden direkt übernommen.
- Laden Sie die Webseite in Ihrem Browser neu (Abbildung 50.20), navigieren Sie zu FIRST FLOOR • BATHROOM und betätigen Sie den Schalter CEILING.

Abbildung 50.20 Der veränderte Schalter in der Visualisierung, diesmal mit Funktion

Wenn Sie alles richtig gemacht haben, schaltet der Switch in der openHAB-GUI tatsächlich eine reale Leuchte über Ihren KNX-Bus. Herzlichen Glückwunsch!

50.7 SmartHome.py – ein modulares Framework

Mit dem Open-Source-Project *SmartHome.py* (*http://mknx.github.io/smarthome/index.html*) existiert eine komplette in der Sprache Python entwickelte Logik-Engine, die geeignet ist, gleichermaßen einfache und auch komplexe Automatisierungsaufgaben umzusetzen. SmartHome.py besitzt keine eingebaute Visualisierung, ist jedoch bestens geeignet, dem gelungenen Visualisierungs-Framework smartVISU (siehe Abschnitt 50.8) als Unterbau zu dienen.

Das KNX-User-Forum beinhaltet ein eigenes Unterforum für den SmartHome.py-Support:

http://knx-user-forum.de/forum/supportforen/smarthome-py

50.7.1 Die SmartHome.py-Plug-ins

Das SmartHome.py-Projekt unterstützt bereits eine ganze Menge an externen Systemen. Mit Plug-ins realisieren Sie die Anbindung (unter anderem) an:

- KNX (über eibd)
- 1-Wire (über owfs)
- Prowl, Notify My Android, Mail
- DMX
- SML (z. B. über IR-Lesekopf an USB)
- SQLite (nicht zusammen mit RRDTool verwendbar)
- RRDTool
- Asterisk
- Philips Hue
- MPD, Squeezebox, XBMC, Russound, SmartTV
- CLI (Telnet), Network (TCP/UDP-Telegramme empfangen)
- FRITZ!Box (nicht mit jeder Firmwareversion)
- Staubroboter: Roomba und Kobold VR100
- SMA (z. B. SMA SunnyBoy 5000TL-21, SMA Sunny Tripower 8000TL-10)
- Wake-On-LAN

50.7.2 SmartHome.py installieren

Als Voraussetzung für die erfolgreiche Inbetriebnahme benötigen Sie fast nichts, lediglich:

- ein Linux- (oder Unix-)System, wobei Ubuntu (12.04) und Debian explizit getestet wurden
- einen laufenden NTP-Daemon (Network Time Protocol), Installation z. B. mit `sudo apt-get install openntpd`
- für die KNX-Kommunikation einen eibd-Service, muss nicht auf demselben Rechner wie SmartHome.py installiert sein

Python 3.x installieren

SmartHome.py benötigt in seiner aktuellen Version mindestens Python 3.2, Python 2.x wird nicht mehr unterstützt. Falls noch nicht geschehen, holen Sie sich bitte folgende Python-Pakete sowie rrdtool und git auf Ihren Linux-Rechner:

```
sudo apt-get update
sudo apt-get install python3 python3-dev \
```

```
python3-setuptools
sudo apt-get install python-configobj python-dateutil \
python-pip python-dev git rrdtool
```

sowie für die Berechnung von Sonnenaufgang und -untergang:

```
sudo easy_install3 pip
sudo pip install ephem
```

Den User smarthome anlegen und ein Verzeichnis wählen

Legen Sie jetzt einen neuen User für das SmartHome.py-System an:

```
sudo adduser smarthome
```

Als Installationsverzeichnis wählen Sie z. B.

```
sudo mkdir -p /usr/local/smarthome/
```

und weisen dem neuen User die Rechte an diesem Verzeichnis zu:

```
sudo chown smarthome /usr/local/smarthome/
cd /usr/local
```

SmartHome.py aus dem Repository holen

Im Repository stehen immer mehrere Versionen zur Verfügung, Sie haben an dieser Stelle die Wahl, ob Sie lieber mit der neuesten Development-Version arbeiten möchten oder mit der letzten Stable-Version. Zum Herunterladen benutzen Sie jeweils die kostenlose Versionsverwaltung *git*.

Für die Development-Version lautet der Aufruf:

```
sudo git clone -b develop \
git://github.com/mknx/smarthome.git
```

und alternativ für die Stable-Version:

```
sudo git clone git://github.com/mknx/smarthome.git
```

Nach dem `clone`-Aufruf wird die gewählte Version in das aktuelle Verzeichnis übertragen:

```
cd /usr/local/smarthome
sudo git pull
```

Plug-ins installieren

Die zusätzlich einzubindenden Plug-ins haben, jedes für sich, eine eigene Installationsanleitung, die Sie unter *mknx.github.io/smarthome/plugin.html* finden.

Komplett-Image für Raspberry Pi

Möchten Sie SmartHome.py gern auf einem Raspberry Pi installieren, erhalten Sie unter *https://github.com/mknx/smarthome/wiki/Installation-SmartHome.pi* ein komplettes Image, inklusive smartVISU, genannt *SmartHome.pi*.

50.7.3 Eine erste SmartHome.py-Konfiguration

Nach erfolgreicher Installation beginnt die Individualisierung. Für Ihre Konfigurationsarbeit benötigen Sie vier verschiedene Config-Dateien (siehe Tabelle 50.6). Vom Installationsverzeichnis (*/usr/local/smarthome/*) ausgehend, sind das:

Config-Datei	Beschreibung
etc/smarthome.conf (optional)	Die Basiskonfiguration, enthält die geografische Position Ihres Smart Homes (notwendig für Sonnenstandsberechnung) und Ihre Zeitzone.
etc/plugin.conf (notwendig)	Konfiguration der Plug-ins, die Sie verwenden möchten (z. B. für KNX, 1-Wire, MPD usw.)
items/.conf* (optional)	Items können Sie in einem oder mehreren Files innerhalb des *items*-Verzeichnisses aufnehmen.
etc/logic.conf (notwendig)	Definiert, welche Logikfunktionen im Verzeichnis */usr/local/smarthome/logics/* existieren und wie/wann diese aufgerufen werden.
/logics/.py*	Ablage eigener Logikfunktionen, auf die in *etc/logic.conf* verwiesen wird

Tabelle 50.6 Die vier SmartHome.py-Config-Dateien

Am schnellsten freunden Sie sich mit den SmartHome.py-Mechanismen anhand eines einfachen Beispiels an. Eine Aufgabenstellung für eine kleine Alarmfunktion könnte z. B. so aussehen: Wenn einer der beiden Präsenzmelder (`melder1` und `melder2`) eine Anwesenheit detektiert, soll der Wert `eindringling` auf 1 gesetzt werden, ansonsten auf 0. Alle drei Werte werden durch KNX-Gruppenadressen repräsentiert. Über `eindringling` könnten Sie z. B. eine Alarmausgabe setzen.

Beginnen Sie mit der allgemeinen Konfiguration

Unabhängig vom Anwendungsbeispiel erstellen Sie zunächst die Datei *etc/smarthome.conf* (siehe Tabelle 50.6) mit folgendem Inhalt:

```
lat = 51.1633
lon = 10.4476
```

```
elev = 500
tz = 'Europe/Berlin'
```

Definition der Plug-ins

Um das KNX-Plug-in verwenden zu können, müssen Sie zuvor den eibd-Daemon (siehe Abschnitt 50.2) installiert haben. Die Konfiguration des Plug-ins für SmartHome.py ist im Anschluss schnell geschehen, fügen Sie dazu in die Datei *etc/plugin.conf* den folgenden Abschnitt ein:


```
[knx]
   class_name = KNX
   class_path = plugins.knx
   host = 192.168.178.64
   port = 6720
[visu]
    class_name = WebSocket
    class_path = plugins.visu
    smartvisu_dir = /var/www/smartVISU
```

Für `host` setzen Sie bitte die IP-Adresse Ihres eibd-Servers ein.

Items definieren

Legen Sie in */usr/local/smarthome/items* ein Items-File unter dem Beispielnamen *alarm.conf* an mit folgendem Inhalt:

```
[melder]
    [[melder1]]
        name = pwm_1
        type = bool
        value = False
        knx_dpt = 1
        knx_listen = 6/0/51
        knx_init = 6/0/51
        knx_reply = 6/0/51
    [[melder2]]
        name = pwm_2
        type = bool
        value = False
        knx_dpt = 1
        knx_listen = 6/2/133
        knx_init = 6/2/133
        knx_reply = 6/2/133
[meldungen]
    [[eindringling]]
```

```
        type = bool
        knx_dpt = 1
        knx_send = 0/0/56
        knx_reply = 0/0/56
        comment = wird 1, wenn Alarm ausgelöst wird
        visu_acl = rw
```

Die Umsetzung der Logik

Die Datei *etc/logic.conf* bekommt eine Referenz auf Ihr Python-Logikprogramm, das Sie im Anschluss noch erstellen. Ihre Logikfunktion wird alle zehn Sekunden aufgerufen, das erreichen Sie durch die Trigger-Definition `cycle = 10`.

```
[KleineAlarmierung]
    filename = AlarmLogic.py
    cycle = 10
```

Andere Trigger sind ebenfalls möglich, so sorgt z. B. `watch_item` dafür, dass Ihr Programm bei Änderung einer der angegebenen Items aufgerufen wird.

Die Logik, anhand deren der Wert `eindringling` berechnet und gesendet wird, definieren Sie in einer Datei namens */usr/local/smarthome/logics/AlarmLogic.py*:

```
#!/usr/bin/env python
# Logging
logger.info("Logik AlarmLogic.py aufgerufen")
# WENN melder1 oder melder2 Anwesenheit erkennt,
# wird eindringling auf true gesetzt, sonst false
if sh.melder.melder1() == True or sh.melder.melder2() == True:
    sh.meldungen.eindringling(True)
else:
   sh.meldungen.eindringling(False)
```

Mit `chmod +x AlarmLogic.py` erreichen Sie noch, dass das Python-Programm auch ausführbar wird. Die `logger`-Anweisung bewirkt, dass eine Infomeldung im SmartHome.py-Logfile generiert wird (zu finden unter */usr/local/smarthome/var/log/*).

50.7.4 Der Start von SmartHome.py

Die kleine Beispielkonfiguration ist komplett und wartet auf den Start des SmartHome.py-Service.

Manueller Start

Das Shell-Kommando für den manuellen Start lautet:

```
/usr/local/smarthome/bin/smarthome.py
```

Für die ersten Schritte hilft es, wenn Sie SmartHome.py mit der Option `-d` starten (`/usr/local/smarthome/bin/smarthome.py -d`), was bewirkt, dass Sie direkt sämtliche Logging-Daten im Shell-Fenster angezeigt bekommen. Abbrechen können Sie den Vordergrundbetrieb jederzeit mit [Strg] + [C]. Einen im Hintergrund laufenden Service beenden Sie mit der Option `-s`.

50

Automatischer Start von SmartHome.py

Es bietet sich an, direkt ein Init-Skript zu erzeugen, um SmartHome.py nach jedem Reboot automatisch starten zu lassen. Ein bereits vorbereitetes Init-Skript finden Sie unter:

https://github.com/mknx/smarthome/wiki/Komplettanleitung-Installation-sh.py-,-smartVISU,-eibd-und-1-Wire#smarthomepy-installieren

Nützliche Argumente

Über einen Kommandozeilenstart dürfen Sie dem Service nützliche Argumente mitgeben, die Sie bei auftretenden Problemen unterstützen können. Eine Zusammenfassung der möglichen Argumente erhalten Sie mit:

```
/usr/local/smarthome/bin/smarthome.py -h
```

Die wichtigsten sehen Sie in Tabelle 50.7:

Option	Bedeutung
-v	Erweiterte Debug-Ausgaben in das Logfile.
-d	Vordergrundbetrieb mit erweiterter Ausgabe in die Shell, sogar inklusive KNX-Busmonitor-Ausgaben.
-q	Nur Ausgabe in Logfile.
-s	SmartHome.py-Service beenden.

Tabelle 50.7 Hilfreiche Optionen des SmartHome.py-Aufrufs

50.8 smartVISU – geniale kostenlose Visualisierung

Bei der freien Visualisierung *smartVISU* (*www.smartvisu.de*, GNU GPL v3) handelt es sich um ein Framework speziell für eine KNX-basierte Heimautomatisierung, basierend auf einfachen HTML-Seiten. KNX-Gruppenadressen werden über spezielle Tags gelesen und geschrieben.

Die smartVISU kommt mit nur einem Template für alle Clientgeräte aus, die Benutzeroberfläche wird automatisch auch für Smartphones und Tablets richtig skaliert (Responsive Design). Sie unterstützt alle gängigen Browser (Firefox, Chrome, Internet Explorer, Safari) ebenso wie iPhone und iPad sowie Android.

Die Systemvoraussetzungen für den Host sind erfreulich überschaubar, benötigt wird:

- ein Webserver mit PHP 5.2.4, z. B. lighttpd (siehe Abschnitt 50.11),
- der Zugriff auf den KNX-Bus über eine TCP/IP-Verbindung,
- eibd, Linknx oder SmartHome.py (ebenfalls in diesem Kapitel).

Eine Standardarchitektur, wie in unten stehender Abbildung 50.21 gezeigt, geht von einem verteilten System aus. Die Aufteilung zwischen dem RasPi und dem NUC ist nur eine Variante von vielen. Da sowohl eibd als auch Linknx und SmartHome.py über Netzwerkports ❶ kommunizieren, lässt sich die komplette Software auch auf nur einem Rechner betreiben, ebenso wie auf drei einzelnen Geräten.

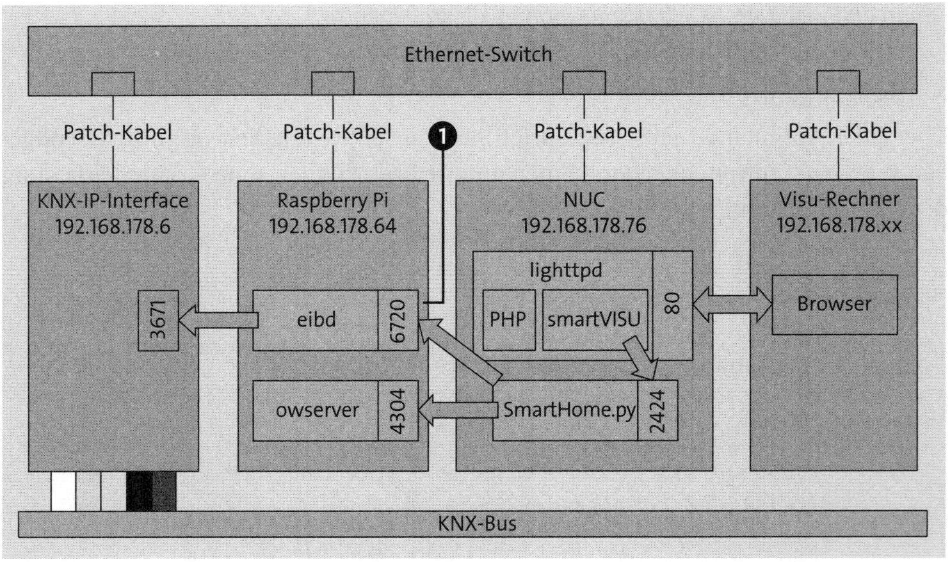

Abbildung 50.21 smartVISU-Beispielarchitektur

50.8.1 Die smartVISU-Oberfläche

smartVISU besitzt eine sehr ansprechende Visualisierung – und meiner Meinung nach sogar eine der derzeit besten. Version 2.7 beinhaltet ca. 450 Icons und 44 verschiedene Widgets, darunter nicht nur Standardelemente wie verschiedene Schalter sowie Slider und Farbauswahl, sondern auch besonders gelungene Plot-Widgets, Anruflisten und Kalender.

Überzeugen Sie sich selbst: Unter *www.smartvisu.de/docu/2.7* finden Sie eine hübsch aufbereitete Übersicht und unter *www.smartvisu.de/demo* eine Art Demo-Smart-Home (siehe Abbildung 50.22).

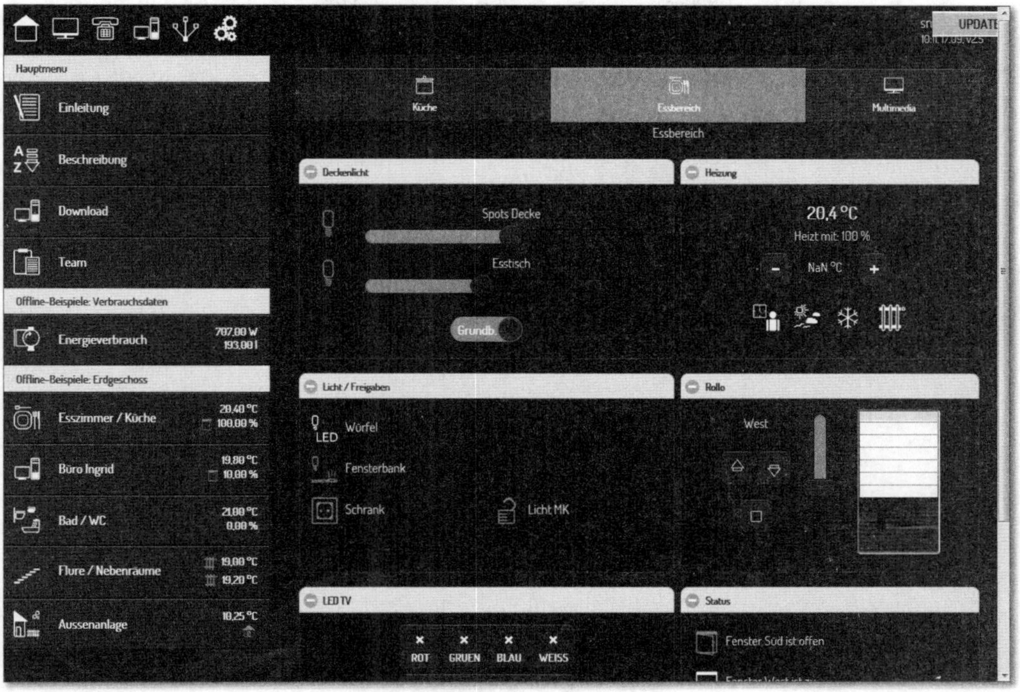

Abbildung 50.22 Eine smartVISU-Demonstration

50.8.2 Die Installation von smartVISU

Die smartVISU läuft am idealsten mit SmartHome.py als Logik-Engine-Unterbau zusammen. In Abschnitt 50.7 zu SmartHome.py finden Sie die zugrunde liegende Rahmeninstallation, um die smartVISU betreiben zu können. An dieser Stelle sind die notwendigen Schritte für den smartVISU-Anteil aufgeführt:

- Wechseln Sie in das *www*-Verzeichnis Ihres Webservers und holen Sie sich die neueste Version der smartVISU-Zipdatei. Bitte prüfen Sie vorher auf der Webseite *www.smartvisu.de*, ob eine aktuellere Version als die von mir verwendete V 2.7 erschienen ist:

```
cd /var/www
sudo rm index.html
sudo wget http://smartvisu.de/download/smartVISU_2.7.zip
```

- Entpacken Sie das Archiv und entfernen Sie die Zipdatei mit:

```
sudo unzip smartVISU_2.7.zip
sudo rm smartVISU_2.7.zip
```

- und setzen Sie noch die richtigen Benutzerrechte:

```
sudo sudo chown -R www-data:www-data smartVISU
sudo chmod -R 775 smartVISU
```

An dieser Stelle muss der SmartHome.py-Service neu gestartet werden, die Anweisungen dafür finden Sie in Abschnitt 50.7. Auf die Webseite der smartVISU-Installation können Sie jedoch schon zugreifen. Ein beliebiger Webbrowser mit Adresszeile (*http://<Server-IP-Adresse>/smartVISU*) reicht bereits aus. Wenn Sie, wie Abbildung 50.23 zeigt, fünf grüne Häkchen bei den Konfigurationstests sehen, haben Sie alles richtig gemacht.

Abbildung 50.23 Der erste Start der smartVISU

Rufen Sie über den Button Config die smartVISU-Konfigurationsseite auf. Auf der Config-Seite finden Sie rechts oben die Auswahl für die zugrunde liegende I/O-Verbindung (Abbildung 50.24). Wählen Sie als Driver die Variante SmartHome.py und geben Sie die IP-Adresse Ihres SmartHome.py-Rechners an (*localhost* funktioniert dabei nicht).

Beenden Sie die Einstellung mit dem Save-Button. Es darf keine rote Error-Meldung in rechten oberen Ecke erscheinen, ansonsten bestehen vermutlich Verbindungsprobleme mit SmartHome.py.

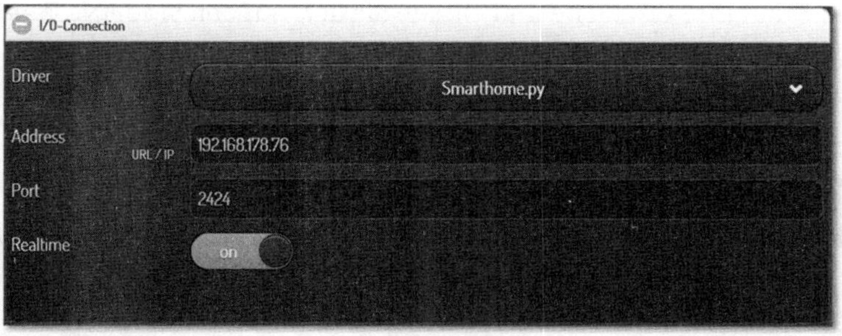

Abbildung 50.24 Auswahl der I/O-Verbindung für smartVISU

50.8.3 Erstellen einer Mini-Visualisierung

Wie immer erhalten Sie auch hier einen kleinen Leitfaden zu den ersten Schritten, in diesem Fall, wie Sie selbst eine Visualisierung mit smartVISU erstellen können. Legen Sie dazu zuerst ein eigenes Visu-Verzeichnis ein:

```
cd /var/www/smartVISU/pages/
sudo mkdir MeinHaus
```

Sie können mit einer Vorlage aus dem Templates-Ordner starten:

```
sudo cp _template/* MeinHaus/
```

Modifizieren Sie die Datei *room_sleeping.html*, indem Sie einen bedienbaren Schalter für eine KNX-Gruppenadresse einfügen. Als Beispiel verwenden Sie das Item `meldungen.eindringling` aus Abschnitt 50.7.3.

```
cd MeinHaus

sudo nano room_sleeping.html
```

Die Datei bekommt folgenden Inhalt:

```
{% extends "rooms.html" %}
{% block content %}
<h3>Beispiel</h3>
<table width=100%>
<tr>
<td align=left width=50%>
{{basic.switch('Alarm','meldungen.eindringling')}}Eindringling
</td>
</tr>
</table>
{% endblock %}
```

Speichern Sie die Datei und starten Sie den SmartHome.py-Server neu (siehe Abbildung 50.25). Laden Sie die smartVISU-Config-Seite im Browser ebenfalls neu und wählen Sie im Register PAGES Ihr neues Projekt MEINHAUS ❷. Speichern Sie mit SAVE, wechseln Sie über das Haussymbol ❶ auf Ihre Visu-Seite und klicken Sie dort auf den SLEEPING-Button rechts.

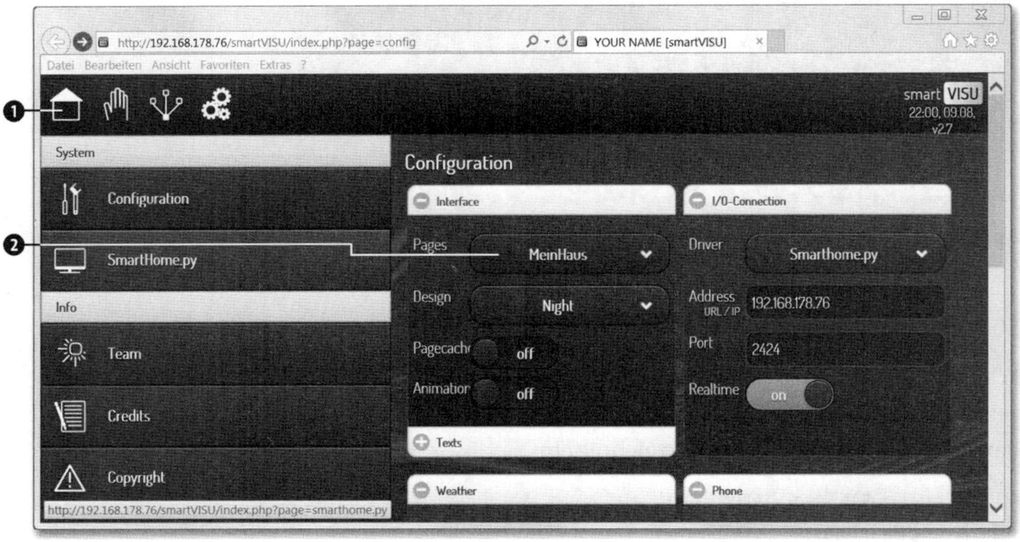

Abbildung 50.25 Wählen Sie Ihre Visu und probieren Sie sie aus.

Der SLEEPING-Button führt Sie auf eine neue Seite (siehe Abbildung 50.26), die Sie, Sie erinnern sich, kurz vorher in dem File *room_sleeping.html* erstellt haben. Genau dorthin bringt Sie der Browser, und Sie erkennen Ihren erzeugten Button EINDRINGLING. Probieren Sie ihn aus, er wird genau das schalten, was Sie ihm über die zugeordnete Gruppenadresse aufgetragen haben. Die Zuordnung fand bereits im SmartHome.py-Abschnitt statt (siehe Abschnitt 50.7.3), und zwar im File */usr/local/smarthome/items*.

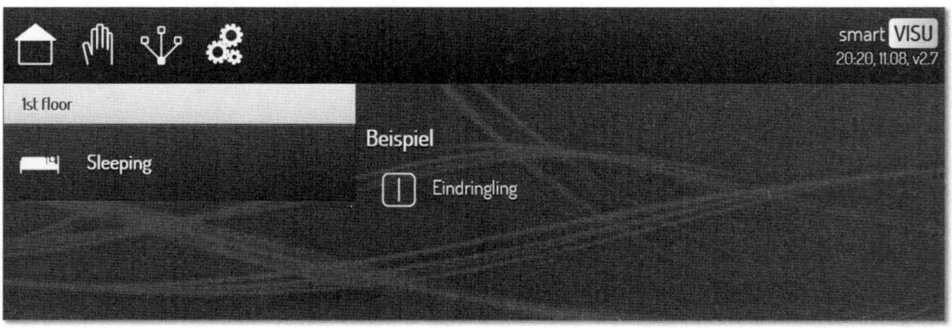

Abbildung 50.26 Die eigene Visu-Seite mit smartVISU

Ist Ihnen noch etwas aufgefallen? Das manuelle Schalten scheint irgendwie wie von Geisterhand nach ein paar Sekunden wieder zurückgesetzt zu werden. Ja genau, das ist die Logik-Engine von SmartHome.py, die Ihre Alarmfunktion aus der Datei *AlarmLogic.py* ausführt. Sie haben also alles richtig gemacht.

50.9 knockd – ein Port-Knocking-Server

Unter *Port-Knocking* (englisch Port = Anschluss, to knock = klopfen) versteht man einen Mechanismus, um TCP/IP-Netzwerke durch eine zusätzliche Sicherheitsschicht zu erweitern.

Ein Port-Knocking-Server,wie *knockd* hört auf allen Ports eines Netzwerkinterface mit, ob ein Remote-System mittels einer vordefinierten Sequenz von Nachrichten anzuklopfen versucht. Erkennt der Server diese Knock-Sequenz aus TCP- oder UDP-Paketen, reagiert er darauf mit einer konfigurierten Aktion. Oft wird über diese Aktion ein Port, der normalerweise durch eine Firewall abgeriegelt wäre, geöffnet.

Das Schöne daran ist, dass von außen nicht erkannt werden kann, ob ein Service auf einem bestimmten Port hört. Ein eventueller Angreifer wird nur einen geschlossenen Port vorfinden. Erst nach korrekter Knock-Sequenz wird der Port von der Firewall temporär geöffnet. Gerne wird dieser Sicherheitsmechanismus für Fernwartungszugänge z. B. über SSH genutzt.

Der oder die für das Anklopfen gewählten Ports müssen selbst übrigens nicht geöffnet werden, da knockd auf Link-Layer-Ebene mithört und somit auch den Netzwerkverkehr für geschlossene Ports sehen kann.

50.9.1 Den knockd-Service installieren

Sie finden im Folgenden die notwendigen Schritte, die zur Installation von knockd auf einem Raspberry Pi notwendig sind, und zwar sowohl über den Paketmanager als auch durch Kompilieren der aktuellsten Quellen.

Installation über apt-get

Am einfachsten installieren Sie knockd über den Paketmanager *apt-get*:

```
sudo apt-get install knockd
```

knockd selbst kompilieren

Wenn Sie den Service gern selbst auf Ihrer Zielhardware übersetzen möchten und dadurch die neueste Version einsetzen, gehen Sie bitte folgendermaßen vor. Besorgen Sie sich zuerst die notwendigen Pakete mit:

```
sudo apt-get install libpcap-dev
```

Sehen Sie sich auf der Webseite *www.zeroflux.org/projects/knock* nach der neuesten Version um. In meinem Fall war das Version 0.7, die mit `wget` auf dem eigenen Rechner landete:

```
cd /usr/src
sudo wget http://www.zeroflux.org/proj/knock/files/knock-0.7.tar.gz
```

Setzen Sie im zweiten Schritt den gewünschten Besitzer für das Archiv, packen Sie es aus, kompilieren Sie es und installieren Sie es mit:

```
./configure
make
sudo make install
```

50.9.2 Ihre Rechner mit knockd herunterfahren

Ein oft benötigter Anwendungsfall im automatisierten Eigenheim ist das kontrollierte Starten und Herunterfahren von Rechnern. Während das Starten per WOL (Wake-On-LAN) in der Regel kein Probleme bereitet, ist der ferngesteuerte Shutdown schon etwas kniffliger. Für Linux-basierte Rechner, die Sie remote (also ferngesteuert) herunterfahren möchten, bietet knockd einen sehr guten Lösungsansatz. Ein kleines Setup zur Funktionsdemonstration würde z. B. so aussehen (siehe Abbildung 50.27):

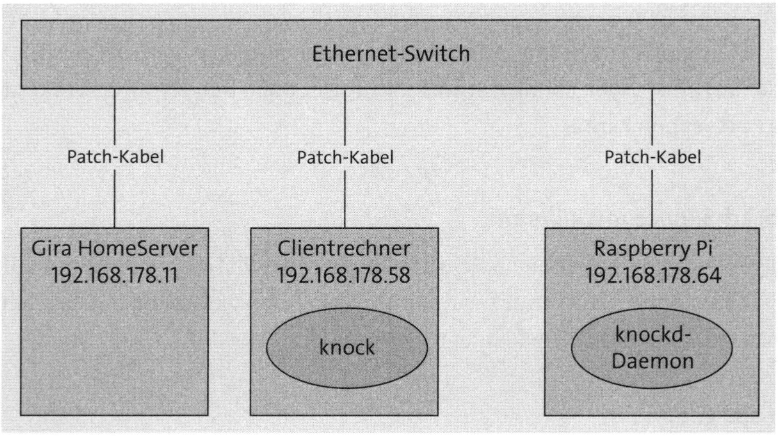

Abbildung 50.27 Ein Beispiel-Setup für knockd

Die Aufgabe soll sein, den RasPi sowohl über einen beliebigen Clientrechner (Linux) als auch über den Gira HomeServer ferngesteuert herunterfahren zu können.

Passen Sie das knockd-Config File an

Due Datei */etc/knockd.conf* beinhaltet alle für knockd wichtigen Konfigurationsdaten, insbesondere die Ports, auf denen angeklopft werden soll, und die daraufhin auszulösenden Aktionen. Fügen Sie der Datei bitte am Ende einen neuen Eintrag für ein Shutdown-Kommando hinzu:

```
[shutdown]
        sequence    = 7001,8001
        seq_timeout = 10
        command     = /sbin/shutdown -h +1
        tcpflags    = syn
```

Mit diesem Abschnitt erreichen Sie, dass bei Anklopfen auf Port 7001 und einem zweiten Anklopfen innerhalb von zehn Sekunden auf Port 8001 das `shutdown`-Kommando ausgeführt wird, das den Rechner in einer Minute herunterfährt (+1).

Es fehlt noch ein abschließender Schritt: Um knockd beim Rechnerstart überhaupt zu aktivieren, müssen Sie noch in der Datei */etc/default/knockd* die Zeile `START_KNOCKD=0` in `START_KNOCKD=1` umändern.

Booten Sie den Raspberry Pi jetzt neu oder fordern Sie den knockd-Service zu einem Neustart auf:


```
sudo service knockd restart
```

Falls Sie knockd auf einem anderen Rechner als dem Raspberry Pi installieren möchten, besitzt dieser eventuell für die Ethernet-Schnittstelle einen anderen Namen als den Default-Wert »eth0«. Um knockd auf eine andere Schnittstelle zu lenken, entfernen Sie in */etc/default/knockd* das Kommentarzeichen # für die entsprechende Zeile und übergeben den tatsächlichen Schnittstellennamen, z. B. `KNOCKD_OPTS="-i em1"`. Den für Ihren Fall gültigen Schnittstellennamen finden Sie übrigens schnell mit dem Shell-Kommando `ifconfig` heraus.

Bei knockd anklopfen

Probieren Sie es gleich aus: Auf einem beliebigen (Linux-)Rechner installieren Sie den Port-Knock-Client knock (der ebenfalls im knockd-Paket enthalten ist) mit:

```
sudo apt-get install knockd
```

und klopfen beim RasPi an mit:

```
knock 192.168.178.64 7001:tcp 8001:tcp
```

Nach der definierten Wartezeit von einer Minute sollte der Zielrechner sauber herunterfahren. Ist der Restart durchgeführt, können Sie sich noch interessehalber das von knockd erzeugte Logfile (in unserem Fall wird in syslog geschrieben) ansehen mit

```
cat /var/log/syslog |grep knockd
```

Sie erkennen in der letzten Zeile (in Abbildung 50.28) bereits den Neustart von knockd nach dem Reboot:

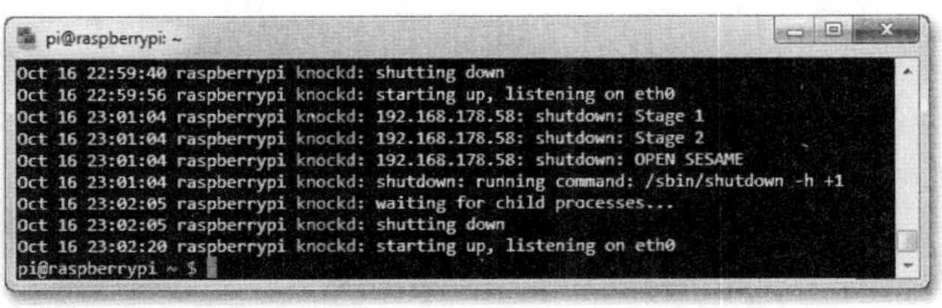

Abbildung 50.28 knockd hat den Shutdown protokolliert.

In dem Mitschrieb erkennen Sie gut die beiden Klopfzeichen auf den definierten TCP-Ports (`Stage 1` und `Stage 2`) sowie den daraufhin ausgeführten `shutdown`-Befehl.

Anklopfen mit dem Gira HomeServer

Was das Kommandozeilentool knock leistet, können Sie beispielsweise auch mit dem Gira HomeServer realisieren. Dazu erzeugen Sie über die Menüfunktion IP/EIB-TELEGRAMME (SENDEN) die beiden knock-Pakete für Stufe 1 (Port 7001), gezeigt in Abbildung 50.29, und Stufe 2 (Port 8001).

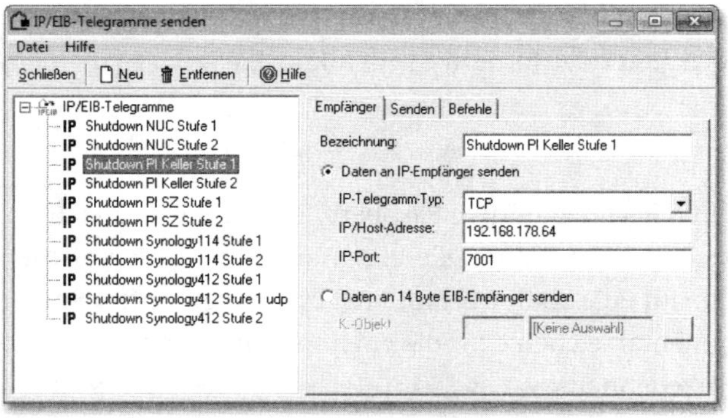

Abbildung 50.29 Das knockd-Paket für Stufe 1

Auf der Registerkarte SENDEN definieren Sie lediglich einen DATENBLOCK vom Typ TEXT mit beliebigem Inhalt.

Abschließend müssen Sie nur noch dafür sorgen, dass die beiden erzeugten Telegramme in der richtigen Reihenfolge (7001, 8001) gesendet werden. Recht einfach lässt sich das im GLE (im grafischen Logikeditor) des HomeServer Experten lösen durch eine simple Ausgangsbox mit zwei Befehlen und Triggerung über einen Binärauslöser. Das sieht dann so aus wie in Abbildung 50.30:

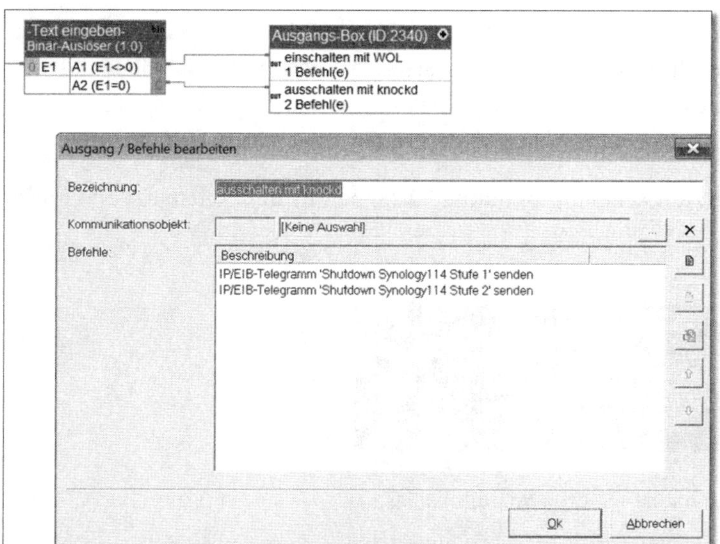

Abbildung 50.30 Auslösen der knock-Sequenz über Binärauslöser

Übrigens funktioniert die knockd-Methode ebenfalls hervorragend auf einem Intel-NUC mit Ubuntu-Linux sowie auf den meisten Synology-NAS-Geräten.

50.10 RRDtool – Datenbank nach Round-Robin-Prinzip

Das Open-Source-Tool *RRDtool* (*Round Robin Database Tool*) ist eine Datenbank, aber eine sehr spezielle. Anders als die klassischen (relationalen) Datenbanken arbeitet RRDtool nach dem *Round-Robin-Prinzip*, bei dem die zu speichernden Daten in einem Ringspeicher abgelegt werden, dessen Größe von Beginn an festgelegt ist. Ein Zeiger markiert jeweils den neuesten Datensatz. Jeder neue Schreibzugriff schiebt den Zeiger eine Position weiter im Ring, und zwar so lange, bis bereits geschriebene (alte) Daten wieder erreicht werden. Nach dem Round-Robin-Prinzip werden die jeweils ältesten Daten überschrieben, sodass ein Archiv im Prinzip nie voll wird. RRDtool arbeitet zeitbasiert, ein RRA (Round-Robin-Archiv) ist demnach dafür ausgelegt, in einem definierten Takt beschrieben zu werden, und umfasst einen fixen Zeitbereich (z. B. die letzten 5 Minuten oder die letzten 24 Stunden).

50.10.1 Round-Robin-Datenbank und Round-Robin-Archive

Damit auch auf vergangene Datensätze, also außerhalb des RRA-Bereichs, zugegriffen werden kann, bedient sich das RRDtool eines Tricks – es legt weitere RRAs an, die die durchschnittlichen Werte vergangener Zeitbereiche enthalten. Die dadurch entstehende Unschärfe wird bewusst in Kauf genommen.

Die Datenbank-Engine des RRDtool sorgt automatisch dafür, dass die RRAs mit den verschiedenen Granularitäten die richtigen berechneten Daten erhalten. Spätere Abfragen liefern die Werte über einen angegebenen Zeitraum in der höchsten verfügbaren Genauigkeit, wobei RRDtool sogar hübsche Grafiken plotten kann. Eine Round-Robin-Datenbank (RRD) besteht physikalisch aus einer einzigen Datei im Filesystem (Endung *.rrd*) und enthält dateiintern mehrere Round-Robin-Archive (RRAs) mit jeweils unterschiedlichen Auflösungen und abgedeckten Zeiträumen.

50.10.2 RRDtool im Smart Home

Mit dieser Eigenschaft ist RRDtool für den Heimautomatisierer ideal dafür geeignet, verschiedenste Messdaten kontinuierlich abzulegen. Nicht umsonst ist RRDtool die Basis für viele verbreitete Softwareprojekte, wie z. B. Cacti, collectd, Monitorix, Munin, Observium, Zenoss sowie einige kommerzielle Software. Viele dieser Softwareprojekte benutzen RRDtool als Unterbau für die Ablage von Netzwerk-Monitoring-Daten. Im Rahmen dieses Buchs setzen wir das Tool unter anderem ein für die Aufzeichnung von:

- Temperaturverläufen (über 1-Wire-Bussensoren),
- Stromverbrauchswerten (vom Stromzähler über SML-Protokoll gelesen), sowie
- über den KNX-Bus abgegriffenen Daten (via eibd).

Ein Praxisbeispiel finden Sie im Kontext von collectd (siehe Kapitel 61).

50.10.3 Data Source Types

RRDtool unterstützt vier verschiedene Datenquellentypen (DST = Data Source Types). Bei der Erzeugung einer Datenbank definieren Sie für jede Messdatenreihe einen dieser vier Typen:

- GAUGE: Die Eingabewerte werden einfach direkt übernommen (sinnvoll z. B. für die Temperatur).
- COUNTER: Ist geeignet für stetig wachsende Zähler, die RRDtool bei einem Überlauf sinnvoll behandeln wird.
- ABSOLUTE: Entspricht COUNTER, aber mit dem Unterschied, dass RRDtool annimmt, dass der Zählerwert beim Lesen zurückgesetzt wird.
- DERIVE: Entspricht COUNTER, jedoch dürfen sich die Zählerstände auch verringern (negativer Deltawert).

50.10.4 Die Installation von RRDtool

Unter Linux lässt sich RRDtool (*http://oss.oetiker.ch/rrdtool*) komfortabel über den Paketmanager installieren:

```
sudo apt-get install rrdtool
```

50.10.5 Die ersten Schritte mit RRDtool

Im Rahmen dieses Buchs verwenden Sie das RRDtool implizit als Unterbau für z. B. collectd (innerhalb des Grafana-Projekts, siehe Kapitel 61) und müssen daher die Round-Robin-Datenbank nicht selbst bedienen. Ich möchte Ihnen dennoch die wichtigsten Handgriffe bei der direkten Arbeit mit RRDtool zeigen. RRDtool kommt ohne schicke GUI aus, bietet dafür aber jede Menge APIs (Perl, Python, Ruby, TCL) und natürlich ein Kommandozeileninterface für die Shell. Letzteres sehen wir uns genauer an.

Eine Datenbank anlegen

Bevor Sie selbst eine Datenbank anlegen, müssen Sie sich grundsätzlich über die Anzahl und Art der darin zu verwaltenden Daten und deren zeitliche Auflösung Gedanken machen. Eine spätere Änderung ist in vielen Fällen nur noch schwer durchzuführen. Der erste Schuss sollte also sitzen, falls ein späteres Löschen und Neuanlegen der Datenbank keine Option ist.

Nehmen wir folgende Rahmendaten als Ausgangbasis:

- Es sollen zwei Temperatursensoren protokolliert werden (als Reserve für eine spätere Erweiterung wird zusätzlich ein dritter angelegt), Temperaturbereich jeweils –40 bis +70 °C.
- Alle 15 Minuten soll ein Messwert pro Sensor in die Datenbank wandern (900 Sekunden).
- Wenn nach 1.200 Sekunden (Abtastung 900 Sekunden plus gewählte Toleranz von 300 Sekunden) keine Eingabe (`update`) in die Datenbank erfolgt, speichert RRDtool einen UNKNOWN-Wert.
- Der Messwert wird 10 Tage lang aufgehoben, das entspricht 960 Abtastungen (10 Tage × 24 Stunden × 4). Danach führt RRDtool automatisch eine Datenreduzierung auf je einen Durchschnitts-, Minimal- und Maximalwert pro Tag durch.
- Die Tageswerte sollen wiederum 10 Jahre aufbewahrt werden, das entspricht 3600 Abtastungen (360 Tage × 10 Jahre).

Das Shell-Kommando zur Datenbankerzeugung (*tempsensoren.rrd*) basierend auf diesen Rahmendaten lautet:

```
rrdtool create tempsensoren.rrd --step 900 \
  DS:tempsensor0:GAUGE:1200:-40:70 \
  DS:tempsensor1:GAUGE:1200:-40:70 \
  DS:tempsensor2:GAUGE:1200:-40:70 \
  RRA:AVERAGE:0.5:1:960 \
  RRA:MIN:0.5:96:3600 \
  RRA:MAX:0.5:96:3600 \
  RRA:AVERAGE:0.5:96:3600
```

Zeile 1 enthält außer dem Datenbanknamen die Abtastrate (Basisintervall) von `900` Sekunden, die Zeilen 2 bis 4 definieren die drei abzulegenden Datenreihen (`DS` = Datasource) jeweils mit dem sogenannten Heartbeat (`1200` Sekunden) und dem MIN:MAX-Wertebereich (`-40:70`). Als Data Source Type (siehe Abschnitt 50.10.3) bietet sich `GAUGE` an.

Die letzten vier Zeilen geben die Einstellungen für die Round-Robin-Archive (`RRA`) vor, die für die eigentliche Datenspeicherung verantwortlich sind. Für Archiv Nummer 1 sollen `960` Samples unverdünnt, also mit einer Schrittweite von 1, gespeichert werden. Die drei anderen RRAs nehmen `3600` Minimal-, Maximal- und Durchschnittswerte auf. Die Berechnung dieser drei Größen erfolgt dabei für jeweils `96` Samples, was genau einem Tag entspricht (96 × 900 Sekunden).

Die magische Zahl `0.5` in der RRA-Definition, der sogenannte Xfiles Factor, bestimmt, welcher Bruchteil von den Samples undefiniert (NA) sein darf, damit das Archiv einen interpolierten Mittelwert als gültigen Eintrag speichert. Wird der Wert unterschritten, steht später `na` im Archiv.

Die auf dieses Kommando hin generierte Datenbank hat eine Größe von ca. 248 kByte und ändert sich auch in Zukunft nicht mehr, egal wie viele Datensätze Sie einfügen – einer der Vorteile einer Round-Robin-Datenbank.

Beschreiben der Datenbank

Vorzugsweise fügen Sie Messwerte automatisiert (z. B. über cron oder ein aufgesetztes Tool wie collectd) in die RRAs ein, für einen kurzen Test eignet sich aber auch das entsprechende Shell-Kommando.

```
rrdtool update tempsensoren.rrd -t tempsensor0:tempsensor1 N:30:40
```

Zur Erläuterung: Das Kommando schreibt in die Datenbank *tempsensoren.rrd* für `tempsensor0` den Wert `30` und für `tempsensor1` den Wert `40`. Da RRDtool zu jedem Update auch eine Zeit benötigt, muss diese ebenfalls angegeben werden. Der Parameter `N` steht dabei für die aktuelle Systemzeit. Alternativ könnten Sie die Zeit auch im Unix-Timestamp-Format (Epoch Time) angeben, das sind die Sekunden seit 1.1.1970. Das Shell-Kommando `date +%s` gibt Ihnen z. B. den aktuellen Zahlenwert zurück.

Zur Überprüfung, ob der gewünschte Wert tatsächlich in der Datenbank abgelegt wurde, können Sie

```
rrdtool lastupdate tempsensoren.rrd
```

aufrufen. Sie erhalten genau den gespeicherten letzten Datensatz (siehe Abbildung 50.31).

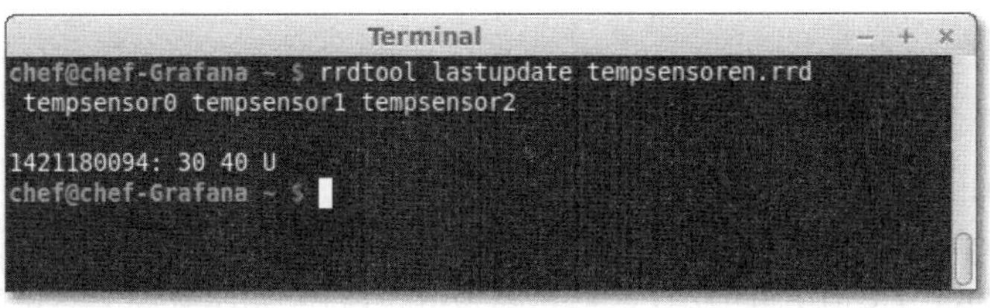

Abbildung 50.31 Ein erster Round-Robin-Database-Inhalt

Die Ausgabe stellt die beiden gespeicherten Werte (`30` und `40`) zusammen mit der Update-Zeit (`1421180094`) dar. Rückumwandeln könnten Sie die Epoch-Zeit in ein lesbares Format mit dem Shell-Kommando `date -d @1421180094`.

Für den `tempsensor2` haben wir mit dem `rrdtool update`-Kommando keinen Wert in die Datenbank geschrieben, was die Ausgabe aus Abbildung 50.31 durch das Zeichen `U` für UNKNOWN bestätigt.

Ein Beispiel für cron

Erzeugen Sie ein kleines Skript, legen Sie es unter *templesen.s* in Ihrem *home*-Verzeichnis ab und setzen Sie mit `chmod +x templesen.s` die Ausführungsrechte.

```
#!/bin/bash
# Zufallszahlen generieren
zufall1=$(($RANDOM % 40))
zufall2=$(($RANDOM % 40))
# Wert-String für Update-Kommando
daten="N:"$zufall1:$zufall2
# Namen der Sensoren für Update-Kommando
sensoren="tempsensor0:tempsensor1"
# in RRA schreiben
rrdtool update tempsensoren.rrd -t $sensoren $daten
```


Als cron-Aufgabe nehmen Sie es mit folgender Zeile auf:

```
echo '*/5 * * * * $HOME/templesen.s >> $HOME/templesen.log 2>&1' | crontab -
```

Das echo-Kommando fügt die Zeile in Ihre User-crontab (Verzeichnis: */var/spool/cron/crontabs/*) ein.

In diesem Beispiel ruft cron Ihr Skript alle 5 Minuten auf, da Sie aber bei der Datenbankerstellung als kleinstes Messintervall 15 Minuten konfiguriert haben, erfolgt durch das RRDtool automatisch eine Durchschnittsbildung über jeweils drei Messwerte.

Eine einfache Grafik plotten

RRDtool beinhaltet sogar eine kleine eingebaute Grafik-Engine (Abbildung 50.32), mit der sich durchaus ansprechende Plots erzeugen lassen. Ein Diagramm mit dem Temperaturverlauf der letzten 24 Stunden (für die Sensoren tempsensor0 und tempsensor1) erstellt man zum Beispiel durch:

```
rrdtool graph tempProTag.png \
  -s 'now - 1 day' -e 'now' \
  DEF:temp0=tempsensoren.rrd:tempsensor0:AVERAGE \
  LINE2:temp0#00FF00:Innen \
  VDEF:temp0last=temp0,LAST \
  "GPRINT:temp0last:%.1lf °C" \
  DEF:temp1=tempsensoren.rrd:tempsensor1:AVERAGE \
  LINE2:temp1#0000FF:Außen \
  VDEF:temp1last=temp1,LAST \
  "GPRINT:temp1last:%.1lf °C"
```

Ansehen können Sie das erzeugte File *tempProTag.png* von der Shell aus z. B. mit ImageMagick (vorher: sudo apt-get install imagemagick):

```
display tempProTag.png
```

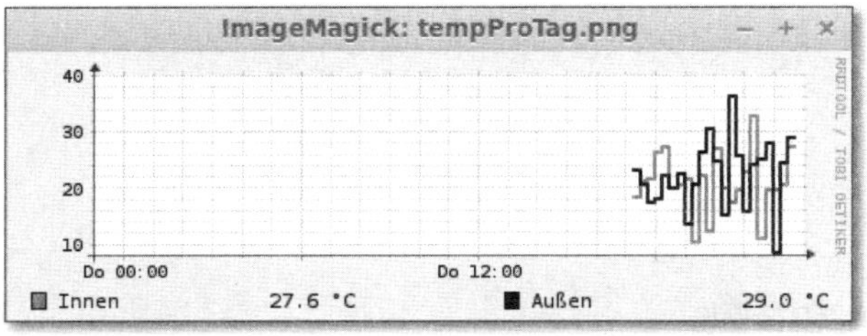

Abbildung 50.32 Die in RRDtool eingebaute Grafik-Engine

Wenn es Sie interessiert, wie eine Datenbankabfrage mit RRDtool aussehen würde, probieren Sie folgendes Kommando aus:

```
rrdtool fetch tempsensoren.rrd AVERAGE
```

Hat cron seine Arbeit bereits etwa eine Stunde verrichtet, befinden sich im RRA-File schon einige Einträge (siehe Abbildung 50.33).

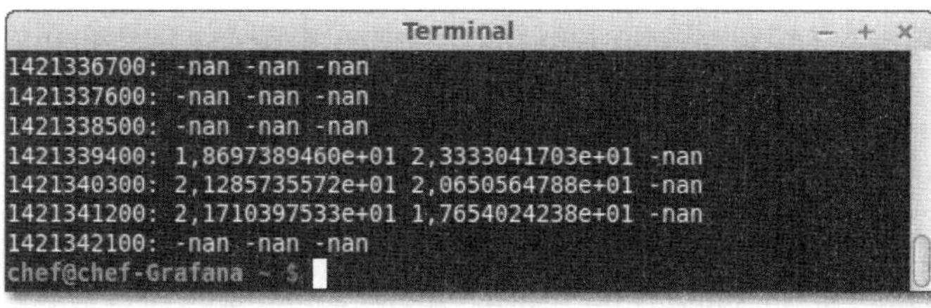

Abbildung 50.33 RRDtool: Nach 45 Minuten sind drei Einträge aufgenommen.

Rechnen Sie die erste Spalte in ein lesbares Format um, erkennen Sie, dass RRDtool bereits leere Datensätze im 15-Minuten-Abstand angelegt hat (bei der Datenbankerzeugung wurden mit `-step` als Basisintervall 900 Sekunden gewählt, was 15 Minuten entspricht).

Datenbank umziehen

Haben Sie irgendwann mal vor, mit der Datenbank von einem Rechner auf einen anderen umzuziehen (z. B. von einem Raspberry Pi auf einen Intel NUC), gilt es zu beachten, dass die Binärdaten nicht kompatibel sind, da es sich um zwei unterschiedliche Prozessorarchitekturen handelt. Es ist daher nicht einfach möglich, die Datenbankdatei *tempsenoren.rrd* von einer Hardware auf die andere zu kopieren. Es muss ein Umweg über einen Datenbank-Dump im XML-Format gegangen werden:

```
# auf Quelle:
rrdtool dump tempsensoren.rrd > tempsenoren.xml
# auf Ziel:
rrdtool restore tempsenoren.xml tempsensoren.rrd -f
```

50.10.6 Nützliches rund um RRDtool

Zum Abschluss der RRDtool-Einführung möchte ich Ihnen gerne noch zwei sehr nützliche Webseiten vorstellen:

- ein interaktiver Generator für die doch recht komplexen RRDtool-Kommandos: *http://www.famzah.net/rrdwizard/index.php*
- RRDtool-Tuning-Maßnahmen: *http://oss.oetiker.ch/rrdtool-trac/wiki/TuningRRD*

50.11 lighttpd – schlanker Webserver für Embedded Systeme

Sobald Sie auf einem Rechner Webseiten für Benutzer, die mit einem Webbrowser arbeiten möchten, anbieten, benötigen Sie einen Webserver. Gehen wir davon aus, dass der Rechner ein Embedded System sein soll, ausgelegt auf 24/7-Betrieb und mit möglichst geringem Stromverbrauch. In der Regel wird solch ein Rechner nur begrenzte Ressourcen zur Verfügung haben, die Hardwareanforderungen an die Webserversoftware sollten daher relativ bescheiden sein.

Sie können natürlich, ganz klassisch, den bekannten Apache-Webserver (*http://httpd.apache.org*) installieren, der aber nicht gerade berühmt für seine niedrigen Hardwareanforderungen ist. Oder Sie setzen auf eine kleine, sehr leichte Alternative. Gut geeignet für kleine Systeme sind:

- der *Cherokee*-Webserver (*www.cherokee-project.com*) für Linux, Mac OS X, Solaris und BSD sowie
- der Open-Source-Webserver *lighttpd* (*http://www.lighttpd.net*).

Letzteren würde ich Ihnen gerne näher vorstellen. Der *lighttpd* (gesprochen: lighty) kann, wie andere Webserver auch, durch Module erweitert werden und unterstützt unter anderem:

- PHP-Anbindung mittels FastCGI (Standard für die Einbindung externer Software zur Generierung dynamischer Webseiten)
- HTTPS
- SCGI (Simple Common Gateway Interface) als Alternative zu klassischem CGI
- Unterstützung von Java-Servlets
- Apache JServ Protocol
- LDAP-Authentifizierung
- Statistiken über RRDtool

In den folgenden Abschnitten erfahren Sie, wie Sie lighttpd installieren, eine kleine eigene Webseite anzeigen und den Webserverdienst kontrollieren. Zum Einsatz in diesem Buch kommt lighttpd unter anderem in Zusammenhang mit Grafana, wenn es darum geht, ein Messwerterfassungssystem mit Webzugang aufzubauen (siehe dazu Kapitel 61).

50.11.1 Installieren von lighttpd unter Ubuntu

Die Installation unter Linux (stellvertretend Ubuntu) ist problemlos. Öffnen Sie einfach eine Shell und rufen Sie das APT-Paketverwaltungssystem auf mit:

```
sudo apt-get install lighttpd
```

Wenige Sekunde später ist der Webserver installiert und bereits gestartet, was Sie mit

```
ps aux | grep lighttpd
```

prüfen können (siehe Abbildung 50.34).

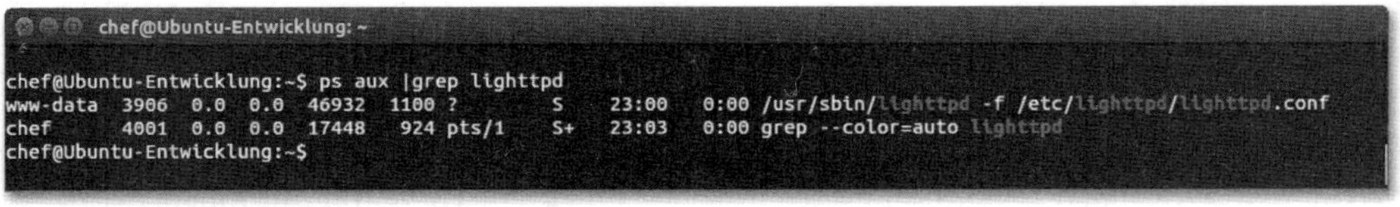

Abbildung 50.34 lighttpd ist gestartet.

Sie erkennen bereits in der Ausgabe von ps, dass der Service mit der Konfigurationsdatei */etc/lighttpd/lighttpd.conf* gestartet wurde. Diese kann, wie unter Linux üblich, mit einem Standardtexteditor bearbeitet werden. Enthalten sind bereits die voreingestellten Standardverzeichnisse, die Sie jedoch jederzeit an eigene Bedürfnisse anpassen können (Tabelle 50.8):

Verzeichnis	Bedeutung
/var/www/	Das Wurzelverzeichnis für die Webseiten.
/var/log/lighttpd/	Das Ausgabeverzeichnis für das File *error.log*, dem von lighttpd generierten Logfile.
/var/run/	Das PID-File *lighttpd.pid* wird hier abgelegt, an dem Sie erkennen, mit welcher Prozess-ID der Service gestartet wurde.

Tabelle 50.8 lighttpd-Arbeitsverzeichnisse

Weitere wichtige Parameter im Config-File *lighttpd.conf* sind der Serverport, unter dem der Webserver erreichbar ist (`server.port`) mit dem Standard-Wert 80 und der Username bzw. der Gruppenname (beide www-data), unter denen lighttpd läuft.

50.11.2 Eine Webseite anlegen

Ein erster Test ist mit einem Webbrowser Ihrer Wahl schnell erledigt. Geben Sie in der Adresszeile des Browsers diese URL an: *http://localhost*, worauf sich die Default-Seite *index.lighttpd.html* öffnet (siehe Abbildung 50.35). Der Zugriff funktioniert.

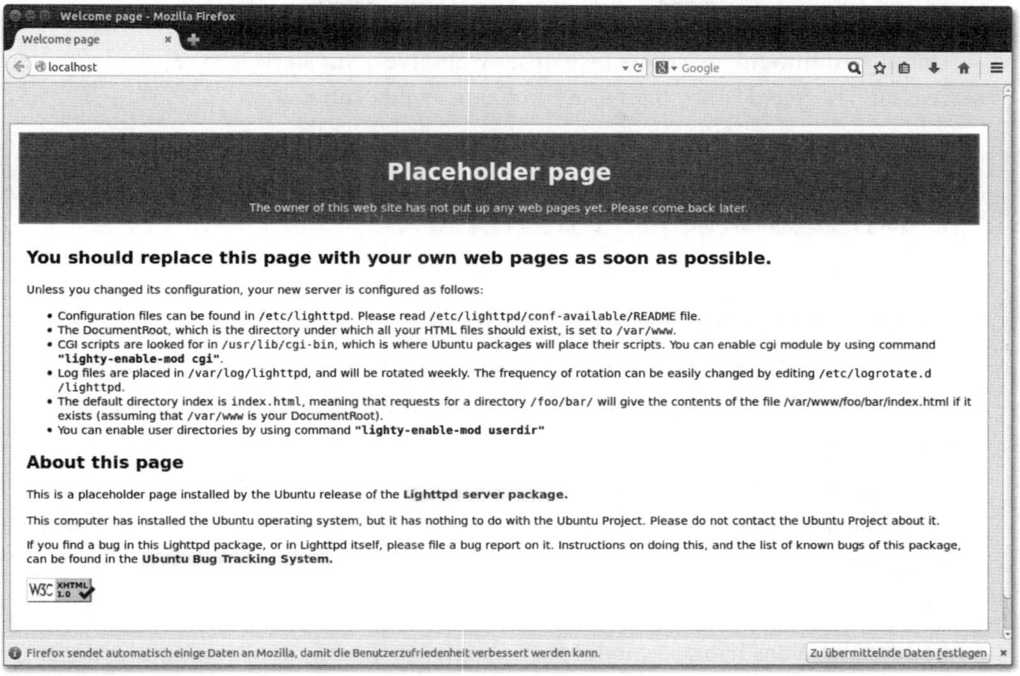

Abbildung 50.35 Die lighttpd-Default-Seite

Sie können jetzt direkt im Anschluss eine erste eigene Webseite anlegen. Am schnellsten geht das mit:

```
cd /var/www
sudo nano index.html
```

Schreiben Sie im Editor nano einen beliebigen Text (z. B. »neue Indexseite«), speichern Sie diesen mit [Strg] + [O] und [↵] und verlassen Sie nano mit [Strg] + [X].

Öffnen Sie für einen Test Ihrer aufwendig erzeugten Webseite wiederum die URL *http://localhost* und stellen Sie jetzt fest, dass Ihre Indexseite (siehe Abbildung 50.36) automatisch als Startseite herangenommen wird, was Sie über die Vergabe des Dateinamens *index.html* erreicht haben.

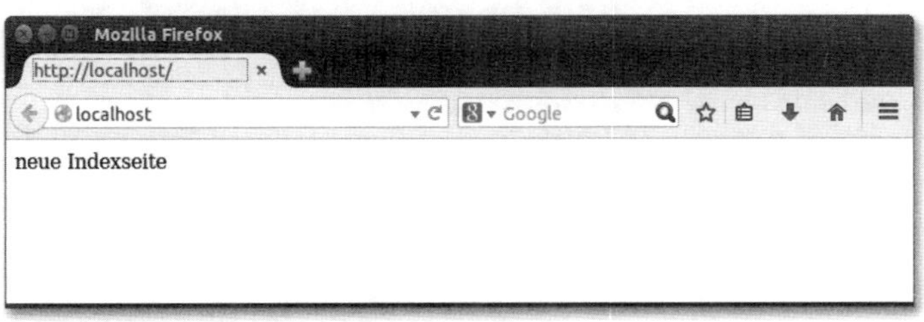

Abbildung 50.36 Ihre neue Indexseite

50.11.3 Den Webserver starten und stoppen

Unter Ubuntu werden Dienste (wie unser Webserver) mit Start/Stopp-Skripten im Verzeichnis */etc/init.d* kontrolliert. Die komplette Syntax lautet:

```
sudo /etc/init.d/lighttpd {start|stop|restart|reload|force-reload}
```

Beispielsweise stoppen Sie den Service mit `sudo /etc/init.d/lighttpd stop` und starten ihn neu mit `sudo /etc/init.d/lighttpd start`.

50.11.4 PHP-Support für lighttpd einrichten

Den schlanken Webserver lighttpd so einzurichten, dass er reibungslos auch PHP unterstützt, ist schnell erledigt. Installieren Sie zuerst die PHP-Pakete mit `sudo apt-get install php5-common php5-cgi`.

Anschließend editieren Sie die Konfigurationsdatei */etc/lighttpd/lighttpd.conf* und fügen zu der Liste der zu ladenden Module im Abschnitt `server.modules` die folgende neue Zeile ein:

```
"mod_fastcgi",
```

Dadurch wird das lighttpd-Modul *fastcgi* aktiviert, das für die Verarbeitung der PHP-Dateien sorgt. Damit der Webserver auch weiß, womit er PHP-Dateien ausführen soll, fügen Sie bitte am Ende der Konfigurationsdatei einen neuen Abschnitt hinzu:

```
fastcgi.server = ( ".php" => ((
                    "bin-path" => "/usr/bin/php-cgi",
                    "socket" => "/tmp/php.sock"
                )))
```

Speichern und schließen Sie die Datei anschließend. Nach einem

```
sudo service lighttpd restart
```

ist lighttpd in der Lage, PHP-Dateien zu verarbeiten. Prüfen können Sie die korrekte Funktion am einfachsten, indem Sie eine Webseite mit dem beispielhaften Namen *info.php* im Verzeichnis */var/www* anlegen. Das File füllen Sie mit den folgenden drei Zeilen:

```
<?php
phpinfo();
?>
```

und rufen es mit einem Webbrowser auf (siehe Abbildung 50.37).

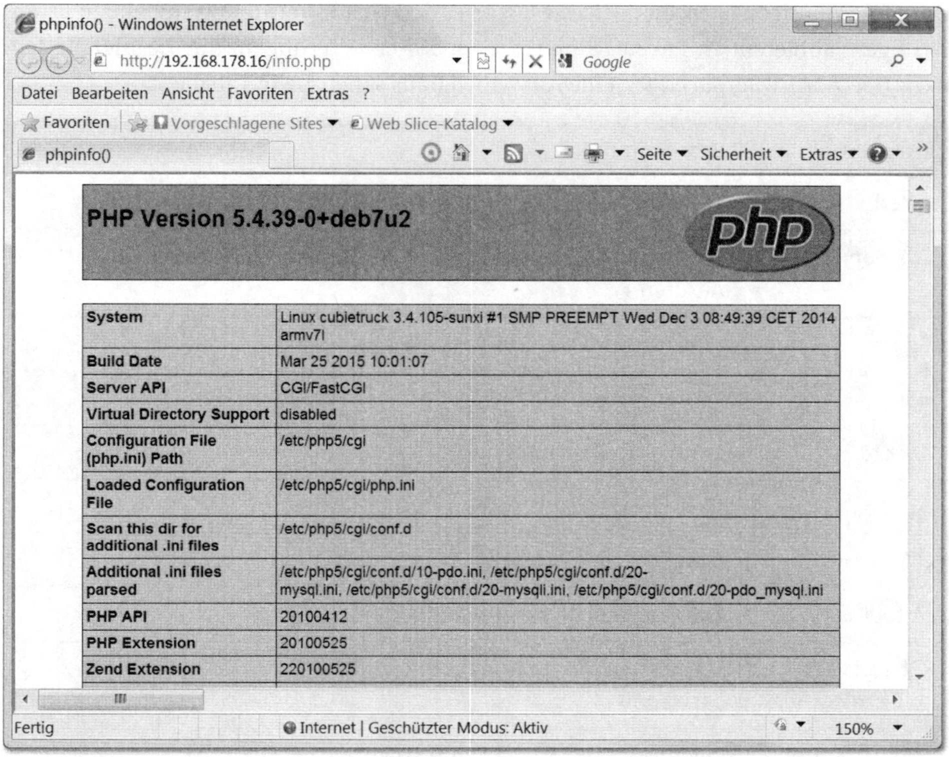

Abbildung 50.37 PHP ist fertig eingerichtet.

50.11.5 Einen Alias einrichten

Ein Alias wird immer dann benötigt, wenn Sie einen bestimmten Document Root Node, also einen Verzeichnisbaum, innerhalb Ihres Webseitendateisystems unter einer URL einblenden möchten. Im Abschnitt über den MPD-Service (Abschnitt 49.1) haben Sie bereits mit einem Alias für die Coverdarstellung gearbeitet. Eingerichtet ist er schnell: Öffnen Sie die Datei */etc/lighttpd/lighttpd.conf* und fügen Sie am Ende eine neue Zeile ein:

```
alias.url = ( "/mpd/" => "/media/sdb1/music/" )
```

Außerdem muss die Zeile `"mod_alias"` in der `server.modules`-Sektion aufgelistet sein. Wenn beides erfüllt ist, erreichen Sie für dieses Beispiel die neue Webseite mit dem Root-Verzeichnis in `/media/sdb1/music/` unter der URL *http://localhost/mpd/index.html*.

50.12 Freetz – alternative Firmware für die FRITZ!Box

Freetz, ein Kunstwort aus »Free« und »Fritz«, ist ein engagiertes Open-Source-Projekt mit dem Ziel, die Firmware der namensgebenden FRITZ!Box von AVM um zusätzliche Funktionen zu erweitern.

Dass dies gelungen ist, zeigt die lange Liste der derzeit zur Verfügung stehenden Erweiterungen, aufgeteilt in Pakete, Plug-ins und CGI-Erweiterungen, die Sie hier finden: *www.freetz.org/wiki/packages*. Eine Auswahl daraus sehen Sie in Tabelle 50.9.

Erweiterung	Beschreibung
Asterisk	PBX-Telefonanlage
Callmonitor	Ermöglicht die Konfiguration von Aktionen bei eingehenden Anrufen.
DigiTemp	Werte von 1-Wire-Geräten auslesen
Hol	Tool zum Abschalten von PCs über das Netzwerk
Knockd	Ermöglicht Port-Knocking.
lighttpd	freier kompakter Webserver
OWFS	Unterstützung für viele 1-Wire-Geräte
rrdtool	Data Logging und grafisches System
RRDstats	Weboberfläche zur Konfiguration des RRDtool (Round Robin Database Tool)
SMARTmontools	Zeigt S.M.A.R.T.-Werte von Festplatten an.
WOL	Wake-On-LAN (Ersatz für ether-wake)
wol-cgi	Weboberfläche für Wake-On-LAN
FHEM	Überwachung und Steuerung von Home-Automation-Systemen, u. a. FS20
syslogd-cgi	Weboberfläche für den Syslogd
Nano-Shell Rudi-Shell	zwei Minimal-Shells für die komplette Befehlseingabe via Web-URL

Tabelle 50.9 Besonders interessante Packages für ein Freetz-Image

50.12.1 Die alternative Firmware bauen

Freetz benötigt für den Zusammenbau eines eigenen Images für die FRITZ!Box eine funktionierende Linux-Umgebung mit einer Reihe zusätzlicher Pakete. Eine sehr einfache alternative Möglichkeit stellt die Benutzung einer speziell dafür vorbereiteten virtuellen Maschine dar.

Unter *www.sourceforge.net/projects/freetz-linux* bekommen Sie das Ubuntu-basierte Image für VirtualBox oder VMware zum kostenfreien Herunterladen.

Bevor es ernst wird:

Sie sollten bitte unbedingt vor einer Firmwareänderung die folgenden Vorkehrungen treffen:

- Erstellen Sie ein Backup der aktuellen FRITZ!Box-Einstellungen (über die Weboberfläche Ihrer Box: SYSTEM • EINSTELLUNGEN SICHERN).
- Notieren Sie sich Ihre DSL-Zugangsdaten.
- Holen Sie sich von *ftp://ftp.avm.de/fritz.box* ein für Ihr Modell passendes Recovery-Image und diese Kurzanleitung: *www.router-faq.de/fb/recover/firmware-recover.pdf.*

Bedenken Sie weiterhin, dass Sie im unwahrscheinlichen Fall einer »Panne« beim Firmwarewechsel eventuell ohne Internetzugang dastehen. Es empfiehlt sich, die vorgestellten Sicherheitsmaßnahmen unbedingt vor der Freetz-Installation einzuleiten und außerdem für einen kabelgebundenen LAN-Zugang zur FRITZ!Box zu sorgen.

50

Die Basisinstallation von VirtualBox finden Sie in Abschnitt 19.2, »Ideal für Tests: VirtualBox«, beschrieben. Das Freetz-Linux starten Sie nach dem Herunterladen durch einen einfachen Doppelklick, wodurch das Linux-System nach einem weiteren Klick auf IMPORTIEREN als virtuelle Maschine in VirtualBox angelegt wird. Nach dem Start von Freetz-Linux müssen Sie, je nach Host, eventuell noch die Netzwerkeinstellungen von VirtualBox auf Ihre eigenen Gegebenheiten anpassen.

Als Zugangsdaten verwenden Sie die Default-Einstellung: Benutzer: `freetz`, Passwort: `freetz` (siehe Abbildung 50.38).

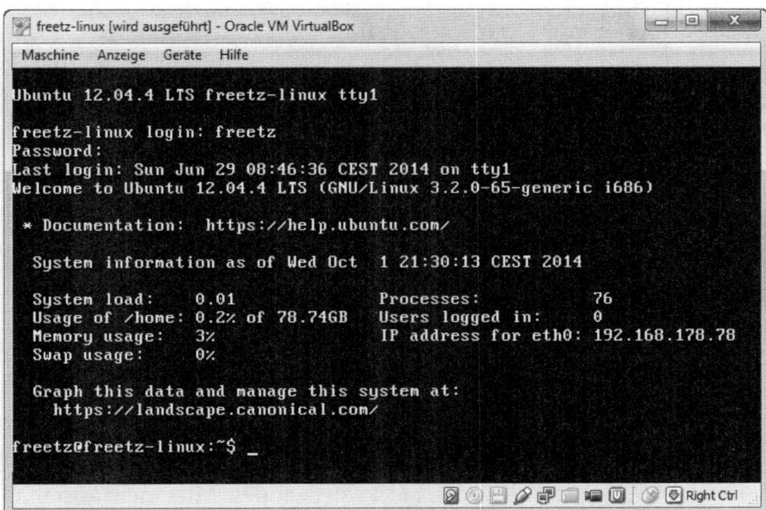

Abbildung 50.38 Das gestartete Freetz-Linux

Der nächste Schritt ist das Öffnen einer SSH-Verbindung zum Host freetz-linux von einem beliebigen Rechner aus mit KiTTY oder PuTTY, gefolgt vom Einloggen mit oben genannten Zugangsdaten. Von der SSH-Shell aus bringen Sie zuerst das Freetz-Linux auf den neuesten Stand:

```
sudo apt-get update
sudo apt-get -d upgrade
sudo apt-get -y upgrade
```

Die Freetz-Sourcecodes können Sie im Anschluss auf Ihr System auschecken mit:

```
svn checkout http://svn.freetz.org/branches/freetz-stable-2.0
```

wobei Sie gegebenenfalls die Versionsnummer ersetzen müssen.

Um das Konfigurationsprogramm für Ihre künftige FRITZ!Box-Firmware aufzurufen, wechseln Sie in das Freetz-Verzeichnis und starten `menuconfig` (siehe Abbildung 50.39) über `make`:

```
cd freetz-stable-2.0
make menuconfig
```

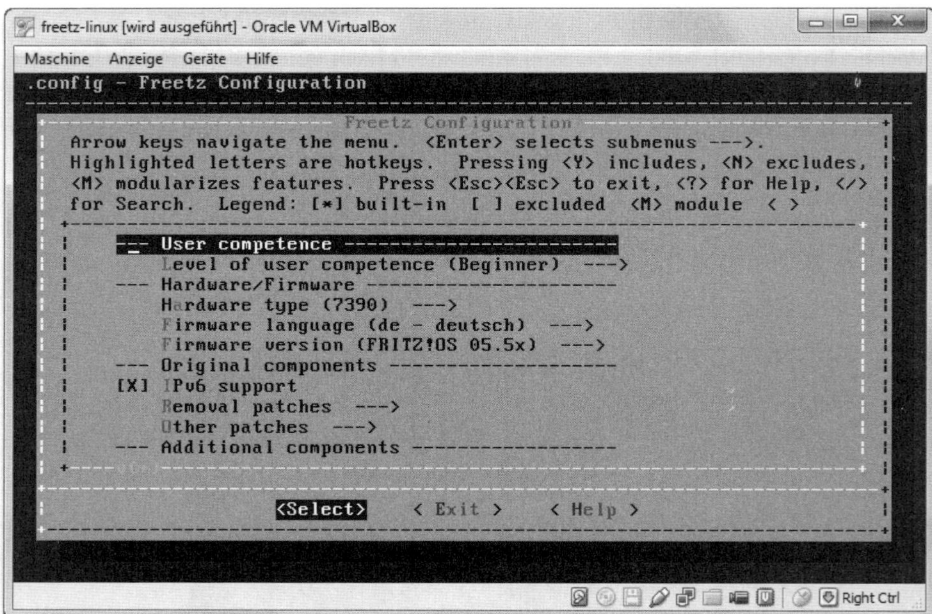

Abbildung 50.39 Das Konfigurationsprogramm für Ihre eigene Firmware

Für einen ersten Testlauf genügt es an dieser Stelle, den Hardwaretyp Ihres Routers zu wählen (im Beispiel ist das 7390) und die GUI über EXIT zu beenden. Mit einem anschließenden `make`-Befehl auf der Kommandozeile starten Sie den Erstellungsprozess, der je nach System und Internetanbindung das erste Mal recht lange dauern kann. Die zahlreichen Warnungen während des Build-Prozesses sind normal, am Ende sollte jedoch ein Image erstellt worden sein, das im Unterordner *images* des Freetz-Verzeichnisses abgelegt ist.

50.12.2 Jetzt wird es ernst: der Flash-Vorgang

Das erzeugte Image kopieren Sie nun auf Ihren PC, z. B. mit FTP oder über ein eingebundenes Netzwerklaufwerk. Haben Sie das File auf Ihren PC übertragen, kommt der große Moment: Wechseln Sie im Webinterface Ihrer FRITZ!Box in das Menü SYSTEM • UPDATE, gehen Sie auf die Registerkarte FRITZ!OS-DATEI, sichern Sie Ihre Einstellungen, falls noch nicht erledigt, wählen Sie mit dem Button DURCHSUCHEN Ihre Freetz-Imagedatei aus und flashen Sie diese mit UPDATE STARTEN. Den Warnhinweis, dass es sich um keine offizielle Firmware von AVM handelt, bestätigen Sie selbstbewusst.

Nach dem Flash-Vorgang sollte sich das Webinterface automatisch neu laden. Falls nicht, helfen Sie mit einem manuellen Reload im Browser nach.

Sie haben ab sofort zwei Zugangsmöglichkeiten zu Ihrer getunten FRITZ!Box:

1. Die bekannte Weboberfläche erreichen Sie nach wie vor über die URL *http://fritz.box*.
2. Zusätzlich verfügen Sie nun über die Freetz-Oberfläche, erreichbar über die URL *http://fritz.box:81*, mit Username admin und Passwort freetz.

Herzlichen Glückwunsch, Sie haben jetzt Ihr erstes eigenes Image für die FRITZ!Box erstellt.

Wenn Sie möchten, sehen Sie sich gleich im Anschluss auf der Webseite *www.freetz.org/wiki/packages* bzw. in Tabelle 50.9 um und machen sich selbst ein Bild davon, wie Sie Ihr neues Image mit zusätzlichen Packages erweitern können.

50.13 Cacti – ein Monitoring-Paket

Die freie, GPL-lizenzierte Software *Cacti* (*www.cacti.net*, Abbildung 50.40) stellt eine webbasierte Monitoring-Software dar, die sehr gut geeignet ist für das periodische Sammeln von Messwerten beliebiger Art und deren grafische Darstellung. Im IT-Bereich wird Cacti oft zur Überwachung von Netzwerkkomponenten oder ganzer Netzwerk-Cluster eingesetzt und bedient sich dabei spezialisierter Protokolle wie z. B. SNMP (siehe Abschnitt 13.2, »Netzwerke mit SNMP managen«).

Man könnte das vollständig PHP-basierte Cacti auch als grafisches Frontend zu RRDtool (siehe Abschnitt 50.10) bezeichnen. Außer einem Webserver (mit PHP-Unterstützung), einer MySQL-Datenbank und natürlich RRDtool setzt es keine weitere Software voraus.

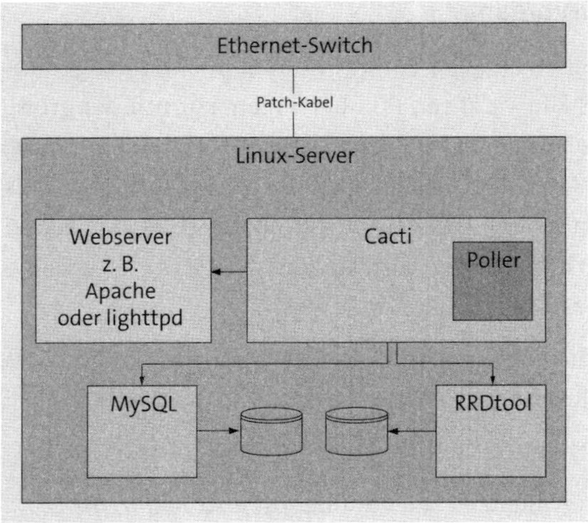

Abbildung 50.40 Das Standard-Cacti-Setup

50.13.1 Was leistet Cacti?

Zunächst einmal übernimmt Cacti die Rolle eines Datensammlers, es kann beliebige Messdaten in eine Round-Robin-Datenbank (RRDtool) füttern. Am besten sind dabei diejenigen Datenquellen unterstützt, die sich über SNMP abfragen lassen. Dafür bietet Cacti bereits eine Fülle eingebauter Funktionen. Über externe Skripte, um deren Aufruf sich Cacti ebenfalls kümmert, können Sie jedoch beliebige andere Datenreihen (z. B. Temperaturen, Feuchtigkeitswerte usw.) einbinden.

Was den Einsatz von Cacti sehr angenehm macht, ist die Tatsache, dass es das im Hintergrund arbeitende RRDtool für Sie bedient. Dadurch müssen Sie sich nicht mit der zwar sehr leistungsstarken, aber auch wenig einprägsamen Kommandosyntax von RRDtool beschäftigen. Vom Anlegen von RRAs (Round-Robin-Archiven) und deren zeitlich korrekte Füllung mit Daten werden Sie durch Webformulare abgeschottet, die gezielt nach den notwendigen RRDtool-Parametern fragen.

Letztendlich konfigurieren Sie über die Weboberfläche auch die gewünschten Plots, also die grafische Ausgabe der für Sie wichtigen Messdaten, in allen von RRDtool unterstützten Graphentypen. Die Plots dürfen Sie in einem oder mehreren Dashboards zusammenstellen und sich so Ihre ganz persönlichen Überblicksseiten für protokollierte Messdaten erstellen.

Mit einem beliebigen Webbrowser lassen sich sowohl die Konfigurationsdaten ändern als auch die Dashboards betrachten. Für mobile Endgeräte stehen auch spezialisierte Apps zur Verfügung, beispielsweise iCacti.

Für eine Round-Robin-Datenbank ist es wichtig, dass sie periodisch mit Messdaten gefüllt wird, da sie darauf angewiesen ist, Datensätze zeitlich zuordnen zu können. Ganz nach Linux-Style löst Cacti die zeitliche Steuerung über einen cron-Job. Das automatisch generierte sogenannte Poller-Skript wird in der Voreinstellung alle fünf Minuten aufgerufen und sammelt sämtliche zu messende Daten zusammen, wobei es durch eigene Shell-Skripte ergänzt werden darf.

50.13.2 Die Installation von Cacti

Cacti wird über `apt-get` installiert, unter Ubuntu 14.04-/Linux Mint 17-Distributionen sieht das beispielsweise so aus:

```
sudo apt-get install apache2 php5 php5-mysql php5-snmp
sudo apt-get install mysql-client mysql-server
sudo apt-get install snmpd rrdtool
sudo apt-get install cacti
```

Nach erfolgreicher Installation der Pakete können Sie bereits das Webinterface von Cacti aufrufen (*http://localhost/cacti*), wo noch einige Schritte für die Ersteinrichtung des Systems zu erledigen sind (Abbildung 50.41).

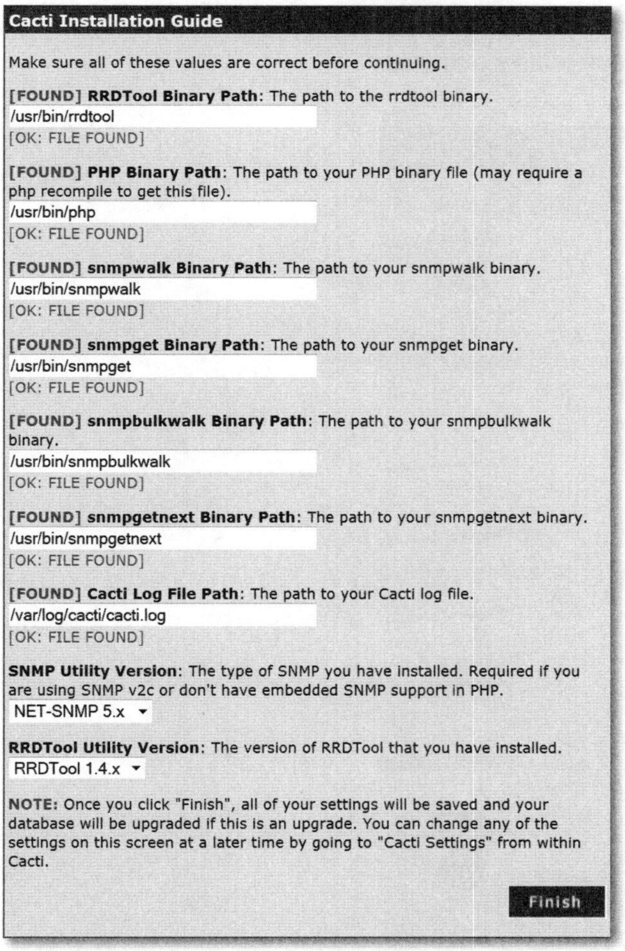

Abbildung 50.41 Cacti-Installation im Webbrowser

In der Regel können Sie die automatisch ermittelten Einstellungen übernehmen. Sollten in diesem Schritt einige Komponenten nicht gefunden werden, geben Sie bitte den korrekten Pfad ein oder installieren die fehlenden Programme via `apt-get` nach. Sie gelangen anschließend zum Log-in-Fenster von Cacti, in dem Sie sich durch den während der Installation festgelegten Benutzernamen und das entsprechende Passwort autorisieren. Als Standard ist die Kombination admin/admin vorgesehen, die Sie ändern sollten.

50.13.3 Cacti im Schnelldurchlauf

Cacti hat für Sie nach der Installation bereits ein paar Graphen vordefiniert (siehe Abbildung 50.42). Werfen Sie einen Blick darauf, indem Sie in der Cacti-Weboberfläche das rote Register GRAPHS in der linken oberen Ecke selektieren.

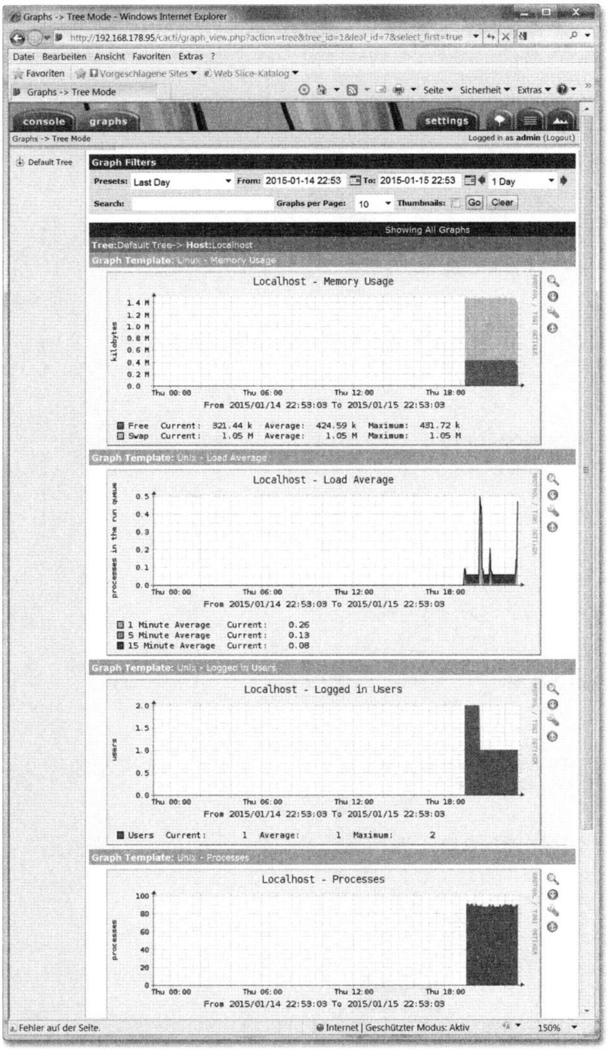

Abbildung 50.42 Einige bereits eingebaute Cacti-Graphen

Sie erkennen sich selbst aktualisierende Beispielgraphen für die aktuelle Speicherauslastung, die CPU-Auslastung, die Anzahl der eingeloggten User und die Anzahl der laufenden Prozesse auf Ihrem Cacti-Server (localhost).

50.13.4 Cacti im Smart Home

Cacti eignet sich gut für die Visualisierung beliebiger Messdaten und ist gerade noch schlank genug, um auch auf schwächeren Systemen wie dem Raspberry Pi bedienbar zu bleiben. Sie können mit recht einfachen Mitteln eine durchaus leistungsfähige und grafisch ausdrucksstarke Messdatenerfassung aufbauen. Besonders geeignet für das Gespann Cacti und RRDtool sind Datenquellen, die sich eher langsam, aber dafür kontinuierlich ändern, wobei im Smart Home folgende Beispiele von besonderer Bedeutung sind:

- Temperaturen der Heizung (Vorlauf, Rücklauf, Temperaturen am Sole-Kreis, Pufferspeicher usw.)
- Raumtemperaturen, Außentemperatur
- Feuchtigkeit (Außenfeuchtigkeit, Raumfeuchtigkeit, Taupunkt), Luftgüte
- Verbrauchswerte (Strom, Wasser, Gas usw.) und Ertragswerte (PV)

Da das Wärmeerzeugungssystem normalerweise im Einfamilienhaus der größte Energieverbraucher ist, lohnt es sich, der Heizungsanlage besonders auf die Finger zu sehen. Eine grafisch dargestellte Messreihe unterstützt Sie bezüglich Verständnis und Optimierung wesentlich besser als nur einfache Momentaufnahmen.

Ebenfalls interessant und ein wichtiges Hilfsmittel bei der Bestimmung geeigneter Schwellwerte für Logik- und Alarmfunktionen sind diese zeitlichen Verläufe:

- Außenhelligkeit (Parametrierung von Beschattung, Beleuchtung)
- raumabhängige Helligkeit (Parametrierung von Konstantlichtregelung)
- Windstärke (Einstellung der Schwellwerte für Windalarm für z. B. die Außenjalousiesteuerung)
- Feuchtigkeit, Luftqualität (Parametrierung der KWL-Anlage)

Im Zusammenhang mit im Smart Home eingesetzten Serversystemen und Netzwerken lassen sich natürlich zahllose weitere mehr oder weniger nützliche Gesundheitswerte überwachen, z. B.:

- freie Festplattenkapazität
- Prozessorauslastung, Speicherauslastung (RAM)
- belegte und freie Netzwerkbandbreite
- Servertemperaturen

Ich möchte Ihre Aufmerksamkeit bereits an dieser Stelle auf das noch folgende Praxisbeispiel zu Grafana (siehe Kapitel 61) lenken, in dem Sie ein noch deutlich leistungsfähigeres Erfassungs- und Auswertesystem kennenlernen werden. Experimentieren Sie dennoch ausgiebig mit Cacti, es bietet für viele Anwendungsfälle eine schnell aufgesetzte Realisierung und eignet sich gut dazu, die Mechanik hinter RRDtool und den Round-Robin-Datenbanken zu verstehen.

50.14 v-control – perfekte Heizungsansteuerung

Besitzer von Viessmann-Heizungen, die mit der Steuerungselektronik Vitotronic ausgestattet sind, dürfen sich über die kleine geniale Software *v-control* für Linux und Windows (mit cygwin) freuen. Zusammen mit einem Original-Optolink-Adapter oder einer Selbstbaulösung, wie sie auf den Wiki-Seiten von v-control (*http://openv.wikispaces.com/v-control*) vorgestellt wird, gelingt es, mit der Viessmann Vitotronic zu kommunizieren, und zwar in beide Richtungen. Der Optolink-Adapter bzw. die Selbstbaulösung wird auf die Vitotronic-Steuerung aufgesetzt, und zwar auf ihre beiden LEDs. Die linke LED (rot) dient nämlich, zusätzlich zur Störungsanzeige, als Infrarotempfänger, die rechte LED (grün) als Betriebsanzeige und Infrarotsender. Über diese beiden LEDs findet letztendlich die Kommunikation statt, die über den Adapter beispielsweise an den USB-Port eines Rechners geführt wird. Abbildung 50.43 verdeutlicht das:

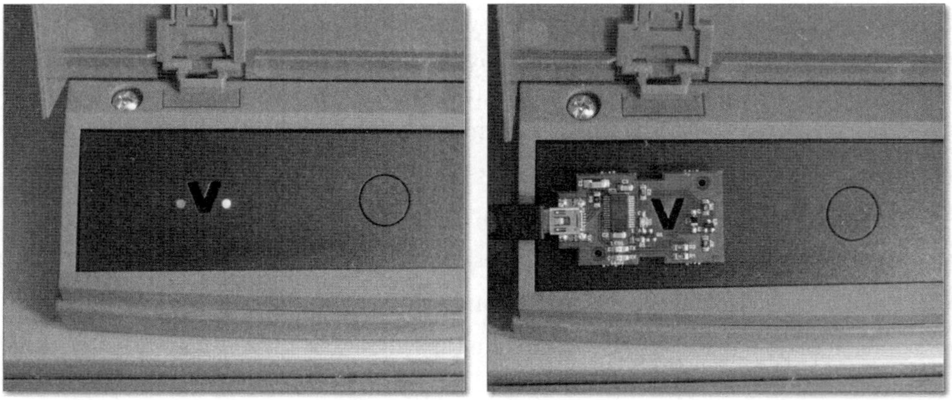

Abbildung 50.43 Optolink-Adapter auf den beiden Vitotronic-LEDs

Einen fertig gelöteten Adapter (auf der Wiki-Seite als Schaltung Nr. 4 bezeichnet, *http://openv.wikispaces.com/Bauanleitung+USB*) können Sie auch über den Kontakt *optolink@bytelink.de* von Dirk Eichel zum Preis von ca. 40 € erhalten. In meinem Beispielaufbau hat das kleine Platinchen über eine 10-m-USB-Leitung (aktiver USB-Hub) an einem Raspberry Pi (Raspbian) anstandslos funktioniert.

Die Softwareseite besteht aus dem *vcontrold*, einem in C geschriebenen Linux-Daemon, der die Kommunikation mit der Vito-Steuerung übernimmt, über XML-Dateien konfiguriert wird und eine ASCII-Socket-Schnittstelle besitzt, die über Telnet oder das *vclient*-Programm angesprochen werden kann. Eine sehr schöne Installationsanleitung für vcontrold auf einem RasPi finden Sie hier: *http://openv.wikispaces.com/vcontrold+mit+Raspberry+Pi.*

Beachten Sie bitte Punkt 4.1 (Schnittstellenbenennung), insbesondere wenn Sie den Optolink-Adapter zusätzlich zu anderen USB-Geräten betreiben (z. B. IR-Optokopf, siehe Abschnitt 35.3, »Infrarotlesekopf«).

Wenn Sie den vcontrold-Service erfolgreich in Betrieb genommen haben, empfiehlt es sich, auch den vclient zu installieren (*http://openv.wikispaces.com/vclient*). Dieser bietet eine schöne Möglichkeit, mit vcontrold (und damit mit der Vitotronic) zu kommunizieren, und ist das Mittel der Wahl, um per Shell-Skript Daten anzufragen. Abgefragte Informationen (wie z. B. Vorlauftemperatur, Rücklauftemperatur, Außentemperatur, Betriebsstunden und viele mehr) können Sie per vclient sehr gut in das Smart-Metering-Praxisbeispiel aus Kapitel 61 integrieren (siehe Abbildung 50.44). Über das Gespann Linknx/eibd können Sie im selben Atemzug Messwerte auch auf den KNX-Bus legen oder sogar Parameter der Heizungssteuerung über KNX-Telegramme modifizieren.

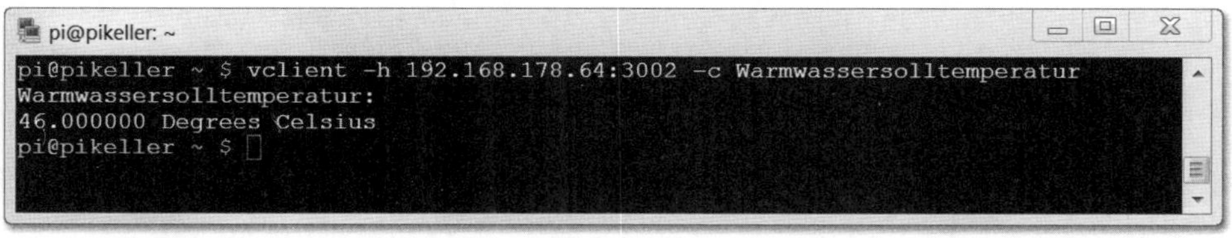

Abbildung 50.44 Abfrage der Warmwasser-Solltemperatur mit vclient

Ohne den vclient können Sie mit dem vcontrold-Daemon ebenfalls kommunizieren, entweder über Telnet oder z. B. mit netcat:

```
echo "Warmwassersolltemperatur" |netcat 192.168.178.64 3002
```

Verpackt in eine Webabfrage (z. B. mit dem HomeServer), holen Sie auf diese Art und Weise sehr einfach Heizungsdaten in Ihre Visualisierung oder können natürlich auch Betriebsparameter der Heizung ändern.

50.15 Kurzvergleich: Wie weltoffen sind die Open-Source-Automatisierungen?

Sie haben mit openHAB, SmartHome.py und FHEM drei sehr mächtige und kostenfreie Automatisierungslösungen kennengelernt. Mit jedem dieser Projekte wird es Ihnen gelingen, die meisten Smart-Home-Anwendungen umzusetzen. Wenn Sie mit der Außenwelt, also der physikalischen Bussysteme oder Softwareprodukte, kommunizieren möchten, benötigen Sie sogenannte Plug-ins, auch Bindings genannt. Die folgende Tabelle 50.10 soll Sie als Referenz unterstützen und aufzeigen, welche der wichtigsten Plugins von den drei Automatisierungslösungen unterstützt werden. Beachten Sie aber bitte, dass es sich um eine Momentaufnahme handelt. Die Entwickler schlafen nicht, und wenn Sie dieses Buch das nächste Mal aufschlagen, hat sich vielleicht schon ein neues Plug-in eingeschlichen.

Plug-in	openHAB 1.7	SmartHome.py 1.0	FHEM 5.6
Asterisk	ja	ja	
Bluetooth	ja		ja
CalDAV	ja		
CUL	ja		ja
DMX512	ja	ja	
eKey	ja		
Enigma2	ja (OpenWebIf)		ja
EnOcean	ja		ja
Exec	ja	ja	ja
FRITZ!Box	ja	ja	ja (DECT)
FS20	ja		ja
Google Calendar	ja		ja
HomeMatic	ja		ja
HTTP	ja		ja
InfluxDB	ja		
IRTrans	ja		
KNX	ja	ja	ja
LIRC			ja
Logitech Harmony	ja		ja
MPD	ja	ja	ja
MySQL	ja		ja
Network	ja (TCP/UDP)	ja (CLI)	ja
1-Wire, OWFS	ja	ja	ja
Philips Hue	ja	ja	ja

Tabelle 50.10 Wichtige Plug-ins in der Gegenüberstellung

Plug-in	openHAB 1.7	SmartHome.py 1.0	FHEM 5.6
Piface	ja		ja
Plex	ja		ja
Prowl	ja	ja	
Pulseaudio	ja		
Roomba		ja	
RRD	ja	ja	
Russound		ja	
SML		ja	ja
SNMP	ja		ja
Sonos	ja		ja
SQLite		ja	ja
Squeezebox	ja	ja	ja
WOL	ja	ja	ja
Withings	ja		ja
XBMC/Kodi	ja	ja	ja
Z-Wave	ja		ja

Tabelle 50.10 Wichtige Plug-ins in der Gegenüberstellung (Forts.)

Kapitel 51
Weitere kommerzielle und nicht kommerzielle Software

Sie haben in diesem Buchteil bereits jede Menge hervorragende und dabei kostenlose Software kennengelernt. Ich möchte Ihnen als Abschluss noch drei ganz spezielle Produkte vorstellen für gänzlich unterschiedliche Anwendungsfälle.

Bei IP-Symcon handelt es sich um eine gut abgestimmte Automatisierungssoftware, die auch für den unerfahrenen Anwender schnell Erfolge verspricht. Der ambitionierte Planer unter Ihnen sollte sich unbedingt das kostenlose DIALux ansehen und staunen, wie realistisch eine Beleuchtungsplanung aussehen kann. Die dritte Software, das ABB i-bus Tool ist wenig bekannt, jedoch zu Unrecht. Wenn Sie bestimmte ABB-KNX-Komponenten besitzen, bietet das Tool eine wirklich praktische Unterstützung bei der Inbetriebnahme.

51.1 IP-Symcon – einsteigerfreundliche Automatisierung

IP-Symcon (*https://www.symcon.de*) ist eine kommerzielle Software zur Steuerung und Automatisierung für Haustechnik und Industrie und verfolgt mit seinem herstellerunabhängigen Konzept einen sehr ähnlichen Ansatz wie z. B. auch openHAB.

51.1.1 Technologieübergreifender Ansatz

Eine spezielle Abstraktionsebene sorgt dafür, dass Sie anwenderseitig unterschiedliche Technologien (KNX, 1-Wire, EnOcean usw.) mischen und unter einer einheitlichen Steuerungssoftware betreiben können. Der Tastendruck eines EnOcean-Funktasters kann durch diese Transparenz beispielsweise eine Schalthandlung bei einem KNX-Schaltaktor auslösen. IP-Symcon ist somit kein reines KNX-Visualisierungsprodukt, sondern unterstützt erfreulicherweise auch EnOcean, Z-Wave, DMX, 1-Wire, HomeMatic, LCN, digitalStrom und weitere. Durch sogenannte Module wächst die Funktionalität von IP-Symcon zudem ständig weiter. Aktuell besteht die Referenz aus mehr als 30 Modulen, darunter so praktische Komponenten wie IRTrans, eine Heizungssteuerung und eine Rollladenpositionierung sowie eine Sprachausgabe. In der Entwicklung sind zudem eine Kalenderintegration und eine astronomische Steuerung.

51.1.2 Die Verwaltungskonsole

Die einsteigerfreundliche Entwicklungsumgebung (IP-Symcon Verwaltungskonsole, Abbildung 51.1) begleitet Sie nicht nur bei der Erstellung von Zeitschaltuhren, Archiven, grafischen Auswertungen und Alarmfunktionen (E-Mail, SMS, Push-Dienst), sondern auch bei der Einbindung von Webcams, Medienplayern und externen Webseiten.

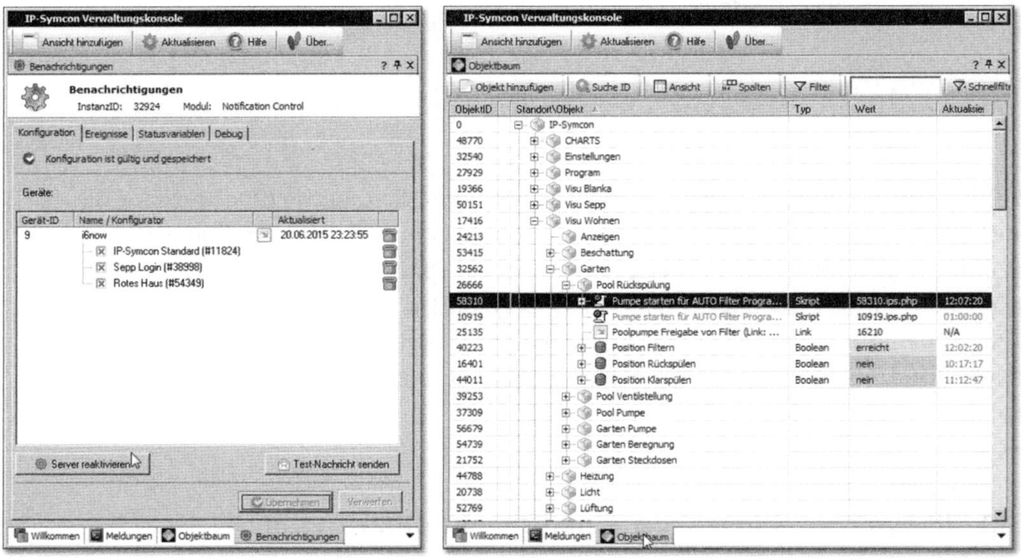

Abbildung 51.1 Die IP-Symcon-Verwaltungskonsole

Die Verwaltungskonsole hilft zudem bei der Konfiguration der Visualisierung (genannt WebFront), die mit allen gängigen Webbrowsern darstellbar ist. Native Apps für iOS und Android stehen ebenfalls zur Verfügung.

51.1.3 PHP als Skriptsprache

Für Automatisierungsaufgaben, die sich nicht direkt mit den Funktionen der Verwaltungskonsole lösen lassen, erlaubt IP-Symcon die Programmierung von eigenen Skripten in der Sprache PHP (Abbildung 51.2). Durch die Tatsache, dass PHP darin komplett integriert ist, können nicht nur alle Vorteile von PHP genutzt, sondern auch die IP-Symcon-eigenen Funktionen aufgerufen werden.

Diese bestehen aus einem breiten Satz an Grundfunktionen sowie modulspezifischer Befehle. Ein prall gefülltes Forum enthält unzählige Codefragmente der aktiven Community, die sich in eigene Skripte einbauen lassen.

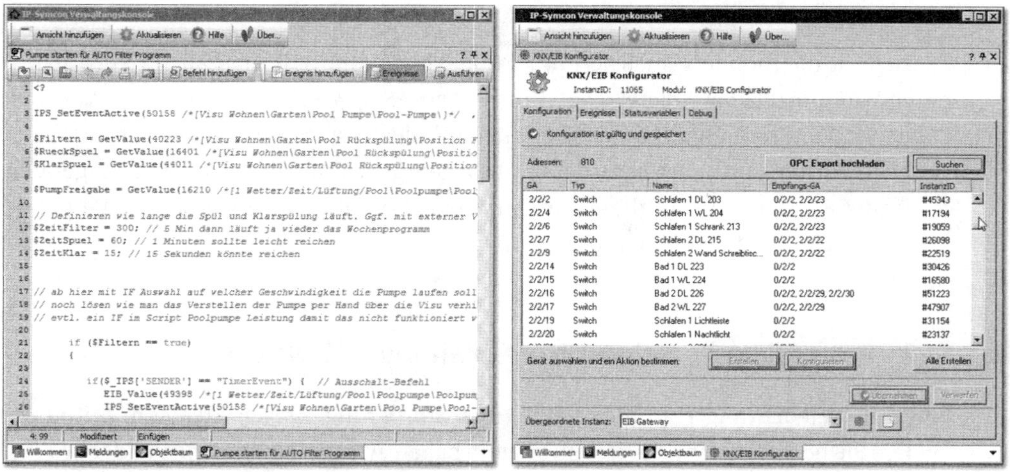

Abbildung 51.2 Programmierung von IP-Symcon

51.1.4 Systemvoraussetzung und Lizenzierung

Die Hardwarevoraussetzungen sind recht niedrig, Sie benötigen lediglich einen (ausrangierten) Windows-Rechner. Da es sich bei IP-Symcon um ein reines Softwareprodukt handelt (wie FHEM, SmartHome.py und openHAB), kommt natürlich noch die eigentliche Automatisierungshardware (KNX-Geräte, EnOcean-Sensoren usw.) dazu. Die KNX-Anbindung ist über eine KNX-IP-Schnittstelle (Tunneling) oder seriell (FT1.2-Protokoll) möglich.

Die Lizenzierung sieht drei unterschiedliche Modelle vor: Basic (kleine Systeme), Professional (große Systeme) und Unlimited (Installateure), die sich hauptsächlich durch die Anzahl der nutzbaren Variablen und Visualisierungsmöglichkeiten, die in Tabelle 51.1 aufgeführt sind, unterscheiden:

Unterschied	Basic	Professional	Unlimited
Preis	99,99 €	249,99 €	499,99 €
Anzahl nutzbarer Variablen	250	1.000	unbegrenzt
Freier WYSIWYG-Editor für Visualisierung	nein	ja	ja
Anzahl gleichzeitiger WebFronts	1	5	unbegrenzt
Eigene formularbasierte Windows-Visualisierung (Dashboard)	nein	ja	ja

Tabelle 51.1 Hauptunterschiede der drei IP-Symcon-Lizenzarten

Ein Lizenz-Upgrade ist zu einen fairen Aufpreis problemlos möglich und binnen Minuten erledigt.

51.1.5 IPSView Designer und Client

Speziell für die mobile Visualisierung (iPhone, iPad, Android), aber auch in der stationären Variante (PC, Mac) bietet die optionale App *IPSView* eine Menge weiterer Möglichkeiten. IPSView besteht aus einem Designer, mit dem Sie individuelle Visualisierungen erstellen dürfen, und dem Client, der für die eigentliche Darstellung auf den Endgeräten zuständig ist. Den Link auf diese gut gemachte alternative Benutzeroberfläche für IP-Symcon finden Sie hier: *ipsview.brownson.at.*

51.2 Professionelle Beleuchtungsplanung mit DIALux

Eine gute Beleuchtungsplanung ist eine Herausforderung für sich. Zu einem Zeitpunkt, an dem Sie noch gar keine Vorstellung davon haben, wie Ihr Bauvorhaben in der Realität einmal aussehen wird, sollten Sie eigentlich schon die Art und Platzierung Ihrer künftigen Beleuchtung planen. Besonders gilt das für den Betonbau, aber auch Unterputzleitungen und Installationsdosen für Lichtauslässe wollen richtig platziert sein, bevor der Verputzer kommt.

Als Unterstützung für diese große Problematik kommt eine noch größere, um nicht zu sagen mächtige, Software genau richtig. Die kostenlose Komplettsoftware *DIALux* hilft Ihnen, eine professionelle Lichtplanung zu erstellen, und zwar sowohl für den Innenraum als auch für den Außenbereich. Sie enthält die Leuchtendaten der weltweit führenden Hersteller, verarbeitet farbige LEDs und ganze Lichtszenen und errechnet nebenbei sogar den Energiebedarf Ihrer künftigen Beleuchtungslösung. Als Ergebnis dürfen Sie fotorealistische Visualisierungen Ihres Projekts bewundern und Beleuchtungssituationen simulieren, wie in der folgenden Abbildung 51.3 gezeigt.

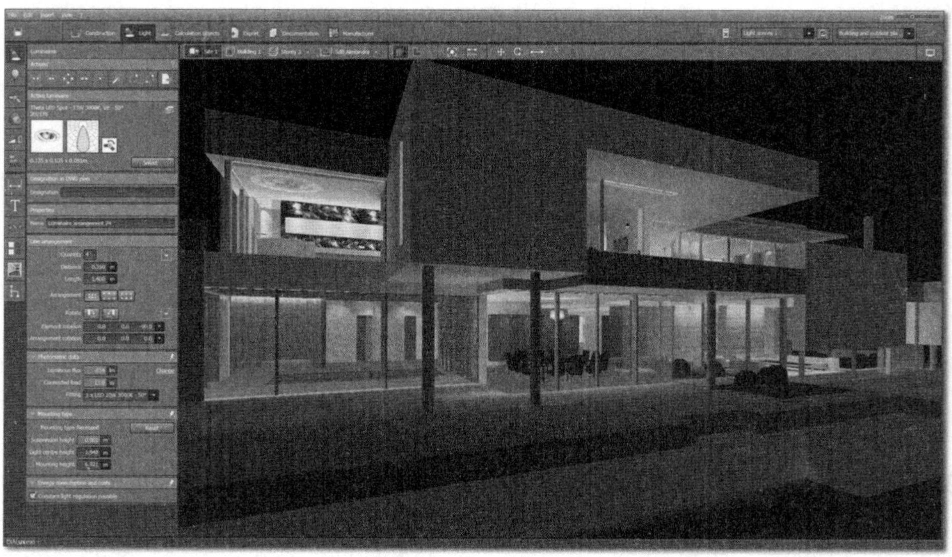

Abbildung 51.3 Beleuchtungsplanung professionell: DIALux

DIALux erhalten Sie kostenlos von der DIAL GmbH (*http://www.dial.de/DIAL/de/dialux/download.html*). Bringen Sie etwas Zeit mit, ein gewisser Einarbeitungsaufwand ist bei einem Planungstool dieser Größenordnung schon erforderlich. Dafür werden Sie aber mit einem wirklich beeindruckenden Ergebnis belohnt – dass Sie dann nur noch umsetzen müssen.

51.3 Das i-bus Tool – Inbetriebnahmehilfe für ABB-Komponenten

Eins hab ich noch ... ich würde Ihnen gern ein spezielles Tool vorstellen, das *ABB i-bus Tool* (Abbildung 51.4).

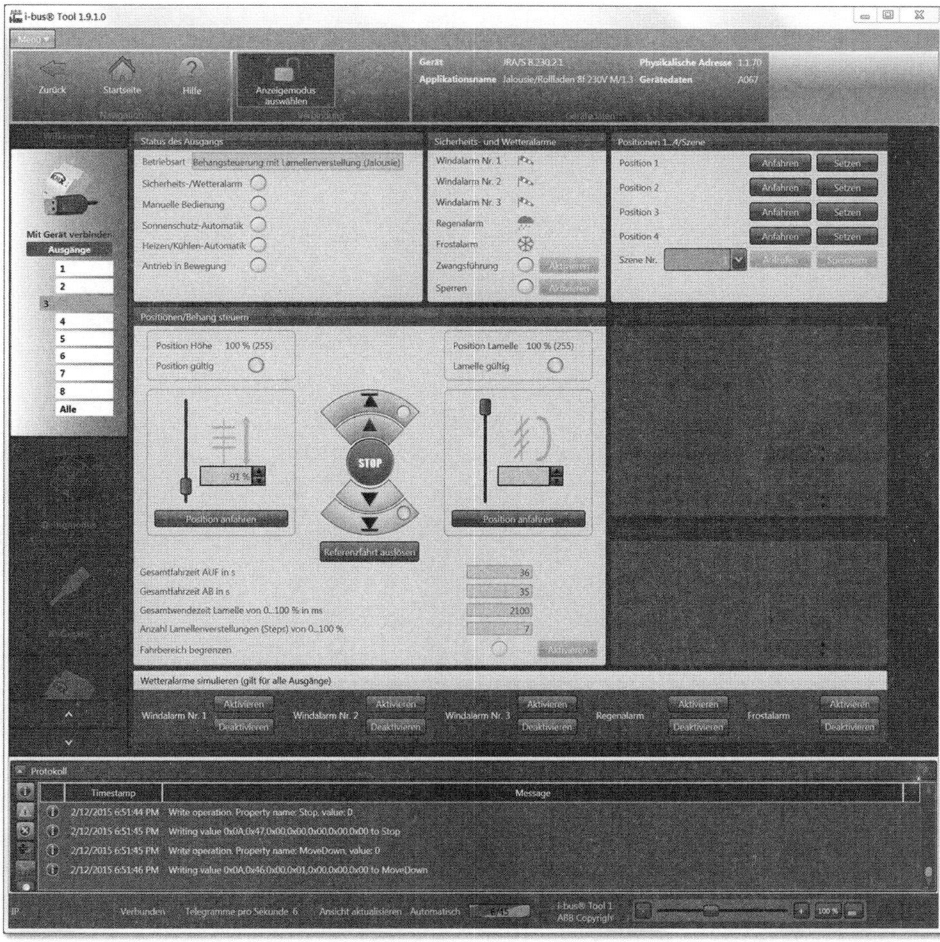

Abbildung 51.4 Jalousiesteuerung ausprobieren mit dem ABB i-bus Tool

Es handelt sich dabei um ein Inbetriebnahmetool speziell für ABB-KNX-Geräte. Produkte anderer Hersteller funktionieren leider nicht, aber wenn Sie eines der unterstützten KNX-Module (z. B. den Jalousieaktor JRA/S) besitzen, leistet das i-bus Tool sehr wertvolle Hilfe. Sehen Sie es sich unbedingt an. Durch seine grafische Bedienoberfläche trägt es enorm zum besseren Kennenlernen eines Geräts bei. Den Link finden Sie hier:

http://www.abb.de/cawp/seitp202/d4eb47de0e1c9c1dc1257cc2003f2d7d.aspx

TEIL VI

Realisierungen

Kapitel 52
Licht steuern

Intelligente und harmonische Beleuchtungssteuerung ist mit einer der wichtigsten Bestandteile eines Smart Homes und dank KNX recht einfach umzusetzen.

Sie lernen in diesem ersten Umsetzungskapitel insgesamt vier Varianten der Beleuchtungssteuerung kennen, vom einfachen An/Aus über eine präsenzgesteuerte Beleuchtung bis hin zum Dimmen über KNX-Aktoren und DALI-EVGs.

Zu Beginn jeder Praxisumsetzung finden Sie jeweils eine kleine Tabelle mit den benötigten Komponenten. Diese sind lediglich Vorschläge, auf die die Praxisbeispiele angepasst sind. Da Sie mit KNX auf einen offenen Standard setzen, funktionieren andere Gerätemodelle natürlich ebenso, unterscheiden sich aber in dem einen oder anderen Detail. Als (optionale) Logik-Engine ist in der Regel der Gira HomeServer vorgesehen. Auch hier gilt: Die meisten Umsetzungen sind auf sehr ähnliche Art und Weise genau so mit anderen Automatisierungsrechnern möglich.

52.1 Einfache Lichtsteuerung

Die einfachste Form der Lichtsteuerung ist ein geschalteter Lichtkreis. Fast immer wird dazu ein einfacher KNX-Schaltaktor eingesetzt, der die Leuchte entweder mit Spannung versorgt oder unterbricht. Elektrisch gesehen, besitzt der Schaltaktor je Aktorkanal ein Relais zur Schaltung der Leistung. Das folgende erste Beispiel (Tabelle 52.1) zur Lichtansteuerung setzt nur eine sehr minimalistische Ausstattung voraus:

Benötigte Komponenten: Einfache Lichtsteuerung		
Bestandteil	**Im Praxisbeispiel verwendet**	**Grundlagenkapitel/ -abschnitte**
Hardware		
KNX-Schaltaktor	ABB SA/S 4.10.1 (je Lichtkreis 1 Kanal)	30.1
KNX-UP-Tasterinterface	Tasterinterface, 4-fach, UP MDT BE04001.01	31.3

Tabelle 52.1 Benötigte Komponenten: einfache Lichtsteuerung

Benötigte Komponenten: Einfache Lichtsteuerung		
Konventioneller Taster	beliebig	37.1
Optional: KNX-Logik-Engine	Gira HomeServer 3 mit HomeServer Experte 4.2	34.2.2, 48

Tabelle 52.1 Benötigte Komponenten: einfache Lichtsteuerung (Forts.)

Als Taster können Sie prinzipiell jeden beliebigen aus Ihrem bevorzugten Schalterprogramm verwenden. Achten Sie jedoch bitte darauf, dass es ein Taster und kein Schalter ist. In diesem Beispiel wird ein Doppeltaster eingesetzt, der zweite Tasterkontakt bleibt (für andere Anwendungen) frei.

Eine Schaltleistung von 10 A reicht in der Regel für Beleuchtungsanwendungen an 230 V aus, Sie können also statt der 16-A-Schaltaktoren einen günstigeren 10-A-Aktor wählen.

52.1.1 Aufbau und Konzept

Die Basisfunktionalität ist sehr übersichtlich (siehe Abbildung 52.1). Der Binäreingang sorgt dafür, dass bei jeder Betätigung des angeschlossenen Tasters ein UM-Telegramm an den Schaltaktor gesendet wird. UM (bzw. Umschalten) bedeutet, dass der erste Tastendruck das Licht einschaltet, der zweite wieder aus, der dritte wieder ein usw.

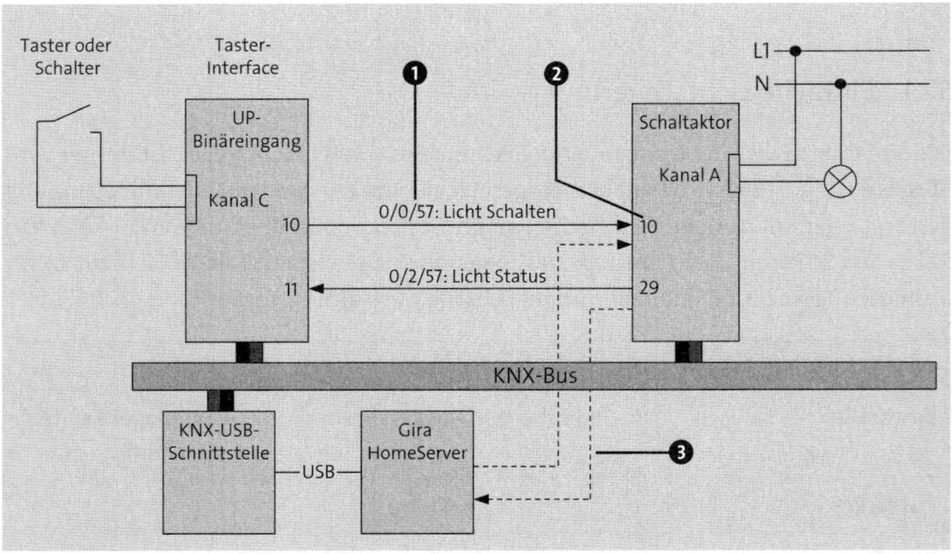

Abbildung 52.1 Schematischer Aufbau: einfache Lichtsteuerung

Die einfache Lichtsteuerung wäre damit schon abgehakt, ich möchte Sie aber nicht unterfordern, daher nehmen wir als optionale Erweiterung eine Visualisierung mit in das Beispiel auf, über die, sozusagen parallel zu dem Taster, die Leuchte bedienbar sein soll.

Dabei lernen Sie gleich, wie Sie die immer wieder auftretende Schwierigkeit der Statusrückmeldungen umschiffen.

Das oben stehende Anschlussbeispiel sowie alle folgenden im Praxisteil des Buchs sind immer ähnlich aufgebaut: Gruppenadressen ❶ sind in Blau auf den virtuellen Verbindungen dargestellt, die Kommunikationsobjekte ❷ der KNX-Geräte ebenfalls in Blau innerhalb der Gerätebox. Optionale Verbindungen ❸ sind als gestrichelte Linie notiert.

An Gruppenadressen (Tabelle 52.2) benötigen Sie lediglich zwei, eine zur Auslösung der Schalthandlung und eine zweite als Rückmeldung (Status) des Aktors.

KO	GA	Name	Bedeutung
10->10	0/0/57	Licht schalten Wohnzimmer Ecke	Schaltobjekt für Licht an/aus
29->11	0/2/57	Licht Status Wohnzimmer Ecke	Statusobjekt des Schaltaktors

Tabelle 52.2 Gruppenadressen für die einfache Lichtsteuerung

52.1.2 Parametrieren Sie den Binäreingang

Vom Binäreingang benötigen wir in diesem Beispiel nur einen einzigen Kanal (hier Kanal C). In der ETS setzen Sie bitte auf der Registerkarte KONFIGURATION alle Funktionen auf KANÄLE EINZELN. Die Registerkarte EINGANG C wird für den angeschlossenen Taster eingestellt, wie in folgender Abbildung 52.2 zu sehen ist:

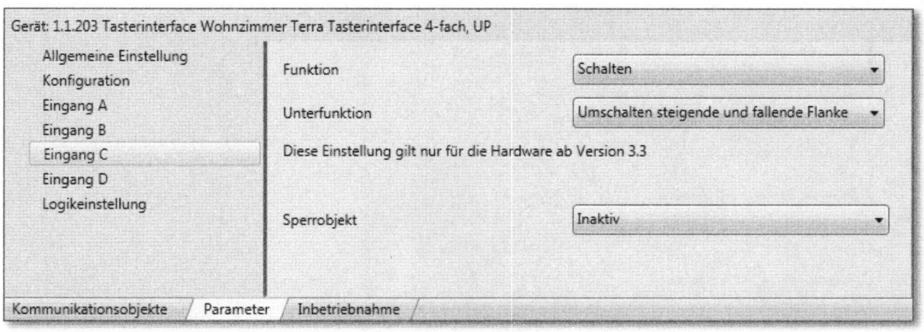

Abbildung 52.2 Parametrierung des Binäreingangs

Das virtuelle Verdrahten der Kommunikationsobjekte ist ebenfalls nur ein Handgriff (siehe Abbildung 52.3):

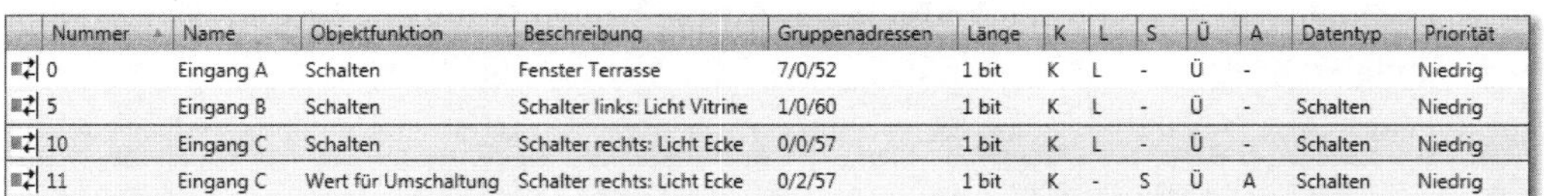

Nummer	Name	Objektfunktion	Beschreibung	Gruppenadressen	Länge	K	L	S	Ü	A	Datentyp	Priorität
0	Eingang A	Schalten	Fenster Terrasse	7/0/52	1 bit	K	L	-	Ü	-		Niedrig
5	Eingang B	Schalten	Schalter links: Licht Vitrine	1/0/60	1 bit	K	L	-	Ü	-	Schalten	Niedrig
10	Eingang C	Schalten	Schalter rechts: Licht Ecke	0/0/57	1 bit	K	L	-	Ü	-	Schalten	Niedrig
11	Eingang C	Wert für Umschaltung	Schalter rechts: Licht Ecke	0/2/57	1 bit	K	-	S	Ü	A	Schalten	Niedrig

Abbildung 52.3 Zuordnung der Gruppenadressen für den Binäreingang

Verknüpfen Sie die Kommunikationsobjekt 10 (Schalten Eingang C) und 11 (Wert für Umschaltung) nacheinander mit den beiden angelegten Gruppenadressen, und zwar mit der Schalt-GA (0/0/57) und mit der Statusrückmeldung (0/2/57).

52.1.3 Parametrieren Sie den Schaltaktor

Die Parameter für den Aktor (hier Kanal A) stellen Sie auf insgesamt zwei Registerkarten (Abbildung 52.4, Abbildung 52.5) ein:

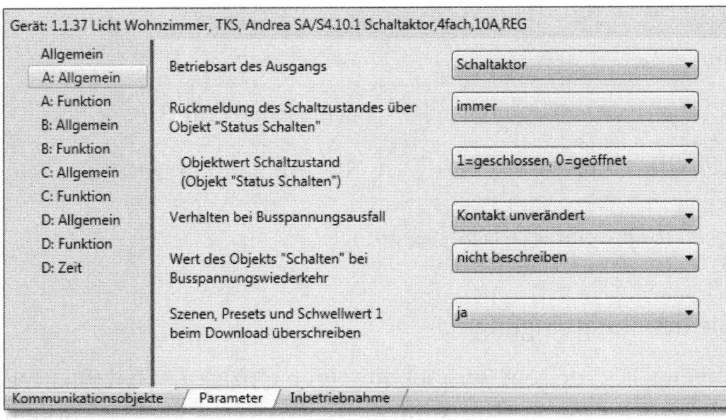

Abbildung 52.4 Parametrierung des Schaltaktors (»Allgemein«)

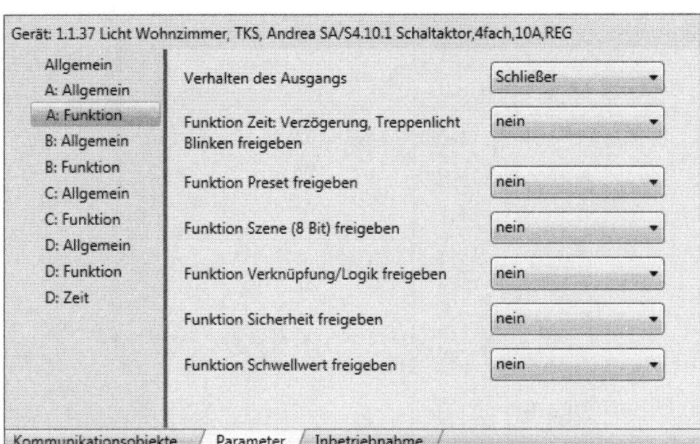

Abbildung 52.5 Parametrierung des Schaltaktors (»Funktion«)

Es fehlen nur noch die Verknüpfungen für die beiden Gruppenadressen (siehe Abbildung 52.6):

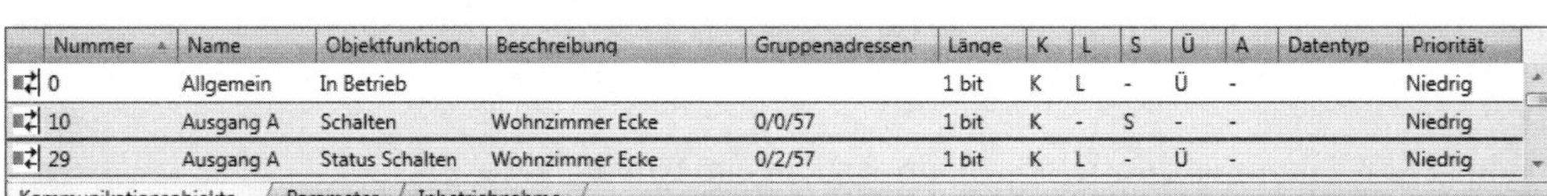

Nummer	Name	Objektfunktion	Beschreibung	Gruppenadressen	Länge	K	L	S	Ü	A	Datentyp	Priorität
0	Allgemein	In Betrieb			1 bit	K	L	-	Ü	-		Niedrig
10	Ausgang A	Schalten	Wohnzimmer Ecke	0/0/57	1 bit	K	-	S	-	-		Niedrig
29	Ausgang A	Status Schalten	Wohnzimmer Ecke	0/2/57	1 bit	K	L	-	Ü	-		Niedrig

Kommunikationsobjekte / Parameter / Inbetriebnahme

Abbildung 52.6 Zuordnung der Gruppenadressen für den Schaltaktor

Sobald Sie den Binäreingang und den Schaltaktor programmiert haben, sollte der Aufbau bereits funktionieren. Jeder Tastendruck schaltet die Leuchte abwechselnd an und aus.

52.1.4 Zusätzlich schalten über eine Visualisierung

Über eine Visualisierung (in diesem Beispiel eine einfache QC-Visu über den HomeServer) soll im letzten Schritt eine zweite (zentrale) Bedienmöglichkeit hinzukommen. Exportieren Sie also die in der ETS angelegten Gruppenadressen, öffnen Sie die Software HomeServer Experte und importieren Sie im Editor für Kommunikationsobjekte das gespeicherte OPC-File.

Eine Zentraladresse hinzufügen

Es ist wichtig, das Schaltobjekt 0/0/57 an dieser Stelle gleich mit einer *Zentraladresse* (0/2/57) zu verbinden (siehe Abbildung 52.7), was dafür sorgt, dass der HomeServer stets über den Zustand der Leuchte Bescheid weiß, auch wenn sie »fremd« (also von dem Taster in unserem Beispiel) bedient wurde.

Abbildung 52.7 Zentraladresse für die Leuchte hinzufügen

Sorgen Sie ebenfalls in dieser Dialogbox über die Checkbox BEIM STARTEN ABFRAGEN dafür, dass die GA 0/2/57 beim Start des HomeServers direkt gelesen wird (siehe Abbildung 52.8):

Abbildung 52.8 Den Statuswert beim HomeServer-Start abfragen

Die Funktion anlegen

Im QC-Config-Editor (Abbildung 52.9) fügen Sie ein auslösendes Bedienungselement ein. Es bietet sich die Funktionsvorlage SCHALTEN PLUS oder, wie im Beispiel, SCHALTEN MIT ZÄHLER an. Die Vorlage mit Zähler erlaubt es, noch ein Kommunikationsobjekt als Betriebsstundenzähler hinzuzufügen.

Sind die beiden Gruppenadressen mit dem Schaltobjekt und dem Statusobjekt der Funktion verbunden, sollten Sie nicht vergessen, diese in den Gewerkebaum und optional auch in den Gebäudestrukturbaum einzuhängen.

Nach Neuprogrammierung des HomeServers finden Sie auf Ihrem QuadClient (Abbildung 52.10) bereits die neue Funktion (hier mit Betriebsstundenanzeige für die Leuchte):

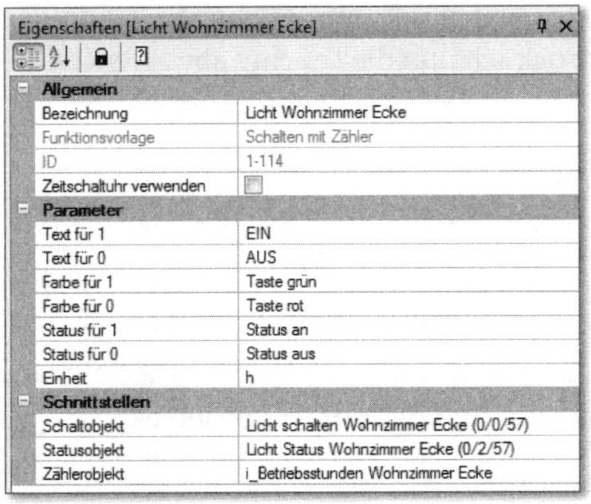

Abbildung 52.9 Anlegen der Funktion im QC-Config-Editor

Abbildung 52.10 Licht schalten mit dem QuadClient

52.1.5 Was hat es mit den Statusobjekten auf sich?

Ihnen ist vielleicht aufgefallen, dass wir sowohl für den Binäreingang als auch für den HomeServer jeweils die Statusrückmeldung des Aktors mit »verdrahtet« haben. Was hat es damit auf sich?

Grundsätzlich wäre ein einfaches Schalten auch ausschließlich über das Objekt *Schalten* allein möglich. Für genau einen Taster als Bedienelement ist das auch ausreichend, sobald aber eine zweite oder dritte Bedienmöglichkeit (Visualisierungsoberfläche) hinzukommt, ergibt sich eine kleine Schwierigkeit.

Stellen Sie sich bitte Folgendes vor: Der Taster wird einmal gedrückt, es wird ein UM-Telegramm (Umschalten) erzeugt, das Licht geht an. So weit richtig. Jemand schaltet anschließend über die Visualisierung das Licht wieder aus. Falls Sie jetzt den Taster ein zweites Mal drücken, um das Licht wieder anzuschalten, passiert erst einmal, entgegen der Erwartung, nichts. Erst wenn Sie den Taster nochmals (also insgesamt ein drittes Mal) drücken, würde die Beleuchtung wieder angeschaltet werden.

Der Grund dafür ist folgender: Der Binäreingang hat keinerlei Information bekommen, dass jemand über die Visualisierung das Licht ausgeschaltet hat, er »denkt« also immer noch, es sei an, und kommandiert bei seiner zweiten Betätigung über das Ausgangstelegramm wieder ein »Licht aus«. Da es bereits aus ist, passiert gar nichts. Der Binäreingang ist anschließend wieder synchron zum tatsächlichen Zustand und kommandiert dann bei der dritten Betätigung richtigerweise »Licht ein«.

Durch die Auswertung des Statuswerts des Schaltaktors sind alle Teilnehmer aber stets über den realen Schaltzustand informiert, und das beschriebene Problem ist keines mehr. Der Binäreingang bekommt sozusagen mitgeteilt, dass jemand über eine zweite Bedienmöglichkeit das Licht geschaltet hat, und kann seinen internen Zustand daraufhin anpassen.

Beachten Sie bitte, dass sowohl der Binäreingang als auch der HomeServer (Zentraladresse) den Aktorstatus in unserem Beispiel konsumieren. Gerade bei den ersten KNX-Gehversuchen ist die fehlende Auswertung von Statusinformationen ein gern gemachter Fehler. Wenn Sie also irgendwann vor dem Problem stehen, dass ein zu schaltendes Objekt erst beim zweiten Kommando tatsächlich schaltet, erinnern Sie sich bitte an dieses Kapitel.

Um das Problem bereits jetzt nachzustellen, reicht es, die virtuelle Verdrahtung der Statusrückmeldung über die ETS zu entfernen.

52.2 Dimmbares Licht

Sie können das Anwendungsbeispiel aus dem vorherigen Kapitel recht unkompliziert in eine Lösung für dimmbares Licht (230 V) erweitern.

Im Wesentlichen müssen Sie nur den Schaltaktor durch einen Dimmaktor ersetzen. Als Taster fungiert diesmal für die manuelle Bedienung ein KNX-Tastsensor statt eines herkömmlichen Schalters mit Binäreingang. Der HomeServer für Logikfunktionen bzw. eine zusätzliche Bedienmöglichkeit bleibt wiederum eine optionale Komponente (siehe Tabelle 52.3).

Benötigte Komponenten: Dimmbares Licht		
Bestandteil	**Im Praxisbeispiel verwendet**	**Grundlagen**
Hardware		
KNX-Dimmaktor	ABB UD/S 2.300.2 Universal Dimmaktor 2-fach 300 V	30.6
KNX-Tastsensor	Berker B.IQ-Tastsensor 3-fach Komfort	37.3
Optional: KNX-Logik-Engine	Gira HomeServer 3 mit HomeServer Experte 4.2	34.2.2, 48

Tabelle 52.3 Benötigte Komponenten: dimmbares Licht

Ob Sie für diesen Aufbau eine Glühlampe direkt oder ein Niedervolthalogenleuchtmittel über einen Transformator anschließen, spielt keine Rolle.

52.2.1 Aufbau der Dimmeransteuerung

Verdrahtungsseitig (Abbildung 52.11) müssen Sie für diesen Aufbau lediglich beachten, dass dieser Typ Dimmaktor intern seine N-Klemmen gebrückt hat, was zur Folge hat, dass Sie ihn (und damit alle Dimmkanäle) nur über einen einzigen RCD versorgen dürfen. Ansonsten würde ein Fehlerstrom einen oder beide RCDs auslösen.

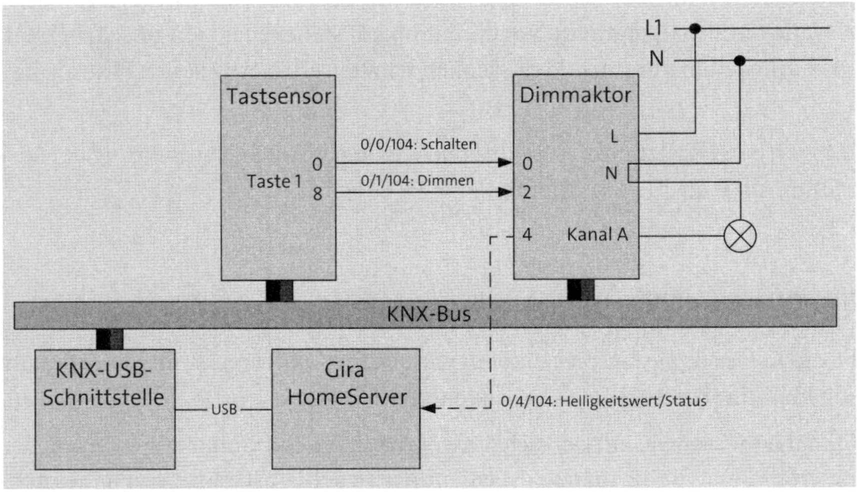

Abbildung 52.11 Aufbau der Dimmeransteuerung

Der Tastsensor sendet über die GA 0/0/104 das Kommando zum Ein- und Ausschalten (kurzer Tastendruck) und über 0/1/104 abwechselnd Hoch- und Runterdimmen (langer Tastendruck). Den aktuellen Helligkeitswert kann der Dimmer über sein KO Nummer 4 an eine Visualisierung melden.

52.2.2 Mit dem Tastsensor dimmen

Beginnen Sie am besten damit, dem Tastsensor mitzuteilen, dass er ab jetzt auf seiner Taste 1 (beim Berker B.IQ links oben) einen Dimmer zu bedienen hat. Als Bedienkonzept habe ich das Eintastendimmen gewählt. In der ETS konfigurieren Sie dafür bitte im Register TASTE 1 des Tastsensors Folgendes aus Tabelle 52.4:

Parameter	Einstellung
FUNKTION	DIMMEN Taste 1 arbeitet als Dimmtaste.
FUNKTION STATUS-LED	STATUSANZEIGE Solange die Beleuchtung eingeschaltet ist, ist die Status-LED ebenfalls eingeschaltet.

Tabelle 52.4 Parameter des Tastsensors für Eintastendimmbetrieb

Parameter	Einstellung
Bei Statusanzeige blinken?	Nein Kein Blinken notwendig.
Tastenfunktion	Einflächenbedienung: heller/dunkler (UM) Damit erreichen wir die gewünschte Eintastendimmfunktion. Ein kurzer Tastendruck schaltet zwischen dem Zustand Aus und der zuletzt eingestellten Helligkeit, ein langes Drücken erhöht oder vermindert die Helligkeit.
Zeit zwischen Schalten und Dimmen Basis	130 ms × 3 Unterscheidung, ob kurzer oder langer Tastendruck: Nach 390 ms wird ein langer Tastendruck erkannt (also Dimmbetrieb).
Zeit zwischen Schalten und Dimmen Faktor (2..127)	
heller dimmen um	100 % Keine Limitierung der Helligkeit beim Dimmen.
Dunkler dimmen um	
Telegrammwiederholung?	Nein Für unseren gewählten Dimmaktor nicht notwendig.
Stoptelegramm senden?	Ja

Tabelle 52.4 Parameter des Tastsensors für Eintastendimmbetrieb (Forts.)

In allen anderen Registerkarten sind keine Änderungen notwendig. Das Verdrahten der Kommunikationsobjekte (zu sehen in Abbildung 52.12) passiert analog zu Abbildung 52.11.

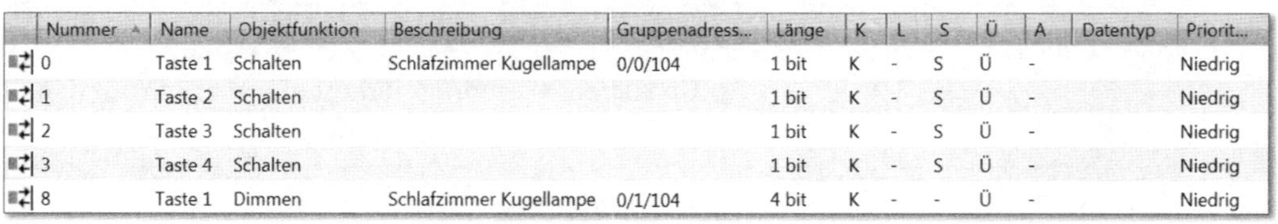

Nummer	Name	Objektfunktion	Beschreibung	Gruppenadress...	Länge	K	L	S	Ü	A	Datentyp	Priorit...
0	Taste 1	Schalten	Schlafzimmer Kugellampe	0/0/104	1 bit	K	-	S	Ü	-		Niedrig
1	Taste 2	Schalten			1 bit	K	-	S	Ü	-		Niedrig
2	Taste 3	Schalten			1 bit	K	-	S	Ü	-		Niedrig
3	Taste 4	Schalten			1 bit	K	-	S	Ü	-		Niedrig
8	Taste 1	Dimmen	Schlafzimmer Kugellampe	0/1/104	4 bit	K	-	-	Ü	-		Niedrig

Abbildung 52.12 Zuordnung der Gruppenadressen für den Tastsensor

52.2.3 Parametrierung des Dimmaktors

Die Einstellungen für den Dimmaktor befinden sich pro Kanal auf insgesamt vier Registern (Allgemein, Dimmer allgemein, Dimmen, Presets), von denen wir Presets in diesem Beispiel nicht verwenden. Stellen Sie bitte für Kanal A folgende Parameter aus Tabelle 52.5 ein:

Parameter	Einstellung
Kanal ist	aktiviert Notwendig für die Funktion.
Nach Ein-/Ausschalten sendet Objekt 0	seinen Status Der Dimmer sendet seinen Schaltstatus nach Ein-/Ausschalten.
Statusmeldung nach Telegramm an Objekt 0	Nur bei Änderung senden Der Dimmer sendet seinen Schaltstatus nur, nachdem er seinen Ausgang geändert hat.
Nach dimmen sendet Objekt 4	den aktuellen Helligkeitswert Das KO für den Helligkeitswert wird vom Aktor nach einer Dimmänderung gesendet.
Treppenlichtfunktion ist	deaktiviert Wird hier nicht benötigt.
In zentraler Lichtsteuerung arbeitet Kanal	Nicht als Slave Kein Master/Slave-Betrieb.
Zeitdauer für Durchlauf des Dimmbereichs (0..100%)	2 Ergibt 4 Sekunden (2 × 2), um von 100 % auf 0 % zu dimmen bzw. umgekehrt.
Nach Busspannungswiederkehr ist Dimmer	ausgeschaltet Nach Reset auf KNX-Bus wird der Dimmer nicht eingeschaltet.
Einschalten über Objekt 0 mit	letztem Helligkeitswert Ein kurzer Tastendruck dimmt automatisch auf den letzten eingestellten Dimmwert.
Einschaltwerte	andimmen Ein kurzer Tastendruck dimmt das Licht langsam auf den gewünschten Zielwert.
Helligkeitswerte	andimmen Ein langer Tastendruck dimmt das Licht langsam auf den gewünschten Zielwert.

Tabelle 52.5 Parameter des Dimmaktors für den Eintastendimmbetrieb

Parameter	Einstellung
Ausschaltverhalten	Soft aus Kein plötzliches, sondern ein softes Ausschalten bei kurzem Tastendruck.
Relativ Dimmen: Untere Dimmgrenze	5 Kleinster möglicher Dimmwert: 5 × 0,4 % = 2 %.
Relativ Dimmen: Obere Dimmgrenze	195 Je nach Ihren Vorstellungen, hier: größter möglicher Dimmwert: 50,2 % ÷ 128 × 195 = 76,5 %.
Kanal schaltet bei Dunkler dimmen wenn Wert < untere Dimmgrenze	aus Dadurch erreichen Sie, dass der Dimmer komplett abschaltet, wenn Sie über den Tastsensor unterhalb der Minimaleinstellung (hier: 2 %) dimmen.
Kanal schaltet bei Heller dimmen	ein Dadurch erreichen Sie, dass der Dimmer automatisch einschaltet, wenn Sie über den Tastsensor aufdimmen.
Helligkeitswert: Untere Dimmgrenze	Entspricht den Einstellungen für Relativ Dimmen, gilt aber an dieser Stelle für das Ein-/Ausschalten über Helligkeitstelegramm statt Tasterdruck.
Helligkeitswert: Obere Dimmgrenze	
Helligkeitswert = 0 schaltet Kanal	
Helligkeitswert >= 1 schaltet Kanal	

Tabelle 52.5 Parameter des Dimmaktors für den Eintastendimmbetrieb (Forts.)

Die drei benötigten Gruppenadressen für den Dimmaktor sind ebenfalls schnell verbunden (siehe Abbildung 52.13).

	Num...	Name	Objektfunktion	Beschreibung	Gruppena...	Länge	K	L	S	Ü	A	Datentyp	Priorit...
	0	Kanal A	Schalten / Status	Schlafzimmer	0/0/104	1 bit	K	L	S	Ü	-		Niedrig
	2	Kanal A	relativ Dimmen	Schlafzimmer	0/1/104	4 bit	K	L	S	Ü	-		Niedrig
	4	Kanal A	Helligkeitswert / Status	Schlafzimmer	0/4/104	1 Byte	K	L	S	Ü	-		Niedrig

Abbildung 52.13 Zuordnung der Gruppenadressen für den Dimmaktor

52.2.4 Die dimmbare Beleuchtung in der Visualisierung

Auch die dimmbare Beleuchtung soll in eine HomeServer-Visu integriert werden. Exportieren Sie dazu wie immer die in der ETS angelegten Gruppenadressen, importieren Sie sie über das OPC-File in den HomeServer Experten, speichern Sie sie und starten Sie den QuadConfig-Editor (Abbildung 52.14). Dort fügen Sie eine neue Funktion mit der Funktionsvorlage Dimmer Plus ein und verbinden die beiden importieren Gruppenadressen für Schalten und Dimmen.

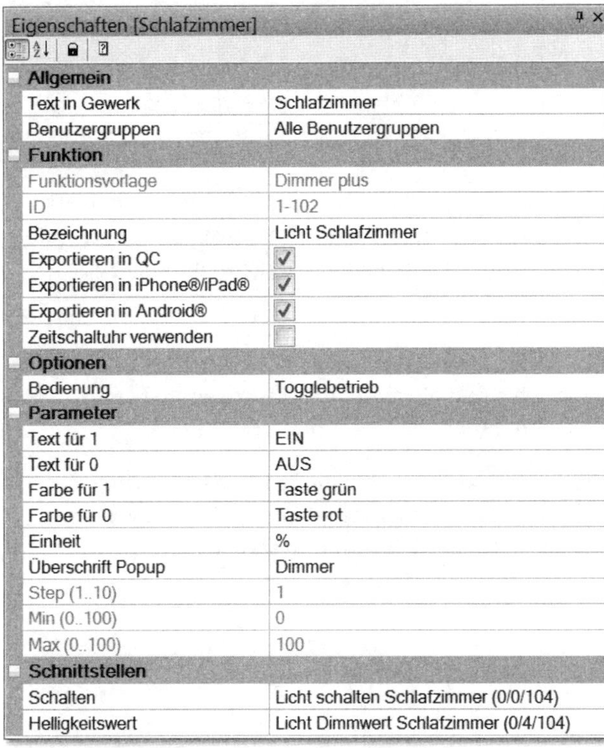

Abbildung 52.14 Anlegen der Dimmfunktion im QC-Config-Editor

Nachdem Sie die neue Funktion in den Gewerkebaum und den Gebäudestrukturbaum eingehängt und den HomeServer neu programmiert haben, finden Sie bereits das neue Bedienelement wie in Abbildung 52.15 gezeigt vor:

Abbildung 52.15 Licht dimmen mit dem QuadClient

Ein Klick auf die Helligkeitsbalkenanzeige erlaubt es (Abbildung 52.16), den gewünschten Dimmwert entweder mit den Tasten + und – zu verändern, ihn mit dem Schieberegler zu erhöhen bzw. zu verringern oder ihn über die Eingabe eines Prozentwerts direkt anzuspringen.

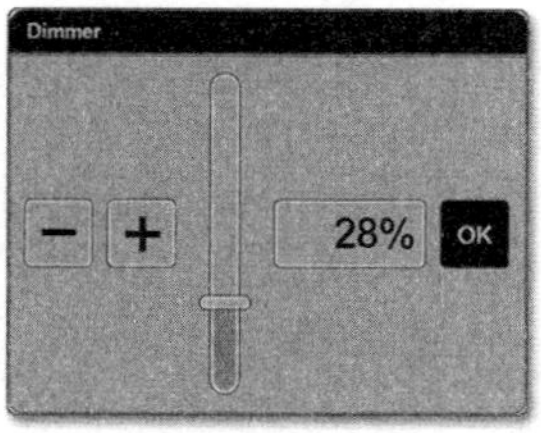

Abbildung 52.16 Pop-up-Fenster für Dimmwerteingabe

52.3 Präsenzgesteuerte Beleuchtung

Als nächste Ausbaustufe zum Thema Lichtsteuerung behandelt dieses Praxiskapitel die präsenzgesteuerte Beleuchtung. Nachdem Sie die vorherigen Abschnitte umgesetzt haben, soll jetzt ein zusätzlicher Präsenzmelder die Beleuchtung nicht nur per Taster (und optional touchbasierter Bedienoberfläche) erlauben, sondern sie ebenso nach Anwesenheit bzw. Abwesenheit schalten. Dabei gelten folgende Anforderungen an den Aufbau:

- Bei Anwesenheit im Raum wird die Beleuchtung eingeschaltet, jedoch nur, wenn die gemessene Helligkeit im Raum unter 20 Lux gesunken ist.
- Nachdem der Raum verlassen wurde (keine Präsenz für fünf Minuten oder mehr), wird die Beleuchtung abgeschaltet.
- Bedienung der Beleuchtung über Taster (und Visu) weiterhin möglich.
- Präsenzerkennung (helligkeitsunabhängig) getrennt von der Beleuchtungssteuerung (helligkeitsabhängig).

Bei dem Raum, für den die Beleuchtungsautomatik realisiert werden soll, handelt es sich um ein Schlafzimmer, es wäre also extrem störend, wenn bei jeder Bewegung im Schlaf die Beleuchtung eingeschaltet werden würde. Aus diesem Grund ergibt sich eine zusätzliche wichtige Anforderung:

- Im Modus Schlafen (hier realisiert über einen »Bett-Geh-Taster« als HomeServer-Logik) soll die Automatikfunktion deaktiviert werden.

Zusätzlich zu der Dimmerausrüstung aus dem vorherigen Abschnitt benötigen Sie für einen Aufbau lediglich das in Tabelle 52.6 Gezeigte:

Zusätzlich benötigte Komponenten: Präsenzgesteuerte Beleuchtung		
Bestandteil	**Im Praxisbeispiel verwendet**	**Grundlagen**
Hardware		
KNX-Präsenzmelder	MDT Glaspräsenzmelder SCN-G360D3.01	29.3

Tabelle 52.6 Zusätzliche Komponenten: präsenzgesteuerte Beleuchtung

52.3.1 Aufbau der Präsenzsteuerung

Die folgende Abbildung 52.17 zeigt den Gesamtaufbau mit dem integrierten Präsenzmelder. Der HomeServer ist nur zu Visualisierungszwecken und zur Bereitstellung der Sperrfunktion für den geruhsamen Schlaf beauftragt, die eigentliche Beleuchtungssteuerung erledigt der Präsenzmelder zusammen mit dem Dimmaktor.

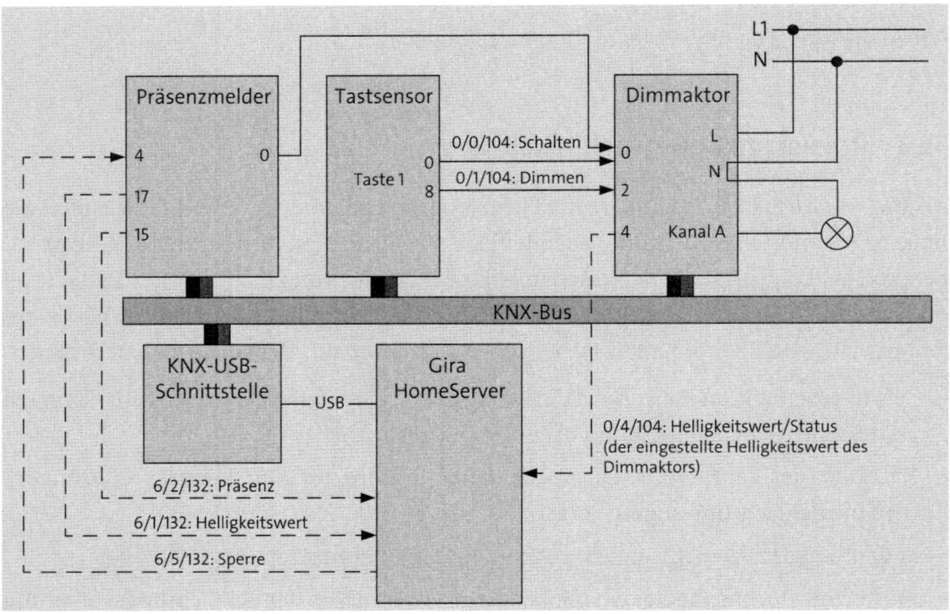

Abbildung 52.17 Aufbau der Präsenzsteuerung

Die drei neu hinzugekommenen Gruppenadressen haben, wie Tabelle 52.7 zeigt, folgende Aufgabe:

KO	GA	Name	Bedeutung
4	6/5/132	Melder sperren Schlafzimmer	Sperrt den Melder für den Nachtbetrieb (keine Schaltung der Beleuchtung).
17	6/1/132	Melder Helligkeitswert Schlafzimmer	Die vom Präsenzmelder gemessene Helligkeit in Lux.
15	6/2/132	Melder Präsenz Schlafzimmer	Zeigt die vom Melder erkannte Präsenz an, unabhängig vom Sperrobjekt oder der Beleuchtung.

Tabelle 52.7 Gruppenadressen für die präsenzgesteuerte Beleuchtung

Zusätzlich ist die bereits in dem vorherigen Kapitel eingesetzte GA zum Schalten des Dimmers (0/0/104) mit dem Präsenzmelder verknüpft.

52.3.2 Parametrierung des Präsenzmelders

Für den eingesetzten Glaspräsenzmelder hält die ETS insgesamt fünf Register zur umfangreichen Parametrierung bereit.

Das Register »Allgemein«

Ausgehend von den Standardwerten ändern Sie bitte (siehe Abbildung 52.18) im ersten Register Allgemein die Meldefunktion Präsenz auf bei Tag und Nacht melden und belassen Präsenz zyklisch senden auf nicht verwenden:

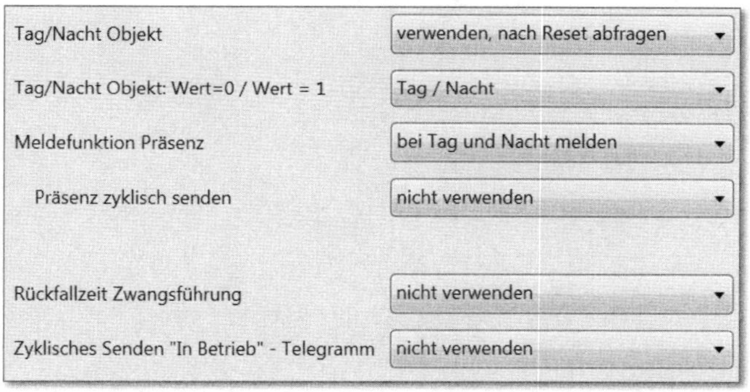

Abbildung 52.18 Einstellungen Präsenzmelder, Register »Allgemein«

Der Melder wird also eine Präsenz sowohl bei Tag als auch bei Nacht erkennen, was gewollt ist.

Das Register »Auswahl der Lichtgruppen«

Im zweiten Register Auswahl der Lichtgruppen aktivieren Sie Eine Licht- und eine HLK-Gruppe. Der Plan ist, für die Lichtsteuerung den Lichtkanal zu verwenden und für die Präsenzmeldung den HLK-Kanal (Heizung, Lüftung, Klimatechnik). Das Schöne an dem eingesetzten SCN-G360D3.01-Melder ist, dass er zwei Kanäle (Gruppen) unabhängig voneinander bedienen kann.

Das Register »Lichtgruppe«

Das dritte Register Lichtgruppe (Abbildung 52.19) hält eine beachtliche Anzahl an Parametern bereit und unterstreicht, dass ein Präsenzmelder schon durchaus zu den anspruchsvolleren KNX-Geräten gehört.

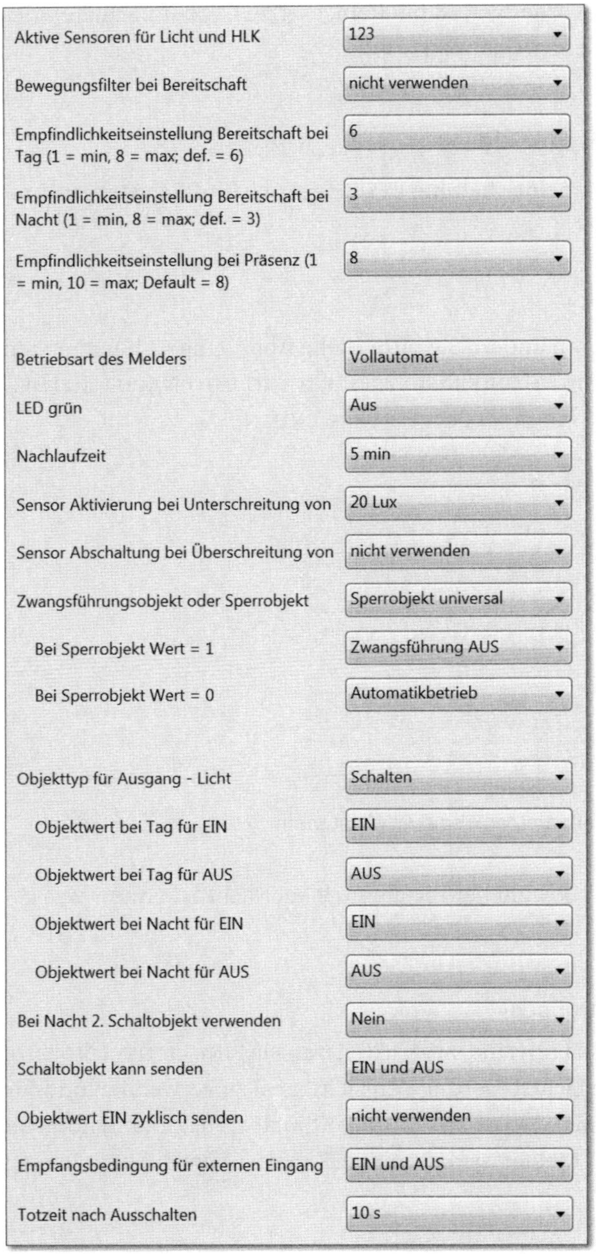

Abbildung 52.19 Einstellungen Präsenzmelder, Register »Lichtgruppe«

Der Parameter AKTIVE SENSOREN FÜR LICHT UND HLK würde eine Reduzierung des 360-Grad-Erfassungswinkels ermöglichen und ist z. B. bei einer unterscheidbaren Abdeckung von von Räumen sinnvoll, bleibt aber für unser Beispiel auf 123 (alle drei Sensoren aktiv). Die drei EMPFINDLICHKEITSEINSTELLUNGEN können Sie später anpassen, wenn Sie einen Bedarf sehen.

Die Änderungen der voreingestellten Parameter beschränken sich auf:

- LED Grün: Aus, ergibt im Schlafzimmer Sinn (zumindest nach der Testphase).
- Sensor Aktivierung bei Unterschreitung von: 20 Lux, ist für Ihren persönlichen Anwendungsfall gegebenenfalls zu ändern.
- Zwangsführungsobjekt oder Sperrobjekt: Sperrobjekt Universal, darauf legen wir später die Bett-Geh-Funktion, die den Automatikbetrieb deaktiviert und für Frieden im Schlafzimmer sorgt.
- Bei Sperrobjekt Wert = 1: Zwangsführung AUS, das sorgt dafür, dass die Beleuchtung ausgeht, wenn die Bett-Geh-Taste gedrückt wird.

Eine Frage des persönlichen Geschmacks ist es, ob Sie Objekttyp für Ausgang – Licht von Schalten auf Dimmen absolut ändern möchten. Letzteres hätte den Vorteil, dass Sie immer auf einen fixen Dimmwert hochfahren, wenn der PM die Beleuchtung einschaltet. Andernfalls übernimmt der Dimmaktor den zuletzt eingestellten Dimmwert.

Das Register »HLK«

Eine zwingende Änderung auf der Registerkarte HLK ist nicht notwendig (Abbildung 52.20). Die Parameter können aber gerade in Bezug auf Nachlaufzeit sowie Anzahl und Länge des Beobachtungsfensters den persönlichen Bedürfnissen angepasst werden.

Abbildung 52.20 Einstellungen Präsenzmelder, Register »HLK«

Das Register »Helligkeit«

Änderungen sind hier ebenfalls nicht notwendig, es könnte aber optional ein Intervall (von z. B. 6 MIN) für ZYKLISCHES SENDEN DES LICHTWERTS eingestellt werden, was zur Folge hätte, dass alle sechs Minuten ein Helligkeitswert auf dem Bus gesendet wird, auch wenn die Abweichung zu der vorherigen Messung kleiner als 50 Lux war.

Senden des Lichtwertes bei Änderung von	50 Lux
Zyklisches Senden des Lichtwerts	6 min
Wert für Schalten des Schwellwertschalters	300 Lux
Hysterese des Schwellwertschalters	30 Lux
Objektwert bei Tag für EIN	EIN
Objektwert bei Nacht für EIN	EIN
Objektwert für AUS	AUS
bei Tag melden	EIN und AUS
bei Nacht melden	EIN und AUS

Abbildung 52.21 Einstellungen Präsenzmelder, Register »Helligkeit«

Das Register »Kalibrierung Helligkeitswert«

Auf der letzten Registerkarte bedarf es keiner Änderung, es sei denn, eine Kalibrierung bzw. eine Korrektur der Helligkeitsmessung ist bei Ihnen erforderlich.

Neue Gruppenadressen für Präsenzmeldung einfügen

Abschließend müssen Sie nur noch die für diese Erweiterung notwendigen Gruppenadressen virtuell verdrahten (wie in Abbildung 52.22 zu sehen ist), die geänderten KNX-Teilnehmer neu programmieren und sich anschließend über eine automatische Beleuchtung freuen.

Nummer	Name	Objektfunk...	Beschreibung	Gruppena...	Länge	K	L	S	Ü	A	Datentyp
0	Ausgang - Lichtgruppe 1	Schalten	Beleuchtung	0/0/104	1 bit	K	L	-	Ü	-	Schalten
2	Externer Eingang - Lichtgruppe 1	Schalten			1 bit	K	-	S	-	-	Schalten
3	Eingang Externe Bewegung - Lichtgruppe 1	Schalten			1 bit	K	-	S	-	-	Schalten
4	Eingang - Lichtgruppe 1	Sperren	Sperre (Bettgehfunktion),	6/5/132	1 bit	K	-	S	-	-	Freigeben
7	Ausgang - HLK	Schalten			1 bit	K	L	-	Ü	-	Schalten
9	Externer Eingang - HLK	Schalten			1 bit	K	-	S	-	-	Schalten
10	Externe Bewegung - HLK	Schalten			1 bit	K	-	S	-	-	Schalten
11	Eingang - HLK	Zwangsführung			2 bit	K	-	S	-	-	Prio. Schalten
14	Tag/Nacht Umschaltung	Schalten			1 bit	K	-	S	Ü	-	Boolesch
15	Präsenz	Schalten	Präsenz	6/2/132	1 bit	K	L	-	Ü	-	Schalten
16	Schwellwertschalter Helligkeit	Schalten			1 bit	K	L	-	Ü	-	Schalten
17	Helligkeitswert	Helligkeitswert		6/1/132	2 Byte	K	L	-	Ü	-	Lux (Lux)
18	TeachIn	Abgleich starten			1 bit	K	-	S	-	-	Schalten

Abbildung 52.22 Zuordnung der Gruppenadressen für den Präsenzmelder

52.4 Farbenfroh mit DALI

Nachdem Sie jetzt bereits Ihre Beleuchtung sowohl schalten und dimmen als auch über einen Präsenzmelder ansteuern können, wird es Zeit, etwas Farbe ins Spiel zu bringen. Die ideale Aufgabenstellung für DALI.

Ziel dieses Beispiels ist es, eine RGB-LED-Leiste (24 V) über einen 3-Kanal-Dimming-Controller, der seine Steuerbefehle von einem KNX-DALI-Gateway erhält, per KNX zu kommandieren. Die Kommandos werden exemplarisch über den Gira HomeServer erzeugt, andere Logik-Engines lassen sich in derselben Art und Weise verwenden. Die benötigten Komponenten finden Sie in folgender Tabelle 52.8.

Benötigte Komponenten: DALI-RGB-Steuerung		
Bestandteil	**Im Praxisbeispiel verwendet**	**Grundlagen**
Hardware		
KNX-DALI-Gateway	ABB DALI-Gateway DG/S 1.1	33.1
DALI-Dimmer	Tridonic TALEXXconverter 0025 K211 24 V	38.2.3
KNX-Logik-Engine	Gira HomeServer 3 mit HomeServer Experte 4.2	34.2.2, 48

Tabelle 52.8 Benötigte Komponenten: DALI-RGB-Steuerung

Ebenso lässt sich dieses Beispiel problemlos auf einen RGBW-LED-Stripe übertragen, es kommt lediglich ein vierter Kanal hinzu- und Sie benötigen dann natürlich einen 4-Kanal-Dimmer.

52.4.1 Aufbau der DALI-Ansteuerung

Den 24-V-LED-Stripe schließen Sie direkt an den TALEXXconverter an, zu beachten ist, dass der Pluspol allen drei Kanälen gemeinsam ist. Das DALI-Gateway erhält einen KNX-Busanschluss, eine 230-V-Versorgung und natürlich den DALI-Bus selbst, der zwischen Gateway und allen DALI-Teilnehmern verläuft (siehe Abbildung 52.23).

Die beiden DALI-Busleitungen (DA) dürfen Sie, wie Sie in Abschnitt 9.4.1, »Eine separate Busleitung ist nicht erforderlich«, gelernt haben, mit der 230-V-Versorgung für den DALI-Dimmer in ein und derselben NYM-5x1,5-Leitung führen. Der DALI-Bus ist verpolungssicher.

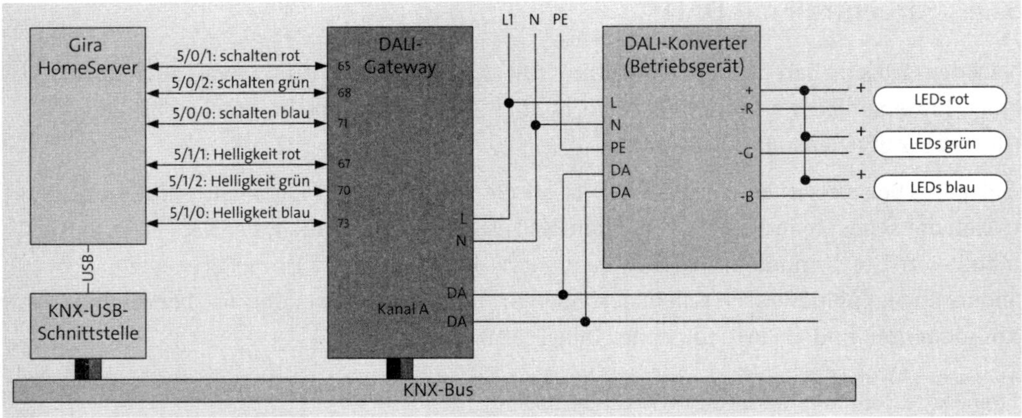

Abbildung 52.23 Schematischer Aufbau: RGB-DALI-Steuerung

An Gruppenadressen für die Kommunikation zwischen dem HomeServer und dem DALI-Gateway benötigen Sie folgende aus Tabelle 52.9:

KO	GA	Name	Bedeutung
65	5/0/1	DALI schalten A05 Kochinsel rot	Einschaltkommando für Gateway-Kanal A05.
67	5/1/1	DALI Dimmwert A05 Kochinsel rot	Einzustellender Helligkeitswert bzw. dessen Rückmeldung für Kanal A05.
68	5/0/2	DALI schalten A06 Kochinsel grün	Einschaltkommando für Gateway-Kanal A06.
70	5/1/2	DALI Dimmwert A06 Kochinsel grün	Einzustellender Helligkeitswert bzw. dessen Rückmeldung für Kanal A06.
71	5/0/0	DALI schalten A07 Kochinsel blau	Einschaltkommando für Gateway-Kanal A07.
73	5/1/0	DALI Dimmwert A07 Kochinsel blau	Einzustellender Helligkeitswert bzw. dessen Rückmeldung für Kanal A07.

Tabelle 52.9 Gruppenadressen für die RGB-DALI-Ansteuerung

Das verwendete DALI-Gateway DG/S 1.1 besitzt zwei Kanäle (A und B) mit jeweils maximal 64 Teilnehmern. Für die RGB-Steuerung benötigen Sie drei davon, die in diesem Beispiel auf die Kommunikationsobjekte für die Teilnehmer A05 (rot), A06 (grün) und A07 (blau) gelegt wurden. Bei Kanal A sind Sie vollkommen frei, was die Zuordnung betrifft, Kanal B besitzt eine andere Art der Adressierung und ist für die Broadcast-Adressierung gedacht.

52.4.2 Parametrierung des DALI-Gateways

Im Register ALLGEMEIN stellen Sie die Grundfunktionen des DALI-Gateways ein, die nicht kanal- oder teilnehmerspezifisch sind. Eine Änderung ist normalerweise nicht notwendig, ich habe für das Beispiel in Abbildung 52.24 lediglich den Wert für ABSTAND ZWISCHEN ZWEI STATUS-TELEGRAMMEN auf 1 reduziert.

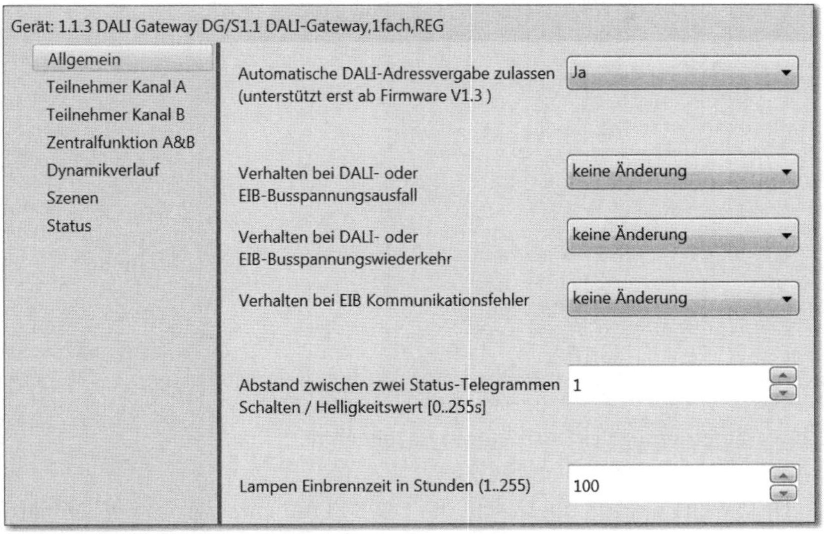

Abbildung 52.24 Parametrierung des DALI-Gateways (Allgemein)

Interessanter wird es schon in den teilnehmerspezifischen Einstellungen. Selektieren Sie das Register TEILNEHMER KANAL A und stellen Sie für alle drei verwendeten TEILNEHMER NUMMERN (im Beispiel in Abbildung 52.25 sind das A05 bis A07) die folgenden Attribute ein:

Eine Besonderheit ergibt sich bei der ersten Auswahlbox (TEILNEHMER NUMMER), mit der Sie zuerst den gewünschten DALI-Busteilnehmer auswählen und anschließend für diesen alle darunterliegenden Parameter setzen. Basierend auf der Voreinstellung bieten sich folgende Änderungen an:

- EINSCHALTWERT: Mit dem Wert LETZTER WERT sorgen Sie dafür, dass nach Einschalten der Beleuchtung die zuletzt eingestellte Helligkeit wieder angedimmt wird.
- Die beiden DIMMZEITEN und die DIMMGESCHWINDIGKEIT können Sie je nach Geschmack halbieren.
- Da eine Rückmeldung des Gateways nach einer Schalt- oder Dimmhandlung von Vorteil ist, ändern Sie bitte die Parameter RÜCKMELDUNG SCHALTEN SENDEN und RÜCKMELDUNG HELLIGKEITSWERT SENDEN auf NUR BEI ÄNDERUNG.

Abbildung 52.25 Parametrierung des DALI-Gateways (Teilnehmer)

Was den EINSCHALTWERT betrifft, überrascht das DG/S 1.1 mit einer wichtigen Eigenart, die es zu beachten gilt:

Der momentane Helligkeitswert wird mit jedem Aus-Befehl gesichert und beim Ein-Befehl wiederhergestellt. Sollte bei einem Aus-Befehl der Teilnehmer bereits aus sein, beträgt der Helligkeitswert nach dem Einschalten 0 %. Sie sollten also (z. B. durch eine Logik) vermeiden, dass zwei aufeinanderfolgende Aus-Befehle generiert werden (oder den EINSCHALTWERT z. B. auf 100 % fixieren).

Basierend auf der Zuordnungstabelle für die Gruppenadressen (Tabelle 52.9) verknüpfen Sie bitte noch die sechs benötigten Kommunikationsobjekte und sind anschließend bereits mit den ETS-Arbeiten fertig (Abbildung 52.26).

Nummer	Name	Objektfunktion	Beschreibung	Grupp...	Länge	K	L	S	Ü	A	Datentyp	Priorit...
65	Teilnehmer A05	Schalten / Status	Kochinsel rot	5/0/1	1 bit	K	L	S	Ü	-		Niedrig
66	Teilnehmer A05	Relativ dimmen			4 bit	K	-	S	-	-		Niedrig
67	Teilnehmer A05	Helligkeitswert / Status	Kochinsel rot	5/1/1	1 Byte	K	L	S	Ü	-	Prozent (0..2559	Niedrig
68	Teilnehmer A06	Schalten / Status	Kochinsel grün	5/0/2	1 bit	K	L	S	Ü	-		Niedrig
69	Teilnehmer A06	Relativ dimmen			4 bit	K	-	S	-	-		Niedrig
70	Teilnehmer A06	Helligkeitswert / Status	Kochinsel grün	5/1/2	1 Byte	K	L	S	Ü	-	Prozent (0..2559	Niedrig
71	Teilnehmer A07	Schalten / Status	Kochinsel blau	5/0/0	1 bit	K	L	S	Ü	-		Niedrig
72	Teilnehmer A07	Relativ dimmen			4 bit	K	-	S	-	-		Niedrig
73	Teilnehmer A07	Helligkeitswert / Status	Kochinsel blau	5/1/0	1 Byte	K	L	S	Ü	-	Prozent (0..2559	Niedrig

Abbildung 52.26 Zuordnung der Gruppenadressen für das DALI-Gateway

Nach der Programmierung des Gateways und dem Export der neuen Gruppenadressen geht es im HomeServer Experten weiter.

52.4.3 RGB-Steuerung mit dem HomeServer Experten

Es gilt, zunächst eine kleine Logik zu entwerfen. Nachdem Sie alle in der ETS neu erstellten Gruppenadressen im HomeServer Experten importiert haben, rufen Sie den Logikeditor auf und erstellen folgende einfache Logik aus Abbildung 52.27:

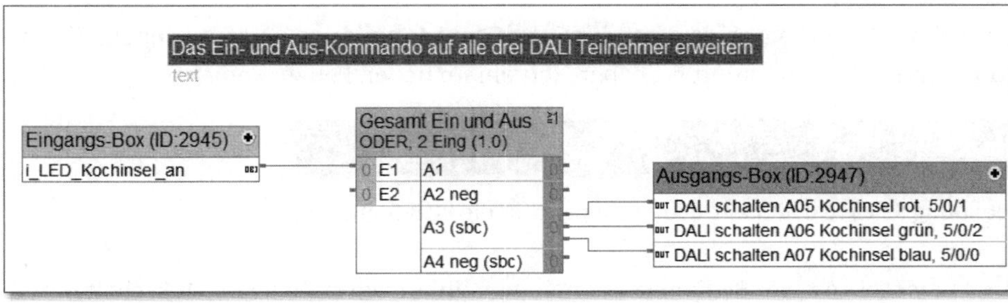

Abbildung 52.27 Logik: gemeinsames Ein- und Ausschalten

Das interne Kommunikationsobjekt `i_LED_Kochinsel_an` (Typ: 1 Bit) legen Sie bitte vorher noch an. Die kleine Logik hat zur Aufgabe, dass über den zentralen Ein-/Ausschalter alle drei zugeordneten Teilnehmer des DALI-Bus ebenfalls geschaltet werden. Obwohl die Ausgänge des Dimmers (rot, grün, blau) vom selben Gerät angesteuert werden, verhalten sie sich, von außen betrachtet, wie drei eigenständige Geräte am DALI-Bus. Eine gewisse Synchronisation ist also erforderlich. Zusätzlich benötigen Sie ein weiteres iKO namens `i_LED_Kochinsel_Farbabruf` (Typ: 8 Bit, 0–255).

Im QuadConfig-Editor fügen Sie im nächsten Schritt eine neue Funktion basierend auf der Vorlage COLOR PICKER ein und stellen die Optionen wie in Abbildung 52.28 ein:

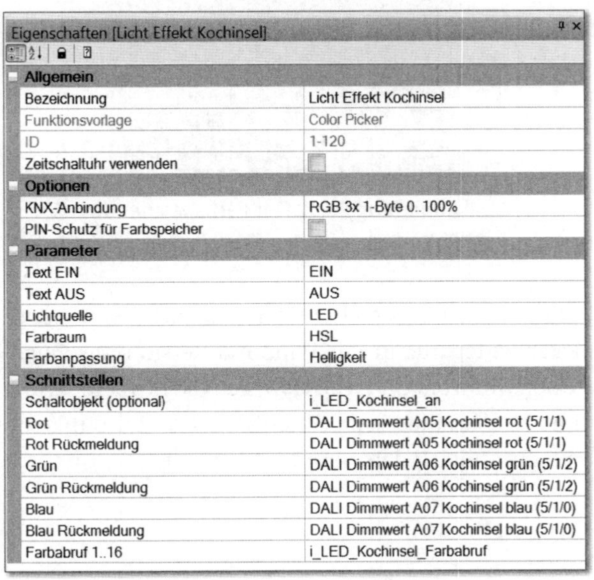

Eigenschaften [Licht Effekt Kochinsel]

Allgemein	
Bezeichnung	Licht Effekt Kochinsel
Funktionsvorlage	Color Picker
ID	1-120
Zeitschaltuhr verwenden	☐
Optionen	
KNX-Anbindung	RGB 3x 1-Byte 0..100%
PIN-Schutz für Farbspeicher	☐
Parameter	
Text EIN	EIN
Text AUS	AUS
Lichtquelle	LED
Farbraum	HSL
Farbanpassung	Helligkeit
Schnittstellen	
Schaltobjekt (optional)	i_LED_Kochinsel_an
Rot	DALI Dimmwert A05 Kochinsel rot (5/1/1)
Rot Rückmeldung	DALI Dimmwert A05 Kochinsel rot (5/1/1)
Grün	DALI Dimmwert A06 Kochinsel grün (5/1/2)
Grün Rückmeldung	DALI Dimmwert A06 Kochinsel grün (5/1/2)
Blau	DALI Dimmwert A07 Kochinsel blau (5/1/0)
Blau Rückmeldung	DALI Dimmwert A07 Kochinsel blau (5/1/0)
Farbabruf 1..16	i_LED_Kochinsel_Farbabruf

Abbildung 52.28 QuadClient-Vorlage für RGB-Steuerung

Die beiden eben angelegten iKOs sowie die sechs importierten KOs verknüpfen Sie mit den Schnittstellen der Funktion. Das Schaltobjekt `i_LED_Kochinsel_an` wird von der Visu bei Betätigen des Ein-/Ausschalters gesetzt, über den Farbabruf `i_LED_Kochinsel_Farbabruf` haben Sie die Möglichkeit, einen von 16 Farbspeichern abzurufen. Die Farbspeicher definieren Sie über die Pop-up-Fenster für den Color Picker in der Visualisierung.

Den Lohn Ihrer Arbeit präsentiert der QuadClient (Abbildung 52.29), nachdem Sie den HomeServer neu programmiert haben, mit einem neuen Bedienelement:

Abbildung 52.29 QuadClient-Bedienelement für die RGB-Steuerung

Mit den insgesamt vier Bedienfunktionen (von links nach rechts: Ein-/Ausschalter, Helligkeit, Farbspeicher, Farbauswahl) haben Sie alle Möglichkeiten, Ihren LED-Stripe nach Ihren Wünschen zu steuern. Besonders praktisch ist die direkte Auswahl der gewünschten Beleuchtungsstimmung über das Farbrad (siehe Abbildung 52.30).

Mithilfe des Farbspeichers (Diskettensymbol) gelingt auch die Speicherung von einmal vorgenommenen Kombinationen (Abbildung 52.31). Abrufen können Sie eine gespeicherte Stimmung über das von Ihnen angelegte iKO `i_LED_Kochinsel_Farbabruf`, indem Sie es einfach mit einem Wert zwischen 1 und 16 (Nummern des Farbspeichers) beschalten.

Abbildung 52.30 Das Farbrad des Color Pickers

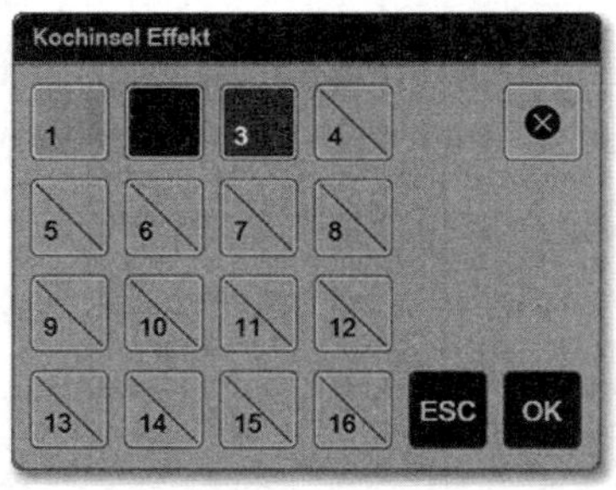

Abbildung 52.31 Der Farbspeicher des Color Pickers

Einen Wermutstropfen möchte ich Ihnen allerdings nicht verschweigen. Bis zum heutigen Tag funktioniert der Color Picker leider nur in der Windows-Version des QuadClients. Mit den Smartphone-Versionen (Android und iOS) lässt sich die RGB-Steuerung leider (noch) nicht verwenden. Ich hoffe, dass die Firma Gira bis zu dem Zeitpunkt, an dem Sie dieses Buch in den Händen halten, ein Update veröffentlicht hat.

Kapitel 53
Steckdosen schalten

Neben der Beleuchtungs- und Jalousiesteuerung ist das busgesteuerte Schalten von Steckdosen bzw. von fix verdrahteten Verbrauchern einer der Hauptanwendungen einer Heimautomation. Noch mehr Anwendungspotenzial ergibt sich durch eine zusätzliche Strommessung.

Wir sehen uns in diesem Praxisbeispiel sowohl das einfache Schalten über Schaltaktoren an als auch eine interessante Möglichkeit, die sich durch den Einsatz von Schaltaktoren mit eingebauter Strommessfunktion ergibt.

Das Schalten von Steckdosen ist übrigens nicht nur eine Basisfunktion in der intelligenten Gebäudesteuerung, sondern übernimmt ganz nebenbei noch die Aufgabe einer Netzfreischaltung und reduziert damit sowohl den Elektrosmog als auch die Brandlast. Nutzen Sie die Möglichkeiten, die Sie mit KNX haben, also aus, z. B. durch das Abschalten aller verzichtbarer Stromkreise bei Nacht (Bett-Geh-Taste) oder bei Abwesenheit.

53.1 Schalten mit einfachen Aktoren

Steckdosen schalten Sie in genau der Art und Weise wie eine Beleuchtung, also nach dem gleichen Prinzip, das Sie bereits in Abschnitt 52.1 kennengelernt haben. Der einzige relevante Unterschied ist, dass Sie für Steckdosen immer einen Schaltaktor mit 16-A-Ausgängen nehmen sollten. Bei Beleuchtungsanwendungen kommen Sie in der Regel mit 10-A-Aktoren und entsprechender Absicherung (LS) gut aus.

Als Ausstattung für schaltbare Steckdosen benötigen Sie demnach lediglich die aus Tabelle 53.1:

Benötigte Komponenten: Steckdosen schalten mit Aktoren		
Bestandteil	**Beispiel**	**Grundlagen**
Hardware		
KNX-Schaltaktor	ABB SA/S 4.16.2.1 (je Steckdose bzw. Steckdosengruppe 1 Kanal)	30.1

Tabelle 53.1 Benötigte Komponenten: Steckdosen schalten mit Aktoren

Das Anschlussschema für schaltbare Steckdosen entspricht Abbildung 52.1, ebenso die virtuelle Verdrahtung mit den Gruppenadressen für Schalten und Status. Die Kommandoerzeugung für den Schaltaktor kann, wie im Beleuchtungsbeispiel, von einem Tastsensor stammen, wird aber eher über eine Logik und/oder Visualisierung realisiert werden. Praxisnahe Anwendungsbeispiele hierzu sind:

- Netzfreischaltung aller dafür vorgesehener Steckdosen während der Nacht oder während Abwesenheit.
- Logikbasiertes Ein-/Ausschalten von einzelnen Verbrauchern (TV, Dekobeleuchtung, Geräte mit hohem Stand-by-Verbrauch).
- Außensteckdosen werden nur über ein Kommando von Ihnen eingeschaltet.
- Geschaltete Steckdosen können ebenso Teil von KNX-Szenen sein.

53.2 Mehr Möglichkeiten durch Stromerkennung

Mit einfachen Schaltaktoren können Sie zwar Verbraucher per KNX-Telegramm ein- und ausschalten und erhalten vom Aktor auch eine Statusrückmeldung über den aktuellen Schaltzustand des Ausgangs, Sie können aber nicht ermitteln, ob das angeschlossene Gerät tatsächlich eingeschaltet ist, geschweige denn, ob es Strom verbraucht (und wie viel). An dieser Stelle helfen Schaltaktoren mit eingebauter Strommessung weiter, sie ermöglichen eine Reihe interessanter Anwendungsfälle. In Abschnitt 30.2, »Schaltaktor mit Strommessung«, finden Sie gängige Praxisbeispiele. Einen davon arbeiten wir im nachfolgenden Abschnitt detaillierter aus.

Das Szenario soll sein (Tabelle 53.2): Ein Gefrierschrank wird über eine separate Steckdose und einen KNX-Schaltaktor mit eingebauter Strommessung versorgt. Der Gefrierschrank ist »unsmart«, er verfügt über keine Alarmierung, wenn seine Kühlfunktion ausfällt. Über den Schaltaktor soll eine Überwachung realisiert werden, die die Bewohner vor einem Abtauen des Gefrierguts warnt. Die Alarmierung soll auch dann greifen, wenn z. B. am Gefrierschrank versehentlich der Stecker gezogen wurde.

Benötigte Komponenten: Gefrierschranküberwachung		
Bestandteil	**Im Praxisbeispiel verwendet**	**Grundlagen**
Hardware		
KNX-Schaltaktor	MDT AZI-0616.01-Schaltaktor, 6-fach, 16 A mit Wirkleistungszähler	30.1
KNX-Logik-Engine	Gira HomeServer 3 mit HomeServer Experte 4.2	34.2.2, 48

Tabelle 53.2 Benötigte Komponenten: Gefrierschranküberwachung

53.2.1 Aufbau der Überwachung mit Schaltaktor

Einen Schaltaktor mit eingebauter Strommessung schließen Sie nach genau dem gleichen Schema an wie einen herkömmlichen Schaltaktor, mit dem kleinen Unterschied, dass bei manchen Modellen der N-Leiter zusätzlich verwendet wird (siehe Abbildung 53.1).

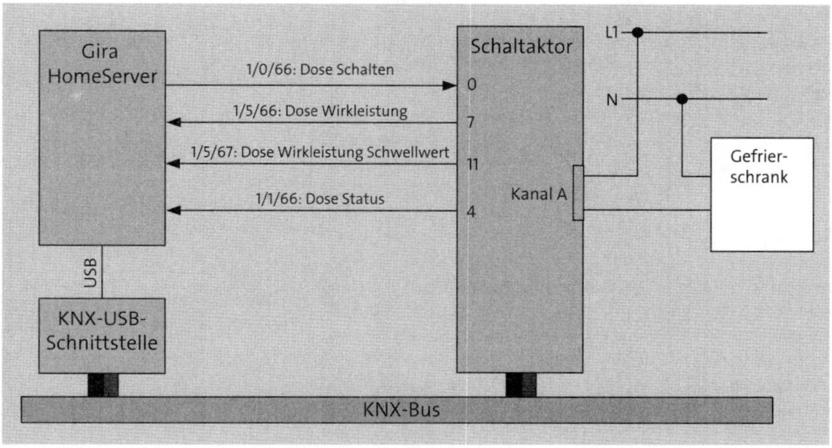

Abbildung 53.1 Aufbau der Gefrierschranküberwachung

Die Stromüberwachung äußert sich in zwei zusätzlichen Gruppenadressen (Tabelle 53.3), eine für die gemessene Wirkleistung in Watt (1/5/66) und einen binären Schwellwert (1/5/67), der anzeigt, ob die gemessene Leistung kleiner oder größer als die per ETS eingestellten Schwelle ist.

KO	GA	Name	Bedeutung
0	1/0/66	Dose schalten Gefrierschrank	Schaltobjekt für Steckdose an/aus.
7	1/5/66	Dose Wirkleistung Gefrierschrank	Vom Aktor gemessene Wirkleistung.
11	1/5/67	Dose Wirkleistung Lastüberschreitung Gefrierschrank	Wirkleistungsschwellwert, ist logisch »1« bei Überschreiten von 30 W.
4	1/1/66	Dose Status Gefrierschrank	Statusobjekt des Schaltaktors.

Tabelle 53.3 Gruppenadressen für die Gefrierschranküberwachung

53.2.2 Parametrieren Sie den Strommessaktor

Die notwendigen Änderungen an der Standardeinstellung des Aktorkanals (im Beispiel in Abbildung 53.2: KANAL A) konzentrieren sich auf ein einziges Register, und zwar WIRKLEISTUNGSMESSUNG.

Wir lassen uns jede Änderung von mehr als 10 % in der Wirkleistung anzeigen (WERT BEI ÄNDERUNG SENDEN: 10%) und schalten die Lastüberwachung an (ÜBERWACHUNG LASTÜBERSCHREITUNG: AKTIV), die bei Überschreiten von 30 W (mit 10 % Hysterese) ein EIN-TELEGRAMM sendet und bei Nichtüberschreiten ein AUS-TELEGRAMM. Die Übergänge von AUS nach EIN überwachen wir später in unserer Logik.

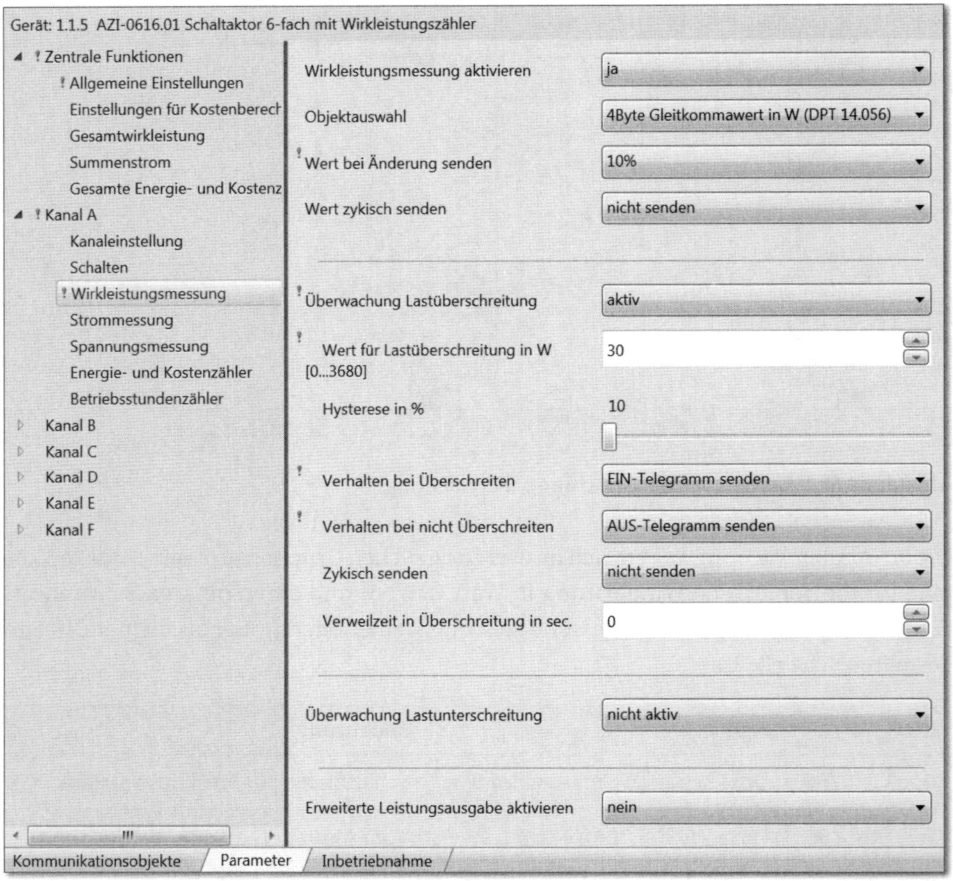

Abbildung 53.2 Parametrierung des Strommessaktors (Wirkleistungsmessung)

Für die korrekte Parametrierung müssen Sie einmal herausfinden, wie viel Strom Ihr Gefrierschrank im Kompressorbetrieb verbraucht (also dann, wenn er tatsächlich kühlt). Dazu nehmen Sie entweder ein Leistungsmessgerät oder überwachen den Wirkleistungswert (1/5/66) mit der ETS.

Setzen Sie den Parameter WERT FÜR LASTÜBERSCHREITUNG IN W auf einen Wert deutlich darunter, aber mit ausreichendem Abstand zum Ruhewert. Der Wirkleistungswert gibt Ihnen immer den aktuell gemessenen Wert, allerdings wird dieser laut der Einstellung nur dann neu auf den Bus gesendet, wenn er um mehr als 10 % vom vorher gesendeten Wert abweicht. Bei einem Gefrierschrank, der meist nur zwischen Ruhestrom und Kühlung umschaltet, ist das jedoch ausreichend.

Verdrahten Sie abschließend noch die vier Gruppenadressen (Abbildung 53.3), programmieren Sie den AZI-Schaltaktor und exportieren Sie wie immer die OPC-Datei.

Nummer	Name	Objektfunktion	Beschreibung	Gruppenadressen	Länge	K	L	S	Ü	A	Datentyp	Priorität
0	Kanal A	Schalten EIN/AUS	Gefrierschrank	1/0/66	1 bit	K	-	S	-	-	Schalten	Niedrig
2	Kanal A	Sperren			1 bit	K	-	S	-	-	Freigeben	Niedrig
4	Kanal A	Status	Gefrierschrank	1/1/66	1 bit	K	L	-	Ü	-	Status	Niedrig
7	Kanal A Wirkleistungszähler	Wirkleistung	Gefrierschrank	1/5/66	4 Byte	K	L	-	Ü	-	Leistung (W)	Niedrig
8	Kanal A Wirkleistungszähler	Stromwert			2 Byte	K	L	-	Ü	-	Strom (mA)	Niedrig
9	Kanal A Wirkleistungszähler	Spannungwert			4 Byte	K	L	-	Ü	-	elekt. Potential (V)	Niedrig
11	Kanal A Wirkleistungszähler	Lastüberschreitung	Gefrierschrank	1/5/67	1 bit	K	L	-	Ü	-	Status	Niedrig

Abbildung 53.3 Zuordnung der Gruppenadressen für den Strommessaktor

53.2.3 Realisieren Sie die Ausfallüberwachungslogik

Weiter geht es im HomeServer Experten, in dem Sie zuerst eine eigene Logik definieren. Im grafischen Logikeditor legen Sie bitte dazu das in Abbildung 53.4 Gezeigte an:

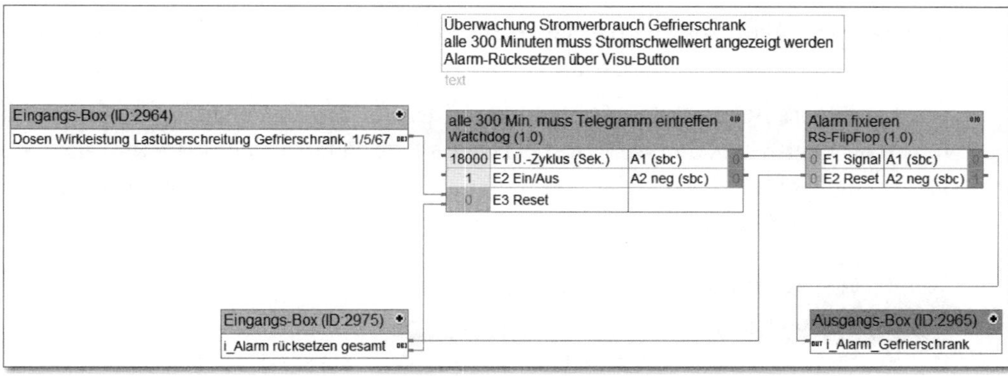

Abbildung 53.4 Logik für die Gefrierschranküberwachung

Die vom Strommessaktor gesendete Gruppenadresse für die Lastüberschreitung (1/5/67) triggert einen Watchdog-Baustein, der an seinem Ausgang eine »1« ausgibt, wenn für mehr als 300 Minuten (18.000 Sekunden) kein Telegramm eintrifft. Die Lastüberschreitung wird immer dann gesendet, wenn der Gefrierschrank ein- oder ausschaltet. Bleibt er dauerhaft aus (> 300 Minuten), wird das interne KO `i_Alarm_Gefrierschrank` auf »1« gesetzt. Das vorgeschaltete RS-Flipflop soll einen erreichten Alarmzustand lediglich halten, und zwar so lange, bis das iKO `i_Alarm rücksetzen gesamt` den Wert »1« annimmt. Dieses iKO verbinden Sie später mit einem zentralen Alarm-Rücksetz-Button.

Die Zeit von 300 Minuten müssen Sie für Ihren Gefrierschrank anpassen. Dazu überprüfen Sie, in welchen Abständen das Gerät im Normalbetrieb einschaltet, z. B. durch den ETS-Gruppenmonitor oder einfach durch schrittweises Erhöhen/Verringern des Zykluseingangs des Watchdogs.

Eine mögliche Erweiterung, falls Sie noch einen Schritt weitergehen möchten, wären diese beiden Prüfungen:

- Der Kompressor ist für zu lange Zeit angeschaltet.
- Die Leistung übersteigt einen Maximalwert.

Sowohl die Zeit als auch die Leistung hängen vom Gerätetyp ab und müssen somit individuell ermittelt werden.

53.2.4 Visualisieren Sie den Alarm

Um auch in Ihrer Visualisierung den Alarmstatus jederzeit sehen zu können, legen Sie zwei Funktionen wie in Abbildung 53.5 an:

Abbildung 53.5 Visualisierung der Gefrierschranküberwachung

Den aktuellen Alarmzustand realisieren Sie am besten mit der Funktionsvorlage Status, als darzustellendes Statusobjekt wählen Sie das iKO `i_Alarm_Gefrierschrank`.

Der Taster Alle Alarme rücksetzen ist von der Vorlage Taster plus abgeleitet und besitzt als Verhalten den Wert Taster Impuls 1. Bei Betätigen der Taste wird also eine »1« erzeugt, beim Loslassen wieder eine »0«, was das RS-Flipflop zurücksetzt und alle ausgelösten Alarme löscht (siehe Abbildung 53.6).

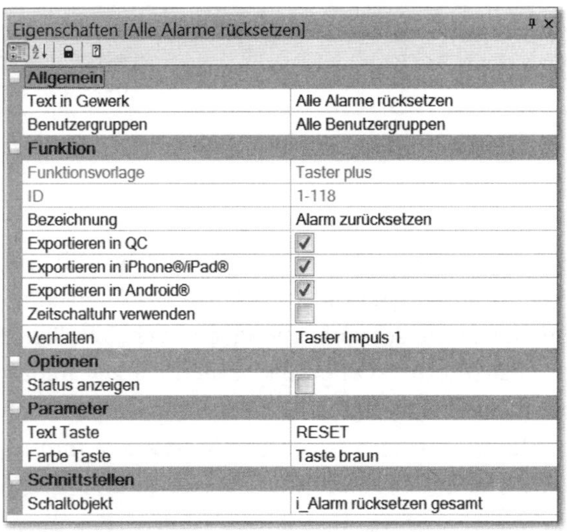

Abbildung 53.6 Eigenschaften des Alarm-Rücksetz-Buttons

Da im Fall eines Gefrierschrankausfalls ein einfacher Visu-Alarm etwas schwach ist, können Sie sich vom HomeServer im Ernstfall auch informieren lassen, z. B. durch einen Anruf.

In Abschnitt 58.3 finden Sie verschiedenen Alarmierungsmethoden im Überblick.

Kapitel 54
Jalousien steuern

Eine intelligente Beschattung, z. B. durch Rollläden oder Jalousien, hilft nicht nur, Ihre Wohnbereiche vor neugierigen Blicken zu schützen, sondern verhindert auch das starke Aufheizen eines Gebäudes im Sommer. Während der Wintertage hingegen holen Sie sich kostenlose Wärmeenergie ins Haus.

Jalousien und Rollläden lassen sich auf mehrere unterschiedliche Arten, oder sogar aus einer Kombination daraus, ansteuern:

- über konventionelle Bedienelemente oder KNX-Tastsensoren
- über eine Visualisierung
- abhängig von der Außen- oder Innen-Helligkeit (Wetterstation, Präsenzmelder)
- abhängig von Ereignissen (Fenster offen, Regen usw.)
- abhängig von Temperaturunterschieden außen/innen
- zeitabhängig oder nach Anwesenheit sowie Anwesenheitssimulation

Wir sehen uns nachfolgend exemplarisch einige davon an.

54.1 Behang und Lamellen steuern

Die Grundfunktionalität einer Jalousiesteuerung, nämlich das Auf- und Abfahren, sowie die Lamellenverstellung sind mit KNX schnell umgesetzt (Tabelle 54.1). In diesem Beispiel dient ein Wippschalter als klassisches Bedienelement und ein zusätzliches Visu-Element für eine erweiterte Bedienung per Touchscreen-Oberfläche.

Benötigte Komponenten: Behang und Lamellen steuern		
Bestandteil	**Im Praxisbeispiel verwendet**	**Grundlagen**
Hardware		
KNX-Jalousieaktor	ABB JRA/S8.230.2.1 Jalousie-/Rollladenaktor 8-fach, 230 V	30.4 22.5.4

Tabelle 54.1 Benötigte Komponenten: Behang und Lamellen steuern

Benötigte Komponenten: Behang und Lamellen steuern		
KNX-Tastsensor	B.IQ-Tastsensor 2-fach Komfort	
Optional: KNX-Logik-Engine	Gira HomeServer 3 mit HomeServer Experte 4.2	34.2.2, 48

Tabelle 54.1 Benötigte Komponenten: Behang und Lamellen steuern (Forts.)

Verinnerlichen Sie sich vor der Realisierung nochmals Abschnitt 22.5.4, »Kurz-Lang-Kurz oder Lang-Kurz?«, als Grundlage für das Wippen-Bedienkonzept (hier: Move-Step).

54.1.1 Aufbau der Jalousiesteuerung

In folgender Abbildung 54.1 erkennen Sie gut das Zusammenspiel von Tastsensor und HomeServer. Beide greifen über je eine gemeinsame Gruppenadresse für den Langzeitbetrieb und den Kurzzeitbetrieb auf den Jalousieaktor zu. Das direkte Anfahren einer Behangposition und eines Lamellenwinkels sowie die vom Aktor generierten Positionsmeldungen zur Anzeige werden nur über den HomeServer realisiert.

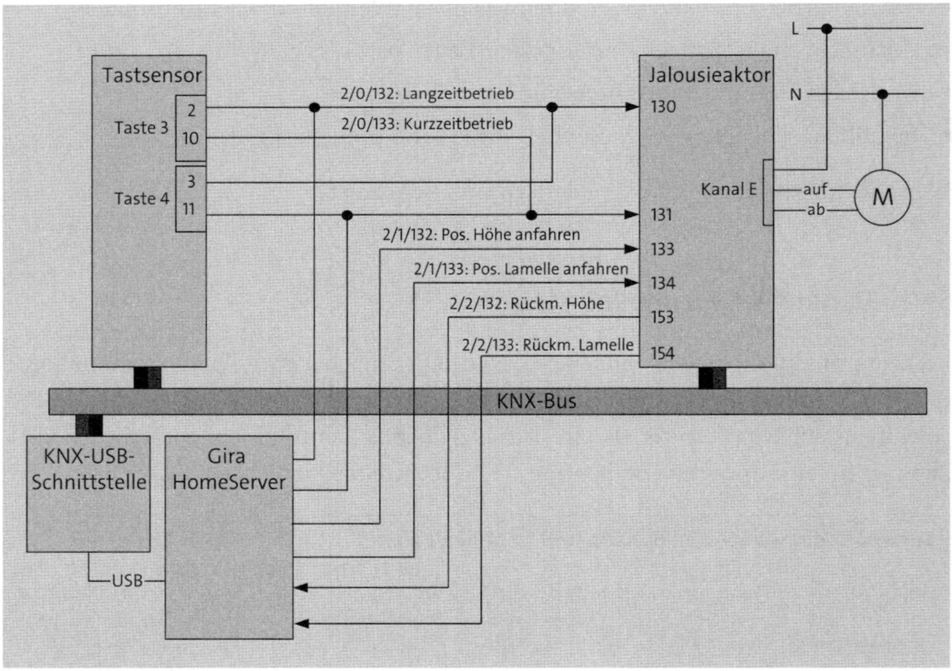

Abbildung 54.1 Schematischer Aufbau: Behang und Lamellen steuern

Mit insgesamt sechs Gruppenadressen (siehe Tabelle 54.2) lässt sich die gewünschte Funktionalität bereits umsetzen:

KO	GA	Name	Bedeutung
2, 3 130	2/0/132	Jalousien Betrieb Behang Schrank	Behang hoch- und runterfahren (0 = auf, 1 = ab).
10, 11 131	2/0/133	Jalousien Betrieb Lamellenverstellung Schrank	Stopp bzw. Lamellenverstellung auf/ab (0 = öffnen, 1 = schließen).
133	2/1/132	Jalousien Position Höhe anfahren Schrank	Behangposition anfahren (0 = oben, x = Zwischenposition, 255 = unten).
134	2/1/133	Jalousien Position Lamelle anfahren Schrank	Lamellenposition anfahren (0 = auf, x = Zwischenposition, 255 = zu).
153	2/2/132	Jalousien Rückmeldung Höhe Schrank	Ausgabe der positionierten Höhe nach Abschluss der Fahraktion (0 = oben, x = Zwischenposition, 255 = unten).
154	2/2/133	Jalousien Rückmeldung Lamelle Schrank	Ausgabe der positionierten Lamellenstellung nach Abschluss der Fahraktion (0 = auf, x = Zwischenposition, 255 = zu).

Tabelle 54.2 Gruppenadressen: Behang und Lamellen steuern

54.1.2 Parametrierung des Tastsensors

Der B.IQ-Tastsensor im Beispiel besitzt zwei Wippen, von denen die untere (Taste 3 und Taste 4) mit den Jalousiefunktionen belegt werden soll.

Registerkarte »Allgemein«

Auf der Registerkarte ALLGEMEIN ist dazu keine spezielle Einstellung notwendig (Abbildung 54.2). Da der B.IQ im Schlafzimmer positioniert ist, wird die BETRIEBS-LED (blaue LED in der Mitte) besser ausgeschaltet:

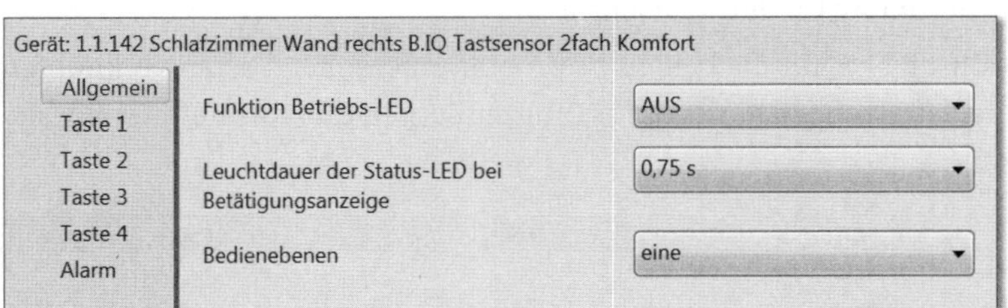

Abbildung 54.2 Parametrierung des Tastsensors (Registerkarte »Allgemein«)

Registerkarten »Taste 3« und »Taste 4«

TASTE 3 in Abbildung 54.3 (links) soll die Jalousie nach oben bewegen. Die FUNKTION wird daher auf JALOUSIE gesetzt und die TASTENFUNKTION auf AUF. Die STATUS-LED (neben der Taste) soll für die Dauer der Betätigung eingeschaltet werden (Wert: BETÄTIGUNGSANZEIGE).

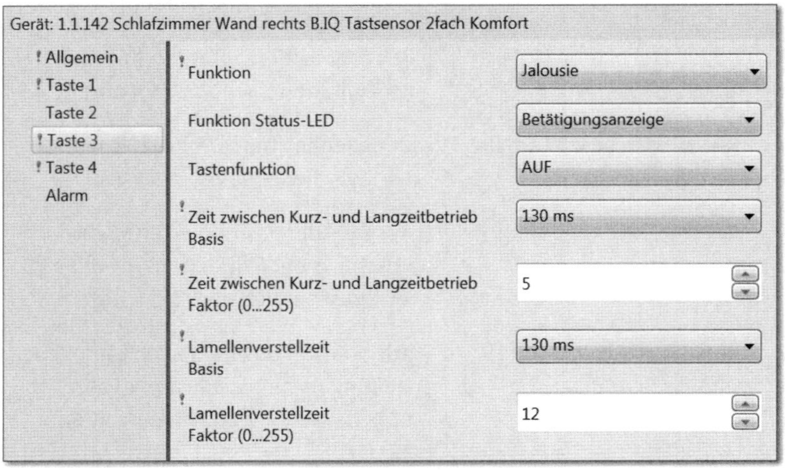

Abbildung 54.3 Parametrierung des Tastsensors (Tasten 3 und 4)

Die LAMELLENVERSTELLZEIT können Sie nur praktisch ermitteln, was leider ein bisschen aufwendig ist. Sie sollte mindestens so groß gewählt sein, dass die Lamellen Zeit haben, sich komplett zu wenden, aber auch nicht zu groß, da Sie ansonsten die Taste zu lange gedrückt halten müssen, bis der Aktor beginnt, den Behang selbstständig zu fahren. Für dieses Beispiel hat sich ein Wert von 1,56 Sekunden (130 MS × 12) als gut bedienbar erwiesen.

Die Registerkarte für TASTE 4 stellen Sie genauso ein wie die von Taste 3, allerdings mit dem Unterschied, dass Sie für den Parameter TASTENFUNKTION den Wert AB setzen.

Gruppenadressenzuordnung für den Tastsensor

Die Kommunikationsobjekte für die beiden zu programmierenden Tasten verknüpfen Sie bitte mit den beiden Gruppenadressen für Langzeitbetrieb und Kurzzeitbetrieb (siehe Abbildung 54.4).

Nummer	Name	Objektfunktion	Beschreibung	Gruppenadre...	Länge	K	L	S	Ü	A	Daten...	Priorität
2	Taste 3	Langzeitbetrieb	Jalousie Schrank	2/0/132	1 bit	K	-	S	Ü	-		Niedrig
3	Taste 4	Langzeitbetrieb	Jalousie Schrank	2/0/132	1 bit	K	-	S	Ü	-		Niedrig
10	Taste 3	Kurzzeitbetrieb	Jalousie Schrank	2/0/133	1 bit	K	-	-	Ü	-		Niedrig
11	Taste 4	Kurzzeitbetrieb	Jalousie Schrank	2/0/133	1 bit	K	-	-	Ü	-		Niedrig

Kommunikationsobjekte / Parameter / Inbetriebnahme

Abbildung 54.4 Zuordnung der Gruppenadressen für den Tastsensor

54.1.3 Parametrierung des Jalousieaktors

Der durchaus umfangreich zu parametrierende Jalousieaktor besitzt kanalunabhängige Registerkarten (Allgemein, Manuelle Bedienung, Wetteralarme), die für dieses Beispiel nicht verändert werden müssen. Der Jalousiemotor ist an Kanal E angeschlossen, daher beziehen sich die folgenden Registerkarten auch jeweils auf Kanal E.

Registerkarte »Allgemein«

Auf der ersten spezifischen Registerkarte für Kanal E (E: Allgemein) (Abbildung 54.5) ist die wichtige Einstellung die Betriebsart, die auf Behangsteuerung mit Lamellenverstellung gesetzt sein muss.

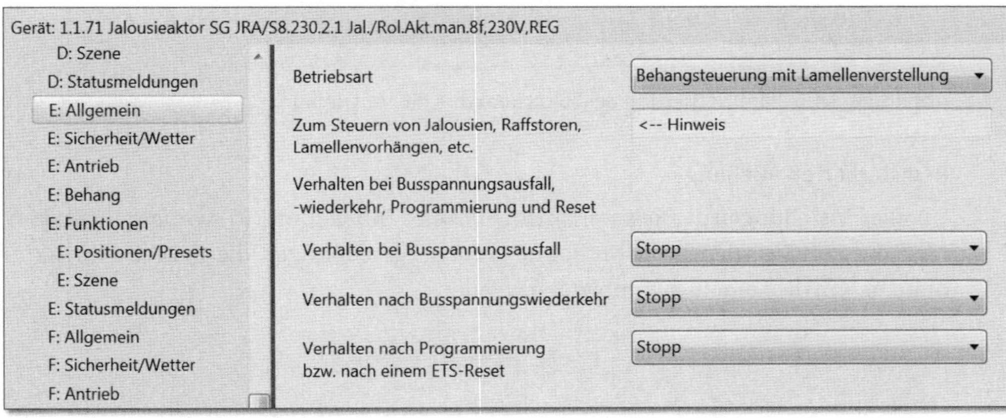

Abbildung 54.5 Parametrierung des Jalousieaktors (»E: Allgemein«)

Registerkarte »Sicherheit/Wetter«

Die zweite Registerkarte (E: Sicherheit/Wetter) bleibt vorerst auch bei den Standardeinstellungen. Alarmfunktionen werden in Abschnitt 54.3.3 hinzugefügt.

Registerkarte »Antrieb«

Etwas mehr Arbeit wartet in der Rubrik E: Antrieb auf Sie (Abbildung 54.6). Die beiden Fahrzeiten AUF und AB messen Sie am besten mit einer digitalen Stoppuhr jeweils für eine komplette Fahrt nach oben bzw. unten. Im Beispiel betrugen beide Fahrzeiten 37 Sekunden bis zum Auslösen des mechanischen Endschalters.

Um einer altersbedingten Verlangsamung der Antriebe bzw. eventuellen Messfehlern vorzubeugen, sind noch 5% Überlauf (entspricht 1,85 Sekunden) bei dem Parameter Ausgang spannungsfrei schalten nach eingestellt. Den Wert für die Umkehrpause entnehmen Sie bitte dem technischen Datenblatt des Antriebs. Für einen Somfy J4 WT-Antrieb waren es beispielsweise 500 ms.

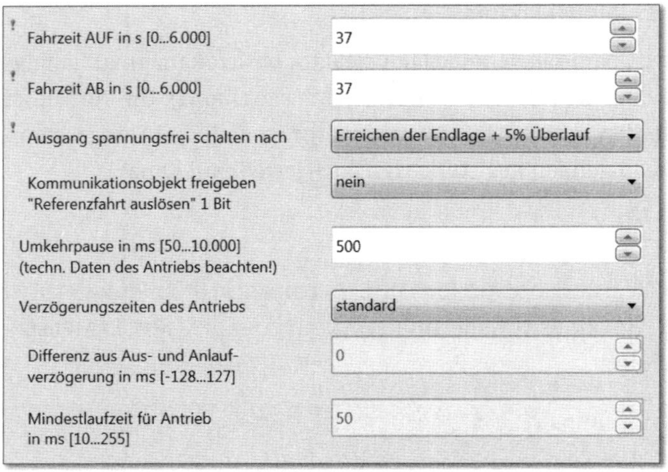

Abbildung 54.6 Parametrierung des Jalousieaktors (»E: Antrieb«)

Registerkarten »Behang«

Um die Einstellungen der Registerkarte E: BEHANG (Abbildung 54.7) vornehmen zu können, müssen Sie wieder zur Stoppuhr greifen. Sie benötigen die Zeit, die Ihr Aktor braucht, um die Lamellen komplett zu wenden.

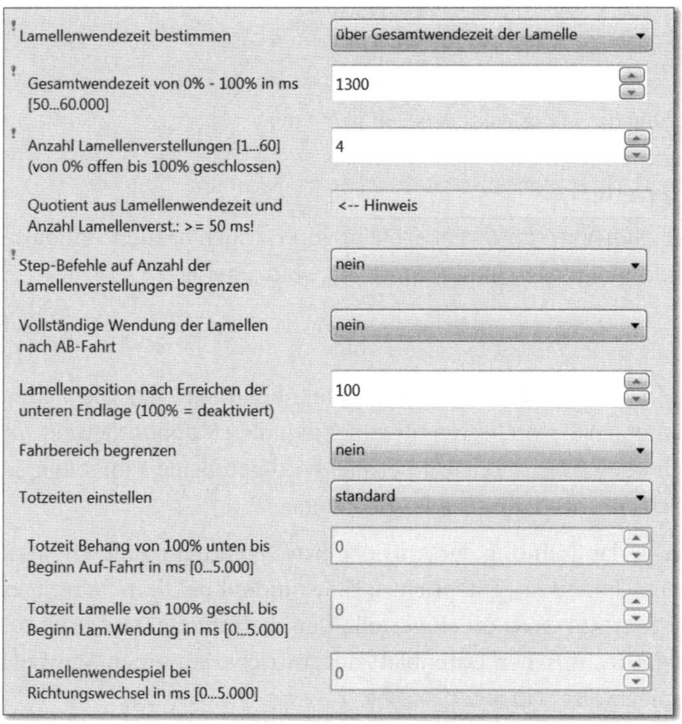

Abbildung 54.7 Parametrierung des Jalousieaktors (»E: Behang«)

Die gemessene Zeit (hier: 1300 ms = 1,3 Sekunden) tragen Sie in das Feld GESAMTWENDEZEIT VON 0%–100% ein. Innerhalb dieser Zeit soll es vier Zwischenpositionen für den gesamten Winkelbereich der Lamellen geben (ANZAHL LAMELLENVERSTELLUNGEN = 4), wobei auch mehr als diese vier Step-Befehle akzeptiert werden (STEP-BEFEHLE AUF ANZAHL DER LAMELLENVERSTELLUNGEN BEGRENZEN = NEIN).

Registerkarte »Funktionen«

Auf der Registerkarte FUNKTIONEN stellen Sie bitte den Parameter POSITIONEN/PRESETS AKTIVIEREN auf JA. Diese Einstellung erlaubt das direkte Anfahren von Behang- und Lamellenposition über die KOs 133 und 134 (im Beispiel).

Die unterlagerten Einstellungen in E: FUNKTIONEN/PRESETS nehmen Sie vor wie in Abbildung 54.8:

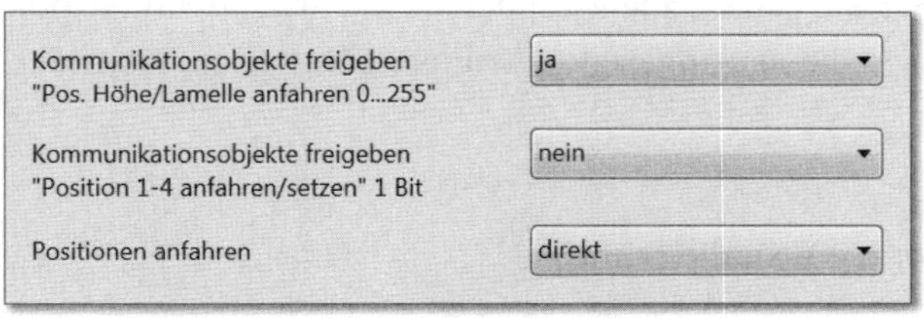

Abbildung 54.8 Parametrierung des Jalousieaktors (»E: Funktionen/Presets«)

Eine Szenensteuerung verwenden wir in diesem Beispiel nicht, auf der Karte E: SZENE können Sie es daher bei den Voreinstellungen belassen.

Registerkarte »Statusmeldungen«

Die letzte Einstellungskarte E: STATUSMELDUNGEN (Abbildung 54.9) erlaubt es, verschiedene Rückmeldungen des Jalousieaktors freizuschalten. Für die Anzeige der Behang- und Lamellenposition auf der Visu benötigen Sie den Wert JA der Option KOMMUNIKATIONSOBJEKT FREIGEBEN "STATUS HÖHE/LAMELLE 0...255". Der jeweils aktualisierte Wert soll nur BEI ÄNDERUNG gesendet werden (OBJEKTWERT SENDEN).

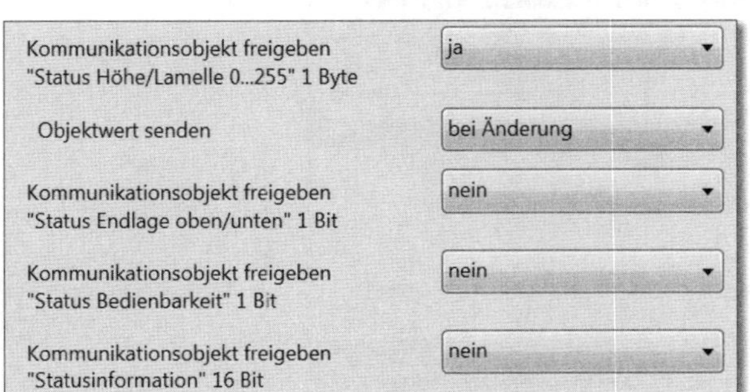

Abbildung 54.9 Parametrierung des Jalousieaktors (»E: Statusmeldungen«)

Gruppenadressenzuordnung für den Jalousieaktor

Es fehlen, als letzter Parametrierungsschritt, noch die Verknüpfungen der sechs Gruppenadressen (Abbildung 54.10). Die virtuelle Verdrahtung der 8-Bit-Szene (KO 140) benötigen Sie an dieser Stelle nicht.

Num...	Name	Objektfunktion	Beschreibung	Gruppenadressen	Länge	K	L	S	Ü	A	Datentyp	Priorität
130	Ausgang E	Behang Auf-Ab fahren	Schrank	2/0/132	1 bit	K	-	S	-	-	Auf/Ab	Niedrig
131	Ausgang E	Lamellenverst./Stopp Auf-Ab	Schrank	2/0/133	1 bit	K	-	S	-	-	Schritt	Niedrig
133	Ausgang E	Pos. Höhe anfahren 0...255	Schrank	2/1/132	1 Byte	K	-	S	-	-	Prozent (0..100%)	Niedrig
134	Ausgang E	Pos. Lamelle anfahren 0...255	Schrank	2/1/133	1 Byte	K	-	S	-	-	Prozent (0..100%)	Niedrig
140	Ausgang E	8-Bit-Szene	Schrank	15/4/1	1 Byte	K	-	S	-	-	Szenen Nummer	Niedrig
153	Ausgang E	Status Höhe 0...255	Schrank	2/2/132	1 Byte	K	L	-	Ü	-	Prozent (0..100%)	Niedrig
154	Ausgang E	Status Lamelle 0...255	Schrank	2/2/133	1 Byte	K	L	-	Ü	-	Prozent (0..100%)	Niedrig

Abbildung 54.10 Zuordnung der Gruppenadressen für den Jalousieaktor

Abschließend programmieren Sie wie gehabt alle veränderten KNX-Geräte und exportieren die OPC-Datei, Sie benötigen die neu angelegten Gruppenadressen im HomeServer Experten.

54.1.4 Jalousiebedienung über die Visualisierung

Importieren Sie im HomeServer Experten die erzeugte OPC-Datei, speichern Sie das Projekt kurz und rufen Sie dann die QuadConfig-Oberfläche auf. Glücklicherweise existiert eine Funktionsvorlage (JALOUSIESTEUERUNG MIT LAMELLENVERSTELLUNG) (Abbildung 54.11), die genau die benötigten Schnittstellen besitzt. Legen Sie daher bitte eine neue Funktion mit dieser Vorlage an und verbinden Sie die vier Gruppenadressen mit den Schnittstellen. Um die diversen Alarmfunktionen kümmern wir uns später.

Eigenschaften [Jalousie begehbarer Schrank]

Allgemein	
Bezeichnung	Jalousie begehbarer Schrank
Funktionsvorlage	Jalousie mit Lamellenverstellung
ID	1-123
Zeitschaltuhr verwenden	✓
Zeitschaltuhr aktivieren/deaktivieren (optional)	Jalousien Zeitschaltuhr aktiv
Optionen	
Windalarm verwenden	☐
Regenalarm verwenden	☐
Frostalarm verwenden	☐
Handbetrieb verwenden	☐
Parameter	
Überschrift Popup	#1-123_PopupCaption
Step Jalousie (1..10)	1
Minimalwert Jalousie (0..100)	0
Maximalwert Jalousie (0..100)	100
Step Lamelle (1..10)	1
Minimalwert Lamelle (0..100)	0
Maximalwert Lamelle (0..100)	100
Schnittstellen	
Kurzzeitbetrieb	Jalousien Betrieb Lamellenverstellung Schrank (2/0/133)
Langzeitbetrieb	Jalousien Betrieb Behang Schrank (2/0/132)
Position Jalousie	Jalousien Position Höhe anfahren Schrank (2/1/132)
Position Lamelle	Jalousien Position Lamelle anfahren Schrank (2/1/133)

Abbildung 54.11 Einstellungen der Funktionsvorlage »Jalousie mit Lamellenverstellung«

Wie immer fügen Sie die gerade erzeugte Funktion in Ihren Gewerkebaum und die Gebäudestruktur ein. Das im QuadClient dargestellte Bedienelement sieht dann folgendermaßen aus (siehe Abbildung 54.12):

Abbildung 54.12 QuadClient-Bedienelement für Jalousien

Der QuadClient ermöglicht das direkte Bewegen der Jalousie über zwei Pfeiltasten und öffnet bei Klick auf das rechte Bedienelement ein Pop-up-Fenster (Abbildung 54.13), über das Sie direkt die gewünschte Behangposition und den Lamellenwinkel eingeben können.

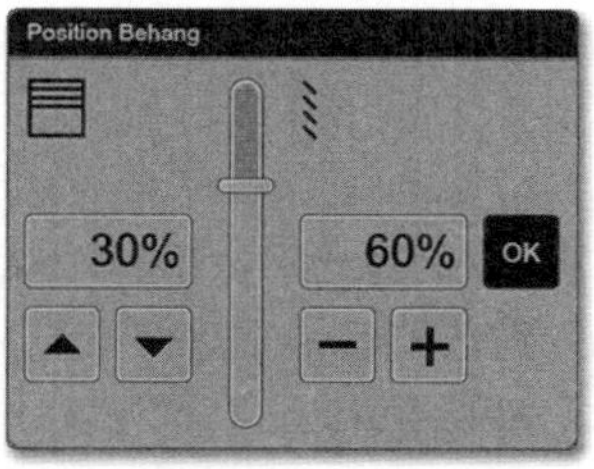

Abbildung 54.13 Pop-up-Menü für die Jalousiesteuerung

54.2 Einen Innenrollladen bewegen

Im Gegensatz zu einer Jalousie ist der Rollladen deutlich einfacher zu steuern, die Lamellenverstellung entfällt komplett. Der in diesem Abschnitt verwendete Jalousieaktor ABB JRA/S8.230.2.1 kann durch entsprechende Parametrierung beide Funktionen abdecken. Alternativ können Sie auch einen einfacheren Nur-Rollladen-Aktor verwenden, der preislich oftmals günstiger ist, dafür aber keine Lamellensteuerung erlauben würde.

54.2.1 Änderungen gegenüber der Jalousiesteuerung

Ausgehend von der Beispielansteuerung der Jalousie, gehen Sie bei der Rollladensteuerung in den folgenden Punkten unterschiedlich vor:

- Auf der Registerkarte ALLGEMEIN setzen Sie die Betriebsart auf BEHANGSTEUERUNG OHNE LAMELLENVERSTELLUNG.
- SICHERHEIT/WETTER: Die PARAMETRIERUNG kann auf BENUTZERDEFINIERT gesetzt werden und die Ausgangsreaktion auf AUSGANG REAGIERT NICHT AUF WINDALARM. Für einen Innenrollladen verzichten wir auf die Alarmfunktionen der Wetterstation.
- Die Registerkarte ANTRIEB erwartet wieder eine individuell zu ermittelnde Fahrzeit.

- Eine abschließende Änderung gegenüber der Jalousiesteuerung nehmen Sie bitte noch auf der Karte STATUSMELDUNGEN vor (Abbildung 54.14): Schalten Sie das KOMMUNIKATIONSOBJEKT STATUS BEDIENBARKEIT frei und lassen Sie BEI ÄNDERUNG den OBJEKTWERT SENDEN.

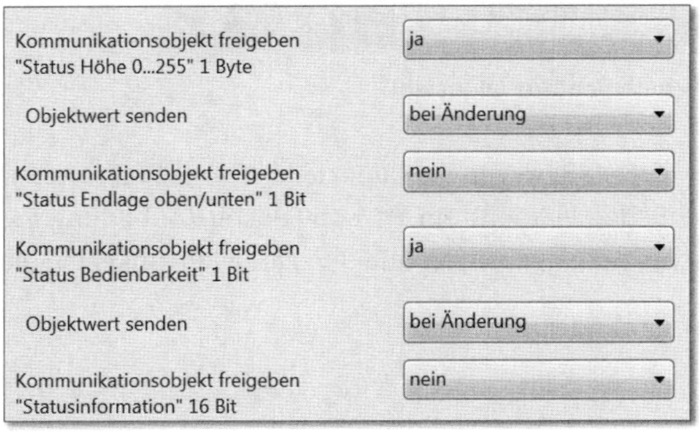

Abbildung 54.14 Rollladensteuerung: Registerkarte »Statusmeldungen«

Was die Gruppenadressen betrifft, sind Sie bereits mit vier der insgesamt sechs benötigten Verknüpfungen vertraut. Zwei neue kommen hinzu (siehe Abbildung 54.15):

Nummer	Name	Objektfunktion	Beschreibung	Gruppenadre...	Länge	K	L	S	Ü	A	Daten...	Priorität
187	Ausgang F	Status Bedienbarkeit	Schrank Rolladen	2/6/132	1 bit	K	L	-	Ü	-		Niedrig
181	Ausgang F	Sperren	Schrank Rolladen	7/0/100	1 bit	K	-	S	Ü	A		Niedrig
183	Ausgang F	Status Höhe 0...255	Schrank Rolladen	2/5/132	1 Byte	K	L	-	Ü	-		Niedrig
163	Ausgang F	Pos. Höhe anfahren 0...255	Schrank Rolladen	2/4/132	1 Byte	K	-	S	-	-		Niedrig
161	Ausgang F	Stopp Auf-Ab	Schrank Rolladen	2/3/133	1 bit	K	-	S	-	-		Niedrig
160	Ausgang F	Behang Auf-Ab fahren	Schrank Rolladen	2/3/132	1 bit	K	-	S	-	-		Niedrig

Abbildung 54.15 Gruppenadressen für Rollladensteuerung

54.2.2 Eine Sperrfunktion hinzufügen

Eine der beiden neuen Gruppenadressen ist die Sperrfunktion (KO 181). Diese verknüpfen Sie mit dem Ausgang einer Fensterkontaktabfrage (1 = Fenster geöffnet, 0 = Fenster geschlossen). Die Sperre bewirkt Folgendes: Ist das Fenster, an dem der Innenrollladen angebracht ist, geöffnet, kann der Behang nicht bewegt werden. Eine Beschädigung des Rollladens wird dadurch vermieden.

Das zweite neue Kommunikationsobjekt (187) reflektiert den Bedienzustand des Aktors. Auf eine Sperre (KO 181) sowie eventuell weitere Alarmfunktionen würde der Aktor im Status Bedienbarkeit anzeigen, dass eine Bewegung nicht möglich ist. Diese 1-Bit-Ausgabe wird in der QuadConfig zur Anzeige der vorübergehenden Deaktivierung eingesetzt. Die passende Funktionsvorlage nennt sich ROLLLADEN MARKISE DACHFENSTER und wird wie in Abbildung 54.16 ausgefüllt:

Abbildung 54.16 Einstellungen der Funktionsvorlage »Rollladen Markise Dachfenster«

Die ersten drei Schnittstellen kennen Sie bereits aus der Jalousiesteuerungsvorlage. Für die vierte, HANDBEDIENUNG, stellen Sie die Verknüpfung zum KO 187 des Rollladenaktors her (GA 2/6/132). Die Schnittstelle HANDBEDIENUNG erscheint nur, wenn Sie die Checkbox für HANDBETRIEB VERWENDEN aktiviert haben.

Das im QuadClient dargestellte Bedienelement wird Ihnen nach der Neuprogrammierung des HomeServers bei geöffnetem Fenster die aktivierte Sperre grafisch anzeigen und währenddessen keinerlei Bewegung erlauben (Abbildung 54.17).

Abbildung 54.17 Rollladenbedienung frei (oben) und gesperrt (unten)

54.3 Automatiksteuerung mit Wetterzentrale

In Abschnitt 54.1 haben Sie bereits eine komplette Jalousiesteuerung realisiert. Per Visu oder Schalterwippen können Sie Behangposition und Lamellenwinkel einstellen. Was allerdings noch fehlt, sind Automatikfunktionen (Tabelle 54.3). Dazu zählen zum einen sicherheitsrelevante Mechanismen wie z. B. der Windalarm, aber auch Komfortfunktionen wie der automatische Blickschutz bei Dämmerung. Ideale Voraussetzungen für den Einsatz einer Wetterstation.

Zusätzlich benötigte Komponenten: Jalousieautomatikfunktionen		
Bestandteil	**Im Praxisbeispiel verwendet**	**Grundlagen**
Hardware		
KNX-Wetterstation	ABB WZ/S1.1-Wetterzentrale plus ABB-Wettersensor WES/A2.1	29.4

Tabelle 54.3 Zusätzliche Komponenten: Jalousieautomatikfunktionen

54.3.1 Aufbau der Automatiksteuerung für Jalousien

Die Wetterzentrale im Verteilerschrank in Kombination mit dem Wettersensor an der Hausfassade generiert die notwendigen Eingangsgrößen für die Automatikfunktionen (siehe Abbildung 54.18).

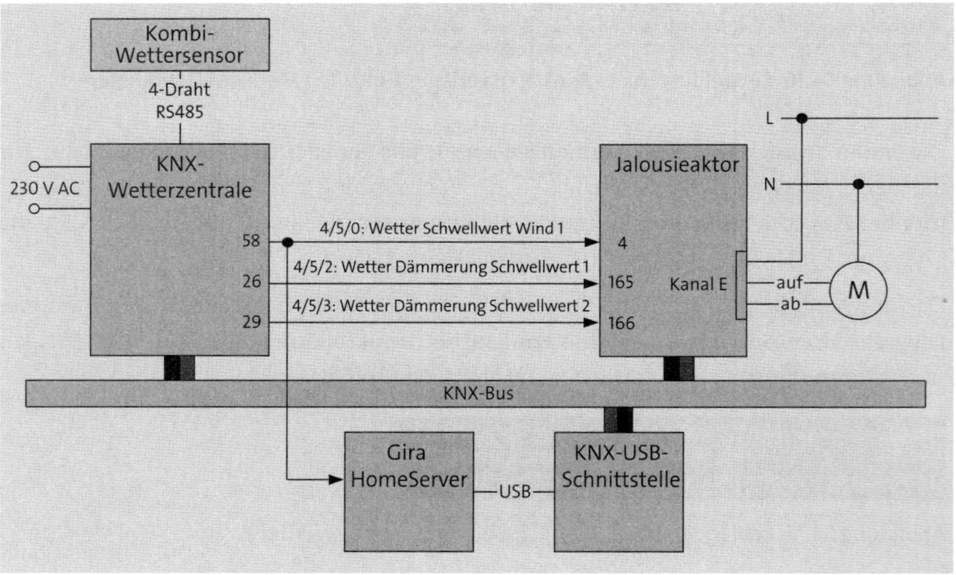

Abbildung 54.18 Aufbau der Automatiksteuerung für Jalousien

Zusätzliche Bedienelemente sind in Abbildung 54.18 aus Gründen der Übersichtlichkeit nicht enthalten, können jedoch, ganz wie in Abschnitt 54.1 erläutert, verknüpft werden. Mit einer Wetterstation arbeiten die zusätzlichen Komponenten reibungslos zusammen. Ein kleiner Satz an Gruppenadressen kommt für die Automatiksteuerung hinzu (siehe Tabelle 54.4):

KO	GA	Name	Bedeutung
26->165	4/5/2	Wetter Dämmerung Schwellwert 1	Nimmt den Wert »1« an, wenn die Außenhelligkeit unter den eingestellten Schwellwert sinkt.
29->166	4/5/3	Wetter Dämmerung Schwellwert 2	Wie KO 26, aber mit verringerten Schwellwerten.
58->4	4/5/0	Wetter Schwellwert Wind 1	Nimmt den Wert »1« an, wenn die Windgeschwindigkeit den eingestellten Schwellwert übersteigt.

Tabelle 54.4 Gruppenadressen: Automatiksteuerung für Jalousien

54.3.2 Die Wetterstation vorbereiten

Die im Beispiel (Abbildung 54.19) eingesetzte Wetterstation kann jeden Sensor des angeschlossenen Kombisensors separat aktivieren. Am besten erlauben Sie direkt die Verwendung aller Sensoren. Die Registerkarte SENSOREN enthält die Optionen dazu:

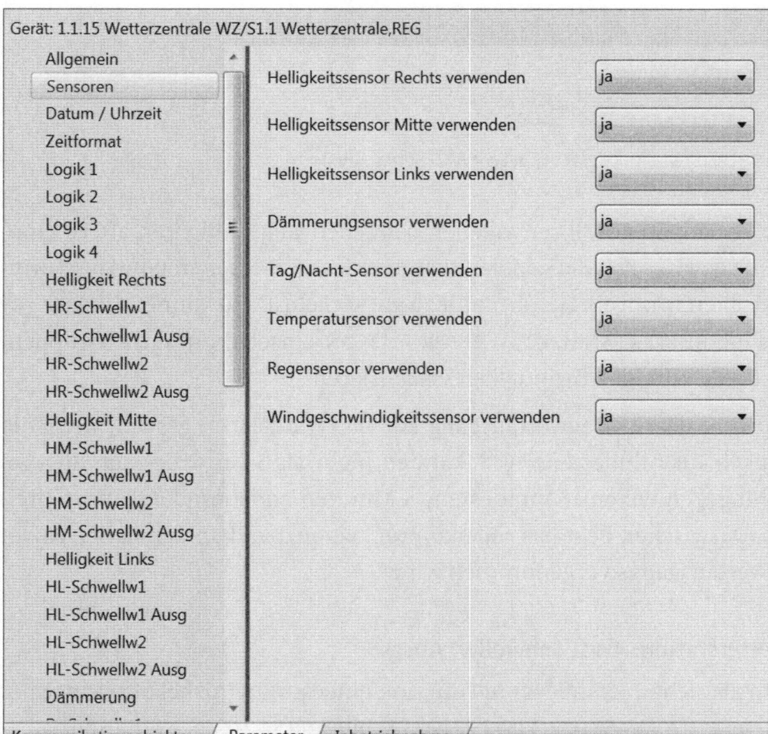

Abbildung 54.19 Alle Sensoren des Kombi-Wettersensors freigeben

54.3.3 Den Windalarm parametrieren

Die Wetterstation kann aus den zyklischen Windmessungen auf Wunsch einen Schwellwertausgang erzeugen, der sich ideal als Windalarm nutzen lässt.

Registerkarte Wetterstation: »WG-Schwellw1«

Stellen Sie dazu auf der Registerkarte WG-SCHWELLW1 die erlaubte und die nicht erlaubte Windgeschwindigkeit ein (Abbildung 54.20).

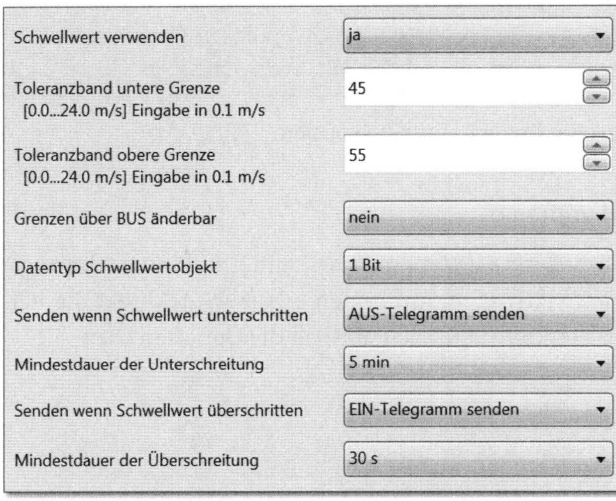

Abbildung 54.20 Wetterstation Registerkarte »WG-Schwellw1«

Die Toleranzbänder hängen von Ihren eigenen baulichen Gegebenheiten ab. Es empfiehlt sich, über eine gewisse Zeit die von der Wetterstation gemessenen Windgeschwindigkeiten zu kontrollieren, um ein Gefühl dafür zu entwickeln. Dazu können Sie sehr gut das QuadConfig-Plug-in WERTANZEIGE/WETTERSTATION einsetzen und die Gruppenadresse für die aktuelle Windgeschwindigkeit visualisieren.

Im Beispiel-Setup wird der Schwellwertausgang auf »1« (Windalarm) gesetzt, wenn die Windgeschwindigkeit für mindestens 30 Sekunden mehr als 5,5 m/s beträgt. Rückgesetzt (»0«) wird hingegen bei einer mindestens 5 Minuten andauernden Unterschreitung von 4,5 m/s. Dazwischen liegt das sogenannte Toleranzband, in dem keine Änderung des Schwellwertausgangs vorgenommen wird.

Registerkarte Wetterstation: »WG-Schwellw1 Ausg«

Da der Windalarm als sicherheitsrelevante Funktion eingestuft wird, bekommt er über die folgende Registerkarte WG-SCHWELLW1 AUSG (Abbildung 54.21) noch eine Spezialbehandlung.

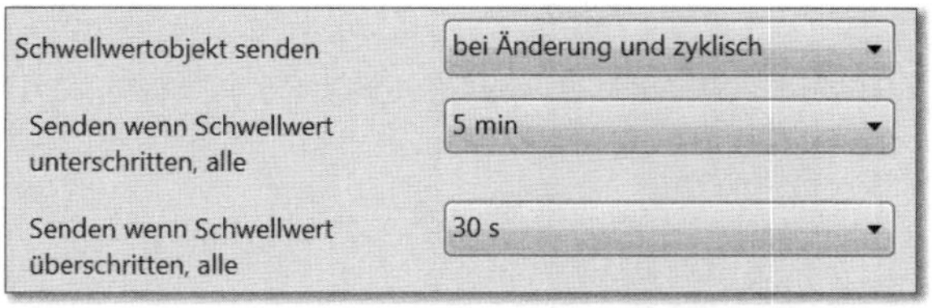

Abbildung 54.21 Wetterstation Registerkarte »WG-Schwellw1 Ausg«

Die Einstellung bewirkt, dass der Schwellwertausgang sowohl bei einer Änderung als auch zyklisch gesendet wird. Im Alarmfall generiert die Wetterstation sogar alle 30 Sekunden ein neues Telegramm. Die Chance, dass der Empfänger (Jalousieaktor) einen Alarm zuverlässig empfängt, wird dadurch maximiert.

Registerkarte Jalousieaktor: »Wetteralarme« und »Sicherheit/Wetter«

Wir wechseln von der Wetterstation zum Jalousieaktor. Auf beiden Registerkarten, WETTERALARME (für den Aktor insgesamt) und SICHERHEIT/WETTER (jeweils pro Kanal), sollten Sie sicherstellen, dass die Option PARAMETRIERUNG jeweils auf STANDARD gesetzt ist.

Verknüpfen der Gruppenadressen (Windalarm)

Die Gruppenadresse für den Windalarm verknüpfen Sie einmal seitens der Wetterstation und zum zweiten mit dem Jalousieaktor (siehe Abbildung 54.22 und Abbildung 54.23):

Nummer	Name	Objektfunktion	Beschreibung	Gruppen...	Länge	K	L	S	Ü	A	Daten...	Priorität
58	Windgeschwindigkeit Schwellwert 1	Schwellwert	Windalarm	4/5/0	1 bit	K	L	-	Ü	-		Hoch

Kommunikationsobjekte / Parameter / Inbetriebnahme

Abbildung 54.22 Verknüpfung der Gruppenadressen an der Wetterstation: Windalarm

Nummer	Name	Objektfunktion	Beschreibung	Gruppen...	Länge	K	L	S	Ü	A	Daten...	Priorität
4	Ausgang A-X	Windalarm Nr. 1	Windalarm von Wetterstation	4/5/0	1 bit	K	-	S	Ü	A		Niedrig

Kommunikationsobjekte / Parameter / Inbetriebnahme

Abbildung 54.23 Verknüpfung der Gruppenadressen am Jalousieaktor: Windalarm

54.3.4 Windalarm in Visualisierung anzeigen

Ein letzter Schritt in Sachen Windalarm steht noch aus: die Visualisierung. Dazu bietet die QuadClient-Funktionsvorlage JALOUSIE MIT LAMELLENVERSTELLUNG (Abbildung 54.24), die Sie bereits aus Abschnitt 54.1.4 kennen, eine Schnittstelle mit dem Namen WINDALARM. Diese verbinden Sie mit dem KO 4/0/5 (Wetter Schwellwert Wind 1). Zuvor müssen Sie diese Schnittstelle durch Aktivieren der Checkbox WINDALARM VERWENDEN freischalten.

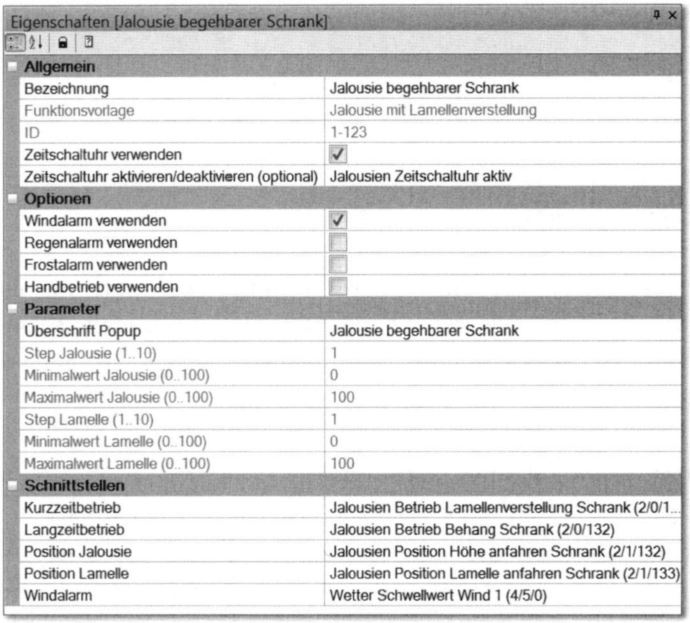

Abbildung 54.24 Einstellungen für Windalarm in der QC-Funktionsvorlage

Tritt nach der Neuprogrammierung des HS ein Windalarm auf, ist das entsprechende Jalousiebedienelement der Visualisierung auch optisch deaktiviert. Auch wenn Sie dieses Detail in Ihrer Bedienoberfläche nicht umsetzen, brauchen Sie keine Befürchtungen zu haben. Der Jalousieaktor verhindert durch Ihre ETS-Konfiguration ein Bewegen der Jalousie bei anstehendem Alarm, egal ob Ihre Visualisierung eine Bedienung erlaubt oder nicht.

54.3.5 Automatischer Blickschutz bei Dämmerung

Ebenso einfach wie ein Windalarm lässt sich auch eine Automatikfunktion realisieren, die ab einer gewissen Dunkelheit die Jalousien herunterfährt. Der Sensor, der dazu verwendet wird, nennt sich Dämmerungssensor und arbeitet im unteren Helligkeitsbereich von 0 bis 999 Lux. Größere Lichtstärken werden hingegen vom Helligkeitssensor erfasst.

Um die Parametrierung etwas spannend zu machen, kann die konkrete Anforderung z. B. wie folgt lauten: Unterhalb von 20 Lux Außenhelligkeit sollen alle Jalousien komplett herunterfahren bei einer Lamellenstellung von 30 %. Ein bisschen später, genauer gesagt unterhalb von 1 Lux, sollen schließlich auch die Lamellen ganz schließen. Wir benötigen also zwei Schwellwerte.

Registerkarte Wetterstation: »D-Schwellw1«

Über die folgenden Einstellungen erreichen Sie, dass unterhalb einer Außenhelligkeit von 20 Lux (und zwar für mindestens 30 Sekunden) eine logische »1« auf dem Schwellwertausgang für Dämmerung ausgegeben wird (Abbildung 54.25). Helligkeiten größer als 35 Lux (für mindestens 5 Minuten) bewirken eine logische »0«. Dazwischen liegt ein Toleranzband, das ein Zappeln der Schwellwertausgangsgröße reduzieren soll.

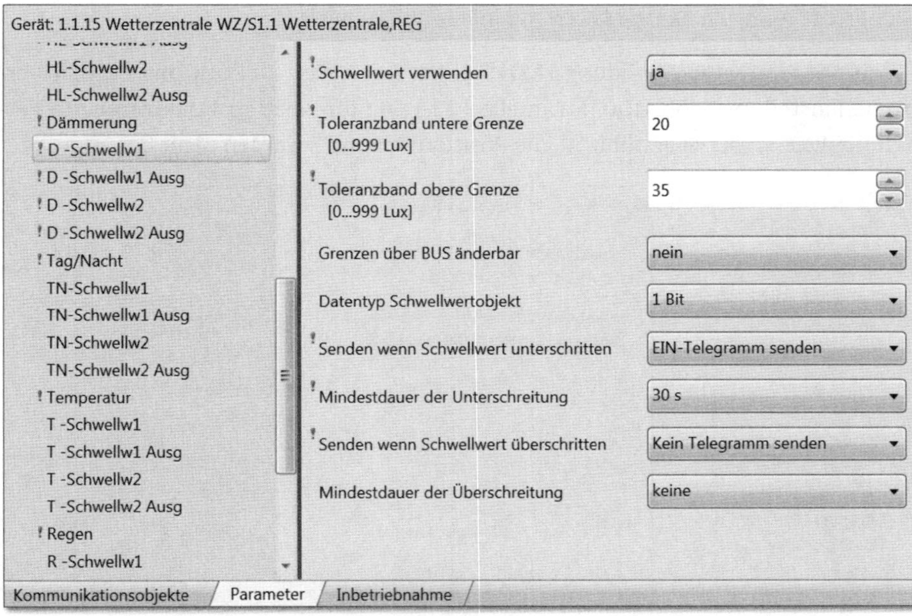

Abbildung 54.25 Wetterstation Registerkarte »D-Schwellw1«

Registerkarte Wetterstation: »D-Schwellw1 Ausg«

Sie kennen das Schema bereits vom Windalarm. Die Registerkarte D-SCHWELLW1 AUSG (Abbildung 54.26) enthält die Optionen für die Ausgabefrequenz des Schwellwerttelegramms. Eine Änderung wird sofort gesendet, ansonsten erfolgt diesmal aber kein periodisches Telegramm.

Abbildung 54.26 Wetterstation Registerkarte »D-Schwellw1 Ausg«

Registerkarte Wetterstation: »D-Schwellw2« und »D-Schwellw2 Ausg«

Den zweiten Schwellwertausgang definieren Sie exakt so wie die Nummer eins, ändern jedoch die OBERE GRENZE (auf 5 Lux) und die UNTERE GRENZE (auf 1 Lux) des Toleranzbands ab.

Parametereinstellungen am Jalousieaktor

Um die benötigten Kommunikationsobjekte für die Preset-Eingänge des Jalousieaktors einzublenden, müssen Sie vorher in den Parameterregistern für jeden Kanal zwei Einstellungen vornehmen:

1. Im Register FUNKTIONEN setzen Sie POSITIONEN/PRESETS AKTIVIEREN auf JA.
2. Im Register POSITIONEN/PRESETS: setzen Sie KOMMUNIKATIONSOBJEKTE FREIGEBEN "POSITION 1-4 ANFAHREN/SETZEN" ebenfalls auf JA.

Die Positionsparameter (Abbildung 54.27) belegen Sie so, dass für Position 2 die halb verdunkelte Einstellung (Höhe 100 %, Lamelle 30 %) und für Position 4 die komplette Verdunklung (100 %, 100 %) gewählt ist, die Positionen 1 und 3 werden nicht benötigt:

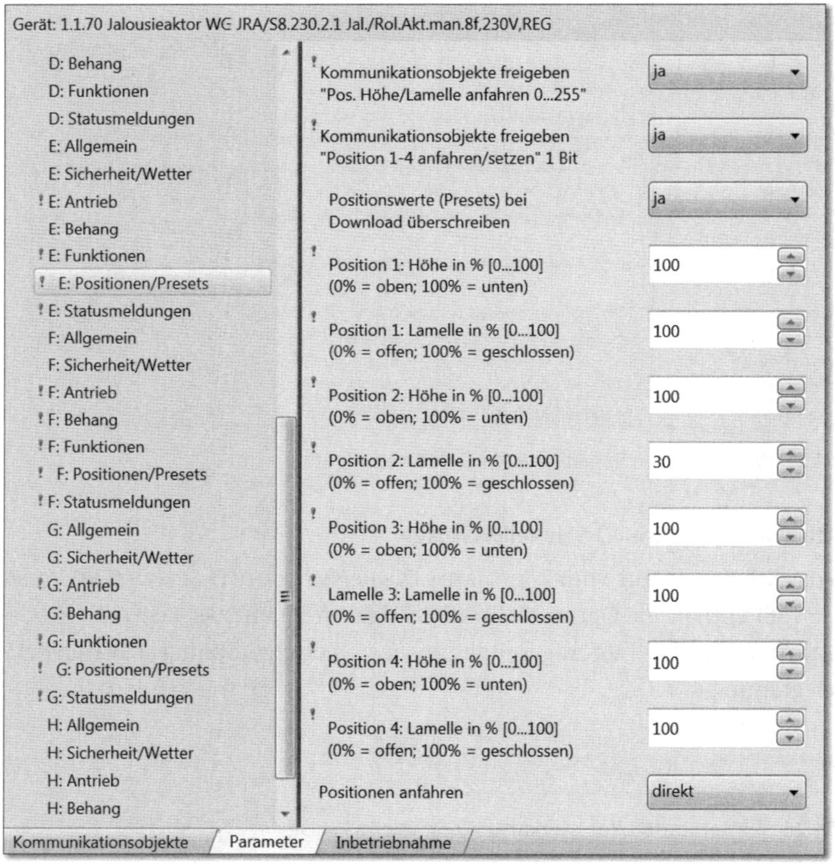

Abbildung 54.27 Die Preset-Einstellungen am Jalousieaktor

Verknüpfen der Gruppenadressen (Blickschutz)

Die beiden Schwellwerte müssen Sie abschließend nur noch seitens der Wetterstation und des Jalousieaktors verbinden (Abbildung 54.28). Für die Wetterstation benötigen Sie die Verknüpfung nur ein einziges Mal:

Nummer	Name	Objektfunktion	Beschreibung	Gruppen...	Länge	K	L	S	Ü	A	Daten...	Priorität
24	Dämmerung	Ausgabewert		4/2/0	2 Byte	K	L	-	Ü	-	Lux (Lux)	Niedrig
26	Dämmerung Schwellwert 1	Schwellwert	Schwellwert 1 für Jalousien	4/5/2	1 bit	K	L	-	Ü	-		Niedrig
29	Dämmerung Schwellwert 2	Schwellwert	Schwellwert 2 für Jalousien	4/5/3	1 bit	K	L	-	Ü	-		Niedrig

Abbildung 54.28 Verknüpfung der Gruppenadressen an der Wetterstation: Dämmerungsschwellwerte

Was den Jalousieaktor betrifft, ist es notwendig, für jeden einzelnen Kanal, also für jede Jalousie, die Schwellwertausgänge der Wetterstation auf die Preset-Eingänge des Jalousieaktors zu legen.

Wenn Sie sich für das *zweistufige* Schließen der Jalousien entscheiden, verbinden Sie bitte:

- KO 165 (Position 1, 2 anfahren) mit GA 4/5/2 (Wetter Dämmerung Schwellwert 1)
- KO 166 (Position 3, 4 anfahren) mit GA 4/5/3 (Wetter Dämmerung Schwellwert 2)

Das *direkt vollständige* Schließen der Lamellen erreichen Sie, indem Sie

- KO 165 (Position 1, 2 anfahren) mit GA 4/5/3 (Wetter Dämmerung Schwellwert 2)

verbinden. Natürlich dürfen Sie die Einstellungen für jede Jalousie unterschiedlich vornehmen. Manche Jalousien möchten Sie vielleicht auch gänzlich von der Blickschutzautomatik ausnehmen.

WAF-Ratgeber

Diese Entscheidungen treffen Sie anhand Ihrer persönlichen Vorlieben und der baulichen Situation, aber einen gut gemeinten Tipp an dieser Stelle möchte ich gern loswerden: Sprechen Sie das Verhalten der Jalousien unbedingt mit Ihrer Frau ab. Das Thema Jalousienautomatik ist hochgradig WAF-sensibel (Women Acceptance Factor).

Geschafft. Jetzt müssen Sie nur noch programmieren und auf die nächste Dämmerung warten, um Ihr Werk zu begutachten.

Kapitel 55
Heizung und Raumtemperatur regeln

Der Energiefresser Nummer eins im Privathaushalt verdient selbstverständlich besondere Beachtung. Lernen Sie in diesem Kapitel, wie eine Einzelraumregelung funktioniert und welche Möglichkeiten Sie haben, Ihr Heizsystem mit KNX zu steuern.

Redet man salopp davon, »die Heizung zu steuern«, kann das prinzipiell zwei unterschiedliche Dinge bedeuten:

1. die Steuerung des Wärmeerzeugers selbst (z. B. die Wärmepumpe)
2. oder die Temperaturregelung innerhalb der Wohnräume (Einzelraumregelung).

Während die Eingriffoptionen zur Steuerung der meisten Wärmerzeuger selbst ziemlich begrenzt sind, bietet die Raumtemperaturregelung ein breites Spektrum an Umsetzungsmöglichkeiten. Das ausgearbeitete Beispiel zur Einzelraumregelung in Abschnitt 55.2 zeigt Ihnen die Realisierung. Starten wir jedoch im Vorfeld mit dem Wärmeerzeuger selbst.

55.1 Den Wärmeerzeuger steuern

Das Standardverfahren zur Heizungsregelung ist die *außentemperaturgeführte Regelung*, bei der die im Heizkessel benötigte Temperatur (die sogenannte *Vorlauftemperatur*) in Abhängigkeit von der Außentemperatur und der gewünschten Raumtemperatur (*Solltemperatur*) berechnet wird. Die Beziehung zwischen der Außentemperatur und der Vorlauftemperatur wird als *Heizkennlinie* bezeichnet (Beispiel in Abbildung 55.1). Je niedriger die Außentemperatur ist, desto höher muss die Vorlauftemperatur sein.

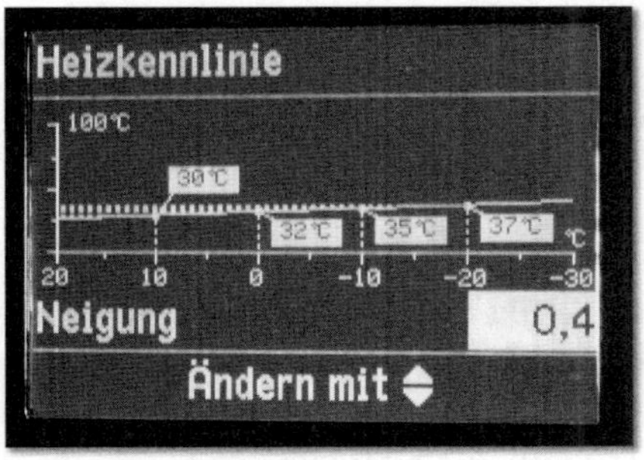

Abbildung 55.1 Heizkennlinie einer Wärmepumpenheizung

Wird die Raum-Solltemperatur z. B. um 3 °C erhöht, verschiebt sich parallel dazu die Heizkennlinie nach oben, wodurch sich die Vorlauftemperatur ebenfalls um einen Wert erhöht. Die Neigung der Heizkennlinie (= Steigung) ist abhängig vom jeweiligen Heizsystem (z. B. Heizkörper oder Fußbodenheizung).

Diese bereits in die Steuerungselektronik des Wärmeerzeugers eingebaute Regelung ist speziell für die Anlage optimiert und bedarf in der Regel keines Eingriffs. Wurde die Heizkennlinie einmal richtig definiert und die Raum-Solltemperatur nach den persönlichen Bedürfnissen eingestellt, ist das meiste an sinnvollem Eingriffspotenzial schon erschöpft.

Eine mehr oder weniger straffe Einbindung der Heizungsanlage in die Hausautomatisierung ist natürlich trotzdem möglich, die folgende Tabelle 55.1 zeigt Ihnen gängige Anwendungen und dazu jeweils einen Realisierungsansatz:

Anwendung	Schwierigkeit	Ansatz
Auswertung der Störungsmeldungen	einfach	Oft stehen ein oder mehrere potenzialfreie Kontakte für Einzelstörungen oder Sammelstörmeldungen zur Verfügung, die einfach über einen Binäreingang in das KNX-System eingebunden werden.
Ansteuerung der Umwälzpumpe	mittel	Besitzt die Heizungsanlage keine eingebaute Steuerung der Umwälzpumpe, kann dies z. B. durch einen KNX-Schaltaktor bei gleichzeitiger Kenntnis der Ventilpositionen der einzelnen Stellantriebe (vom Heizungsaktor) realisiert werden.
Messung relevanter Temperaturen (z. B. Vorlauf, Rücklauf)	mittel	Anbringen eigener Temperatursensoren und Einlesen z. B. über den 1-Wire-Bus (Beispiel siehe Kapitel 59).
Messung der Verbrauchsdaten	mittel	Messung über Abgreifen des zugehörigen Energiezählers (bei Wärmepumpen z. B. über Stromzähler, Optokopf und SML-Protokoll, Beispiel siehe Kapitel 61).
Direkter Zugriff auf die Regelungselektronik über Zusatzhardware	komplex	Der komplexeste, aber auch leistungsfähigste Ansatz führt über Zusatzelektronik zur Heizungsteuerung mit direkter oder indirekter KNX-Bus-Anbindung. Für Viessmann-Heizungen (*www.viessmann.de*) nennt sich dieses Gateway z. B. Viessmann Vitogate 200 EIB Gateway, Preis: ca. 780 €.

Tabelle 55.1 Einbindung des Wärmeerzeugers in die Hausautomatisierung

Die unten stehende Abbildung 55.2 zeigt als Beispiel für eine KNX-Anbindung das REG-Modul Viessmann Vitogate 200 EIB:

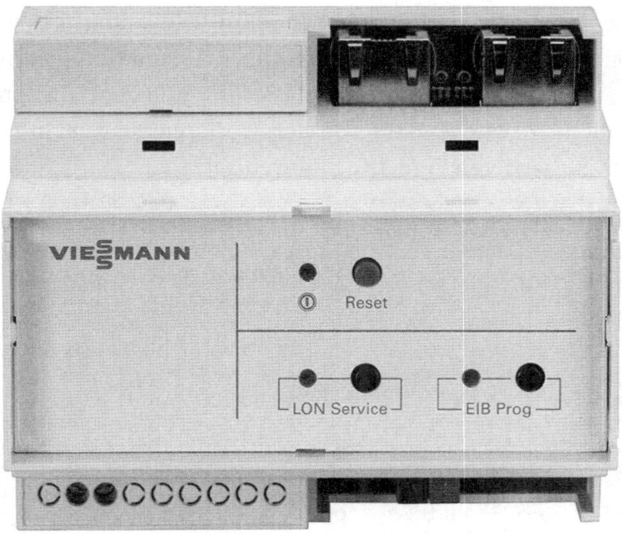

Abbildung 55.2 Das Vitogate 200 EIB (Quelle: Viessmann)

Das Vitogate erlaubt unter anderem:

- Betriebsartenumschaltung
- Sollwerte ändern, Istwerte und Betriebszustände abfragen
- Zugriff auf bis zu 32 Datenpunkte in der Heizungsanlage
- Weiterleitung von Fehler- und Störmeldungen
- wärmebedarfsgeführte Steuerung der Vorlauftemperatur (in Verbindung mit dem EIB-Funktionsbaustein)

55.2 Wohlfühlraumtemperatur mit Einzelraumregelung

Einzelraumregelung (ERR) ermöglicht es, in jedem einzelnen Raum eines Gebäudes individuell den Sollwert für die Raumtemperatur vorgeben zu können. Ein Temperaturregelkreis pro Raum errechnet aus der Solltemperatur und der Isttemperatur die Steuergröße und übergibt diese an den Heizungsaktor, der selbst wiederum einen thermoelektrischen Stellantrieb auf- oder zufährt.

Der Einsatz der Einzelraumregelung wird heute de facto durch die EnEV (Energieeinsparverordnung) vorgeschrieben.

55.2.1 Was benötigen Sie für eine Einzelraumtemperaturregelung?

Die benötigte Ausstattung für eine komfortable ERR ist relativ moderat. Für jeden Raum, dessen Temperatur Sie regeln möchten, benötigten Sie einen freien Kanal eines Heizungsaktors, einen Temperatursensor und den Regler selbst. Die letzten beiden Funktionalitäten befinden sich oft in Tastsensoren vereint mit RTR-Funktion (Raumtemperaturregler). Eine optionale Logik-Engine für Visualisierung und zentralisierte Vorgabe ist toll, aber für die ERR nicht zwingend erforderlich. In diesem Beispiel in Tabelle 55.2 möchte ich sie jedoch zur besseren Verdeutlichung einsetzen:

Benötigten Komponente: Einzelraumtemperaturregelung		
Bestandteil	**Im Praxisbeispiel verwendet**	**Grundlagen**
Hardware		
KNX-Heizungsaktor bzw. KNX-Ventilantriebsaktor	ABB ES/S 4.1.2.1 (je Raum 1 Kanal)	30.7
KNX-Raumtemperaturregler (RTR)	Berker B.IQ-Tastsensor 3-fach RTR + Display V2 (75663593) mit Busankoppler (75040003)	37.2
KNX-Logik-Engine	Gira HomeServer 3 mit HomeServer Experte 4.2	34.2.2, 48

Tabelle 55.2 Benötigte Komponenten: Einzelraumtemperaturregelung

Am Heizungsaktor muss, als weitere Voraussetzung, natürlich der Stellantrieb für den zu regelnden Heizkreislauf angeschlossen sein. Oft lassen sich an einem Aktorkanal mehrere Stellantriebe betreiben, sodass auch größere Raumflächen durch nur einen RTR bedient werden können.

Zum besseren Verständnis dieses Praxisbeispiels empfiehlt es sich, den Grundlagenabschnitt zum Thema Regelkreise (siehe Abschnitt 6.4, »Wie funktioniert ein Regelkreis?«) vorher durchzuarbeiten.

55.2.2 Der schematische Aufbau

Auf den ersten Blick sieht die folgende virtuelle Verdrahtung der für die ERR (Abbildung 55.3) beteiligten Gruppenadressen recht komplex aus. Im Vergleich zu einfachen Licht-an-Licht-aus-Anwendungen ist sie das auch, aber keine Angst, Sie werden nicht alleine gelassen.

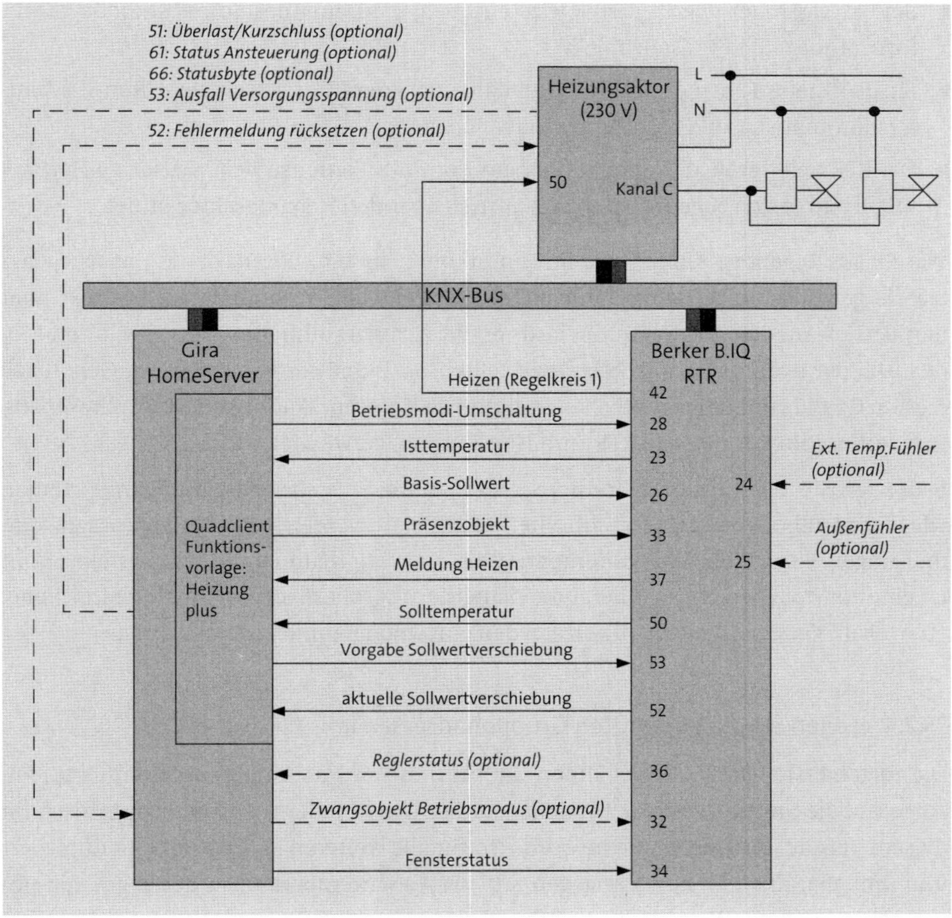

Abbildung 55.3 Schematischer Aufbau für die ERR

55.2.3 Das Bedienkonzept

Die ERR in dieser Beispielanwendung unterliegt dem folgenden Anwendungsgrundgedanken:

- Die Solltemperatur für jeden Einzelraum wird zentral über die Visualisierung vorgegeben, wobei nicht die Solltemperatur selbst eingestellt wird, sondern stattdessen der Betriebsmodus (Komfort, Stand-by, Nacht, Frostschutz). Der RTR nimmt, je nach Modus, eine der im RTR selbst vordefinierten Solltemperaturen als Führungsgröße.
- Der RTR meldet die ausgewählte Solltemperatur an die Visualisierung sowie die jeweils aktuell gemessene Isttemperatur.
- Soll die anhand des Betriebsmodus eingestellte Solltemperatur verändert werden, kann das entweder über die Visualisierung durchgeführt werden (Basis-Sollwertverschiebung) oder direkt am RTR über Menütasten (entweder flüchtig oder nicht flüchtig).

- Bei Betätigen der »Party-Taste« wird einmalig die Dauer des Betriebsmodus »Komfort« erhöht (über Präsenzobjekt).
- Ein geöffnetes Fenster im Raum sorgt dafür, dass der RTR nach eingestellten 30 Minuten automatisch auf Frostschutzmodus schaltet.
- Der RTR teilt der Visualisierung über das Kommunikationsobjekt »Meldung Heizen« mit, wenn er den zugeordneten Stellantrieb über den Heizungsaktor öffnet.

Was Sie im folgenden Kapitel also im Hinterkopf behalten sollten, ist die Tatsache, dass Sie die gewünschte Solltemperatur nicht direkt einstellen, sondern nur indirekt über den Betriebsmodus. Die Solltemperatur ergibt sich daraufhin aus dem gewählten Modus und der eventuell zusätzlich eingestellten Basis-Sollwertverschiebung. Genau aus diesem Grund wird das eigentlich bidirektionale Kommunikationsobjekt »Solltemperatur« nur unidirektional, von RTR zum HomeServer, verwendet.

Bedenken Sie, dass die Temperaturvorgaben an die ERR, speziell bei trägen Systemen wie einer Fußbodenheizung, recht selten modifiziert werden. Oft ist es so, dass die einmal eingestellten Wohlfühl-Solltemperaturen nie mehr manuell verstellt werden. Somit ist eine zentrale Bedienung über eine Visualisierungsoberfläche mehr als ausreichend, eine lokale Verstellung der Sollwerte in den einzelnen Räumen ist verzichtbar.

55.2.4 Legen Sie die benötigten Gruppenadressen an

Die folgende Tabelle 55.3 zeigt Ihnen die für diese Anwendung benötigten Gruppenadressen, die Sie bitte mit der ETS anlegen. Der Großteil der GA ist raumspezifisch (in diesem Beispiel die Küche), sie müssen also für alle weiteren Räume mit ERR dupliziert und umbenannt werden, wohingegen z. B. die Außentemperatur in der Regel nur einmal zentral von der Wetterstation vorhanden ist.

KO	GA	Name	Bedeutung
23	3/0/57	Heizung Temperatur Ist Küche	Ausgabe der durch den RTR ermittelten Isttemperatur
50	3/0/56	Heizung Temperatur Soll Küche	die vom RTR rückgemeldete (eingestellte) Solltemperatur
53	3/3/58	Heizung Sollwert Verschiebung Küche	Vorgabe der Basis-Sollwertverschiebung
52	3/3/59	Heizung Sollwert akt. Verschiebung Küche	RTR-Rückmeldung der eingestellten Basis-Sollwertverschiebung
28	3/1/57	Heizung Modus Betrieb Küche	Dient der Umschaltung des Betriebsmodus (Komfort, Stand-by usw.) des RTR.

Tabelle 55.3 Gruppenadressen für die ERR

KO	GA	Name	Bedeutung
32	–	–	Optional: übergeordnete Zwangsumschaltung des Betriebsmodus (Komfort, Stand-by usw.) des RTR
26	3/3/57	Heizung Sollwert Basis Küche	Vorgabe des Basis-Sollwerts an den RTR
33	3/1/58	Heizung Modus Komfortverlängerung Küche	Zustand des Präsenztasters oder des Präsenzobjekts (je nach Freigabe in B.IQ-ETS-Plug-in), dient im Beispiel zur Aktivierung des Party-Modus
37	3/2/58	Heizung Status Heizen Küche	Meldung vom RTR an HomeServer, dass geheizt wird
42	9/0/52	Heizungsaktor Stellgroesse Küche	Ausgabe der schaltenden Stellgröße des Regelkreises (gegebenenfalls L-Bit in ETS setzen für HomeServer-Startabfrage)
34	7/0/51	Fenster Status Küche	Ankopplung von Fensterkontakten, dient zur Frostschutzschaltung
36	3/2/57	Heizung Status RTR Küche	Optional: allgemeine Statusrückmeldung des RTR, dient zur Fehlerdetektion
24	–	–	Optional: Ankopplung eines externen Temperaturfühlers, dadurch z. B. Mittelwertbildung mit RTR-eigenem Fühler
25	4/0/0	Wetter Temperatur außen	Optional: Ankopplung eines Außentemperaturfühlers (z. B. von Wetterstation), wird nur zur Darstellung auf dem Display benötigt

Tabelle 55.3 Gruppenadressen für die ERR (Forts.)

55.2.5 Parametrieren Sie den Heizungsaktor

Der Heizungsaktor ist über die ETS schnell parametriert. Er benötigt im Wesentlichen nur das Stellkommando und liefert für die optionale Status- und Fehlerauswertung eine Handvoll Rückmeldeobjekte an den interessierten Empfänger.

Die Registerkarte »Allgemein«

Die Einstellungen für jeden Kanal befinden sich in zwei Registern, in unserem Beispiel in Abbildung 55.4 wird Kanal C verwendet:

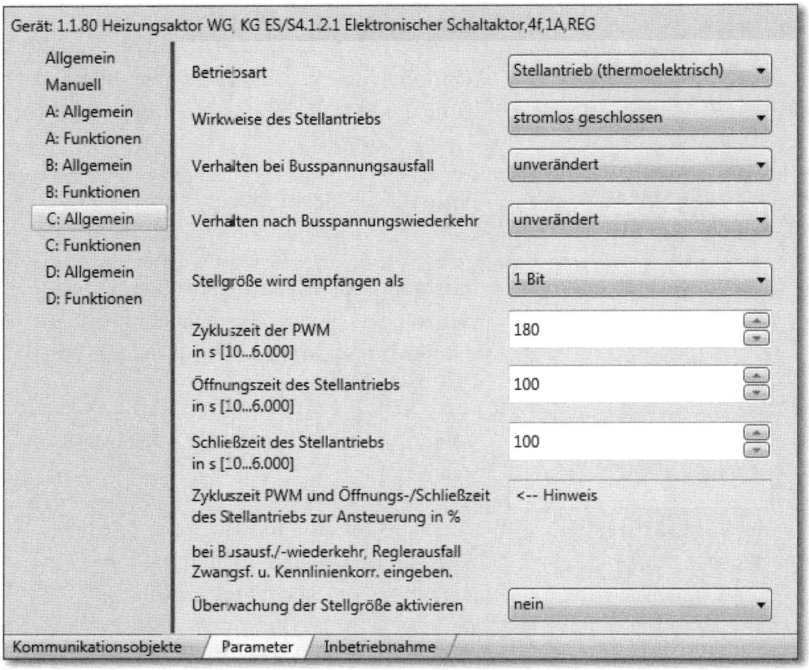

Abbildung 55.4 Parametrierung des Aktorkanals (»Allgemein«)

Wichtig hier sind im Register ALLGEMEIN die Parameter zur Art der Ansteuerung des Stellantriebs:

- WIRKWEISE DES STELLANTRIEBS: In diesem Beispiel wird ein STROMLOS GESCHLOSSENER Antrieb verwendet, die andere Variante wäre STROMLOS OFFEN. Ein paar ergänzende Informationen zu den beiden Arten finden Sie in Abschnitt 6.3.
- Für die Einstellung STELLGRÖSSE WIRD EMPFANGEN ALS ist in dem Beispiel 1 BIT gewählt, da es sich um eine 2-Punkt-Regelung handelt. Das Ventil fährt entweder ganz auf oder ganz zu.

Die Registerkarte »Funktionen«

Weiter geht es, wie in Abbildung 55.5, im Register FUNKTIONEN, natürlich ebenfalls für Kanal C:

Die Besonderheit im Register FUNKTIONEN ist die Aktivierung der automatischen Ventilspülung (AUTOMATISCHE SPÜLUNG = JA), die laut obigen Einstellungen alle sechs Wochen für zehn Minuten aktiviert wird. Für die Durchführung der Spülung sorgt der Aktor mit diesen Optionen ganz von allein. Eine andere Möglichkeit wäre die Triggerung über das entsprechende Kommunikationsobjekt (56: VENTILSPÜLUNG AKTIVIEREN) über z. B. eine externe Logik auf dem HomeServer.

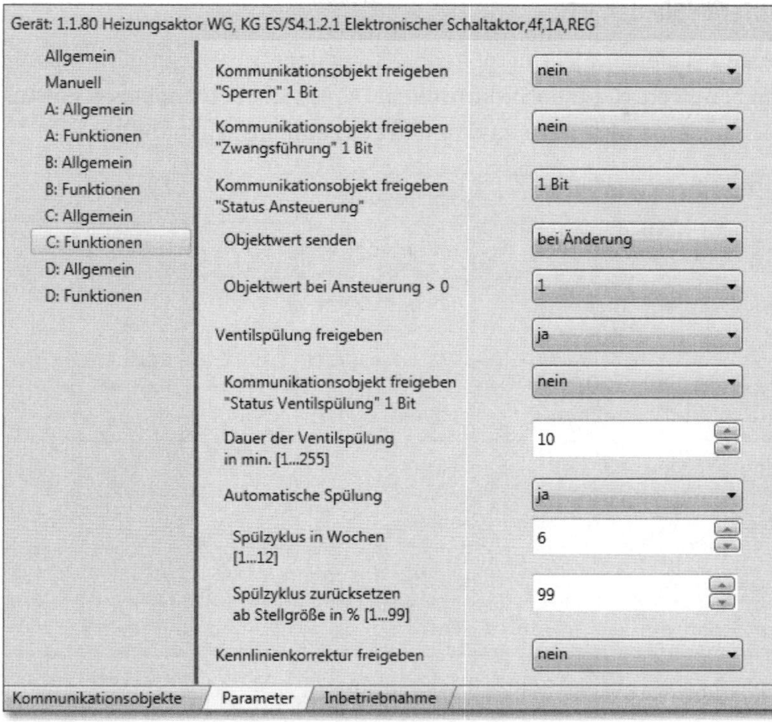

Abbildung 55.5 Parametrierung des Aktorkanals (»Funktionen«)

Zuordnung der Gruppenadressen

Bezüglich der Zuordnung der Gruppenadressen (Abbildung 55.6) reicht es aus, wenn Sie das vom RTR generierte Stellkommando (9/0/52) auf das Kommunikationsobjekt 50 des Heizungsaktors legen (STELLGRÖSSE, SCHALTEN 1 BIT). Die restlichen Kommunikationsobjekte können Sie jederzeit bei Bedarf für die Fehlerauswertung und Rückmeldung benutzen und z. B. mit dem HomeServer auswerten. Das Kommunikationsobjekt 56 (VENTILSPÜLUNG AKTIVIEREN) wird nicht verwendet, stattdessen wird die interne Spülfunktion des Heizungsaktors aktiviert (siehe Abbildung 55.5).

N...	Name	Objektfunktion	Beschreibung	Gruppenadressen	Länge	K	L	S	Ü	A	Datentyp	Priorit...
41	Ausgang B	Status Ansteuerung	Esszimmer 1 und 2	9/1/51	1 bit	K	L	-	Ü	-		Niedrig
46	Ausgang B	Statusbyte	Esszimmer 1 und 2	9/4/51	1 Byte	K	L	-	Ü	-	Dezimalfaktor (0..255)	Niedrig
50	Ausgang C	Stellgröße, Schalten 1 Bit	Küche	9/0/52	1 bit	K	-	S	-	-		Niedrig
51	Ausgang C	Überlast/Kurzschluss	Küche	9/2/52	1 bit	K	L	-	Ü	-		Niedrig
52	Ausgang C	Fehlermeldung rücksetzen	Küche	9/5/52	1 bit	K	-	S	Ü	-		Niedrig
53	Ausgang C	Ausfall Versorgungsspannung	Küche		1 bit	K	L	-	Ü	-		Niedrig
56	Ausgang C	Ventilspülung aktivieren			1 bit	K	-	S	-	-		Niedrig
61	Ausgang C	Status Ansteuerung	Küche	9/1/52	1 bit	K	L	-	Ü	-		Niedrig
66	Ausgang C	Statusbyte	Küche	9/4/52	1 Byte	K	L	-	Ü	-	Dezimalfaktor (0..255)	Niedrig

Kommunikationsobjekte / Parameter / Inbetriebnahme

Abbildung 55.6 Zuordnung der Gruppenadressen

55.2.6 Parametrieren Sie den RTR

Den B.IQ RTR können Sie leider nicht nativ in der ETS parametrieren, sondern müssen das Berker-Plug-in benutzen. Nehmen Sie bitte die in Tabelle 55.4 beschriebenen Einstellungen vor, die sich über mehrere Registerkarten in der Baumansicht aufteilen:

Parameter	Einstellung
Raumtemperaturregler-Funktion	eingeschaltet
Darstellung der Sollwertverschiebung	absolute Anzeige
Anzeige von	Datum/Uhrzeit/Raumtemperatur
Zykluszeit für automatisches Senden	10 min
Ausgabe der Stellgröße Heizen	Normal
Meldung Heizen	Ja
Status Regler	Regler Allgemein
Raumtemperatur-Schaltuhr	Aus

Tabelle 55.4 Projektierung des RTR (Plug-in)

Die folgenden Screenshots in Abbildung 55.7 bis Abbildung 55.10 beinhalten alle übrigen Parametereinstellungen für die Raumtemperaturreglerfunktion:

Die Registerkarte »Raumtemperaturregler-Funktion«

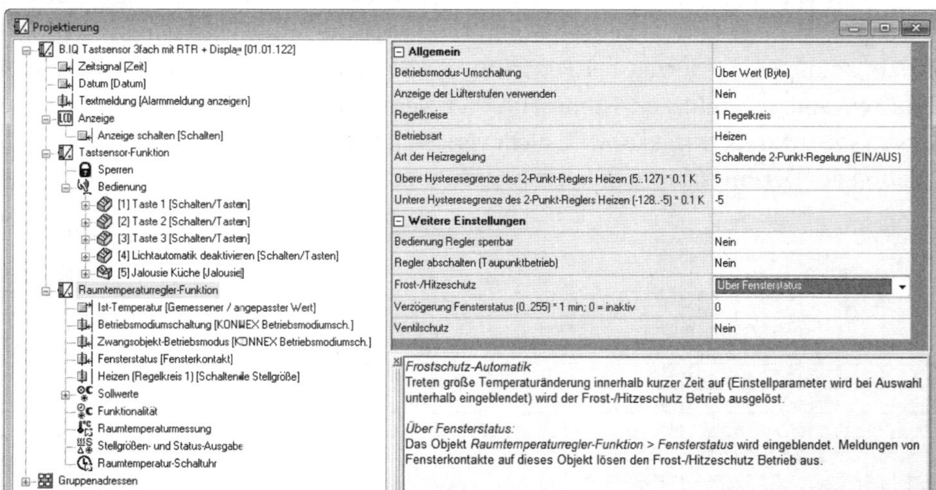

Abbildung 55.7 Projektierung der RTR-Funktion

Die Registerkarte »Sollwerte«

Die Sollwerte für die drei Betriebsmodi Komfort, Stand-by und Nacht wählen Sie natürlich nach Ihrem persönlichen Empfinden, Abbildung 55.8 dient als Vorlage für funktionierende Standardwerte:

Wertigkeit der Stufe zur Sollwertverschiebung	0,1 K
Basistemperatur nach Reset (7,0..40,0) * 1 °C	21
Änderung der Basis-Sollwertverschiebung dauerhaft übernehmen	Nein
Änderung des Sollwertes der Basistemperatur	Über Objekt zulassen
Änderung des Sollwertes der Basistemperatur dauerhaft übernehmen	Nein
Änderung der Standby-Temperatur des 1. Regelkreises	Deaktiviert
Änderung der Nacht-Temperatur des 1. Regelkreises	Deaktiviert
Solltemperatur Frostschutz (7..40) * 1 °C	7
Senden bei Solltemperatur-Änderung um (0..255) * 0.1 K; 0 = kein autom. Senden	1
Zyklisches Senden der Solltemperatur (0..255) * 1 min; 0 = inaktiv	10
Einstellmöglichkeiten der Basis-Solltemperatur nach oben (0..10) * 1 K	4
Einstellmöglichkeiten der Basis-Solltemperatur nach unten (-10..0) * 1 K	-4
Absenken der Solltemperatur im Standby-Betrieb (Heizen) (-128..0) * 0.1 K	-20
Absenken der Solltemperatur im Nacht-Betrieb (Heizen) (-128..0) * 0.1 K	-40

Abbildung 55.8 Projektierung der Sollwerte

Die Registerkarte »Funktionalität«

Über den Parameter ART DER PRÄSENZERFASSUNG mit dem Wert PRÄSENZTASTE definieren Sie, dass Sie eine sogenannte Party-Taste anlegen möchten:

Betriebsmodus nach Reset	Komfortbetrieb
Anwesenheitserfassung	Über Objekt
Art der Präsenzerfassung	Präsenztaste
Dauer der Komfortverlängerung (0..255) * 1 min; 0 = aus	60

Abbildung 55.9 Projektierung der Funktionalität

Die Registerkarte »Raumtemperaturmessung«

Interessant in Abbildung 55.10 ist der Wert für den ABGLEICH INTERNER FÜHLER. Bei sämtlichen von mir verbauten Berker RTRs war der gemessene Isttemperaturwert stets zu hoch. In diesem konkreten Fall zeigte eine Referenzmessung der Raumtemperatur 2,1 °C weniger an, was über den Korrekturwert -21 abgeglichen wurde:

Temperaturerfassung	Interner Fühler
Abgleich interner Fühler (-128..127) * 0.1 K	-21
Senden bei Raumtemperatur-Änderung um (0..255) * 0.1 K; 0 = kein autom. Senden	3
Zyklisches Senden der Raumtemperatur (0..255) * 1 min; 0 = inaktiv	10
Temperaturalarm über Objekt senden	Nein

Abbildung 55.10 Projektierung der Raumtemperaturmessung

Zuordnung der Gruppenadressen

Sie finden die notwendigen Zuordnungen der Gruppenadressen (GA) zu den Kommunikationsobjekten (KO) des RTR bereits in Tabelle 55.3. Die Zuordnungen nehmen Sie bitte direkt im Plug-in des Berker RTR vor, nicht in der ETS. Selbstverständlich finden Sie aber nach Abschluss der Verknüpfungen alle Änderungen in der ETS wieder. In Abbildung 55.11 sehen Sie die Zusammenfassung:

Nummer	Name	Objektfunktion	Beschreibung	Gruppenadressen	Länge	K	L	S	Ü	A	Datentyp	Priorität
0	Taste 1	Schalten			1 bit	K	-	S	Ü	A		Niedrig
1	Taste 2	Schalten			1 bit	K	-	S	Ü	A		Niedrig
2	Taste 3	Schalten			1 bit	K	-	S	Ü	A		Niedrig
3	Taste 4	Schalten		15/0/1	1 bit	K	-	S	Ü	A		Niedrig
4	Wippe 3	Kurzzeitbetrieb		2/0/59	1 bit	K	-	-	Ü	A		Niedrig
14	Wippe 3	Langzeitbetrieb		2/0/58	1 bit	K	-	S	Ü	A		Niedrig
22	Anzeige schalten	Schalten		12/1/51	1 bit	K	-	S	-	A		Niedrig
23	Ist-Temperatur	Gemessener / angepasster Wert		3/0/57	2 Byte	K	L	-	Ü	A		Niedrig
26	Basis Sollwert	Temperaturvorgabe		3/3/57	2 Byte	K	-	S	-	A		Niedrig
28	Betriebsmodiumschaltung	KONNEX Betriebsmodiumsch.		3/1/57	1 Byte	K	-	S	-	A		Niedrig
32	Zwangsobjekt-Betriebsmodus	KONNEX Betriebsmodiumsch.			1 Byte	K	-	S	-	A		Niedrig
33	Präsenzobjekt	Präsenztaster / -melder		3/1/58	1 bit	K	-	S	Ü	A		Niedrig
34	Fensterstatus	Fensterkontakt		7/0/51	1 bit	K	-	S	-	A		Niedrig
36	Reglerstatus	Statusmeldung allgemein		3/2/57	1 Byte	K	-	-	Ü	A		Niedrig
37	Meldung Heizen	Meldung		3/2/58	1 bit	K	-	-	Ü	A		Niedrig
42	Heizen (Regelkreis 1)	Schaltende Stellgröße		9/0/52	1 bit	K	-	S	Ü	A		Niedrig
50	Soll-Temperatur	Temperaturwert		3/0/56	2 Byte	K	L	-	Ü	A		Niedrig
52	Aktuelle Sollwertverschiebung	Rückmeldung Wert		3/3/59	1 Byte	K	L	-	Ü	A		Niedrig
53	Vorgabe Sollwertverschiebung	Wert		3/3/58	1 Byte	K	-	S	-	A		Niedrig
57	Zeitsignal	Zeit		4/6/1	3 Byte	K	-	S	-	A		Niedrig
58	Datum	Datum		4/6/0	3 Byte	K	-	S	-	A		Niedrig
73	Textmeldung	Alarmmeldung anzeigen			14 Byte	K	-	S	-	A		Niedrig

Kommunikationsobjekte / Parameter / Inbetriebnahme

Abbildung 55.11 Die Zuordnung der Gruppenadressen

Starten Sie nach der erfolgreichen Parametrierung den Programmiervorgang aller beteiligten Geräte über die ETS und vergessen Sie nicht, neu angelegte Gruppenadressen über die Funktion OPC EXPORTIEREN in ein File zu schreiben. Diese Datei benötigen Sie im nächsten Schritt, wenn Sie in die HomeServer Experten-Software wechseln.

55.2.7 Bereiten Sie die Kommunikationsobjekte auf

Im Experten angekommen, importieren Sie zuerst die OPC-Datei und speichern anschließend das Projekt.

Einstellung der Datentypen

Im Editor für Kommunikationsobjekte müssen Sie an dieser Stelle bitte sicherstellen, dass die importierten KOs die korrekten Datentypen erhalten, zu sehen in Abbildung 55.12.

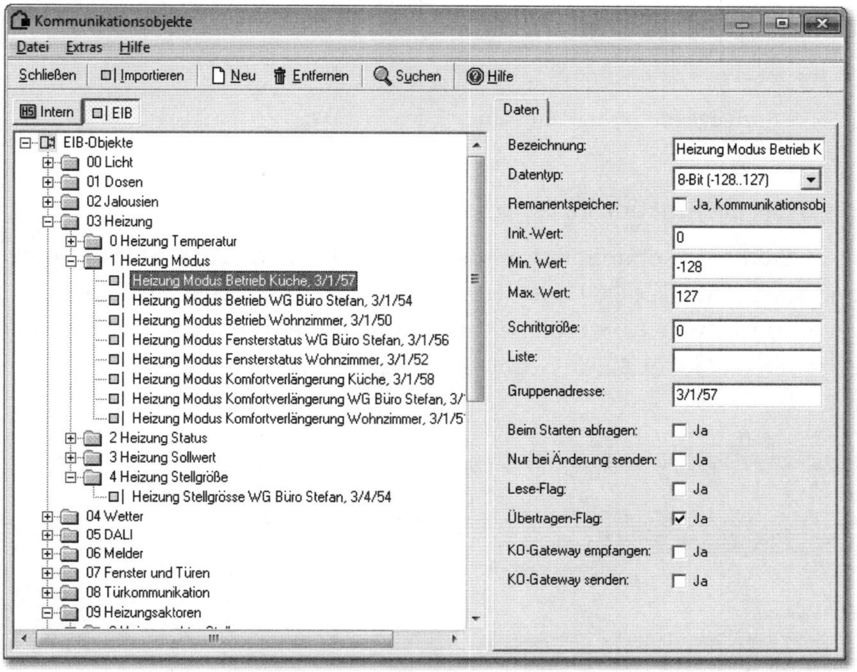

Abbildung 55.12 Einstellung der Datentypen für die RTR-KOs

In der Regel müssen Sie folgende Datentypen in Tabelle 55.5 manuell anpassen:

GA	Name	Datentyp
3/1/57	Heizung Modus Betrieb Küche	8-Bit (–128..127)
3/3/58	Heizung Sollwert Verschiebung Küche	8-Bit (–128..127)
3/3/59	Heizung Sollwert akt. Verschiebung Küche	8-Bit (–128..127)

Tabelle 55.5 Projektierung des RTR (Plug-in)

Abzufragende KOs definieren

Es empfiehlt sich, beim HomeServer-Start ein paar ausgewählte KOs, wie in Tabelle 55.6, abfragen zu lassen:

GA	Name
9/1/52	Heizungsaktor Status Ansteuerung Küche

Tabelle 55.6 Abzufragendes KO beim HomeServer-Start

Zentraladressen anlegen

Legen Sie bitte zusätzlich folgende Zentraladresse wie in Abbildung 55.13 an.

Abbildung 55.13 Anzulegende Zentraladressen

55.2.8 Legen Sie die Funktion im Experten an

Die Arbeit im Editor für Kommunikationsobjekte ist erledigt. Speichern Sie die Änderungen und starten Sie den QC-Config-Editor. Als Funktionsvorlage bietet sich HEIZUNG PLUS (BETRIEBSARTENUMSCHALTUNG) an. Legen Sie also eine neue Funktion mit dieser Vorlage an und füllen Sie die Schnittstellen, wie in folgender Abbildung 55.14 zu sehen ist:

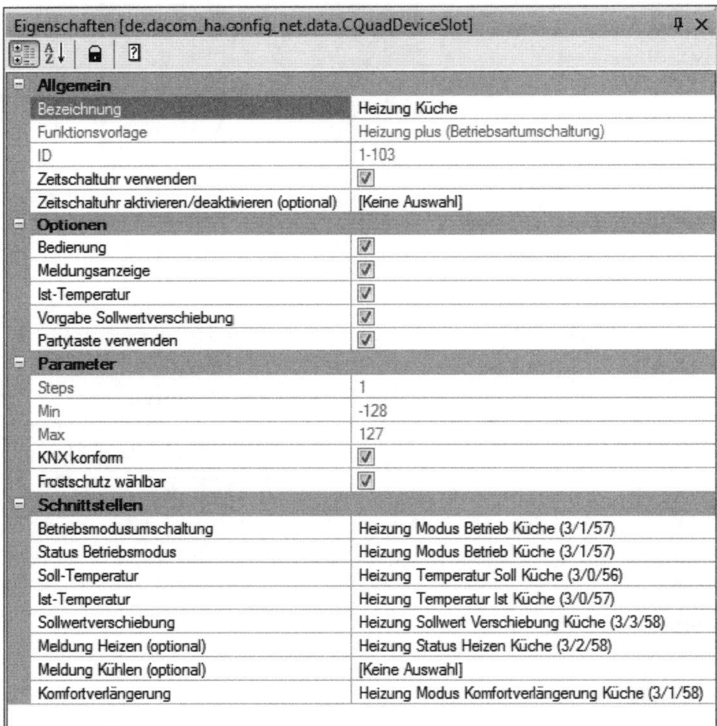

Abbildung 55.14 Anlegen der Funktion im QC-Config-Editor

Die neu angelegte Funktion muss nur noch in den Gewerkebaum sowie am besten zusätzlich in den Gebäudestrukturbaum eingehängt werden, wie in Abbildung 55.15.

Geschafft. Speichern Sie, programmieren Sie den HomeServer neu und vergewissern Sie sich noch, dass alle KNX-Geräte, insbesondere der RTR, ebenfalls programmiert wurden. Zeit, dass Sie das eben Erreichte in der Praxis ausprobieren.

Abbildung 55.15 Einhängen der Funktion in den Gewerkebaum

55.2.9 Ein kurzer Funktionstest

Nachdem Sie den RTR, den Heizungsaktor und den HomeServer programmiert haben, ist es Zeit für einen kleinen Funktionstest (siehe Abbildung 55.16). Betätigen Sie auf der Visualisierung (QuadClient) die eben erzeugte Funktion HEIZUNG KÜCHE und ändern Sie die Betriebsart (z. B. auf STANDBY). Erhöhen Sie mit der Taste + außerdem diese Stand-by-Temperatur von 19 auf 19,5 °C.

Kurze Zeit später sollten Sie am RTR-Display bereits die übernommenen Einstellungen ablesen können. Der Modus hat sich auf STANDBY eingestellt und die Solltemperatur auf 19,5 °C. Die aktuelle Solltemperatur sehen Sie, indem Sie am Berker RTR einmal rechts oben auf die Wippe des Displays tippen (nicht auf die eigentlichen Taster). Die 19,5 °C setzen sich aus den für den Stand-by-Modus definierten 19 °C plus eine Basis-Sollwertverschiebung von 0,5 °C zusammen. Als Information (Handsymbol) weist Sie das Display darauf hin, dass eine Sollwertverschiebung aktiv ist.

Abbildung 55.16 Ändern der Solltemperatur im QuadClient

Anhand eines KNX-Telegrammmitschnitts über den ETS-Gruppenmonitor lässt sich sehr gut die Kommunikation zwischen HomeServer und RTR wie in folgender Abbildung 55.17 erkennen.

Zieladresse	Ziel	Rout	Typ	DPT	Info
3/1/57	Heizung Modus Betrieb Küche	5	Schreiben	6.020 Status mit Modus	$02
3/2/57	Heizung Status RTR Küche	5	Schreiben	21.102 Raumheizungsregler Status	$22
3/0/56	Heizung Temperatur Soll Küche	5	Schreiben	9.001 Temperatur (°C)	07 6C | 19 °C
3/3/58	Heizung Sollwert Verschiebung Küche	5	Schreiben	6.010 Zählimpulse (-128..127)	$01 | 1
3/0/56	Heizung Temperatur Soll Küche	5	Schreiben	9.001 Temperatur (°C)	07 76 | 19,1 °C
3/3/59	Heizung Sollwert akt. Verschiebung Küche	5	Schreiben	6.010 Zählimpulse (-128..127)	$01 | 1
3/3/58	Heizung Sollwert Verschiebung Küche	5	Schreiben	6.010 Zählimpulse (-128..127)	$02 | 2
3/3/59	Heizung Sollwert akt. Verschiebung Küche	5	Schreiben	6.010 Zählimpulse (-128..127)	$02 | 2
3/0/56	Heizung Temperatur Soll Küche	5	Schreiben	9.001 Temperatur (°C)	07 80 | 19,2 °C

Abbildung 55.17 KNX-Kommunikation zwischen HomeServer und RTR

Die ersten drei Zeilen beinhalten das Telegramm, das bei der Umstellung des Betriebsmodus generiert wurde, die Statusantwort des RTR und seine daraufhin gewählte Temperatur. Es folgen insgesamt zweimal die Basis-Sollwertverschiebung um 0,1 °C und wiederum die beiden Antworttelegramme des RTR (neuer Temperatursollwert und aktuelle Basis-Sollwertverschiebung).

55.3 Erweiterungen und Alternativen

Die im vorherigen Abschnitt vorgestellte Einzelraumtemperaturregelung funktioniert bereits bestens, ich möchte trotzdem nicht versäumen, Ihnen ein paar Möglichkeiten zur preisgünstigeren Realisierung zu nennen, und zusätzlich zwei Erweiterungen aufzeigen.

55.3.1 Alternative Lösungen

Basierend auf dem Praxisbeispiel können Sie durch folgende Varianten in Tabelle 55.7 eine funktional ähnliche, aber kostengünstigere Lösung umsetzen:

Änderung	Ersatz
Verzicht auf HomeServer	stattdessen Modus- und Temperaturänderungen nur über RTR
Verzicht auf (teure) RTR	stattdessen eine der folgenden Alternativen: ▶ Temperaturreglerfunktion über den grafischen Logikeditor (GLE) des HomeServers realisieren und pro Raum statt RTR nur einen Temperatursensor vorsehen (KNX oder 1-Wire) ▶ günstige RTR einsetzen: z. B. MDT SCN-RT1UPE.01 (*www.mdt.de*) zum Preis von ca. 85 € ▶ die integrierte RTR-Funktion von bestimmten Heizungsaktoren verwenden, z. B. MDT AKH-0800.01 (Preis: ca. 145 €)

Tabelle 55.7 Alternative Varianten der ERR

Änderung	Ersatz
RTRs reduzieren	Ein RTR kann auch für mehrere zusammengehörende Räume verwendet werden. Es muss allerdings eine für den gesamten Bereich gültige Referenztemperatur gefunden werden, oder der Messwert des internen Sensors plus eines zweiten externen Sensors muss gemittelt werden.

Tabelle 55.7 Alternative Varianten der ERR (Forts.)

55.3.2 Mögliche Erweiterungen

Die verwendeten Berker B.IQ RTRs erlauben, ebenso wie manch andere RTR-Modelle auch, ein paar nette Zusatzfunktionalitäten. Sehen wir uns zwei davon kurz an.

Zweiter Regelkreis und Zusatzstufe

Der RTR kann einen zweiten Regelkreis mit wahlweise eigenen Temperatursollwerten ansteuern. Somit ist es z. B. möglich, in größeren bzw. verwinkelten Räumen verschiedene Heizkörper anzusteuern oder sogar eine Fußbodenheizung mit zusätzlichem Heizkörper separat mit eigenen Regelalgorithmen zu regeln.

Außerdem erlaubt die B.IQ-Applikation, entsprechende Heizungsausrüstung vorausgesetzt, das vordefinierte Zuschalten einer sogenannten Zusatzstufe, um größere Abweichungen der Soll- zur Isttemperatur schneller ausgleichen zu können. Der Grund- und der Zusatzstufe können dabei unterschiedliche Regelalgorithmen zugeordnet werden.

Kühlen über die Fußbodenheizung

Eine Fußbodenheizung kann nicht nur heizen. Mit der zunehmenden Etablierung der Wärmepumpe als Heizsystem wird eine weitere Funktion zum denkbaren Anwendungsfall. Eine Wärmepumpe kann je nach Bedarf entweder Umweltwärme in das Gebäude hinein- oder überschüssige Raumwärme aus dem Gebäude heraustransportieren, wodurch an heißen Tagen die Raumtemperatur verringert werden kann.

Für eine passive Kühlung mittels einer Sole/Wasser-Wärmepumpe ist oft nur eine bezahlbare Zusatzausrüstung der Heizungsanlage erforderlich. Bei Viessmann (*www.viessmann.de*) beispielsweise nennt sich diese Erweiterung *NC-Box* (für Natural-Cooling bzw. passive Kühlung) oder, im Fall einer aktiven Kühlung, *AC-Box*.

Der B.IQ RTR (und viele andere Modelle) unterstützen diese Mischbetriebsart (Heizen und Kühlen) durch erweiterte Rückmeldeobjekte, zusätzliche Schwellwerte, Kommunikationsobjekte zur manuellen Umschaltung und außerdem Mechanismen zur automatischen Umschaltung.

Ausgerüstet mit diesen Zusatzfunktionen, dürfen Sie auch an heißen Sommertagen die Heizung anschalten.

Kapitel 56
Vernetztes Hören mit Multiroom Audio

Ein hochwertiges Multiroom-Audiosystem muss nicht teuer sein – im Gegenteil: Die vorgestellte Selbstbaulösung ist flexibel, automatisierbar, preiswert und muss sich keinesfalls hinter kommerziellen Produkten verstecken.

Das Ziel des hier vorgestellten *Multiroom Audio*-Projekts ist es, für wenig Geld ein qualitativ hochwertiges, leistungsstarkes und sehr gut automatisierbares System zu entwerfen, das unauffällig versteckt werden kann und bei allen Vorteilen trotzdem einfach aufzubauen ist.

Um es vorwegzunehmen: Mit der folgenden Realisierung erreichen Sie genau das. In diesem Konzept können Sie vier Stereozonen bedienen, eine Erweiterung auf z. B. acht Zonen ist aber problemlos möglich.

Was genau leistet Ihr künftiges Selbstbau-Multiroom-System im Einzelnen?

- Qualitativ hochwertiger Klang bei komfortabler Leistung.
- Jeder Kanal (Zone) ist separat ein- und ausschaltbar mit eigener Lautstärke.
- Jede Zone kann unterschiedliche Quellen ausgeben, eine Quelle kann aber auch mehrere Zonen bedienen (Party-Modus).
- Unterschiedlichste Quellen benutzbar (MP3s, FLAC, Internetstreams und viele mehr).
- Eine Vielzahl an Bedienmöglichkeiten (Clients) wird unterstützt: KNX, Weboberfläche, Smartphone, PC, Tablet-PC usw.
- Verwaltung einer zentralen Musikdatenbank mit Playlists und Metadaten.
- Basiert auf Open-Source-Software.
- Aufbau im 19-Zoll-Rack, ansonsten sind in den Räumen nur die eingebauten Lautsprecher sichtbar (oder versteckt).
- Unterstützung von vier Zonen, jedoch erweiterbar (mit einer zweiten Soundkarte z. B. erweitern Sie die Anzahl der Zonen auf insgesamt acht).
- Kein Knacken beim Umschalten und Ein-/Ausschalten.

- Komplette Stromnetztrennung, somit kein Verbrauch, wenn das System nicht benötigt wird.
- **Und das Wichtigste für den Smart-Home-Jünger: volle Automatisierbarkeit, keine (lokale) Bedienung der Verstärker notwendig.**

Hört sich gut an? Ist es auch!

56.1 Was benötigen Sie für Ihr eigenes Multiroom-System?

In folgender Tabelle 56.1 finden Sie wie gehabt die notwendige Hardware und Software sowie Verweise auf Kapitel und Abschnitte, die Sie zur Vorbereitung gelesen haben sollten:

Benötigte Komponenten: Multiroom-Audiosystem		
Bestandteil	**Im Praxisbeispiel verwendet**	**Grundlagenkapitel/-abschnitte**
Hardware		
Linux-Server	Intel NUC D34010WYK (Kit) mit 1,35 V DDR3-Speicher und internem mSATA-SSD-Modul	43.1.1 44.1.3
externe Festplatte	optional für das Musikarchiv: 2,5-Zoll-USB-3.0-Festplatte 1 TByte	44.2.2
USB-Soundkarte	eine Sweex-USB-Soundkarte 7.1 (reicht für vier Stereozonen)	40.5
Mini-Amp	je Stereozone: 1 × SMSL SA-50	40.2.3
Lautsprecher	je Stereozone: 1 Paar Stereolautsprecher (Einbaulautsprecher), z. B.: ▸ Canton InCeiling 845 (Decke) ▸ KEF Ci100QS (Wand)	40.1
Audiokabel	je Stereozone: 1 × 3,5-mm-Stereoklinkenstecker auf 2 Cinch	–

Tabelle 56.1 Benötigte Komponenten: Multiroom-Audiosystem

Benötigte Komponenten: Multiroom-Audiosystem		
KNX-Schaltaktor	je Stereozone: 1 Aktorkanal (Leistung mind. 6 A), z. B. ABB AT/S 6.6.1	30.1
KNX-Logik-Engine	Gira HomeServer 3 mit Home-Server Experte 4.2	34.2.2, 48
Sicherungen	je Stereozone: eine Sicherung mit Hutschienenhalterung	–
Hutschienensteckdosen	eine pro Mini-Amp, z. B. ABB	–
Software		
Linux-Distribution	Lubuntu 14.04 LTS für Intel NUC	19.2 (für VM)
Soundserver	MPD (Music Player Daemon)	49.1
Soundclient	▸ MPC (Music Player Client) ▸ optional: MPoD (iPhone), MPaD (iPad) oder MPDroid (Android)	49.1

Tabelle 56.1 Benötigte Komponenten: Multiroom-Audiosystem (Forts.)

Der Anschaffungspreis dieser Komponenten ist hauptsächlich abhängig von den verwendeten Lautsprechern, multipliziert mit der Anzahl der benötigten Zonen. Falls Sie bereits einen einsetzbaren Linux-Server und eine irgendwie geartete KNX-Logik-Engine besitzen, sollten Sie mit einem Vier-Zonen-Preis von ca. 600 € (ohne Lautsprecher) rechnen.

56.2 Das Konzept

Das Konzept, dargestellt in Abbildung 56.1, basiert auf einer Lösung für vier unabhängige Zonen, es lässt sich wie erwähnt aber durch weitere Soundkarten und Mini-Amps erweitern. Im Beispiel gehe ich von namentlich folgenden Zonen aus: Esszimmer (Zone 1), Büro (Zone 2), Schlafzimmer (Zone 3) und Bad (Zone 4).

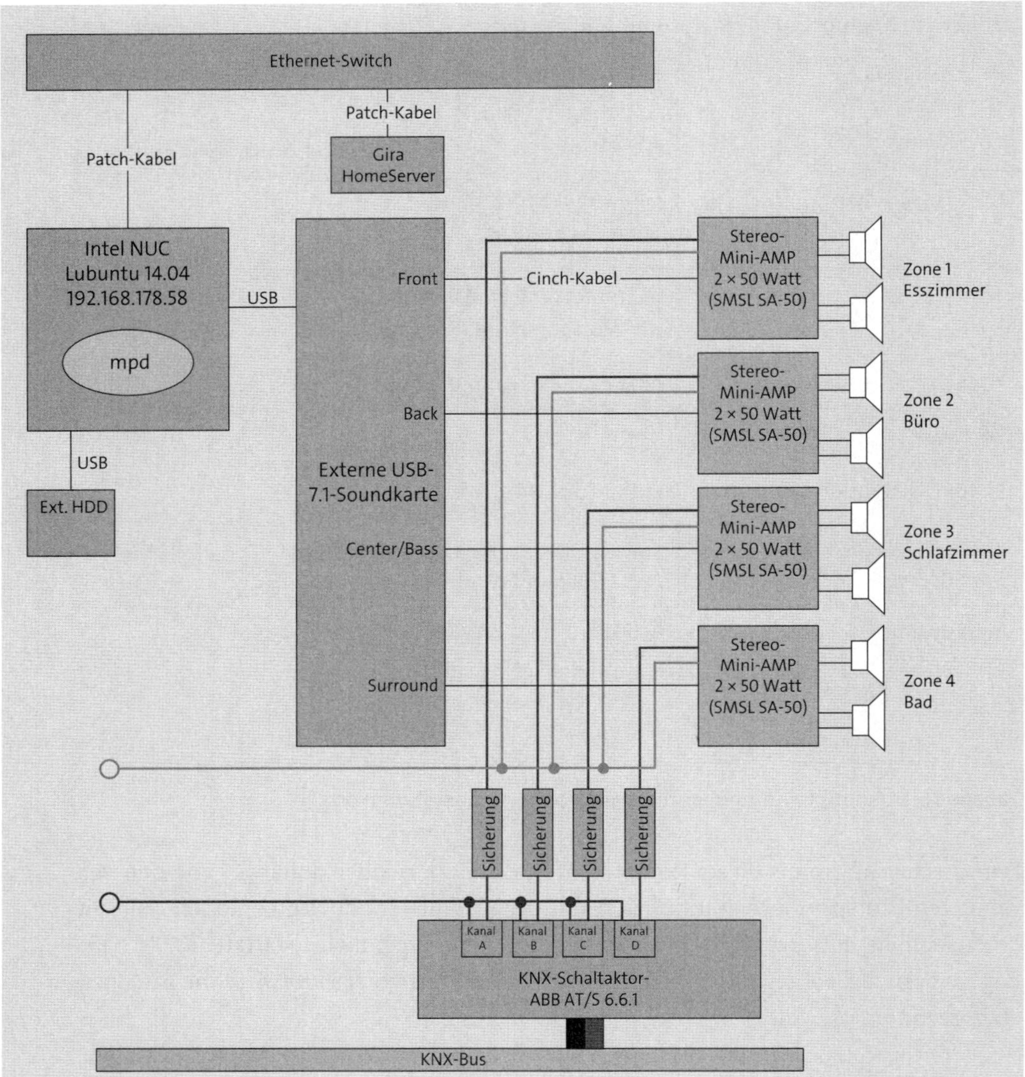

Abbildung 56.1 Das Multiroom-Konzept

56.3 Aufbau der Multiroom-Hardware

Die Mini-Amps bleiben in diesem Multiroom-System immer angeschaltet (Power-Knopf am Verstärker), und die Lautstärke wird einmal per Drehregler am Gerät auf den gewünschten Maximalwert justiert. Wird eine Zone gerade nicht benötigt, lassen Sie den Aktor diese stromfrei schalten. Die Veränderung der Lautstärke erfolgt rein in Software über den MPD-Server. Dazu später mehr.

56.3.1 Die Multiroom-Stromversorgung

Die oben stehende Abbildung 56.1 stellt aus Gründen der Übersichtlichkeit nur die schematische Verkabelung dar. Um die Schukostecker der Netzteile für die vier Mini-Amps jedoch direkt einstecken zu können, verwenden Sie am besten Hutschienensteckdosen, die Sie über Reihenklemmen führen und an den Schaltaktor legen. Praktisch umgesetzt, sieht die Anordnung mit Schukosteckdosen wie folgt aus (siehe Abbildung 56.2):

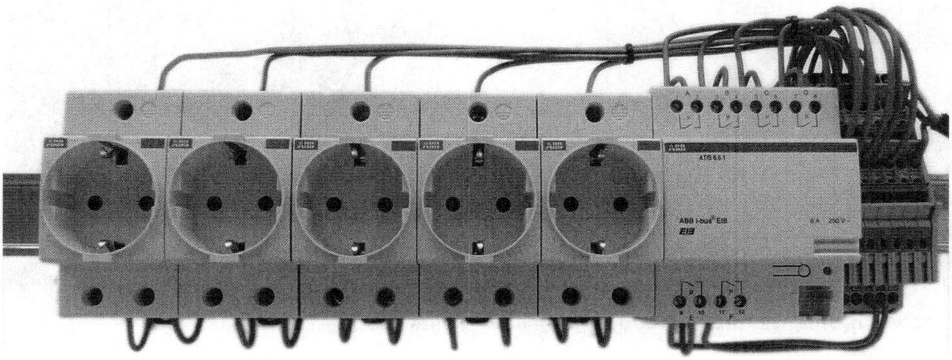

Abbildung 56.2 Schaltbare Stromversorgung der Mini-Amps

Sie können alternativ auch ein kräftiges 24-V-Netzteil (Hutschiene) verwenden, um alle Mini-Amps direkt zu versorgen. In diesem Fall verzichten Sie natürlich auf die externen Netzteile der Verstärker. Die 24-V-Versorgung führen Sie wie gehabt über einen Schaltaktor. Bitte spendieren Sie in dieser Variante eine zusätzliche Sicherung pro Aktorausgang. Sehr gut dazu eignen sich Sicherungen mit Hutschienenhalterung.

Die komplette Hutschienenanordnung installieren Sie am besten in einem 19-Zoll-Rack im hinteren Bereich.

56.3.2 Serverhardware und Audioverstärker

Der NUC als Kit-Version benötigt noch 1,35 V DDR3-Speicher (empfohlen zwischen 2 und 8 GByte, je nach zusätzlichem Einsatz) und idealerweise ein mSATA-SSD-Modul (z. B. 60 GByte von Kingston) für das Linux-Betriebssystem. Mit einem SSD-Modul bootet der Linux-Server extrem schnell, Ihr Multiroom-System ist ca. zehn Sekunden nach dem Einschalten hochgefahren (betriebsbereit).

Platzieren Sie den NUC, die Mini-Amps und die USB-Soundkarte am besten zusammen in ein 19-Zoll-Gehäuse. Dazu verwenden Sie sogenannte Fachböden wie z. B. die 1-HE-Ablage von Adam Hall (*www.adamhall.com*) mit der Artikelnummer 8754. Zwischen zwei dieser Fachböden lassen sich wunderbar vier der Mini-Amps integrieren, sodass nur die Bedienelemente an der Frontseite überstehen.

Die folgende Abbildung 56.3 zeigt den Aufbau für vier Stereozonen, bestehend aus drei von vier Mini-Amps SMSL SA-50 ❶ und dem darüberliegenden NUC ❷ mit USB-Soundkarte ❹ und USB-Festplatte ❸ für das Musikarchiv:

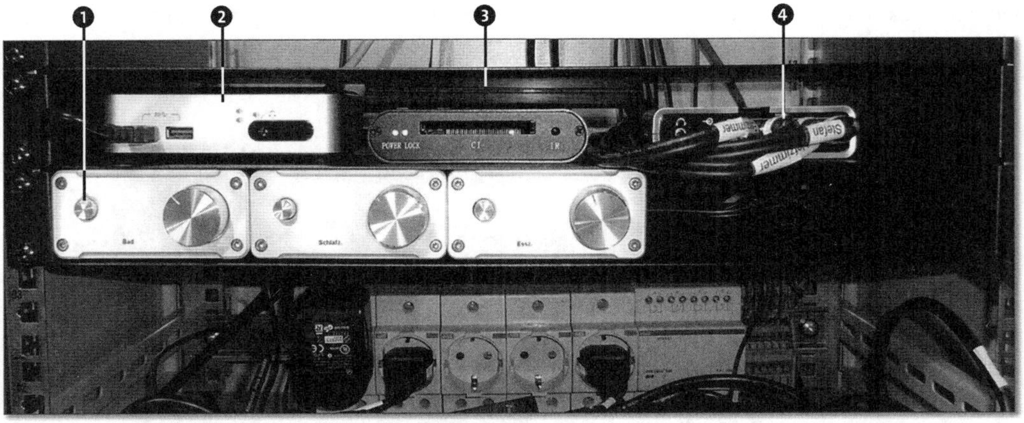

Abbildung 56.3 Multiroom-Soundsystem im 19-Zoll-Rack

Ein Netzwerkzugang für den NUC (idealerweise über einen Gigabit-Switch) ist notwendig. Da alles »headless« betrieben wird, ist ein Monitor nicht erforderlich, dieser wird nur einmalig für die Ubuntu-Installation angeschlossen. Die USB-Soundkarte wird per USB-Kabel mit einem freien USB-Port des NUC verbunden, die vier Ausgänge der Soundkarte führen Sie bitte über die Audiokabel (Klinkenstecker auf Cinch) an die vier Mini-Amps.

56.3.3 Anschluss der Lautsprecher

Das Stereolautsprecherpärchen für eine Multiroom-Zone führen Sie jeweils direkt an den zugeordneten Mini-Amp. Für die Lautsprecherkabel sind 2,5 mm^2 bei Weitem ausreichend, mehr würden Sie auch gar nicht an die Ausgangsklemmen des SMSL SA-50 bekommen.

Die Mini-Amps stellen Sie zu Beginn nur auf eine kleine Lautstärke. Nach erstem Probehören können Sie sie bis ans gewünschte Maximum hochdrehen und in dieser Position belassen (bringen Sie am besten eine Klebemarkierung am Mini-Amp-Gehäuse an). Im automatisierten Multiroom-System wird die Lautstärke später nur durch Software geändert. Mit dem Power-Switch des SMSL SA-50 verfahren Sie genauso, er bleibt konstant auf *Ein*, das Ein- und Ausschalten übernimmt der KNX-Schaltaktor.

Die Lautsprecher selbst wählen Sie je nach Ihren persönlichen Vorlieben und Einbauverhältnissen. Sparen Sie in Anbetracht des Ziels, ein hochwertiges Multiroom-System zu bauen, aber nicht am falschen Ende. Für ca. 120 € bekommen Sie beispielsweise den Deckenlautsprecher Canton InCeiling 865 mit einem Wirkungsgrad (1 W/1 m) von 87,5 dB.

Eine Vorstellung finden Sie in Abschnitt 40.1.2, »Deckenlautsprecher«. Im Zusammenhang mit dem erstklassigen SMSL SA-50 sorgt dieser nicht nur für den richtigen *Rumms*, sondern auch für den notwendigen *Bumms*. Sie werden überrascht sein ... positiv!

56.4 Die Software für Server und Client

Den handwerklichen Teil der Umsetzung haben Sie an dieser Stelle erledigt. Richten Sie im nächsten Schritt die Serversoftware auf dem NUC ein.

56.4.1 Statten Sie den Multiroom-Server aus

Folgende Vorarbeiten sind seitens des Intel NUC Voraussetzung:

1. Installation des Betriebssystems (meine Wahl fiel auf Lubuntu, ebenso ist natürlich Ubuntu möglich): Gehen Sie dabei bitte vor wie in Abschnitt 19.2, »Ideal für Tests: VirtualBox«, beschrieben. Statt der virtuellen Maschine installieren Sie die Linux-Distribution aber direkt auf dem NUC.
2. Installation der MPD-Serversoftware und des MPC-Clients analog zu Abschnitt 49.1, »MPD – der Music Player Daemon«.
3. Richten Sie das Config-File */etc/mpd.conf* wie in Abschnitt 49.1 beschrieben ein. Ich gehe im Folgenden davon aus, dass Sie alle MPD-spezifischen Files auf dem (externen) Datenträger */media/sdb1/mpd* halten. Wie Sie ein externes Laufwerk permanent mounten, ist im Grundlagenkapitel in Abschnitt 14.4.3, »Einbinden von lokal angeschlossenen Datenträgern«, erläutert.

Weiter geht es mit den Multiroom-spezifischen Konfigurationen:

Legen Sie die Audiogeräte an

Öffnen Sie die Datei */etc/asound.conf* im Editor. Im MPD-Kapitel (genauer gesagt, in Abschnitt 49.1.4) haben Sie bereits ein PCM-Gerät namens `esszimmer` angelegt. Duplizieren Sie den entsprechenden Abschnitt vier Mal und ändern Sie die Blöcke so ab, dass die insgesamt acht Ausgänge (7.1) der Soundkarte den vier Zonen zugeordnet werden. Der letzte Block (`alle`) erzeugt ein Ausgabegerät, das auf allen Zonen gleichzeitig ausgibt.

```
pcm.buero {
    type plug
    slave {
        pcm "dmixer"
        channels 8
    }
    ttable.0.2 1
    ttable.1.3 1
}
```

```
pcm.schlafzimmer {
    type plug
    slave {
        pcm "dmixer"
        channels 8
    }
    ttable.0.4 1
    ttable.1.5 1
}
pcm.bad {
    type plug
    slave {
        pcm "dmixer"
        channels 8
    }
    ttable.0.6 1
    ttable.1.7 1
}
pcm.alle {
    type plug
    slave {
        pcm "dmixer"
        channels 8
    }
    ttable.0.0 1
    ttable.1.1 1
    ttable.0.2 1
    ttable.1.3 1
    ttable.0.4 1
    ttable.1.5 1
    ttable.0.6 1
    ttable.1.7 1
}
```

Legen Sie vier unterschiedliche Konfigurationen an

Zu Beginn haben Sie in */media/sdb1/mpd* nur die Konfiguration bzw. die angelegten Files für genau einen MPD-Service. Wir werden aber insgesamt vier Instanzen des MPD (für vier Zonen) starten, was einiges an Duplizierarbeit benötigt. Im Einzelnen ist dies zu tun:

- Legen Sie zusätzlich zu *mpd.log* drei weitere *log*-Files mit `touch mpd2.log mpd3.log mpd4.log` an.
- Selbiges gilt für die *pid*-Files: `touch mpd2.pid mpd3.pid mpd4.pid`.

- Fertigen Sie analog dazu drei Kopien des Files *mpd.state* an, *mpd2.state, mpd3.state, mpd4.state* und
- ebenso für *mpd.conf*, also *mpd2.conf, mpd3.conf, mpd4.conf.*
- Geben Sie allen Kopien bzw. neuen Files die gleichen Benutzerrechte wie dem Original-File (Shell-Kommando: `chown`).

Zusammengefasst. sollte Ihr Verzeichnis für die vier Zonen wie in Abbildung 56.4 aussehen:

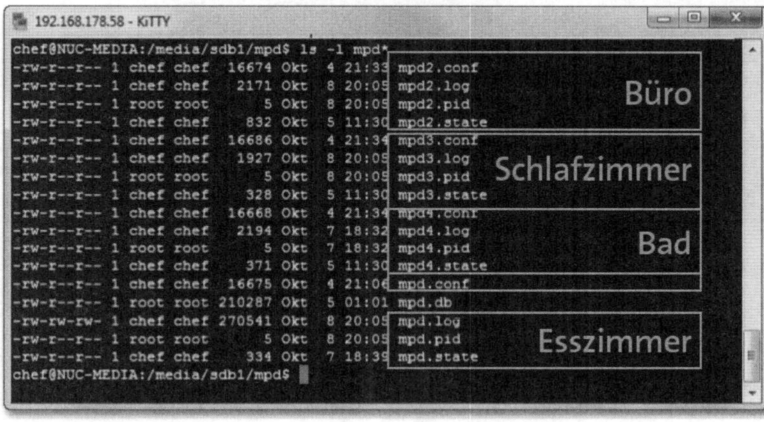

Abbildung 56.4 Die MPD-Files den Zonen zugeordnet

Die fünfte Instanz (für die Gesamtzone »alle«) ist hier nicht dargestellt, Sie können sie aber jederzeit nach diesem Muster (z. B. als *mpd5*) hinzufügen.

Das Musikverzeichnis, das sich in */media/sdb1/music* befindet, muss natürlich nicht dupliziert werden, alle MPD-Instanzen werden es gleichermaßen verwenden.

Damit nicht alle vier MPDs das Gleiche tun, bedarf es bei den Duplikaten *mpd2.conf, mpd3.conf* und *mpd4.conf* ein wenig an Feinjustierung. Öffnen Sie bitte alle drei Files nacheinander im Editor und ändern Sie die folgenden Zeilen ab. Exemplarisch finden Sie hier die Änderungen, die Sie für *mpd2.conf* durchführen, für die beiden weiteren Files ändern Sie jeweils die Ziffern auf 3 und 4 statt auf 2:

- `log_file "/media/sdb1/mpd/mpd2.log"`
- `pid_file "/media/sdb1/mpd/mpd2.pid"`
- `state_file "/media/sdb1/mpd/mpd2.state"`

Die Portzuweisung `port "6600"` ändern Sie nun in allen vier *.conf*-Files auf diese Werte:

- für *mpd.conf*: `port "6601"`
- für *mpd2.conf*: `port "6602"`
- für *mpd3.conf*: `port "6603"`
- für *mpd4.conf*: `port "6604"`

Die entscheidendste Änderung erfolgt in der audio_output-Sektion (siehe Abbildung 56.5). Im Original beinhaltet die Sektion:

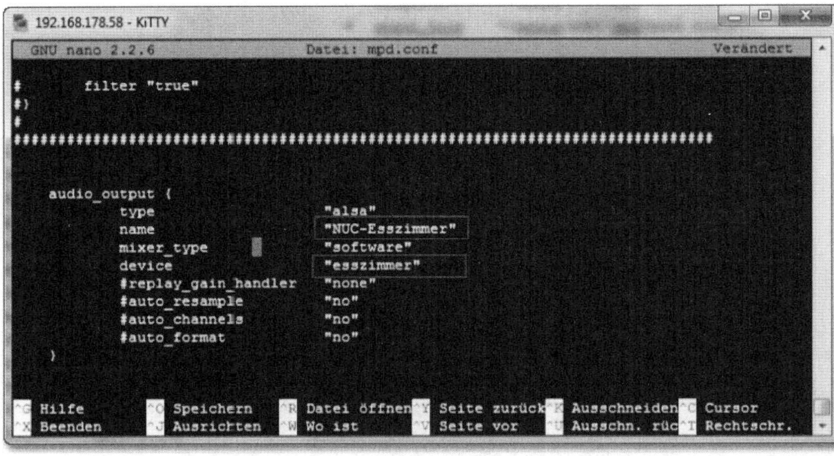

Abbildung 56.5 Die Änderungen in der audio_output-Sektion

In den drei Duplikaten nehmen Sie bitte folgende Änderungen dieser beiden Werte vor:

- für *mpd2.conf*: name "NUC-Buero" sowie device "buero"
- für *mpd3.conf*: name "NUC-Schlafzimmer"
  sowie device "schlafzimmer"
- für *mpd4.conf*: name "NUC-Bad" sowie device "bad"

Prüfen Sie, ob in allen Instanzen der *.conf*-Files die Zeile mixer_type "software" enthalten ist. Sie wird benötigt.

Der automatische Start der MPD-Instanzen

Wechseln Sie ins Verzeichnis */etc/init.d* und editieren Sie die Datei *mpd*, das Startskript für Ihren MPD-Server (zumindest einen davon). Die folgenden beiden Anweisungen prüfen bzw. ändern Sie bitte ab, sodass sie lauten:

```
MPDCONF=/media/sdb1/mpd/mpd.conf
START_MPD=true
```

Was jetzt folgt, kennen Sie bereits. Duplizieren Sie die Datei *mpd* insgesamt dreimal, sodass Sie *mpd2*, *mpd3* und *mpd4* erhalten. In jeder Kopie ändern Sie die notwendigen Zeilen ab. Für das File *mpd2* betrifft es folgende Zeilen, wobei bereits die geänderte Version dargestellt ist:

```
# Provides:          mpd2
# Short-Description: Music Player Daemon 2
# Description:    Start the Music Player Daemon 2 (MPD) service
```

```
NAME=mpd2
DESC="Music Player Daemon 2"
MPDCONF=/media/sdb1/mpd/mpd2.conf
```

Nach selbigem Muster ändern Sie bitte die beiden weiteren *mpd*-Files ab. Haben Sie alle vier Files aktualisiert, veranlassen Sie den automatischen Start beim nächsten Reboot mit `sudo update-rc.d mpd defaults` sowie für *mpd2*, *mpd3* und *mpd4* mit `sudo update-rc.d mpd2 defaults` usw. Booten Sie Ihren Rechner neu und prüfen Sie nach dem Start, ob alle Services gestartet wurden: `ps -aux |grep mpd`. Erhalten Sie vier laufende Services, wie Abbildung 56.6 zeigt, haben Sie es geschafft. Im Fall eines Problems sehen Sie sich bitte den Troubleshooting-Guide aus Abschnitt 49.1.6, »Was tun, wenn MPD Probleme macht?«, an.

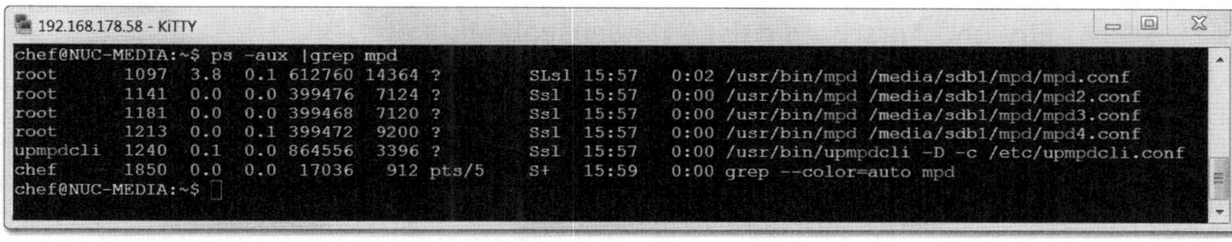

Abbildung 56.6 Alles gut – vier laufende MPD-Instanzen

56.4.2 Richten Sie sich die Clients ein

Als wirklich sehr guter (mobiler) Client hat sich MPaD für das iPad erwiesen (siehe Abschnitt 49.1.2). MPaD kann mit mehreren MPD-Servern umgehen bzw. mit mehreren Ports. Dazu konfigurieren Sie über die Dialogbox CONNECTIONS einen neuen Player. In der beispielhaften Abbildung 56.7 handelt es sich um die Verbindung zum NUC mit dem MPD-Port 6601 (Esszimmer):

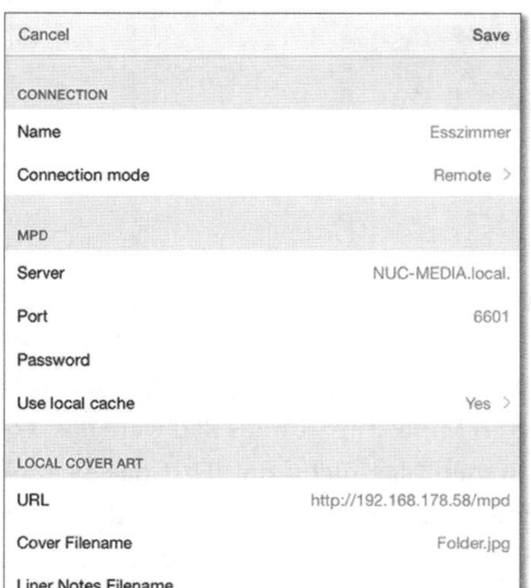

Abbildung 56.7 MPaD-Konfiguration für eine Multiroom-Zone

Egal mit welchen Clients Sie arbeiten, es ist wichtig, zu wissen, dass Ihre MPD-Instanzen auf verschiedenen Netzwerkports hören (hier: 6601–6604), denn darüber wird festgelegt, mit welcher Zone Sie kommunizieren möchten. Auch die Ansteuerung über den HomeServer, wie im nächsten Abschnitt gezeigt, macht dabei keine Ausnahme.

56.5 Die Ansteuerung

Die Ansteuerung des MPD lässt sich vollständig mit dem HomeServer umsetzen. Das Ein-/Ausschalten und die Änderung der Lautstärke sowie das Durchwechseln der Playlists sind nur einige von vielen Möglichkeiten.

56.5.1 Ein- und Ausschalten der Soundausgabe

Die Verstärker für die einzelnen Zonen schalten Sie über den KNX-Schaltaktor nur bei Bedarf ein und aus. Den NUC müssen Sie ebenfalls nicht permanent angeschaltet lassen, es sei denn, er erfüllt noch weitere Aufgaben in Ihrem Heim. Die ferngesteuerte Abschaltung per knockd (siehe Abschnitt 50.9) funktioniert ebenso gut wie das Einschalten über ein WOL-Paket. Beides kann der HomeServer für Sie übernehmen. Die Ein- und Ausschaltlogik können Sie z. B. so umsetzen (siehe Abbildung 56.8):

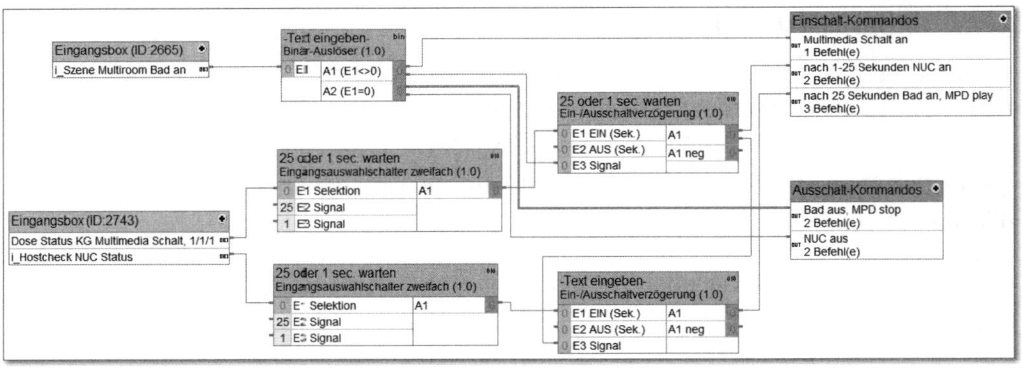

Abbildung 56.8 Ein- und Ausschaltlogik der Soundausgabe

Sobald das iKO `i_Szene Multiroom Bad` den Wert »1« annimmt, wird zuerst ein Aktorkanal geschaltet (Ausgangsbox: Einschaltkommandos), der den Ethernet-Switch versorgt. Nach einer Wartezeit von 25 Sekunden (Zeit, die der Switch beim Power-up benötigt) sendet die Logik ein WOL-Paket an den NUC. Weitere 25 Sekunden später hat der NUC gebootet, und der Aktorkanal für den zuständigen Mini-Amp (für das Bad wäre das Aktorkanal D) wird geschaltet. Halten Sie diese Reihenfolge nicht ein, fährt das System entweder nicht hoch, oder Sie erhalten gegebenenfalls einen Einschaltknall. Ist der Ethernet-Switch bereits gestartet gewesen oder der NUC bereits aktiv, können Sie diese Wartezeiten einsparen. Das realisieren Sie über eine variable Einschaltverzögerung mit vorgeschaltetem Eingangsauswahlschalter, abhängig vom Zustand der KOs `Dose Status`

KG Multimedia Schalt und i_Hostcheck NUC Status. Um herauszufinden, ob ein Rechner im Netzwerk aktuell läuft, können Sie z. B. den Logikbaustein Hostcheck (siehe Abschnitt 48.3.8, »Noch mehr Möglichkeiten: Externe Logikbausteine und Funktionsvorlagen«) verwenden. Zu guter Letzt geben Sie dem MPD-Server das play-Kommando über eine Webseitenabfrage.

Das Ausschaltkommando (i_Szene Multiroom Bad = 0) funktioniert ähnlich. Zuerst senden Sie, wiederum per Webabfrage, dem MPD ein stop-Kommando, schalten anschließend den Verstärker ab und fahren den NUC per knockd herunter.

Wie eine Webseitenabfrage für die MPD-Steuerung aussieht, finden Sie in folgender Abbildung 56.9 beispielhaft für das Kommando »play« erläutert. Dem Abschnitt 49.1.10 können Sie zusätzlich die wichtigsten MPD-Kommandos entnehmen.

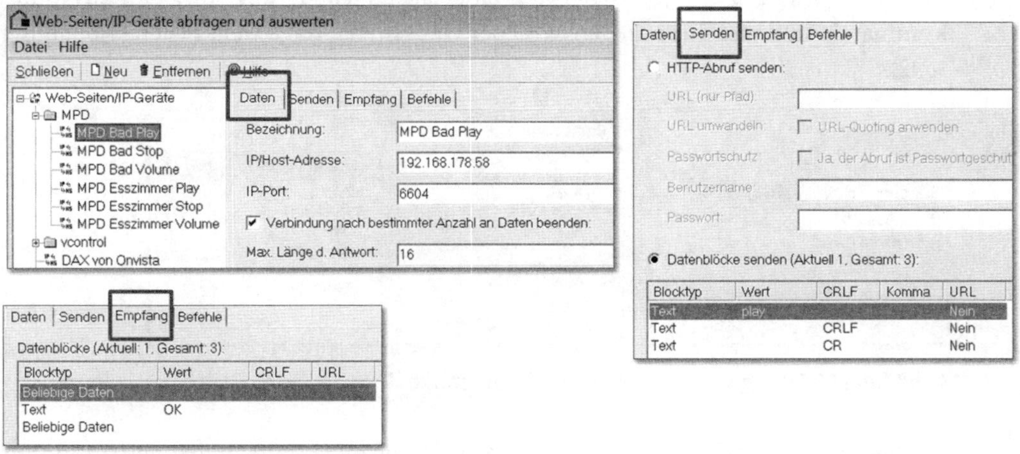

Abbildung 56.9 Webseitenabfrage: play-Kommando an den MPD senden

Für die WOL-Auslösung (Wake-On-LAN) hält der HomeServer Experte eine eigene Funktion bereit, die Sie unter KOMMUNIKATION • WAKEONLAN aufrufen und umsetzen, wie in Abbildung 56.10 zu sehen ist. Als MAC-Adresse geben Sie bitte die Ihres MPD-Servers an:

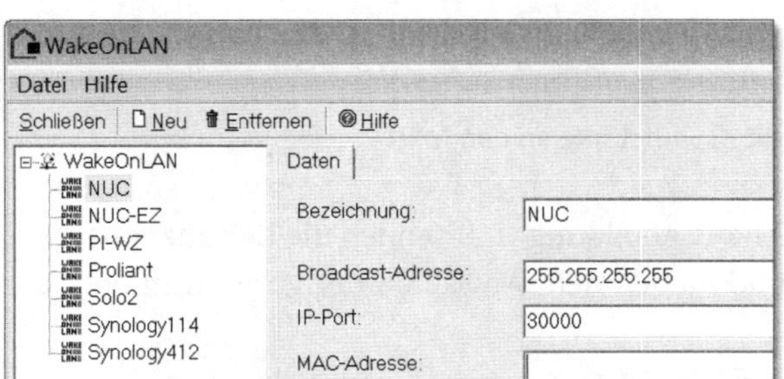

Abbildung 56.10 Ein WOL-Paket mit dem HomeServer erzeugen

56.5.2 Lautstärke und Playlist

Eine Lautstärkesteuerung sowie eine Mute-Funktion (Stummschalten) können Sie ganz einfach mit der QuadClient-Funktionsvorlage Audio Volume (siehe Abbildung 56.11) und einer nachgeschalteten Logik umsetzen.

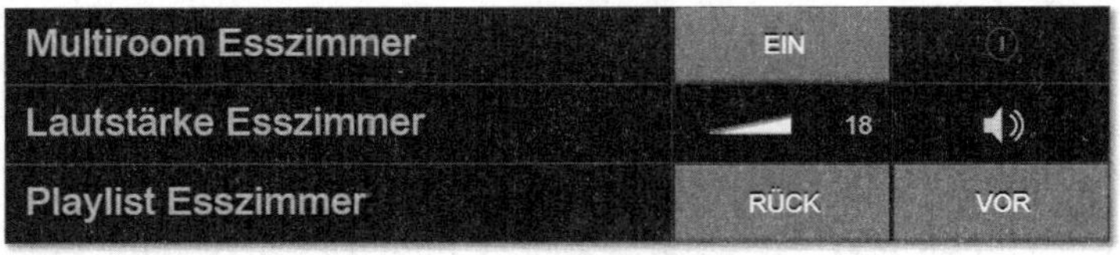

Abbildung 56.11 Kleine MPD-Ansteuerung mit dem QuadClient

Die dazu notwendige Logik reagiert auf eine Laustärkeänderung sowie auf das Mute-Kommando und gibt diese an den MPD per Webseitenabfrage weiter (siehe Abbildung 56.12).

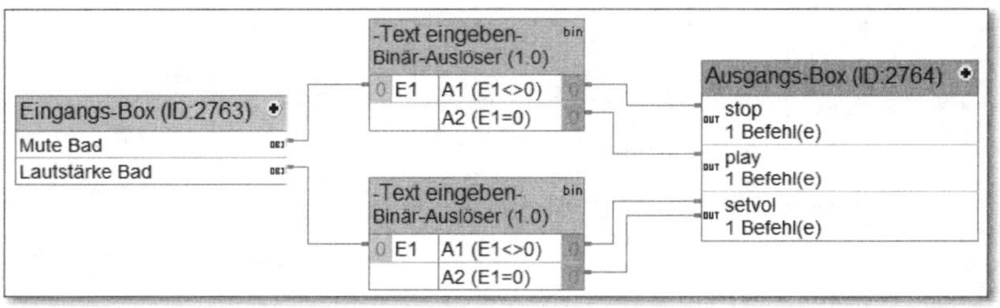

Abbildung 56.12 Logik für MPD-Mute und -Lautstärke

Das Register SENDEN einer Webseitenabfrage, um die MPD-Lautstärke für eine Zone auf den Wert zu setzen, der in dem iKO Lautstärke Esszimmer als Prozentwert gespeichert ist, setzen Sie um, wie in Abbildung 56.13 dargestellt:

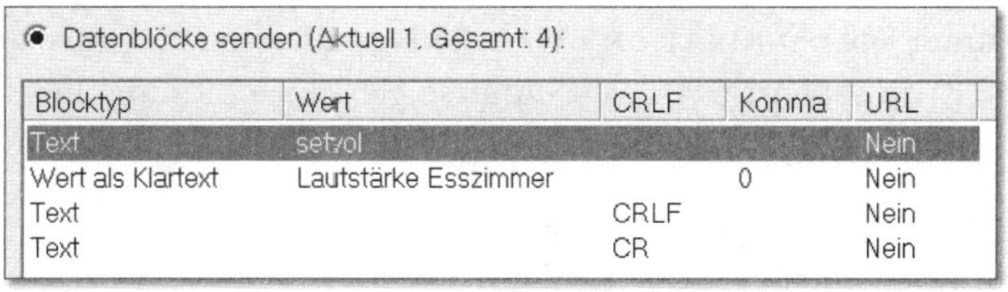

Datenblöcke senden (Aktuell 1, Gesamt: 4):

Blocktyp	Wert	CRLF	Komma	URL
Text	setvol			Nein
Wert als Klartext	Lautstärke Esszimmer		0	Nein
Text		CRLF		Nein
Text		CR		Nein

Abbildung 56.13 Senden der eingestellten Lautstärke an den MPD

Die Playlist-Buttons RÜCK und VOR aus Abbildung 56.11 senden die Kommandos »previous« und »next« an den MPD und dienen dem Anwählen der vorherigen oder der nächsten Playlist.

Als weitere nützliche MPD-Kommandos lassen sich »status« und »currentsong« in eine Webseitenabfrage einbetten:

- **status**: Ermittelt unter anderem die aktuelle Lautstärke, den Playerzustand, die aktuelle Bitrate und vieles mehr.
- **currentsong**: Gibt Ihnen Informationen zum aktuell gespielten Song.

Die Webseitenabfrage, um über »currentsong« z. B. Name und Titel zu ermitteln, hätte folgenden Aufbau (Abbildung 56.14). Dargestellt wird das Register EMPFANG:

Datenblöcke (Aktuell: 1, Gesamt: 9):

Blocktyp	Wert	CRLF	URL
Beliebige Daten			
Text	Title:		
Wert als Klartext	Titel Esszimmer		Nein
Text	Name:		
Wert als Klartext	Name Esszimmer		Nein
Text	Pos:		
Beliebige Daten			
Text	OK		
Beliebige Daten			

Abbildung 56.14 Ermitteln der Songinfo mit currentsong

Sehr vielseitig einsetzbar ist auch das Linux-Shell-Kommando `aplay` (siehe Abschnitt 49.1.7, »Wichtige ALSA-Kommandos«). Mit `aplay` können Sie wunderbar Ansagentexte oder Warntöne (WAV-Dateien) über Ihr Multiroom-System ausgeben.

So archivieren Sie Ihre Musik-CDs digital

Das sogenannte Rippen von Audio-CDs, also das Sichern auf einem Rechner, hat den Vorteil, dass Ihre Musiksammlung zentral verwaltet werden kann und überall im Heimnetzwerk verfügbar ist, ideal also für ein Multiroom-Soundsystem. Da heutzutage Festplattenkapazitäten kein Thema mehr sind, dürfen Sie sich den Luxus erlauben, Ihr Musikarchiv ohne Qualitätsverlust anzulegen. Das geht am besten mit *FLAC* (*Free Lossless Audio Codec*), einem Codec zur verlustfreien Audiodatenkompression. Aus diesem Masterarchiv lassen sich schnell andere (verlustbehaftete) Audioformate wie z. B. MP3 erstellen, oder es kann sogar wieder eine Audio-CD gebrannt werden. Die Tools der Wahl sind:

- für das verlustfreie Anlegen eines Musikarchivs im FLAC-Format: das Windows-Tool EAC (Exact Audio Copy), Link: *http://www.pc-magazin.de/download/exact-audio-copy-eac-554616.html*
- für die Konvertierung in z. B. MP3: LameXP, Link: *http://lamexp.sourceforge.net*
- für das Anzeigen und Editieren der MP3-Tags: Tagscanner, Link: *http://www.xdlab.ru/en/download.htm*

Was die Speicherplatzgrößen betrifft, können Sie für das FLAC-Format mit ca. 24,5 MByte für ein Musikstück von 3:30 Minuten Länge rechnen. MP3-codiert, sind es noch ca. 5,7 MByte bei einer Bitrate von 225 kBit. Auf eine Festplatte mit 1 TByte Kapazität passen trotz verlustfreien FLAC-Formats locker 2.000 Musikalben.

Kapitel 57
So sieht man Fernsehen heute

Drei Fernseher, drei SAT-Receiver, keine gemeinsam genutzten Ressourcen – so macht man das heute nicht mehr. Lernen Sie in diesem Kapitel die Vorteile einer vernetzten Multimedia-Landschaft kennen.

Fernsehen, wie es heute sein soll, zeichnet sich durch mehrere Annehmlichkeiten aus: die zentral verwaltete Speicherung von Videomaterial (und anderen Medien), komfortabel zu bedienende Endgeräte an jedem Fernseher oder Beamer, gemeinsam genutzte Ressourcen wie z. B. SAT-Receiver und selbstverständlich die Möglichkeit, mobil fernzusehen. Eine Medienlandschaft, die Ihnen das und noch einiges mehr bietet, ist preisgünstig umzusetzen, nicht zuletzt dank inzwischen leistungsstarker Hardware in Form von Mini-Rechnern wie dem Raspberry Pi Modell 2. Wie ein vernetztes System aus Endgeräten (Clients) und zentralen Komponenten (NAS, MySQL-Server) aussehen kann, zeigt Abbildung 57.1.

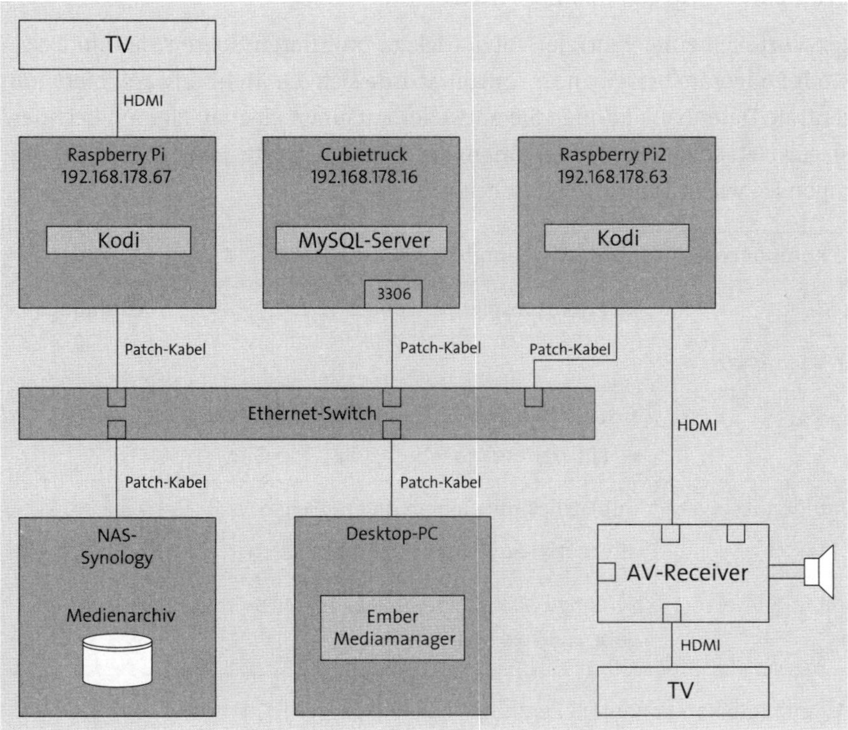

Abbildung 57.1 Zentrale Medienbibliothek mit Kodi und MySQL

Hinzu kommen Geräte, die Ihnen den Empfang von Live-TV ermöglichen, wie z. B. Set-Top-Boxen oder ein zentraler TV-Server. Die Anbindung an die Endgeräte stelle ich Ihnen in Abschnitt 57.3 vor.

Wie immer ist die Verteilung der Funktionen auf die unterschiedlichen Rechner nur eine von mehreren Möglichkeiten. Der Grund dafür, dass der MySQL-Server in diesem Beispiel nicht auch auf dem NAS-Gerät liegt, ist der, dass der stromsparende Cubietruck im Dauerbetrieb arbeitet, während das NAS nur bei Bedarf aktiviert wird.

57.1 Zentrale Medienbibliothek

Wäre es nicht toll, wenn Sie Ihre Film- und Musikdatenbank zentral verwalten und darauf mit jedem Kodi-Gerät in Ihrem Netzwerk zugreifen könnten, ganz so, wie es z. B. mit dem Plex Media Server möglich ist? Hätte es nicht einen gewissen Charme, die Medienbibliothek nur an einer Stelle pflegen zu müssen und die gesamten Metadaten trotzdem über alle Endgerät hinweg synchron zu halten, sodass Sie im Wohnzimmer einen Film an einer Stelle stoppen, um ihn dann anschließend im Schlafzimmer genau ab dieser Stelle weitersehen zu können? Im vernetzten Heim sollte so etwas möglich sein, und in diesem Kapitel lernen Sie, wie Sie diese Komfortfunktion umsetzen.

57.1.1 Zentrale Kodi-Datenbank mit MySQL

Um von den Vorteilen einer zentralen Bibliothek zu profitieren, sollten Sie mind. zwei beliebige Kodi-Endgeräte betreiben, ansonsten würde sich der Mehraufwand nicht lohnen. Die zentrale Datenbank können Sie entweder auf einen eigenen kleinen Rechner/Server auslagern (zu bevorzugen) oder einem der Kodi-Endgeräte anvertrauen. Mindestens benötigen Sie wie in Tabelle 57.1 beschrieben:

Benötigte Komponenten: Zentrale Medienbibliothek		
Bestandteil	**Im Praxisbeispiel verwendet**	**Grundlagen**
Hardware + Software		
Kodi-Endgeräte	▸ ein Raspberry Pi (OpenElec) ▸ ein weiterer Raspberry Pi 2 (OpenElec)	49.3
MySQL-Datenbankserver	Cubietruck mit Debian und MySQL (5.5.41) alternativ: auf Kodi-Endgerät möglich	43.2.3
Medienarchiv: Fileserver oder NAS	Synology Diskstation DS412+ mit NFS-Freigabe für Medienarchiv	44.3 14.4.2

Tabelle 57.1 Benötigte Komponenten: Zentrale Medienbibliothek

Alle Endgeräte müssen mit derselben Kodi-Version ausgerüstet sein. Welche Minor-Versionen untereinander kompatible Datenbankformate besitzen, können Sie unter *http://kodi.wiki/view/XBMC_databases/Version_table* nachschlagen. Zur generellen Administration der MySQL-Datenbank empfiehlt sich entweder Adminer (*http://www.adminer.org*) oder phpMyAdmin (*http://www.phpmyadmin.net/home_page/index.php*). Die im Folgenden beschriebenen Schritte können Sie toolunabhängig über die Kommandozeile ausführen:

Arbeiten auf dem MySQL-Server

Loggen Sie sich (über SSH) auf Ihrem MySQL-Server ein, öffnen Sie mit `sudo nano /etc/mysql/my.cnf` das *my.cnf*-File, finden Sie die Zeile `bind-address = 127.0.0.1`, kommentieren Sie sie aus und fügen Sie stattdessen `bind-address = 0.0.0.0` direkt darunter ein. Falls Sie vorher noch den MySQL-Server installieren müssen, geht das bequem mit `sudo apt-get install mysql-server`.

Starten Sie nach der Änderung den Datenbankservice mit `sudo service mysql restart` neu, worauf der Server nun Verbindungen von Remote-Clients annimmt. Öffnen Sie mit `mysql -u root -p` den Konsolenzugang zum MySQL-Server und legen Sie einen Kodi-Benutzer mit Zugriffsbegrenzung an, wobei Sie `KodiUser` und `KodiPasswort` bitte durch Ihren eigenen Account ersetzen:

```
CREATE USER 'KodiUser' IDENTIFIED BY 'KodiPasswort';
GRANT ALL ON `MyVideos%`.* TO 'KodiUser';
GRANT ALL ON `MyMusic%`.* TO 'KodiUser';
FLUSH PRIVILEGES;
exit
```

Konfiguration der Endgeräte

Im nächsten Schritt konfigurieren Sie das erste Kodi-Endgerät so, dass es in Zukunft Ihren MySQL-Server als zentrale Mediendatenbank verwendet. Der Weg dazu führt über das Settings-File *advancedsettings.xml*, das immer dann herangezogen wird, wenn eine Einstellung nicht über die Kodi-GUI selbst möglich ist. Das *advancedsettings.xml*-File liegt im Verzeichnis *userdata*, das Sie je nach Betriebssystem in unterschiedlichen Verzeichnissen finden. Eine Tabelle mit Pfaden finden Sie unter *http://kodi.wiki/view/Userdata*. Für OpenELEC ergibt sich demnach folgender Pfad: */storage/.kodi/userdata/advancedsettings.xml*. Das Settings-File existiert nach einer frischen Kodi-Installation noch nicht, Sie können den folgenden XML-Block daher in ein neues File einfügen:

```
<advancedsettings>

  <videodatabase>
    <type>mysql</type>
```

```
    <host>192.168.178.16</host>
    <port>3306</port>
    <user>KodiUser</user>
    <pass>KodiPasswort</pass>
  </videodatabase>

  <musicdatabase>
    <type>mysql</type>
    <host>192.168.178.16</host>
    <port>3306</port>
    <user>KodiUser</user>
    <pass>KodiPasswort</pass>
  </musicdatabase>

  <videolibrary>
    <importwatchedstate>true</importwatchedstate>
    <importresumepoint>true</importresumepoint>
  </videolibrary>

</advancedsettings>
```

Setzen Sie statt `192.168.178.16` die IP-Adresse Ihres MySQL-Servers ein und für `KodiUser` und `KodiPasswort` Ihre eigenen Benutzerdaten. Speichern Sie das Settings-File und starten Sie das Kodi-Gerät neu. Sie sind jetzt bereit, Kodi mit einer zentralen MySQL-Datenbank zu versorgen. Sollten sich während des Neustarts Probleme zeigen (Initialization failed error), liegt das vermutlich daran, dass Kodi seine Datenbank nicht anlegen konnte. Prüfen Sie in diesem Fall nochmals Ihre Zugangsdaten auf Korrektheit.

War der Start hingegen erfolgreich, ist es ein Leichtes, weitere Kodi-Endgeräte zu konfigurieren. Nehmen Sie dazu einfach die Dateien *advancedsettings.xml* und *sources.xml* und kopieren Sie sie auf die anderen Geräte an eine je nach Betriebssystem andere Position.

Die Arbeit mit Ihrem getunten Kodi gestaltet sich genau wie zuvor auch. Ihre Bibliothek wird nach dem Neustart leer sein, aber natürlich sind alle Ihre Mediendateien noch vorhanden. Nach der Einrichtung sind Sie in der Lage, Ihre gesetzten Bookmarks überall im Haus zu sehen, ebenso wie die Information, welche Filme Sie bereits gesehen und an welcher Stelle Sie unterbrochen haben (siehe Abbildung 57.2). Ihre Medienbibliothek wird immer aktuell, synchronisiert und auf jedem Kodi-Endgerät gleichermaßen verfügbar sein. Ein tolles Feature, das Sie mit relativ geringem Aufwand realisieren.

Abbildung 57.2 Ein Film wurde auf einem anderen Kodi-Endgerät bereits begonnen.

57.1.2 Tunen, Taggen, Scrapen

Wenn Sie sich näher mit dem Thema Video- und Audiomedienarchiv beschäftigen möchten, werden Sie sich über tatkräftige Hilfe freuen. Insbesondere das *Taggen* einer Musiksammlung oder das *Scrapen* des Videoarchivs ist eine zeitaufwendige und wenig spannende Arbeit, für die Sie unbedingt Toolunterstützung benötigen.

Unter Taggen im Zusammenhang mit MP3-Dateien bezeichnet man das Vervollständigen von Zusatzinformationen zu einer Musikdatei (z. B. Interpret, Genre, Coverfotos usw.) und die Ablage dieser Informationen in den sogenannten ID3-Tags. ID3-Tags sind Metadaten, die in einem reservierten Teil der Audiodateien untergebracht werden und somit nicht im Filesystem als separate Datei existieren. Für Filmdateien existiert ein ähnlicher Mechanismus, nur nennt man dies dann Scrapen, und statt ID3-Tags werden separate NFO-Files erzeugt. NFO-Files liegen im selben Verzeichnis wie das Video selbst, sind in XML-codiert und werden von Kodi eingelesen. Sie enthalten zahlreiche Zusatzinformationen, wie z. B. Titel, Schauspieler, Jahr, Bewertungen, Altersfreigabe, Links zu Trailern, Filmbeschreibung, Fanart usw. Zwar kann Kodi auch über eingebaute Scraper an diese Informationen gelangen, aber wesentlich flexibler funktioniert das mit spezialisierten Tools. Die wichtigsten sind in Tabelle 57.2 zusammengefasst:

Tool und Link	Beschreibung
MP3Tag *http://www.mp3tag.de*	Schnelle und flexible Software zum komfortablen Bearbeiten von Tags (MP3 und andere) und zum Download von Albuminformationen von diversen Onlinediensten.

Tabelle 57.2 Ausgewählte Tools für das eigene Medienarchiv

Tool und Link	Beschreibung
Picard *https://picard.musicbrainz.org*	Alternative zu MP3Tag.
Ember Media Manager *http://wiki.embermediamanager.org/index.php?title=Main_Page*	Mächtiger Medienmanager mit Unterstützung für TV-Serien, ideal geeignet, um das Videoarchiv um deutsche Beschreibungen (über OFDB), Kategorien, Altersfreigaben, Cover und Hintergrundbilder zu ergänzen.
Streamwriter *https://streamwriter.org/de*	Gezielte Aufnahme von Musik aus Internetradiostationen.
XBNE *http://www.kodinerds.net/index.php/Thread/2425-XBNE-Filmdatenbankverwaltung*	Sehr hilfreiches Tool, um NFO-Dateien und Mediendatenbanken (SQLite und MySQL) zu bearbeiten, unterstützt Remote-Verzeichnisse (z. B. auf NAS).

Tabelle 57.2 Ausgewählte Tools für das eigene Medienarchiv (Forts.)

Wie Sie sich die Arbeit mit dem Ember Media Manager vorstellen können, zeigt Abbildung 57.3.

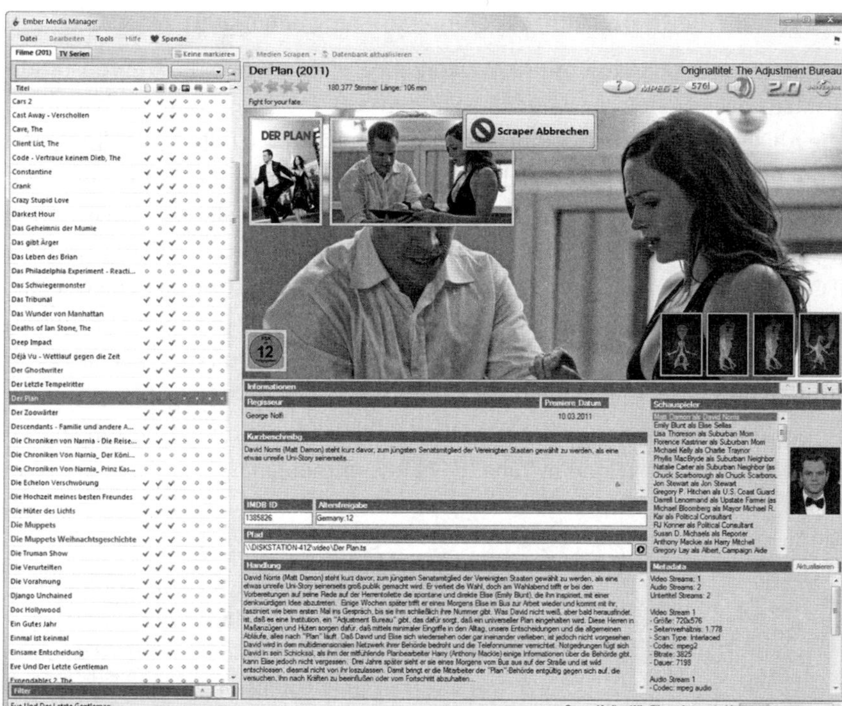

Abbildung 57.3 Der Ember Media Manager beim Scrapen

57.2 Fernbedienung: CEC oder IR-Empfänger

Wenn es Ihr Fernsehgerät erlaubt, dürfen Sie das Kodi-Endgerät direkt über die Fernbedienung des TVs mitsteuern. Die dazu benötigte *CEC*-Ansteuerfunktion (*Consumer Electronics Control*) wird von den meisten neuen Fernsehgeräten über den HDMI-Anschluss unterstützt.

Alternativ können Sie Ihren RasPi mit OpenELEC auch schnell und kostengünstig um einen IR-Empfänger erweitern. Dazu benötigen Sie lediglich eine IR-Empfängerdiode (z. B. Typ TSOP38236 oder TSOP4838, *www.vishay.com/docs/82491/tsop382.pdf*) sowie drei Leitungsstückchen mit weiblichen Steckbrücken und etwas Schrumpfschlauch. Liegt der IR-Empfänger mit der Rundung nach oben vor Ihnen, sind seine drei Pins von links nach rechts mit 1, 2 und 3 nummeriert. Verbinden Sie diese mit der IO-Steckerleiste des Raspberry Pi (hier ein Modell 2) wie folgt (siehe Abbildung 57.4):

- Pin 1 (OUT) an Pin 12 (GPIO18)
- Pin 2 (GND) an Pin 6 (GND)
- Pin 3 (VC_S) an Pin 1 (3,3 Volt)

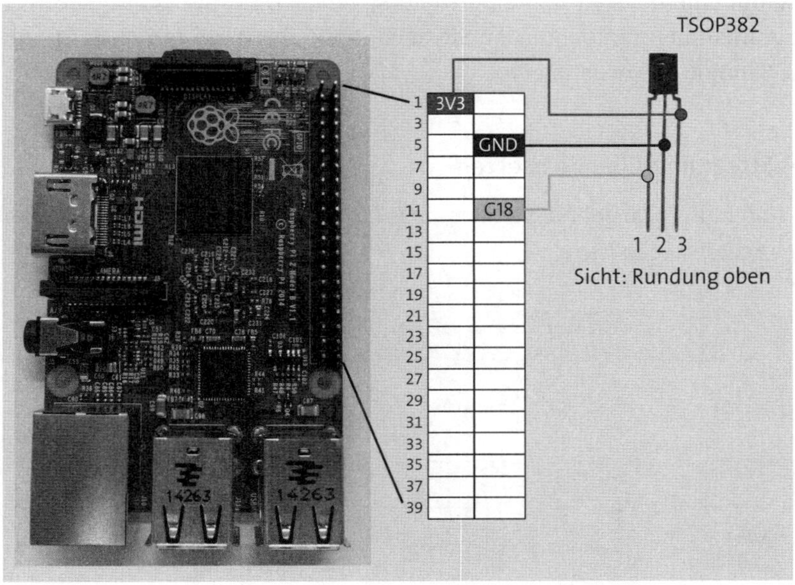

Abbildung 57.4 Anschluss eines IR-Empfängers an den RasPi (Modell 2)

Fernbedienungen, die mit OpenELEC out-of-the-box funktionieren, sind z. B. die diversen MCE-Fernbedienungen (Microsoft Media Center Remote), mehr dazu finden Sie unter *http://kodi.wiki/view/Remote_Control_Reviews*. Im wohnzimmertauglichen Alugehäuse (Abbildung 57.5) mit herausgeführtem IR-Empfänger macht der RasPi auch optisch einiges her.

Abbildung 57.5 Der RasPi in schick mit Alugehäuse und IR-Empfänger

57.3 Luxuriös fernsehen mit Videoclients

Kodi funktioniert wunderbar als *PVR*-Client (*Personal Video Recorder*) und erlaubt, im Zusammenhang mit einem Receiver, die Darstellung von Live-TV. Besitzt der Receiver zusätzlich eine Aufnahmefunktion, dürfen Sie auch diese über Kodi fernsteuern und aufgenommene Sendungen wiedergeben.

57.3.1 Kodi als Streaming-Client einsetzen

Das Schema in Abbildung 57.6 geht davon aus, dass Ihr RasPi-HTPC mit Kodi an einem Zweitfernseher angeschlossen ist.

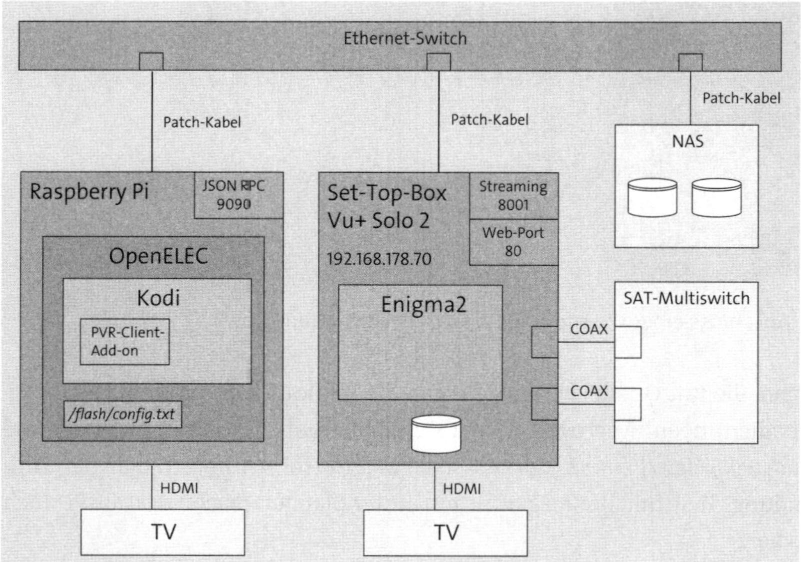

Abbildung 57.6 Kodi als PVR-Client

Um das Live-TV, das der Receiver bzw. die Set-Top-Box empfängt, anzuzapfen, reicht es, wenn RasPi und Receiver über ein Netzwerk verbunden sind.

In diesem Beispiel ist die Set-Top-Box vom Typ Vu+ Solo2, ein Enigma2-basiertes Linux-System, das Ihnen in Abschnitt 41.4, »Set-Top-Boxen und SAT-Receiver«, gezeigt wird. Die dargestellte Vorgehensweise ist jedoch auf andere Set-Top-Box-Modelle übertragbar.

57.3.2 Aktivieren Sie Live-TV

Die softwareseitige Einrichtung des RasPi unter Kodi beginnt, wie in Abbildung 57.7 gezeigt, mit dem Aufruf des Menüs OPTIONEN • EINSTELLUNGEN • LIVE TV. Im Register ALLGEMEIN finden Sie den Menüpunkt AKTIVIEREN ganz oben.

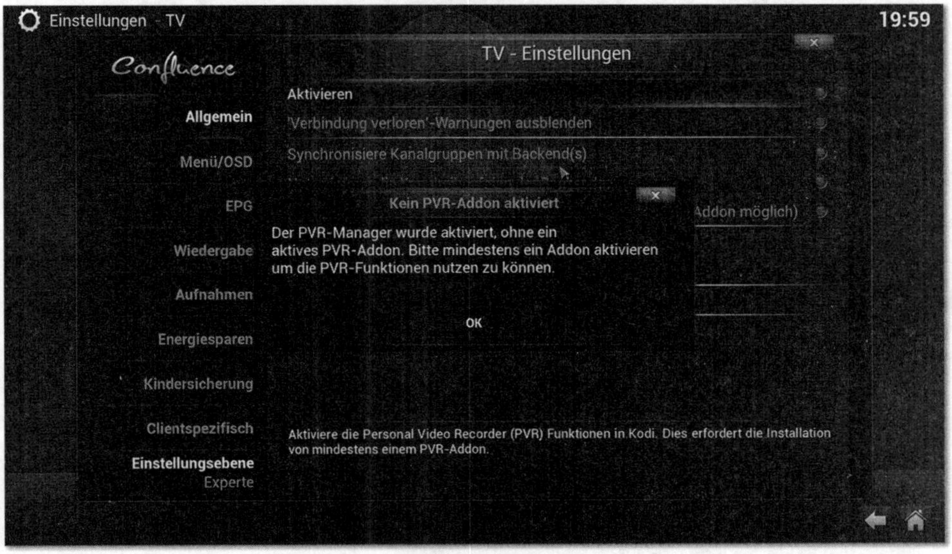

Abbildung 57.7 Aktivierung der Live-TV-Funktion unter Kodi

Aktivieren Sie bitte die Funktion (Checkbox-Punkt blau statt grau), woraufhin berechtigterweise eine Fehlermeldung erscheint, die besagt, dass Sie noch kein PVR-Add-on eingerichtet haben. Quittieren Sie diese Meldung, bringt Sie Kodi direkt in das ADDONS-Menü zum Unterpunkt PVR-CLIENTS.

57.3.3 Konfigurieren Sie das PVR-Add-on

Dort haben Sie die Auswahl aus gut einem Dutzend verschiedener PVR-Clients. Unter anderem finden Sie in der Liste den passenden Client VU+ /ENIGMA2 CLIENT, den Sie bitte einmal links klicken (siehe Abbildung 57.8).

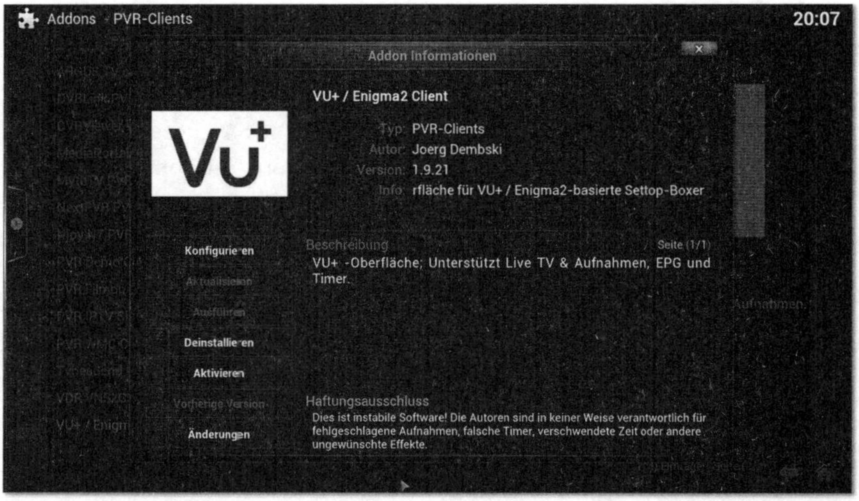

Abbildung 57.8 Konfiguration und Aktivierung des PVR-Client-Add-ons

In der Dialogbox wählen Sie KONFIGURIEREN, worauf Sie in insgesamt drei Registern das Add-on auf Ihren Bedarf einstellen:

- Im Register ALLGEMEIN geben Sie im Feld VU+ HOSTNAME ODER IP-ADRESSE die IP-Adresse Ihrer Set-Top-Box ein (hier: 192.168.178.70).
- Im Register SENDER (siehe Abbildung 57.9) ist es ratsam, die Checkbox LADE NUR EIN TV-BOUQUET zu aktivieren und dieses im Feld TV-BOUQUET zu benennen (hier: WOHNZIMMER (TV)). Je schlanker das Bouquet ist, sprich, je weniger Sender darin enthalten sind, desto schneller arbeitet Kodi auf dem RasPi.

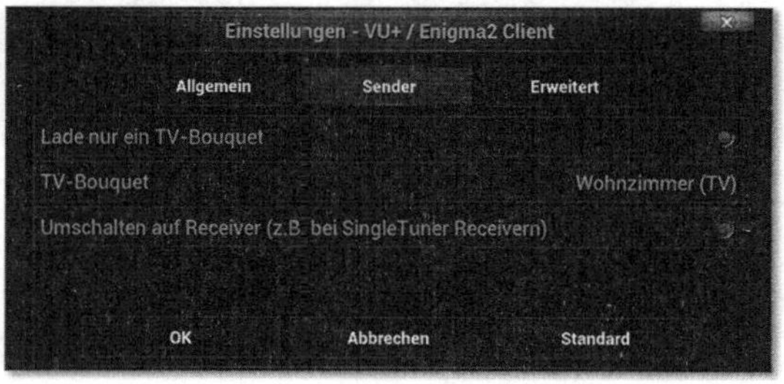

Abbildung 57.9 Die Auswahl der gewünschten Senderbouquets

- Im dritten und letzten Register (ERWEITERT) müssen Sie in der Regel keine Änderung vornehmen, es sei denn, Sie verwenden auf Ihrer Set-Top-Box vom Standard abweichende Einstellungen. Der STREAMING PORT ist mit 8001 vordefiniert, der WEBOBERFLÄCHEN PORT mit 80.

Beenden Sie jetzt den Konfigurationsdialog mit OK und aktivieren Sie das Add-on in der Dialogbox ADDON INFORMATION, die Sie anschließend ebenfalls schließen können. Arbeiten Sie sich nun bis zum Hauptmenü hoch, Sie sollten darin ab jetzt den neuen Menüpunkt TV vorfinden. Probieren Sie Ihr Live-TV am besten gleich aus und wählen Sie das Untermenü KANÄLE. Sie sollten alle von der Set-Top-Box importierten Kanäle des eingestellten Bouquets vorfinden, wie das Beispiel in Abbildung 57.10 zeigt.

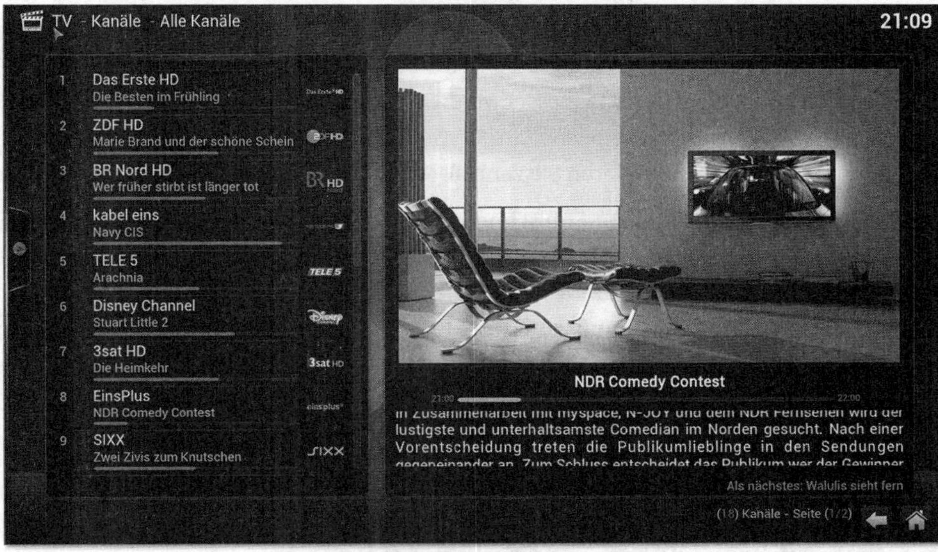

Abbildung 57.10 Kodi-Live-TV mit den importierten Kanälen

57.3.4 Genießen Sie Ihr neues Fernsehgefühl

Dem Fernsehgenuss steht jetzt nicht mehr im Weg. Noch komfortabler wird er durch einen leistungsfähigen *EPG* (*Electronic Program Guide*). Die elektronische Programmzeitschrift (Abbildung 57.11) rufen Sie ebenfalls aus dem TV-Menü heraus auf, sie nennt sich EPG.

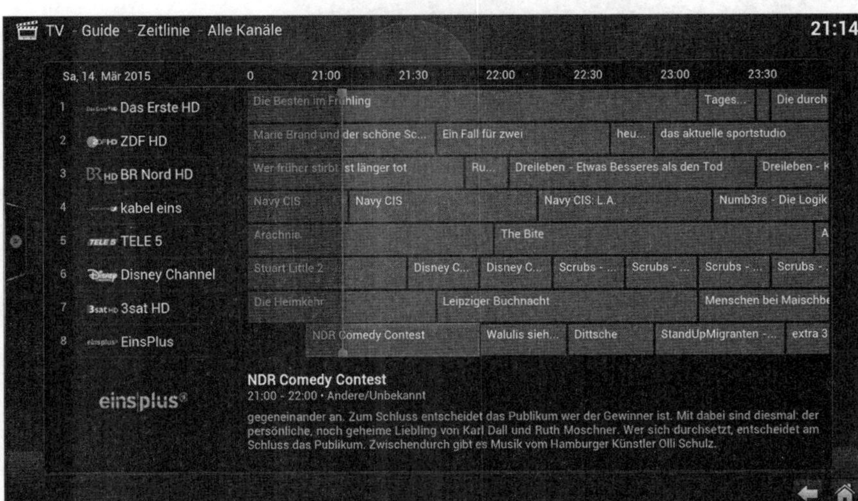

Abbildung 57.11 Eine elektronische Programmzeitschrift für Kodi

57.4 Videoserver und Streaming einsetzen

Wenn Sie, wie in Abschnitt 49.2 beschrieben, einen eigenen TV-Server mit Tvheadend aufgesetzt haben, ist es ein Leichtes, die mächtige HTPC-Software Kodi als komfortablen Client einzusetzen, um Live-TV zu genießen, Aufnahmen zu starten und wiederzugeben sowie eine Timeshift-Funktion umzusetzen. Am TV-Gerät selbst benötigen Sie dafür lediglich einen kleinen Raspberry Pi (besser Modell 2) oder einen ähnlichen Mini-Rechner. Satellitenreceiver oder Massenspeicher am TV-Gerät gehören der Vergangenheit an, von nun an empfangen und archivieren Sie zentral.

Unter Kodi ist das dazu nötige Add-on schnell eingerichtet, Sie gehen dabei genauso vor, wie im vorherigen Abschnitt beschrieben. Als Live-TV-Add-on aktivieren Sie diesmal jedoch OPTIONEN • EINSTELLUNGEN • ADDONS • DEAKTIVIERTE ADDONS • TVHEADEND HTSP CLIENT. Die Konfiguration (siehe Abbildung 57.12) besteht darin, die IP-ADRESSE des Tvheadend-Servers einzutragen sowie BENUTZERNAME und PASSWORT.

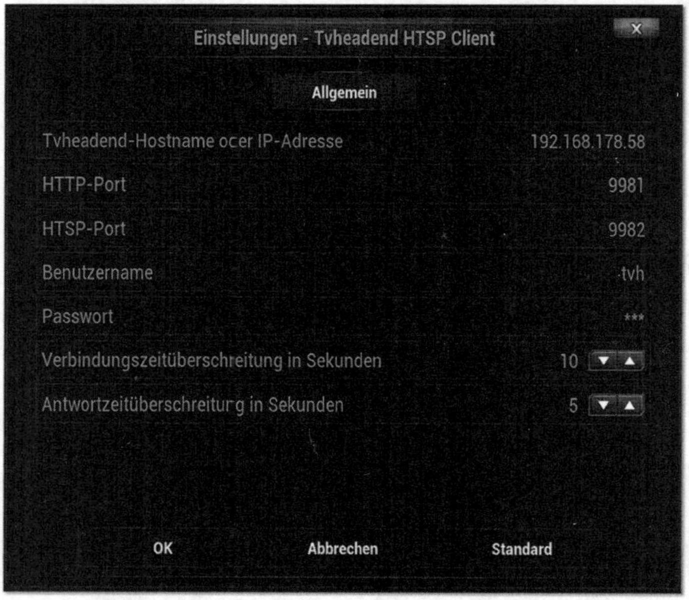

Abbildung 57.12 Konfiguration des Tvheadend-Live-TV-Add-ons in Kodi

Wenn Sie jetzt ins Kodi-Hauptmenü wechseln und den Menüpunkt TV suchen (siehe Abbildung 57.13), finden Sie die neu hinzugekommenen Fähigkeiten: KANÄLE (Live-TV), EPG (elektronische Programmzeitschrift), AUFNAHMEN und TIMER. Sämtliche Inhalte werden von dem Tvheadend-Server bereitgestellt.

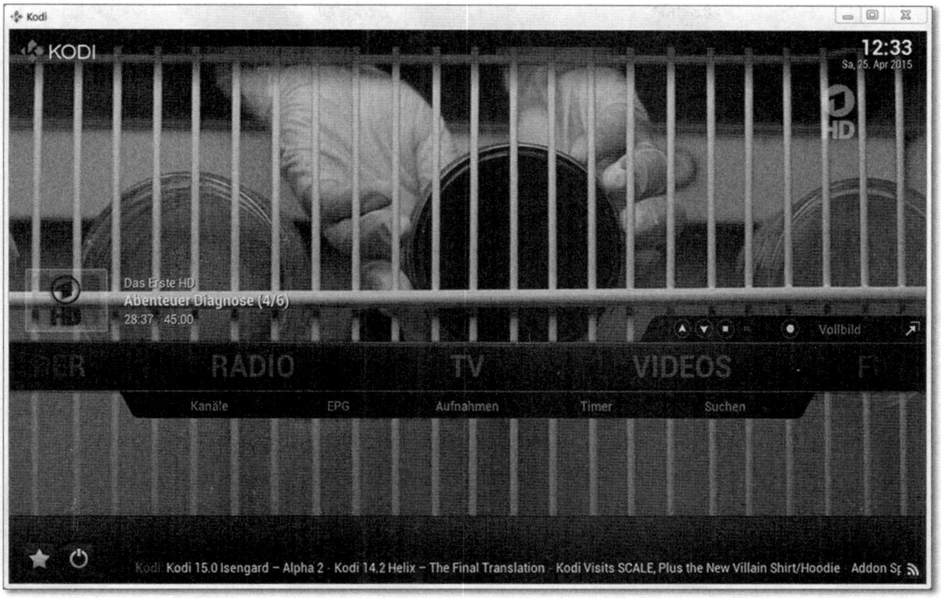

Abbildung 57.13 HD-Stream inklusive Senderlogo, bereitgestellt von Tvheadend

57.5 Mobil fernsehen

Natürlich lässt sich Kodi auch komfortabel mittels Smartphone oder Tablet bedienen, was den Vorteil hat, dass der Fernsehbildschirm ausgeschaltet sein darf. Sehr gut eignen sich beispielsweise folgende Apps:

- Official Kodi Remote (bzw. Official XBMC Remote): iOS und Android
- XBMC Constellation: iOS
- Kodi Assist: Windows Phone
- Yatse: Android

Jede Menge weitere finden Sie in einer Zusammenstellung auf *http://kodi.wiki/view/Smart_phone/tablet*. Abbildung 57.14 zeigt Ihnen die iPad App Constellation mit Zugriff auf das Kodi-Videoarchiv:

Wenn Sie einen zentralen TV-Server (wie Tvheadend, siehe Abschnitt 49.2) einsetzen, können Sie auch direkt auf seine Streams zugreifen, also ohne Umweg über Clientanwendungen wie z. B. Kodi. Eine mobile Lösung (iPad) stellt beispielsweise die App *Tvh-Client* dar.

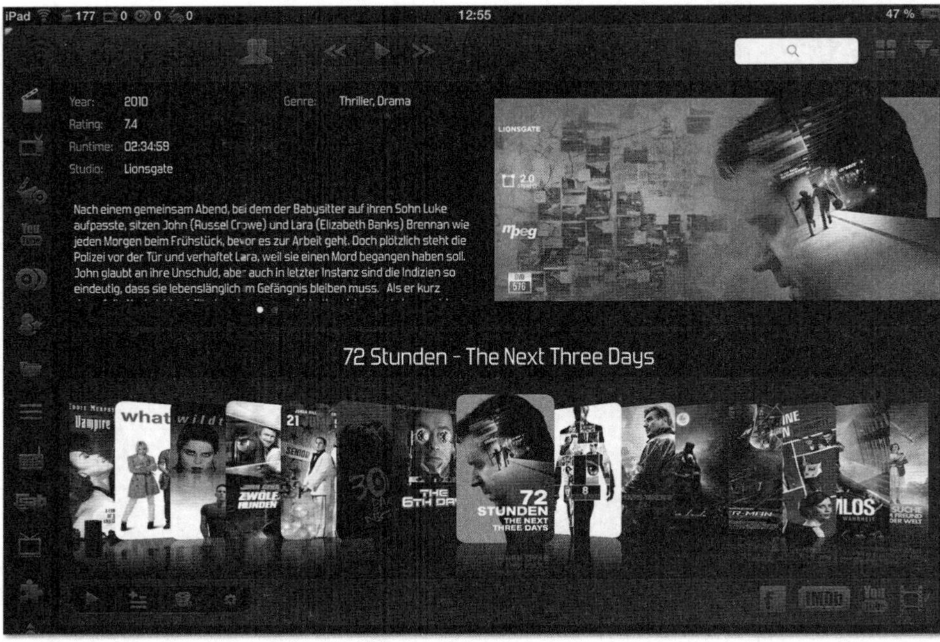

Abbildung 57.14 Tablet-Zugriff auf die Videobibliothek (Constellation)

57.6 Integration ins Smart Home

Kodi wird sehr gut von den wichtigsten Automatisierungsprojekten unterstützt. OpenHAB, SmartHome.py und FHEM erlauben die Kommunikation mit Kodi mittels eingebauter oder optionaler Add-ons. Aber auch Kodi selbst ist in der Lage, auf einen FHEM-Server zuzugreifen. Unter den Kodi-Add-ons finden Sie in der Rubrik DIENSTE das passende FHEM-Plug-in.

Nicht nur Kodi-Clients lassen sich in eine Automation integrieren. Eine Set-Top-Box mit Enigma2 erlaubt eine ähnlich leistungsstarke Fernsteuerung. Sehen Sie sich dazu nochmals Abschnitt 41.4, »Set-Top-Boxen und SAT-Receiver«, an. Eine exemplarische Anwendung wäre die Abfrage der aktuellen Timerliste und ein davon abhängiges Abschalten des SAT-Multiswitchs während Ihrer Abwesenheit.

Ein paar weitere Anwendungsbeispiele finden Sie in den nächsten vier Abschnitten.

57.6.1 Kommunikation mit der MySQL-Datenbank

Ein weiterer Vorteil der zentralen Mediendatenbank (siehe Abschnitt 57.1) ist die Möglichkeit, ferngesteuerte Abfragen zu generieren. Eine SQL-Abfrage führen Sie z. B. über das Shell-Kommando `mysql` aus. Die folgende Anweisung würde die Anzahl der Videos ausgeben, die in der Datenbank bekannt sind:

```
mysql -u KodiUser -p MyVideos90 -h localhost -e 'SELECT COUNT(*) FROM movie;'
```

Binden Sie ein so konstruiertes Shell-Kommando in ein Exec-Skript ein, wie Sie es später noch im Kapitel 61, »Die Möglichkeiten von Smart Metering«, kennenlernen werden, können Sie Ihre Visualisierung beispielsweise permanent anzeigen lassen, wie viele Filme aktuell gespeichert sind.

57.6.2 Ferngesteuertes An- und Ausschalten

Über Wake-On-LAN-Telegramme lassen sich Kodi-Endgeräte in der Regel sehr gut aus dem Stand-by-Zustand aufwecken (siehe dazu Abschnitt 24.8.2, »Strategien zur Energieeinsparung«). Aber auch Kodi selbst kann weitere Geräte, z. B. ein zentrales NAS, auf dem Sie Ihre Videos ausgelagert haben, bei Bedarf aufwecken. Aktivieren Sie dazu im Menü OPTIONEN • EINSTELLUNGEN • SYSTEM • ENERGIESPAREN den Parameter VERSUCHE ENTFERNTE SERVER BEIM ZUGRIFF ZU WECKEN. Falls Sie detaillierte Wake-On-LAN-Einstellungen für das zu weckende Gerät benötigen, lesen Sie bei *http://kodi.wiki/view/Wake_on_lan*, wie Sie über die Datei *wakeonlan.xml* die notwendigen Feineinstellungen vornehmen können.

Das Herunterfahren von Kodi-Geräten gelingt über die eingebaute JSON-Schnittstelle. Wie Sie ein ferngesteuertes Abschalten (z. B. über einen HomeServer) umsetzen, finden Sie in Abschnitt 49.3.7.

57.6.3 Beliebige Meldungen einblenden

Über selbige JSON-Schnittstelle können Sie auch recht einfach kleine Textmeldungen in die laufende Bildschirmdarstellung von Kodi einblenden. Das folgende Beispiel zeigt, wie so ein Request aussieht:

```
{"jsonrpc": "2.0", "method": "GUI.ShowNotification", "params": {"title": "Car Port",
"message": "Auto ist eingefahren.", "displaytime": 20000}, "id": 1}
```

57.6.4 Lassen Sie Ihren Fernseher Telefonanrufe anzeigen

Eine Enigma2-basierte Set-Top-Box in Verbindung mit einer FRITZ!Box ermöglicht auf sehr einfache Weise nützliche Smart-Home-Anwendungen. Besonders mächtig werden diese Set-Top-Boxen bzw. Receiver in Verbindung mit einem freien Alternativ-Image (siehe dazu Abschnitt 41.4, »Set-Top-Boxen und SAT-Receiver«), denn dann erlauben sie die nahezu unbegrenzte Erweiterbarkeit mit kostenlosen Plug-ins. Eines davon, das FRITZ!Box-Plug-in *FritzCall*, bindet, wie der Name schon vermuten lässt, eine FRITZ!Box ein. Abbildung 57.15 zeigt einen prinzipiellen Aufbau:

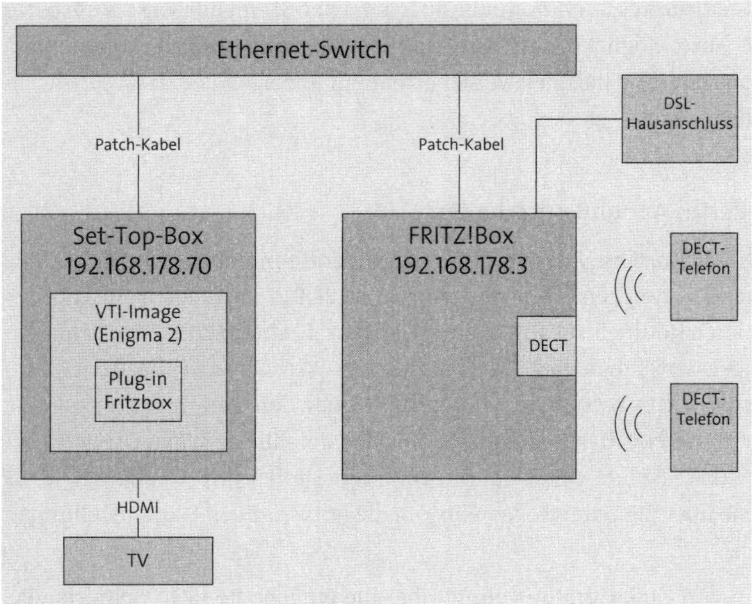

Abbildung 57.15 Zusammenarbeit: Set-Top-Box und FRITZ!Box

Welche Vorteile haben Sie aus dieser Verbindung? Immer dann, wenn Sie einen Anruf bekommen, blendet die Set-Top-Box eine Meldung in das Fernsehbild ein, sogar noch bevor das Telefon überhaupt klingelt. Die Meldung enthält die Telefonnummer des Anrufers und sogar seinen Namen, falls dieser im FRITZ!Box-Telefonbuch hinterlegt ist. Auf Wunsch ist sogar eine internetbasierte Rückwärtssuche nach dem Anrufernamen möglich. Praktisch ist auch, dass die Tonausgabe auf dem Fernseher während der Dauer des Telefonats automatisch auf stumm geschaltet wird (falls gewünscht).

Die technische Umsetzung ist schnell erledigt. An der FRITZ!Box selbst sind keine Änderungen erforderlich, das Plug-in für die Set-Top-Box (im Beispiel: Vu+ Solo² mit VTI-Image 8.x) nehmen Sie folgendermaßen in Betrieb, nachdem Sie es über die VTI-Oberfläche installiert haben:

- Öffnen Sie die Optionen des Plug-ins über Menü • Erweiterungen • FritzCall.
- Konfigurieren Sie die IP-Adresse Ihrer FRITZ!Box.
- Geben Sie den Benutzernamen und das Passwort zur Anmeldung an Ihre FRITZ!Box an, falls verwendet.

Kapitel 58
Machen Sie Ihr Heim sicher

Ihr Smart Home soll Ihnen nicht nur Komfort bieten, sondern auch unsichtbar im Hintergrund für Ihre eigene Sicherheit und die des Gebäudes sorgen, egal ob Sie an- oder abwesend sind, wach sind oder schlafen.

Präsenzmelder und Bewegungsmelder erkennen unerwünschte Bewegungen innerhalb Ihres Hauses oder im Außenbereich. Türen und Fenster lassen sich einfach mit Fensterkontakten (Reed-Schaltern) überwachen. Ihre eigenes Leben und das Ihrer Familie schützen Sie, wie in Abschnitt 58.2 aufgezeigt wird, durch den obligatorischen Einsatz von Rauchwarnmeldern.

An diesem Punkt ist natürlich das Machbare längst nicht ausgereizt. Im vernetzten Zuhause gelingt es Ihnen auf die gleiche Art und Weise, weitere Sensorik zu installieren und abzufragen. In Abschnitt 29.6, »Wassermelder«, haben Sie bereits genau diese kennengelernt, in Abschnitt 29.7, »Alarmmelder«, finden Sie zusätzliche Informationen zu weiteren Alarmsensoren, wie z. B. Glasbruchdetektoren und Lichtschranken. Ebenfalls zur Sicherheit in Ihren eigenen vier Wänden tragen Wetterstationen bei. Ihre umfangreiche Applikationssoftware bietet durchdachte Logikfunktionen, um Windalarm, Temperaturalarm oder Regenalarm zu erzeugen.

Das folgende Kapitel macht Sie mit einigen typischen Anwendungsfällen für Sicherheitsfunktionen im Eigenheim vertraut, einschließlich Alarmierungsmethoden/-aktionen und die geeignete Darstellung von Hinweisen und Warnungen.

58.1 Realisieren Sie eine kleine Alarmanlage

Wie könnte ein Alarmsystem, das für einen Privathaushalt geeignet ist, in der Praxis aussehen? Sehen wir uns eine exemplarische Umsetzung an.

58.1.1 Vorüberlegungen

Die Alarmanlage soll mindestens fünf Zustände haben: unscharf (also deaktiviert), intern scharf, extern scharf, interner Alarm und externer Alarm. Bei der *internen Scharfschaltung* wird nur die Außenhautüberwachung des Gebäudes aktiviert (Fensterkontakte, Türkontakte), sie kommt zum Einsatz, wenn Personen im Gebäude anwesend sind (z. B. während der Schlafenszeit). Die *externe Scharfschaltung* aktiviert zusätzlich die Innenraumüberwachung (Präsenzmelder, Bewegungsmelder) und wird daher gewählt, wenn alle Personen das Gebäude verlassen haben.

Die Scharfschaltung ist je nach Ihrer persönlichen Ausstattung über unterschiedliche Arten möglich. Beispiele wären: ein Taster am Bett, ein Codeschloss oder die automatische Scharfschaltung, wenn alle Personen im Bett sind. Eine Kombination aus mehreren Bedingungen ist ebenfalls einfach umsetzbar. Die Unscharfschaltung könnte z. B. an einen Transponder an der Haustür gekoppelt sein, ebenso an ein Codeschloss, an einen iButton oder an eine Zahleneingabe über die Visualisierung. Für diese Beispielrealisierung gilt:

- **intern**: Scharfschaltung und Unscharfschaltung mit Taster am Bett
- **extern**: Scharfschaltung mit Taster an der Haustür plus Einschaltverzögerung von zwei Minuten, Unscharfschaltung: Haustür über Transponder geöffnet plus Drücken der Unscharftaste

Für die Scharfschaltung gilt: Sie ist erst dann möglich, wenn keine aktiven Alarme anliegen. Anliegende Alarme müssen über eine Quittierung (im Beispiel ebenfalls ein Schalter) zurückgesetzt werden.

Ausgangsseitig soll die Alarmanlage Folgendes ermöglichen:

- Über je einen Schaltausgang für externen Alarm und internen Alarm sollen beliebige Alarmmelder ausgelöst werden können (welche das sein könnten, lesen Sie in Abschnitt 58.3, »Möglichkeiten zur Alarmierung«).
- Die Alarmanlage soll über einen Ausgang verfügen, der den aktuellen Zustand des Systems textuell (und damit für eine Visualisierung geeignet) ausgibt.

58.1.2 Komplette Gebäudeüberwachung im Logikbaustein

Der Entwurf einer eigenen Logikfunktion für ein KNX-basiertes Alarmsystem ist eine schöne Möglichkeit, um mittels vorhandener Sensorik – zusätzlich zu deren eigentlicher Aufgabe (z. B. Beleuchtungssteuerung) – eine weitere Funktionalität (das Alarmsystem) zu realisieren. Mit einer Logik-Engine (wie z. B. dem HomeServer) können Sie die im vorherigen Abschnitt aufgestellte Anforderung lückenlos umsetzen. Es bietet sich an, eine Zustandsmaschine (siehe Kapitel 16, »Methodisch vorgehen: die UML«) für die verschiedenen Scharfschaltungsstufen zu entwerfen und je nach Zustand unterschiedlich auf die Alarmeingänge zu reagieren.

Falls Ihnen die dazu notwendige Zeit fehlt oder Sie keine nächtlichen Fehlalarme während der Entwicklung dieser Logik riskieren möchten, können Sie Ihren HomeServer stattdessen auch mit einem vielfach bewährten Logikbaustein der Firma KNET SystemIntegration ausstatten. Der große Vorteil der KNET Alarm Zentrale (*http://www.kirpal.net/produkte-1/logikmodule/lm-alarmzentrale*) besteht darin, dass sie aus einem intensiv getesteten Logikbaustein besteht, der sich schnell in eigene Projekte integrieren lässt. In nur einem Nachmittag realisieren Sie damit eine komplette Gebäudeüberwachung, vergleichbar mit der Funktionalität einer konventionellen Alarmanlage, aber ohne die Notwendigkeit, zusätzliche Geräte anschaffen zu müssen.

Der Baustein *Alarm Zentrale* mit seinen 18 Eingängen und 30 Ausgängen ist so aufgebaut, dass er sich komplett an Ihre eigene Sensorik, Signalgeber, Scharfschaltvorrichtungen und Zeitverhalten bzw. Verzögerungen anpassen lässt. Er unterstützt getrennte Meldelinien für den externen und internen Bereich, kann Störungen und Sabotageeingänge behandeln, reagiert auf Überfall, Panik und Einbruch und ist vorbereitet für die Klartextausgabe des aktuellen Zustands und der aktiven Melder. Zum Preis von 165 € (zzgl. MwSt.) beinhaltet die Alarm Zentrale zusätzlich den unterstützenden Baustein *Meldelinie*. Die Meldelinie erlaubt das einfache Zusammenschalten mehrerer Melder und Sabotagekontakte zu einem gemeinsamen Meldebereich. Eine so kaskadierte Meldelinie leitet ihre Zustände und Ereignisse an die Alarm Zentrale zur Auswertung weiter. Wie einfach die Beschaltung der Alarm Zentrale umgesetzt werden kann, sehen Sie in Abbildung 58.1. Mit dieser verhältnismäßig kleinen Logik setzen Sie bereits alle Anforderungen aus dem vorherigen Abschnitt (Vorüberlegungen) um – mit viel Luft für weitere Funktionalitäten.

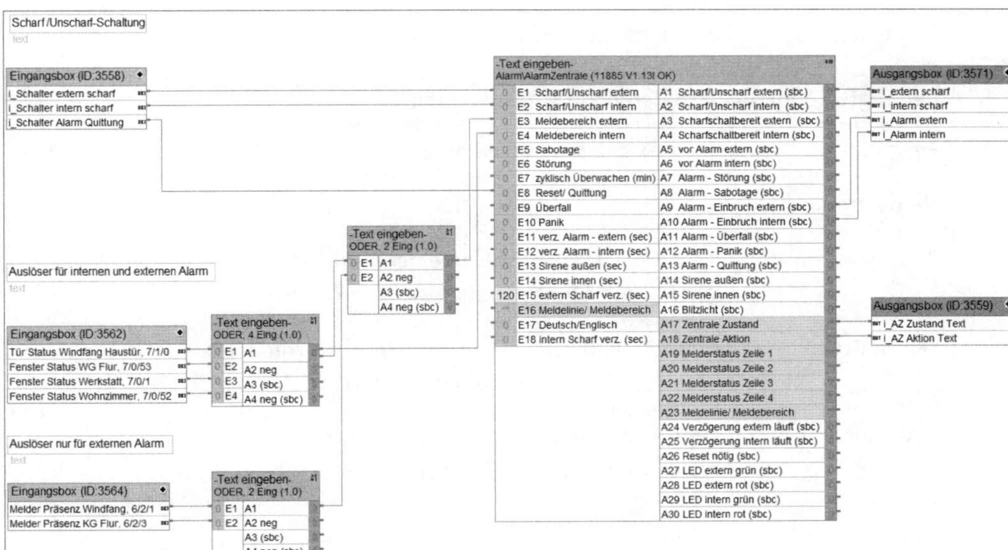

Abbildung 58.1 Komplette Gebäudeüberwachung mit der KNET Alarm Zentrale

Für die Integration der Logikbausteine in eine Quad-Visu oder eine frei gestaltete Visualisierung können Sie bei KNET für 35 € (zzgl. MwSt.) ein zusätzliches Paket aus nützlichen Funktionsvorlagen erwerben (*http://www.kirpal.net/produkte-1/funktionsvorlagen/fv-alarmzentrale*). Die Vorlagen erweitern die Alarmzentrale um eine Bedienoberfläche und erlauben die Scharf-/Unscharfschaltung und Rücksetzung, die Definition von Alarmlaufzeiten und Verzögerungen, die Zuordnung von Meldern zu einer Meldelinie sowie die Ausgabe von Melderinformationen. Veränderliche Einstellungen können optional mit einem Passwort geschützt werden.

58.2 Rauchwarnmelder installieren und abfragen

Ein (vernetztes) System aus Rauchwarnmeldern sollte in jedem Fall autonom funktionieren, das heißt in Bezug auf die Erzeugung des akustischen Alarms in sich geschlossen sein. Durch die Vernetzung der einzelnen Rauchwarnmelder erreichen Sie, dass bei Auslösen eines einzelnen Melders alle verbundenen Rauchwarnmelder ebenfalls alarmieren. Das maximiert die Wahrscheinlichkeit, dass Sie auch z. B. im Schlafzimmer das Auslösen eines Melders im hintersten Kellerwinkel sofort wahrnehmen.

Im folgenden Praxisbeispiel soll ein vernetztes System von Rauchwarnmeldern an den KNX-Bus angebunden werden. Die Funktion der Melder selbst wird dabei nicht beeinflusst, es erfolgt lediglich eine Mitteilung über den KNX. Zwei Telegramme sollen im Alarmfall bzw. Fehlerfall erzeugt werden:

1. **Alarmtelegramm**: Mindestens ein Rauchwarnmelder hat ausgelöst.
2. **Servicetelegramm** Der Rauchwarnmelder, in dem das Relais-Modul eingebaut ist, hat eine interne Störung detektiert (Störung/Verschmutzung und Batteriewechsel fällig).

Für die Realisierung benötigen Sie die in Tabelle 58.1 aufgeführten Geräte:

Benötigte Komponenten: Vernetzte Rauchwarnmelder		
Bestandteil	**Im Praxisbeispiel verwendet**	**Grundlagen**
Hardware		
Rauchwarnmelder	Gira 2330 02 Rauchwarnmelder Dual/VdS, 9-V-Variante (je ein Gerät pro überwachten Raum)	29.5
Relais-Modul	Gira 2340 00 Relais-Modul für Rauchwarnmelder Dual/VdS (nur ein Gerät insgesamt erforderlich)	29.5
Binäreingang	ABB-Binäreingang 4-fach zur Erfassung potenzialfreier Kontakte, BE/S 4.20.2.1 2 Kanäle	31.1
Optional: KNX-Logik-Engine	Gira HomeServer 3 mit HomeServer Experte 4.2	34.2.2, 48

Tabelle 58.1 Benötigte Komponenten: Vernetzte Rauchwarnmelder

Falls Sie die Störungserkennung dahin gehend erweitern möchten, dass die Störkontakte aller Rauchwarnmelder abgefragt werden, gehen Sie nach demselben Schema vor, Sie müssen jedoch pro Melder ein eigenes Relais-Modul installieren und einen weiteren Binäreingang für den Störkontakt vorsehen.

58.2.1 Aufbau und Konzept

Den Grundaufbau eines vernetzten Rauchwarnmeldesystems haben Sie bereits in Abschnitt 29.5, »Rauchwarnmelder«, kennengelernt. Dieses Realisierungsbeispiel (Abbildung 58.2) soll das autonome Meldernetzwerk mit einer KNX-Anbindung erweitern:

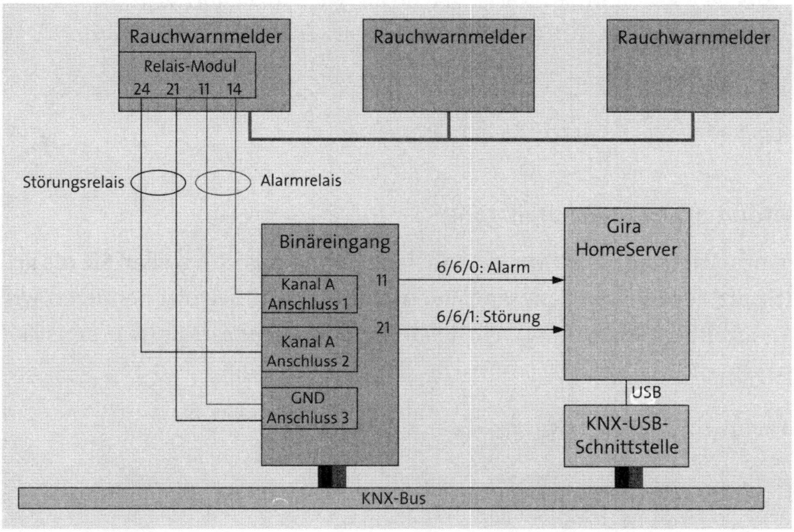

Abbildung 58.2 Schematischer Aufbau: Vernetzte Rauchwarnmelder

Im Detail sind folgende Schritte für die Umsetzung notwendig:

- Sehen Sie mindestens für jeden Schlafraum und für alle Fluchtwege einen Rauchwarnmelder vor.
- Verbinden Sie alle Rauchwarnmelder untereinander über eine gemeinsame Busleitung (J-Y(ST)Y 2x2x0,8, idealerweise in Rot). Beim Gira-System benötigen Sie zwei Adern für die Vernetzung.
- Installieren Sie in dem Rauchwarnmelder, der dem Verteiler am nächsten ist (und eine Verbindungsmöglichkeit zu diesem besitzt), das Relais-Modul.
- Vom Relais-Modul zum Verteilerschrank benötigen Sie eine weitere J-Y(ST)Y 2x2x0,8 für die Anbindung des KNX-Binäreingangs (zwei Eingangskanäle erforderlich).
- Setzen Sie erst jetzt die 9-V-Blockbatterien in die Melder ein.
- Parametrieren Sie den angeschlossenen KNX-Binäreingang.
- Lassen Sie eine Logik auf eine Alarmierung über den Binäreingang reagieren (mögliche Methoden finden Sie in Abschnitt 58.3).

Die für die Meldungen des Binäreingangs erforderlichen Gruppenadressen (siehe Tabelle 58.2) legen Sie wie immer mit der ETS an:

KO	GA	Name	Bedeutung
11	6/6/0	Melder RWM Alarm	Meldet eine »1«, wenn einer der vernetzten Rauchwarnmelder Alarm ausgelöst hat.
21	6/6/1	Melder RWM Störung	Meldet eine »1«, wenn der Rauchwarnmelder mit eingebautem Relais-Modul eine Störung erkannt hat.

Tabelle 58.2 Gruppenadressen: Vernetzte Rauchwarnmelder

58.2.2 Parametrieren Sie den Binäreingang

Auf der Registerkarte FREIGABE EINGÄNGE A...X (siehe Abbildung 58.3) stellen Sie die gewünschte Betriebsart der Binäreingangskanäle ein. In unserem Beispiel benutzen wir Kanal A (Alarm) und Kanal B (Störung). Für beide ist die Betriebsart SCHALTSENSOR/STÖRMELDEEINGANG die richtige.

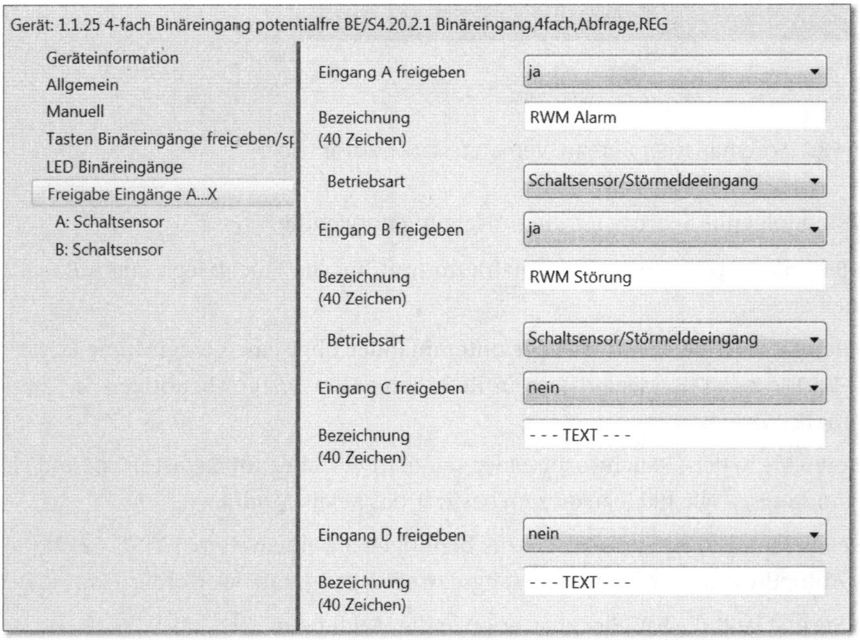

Abbildung 58.3 Parametrierung des Binäreingangs (Freigabe Eingänge)

Für beide freigegebenen Kanäle hat die ETS jeweils eine neue Registerkarte angelegt (Abbildung 58.4, A: SCHALTSENSOR, B: SCHALTSENSOR). Die Voreinstellungen passen so weit gut, wobei für den Alarmkontakt (Kanal A) ein zyklisches Senden (alle zehn Sekunden) im Fall eines Alarms (BEI OBJEKTWERT 1) Sinn ergibt. Für den B-Kanal sollte das nicht notwendig sein.

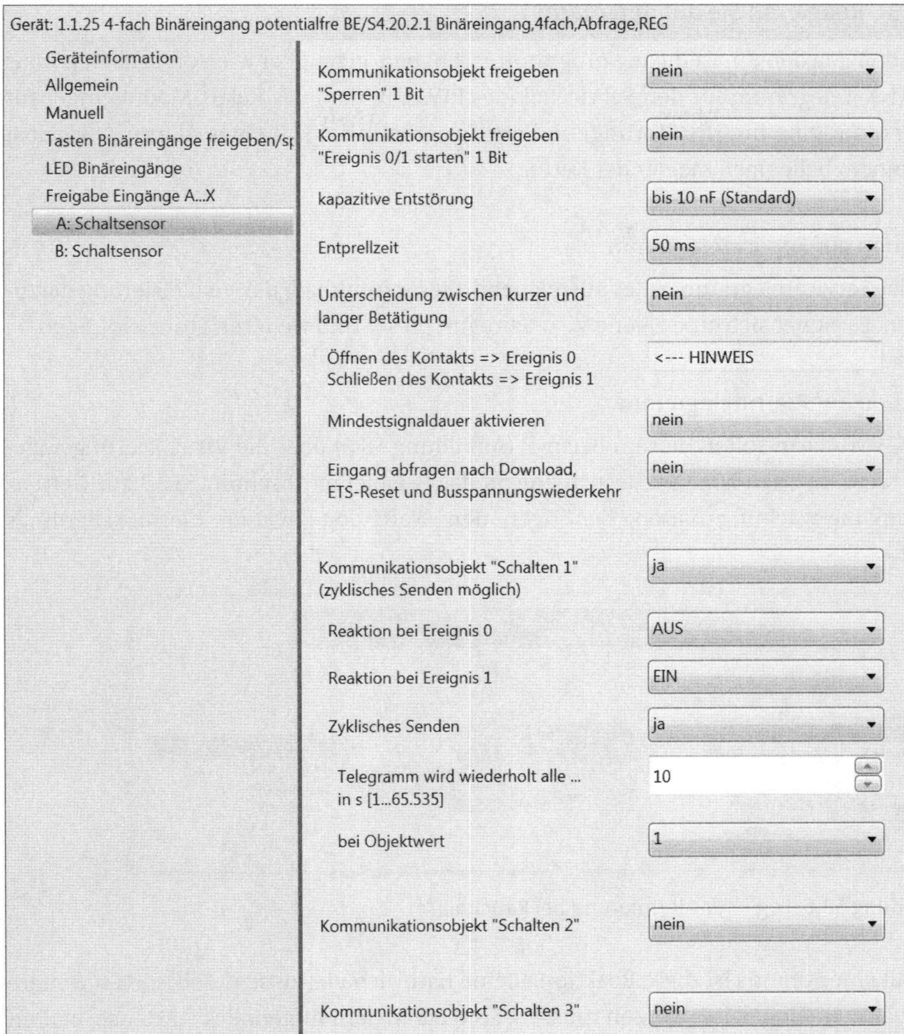

Abbildung 58.4 Parametrierung des Binäreingangs (Schaltsensor)

Vor der Programmierung des Binäreingangs verknüpfen Sie bitte noch die beiden angelegten Gruppenadressen, wie in Abbildung 58.5 gezeigt. Für die GA 6/6/0 (die Alarmmeldung) wählen Sie die PRIORITÄT HOCH (über die ETS-Sidebar, Register EIGENSCHAFTEN).

Nummer	Name	Objektfunktion	Beschreibung	Gruppenadressen	Länge	K	L	S	Ü	A	Datent...	Priorität
11	Eingang A: Schaltsensor	Schalten 1	Alarmkontakt	6/6/0	1 bit	K	-	S	Ü	-	Schalten	Hoch
21	Eingang B: Schaltsensor	Schalten 1	Störmeldekontakt	6/6/1	1 bit	K	-	S	Ü	-	Schalten	Niedrig

Abbildung 58.5 Zuordnung der Gruppenadressen: Alarm und Störmeldung

58

58.2.3 Reagieren Sie auf den Alarm

Nachdem Sie den Binäreingang programmiert haben, erzeugt er wie vorgegeben jeweils ein KNX-Telegramm für den Servicefall (der RWM, in dem das Relais-Modul eingebaut ist, erkennt eine interne Störung) und ein Telegramm im Fall eines Alarms (ausgelöst von einem beliebigen Melder der Kette).

Reaktion auf Servicetelegramm

Für das Servicetelegramm ist es ausreichend, dieses innerhalb der Visualisierung darzustellen. Es eignet sich eine eigene Visu-Seite mit dieser und weiteren Störmeldungen.

Reaktion auf Alarmtelegramm

Der RWM-Alarm soll in diesem Beispiel (Abbildung 58.6) über die Visualisierung angezeigt werden. Dazu können Sie sich eng an das Beispiel in Abschnitt 53.2.3 zur Gefrierschranküberwachung halten, benötigen den Watchdog-Baustein hierfür allerdings nicht.

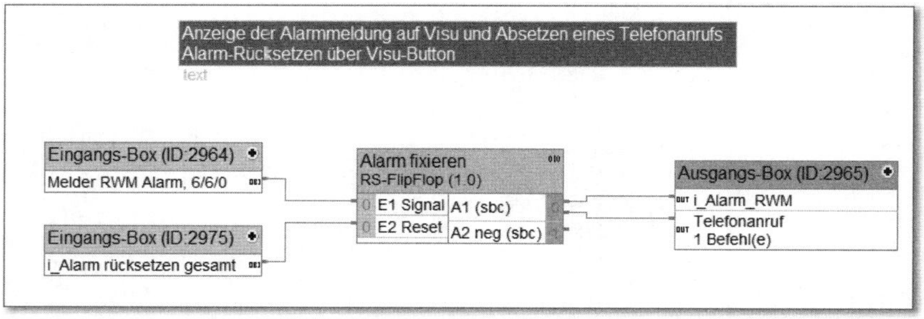

Abbildung 58.6 Logik für Alarmierung bei Rauchalarm

Im Fall eines Brands ist diese Reaktion alleine natürlich viel zu schwach, sodass weitere Maßnahmen eingeleitet werden müssen. Sind Sie in dem Augenblick zu Hause, in dem der Melder auslöst, sollte der akustische Alarm ausreichend sein. Ist das Haus allerdings verlassen, bietet es sich an, die Bewohner per E-Mail und Telefonanruf zu informieren. Diese Funktionalität kann vom HomeServer übernommen werden. Die unterschiedlichen Möglichkeiten zur Alarmierung sind Inhalt des nächsten Abschnitts.

58.3 Möglichkeiten zur Alarmierung

Darüber, dass Sie eine vernetzte Kette von Rauchwarnmeldern überhören könnten, müssen Sie sich keine Sorgen machen. Die Piezosignalgeber lärmen mit ca. 85 dB (A) bei 3 Metern Abstand. Begleitend zur akustischen Alarmierung können Sie jedoch Ihr Smart Home dank KNX-Anbindung zusätzlich reagieren lassen. Recht einfach umsetzbar sind z. B. folgende Aktionen, wobei Tabelle 58.3 auch Reaktionen auf einen Einbruchsalarm beinhaltet.

Aktion	Umsetzung
Abschalten der Belüftungsanlage/KWL	KNX-Szenen in Aktoren für Lüftung bzw. KWL
Abschalten aller Steckdosen	KNX-Szenen in Schaltaktoren für Steckdosen
Absetzen einer SMS	HomeServer bzw. andere Logik-Engine
Absetzen eines Telefonanrufs	HomeServer (Menü STAMMDATEN • SPRACHANSAGEN) bzw. andere Logik-Engine
Versand einer E-Mail	HomeServer (Menü ALARMIERUNG • E-MAIL) bzw. andere Logik-Engine
Beleuchtung der Fluchtwege	KNX-Szenen in Schalt- und Dimmaktoren für Beleuchtung bzw. über DALI-Gateway
Push-Services	HomeServer bzw. andere Logik-Engine in Kombination mit: ▸ Pushbullet (*https://www.pushbullet.com*) ▸ Prowl (*http://www.prowlapp.com*) ▸ Growl (*http://growl.info* und *http://www.growlforwindows.com/gfw*) ▸ Notify My Android (*http://www.notifymyandroid.com*)
Anzeige einer Meldung auf dem TV	Über z. B. Kodi (siehe Abschnitt 57.6.3) oder Enigma2 (siehe Abschnitt 41.4.2)
Hochfahren aller Jalousien und Innenrollladen	KNX-Szenen in Jalousieaktoren (auch gut denkbar für Einbruchsalarm)
Anschalten der kompletten Beleuchtung in Verbindung mit Jalousie öffnen	KNX-Szene (dient der Einbrecherabschreckung)
Akustische Warnmeldung	z. B. über Sirenen (Schaltaktor) oder Multiroom-Soundsystem (siehe Kapitel 56)
Alarmierung/Hinweis auf Visualisierungsoberfläche	jede Art von Visualisierungssystem (siehe Abschnitt 34.2)
Hinweise auf Status-LEDs	siehe Abschnitt 58.4

Tabelle 58.3 Möglichkeiten der Alarmierung (Auswahl)

Steffi, ruf mich an!

Die in der HomeServer-Software eingebaute Sprachausgabe ist leider nicht besonders verständlich. Um qualitativ bessere WAV-Dateien für Ihre Alarmierungsanrufe zu erzeugen, benutzen Sie besser ein sogenanntes Text-To-Speech-(TTS-)Programm. Die Freeware *DSpeech* (zu finden auf *http://dimio.altervista.org/eng*) leistet hier sehr gute Dienste. Das Tool muss nicht installiert werden, Sie sollten aber eine deutschsprachige Stimme zusätzlich nachrüsten. Auf der DSpeech-Homepage finden Sie im Abschnitt »SAPI5« einen Link auf *Steffi*, eine deutsche RealSpeak-Stimme für 16-kHz-Ausgaben. Installieren Sie Steffi, starten Sie dann DSpeech und wählen Sie im Abschnitt Voice Select als künftige Ausgabe Steffi aus. Sie werden mir sicher recht geben: Bereits Steffis Porträt sieht wesentlich sympathischer aus als das von Anna, der Default-Stimme.

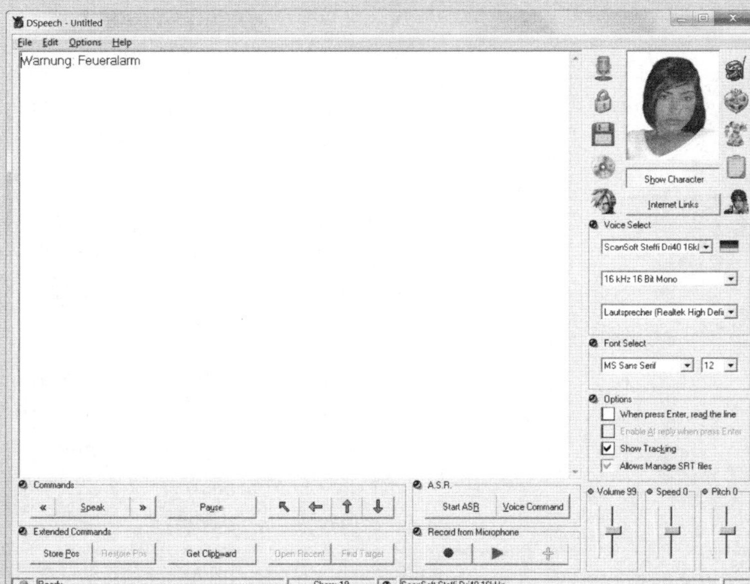

Abbildung 58.7 DSpeech zur Erzeugung von WAV-Dateien

Eine WAV-Datei, die Sie später auf den HomeServer laden können, erzeugen Sie ganz einfach, indem Sie ins Eingabefeld den zu sprechenden Text einfügen, mit dem Button Speak die Ausgabe prüfen und über das Menü File • Save as audio file die WAV-Erzeugung starten. Als Qualität sollten 16 kHz, 16 Bit mono ausreichen, was bei einem kurzen Text (Warnung: Feueralarm) eine Dateigröße von ca. 110 KByte ergibt.

58.4 Schneller Überblick mit Zustandsanzeigen

Eine Zustandsanzeige/Warnanzeige über LEDs ist einfach zu realisieren, sehr vielseitig einsetzbar und kommt in vielen Fällen ohne eine zusätzliche Logik-Engine aus. In diesem Praxisbeispiel soll eine an der Wand im Eingangsbereich angebrachte 12-fach-LED-

Anzeige umgesetzt werden, die Ihnen beim Verlassen (oder Betreten) des Hauses wichtige Informationen präsentiert. Tabelle 58.4 verrät Ihnen, was Sie dazu benötigen:

Benötigte Komponenten: LED-Anzeige		
Bestandteil	**Im Praxisbeispiel verwendet**	**Grundlagen**
Hardware		
LED-Anzeige	MDT SCN-GLED1S.01 LED-Anzeige 12-fach, Glas Schwarz	37.5
Fensterkontakte	mindestens 2 Fenster mit Reed-Kontakten	29.1
Binäreingang	MDT-Tasterinterface 4-fach, UP (BE-04001.01)	31
Optional: Bewegungsmelder	Gira Automatik-Schalter Komfort 1,10m UP	29.2

Tabelle 58.4 Benötigte Komponenten: LED-Anzeige

Mit den zwölf farbigen LEDs, die zudem noch in unterschiedliche Blinkstufen (stetig an, langsam blinkend, schnell blinkend) geschaltet werden können, lassen sich bereits jede Menge Informationen anzeigen.

58.4.1 Die Beispielbelegung der 12-fach-LED-Anzeige

Ein Vorschlag dazu, welche Zustände beim Betreten oder Verlassen des Hauses relevant sind, finden Sie im Belegungsbeispiel in Abbildung 58.8:

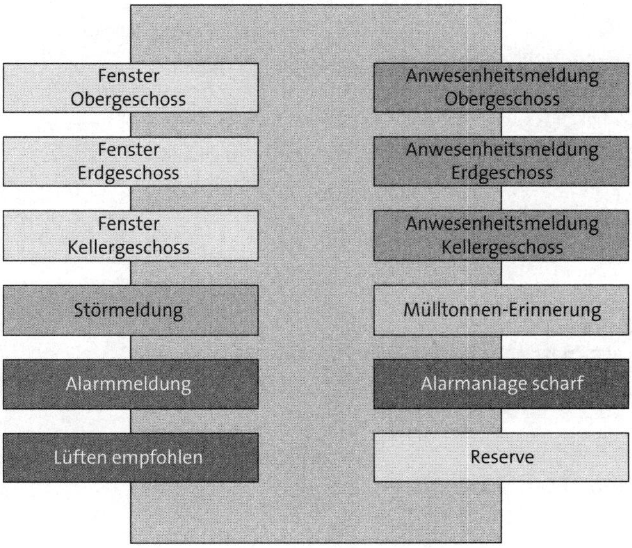

Abbildung 58.8 Belegungsbeispiel für die 12-fach-LED-Anzeige

Besonders ärgerlich können in Abwesenheit offen gelassene Fenster sein, daher möchte ich Ihnen, stellvertretend für alle weiteren Anzeigelogiken, die praktische Umsetzung der Fensterstatusanzeige vorstellen. Pro Etage ist eine LED als Sammelinformation für alle Fensterkontakte dieses Geschosses vorgesehen. Blinkt die linke obere LED (LED 1) beim Betreten des Eingangsbereichs in roter Warnfarbe, wissen Sie, dass im Obergeschoss noch ein vergessenes Fenster offen steht. Welches genau, ist an dieser Stelle nicht ersichtlich, aber auch nicht wirklich relevant. Ein Blick auf eine zentrale Visualisierungsoberfläche würde Ihnen natürlich verraten, um welches Fenster es sich genau handelt, aber mit ein bisschen Forscherdrang finden Sie es auch so heraus (oder sehen eben auf der Visu nach).

58.4.2 Eine Frage der Priorität

Die MDT-LED-Anzeige arbeitet mit prioritätsgesteuerten Logikfunktionen. Die Anforderung, wann eine LED in welcher Farbe leuchten soll, lässt sich daher wunderbar mit einem Zustandsdiagramm (siehe Abbildung 58.9) formulieren. Bleiben wir bei der Status-LED für die Fenster im Obergeschoss und üben wir gleich ein bisschen die UML-Darstellung (siehe Grundlagenkapitel 16 in Abschnitt 16.2 »UML-Diagrammtypen«).

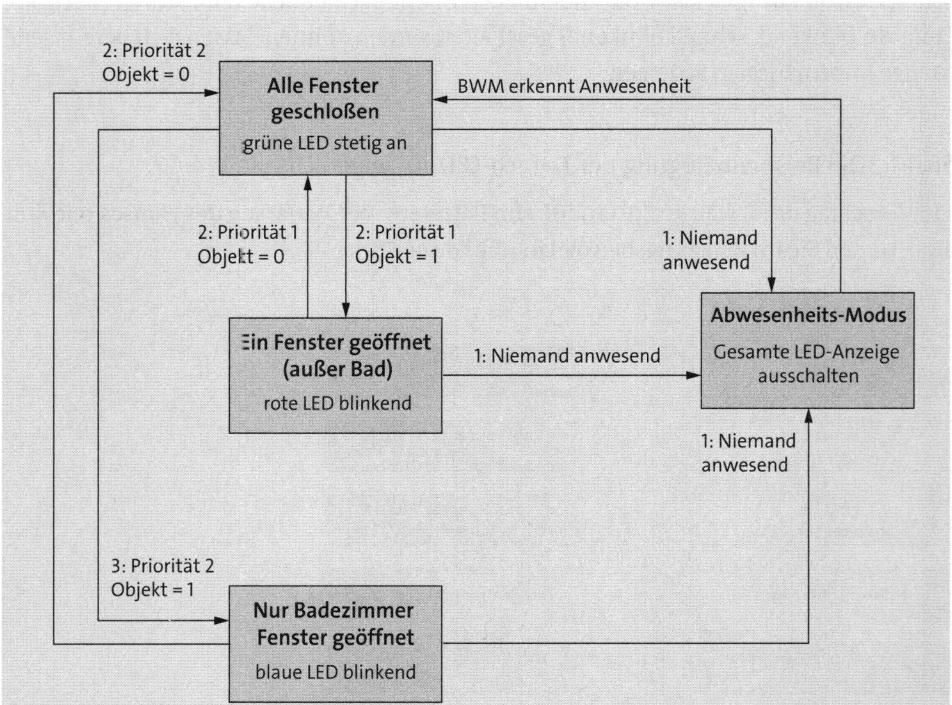

Abbildung 58.9 Zustandsdiagramm: LED-Logik

Vor den Bedingungen der Zustandsübergänge (z. B. 1: Niemand anwesend) sind Ziffern notiert, die die Auswertepriorität der Übergänge symbolisiert. Demnach hat der Übergang in den Abwesenheitsmodus immer Vorrang vor allen anderen und das Priorität-1-Objekt analog dazu Vorrang vor dem Priorität-2-Objekt.

Die gesamte LED-Anzeige soll generell nur angeschaltet werden, wenn sich jemand im Eingangsbereich (Windfang) befindet. Sind alle Fenster im OG geschlossen, wird das über eine stetig grüne LED angezeigt. Ein offenes Fenster soll die LED rot blinken lassen. Als kleine Besonderheit wird das Fenster im Bad jedoch anders behandelt. Steht nur dieses Fenster allein offen, blinkt die LED blau statt rot und zeigt an, dass noch jemand im Bad gerade lüftet, also kein Handlungsbedarf besteht.

58.4.3 Der schematische Aufbau der LED-Visualisierung

Nachdem die Anforderungen so weit formuliert sind, lässt sich der schematische Aufbau (Abbildung 58.10) skizzieren:

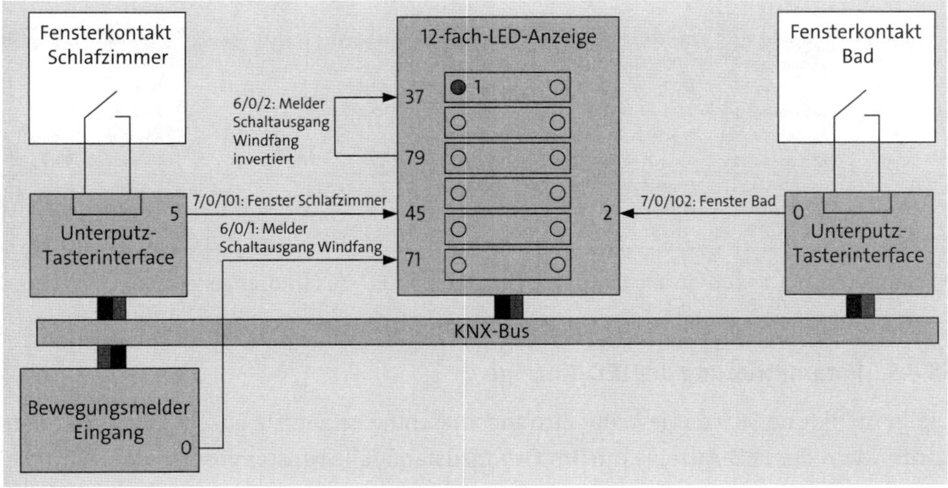

Abbildung 58.10 Schematischer Aufbau: LED-Zustandsanzeige

Der Fensterkontakt im Schlafzimmer steht stellvertretend für alle weiteren Kontakte im Obergeschoss (ohne Badezimmer). Weitere Kontakte fügen Sie einfach über die interne ODER-Logik der LED-Anzeige hinzu.

58.4.4 Die benötigten Gruppenadressen

Die für die Umsetzung relevanten Gruppenadressen entnehmen Sie bitte der nachstehenden Auflistung (Tabelle 58.5):

KO	GA	Name	Bedeutung
0->71	6/0/1	Melder Schaltausgang Windfang	Wird in invertierter Logik als Ein-/Ausschalter für die LED-Anzeige verwendet.
79->37	6/0/2	Melder Schaltausgang Windfang invertiert	Die von der internen Logik invertierte GA 6/0/1.
5->45	7/0/101	Fenster Schlafzimmer	Zustand des Fensterkontakts im Schlafzimmer (0 = geschlossen, 1 = geöffnet).
0->2	7/0/102	Fenster Bad	Zustand des Fensterkontakts im Bad (0 = geschlossen, 1 = geöffnet).

Tabelle 58.5 Gruppenadressen: LED-Zustandsanzeiger

Seitens der LED-Anzeige werden die angelegten Gruppenadressen, wie in Abbildung 58.11 dargestellt, mit den Eingangskommunikationsobjekten verknüpft:

Nummer	Name	Objektfunktion	Beschreibung	Gruppenadre...	Länge	K	L	S	Ü	A	Datentyp	Priorität
45	Logik A	Eingangslogik 2	LED 1: Fenster OG	7/0/101	1 bit	K	-	S	Ü	-	Boolesch	Niedrig
46	Logik A	Eingangslogik 3	LED 1: Fenster OG	7/0/103	1 bit	K	-	S	Ü	-	Boolesch	Niedrig
44	Logik A	Eingangslogik 1	LED 1: Fenster OG	7/0/100	1 bit	K	-	S	Ü	-	Boolesch	Niedrig
79	Logik D	Ausgang Schalten	Invertierung BWM Windfang	6/0/2	1 bit	K	L	-	Ü	-	Boolesch	Niedrig
71	Logik D	Eingangslogik 1	Invertierung BWM Windfang	6/0/1	1 bit	K	-	S	Ü	-	Boolesch	Niedrig
2	LED 1	Priorität 2	Fenster Elternbad (blau)	7/0/102	1 bit	K	-	S	Ü	A	Schalten	Niedrig
37	Alle LED's	Sperrobjekt	Anzeige sperren	6/0/2	1 bit	K	-	S	-	-	Freigeben	Niedrig
0	LED 1	Schalten			1 bit	K	-	S	Ü	A	Schalten	Niedrig

Abbildung 58.11 Die Zuordnung der Gruppenadressen: LED-Zustandsanzeige

58.4.5 Parametrierung der LED-Anzeige

Die in Abbildung 58.9 dargestellte Zustandsmaschine setzen Sie anschließend mit den Bordmitteln der LED-Anzeige um. Im Grundzustand (alle Fenster geschlossen) wird die grüne LED stetig angeschaltet. Dazu bedarf es keines Signals, der Eingang (KO 0) bleibt somit ohne Verknüpfung.

Priorität-1-Objekt für rot blinkend

Wird nun irgendein Fenster geöffnet (außer im Badezimmer), bewirkt das Priorität-1-Objekt ein rotes Blinken der LED 1. Das Priorität-1-Objekt wird dabei intern in der LED-Anzeige erzeugt, und zwar als Ausgang des Logik-A-Blocks. Die Logik-A-Funktion wird so konfiguriert, dass alle Fensterkontakte im Obergeschoss (wiederum ohne Badezimmer) mit einer ODER-Verknüpfung zusammengelegt werden.

Priorität-2-Objekt für blau blinkend

Das Priorität-2-Objekt, das dem Priorität-1-Objekt untergeordnet ist, verwenden Sie für den blau blinkenden Modus der LED 1. Dazu verbinden Sie das KO für Priorität 2 direkt mit dem Fensterkontakt des Badezimmers.

Konfiguration der LED 1

Die gesamte Konfiguration für die LED 1 sieht im Überblick so aus, Sie erkennen in Abbildung 58.12 die drei Blöcke für grün stetig, rot blinkend und blau blinkend:

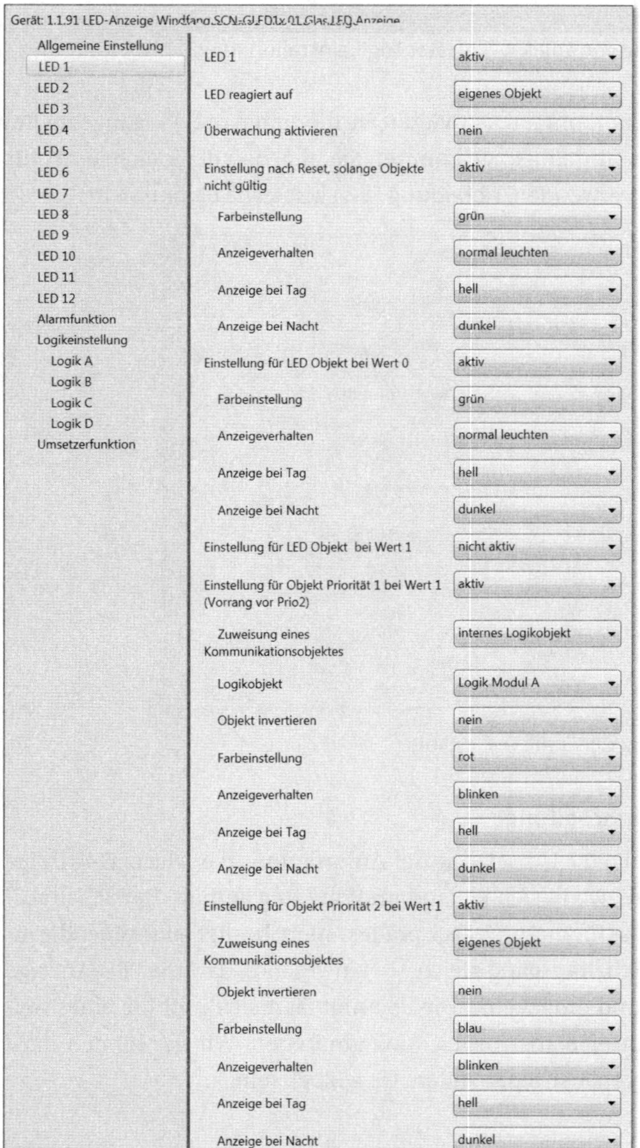

Abbildung 58.12 Parametrierung der Fenster-Status-LED

Der für die ODER-Verknüpfung der Obergeschossfensterkontakte zuständige Logikblock A (Abbildung 58.13) besitzt folgende Parametrierung (Register LOGIKEINSTELLUNG):

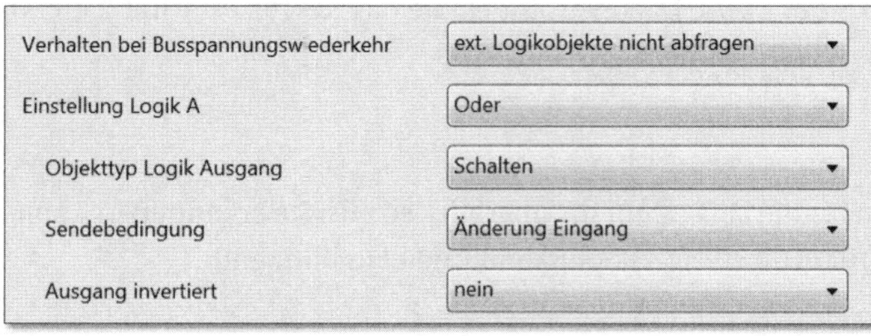

Abbildung 58.13 Parametrierung von Logik A (Register Logikeinstellungen)

Für die drei eingehenden Fensterkontakte aktivieren Sie die ersten drei Eingänge im Register LOGIK A. Die restlichen fünf Eingänge könnten Sie in genau der gleichen Art für weitere Obergeschossfenster verwenden. Abbildung 58.14 zeigt, wie das aussieht:

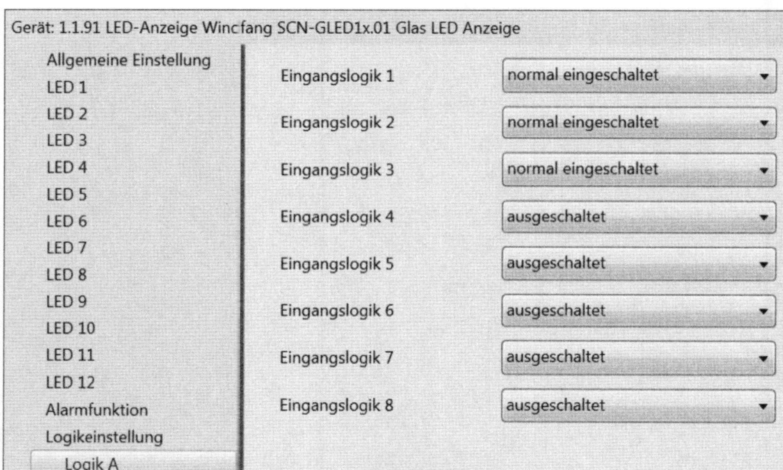

Abbildung 58.14 Parametrierung der Logik-A-Eingänge

Realisierung der Anwesenheitsschaltung

Als letzter Schritt fehlt nur noch die Umsetzung der Anforderung, dass die LED-Anzeige generell nur angeschaltet wird, wenn sich jemand im Windfang aufhält. Der Schaltausgang des Bewegungsmelders ist für diesen Zweck prädestiniert, besitzt leider aber die invertierte Bedeutung. Ist der Schaltausgang gleich »1« (anwesend), darf die LED-Anzeige nicht gesperrt werden (»0«) und umgekehrt. Die Polarität lässt sich mithilfe eines weiteren Logikblocks der LED-Anzeige aber problemlos umdrehen. Wir verwenden dazu Logikblock D, es könnte aber genauso jeder andere freie Block sein.

Die unten stehende Abbildung 58.15 fasst nochmals die Beschaltung der beiden Logikblöcke zusammen:

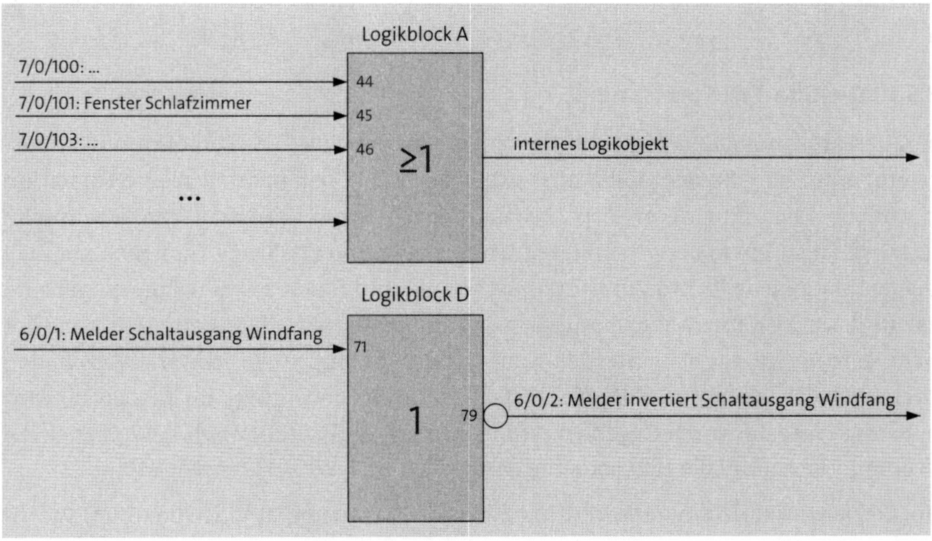

Abbildung 58.15 Die internen Logikfunktionen der LED-Anzeige

Logikblock D wird zur Invertierung des BWM-Schaltausgangs folgendermaßen parametriert (Abbildung 58.16):

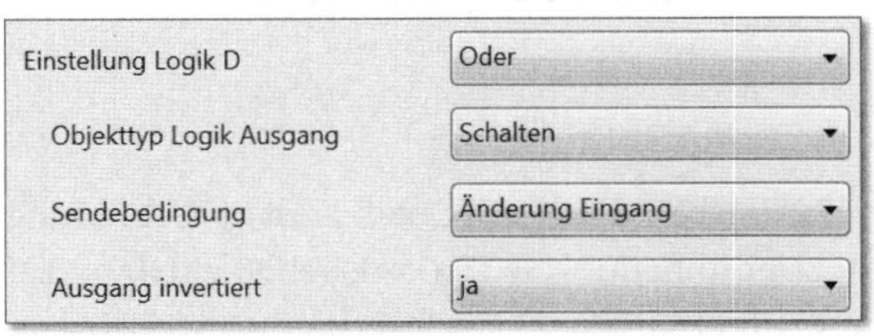

Abbildung 58.16 Parametrierung von Logik D (Register Logikeinstellungen)

Da nur ein Eingang des Blocks verwendet wird, ist Oder die richtige Einstellung der Logik. Um den Block als NOT-Gatter zu benutzen, muss der Wert für Ausgang invertiert auf ja gesetzt werden.

Verbinden Sie abschließend die Gruppenadresse 6/0/2 (der invertierte Ausgang des BWM) mit dem KO 37 (Sperrobjekt) der LED-Anzeige. Nach erfolgter Programmierung der KNX-Teilnehmer steht einem Testlauf nichts mehr im Weg.

58.5 Einsatz von Außenkameras

Der Blick nach draußen über Kameras ist nicht nur eine Komfortfunktion, sondern dient in erster Linie auch der Sicherheit. Eine Türkommunikationskamera ist dabei eine sinnvolle Investition, insbesondere wenn Ihr Eingangsbereich schlecht einsehbar ist. Der folgende Abschnitt zeigt Ihnen eine Beispielanwendung in Verbindung mit der Gira-TKS-Kamera.

58.5.1 Die Gira-TKS-Farbkamera

Die Gira-Farbkamera 1265 65 (Farbe Alu) ist eine für das Gira-TKS (Türkommunikationssystem) optimierte Kamera mit Weitwinkelobjektiv, die sich nahtlos in eine Türstation im Außenbereich integrieren lässt (Installation z. B. im TX_44-Schalterprogramm). Effektiv erfasst sie einen Bereich von 100°, kann aber zur Ausrichtung zusätzlich manuell noch einmal in jede Richtung um 20° geschwenkt und fixiert werden. Eine eingebaute Heizung lässt die Kamera auch bei negativen Temperaturen funktionieren. Während der Nacht, genauer gesagt bei einer Helligkeit unter 1 Lux, liefert sie Schwarz-Weiß-Bilder, unterstützt von mehreren LEDs für die Gesichtsfeldausleuchtung. Im Tagbetrieb wird die Farbwiedergabe durch Gegenlichtkompensation und automatischen Weißabgleich optimiert. Die Anzahl der Bildelemente des 1/3-Zoll-CCD-Sensors beträgt 500 × 582.

Zum Betrieb der Farbkamera wird zwingend das TKS-Steuergerät Video benötigt. Das Videosignal liefert die Kamera über den TKS-2-Draht-Bus an Wohnungsstationen mit TFT-Display oder über das Gira-TKS-IP-Gateway auch an den HomeServer. Diesen Anwendungsfall, im Zusammenhang mit einem Visu-Rechner mit installiertem QuadClient und TKS-Communicator, sehen wir uns genauer an. Ein Beispiel für das passende Anschlussschema finden Sie in Abschnitt 45.2, »Proprietäre Türsprechsysteme«.

58.5.2 Beispielanwendungen

Wie die Integration einer Türkommunikationskamera in den QuadClient in Verbindung mit dem TKS-Communicator aussieht, zeigt Abbildung 58.17. Das Livebild entstand bei Nacht und komplett ohne Beleuchtung an der Haustür.

Abbildung 58.17 Türkommunikationskamera (ohne Zusatzbeleuchtung)

Eine Kamera in Verbindung mit einer Logikmaschine (wie in diesem Beispiel dem HomeServer) ermöglicht praktische Zusatzfunktionen:

- Livebild im QuadClient, wenn die Türklingel betätigt wurde (für maximal zwei Minuten).
- Livebild im QuadClient bei der Anwahl der TKS-Kamera (ebenfalls nur für eine Minute).
- Abspeichern eines Bilds, während die Türklingel ausgelöst wurde, und Ablage in einem Archiv auf dem HomeServer.

Die ersten beiden Praxisanwendungen ergeben sich durch die Einbindung des TKS-IP-Gateways und des TKS-Communicators fast schon automatisch. Die dritte Funktion ist dahin gehend etwas herausfordernder, da sie eine (einfache) Logikfunktion benötigt. Diese stelle ich Ihnen als Anwendungsbeispiel für die TKS-Integration in folgender Abbildung 58.18 vor:

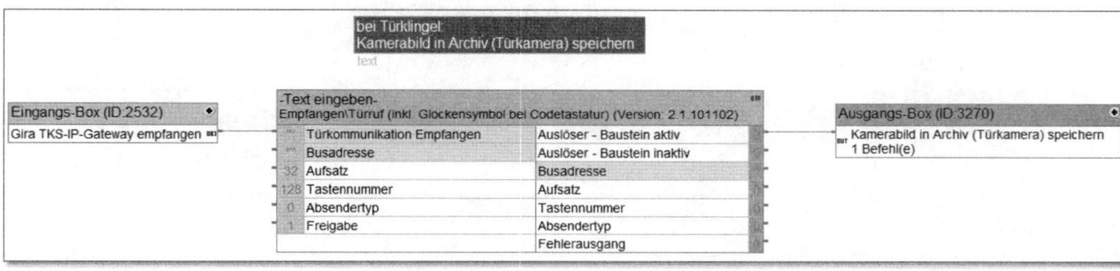

Abbildung 58.18 Logik zur Speicherung des Kamerabilds bei Betätigung der Türklingel

Das KO der Eingangsbox ist vom HomeServer Experten bereits vordefiniert, ebenso diverse TKS-Logikblöcke, unter anderem der hier verwendete EMPFANGEN\TÜRRUF. Über seine Eingänge lässt sich der Logikblock so beschalten, dass nur bestimmte Adressen innerhalb des TKS (falls mehrere Ruftasten vorhanden sind) zu einer Aktion führen. Das Archiv, in dem die Bilder abgespeichert werden, müssen Sie einmal definieren (Menü im Experten: ARCHIVE UND LISTEN • KAMERA-ARCHIVE), wobei Sie auch festlegen, wie viele Bilder der Ringspeicher maximal enthalten darf. Das Archiv können Sie jederzeit über das QuadClient-Plug-in KAMERAARCHIV in Ihrer Visualisierung durchblättern.

58.6 Anwendungsszenario Zutrittskontrolle

Das Ziel dieses Praxisbeispiels soll sein, eine personenbezogene Zutrittskontrolle über eine Chipkarte umzusetzen. Genauer gesagt, soll es der Putzfrau möglich sein, mit ihrer Transponder-Karte die Haustür mittwochs zwischen 9 und 12 Uhr zu öffnen. Außerhalb dieser Zeit bleibt die Haustür für sie gesperrt. Jedes Öffnen mit der Transponder-Karte soll zusätzlich protokolliert werden.

Eine Möglichkeit, diese Anforderung umzusetzen, bietet das Türkommunikationssystem von Gira (TKS) in Verbindung mit dem HomeServer und ein paar selbst definierten Logikfunktionen. Im Detail benötigen Sie das Material aus Tabelle 58.6:

Benötigte Komponenten: Zutrittskontrolle		
Bestandteil	**Im Praxisbeispiel verwendet**	**Grundlagen**
Hardware		
Türstation	Gira-TKS-Türstation	45.2, 37.1.3
Transponder	Gira Keyless In Transponder 2606 xx	45.3.3
TKS-IP-Gateway	Gira-TKS-IP-Gateway 262097	45.2
TKS Steuergerät	Gira-TKS-Steuergerät Video	45.2
Elektrischer Türöffner bzw. Motorschloss	GU Secury Automatik mit A-Öffner	39.2
KNX-Logik-Engine	Gira HomeServer 3 mit HomeServer Experte 4.2	34.2.2, 48
Software		
TKS Communicator	Gira TKS Communicator	–

Tabelle 58.6 Benötigte Komponenten: Zutrittskontrolle

58.6.1 Vorarbeiten

Das Türkommunikationssystem sollten Sie als Vorbedingung für diese Praxisanwendung bereits in Betrieb genommen haben. Dabei können Sie dem Beispielaufbau aus Abschnitt 45.2, »Proprietäre Türsprechsysteme«, folgen. Die Entriegelung der Haustür erfolgt normalerweise über den Türöffnerausgang des TKS-Steuergeräts, der das Motorschloss jedoch nicht direkt öffnet, sondern von einem KNX-Binäreingang abgefragt wird, der wiederum einen KNX-Schaltaktor mit dem Entriegeln beauftragt.

Das Einlernen der Transponder-Karte der Putzfrau über das TKS-Steuergerät (Audio/Video) ist nicht erforderlich, der Türöffnerausgang soll ja nicht automatisch vom TKS selbst geschaltet, sondern über den HomeServer freigegeben werden. Dazu benötigen Sie die Erweiterung durch das TKS-IP-Gateway, mit dem die Anbindung an den HomeServer realisiert wird. Das Gateway wird über eine Webschnittstelle (siehe Abbildung 58.19) konfiguriert, mit der Sie, unterstützt von Assistenten, den Aufbau Ihres TKS-Systems bekannt geben. Nach der Erstinstallation des Gateways lassen Sie sich einen

Spickzettel erzeugen (Webinterface des TKS-IP-Gateways: Funktion HOMESERVER/FACILITYSERVER EINRICHTEN • SPICKZETTEL ANZEIGEN), dessen Inhalt (IP-ADRESSE DES TKS-IP GATEWAY, KOMMUNIKATIONSPORT, BENUTZERNAME und PASSWORT) Sie in Ihre HomeServer-Konfiguration übernehmen. Dazu öffnen Sie in der Software HomeServer Experte die Dialogbox STAMMDATEN • PROJEKT • GIRA TKS-IP-GATEWAY und tragen die vier Werte ein.

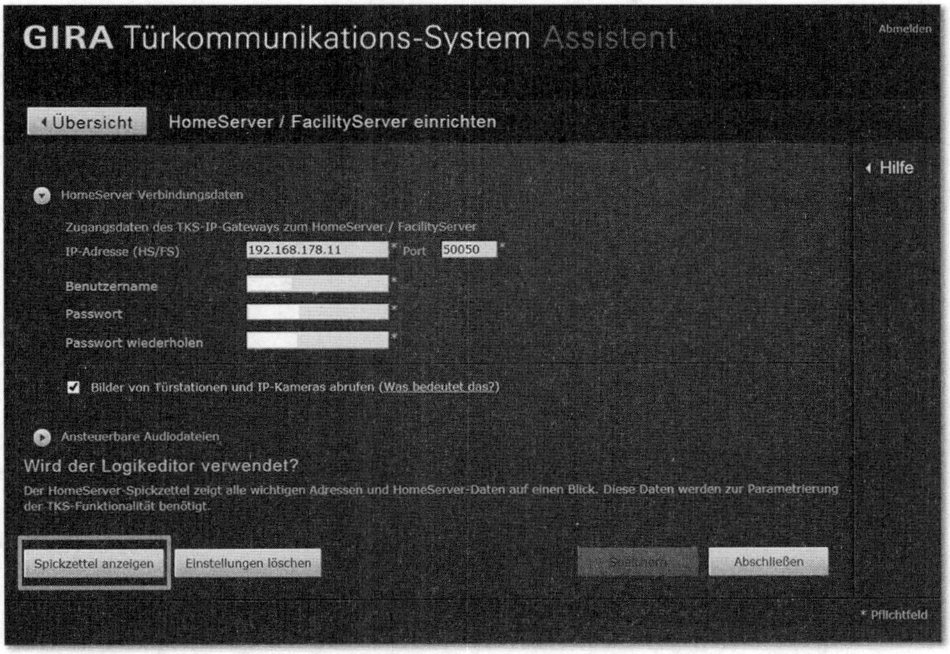

Abbildung 58.19 TKS-IP-Gateway: Spickzettel anzeigen (links unten)

58.6.2 Umsetzen der Zutrittskontrolle

Der Logikeditor des HS Experten hält in der Rubrik TÜRKOMMUNIKATION • EMPFANGEN alle für die Kommunikation mit dem TKS relevanten Logikbausteine bereit. Die Information, über welche Transponder-Karte der Einlass in Ihr Smart Home gewünscht wird, erhalten Sie mit dem Baustein TÜRÖFFNERBEFEHL VON GERÄT MIT KEYLESS-IN. Vermutlich werden Sie nicht nur eine Transponder-Karte haben, daher ist der Eingang INDEXNUMMER des Türöffnerbausteins wichtig. Mit ihm geben Sie vor, welche Schalthandlung der Baustein durchleiten darf. In Abbildung 58.20 ist es die Kennung »3«, die Karte der Putzfrau. Die restlichen Logikblöcke sorgen lediglich für das Freischalten während der gewünschten Zeit und das Abspeichern der Kartenauslösung in einem Meldungsarchiv.

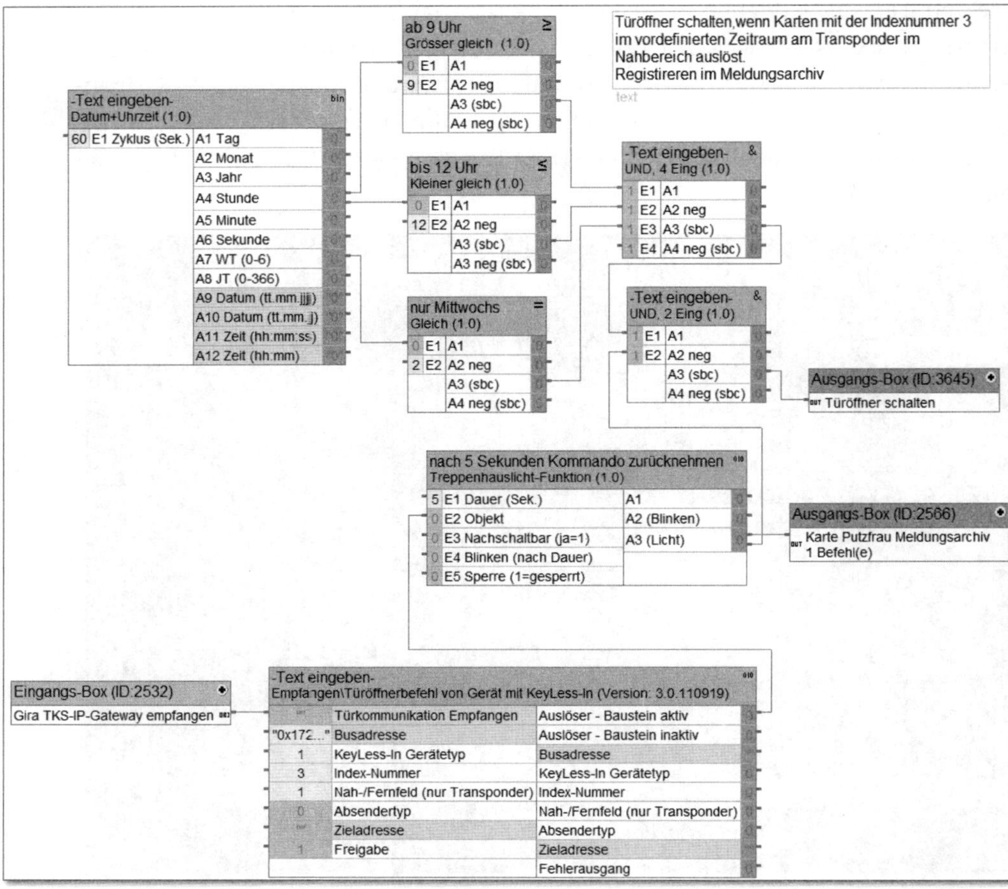

Abbildung 58.20 Logik: personenbezogene, zeitabhängige Zutrittskontrolle

Kapitel 59
Aufbau eines professionellen 1-Wire-Systems

Nach all den KNX-Aufbauten schnüffeln wir etwas in die 1-Wire-Welt – aber gleich richtig mit professioneller Ausstattung und interessanter Sensorik.

Das Ziel dieses Kapitels ist es, Ihnen anhand eines bunt zusammengestellten Aufbaus zu zeigen, wie einfach Sie mit den richtigen 1-Wire-Komponenten ein leistungsstarkes Teilsystem für Ihr intelligentes Zuhause umsetzen können. Im Beispiel sind unterschiedlichste Sensoren und Aktoren einsetzt (Temperatursensor, VOC-Sensor, eine LED-Ansteuerung mit zusätzlichen Relais-Ausgängen und ein iButton). Über den Professional Busmaster werden alle Geräte zuverlässig angesteuert, und das Wiregate, als 1-Wire-Server, sorgt dafür, dass die Busteilnehmer automatisch erkannt, abgefragt und bidirektional auf den KNX-Bus umgelegt werden.

59.1 Der Hardwareaufbau

Tabelle 59.1 zeigt Ihnen, welche 1-Wire-Komponenten Sie für den Nachbau benötigen. Was die Sensorik betrifft, habe ich Beispielgeräte ausgewählt, die Sie natürlich beliebig durch andere Typen ersetzen können.

Benötigte Komponenten: 1-Wire-System		
Bestandteil	**Im Praxisbeispiel verwendet**	**Grundlagenkapitel/ -abschnitte**
Hardware		
1-Wire-Server	Wiregate-Multifunktionsgateway	34.2.5
1-Wire-Busmaster	Professional Busmaster PBM01-USB	10.7
Netzteil	TDK-Lambda DSP10-24 Hutschienennetzteil (10 W/24 V)	26.3

Tabelle 59.1 Benötigte Komponenten: 1-Wire-System

Benötigte Komponenten: 1-Wire-System		
iButton-Probe	iButton Probe Atena Chrom BiColor-LED magnetisierbar	10.1.2
iButton	iButton DS1990 F5 mit digitaler ID inkl. Halter und Magnetring	10.1.2
Temperatursensor	1-Wire-Hülsenfühler	10.1.2
VOC-Sensor	1-Wire-Luftqualitätssensor VOC V2.6, 2 I/O, montiert im Sensoreinsatz	29.8.2
Relais-Modul	1-Wire-Modul 8-fach-LED/4 Relais inkl. DC/DC-Wandler	–
Gehäuse für Relais-Modul	Kunststoffgehäuse KKG-01	–

Tabelle 59.1 Benötigte Komponenten: 1-Wire-System (Forts.)

Für die Verdrahtung des Demonstrationsaufbaus, der natürlich am besten auf einer Hutschiene in einem Verteilerschrank untergebracht ist, habe ich Reihenklemmen von Phoenix verwendet, und zwar die Zweistockklemme PTI 2,5-L/L für die 24-V-Verteilung und die Dreistockklemme PT 1,5/S-3L für die 1-Wire-Verdrahtung. Details zu den Klemmen und den passenden Steckbrücken finden Sie in Abschnitt 20.5.2, »Produktbeispiele«.

Die Verdrahtung des 1-Wire-Bus nehmen Sie nach den Regeln aus dem Grundlagenkapitel 10, »1-Wire: nicht nur ›eine‹ Ader«, vor. Abbildung 59.1 zeigt den schematischen Aufbau inklusive Wiregate und Busmaster:

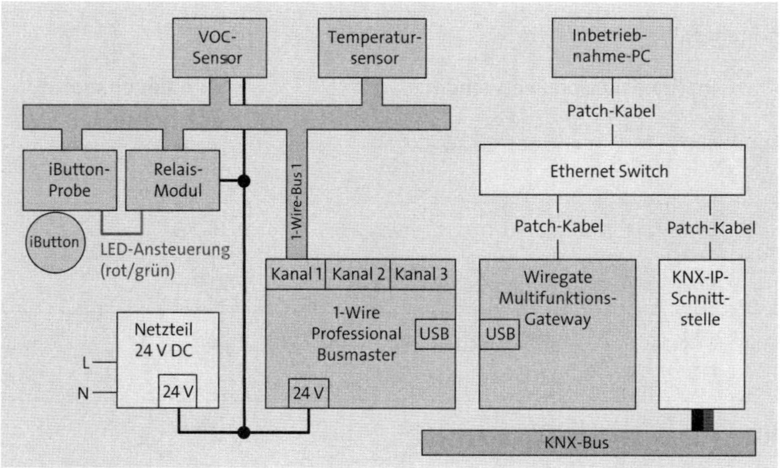

Abbildung 59.1 Aufbau eines 1-Wire-Systems

Das 24-Volt-Netzteil versorgt nicht nur den Busmaster, sondern auch den VOC-Sensor und das Relais-Modul. Die GND-Ader des Netzteils schalten Sie mit der 1-Wire-GND-Ader zusammen.

Wie dieses Beispiel umgesetzt aussieht, zeigt folgende Abbildung 59.2. Sie erkennen das Wiregate ❼, den Professional Busmaster ❸, die 1-Wire-Verteilung ❶, die 24-V-Verteilung ❷, das Netzteil ❹, einen Hülsenfühler ❺ sowie den VOC-Sensor ❻ und das 1-Wire-Relais-Modul ❿ mit angeschlossenem iButton-Probe ❽ und einem iButton selbst ❾.

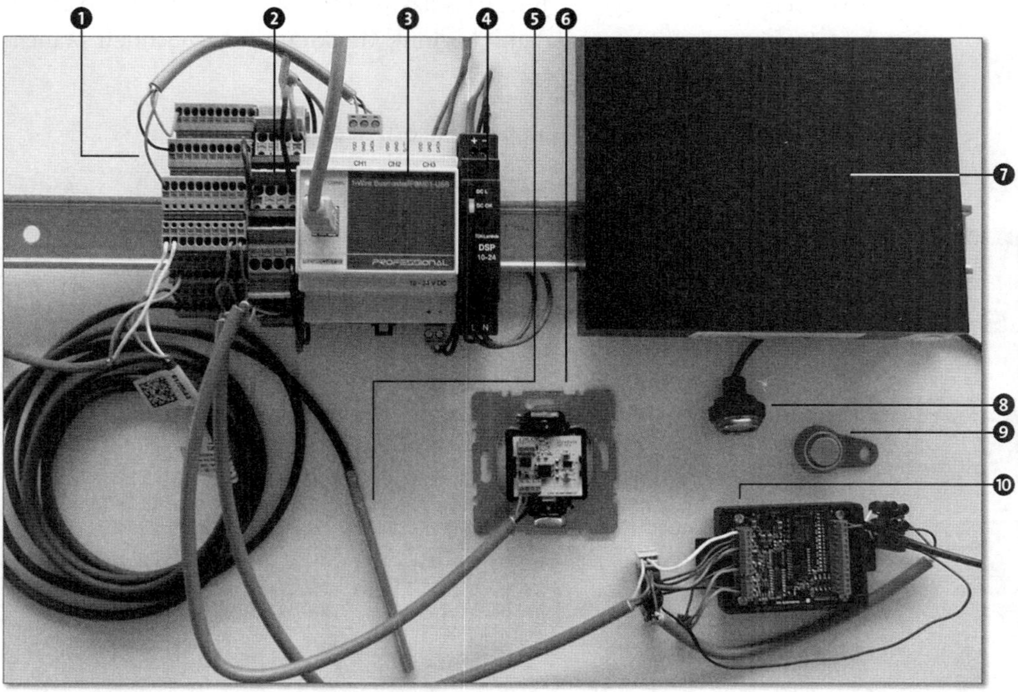

Abbildung 59.2 Der 1-Wire-Aufbau umgesetzt

59.2 Einsatz des Wiregates

Auch wenn der oben dargestellte Aufbau ein wenig kompliziert aussehen mag, für das Wiregate ist er gar kein Problem, es erkennt alle Busteilnehmer automatisch, sodass sich die Inbetriebnahme auf folgende Aufgaben beschränkt:

1. Schalten Sie das verkabelte Wiregate an und warten Sie auf fünf Pieptöne.
2. Greifen Sie über einen Webbrowser auf die per DHCP zugewiesene Adresse zu (Beispiel: *http://192.168.178.79:10000*), es erscheint das Wiregate-Webinterface.
3. Loggen Sie sich mit dem Benutzernamen *user* und dem Passwort ein, das auf der Geräterückseite notiert ist.

4. Führen Sie so lange alle Software-Updates durch, bis Ihre Wiregate-Software auf dem neuesten Stand ist (Menüpunkt: UPDATES).
5. Definieren Sie über den Menüpunkt EIB/KNX BUSZUGRIFF (EIBD) die Art und Weise, wie Sie auf Ihren KNX-Bus zugreifen möchten (z. B. Modus IP-Tunneling und IP-Adresse eines externen eibd-Servers), und importieren Sie dann Ihre ETS-Gruppenadressen (*.knxproj*-Datei).
6. Wählen Sie aus dem Hauptmenü die Funktion SENSOREN/WERTE KONFIGURIEREN und erkennen Sie voller Begeisterung, dass das Wiregate alle Ihre angeschlossenen Sensoren bereits erkannt hat und damit beginnt, Messwerte aufzuzeichnen. Manchmal ist es tatsächlich so einfach.

Abbildung 59.3 zeigt Ihnen die Ausgabe aller Sensorwerte:

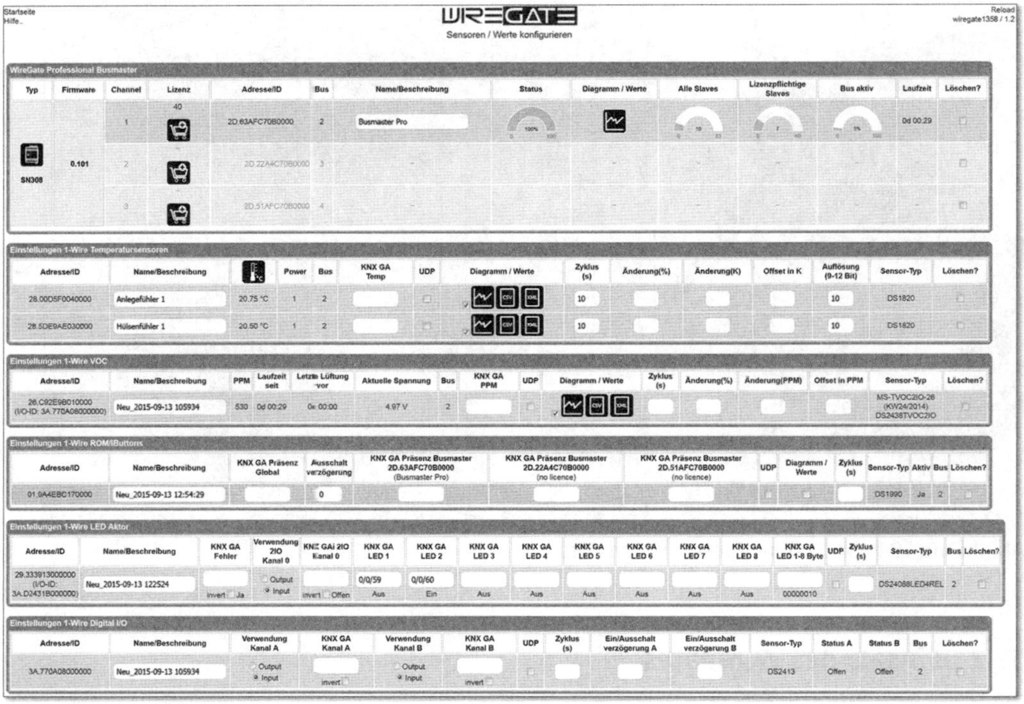

Abbildung 59.3 Das Wiregate hat alle Sensoren und Aktoren erkannt.

Sie sehen bereits jetzt alle gemessenen Werte Ihrer Sensorik. Jeder Sensor besitzt in der Bildschirmmaske ein oder mehrere Felder, in denen Sie KNX-Gruppenadressen eintragen können. Das Wiregate transferiert daraufhin die Sensorwerte automatisch auf die angegebenen KNX-Gruppenadressen, und Sie können sie nach eigenen Vorstellungen weiterverarbeiten.

Das 1-Wire-LED-/Relais-Modul als Aktor in unserem Aufbau besitzt unter anderem acht LED-Schaltausgänge, die Sie über KNX-Gruppenadressen schalten können. Die beiden in

Abbildung 59.4 dargestellten Ausgänge schalten direkt die rote und grüne LED des iButton-Probes.

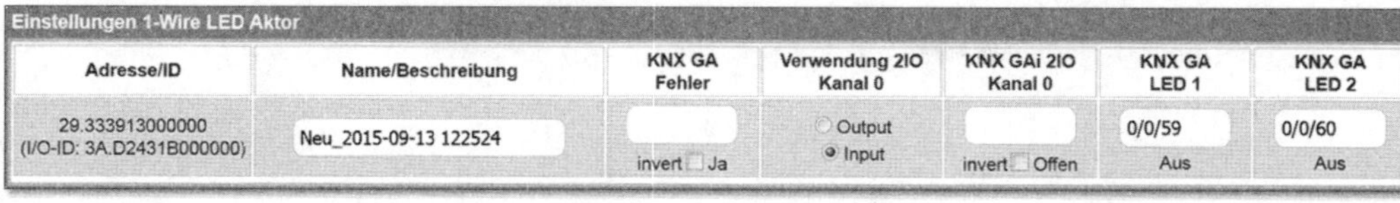

Abbildung 59.4 Zwei KNX-Gruppenadressen zur LED-Ansteuerung

Der iButton-Probe besitzt selbst keine 1-Wire-Adresse, sondern ist lediglich eine Kontaktiereinrichtung. Erst wenn Sie tatsächlich einen iButton an die magnetische Probe-Halterung einklicken, erscheint (automatisch) ein neues 1-Wire-Gerät, wie in Abbildung 59.5 zu sehen ist:

Abbildung 59.5 Der erkannte 1-Wire-iButton

Wenn Sie auch hier eine KNX-GA eintragen, können Sie beispielsweise in einer externen Logik wunderbar eine kleine Zutrittskontrolle oder Anwesenheitskontrolle implementieren (Stichwort: *digitales Schlüsselbrett*). Die beiden LEDs des iButton-Probes lassen sich dabei perfekt als positive oder negative Quittierung benutzen. Da jeder iButton eine weltweit eindeutige ID besitzt, können Sie Ihr System unbeschränkt erweitern – sowohl mit unterschiedlichen iButtons als auch mit mehreren Probes.

Wie eine vom Wiregate automatisch erfasste Aufzeichnung der Luftqualität über den VOC-Sensor aussieht, zeigt folgende Abbildung 59.6. Die Wiregate-Software setzt hier übrigens auf bewährte Technik und nutzt das RRDtool, das Sie aus Abschnitt 50.10 schon kennen.

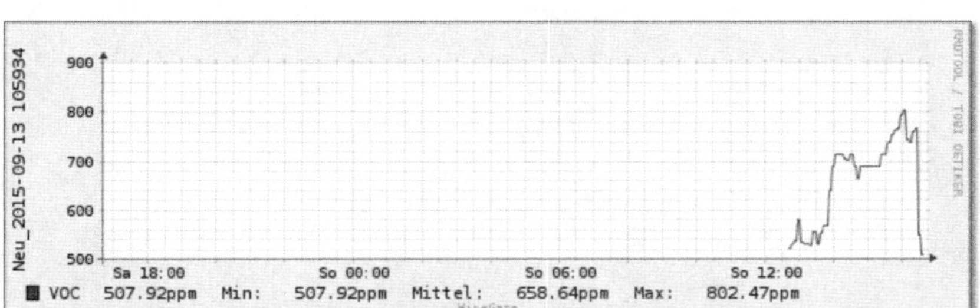

Abbildung 59.6 Das Wiregate erfasst vollautomatisch die Luftgüte.

Der Sensorwert ist wunderbar dazu geeignet, eine Belüftungsregelung zu versorgen. Im rechten Teil des Plots erkennen Sie eine manuelle Lüftung, die die Schadstoffkonzentration im Wohnraum wieder auf gute 500 ppm gesenkt hat.

Kapitel 60
Überblick: Programmierung für den Automatisierer

Die Heimautomation basierend auf einem KNX-System bringt bereits so viel Funktionalität mit, dass Sie diese nur zu parametrieren brauchen, statt tatsächlich eigene Programme schreiben zu müssen.

Um aus Ihrem Heim ein Smart Home zu machen, müssen Sie kein begnadeter Programmierer sein. In einem reinen KNX-System beispielsweise setzen Sie alle Standardanforderungen um, ohne eine einzige Zeile Code zu schreiben. KNX-Busteilnehmer besitzen bereits ein eingebautes Applikationsprogramm, das Sie nicht verändern, sondern stattdessen *parametrieren*. Durch diese Parametrierung erreichen Sie das gewünschte Verhalten. Für eine KNX-Wetterstation werden Sie also kein Programm entwickeln, das die Erzeugung eines Windalarms umsetzt, sondern Sie parametrieren lediglich die Windgeschwindigkeit, ab der der Alarm erzeugt werden soll. Dazu setzen Sie die ETS-Software ein, mit der grundsätzlich das komplette Verhalten Ihrer Gebäudesteuerung bestimmt (parametriert) wird. Wenn im Umfeld der ETS-Software trotzdem von *programmieren* gesprochen wird, bezieht sich das auf das Beschreiben der nicht flüchtigen Speicher der KNX-Teilnehmer. Beim Vorgang des Programmierens speichern Sie die in der ETS vorgenommenen Einstellungen (Parameter, Verknüpfungen der Gruppenadressen) auf den KNX-Geräten ab, programmieren also deren Speicher.

60.1 Überblick über die wichtigsten Sprachen

Warum widme ich der echten Programmierung mit echten Programmiersprachen trotzdem ein eigenes Kapitel? Zum einen kommen Sie an dem Punkt, an dem Sie Ihr KNX-System mit frei definierbaren Logikfunktionen oder einer aufwendigeren Visualisierung erweitern möchten, oftmals in Kontakt mit kleineren Programmieraufgaben. Zum anderen haben Sie vielleicht bereits festgestellt, dass sich die in diesem Buch vorgestellten Open-Source-Projekte zum Thema Smart Home noch besser ausreizen ließen, wenn Sie hier und da ein paar Zeilen Code entwerfen würden.

Natürlich kann und soll ein Heimautomationsbuch keinen Programmierkurs ersetzen, dafür gibt es wesentlich passendere Literatur. Es kann Ihnen aber einen Überblick darüber verschaffen, mit welchen Sprachen Sie in Kontakt kommen, wenn Sie das eine oder andere Automatisierungssystem tiefer verfolgen möchten. Die folgende Tabelle 60.1 zeigt Ihnen die wichtigsten:

Sprache	Einsatz	Merkmale	Entwicklungsumgebung und Tools
Python	▶ Entwicklung von HomeServer-Logikbausteinen ▶ Standardsprache für SmartHome.py-Anwendungen	▶ interpretierte universelle Skriptsprache ▶ interaktiver Modus ▶ für Anfänger geeignet ▶ sehr gut lesbar ▶ plattformunabhängig ▶ mächtige Standardbibliothek ▶ objektorientierte, aspektorientierte und funktionale Programmierung	▶ IDLE ▶ PyCharm (*http://www.jetbrains.com/pycharm*) ▶ Eric Python IDE (*http://eric-ide.python-projects.org/index.html*) ▶ Cython (Compiler) ▶ Pip (Paketmanager)
Shell (bash)	diverse Automatisierungsskripte unter Linux, Beispiel: Smart-Metering-Projekt, siehe Kapitel 61	interpretierte Skriptsprache für systemnahe Shell-Programmierung	▶ simpler Editor ▶ K Advanced Text Editor (kate) ▶ Geany
Go	Verwendung bei z. B. Smart-Metering-Projekt, (Kapitel 61) für influxdb-collectd-proxy	▶ kompilierbare Sprache ▶ plattformunabhängig ▶ bedingt objektorientiert ▶ native Unterstützung von Nebenläufigkeit ▶ Syntaxorientierung an der Sprache C	▶ Gc (offizieller Go-Compiler) ▶ go (Kommandozeilenwerkzeug, z. B. go test, go build, go fmt usw.)

Tabelle 60.1 Programmiersprachen für den Automatisierer

Sprache	Einsatz	Merkmale	Entwicklungsumgebung und Tools
C	▶ gut geeignet für hardwarenahe I/O-Programme, wie z. B. Zugriff auf Optokopf (siehe 50.1) ▶ Cross-Compile-Umgebung (siehe 60.2)	▶ kompilierte prozedurale Programmiersprache ▶ geeignet für hardwarenahe Programmierung ▶ große Verbreitung ▶ hohe Geschwindigkeit ▶ für fast alle Plattformen verfügbar	IDEs: ▶ NetBeans IDE ▶ KDevelop ▶ CodeLite ▶ Code::Blocks ▶ Eclipse Compiler: ▶ gcc
Perl	▶ Shell-Skripte ▶ Sprache der Wahl für FHEM (siehe 50.5)	▶ interpretierte Skriptsprache ▶ plattformunabhängig ▶ vielfältige Möglichkeiten zur Textbearbeitung ▶ nicht für Einsteiger optimiert ▶ frei verfügbare Perl-Module an zentralem Ort (CPAN) gesammelt	▶ Geany ▶ perl (Perl-Interpreter)
PHP	▶ stark in der unterstützenden Entwicklung von Visualisierungen ▶ Skriptsprache für IP-Symcon (siehe 51.1)	▶ ideal für Webanwendungen ▶ serverseitige Skriptsprache ▶ plattformunabhängig ▶ großer Funktionsumfang, kurze Entwicklungszeit, leicht erlernbar	▶ Eclipse IDE: PHP Development Tools ▶ NetBeans IDE

Tabelle 60.1 Programmiersprachen für den Automatisierer (Forts.)

Im Abschnitt zur libSML (siehe Abschnitt 50.1) haben Sie bereits ein C-Programm modifiziert. Die Modifikation war gering genug, dass Sie diese direkt auf dem Zielsystem, dem Embedded Rechner in Form eines RasPi, vorgenommen haben. Bei größeren Entwicklungen wird das schnell mühsam, daher stelle ich Ihnen im nächsten Abschnitt eine schöne Methode vor, wie Sie entspannt auf einem Desktop-PC entwickeln und auf einem Zielsystem wie dem RasPi ausführen.

60.2 Einrichten einer Cross-Entwicklungsumgebung

Zur Softwareentwicklung eignet sich ein ausgewachsener Desktop-PC wesentlich besser als ein Embedded System wie z. B. der Raspberry Pi. Das Problem daran ist nur, dass ein auf dem Desktoprechner (x86- oder x64-Architektur) kompiliertes Programm nicht auf dem Zielsystem (ARMv6-Architektur) lauffähig sein wird. Die Lösung zeigt Abbildung 60.1: Sie benötigen auf dem Desktoprechner eine sogenannte Cross-Compiling-Entwicklungsumgebung. In diesem Abschnitt sehen wir uns an, wie Sie ein solches System aufsetzen.

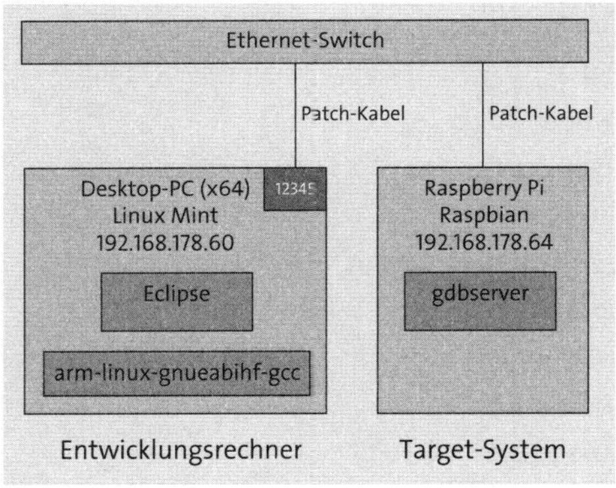

Abbildung 60.1 Aufbau: Entwicklungsrechner und Remote-System (Target)

60.2.1 Linux Toolchain für Linux Mint

Basierend auf einem Linux-Mint-(17.1-)System, das als Desktoprechner fungieren soll, installieren Sie zuerst die Cross-Umgebung für den ARM BCM2708 des RasPi wie folgt:

```
sudo apt-get update
```

Mit `apt-cache search gnueabihf |grep gcc` finden Sie heraus, dass im Moment die *gcc-4.8-arm-linux-gnueabihf* die aktuelle Version des GNU-C-Compilers (gcc) mit armhf-(hard floating point-)Unterstützung ist. Holen Sie sich die wichtigsten Build-Tools mit:

```
sudo apt-get install build-essential git
```

und die ARM-Cross-Compiler-Toolkette mit

```
mkdir rpi-cross ; cd rpi-cross
```

```
git clone git://github.com/raspberrypi/tools.git
cd tools/arm-bcm2708
```

In diesem Verzeichnis finden Sie insgesamt vier komplette Toolchains. Wenn Sie Ihren Desktop-PC mit einem 64-Bit-Linux betreiben (`uname -a`), ist die Toolkette *gcc-linaro-arm-linux-gnueabihf-raspbian-x64* die richtige. Fügen Sie diesen Pfad Ihrem Suchpfad hinzu mit `sudo nano ~/.bashrc` und dem Einfügen der Zeile

```
export PATH=$PATH:$HOME/rpi-cross/tools/arm-bcm2708/gcc-linaro-arm-linux-gnuea-
bihf-raspbian-x64/bin
```

am Ende der Datei. Führen Sie nach dem Speichern der Datei das Kommando `source ~/.bashrc` aus, um die Änderung wirksam werden zu lassen.

Testen Sie den Erfolg Ihrer bisherigen Installation mit dem Aufruf des Cross-Compilers:

```
arm-linux-gnueabihf-gcc --version
```

Sie sollten daraufhin, wie in Abbildung 60.2 gezeigt, eine Menge Informationen im Shell-Fenster angezeigt bekommen, unter anderem die Versionsnummer des gcc in der ersten Zeile.

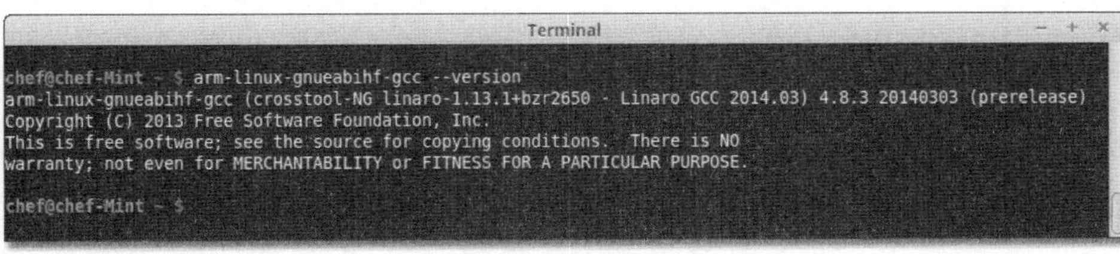

Abbildung 60.2 Der ARM-Cross-Compiler lässt sich aufrufen.

Ein erster Testlauf

Um die Funktion des Cross-Compilers zu überprüfen, setzen Sie das folgende kleine Experiment um:

```
cd ~/rpi-cross
mkdir demo ; cd demo
nano hello.c
```

Im Editor schreiben Sie ein kleines C-Programm:

```
int main()
{
        puts("\nHello World!\n");
}
```

Übersetzen (kompilieren) Sie es mit `arm-linux-gnueabihf-gcc hello.c -o hello` und versuchen Sie, es mit `./hello` zu starten, wie Abbildung 60.3 zeigt.

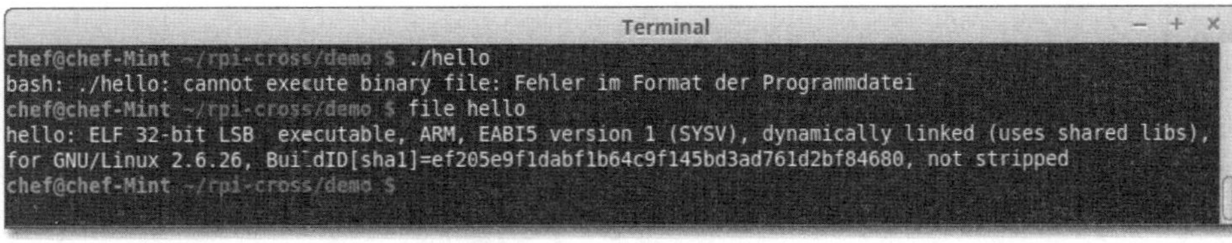

Abbildung 60.3 Das für den ARM kompilierte Programm lässt sich nicht starten.

Sie stellen fest: Das funktioniert so nicht. Kann es auch nicht, das kleine C-Programm wurde in ARM-Code übersetzt, und der kann von Ihrem Desktop-PC nicht ausgeführt werden, zumindest nicht auf diese Art.

Zweiter Testlauf

Daher übertragen Sie das Programm *hello* per SFTP auf den RasPi und führen es dort (über eine SSH-Verbindung) aus. Dazu starten Sie vom Desktop-PC aus eine SFTP-Sitzung (die IP-Adresse des RasPi ist hier 192.168.178.64):

```
sftp pi@192.168.178.64
pi@192.168.178.64's password:
Connected to 192.168.178.64.
sftp> put hello
Uploading hello to /home/pi/hello
hello                          100% 5969     5.8KB/s   00:00
sftp> exit
```

In einer SSH-Shell prüfen Sie (siehe Abbildung 60.4), ob das File angekommen ist, und starten es:

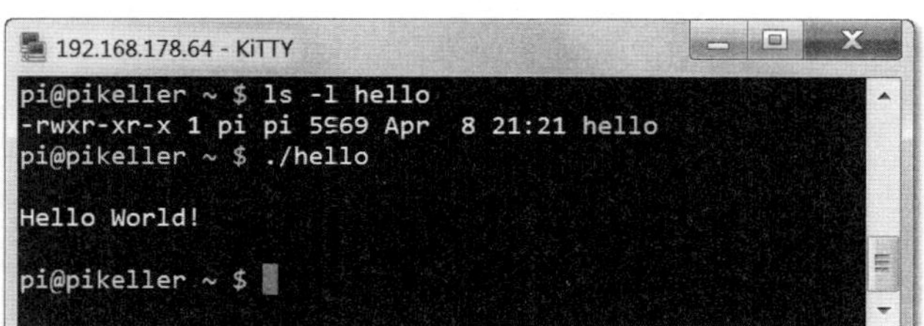

Abbildung 60.4 Auf dem RasPi läuft das Programm wie erwartet.

Wunderbar, genauso sollte es sein, auf dem RasPi läuft das für den ARM kompilierte Programm anstandslos.

60.2.2 Eclipse installieren und einrichten

Um den ganzen Prozess des Kompilierens, Übertragens und Debuggens komfortabler zu gestalten, holen Sie sich den Mercedes unter den Entwicklungsumgebungen auf Ihren Desktop-PC: *Eclipse*.

Eclipse Luna mit CDT installieren und Einrichten eines Projekts

Für Eclipse (in der Version Luna) gibt es eine Version mit CDT-(C/C++ Development Tooling-)Integration, die Sie für Luna von hier bekommen:

http://eclipse.org/downloads/packages/release/Luna/SR2

Laden Sie sich das zu Ihrer Architektur (hier: 64 Bit) passende Archiv in das Verzeichnis *~/rpi-cross* herunter, entpacken Sie es und starten Sie Eclipse:

```
cd ~/rpi-cross
tar -xvf eclipse-cpp-luna-SR2-linux-gtk-x86_64.tar.gz
cd eclipse
./eclipse &
```

Die Frage nach dem Workspace quittieren Sie mit den Standardeinstellungen. Lesen Sie bei Bedarf den Welcome Guide kurz durch und schließen Sie dann dessen Registerkarte. Legen Sie mit FILE • NEW • C PROJECT Ihr erstes Projekt namens »RPi-Projekt« an (siehe Abbildung 60.5), wählen Sie als PROJECT TYPE die Vorlage HELLO WORLD ANSI C PROJECT und als TOOLCHAIN die Option CROSS GCC.

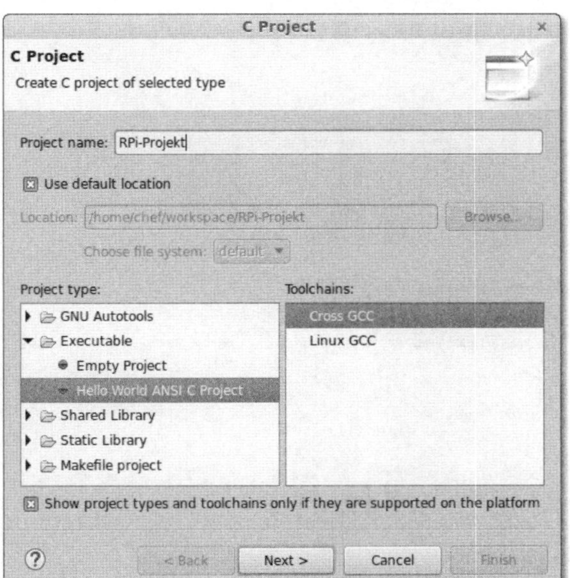

Abbildung 60.5 Anlegen eines Projekts mit Cross-Compiler-Unterstützung

Betätigen Sie dreimal den NEXT-Button und geben Sie in der C PROJECT-Dialogbox (zu sehen in Abbildung 60.6) im Feld CROSS COMPILER PREFIX den Wert »arm-linux-gnueabihf-» ein sowie für CROSS COMPILER PATH den Pfad zu Ihrem Compiler: */home/chef/rpi-cross/tools/arm-bcm2708/gcc-linaro-arm-linux-gnueabihf-raspbian-x64/bin*.

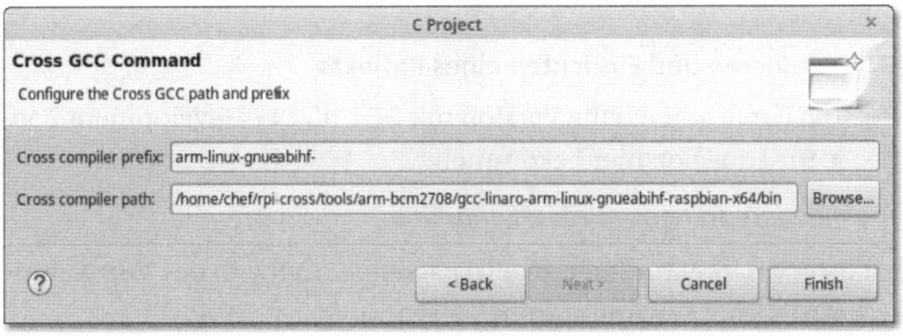

Abbildung 60.6 Konfigurieren Sie den Pfad zu Ihrem Cross-Compiler.

Beenden Sie die Einrichtung mit FINISH und starten Sie im Eclipse-Hauptfenster PROJECT • BUILD ALL, worauf im PROJECT-EXPLORER bereits das übersetzte Binärfile sichtbar wird (BINARIES • RPI-PROJECT – [ARM/LE]). Im Register CONSOLE am unteren Bildschirmrand (siehe Abbildung 60.7) erscheint die Konsolenausgabe des aufgerufenen GCC-Compilers.

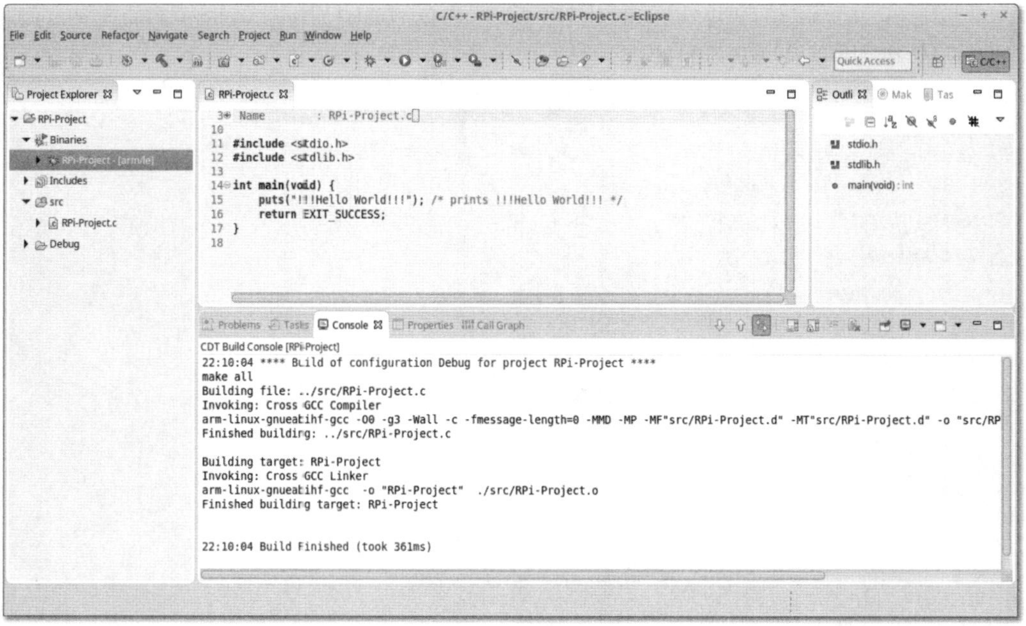

Abbildung 60.7 Aufruf des Cross-Compilers unter Eclipse

Das generierte Binary liegt jetzt unter *~/workspace/RPi-Project/Debug*. Sie könnten es nun mit dem Kommando `file` testen und auf den RasPi übertragen, aber darauf verzichten wir an dieser Stelle und richten stattdessen eine viel komfortablere Remote-System-Verbindung ein.

Einrichten eines Remote-System-Zugangs

Öffnen Sie das Menü WINDOW • SHOW VIEW • OTHER und dort das Verzeichnis REMOTE SYSTEMS, selektieren Sie REMOTE SYSTEMS DETAILS und drücken Sie auf OK. Es öffnet sich ein gleichlautendes Register im unteren Screenbereich, auf dessen Eintrag LOCAL Sie bitte mit rechts klicken und aus dem Kontextmenü NEW • CONNECTION auswählen. In der erscheinenden Dialogbox wählen Sie SSH ONLY aus und quittieren mit dem NEXT-Button. Sie werden anschließend noch aufgefordert, einen HOST NAME zu vergeben (die Adresse des RasPi, hier: 192.168.178.64) und der Verbindung einen CONNECTION NAME zu geben (Beispiel: Raspberry Pi Keller). Die Einstellung können Sie mit FINISH beenden, worauf im REMOTE SYSTEM DETAILS-Register (in Abbildung 60.8) die neue Verbindung bereits auftaucht:

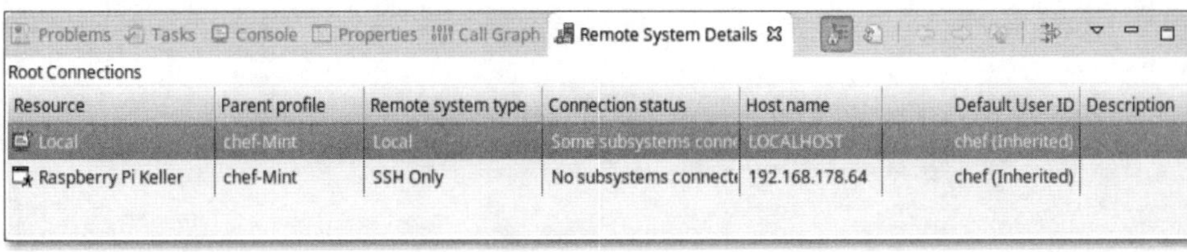

Abbildung 60.8 Das neue Remote-System (RasPi) ist aufgenommen.

Klicken Sie mit rechts auf die neue Verbindung (hier: RASPBERRY PI KELLER) und wählen Sie den Kontextmenüpunkt SHOW IN REMOTE SYSTEMS VIEW. Am besten nehmen Sie jetzt das gesamte neue Register REMOTE SYSTEMS und ziehen es mit der Maus direkt neben den PROJECT EXPLORER in der Baumansicht im linken Fensterbereich. Dort ist es besser aufgehoben. In der Baumansicht können Sie nun komfortabel das Filesystem Ihres RasPi, das Remote-System, durchforsten, so als wäre es lokal auf Ihrem Desktop-PC. Pro Sitzung müssen Sie einmal noch Ihre RasPi-Zugangsdaten eingeben. Kopieren Sie das erzeugte Binary *~/workspace/RPi-Project/Debug/RPi-Project* per Drag-and-drop aus dem lokalen Filesystem in das Home-Verzeichnis Ihres Users auf dem Remote-Filesystem des RasPi.

Wenn Sie das Kontextmenü über dem Listeneintrag RASPBERRY PI KELLER • SSH TERMINALS aufrufen und LAUNCH TERMINAL wählen, erhalten Sie, wie die folgende Abbildung 60.9 zeigt, sogar einen eingebauten SSH-Zugang. Wechseln Sie in dem Terminalfenster in das Verzeichnis, in dem Sie das RPi-Project-Binary abgelegt haben, machen Sie es mit `chmod +x RPi-Project` ausführbar und starten Sie es mit `./RPi-Project`.

Sie sehen: Es lässt sich ausführen, Ihre Cross-Compile-Umgebung funktioniert einwandfrei. Gut gemacht!

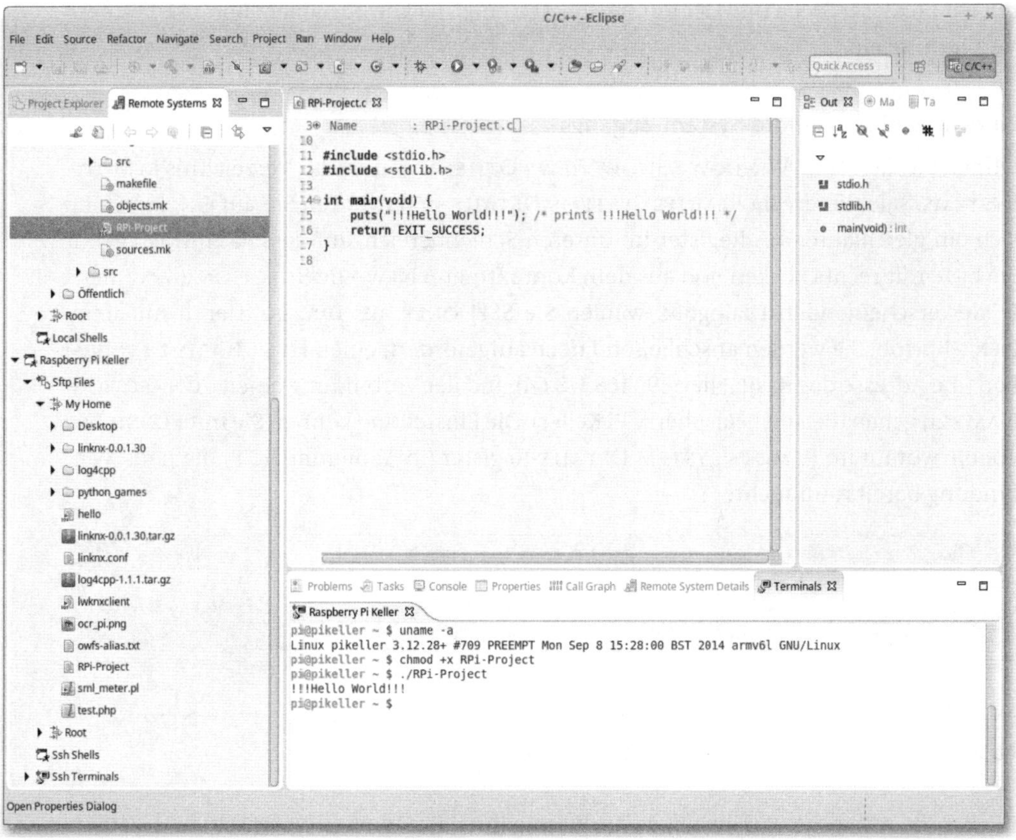

Abbildung 60.9 Ausführen des cross-compilierten Executables über den RPi-Remote-Zugang

60.2.3 Automatischer Transfer auf den RasPi

Sie können Eclipse so einrichten, dass neu erzeugte Executables nach dem Cross-Compilieren automatisch auf den RPi übertragen werden. Erzeugen Sie dafür bitte zuallererst einen SSH-Key, sodass Sie bei einem Zugriff auf das Remote-Filesystem (auf Ihrem RasPi) kein Passwort mehr eingeben müssen. Wie das in wenigen Schritten funktioniert, finden Sie in Abschnitt 14.1.2, »Einen SSH-Key unter Linux erzeugen«.

Öffnen Sie anschließend unter Eclipse die Dialogbox PROJECT • PROPERTIES, wechseln Sie dort zu C/C++ BUILD • SETTINGS • BUILD STEPS und tragen Sie in das Feld POST-BUILD STEPS das Kommando `scp RPi-Project pi@192.168.178.64:/home/pi/` ein, wobei Sie IP-Adresse und User (pi) an Ihre eigenen Gegebenheiten anpassen. Beim nächsten Build-Prozess wird das Executable nun direkt im Anschluss übertragen – ganz ohne Ihr Zutun.

60.2.4 Remote Debugging integrieren

In Eclipse öffnen Sie nun die Dialogbox Run • Debug Configurations, doppelklicken auf C/C++ Remote Application und erhalten daraufhin eine neue Konfiguration namens RPi-Project Debug. Sehen Sie sich im unteren Fensterbereich die Launcher-Textzeile an, diese sollte Using GDB (DSF) Manual Remote Debugging Launcher lauten. Fehlt das »Manual«, müssen Sie aktiv werden, falls nicht, können Sie den nächsten Block überspringen.

Auf Manual Remote Debugging umstellen

Klicken Sie in der Debug Configurations-Dialogbox unten auf Select other, in der neuen Dialogbox Select Preferred Launcher auf Change Workspace Setting und in der Dialogbox Preferences (Filtered) auf das [Debug] unterhalb von C/C++ Remote Application. In der Listenansicht auf der rechten Fensterhälfte selektieren Sie GDB (DSF) Manual Remote Debugging Launcher und quittieren alle geöffneten Dialogboxen mit Apply bzw. OK.

GDB-Debugger einstellen

Zurück in der Debug Configurations-Dialogbox (siehe Abbildung 60.10), selektieren Sie das Register Debugger und tragen im Unterregister Main in das Feld GDB Debugger den Namen »arm-linux-gnueabihf-gdb« ein. Wechseln Sie in das Unterregister Connection und geben Sie die IP-Adresse Ihres RasPi an (Host name or IP address: 192.168.178.64) sowie den Port, auf dem der gdbserver hört (Port number: 12345).

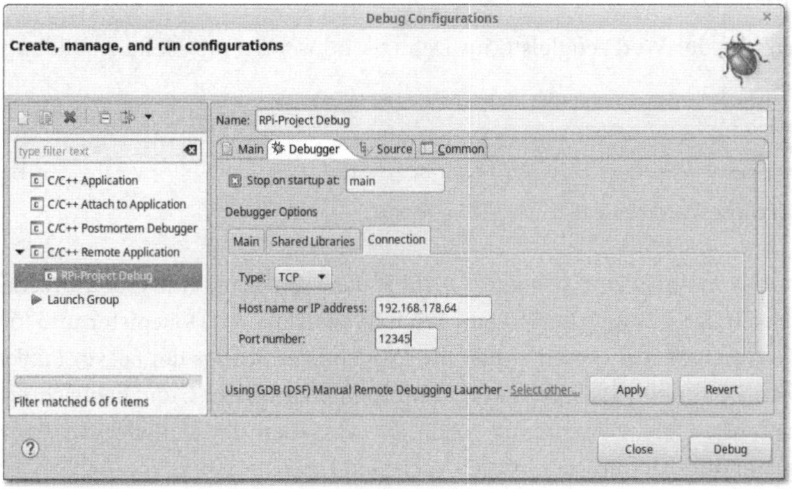

Abbildung 60.10 TCP-Verbindung für den GDB-Server definieren

Bevor es losgehen kann, sollten Sie bitte noch im Register Common in der Liste Display in Favorites menu die Option Debug ankreuzen. Sie können dann die DEBUG CONFIGURATIONS-Dialogbox schließen.

Remote-Debug-Testlauf

Erweitern Sie zuerst die `main`-Funktion des kleinen C-Programms, das Eclipse automatisch angelegt hat, ein wenig, sodass Sie im Debugger auch etwas zu tun haben:

```
int main(void) {
   int t;
   puts("!!!Hello World!!!"); /* prints !!!Hello World!!! */
   for (t=0; t<5; t++)
   {
      printf("\n%d", t);
   }
   return EXIT_SUCCESS;
}
```

Übersetzen Sie das Programm (fehlerfrei) mit Project • Build All, wechseln Sie in das Terminalfenster, über das Sie Ihren RasPi erreichen, und starten Sie dort den Remote-Debug-Server: `sudo gdbserver 192.168.178.60:12345 RPi-Project`, wobei Sie hier die IP-Adresse Ihres Eclipse-PCs einsetzen. Suchen Sie anschließend den kleinen grünen Käfer (den Debugger) in der Mitte der Eclipse-Toolbar, öffnen Sie über den Pfeil rechts daneben das Kontextmenü und wählen Sie dort den Eintrag RPi-Project Debug. Eclipse wechselt jetzt in die Debug-Ansicht und stellt den Quellcode mit mehreren Watch-Windows dar. Sie erkennen, dass Ihr Programm bereits gestartet wurde (auf dem RasPi) und der Programm-Counter auf den Breakpoint in der Zeile `puts("!!!Hello World!!!")` gelaufen ist. Im Register Variables rechts stellt Ihnen Eclipse die verwendeten Variablen zusammen mit ihrem aktuellen Wert dar (hier: t = 0).

Machen Sie sich mit der Werkzeugleiste im Debug-Modus vertraut (siehe Abbildung 60.11):

Abbildung 60.11 Eclipse-Werkzeugleiste im Debug-Modus

Das siebte Symbol von links, Step Over (F6), führt das Programm eine C-Sourcezeile weiter aus. Wechseln Sie im unteren Screenbereich in das Terminals-Register und lösen Sie einmal Step Over aus. Sie erkennen die Ausgabe des Strings der `puts()`-Funktion. Wiederholen Sie Step Over, bis das Programm sein Ende erreicht, und beobachten Sie im Terminalfenster (siehe Abbildung 60.12) die Ausgaben der Schleife sowie im Variables-Register die Erhöhung der lokalen Variablen `t`.

Ab jetzt sind Sie in der Lage, Programme direkt auf dem Target zu debuggen – eine echte Profifunktion.

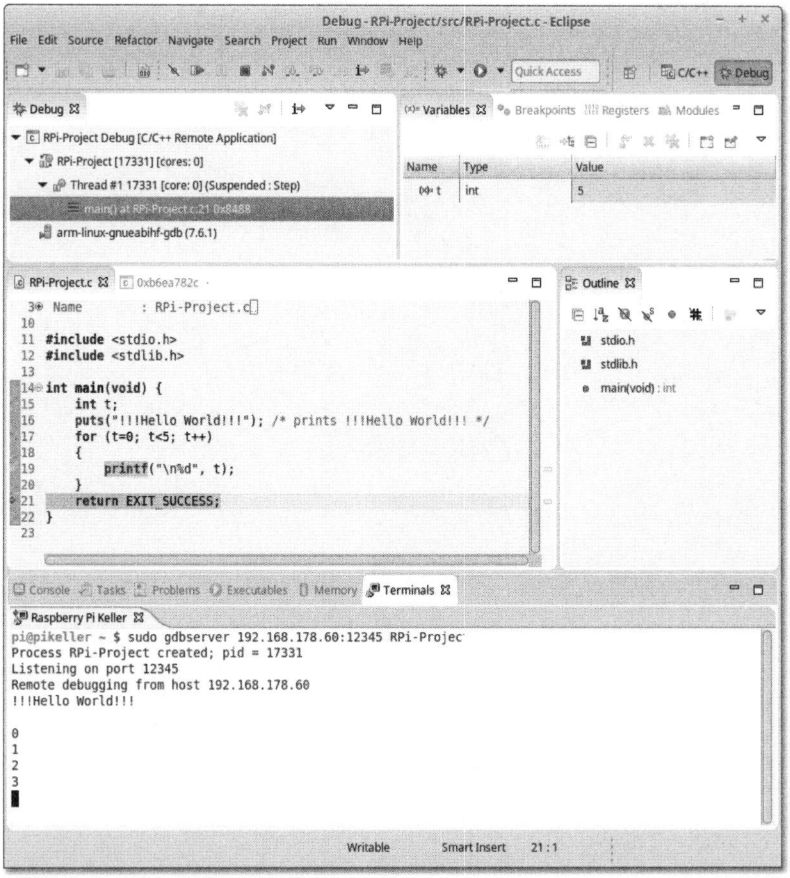

Abbildung 60.12 Cross-Debugging auf dem Target (RasPi) mit Eclipse

60.2.5 GitHub-Integration

Eclipse ist eine extrem mächtige Entwicklungsumgebung und lässt sich nahezu grenzenlos und unüberschaubar erweitern. Ich möchte Ihnen stellvertretend ein besonders nützliches Plug-in ans Herz legen: *GitHub*. Diese Erweiterung erlaubt es Ihnen, Ihren eigenen Code in ein GitHub-Repository zu legen oder ein bereits existierendes Open-Source-Repository direkt in Eclipse zu klonen.

Sie installieren das Plug-in ganz komfortabel über HELP • INSTALL NEW SOFTWARE. In der Dialogbox wählen Sie für WORK WITH den Eintrag LUNA aus und in der Liste der verfügbaren Pakete COLLABORATION • ECLIPSE GITHUB INTEGRATION WITH TASK FOCUSED INTERFACE. Nach Beendigung der Installation und einem Eclipse-Neustart finden Sie das GitHub-Register über WINDOWS • SHOW VIEW • OTHER • GIT und z. B. GIT REPOSITORIES.

Kapitel 61
Die Möglichkeiten von Smart Metering

Was man nicht messen kann, kann man nicht kontrollieren.

Den größten Teil dieses Buchs haben Sie bereits erfolgreich durchgearbeitet und sicherlich den einen oder anderen Verweis auf dieses Kapitel gesehen. Sie realisieren im Rahmen dieses Smart-Metering-Praxisprojekts eine leistungsfähige, Client/Server-basierte Messdatenerfassung inklusive einer komfortablen, webbasierten, grafischen Auswertung. Dabei begegnen Ihnen auch ein paar weitere Softwareperlen, durch deren geschickte Kombination jede Art von Daten, die in einem Smart Home anfallen, aufgezeichnet und präsentiert wird. Im Einzelnen sind das:

- **collectd**: ein Datensammlungsdaemon
- **InfluxDB**: ein Datenbanksystem mit Spezialisierung für Messdaten mit zeitlichem Bezug
- **Grafana**: eine webbasierte Anzeigelösung für Plots

Schematisch dargestellt, wird Ihr System die Architektur aus Abbildung 61.1 besitzen. Hier dient ein Raspberry Pi exemplarisch als Datenaufzeichnungsknecht für 1-Wire-Sensoren (über OWFS), für Stromzählerdaten (über ein kleines Programm, basierend auf der libSML) sowie für KNX-Telegramme (eibd). Diese drei Programmpakete haben Sie bereits im Softwareteil des Buchs kennengelernt. Hinzu kommt ein viertes, collectd, das die Aufzeichnung der Daten übernimmt und diese an den Server weiterleitet.

Der Server selbst ist ebenfalls mit collectd ausgerüstet und speichert darüber die Messdaten aller Clients in einer rrd-Datenbank, woraus sie permanent in eine InfluxDB-Datenbank übertragen werden. Diese dient Grafana als Datenquelle für die grafische Aufbereitung. Da Grafana eine Webapplikation ist, können Sie von überall aus auf Ihre Grafiken zugreifen.

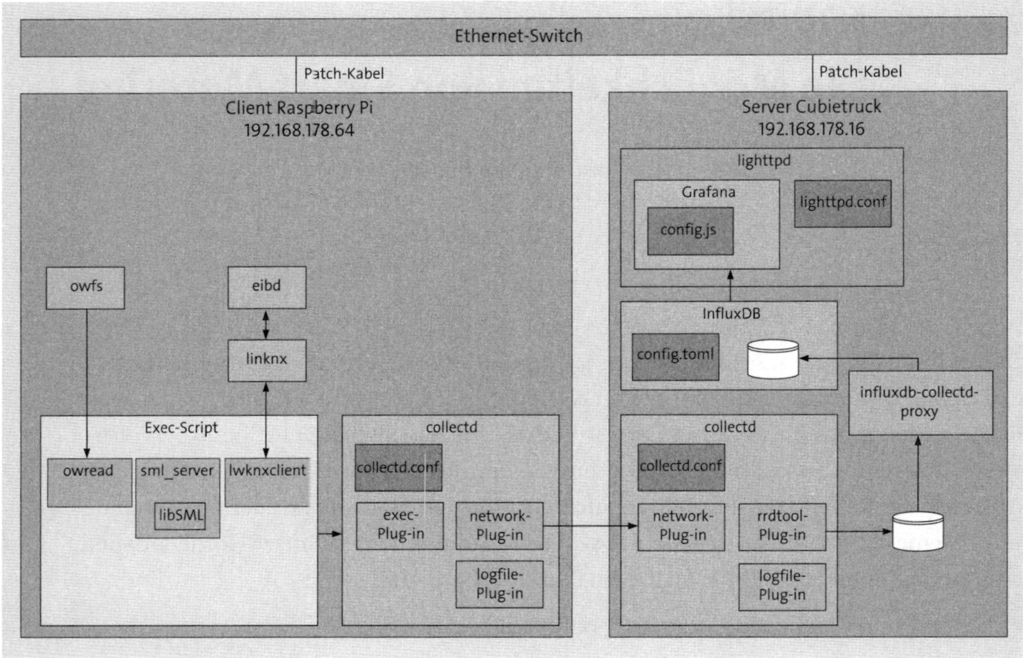

Abbildung 61.1 Die Client/Server-Architektur des Smart-Metering-Systems

61.1 Wichtige Logfiles und Config-Dateien

Bevor es mit dem Aufbau des Smart-Metering-Projekts richtig losgeht, finden Sie in folgender Tabelle 61.1 eine Referenz auf die in diesem Kapitel verwendeten Logfiles und Config-Dateien. Werfen Sie, speziell während der Anfangsphase, öfter einen Blick in die Logfiles, sie enthalten wertvolle Zusatzinformationen.

Programm	Pfad	Beschreibung
lighttpd	*/var/log/lighttpd/error.log*	lighttpd-Status- und Error-Logfile
	/etc/lighttpd/lighttpd.conf	lighttpd-Config-File
Grafana	*/var/www/grafana/config.js*	Config-File für Grafana
Linknx	*/home/pi/linknx.conf*	Config-File für Linknx

Tabelle 61.1 Wichtige Config- und Logfiles für das Grafana-Projekt

Programm	Pfad	Beschreibung
collectd (Client und Server)	*/etc/collectd/collectd.conf*	collectd-Config-File
	/usr/share/collectd/types.db	Definition von Datentypen
	/var/log/collectd.log	Logfile, wenn per config umgesetzt, ansonsten: */var/log/syslog*
collectd (Server)	*/var/lib/collectd/rrd/<Rechnername>*	Verzeichnis für die RRD-Datenbanken
InfluxDB	*/opt/influxdb/shared/config.toml*	InfluxDB-Config-File
	/opt/influxdb/shared/log.txt	Logfile des InfluxDB-Servers
	/opt/influxdb/shared/data/db	Datenbankverzeichnis für InfluxDB-Datenbanken
Proxy	*/var/log/collectd-proxy.log*	Logdatei des influxdb-collectd-proxy

Tabelle 61.1 Wichtige Config- und Logfiles für das Grafana-Projekt (Forts.)

61.2 Anschluss der Sensorik an den Messclient

Der Hardwareaufbau für die Messdatenerfassung auf dem Client hängt natürlich von den zu messenden Daten selbst ab bzw. von den Schnittstellen, über die auf sie zugegriffen wird. In diesem Beispielaufbau (Abbildung 61.2) gehe ich von zwei abzugreifenden Stromzählern, einer ganzen Reihe von Temperatursensoren (bzw. weiterer 1-Wire-Sensorik) und natürlich beliebigen KNX-Telegrammen aus. Über Letztere greifen Sie per eibd und einem KNX-IP-Interface zu.

An zentraler Stelle, vorzugsweise in örtlicher Nähe zu den abzufragenden Stromzählern, liest der Raspberry Pi alle für den Projektaufbau wichtigen Messwerte ein und sendet diese zur Weiterverarbeitung an den Grafana-Server (den Cubietruck). Der RasPi wird wie üblich mit einem ausreichend leistungsstarken Netzgerät (am besten in Hutschienenmontage) versorgt und mit einem aktiven USB-Hub erweitert. Für den Hub benötigen Sie wiederum ein Netzteil. Ohne den externen aktiven USB-Hub wird der Aufbau nicht funktionieren, da einerseits der RasPi keine ausreichende Anzahl an USB-Schnittstellen bereithält und diesen zudem nicht genügend elektrische Leistung zur Verfügung steht.

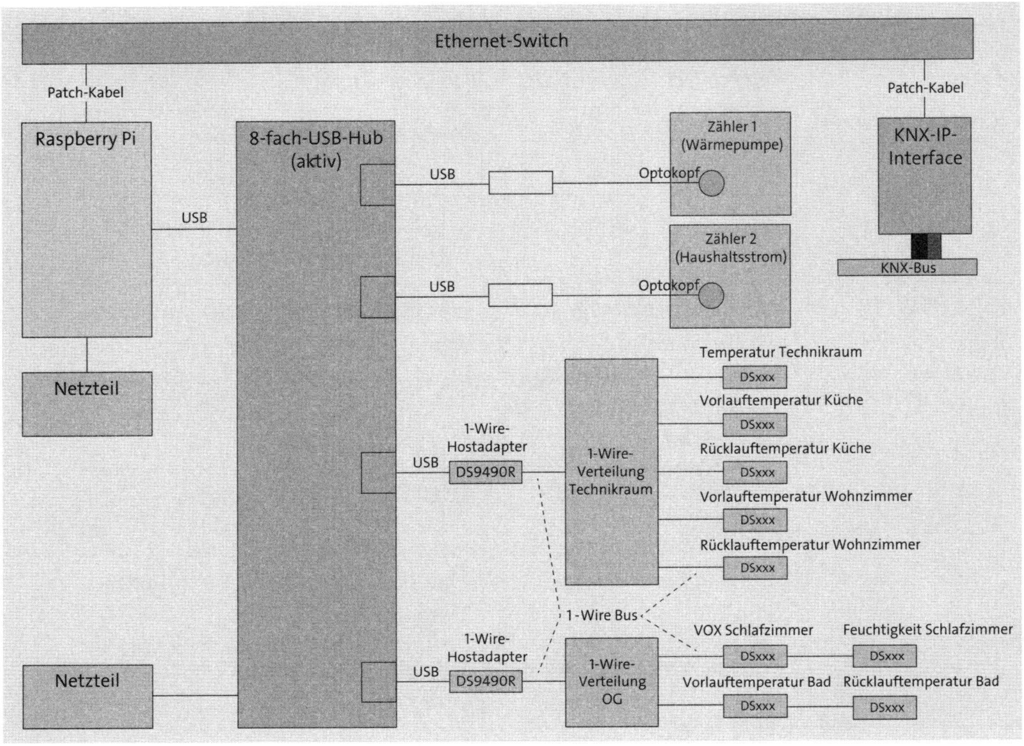

Abbildung 61.2 Der Aufbau des Messclients

Am USB-Hub schließen Sie, in beliebiger Reihenfolge, folgende Geräte an:

- Für jeden zu messenden Stromzähler (Wärmepumpe, Haushaltsstrom, Fotovoltaik usw.) einen eigenen Optokopf (siehe Abschnitt 35.3, »Infrarotlesekopf«), den Sie über seine magnetische Halterung direkt am Zähler montieren.
- Einen 1-Wire-USB-Busmaster (siehe Abschnitt 10.2.2, »Parasitär oder nicht?«) für jedes 1-Wire-Bussegment. Am Busmaster werden, idealerweise in busförmiger Verkabelung, alle vorgesehenen 1-Wire-Sensoren angeschlossen.

61.3 Konfigurieren Sie den Smart-Metering-Server

Ein sehr gut geeigneter Kleinrechner für die Aufgabe des Smart-Metering-Servers ist z. B. der *Cubietruck* (siehe Abschnitt 43.2.3) mit der Cubian-Distribution als Betriebssystem und einer SATA-SSD als Massenspeicher für Ihre Messdaten.

61.3.1 Richten Sie InfluxDB auf dem Cubietruck ein

InfluxDB wird Ihrem Server als Datenbanksystem für beliebige Messdaten mit zeitlichem Bezug dienen.

Die Installation von InfluxDB

Die für den Cubietruck benötigte ARM-Version von InfluxDB installieren Sie am besten durch folgende Schritte:

```
cd
wget http://demos.pihomeserver.fr/influxdb_0.8.6_armhf.deb
sudo dpkg -i influxdb_0.8.6_armhf.deb
rm influxdb_0.8.6_armhf.deb
```

Sehen Sie hin und wieder auf der Seite *http://www.pihomeserver.fr/en/2014/11/29/raspberry-pi-home-server-installer-influxdb/* nach, eventuell ist bereits eine neuere ARM-Version als InfluxDB 0.8.6 verfügbar.

Modifikationen am Config-File

Das InfluxDB-Config-File finden Sie unter */opt/influxdb/shared/config.toml*. Öffnen Sie es bitte mit dem Editor und nehmen Sie folgende Änderungen in der Section `[logging]` vor:

```
[logging]
# logging level: "fine", "debug", "info", "warn" or "error"
level  = "warn"
# stdout to log to standard out, or syslog facility
file   = "/opt/influxdb/shared/log.txt"
```


Neustarten des Service

Nachdem Sie die Config-Datei angepasst haben, starten Sie den InfluxDB-Service neu (siehe Abbildung 61.3):

```
sudo service influxdb restart
```

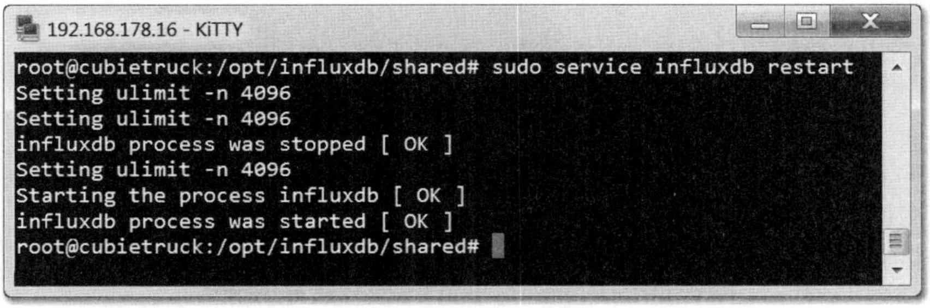

Abbildung 61.3 Der gestartete InfluxDB-Service

Erste Schritte mit InfluxDB

InfluxDB unterstützt eine ganze Menge an Interfaces, eines davon ist die HTTP-Schnittstelle, die Sie in diesem Aufbau über collectd speisen. Die Schnittstelle hört auf dem Port

8086. Probieren Sie sie gleich aus, indem Sie von der Shell aus eine neue Datenbank erzeugen:

`sudo apt-get install curl` (nur falls noch nicht geschehen)

```
INFLUXDB_DATABASE=test
curl -s "http://localhost:8086/db?u=root&p=root" -d "{\"name\": \"$INFLUXDB_
DATABASE\"}"
```

Was auf den ersten Blick etwas kompliziert aussieht, sollte Sie bitte nicht abschrecken, sondern Ihnen nur die flexiblen Zugriffsarten auf den InfluxDB-Server demonstrieren. Natürlich bietet InfluxDB auch eine Weboberfläche, die wir gleich starten. Öffnen Sie einen Browser und verbinden Sie sich mit Port 8083 (dem Admin-Port) mit dem Server, auf dem InfluxDB läuft. Im Beispiel ist das 192.168.178.16 (der Cubietruck), sodass die vollständige URL lautet: *http://192.168.178.16:8083*.

Geben Sie sowohl für den Benutzernamen als auch für das Passwort jeweils »root« ein, das ist das nach der Installation eingerichtete Default-Konto. Sie finden nach dem Log-in bereits die eben eingerichtete Datenbank mit dem Namen »test« in der Übersicht vor. An dieser Stelle sollten Sie bereits zwei neue Datenbanken anlegen, die Sie für die weiteren Schritte benötigten. Das ist denkbar einfach, geben Sie jeweils im Feld DATABASE DETAILS den Namen der anzulegenden Datenbank an und klicken Sie auf CREATE DATABASE. Abbildung 61.4 verdeutlicht das:

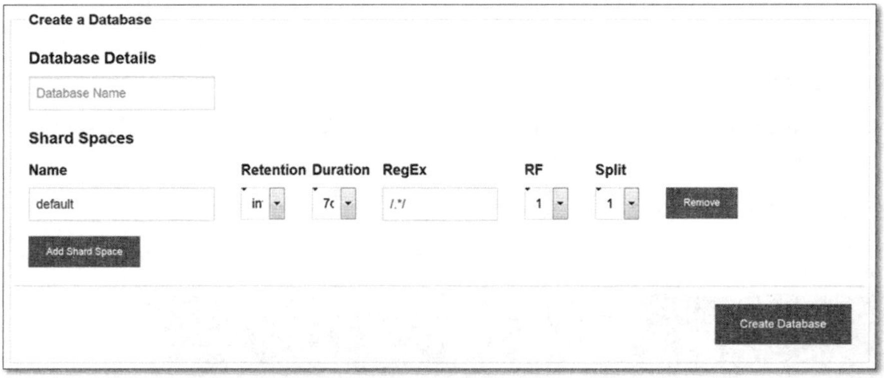

Abbildung 61.4 Anlegen einer neuen Datenbank

Legen Sie bitte diese zwei neuen Datenbanken an:

1. collectd
2. grafana

Das Ergebnis ist in folgender Abbildung 61.5 zu sehen. Sie besitzen bereits drei Datenbanken:

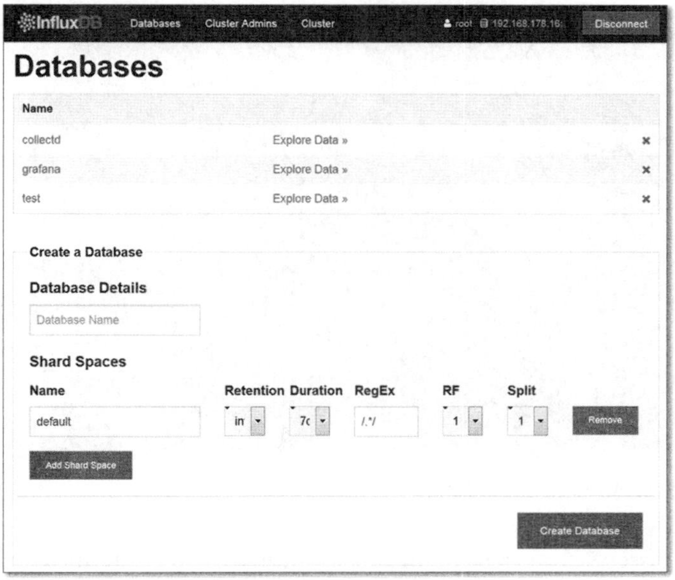

Abbildung 61.5 InfluxDB mit drei angelegten Datenbanken

Anlegen einiger Beispieldatensätze

Für unser Grafana-Projekt ist diese kleine Übung zwar nicht notwendig, soll Ihnen aber exemplarisch das Befüllen und Abfragen der `test`-Datenbank über die InfluxDB-HTTP-Schnittstelle demonstrieren. Die folgenden vier Shell-Kommandos fügen insgesamt drei Datensätze (12, 56, 34) in eine Tabelle namens `foo` ein und geben den erzeugten Inhalt anschließend im Shell-Fenster wieder aus. Bitte lassen Sie zwischen den einzelnen Kommandos jeweils mindestens eine Minute vergehen, um später eine etwas aussagekräftigere Plotausgabe zu erhalten.

```
curl -d '[{"name":"foo","columns":["val"],"points":[[12]]}]'
'http://localhost:8086/db/test/series?u=root&p=root'
curl -d '[{"name":"foo","columns":["val"],"points":[[56]]}]'
'http://localhost:8086/db/test/series?u=root&p=root'
curl -d '[{"name":"foo","columns":["val"],"points":[[34]]}]'
'http://localhost:8086/db/test/series?u=root&p=root'
curl -G 'http://localhost:8086/db/test/series?u=root&p=root&pretty=true'
--data-urlencode "q=select * from foo"
```

Als Shell-Ausgabe erhalten Sie durch die Option `pretty=true` eine optisch etwas ansprechendere Darstellung des Tabelleninhalts (siehe Abbildung 61.6).

Bemerkenswert an dieser Ausgabe ist die Spalte `time`, die InfluxDB selbstständig hinzugefügt hat und mit dem jeweils aktuellen Unix Timestamp (Epoch Time) ausfüllt. Dieser zeitliche Datenbezug macht InfluxDB so ideal für unser Vorhaben. Sie finden nähere Informationen zum Unix-Zeitstempel im RRDtool-Abschnitt (siehe Abschnitt 50.10.5).

61

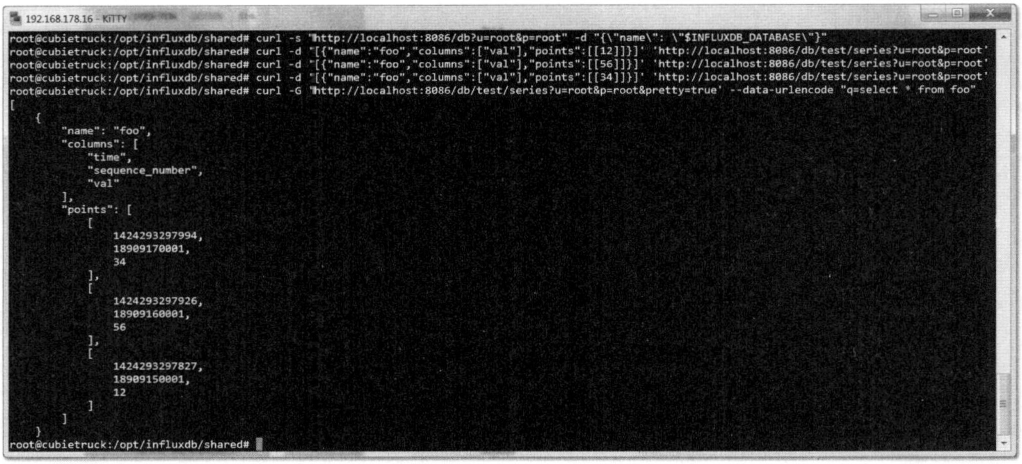

Abbildung 61.6 Eine SQL-Select-Abfrage mit InfluxDB

Die eben erzeugten Daten lassen sich auch bequem über die InfluxDB-Webseite abrufen. Dafür klicken Sie im DATABASES-Auswahlbildschirm (siehe Abbildung 61.5) auf den EXPLORE DATA-Link rechts neben der Datenbank `test` und geben im daraufhin erscheinenden QUERY-Feld das SQL-Kommando zur Ausgabe der kompletten Tabelle `foo` ein: `select * from foo`. Die grafische Ausgabe der drei enthaltenen Messwerte über die Zeit sehen Sie in Abbildung 61.7.

Abbildung 61.7 Eine erste SQL-Anweisung über die InfluxDB-DUI

61.3.2 Grafana auf dem Cubietruck einrichten

Die erfolgreich installierte InfluxDB erweitern Sie im folgenden Arbeitsschritt um eine grafische Messdatenaufbereitung. Dafür eignet sich hervorragend die kostenlose Software *Grafana*. Um herauszufinden, welche Version von Grafana die aktuellste ist, sehen Sie bitte auf der Seite *http://grafana.org/download/* nach.

Die Installation von Grafana

Zum Zeitpunkt, an dem dieses Kapitel entstanden ist, war es die Version 1.9.0, die Sie mit den folgenden Shell-Kommandos in das */var/www*-Verzeichnis auf dem Cubietruck installieren können. Anstelle der Version 1.9.0 setzen Sie bitte alternativ eine aktuellere ein.

```
cd /var/www
sudo wget http://grafanarel.s3.amazonaws.com/grafana-1.9.0.tar.gz
sudo tar xzvf grafana-1.9.0.tar.gz
sudo rm grafana-1.9.0.tar.gz
sudo mv grafana-1.9.0/ grafana
sudo chown -R www-data:www-data grafana
```

Grafana anpassen

Um die notwendigen Einstellungen an Grafana vorzunehmen, müssen Sie nur eine einzige Datei bearbeiten, die Sie von einem Beispiel-Config-File ableiten:

```
cd grafana
sudo cp config.sample.js config.js
sudo chown -R www-data:www-data config.js
sudo nano config.js
```

Sie können den im Folgenden abgedruckten Gesamtinhalt direkt übernehmen, anstatt die Änderungen einzeln einzupflegen.

```
/** @scratch /configuration/config.js/1
 * == Configuration
 * config.js is where you will find the core Grafana configuration.
 * This file contains parameter that
 * must be set before Grafana is run for the first time.
 */
define(['settings'],
function (Settings) {
  "use strict";
  return new Settings({
    datasources: {
      collectd: {
        default: true,
```

```
        type: 'influxdb',
        url: "http://192.168.178.16:8086/db/collectd",
        username: 'root',
        password: 'root'
      },
      'grafana': {
        type: 'influxdb',
        url: 'http://192.168.178.16:8086/db/grafana',
        username: 'root',
        password: 'root',
        grafanaDB: true
      },
      'test': {
        type: 'influxdb',
        url: 'http://192.168.178.16:8086/db/test',
        username: 'root',
        password: 'root'
      },
    },
    default_route: '/dashboard/file/default.json',
    timezoneOffset: null,
    /**
      * Elasticsearch index for storing dashboards
      */
    grafana_index: "grafana-dash",
    /**
      * set to false to disable unsaved changes warning
      */
    unsaved_changes_warning: true,
    panel_names: [
      'text',
      'graphite'
    ]
  });
});
```

Die wesentliche Änderung spielt sich in den drei `datasources`-Blöcken ab. Sie fügen dort drei Datenquellen ein, die genau den drei angelegten InfluxDB-Datenbanken entsprechen (`collectd`, `grafana` und `test`). Zu jeder Datenbank geben Sie im `url`-String die IP-Adresse Ihres InfluxDB-Servers an. Im Beispiel ist das der Cubietruck `192.168.178.16`, der zugleich auch die Funktion des Grafana-Servers übernimmt. `Username` und `password` passen Sie bitte ebenfalls an Ihre Einstellungen an, falls Sie sie abgeändert haben. Die drei Datenquellen unterscheiden sich leicht in ihren Attributen. Die `test`-Datenbank besitzt keine speziellen Attribute, bei der collectd-Datenquelle finden Sie jedoch die Ergänzung `default: true`, und für die `grafana`-Sektion ist die zusätzliche Zeile `grafanaDB: true` notwendig. Die Bedeutung ist folgende:

- `default`: Die so markierte Datenbank wird als voreingestellte Metrikquelle verwendet. Da wir mit dem collectd-Daemon in genau diese Datenbank schreiben, bietet es sich an, die collectd-Datenbank als Default zu setzen, was die spätere Zusammenstellung der Plots in der Grafana-GUI etwas erleichtert.
- `grafanaDB`: Eine Datenbank, die dieses Attribut besitzt, wird für die Speicherung des Grafana-Dashboards verwendet.

Achten Sie bitte darauf, beide Attribute nur ein einziges Mal in Ihren Datasources zu vergeben.

61.3.3 Den Webserver lighttpd installieren

Damit Grafana überhaupt arbeiten kann, benötigen Sie auf dem Cubietruck noch einen Webserver. Eine sehr gute, da schlanke und ressourcensparende Variante ist der lighttpd-Server, den Sie in Abschnitt 50.11 näher beschrieben finden. Installieren Sie bitte, falls noch nicht geschehen, den lighttpd-Webserver wie beschrieben. In der Config-Datei *lighttpd.conf* sind lediglich ein paar kleine Änderungen notwendig. Für den Grafana-Betrieb benötigen Sie im Abschnitt `server.modules` drei weitere Module: `mod_rewrite`, `mod_setenv` und `mod_status`. Rufen Sie folglich den Editor nano mit `sudo nano /etc/lighttpd/lighttpd.conf` auf und ergänzen Sie den `server.modules`-Abschnitt, der folgenden Inhalt, wie in Abbildung 61.8 gezeigt, haben muss:

Abbildung 61.8 Modifikation in lighttpd.conf für den Grafana-Betrieb

Wichtig an dieser Stelle ist, dass das Modul `mod_setenv` unbedingt vor `mod_status` aufgeführt sein muss. Speichern Sie die Datei anschließend, beenden Sie den Editor und starten Sie den Webserver mit `sudo service lighttpd restart` neu.

61.3.4 Ein erster Test auf der Grafana-Weboberfläche

Nach dieser kleinen Installationsorgie ist es an der Zeit, Grafana das erste Mal live zu sehen. Öffnen Sie dazu einen aktuellen Browser und navigieren Sie zur URL *http://192.168.178.16/grafana*, wobei Sie die für Ihr Setup gültige IP-Adresse des Cubietrucks einsetzen. Falls Sie nicht die in der folgenden Abbildung 61.9 dargestellte Webseite präsentiert bekommen, ist Ihr Browser vermutlich zu alt. Mit Firefox 35 beispielsweise oder neuer funktioniert die Darstellung jedoch problemlos.

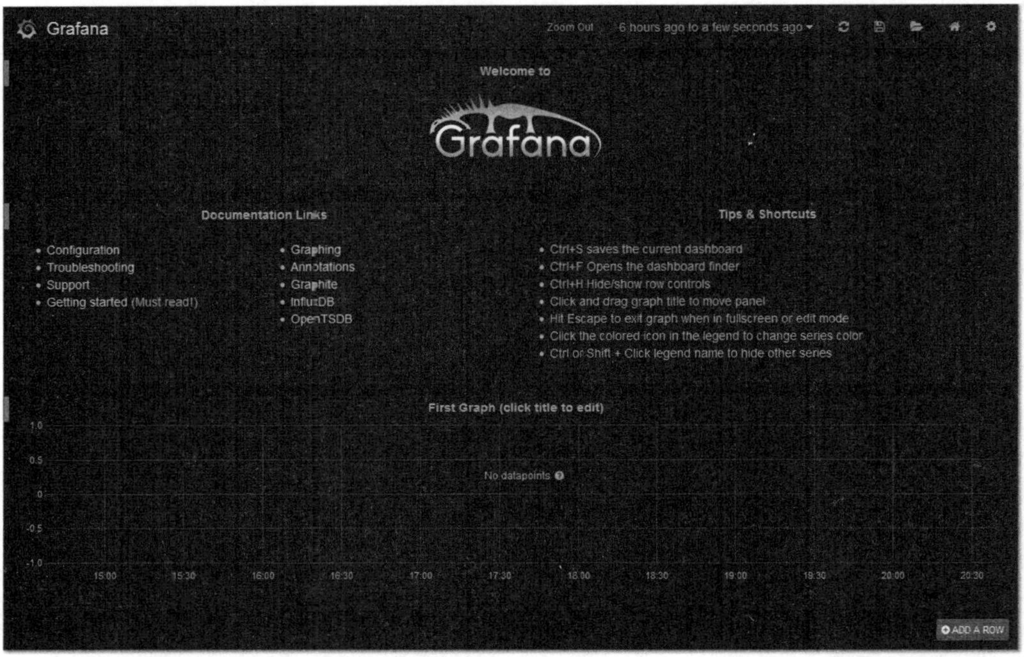

Abbildung 61.9 Der erste Start von Grafana

Sie dürfen direkt mit einem ersten kleinen Plot loslegen (siehe Abbildung 61.10). Grafana hat dafür für Sie bereits einen leeren Graphen erzeugt, auf dessen Überschrift FIRST GRAPH (CLICK TITLE TO EDIT) Sie bitte klicken und im Pop-up-Menü die Funktion EDIT wählen. Im Graph-Editor können Sie sich daraufhin bequem einen ersten Plot zusammenstellen:

- Stellen Sie die gewünschte Datenbank rechts unten von COLLECTD (Default) auf TEST.
- Klicken Sie in das SERIES-Feld, und zwar an die Stelle, die mit dem Platzhalter SERIES NAME vorbelegt ist
- Tippen Sie ein »f« und bestätigen Sie den Auto-Vorschlag von Grafana, der Ihnen direkt die Tabelle `foo` nahelegt. Sie erinnern sich, in Abschnitt 61.3.1 haben Sie diese Tabelle über Shell-Kommandos erzeugt.

- Klicken Sie in der Zeile darunter auf das ebenfalls vorbelegte SELECT-Feld, und zwar genau auf das Wort VALUE innerhalb des Vorschlags MEAN(VALUE). Ersetzen Sie danach VALUE durch VAL, den Namen der Spalte (in der Tabelle `foo`), die geplottet werden soll.
- Angenommen, Sie haben seit dem Beschreiben der `test`-Datenbank (siehe Abschnitt 61.3.1) nicht mehr als eine Stunde Zeit verstreichen lassen, dann reicht es, wenn Sie in der Grafana-GUI ganz oben den zu betrachtenden Zeitraum auf AN HOUR AGO TO A FEW SECONDS einstellen. Sie erhalten bereits den ersten noch zaghaften Plot, der aus den drei eingefügten Punkten 12, 56 und 34 besteht.

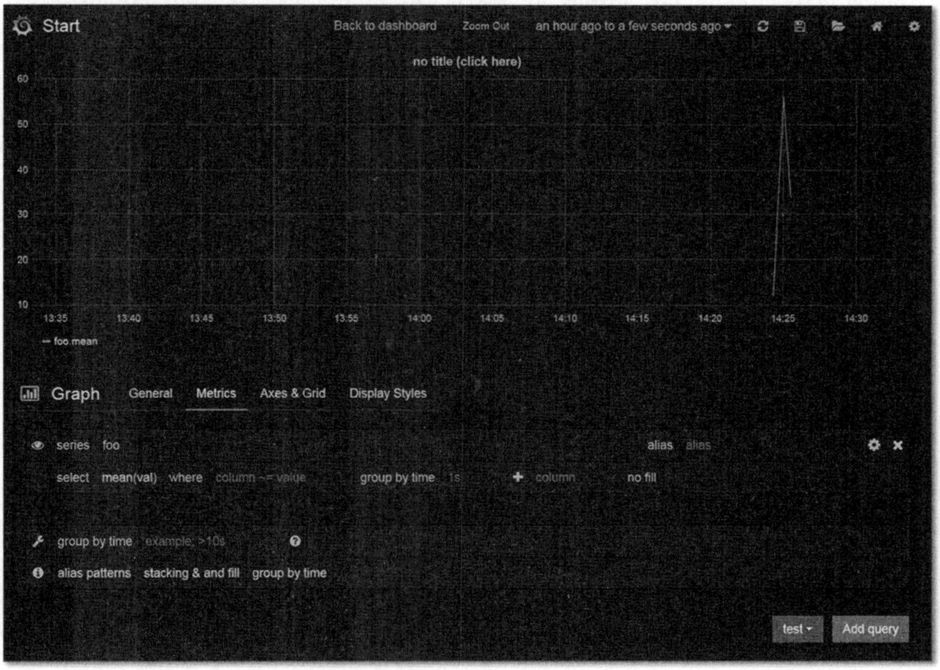

Abbildung 61.10 Ein erster Plot mit Grafana

61.3.5 Die collectd-Server-Installation

Auch der Server bekommt den Datensammler collectd installiert, und zwar aus zweierlei Gründen: Zum einen können Sie somit auch Messdaten (z. B. Netzwerkverkehr, freier Speicher), die auf dem Server entstehen, abgreifen, und zum anderen dient der Daemon als Gegenstelle zu allen collectd-Client-Installationen. Installiert ist collectd sehr schnell und bequem über den Paketmanager apt-get:

```
sudo apt-get install collectd
```

Halten Sie anschließend am besten direkt den Service an, um noch ein paar wichtige Einstellungen zu modifizieren:

```
sudo service collectd stop
```

Konfigurationsgrundlagen des collectd-Service

Die Konfigurationsdatei zu collectd finden Sie in */etc/collectd/collectd.conf*, bitte öffnen Sie diese mit dem Editor. Erschrecken Sie nicht, wenn Sie fast 1.000 Zeilen mit Einstellungen vorfinden, die meisten davon sind deaktiviert und werden von Ihnen nur benötigt, wenn Sie ein bestimmtes Feature (Plug-in) aktivieren möchten. Der Aufbau der Config-Datei besteht aus drei Teilen: einem Kopfteil mit ein paar wenigen globalen Einstellungen, gefolgt von einer Sektion aus mehreren `LoadPlugin`-Anweisungen; der dritte und größte Teil der Datei besteht aus einzelnen `Plugin`-Blöcken mit den detaillierten Einstellungen zu den aktivierten Plug-ins.

Um ein Plug-in zu benutzen, entfernen Sie das Kommentarzeichen # vor der jeweiligen `LoadPlugin`-Anweisung und ebenso für den kompletten zugehörigen `Plugin`-Block weiter unten. Die Einstellungen nehmen Sie basierend auf dem Vorschlag des `Plugin`-Blocks vor und ergänzen bzw. entfernen je nach Anforderung. Noch viel einfacher ist das Deaktivieren eines Plug-ins, es ist ausreichend, das Kommentarzeichen # einfach wieder vor die `LoadPlugin`-Anweisung einzufügen.

Die Plug-ins sind in alphabetischer Reihenfolge sortiert, was die Navigation etwas vereinfachen sollte. Eine Dokumentation aller collectd-Plug-ins finden Sie unter *https://www.collectd.org/documentation.shtml*.

Ein kleines Beispiel für ein vollständig aktiviertes Plug-in soll helfen, die Beschreibung zu verdeutlichen. Die Aktivierung erfolgt durch die nicht auskommentierte `LoadPlugin`-Anweisung, die Konfigurationsparameter folgen (irgendwo weiter unten in der Datei) über den `Plugin`-Block. Die Einstellung im Beispiel bewirkt, dass collectd eine I/O-Statistik der Netzwerkinterfaces protokolliert, und zwar eingeschränkt auf die interne Ethernet-Schnittstelle `eth0`.

```
LoadPlugin interface
<Plugin interface>
  Interface "eth0"
  IgnoreSelected false
</Plugin>
```

Falls Sie den `Plugin`-Block trotz aktivierter `LoadPlugin`-Anweisung auskommentiert lassen, geht collectd von einer Default-Einstellung aus, die in diesem Beispiel bewirken würde, dass alle Ethernet-Schnittstellen des Cubietrucks, also auch das Loopback-Interface, geloggt werden würden.

Eine Beispielkonfiguration

Sehen wir uns eine für dieses Projekt passende Einstellung für den collectd-Service einmal an. Im Kopfteil der Datei *collectd.conf* empfiehlt es sich, das Intervall, in dem die einzelnen Plug-ins zum Datensammeln aufgefordert werden, auf eine größere Zeit (z. B. zwei Minuten) zu setzen:

```
Interval 120
```

Beachten Sie bitte auch hier, dass das Kommentarzeichen # entfernt werden muss, da collectd ansonsten immer von einem Default-Wert (hier: zehn Sekunden) ausgeht.

Ein paar von collectd standardmäßig aktivierte Plug-ins habe ich selbst in meinen Installationen immer deaktiviert, da die gewonnenen Daten wenig Aussagekraft hatten. Entscheiden Sie aber selbst, ob Sie die folgenden Plug-ins als für Sie wichtig erachten: battery, entropy, irq, df, users, syslog.

Wenn Sie, wie ich, syslog deaktivieren, müssen Sie jedoch in jedem Fall stattdessen logfile aktivieren (siehe unten).

Die folgende Tabelle 61.2 soll Ihnen als sinnvolles Grund-Setup an aktivierten Plug-ins dienen, essenzielle Plug-ins sind fett hervorgehoben, diese setzen Sie bitte genau nach diesem Beispiel in Ihrer Konfiguration:

Plug-in	Beschreibung	Beispielkonfiguration

logfile	Schreibt alle Meldungen des collectd-Service in ein Log File.
	Bitte dieses Plug-in vor allen anderen aktivieren.
		`<Plugin logfile>`
		`LogLevel "info"`
		`File "/var/log/collectd.log"`
		`Timestamp true`
		`PrintSeverity true`
		`</Plugin>`

cpu	Sammelt die Zeit, in der die CPUs in den verschiedenen Ausführungszuständen (idle, user, system usw.) verbringt. Die Messwerte werden in *jiffies* gesammelt, der Einheit des Linux-Schedulers.	keine Konfiguration notwendig

disk	Ermittelt die I/O-Performancedaten der ausgewählten Devices.	`<Plugin disk>`
		`Disk "sda1"`
		`Disk "nand1"`
		`IgnoreSelected false`
		`</Plugin>`

Tabelle 61.2 collectd-Plug-in-Grundkonfiguration für den Cubietruck

Plug-in	Beschreibung	Beispielkonfiguration

hddtemp	Ermittelt die Festplatten-temperatur.
	Als Vorbereitung notwendig:
	► ausführen: `sudo apt-get install hddtemp`
	► in */etc/default/hddtemp* definieren: `RUN_DAEMON="true"` und `DISKS="/dev/sda"`
	► ausführen: `sudo update-rc.d hddtemp defaults`
	► Test mit: `netcat localhost 7634`
		`<Plugin hddtemp>`
		`Host "127.0.0.1"`
		`Port 7634`
		`</Plugin>`

interface	Sammelt Informationen über den Netzwerkverkehr und Fehler auf den Ethernet-Interfaces.	`<Plugin interface>`
		`Interface "eth0"`
		`IgnoreSelected false`
		`</Plugin>`

load	Gibt die Auslastung des Systems wieder (Anzahl der lauffähigen Tasks in der run-Queue), und zwar als Mittelwert über 1, 5 oder 15 Minuten.	keine Konfiguration notwendig
memory	Logging der physikalischen Speicherauslastung (used, buffered, chached, free).	keine Konfiguration notwendig
processes	Sammelt die Anzahl der Prozesse, geordnet nach ihrem Zustand (stopped, running, sleeping usw.).	keine Konfiguration notwendig

Tabelle 61.2 collectd-Plug-in-Grundkonfiguration für den Cubietruck (Forts.)

Plug-in	Beschreibung	Beispielkonfiguration

rrdtool	Schreibt alle lokal erzeugten und alle remote empfangenen Messwerte in eine RRD-Datenbank. Die RRD-Files werden alle 600 Sekunden geschrieben (spätestens aber nach 900 Sekunden).
	(notwendiges Plug-in)
		`<Plugin rrdtool>`
		`DataDir "/var/lib/collectd/rrd"`
		`CacheTimeout 600`
		`CacheFlush 900`
		`</Plugin>`

sensors	Sammelt Sensorwerte über das Kommando sensors. Als Vorbereitung notwendig: ▸ ausführen: `sudo apt-get install lm-sensors`	keine Konfiguration notwendig
swap	Menge des RAM-Speichers, welcher auf Harddisk ausgelagert ist	keine Konfiguration notwendig

network	Kommunikation mit anderen Instanzen von collectd. Wird im Beispiel verwendet, um:
	▸ Pakete des Remote-collectd-Service (auf RasPi) zu empfangen,
	▸ alle Messungen über das influxdb-collectd-proxy an die InfluxDB-Datenbank weiterzuleiten.
	(notwendiges Plug-in)
		`<Plugin network>`
		`# influxdb-collectd-proxy`
		`Server "127.0.0.1" "8096"`
		`# hört auf alle collectd`
		`# Pakete des RPi`
		`Listen "192.168.178.16"`
		`# auch remote Pakete von RPi`
		`# an Proxy weiterleiten`
		`Forward true`
		`</Plugin>`

Tabelle 61.2 collectd-Plug-in-Grundkonfiguration für den Cubietruck (Forts.)

Nachdem Sie die gewünschten Plug-ins nach Ihren eigenen Wünschen konfiguriert haben (und nach jeder Änderung an der Datei *collectd.conf*), müssen Sie den collectd-Service neu starten:

```
sudo service collectd restart
```

61.3.6 Den InfluxDB-Collectd-Proxy installieren

Um die Daten, die collectd eifrig für Sie sammelt, in die InfluxDB-Datenbank zu transferieren und um diese letztendlich mit Grafana darstellen zu können, benötigen Sie ein kleines Proxy-Skript, das die Arbeit automatisiert übernimmt.

Es existiert eine Reihe von Open-Source-Lösungen, von denen ich den *influxdb-collectd-proxy* ausgewählt habe. Für die Entwicklung wurde Google Go verwendet, eine kompilierbare Programmiersprache, die auch für die ARMv7-Architektur des Cubietrucks gepflegt wird.

Googles Go herunterladen

Der erste Schritt besteht darin, das richtige Go-Paket herunterzuladen und zu installieren. Die inoffizielle Quelle für ARM-Architekturen finden Sie auf *http://dave.cheney.net/unofficial-arm-tarballs*. Suchen Sie bitte auf der Seite nach der aktuellen Version von Go für ARMv7, und zwar in der Multiarch-Variante. Multiarch wird z. B. von den größeren Distributionen Debian, Ubuntu, ChromeOS und Raspbian verwendet. Den ermittelten Filenamen benötigen Sie für das `wget`-Kommando:

```
cd /usr/local
wget http://dave.cheney.net/paste/go1.4.linux-arm~multiarch-armv7-1.tar.gz
tar -xzf go1.4.linux-arm~multiarch-armv7-1.tar.gz
rm go1.4.linux-arm~multiarch-armv7-1.tar.gz
```

Sie finden die Go-Installation jetzt in */usr/local/go* vor. Ihren Suchpfad müssen Sie bitte dahin gehend erweitern, z. B. für eine systemweite Installation:

```
sudo nano /etc/profile
```

Fügen Sie als letzte neue Zeile hinzu:

```
export PATH=$PATH:/usr/local/go/bin
```

Speichern Sie und beenden Sie anschließend den Editor. Der erweiterte Suchpfad wird gültig, wenn Sie sich in eine neue Shell einloggen. Die Go-Installation können Sie daraufhin mit einem einfachen Kommando prüfen:

```
go version
```

Der Versionsausgabe (siehe Abbildung 61.11) zeigt, dass die richtige ARM-Variante gewählt wurde:

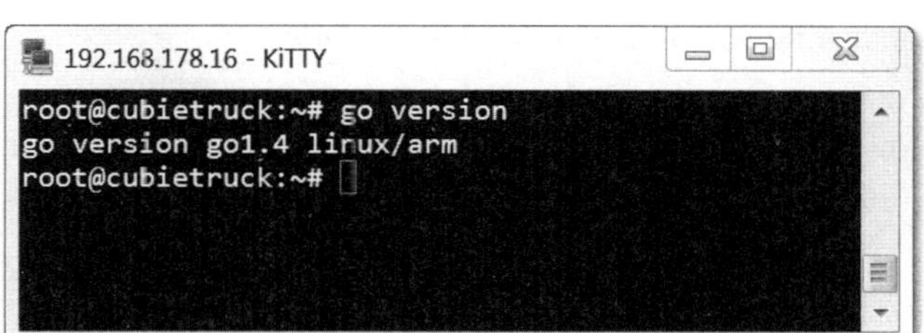

Abbildung 61.11 Die erfolgreiche Installation von Go

Kompilieren Sie den Proxy

Im zweiten Schritt übersetzen Sie den influxdb-collectd-proxy für Ihr System:

```
cd
git clone https://github.com/hoonmin/influxdb-collectd-proxy.git
cd influxdb-collectd-proxy
make
```

Falls Sie eine Reihe von Fehlermeldungen bezüglich undefinierter Clientklassen erhalten, ist es notwendig, vor dem Übersetzen noch folgende Schritte auszuführen:

```
cd src/github.com/influxdb/influxdb
git checkout v0.8.8
cd
cd influxdb-collectd-proxy
```

Sie können jetzt den Übersetzungsvorgang nochmals starten:

```
make
```

Ein erfolgreiches Erzeugen des Proxy-Programms (siehe Abbildung 61.12) sieht, wie unter Linux üblich, ziemlich unspektakulär aus:

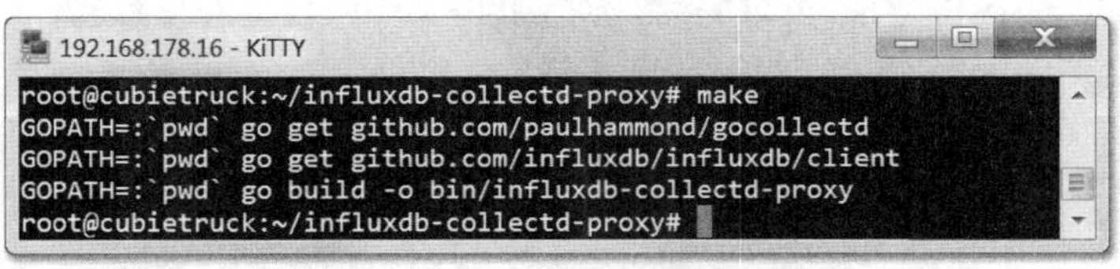

Abbildung 61.12 Erfolgreiche Übersetzung des influxdb-collectd-proxy

Sie finden das Binary anschließend in *~/influxdb-collectd-proxy/bin* und können sich über die -h-Option die Aufrufsyntax ausgeben lassen, wie Abbildung 61.13 zeigt:

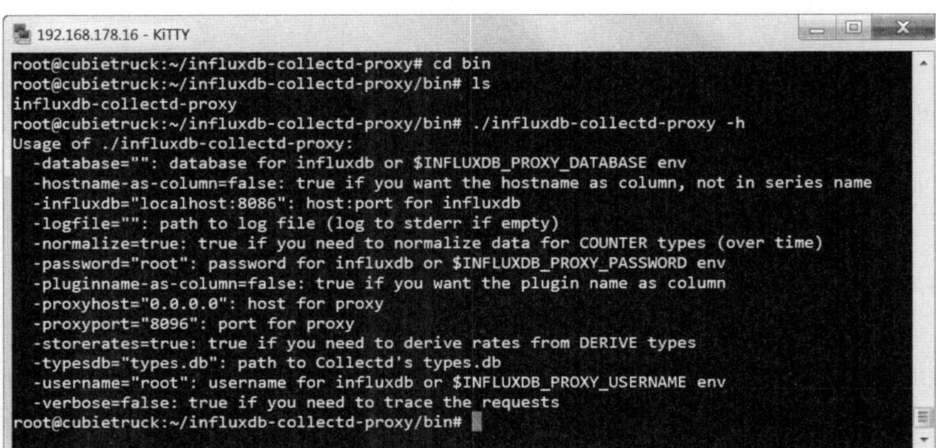

Abbildung 61.13 Optionen des influxdb-collectd-proxy

Verschieben Sie jetzt den betriebsbereiten Proxy nach */usr/local*:

```
cd
mv influxdb-collectd-proxy/ /usr/local
```

Den Proxy automatisch starten lassen

Den automatischen Start des Tools erreichen Sie, indem Sie die Datei */etc/rc.local* öffnen (`sudo nano /etc/rc.local`) und den Aufruf *vor* der `exit`-Zeile hinzufügen:

```
/usr/local/influxdb-collectd-proxy/bin/influxdb-collectd-proxy
--typesdb="/usr/share/collectd/types.db" --database="collectd"
--username="root" --password="root" --logfile="/var/log/collectd-proxy.log"
```

Im Editor nano sieht der erste Teil des Aufrufs aus, wie in folgender Abbildung 61.14 gezeigt:

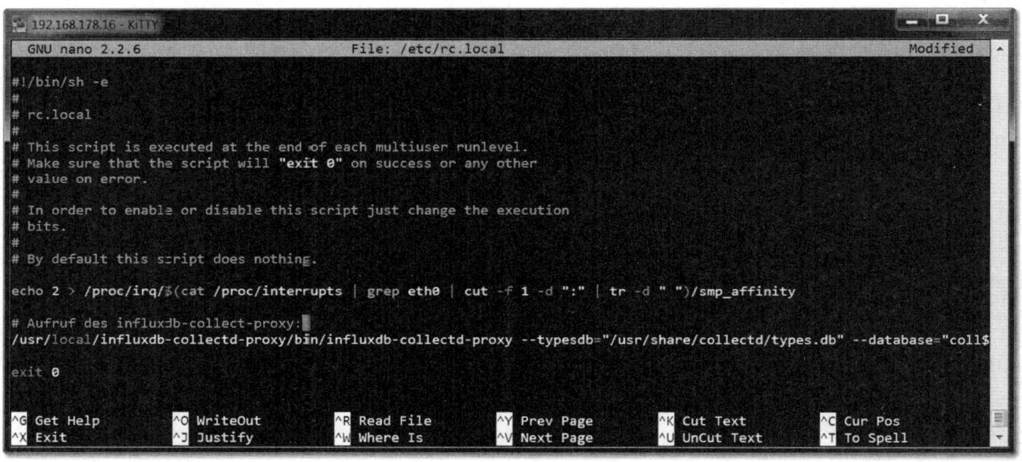

Abbildung 61.14 Automatischer Start des influxdb-collectd-proxy

Die collectd-Konfigurationsdatei erweitern

Damit der eben installierte Proxy korrekt arbeiten kann, ist ein abschließender Schritt im collectd-Konfigurationsfile erforderlich. Diesen haben Sie bereits durch die Beispiel-Plug-in-Konfiguration aus dem vorherigen Abschnitt (siehe Tabelle 61.2) erledigt. Editieren Sie an dieser Stelle nochmals die Datei */etc/collectd/collectd.conf* und sehen Sie sich die folgenden Konfigurationszeilen erneut an:

```
LoadPlugin network

<Plugin network>
# config für influxdb-collectd-proxy
Server "127.0.0.1" "8096"
```

```
# hört auf alle collectd Pakete des RPi 192.168.178.16
Listen "192.168.178.16"
# auch remote Pakete (von RPi) an Proxy weiterleiten
Forward true
</Plugin>
```

Diese drei Anweisungen sorgen für die Weiterleitung der Messdaten sowohl lokal als auch von allen Remote-Clients (unser RasPi) an die InfluxDB-Datenbank. Den für den influxdb-collectd-proxy benötigten Parameter (`Server "127.0.0.1" "8096"`) finden Sie an erster Stelle im `Plugin`-Block.

Nachdem Sie jetzt alle wichtigen Einstellungen durchgeführt haben, empfiehlt sich ein Neustart des Cubietrucks, wodurch sämtliche durchgeführten Änderungen wirksam werden:

```
sudo reboot
```

61.4 Konfigurieren Sie den Messclient

Der Smart-Metering-Server ist an dieser Stelle bereits einsatzfähig und wartet auf die clientseitigen Messdaten. Die folgenden Arbeitsschritte zeigen Ihnen, wie Sie einen solchen Client auf einem RasPi umsetzen.

61.4.1 Die collectd-Client-Installation

61

Was an dieser Stelle folgt, haben Sie bereits alles schon einmal durchgespielt, und zwar bei der Installation des collectd-Daemons auf dem Cubietruck (siehe Abschnitt 61.3.5). Bitte wiederholen Sie alle Schritte auch für den RasPi, der als Messclient fungiert. Die relevanten Unterschiede liegen nur in der collectd-Config-Datei und sind im Folgenden beschrieben.

Beim Client kann das Intervall, mit dem die einzelnen Plug-ins zum Datensammeln aufgefordert werden, ebenfalls auf einen größeren als den Default-Wert eingestellt werden. Ein Wert von einer Minute ist beispielsweise angemessen:

```
Interval 60
```

Die Liste der aktivierten Plug-ins unterscheidet sich zwischen der Client- und der Serverinstallation, wie in unten stehender Übersicht (Tabelle 61.3) gezeigt:

Plug-in	Beschreibung	Beispielkonfiguration

df	Speicherung der Speicherbelegung von Datenträgern	`<Plugin df>`
		`Device "/dev/mmcblk0p1"`
		`ReportByDevice false`
		`</Plugin>`

disk	Ermittelt die I/O-Performancedaten der ausgewählten Devices.	`<Plugin disk>`
		`Disk "mmcblk0"`
		`IgnoreSelected false`
		`</Plugin>`

exec	Sorgt für die Ausführung des externen Skripts, mit dem Sie die Daten der Stromzähler sowie beliebige 1-Wire-Messwerte und KNX-Telegramme in die rrd-Files transportieren.
	(notwendiges Plug-in)
		`<Plugin exec>`
		`Exec "datensammler:datensammler" "/home/datensammler/scripts/execscript.sh"`
		`</Plugin>`

hddtemp	Entfällt beim RasPi.	
rrdtool	Entfällt beim RasPi.	
sensors	Entfällt beim RasPi.	

network	Kommunikation mit anderen Instanzen von collectd. Für den Client (RasPi) wird hier die IP-Adresse des Servers (Cubietruck) angegeben.
	(notwendiges Plug-in)
		`<Plugin "network">`
		`Server "192.168.178.16"`
		`</Plugin>`

Tabelle 61.3 collectd-Plug-in-Grundkonfiguration für den RasPi (Änderungen gegenüber Cubietruck)

61.4.2 Zusätzliche Programmpakete für die Messwerterfassung

Da Ihr RasPi in seiner Funktion als Messclient besonders auf Automatisierungsdaten zugreifen können soll, verschaffen Sie ihm den Zugang durch die Installation weiterer Pakete:

- Das 1-Wire-Filesystem OFWS, siehe Abschnitt 50.4.
- Den eibd-Daemon installieren Sie bitte wie in Abschnitt 50.2 beschrieben.
- Erweitern Sie eibd durch Linknx und das Tool lwknxclient, siehe Abschnitt 50.3.

- Übersetzen Sie das in Abschnitt 50.1 vorgestellte sml_server-Programm und kopieren Sie das Executable in das *scripts*-Verzeichnis des neuen Benutzers »datensammler«, siehe Abschnitt 61.5.1.

Die Zusatzschnittstellen werden in Ihrem eigenen Exec-Skript für collectd verwendet. Wie Sie dabei vorgehen, erfahren Sie im nächsten Abschnitt.

61.5 Die Erstellung eines collectd-Exec-Skripts

Das *Exec-Skript*, das von collectd aufgerufen werden wird, dient dazu, alle notwendigen Daten einzusammeln, die nicht bereits über andere collectd-Plug-ins besorgt wurden. Zudem lassen sich in dem Skript wunderbar weitere periodische Aktionen einbetten, z. B. das Senden von KNX-Telegrammen.

61.5.1 Legen Sie einen Benutzer an

Am besten legen Sie für die Ausführung des Skripts und den Zugriff auf die Ressourcen einen neuen Benutzer für Ihren RasPi an. Vorschlag für einen passenden Namen: »datensammler«. So gehen Sie vor:

```
sudo adduser datensammler
```

Geben Sie dem neuen Benutzer »datensammler« die notwendigen Rechte für den Zugriff auf die USB-Schnittstellen:

```
sudo chmod a+rw /dev/ttyUSB0
sudo chmod a+rw /dev/ttyUSB1
sudo adduser datensammler dialout
```

61.5.2 Entwerfen Sie das Exec-Skript

Das Shell-Skript, das Sie in diesem Abschnitt erstellen, wird über den collectd-Daemon aufgerufen und soll alle Messdaten ermitteln, auf die collectd nicht über die bereits eingebauten Plug-ins zugreifen kann. Loggen Sie sich als Benutzer »datensammler« ein und erstellen Sie das Skript:

```
mkdir scripts
cd scripts
nano execscript.sh
```

Den folgenden Inhalt nehmen Sie als Vorlage:

```
#!/bin/sh
HOSTNAME="pikeller"
export PATH=$PATH:/usr/local/bin
```

```
# Funktion für Abschneiden führender Leerzeichen
trim() {
  local var="$*"
  var="${var#"${var%%[![:space:]]*}"}" #remove leading space
  var="${var%"${var##*[![:space:]]}"}" #remove trailing space
  echo -n "$var"
}
# Werte über linknx von KNX-Bus lesen
TEMPVAL=$(/home/datensammler/scripts/lwknxclient -r temp-elternbad)
echo "PUTVAL $HOSTNAME/knx/temperature-elternbad interval=300 N:$TEMPVAL"
TEMPVAL=$(/home/datensammler/scripts/lwknxclient -r co2-kueche)
echo "PUTVAL $HOSTNAME/knx/ppm-kueche interval=300 N:$TEMPVAL"
TEMPVAL=$(/home/datensammler/scripts/lwknxclient -r feucht-bad)
echo "PUTVAL $HOSTNAME/knx/percent-bad interval=300 N:$TEMPVAL"
TEMPVAL=$(/home/datensammler/scripts/lwknxclient -r temp-aussen)
echo "PUTVAL $HOSTNAME/knx/temperature-aussen interval=300 N:$TEMPVAL"
# Lesen von 1-Wire-Werten über OWFS
TEMPVAL=$(/usr/bin/owread /28.973B45050000/temperature)
TEMPVAL=$(trim $TEMPVAL)
echo "PUTVAL $HOSTNAME/owfs/temperature-technikraum interval=300 N:$TEMPVAL"
# Lesen Stromzähler Wärmepumpe über sml_server
TEMP=$(/home/datensammler/scripts/sml_server /dev/ttyUSB0)
IFS="#"
set - $TEMP
WP_GES=$3
WP_AKT=$7
echo "PUTVAL $HOSTNAME/sml/gauge-wp_ges interval=60 N:$WP_GES"
echo "PUTVAL $HOSTNAME/sml/gauge-wp_akt interval=60 N:$WP_AKT"
# Schreiben der Zählerstände (W-Pumpe) über linknx auf KNX-Bus
/home/datensammler/scripts/lwknxclient -w $3 strom-wp-ges >/dev/null
/home/datensammler/scripts/lwknxclient -w $7 strom-wp-akt >/dev/null
# Lesen Stromzähler Haushalt über sml_server
TEMP=$(/home/datensammler/scripts/sml_server /dev/ttyUSB1)
IFS="#"
set - $TEMP
HH_GES=$3
HH_AKT=$7
echo "PUTVAL $HOSTNAME/sml/gauge-hh_ges interval=60 N:$HH_GES"
echo "PUTVAL $HOSTNAME/sml/gauge-hh_akt interval=60 N:$HH_AKT"
# Schreiben der Zähler (Haushalt) über linknx auf KNX-Bus
/home/datensammler/scripts/lwknxclient -w $3 strom-hh-ges >/dev/null
/home/datensammler/scripts/lwknxclient -w $7 strom-hh-akt >/dev/null
```

Das Skript setzt die Existenz von `lwknxclient` und `sml_server` in */home/datensammler/scripts* voraus sowie von `owread` in */usr/bin*. Sehen Sie sich dazu bitte kurz Abschnitt 61.4.2 an. Zusätzlich müssen Sie alle KNX-Gruppenadressen, auf die Sie lesend oder schreibend über lwknxclient zugreifen möchten, im linknx-Config-File bekannt machen (siehe Abschnitt 50.3). Als 1-Wire-Sensor habe ich in dem Beispiel den aus Abschnitt 50.4 bekannten Temperatursensor gewählt. Setzen Sie bei dem `owread`-Aufruf also Ihre eigene Sensor-ID ein und erweitern Sie das Skript für weitere Sensoren nach Ihren Vorstellungen.

Rückgabe über PUTVAL-Anweisungen

Von besonderem Interesse sind die `echo`-Aufrufe mit der `PUTVAL`-Zeichenkette. Diese Anweisungen sind sozusagen die Rückgabewerte Ihres Exec-Skripts und werden von collectd verarbeitet. Dem `PUTVAL`-Schlüsselwort folgt ein Verzeichnispfad, bestehend aus *host/plugin-instance/type-instance*, wobei gilt:

- **host**: der Rechnername des Clients (hier: pikeller)
- **plugin-instance**: frei definierbarer Instanzname zur Unterscheidung (hier z. B. knx, owfs, sml)
- **type**: der Typ der zu speichernden Daten (hier z. B. gauge, temperature), dazu gleich mehr
- **instance**: wiederum ein frei definierbarer Name für den Messwert selbst (z. B. elternbad, technikraum)

Die Kombination dieser vier Bestandteile muss Ihre zu messende Quelle *eindeutig* identifizieren. Bleibt die Frage, wie Sie den richtigen Wert für `type` ermitteln.

Die Typendefinitionen

Öffnen Sie dazu die Definitionsdatei */usr/share/collectd/types.db*. Sie finden dort alle erlaubten Typen zusammen mit deren Definition. Falls Sie die Darstellung an RRDtool erinnert, haben Sie sehr gut aufgepasst, denn genau daher kommt sie. Werfen Sie nochmals einen Blick in Abschnitt 50.10.3, Sie finden dort die Erklärung zu GAUGE, DERIVE & Co. Die Datei *types.db* enthält zudem für jeden Typ die Definition des gültigen Wertebereichs, wobei das Zeichen `U` (z. B. in `DERIVE:0:U`) für unlimited, also ohne Einschränkung, steht.

Sie können übrigens jederzeit eigene Definitionen hinzufügen. Im Beispiel-Exec-Skript verwende ich den Typ `ppm` (parts per million) für einen Feuchtigkeitssensor (`echo "PUTVAL $HOSTNAME/knx/ppm-kueche interval=300 N:$TEMPVAL"`). Die passende Definition im File *types.db* lautet:

```
ppm value:GAUGE:0:1000000
```

Intervall und Wert

Zurück zur PUTVAL-Anweisung: Komplettiert wird die Zeichenkette durch ein Intervall (in Sekunden), in dem die Messwerte von collectd erfasst werden (z. B. `interval=300`). Der letzte Bestandteil beinhaltet endlich den Messwert selbst, eingeleitet von einem `N:`. Im Skript wird der eigentliche Wert immer in einer Variablen übergeben, die in der oder den Zeilen zuvor beschrieben wird.

> **Änderungen in types.db**
>
> Es ist wichtig, dass Sie Änderungen im File */usr/share/collectd/types.db* immer sowohl auf dem Server als auch auf allen Clients durchführen, ansonsten wird die Übertragung zwischen den einzelnen collectd-Instanzen nicht funktionieren.

61.5.3 Führen Sie einen Testlauf durch

Über `chmod +x execscript.sh` kennzeichnen Sie Ihr Skript bitte noch als ausführbar. Sobald das erledigt ist, können Sie es im Trockenbetrieb in der Shell ausprobieren. Rufen Sie dazu einfach auf:

```
./execscript.sh
```

Die Ausgabe sollte bei Ihnen je nach Ihrem eigenen Setup in etwa so erscheinen, wie sie in Abbildung 61.15 zu sehen ist:

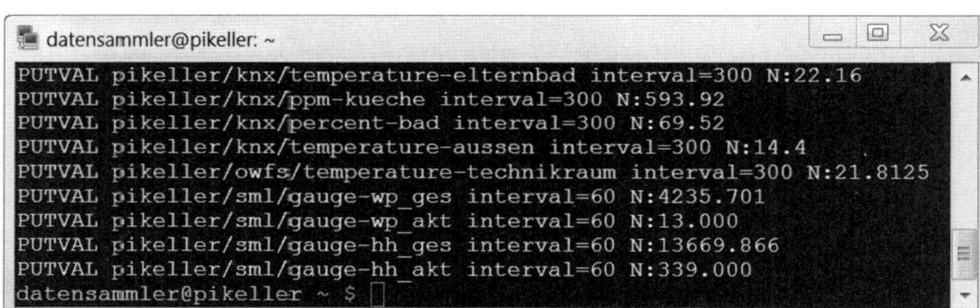

Abbildung 61.15 Die Shell-Ausgabe des Exec-Skripts

Eventuelle Fehler bei Ihrer Messwertermittlung beheben Sie am besten direkt, denn im nächsten Arbeitsgang hängen Sie das Skript bereits in die collectd-Maschinerie ein.

61.5.4 Einbinden im Exec-Plug-in

Um dafür zu sorgen, dass Ihr Exec-Skript von collectd zyklisch aufgerufen wird, müssen Sie es über die Config-Datei */etc/collectd/collectd.conf* einbinden, und zwar über das Exec-Plug-in. Wie Sie dabei vorgehen, erfahren Sie in Abschnitt 61.4.1. Prüfen Sie bitte auch noch, ob Sie die dazugehörende Zeile `LoadPlugin exec` nicht auskommentiert haben.

61.6 Alles zusammen

Starten Sie jetzt auf dem Client mit `sudo service collectd restart` den Daemon neu. Um zu überprüfen, ob er korrekt arbeitet, werfen Sie einen Blick in das Logfile */var/log/collectd.log*. Wechseln Sie jetzt auf den Server, starten Sie dort collectd ebenfalls neu und prüfen Sie wiederum das Logfile.

Das Linux-Werkzeug Tcpdump (siehe Abschnitt 19.6.2, »Tcpdump schneidet mit«) dient der schnellen Kommunikationskontrolle. Ein beherztes `sudo tcpdump ip host 192.168.178.64` auf dem Server zeigt, dass alle 60 Sekunden Datenpakete vom Client ankommen. So soll es sein. Der Server transferiert diese in eine RRD-Datenbank (dazu Abbildung 61.16), die Sie unter */var/lib/collectd/rrd/<Rechnername des Client>* finden.

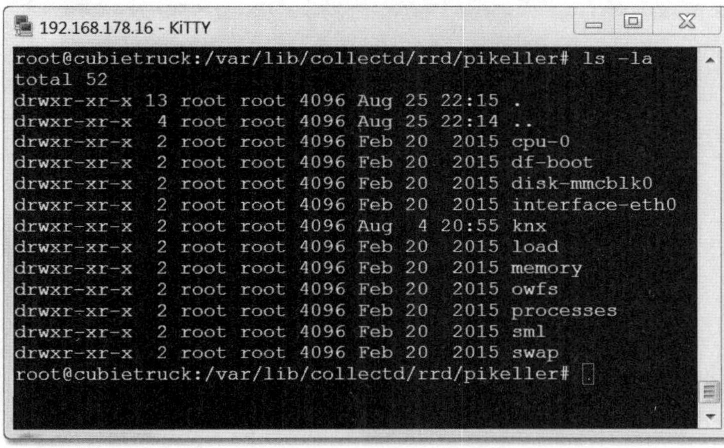

Abbildung 61.16 Die RRD-Datenbank des Clients auf dem Server

Die Verzeichnisstruktur entspricht übrigens genau der Definition, die Sie über die PUTVAL-Anweisung im Exec-Skript vorgegeben haben (Beispiel: *pikeller/knx/ppm-kueche.rrd*).

Einmal eingerichtet, arbeiten Ihre beiden collectd-Instanzen quasi wartungsfrei. Wenn Sie neue Messdaten aufnehmen oder ermittelte Werte von einem Bus auf einen anderen transportieren möchten (z. B. von 1-Wire auf KNX), erweitern Sie einfach Ihr Exec-Skript auf dem Client.

Der Lohn für Ihre Mühen nach der zugegebenermaßen aufwendigen Installation erwartet Sie, sobald Sie beginnen, mit der Grafana-Weboberfläche Ihre eigenen Daten zu visualisieren. Den Arbeitsablauf zum Anlegen von Graphen finden Sie in Abschnitt 61.3.4. Die Grafana-Software bietet Ihnen endlose Möglichkeiten, diese nach Ihren Vorstellungen anzulegen. Ein Beispiel sehen Sie in der folgenden Abbildung 61.17 in Form einer Balkengrafik, gewonnen aus Stromzählerständen.

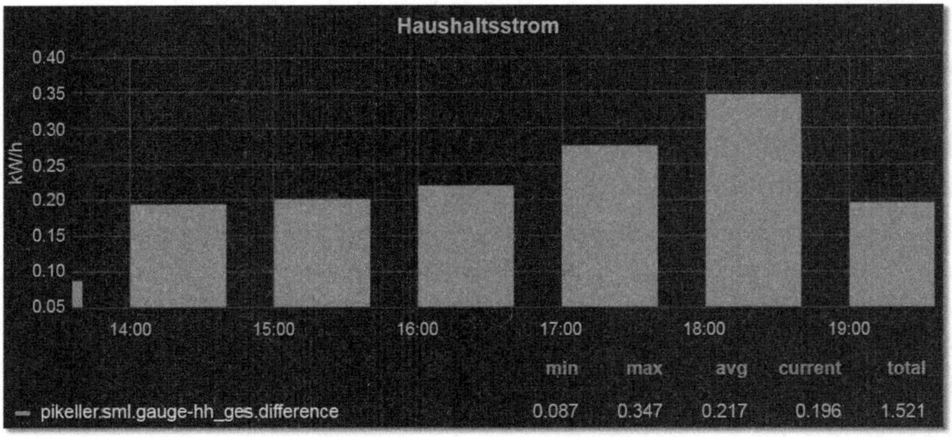

Abbildung 61.17 Verbrauch in kW/h der letzten sechs Stunden

Kapitel 62
Unkonventionelle Projekte – oder warum brauche ich einen Bewegungsmelder unter dem Bett?

Nachdem Sie in den vorherigen Kapiteln sozusagen das Smart-Home-Pflichtprogramm kennengelernt haben, dürfen Sie sich erlauben, auch die etwas ausgefalleneren Ideen umzusetzen. Der Fantasie sind kaum Grenzen gesetzt, das ist das Schöne am Smart Home.

Ich stelle Ihnen in diesem letzten Realisierungskapitel zwei Beispiele stellvertretend für unzählige weitere Anwendungen vor. Mit der richtigen Infrastruktur, die Sie sich mit diesem Buch erarbeitet haben, stellen die allermeisten gar kein Problem bei der Umsetzung dar. Insbesondere bei gewerkeübergreifenden Funktionen offenbart eine KNX-Installation ihre Stärken.

62.1 Der Bewegungsmelder unter dem Bett

Zu welchem Zweck könnte ein Bewegungsmelder unter dem Bett sinnvoll sein? Um die Hauskatze schneller zu finden? Zur Erkennung, ob sich wer dort versteckt? Vielleicht der Gärtner oder ein übler Geselle, der wie in einem schlechten Horrorfilm nur darauf wartet, dass Sie ins Bett gehen?

Ja, alles denkbar, aber in diesem Beispiel ist der Grund ein viel einfacherer. Stellen Sie sich vor, Sie möchten nachts im stockdunklen Schlafzimmer den Weg zum Bad/WC zielsicher finden. Normalerweise wäre ein Deckenpräsenzmelder, der eine dezente Nachtbeleuchtung aktiviert, die richtige Lösung. Da Sie sich vermutlich nachts aber viel bewegen, ohne dass Sie tatsächlich aufstehen möchten, würde Ihnen das ständige An- und Ausgehen sicher nicht gefallen.

Überlassen Sie die Ansteuerung der nächtlichen Wegbeleuchtung hingegen einem unter dem Bett platzierten Bewegungsmelder, reagiert dieser nur, wenn Sie einen Fuß auf den Boden stellen. Im Schlaf bleibt alles dunkel. Abbildung 62.1 zeigt die Montage eines KNX-Bewegungsmelders (Gira-Automatikschalter) mittig unter dem Kopfende eines Doppelbetts. Der Melder ist auf eine herkömmliche Unterputzdose geschraubt.

Abbildung 62.1 Nicht nur gegen den bösen Einbrecher – der Bewegungsmelder unter dem Bett

Auch bei geringer Höhe des Betts funktioniert ein so angebrachter Bewegungsmelder erstaunlich gut. Es reicht schon das Winken mit der Hand vom Bett aus, um ihn zu aktivieren. Er kann im Übrigen nicht nur eine gedimmte Beleuchtung schalten, sondern beispielsweise auch Displays von Tastsensoren, von LED-Statusanzeigen oder Steckdosen mit eingebauter Nachtbeleuchtung. Oft reichen diese Elemente bereits aus, um eine Wegbeleuchtung zu realisieren.

Bei der Parametrierung des BWM gehen Sie so vor, wie Sie in Abschnitt 52.3 über den Präsenzmelder erfahren haben. Der BWM ähnelt dem PM, ist aber in seiner Funktionalität sehr stark reduziert.

62.2 Aktienkursabhängige Beleuchtungssteuerung

Wie wäre es, wenn Ihre Beleuchtung in Zukunft die Stimmung an den Aktienmärkten wiedergeben würde? Gut, natürlich ließe sich ein Indexstand auch einfach als Zahlenwert in eine Visualisierung einbetten, aber das allein ist uns an dieser Stelle etwas zu konventionell. Stattdessen lautet die Anforderung an dieses kleine Projekt:

Es soll zyklisch (alle zwei Minuten) der Punktestand des DAX (Deutscher Aktienindex), stellvertretend für die Stimmung an den Finanzmärkten, abgefragt werden. Liegt der Index höher als am Vortag, ist alles prima, die Stimmung ist gut, und ein farbiger LED-

Stripe soll auf ein positives Grün gedimmt werden. Im anderen Fall, einem Punkteverlust des DAX, wechselt die Farbe in ein negatives Rot.

Diese oder eine ähnliche Aufgabenstellung lässt sich mit den meisten Logik-Engines umsetzen, in diesem Beispiel in Tabelle 62.1 sind dies die benötigten Komponenten:

Benötigte Komponenten: Aktienkursabhängige Beleuchtungssteuerung		
Bestandteil	**Im Praxisbeispiel verwendet**	**Grundlagen**
Hardware		
DALI-Gateway	Gira DALI Gateway Plus	33.1.4
24-V-LED-Stripe (RGB) mit DALI-EVG	Talex Converter 0025 K211 24 V	38.2
KNX-Logik-Engine	Gira HomeServer 3 mit HomeServer Experte 4.2	34.2.2, 48

Tabelle 62.1 Benötigte Komponenten: Aktienkursabhängige Beleuchtungssteuerung

62.2.1 Legen Sie die Webabfrage an

Die Kernfunktion dieses kleinen Projekts ist sicherlich die Abfrage des aktuellen DAX-Punktestands. Diese lassen wir vom HomeServer alle zwei Minuten über eine Webabfrage einholen. Als Datenquelle bieten sich die verschiedenen Finanz-Websites (*onvista.de*, *finanzen.de* usw.) an. Wir wählen an dieser Stelle die Seite *http://www.onvista.de/index/DAX-Index-20735?notation=14097793*, die fast einen Echtzeitkurs des DAX liefert.

Sehen Sie sich die Webseite als HTML-Code an, um die benötigten Muster für die Abfrage zu ermitteln. Beim Internet Explorer 10 finden Sie die entsprechende Funktion beispielsweise im Menü ANSICHT • QUELLE.

Ein brauchbares Suchmuster erhalten Sie z. B. mit der Zeichenkette `schema:offers`, worauf die interessanten Daten (Indexwert, Datum, Uhrzeit, Punktestand, Veränderung in Punkten und Veränderung in Prozent) folgen. Diese Informationen lassen Sie über die Webabfrage in iKOs einlesen. Wie Sie dabei grundsätzlich vorgehen, beschreibt Abschnitt 48.4, »Webseiten abfragen und auswerten«, die folgende Abbildung 62.2 fasst Ihnen die drei Register (DATEN, SENDEN, EMPFANG) der Webseitenabfrage zusammen. Das Register BEFEHLE bleibt unbenutzt.

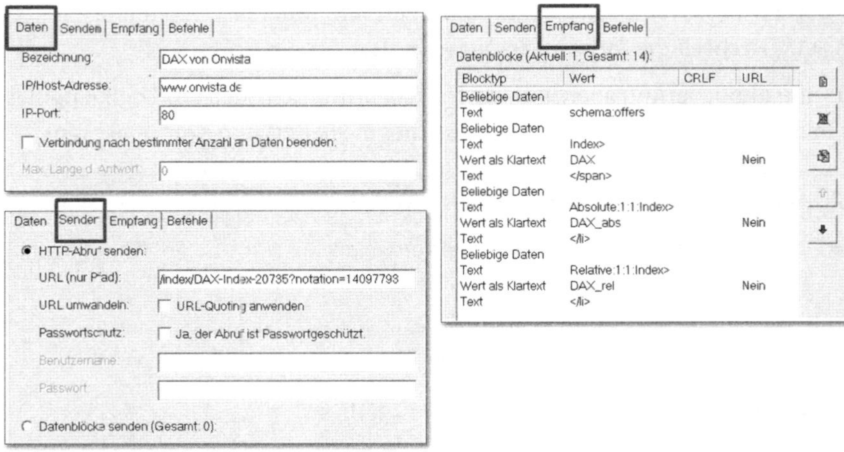

Abbildung 62.2 Webseitenabfrage zur Ermittlung des DAX-Punktestands

Die Webabfrage lassen Sie vom HomeServer alle zwei Minuten ausführen, die Logikfunktion dafür finden Sie ebenfalls in Abschnitt 48.4.

62.2.2 DAX grün, LED grün

Die Punkteveränderung (in Prozent) gegenüber dem Vortag wird, wie Sie Abbildung 62.2 entnehmen können, in einem iKO namens `DAX_rel` gespeichert. Dieses nehmen Sie, um über eine kleine Logikfunktion (dargestellt in Abbildung 62.3) die RGB-Ansteuerung zu realisieren:

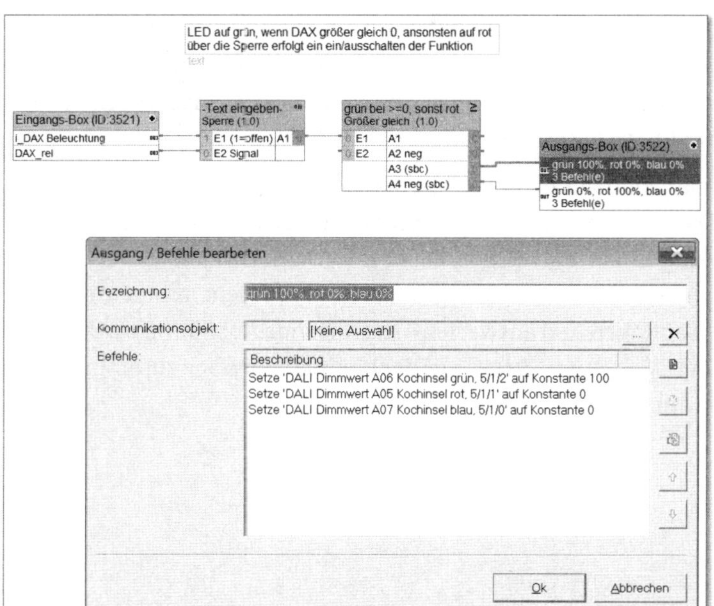

Abbildung 62.3 Logik für die Dax-abhängige Beleuchtungssteuerung

Der Eingang `i_DAX Beleuchtung` fungiert als Ein-/Ausschalter für die Logik, ist er auf null, lässt die nachgeschaltete Sperre keine Telegramme mehr passieren.

Die RGB-Ansteuerung ist einfach erweiterbar. So ließe sich ein moderates Minus im Dax (bis zu 0,5 %) in Gelb darstellen, ein höherer Verlust (bis 1,5 %) z. B. in Orange und ein hässliches Minus (> 1,5 %) in Rot. Um häufige Farbänderungen bei Änderungen von nahe null Punkten zu vermeiden, könnten Sie optional einen schmalen Hysteresebereich um die 0%-Marke herumlegen.

Sie sehen, im vernetzten Smart Home ist fast nichts unmöglich. Die Miteinbeziehung externer Messwerte oder Informationen (wie z. B. des Kursindex in Abbildung 62.4) eröffnet Ihnen uneingeschränkte Ausbaumöglichkeiten.

Abbildung 62.4 Kein besonders guter Tag, fast 1 % Minus – aber die Webabfrage funktioniert.

Kapitel 63

Wenn es mal nicht so will: Troubleshooting

Wir nähern uns leider dem Ende dieses Smart-Home-Handbuchs, ein guter Zeitpunkt, um ein paar häufig auftretende Probleme anzusprechen und Ihnen gleich auch die Lösungsansätze dafür mitzugeben.

Ein Smart Home ist ein komplexes Gebilde, eine Kombination aus mehreren unterschiedlichen Systemen, jedes für sich gesehen auch schon nicht gerade trivial. Dass bei der Einrichtung und auch im späteren Betrieb Probleme auftreten, ist kaum vermeidbar. Sehr oft jedoch lassen sie sich auf ein paar immer wieder auszumachende Ursachen zurückführen.

63.1 Generelle Erste-Hilfe-Tipps

Die Top Drei der Problemhitliste lauten: Netzwerkprobleme, Benutzerrechte und Virenscanner. Setzen Sie bei Ihrer Suche nach der Ursache, warum ein Zugriff nicht funktioniert oder ein Service seinen Dienst verweigert, deshalb zuerst bei diesen Kandidaten an.

63.1.1 Netzwerkschwierigkeiten

Zur Ermittlung der Ursache von Problemen im Netzwerk müssen Sie in den wenigsten Fällen mit schwerem Gerät anrücken. Sehr oft genügt bereits der Einsatz von kleinen Kommandozeilentools. Handelt es sich um Schwierigkeiten, die eher aus der Protokoll- oder Portecke stammen, ist Wireshark eine exzellente Unterstützung.

Wireshark mit Port-Mirroring

Netzwerkproblemen jeglicher Art kommen Sie am besten mit der Softwarewerkzeugkiste aus den Abschnitten 19.5, »Wireshark – der Protokoll-Analyzer«, und 19.6, »Kleine Helferlein für die Netzwerkdiagnose«, auf die Schliche: ping, tcpdump, iperf, nmap und natürlich Wireshark. Wireshark ist extrem mächtig und kann nicht nur bei Troubleshooting-Aufgaben helfen, sondern auch zum Verständnis von Protokollen und der Art und Weise, wie Netzwerkteilnehmer untereinander kommunizieren, dienen.

Wenn Sie mit Wireshark oder ähnlichen Tools einem Problem auf den Grund gehen, dabei aber die Datenpakete, die eigentlich auf dem Netzwerk sein sollten, vermissen, liegt es vermutlich an den Port-Mirroring-Einstellungen Ihres Switchs. In Abschnitt 19.5.3, »Capture-Modus und Filter«, finden Sie die notwendigen Hinweise, um auch dieses Problem zu umschiffen.

FRITZ!Box-Zugang über Notfall-IP-Adresse

Es ist bei Einrichtung oder Umkonfiguration des eigenen Netzwerks durchaus möglich, dass Sie sich selbst den Zugang zu Ihrem Router entziehen. Oft passiert das durch unbedachte Änderungen von IP-Adressen oder Netzwerkmasken. Besitzen Sie eine FRITZ!Box als Router, können Sie sich in vielen Fällen über einen Notfallzugang behelfen. Dazu gehen Sie folgendermaßen vor:

- Verbinden Sie Ihren Rechner direkt mit LAN-Port 2 der FRITZ!Box über ein Patch-Kabel.
- Stellen Sie für Ihren Rechner temporär die IP-Adresse 169.254.1.2 und die Netzwerkmaske 255.255.0.0 ein.
- Sie können jetzt wieder auf die FRITZ!Box über deren Notfall-IP-Adresse 169.254.1.1 zugreifen und das Problem beheben.
- Stellen Sie die ursprüngliche Netzwerkkonfiguration Ihres Rechners wieder her.

63.1.2 Die häufigsten Probleme im Zusammenhang mit Linux-Systemen

Wenn sich Linux-Software bei der Installation, der Konfiguration und im Betrieb aus scheinbar nicht erkennbaren Gründen weigert, ist mit großer Wahrscheinlichkeit ein Rechtekonflikt die Fehlerursache. Die Rechteverwaltung unter Linux ist nicht immer ganz trivial. Wenn sich Ihre Software also querstellt, überprüfen Sie zuallererst Folgendes:

- Haben die relevanten Verzeichnisse und Files den richtigen Besitzer, und sind die richtigen Zugriffsbits gesetzt?
- Sind Benutzer durch ihre Gruppenzugehörigkeit autorisiert, auf bestimmte Devices (z. B. */dev/ttyUSB0*) zuzugreifen?

Auch wenn entsprechende Fehlermeldungen im Terminal erst einmal nicht zu sehen sind, besteht eine gute Chance, dass im Logfile Ihrer Software ein entsprechender Hinweis auf ein Rechteproblem verzeichnet ist. Prüfen Sie daher in jedem Fall die Logfiles im Fall eines Fehlers. Zur Unterstützung finden Sie in Abschnitt 15.1, »Gewinnen Sie Informationen aus Logdateien«, eine Übersicht über die wichtigsten Informationen.

63.1.3 Die häufigsten Probleme im Zusammenhang mit dem HomeServer Experten

Besonders während der Einarbeitungsphase mit dem Gira HomeServer und der HomeServer Experte-Software können zwei unangenehme Softwareverhaltensweisen den Tatendrang schnell bremsen.

Fast immer ist es der Virenscanner

Falls bei Ihnen während der Übertragung eines Projekts aus dem Experten an den HomeServer Probleme auftreten mit Fehlermeldungen wie z. B. VERBINDUNG KONNTE NICHT HERGESTELLT WERDEN, ist fast immer ein installierter Virenscanner oder, seltener, eine aktive Firewall schuld. Besonders in Verbindung mit dem Avast-Virenscanner treten die Verbindungsprobleme recht häufig auf. Abhilfe schafft die (temporäre) Deaktivierung des Virenscanners und/oder der Firewall.

Überschriebene KO-Einstellungen

Eine weitere sehr häufige Fehlerquelle lässt sich auf die Importfunktion für Kommunikationsobjekte aus der ETS zurückführen. Hin und wieder ist es erforderlich, dass Sie innerhalb des HomeServer Experten beispielsweise Datentyp oder Maximalwerte von externen Kommunikationsobjekten anpassen müssen. Solange Sie beim Import von OPC-Dateien aus der ETS die Checkbox DATENTYP SYNCHRONISIEREN deaktiviert lassen, bleiben Ihre Einstellungen erhalten. Ist die Checkbox hingegen aktiv, werden eigene Änderungen, insbesondere am Datentyp, überschrieben. Die Folge sind schwer zu findende Probleme an Ihrem HomeServer-Projekt, ärgerlicherweise auch an Funktionalitäten, die bisher einwandfrei gearbeitet haben.

63.2 Verstehen, wo es klemmt – mit strace

Man kann mit größter Wahrscheinlichkeit behaupten, dass jeder angehende Heimautomatisierer früher oder später an den Punkt kommen wird, an dem sich ein Tool, ein Service, ein Skript oder gar ein selbst entwickeltes Programm einfach nicht dazu bewegen lässt, seinen Dienst auszuführen. Ganz egal, ob Sie dabei mit Windows, Linux oder einem Mac arbeiten, wenn Sie Glück haben, verrät Ihnen der Übeltäter in mehr oder weniger kryptischen Fehlermeldungen den Grund. Wenn nicht, benötigen Sie kompetente Helfer. Einer dieser Helfer, der entscheidend zur Ursachenforschung beitragen kann, ist das Linux-Tool *strace*.

Dabei handelt es sich fast schon um ein kleines Wundertool, das, wenn man es einzusetzen versteht, sehr viel über die Abläufe und Interna von Linux verrät. Mit strace lassen sich einzelne (und auch mehrere) Prozesse zur Laufzeit beobachten, und zwar auf System-Call-Ebene. Ähnlich wie mit einem Debugger gewinnen Sie recht einfach wertvolle

Informationen, die oft genug den entscheidenden Hinweis zur Lösung eines Problems erbringen.

Einer strace-Ausgabe entnehmen Sie eine Menge Informationen: Welche Config-Files wurden tatsächlich gelesen, welche Shared-Library könnte zu einem Abbruch geführt haben, welche Ressourcen konnten nicht reserviert werden usw. Das zu untersuchende Programm läuft während der strace-Behandlung mehr oder weniger sogar in Echtzeit ab. Außer zum Aufspüren von Fehlern eignet sich das Tool auch ganz wunderbar, um nicht sichtbare Abläufe besser kennenzulernen – beispielsweise gibt es Anworten auf diese Fragen:

- Welche Kernel-Calls werden verwendet?
- Wie viel Rechenzeit wird gebraucht (Dauer von Kernel-Calls, Zeit zwischen den Aufrufen)?
- Welche I/Os liest und schreibt das Programm wohin (Datenträger, Netzwerk und andere)?

Aufgezeichnete I/Os des Programms lassen sich sogar später wieder zum Füttern des Programms verwenden. Auf diese Art lässt sich ein komplettes Szenario wieder rekonstruieren, und zwar mit korrekter zeitlicher Zuordnung.

63.2.1 Ein Einstiegsbeispiel mit strace

Probieren Sie es doch einfach mal aus: Starten Sie in einer Linux-Shell ein Programm Ihrer Wahl mit vorangestelltem `strace`, also beispielsweise:

```
strace cat /etc/crontab
```

Sie sehen in Abbildung 63.1, dass Ihr Linux-System einiges im Hintergrund leistet.

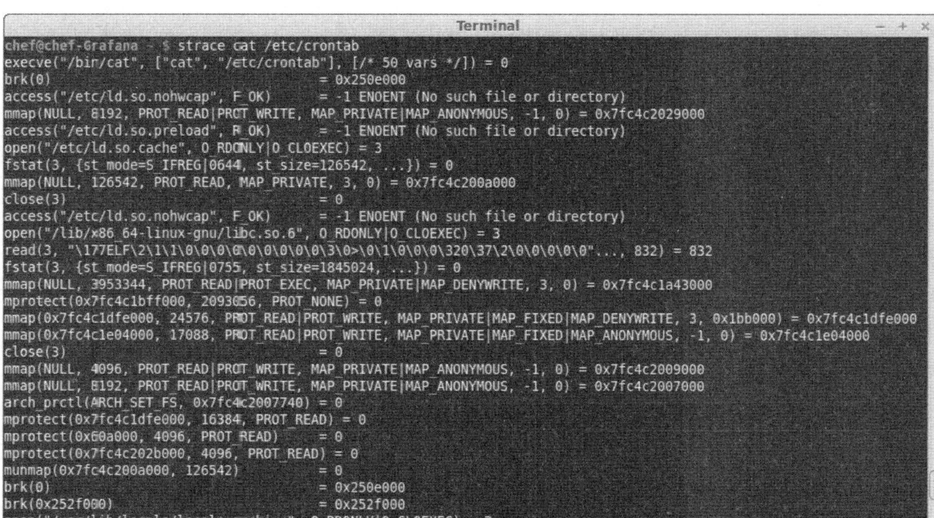

Abbildung 63.1 Eine strace-Beispielausgabe

Der Output von strace ist sehr an die Programmiersprache C angelehnt, was naheliegt, da die Kernel-API von Linux als ANSI-C-Schnittstelle ausgeführt ist. Wenn Sie mit der Sprache C ein bisschen vertraut sind, sollte Ihnen die Darstellung der Kernel-Calls keine allzu großen Schwierigkeiten bereiten. Die Linux-Man-Pages helfen beim Verständnis der Kernel-Funktionen, deren Parameter und der erzeugten Rückgabewerte jederzeit weiter. Schlagen Sie die im Beispiel erzeugten Aufrufe übungshalber nach. Ein `man 2 open` oder `man 2 read` verrät Ihnen alle Details zur Bedeutung der verwendeten Funktionen.

63.2.2 Wichtige strace-Optionen

Sie müssen sich nicht durch die gesamten Manual-Pages von strace kämpfen, in der folgenden Tabelle 63.1 finden Sie die häufig verwendeten Optionen des mächtigen Analyzer-Tools:

Aufruf	Bedeutung
`strace programm`	Startet <programm> und gibt die analysierten Kernel-Calls in der Shell aus.
`strace -o logfile.log programm`	Die `-o`-Option schreibt die Ausgaben stattdessen in die angegebene Logdatei.
`strace -f -o logfile.log programm`	Erweitert die Ausgabe zusätzlich auf Child-Prozesse.

`strace -p pid`
oder
`strace -p $( pgrep programm )`
	Ermöglicht die Analyse eines bereits laufenden Programms mit der Prozess-ID <pid>.

`strace -e trace=open,close,read, write programm`	Es werden nur Kernel-Calls ausgegeben, die die angegebenen I/O-Operationen betreffen. Mit der `-e`-Option lässt sich die Menge der Ausgaben effektiv reduzieren, Sie müssen dazu nur wissen, welche System-Calls im konkreten Fall von Interesse sind.
`strace -e connect,bind,recvfrom,sendto, read wget http://www.openhab.org/`	Liefert einen guten Überblick über eine Netzwerkverbindung.
`strace -c programm`	Erzeugt eine Statistik der Kernel-Aufrufe, statt alle einzeln auszugeben (gut für erste Performanceanalyse).

Tabelle 63.1 Nützliche Optionen für das Analyzer-Tool strace

63.3 Reparieren Sie den GRUB-Bootloader

Bei meinen Arbeiten an meinem Automatisierungsserver ist es mir leider nicht nur einmal passiert, dass ich mir selbst den Linux-Bootloader GRUB eines Automatisierungsrechners zerschossen hatte. Sollten Sie vor einem ähnlichen Problem stehen, hilft folgende Reparaturvorgehensweise, die beispielsweise auf einem Lubuntu-System 14.04 LTS den GRUB 2 wiederherstellt:

1. Booten Sie den betroffenen Rechner über einen Lubuntu-Live-USB-Stick und öffnen Sie ein Terminalfenster.
2. Ermitteln Sie die Root-Partition Ihrer Festplatte mit dem defekten GRUB, z. B. `/dev/sda1`.
3. Mounten Sie diese Partition:
   ```
   sudo mount /dev/sda1 /mnt
   ```
4. Bereiten Sie eine chroot-Umgebung vor:
   ```
   sudo mount -o bind /dev /mnt/dev
   sudo mount -o bind /sys /mnt/sys
   sudo mount -t proc /proc /mnt/proc
   sudo cp /proc/mounts /mnt/etc/mtab
   ```
5. Wechseln Sie in die chroot-Umgebung:
   ```
   sudo chroot /mnt /bin/bash
   ```
6. Installieren Sie die GRUB-2-Dateien (in */boot/grub*) und beschreiben Sie den MBR neu:
   ```
   grub-install /dev/sda
   ```
7. Nur im Fehlerfall versuchen Sie es hiermit:
   ```
   grub-install --recheck /dev/sda
   ```
8. Im letzten Schritt erstellen Sie die Datei */boot/grub/grub.cfg* neu mit:
   ```
   update-grub
   ```

Die chroot-Umgebung können Sie mit [Strg] + [D] verlassen. Testen Sie im Anschluss über einen Reboot, ob die Reparatur erfolgreich war.

Index

L

M

N

T

W

X

Z

- Einfach einsteigen, kein Vorwissen erforderlich
- Alle Grundlagen an spannenden Bastelprojekten leicht nachvollziehen
- Inkl. Einführung in Python und Grundlagen der Elektronik
- Aktuell zu Raspberry Pi 2

Daniel Kampert

Raspberry Pi

Der praktische Einstieg

Wenn Sie Spaß am Basteln haben und den Raspberry Pi 2 oder frühere Raspberry Pi-Modelle gründlich kennenlernen möchten, dann liegen Sie mit diesem Buch goldrichtig! Schritt für Schritt hilft es Ihnen die wichtigsten Betriebssysteme wie Raspbian und Raspbmc zu installieren und zu verwalten, um dann ohne lange Theorie direkt in die Praxis zu gehen. Ob einen Dateiserver fürs Heimnetz, Media-Streaming Ihrer Lieblingsfilme auf den TV, Videoaufnahme mit Kamera u.v.m.: Das Buch bietet Ihnen alles, was Sie zum erfolgreichen Start benötigen, natürlich mit zentralen Python- und Elektronikgrundlagen

364 Seiten, broschiert, in Farbe, 19,90 Euro
ISBN 978-3-8362-3902-8
3. Auflage 2016
www.rheinwerk-verlag.de/3984

Das gesamte Buchprogramm: www.rheinwerk-verlag.de

■ Grundlagen verstehen, spannende Projekte realisieren

■ Schnittstellen des Pi, Schaltungsaufbau, Steuerung mit Python

■ Erweiterungen für den Pi: Gertboard, PiFace, Quick2Wire u.a. in Hardware-Projekten einsetzen

Michael Kofler, Charly Kühnast, Christoph Scherbeck

Raspberry Pi

Das umfassende Handbuch

Aktuell zum Raspberry Pi 2 und seinen Vorgängerversionen erwartet Sie hier Bastel-Wissen in seiner umfassendsten Form. Ob Sie Linux mit dem RasPi lernen, die Grundlagen und fortgeschrittenen Techniken der Elektronik oder der Programmierung mit Python intensiv kennenlernen oder Ihr Wissen direkt in spannenden, ambitionierten Bastelprojekten anwenden möchten: Mit diesem Buch ist einfach mehr für Sie drin!
Und eines ist sicher: Mit Michael Kofler, Charly Kühnast und Christoph Scherbeck steht Ihnen ein Autorenteam zur Seite, das das erforderliche Wissen leicht nachvollziehbar vermittelt und Sie mit zahlreichen Praxistipps, Witz und spannenden Versuchsaufbauten begeistern wird!

1.087 Seiten, gebunden, in Farbe, mit CD, 39,90 Euro
ISBN 978-3-8362-3795-6
2. Auflage 2015
www.rheinwerk-verlag.de/3872

Rheinwerk

■ Weit über 400 wichtige Linux-Befehle immer griffbereit

■ Schnell thematisch oder alphabetische nachschlagen

■ Viele Praxisbeispiele und spezifische Raspberry-Pi-Kommandos

Michael Kofler

Linux Kommandoreferenz

Shell-Befehle von A bis Z

Mit dieser Kommandoreferenz nutzen Sie die die Effizienz der Shell voll aus! Sie eignet sich nicht nur zum Nachschlagen aller wichtigen Linux-Befehle, sondern erläutert eingehend deren Verwendung. Die Praxisbeispiele decken häufige Anwendungsfälle ab. Damit sparen Sie Zeit und gelangen schnell zu guten Ergebnissen. Fortgeschrittene Linux-Anwender profitieren außerdem von Hinweisen zu distributionsspezifischen Abweichungen. Kurz: Weit über 400 Befehle inkl. Raspberry-Pi-spezifischen Kommandos, sofort einsetzbare Praxisbeispiele – einfach eine runde Sache!

460 Seiten, gebunden, mit CD, 19,90 Euro
ISBN 978-3-8362-3778-9
2. Auflage, erscheint Januar 2016
www.rheinwerk-verlag.de/3856

Leseprobe im Web!

- Das Standardwerk für Einsteiger und fortgeschrittene Anwender
- Für Desktop und Server: Installation, Konfiguration, Administration
- Mit zahlreichen Praxistipps, Raspberry-Pi-Kapitel, Einrichtung von 4K-Monitoren u.v.m.

Michael Kofler

Linux

Das umfassende Handbuch

»Der Kofler«: der Standard! Ob als Einsteiger oder erfahrener »Linuxer« – mit diesem Buch bleiben keine Fragen offen. Von der Installation und den verschiedenen Benutzeroberflächen über die Arbeit im Terminal, die Systemkonfiguration und -administration bis hin zum sicheren Einsatz als Server – hier werden Sie fündig! Distributionsunabhängig, vollständig überarbeitet und mit einem Kapitel zum Raspberry Pi natürlich am Puls der Zeit: So präsentiert sich Ihnen dieser Klassiker beim Rheinwerk Verlag.

1.435 Seiten, gebunden, mit CD, 49,90 Euro
ISBN 978-3-8362-3775-8
2. Auflage, erscheint Dezember 2015
www.rheinwerk-verlag.de/3855

Rheinwerk

- Arduino: Ohne Vorwissen loslegen, mit Freude einfach einsteigen
- Elektronik- und Programmiergrundlagen verstehen
- Spannende und vollständige Projekte; mit vollständigem Beispielcode zum Download

Benjamin Kappel

Arduino

Der praktische Einstieg

Ob Sie coole Projekte wie den Bordcomputer K.I.T.T aus Knight Rider realisieren oder Ihren Arduino ganz systematisch von Grund auf kennenlernen und programmieren wollen: Mit diesem Buch gelingt Ihnen beides! Angefangen bei Hardware- und Elektronikgrundlagen über den Einstieg in die Programmierung mit C bis zu vollständigen Praxisbeispielen (Wohnungspflanzen-Pflegeautomat, Bau eines elektronischen Spielzeugs für Katzen u.v.m.) bietet Ihnen dieses Buch alles, was Sie für einen spannenden und erfolgreichen Arduino-Start benötigen.

480 Seiten, broschiert, in Farbe, 24,90 Euro
ISBN 978-3-8362-3648-5
erscheint Januar 2016
www.rheinwerk-verlag.de/3797

Immer gut informiert: Bestellen Sie unseren Newsletter!

Wie hat Ihnen dieses Buch gefallen?
Bitte teilen Sie uns mit, ob Sie zufrieden waren, und bewerten Sie das Buch auf:
www.rheinwerk-verlag.de/feedback

Ausführliche Informationen zu unserem aktuellen Programm samt Leseproben finden Sie ebenfalls auf unserer Website. Besuchen Sie uns!

Rheinwerk
www.rheinwerk-verlag.de